《 이 책을 검토해 주신 선생님 》

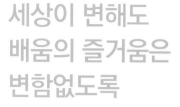

세상이 변해도
배움의 즐거움은
변함없도록

시대는 빠르게 변해도
배움의 즐거움은
변함없어야 하기에

어제의 비상은
남다른 교재부터
결이 다른 콘텐츠
전에 없던 교육 플랫폼까지

변함없는 혁신으로
교육 문화 환경의 새로운 전형을
실현해왔습니다.

비상은 오늘, 다시 한번
새로운 교육 문화 환경을 실현하기 위한
또 하나의 혁신을 시작합니다.

오늘의 내가 어제의 나를 초월하고
오늘의 교육이 어제의 교육을 초월하여
배움의 즐거움을 지속하는 혁신,

바로, 메타인지 기반 완전 학습을.

상상을 실현하는 교육 문화 기업 비상

메타인지 기반 완전 학습

초월을 뜻하는 meta와 생각을 뜻하는 인지가 결합한 메타인지는
자신이 알고 모르는 것을 스스로 구분하고 학습계획을 세우도록 하는
궁극의 학습 능력입니다. 비상의 메타인지 기반 완전 학습 시스템은
잠들어 있는 메타인지를 깨워 공부를 100% 내 것으로 만들도록 합니다.

01 / 다항식의 연산   8~23쪽

0001 (1) $(3y+5y^2)x^2+4xy^2+y-6$

(2) $-6+(3x^2+1)y+(4x+5x^2)y^2$ **0002** $3x^2+5xy+2y^2$

0003 $3x^3+7x^2-2x+9$ **0004** $4a^2+4ab-6b^2$

0005 $5x^2-9xy-2y^2$ **0006** $x^2+40xy+11y^2$

0007 $-5x^2-13xy-4y^2$ **0008** $-x^3-2x^2-7x+5$

0009 $-7x^3-4x^2-7x+15$ **0010** $2x^3+2x^2+5x$

0011 $\dfrac{18x^2}{y^5}$ **0012** $-2a^4b^4$ **0013** $4x^3-4x^2+12x$

0014 x^3-4x^2+4x-1 **0015** $2x^3-11x^2y+13xy^2-4y^3$

0016 $6x^2-7xy+17x+2y^2-10y+12$

0017 $4x^2-12xy+9y^2$ **0018** $9a^2-b^2$

0019 $x^2+4x-21$ **0020** $6x^2-11xy-10y^2$

0021 $a^2+4b^2+c^2-4ab-4bc+2ca$

0022 $x^3+6x^2+12x+8$ **0023** $27a^3-27a^2b+9ab^2-b^3$

0024 $27x^3+1$ **0025** a^3-1

0026 $x^3+9x^2+26x+24$ **0027** $x^3+y^3-3xy+1$

0028 x^4+9x^2+81 **0029** (1) 11   (2) 36   **0030** (1) 14   (2) 22

0031 (1) 8   (2) 20   **0032** (1) 7   (2) 18

0033 몫: x^2+4x+7, 나머지: 17

0034 몫: x^2-2x+3, 나머지: -2

0035 몫: $3x-9$, 나머지: $6x+8$

0036 몫: x^2+3x+5, 나머지: 3

0037 몫: $2x^2+x-3$, 나머지: 2

0038 몫: $4x^2+10x$, 나머지: 3

0039 ④   **0040** ③   **0041** ②   **0042** $2x^3+x^2-2x+1$

0043 $8x^2+3x-1$ **0044** 11   **0045** ①   **0046** ③   **0047** -1

0048 ⑤   **0049** $x^3-y^3+z^3+3xyz$ **0050** 36   **0051** ②

0052 ②   **0053** -2 **0054** ④

0055 $x^4+2x^3-25x^2-26x+120$ **0056** ①

0057 -108 **0058** 7   **0059** $10\sqrt{13}$ **0060** 2

0061 -14 **0062** ⑤   **0063** (1) 7   (2) 11   **0064** ④

0065 36   **0066** ②   **0067** 120   **0068** 14   **0069** ①   **0070** 9

0071 ②   **0072** ②   **0073** ④   **0074** ②   **0075** 8   **0076** $5\sqrt{2}$

0077 ②   **0078** 270   **0079** 108   **0080** ④   **0081** 7   **0082** 9

0083 -3 **0084** ④   **0085** 몫: $3x+7$, 나머지: 7   **0086** 40

0087 ①   **0088** ⑤   **0089** -3 **0090** $x-4$ **0091** ④

0092 ③   **0093** 6   **0094** ③   **0095** ④   **0096** ④   **0097** ①

0098 38   **0099** ⑤   **0100** ②   **0101** ③   **0102** 56   **0103** ③

0104 ①   **0105** ①   **0106** 몫: $3Q(x)$, 나머지: R **0107** ④

0108 $2x^3+8x-4$ **0109** -25 **0110** 48

0111 -232 **0112** 8   **0113** ③   **0114** ①

02 / 나머지 정리와 인수분해   24~43쪽

0115 ㄴ, ㄷ, ㅁ   **0116** $a=-3$, $b=4$, $c=-2$

0117 $a=-2$, $b=-3$, $c=1$ **0118** $a=-1$, $b=-1$, $c=-2$

0119 $a=1$, $b=3$, $c=6$ **0120** $a=0$, $b=-1$, $c=-1$

0121 $a=-3$, $b=2$ **0122** $a=-5$, $b=-3$

0123 $a=2$, $b=-2$ **0124** (1) -1 (2) 9   **0125** 2

0126 ㄱ, ㄴ, ㄹ   **0127** (1) -8 (2) -5

0128 $a=1$, $b=-4$ **0129** $3a(2a-3b^2)$ **0130** $(x+2)(y-3)$

0131 $(3x+4y)^2$ **0132** $(2a-3)^2$

0133 $8(2x+y)(2x-y)$ **0134** $(a+6)(a-3)$

0135 $(3x+5)(2x-1)$ **0136** $(x-y+2)^2$

0137 $(2a+b-c)^2$ **0138** $(x+3)^3$ **0139** $(a-4b)^3$

0140 $(x+3)(x^2-3x+9)$

0141 $(3a-2b)(9a^2+6ab+4b^2)$

0142 $(x^2+2x+4)(x^2-2x+4)$

0143 $(9a^2+3ab+b^2)(9a^2-3ab+b^2)$

0144 $(a+b-c)(a^2+b^2+c^2-ab+bc+ca)$

0145 $(x+y+1)(x^2+y^2-xy-x-y+1)$

0146 $(x+1)(x-1)$

0147 $(x-1)(x-2)(x+2)(x-5)$

0148 $(x+1)(x-1)(x+2)(x-2)$

0149 $(x^2+2x+5)(x^2-2x+5)$

0150 $(x+a)(x-y-a)$ **0151** $(x+y+2)(x+y-3)$

0152 $(x-1)(x+2)(x+3)$

0153 $(x+1)(x-2)(x^2-4x+2)$

0154 3   **0155** ①   **0156** 6   **0157** ⑤   **0158** -4 **0159** ①

0160 2   **0161** ③   **0162** ②   **0163** -1 **0164** ④   **0165** ①

0166 ⑤   **0167** -10 **0168** ②   **0169** 3   **0170** ③

0171 ①   **0172** 37   **0173** -6 **0174** 12   **0175** 14   **0176** ③

0177 ⑤   **0178** $2x-3$ **0179** ④   **0180** $2x$ **0181** ④

0182 $-x^2+2x-1$ **0183** $2x^2+5x+1$ **0184** 1   **0185** ②

0186 -12 **0187** 6   **0188** -5 **0189** ①   **0190** 8

0191 ①   **0192** ③   **0193** ⑤   **0194** -10 **0195** -5

0196 ②   **0197** ③   **0198** ⑤   **0199** 2   **0200** 24   **0201** 3

0202 ④   **0203** $x(x-3y)^3$

0204 $(x-y)(x^2+xy+y^2)(x^2-xy+y^2)$ **0205** ②

0206 ③   **0207** -36 **0208** ⑤

0209 $(a+b-1)(a+b-2)$ **0210** ④   **0211** ②   **0212** 45

0213 12   **0214** ①   **0215** ③   **0216** x^2-4x+8 **0217** ①

0218 ④   **0219** ⑤   **0220** ㄴ, ㄷ   **0221** 14

0222 $(x+1)(x+2)(x-3)$ **0223** ⑤   **0224** 2   **0225** ②

0226 -2 **0227** ④   **0228** ④   **0229** ①   **0230** ③   **0231** ③

0688 -4　0689 5

0690 ①　0691 -4　0692 ①　0693 -8　0694 ②　0695 4

0696 ④　0697 24　0698 ②　0699 ②　0700 ④　0701 ③

0702 ④　0703 ⑤　0704 6　0705 ④　0706 ⑤　0707 ①

0708 1　0709 $2\sqrt{2}$　0710 2

0711 ⑤　0712 4　0713 26　0714 30

07 / 연립일차부등식　112~123쪽

0715 $-1<x\leq2$　0716 $x>3$　0717 $-2\leq x<5$

0718 $x<-1$　0719 $x=2$　0720 해는 없다.

0721 해는 없다.　0722 해는 없다.　0723 $x<2$

0724 $x\geq-3$　0725 $-3\leq x<2$　0726 $-2\leq x\leq2$

0727 $x<-3$ 또는 $x>3$　0728 $-1<x<5$

0729 $x\leq-8$ 또는 $x\geq2$　0730 $x>2$　0731 $x\geq\dfrac{1}{3}$

0732 ⑤　0733 ④　0734 -3　0735 ③　0736 ②　0737 -3

0738 ④　0739 해는 없다.　0740 ③　0741 ㄱ, ㄹ

0742 ①　0743 ③　0744 4　0745 ⑤　0746 ⑤　0747 ⑤

0748 $a\leq6$　0749 $-4<a\leq-1$　0750 ③　0751 ④

0752 15개　0753 $9<x<18$　0754 110g

0755 125　0756 ③　0757 ④　0758 -5　0759 ④　0760 ⑤

0761 3　0762 ②　0763 ⑤　0764 2　0765 ①

0766 $x\leq-\dfrac{4}{3}$ 또는 $x\geq0$　0767 ④　0768 ④

0769 ①　0770 ④　0771 ④　0772 해는 없다.　0773 ②

0774 21　0775 ④　0776 -1　0777 ⑤　0778 -17

0779 ①　0780 ②　0781 ③　0782 $a\leq6$　0783 ③

0784 $\dfrac{15}{2}$　0785 -18　0786 35

0787 ②　0788 $a\leq\dfrac{1}{2}$　0789 6　0790 ①

08 / 이차부등식　124~143쪽

0791 $x<-1$ 또는 $x>3$　0792 $x\leq-1$ 또는 $x\geq3$

0793 $-1<x<3$　0794 $-1\leq x\leq3$　0795 $-1\leq x\leq2$

0796 $x<-1$ 또는 $x>1$　0797 $-1<x<5$

0798 $3\leq x\leq4$　0799 $x<-5$ 또는 $x>-2$

0800 $x\leq-3$ 또는 $x\geq1$　0801 $x\neq3$인 모든 실수

0802 모든 실수　0803 $x=-\dfrac{1}{2}$　0804 해는 없다.

0805 모든 실수　0806 해는 없다.　0807 $x^2-x-2<0$

0808 $x^2-4x-12\geq0$　0809 $x^2-8x+16>0$

0810 $a\geq2$　0811 $0<a<20$　0812 $a\geq\dfrac{5}{4}$

0813 $0<a<\dfrac{1}{2}$　0814 $-5<x<4$

0815 $x<-2$ 또는 $x>0$　0816 풀이 참조

0817 $-5<x<-2$ 또는 $0<x<4$　0818 $-4\leq x<-2$

0819 $x\geq3$　0820 $-2<k\leq2$　0821 $k\geq3$

0822 $k<-3$　0823 $\geq$, $>$, $>$　0824 $<$

0825 $x\leq\dfrac{3}{2}$ 또는 $x\geq\dfrac{7}{2}$　0826 ②

0827 $-3<x<-2$ 또는 $1<x<2$　0828 ①　0829 ④

0830 ③　0831 7　0832 ②　0833 $\dfrac{2}{5}\leq t\leq1$　0834 80

0835 ①　0836 ①　0837 ①　0838 $-\dfrac{1}{4}<x<\dfrac{1}{3}$

0839 $-1<x<0$　0840 ③　0841 ③　0842 3　0843 ①

0844 ②　0845 ④　0846 1　0847 ③　0848 ③　0849 ④

0850 2　0851 ①　0852 $-6\leq k\leq-2$　0853 ④　0854 ④

0855 $a<-2$ 또는 $a>1$　0856 ④　0857 ⑤　0858 ②

0859 11　0860 $0<a<8$　0861 7　0862 ②　0863 ①

0864 ③　0865 ③　0866 -3　0867 ①　0868 ②　0869 5

0870 ③　0871 ④　0872 4　0873 ①

0874 $a<-1$ 또는 $a>\dfrac{2}{3}$　0875 $-4\leq a\leq3$

0876 $2<a\leq3$　0877 ①　0878 ⑤　0879 21　0880 ②

0881 $1\leq x\leq2$　0882 $3\leq x\leq4$ 또는 $6\leq x\leq7$ 0883 ④

0884 ④　0885 ③　0886 ③　0887 10

0888 $k<-1$ 또는 $0<k<1$　0889 ②　0890 ①　0891 4

0892 ③　0893 ④　0894 $m<-10$　0895 ④　0896 ①

0897 ③　0898 12　0899 $x<-3$ 또는 $x>5$　0900 ①

0901 $x<-2$ 또는 $x>0$　0902 30　0903 $0\leq m<3$

0904 ⑤　0905 ②　0906 ⑤　0907 ⑤　0908 -5 0909 -2

0910 ①　0911 ⑤　0912 4　0913 ④　0914 8　0915 ③

0916 4　0917 13　0918 -3

0919 27　0920 ④　0921 10　0922 5

09 / 경우의 수와 순열 146~161쪽

0923 6	0924 7	0925 9	0926 10	0927 9	0928 8
0929 12	0930 30	0931 1	0932 6	0933 2	0934 120
0935 1	0936 7	0937 3	0938 3	0939 6	0940 12
0941 210					
0942 ④	0943 14	0944 9	0945 ④	0946 16	0947 ②
0948 10	0949 17	0950 ⑤	0951 60	0952 ⑤	0953 ③
0954 72	0955 ⑤	0956 ③	0957 12	0958 2	0959 ④
0960 18	0961 ③	0962 30	0963 4	0964 48	0965 ②
0966 84	0967 ⑤	0968 49	0969 ⑤	0970 ②	0971 ②
0972 ④	0973 15	0974 7	0975 11	0976 ③	

0977 (가) $(n-r)!$ (나) n (다) $n!$ 0978 ⑤   0979 ②

0980 144	0981 8	0982 ③	0983 720	0984 3	0985 480
0986 ⑤	0987 144	0988 288	0989 ⑤	0990 ④	0991 720
0992 ①	0993 ②	0994 ⑤	0995 960	0996 84	0997 ①
0998 ②	0999 3	1000 ③	1001 100	1002 ③	1003 ②
1004 ③	1005 79번째		1006 ②	1007 ③	1008 4523
1009 ⑤	1010 6	1011 ④	1012 ③	1013 ③	1014 ①
1015 9	1016 7	1017 336	1018 ⑤	1019 ④	1020 ①
1021 ②	1022 288	1023 84	1024 ⑤	1025 66	1026 ③
1027 16	1028 540	1029 1584			
1030 30	1031 ⑤	1032 576	1033 ②		

10 / 조합 162~173쪽

1034 15	1035 36	1036 1	1037 1	1038 7	1039 8
1040 6	1041 7	1042 4	1043 7	1044 5	
1045 1 또는 11		1046 66	1047 455	1048 210	1049 4
1050 15	1051 20	1052 60			
1053 ②	1054 ⑤	1055 ③	1056 −5	1057 18	1058 ④
1059 12	1060 ②	1061 21	1062 450	1063 15	1064 ②
1065 100	1066 60	1067 294	1068 205	1069 ③	1070 7명
1071 1440		1072 ③	1073 11	1074 ③	1075 14
1076 41	1077 ①	1078 ②	1079 ④	1080 110	1081 ②
1082 72	1083 18	1084 ④	1085 10	1086 ⑤	1087 105
1088 ⑤	1089 90	1090 ③	1091 ④		
1092 ④	1093 ③	1094 30	1095 ④	1096 ①	1097 ⑤
1098 5자루		1099 ④	1100 ⑤	1101 ①	1102 54
1103 412	1104 ③	1105 315	1106 ④	1107 315	1108 75
1109 90	1110 5				
1111 99	1112 ③	1113 130	1114 ④		

07 / 연립일차부등식 38~43쪽

1회 1 ④ 2 ① 3 12 4 6 5 $x=3$ 6 ⑤ 7 ①
8 $-4\leq x<2$ 09 ⑤ 10 $-5\leq a<-3$ 11 11
12 ③ 13 ④ 14 5 15 5 16 ⑤ 17 ② 18 ② 19 ②
20 $k>4$

2회 1 ① 2 ① 3 6 4 ③ 5 ③ 6 5 7 ⑤
8 $a>\dfrac{15}{2}$ 9 9 10 ① 11 ④ 12 $1\leq x\leq 7$ 13 750
14 3 15 1 16 ① 17 1 18 ④ 19 ② 20 12

08 / 이차부등식 44~49쪽

1회 1 $-1<x<2$ 2 ④ 3 1500원 4 ④
5 $x\leq 0$ 또는 $x\geq\dfrac{3}{2}$ 6 ④ 7 ⑤ 8 ③ 9 10 10 9
11 $k\leq -2$ 12 ② 13 ① 14 ② 15 8 16 ④
17 $7<a\leq 8$ 18 ⑤ 19 -2 20 ①

2회 1 ② 2 ⑤ 3 0 m 초과 4 m 이하 4 ② 5 ①
6 $-3<k<-1$ 7 ③ 8 -1 9 ① 10 4 11 ②
12 $-4<k<0$ 13 ③ 14 3 15 $a\geq -4$ 16 ④ 17 1
18 -6 19 ② 20 $-3<m<-2$

09 / 경우의 수와 순열 50~55쪽

1회 1 ⑤ 2 13 3 12 4 ② 5 ④ 6 4 7 72
8 540 9 ④ 10 ④ 11 6 12 ⑤ 13 ② 14 42 15 ④
16 ⑤ 17 120 18 ⑤ 19 300 20 ④

2회 1 ② 2 12 3 40 4 ④ 5 ③ 6 10 7 ③
8 102 9 ① 10 ② 11 ① 12 ③ 13 8640 14 ④
15 ④ 16 ③ 17 432 18 ① 19 108번째 20 ⑤

10 / 조합 56~61쪽

1회 1 6 2 ⑤ 3 ③ 4 ④ 5 ② 6 78 7 420
8 460 9 ② 10 ④ 11 10 12 ③ 13 ② 14 ③ 15 69
16 ③ 17 90 18 ④ 19 150 20 ⑤

2회 1 3 2 ④ 3 ④ 4 10 5 ③ 6 385 7 ④
8 70 9 5 10 ② 11 ⑤ 12 ④ 13 ④ 14 206 15 ③
16 ① 17 5 18 301 19 ④ 20 ③

11 / 행렬의 연산 62~67쪽

1회 1 ④ 2 -3 3 5 4 ⑤ 5 ② 6 10 7 4
8 ④ 9 ④ 10 67 11 ⑤ 12 $\begin{pmatrix} 2 & 0 \\ 66 & 2 \end{pmatrix}$ 13 ③ 14 ④
15 ㄴ, ㄷ, ㄹ, ㅁ 16 ② 17 $\begin{pmatrix} 2 & -14 \\ 0 & 9 \end{pmatrix}$ 18 5 19 ⑤
20 ⑤

2회 1 ② 2 ① 3 5 4 ② 5 (9) 6 -6 7 0
8 ② 9 7 10 ④ 11 $\begin{pmatrix} -20 & -16 \\ 16 & -4 \end{pmatrix}$ 12 1 13 20
14 ⑤ 15 ⑤ 16 ④ 17 ① 18 ③ 19 ① 20 24

기출 BOOK

01 / 다항식의 연산   2~7쪽

1회
1 $-3x^2+10xy+5y^2$ 2 ④   3 -5 4 ④   5 ③
6 ③   7 ③   8 ⑤   9 ④   10 45   11 -10 12 ①
13 ⑤   14 94   15 ③   16 ②   17 ②   18 ③   19 ⑤   20 9

2회
1 ②   2 $-10x^2+9xy-13y^2$ 3 ②   4 ④   5 ②
6 141   7 ④   8 31   9 ④   10 ④   11 $\frac{5}{6}$
12 (1) 6   (2) 9   (3) 18   13 ①   14 ④   15 $5\sqrt{2}$ 16 ②   17 2
18 8   19 ⑤   20 ④

02 / 나머지 정리와 인수분해   8~13쪽

1회
1 ①   2 ④   3 ①   4 ③   5 20   6 ③
7 $2x+1$ 8 34   9 1   10 4   11 ①   12 -2 13 ⑤
14 ①   15 ⑤   16 ④   17 ④   18 ④   19 ⑤   20 ③

2회
1 ②   2 -2 3 -12 4 ①   5 ④   6 ⑤   7 ④
8 $-2x+6$ 9 ④   10 ①   11 ①   12 2   13 2   14 ⑤
15 ③   16 ④   17 ⑤   18 215   19 ⑤   20 ③

03 / 복소수   14~19쪽

1회
1 ⑤   2 ③   3 -16 4 ⑤   5 4   6 ⑤   7 ⑤
8 ③   9 -90 10 3   11 ④   12 3   13 ⑤   14 $6+8i$
15 16   16 6   17 ②   18 ⑤   19 ①   20 ③

2회
1 ⑤   2 $\frac{7}{5}$ 3 ⑤   4 ①   5 ⑤   6 1   7 -3
8 -6 9 ①   10 ④   11 ②   12 ④   13 ④   14 ②
15 $-4+2i$ 16 ③   17 12   18 ⑤   19 $-\frac{51}{2}$ 20 ④

04 / 이차방정식   20~25쪽

1회
1 ②   2 ②   3 ④   4 13   5 ①   6 ⑤   7 ④
8 ⑤   9 $\frac{5}{4}$ 10 20   11 ③   12 17   13 -4 14 ④   15 ③
16 ①   17 5   18 4   19 ④   20 -6

2회
1 ④   2 -3 3 ④   4 10   5 ①   6 ⑤   7 ⑤
8 $-38\sqrt{7}$ 9 ②   10 7   11 ②   12 ④   13 11   14 ④
15 1   16 $x^2-8x+9=0$ 17 ④   18 ⑤   19 ①   20 14

05 / 이차방정식과 이차함수   26~31쪽

1회
1 ①   2 ②   3 ③   4 ⑤   5 2   6 ③   7 ④
8 11   9 3   10 4   11 ①   12 ①   13 ②   14 7   15 ①
16 5   17 ③   18 ①   19 ④   20 12

2회
1 ①   2 ②   3 ②   4 ④   5 ①   6 ④   7 $\sqrt{2}$
8 ⑤   9 ④   10 ③   11 ②   12 18   13 ②   14 ①   15 ④
16 5   17 -12 18 ②   19 44   20 ②

06 / 여러 가지 방정식   32~37쪽

1회
1 ③   2 ②   3 5   4 ⑤   5 -5 6 $\frac{1}{3}$ 7 ②
8 ③   9 6   10 ③   11 $x^3-8x^2-12x+16=0$ 12 13
13 ④   14 ④   15 ④   16 ②   17 ⑤   18 ④   19 10   20 ④

2회
1 ②   2 17   3 ②   4 ③   5 -1 6 ⑤   7 ③
8 $x^3-2x^2+x-1=0$ 9 ③   10 ④   11 ①   12 ⑤   13 5
14 ③   15 ③   16 ④   17 ⑤   18 ④   19 5   20 ②

1115 2×1 행렬　　1116 1×3 행렬　　1117 2×3 행렬

1118 4×1 행렬　　1119 (1) 5　(2) 3　(3) 3　(4) 1

1120 $\begin{pmatrix} 4 & 7 & 10 \\ 5 & 8 & 11 \end{pmatrix}$　1121 $x=4,\ y=-3$　1122 $x=2,\ y=-1$

1123 $x=3,\ y=-1$　1124 $(-2 \quad 7)$　1125 $\begin{pmatrix} 1 & 1 \\ 4 & 8 \end{pmatrix}$

1126 $\begin{pmatrix} 3 & -4 \\ 2 & -8 \end{pmatrix}$　1127 $\begin{pmatrix} 1 & -1 & 5 \\ -3 & -4 & -4 \end{pmatrix}$

1128 $\begin{pmatrix} -2 & -2 \\ 1 & -8 \\ -4 & 4 \end{pmatrix}$　1129 (1) $\begin{pmatrix} -3 & 1 \\ -1 & 3 \end{pmatrix}$　(2) $\begin{pmatrix} -3 & 7 \\ 1 & 1 \end{pmatrix}$

1130 풀이 참조　1131 $\begin{pmatrix} -3 & 0 \\ -2 & 4 \end{pmatrix}$

1132 (1) $\begin{pmatrix} 4 & 0 \\ -6 & 2 \end{pmatrix}$　(2) $\begin{pmatrix} -8 & 0 \\ 12 & -4 \end{pmatrix}$

1133 (1) $\begin{pmatrix} 0 & 7 \\ -4 & 7 \end{pmatrix}$　(2) $\begin{pmatrix} 7 & 7 \\ -2 & 14 \end{pmatrix}$　1134 $\begin{pmatrix} 2 & 2 \\ 0 & 0 \end{pmatrix}$

1135 $(15 \quad -12)$　1136 $\begin{pmatrix} -8 \\ 6 \end{pmatrix}$　1137 $\begin{pmatrix} 5 & -22 \\ 3 & -30 \end{pmatrix}$

1138 $\begin{pmatrix} 1 & 5 \\ 3 & -3 \end{pmatrix}$　1139 (1) $\begin{pmatrix} 0 & 0 \\ -2 & -4 \end{pmatrix}$　(2) $\begin{pmatrix} -1 & -2 \\ -6 & -3 \end{pmatrix}$

1140 (1) $\begin{pmatrix} 1 & 0 \\ 2 & 1 \end{pmatrix}$　(2) $\begin{pmatrix} 1 & 0 \\ 3 & 1 \end{pmatrix}$　(3) $\begin{pmatrix} 1 & 0 \\ 10 & 1 \end{pmatrix}$

1141 풀이 참조

1142 (1) $\begin{pmatrix} -1 & 0 \\ 0 & -1 \end{pmatrix}$　(2) $\begin{pmatrix} 1 & 0 \\ 0 & 1 \end{pmatrix}$　(3) $\begin{pmatrix} -1 & 0 \\ 0 & -1 \end{pmatrix}$

1143 풀이 참조

1144 ②　1145 $\begin{pmatrix} 1 & 1 & 1 \\ 3 & 2 & 1 \\ 5 & 4 & 3 \end{pmatrix}$　1146 ③　1147 $\begin{pmatrix} 0 & 1 & 3 \\ 1 & 0 & 2 \\ 3 & 2 & 0 \end{pmatrix}$

1148 ⑤　1149 2　1150 72　1151 ③　1152 ⑤　1153 8

1154 -4　1155 ①　1156 11

1157 $X=\begin{pmatrix} 0 & 0 \\ -1 & 2 \end{pmatrix}$, $Y=\begin{pmatrix} -5 & 0 \\ 2 & -4 \end{pmatrix}$　1158 6　　1159 ①

1160 4　1161 1　1162 ⑤　1163 ②　1164 8　1165 2

1166 14　1167 ③　1168 $\begin{pmatrix} 3 & -2 \\ 4 & -1 \end{pmatrix}$　1169 ②　1170 31

1171 $p=1,\ q=-4$　1172 1016　1173 ④　1174 $\begin{pmatrix} 1 & 0 \\ -1000 & 1 \end{pmatrix}$

1175 -254　1176 ②　1177 ②　1178 ②

1179 $\begin{pmatrix} -66 & 24 \\ -10 & 1 \end{pmatrix}$　1180 $\begin{pmatrix} 6 & -5 \\ 8 & 4 \end{pmatrix}$　1181 8　1182 5

1183 ④　1184 -3　1185 ⑤　1186 -11　1187 ①　1188 ①

1189 3　1190 ①　1191 -1　1192 ④　1193 ③　1194 ⑤

1195 ④　1196 ③　1197 6　1198 ②　1199 ②　1200 ②

1201 ③　1202 40　1203 ④　1204 ②　1205 ④　1206 ⑤

1207 ③　1208 4

1209 ③　1210 $\begin{pmatrix} 1 & 1 & 2 \\ 1 & 0 & 2 \\ 0 & 1 & 1 \end{pmatrix}$　1211 ④　1212 ②

1213 $\begin{pmatrix} 2 & 0 \\ -2 & 2 \end{pmatrix}$　1214 ③　1215 -36　1216 ⑤

1217 ①　1218 4　1219 25　1220 $\begin{pmatrix} 11 & 14 \\ 11 & -7 \end{pmatrix}$　1221 ③

1222 ②　1223 4　1224 ④　1225 ②　1226 ④　1227 $\dfrac{19}{3}$

1228 3　1229 4

1230 12　1231 52　1232 ③　1233 ⑤

0485 ③ **0486** 3 **0487** ② **0488** ③ **0489** ⑤ **0490** 0

0491 $x=2\pm\sqrt{2}i$ **0492** $6x^2+x-1=0$

0493 2 **0494** 4 **0495** ① **0496** 10

05 / 이차방정식과 이차함수   80~93쪽

0497 -1, 4 **0498** $-\dfrac{7}{2}$, 1 **0499** 4 **0500** 2

0501 1 **0502** 0 **0503** (1) $k<1$ (2) $k=1$ (3) $k>1$

0504 -3, -1 **0505** 2 **0506** -3, 2 **0507** 2

0508 0 **0509** 1 **0510** (1) $k>-5$ (2) $k=-5$ (3) $k<-5$

0511 최댓값: 없다., 최솟값: 3 **0512** 최댓값: 없다., 최솟값: $\dfrac{11}{2}$

0513 최댓값: 3, 최솟값: 없다. **0514** 최댓값: 11, 최솟값: 없다.

0515 $a=2$, $b=6$ **0516** $a=4$, $b=-6$

0517 최댓값: 8, 최솟값: 4 **0518** 최댓값: 20, 최솟값: 5

0519 최댓값: 2, 최솟값: -2 **0520** 최댓값: 8, 최솟값: 4

0521 최댓값: 16, 최솟값: 6 **0522** 최댓값: -2, 최솟값: -16

0523 3 **0524** -10 **0525** 9 **0526** 7

0527 ① **0528** ④ **0529** 2 **0530** ③ **0531** 1 **0532** ⑤

0533 ④ **0534** $k\le\dfrac{5}{4}$ **0535** -4 **0536** ② **0537** ①

0538 ② **0539** 4 **0540** ④ **0541** ② **0542** $k>5$

0543 1 **0544** 3 **0545** ② **0546** 16 **0547** 2

0548 $y=-2x$ **0549** ② **0550** 14 **0551** 27 **0552** 7

0553 ② **0554** ② **0555** ④ **0556** 3 **0557** 4 **0558** ⑤

0559 20 **0560** 4 **0561** 1 **0562** ② **0563** 1 **0564** 20

0565 ④ **0566** ③ **0567** 32 m² **0568** 225

0569 ④ **0570** -4 **0571** ㄱ, ㄷ **0572** ④ **0573** -21

0574 ④ **0575** 1 **0576** ① **0577** 1 **0578** ① **0579** 3

0580 ② **0581** ③ **0582** 16 **0583** ④ **0584** ③ **0585** 6

0586 2 **0587** 4

0588 ⑤ **0589** 12 m **0590** ③ **0591** -3

06 / 여러 가지 방정식   94~111쪽

0592 $x=4$ 또는 $x=-2\pm2\sqrt{3}i$

0593 $x=-2$ 또는 $x=0$ 또는 $x=3$

0594 $x=0$ 또는 $x=2$ 또는 $x=-1\pm\sqrt{3}i$

0595 $x=-1$ 또는 $x=2$ 또는 $x=\dfrac{1\pm\sqrt{3}i}{2}$

0596 $x=1$ 또는 $x=1\pm\sqrt{2}$ **0597** $x=-2$ 또는 $x=1\pm\sqrt{5}i$

0598 $x=-1$ 또는 $x=2$ 또는 $x=1\pm\sqrt{3}i$

0599 $x=-1$ 또는 $x=1$ 또는 $x=2\pm\sqrt{7}$

0600 $x=\pm2$ 또는 $x=\pm\sqrt{5}$

0601 $x=-4$ 또는 $x=-2$ 또는 $x=1$ 또는 $x=3$

0602 $x=\pm\sqrt{2}$ 또는 $x=\pm\sqrt{3}$ **0603** $x=\pm2$ 또는 $x=\pm\sqrt{7}$

0604 (1) -2 (2) -3 (3) 8

0605 (1) $-\dfrac{1}{9}$ (2) $-\dfrac{4}{9}$ (3) $-\dfrac{1}{3}$

0606 $x^3+x^2-7x-3=0$ **0607** $x^3-5x^2+17x-13=0$

0608 $8x^3-14x^2+x+5=0$ **0609** $a=-15$, $b=-4$

0610 $a=1$, $b=-4$

0611 (1) 0 (2) -1 (3) 1 (4) 1 (5) -1 (6) 0

0612 (1) 0 (2) 1 (3) 1 (4) -1 (5) 1 (6) 0

0613 $\begin{cases}x=-2\\y=-3\end{cases}$ 또는 $\begin{cases}x=3\\y=2\end{cases}$ **0614** $\begin{cases}x=1\\y=2\end{cases}$ 또는 $\begin{cases}x=2\\y=1\end{cases}$

0615 $\begin{cases}x=-3\sqrt{2}\\y=\sqrt{2}\end{cases}$ 또는 $\begin{cases}x=3\sqrt{2}\\y=-\sqrt{2}\end{cases}$ 또는 $\begin{cases}x=-4\\y=-2\end{cases}$ 또는 $\begin{cases}x=4\\y=2\end{cases}$

0616 $\begin{cases}x=-2\sqrt{5}\\y=\sqrt{5}\end{cases}$ 또는 $\begin{cases}x=2\sqrt{5}\\y=-\sqrt{5}\end{cases}$ 또는 $\begin{cases}x=-6\\y=-3\end{cases}$ 또는 $\begin{cases}x=6\\y=3\end{cases}$

0617 $\begin{cases}x=-1\\y=5\end{cases}$ 또는 $\begin{cases}x=5\\y=-1\end{cases}$ **0618** $\begin{cases}x=2\\y=3\end{cases}$ 또는 $\begin{cases}x=3\\y=2\end{cases}$

0619 $(2, 4)$, $(4, 1)$ **0620** $x=4$, $y=-1$

0621 2 **0622** -4 **0623** 1 **0624** ③ **0625** ③

0626 $-2+3\sqrt{2}$ **0627** 10 **0628** -5 **0629** ① **0630** 12

0631 ③ **0632** ① **0633** ② **0634** ① **0635** 4 **0636** ④

0637 1 **0638** $-\dfrac{3}{2}$ **0639** 7 **0640** ① **0641** -1

0642 ① **0643** ② **0644** ③ **0645** ④ **0646** 3 **0647** 0

0648 ② **0649** -2 **0650** 84 **0651** ① **0652** ① **0653** ⑤

0654 ② **0655** ④ **0656** -2 **0657** 14 **0658** -6 **0659** ①

0660 ② **0661** ② **0662** 0 **0663** ④ **0664** ③ **0665** ⑤

0666 $2\sqrt{2}$ **0667** ④ **0668** 4 **0669** 54 **0670** ①

0671 $\begin{cases}x=-2\\y=2\end{cases}$ 또는 $\begin{cases}x=2\\y=-2\end{cases}$ 또는 $\begin{cases}x=-2\sqrt{3}\\y=-2\sqrt{3}\end{cases}$ 또는 $\begin{cases}x=2\sqrt{3}\\y=2\sqrt{3}\end{cases}$

0672 6 **0673** ① **0674** $(-2, 2)$, $(2, -2)$ **0675** 5

0676 ④ **0677** 3 **0678** ④ **0679** ③ **0680** ① **0681** ⑤

0682 18 **0683** 5 **0684** ③ **0685** 27 **0686** ④ **0687** 3

0232 ③ 0233 ④ 0234 ④ 0235 -4 0236 ③

0237 정삼각형 0238 ⑤

0239 ⑤ 0240 4 0241 64 0242 ③ 0243 -3 0244 ②

0245 7 0246 ⑤ 0247 15 0248 ⑤ 0249 24 0250 ④

0251 ④ 0252 ⑤ 0253 ③ 0254 $(x-y-z)(x+y-z-1)$

0255 -5 0256 ② 0257 12 0258 ⑤ 0259 4

0260 $4x-5$ 0261 12 0262 x^2+3x+4

0263 $42x-83$ 0264 ④ 0265 ③ 0266 40

03 / 복소수 46~61쪽

0267 실수부분: 1, 허수부분: -3

0268 실수부분: $\dfrac{5}{2}$, 허수부분: $-\dfrac{1}{2}$

0269 실수부분: $-\sqrt{2}$, 허수부분: 1

0270 실수부분: 0, 허수부분: 6

0271 실수부분: 5, 허수부분: 0 0272 ㄱ, ㄷ, ㄹ, ㅁ

0273 ㄴ, ㅂ 0274 ㄴ 0275 $x=5$, $y=-6$

0276 $x=2$, $y=4$ 0277 $x=1$, $y=2$ 0278 $x=2$, $y=-1$

0279 $-1+5i$ 0280 $-7-\sqrt{2}i$ 0281 $-8i$

0282 $4\sqrt{3}$ 0283 $-2-2i$ 0284 $-4+10i$

0285 $11-2i$ 0286 $-8+6i$ 0287 $5-i$

0288 $2-5i$ 0289 4 0290 29 0291 $\dfrac{-21+20i}{29}$

0292 -1 0293 $-i$ 0294 -1 0295 $1+i$ 0296 $\sqrt{6}i$ 0297 $-8i$

0298 $\pm2\sqrt{3}i$ 0299 $\pm\dfrac{1}{3}i$ 0300 -9 0301 $-3i$

0302 ③ 0303 ② 0304 3 0305 $4+i$ 0306 ④ 0307 ④

0308 8 0309 ① 0310 2 0311 ③ 0312 1 0313 ③

0314 7 0315 ⑤ 0316 -3 0317 0 0318 ② 0319 ①

0320 $-i$ 0321 -25 0322 16 0323 -1 0324 $-\dfrac{2}{5}$

0325 -6 0326 ㄱ, ㄴ, ㄷ 0327 ⑤ 0328 ② 0329 ⑤

0330 25 0331 ④ 0332 $3-9i$ 0333 ④ 0334 ②

0335 $1\pm\sqrt{2}i$ 0336 3 0337 ③ 0338 ③ 0339 0

0340 60 0341 ④ 0342 ① 0343 ① 0344 i 0345 ③

0346 $-\sqrt{3}+\sqrt{5}i$ 0347 ⑤ 0348 ① 0349 0

0350 $2a+2b$ 0351 ④ 0352 1

0353 ⑤ 0354 ⑤ 0355 ② 0356 5 0357 ④ 0358 ③

0359 ① 0360 ⑤ 0361 ② 0362 ① 0363 ① 0364 ②

0365 ③ 0366 24 0367 $b+c$ 0368 4 0369 $4-2i$

0370 1

0371 $-32-24i$ 0372 $32i$ 0373 24 0374 ①

04 / 이차방정식 62~79쪽

0375 $x=-6$ 또는 $x=-1$ 0376 $x=-4$ 또는 $x=4$

0377 $x=-\dfrac{3}{4}$ 또는 $x=\dfrac{3}{2}$ 0378 $x=-1\pm\sqrt{2}i$

0379 $x=\dfrac{3\pm\sqrt{57}}{2}$ 0380 $x=\dfrac{1\pm\sqrt{3}i}{4}$

0381 $x=-\dfrac{7}{2}$ 또는 $x=1$, 실근

0382 $x=\dfrac{-4\pm\sqrt{2}i}{3}$, 허근 0383 $x=\pm3i$, 허근

0384 서로 다른 두 허근 0385 서로 다른 두 실근

0386 중근 0387 (1) ㄴ, ㄷ, ㅂ (2) ㅁ (3) ㄱ, ㄹ

0388 (1) $k>-\dfrac{1}{12}$ (2) $k=-\dfrac{1}{12}$ (3) $k<-\dfrac{1}{12}$

0389 두 근의 합: -4, 두 근의 곱: 5

0390 두 근의 합: $-\dfrac{8}{3}$, 두 근의 곱: -3

0391 두 근의 합: -1, 두 근의 곱: 7

0392 (1) 2 (2) -6 (3) $-\dfrac{1}{3}$ (4) 16 0393 $x^2+2x-3=0$

0394 $x^2-4x+1=0$ 0395 $x^2-6x+13=0$

0396 $2x^2+x-1=0$

0397 $\left(x+\dfrac{3-\sqrt{33}}{2}\right)\left(x+\dfrac{3+\sqrt{33}}{2}\right)$

0398 $(x-9i)(x+9i)$

0399 $2\left(x-1-\dfrac{\sqrt{6}}{2}i\right)\left(x-1+\dfrac{\sqrt{6}}{2}i\right)$

0400 $a=-2$, $b=-1$ 0401 $a=4$, $b=-44$

0402 $a=-2$, $b=10$ 0403 $a=6$, $b=11$

0404 ④ 0405 ④ 0406 5 0407 1 0408 ① 0409 ②

0410 -2 0411 $x=1$ 또는 $x=4$ 0412 -45

0413 ① 0414 $x=-3$ 또는 $x=3$ 0415 ③ 0416 2 m

0417 ④ 0418 ④ 0419 $k<-4$ 0420 ② 0421 ②

0422 ③ 0423 ② 0424 1 0425 ④ 0426 실근

0427 서로 다른 두 허근 0428 서로 다른 두 실근

0429 ③ 0430 빗변의 길이가 a인 직각삼각형 0431 ③

0432 ② 0433 ① 0434 ② 0435 ⑤ 0436 -3 0437 22

0438 ④ 0439 $\sqrt{5}$ 0440 ⑤ 0441 ④ 0442 9 0443 ②

0444 ④ 0445 10 0446 ② 0447 10 0448 ⑤ 0449 ③

0450 1 0451 17 0452 -3 0453 ② 0454 ④ 0455 $\dfrac{1}{3}$

0456 ② 0457 ① 0458 2 0459 3 0460 $x^2+x+4=0$

0461 ⑤ 0462 $5x^2-7x+1=0$ 0463 ② 0464 ②

0465 ① 0466 ④ 0467 ② 0468 $\dfrac{1}{2}$ 0469 ⑤ 0470 -5

0471 76 0472 ④

0473 ④ 0474 ① 0475 ③ 0476 ② 0477 -5 0478 ③

0479 ③ 0480 1 0481 ④ 0482 ① 0483 4 0484 ②

유형 만렙

기출로 다지는 필수 유형서

공통수학 1

Structure
구성과 특징

A 개념 확인

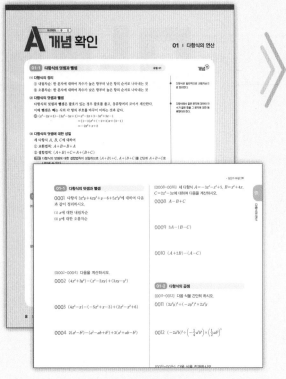

- 교과서 핵심 개념을 중단원별로 제공
- 개념을 익힐 수 있도록 충분한 기본 문제 제공
- 개념 이해를 도울 수 있는 예, 참고, TIP, 개념⁺ 등을 제공

B 유형 완성

- 학교 기출 문제를 철저하게 분석하여 '개념, 발문 형태, 전략'에 따라 유형을 분류
- 학교 시험에 자주 출제되는 유형을 빈출로 구성
- 유형별로 문제를 해결하는 데 필요한 개념이나 풀이 전략 제공
- 유형별로 실력을 완성할 수 있게 유형 내 문제를 난이도 순서대로 구성
- 서술형으로 출제되는 문제는 답안 작성을 연습할 수 있도록 서술형 문제 구성
- 각 유형마다 실력을 탄탄히 다질 수 있게 개념루트 교재와 연계

AB 유형 점검

C 실력 향상

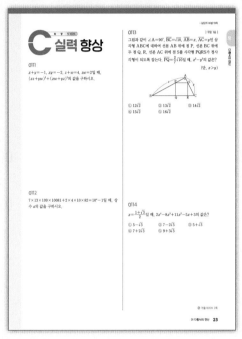

- 앞에서 학습한 A, B단계 문제를 풀어 실력 점검
- 틀린 문제는 해당 유형을 다시 점검할 수 있도록 문제마다 유형 제공
- 학교 시험에 자주 출제되는 서술형 문제 제공

- 사고력 문제를 풀어 고난도 시험 문제 대비

시험 직전 기출 440문제로 실전 대비

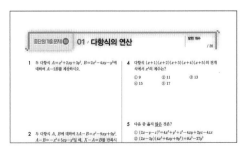

- 학교 시험에 자주 출제되는 문제로 실전 대비

Contents
차례

Ⅰ

다항식

01 / 다항식의 연산   008

02 / 나머지 정리와 인수분해   024

Ⅱ

방정식과 부등식

03 / 복소수   046

04 / 이차방정식   062

05 / 이차방정식과 이차함수   080

06 / 여러 가지 방정식   094

07 / 연립일차부등식   112

08 / 이차부등식   124

경우의 수

09 / 경우의 수와 순열   146

10 / 조합   162

행렬

11 / 행렬의 연산   176

기출
BOOK

I

다항식

01 / 다항식의 연산

유형 **01** 다항식의 덧셈과 뺄셈
유형 **02** 다항식의 전개식에서 계수 구하기
유형 **03** 곱셈 공식을 이용한 식의 전개
유형 **04** 공통부분이 있는 식의 전개
유형 **05** 곱셈 공식의 변형 $- x^n \pm y^n$ 꼴
유형 **06** 곱셈 공식의 변형 $- x^n \pm \dfrac{1}{x^n}$ 꼴
유형 **07** 곱셈 공식의 변형 $-$ 문자가 3개인 경우
유형 **08** 곱셈 공식을 이용한 수의 계산
유형 **09** 곱셈 공식의 도형에의 활용
유형 **10** 다항식의 나눗셈 $-$ 몫과 나머지
유형 **11** 다항식의 나눗셈 $- A = BQ + R$ 꼴의 이용
유형 **12** 몫과 나머지의 변형
유형 **13** 조립제법

02 / 나머지 정리와 인수분해

유형 **01** 항등식에서 미정계수 구하기 $-$ 계수비교법
유형 **02** 항등식에서 미정계수 구하기 $-$ 수치대입법
유형 **03** 조건을 만족시키는 항등식
유형 **04** 항등식에서 계수의 합 구하기
유형 **05** 다항식의 나눗셈과 항등식
유형 **06** 조립제법과 항등식
유형 **07** 나머지 정리 $-$ 일차식으로 나누는 경우
유형 **08** 나머지 정리 $-$ 이차식으로 나누는 경우
유형 **09** 나머지 정리 $-$ 삼차식으로 나누는 경우
유형 **10** 몫을 $x - \alpha$로 나누는 경우
유형 **11** $f(ax + b)$를 $x - \alpha$로 나누는 경우
유형 **12** 나머지 정리를 이용한 수의 나눗셈
유형 **13** 인수 정리 $-$ 일차식으로 나누는 경우
유형 **14** 인수 정리 $-$ 이차식으로 나누는 경우
유형 **15** 공식을 이용한 인수분해
유형 **16** 공통부분이 있는 식의 인수분해
유형 **17** $x^4 + ax^2 + b$ 꼴인 식의 인수분해
유형 **18** 여러 개의 문자를 포함한 식의 인수분해
유형 **19** 인수 정리를 이용한 인수분해
유형 **20** 계수가 대칭인 사차식의 인수분해
유형 **21** 인수분해의 활용 $-$ 수의 계산
유형 **22** 인수분해의 활용 $-$ 식의 값
유형 **23** 인수분해의 활용 $-$ 삼각형의 모양 판단

01-1 다항식의 덧셈과 뺄셈   유형 01

(1) 다항식의 정리

① 내림차순: 한 문자에 대하여 차수가 높은 항부터 낮은 항의 순서로 나타내는 것

② 오름차순: 한 문자에 대하여 차수가 낮은 항부터 높은 항의 순서로 나타내는 것

> 다항식은 일반적으로 내림차순으로 정리한다.

(2) 다항식의 덧셈과 뺄셈

다항식의 덧셈과 뺄셈은 괄호가 있는 경우 괄호를 풀고, 동류항끼리 모아서 계산한다.
이때 뺄셈은 빼는 식의 각 항의 부호를 바꾸어 더하는 것과 같다.

> 다항식에서 같은 문자에 대하여 차수가 같은 항을 그 문자에 대한 동류항이라 한다.

예) $(x^2-2x+3)-(3x^2-3x+1)=x^2-2x+3-3x^2+3x-1$
$$=(1-3)x^2+(-2+3)x+(3-1)$$
$$=-2x^2+x+2$$

(3) 다항식의 덧셈에 대한 성질

세 다항식 A, B, C에 대하여

① 교환법칙: $A+B=B+A$

② 결합법칙: $(A+B)+C=A+(B+C)$

참고 다항식의 덧셈에 대한 결합법칙이 성립하므로 $(A+B)+C$, $A+(B+C)$를 간단히 $A+B+C$로 나타낼 수 있다.

01-2 다항식의 곱셈   유형 02, 04

(1) 다항식의 곱셈

다항식의 곱셈은 단항식의 곱과 분배법칙을 이용하여 식을 전개한 다음 동류항끼리 모아서 계산한다.

참고 괄호를 풀어 하나의 다항식으로 나타내는 것을 전개한다고 한다.

> 다항식의 곱셈에서는 다음 지수법칙을 이용한다.
> $x^m x^n = x^{m+n}$ (단, m, n은 자연수)

예) $(2x+3y)(x+4y)=2x^2+8xy+3xy+12y^2$ → 단항식의 곱과 분배법칙을 이용하여 전개한다.
$$=2x^2+11xy+12y^2$$ → 동류항끼리 모아서 계산한다.

(2) 다항식의 곱셈에 대한 성질

세 다항식 A, B, C에 대하여

① 교환법칙: $AB=BA$

② 결합법칙: $(AB)C=A(BC)$

③ 분배법칙: $A(B+C)=AB+AC$, $(A+B)C=AC+BC$

참고 다항식의 곱셈에 대한 결합법칙이 성립하므로 $(AB)C$, $A(BC)$를 간단히 ABC로 나타낼 수 있다.

01-1 다항식의 덧셈과 뺄셈

0001 다항식 $3x^2y+4xy^2+y-6+5x^2y^2$에 대하여 다음과 같이 정리하시오.

(1) x에 대한 내림차순
(2) y에 대한 오름차순

[0002~0004] 다음을 계산하시오.

0002 $(4x^2+3y^2)-(x^2-2xy)+(3xy-y^2)$

0003 $(4x^3-x)-(-5x^2+x-3)+(2x^2-x^3+6)$

0004 $2(a^2-b^2)-(a^2-ab+b^2)+3(a^2+ab-b^2)$

[0005~0007] 두 다항식 $A=2x^2+3xy+y^2$, $B=x^2-4xy-y^2$에 대하여 다음을 계산하시오.

0005 $A+3B$

0006 $4A-7B$

0007 $2B-(3A+B)$

[0008~0010] 세 다항식 $A=-3x^3-x^2+5$, $B=x^2+4x$, $C=2x^3-3x$에 대하여 다음을 계산하시오.

0008 $A-B+C$

0009 $3A-(B-C)$

0010 $(A+2B)-(A-C)$

01-2 다항식의 곱셈

[0011~0012] 다음 식을 간단히 하시오.

0011 $(3x^2y)^2 \div (-xy^2)^4 \times 2x^2y$

0012 $(-2a^2b)^2 \div \left(-\dfrac{1}{4}a^3b^4\right) \times \left(\dfrac{1}{2}ab^2\right)^3$

[0013~0016] 다음 식을 전개하시오.

0013 $4x(x^2-x+3)$

0014 $(x-1)(x^2-3x+1)$

0015 $(2x^2-3xy+y^2)(x-4y)$

0016 $(2x-y+3)(3x-2y+4)$

01-3 곱셈 공식

유형 03~09

개념⁺

(1) 곱셈 공식

① $(a+b)^2=a^2+2ab+b^2$, $(a-b)^2=a^2-2ab+b^2$ ⎤
② $(a+b)(a-b)=a^2-b^2$ ⎟
③ $(x+a)(x+b)=x^2+(a+b)x+ab$ ⎟ 중학 수학
④ $(ax+b)(cx+d)=acx^2+(ad+bc)x+bd$ ⎦
⑤ $(a+b+c)^2=a^2+b^2+c^2+2ab+2bc+2ca$
⑥ $(a+b)^3=a^3+3a^2b+3ab^2+b^3$, $(a-b)^3=a^3-3a^2b+3ab^2-b^3$
⑦ $(a+b)(a^2-ab+b^2)=a^3+b^3$, $(a-b)(a^2+ab+b^2)=a^3-b^3$
⑧ $(x+a)(x+b)(x+c)=x^3+(a+b+c)x^2+(ab+bc+ca)x+abc$
⑨ $(a+b+c)(a^2+b^2+c^2-ab-bc-ca)=a^3+b^3+c^3-3abc$
⑩ $(a^2+ab+b^2)(a^2-ab+b^2)=a^4+a^2b^2+b^4$

(2) 곱셈 공식의 변형

① $a^2+b^2=(a+b)^2-2ab$
      $=(a-b)^2+2ab$
② $(a+b)^2=(a-b)^2+4ab$, $(a-b)^2=(a+b)^2-4ab$
③ $a^3+b^3=(a+b)^3-3ab(a+b)$, $a^3-b^3=(a-b)^3+3ab(a-b)$
④ $a^2+b^2+c^2=(a+b+c)^2-2(ab+bc+ca)$
⑤ $a^2+b^2+c^2-ab-bc-ca=\dfrac{1}{2}\{(a-b)^2+(b-c)^2+(c-a)^2\}$

   $a^2+b^2+c^2+ab+bc+ca=\dfrac{1}{2}\{(a+b)^2+(b+c)^2+(c+a)^2\}$

⑥ $a^3+b^3+c^3=(a+b+c)(a^2+b^2+c^2-ab-bc-ca)+3abc$

참고 · $x^2+\dfrac{1}{x^2}=\left(x+\dfrac{1}{x}\right)^2-2=\left(x-\dfrac{1}{x}\right)^2+2$

   · $x^3+\dfrac{1}{x^3}=\left(x+\dfrac{1}{x}\right)^3-3\left(x+\dfrac{1}{x}\right)$, $x^3-\dfrac{1}{x^3}=\left(x-\dfrac{1}{x}\right)^3+3\left(x-\dfrac{1}{x}\right)$

● 곱셈 공식을 적당히 변형하면 여러 가지 식의 값을 간단히 구할 수 있다.

01-4 다항식의 나눗셈

유형 10~13

(1) 다항식의 나눗셈
  각 다항식을 내림차순으로 정리한 후 자연수의 나눗셈과 같은 방법으로 계산한다.

(2) 다항식의 나눗셈에 대한 등식
  다항식 A를 다항식 $B\,(B\neq0)$로 나누었을 때의 몫을 Q, 나머지를 R라 하면
    $A=BQ+R$ (단, R는 상수 또는 (R의 차수)<(B의 차수))
  특히 $R=0$이면 A는 B로 나누어떨어진다고 한다.

(3) 조립제법
  다항식을 일차식으로 나눌 때, 계수와 상수항을 이용하여 몫과 나머지를 구하는 방법을 조립제법이라 한다.
  이때 특정한 차수의 항이 없을 때는 그 항의 계수를 0으로 쓴다.

● 다항식의 나눗셈에서는 다음 지수 법칙을 이용한다.
$x^m\div x^n=\begin{cases}x^{m-n} & (m>n)\\ 1 & (m=n)\end{cases}$
(단, $x\neq0$이고, m, n은 자연수)

● 다항식의 나눗셈을 할 때는 차수를 맞춰서 계산한다.

01-3 곱셈 공식

[0017~0028] 곱셈 공식을 이용하여 다음 식을 전개하시오.

0017 $(2x-3y)^2$

0018 $(3a+b)(3a-b)$

0019 $(x+7)(x-3)$

0020 $(2x-5y)(3x+2y)$

0021 $(a-2b+c)^2$

0022 $(x+2)^3$

0023 $(3a-b)^3$

0024 $(3x+1)(9x^2-3x+1)$

0025 $(a-1)(a^2+a+1)$

0026 $(x+2)(x+3)(x+4)$

0027 $(x+y+1)(x^2+y^2+1-xy-x-y)$

0028 $(x^2+3x+9)(x^2-3x+9)$

0029 $a+b=3$, $ab=-1$일 때, 다음 식의 값을 구하시오.

(1) a^2+b^2　　　　　　(2) a^3+b^3

0030 $x-y=-2$, $xy=5$일 때, 다음 식의 값을 구하시오.

(1) x^2+y^2　　　　　　(2) x^3-y^3

0031 $a=\sqrt{3}+1$, $b=\sqrt{3}-1$일 때, 다음 식의 값을 구하시오.

(1) a^2+b^2　　　　　　(2) a^3-b^3

0032 $x+\dfrac{1}{x}=3$일 때, 다음 식의 값을 구하시오.

(1) $x^2+\dfrac{1}{x^2}$　　　　　　(2) $x^3+\dfrac{1}{x^3}$

01-4 다항식의 나눗셈

[0033~0035] 다음 나눗셈의 몫과 나머지를 구하시오.

0033 $(x^3+2x^2-x+3)\div(x-2)$

0034 $(2x^3-3x^2+4x+1)\div(2x+1)$

0035 $(3x^3-6x^2-1)\div(x^2+x+1)$

[0036~0038] 조립제법을 이용하여 다음 나눗셈의 몫과 나머지를 구하시오.

0036 $(x^3-4x-12)\div(x-3)$

0037 $(2x^3+5x^2-x-4)\div(x+2)$

0038 $(4x^3+8x^2-5x+3)\div\left(x-\dfrac{1}{2}\right)$

B 유형 완성

하10% ··· 중80% ··· 상10%

빈출

◆ 개념루트 공통수학 1 10쪽

유형 01 다항식의 덧셈과 뺄셈

다항식의 덧셈과 뺄셈은 다음과 같은 순서로 계산한다.
(1) 괄호가 있는 경우 괄호를 푼다.
(2) 동류항끼리 모아서 간단히 한다.

0039 대표 문제

세 다항식
$$A=2x^3-x^2-x+6,\ B=x^3-2x,\ C=3x^3-x^2$$
에 대하여 $3(A-B)+2(B+C)$를 계산하면?

① $-11x^3-10x^2-3x-18$
② $-7x^3-5x^2+x+6$
③ $7x^3+10x^2+3x-6$
④ $11x^3-5x^2-x+18$
⑤ $11x^3+5x^2+3x-6$

0040 하 |학평 기출|

두 다항식 $A=2x^3+x^2-4x+1$, $B=x^2-4x+3$에 대하여 $A-2X=B$를 만족시키는 다항식 X는?

① x^2+1 ② x^2+2 ③ x^3-1
④ x^3-2 ⑤ x^3+3

0041 중

두 다항식 P, Q에 대하여
$$\langle P,\ Q\rangle=2P-Q+3$$
이라 할 때, $\langle x+2y-1,\ 3x-4y+1\rangle$을 계산하면?

① $-x+3y$ ② $-x+8y$ ③ $-x+8y+1$
④ $5x-2y$ ⑤ $5x-2y+3$

0042 중 서술형

두 다항식 A, B에 대하여
$$A+2B=x^3+6x^2-5x+3,$$
$$A-B=4x^3-9x^2+4x-3$$
일 때, $A+B$를 계산하시오.

0043 상

다음 표에서 가로, 세로, 대각선에 놓인 세 다항식의 합이 모두 $15x^2+6$이 되도록 빈칸을 채울 때, A에 알맞은 다항식을 구하시오.

$2x^2-3x+5$		$6x^2-x+3$
	$3x^2-4x+6$	A

◆ 개념루트 공통수학 1 16쪽

유형 02 다항식의 전개식에서 계수 구하기

다항식의 전개식에서 특정 항의 계수를 구할 때는 분배법칙을 이용하여 특정한 항이 나오도록 각 다항식에서 하나씩 선택하여 곱한다.

0044 대표 문제

다항식 $(x^3+4x-1)(2x^2-x+3)$의 전개식에서 x^3의 계수를 구하시오.

0045 (하)

다항식 $(x-2y-3)(4x+5y-6)$의 전개식에서 xy의 계수는?

① -3 ② -2 ③ -1

④ 1 ⑤ 2

0046 (종)

다항식 $(2x^2+x-3)(x^2-5x+k)$의 전개식에서 x^2의 계수가 -6일 때, 상수 k의 값은?

① -2 ② -1 ③ 1

④ 2 ⑤ 3

0047 (상) │서술형│

다항식 $(1-x+x^2-x^3+x^4-\cdots+x^{50})^2$의 전개식에서 x^4의 계수를 a, x^5의 계수를 b라 할 때, $a+b$의 값을 구하시오.

◆◆ 개념루트 공통수학1 18쪽

유형 03 **곱셈 공식을 이용한 식의 전개**

곱셈 공식을 이용하여 식을 전개할 때는 곱셈 공식 중 어느 공식을 적용해야 할지 파악한 후 계수와 그 부호에 유의하여 전개한다.

0048 대표 문제

다음 중 옳은 것은?

① $(a-b-1)^2=a^2+b^2+2ab+2a-2b+1$

② $(a+2b)^3=a^3+12a^2b+6ab^2+8b^3$

③ $(x+1)(x^2-x+1)=x^3-1$

④ $(x-y)(x+y)(x^2+y^2)(x^4+y^4)=x^8+y^8$

⑤ $(x+1)(x+2)(x+3)=x^3+6x^2+11x+6$

0049 (하)

다항식 $(x-y+z)(x^2+y^2+z^2+xy+yz-zx)$를 전개하시오.

0050 (종) │학평 기출│

세 실수 x, y, z가 $x^2+y^2+4z^2=62$, $xy-2yz+2zx=13$을 만족시킬 때, $(x-y-2z)^2$의 값을 구하시오.

0051 (종)

다항식 $(x+3)(x-3)(x^2+3x+9)(x^2-3x+9)$를 전개하면?

① x^6+81 ② x^6-729

③ x^6+729 ④ x^6-27x^3+729

⑤ x^6+27x^3+729

0052 (상)

$x+y+z=2$, $xy+yz+zx=-1$, $xyz=-2$일 때, $(x+y)(y+z)(z+x)$의 값은?

① -1 ② 0 ③ 1

④ 2 ⑤ 3

유형 04 **공통부분이 있는 식의 전개**

(1) 공통부분을 한 문자로 놓고 곱셈 공식을 이용한다.
(2) (   )(   )(   )(   ) 꼴은 공통부분이 생기도록 적당히 짝을 지어 전개한 후 곱셈 공식을 이용한다.

0053 대표 문제

다항식 $(x^2+x-3)(x^2-4x-3)$을 전개한 식이 $x^4+ax^3+bx^2+cx+9$일 때, 상수 a, b, c에 대하여 $a-b-c$의 값을 구하시오.

0054 하

다항식 $(x+y+z)(x+y-z)$를 전개하면?

① $x^2-2xy-y^2-z^2$ ② $x^2-2xy+y^2-z^2$
③ $x^2-2xy+y^2+z^2$ ④ $x^2+2xy+y^2-z^2$
⑤ $x^2+2xy+y^2+z^2$

0055 중

다항식 $(x-2)(x-4)(x+3)(x+5)$를 전개하시오.

0056 중

다항식 $(x^2+x+1)(x^2-x+1)(x^4-3x^2+1)$을 전개하면 $ax^8+bx^6+cx^4+dx^2+1$일 때, 상수 a, b, c, d에 대하여 $abcd$의 값은?

① -4 ② -3 ③ -2
④ 3   ⑤ 4

0057 상

$a=\sqrt{3}$일 때,
$$\{(3+2a)^3+(3-2a)^3\}^2-\{(3+2a)^3-(3-2a)^3\}^2$$
의 값을 구하시오.

 빈출

유형 05 **곱셈 공식의 변형 – $x^n \pm y^n$ 꼴**

(1) $a^2+b^2=(a+b)^2-2ab=(a-b)^2+2ab$
(2) $a^3+b^3=(a+b)^3-3ab(a+b)$
(3) $a^3-b^3=(a-b)^3+3ab(a-b)$

0058 대표 문제

$x+y=1$, $x^2+y^2=5$일 때, x^3+y^3의 값을 구하시오.

0059 중

$a+b=3$, $a^2+b^2=11$일 때, a^3-b^3의 값을 구하시오.
(단, $a>b$)

0060
서술형
$x-y=4$, $x^3-y^3=28$일 때, $|x+y|$의 값을 구하시오.

0061 ⑧
$x=1+\sqrt{2}$, $y=1-\sqrt{2}$일 때, $\dfrac{x^2}{y}+\dfrac{y^2}{x}$의 값을 구하시오.

0062 ⑧
양수 a, b에 대하여 $a^2+ab+b^2=14$, $a^2-ab+b^2=10$일 때, a^3+b^3의 값은?

① 12   ② 20   ③ 28
④ 32   ⑤ 40

0063 ⑧
$x+y=1$, $x^3+y^3=4$일 때, 다음 식의 값을 구하시오.

(1) x^4+y^4
(2) x^5+y^5

빈출

유형 06 곱셈 공식의 변형 − $x^n \pm \dfrac{1}{x^n}$ 꼴

(1) $x^2+\dfrac{1}{x^2}=\left(x+\dfrac{1}{x}\right)^2-2=\left(x-\dfrac{1}{x}\right)^2+2$

(2) $x^3+\dfrac{1}{x^3}=\left(x+\dfrac{1}{x}\right)^3-3\left(x+\dfrac{1}{x}\right)$

(3) $x^3-\dfrac{1}{x^3}=\left(x-\dfrac{1}{x}\right)^3+3\left(x-\dfrac{1}{x}\right)$

참고 $x^2-px+1=0$ 꼴의 조건식이 주어진 경우에는 $x\neq0$이므로 양변을 x로 나누어 $x+\dfrac{1}{x}=p$ 꼴로 변형한다.

0064 대표 문제
$x^2-x-1=0$일 때, $x^3-\dfrac{1}{x^3}$의 값은?

① -4 ② -2 ③ 2
④ 4   ⑤ 6

0065 ⑧
$x+\dfrac{1}{x}=\sqrt{13}$일 때, $x^3-\dfrac{1}{x^3}$의 값을 구하시오. (단, $x>1$)

0066 ⑧
$x^2+\dfrac{1}{x^2}=5$일 때, $x^3+\dfrac{1}{x^3}$의 값은? (단, $x>0$)

① 10   ② $4\sqrt{7}$ ③ 12
④ $5\sqrt{7}$ ⑤ 14

0067 (상)

서술형

$x^2-6x+1=0$일 때, $x^3-2x^2-10-\dfrac{2}{x^2}+\dfrac{1}{x^3}$의 값을 구하시오.

◇◆ 개념루트 공통수학 1 24쪽

유형 07 곱셈 공식의 변형 – 문자가 **3개인 경우**

(1) $a^2+b^2+c^2=(a+b+c)^2-2(ab+bc+ca)$

(2) $a^3+b^3+c^3$
$=(a+b+c)(a^2+b^2+c^2-ab-bc-ca)+3abc$

(3) $a^2+b^2+c^2-ab-bc-ca$
$=\dfrac{1}{2}\{(a-b)^2+(b-c)^2+(c-a)^2\}$

0068 대표 문제

$a+b+c=-6$, $ab+bc+ca=4$, $abc=2$일 때,
$\dfrac{a}{bc}+\dfrac{b}{ca}+\dfrac{c}{ab}$의 값을 구하시오.

0069 (중)

$a+b+c=-1$, $a^2+b^2+c^2=21$, $abc=-8$일 때,
$a^3+b^3+c^3$의 값은?

① -55 ② -31 ③ 24

④ 31 ⑤ 55

0070 (중)

$x+y+z=2$, $x^2+y^2+z^2=6$, $x^3+y^3+z^3=8$일 때,
$x^2y^2+y^2z^2+z^2x^2$의 값을 구하시오.

0071 (중)

$x+y+z=3$, $x^2+y^2+z^2=19$, $xyz=-4$일 때,
$(x+y)(y+z)(z+x)$의 값은?

① -17 ② -11 ③ -5

④ 11 ⑤ 17

0072 (상)

$a-b=5$, $b-c=-2$일 때, $a^2+b^2+c^2-ab-bc-ca$의 값은?

① 17 ② 19 ③ 21

④ 23 ⑤ 25

유형 08 곱셈 공식을 이용한 수의 계산

곱셈 공식을 이용할 수 있도록 식을 변형하거나 하나의 수를 두 수의 합 또는 차로 나타낸다. 이때 반복되는 수는 같은 문자로 생각한다.

0073 대표 문제

$(3+2)(3^2+2^2)(3^4+2^4)$을 계산하면?

① 3^4-2^4 ② 3^6-2^6 ③ 3^6+2^6

④ 3^8-2^8 ⑤ 3^8+2^8

0074 ⊛

$\dfrac{1024^2}{1023(1024^2+1025)+1}$ 을 계산하면?

① $\dfrac{1}{1025}$ ② $\dfrac{1}{1024}$ ③ $\dfrac{1}{1023}$

④ 1024   ⑤ 1025

0075 ⊛

99^3+101^3의 각 자리의 숫자의 합을 구하시오.

◈◈ 개념루트 공통수학 1 26쪽

유형 09   곱셈 공식의 도형에의 활용

주어진 도형에서 선분의 길이를 문자로 놓고 주어진 둘레의 길이, 넓이, 부피 등을 이용하여 식을 세운 후 곱셈 공식을 이용한다.

(1) 직사각형
  ① (둘레의 길이)$=2(a+b)$
  ② (넓이)$=ab$
  ③ $c^2=a^2+b^2=(a+b)^2-2ab$

(2) 직육면체
  ① (모든 모서리의 길이의 합)
    $=4(a+b+c)$
  ② (겉넓이)$=2(ab+bc+ca)$
  ③ $d^2=a^2+b^2+c^2$
    $=(a+b+c)^2-2(ab+bc+ca)$

0076   대표 문제

모든 모서리의 길이의 합이 48이고, 겉넓이가 94인 직육면체의 대각선의 길이를 구하시오.

0077 ⊛

오른쪽 그림과 같이 반지름의 길이가 3인 원에 둘레의 길이가 16인 직사각형이 내접할 때, 이 직사각형의 넓이는?

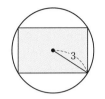

① 12   ② 14

③ 16   ④ 18

⑤ 20

0078 ⊛   서술형

다음 그림과 같은 두 정육면체의 한 모서리의 길이의 합이 9이고, 부피의 합이 243일 때, 이 두 정육면체의 겉넓이의 합을 구하시오.

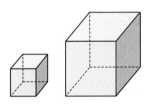

0079 ⊛ | 학평 기출 |

그림과 같이 ∠C$=90°$인 직각삼각형 ABC가 있다.
$\overline{AB}=2\sqrt{6}$이고 삼각형 ABC의 넓이가 3일 때, $\overline{AC}^3+\overline{BC}^3$의 값을 구하시오.

◆◆ 개념루트 공통수학1 30쪽

유형 10 다항식의 나눗셈 – 몫과 나머지

다항식의 나눗셈은 각 다항식을 내림차순으로 정리한 후 자연수의 나눗셈과 같은 방법으로 계산한다. 이때 나머지의 차수가 나누는 식의 차수보다 낮아지거나 나머지가 상수가 될 때까지 나눈다.

0080 [대표 문제]

다항식 $3x^3-2x^2+10$을 x^2-x+5로 나누었을 때의 몫이 $ax+b$이고 나머지가 $cx+d$일 때, 상수 a, b, c, d에 대하여 $ad+bc$의 값은?

① -3 ② -1 ③ 0
④ 1 ⑤ 3

0081 ⑨

다음은 다항식 $4x^3-3x+2$를 $2x-1$로 나누는 과정이다. 이때 상수 a, b, c, d에 대하여 $a+b+c+d$의 값을 구하시오.

$$
\begin{array}{r}
ax^2+x-1 \\
2x-1 \overline{)4x^3-3x+2} \\
\underline{4x^3-2x^2} \\
bx^2-3x \\
\underline{2x^2-x} \\
-2x+c \\
\underline{-2x+1} \\
d
\end{array}
$$

0082 ⑨

| 학평 기출 |

다항식 $2x^3-x^2+x+3$을 $x+1$로 나눈 몫을 $Q(x)$라 할 때, $Q(-1)$의 값을 구하시오.

0083 ⑨

서술형

다항식 x^3-4x^2+ax-5가 x^2+x+b로 나누어떨어질 때, 상수 a, b에 대하여 $a+b$의 값을 구하시오.

◆◆ 개념루트 공통수학1 30쪽

유형 11 다항식의 나눗셈 – $A=BQ+R$ 꼴의 이용

다항식 A를 다항식 $B\,(B\neq0)$로 나누었을 때의 몫을 Q, 나머지를 R라 하면
$$A=BQ+R \text{ (단, } R\text{는 상수 또는 }(R\text{의 차수})<(B\text{의 차수}))$$

0084 [대표 문제]

다항식 $2x^3+3x^2-x+2$를 다항식 A로 나누었을 때의 몫이 $2x+1$이고 나머지가 3일 때, 다항식 A는?

① x^2-x-2 ② x^2-x-1 ③ x^2+x-2
④ x^2+x-1 ⑤ x^2+x+1

0085 ⑨

다항식 $f(x)$를 $x+2$로 나누었을 때의 몫이 $3x-5$이고 나머지가 3일 때, $f(x)$를 $x-2$로 나누었을 때의 몫과 나머지를 구하시오.

0086 ⑧

$x^2-2x-2=0$일 때, $x^4+5x^3-3x^2-40x+14$의 값을 구하시오.

◇◆ 개념루트 공통수학1 32쪽

유형 12 몫과 나머지의 변형

다항식 $f(x)$를 $x+\dfrac{b}{a}(a\neq0)$로 나누었을 때의 몫을 $Q(x)$, 나머지를 R라 하면

$$f(x)=\left(x+\dfrac{b}{a}\right)Q(x)+R$$
$$=\dfrac{1}{a}(ax+b)Q(x)+R$$
$$=(ax+b)\times\dfrac{1}{a}Q(x)+R$$

➡ 다항식 $f(x)$를 $ax+b$로 나누었을 때의 몫은 $\dfrac{1}{a}Q(x)$, 나머지는 R이다.

0087 대표 문제

다항식 $f(x)$를 $x+\dfrac{1}{2}$로 나누었을 때의 몫을 $Q(x)$, 나머지를 R라 할 때, $f(x)$를 $2x+1$로 나누었을 때의 몫과 나머지를 차례대로 나열한 것은?

① $\dfrac{1}{2}Q(x),\ R$ ② $\dfrac{1}{2}Q(x),\ 2R$ ③ $Q(x),\ R$

④ $2Q(x),\ R$ ⑤ $2Q(x),\ 2R$

0088 ⑧

다항식 $f(x)$를 $3x-2$로 나누었을 때의 몫을 $Q(x)$, 나머지를 R라 할 때, $xf(x)$를 $x-\dfrac{2}{3}$로 나누었을 때의 몫과 나머지를 차례대로 나열한 것은?

① $\dfrac{1}{3}xQ(x),\ R$ ② $\dfrac{1}{3}xQ(x)+R,\ \dfrac{2}{3}R$

③ $xQ(x)+R,\ \dfrac{2}{3}R$ ④ $3xQ(x),\ R$

⑤ $3xQ(x)+R,\ \dfrac{2}{3}R$

유형 13 조립제법

다항식을 일차식으로 나누었을 때의 몫과 나머지를 구할 때는 조립제법을 이용하면 편리하다.

0089 대표 문제

다항식 x^3+2x-3을 $x+1$로 나누었을 때의 몫과 나머지를 오른쪽과 같이 조립제법을 이용하여 구하려고 한다. 이때 a, b, c, d, e에 대하여 $a+b+c+d+e$의 값을 구하시오.

a	1	b	2	-3
		-1	c	-3
	1	-1	d	e

0090 ⑧   서술형 ♀

다항식 x^3-3x^2-6x+9를 $x+2$로 나누었을 때의 몫을 $Q(x)$라 할 때, $Q(x)$를 $x-1$로 나누었을 때의 몫을 구하시오.

0091 ⑧ | 학평 기출 |

다음은 다항식 $3x^3-7x^2+5x+1$을 $3x-1$로 나눈 몫과 나머지를 구하기 위하여 조립제법을 이용하는 과정이다.

조립제법을 이용하면

$\dfrac{1}{3}$	3	-7	5	1
		☐	☐	1
	3	☐	☐	2

이므로

$$3x^3-7x^2+5x+1=\left(x-\dfrac{1}{3}\right)(\boxed{㉮})+2$$
$$=(3x-1)(\boxed{㉯})+2$$

이다. 따라서 몫은 $\boxed{㉯}$이고, 나머지는 2이다.

위의 ㉮, ㉯에 들어갈 식을 각각 $f(x)$, $g(x)$라 할 때, $f(2)+g(2)$의 값은?

① 1   ② 2   ③ 3

④ 4   ⑤ 5

AB 유형 점검

0092 유형 01

세 다항식 A, B, C에 대하여
$$A+B=2x^3-x^2+4x+6,$$
$$B+C=x^3-2x,$$
$$C+A=3x^3-x^2$$
일 때, $A+B+C$를 계산하면?

① $-6x^3+2x^2-4x-6$
② $-3x^3+x^2+2x-3$
③ $3x^3-x^2+x+3$
④ $6x^3-2x^2+2x+6$
⑤ $6x^3+4x^2-2x+6$

0093 유형 02

다항식 $(x^2-2x+1)(2x^3-x+3)$의 전개식에서 x^2의 계수를 a, x^3의 계수를 b라 할 때, $a+b$의 값을 구하시오.

0094 유형 03

$(x+y)(x^2-xy+y^2)+(x-2y)(x^2+2xy+4y^2)$을 계산하면?

① x^3-3y^3 ② x^3+3y^3 ③ $2x^3-7y^3$
④ $2x^3+7y^3$ ⑤ $2x^3+9y^3$

0095 유형 03

$\dfrac{1}{a}+\dfrac{1}{b}-\dfrac{1}{c}=0$, $a^2+b^2+c^2=9$일 때, $(a+b-c)^2$의 값은?

① 6 ② 7 ③ 8
④ 9 ⑤ 10

0096 유형 04

다항식 $(x^2+2x+1)(x^2+2x-2)$를 전개한 식이 $x^4+ax^3+bx^2+cx-2$일 때, 상수 a, b, c에 대하여 $a-b-c$의 값은?

① -3 ② -1 ③ 1
④ 3 ⑤ 5

0097 유형 05

$x+y=-2$, $x^2+y^2=6$일 때, x^3+y^3-2xy의 값은?

① -12 ② -8 ③ -4
④ 2 ⑤ 6

0098 유형 05

$x+y=4$, $xy=-2$일 때, $(x-1)^3+(y-1)^3$의 값을 구하시오.

0099 유형 06

$\left(3x+\dfrac{1}{x}\right)^2+\left(x-\dfrac{3}{x}\right)^2=70$일 때, $x+x^3+\dfrac{1}{x}+\dfrac{1}{x^3}$의 값은? (단, $x>0$)

① 3　　　　② 7　　　　③ 10

④ 18　　　　⑤ 21

0100 유형 07

$a+b+c=2$, $a^2+b^2+c^2=12$, $a^3+b^3+c^3=23$일 때, abc의 값은?

① -6　　　　② -3　　　　③ -1

④ 3　　　　⑤ 6

0101 유형 08

$99\times(100^2+101)=10^n-1$일 때, 자연수 n의 값은?

① 4　　　　② 5　　　　③ 6

④ 7　　　　⑤ 8

0102 유형 09

오른쪽 그림과 같은 직육면체의 겉넓이가 136이고, 삼각형 BGD의 세 변의 길이의 제곱의 합이 120일 때, 이 직육면체의 모든 모서리의 길이의 합을 구하시오.

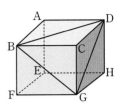

0103 유형 10

다항식 $2x^3-x^2-4x+5$를 x^2+x-1로 나누었을 때의 몫을 $Q(x)$, 나머지를 $R(x)$라 할 때, $Q(3)+R(2)$의 값은?

① 1　　　　② 3　　　　③ 5

④ 7　　　　⑤ 9

0104 유형 11

다항식 $f(x)$를 $x-2$로 나누었을 때의 몫이 x^2-3이고 나머지가 -1이다. $f(x)$를 x^2+1로 나누었을 때의 나머지가 $ax+7$일 때, 상수 a의 값은?

① -4　　　　② -2　　　　③ 2

④ 4　　　　⑤ 6

0105 유형 11 | 학평 기출 |

다항식 $f(x)$를 x^2+1로 나눈 나머지가 $x+1$이다.
$\{f(x)\}^2$을 x^2+1로 나눈 나머지가 $R(x)$일 때, $R(3)$의 값은?

① 6 ② 7 ③ 8
④ 9 ⑤ 10

0106 유형 12

다항식 $f(x)$를 $3x+9$로 나누었을 때의 몫을 $Q(x)$, 나머지를 R라 할 때, $f(x)$를 $x+3$으로 나누었을 때의 몫과 나머지를 구하시오.

0107 유형 13

다항식 x^3-3x+a를 $x-1$로 나누었을 때의 몫과 나머지를 아래와 같이 조립제법을 이용하여 구하려고 한다. 다음 중 옳지 <u>않은</u> 것은?

b	1	c	-3	a
		d	1	-2
	1	1	e	-1

① $a=-1$ ② $b=1$ ③ $c=0$
④ $d=1$ ⑤ $e=-2$

서술형

0108 유형 03

다음 그림과 같은 사각기둥의 겉넓이를 전개하여 x에 대한 식으로 나타내시오.

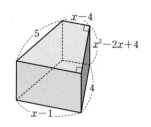

0109 유형 06

$x^2-3x-1=0$일 때, $\dfrac{x^4+1}{x^2}-\dfrac{x^6-1}{x^3}$의 값을 구하시오.

0110 유형 09

오른쪽 그림과 같이 반지름의 길이가 10인 사분원 OAB의 내부에 둘레의 길이가 28인 직사각형 OCDE가 내접할 때, 직사각형 OCDE의 넓이를 구하시오.

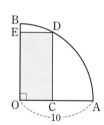

C 실력 향상

하 ···· 중 ···· 상100%

0111

$x+y=-1$, $xy=-2$, $z+w=4$, $zw=2$일 때, $(xz+yw)^3+(xw+yz)^3$의 값을 구하시오.

0112

$7 \times 13 \times 109 \times 10081 + 2 \times 4 \times 10 \times 82 = 10^a - 1$일 때, 상수 a의 값을 구하시오.

0113

| 학평 기출 |

그림과 같이 $\angle A = 90°$, $\overline{BC} = \sqrt{10}$, $\overline{AB} = x$, $\overline{AC} = y$인 삼각형 ABC에 대하여 선분 AB 위에 점 P, 선분 BC 위에 두 점 Q, R, 선분 AC 위에 점 S를 사각형 PQRS가 정사각형이 되도록 잡는다. $\overline{PQ} = \dfrac{2}{7}\sqrt{10}$일 때, $x^3 - y^3$의 값은?

(단, $x > y$)

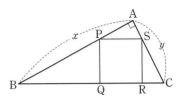

① $12\sqrt{2}$ ② $13\sqrt{2}$ ③ $14\sqrt{2}$
④ $15\sqrt{2}$ ⑤ $16\sqrt{2}$

0114

$x = \dfrac{1+\sqrt{3}}{2}$일 때, $2x^4 - 8x^3 + 11x^2 - 5x + 3$의 값은?

① $5 - \sqrt{3}$ ② $7 - 2\sqrt{3}$ ③ $5 + \sqrt{3}$
④ $7 + 2\sqrt{3}$ ⑤ $9 + 3\sqrt{3}$

◐ 기출 BOOK 2쪽

02-1 항등식

유형 01~06

개념 ➕

(1) 항등식

문자를 포함한 등식에서 문자에 어떤 값을 대입하여도 항상 성립하는 등식

> **TIP** 다음 표현은 모두 x에 대한 항등식을 나타낸다.
> ① 모든 x에 대하여 성립하는 등식   ② 임의의 x에 대하여 성립하는 등식
> ③ x의 값에 관계없이 항상 성립하는 등식   ④ 어떤 x의 값에 대하여도 항상 성립하는 등식

> 항등식과 달리 문자를 포함한 등식에서 그 문자에 특정한 값을 대입했을 때만 성립하는 등식을 방정식이라 한다.

(2) 항등식의 성질

① $ax^2+bx+c=0$이 x에 대한 항등식이면 $a=0$, $b=0$, $c=0$이다.
또 $a=0$, $b=0$, $c=0$이면 $ax^2+bx+c=0$은 x에 대한 항등식이다.

② $ax^2+bx+c=a'x^2+b'x+c'$이 x에 대한 항등식이면 $a=a'$, $b=b'$, $c=c'$이다.
또 $a=a'$, $b=b'$, $c=c'$이면 $ax^2+bx+c=a'x^2+b'x+c'$은 x에 대한 항등식이다.

③ $ax+by+c=0$이 x, y에 대한 항등식이면 $a=0$, $b=0$, $c=0$이다.
또 $a=0$, $b=0$, $c=0$이면 $ax+by+c=0$은 x, y에 대한 항등식이다.

02-2 미정계수법

유형 01~06

항등식의 뜻과 성질을 이용하여 등식에서 미지의 계수와 상수항을 정하는 방법을 미정계수법이라
한다.

(1) 계수비교법: 항등식의 양변의 동류항의 계수를 비교하여 미정계수를 정하는 방법

(2) 수치대입법: 항등식의 문자에 적당한 수를 대입하여 미정계수를 정하는 방법

> **TIP** 미정계수를 정할 때는 계수비교법과 수치대입법 중 계산이 더 간단한 방법을 이용한다.
> ① 양변을 내림차순으로 정리하기 쉽거나 식이 간단하여 전개하기 쉬운 경우
>   ➡ 계수비교법 이용
> ② 적당한 값을 대입하면 식이 간단해지거나 식이 복잡하여 전개하기 어려운 경우
>   ➡ 수치대입법 이용

> 수치대입법을 이용할 때는 미지수의 개수만큼 서로 다른 값을 대입하여 미정계수를 구한다.

02-3 나머지 정리와 인수 정리

유형 07~14

(1) 나머지 정리

다항식을 일차식으로 나누었을 때의 나머지를 구할 때, 직접 나눗셈을 하지 않고 다음과 같이
항등식의 성질을 이용하여 구할 수 있다. 이 성질을 나머지 정리라 한다.

① 다항식 $f(x)$를 $x-\alpha$로 나누었을 때의 나머지를 R라 하면 ➡ $R=f(\alpha)$

② 다항식 $f(x)$를 $ax+b$로 나누었을 때의 나머지를 R라 하면 ➡ $R=f\left(-\dfrac{b}{a}\right)$

> 다항식을 일차식으로 나누었을 때의 나머지는 상수이다.

(2) 인수 정리

나머지 정리에 의하여 다음이 성립하고 이를 인수 정리라 한다.

① 다항식 $f(x)$에 대하여 $f(\alpha)=0$이면 $f(x)$는 $x-\alpha$로 나누어떨어진다.

② 다항식 $f(x)$가 $x-\alpha$로 나누어떨어지면 $f(\alpha)=0$이다.

> **TIP** 다항식 $f(x)$에 대하여 다음은 모두 $f(\alpha)=0$임을 나타낸다.
> ① $f(x)$가 $x-\alpha$로 나누어떨어진다.   ② $f(x)$가 $x-\alpha$를 인수로 갖는다.
> ③ $f(x)=(x-\alpha)Q(x)$ ④ $f(x)$를 $x-\alpha$로 나누었을 때의 나머지가 0이다.

02-1 항등식

0115 보기에서 x에 대한 항등식인 것만을 있는 대로 고르시오.

> 보기
> ㄱ. $x(x-1)=x^2-1$
> ㄴ. $2x^2+4x=2x(x+2)$
> ㄷ. $(x+1)^2-x-1=x^2+x$
> ㄹ. $x^3-1=(x+1)(x^2-x-1)$
> ㅁ. $(x+4)(x-3)=x^2+x-12$

02-2 미정계수법

[0116~0120] 다음 등식이 x에 대한 항등식일 때, 상수 a, b의 값을 구하시오.

0116 $ax^2+bx+c=-3x^2+4x-2$

0117 $(a+2)x^2+(b+3)x+c-1=0$

0118 $(a-b)x^2+(c+2)x+(2b-c)=0$

0119 $ax(x-1)+b(x-1)+c=x^2+2x+3$

0120 $a(x+1)+b(x+1)(x-2)$
$\qquad =c(x-2)(x+3)+2x-4$

[0121~0123] 다음 등식이 x, y에 대한 항등식일 때, 상수 a, b의 값을 구하시오.

0121 $(a-b+5)x-(3a+2b+5)y=0$

0122 $4x+ay+b=4x-5y-3$

0123 $a(x+y)-b(x-2y)-3=4x-2y-3$

02-3 나머지 정리와 인수 정리

0124 다항식 $f(x)=x^3+2x^2-3x-1$을 다음 일차식으로 나누었을 때의 나머지를 구하시오.

(1) $x+3$ (2) $x-2$

0125 다항식 $f(x)=4x^3+ax^2-2x+3$을 $x+1$로 나누었을 때의 나머지가 3일 때, 상수 a의 값을 구하시오.

0126 보기에서 다항식 $f(x)=x^3+x^2-4x-4$의 인수인 것만을 있는 대로 고르시오.

> 보기
> ㄱ. $x+2$ ㄴ. $x+1$
> ㄷ. $x-1$ ㄹ. $x-2$

0127 다항식 $f(x)=2x^3-x^2+kx+4$가 다음 일차식으로 나누어떨어질 때, 상수 k의 값을 구하시오.

(1) $x+2$ (2) $x-1$

0128 다항식 $f(x)=x^3+ax^2+bx-4$가 $(x+1)(x-2)$로 나누어떨어질 때, 상수 a, b의 값을 구하시오.

02-4 인수분해

유형 15~23

(1) 인수분해

하나의 다항식을 두 개 이상의 다항식의 곱으로 나타내는 것

(2) 인수분해 공식

① $a^2+2ab+b^2=(a+b)^2$, $a^2-2ab+b^2=(a-b)^2$ ⎤

② $a^2-b^2=(a+b)(a-b)$

③ $x^2+(a+b)x+ab=(x+a)(x+b)$ 　　　중학 수학

④ $acx^2+(ad+bc)x+bd=(ax+b)(cx+d)$ ⎦

⑤ $a^2+b^2+c^2+2ab+2bc+2ca=(a+b+c)^2$

⑥ $a^3+3a^2b+3ab^2+b^3=(a+b)^3$, $a^3-3a^2b+3ab^2-b^3=(a-b)^3$

⑦ $a^3+b^3=(a+b)(a^2-ab+b^2)$, $a^3-b^3=(a-b)(a^2+ab+b^2)$

⑧ $a^3+b^3+c^3-3abc=(a+b+c)(a^2+b^2+c^2-ab-bc-ca)$
$$=\frac{1}{2}(a+b+c)\{(a-b)^2+(b-c)^2+(c-a)^2\}$$

⑨ $a^4+a^2b^2+b^4=(a^2+ab+b^2)(a^2-ab+b^2)$

> ● 일반적으로 다항식을 인수분해할 때는 계수가 유리수인 범위까지 인수분해한다.
>
> ● 인수분해 공식은 곱셈 공식의 좌변과 우변을 바꾸어 놓은 것이다.

02-5 복잡한 식의 인수분해

유형 16~19

(1) 공통부분이 있는 식의 인수분해

공통부분을 하나의 문자로 치환하여 인수분해한다.

(2) x^4+ax^2+b 꼴인 식의 인수분해

$x^2=X$로 치환하였을 때

① X^2+aX+b가 인수분해되는 경우

　➡ X^2+aX+b를 인수분해한 후 $X=x^2$을 대입하여 정리한다.

② X^2+aX+b가 인수분해되지 않는 경우

　➡ X^2+aX+b에 적당한 이차식을 더하거나 빼서 A^2-B^2 꼴로 변형한 후 인수분해한다.

(3) 여러 개의 문자를 포함한 식의 인수분해

차수가 가장 낮은 한 문자에 대하여 내림차순으로 정리한 후 인수분해한다.

이때 차수가 모두 같으면 어느 한 문자에 대하여 내림차순으로 정리한 후 인수분해한다.

(4) 인수 정리를 이용한 식의 인수분해

$f(x)$가 삼차 이상의 다항식이면 다음과 같은 순서로 인수분해한다.

① $f(\alpha)=0$을 만족시키는 상수 α의 값을 구한다.

② 조립제법을 이용하여 $f(x)$를 $x-\alpha$로 나누었을 때의 몫 $Q(x)$를 구한 후

　$f(x)=(x-\alpha)Q(x)$ 꼴로 나타낸다.

③ $Q(x)$를 더 이상 인수분해할 수 없을 때까지 인수분해한다.

> ● x^4+ax^2+b와 같이 차수가 짝수인 항과 상수항으로만 이루어진 다항식을 복이차식이라 한다.
>
> ● 인수분해 공식을 이용할 수 없는 삼차 이상의 다항식은 인수 정리를 이용하여 일차식인 인수를 찾아서 인수분해한다.

02-4 인수분해

[0129~0135] 다음 식을 인수분해하시오.

0129 $6a^2-9ab^2$

0130 $xy-3x+2y-6$

0131 $9x^2+24xy+16y^2$

0132 $4a^2-12a+9$

0133 $32x^2-8y^2$

0134 $a^2+3a-18$

0135 $6x^2+7x-5$

[0136~0145] 다음 식을 인수분해하시오.

0136 $x^2+y^2-2xy+4x-4y+4$

0137 $4a^2+b^2+c^2+4ab-2bc-4ac$

0138 $x^3+9x^2+27x+27$

0139 $a^3-12a^2b+48ab^2-64b^3$

0140 x^3+27

0141 $27a^3-8b^3$

0142 x^4+4x^2+16

0143 $81a^4+9a^2b^2+b^4$

0144 $a^3+b^3-c^3+3abc$

0145 $x^3+y^3-3xy+1$

02-5 복잡한 식의 인수분해

[0146~0153] 다음 식을 인수분해하시오.

0146 $(x+2)^2-4(x+2)+3$

0147 $(x^2-3x-3)(x^2-3x-5)-35$

0148 x^4-5x^2+4

0149 x^4+6x^2+25

0150 $x^2-xy-ay-a^2$

0151 $x^2+y^2+2xy-x-y-6$

0152 x^3+4x^2+x-6

0153 $x^4-5x^3+4x^2+6x-4$

B 유형 완성

하 10% ···· 중 80% ···· 상 10%

유형 01 항등식에서 미정계수 구하기 – 계수비교법

항등식의 양변을 각각 정리한 다음 동류항의 계수를 비교한다.
➡ $ax^2+bx+c=a'x^2+b'x+c'$이 x에 대한 항등식이면
  $a=a'$, $b=b'$, $c=c'$

참고 계수비교법은 식이 간단하여 전개하기 쉬운 경우에 이용한다.

0154 대표 문제

등식 $x^3-2x^2+ax-32=(x+b)(x^2+cx-16)$이 x에 대한 항등식일 때, 상수 a, b, c에 대하여 $\dfrac{a}{bc}$의 값을 구하시오.

0155 중

임의의 실수 k에 대하여 등식
  $(k+2)x+(k-3)y-3k+4=0$
이 성립할 때, 상수 x, y에 대하여 xy의 값은?

① 2   ② 4   ③ 6
④ 8   ⑤ 10

0156 중

등식 $a(x+y)+b(x-2y)+c=4x+y+2$가 x, y의 값에 관계없이 항상 성립할 때, 상수 a, b, c에 대하여 abc의 값을 구하시오.

빈출

유형 02 항등식에서 미정계수 구하기 – 수치대입법

항등식의 문자에 적당한 수를 대입하여 계수를 정한다.

참고 수치대입법은 적당한 수를 대입하면 식이 간단해지는 경우에 이용한다.

0157 대표 문제

임의의 실수 x에 대하여 등식
  $ax(x+1)+b(x+1)(x-2)+cx(x-2)$
  $=2x^2+x-4$
가 성립할 때, 상수 a, b, c에 대하여 $a+b+c$의 값은?

① -2 ② -1 ③ 0
④ 1   ⑤ 2

0158 중   서술형 ₀

등식 $3x^3-8x^2+11x-6=3(x-1)^3+a(x+1)^2+b$가 x에 대한 항등식일 때, 상수 a, b에 대하여 ab의 값을 구하시오.

0159 중

다항식 $f(x)$가 x의 값에 관계없이 등식
  $(x+1)(x^2-2)f(x)=x^4+ax^2+b$
를 항상 만족시킬 때, 상수 a, b에 대하여 ab의 값은?

① -6 ② -4 ③ -2
④ 2   ⑤ 4

유형 03 조건을 만족시키는 항등식

(1) x, y에 대한 관계식이 주어진 경우
  ➡ 주어진 관계식을 한 문자에 대하여 정리한 후 등식에 대입하여 그 문자에 대한 항등식임을 이용한다.
(2) x에 대한 방정식이 k의 값에 관계없이 항상 a를 근으로 갖는 경우
  ➡ 방정식에 $x=a$를 대입한 식이 k에 대한 항등식임을 이용한다.

0160 대표 문제

$x+y=2$를 만족시키는 모든 실수 x, y에 대하여 등식
$$ax^2+bxy+cy^2=4$$
가 성립할 때, 상수 a, b, c에 대하여 abc의 값을 구하시오.

0161 중

$x-y=3$을 만족시키는 모든 실수 x, y에 대하여 등식
$$ax+by=(3-b)x+2(a-1)y-9$$
가 성립할 때, 상수 a, b에 대하여 $a+b$의 값은?

① $-\dfrac{2}{3}$ ② $-\dfrac{1}{3}$ ③ 0

④ $\dfrac{1}{3}$ ⑤ $\dfrac{2}{3}$

0162 중 | 학평 기출 |

x에 대한 이차방정식
$$x^2+k(2p-3)x-(p^2-2)k+q+2=0$$이 실수 k의 값에 관계없이 항상 1을 근으로 가질 때, 두 상수 p, q에 대하여 $p+q$의 값은?

① -5 ② -2 ③ 1
④ 4 ⑤ 7

유형 04 항등식에서 계수의 합 구하기

등식 $(x+k)^n=a_0+a_1x+a_2x^2+\cdots+a_nx^n$이 x에 대한 항등식일 때, 양변에 적당한 수를 대입한 식끼리 더하거나 빼서 계수의 합을 구한다.
(1) $x=0$을 대입 ➡ $k^n=a_0$
(2) $x=1$을 대입 ➡ $(1+k)^n=a_0+a_1+a_2+\cdots+a_n$
(3) $x=-1$을 대입 ➡ $(-1+k)^n=a_0-a_1+a_2-\cdots+(-1)^na_n$

0163 대표 문제

모든 실수 x에 대하여 등식
$$(x^2-x-1)^7=a_0+a_1x+a_2x^2+\cdots+a_{14}x^{14}$$
이 성립할 때, $a_1+a_3+a_5+\cdots+a_{13}$의 값을 구하시오.
(단, a_0, a_1, $\ldots$, a_{14}는 상수)

0164 하

등식 $(x-1)^9=a_0+a_1x+a_2x^2+\cdots+a_9x^9$이 x에 대한 항등식일 때, $a_1+a_2+a_3+\cdots+a_9$의 값은?
(단, a_0, a_1, $\ldots$, a_9는 상수)

① -2 ② -1 ③ 0
④ 1 ⑤ 2

0165 중

모든 실수 x에 대하여 등식
$$x^{20}+1=a_{20}(x-2)^{20}+a_{19}(x-2)^{19}+\cdots+a_1(x-2)+a_0$$
이 성립할 때, $a_{20}+a_{18}+\cdots+a_2+a_0$의 값은?
(단, a_0, a_1, $\ldots$, a_{20}은 상수)

① $\dfrac{3(3^{19}+1)}{2}$ ② $2(3^{19}+1)$ ③ $\dfrac{5(3^{19}+1)}{2}$

④ $\dfrac{3(3^{20}+1)}{2}$ ⑤ $2(3^{20}+1)$

유형 05 **다항식의 나눗셈과 항등식**

다항식 $A(x)$를 다항식 $B(x)$ $(B(x) \neq 0)$로 나누었을 때의 몫을 $Q(x)$, 나머지를 $R(x)$라 하면
$$A(x) = B(x)Q(x) + R(x)$$
이때 이 등식은 x에 대한 항등식이다.

0166 대표 문제

다항식 $x^3 + ax^2 + b$를 $x^2 - x + 3$으로 나누었을 때의 나머지가 2일 때, 상수 a, b에 대하여 $a+b$의 값은?

① 9   ② 10   ③ 11
④ 12   ⑤ 13

0167 중   서술형

다항식 $x^3 - 5x^2 + ax + 6$을 $x^2 - 4x + b$로 나누었을 때의 나머지가 $3x+4$일 때, 상수 a, b에 대하여 ab의 값을 구하시오.

0168 중

다항식 $x^4 + 2x^3 + 4x^2 + 4$를 $x^2 + ax + b$로 나누었을 때의 몫이 $x^2 + 1$이고 나머지가 $-2x + 1$일 때, 상수 a, b에 대하여 $a - b$의 값은?

① -2 ② -1 ③ 0
④ 1   ⑤ 2

0169 중   학평 기출

다항식 $(x+2)(x-1)(x+a) + b(x-1)$이 $x^2 + 4x + 5$로 나누어떨어질 때, $a+b$의 값을 구하시오.
(단, a, b는 상수이다.)

유형 06 **조립제법과 항등식**

조립제법을 연속으로 이용하면 내림차순으로 정리한 식에서 미정계수를 쉽게 구할 수 있다.

0170 대표 문제

등식
$$x^3 + 3x^2 - 2x + 1$$
$$= (x-1)^3 + a(x-1)^2 + b(x-1) + c$$
가 x에 대한 항등식일 때, 상수 a, b, c에 대하여 $a - b + c$의 값은?

① 0   ② 1   ③ 2
④ 3   ⑤ 4

0171 중

등식
$$2x^3 + px^2 - 16x + q$$
$$= a(x-3)^3 + b(x-3)^2$$
$$+ c(x-3) + d$$
가 x에 대한 항등식일 때, 상수 a, b, c, d, p, q의 값을 오른쪽 조립제법을 이용하여 구하려고 한다. 이때 $(p-q)(a-b+c+d)$의 값은?

3	2	p	-16	q
		6	15	-3
3	2	5	-1	-2
		6	33	
3	2	11	32	
		6		
	2	17		

① -30 ② -15 ③ 0
④ 15   ⑤ 30

0172 상

x의 값에 관계없이 등식
$$64x^3 - 32x^2 - 4x + 7$$
$$= a(2x-1)^3 + b(2x-1)^2 + c(2x-1) + d$$
가 항상 성립할 때, 상수 a, b, c, d에 대하여 $ac - b + d$의 값을 구하시오.

빈출 ◈◈ 개념루트 공통수학1 54쪽

유형 07 나머지 정리 – 일차식으로 나누는 경우

다항식 $f(x)$를
(1) 일차식 $x-a$로 나누었을 때의 나머지는 $f(a)$이다.
(2) 일차식 $ax-b$로 나누었을 때의 나머지는 $f\left(\dfrac{b}{a}\right)$이다.

0173 대표 문제

다항식 x^3+2x^2+ax+b를 $x+1$로 나누었을 때의 나머지가 1이고, $x+3$으로 나누었을 때의 나머지가 -3일 때, 상수 a, b에 대하여 $a+b$의 값을 구하시오.

0174 ㉦

다항식 $f(x)$를 $x-2$로 나누었을 때의 나머지가 4일 때, $(x+1)f(x)$를 $x-2$로 나누었을 때의 나머지를 구하시오.

0175 ㉰   서술형

다항식 $f(x)=x^3+ax^2+5$를 $x+1$로 나누었을 때의 나머지가 2일 때, $f(x)$를 $x-3$으로 나누었을 때의 나머지를 구하시오. (단, a는 상수)

0176 ㉰

다항식 x^3+2x^2-ax+1을 $x+2$로 나누었을 때의 나머지와 $x-3$으로 나누었을 때의 나머지가 같을 때, 상수 a의 값은?

① 7   ② 8   ③ 9
④ 10   ⑤ 11

0177 ㉰

두 다항식 $f(x)$, $g(x)$에 대하여 다항식 $f(x)+g(x)$를 $x-4$로 나누었을 때의 나머지가 3이고, 다항식 $f(x)g(x)$를 $x-4$로 나누었을 때의 나머지가 2일 때, 다항식 $\{f(x)\}^3+\{g(x)\}^3$을 $x-4$로 나누었을 때의 나머지는?

① 1   ② 3   ③ 5
④ 7   ⑤ 9

◈◈ 개념루트 공통수학1 56쪽

유형 08 나머지 정리 – 이차식으로 나누는 경우

(1) 다항식 $f(x)$를 이차식으로 나누었을 때의 나머지는 상수이거나 일차식이므로 나머지를 $ax+b$(a, b는 상수)로 놓고 나눗셈에 대한 항등식을 세운 후 나머지 정리를 이용한다.
(2) 다항식 $f(x)$를 $(x-\alpha)(x-\beta)$로 나누었을 때의 나머지는 $f(\alpha)$, $f(\beta)$의 값을 이용하여 구한다.

0178 대표 문제

다항식 $f(x)$를 $x-1$로 나누었을 때의 나머지가 -1이고, $x-3$으로 나누었을 때의 나머지가 3일 때, $f(x)$를 x^2-4x+3으로 나누었을 때의 나머지를 구하시오.

0179 ㉰

다항식 $f(x)$를 $x+2$로 나누었을 때의 나머지가 1이고, $x-2$로 나누었을 때의 나머지가 5이다. $x^2f(x)$를 x^2-4로 나누었을 때의 나머지를 $R(x)$라 할 때, $R(1)$의 값은?

① -16 ② -8 ③ 8
④ 16   ⑤ 18

0180 종

서술형

다항식 $f(x)$를 x^2+x-6으로 나누었을 때의 나머지가 4 이고, x^2-2x-3으로 나누었을 때의 나머지가 $x-1$일 때, $f(x)$를 x^2-x-2로 나누었을 때의 나머지를 구하시오.

◈◆ 개념루트 공통수학1 58쪽

유형 09 **나머지 정리 − 삼차식으로 나누는 경우**

다항식 $f(x)$를 삼차식으로 나누었을 때는 나머지를 ax^2+bx+c (a, b, c는 상수)로 놓고 나눗셈에 대한 항등식을 세운 후 나머지 정리를 이용한다.

0181 대표 문제

다항식 $x^{10}+x^7+x^5+x^2$을 x^3-x로 나누었을 때의 나머지는?

① x^2-x 　　　② x^2+x 　　　③ $2x^2-2x$
④ $2x^2+2x$ 　　⑤ $3x^2-3x$

0182 종

다항식 $f(x)$를 $x(x+1)$로 나누었을 때의 나머지가 $3x-1$ 이고, $(x+1)(x-2)$로 나누었을 때의 나머지가 $x-3$일 때, $f(x)$를 $x(x+1)(x-2)$로 나누었을 때의 나머지를 구하시오.

0183 상

다항식 $f(x)$를 $(x+1)^2$으로 나누었을 때의 나머지가 $x-1$ 이고, $x+2$로 나누었을 때의 나머지가 -1일 때, $f(x)$를 $(x+1)^2(x+2)$로 나누었을 때의 나머지를 구하시오.

◈◆ 개념루트 공통수학1 60쪽

유형 10 **몫을 $x-a$로 나누는 경우**

다항식 $f(x)$를 $x-p$로 나누었을 때의 몫을 $Q(x)$라 하면 나머지는 $f(p)$이므로
$$f(x)=(x-p)Q(x)+f(p)$$
이때 $Q(x)$를 $x-a$로 나누었을 때의 나머지는 $Q(a)$이므로 이 식의 양변에 $x=a$를 대입하여 구한다.

0184 대표 문제

다항식 $x^{100}-x^{60}+x-5$를 $x+1$로 나누었을 때의 몫을 $Q(x)$라 할 때, $Q(x)$를 $x-1$로 나누었을 때의 나머지를 구하시오.

0185 종

다항식 $f(x)$를 $x+3$으로 나누었을 때의 몫이 $Q(x)$, 나머지가 2이고, $f(x)$를 $x-2$로 나누었을 때의 나머지가 -3 이다. 이때 $Q(x)$를 $x-2$로 나누었을 때의 나머지는?

① -2 　　　② -1 　　　③ 0
④ 1 　　　　⑤ 2

0186 종

다항식 $f(x)$를 $x-1$로 나누었을 때의 몫이 $Q(x)$, 나머지가 3이고, $Q(x)$를 $x+2$로 나누었을 때의 나머지가 5이다. 이때 $f(x)$를 $x+2$로 나누었을 때의 나머지를 구하시오.

0187 (상)

다항식 $f(x)$를 x^2-2x+4로 나누었을 때의 몫이 $Q(x)$, 나머지가 $3x+2$이고, $Q(x)$를 $x+2$로 나누었을 때의 나머지가 1이다. $f(x)$를 x^3+8로 나누었을 때의 나머지를 $R(x)$라 할 때, $R(-1)$의 값을 구하시오.

◆ 개념루트 공통수학1 62쪽

유형 11 $f(ax+b)$를 $x-\alpha$로 나누는 경우

다항식 $f(ax+b)$를 $x-\alpha$로 나누었을 때의 나머지는
$$f(a\alpha+b)$$

0188 대표 문제

다항식 $f(x)$를 $2x^2+x-1$로 나누었을 때의 나머지가 $3x-2$일 때, $f(2x+3)$을 $x+2$로 나누었을 때의 나머지를 구하시오.

0189 (하)

다항식 $f(x)$를 $x+1$로 나누었을 때의 나머지가 -2일 때, $f(x+6)$을 $x+7$로 나누었을 때의 나머지는?

① -2 　　② -1 　　③ 0
④ 1 　　⑤ 2

0190 (중)

다항식 $f(x)$를 x^2+5x+6으로 나누었을 때의 나머지가 $3x+7$일 때, $(4x^2-1)f(2x-5)$를 $2x-3$으로 나누었을 때의 나머지를 구하시오.

◆ 개념루트 공통수학1 62쪽

유형 12 나머지 정리를 이용한 수의 나눗셈

두 자연수 A, B에 대하여 A를 B로 나누었을 때의 나머지를 구할 때는
➡ $A=(x$에 대한 다항식), $B=(x$에 대한 일차식)으로 나타낸 후 나머지 정리를 이용한다.
예 20^5을 21로 나누었을 때의 나머지는
　 $x=20$이라 하고 x^5을 $x+1$로 나누었을 때의 나머지를 이용한다.

0191 대표 문제

9^{50}을 8로 나누었을 때의 나머지는?

① 1 　　② 3 　　③ 5
④ 6 　　⑤ 7

0192 (중)

$81^{10}+80^{10}+79^{10}$을 80으로 나누었을 때의 나머지는?

① 0 　　② 1 　　③ 2
④ 10 　　⑤ 40

0193 (상)

2^{223}을 31로 나누었을 때의 나머지는?

① 4 　　② 5 　　③ 6
④ 7 　　⑤ 8

유형 **13** 인수 정리 – 일차식으로 나누는 경우

다항식 $f(x)$가 $x-\alpha$로 나누어떨어지면
(1) $f(\alpha)=0$
(2) $f(x)$는 $x-\alpha$를 인수로 갖는다.

0194 대표 문제

다항식 $x^3+ax^2+bx-15$가 $x+1$, $x-3$으로 각각 나누어 떨어질 때, 상수 a, b에 대하여 $a+b$의 값을 구하시오.

0195 하

다항식 $2x^4-3x^3+kx^2-x+7$이 $x-1$을 인수로 가질 때, 상수 k의 값을 구하시오.

0196 중 | 학평 기출 |

다항식 $f(x)=x^3+ax^2+bx+6$을 $x-1$로 나누었을 때의 나머지는 4이다. $f(x+2)$가 $x-1$로 나누어떨어질 때, $b-a$의 값은? (단, a, b는 상수이다.)

① 4   ② 5   ③ 6
④ 7   ⑤ 8

0197 상

x^3의 계수가 1인 삼차식 $f(x)$에 대하여 $f(-1)=-1$, $f(1)=1$, $f(2)=2$일 때, $f(x)$를 $x-3$으로 나누었을 때의 나머지는?

① 5   ② 8   ③ 11
④ 14   ⑤ 17

유형 **14** 인수 정리 – 이차식으로 나누는 경우

다항식 $f(x)$가 $(x-\alpha)(x-\beta)$로 나누어떨어지면
(1) $f(\alpha)=0$, $f(\beta)=0$
(2) $f(x)$는 $x-\alpha$, $x-\beta$를 인수로 갖는다.

0198 대표 문제

다항식 x^3+x^2+ax+b가 x^2-x-2로 나누어떨어질 때, 상수 a, b에 대하여 ab의 값은?

① -16 ② -8 ③ 4
④ 8   ⑤ 16

0199 중 서술형

다항식 $f(x)=2x^3-11x^2+ax+b$가 x^2-5x+6으로 나누어떨어질 때, $f(x)$를 $x-1$로 나누었을 때의 나머지를 구하시오. (단, a, b는 상수)

0200 상 | 학평 기출 |

두 이차다항식 $P(x)$, $Q(x)$가 다음 조건을 만족시킨다.

> ㈎ 모든 실수 x에 대하여 $2P(x)+Q(x)=0$이다.
> ㈏ $P(x)Q(x)$는 x^2-3x+2로 나누어떨어진다.

$P(0)=-4$일 때, $Q(4)$의 값을 구하시오.

0201 상

다항식 $f(x)-3$이 x^2-1로 나누어떨어질 때, $f(x+2)$를 x^2+4x+3으로 나누었을 때의 나머지를 구하시오.

◆◆ 개념루트 공통수학1 70쪽

유형 15 공식을 이용한 인수분해

(1) $a^2+b^2+c^2+2ab+2bc+2ca=(a+b+c)^2$
(2) $a^3+3a^2b+3ab^2+b^3=(a+b)^3$
    $a^3-3a^2b+3ab^2-b^3=(a-b)^3$
(3) $a^3+b^3=(a+b)(a^2-ab+b^2)$
    $a^3-b^3=(a-b)(a^2+ab+b^2)$
(4) $a^3+b^3+c^3-3abc$
    $=(a+b+c)(a^2+b^2+c^2-ab-bc-ca)$
    $=\dfrac{1}{2}(a+b+c)\{(a-b)^2+(b-c)^2+(c-a)^2\}$
(5) $a^4+a^2b^2+b^4=(a^2+ab+b^2)(a^2-ab+b^2)$

0202 대표 문제

다음 중 옳지 않은 것은?

① $x^3-64y^3=(x-4y)(x^2+4xy+16y^2)$
② $a^3+6a^2+12a+8=(a+2)^3$
③ $x^8-1=(x-1)(x+1)(x^2+1)(x^4+1)$
④ $a^2+b^2+4c^2-2ab-4bc+4ca=(a+b-2c)^2$
⑤ $x^3+y^3-3xy+1=(x+y+1)(x^2+y^2-xy-x-y+1)$

0203 하

다항식 $x^4-9x^3y+27x^2y^2-27xy^3$을 인수분해하시오.

0204 중

다항식 $(x-y)(x^4+y^4)+x^3y^2-x^2y^3$을 인수분해하시오.

0205 중

다음 중 다항식 x^6-64의 인수인 것은?

① $x-8$
② x^2-4
③ x^3+4
④ x^2+x+2
⑤ x^2-2x+2

0206 중

다음 중 다항식 $x^3-8y^3-7xy(x-2y)$의 인수가 <u>아닌</u> 것은?

① $x-4y$
② $x-2y$
③ $x+y$
④ $x^2-5xy+4y^2$
⑤ $x^2-3xy+2y^2$

0207 중

$x^2+9y^2+4z^2+axy+byz+czx$가 다항식 $x^3-27y^3+8z^3+18xyz$의 인수일 때, 상수 a, b, c에 대하여 abc의 값을 구하시오.

빈출

◆◆ 개념루트 공통수학1 74쪽

유형 16 공통부분이 있는 식의 인수분해

공통부분이 있으면 공통부분을 한 문자로 치환하여 전개한 후 인수분해한다.

참고 $(x+a)(x+b)(x+c)(x+d)+k$ 꼴
➡ 공통부분이 생기도록 2개씩 짝을 지어 전개한 후 치환한다.

0208 대표 문제

다음 중 다항식 $(x+1)(x+2)^2(x+3)-6$의 인수인 것은?

① $x-6$
② $x+2$
③ $x+4$
④ x^2+4x-6
⑤ x^2+4x+1

0209 (하)

다항식 $(a+b+1)(a+b-4)+6$을 인수분해하시오.

0210 (중)
|학평 기출|

다항식 $(x^2-x)^2+2x^2-2x-15$가 $(x^2+ax+b)(x^2+ax+c)$로 인수분해될 때, 세 상수 a, b, c에 대하여 $a+b+c$의 값은?

① -2 ② -1 ③ 0
④ 1 ⑤ 2

0211 (중)

다항식 $(x-3)(x-2)(x+1)(x+2)+k$가 x에 대한 이차식의 완전제곱식으로 인수분해될 때, 상수 k의 값은?

① 3 ② 4 ③ 5
④ 6 ⑤ 7

0212 (중)

다항식 $(x^2-4x+3)(x^2+6x+8)+21$을 인수분해하면 $(x^2+ax+b)(x^2+ax+c)$일 때, 상수 a, b, c에 대하여 abc의 값을 구하시오.

유형 17 x^4+ax^2+b 꼴인 식의 인수분해

$x^2=X$로 치환하여 X^2+aX+b가
(1) 인수분해되면
 ➡ 인수분해한 후 X에 x^2을 대입하여 정리한다.
(2) 인수분해되지 않으면
 ➡ x^4+ax^2+b에 적당한 이차식을 더하거나 빼서 A^2-B^2 꼴로 변형한 후 인수분해한다.

0213 대표 문제

다항식 x^4-13x^2+36을 인수분해하면 $(x-a)(x-b)(x-c)(x-d)$일 때, 상수 a, b, c, d에 대하여 $ab+cd$의 값을 구하시오. (단, $a<b<c<d$)

0214 (하)
|학평 기출|

다항식 x^4+7x^2+16이 $(x^2+ax+b)(x^2-ax+b)$로 인수분해될 때, 두 양수 a, b에 대하여 $a+b$의 값은?

① 5 ② 6 ③ 7
④ 8 ⑤ 9

0215 (중)

다음 중 다항식 $x^4-2x^2y^2-8y^4$의 인수가 <u>아닌</u> 것은?

① $x-2y$ ② $x+2y$ ③ x^2-2y^2
④ x^2+2y^2 ⑤ x^2-4y^2

0216 (중)

다항식 x^4+64를 인수분해하면 $(x^2+4x+8)Q(x)$일 때, $Q(x)$를 구하시오.

유형 18 **여러 개의 문자를 포함한 식의 인수분해**

차수가 가장 낮은 문자에 대하여 내림차순으로 정리한 다음 인수분해한다. 이때 모든 문자의 차수가 같으면 어느 한 문자에 대하여 내림차순으로 정리한다.

0217 대표 문제

다항식 $x^2+3xy+2y^2-x-3y-2$를 인수분해하면 $(x+ay-2)(x+by+c)$일 때, 상수 a, b, c에 대하여 $a+b+c$의 값은?

① 2   ② 3   ③ 4
④ 5   ⑤ 6

0218 하

다음 중 다항식 $a^2-abc+ab-b^2c$의 인수인 것은?

① $a-b$ ② $b-c$ ③ $c-a$
④ $a-bc$ ⑤ $ab-c$

0219 중

다항식 $x^2+xy-2y^2+ax+7y-3$이 x, y에 대한 두 일차식의 곱으로 인수분해될 때, 정수 a의 값은?

① -3 ② -2 ③ -1
④ 1 ⑤ 2

0220 중

보기에서 다항식 $a^2(b-c)-b^2(c+a)-c^2(a-b)+2abc$의 인수인 것만을 있는 대로 고르시오.

┌ 보기 ┐
ㄱ. $a+b$ ㄴ. $a-b$
ㄷ. $b-c$ ㄹ. $c-a$
└─────┘

유형 19 **인수 정리를 이용한 인수분해**

$f(x)$가 삼차 이상의 다항식이면 다음과 같은 순서로 인수분해한다.

(1) $f(\alpha)=0$을 만족시키는 α의 값을 찾는다.
→ $\alpha=\pm\dfrac{(f(x)의\ 상수항의\ 약수)}{(f(x)의\ 최고차항의\ 계수의\ 약수)}$

(2) 조립제법을 이용하여 $f(x)$를 $x-\alpha$로 나누었을 때의 몫 $Q(x)$를 구한다.

(3) $f(x)=(x-\alpha)Q(x)$로 인수분해한다.

(4) $Q(x)$가 더 이상 인수분해되지 않을 때까지 인수분해한다.

0221 대표 문제

다항식 x^3+2x^2-5x-6을 인수분해하면 $(x+a)(x+b)(x+c)$일 때, 상수 a, b, c에 대하여 $a^2+b^2+c^2$의 값을 구하시오.

0222 중   서술형

다항식 $f(x)=x^3+ax-6$이 $x+1$로 나누어떨어질 때, $f(x)$를 인수분해하시오. (단, a는 상수)

0223 중

다음 중 다항식 $x^4-2x^3-2x^2+3x+2$의 인수가 <u>아닌</u> 것은?

① $x-2$ ② $x+1$ ③ x^2-x-2
④ x^2-x-1 ⑤ x^2+x-2

0224 ⑧

다항식 $x^3-(a+1)x^2-a(2a-1)x+2a^2$이 x의 계수가 1인 세 일차식의 곱으로 인수분해될 때, 세 일차식의 상수항의 합이 -3이다. 이때 상수 a의 값을 구하시오.

0225 ⑧

다항식 $x^4+3x^3+ax^2+bx+2$가 $(x-1)(x+2)Q(x)$로 인수분해될 때, $Q(-2)$의 값은? (단, a, b는 상수)

① -2 ② -1 ③ 0
④ 1 ⑤ 2

유형 20   **계수가 대칭인 사차식의 인수분해**

$ax^4+bx^3+cx^2+bx+a$ 꼴의 사차식은 각 항을 x^2으로 묶은 후 $x^2+\dfrac{1}{x^2}=\left(x+\dfrac{1}{x}\right)^2-2$임을 이용하여 $x+\dfrac{1}{x}$에 대한 식을 인수분해한다.

0226 대표 문제

다항식 $x^4-5x^3+6x^2-5x+1$을 인수분해하면 $(x^2-x+a)(x^2+bx+c)$일 때, 상수 a, b, c에 대하여 $a+b+c$의 값을 구하시오.

0227 ⑧

다음 중 다항식 $x^4-4x^3+5x^2-4x+1$의 인수인 것은?

① $x-1$ ② $x+1$ ③ x^2-x-1
④ x^2-3x+1 ⑤ x^2+3x+1

◆ 개념루트 공통수학1 82쪽

유형 21   **인수분해의 활용 – 수의 계산**

복잡한 수의 계산은 적당한 수를 문자로 치환한 후 인수분해 공식을 이용하여 계산할 수 있다.

0228 대표 문제

$\dfrac{386^3+14^3}{386\times372+14^2}$의 값은?

① 112 ② 184 ③ 288
④ 400 ⑤ 484

0229 ⑧

$\sqrt{18\times19\times20\times21+1}$의 값은?

① 379 ② 380 ③ 381
④ 382 ⑤ 383

0230 ⑧

$f(x)=x^3+5x^2+3x-9$일 때, $f(97)$의 값은?

① 940000 ② 950000 ③ 960000
④ 970000 ⑤ 980000

0231 ⑧ | 학평 기출 |

2 이상의 네 자연수 a, b, c, d에 대하여
$(14^2+2\times14)^2-18\times(14^2+2\times14)+45=a\times b\times c\times d$
일 때, $a+b+c+d$의 값은?

① 56 ② 58 ③ 60
④ 62 ⑤ 64

◇◆ 개념루트 공통수학1 84쪽

유형 22 **인수분해의 활용 – 식의 값**

곱셈 공식과 인수분해 공식을 이용하여 식을 변형한 후 주어진 값을 대입한다.

0232 대표 문제

$a+b=2$, $ab=-2$일 때, $a^4+a^2b^2+b^4$의 값은?

① 40   ② 48   ③ 60

④ 64   ⑤ 68

0233 (하) | 학평 기출 |

$x=\sqrt{3}+\sqrt{2}$, $y=\sqrt{3}-\sqrt{2}$일 때, x^2y+xy^2+x+y의 값은?

① $\sqrt{3}$ ② $2\sqrt{3}$ ③ $3\sqrt{3}$

④ $4\sqrt{3}$ ⑤ $5\sqrt{3}$

0234 (중)

$a+b+c=0$일 때, $\dfrac{a^3+b^3+c^3}{abc}$의 값은? (단, $abc \neq 0$)

① -3 ② -1 ③ 1

④ 3   ⑤ 6

0235 (중)

$a-b=2-\sqrt{3}$, $c-a=2+\sqrt{3}$일 때, $ab^2-a^2b+bc^2-b^2c-ac^2+a^2c$의 값을 구하시오.

◇◆ 개념루트 공통수학1 84쪽

유형 23 **인수분해의 활용 – 삼각형의 모양 판단**

인수분해를 이용하여 삼각형의 세 변의 길이 사이의 관계를 알아낸 후 다음을 이용한다.
➡ 삼각형의 세 변의 길이가 a, b, c일 때
   (1) $a=b=c$이면 정삼각형
   (2) $a=b$ 또는 $b=c$ 또는 $c=a$이면 이등변삼각형
   (3) $a^2=b^2+c^2$이면 빗변의 길이가 a인 직각삼각형

0236 대표 문제

삼각형의 세 변의 길이 a, b, c에 대하여
$$b^2+c^2+ab-2bc-ac=0$$
이 성립할 때, 이 삼각형은 어떤 삼각형인가?

① 정삼각형
② $a=b$인 이등변삼각형
③ $b=c$인 이등변삼각형
④ 빗변의 길이가 a인 직각삼각형
⑤ 빗변의 길이가 c인 직각삼각형

0237 (종)   서술형

삼각형의 세 변의 길이 a, b, c에 대하여
$$a^3+b^3+c^3-3abc=0$$
이 성립할 때, 이 삼각형은 어떤 삼각형인지 말하시오.

0238 (종)

삼각형의 세 변의 길이 a, b, c에 대하여
$$a^3-ab^2+ac^2+a^2c-b^2c+c^3=0$$
이 성립할 때, 이 삼각형은 어떤 삼각형인가?

① 정삼각형
② $a=b$인 이등변삼각형
③ $a=c$인 이등변삼각형
④ 빗변의 길이가 a인 직각삼각형
⑤ 빗변의 길이가 b인 직각삼각형

AB 유형 점검

0239 유형 01

보기에서 x에 대한 항등식인 것만을 있는 대로 고른 것은?

> **보기**
> ㄱ. $x^3-1=0$
> ㄴ. $(x+1)(x-3)=x^2-2x$
> ㄷ. $x^2+5x-1=x(x+5)-1$
> ㄹ. $(2x-1)^2+(2x-1)+1=4x^2-2x+1$

① ㄱ, ㄴ   ② ㄱ, ㄷ   ③ ㄴ, ㄷ
④ ㄴ, ㄹ   ⑤ ㄷ, ㄹ

0240 유형 02

임의의 실수 x에 대하여 등식
$$4x^2-x-3$$
$$=a(x-1)(x+2)+b(x-1)(x-3)+c(x+2)(x-3)$$
이 성립할 때, 상수 a, b, c에 대하여 $a+b+c$의 값을 구하시오.

0241 유형 04

등식 $(x^2-2x-1)^6=a_0+a_1x+a_2x^2+\cdots+a_{12}x^{12}$이 x에 대한 항등식일 때, $a_0+a_2+a_4+\cdots+a_{12}$의 값을 구하시오. (단, a_0, a_1, ..., a_{12}는 상수)

0242 유형 05

다항식 x^3+ax^2+bx+1을 x^2+x-2로 나누었을 때의 나머지가 $2x+3$일 때, 상수 a, b에 대하여 $a-b$의 값은?

① -1 ② 0 ③ 1
④ 2 ⑤ 3

0243 유형 06

등식
$$x^2+px+q$$
$$=a(x+1)^2+b(x+1)+c$$
가 x에 대한 항등식일 때, 상수 a, b, c, p, q의 값을 오른쪽 조립제법을 이용하여 구하려고 한다. 이때 $abcpq$의 값을 구하시오.

$$
\begin{array}{r|rrr}
-1 & 1 & p & q \\
   &   & -1 & -2 \\
\hline
-1 & 1 & 2 & \underline{-1} \\
   &   & -1 & \\
\hline
   & 1 & \underline{1} &
\end{array}
$$

0244 유형 07 | 학평 기출 |

최고차항의 계수가 1인 이차다항식 $P(x)$가 다음 조건을 만족시킬 때, $P(4)$의 값은?

> ㈎ $P(x)$를 $x-1$로 나누었을 때의 나머지는 1이다.
> ㈏ $xP(x)$를 $x-2$로 나누었을 때의 나머지는 2이다.

① 6 ② 7 ③ 8
④ 9 ⑤ 10

0245 유형 09

다항식 $f(x)$를 x, $x-1$, $x+2$로 나누었을 때의 나머지가 각각 1, 3, 3이다. $f(x)$를 x^3+x^2-2x로 나누었을 때의 나머지를 $R(x)$라 할 때, $R(2)$의 값을 구하시오.

0246 유형 10

다항식 $x^3+ax^2-11x+7$을 $x-1$로 나누었을 때의 몫이 $Q(x)$, 나머지가 -1이다. 이때 $Q(x)$를 $x-2$로 나누었을 때의 나머지는? (단, a는 상수)

① -2 ② -1 ③ 0
④ 1 ⑤ 2

0247 유형 11

다항식 $f(x)$에 대하여 $f(x)-5x$가 x^2-2x-3으로 나누어떨어질 때, $f(3x+2)$를 $3x-1$로 나누었을 때의 나머지를 구하시오.

0248 유형 12

46^{15}을 47로 나누었을 때의 나머지는?

① 42   ② 43   ③ 44

④ 45   ⑤ 46

0249 유형 14

다항식 $f(x)=2x^3-3x^2+ax+b$에 대하여 $f(x+2)$가 x^2+2x-3으로 나누어떨어질 때, 상수 a, b에 대하여 ab의 값을 구하시오.

0250 유형 15

다음 중 옳지 <u>않은</u> 것은?

① $x^3+3x^2+3x+1=(x+1)^3$

② $a^3+64b^3=(a+4b)(a^2-4ab+16b^2)$

③ $a^2+4b^2+c^2-4ab+4bc-2ca=(a-2b-c)^2$

④ $x^6-y^6=(x^2+y^2)(x^2-xy+y^2)(x^2+xy+y^2)$

⑤ $81x^4+9x^2+1=(9x^2+3x+1)(9x^2-3x+1)$

0251 유형 15

다음 중 다항식 $a^3+1-a(a+1)$의 인수가 <u>아닌</u> 것은?

① $a-1$ ② $a+1$ ③ a^2-1

④ a^2+2a+1 ⑤ a^2-2a+1

0252 유형 16

| 학평 기출 |

다항식 $(x^2+1)^2+3(x^2+1)+2$가 $(x^2+a)(x^2+b)$로 인수분해될 때, 두 상수 a, b에 대하여 $a+b$의 값은?

① 1   ② 2   ③ 3

④ 4   ⑤ 5

0253 유형 17

다항식 x^4-8x^2+16을 인수분해하면 $(x+a)^2(x+b)^2$일 때, 상수 a, b에 대하여 $a-b$의 값은? (단, $a>b$)

① 2   ② 3   ③ 4

④ 5   ⑤ 6

0254 유형 18

다항식 $x^2-y^2+z^2-2xz-x+y+z$를 인수분해하시오.

0255 유형 20

다항식 $x^4-2x^3-5x^2+2x+1$을 인수분해하면 $(x^2+x+a)(x^2+bx+c)$일 때, 상수 a, b, c에 대하여 $a+b+c$의 값을 구하시오.

0256 유형 21

$f(x)=x^4-5x^3+6x^2+4x-8$일 때, $f(2.1)$의 값은?

① 0.0021 ② 0.0031 ③ 0.0041
④ 0.0051 ⑤ 0.0061

0257 유형 22

$x=1+\sqrt{2}$, $y=1-\sqrt{2}$일 때, $x^3+x^2y+xy^2+y^3$의 값을 구하시오.

0258 유형 23

삼각형의 세 변의 길이 a, b, c에 대하여
$$a^4+b^4-c^4+2a^2b^2=0$$
이 성립할 때, 이 삼각형은 어떤 삼각형인가?

① 정삼각형
② $a=b$인 이등변삼각형
③ $b=c$인 이등변삼각형
④ 빗변의 길이가 a인 직각삼각형
⑤ 빗변의 길이가 c인 직각삼각형

서술형

0259 유형 03

x에 대한 이차방정식
$$ax^2-b(k+2)x+a(k-1)=4$$
가 k의 값에 관계없이 항상 1을 근으로 가질 때, 상수 a, b에 대하여 ab의 값을 구하시오.

0260 유형 08

삼차식 $f(x)$에 대하여
$$f(-1)=3, \ f(x+2)-f(x)=2x^2+6x$$
가 성립할 때, $f(x)$를 x^2-4x+3으로 나누었을 때의 나머지를 구하시오.

0261 유형 13

다항식 x^3-2x^2+ax+b가 $x-1$, $x+2$를 인수로 가질 때, 다항식 x^2+ax+b를 $x+1$로 나누었을 때의 나머지를 구하시오. (단, a, b는 상수)

0262 유형 19

다항식 x^3+2x^2+ax-4가 $(x-1)Q(x)$로 인수분해될 때, $Q(x)$를 구하시오. (단, a는 상수)

C 실력 향상

하 ····· 중 ····· 상100%

0263

최고차항의 계수가 2인 다항식 $f(x)$가 모든 실수 x에 대하여

$$\{f(x)\}^3 = f(x)(4x^2 - 12x) + 18x - 27$$

을 만족시킬 때, 다항식 $\{f(x)\}^3$을 $x^2 - x - 2$로 나누었을 때의 나머지를 구하시오.

0264

삼차식 $f(x)$에 대하여 $f(1) = 3$, $f(2) = 2$, $f(3) = \dfrac{5}{3}$, $f(4) = \dfrac{3}{2}$일 때, $f(x)$를 $x + 2$로 나누었을 때의 나머지는?

① -30 ② -15 ③ -5

④ 15 ⑤ 30

0265

$n \geq 2$인 자연수 n에 대하여

$x^n - 1 = (x-1)(x^{n-1} + x^{n-2} + x^{n-3} + \cdots + x + 1)$이 성립한다. 다항식 $x^{10} - x$를 $(x-1)^2$으로 나누었을 때의 나머지를 $R(x)$라 할 때, $R(3)$의 값은?

① 12 ② 15 ③ 18

④ 20 ⑤ 24

0266

삼각형의 세 변의 길이 a, b, c에 대하여

$$a^3 + a^2b - ac^2 + ab^2 + b^3 - bc^2 = 0$$

이 성립한다. 이 삼각형의 넓이가 20일 때, ab의 값을 구하시오.

◔ 기출 BOOK 8쪽

II

방정식과 부등식

03 / 복소수

유형 01 복소수의 뜻과 분류
유형 02 복소수의 사칙연산
유형 03 복소수가 실수 또는 순허수가 될 조건
유형 04 복소수가 서로 같을 조건
유형 05 복소수가 주어질 때의 식의 값
유형 06 켤레복소수가 주어질 때 식의 값
유형 07 켤레복소수의 성질
유형 08 켤레복소수의 성질을 이용한 식의 값
유형 09 등식을 만족시키는 복소수 구하기
유형 10 i의 거듭제곱
유형 11 복소수의 거듭제곱
유형 12 음수의 제곱근의 계산
유형 13 음수의 제곱근의 성질

04 / 이차방정식

유형 01 이차방정식의 풀이
유형 02 한 근이 주어진 이차방정식
유형 03 절댓값 기호를 포함한 방정식의 풀이
유형 04 이차방정식의 활용
유형 05 이차방정식의 근의 판별
유형 06 계수의 조건이 주어진 이차방정식의 근의 판별
유형 07 이차방정식의 판별식과 삼각형의 모양
유형 08 이차식이 완전제곱식이 될 조건
유형 09 이차방정식의 근과 계수의 관계를 이용하여 식의 값
       구하기 (1)
유형 10 이차방정식의 근과 계수의 관계를 이용하여 식의 값
       구하기 (2)
유형 11 두 근이 주어질 때 미정계수 구하기
유형 12 잘못 보고 푼 이차방정식
유형 13 두 근 사이의 관계식이 주어질 때 미정계수 구하기
유형 14 두 근에 대한 조건이 주어질 때 미정계수 구하기
유형 15 두 수를 근으로 하는 이차방정식의 작성
유형 16 이차방정식 $f(x)=0$과 $f(ax+b)=0$ 사이의 관계
유형 17 이차방정식의 근을 이용한 이차식의 인수분해
유형 18 이차방정식의 켤레근의 성질

05 / 이차방정식과 이차함수

유형 01 이차함수의 그래프와 x축의 교점
유형 02 이차함수의 그래프와 x축의 위치 관계
유형 03 이차함수의 그래프와 직선의 교점
유형 04 이차함수의 그래프와 직선의 위치 관계
유형 05 이차함수의 그래프에 접하는 직선의 방정식
유형 06 제한된 범위에서의 이차함수의 최대, 최소
유형 07 공통부분이 있는 함수의 최대, 최소
유형 08 완전제곱식을 이용한 이차식의 최대, 최소
유형 09 조건을 만족시키는 이차식의 최대, 최소
유형 10 이차함수의 최대, 최소의 활용

06 / 여러 가지 방정식

유형 01 인수 정리를 이용한 삼차방정식과 사차방정식의 풀이
유형 02 공통부분이 있는 사차방정식의 풀이

유형 03 $x^4+ax^2+b=0$ 꼴인 사차방정식의 풀이
유형 04 $ax^4+bx^3+cx^2+bx+a=0$ 꼴인 사차방정식의 풀이
유형 05 근의 삼차방정식과 사차방정식
유형 06 근의 조건이 주어진 삼차방정식
유형 07 삼차방정식의 활용
유형 08 삼차방정식의 근과 계수의 관계
유형 09 세 수를 근으로 하는 삼차방정식의 작성
유형 10 삼차방정식의 켤레근의 성질
유형 11 방정식 $x^3=1$, $x^3=-1$의 허근의 성질
유형 12 일차방정식과 이차방정식으로 이루어진 연립이차방정식
       의 풀이
유형 13 두 이차방정식으로 이루어진 연립이차방정식의 풀이
유형 14 대칭식으로 이루어진 연립이차방정식의 풀이
유형 15 연립이차방정식의 근의 판별
유형 16 공통근을 갖는 방정식의 풀이
유형 17 연립이차방정식의 활용
유형 18 정수 조건의 부정방정식의 풀이
유형 19 실수 조건의 부정방정식의 풀이

07 / 연립일차부등식

유형 01 연립일차부등식의 풀이
유형 02 $A<B<C$ 꼴의 부등식
유형 03 해가 특수한 연립일차부등식
유형 04 해가 주어진 연립일차부등식
유형 05 해를 갖거나 갖지 않을 조건이 주어진 연립일차부등식
유형 06 정수인 해의 조건이 주어진 연립일차부등식
유형 07 연립일차부등식의 활용
유형 08 부등식 $|ax+b|<c$의 풀이
유형 09 부등식 $|ax+b|<cx+d$의 풀이
유형 10 절댓값 기호가 두 개인 부등식의 풀이

08 / 이차부등식

유형 01 그래프를 이용한 부등식의 풀이
유형 02 이차부등식의 풀이
유형 03 이차부등식의 활용
유형 04 해가 주어진 이차부등식
유형 05 부등식 $f(x)<0$과 부등식 $f(ax+b)<0$ 사이의 관계
유형 06 정수인 해의 조건이 주어진 이차부등식
유형 07 모든 실수에 대하여 성립하는 이차부등식
유형 08 해를 가질 조건이 주어진 이차부등식
유형 09 해가 한 개일 조건이 주어진 이차부등식
유형 10 해를 갖지 않을 조건이 주어진 이차부등식
유형 11 제한된 범위에서 항상 성립하는 이차부등식
유형 12 만나는 두 그래프의 위치 관계와 이차부등식
유형 13 만나지 않는 두 그래프의 위치 관계와 이차부등식
유형 14 연립이차부등식의 풀이
유형 15 해가 주어진 연립이차부등식
유형 16 해를 갖거나 갖지 않을 조건이 주어진 연립이차부등식
유형 17 정수인 해의 조건이 주어진 연립이차부등식
유형 18 연립이차부등식의 활용
유형 19 이차방정식의 근의 판별
유형 20 이차방정식의 실근의 부호
유형 21 이차방정식의 실근의 위치
유형 22 삼차방정식과 사차방정식의 근의 판별

03-1 복소수

유형 01, 03

개념+

(1) 허수단위 i

제곱하여 -1이 되는 수를 i로 나타내고, 이것을 **허수단위**라 한다. 【기호】 i

$$i=\sqrt{-1},\ i^2=-1$$

> 허수단위 i는 허수를 뜻하는 imaginary number의 첫 글자이다.

(2) 복소수

실수 a, b에 대하여 $a+bi$ 꼴로 나타내어지는 수를 **복소수**라 하고, a를 **실수부분**, b를 **허수부분**이라 한다. 【기호】 $a+bi$

【예】 $2+3i$의 실수부분은 2, 허수부분은 3이다.

$$\underset{\text{실수부분}}{a}+\underset{\text{허수부분}}{b\,i}$$

> 복소수 $a+bi$에서 허수부분은 bi가 아니라 b임에 유의한다.

(3) 복소수의 분류

복소수 $a+bi$ (a, b는 실수)는 다음과 같이 분류할 수 있다.

➡ 복소수 $a+bi$ $\begin{cases} \text{실수 } a & (b=0) \\ \text{허수} \begin{cases} \text{순허수 } bi & (a=0,\ b\neq0) \\ \text{순허수가 아닌 허수 } a+bi & (a\neq0,\ b\neq0) \end{cases} \end{cases}$

> 허수에서는 대소 관계가 존재하지 않는다.

【참고】 복소수 $z=a+bi$ (a, b는 실수)에 대하여

① z가 실수이면 ➡ $b=0$

② z^2이 실수이면 ➡ $a=0$ 또는 $b=0$

③ z^2이 음의 실수이면 ➡ $a=0$, $b\neq0$

03-2 복소수가 서로 같을 조건

유형 04

두 복소수 $a+bi$, $c+di$ (a, b, c, d는 실수)에 대하여

(1) $a+bi=c+di$이면 ➡ $a=c$, $b=d$

(2) $a+bi=0$이면 ➡ $a=0$, $b=0$

【예】 a, b가 실수일 때, $a+bi=1-4i$이면 ➡ $a=1$, $b=-4$

> 두 복소수의 실수부분과 허수부분이 각각 서로 같을 때, 두 복소수는 서로 같다고 한다.

03-3 켤레복소수

유형 06~08

복소수 $a+bi$ (a, b는 실수)에 대하여 허수부분의 부호를 바꾼 복소수 $a-bi$를 $a+bi$의 **켤레복소수**라 한다. 【기호】 $\overline{a+bi}$

【예】 $\overline{2+i}=2-i$, $\overline{-3i}=3i$, $\overline{1}=1$

$$\underset{\text{켤레복소수}}{\overline{a+bi}=a-bi}$$

> a, b가 실수일 때, $\overline{a-bi}=a+bi$이므로 두 복소수 $a+bi$와 $a-bi$는 서로 켤레복소수이다.

03-1 복소수

[0267~0271] 다음 복소수의 실수부분과 허수부분을 구하시오.

0267 $1-3i$

0268 $\dfrac{5-i}{2}$

0269 $i-\sqrt{2}$

0270 $6i$

0271 5

[0272~0274] 보기에서 다음에 해당하는 것만을 있는 대로 고르시오.

┌ 보기 ┐
ㄱ. 0 ㄴ. $\sqrt{3}i$ ㄷ. π
ㄹ. $-2i^2$ ㅁ. $5+\sqrt{3}$ ㅂ. $2-3i$

0272 실수

0273 허수

0274 순허수

03-2 복소수가 서로 같을 조건

[0275~0278] 다음 등식을 만족시키는 실수 x, y의 값을 구하시오.

0275 $x+yi=5-6i$

0276 $2x+(y-1)i=4+3i$

0277 $(2x-2)+(3y-6)i=0$

0278 $(x+2y)+(4x-y)i=9i$

03-3 켤레복소수

[0279~0282] 다음 복소수의 켤레복소수를 구하시오.

0279 $-1-5i$

0280 $\sqrt{2}i-7$

0281 $8i$

0282 $4\sqrt{3}$

03-4 복소수의 사칙연산   유형 02~11   개념+

(1) 복소수의 사칙연산

a, b, c, d가 실수일 때

① $(a+bi)+(c+di)=(a+c)+(b+d)i$

② $(a+bi)-(c+di)=(a-c)+(b-d)i$

③ $(a+bi)(c+di)=(ac-bd)+(ad+bc)i$

④ $\dfrac{a+bi}{c+di}=\dfrac{(a+bi)(c-di)}{(c+di)(c-di)}=\dfrac{ac+bd}{c^2+d^2}+\dfrac{bc-ad}{c^2+d^2}i$ (단, $c+di\neq0$)

> **참고** 세 복소수 z_1, z_2, z_3에 대하여 다음이 성립한다.
> ① 교환법칙: $z_1+z_2=z_2+z_1$, $z_1z_2=z_2z_1$
> ② 결합법칙: $(z_1+z_2)+z_3=z_1+(z_2+z_3)$, $(z_1z_2)z_3=z_1(z_2z_3)$
> ③ 분배법칙: $z_1(z_2+z_3)=z_1z_2+z_1z_3$, $(z_1+z_2)z_3=z_1z_3+z_2z_3$

- 복소수의 덧셈과 뺄셈은 실수부분은 실수부분끼리, 허수부분은 허수부분끼리 계산한다.

- 복소수의 곱셈은 허수단위 i를 문자처럼 생각하고 전개한 후 $i^2=-1$임을 이용하여 계산한다.

- 복소수의 나눗셈은 분모의 켤레복소수를 분모, 분자에 각각 곱하여 분모를 실수로 고친 후 계산한다.

(2) 켤레복소수의 성질

두 복소수 z_1, z_2와 그 켤레복소수 $\overline{z_1}$, $\overline{z_2}$에 대하여

① $z_1+\overline{z_1}$, $z_1\overline{z_1}$은 실수이다.

② $\overline{z_1+z_2}=\overline{z_1}+\overline{z_2}$, $\overline{z_1-z_2}=\overline{z_1}-\overline{z_2}$

③ $\overline{z_1z_2}=\overline{z_1}\times\overline{z_2}$, $\overline{\left(\dfrac{z_1}{z_2}\right)}=\dfrac{\overline{z_1}}{\overline{z_2}}$ (단, $z_2\neq0$)

(3) i의 거듭제곱

허수단위 i에 대하여 i, $i^2=-1$, $i^3=-i$, $i^4=1$, …이므로 k가 음이 아닌 정수일 때,

$$i^{4k+1}=i,\ i^{4k+2}=-1,\ i^{4k+3}=-i,\ i^{4k+4}=1$$

예 $i^{20}=i^{4\times5}=1$, $i^{22}=i^{4\times5+2}=i^2=-1$

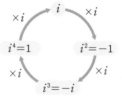

- k, n이 자연수일 때 i^k, i^n에 대하여 k, n을 4로 나누었을 때의 나머지가 같으면 $i^k=i^n$이 성립한다.

03-5 음수의 제곱근   유형 12~13

(1) 음수의 제곱근

$a>0$일 때

① $\sqrt{-a}=\sqrt{a}i$

② $-a$의 제곱근은 $\pm\sqrt{a}i$이다.

(2) 음수의 제곱근의 성질

① $a<0$, $b<0$이면 $\sqrt{a}\sqrt{b}=-\sqrt{ab}$

② $a>0$, $b<0$이면 $\dfrac{\sqrt{a}}{\sqrt{b}}=-\sqrt{\dfrac{a}{b}}$

> **TIP** 0이 아닌 두 실수 a, b에 대하여 다음이 성립한다.
> ① $\sqrt{a}\sqrt{b}=-\sqrt{ab}$이면 $a<0$, $b<0$
> ② $\dfrac{\sqrt{a}}{\sqrt{b}}=-\sqrt{\dfrac{a}{b}}$이면 $a>0$, $b<0$

- $a<0$, $b<0$ 이외의 경우에는 $\sqrt{a}\sqrt{b}=\sqrt{ab}$
  $a>0$, $b<0$ 이외의 경우에는 $\dfrac{\sqrt{a}}{\sqrt{b}}=\sqrt{\dfrac{a}{b}}$ (단, $b\neq0$)

03-4 복소수의 사칙연산

[0283~0287] 다음을 계산하시오.

0283 $(2+3i)+(-4-5i)$

0284 $(-1+4i)-(3-6i)$

0285 $(1-2i)(3+4i)$

0286 $(-1-3i)^2$

0287 $\dfrac{4-6i}{1-i}$

[0288~0291] 복소수 $z=2-5i$에 대하여 다음을 구하시오.
(단, $\bar{z}$는 z의 켤레복소수)

0288 $\overline{(\bar{z})}$

0289 $z+\bar{z}$

0290 $z\bar{z}$

0291 $\dfrac{\bar{z}}{z}$

[0292~0295] 다음을 계산하시오.

0292 i^{26}

0293 $(-i)^{17}$

0294 $-i^{12}$

0295 $i^{200}+i^{201}$

03-5 음수의 제곱근

[0296~0297] 다음 수를 허수단위 i를 사용하여 나타내시오.

0296 $\sqrt{-6}$

0297 $-\sqrt{-64}$

[0298~0299] 다음 수의 제곱근을 구하시오.

0298 -12

0299 $-\dfrac{1}{9}$

[0300~0301] 다음을 계산하시오.

0300 $\sqrt{-3}\sqrt{-27}$

0301 $\dfrac{\sqrt{18}}{\sqrt{-2}}$

하 10% … 중 80% … 상 10%

B 유형 완성

유형 01 복소수의 뜻과 분류

복소수는 다음과 같이 분류할 수 있다.
➡ 실수 a, b에 대하여

복소수 $a+bi$ $\begin{cases} \text{실수 } a & (b=0) \\ \text{허수} \begin{cases} \text{순허수 } bi & (a=0,\ b\neq0) \\ \text{순허수가 아닌 허수 } a+bi\ (a\neq0,\ b\neq0) \end{cases} \end{cases}$

0302 대표 문제

다음 중 옳은 것은?

① 0은 복소수가 아니다.

② $b=0$이면 $a+bi$는 실수이다.

③ $2-3i$는 허수이다.

④ $\dfrac{2-5i}{3}$의 허수부분은 -5이다.

⑤ $\sqrt{3}i$의 실수부분은 0, 허수부분은 $\sqrt{3}i$이다.

0303 하

$\dfrac{5i-1}{2}$의 실수부분을 a, $2-i$의 허수부분을 b라 할 때, $a+b$의 값은?

① -2 　　② $-\dfrac{3}{2}$ 　　③ -1

④ $\dfrac{3}{2}$ 　　⑤ 2

0304 하

다음 복소수 중 허수의 개수를 구하시오.

$$8+\sqrt{-1},\quad \pi,\quad -i,\quad \sqrt{5}-9i,\quad 3i^2$$

유형 02 복소수의 사칙연산

⑴ 허수단위 i를 문자로 생각하여 계산하고 $i^2=-1$임을 이용한다.

⑵ 복소수의 나눗셈은 분모가 허수이면 분모의 켤레복소수를 분모, 분자에 각각 곱하여 분모를 실수로 고친 후 계산한다.

0305 대표 문제

$(\sqrt{3}+i)(\sqrt{3}-i)-\dfrac{1-2i}{2+i}$를 $a+bi\,(a,\ b$는 실수$)$ 꼴로 나타내시오.

0306 하

다음 중 옳지 않은 것은?

① $(2+i)+(3-2i)=5-i$

② $(1-2i)-(2-3i)=-1+i$

③ $(3-2i)(1+4i)=11+10i$

④ $(5-i)^2=26-10i$

⑤ $\dfrac{1+3i}{1-i}=-1+2i$

0307 중

두 복소수 $z_1=(1+i)^2$, $z_2=\dfrac{\sqrt{2}+2i}{\sqrt{2}-2i}$에 대하여 z_1z_2의 실수부분을 a, 허수부분을 b라 할 때, a^2+b^2의 값은?

① 3 　　② $\dfrac{10}{3}$ 　　③ $\dfrac{11}{3}$

④ 4 　　⑤ $\dfrac{13}{3}$

0308 ⑧ 서술형

임의의 두 복소수 a, b에 대하여 연산 ◎을

$$a ◎ b = ab - a - b$$

라 할 때, $(2+3i) ◎ (3+2i)$의 허수부분을 구하시오.

◇◆ 개념루트 공통수학1 96쪽

유형 03 복소수가 실수 또는 순허수가 될 조건

복소수 $z = a + bi$ (a, b는 실수)에 대하여
(1) z가 실수 ➡ $b = 0$
(2) z가 순허수 ➡ $a = 0$, $b \neq 0$
(3) z^2이 실수 ➡ z가 실수 또는 순허수 ➡ $a = 0$ 또는 $b = 0$
(4) z^2이 음의 실수 ➡ z가 순허수 ➡ $a = 0$, $b \neq 0$
(5) z^2이 양의 실수 ➡ z는 0이 아닌 실수 ➡ $a \neq 0$, $b = 0$

0309 대표 문제

복소수 $z = 2(3+5i) - x(4i-1)$에 대하여 z^2이 음의 실수가 되도록 하는 실수 x의 값은?

① -6 ② $-\dfrac{16}{3}$ ③ $-\dfrac{5}{2}$

④ $\dfrac{5}{2}$ ⑤ 6

0310 ⑨

복소수 $x(i-x) + 1 - 2i$가 실수가 되도록 하는 실수 x의 값을 구하시오.

0311 ⑧

복소수 $(1+i)(1-i)a^2 + (2i-3)a + 1 - 2i$가 순허수가 되도록 하는 실수 a의 값은?

① -1 ② $-\dfrac{1}{2}$ ③ $\dfrac{1}{2}$

④ 1 ⑤ 2

0312 ⑧ 서술형

복소수 $z = x(x+4+i) - 5(1+i)$에 대하여 z^2이 실수가 되도록 하는 모든 실수 x의 값의 합을 구하시오.

0313 ⑧

복소수 $z = (a+4i)(a-3i) + a^2(i-2) - 11$에 대하여 z^2이 양의 실수가 되도록 하는 실수 a의 값은?

① -2 ② -1 ③ 0

④ 1 ⑤ 2

유형 04 복소수가 서로 같을 조건

실수부분은 실수부분끼리, 허수부분은 허수부분끼리 정리하여
복소수가 서로 같을 조건을 이용한다.
(1) $a+bi=c+di(a, b, c, d$는 실수)이면 $a=c$, $b=d$
(2) $a+bi=0(a, b$는 실수)이면 $a=0$, $b=0$

0314 [대표 문제]

등식 $x(1+i)-2y(3-i)=1+9i$를 만족시키는 실수 x, y에 대하여 xy의 값을 구하시오.

0315 (하)

등식 $(x-2)+(3x+y-5)i=0$을 만족시키는 실수 x, y에 대하여 $x-y$의 값은?

① -1 ② 0 ③ 1
④ 2 ⑤ 3

0316 (중)

등식 $x(2-i)^2-y(3+i)=\overline{3y-(5-2x)i}$를 만족시키는 실수 x, y에 대하여 $x+y$의 값을 구하시오.

0317 (중)

등식 $\dfrac{x}{1+3i}+\dfrac{y}{1-3i}=\dfrac{6}{1-i}$을 만족시키는 실수 x, y에 대하여 $2x-y$의 값을 구하시오.

유형 05 복소수가 주어질 때의 식의 값

복소수 $x=a+bi(a, b$는 실수)가 주어진 경우
➡ $x-a=bi$ 꼴로 변형한 후 양변을 제곱하여 식의 값이 0인 이차식을 만든다.

0318 [대표 문제]

$x=\dfrac{-1-\sqrt{3}i}{2}$일 때, $2x^2+2x+1$의 값은?

① 0 ② -1 ③ -3
④ -5 ⑤ -7

0319 (하)

$x=\dfrac{25}{3+4i}$일 때, $x^2-6x+10$의 값은?

① -15 ② -10 ③ -5
④ 5 ⑤ 10

0320 (중)   서술형

$x=\dfrac{1}{2+i}$일 때, $5x^3-4x^2+6x-2$의 값을 구하시오.

0321 (상)

$x^2=3+4i$일 때, $x^4+x^3-6x^2-6x+\dfrac{25}{x}$의 값을 구하시오.

◆ 개념루트 공통수학1 100쪽

유형 06 **켤레복소수가 주어질 때 식의 값**

복소수 $z=a+bi$ (a, b는 실수)의 켤레복소수를 $\bar{z}$라 하면
$$\bar{z}=a-bi$$

0322 대표 문제

$z=\dfrac{10}{3-i}$일 때, $z+\bar{z}+z\bar{z}$의 값을 구하시오.

(단, $\bar{z}$는 z의 켤레복소수)

0323 하

$a=2+2\sqrt{3}i$, $b=2-2\sqrt{3}i$일 때, $\dfrac{b}{a}+\dfrac{a}{b}$의 값을 구하시오.

0324 중

$z=4+2i$일 때, $\dfrac{1-\bar{z}}{z}$의 실수부분을 구하시오.

(단, $\bar{z}$는 z의 켤레복소수)

0325 중   서술형

$a=\dfrac{2}{1+i}$, $b=\dfrac{2}{1-i}$일 때, a^3+b^3-ab의 값을 구하시오.

유형 07 **켤레복소수의 성질**

복소수 z의 켤레복소수를 $\bar{z}$라 할 때
(1) $z+\bar{z}=$(실수)   (2) $z\bar{z}=$(실수)
(3) $z=\bar{z}$이면 z는 실수   (4) $z=-\bar{z}$이면 z는 순허수 또는 0

0326 대표 문제

복소수 z와 그 켤레복소수 $\bar{z}$에 대하여 보기에서 옳은 것만을 있는 대로 고르시오.

┌ 보기 ┌
ㄱ. $z+\bar{z}+z\bar{z}$는 실수이다.
ㄴ. $z\bar{z}=0$이면 $z=0$이다.
ㄷ. $\bar{z}$가 순허수이면 z도 순허수이다.
ㄹ. $z^2+\bar{z}^2=0$이면 $z=0$이다.

0327 하

다음 중 $z=\bar{z}$를 만족시키는 복소수 z는?

(단, $\bar{z}$는 z의 켤레복소수)

① $1-i$ ② $-3+5i$ ③ $-5i$
④ $2i$ ⑤ $2-\sqrt{3}$

0328 중

0이 아닌 복소수 z와 그 켤레복소수 $\bar{z}$에 대하여 보기에서 항상 실수인 것만을 있는 대로 고른 것은?

┌ 보기 ┌
ㄱ. $z+\bar{z}$ ㄴ. $z-\bar{z}$ ㄷ. $z\bar{z}$
ㄹ. $\dfrac{z}{\bar{z}}$ ㅁ. $\dfrac{1}{z}+\dfrac{1}{\bar{z}}$

① ㄱ, ㄴ, ㄷ   ② ㄱ, ㄷ, ㅁ
③ ㄱ, ㄹ, ㅁ   ④ ㄴ, ㄷ, ㄹ
⑤ ㄴ, ㄹ, ㅁ

0329 ⑧

복소수 $z=x^2-(5-i)x+4-2i$에 대하여 $\bar{z}=-z$를 만족시키는 모든 실수 x의 값의 합은?

(단, $i=\sqrt{-1}$이고, $\bar{z}$는 z의 켤레복소수이다.)

① 1   ② 2   ③ 3

④ 4   ⑤ 5

◇◈ 개념루트 공통수학1 102쪽

유형 08   켤레복소수의 성질을 이용한 식의 값

두 복소수 z_1, z_2와 그 켤레복소수 $\bar{z_1}$, $\bar{z_2}$에 대하여

(1) $\overline{(\bar{z_1})}=z_1$

(2) $\overline{z_1+z_2}=\bar{z_1}+\bar{z_2}$, $\overline{z_1-z_2}=\bar{z_1}-\bar{z_2}$

(3) $\overline{z_1z_2}=\bar{z_1}\times\bar{z_2}$, $\overline{\left(\dfrac{z_1}{z_2}\right)}=\dfrac{\bar{z_1}}{\bar{z_2}}$ (단, $z_2\neq0$)

0330 대표 문제

$\alpha=4+i$, $\beta=7-3i$일 때, $\alpha\bar{\alpha}-\alpha\bar{\beta}-\bar{\alpha}\beta+\beta\bar{\beta}$의 값을 구하시오. (단, $\bar{\alpha}$, $\bar{\beta}$는 각각 α, β의 켤레복소수)

0331 ⑨

두 복소수 α, β에 대하여 $\bar{\alpha}\beta=1$, $\beta+\dfrac{1}{\beta}=2i$일 때, $\alpha+\dfrac{1}{\alpha}$의 값은? (단, $\bar{\alpha}$, $\bar{\beta}$는 각각 α, β의 켤레복소수)

① $-2i$ ② $-i$ ③ i

④ $2i$ ⑤ $4i$

0332 ⑧

두 복소수 z_1, z_2에 대하여

$$\bar{z_2}-\bar{z_1}=-1-4i, \quad \bar{z_1}\times\bar{z_2}=5+i$$

일 때, $(z_1-2)(z_2+2)$의 값을 구하시오.

(단, $\bar{z_1}$, $\bar{z_2}$는 각각 z_1, z_2의 켤레복소수)

0333 ⑧

복소수 $\alpha=\dfrac{1+\sqrt{3}i}{2}$에 대하여 $z=\dfrac{\alpha+2}{\alpha-1}$일 때, $z\bar{z}$의 값은?

(단, $\bar{z}$는 z의 켤레복소수)

① 1   ② 3   ③ 5

④ 7   ⑤ 9

◇◈ 개념루트 공통수학1 102쪽

빈출

유형 09   등식을 만족시키는 복소수 구하기

복소수 z를 포함한 등식이 주어질 때, $z=a+bi$ (a, b는 실수)로 놓고 주어진 식에 대입하여 a, b의 값을 구한다.

0334 대표 문제

복소수 z와 그 켤레복소수 $\bar{z}$에 대하여 $2z-(i+2)\bar{z}=9i-2$가 성립할 때, 복소수 z는?

① $-2+i$ ② $-1+2i$ ③ $1-2i$

④ $2-i$ ⑤ $2+i$

0335 ⓒ

복소수 z와 그 켤레복소수 $\bar{z}$에 대하여
$$z+\bar{z}=2,\ z\bar{z}=3$$
이 성립할 때, 복소수 z를 모두 구하시오.

0336 ⓒ

서술형 ♀

실수가 아닌 복소수 z와 그 켤레복소수 $\bar{z}$에 대하여 $z^2=\bar{z}$가 성립할 때, $(1-z)(1-\bar{z})$의 값을 구하시오.

0337 ⓢ

실수가 아닌 복소수 z와 그 켤레복소수 $\bar{z}$에 대하여 $\bar{z}-\dfrac{1}{z}$이 실수일 때, $z\bar{z}$의 값은?

① -2 ② -1 ③ 1
④ 2 ⑤ 3

빈출

유형 10 i의 거듭제곱

(1) n이 음이 아닌 정수일 때
$$i^{4n+1}=i,\ i^{4n+2}=-1,\ i^{4n+3}=-i,\ i^{4n+4}=1$$
(2) $i+i^2+i^3+i^4=0,\ \dfrac{1}{i}+\dfrac{1}{i^2}+\dfrac{1}{i^3}+\dfrac{1}{i^4}=0$

0338 대표 문제

$1-i+i^2-i^3+i^4-\cdots+i^{120}$을 간단히 하면?

① -1 ② 0 ③ 1
④ $-i$ ⑤ i

0339 ⓒ

$\dfrac{1}{i}+\dfrac{1}{i^2}+\dfrac{1}{i^3}+\dfrac{1}{i^4}+\cdots+\dfrac{1}{i^{100}}$을 간단히 하시오.

0340 ⓒ

서술형 ♀

실수 a, b에 대하여
$$i+2i^2+3i^3+4i^4+\cdots+59i^{59}+60i^{60}=a+bi$$
일 때, $a-b$의 값을 구하시오.

0341 ㉾

실수 a, b에 대하여

$$(1+i^2)+(i^2+i^3)+(i^3+i^4)+\cdots+(i^{10}+i^{11})$$
$$=a+bi$$

일 때, $2ab$의 값은?

① -4 ② -2 ③ -1

④ 2 ⑤ 4

◈◈ 개념루트 공통수학1 108쪽

유형 11 복소수의 거듭제곱

복소수 z에 대하여 z^n(n은 자연수)의 값을 구할 때는 다음과 같이 z를 간단히 하거나 z^2을 구한 후 허수단위 i의 거듭제곱을 이용한다.

(1) $\dfrac{1+i}{1-i}=i$, $\dfrac{1-i}{1+i}=-i$

(2) $(1+i)^2=2i$, $(1-i)^2=-2i$

0342 대표 문제

$\left(\dfrac{1-i}{1+i}\right)^{50}+\left(\dfrac{1+i}{1-i}\right)^{50}$ 을 간단히 하면?

① -2 ② 0 ③ 2

④ $-2i$ ⑤ $2i$

0343 ㉾

$z=\dfrac{1-i}{\sqrt{2}}$일 때, $z^2+z^4+z^6+\cdots+z^{100}$의 값은?

① $-1-i$ ② $-1+i$ ③ $1-i$

④ $1+i$ ⑤ $2+i$

0344 ㉾

서술형

자연수 n에 대하여 $f(n)=\left(\dfrac{1+i}{1-i}\right)^n$일 때,

$f(1)+f(2)+f(3)+\cdots+f(25)$의 값을 구하시오.

0345 ㉿

복소수 $z=\dfrac{\sqrt{2}i}{1-i}$에 대하여 보기에서 옳은 것만을 있는 대로 고른 것은? (단, n은 자연수)

보기
ㄱ. $z^2=-i$ ㄴ. $z^6=z^2$ ㄷ. $z^{n+8}=z^n$

① ㄱ ② ㄱ, ㄴ ③ ㄱ, ㄷ

④ ㄴ, ㄷ ⑤ ㄱ, ㄴ, ㄷ

◈◈ 개념루트 공통수학1 110쪽

유형 12 음수의 제곱근의 계산

음수의 제곱근을 허수단위 i를 사용하여 나타낸 후 계산한다.
➡ $a>0$일 때, $\sqrt{-a}=\sqrt{a}i$

참고 음수의 제곱근의 성질을 이용하여 계산할 수도 있다.
➡ $a<0$, $b<0$이면 $\sqrt{a}\sqrt{b}=-\sqrt{ab}$
   $a>0$, $b<0$이면 $\dfrac{\sqrt{a}}{\sqrt{b}}=-\sqrt{\dfrac{a}{b}}$

0346 대표 문제

$\sqrt{-2}\sqrt{-6}-\dfrac{\sqrt{10}}{\sqrt{-2}}+\dfrac{\sqrt{-21}}{\sqrt{-7}}$ 을 계산하시오.

0347 ⑨

다음 중 옳지 <u>않은</u> 것은?

① $\sqrt{2}\sqrt{-5}=\sqrt{-10}$ ② $\sqrt{-2}\sqrt{-5}=-\sqrt{10}$

③ $\dfrac{\sqrt{-2}}{\sqrt{5}}=\sqrt{-\dfrac{2}{5}}$ ④ $\dfrac{\sqrt{-2}}{\sqrt{-5}}=\sqrt{\dfrac{2}{5}}$

⑤ $\dfrac{\sqrt{2}}{\sqrt{-5}}=\sqrt{-\dfrac{2}{5}}$

0348 ⑨

등식 $\dfrac{a}{1+i}+\dfrac{bi}{1-i}=\overline{1+i}$ 를 만족시키는 실수 a, b에 대하

여 $\sqrt{b-a}\sqrt{b-a}+\dfrac{\sqrt{a-b}}{\sqrt{b-a}}$의 값은?

① $-2-i$ ② $-1-i$ ③ $1+i$

④ $2+i$ ⑤ $2-i$

0349 ⑨

$-3<x<3$일 때,

$$\dfrac{\sqrt{x+3}}{\sqrt{x-3}}\times\sqrt{\dfrac{x-3}{x+3}}-\dfrac{\sqrt{x+3}}{\sqrt{-x-3}}\times\sqrt{\dfrac{-x-3}{x+3}}$$

을 간단히 하시오.

유형 13   음수의 제곱근의 성질

0이 아닌 두 실수 a, b에 대하여

(1) $\sqrt{a}\sqrt{b}=-\sqrt{ab}$이면 $a<0$, $b<0$

(2) $\dfrac{\sqrt{a}}{\sqrt{b}}=-\sqrt{\dfrac{a}{b}}$이면 $a>0$, $b<0$

0350 대표 문제

0이 아닌 두 실수 a, b에 대하여 $\dfrac{\sqrt{a}}{\sqrt{b}}=-\sqrt{\dfrac{a}{b}}$일 때,

$\sqrt{(a-b)^2}+|a|-3\sqrt{b^2}$을 간단히 하시오.

0351 ⑨

0이 아닌 두 실수 a, b에 대하여 $\sqrt{a}\sqrt{b}=-\sqrt{ab}$일 때, 다음 중 옳지 <u>않은</u> 것은?

① $\sqrt{-a}\sqrt{b}=\sqrt{-ab}$ ② $\sqrt{ab^2}=-b\sqrt{a}$

③ $\dfrac{\sqrt{b}}{\sqrt{a}}=\sqrt{\dfrac{b}{a}}$ ④ $\dfrac{\sqrt{-b}}{\sqrt{a}}=\sqrt{-\dfrac{b}{a}}$

⑤ $|a+b|=|a|+|b|$

0352 ⑨

0이 아닌 두 실수 a, b에 대하여 $\dfrac{\sqrt{a}}{\sqrt{b}}=-\sqrt{\dfrac{a}{b}}$이고

$$\sqrt{a^2}+2\sqrt{b^2}+(3|a|+|b|)i=4+7i$$

가 성립할 때, $a+b$의 값을 구하시오.

AB 유형 점검

0353 유형 01

다음 중 옳지 <u>않은</u> 것은?

① $a=0$, $b \neq 0$이면 $a+bi$는 순허수이다.
② $\sqrt{3}i^2$은 실수이다.
③ 허수는 복소수이다.
④ $-5i$의 실수부분은 0이다.
⑤ $1+\sqrt{3}$의 허수부분은 $\sqrt{3}$이다.

0354 유형 02

다음 중 옳은 것은?

① $(5+3i)+(2-11i)=7+8i$
② $(6-i)-(3-2i)=3-3i$
③ $(2-i)(3+2i)=4+i$
④ $(2-7i)+(2-3i)-(i-4)=-11i$
⑤ $\dfrac{1}{1+2i}-\dfrac{1}{1-2i}=-\dfrac{4}{5}i$

0355 유형 03

복소수 $z=(1-n+2i)^2$에 대하여 z^2이 실수가 되도록 하는 모든 자연수 n의 값의 합은?

① 3   ② 4   ③ 5
④ 6   ⑤ 7

0356 유형 04

등식 $(2+i)x-2(1-i)y=\overline{2-7i}$를 만족시키는 실수 x, y에 대하여 $x+y$의 값을 구하시오.

0357 유형 05

$x=\dfrac{1-3i}{1+i}$일 때, x^3+2x^2+5x+2의 값은?

① $1-i$ ② $-i$ ③ 0
④ 2   ⑤ 5

0358 유형 06 | 학평 기출 |

$x=2+i$, $y=2-i$일 때, $x^4+x^2y^2+y^4$의 값은?
(단, $i=\sqrt{-1}$이다.)

① 9   ② 10   ③ 11
④ 12   ⑤ 13

0359 유형 06

복소수 $z=1+\sqrt{3}i$와 그 켤레복소수 $\bar{z}$에 대하여 $z^3+\bar{z}^3$의 값은?

① -16 ② -4 ③ $3\sqrt{3}$

④ $1+3\sqrt{3}$ ⑤ 8

0360 유형 07

복소수 z와 그 켤레복소수 $\bar{z}$에 대하여 보기에서 옳은 것만을 있는 대로 고른 것은?

┌ 보기 ─────────────────────
ㄱ. $z\bar{z}=0$이면 $z=\bar{z}$이다.
ㄴ. $\overline{z\bar{z}}$는 실수이다.
ㄷ. z^2이 허수이면 z는 허수이다.
└──────────────────────

① ㄱ   ② ㄷ   ③ ㄱ, ㄴ

④ ㄴ, ㄷ   ⑤ ㄱ, ㄴ, ㄷ

0361 유형 08

$\alpha=1+3i$, $\beta=3-2i$일 때, $\alpha\bar{\alpha}+2\alpha\bar{\beta}+2\bar{\alpha}\beta+4\beta\bar{\beta}$의 값은? (단, $\bar{\alpha}$, $\bar{\beta}$는 각각 α, β의 켤레복소수)

① 49 ② 50 ③ 51

④ 52 ⑤ 53

0362 유형 07 + 09 | 학평 기출 |

다음 조건을 만족시키는 복소수 z가 존재하도록 하는 모든 실수 k의 값의 곱은? (단, $\bar{z}$는 z의 켤레복소수이다.)

┌──────────────────────
(가) $\bar{z}=-z$
(나) $z^2+(k^2-3k-4)z+(k^2+2k-8)=0$
└──────────────────────

① -32 ② -16 ③ -8

④ -4 ⑤ -2

0363 유형 10

$1+i+i^2+i^3+i^4+\cdots+i^{200}$을 간단히 하면?

① -1 ② 0 ③ 1

④ $-i$ ⑤ i

0364 유형 10

실수 a, b에 대하여
$$\frac{1}{i}-\frac{2}{i^2}+\frac{3}{i^3}-\frac{4}{i^4}+\cdots+\frac{21}{i^{21}}-\frac{22}{i^{22}}=a+bi$$
일 때, $a+b$의 값은?

① -3 ② -1 ③ 1

④ 3 ⑤ 5

0365 유형 11

복소수 $z=\dfrac{1-i}{1+i}$에 대하여 $z^n=1$이 되도록 하는 50 이하의 자연수 n의 개수는?

① 4   ② 8   ③ 12
④ 16   ⑤ 20

0366 유형 12

$\sqrt{-27}\sqrt{-9}+\dfrac{\sqrt{-18}}{\sqrt{-6}}+\dfrac{\sqrt{9}}{\sqrt{-3}}=a+bi$일 때, 실수 a, b에 대하여 ab의 값을 구하시오.

0367 유형 13

0이 아닌 세 실수 a, b, c에 대하여

$$\sqrt{a}\sqrt{b}=-\sqrt{ab},\ \dfrac{\sqrt{c}}{\sqrt{b}}=-\sqrt{\dfrac{c}{b}}$$

일 때, $\sqrt{a^2}-|a+b|+\sqrt{c^2}$을 간단히 하시오.

서술형

0368 유형 03

복소수 $z=x^2+(i-4)x+i-5$에 대하여 z가 실수가 되도록 하는 실수 x의 값을 a, z^2이 음의 실수가 되도록 하는 실수 x의 값을 b라 할 때, $a+b$의 값을 구하시오.

0369 유형 09

복소수 z와 그 켤레복소수 $\bar{z}$에 대하여 $\dfrac{z}{3+i}+\dfrac{\bar{z}}{2}=3$이 성립할 때, 복소수 z를 구하시오.

0370 유형 11

$z=\dfrac{1+i}{\sqrt{2}}$일 때, $\dfrac{1}{z^2}-\dfrac{1}{z^4}+\dfrac{1}{z^6}-\dfrac{1}{z^8}+\cdots+\dfrac{1}{z^{30}}$의 값을 구하시오.

0371

0이 아닌 두 실수 a, b에 대하여 $f(a, b)=\dfrac{a-bi}{a+bi}$ 라 할 때,

$$f(1, 3)+f(2, 6)+f(3, 9)+\cdots+f(40, 120)$$

의 값을 구하시오.

0373

$\left(\dfrac{\sqrt{2}}{1+i}\right)^n+\left(\dfrac{\sqrt{3}+i}{2}\right)^n=2$를 만족시키는 자연수 n의 최솟

값을 구하시오. (단, $i=\sqrt{-1}$)

0374

0이 아닌 세 실수 a, b, c가 다음 조건을 만족시킬 때, a, b, c의 대소 관계로 옳은 것은?

> (가) $\dfrac{\sqrt{b}}{\sqrt{a}}=-\sqrt{\dfrac{b}{a}}$
>
> (나) $(a+c)^2+(2a+3b)^2=0$

① $a<b<c$ ② $a<c<b$ ③ $b<a<c$

④ $b<c<a$ ⑤ $c<a<b$

0372

두 복소수 α, β에 대하여 $\alpha\overline{\beta}=\overline{\alpha}\beta=1$, $\alpha+\beta=1-i$일 때,

$\left(\dfrac{1}{\alpha}+\dfrac{1}{\beta}\right)^{10}$의 값을 구하시오.

(단, $\overline{\alpha}$, $\overline{\beta}$는 각각 α, β의 켤레복소수)

↪ 기출 BOOK 14쪽

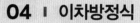

04-1 **이차방정식의 풀이**　　　　　　　유형 01~04

(1) 이차방정식의 실근과 허근

계수가 실수인 이차방정식은 복소수의 범위에서 항상 근을 갖는다. 이때 실수인 근을 **실근**, 허수인 근을 **허근**이라 한다.

(2) 이차방정식의 풀이

① 인수분해를 이용

x에 대한 이차방정식 $(ax-b)(cx-d)=0$의 근은

$$x=\frac{b}{a} \text{ 또는 } x=\frac{d}{c}$$

② 근의 공식을 이용

계수가 실수인 이차방정식 $ax^2+bx+c=0$의 근은

$$x=\frac{-b\pm\sqrt{b^2-4ac}}{2a} \rightarrow \text{근의 공식}$$

> 일반적으로 이차방정식의 계수는 실수이고, 근은 복소수의 범위에서 생각한다.

[참고] x의 계수가 짝수인 이차방정식 $ax^2+2b'x+c=0$의 근은

$$x=\frac{-b'\pm\sqrt{b'^2-ac}}{a} \rightarrow \text{짝수 근의 공식}$$

04-2 **이차방정식의 근의 판별**　　　　　　　유형 05~08

(1) 이차방정식의 판별식

계수가 실수인 이차방정식 $ax^2+bx+c=0$에 대하여 b^2-4ac를 이 방정식의 **판별식**이라 한다.

[기호] $D=b^2-4ac$

> 판별식은 계수가 실수인 이차방정식의 근을 판별할 때만 사용한다.

[참고] 계수가 실수인 이차방정식 $ax^2+bx+c=0$의 근 $x=\dfrac{-b\pm\sqrt{b^2-4ac}}{2a}$는 근호 안의 식 b^2-4ac의 부호에 따라 실근, 허근을 판별할 수 있다.

[TIP] x의 계수가 짝수인 이차방정식 $ax^2+2b'x+c=0$에서는 판별식 D 대신 $\dfrac{D}{4}=b'^2-ac$를 이용할 수 있다.

(2) 이차방정식의 근의 판별

계수가 실수인 이차방정식 $ax^2+bx+c=0$에서 $D=b^2-4ac$라 할 때

① $D>0$이면 서로 다른 두 실근을 갖는다.　┐
② $D=0$이면 중근(서로 같은 두 실근)을 갖는다.　┘ $D\geq0$이면 실근을 갖는다.
③ $D<0$이면 서로 다른 두 허근을 갖는다.

[TIP] 이차식 ax^2+bx+c가 완전제곱식이면 이차방정식 $ax^2+bx+c=0$이 중근을 가지므로 $b^2-4ac=0$이다.

04-1 이차방정식의 풀이

[0375~0377] 인수분해를 이용하여 다음 이차방정식을 푸시오.

0375 $x^2+7x+6=0$

0376 $x^2-16=0$

0377 $8x^2-6x-9=0$

[0378~0380] 근의 공식을 이용하여 다음 이차방정식을 푸시오.

0378 $x^2+2x+9=0$

0379 $x^2-3x-12=0$

0380 $4x^2-2x+1=0$

[0381~0383] 다음 이차방정식을 풀고, 방정식의 근이 실근인지 허근인지 구분하시오.

0381 $2x^2+5x-7=0$

0382 $3x^2+8x+6=0$

0383 $x^2+9=0$

04-2 이차방정식의 근의 판별

[0384~0386] 다음 이차방정식의 근을 판별하시오.

0384 $x^2-2x+4=0$

0385 $x^2+5x-9=0$

0386 $2x^2+4x+2=0$

0387 보기에서 다음 조건을 만족시키는 이차방정식인 것만을 있는 대로 고르시오.

┌ 보기 ┐
ㄱ. $x^2+x+1=0$ ㄴ. $x^2-3x-4=0$
ㄷ. $3x^2+6x-8=0$ ㄹ. $5x^2-4x+3=0$
ㅁ. $16x^2-8x+1=0$ ㅂ. $x^2+6x+2=0$

(1) 서로 다른 두 실근을 갖는다.
(2) 중근을 갖는다.
(3) 서로 다른 두 허근을 갖는다.

0388 이차방정식 $3x^2+x-k=0$이 다음과 같은 근을 갖도록 하는 실수 k의 값 또는 범위를 구하시오.

(1) 서로 다른 두 실근
(2) 중근
(3) 서로 다른 두 허근

04-3 **이차방정식의 근과 계수의 관계** 유형 09~16

(1) 이차방정식의 근과 계수의 관계

이차방정식 $ax^2+bx+c=0$의 두 근을 α, β라 하면
$$\alpha+\beta=-\frac{b}{a},\ \alpha\beta=\frac{c}{a}$$

예 이차방정식 $2x^2-4x+9=0$의 두 근을 α, β라 하면
$$\alpha+\beta=-\frac{-4}{2}=2,\ \alpha\beta=\frac{9}{2}$$

(2) 두 수를 근으로 하는 이차방정식

두 수 α, β를 근으로 하고 x^2의 계수가 1인 이차방정식은
$$x^2-\underset{\text{두 근의 합}}{(\alpha+\beta)}x+\underset{\text{두 근의 곱}}{\alpha\beta}=0 \quad\longrightarrow (x-\alpha)(x-\beta)=0$$

● 두 수 α, β를 근으로 하고 x^2의 계수가 a인 이차방정식은
$a\{x^2-(\alpha+\beta)x+\alpha\beta\}=0$

예 두 수 2, 3을 근으로 하고 x^2의 계수가 1인 이차방정식은
$$x^2-(2+3)x+2\times3=0 \quad \therefore x^2-5x+6=0$$

04-4 **이차식의 인수분해** 유형 17

이차방정식 $ax^2+bx+c=0$의 두 근을 α, β라 하면
$$ax^2+bx+c=a(x-\alpha)(x-\beta)$$

● 계수가 실수인 이차식은 복소수의 범위에서 항상 두 일차식의 곱으로 인수분해할 수 있다.

예 이차식 x^2-4x+7을 복소수의 범위에서 인수분해하면
이차방정식 $x^2-4x+7=0$에서
$$x=-(-2)\pm\sqrt{(-2)^2-1\times7}=2\pm\sqrt{3}i$$
$$\therefore x^2-4x+7=\{x-(2+\sqrt{3}i)\}\{x-(2-\sqrt{3}i)\}$$
$$=(x-2-\sqrt{3}i)(x-2+\sqrt{3}i)$$

04-5 **이차방정식의 켤레근의 성질** 유형 18

이차방정식 $ax^2+bx+c=0$에서

(1) a, b, c가 유리수일 때, $p+q\sqrt{m}$이 근이면 $p-q\sqrt{m}$도 근이다.
(단, p, q는 유리수, $q\neq0$, $\sqrt{m}$은 무리수)

● $q\neq0$일 때, $p+q\sqrt{m}$과 $p-q\sqrt{m}$, $p+qi$와 $p-qi$를 각각 켤레근이라 한다.

주의 이차방정식의 계수가 모두 유리수라는 조건이 없으면 $p+q\sqrt{m}$이 방정식의 한 근일 때, 다른 한 근이 반드시 $p-q\sqrt{m}$이 되는 것은 아니다.

(2) a, b, c가 실수일 때, $p+qi$가 근이면 $p-qi$도 근이다. (단, p, q는 실수, $q\neq0$, $i=\sqrt{-1}$)

예 (1) a, b, c가 유리수일 때, 이차방정식 $ax^2+bx+c=0$의 한 근이 $1+\sqrt{3}$이면 다른 한 근은 $1-\sqrt{3}$이다.
(2) a, b, c가 실수일 때, 이차방정식 $ax^2+bx+c=0$의 한 근이 $2-i$이면 다른 한 근은 $2+i$이다.

04-3 이차방정식의 근과 계수의 관계

[0389~0391] 다음 이차방정식의 두 근의 합과 곱을 각각 구하시오.

0389 $x^2+4x+5=0$

0390 $3x^2+8x-9=0$

0391 $-x^2-x-7=0$

0392 이차방정식 $x^2-2x-6=0$의 두 근을 α, β라 할 때, 다음 식의 값을 구하시오.

(1) $\alpha+\beta$ (2) $\alpha\beta$

(3) $\dfrac{1}{\alpha}+\dfrac{1}{\beta}$ (4) $\alpha^2+\beta^2$

[0393~0395] 다음 두 수를 근으로 하고 x^2의 계수가 1인 이차방정식을 구하시오.

0393 -3, 1

0394 $2+\sqrt{3}$, $2-\sqrt{3}$

0395 $3-2i$, $3+2i$

0396 두 수 $\dfrac{1}{2}$, -1을 근으로 하고 x^2의 계수가 2인 이차방정식을 구하시오.

04-4 이차식의 인수분해

[0397~0399] 다음 이차식을 복소수의 범위에서 인수분해 하시오.

0397 x^2+3x-6

0398 x^2+81

0399 $2x^2-4x+5$

04-5 이차방정식의 켤레근의 성질

[0400~0401] 다음 조건을 만족시키는 유리수 a, b의 값을 구하시오.

0400 이차방정식 $x^2+ax+b=0$의 한 근이 $1+\sqrt{2}$이다.

0401 이차방정식 $x^2+ax+b=0$의 한 근이 $-2-4\sqrt{3}$이다.

[0402~0403] 다음 조건을 만족시키는 실수 a, b의 값을 구하시오. (단, $i=\sqrt{-1}$)

0402 이차방정식 $x^2+ax+b=0$의 한 근이 $1-3i$이다.

0403 이차방정식 $x^2+ax+b=0$의 한 근이 $-3+\sqrt{2}i$이다.

B 유형 완성

◆◆ 개념루트 공통수학1 122쪽

유형 01 이차방정식의 풀이

이차방정식을 (x에 대한 이차식)=0 꼴로 정리한 후 인수분해 또는 근의 공식을 이용한다.

0404 【대표 문제】

이차방정식 $x^2+4x+7=0$의 해가 $x=a\pm\sqrt{bi}$일 때, 유리수 a, b에 대하여 $a+b$의 값은?

① -2 　② -1 　③ 0

④ 1 　⑤ 2

0405 【하】

이차방정식 $x(x+3)=3(x^2-1)-2x$의 해는?

① $x=-3$ 또는 $x=-\dfrac{1}{2}$

② $x=-3$ 또는 $x=\dfrac{1}{2}$

③ $x=-1$ 또는 $x=-\dfrac{1}{3}$

④ $x=-\dfrac{1}{2}$ 또는 $x=3$

⑤ $x=-\dfrac{1}{3}$ 또는 $x=1$

0406 【중】

실수 a, b에 대하여 $a\odot b=ab-a+b$라 하자.
$\{x\odot(x+2)\}+\{(x-1)\odot 2\}=7$을 만족시키는 x의 값을 α, β라 할 때, $|\alpha|+|\beta|$의 값을 구하시오.

0407 【중】

이차방정식 $(\sqrt{2}-1)x^2-(2+\sqrt{2})x+3=0$의 유리수인 근을 구하시오.

◆◆ 개념루트 공통수학1 124쪽

【빈출】

유형 02 한 근이 주어진 이차방정식

주어진 한 근을 이차방정식에 대입하여 미정계수를 구한 후 이차방정식을 풀어 다른 한 근을 구한다.

0408 【대표 문제】

이차방정식 $4x^2+8x+k=0$의 한 근이 $-\dfrac{1}{2}$일 때, 다른 한 근은? (단, k는 상수)

① $-\dfrac{3}{2}$ 　② -1 　③ $\dfrac{1}{2}$

④ 1 　⑤ $\dfrac{3}{2}$

0409 【하】

이차방정식 $x^2-3x+a=0$의 한 근이 $3+\sqrt{2}$일 때, 상수 a의 값은?

① $-3-3\sqrt{2}$ 　② $-2-3\sqrt{2}$ 　③ $3+2\sqrt{2}$

④ $2+3\sqrt{2}$ 　⑤ $3+3\sqrt{2}$

0410 【중】 　　　　【서술형】

이차방정식 $x^2+(2k+1)x+k+3=0$의 두 근이 -1, α일 때, 상수 k에 대하여 $\dfrac{\alpha}{k}$의 값을 구하시오.

0411 ㉦

이차방정식 $kx^2+(m+1)x-n(k-2)=0$이 실수 k의 값에 관계없이 항상 2를 근으로 가질 때, 이차방정식 $x^2+mx+n=0$을 푸시오. (단, m, n은 상수)

0412 ㉨

이차방정식 $x^2+3x-2=0$의 한 근을 α라 할 때, $\alpha^3-\dfrac{8}{\alpha^3}$의 값을 구하시오.

◈◆ 개념루트 공통수학1 126쪽

빈출
유형 03 절댓값 기호를 포함한 방정식의 풀이

절댓값 기호를 포함한 방정식은
$$|x-a|=\begin{cases} -x+a & (x<a) \\ x-a & (x\geq a)\end{cases}$$
임을 이용하여 절댓값 기호 안의 식의 값이 0이 되는 x의 값을 기준으로 x의 값의 범위를 나누어 푼다.

0413 대표 문제

방정식 $x^2-|x+1|-1=0$의 모든 근의 합은?

① 1　　　　② 3　　　　③ 5
④ 7　　　　⑤ 9

0414 ㉦

방정식 $x^2-|x|-6=0$을 푸시오.

0415 ㉨

방정식 $x^2-8|x|+4\sqrt{x^2-2x+1}=0$의 유리수가 아닌 모든 근의 합이 $a+b\sqrt{2}$일 때, 유리수 a, b에 대하여 $a+b$의 값은?

① 2　　　　② 4　　　　③ 6
④ 8　　　　⑤ 10

◈◆ 개념루트 공통수학1 128쪽

유형 04 이차방정식의 활용

이차방정식의 활용 문제는 다음과 같은 순서로 푼다.
⑴ 문제에서 미지수 x를 정한다.
⑵ 주어진 조건을 이용하여 방정식을 세운다.
⑶ 방정식을 풀고 구한 해가 문제의 조건에 맞는지 확인한다.

0416 대표 문제

가로, 세로의 길이가 각각 16 m, 10 m인 직사각형 모양의 땅에 오른쪽 그림과 같이 폭이 일정한 도로를 만들려고 한다. 도로를 제외한 부분의 넓이가 96 m²가 되도록 할 때, 이 도로의 폭은 몇 m인지 구하시오.

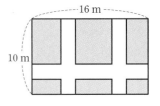

0417 ㉦

둘레의 길이가 28 cm인 직사각형의 가로의 길이는 2 cm 줄이고, 세로의 길이는 3 cm 늘여서 새로운 직사각형을 만들었더니 새로운 직사각형의 넓이가 처음 직사각형의 넓이의 $\dfrac{9}{8}$가 되었다. 처음 직사각형의 가로의 길이는?

① 5 cm　　　　② 6 cm　　　　③ 7 cm
④ 8 cm　　　　⑤ 9 cm

0418 ㊥

어느 미술관의 입장료를 $x\%$ 할인하였더니 관람객의 수가 $3x\%$ 증가하여 총수입이 28% 증가하였다고 한다. 자연수 x의 값은?

① 8   ② 12   ③ 16
④ 20   ⑤ 24

◆◆ 개념루트 공통수학1 134쪽

유형 05   이차방정식의 근의 판별

계수가 실수인 이차방정식 $ax^2+bx+c=0$의 판별식을
$D=b^2-4ac$라 하면
(1) $D>0$이면 서로 다른 두 실근을 갖는다.
(2) $D=0$이면 중근을 갖는다.
(3) $D<0$이면 서로 다른 두 허근을 갖는다.

0419   대표 문제

x에 대한 이차방정식 $x^2+2kx+k^2=2x-9$가 서로 다른 두 실근을 가질 때, 실수 k의 값의 범위를 구하시오.

0420 ㊤

보기에서 허근을 갖는 이차방정식인 것만을 있는 대로 고른 것은?

> **보기**
> ㄱ. $x^2+x+4=0$ ㄴ. $x^2+3x-2=0$
> ㄷ. $x^2-4x+5=0$ ㄹ. $x^2+6x+9=0$

① ㄱ, ㄴ   ② ㄱ, ㄷ   ③ ㄴ, ㄷ
④ ㄴ, ㄹ   ⑤ ㄱ, ㄷ, ㄹ

0421 ㊥

이차방정식 $x^2+4kx+3k=2kx-4$가 중근을 가질 때, 모든 실수 k의 값의 합은?

① 1   ② 3   ③ 5
④ 7   ⑤ 9

0422 ㊥

x에 대한 이차방정식 $x^2-2(k+1)x+k^2-1=0$이 실근을 갖지 않도록 하는 정수 k의 최댓값은?

① -4 ② -3 ③ -2
④ 2   ⑤ 4

0423 ㊥

x에 대한 이차방정식 $x^2+4x+k^2=2kx+8$이 실근을 가질 때, 자연수 k의 개수는?

① 2   ② 3   ③ 4
④ 5   ⑤ 6

0424 ㊥   서술형

이차방정식 $x^2-x-2k=0$은 실근을 갖고, 이차방정식 $x^2+(k+1)x+1=0$은 중근을 가질 때, 실수 k의 값을 구하시오.

0425 (상)

x에 대한 이차방정식 $x^2+2(k-a)x+k^2-4k+b=0$이 실수 k의 값에 관계없이 항상 중근을 가질 때, 실수 a, b에 대하여 ab의 값은?

① 2   ② 4   ③ 6

④ 8   ⑤ 10

◆ 개념루트 공통수학1 134쪽

유형 06   **계수의 조건이 주어진 이차방정식의 근의 판별**

계수가 실수인 이차방정식 $ax^2+bx+c=0$의 근은 판별식 $D=b^2-4ac$의 부호를 확인하여 판별한다.

0426 「대표 문제」

실수 a, b, c에 대하여 $2a=bc+1$일 때, 이차방정식 $x^2+2ax+bc=0$의 근을 판별하시오.

0427 (하)

$k<3$일 때, x에 대한 이차방정식 $x^2-2kx+k^2-k+3=0$의 근을 판별하시오.

0428 (중)

이차방정식 $x^2+ax+b=0$이 서로 다른 두 실근을 가질 때, 이차방정식 $x^2+2(a+1)x+2(a+2b)=0$의 근을 판별하시오. (단, a, b는 실수)

0429 (중)

0이 아닌 두 실수 a, b에 대하여 $\dfrac{\sqrt{b}}{\sqrt{a}}=-\sqrt{\dfrac{b}{a}}$일 때, 다음 중 항상 서로 다른 두 실근을 갖는 이차방정식이 <u>아닌</u> 것은?

① $x^2+ax-b=0$ ② $x^2-bx+a=0$

③ $x^2-bx-a=0$ ④ $ax^2-4x+b=0$

⑤ $x^2+x+ab=0$

유형 07   **이차방정식의 판별식과 삼각형의 모양**

판별식을 이용하여 주어진 이차방정식의 근을 판별한 후 다음을 이용하여 삼각형의 모양을 판단한다.

➡ 삼각형의 세 변의 길이가 a, b, c ($a \leq b \leq c$)일 때

  (1) $a=b=c$이면 정삼각형

  (2) $a=b$ 또는 $b=c$ 또는 $c=a$이면 이등변삼각형

  (3) $a^2+b^2>c^2$이면 예각삼각형

  (4) $a^2+b^2=c^2$이면 빗변의 길이가 c인 직각삼각형

  (5) $a^2+b^2<c^2$이면 둔각삼각형

0430 「대표 문제」

x에 대한 이차방정식 $x^2+2cx+a^2-b^2=0$이 중근을 가질 때, 실수 a, b, c를 세 변의 길이로 하는 삼각형은 어떤 삼각형인지 말하시오.

0431 (중)

x에 대한 이차방정식 $x^2+2(a+b)x+2ab+c^2=0$이 서로 다른 두 허근을 가질 때, 실수 a, b, c를 세 변의 길이로 하는 삼각형은 어떤 삼각형인가?

① 정삼각형

② 예각삼각형

③ 둔각삼각형

④ $a=c$인 이등변삼각형

⑤ 빗변의 길이가 c인 직각삼각형

0432 ⑧

이차방정식 $(a+c)x^2+2bx+a-c=0$이 서로 다른 두 실근을 가질 때, 실수 a, b, c를 세 변의 길이로 하는 삼각형은 어떤 삼각형인가? (단, $a \geq b \geq c$)

① 정삼각형
② 예각삼각형
③ 둔각삼각형
④ $a=b$인 이등변삼각형
⑤ 빗변의 길이가 b인 직각삼각형

◈◆ 개념루트 공통수학1 136쪽

유형 08 이차식이 완전제곱식이 될 조건

이차식 ax^2+bx+c가 완전제곱식이면 이차방정식
$ax^2+bx+c=0$이 중근을 갖는다.
➡ $b^2-4ac=0$

0433 대표 문제

x에 대한 이차식 $x^2-2kx+k^2-3k+1$이 완전제곱식일 때, 실수 k의 값은?

① $\dfrac{1}{3}$ ② $\dfrac{2}{3}$ ③ 1

④ $\dfrac{4}{3}$ ⑤ $\dfrac{5}{3}$

0434 ⑧

x에 대한 이차식 $(k-1)x^2+2(k-1)x-3$이 완전제곱식일 때, 실수 k의 값은?

① -3 ② -2 ③ -1

④ 0 ⑤ 1

0435 ⑧

x에 대한 이차식 $x^2-(4k-a)x+4k^2+k+b$가 실수 k의 값에 관계없이 항상 완전제곱식이 될 때, 실수 a, b에 대하여 $b-a$의 값은?

① $\dfrac{5}{16}$ ② $\dfrac{3}{8}$ ③ $\dfrac{7}{16}$

④ $\dfrac{1}{2}$ ⑤ $\dfrac{9}{16}$

0436 ⑧

x에 대한 이차식 $2x^2+2kx+k^2+3k+4$가 $2(x+a)^2$으로 인수분해될 때, 실수 k, a에 대하여 $k+a$의 값을 구하시오.
(단, $k>-3$)

◈◆ 개념루트 공통수학1 144쪽

빈출

유형 09 이차방정식의 근과 계수의 관계를 이용하여 식의 값 구하기 (1)

이차방정식 $ax^2+bx+c=0$의 두 근이 α, β일 때, $\alpha^2+\beta^2$, $\alpha^3+\beta^3$과 같은 식의 값은
➡ 곱셈 공식의 변형을 이용하여 구하는 식을 변형한 후
$\alpha+\beta=-\dfrac{b}{a}$, $\alpha\beta=\dfrac{c}{a}$임을 이용한다.

0437 대표 문제

이차방정식 $x^2+2x+5=0$의 두 근을 α, β라 할 때, $\alpha^3+\beta^3$의 값을 구하시오.

0438 ⑧

이차방정식 $2x^2-6x+3=0$의 두 근을 α, β라 할 때, $\alpha^2-\beta^2$의 값은? (단, $\alpha>\beta$)

① 3 ② $2\sqrt{3}$ ③ $3\sqrt{2}$

④ $3\sqrt{3}$ ⑤ 6

0439 ⑧ 서술형

이차방정식 $x^2-3x+1=0$의 두 근을 α, β라 할 때, $\sqrt{\alpha}+\sqrt{\beta}$의 값을 구하시오.

0440 ⑧

이차방정식 $x^2-4x-1=0$의 두 근을 α, β라 할 때, 다음 중 옳지 <u>않은</u> 것은?

① $\dfrac{1}{\alpha}+\dfrac{1}{\beta}=-4$ ② $(\alpha+2)(\beta+2)=11$

③ $\alpha^2+\alpha\beta+\beta^2=17$ ④ $\dfrac{1+\alpha}{1-\alpha}+\dfrac{1+\beta}{1-\beta}=-1$

⑤ $\dfrac{\beta}{\alpha-3}+\dfrac{\alpha}{\beta-3}=\dfrac{3}{2}$

◆◆ 개념루트 공통수학1 144쪽

유형 10   이차방정식의 근과 계수의 관계를 이용하여 식의 값 구하기 (2)

이차방정식 $ax^2+bx+c=0$의 두 근이 α, β일 때, 이 방정식에 α 또는 β를 대입한 식의 값

➡ $a\alpha^2+b\alpha+c=0$, $a\beta^2+b\beta+c=0$임을 이용하여 구하는 식을 간단히 한 후 $\alpha+\beta=-\dfrac{b}{a}$, $\alpha\beta=\dfrac{c}{a}$임을 이용한다.

0441 대표문제

이차방정식 $x^2-3x+4=0$의 두 근을 α, β라 할 때, $(\alpha^2-\alpha+1)(\beta^2-\beta+1)$의 값은?

① 1   ② 3   ③ 5

④ 7   ⑤ 9

0442 ⑨

이차방정식 $x^2-2x-5=0$의 두 근을 α, β라 할 때, $2\alpha+\beta^2$의 값을 구하시오.

0443 ⑧

이차방정식 $x^2+2x+3=0$의 두 근을 α, β라 할 때, $\dfrac{\beta}{\alpha^2+\alpha+3}+\dfrac{\alpha}{\beta^2+\beta+3}$의 값은?

① $\dfrac{1}{3}$ ② $\dfrac{2}{3}$ ③ $\dfrac{4}{5}$

④ 1   ⑤ $\dfrac{6}{5}$

0444 ⑧

이차방정식 $3x^2-x-9=0$의 두 근을 α, β라 할 때, $(3\alpha^2+2\alpha)(6\beta^2+\beta-9)$의 값은?

① 36   ② 45   ③ 54

④ 63   ⑤ 72

◆◆ 개념루트 공통수학1 146쪽

유형 11   두 근이 주어질 때 미정계수 구하기

두 이차방정식의 근이 모두 α, β에 대한 식으로 주어진 경우

➡ 근과 계수의 관계를 이용하여 식을 세운 후 연립하여 미정계수를 구한다.

0445 대표문제

이차방정식 $x^2+ax+b=0$의 두 근이 α, β이고, 이차방정식 $x^2+bx+a=0$의 두 근이 $\alpha-1$, $\beta-1$일 때, 상수 a, b에 대하여 a^2+b^2의 값을 구하시오.

0446 ㉯

이차방정식 $x^2-ax+b=0$의 두 근이 -1, 2일 때, 이차방정식 $2ax^2+(a+b)x+b=0$의 두 근의 곱은?

(단, a, b는 상수)

① -2 ② -1 ③ 0

④ 1   ⑤ 2

0447 ㉱

이차방정식 $x^2-x+a=0$의 두 근이 α, β이고, 이차방정식 $x^2+bx+4=0$의 두 근이 α^2, β^2일 때, 상수 a, b에 대하여 ab의 값을 구하시오. (단, $a<0$)

0448 ㉱

이차방정식 $x^2-ax+b=0$의 두 근이 α, β이고, 이차방정식 $2x^2+ax+a+b=0$의 두 근이 $\dfrac{1}{\alpha}$, $\dfrac{1}{\beta}$일 때, 상수 a, b에 대하여 $a-b$의 값은? (단, $ab\neq0$)

① -3 ② -2 ③ -1

④ 2   ⑤ 3

◆◇ 개념루트 공통수학1 146쪽

유형 12 잘못 보고 푼 이차방정식

이차방정식 $ax^2+bx+c=0$에서 바르게 보고 푼 부분만 이용하여 원래의 이차방정식을 구한다.

(1) x의 계수 b를 잘못 보고 풀었을 때, 두 근의 곱은 $\dfrac{c}{a}$

(2) 상수항 c를 잘못 보고 풀었을 때, 두 근의 합은 $-\dfrac{b}{a}$

0449 대표 문제

x^2의 계수가 1인 이차방정식을 푸는데 가민이는 x의 계수를 잘못 보고 풀어서 두 근 3, 4를 얻었고, 예지는 상수항을 잘못 보고 풀어서 두 근 $1\pm\sqrt{5}$를 얻었다. 이때 원래의 이차방정식은?

① $x^2-12x-12=0$ ② $x^2-2x-2=0$

③ $x^2-2x+12=0$ ④ $x^2+2x-2=0$

⑤ $x^2+12x+2=0$

0450 ㉱

이차방정식 $ax^2+bx+c=0$을 푸는데 준희는 b를 잘못 보고 풀어서 두 근의 합이 1, 곱이 $-\dfrac{3}{2}$이었고, 서진이는 c를 잘못 보고 풀어서 두 근의 합이 $-\dfrac{1}{2}$, 곱이 2이었다. 이때 이 이차방정식의 올바른 두 근 중 양수인 근을 구하시오.

0451 ㉤

이차방정식 $ax^2+bx+c=0$에서 근의 공식을 $x=\dfrac{b\pm\sqrt{b^2-ac}}{2a}$로 잘못 알고 풀어서 두 근 -1, 2를 얻었다. 이 이차방정식의 올바른 두 근을 α, β라 할 때, $\alpha^2+\beta^2$의 값을 구하시오.

◈◈ 개념루트 공통수학1 148쪽

유형 13 두 근 사이의 관계식이 주어질 때 미정계수 구하기

이차방정식의 두 근 α, β의 관계식이 주어지면 이를 $\alpha+\beta$, $\alpha\beta$에 대한 식으로 변형한 후 근과 계수의 관계를 이용한다.

0452 대표 문제

x에 대한 이차방정식 $x^2-3kx+k^2-3k=0$의 두 근 α, β에 대하여 $(\alpha-\beta)^2=9$일 때, 정수 k의 값을 구하시오.

0453 종 | 학평 기출 |

x에 대한 이차방정식 $x^2-ax-4=0$의 두 근을 α, β라 하자. $\dfrac{\alpha}{\beta}+\dfrac{\beta}{\alpha}=-6$일 때, 양수 a의 값은?

① 3   ② 4   ③ 5
④ 6   ⑤ 7

0454 종

이차방정식 $x^2-ax+b=0$의 두 근 α, β에 대하여 $\alpha+\beta-2\alpha\beta-7=0$, $(\alpha+2)(\beta+2)=8$일 때, 상수 a, b에 대하여 $a+b$의 값은?

① -1 ② $-\dfrac{1}{2}$ ③ $\dfrac{1}{2}$
④ 1   ⑤ $\dfrac{3}{2}$

◈◈ 개념루트 공통수학1 148쪽

유형 14 두 근에 대한 조건이 주어질 때 미정계수 구하기

이차방정식의 두 근에 대한 조건이 주어지면 두 근을 다음과 같이 놓고 근과 계수의 관계를 이용한다.

(1) 두 근의 비가 $m:n$일 때 ➡ $m\alpha$, $n\alpha$ ($\alpha\neq0$)
(2) 한 근이 다른 근의 k배일 때 ➡ α, $k\alpha$ ($\alpha\neq0$)
(3) 두 근이 연속인 정수일 때 ➡ α, $\alpha+1$ (α는 정수)
(4) 두 근의 차가 k일 때 ➡ α, $\alpha+k$
(5) 두 근의 절댓값이 같고 부호가 서로 다를 때 ➡ α, $-\alpha$ ($\alpha\neq0$)

0455 대표 문제

이차방정식 $x^2-8kx-k+2=0$의 두 근의 비가 $3:5$일 때, 양수 k의 값을 구하시오.

0456 종

이차방정식 $x^2-6kx+7k+1=0$의 한 근이 다른 근의 2배일 때, 양수 k의 값은?

① $\dfrac{1}{2}$ ② 1   ③ $\dfrac{3}{2}$
④ 2   ⑤ $\dfrac{5}{2}$

0457 종

이차방정식 $x^2-(2k+1)x+3k=0$의 두 근이 연속인 정수일 때, 양수 k의 값은?

① 2   ② 3   ③ 4
④ 5   ⑤ 6

0458 종

이차방정식 $x^2-(2k+5)x-k-5=0$의 두 근의 차가 3일 때, 이차방정식 $x^2+(k+1)x+2k=0$의 두 근의 합을 구하시오. (단, k는 상수)

0459 🖢

x에 대한 이차방정식 $x^2+(m^2-2m-3)x-4m+2=0$의 두 실근의 절댓값이 같고 부호가 다를 때, 상수 m의 값을 구하시오.

◆ 개념루트 공통수학1 150쪽

빈출

유형 15 **두 수를 근으로 하는 이차방정식의 작성**

두 수 α, β를 근으로 하고 x^2의 계수가 1인 이차방정식은
➡ $x^2-(\alpha+\beta)x+\alpha\beta=0$

0460 **대표 문제**

이차방정식 $x^2-x+4=0$의 두 근을 α, β라 할 때, $\alpha-1$, $\beta-1$을 두 근으로 하고 x^2의 계수가 1인 이차방정식을 구하시오.

0461 🖢

이차방정식 $x^2+5x+2=0$의 두 근을 α, β라 할 때, 다음 중 $\dfrac{1}{\alpha}$, $\dfrac{1}{\beta}$을 두 근으로 하는 이차방정식은?

① $x^2-5x-2=0$
② $x^2-5x+2=0$
③ $2x^2-x+5=0$
④ $2x^2+5x-1=0$
⑤ $2x^2+5x+1=0$

0462 🖢
                                            서술형

이차방정식 $x^2-3x-5=0$의 두 근이 α, β일 때, $1+\dfrac{1}{\alpha}$, $1+\dfrac{1}{\beta}$을 두 근으로 하고 x^2의 계수가 5인 이차방정식을 구하시오.

◆ 개념루트 공통수학1 150쪽

유형 16 **이차방정식 $f(x)=0$과 $f(ax+b)=0$ 사이의 관계**

이차방정식 $f(x)=0$의 두 근이 α, β이면 $f(\alpha)=0$, $f(\beta)=0$이므로 이차방정식 $f(ax+b)=0$의 두 근은
$$ax+b=\alpha \text{ 또는 } ax+b=\beta$$
$$\therefore x=\frac{\alpha-b}{a} \text{ 또는 } x=\frac{\beta-b}{a}$$

0463 **대표 문제**

이차방정식 $f(x)=0$의 두 근을 α, β라 하면 $\alpha+\beta=-1$일 때, 이차방정식 $f(3x-5)=0$의 두 근의 합은?

① 1 ② 3 ③ 5
④ 7 ⑤ 9

0464 🖢

이차방정식 $f(x)=0$의 두 근의 합과 곱이 각각 -1, 4일 때, 이차방정식 $f(2x+1)=0$의 두 근의 곱은?

① $\dfrac{1}{2}$ ② $\dfrac{3}{2}$ ③ $\dfrac{5}{2}$
④ $\dfrac{7}{2}$ ⑤ $\dfrac{9}{2}$

0465 🖢

이차방정식 $f(3-4x)=0$의 두 근을 α, β라 하면 $\alpha+\beta=-\dfrac{1}{4}$, $\alpha\beta=-2$일 때, 이차방정식 $f(2x)=0$의 두 근의 곱은?

① -5 ② -4 ③ -3
④ -2 ⑤ -1

유형 17 이차방정식의 근을 이용한 이차식의 인수분해

이차방정식 $ax^2+bx+c=0$의 두 근 α, β를 구한 후
$ax^2+bx+c=a(x-\alpha)(x-\beta)$임을 이용한다.

0466 대표 문제

이차식 x^2+2x+5를 복소수의 범위에서 인수분해하면?

(단, $i=\sqrt{-1}$)

① $(x-1-\sqrt{2})(x-1+\sqrt{2})$
② $(x+1-\sqrt{2})(x+1+\sqrt{2})$
③ $(x-1-2i)(x-1+2i)$
④ $(x+1-2i)(x+1+2i)$
⑤ $(x+2-2i)(x+2+2i)$

0467 중

다음 중 이차식 $4x^2-4x+3$의 인수인 것은? (단, $i=\sqrt{-1}$)

① $2x-2\sqrt{2}i$
② $2x-1-\sqrt{2}i$
③ $2x-1+2i$
④ $2x-1+2\sqrt{2}i$
⑤ $2x+1-\sqrt{2}i$

0468 상

x, y에 대한 이차식 $x^2+2xy+6x+ky^2+2y+1$이 x, y에 대한 두 일차식의 곱으로 인수분해될 때, 실수 k의 값을 구하시오.

유형 18 이차방정식의 켤레근의 성질

이차방정식 $ax^2+bx+c=0$에서
(1) a, b, c가 유리수일 때, 무리수 $p+q\sqrt{m}$이 근이면 $p-q\sqrt{m}$도 근이다. (단, p, q는 유리수, $q\neq0$, $\sqrt{m}$은 무리수)
(2) a, b, c가 실수일 때, 허수 $p+qi$가 근이면 $p-qi$도 근이다. (단, p, q는 실수, $q\neq0$, $i=\sqrt{-1}$)

0469 대표 문제

이차방정식 $x^2+ax+b=0$의 한 근이 $-2+\sqrt{3}i$일 때, 실수 a, b에 대하여 $a+b$의 값은? (단, $i=\sqrt{-1}$)

① 3　　　　② 5　　　　③ 7
④ 9　　　　⑤ 11

0470 하

이차방정식 $x^2+2x+b=0$의 한 근이 $a-2i$일 때, 실수 a, b에 대하여 ab의 값을 구하시오. (단, $i=\sqrt{-1}$)

0471 중

이차방정식 $x^2+ax+b=0$의 한 근이 $2-\sqrt{3}$일 때, 이차방정식 $x^2+2abx+a+b=0$의 두 근을 α, β라 하자. 이때 $(\alpha-\beta)^2$의 값을 구하시오. (단, a, b는 유리수)

0472 중

이차방정식 $ax^2+6x+b=0$의 한 근이 $1+\sqrt{3}i$일 때, $2a-b$, $ab-40$을 두 근으로 하고 x^2의 계수가 1인 이차방정식은? (단, a, b는 실수이고, $i=\sqrt{-1}$)

① $x^2+24x-2=0$
② $x^2+2x+24=0$
③ $x^2+2x-24=0$
④ $x^2-2x-24=0$
⑤ $x^2-24x-2=0$

AB 유형 점검

0473 유형 01

이차방정식 $x^2+5x+8=0$의 해가 $x=\dfrac{a\pm\sqrt{b}i}{2}$일 때, 유리수 a, b에 대하여 $a+b$의 값은? (단, $i=\sqrt{-1}$)

① -3 ② -2 ③ -1

④ 2 ⑤ 3

0474 유형 02

| 학평 기출 |

이차방정식 $x^2+2x+a=0$의 두 근이 -3, b일 때, 두 상수 a, b의 합 $a+b$의 값은?

① -2 ② -1 ③ 0

④ 1 ⑤ 2

0475 유형 03

방정식 $x^2-3|x-1|-1=0$의 모든 근의 합은?

① -3 ② -2 ③ -1

④ 0 ⑤ 1

0476 유형 04

가로, 세로의 길이가 각각 19 cm, 12 cm인 직사각형 ABCD가 있다. 직사각형 ABCD의 가로의 길이는 매분 5 cm씩 늘어나고, 세로의 길이는 매분 3 cm씩 줄어든다고 한다. 가로, 세로의 길이가 동시에 변하기 시작할 때, 새로 만들어진 직사각형의 넓이가 처음 직사각형의 넓이와 같아지는 것은 몇 초 후인가?

① 6초   ② 12초   ③ 18초

④ 24초   ⑤ 30초

0477 유형 05

이차방정식 $kx^2+2(k+2)x+k+3=0$이 서로 다른 두 허근을 갖도록 하는 정수 k의 최댓값을 구하시오.

0478 유형 06

두 이차방정식 $ax^2+bx+c=0$, $ax^2-2bx+c=0$의 근에 대하여 보기에서 옳은 것만을 있는 대로 고른 것은?

(단, a, b, c는 0이 아닌 실수)

┌ 보기 ┐
ㄱ. a와 c의 부호가 서로 다르면 이차방정식 $ax^2-2bx+c=0$은 서로 다른 두 실근을 갖는다.
ㄴ. $b=a+c$이면 이차방정식 $ax^2+bx+c=0$은 중근을 갖는다.
ㄷ. 이차방정식 $ax^2-2bx+c=0$이 허근을 가지면 이차방정식 $ax^2+bx+c=0$도 허근을 갖는다.
└───────────┘

① ㄱ   ② ㄴ   ③ ㄱ, ㄷ

④ ㄴ, ㄷ   ⑤ ㄱ, ㄴ, ㄷ

0479 유형 07

x에 대한 이차방정식 $x^2+2ax+b^2+c^2=0$이 서로 다른 두 실근을 가질 때, 실수 a, b, c를 세 변의 길이로 하는 삼각형은 어떤 삼각형인가?

① 정삼각형
② 예각삼각형
③ 둔각삼각형
④ $b=c$인 이등변삼각형
⑤ 빗변의 길이가 a인 직각삼각형

0480 유형 08

x에 대한 이차식 $x^2+2ax-b(a-2b)$가 완전제곱식일 때, 양수 a, b에 대하여 $\dfrac{b}{a}$의 값을 구하시오.

0481 유형 09

이차방정식 $3x^2-6x+2=0$의 두 근을 α, β라 할 때, $\alpha^3+\beta^3-3\alpha\beta$의 값은?

① $\dfrac{1}{2}$ ② 1 ③ $\dfrac{3}{2}$

④ 2 ⑤ $\dfrac{5}{2}$

0482 유형 10

이차방정식 $x^2+x+2=0$의 두 근을 α, β라 할 때, $\dfrac{1}{\alpha^2+2\alpha+2}+\dfrac{1}{\beta^2+2\beta+2}$의 값은?

① $-\dfrac{1}{2}$ ② $-\dfrac{1}{4}$ ③ $\dfrac{1}{8}$

④ $\dfrac{1}{4}$ ⑤ $\dfrac{1}{2}$

0483 유형 11

이차방정식 $x^2+ax+3=0$의 두 근이 α, β이고, 이차방정식 $x^2+2x+b=0$의 두 근이 $\alpha+1$, $\beta+1$일 때, 상수 a, b에 대하여 $a-b$의 값을 구하시오.

0484 유형 13 | 학평 기출 |

등식 $(p+2qi)^2=-16i$를 만족시키는 두 실수 p, q는 x에 대한 이차방정식 $x^2+ax+b=0$의 두 실근이다. 두 상수 a, b에 대하여 a^2+b^2의 값은? (단, $p>0$이고 $i=\sqrt{-1}$이다.)

① 16 ② 18 ③ 20
④ 22 ⑤ 24

0485 유형 13

이차방정식 $x^2-2(k+1)x+4k+3=0$의 두 근 α, β에 대하여 $\alpha^2+\alpha\beta+\beta^2=9$일 때, 모든 상수 k의 값의 합은?

① -4 ② -2 ③ -1
④ 2 ⑤ 4

0486 유형 14

이차방정식 $x^2+2(k-1)x-k+6=0$의 두 근의 차가 2일 때, 양수 k의 값을 구하시오.

0487 유형 15

이차방정식 $x^2-3x-1=0$의 두 근을 α, β라 할 때, 다음 중 $\dfrac{1}{\alpha+1}$, $\dfrac{1}{\beta+1}$을 두 근으로 하는 이차방정식은?

① $3x^2-5x-1=0$ ② $3x^2-5x+1=0$
③ $3x^2-4x+1=0$ ④ $3x^2+3x+4=0$
⑤ $3x^2+5x+2=0$

0488 유형 16

이차방정식 $f(2x+1)=0$의 두 근을 α, β라 하면 $\alpha+\beta=4$, $\alpha\beta=-5$일 때, 이차방정식 $f(x-2)=0$의 두 근의 곱은?

① 11 ② 12 ③ 13
④ 14 ⑤ 15

0489 유형 17

이차식 $5x^2-4x+4$를 복소수의 범위에서 인수분해하면 $\dfrac{1}{5}(5x+a+bi)(5x+c+di)$일 때, 실수 a, b, c, d에 대하여 $ab-cd$의 값은? (단, $b<d$이고 $i=\sqrt{-1}$)

① -16 ② -8 ③ -4
④ 8 ⑤ 16

서술형

0490 유형 05

x에 대한 이차방정식 $x^2+2(k+a)x+k^2+6k-3b=0$이 실수 k의 값에 관계없이 항상 중근을 가질 때, 실수 a, b에 대하여 $a+b$의 값을 구하시오.

0491 유형 12

이차방정식 $ax^2+bx+c=0$을 푸는데 민지는 c를 잘못 보고 풀어서 두 근 -1, 5를 얻었고, 선영이는 b를 잘못 보고 풀어서 두 근 $1\pm\sqrt{5}i$를 얻었다. 이때 이 이차방정식을 바르게 푸시오. (단, $i=\sqrt{-1}$)

0492 유형 18

실수 a, b에 대하여 이차방정식 $x^2+ax+b=0$의 한 근이 $1+\sqrt{2}i$일 때, $\dfrac{1}{a}$, $\dfrac{1}{b}$을 두 근으로 하고 x^2의 계수가 6인 이차방정식을 구하시오. (단, $i=\sqrt{-1}$)

C 실력 향상

하 ···· 중 ···· 상100%

0493

이차식 $kx^2+(3k+1)x+a(k+1)$이 완전제곱식이 되도록 하는 실수 k의 값이 오직 한 개뿐일 때, 자연수 a의 값을 구하시오.

0495

이차방정식 $x^2-6x+6=0$의 두 실근을 α, β라 하자. 오른쪽 그림과 같이 $\overline{AB}=\alpha$, $\overline{BC}=\beta$인 직각삼각형 ABC의 점 B에서 빗변 AC에 내린 수선의 발을 H라 할 때, $\overline{AC}$와 $\overline{BH}$의 길이를 두 근으로 하는 이차방정식이 $2x^2+mx+n=0$이다. 상수 m, n에 대하여 mn의 값은?

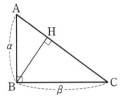

① $-60\sqrt{6}$ ② -30 ③ $-10\sqrt{6}$

④ $10\sqrt{6}$ ⑤ 30

0494

이차방정식 $x^2-ax-3a=0$의 두 근이 α, β이고 부호가 서로 다를 때, 이차방정식 $x^2-2ax+3a=0$의 두 근이 $|\alpha|$, $|\beta|$이다. 양수 a의 값을 구하시오.

0496

이차방정식 $x^2-x+1=0$의 두 근 α, β에 대하여 이차식 $f(x)=x^2+px+q$가 $f(\alpha^2)=-4\alpha+2$, $f(\beta^2)=-4\beta+2$를 만족시킨다. 상수 p, q에 대하여 p^2+q^2의 값을 구하시오.

◑ 기출 BOOK 20쪽

05-1 이차방정식과 이차함수의 관계

유형 01, 02

 개념+

(1) 이차함수의 그래프와 이차방정식의 해

이차함수 $y=ax^2+bx+c$의 그래프와 x축의 교점의 x좌표는 이차방정식 $ax^2+bx+c=0$의 실근과 같다.

(2) 이차함수의 그래프와 x축의 위치 관계

이차함수 $y=ax^2+bx+c$의 그래프와 x축의 위치 관계는 이차방정식 $ax^2+bx+c=0$의 판별식 D의 부호에 따라 다음과 같다.
$D=b^2-4ac$

		$D>0$	$D=0$	$D<0$
$y=ax^2+bx+c$의 그래프	$a>0$			
	$a<0$			
$y=ax^2+bx+c$의 그래프와 x축의 위치 관계		서로 다른 두 점에서 만난다.	한 점에서 만난다(접한다).	만나지 않는다.

> 이차함수 $y=ax^2+bx+c$의 그래프와 x축의 교점의 개수는 이차방정식 $ax^2+bx+c=0$의 서로 다른 실근의 개수와 같다.

> $D \geq 0$이면 이차함수의 그래프가 x축과 만난다.

05-2 이차함수의 그래프와 직선의 위치 관계

유형 03~05

(1) 이차함수의 그래프와 직선의 교점

이차함수 $y=ax^2+bx+c$의 그래프와 직선 $y=mx+n$의 교점의 x좌표는 이차방정식 $ax^2+bx+c=mx+n$의 실근과 같다.

(2) 이차함수의 그래프와 직선의 위치 관계

이차함수 $y=ax^2+bx+c$의 그래프와 직선 $y=mx+n$의 위치 관계는 이차방정식 $ax^2+(b-m)x+c-n=0$의 판별식 D의 부호에 따라 다음과 같다.
$D=(b-m)^2-4a(c-n)$

	$D>0$	$D=0$	$D<0$
$y=ax^2+bx+c(a>0)$의 그래프와 직선 $y=mx+n(m>0)$의 위치 관계			
	서로 다른 두 점에서 만난다.	한 점에서 만난다(접한다).	만나지 않는다.

> 이차함수 $y=ax^2+bx+c$의 그래프와 직선 $y=mx+n$의 교점의 개수는 이차방정식 $ax^2+bx+c=mx+n$의 서로 다른 실근의 개수와 같다.

05-1 이차방정식과 이차함수의 관계

[0497~0499] 다음 이차함수의 그래프와 x축의 교점의 x좌표를 구하시오.

0497 $y=x^2-3x-4$

0498 $y=2x^2+5x-7$

0499 $y=-x^2+8x-16$

[0500~0502] 다음 이차함수의 그래프와 x축의 교점의 개수를 구하시오.

0500 $y=x^2+3x-7$

0501 $y=4x^2+8x+4$

0502 $y=-2x^2+x-1$

0503 이차함수 $y=x^2-2x+k$의 그래프와 x축의 위치 관계가 다음과 같을 때, 상수 k의 값 또는 범위를 구하시오.

(1) 서로 다른 두 점에서 만난다.
(2) 한 점에서 만난다.
(3) 만나지 않는다.

05-2 이차함수의 그래프와 직선의 위치 관계

[0504~0506] 다음 이차함수의 그래프와 직선의 교점의 x좌표를 구하시오.

0504 $y=x^2+x+3,\ y=-3x$

0505 $y=-x^2+3x+5,\ y=-x+9$

0506 $y=-3x^2-2x+12,\ y=x-6$

[0507~0509] 다음 이차함수의 그래프와 직선의 교점의 개수를 구하시오.

0507 $y=x^2-2x-5,\ y=4x+7$

0508 $y=-2x^2+3x+1,\ y=-2x+5$

0509 $y=-4x^2-x-2,\ y=-5x-1$

0510 이차함수 $y=x^2-2x+4$의 그래프와 직선 $y=4x+k$의 위치 관계가 다음과 같을 때, 상수 k의 값 또는 범위를 구하시오.

(1) 서로 다른 두 점에서 만난다.
(2) 한 점에서 만난다.
(3) 만나지 않는다.

05-3 이차함수의 최대, 최소　　　　　유형 08

x의 값의 범위가 실수 전체일 때, 이차함수 $y=a(x-p)^2+q$의 최댓값과 최솟값은 다음과 같다.

(1) $a>0$일 때 ➡ $x=p$에서 최솟값 q를 갖고, 최댓값은 없다.

(2) $a<0$일 때 ➡ $x=p$에서 최댓값 q를 갖고, 최솟값은 없다.

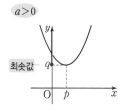　　　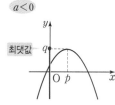

> **TIP** 이차함수 $y=ax^2+bx+c$의 최댓값과 최솟값은 $y=a(x-p)^2+q$ 꼴로 변형하여 구한다.

● 실수 전체의 범위에서 이차함수는 이차항의 계수의 부호에 따라 최댓값 또는 최솟값만 갖는다.

05-4 제한된 범위에서의 이차함수의 최대, 최소　　　　　유형 06~10

x의 값의 범위가 $\alpha \leq x \leq \beta$일 때, 이차함수 $f(x)=a(x-p)^2+q$의 최댓값과 최솟값은 다음과 같다.

(1) 꼭짓점의 x좌표 p가 $\alpha \leq x \leq \beta$에 포함될 때,

　$f(\alpha)$, $f(p)$, $f(\beta)$ 중 가장 큰 값이 최댓값, 가장 작은 값이 최솟값이다.

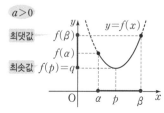　　　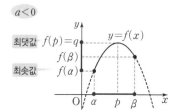

(2) 꼭짓점의 x좌표 p가 $\alpha \leq x \leq \beta$에 포함되지 않을 때,

　$f(\alpha)$, $f(\beta)$ 중 큰 값이 최댓값, 작은 값이 최솟값이다.

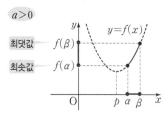　　　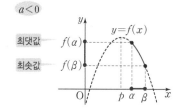

● 함수식이 같아도 x의 값의 범위에 따라 최댓값과 최솟값이 달라질 수 있으므로 꼭짓점의 x좌표가 주어진 범위에 포함되는지 먼저 확인한다.

05-3 이차함수의 최대, 최소

[0511~0514] 다음 이차함수의 최댓값과 최솟값을 구하시오.

0511 $y=x^2+2x+4$

0512 $y=\dfrac{1}{2}x^2-3x+10$

0513 $y=-x^2+4x-1$

0514 $y=-2x^2-8x+3$

[0515~0516] 다음을 만족시키는 상수 a, b의 값을 구하시오.

0515 이차함수 $y=x^2+ax+b$는 $x=-1$에서 최솟값 5를 갖는다.

0516 이차함수 $y=-x^2+ax+b$는 $x=2$에서 최댓값 -2를 갖는다.

05-4 제한된 범위에서의 이차함수의 최대, 최소

[0517~0518] x의 값의 범위가 다음과 같을 때, 이차함수 $f(x)=(x-3)^2+4$의 최댓값과 최솟값을 구하시오.

0517 $1\leq x\leq 4$

0518 $-1\leq x\leq 2$

[0519~0522] 다음 주어진 범위에서 이차함수 $f(x)$의 최댓값과 최솟값을 구하시오.

0519 $f(x)=x^2+2x-1$ $(-3\leq x\leq 1)$

0520 $f(x)=-x^2+4x+4$ $(0\leq x\leq 3)$

0521 $f(x)=x^2-3x+6$ $(-2\leq x\leq 0)$

0522 $f(x)=-x^2-x+4$ $(2\leq x\leq 4)$

[0523~0526] 다음을 만족시키는 상수 k의 값을 구하시오.

0523 $0\leq x\leq 3$에서 이차함수 $f(x)=(x-1)^2+k$의 최솟값은 3이다.

0524 $-3\leq x\leq -1$에서 이차함수 $f(x)=2x^2-2x+k$의 최댓값은 14이다.

0525 $-1\leq x\leq 1$에서 이차함수 $f(x)=-(x+3)^2+k$의 최솟값은 -7이다.

0526 $-2\leq x\leq 1$에서 이차함수 $f(x)=-3x^2+6x+k$의 최댓값은 10이다.

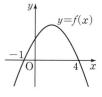

B 유형 완성

하10% ···· 중80% ···· 상10%

◆◆ 개념루트 공통수학1 162쪽

유형 01　이차함수의 그래프와 x축의 교점

이차함수 $y=ax^2+bx+c$의 그래프와 x축의 교점의 x좌표는
이차방정식 $ax^2+bx+c=0$의 실근과 같다.

0527 대표 문제

이차함수 $y=2x^2+ax+b$의 그래프가 x축과 두 점
$(-2, 0)$, $(3, 0)$에서 만날 때, 상수 a, b에 대하여 ab의
값은?

① 24　　　　② 36　　　　③ 48
④ 52　　　　⑤ 60

0528 중

이차함수 $y=x^2-ax+a+5$의 그래프와 x축의 두 교점의
x좌표가 2, b일 때, 상수 a, b에 대하여 $a+b$의 값은?

① 4　　　　② 8　　　　③ 12
④ 16　　　　⑤ 20

0529 중

이차함수 $y=x^2-(k+1)x-2k$의 그래프와 x축이 만나
는 두 점 사이의 거리가 5일 때, 양수 k의 값을 구하시오.

0530 중

이차함수 $y=f(x)$의 그래프가 오른쪽
그림과 같을 때, 이차방정식
$f(2x+1)=0$의 두 근의 합은?

① -1　　　　② $-\dfrac{1}{2}$

③ $\dfrac{1}{2}$　　　　④ 1

⑤ $\dfrac{3}{2}$

0531 중

이차함수 $y=ax^2+bx+c$의 그래프가 두 점 $(0, -2)$,
$(-1+\sqrt{3}, 0)$을 지날 때, 유리수 a, b, c에 대하여
$a+b+c$의 값을 구하시오.

빈출

◆◆ 개념루트 공통수학1 164쪽

유형 02　이차함수의 그래프와 x축의 위치 관계

이차함수 $y=ax^2+bx+c$의 그래프와 x축의 위치 관계는 이차
방정식 $ax^2+bx+c=0$의 판별식 D의 부호에 따라 다음과 같
이 결정된다.
(1) $D>0$ ➡ 서로 다른 두 점에서 만난다.
(2) $D=0$ ➡ 한 점에서 만난다(접한다).
(3) $D<0$ ➡ 만나지 않는다.

0532 대표 문제

이차함수 $y=x^2+2(k+1)x+k^2+k+4$의 그래프가 x축
과 서로 다른 두 점에서 만나도록 하는 정수 k의 최솟값
은?

① -4　　　　② -2　　　　③ 0
④ 2　　　　⑤ 4

0533 (하)

이차함수 $y=x^2+kx+k$의 그래프가 x축과 접할 때, 양수 k의 값은?

① 1   ② 2   ③ 3

④ 4   ⑤ 5

0534 (중)

이차함수 $y=x^2-(4k+1)x+4k^2+3k-1$의 그래프가 x축과 만나도록 하는 상수 k의 값의 범위를 구하시오.

0535 (중)

서술형 ⑨

이차함수 $y=x^2+4x-3k+5$의 그래프는 x축과 만나지 않고, 이차함수 $y=2x^2+2kx-k+4$의 그래프는 x축과 접할 때, 상수 k의 값을 구하시오.

0536 (상)

이차함수 $y=x^2+(3a+4k)x+2bk^2+2k+\dfrac{1}{4}$의 그래프가 실수 k의 값에 관계없이 항상 x축에 접할 때, 상수 a, b에 대하여 $\dfrac{b}{a}$의 값은?

① 4   ② 6   ③ 8

④ 10   ⑤ 12

유형 03 이차함수의 그래프와 직선의 교점

이차함수 $y=ax^2+bx+c$의 그래프와 직선 $y=mx+n$의 교점의 x좌표는 이차방정식 $ax^2+bx+c=mx+n$, 즉 $ax^2+(b-m)x+c-n=0$의 실근과 같다.

0537 대표 문제

이차함수 $y=x^2+3x+a$의 그래프와 직선 $y=bx-1$이 만나는 두 점의 x좌표가 -3, 1일 때, 상수 a, b에 대하여 $a+b$의 값은?

① -3 ② -2 ③ -1

④ 1   ⑤ 2

0538 (중)

이차함수 $y=-x^2+ax+3$의 그래프와 직선 $y=-2x+b$가 만나는 두 점 중 한 점의 x좌표가 $2+\sqrt{5}$일 때, 유리수 a, b에 대하여 ab의 값은?

① 2   ② 4   ③ 6

④ 8   ⑤ 10

0539 (중)

이차함수 $y=x^2+ax-1$의 그래프와 직선 $y=2x-5$의 두 교점의 x좌표의 차가 3일 때, 모든 상수 a의 값의 합을 구하시오.

◇◆ 개념루트 공통수학1 168쪽

유형 04 이차함수의 그래프와 직선의 위치 관계

이차함수 $y=ax^2+bx+c$의 그래프와 직선 $y=mx+n$의 위치 관계는 이차방정식 $ax^2+(b-m)x+c-n=0$의 판별식 D의 부호에 따라 다음과 같이 결정된다.
(1) $D>0$ ➡ 서로 다른 두 점에서 만난다.
(2) $D=0$ ➡ 한 점에서 만난다(접한다).
(3) $D<0$ ➡ 만나지 않는다.

0540 대표 문제

이차함수 $y=-x^2+kx-k^2$의 그래프와 직선 $y=-kx+k-3$이 서로 다른 두 점에서 만나도록 하는 정수 k의 최댓값은?

① -1 ② 0 ③ 1
④ 2 ⑤ 3

0541 하 | 학평 기출 |

이차함수 $y=x^2+ax+a^2$의 그래프가 직선 $y=-x$에 접하도록 하는 양수 a의 값은?

① $\dfrac{2}{3}$ ② 1 ③ $\dfrac{4}{3}$
④ $\dfrac{5}{3}$ ⑤ 2

0542 하

이차함수 $y=x^2+2kx+k^2-1$의 그래프와 직선 $y=4x+3k$가 만나지 않도록 하는 상수 k의 값의 범위를 구하시오.

0543 중   서술형

이차함수 $y=-x^2-(k-3)x+k+1$의 그래프와 직선 $y=k(x+k)$가 적어도 한 점에서 만나도록 하는 정수 k의 최댓값을 구하시오.

0544 중

두 이차함수 $y=x^2-3x+4$, $y=-2x^2+3x+a$의 그래프가 직선 $y=-x+b$에 동시에 접할 때, 상수 a, b에 대하여 ab의 값을 구하시오.

◇◆ 개념루트 공통수학1 168쪽

유형 05 이차함수의 그래프에 접하는 직선의 방정식

이차함수 $y=f(x)$의 그래프에 접하는 직선의 방정식은 주어진 조건을 이용하여 직선의 방정식을 $y=g(x)$로 놓은 후 이차방정식 $f(x)=g(x)$의 판별식 $D=0$임을 이용하여 구한다.

0545 대표 문제

이차함수 $y=x^2-5x-3$의 그래프에 접하고 직선 $y=-x+7$에 평행한 직선의 y절편은?

① -9 ② -7 ③ -5
④ -3 ⑤ -1

0546 중

점 $(-3, 1)$을 지나고 이차함수 $y=-x^2+2x+3$의 그래프에 접하는 두 직선의 기울기의 합을 구하시오.

0547 ㉦

이차함수 $y=x^2$의 그래프에 접하고 기울기가 2인 직선이 이차함수 $y=-2x^2+kx+k-3$의 그래프에 접할 때, 양수 k의 값을 구하시오.

0548 ㉲

실수 a의 값에 관계없이 이차함수 $y=x^2+2ax+(a+1)^2$의 그래프에 항상 접하는 직선의 방정식을 구하시오.

빈출

◆◇ 개념루트 공통수학1 174쪽

유형 06 **제한된 범위에서의 이차함수의 최대, 최소**

$\alpha \leq x \leq \beta$에서 이차함수 $f(x)=a(x-p)^2+q$의 최댓값과 최솟값은
(1) $\alpha \leq p \leq \beta$일 때,
➡ $f(\alpha)$, $f(p)$, $f(\beta)$ 중 가장 큰 값이 최댓값, 가장 작은 값이 최솟값이다.
(2) $p<\alpha$ 또는 $p>\beta$일 때,
➡ $f(\alpha)$, $f(\beta)$ 중 큰 값이 최댓값, 작은 값이 최솟값이다.

0549 대표문제

$-1 \leq x \leq 2$에서 이차함수 $f(x)=-3x^2+6x+k-1$의 최댓값이 4일 때, $f(x)$의 최솟값은? (단, k는 상수)

① -9 ② -8 ③ -7
④ -6 ⑤ -5

0550 ㉮

$0 \leq x \leq 2$에서 이차함수 $y=x^2+2x+3$의 최댓값과 최솟값의 합을 구하시오.

0551 ㉦

이차함수 $y=2x^2-4x-a$의 최솟값이 -5일 때, $-a \leq x \leq a$에서 이 이차함수의 최댓값을 구하시오.

(단, $a>1$)

0552 ㉦

$-1 \leq x \leq a$에서 이차함수 $y=-x^2+4x-1$의 최댓값이 2이고 최솟값이 b일 때, $a-b$의 값을 구하시오.

0553 ㉲

$0 \leq x \leq 4$에서 이차함수 $y=x^2-2kx-4$의 최솟값이 -8일 때, 양수 k의 값은?

① 1   ② 2   ③ 3
④ 4   ⑤ 5

◆◇ 개념루트 공통수학1 178쪽

유형 07 **공통부분이 있는 함수의 최대, 최소**

공통부분이 있는 함수의 최댓값과 최솟값은 다음과 같은 순서로 구한다.
(1) 공통부분을 t로 놓고 t의 값의 범위를 구한다.
(2) (1)에서 구한 범위에서 $y=a(t-p)^2+q$의 최댓값과 최솟값을 구한다.

0554 대표문제

$-3 \leq x \leq 0$에서 함수 $y=(x^2+4x)^2+2(x^2+4x+2)-3$의 최댓값과 최솟값의 합은?

① 8   ② 9   ③ 10
④ 11   ⑤ 12

0555 ⓐ

함수 $y=(x^2+2x+3)^2-2(x^2+2x+3)+5$의 최솟값은?

① 2   ② 3   ③ 4
④ 5   ⑤ 6

0556 ⓐ

$-2 \le x \le 1$에서 함수 $y=\dfrac{1}{2}(x^2-4x)^2+x^2-4x+k$의 최솟값이 $\dfrac{5}{2}$일 때, 상수 k의 값을 구하시오.

0557 ⓐ

함수 $y=(x^2-6x+2)^2+4(x^2-6x)+k$의 최솟값이 -8일 때, 상수 k의 값을 구하시오.

◈◆ 개념루트 공통수학1 182쪽

유형 08 **완전제곱식을 이용한 이차식의 최대, 최소**

x, y가 실수일 때, $ax^2+by^2+cx+dy+e$의 최댓값과 최솟값은 $a(x+p)^2+b(y+q)^2+r$ 꼴로 변형한 후 (실수)$^2 \ge 0$임을 이용하여 구한다.

0558 대표 문제

x, y가 실수일 때, $-x^2-y^2+2x-8y+3$의 최댓값은?

① 1   ② 5   ③ 10
④ 15   ⑤ 20

0559 ⓐ

실수 x, y에 대하여 $2x^2+\dfrac{1}{3}y^2-4x+2y+k$의 최솟값이 15일 때, 상수 k의 값을 구하시오.

0560 ⓐ

x, y, z가 실수일 때, $x^2+5y^2+z^2+4xy-4y+2z+9$의 최솟값을 구하시오.

◈◆ 개념루트 공통수학1 178쪽

유형 09 **조건을 만족시키는 이차식의 최대, 최소**

조건을 만족시키는 이차식의 최댓값과 최솟값은 다음과 같은 순서로 구한다.
⑴ 주어진 조건을 한 문자에 대하여 정리한다.
⑵ ⑴의 식을 이차식에 대입하여 한 문자에 대한 이차식으로 나타낸다.
⑶ ⑵의 식의 최댓값 또는 최솟값을 구한다.

0561 대표 문제

$x-y=3$을 만족시키는 두 실수 x, y에 대하여 $-3 \le y \le 0$일 때, x^2+y^2+2y의 최솟값을 구하시오.

0562 ⓐ

$2x+y=8$을 만족시키는 두 실수 x, y에 대하여 $1 \le x \le 4$일 때, xy의 최댓값과 최솟값의 합은?

① 7   ② 8   ③ 9
④ 10   ⑤ 11

0563 (종)

$x+y^2=1$을 만족시키는 두 실수 x, y에 대하여 x^2+4y^2의 최솟값을 구하시오.

◀◉ 개념루트 공통수학1 180쪽

 빈출

유형 10 이차함수의 최대, 최소의 활용

이차함수의 최대, 최소의 활용 문제는 다음과 같은 순서로 푼다.
(1) 문제의 상황에 맞게 변수 x를 정하여 x에 대한 이차함수의 식을 세우고, x의 값의 범위를 구한다.
(2) (1)에서 구한 범위에서 최댓값 또는 최솟값을 구한다.

0564 [대표 문제]

오른쪽 그림과 같이 직사각형 ABCD의 두 꼭짓점 A, B는 이차함수 $y=x^2-6x$의 그래프 위에 있고 두 꼭짓점 C, D는 x축 위에 있다. 직사각형 ABCD의 둘레의 길이의 최댓값을 구하시오. (단, 점 A는 제4사분면 위의 점이다.)

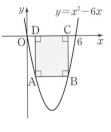

0565 (하)

어느 다이빙 선수가 다이빙 타워에서 뛰어오를 때, x초 후 수면으로부터 이 선수의 높이 y m는 $y=-5x^2+6x+5$라 한다. 이 선수가 뛰어오른 지 1초부터 2초까지 가장 높이 올라갔을 때의 수면으로부터의 높이는?

① $\dfrac{18}{5}$ m ② $\dfrac{22}{5}$ m ③ $\dfrac{26}{5}$ m

④ 6 m ⑤ $\dfrac{34}{5}$ m

0566 (종)

어느 핫도그 가게에서 핫도그 한 개의 가격이 1000원일 때, 하루에 200개씩 팔린다고 한다. 이 핫도그 한 개의 가격을 $100x$원 올릴 때마다 하루 판매량은 $10x$개씩 줄어든다고 할 때, 핫도그의 하루 판매액이 최대가 되도록 하는 핫도그 한 개의 가격은?

① 800원 ② 1200원 ③ 1500원
④ 1700원 ⑤ 2000원

0567 (종)

서술형

길이가 16 m인 철망을 이용하여 오른쪽 그림과 같이 벽면을 한 변으로 하는 직사각형 모양의 꽃밭을 만들려고 한다. 이때 꽃밭의 넓이의 최댓값을 구하시오. (단, 철망의 두께는 생각하지 않는다.)

0568 (상)

오른쪽 그림과 같이 한 변의 길이가 20인 정사각형 ABCD의 각 변 위를 움직이는 네 점 P, Q, R, S가 있다. 점 P, R는 각각 점 A, C를 출발하여 각각 점 B, D를 향해 매초 1의 속력으로 움직이고, 점 Q, S는 각각 점 C, A를 출발하여 각각 점 B, D를 향해 매초 2의 속력으로 움직인다. 네 점 P, Q, R, S가 10초 동안 움직인다고 할 때, 사각형 PQRS의 넓이의 최댓값을 구하시오.

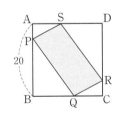

AB 유형 점검

0569 유형 01

이차함수 $y=-2x^2+ax+3$의 그래프가 x축과 두 점 $(1, 0)$, $(b, 0)$에서 만날 때, 상수 a, b에 대하여 ab의 값은?

① $-\dfrac{5}{2}$ ② $-\dfrac{3}{2}$ ③ $\dfrac{1}{2}$

④ $\dfrac{3}{2}$ ⑤ $\dfrac{5}{2}$

0570 유형 01

이차함수 $y=x^2+ax+2a-5$의 그래프는 a의 값에 관계없이 항상 점 P를 지난다. 점 P가 이 이차함수의 그래프의 꼭짓점일 때, 이 이차함수의 그래프가 x축과 만나는 모든 점의 x좌표의 합을 구하시오. (단, a는 실수)

0571 유형 02

이차함수 $y=ax^2+bx+c$의 그래프가 오른쪽 그림과 같을 때, 보기에서 옳은 것만을 있는 대로 고르시오. (단, a, b, c는 상수)

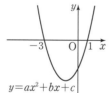

┌ 보기 ┐
ㄱ. $b^2-4ac>0$ ㄴ. $\dfrac{bc}{a^2}=6$
ㄷ. 이차함수 $y=bx^2+cx+a$의 그래프는 x축과 서로 다른 두 점에서 만난다.
└─────────┘

0572 유형 03

오른쪽 그림과 같이 최고차항의 계수가 1인 이차함수 $y=f(x)$의 그래프와 직선 $y=x-3$이 두 점에서 만날 때, $f(2)$의 값은?

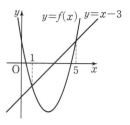

① -10 ② -8
③ -6 ④ -4
⑤ -2

0573 유형 03

이차함수 $y=2x^2+(2k+1)x+k$의 그래프와 직선 $y=-x+k^2$의 두 교점의 x좌표를 각각 α, β라 하면 $\alpha+\beta=5$일 때, $\alpha\beta$의 값을 구하시오. (단, k는 상수)

0574 유형 03

| 학평 기출 |

이차함수 $y=\dfrac{1}{2}(x-k)^2$의 그래프와 직선 $y=x$가 서로 다른 두 점 A, B에서 만난다. 두 점 A, B에서 x축에 내린 수선의 발을 C, D라 하자. 선분 CD의 길이가 6일 때, 상수 k의 값은?

① $\dfrac{7}{2}$ ② 4 ③ $\dfrac{9}{2}$

④ 5 ⑤ $\dfrac{11}{2}$

0575 유형 04

이차함수 $y=x^2-2kx+k+3$의 그래프와 직선 $y=2x-k^2$이 만나지 않도록 하는 자연수 k의 값을 구하시오.

0576 유형 02 + 04

이차함수 $y=x^2+2ax+b$의 그래프는 x축에 접하고, 직선 $y=4x+2$와 적어도 한 점에서 만날 때, 정수 a의 최댓값은? (단, b는 상수)

① 1   ② 2   ③ 3
④ 4   ⑤ 5

0577 유형 05

두 이차함수 $y=x^2+ax+b$, $y=-x^2+4x-3$의 그래프가 점 $(1, 0)$에서 한 직선에 접할 때, 상수 a, b에 대하여 a^2+b^2의 값을 구하시오.

0578 유형 06

$0 \le x \le 4$에서 이차함수 $y=x^2-2x-1$의 최댓값을 M, 최솟값을 m이라 할 때, Mm의 값은?

① -14 ② -12 ③ -10
④ -8 ⑤ -6

0579 유형 06 | 학평 기출 |

이차함수 $f(x)=ax^2+bx+5$가 다음 조건을 만족시킬 때, $f(-2)$의 값을 구하시오.

> (가) a, b는 음의 정수이다.
> (나) $1 \le x \le 2$일 때, 이차함수 $f(x)$의 최댓값은 3이다.

0580 유형 07

$1 \le x \le 4$에서 함수 $y=(x^2-2x)^2-6(x^2-2x)+4$는 $x=a$에서 최댓값 b를 갖는다. 상수 a, b에 대하여 $a+b$의 값은?

① 20   ② 24   ③ 28
④ 32   ⑤ 36

0581 유형 08

실수 x, y에 대하여 $x^2+6y^2-4xy-8y+10$이 $x=p$, $y=q$에서 최솟값 m을 가질 때, $p+q+m$의 값은?

① 6   ② 7   ③ 8
④ 9   ⑤ 10

0582 유형 09

음이 아닌 두 실수 x, y가 $x+y=4$를 만족시킬 때, $2x^2-y^2$의 최댓값을 M, 최솟값을 m이라 하자. 이때 $M+m$의 값을 구하시오.

0583 유형 09 | 학평 기출 |

직선 $y=-\dfrac{1}{4}x+1$이 y축과 만나는 점을 A, x축과 만나는 점을 B라 하자. 점 P(a, b)가 점 A에서 직선 $y=-\dfrac{1}{4}x+1$을 따라 점 B까지 움직일 때, a^2+8b의 최솟값은?

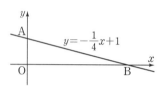

① 5   ② $\dfrac{17}{3}$ ③ $\dfrac{19}{3}$

④ 7   ⑤ $\dfrac{23}{3}$

0584 유형 10

밑면의 반지름의 길이가 2이고 높이가 8인 원뿔이 있다. 이 원뿔의 밑면의 넓이는 1초에 π씩 늘어나고 높이는 1초에 1씩 줄어들 때, 원뿔의 부피의 최댓값은?

① 10π ② 11π ③ 12π

④ 13π ⑤ 14π

서술형

0585 유형 04

이차함수 $y=x^2+2kx+a$의 그래프와 직선 $y=2bx-k^2+4k$가 실수 k의 값에 관계없이 항상 접할 때, 상수 a, b에 대하여 $a+b$의 값을 구하시오.

0586 유형 07

$1\leq x\leq 3$에서 함수
$$f(x)=-(x^2-2x+2)^2+6(x^2-2x+2)+k$$
의 최솟값이 -2일 때, $f(x)$의 최댓값을 구하시오.
(단, k는 상수)

0587 유형 10

오른쪽 그림과 같이 직선 $y=-x+4$ 위의 한 점 P에서 x축, y축에 내린 수선의 발을 각각 Q, R라 할 때, 사각형 ROQP의 넓이의 최댓값을 구하시오. (단, 점 P는 제1사분면 위의 점이고, O는 원점)

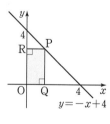

C 실력 향상

하 ···· 중 ···· 상100%

0588

방정식 $|2x^2-2|-x-k=0$이 서로 다른 세 실근을 갖도록 하는 모든 실수 k의 값의 합은?

① $\dfrac{17}{8}$ ② $\dfrac{19}{8}$ ③ $\dfrac{21}{8}$

④ $\dfrac{23}{8}$ ⑤ $\dfrac{25}{8}$

0589

오른쪽 그림과 같이 호수에 분수가 설치된 지점을 A, 포물선 모양의 물줄기가 수면 위에 떨어지는 지점을 B라 하면 $\overline{AB}=8$ m이고, 물줄기의 수면으로부터의 최고 높이는 16 m이다. 분수로부터 1 m만큼 떨어진 곳에서 쏘아 올린 레이저가 이 물줄기와 접할 때, 레이저와 물줄기가 만나는 지점의 수면으로부터의 높이를 구하시오. (단, A, B 지점과 레이저를 쏘아 올린 지점은 한 직선 위에 있다.)

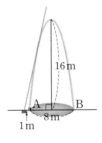

0590

오른쪽 그림과 같이 이차함수 $y=x^2-3x-10$의 그래프 위의 세 점 A$(-2, 0)$, B$(3, -10)$, C(a, b)를 꼭짓점으로 하는 삼각형 ABC의 넓이가 최대일 때, $2a-4b$의 값은? (단, $-2<a<3$)

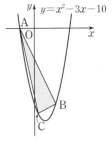

① 40 ② 43

③ 46 ④ 49

⑤ 52

0591

이차함수 $y=f(x)$가 다음 조건을 만족시킬 때, $f(1)$의 값을 구하시오.

> ㈎ 모든 실수 x에 대하여 $f(2-x)=f(2+x)$이다.
> ㈏ $0 \le x \le 5$에서 $f(x)$의 최댓값은 21이고 최솟값은 -6이다.
> ㈐ 함수 $y=f(x)$의 그래프와 직선 $y=-6x+3$은 접한다.

◑ 기출 BOOK 26쪽

06-1 삼차방정식과 사차방정식 유형 01~07 개념➕

(1) 삼차방정식과 사차방정식

다항식 $f(x)$가 x에 대한 삼차식, 사차식일 때 방정식 $f(x)=0$을 각각 x에 대한 삼차방정식, 사차방정식이라 한다.

(2) 삼차방정식과 사차방정식의 풀이

삼차방정식 또는 사차방정식 $f(x)=0$은 $f(x)$를 인수분해한 후 다음 성질을 이용하여 해를 구한다.

➡ $ABC=0$이면 $A=0$ 또는 $B=0$ 또는 $C=0$

$ABCD=0$이면 $A=0$ 또는 $B=0$ 또는 $C=0$ 또는 $D=0$

① 인수분해 공식을 이용한 풀이

인수분해 공식을 이용하여 다항식 $f(x)$를 인수분해하여 푼다.

② 인수 정리를 이용한 풀이

다항식 $f(x)$에 대하여 $f(\alpha)=0$이면

$$f(x)=(x-\alpha)Q(x)$$

임을 이용한다. 이때 $Q(x)$는 조립제법을 이용하여 구할 수 있다.

③ 공통부분이 있는 방정식의 풀이

방정식에 공통부분이 있으면 공통부분을 한 문자로 치환한 후 인수분해하여 푼다.

④ $x^4+ax^2+b=0$ 꼴의 방정식의 풀이

[방법 1] $x^2=X$로 치환한 후 좌변을 인수분해하여 푼다.

[방법 2] $x^4+ax^2+b=0$의 좌변의 이차항 ax^2을 적당히 분리하여 $\underset{x^4+ax^2+b}{A^2-B^2=0}$ 꼴로 변형한 후 좌변을 인수분해하여 푼다.

⑤ $ax^4+bx^3+cx^2+bx+a=0\,(a\neq0)$ 꼴의 방정식의 풀이

양변을 x^2으로 나눈 후 $x+\dfrac{1}{x}=t$로 치환하여 t에 대한 이차방정식을 푼다.

> 계수가 실수인 삼차방정식과 사차방정식은 복소수의 범위에서 각각 3개, 4개의 근을 갖는다.

> $f(\alpha)=0$을 만족시키는 α의 값은
> $\pm\dfrac{(f(x)\text{의 상수항의 양의 약수})}{(f(x)\text{의 최고차항의 계수의 양의 약수})}$
> 중에서 찾을 수 있다.

> $x^4+ax^2+b=0\,(a,\,b\text{는 상수})$과 같이 차수가 짝수인 항과 상수항만으로 이루어진 방정식을 복이차방정식이라 한다.
> x^4+ax^2+b
> $=(x^4+2\sqrt{b}x^2+b)-(2\sqrt{b}-a)x^2$
> 꼴로 고친다.

06-2 삼차방정식의 근과 계수의 관계 유형 08, 09

(1) 삼차방정식의 근과 계수의 관계

삼차방정식 $ax^3+bx^2+cx+d=0$의 세 근을 α, β, γ라 하면

$$\alpha+\beta+\gamma=-\frac{b}{a},\ \alpha\beta+\beta\gamma+\gamma\alpha=\frac{c}{a},\ \alpha\beta\gamma=-\frac{d}{a}$$

예 삼차방정식 $x^3+2x^2-4x+5=0$의 세 근을 α, β, γ라 하면

$\alpha+\beta+\gamma=-\dfrac{2}{1}=-2,\ \alpha\beta+\beta\gamma+\gamma\alpha=\dfrac{-4}{1}=-4,\ \alpha\beta\gamma=-\dfrac{5}{1}=-5$

(2) 세 수를 근으로 하는 삼차방정식

세 수 α, β, γ를 근으로 하고 x^3의 계수가 1인 삼차방정식은

$$x^3-\underbrace{(\alpha+\beta+\gamma)}_{\text{세 근의 합}}x^2+\underbrace{(\alpha\beta+\beta\gamma+\gamma\alpha)}_{\text{두 근끼리의 곱의 합}}x-\underbrace{\alpha\beta\gamma}_{\text{세 근의 곱}}=0\quad \raisebox{1ex}{$\llcorner$}\,(x-\alpha)(x-\beta)(x-\gamma)=0$$

> 세 수 α, β, γ를 근으로 하고 x^3의 계수가 a인 삼차방정식은
> $a\{x^3-(\alpha+\beta+\gamma)x^2+(\alpha\beta+\beta\gamma+\gamma\alpha)x-\alpha\beta\gamma\}=0$

06-1 삼차방정식과 사차방정식

[0592~0595] 인수분해 공식을 이용하여 다음 방정식을 푸시오.

0592 $x^3 - 64 = 0$

0593 $x^3 - x^2 - 6x = 0$

0594 $x^4 - 8x = 0$

0595 $x^4 - 2x^3 + x - 2 = 0$

[0596~0599] 인수 정리를 이용하여 다음 방정식을 푸시오.

0596 $x^3 - 3x^2 + x + 1 = 0$

0597 $x^3 + 2x + 12 = 0$

0598 $x^4 - 3x^3 + 4x^2 - 8 = 0$

0599 $x^4 - 4x^3 - 4x^2 + 4x + 3 = 0$

[0600~0601] 치환을 이용하여 다음 방정식을 푸시오.

0600 $(x^2 - 1)^2 - 7(x^2 - 1) + 12 = 0$

0601 $(x^2 + x)^2 - 14(x^2 + x) + 24 = 0$

[0602~0603] 다음 방정식을 푸시오.

0602 $x^4 - 5x^2 + 6 = 0$

0603 $x^4 - 11x^2 + 28 = 0$

06-2 삼차방정식의 근과 계수의 관계

0604 삼차방정식 $x^3 + 2x^2 - 3x - 8 = 0$의 세 근을 α, β, γ라 할 때, 다음 식의 값을 구하시오.

(1) $\alpha + \beta + \gamma$

(2) $\alpha\beta + \beta\gamma + \gamma\alpha$

(3) $\alpha\beta\gamma$

0605 삼차방정식 $x^3 - 3x^2 + 4x + 9 = 0$의 세 근을 α, β, γ라 할 때, 다음 식의 값을 구하시오.

(1) $\dfrac{1}{\alpha\beta\gamma}$

(2) $\dfrac{1}{\alpha} + \dfrac{1}{\beta} + \dfrac{1}{\gamma}$

(3) $\dfrac{1}{\alpha\beta} + \dfrac{1}{\beta\gamma} + \dfrac{1}{\gamma\alpha}$

0606 세 수 -3, $1+\sqrt{2}$, $1-\sqrt{2}$를 근으로 하고 x^3의 계수가 1인 삼차방정식을 구하시오.

0607 세 수 1, $2+3i$, $2-3i$를 근으로 하고 x^3의 계수가 1인 삼차방정식을 구하시오.

0608 세 수 $-\dfrac{1}{2}$, 1, $\dfrac{5}{4}$를 근으로 하고 x^3의 계수가 8인 삼차방정식을 구하시오.

06-3 삼차방정식의 켤레근의 성질 　　유형 10

삼차방정식 $ax^3+bx^2+cx+d=0$에서

(1) a, b, c, d가 유리수일 때, 한 근이 $p+q\sqrt{m}$이면 $p-q\sqrt{m}$도 근이다.

　　　　　　　　　　　　　　　　(단, p, q는 유리수, $q\neq0$, $\sqrt{m}$은 무리수)

(2) a, b, c, d가 실수일 때, 한 근이 $p+qi$이면 $p-qi$도 근이다.

　　　　　　　　　　　　　　　　(단, p, q는 실수, $q\neq0$, $i=\sqrt{-1}$)

> 개념 ＋
>
> ● 일반적으로 켤레근의 성질 (1), (2) 는 이차 이상의 모든 방정식에서 성립한다.

06-4 방정식 $x^3=1$의 허근의 성질 　　유형 11

방정식 $x^3=1$의 한 허근을 ω라 하면 다음이 성립한다. (단, $\overline{\omega}$는 ω의 켤레복소수)

(1) $\omega^3=1$, $\omega^2+\omega+1=0$　　(2) $\omega+\overline{\omega}=-1$, $\omega\overline{\omega}=1$　　(3) $\omega^2=\overline{\omega}=\dfrac{1}{\omega}$

참고 방정식 $x^3=-1$의 한 허근을 ω라 하면 다음이 성립한다.

　　(1) $\omega^3=-1$, $\omega^2-\omega+1=0$　　(2) $\omega+\overline{\omega}=1$, $\omega\overline{\omega}=1$　　(3) $\omega^2=-\overline{\omega}=-\dfrac{1}{\omega}$

> ● $x^3=1$, 즉 $x^3-1=0$에서 $(x-1)(x^2+x+1)=0$이므로 ω, $\overline{\omega}$는 $x^2+x+1=0$의 두 근이다.

06-5 연립이차방정식 　　유형 12~17

(1) **미지수가 2개인 연립이차방정식**

　미지수가 2개인 연립방정식에서 차수가 가장 높은 방정식이 이차방정식일 때, 이 연립방정식을 미지수가 2개인 연립이차방정식이라 한다.

(2) **연립이차방정식의 풀이**

　① 일차방정식과 이차방정식으로 이루어진 연립이차방정식

　　일차방정식을 한 미지수에 대하여 정리한 것을 이차방정식에 대입하여 푼다.

　② 두 이차방정식으로 이루어진 연립이차방정식

　　한 이차방정식에서 이차식을 두 일차식의 곱으로 인수분해하여 얻은 두 일차방정식을 한 미지수에 대하여 정리한 후 나머지 이차방정식에 각각 대입하여 푼다.

　③ 대칭식으로 이루어진 연립이차방정식

　　$x+y=u$, $xy=v$로 놓고 u, v에 대한 연립방정식으로 변형하여 방정식을 푼 후 x, y가 t에 대한 이차방정식 $t^2-ut+v=0$의 두 근임을 이용한다.

> ● 미지수가 2개인 연립이차방정식은 다음과 같이 두 꼴이 있다.
> $\begin{cases}\text{일차방정식} \\ \text{이차방정식}\end{cases}$ $\begin{cases}\text{이차방정식} \\ \text{이차방정식}\end{cases}$

> ● x, y를 서로 바꾸어 대입해도 원래 의 식과 같아지는 식을 대칭식이라 한다.

06-6 부정방정식 　　유형 18, 19

(1) **부정방정식**

　방정식의 개수가 미지수의 개수보다 적으면 그 해가 무수히 많아 해를 정할 수 없는 경우가 있는데 이러한 방정식을 부정방정식이라 한다.

(2) **부정방정식의 풀이**

　① 정수 조건의 부정방정식의 풀이

　　(일차식)×(일차식)＝(정수) 꼴로 변형한 후 약수와 배수의 성질을 이용한다.

　② 실수 조건의 부정방정식의 풀이

　　[방법 1] $A^2+B^2=0$ 꼴로 변형한 후 A, B가 실수이면 $A=0$, $B=0$임을 이용한다.

　　[방법 2] 한 문자에 대하여 내림차순으로 정리한 후 이차방정식의 판별식 D가 $D\geq0$임을 이용한다.

> ● 부정방정식은 해에 대한 정수 조건 또는 실수 조건이 주어지면 그 해가 유한개로 정해질 수도 있다.

06-3 삼차방정식의 켤레근의 성질

0609 삼차방정식 $x^3+ax+b=0$의 두 근이 4, $-2+\sqrt{3}$ 일 때, 유리수 a, b의 값을 구하시오.

0610 삼차방정식 $x^3+ax^2+bx+6=0$의 두 근이 -3, $1-i$일 때, 실수 a, b의 값을 구하시오.

06-4 방정식 $x^3=1$의 허근의 성질

0611 방정식 $x^3=1$의 한 허근을 ω라 할 때, 다음 식의 값을 구하시오. (단, $\overline{\omega}$는 ω의 켤레복소수)

(1) $\omega^2+\omega+1$ (2) $\omega+\overline{\omega}$

(3) $\omega\overline{\omega}$ (4) ω^{24}

(5) $\omega+\dfrac{1}{\omega}$ (6) $\omega^{10}+\omega^5+1$

0612 방정식 $x^3=-1$의 한 허근을 ω라 할 때, 다음 식의 값을 구하시오. (단, $\overline{\omega}$는 ω의 켤레복소수)

(1) $\omega^2-\omega+1$ (2) $\omega+\overline{\omega}$

(3) $\omega\overline{\omega}$ (4) ω^{33}

(5) $\omega+\dfrac{1}{\omega}$ (6) $\omega^{16}+\omega^8+1$

06-5 연립이차방정식

[0613~0614] 다음 연립방정식을 푸시오.

0613 $\begin{cases} x-y=1 \\ x^2+y^2=13 \end{cases}$

0614 $\begin{cases} x+y=3 \\ x^2+xy+y^2=7 \end{cases}$

[0615~0616] 다음 연립방정식을 푸시오.

0615 $\begin{cases} (x+3y)(x-2y)=0 \\ x^2+y^2=20 \end{cases}$

0616 $\begin{cases} (x+2y)(x-2y)=0 \\ x^2-xy+3y^2=45 \end{cases}$

[0617~0618] 다음 연립방정식을 푸시오.

0617 $\begin{cases} x+y=4 \\ xy=-5 \end{cases}$

0618 $\begin{cases} x+y=5 \\ x+xy+y=11 \end{cases}$

06-6 부정방정식

0619 방정식 $3x+2y=14$를 만족시키는 자연수 x, y의 순서쌍 (x, y)를 모두 구하시오.

0620 방정식 $(x-4)^2+(y+1)^2=0$을 만족시키는 실수 x, y의 값을 구하시오.

B 유형 완성

◆ 개념루트 공통수학 1 188쪽

빈출

유형 01 인수 정리를 이용한 삼차방정식과 사차방정식의 풀이

$f(x)=0$ 꼴의 삼차방정식과 사차방정식을 풀 때는 인수 정리와 조립제법을 이용하여 $f(x)$를 인수분해한 후 다음 성질을 이용한다.
(1) $ABC=0$이면 $A=0$ 또는 $B=0$ 또는 $C=0$
(2) $ABCD=0$이면 $A=0$ 또는 $B=0$ 또는 $C=0$ 또는 $D=0$

0621 대표 문제

사차방정식 $x^4-7x^3+16x^2-14x+4=0$의 가장 큰 근을 α, 가장 작은 근을 β라 할 때, $\alpha\beta$의 값을 구하시오.

0622 ⑧

삼차방정식 $x^3-2x^2-2x+1=0$의 세 근을 α, β, γ라 할 때, $\alpha-\beta-\gamma$의 값을 구하시오. (단, $\alpha<\beta<\gamma$)

0623 ⑧

사차방정식 $x^4+x^3-x^2-7x-6=0$의 모든 실근의 합을 구하시오.

0624 ⑧ 　　　　　　　　　 | 학평 기출 |

삼차방정식 $x^3+2x^2-3x-10=0$의 서로 다른 두 허근을 α, β라 할 때, $\alpha^3+\beta^3$의 값은?

① -2 　　　　② -3 　　　　③ -4
④ -5 　　　　⑤ -6

◆ 개념루트 공통수학 1 190쪽

유형 02 공통부분이 있는 사차방정식의 풀이

방정식에 공통부분이 있으면 공통부분을 한 문자로 치환한 후 인수분해하여 푼다.
이때 공통부분이 바로 보이지 않으면 공통부분이 생기도록 식을 변형한다.

0625 대표 문제

방정식 $(x^2+2x)^2-3(x^2+2x)=0$의 모든 음의 근의 합은?

① -7 　　　　② -6 　　　　③ -5
④ -4 　　　　⑤ -3

0626 ⑧

방정식 $(x^2+4x-21)(x^2+4x-5)+63=0$의 가장 큰 근을 구하시오.

0627 ⑧

방정식 $(x-1)(x-2)(x+3)(x+4)-14=0$의 모든 근의 곱을 구하시오.

0628 ⑬

방정식 $(x^2-2x)(x^2-4x+3)=24$의 한 허근을 α라 할 때, $\alpha^2-3\alpha+1$의 값을 구하시오.

유형 03 $x^4+ax^2+b=0$ 꼴인 사차방정식의 풀이

(1) x^2을 한 문자로 치환한 후 인수분해하여 푼다.
(2) (1)의 방법으로 정수 범위에서 인수분해되지 않으면
$A^2-B^2=0$ 꼴로 변형한 후 인수분해하여 푼다.

0629 대표 문제

사차방정식 $x^4+3x^2-18=0$의 모든 실근의 곱은?

① -3　　　　② -1　　　　③ 1
④ 3　　　　⑤ 5

0630 ⑧

사차방정식 $x^4-13x^2+36=0$의 네 근을 α, β, γ, δ라 할 때, $\alpha\beta+\gamma\delta$의 값을 구하시오. (단, $\alpha<\beta<\gamma<\delta$)

0631 ⑧

사차방정식 $x^4-3x^2+1=0$의 모든 양의 근의 합은?

① 1　　　　② 2　　　　③ $\sqrt{5}$
④ $1+\sqrt{5}$　　　　⑤ $2\sqrt{5}$

0632 ⑧

사차방정식 $x^4+2x^2+9=0$의 네 근을 α, β, γ, δ라 할 때, $\dfrac{1}{\alpha}+\dfrac{1}{\beta}+\dfrac{1}{\gamma}+\dfrac{1}{\delta}$의 값은?

① 0　　　　② 1　　　　③ 2
④ 3　　　　⑤ 4

유형 04 $ax^4+bx^3+cx^2+bx+a=0$ 꼴인 사차방정식의 풀이

계수가 대칭인 사차방정식은 다음과 같은 순서로 푼다.
(1) 양변을 x^2으로 나눈다.
(2) $x+\dfrac{1}{x}=t$로 치환한 후 t에 대한 이차방정식을 푼다.
(3) 주어진 사차방정식의 해를 구한다.

0633 대표 문제

사차방정식 $x^4+5x^3+6x^2+5x+1=0$의 실근은?

① $\dfrac{-2\pm\sqrt{3}}{2}$　　　② $-2\pm\sqrt{3}$　　　③ $\dfrac{1\pm\sqrt{3}}{2}$
④ $1\pm\sqrt{3}$　　　⑤ $\dfrac{4\pm\sqrt{3}}{2}$

0634 ⑧

사차방정식 $2x^4-9x^3-x^2-9x+2=0$의 두 허근을 α, β라 할 때, $\alpha^2+\alpha\beta+\beta^2$의 값은?

① $-\dfrac{3}{4}$　　　② $-\dfrac{1}{2}$　　　③ $-\dfrac{1}{4}$
④ $\dfrac{1}{4}$　　　⑤ $\dfrac{1}{2}$

0635 ⑧　　　　서술형

사차방정식 $x^4-3x^3-2x^2-3x+1=0$의 한 실근을 α라 할 때, $\alpha+\dfrac{1}{\alpha}$의 값을 구하시오.

유형 05 근이 주어진 삼차방정식과 사차방정식

방정식 $f(x)=0$의 한 근이 α이면 $f(\alpha)=0$임을 이용하여 미정계수를 구한 후 방정식을 푼다.

0636 대표 문제

삼차방정식 $x^3+kx^2+3x+1=0$의 한 근이 1일 때, 나머지 두 근의 합은? (단, k는 실수)

① -4 ② -1 ③ 1
④ 4 ⑤ 6

0637 ⑧

삼차방정식 $x^3+ax^2+(2a-b)x+6b=0$의 두 근이 -2, 3일 때, 나머지 한 근을 구하시오. (단, a, b는 실수)

0638 ⑧

사차방정식 $2x^4-ax^3+bx^2+3x+a+4=0$의 두 근이 -1, 2일 때, 나머지 두 근의 곱을 구하시오.
(단, a, b는 실수)

0639 ⑧

삼차방정식 $x^3+(k+2)x^2+(k^2-4)x-5=0$이 세 실근 1, α, β를 가질 때, 실수 k에 대하여 $k-\alpha-\beta$의 값을 구하시오.

유형 06 근의 조건이 주어진 삼차방정식

주어진 삼차방정식을 $(x-\alpha)(ax^2+bx+c)=0$(α는 실수) 꼴로 변형한 후 이차방정식 $ax^2+bx+c=0$의 판별식을 이용한다.

0640 대표 문제

삼차방정식 $x^3+(k+1)x^2+2kx+k=0$이 중근을 가질 때, 모든 실수 k의 값의 합은?

① 1 ② 2 ③ 3
④ 4 ⑤ 5

0641 ⑧ 서술형

삼차방정식 $x^3-4x^2+(4-k)x+2k=0$의 근이 모두 실수가 되도록 하는 실수 k의 최솟값을 구하시오.

0642 ⑧

삼차방정식 $x^3-x^2-(k+2)x+2k=0$이 한 개의 실근과 두 개의 허근을 가질 때, 실수 k의 값의 범위는?

① $k<-\dfrac{1}{4}$ ② $k<\dfrac{1}{4}$ ③ $k>-\dfrac{1}{4}$
④ $k>\dfrac{1}{4}$ ⑤ $-\dfrac{1}{4}<k<\dfrac{1}{4}$

0643 ⬆

삼차방정식 $x^3+4x^2-(k+5)x+k=0$의 서로 다른 실근이 한 개뿐일 때, 정수 k의 최댓값은?

① -6 ② -7 ③ -8
④ -9 ⑤ -10

◈ 개념루트 공통수학1 198쪽

유형 07 삼차방정식의 활용

삼차방정식의 활용 문제는 다음과 같은 순서로 푼다.
(1) 미지수 x를 정하고 x에 대한 방정식을 세운다.
(2) (1)에서 세운 방정식을 푼다.
(3) 구한 해가 문제의 조건에 맞는지 확인한다.

0644 대표 문제

어떤 정육면체의 가로의 길이를 1만큼 줄이고, 세로의 길이와 높이를 각각 2만큼씩 늘여서 만든 직육면체의 부피가 108일 때, 처음 정육면체의 부피는?

① 8 ② 27 ③ 64
④ 125 ⑤ 216

0645 ⬆

밑면의 지름의 길이와 높이가 같은 원기둥 모양의 물탱크가 있다. 이 물탱크의 밑면의 지름의 길이는 2 m 늘이고, 높이는 4 m 늘여서 새로운 원기둥 모양의 물탱크를 만들었더니 새로운 물탱크의 부피가 처음 물탱크의 부피의 4.5배가 되었다. 이때 새로운 물탱크의 높이는?
(단, 물탱크의 두께는 생각하지 않는다.)

① 2 m ② 4 m ③ 6 m
④ 8 m ⑤ 10 m

0646 ⬆

오른쪽 그림과 같이 원기둥에 반구가 붙어 있는 모양의 조각상이 있다. 이 조각상의 높이는 4이고 부피는 27π일 때, 밑면의 반지름의 길이를 구하시오.

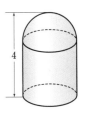

◈ 개념루트 공통수학1 202쪽

빈출 유형 08 삼차방정식의 근과 계수의 관계

삼차방정식 $ax^3+bx^2+cx+d=0$의 세 근을 α, β, γ라 하면

$$\alpha+\beta+\gamma=-\frac{b}{a}, \ \alpha\beta+\beta\gamma+\gamma\alpha=\frac{c}{a}, \ \alpha\beta\gamma=-\frac{d}{a}$$

0647 대표 문제

삼차방정식 $x^3-7x^2+10x+6=0$의 세 근을 α, β, γ라 할 때, $(3-\alpha)(3-\beta)(3-\gamma)$의 값을 구하시오.

0648 ⬇

삼차방정식 $x^3+2x^2+3x+4=0$의 세 근을 α, β, γ라 할 때, $\alpha^2+\beta^2+\gamma^2$의 값은?

① -3 ② -2 ③ -1
④ 1 ⑤ 2

0649 ⬆ 서술형

삼차방정식 $x^3-6x+3=0$의 세 근을 α, β, γ라 할 때, $\dfrac{\beta+\gamma}{\alpha^2}+\dfrac{\gamma+\alpha}{\beta^2}+\dfrac{\alpha+\beta}{\gamma^2}$의 값을 구하시오.

0650 🌕

삼차방정식 $x^3-3x^2+ax+8=0$의 세 근을 α, β, γ라 할 때, $\dfrac{1}{\alpha}+\dfrac{1}{\beta}+\dfrac{1}{\gamma}=\dfrac{3}{4}$이 성립한다. 이때 $\alpha^2\beta^2+\beta^2\gamma^2+\gamma^2\alpha^2$의 값을 구하시오. (단, a는 실수)

0651 🌕

이차방정식 $x^2-2x+a=0$의 두 근이 모두 삼차방정식 $x^3-3x^2+bx+2=0$의 근일 때, 실수 a, b에 대하여 $a-b$의 값은?

① -4 ② -3 ③ -2
④ -1 ⑤ 0

0652 🌕

삼차방정식 $x^3-3x^2+ax+b=0$의 세 근의 비가 $1:3:5$일 때, 실수 a, b에 대하여 $a+b$의 값은?

① 2 ② 4 ③ 6
④ 8 ⑤ 10

유형 09 세 수를 근으로 하는 삼차방정식의 작성

세 수 α, β, γ를 근으로 하고 x^3의 계수가 1인 삼차방정식은
$$x^3-(\alpha+\beta+\gamma)x^2+(\alpha\beta+\beta\gamma+\gamma\alpha)x-\alpha\beta\gamma=0$$

0653 대표 문제

삼차방정식 $x^3+2x^2-3x+4=0$의 세 근을 α, β, γ라 할 때, $\alpha-2$, $\beta-2$, $\gamma-2$를 세 근으로 하고 x^3의 계수가 1인 삼차방정식은?

① $x^3+8x^2-15x+14=0$ ② $x^3-8x^2+15x-14=0$
③ $x^3-8x^2-17x-14=0$ ④ $x^3+8x^2-17x+14=0$
⑤ $x^3+8x^2+17x+14=0$

0654 🌕

삼차방정식 $x^3-4x^2-2x+5=0$의 세 근을 α, β, γ라 할 때, $\dfrac{1}{\alpha}$, $\dfrac{1}{\beta}$, $\dfrac{1}{\gamma}$을 세 근으로 하고 x^3의 계수가 5인 삼차방정식은 $5x^3+ax^2+bx+c=0$이다. 이때 실수 a, b, c에 대하여 $a+2b+3c$의 값은?

① -11 ② -7 ③ -3
④ 1 ⑤ 5

0655 🌕

x에 대한 삼차식 $f(x)$에 대하여
$$f(1)=f(2)=f(3)=4, \quad f(4)=10$$
일 때, 방정식 $f(x)=0$의 모든 근의 합은?

① -6 ② -4 ③ 2
④ 6 ⑤ 12

◈ 개념루트 공통수학1 204쪽

유형 10 삼차방정식의 켤레근의 성질

(1) 계수가 유리수인 삼차방정식의 한 근이 $p+q\sqrt{m}$이면 $p-q\sqrt{m}$도 근이다. (단, p, q는 유리수, $q\neq0$, $\sqrt{m}$은 무리수)

(2) 계수가 실수인 삼차방정식의 한 근이 $p+qi$이면 $p-qi$도 근이다. (단, p, q는 실수, $q\neq0$, $i=\sqrt{-1}$)

0656 대표 문제

삼차방정식 $x^3+ax^2+bx+10=0$의 한 근이 $1+2i$일 때, 이 방정식의 실근을 구하시오. (단, a, b는 실수, $i=\sqrt{-1}$)

0657 하

삼차방정식 $x^3+ax^2+bx+c=0$의 두 근이 1, $3+\sqrt{3}$일 때, 유리수 a, b, c에 대하여 $\dfrac{ab}{c}$의 값을 구하시오.

0658 중

삼차방정식 $x^3-(a+2)x^2+bx+4=0$의 한 근이 $2-\sqrt{2}$일 때, 유리수 a, b에 대하여 $a+b$의 값을 구하시오.

0659 중

| 학평 기출 |

삼차방정식 $x^3+2x-3=0$의 한 허근을 $a+bi$라 할 때, a^2b^2의 값은? (단, a, b는 실수이고, $i=\sqrt{-1}$이다.)

① $\dfrac{11}{16}$ ② $\dfrac{3}{4}$ ③ $\dfrac{13}{16}$

④ $\dfrac{7}{8}$ ⑤ $\dfrac{15}{16}$

 ◈ 개념루트 공통수학1 208쪽

유형 11 방정식 $x^3=1$, $x^3=-1$의 허근의 성질

(1) 방정식 $x^3=1$의 한 허근을 ω라 하면
① $\omega^3=1$, $\omega^2+\omega+1=0$
② $\omega+\overline{\omega}=-1$, $\omega\overline{\omega}=1$
③ $\omega^2=\overline{\omega}=\dfrac{1}{\omega}$

(2) 방정식 $x^3=-1$의 한 허근을 ω라 하면
① $\omega^3=-1$, $\omega^2-\omega+1=0$
② $\omega+\overline{\omega}=1$, $\omega\overline{\omega}=1$
③ $\omega^2=-\overline{\omega}=-\dfrac{1}{\omega}$

0660 대표 문제

방정식 $x^3+1=0$의 한 허근을 ω라 할 때, $\dfrac{1}{\omega-1}+\dfrac{1}{\overline{\omega}-1}$의 값은? (단, $\overline{\omega}$는 ω의 켤레복소수)

① -2 ② -1 ③ 0

④ 1 ⑤ 2

0661 중

방정식 $x^3=-1$의 한 허근을 ω라 할 때, $\omega^{1000}+\dfrac{1}{\omega^{1000}}$의 값은?

① -2 ② -1 ③ 0

④ 1 ⑤ 2

0662 중

서술형

방정식 $x^3-1=0$의 한 허근을 ω라 할 때, $\left(\omega+\dfrac{1}{\omega}\right)^4+\left(\omega+\dfrac{1}{\omega}\right)^3+\left(\omega+\dfrac{1}{\omega}\right)^2+\omega+\dfrac{1}{\omega}$의 값을 구하시오.

0663 (중)

이차방정식 $x^2+x+1=0$의 한 허근을 ω라 할 때, $1+\omega+\omega^2+\omega^3+\cdots+\omega^{120}$의 값은?

① -40　　　　② -1　　　　③ 0

④ 1　　　　⑤ 40

0664 (중)

방정식 $x^3=1$의 한 허근을 ω라 할 때, 보기에서 옳은 것만을 있는 대로 고른 것은? (단, $\overline{\omega}$는 ω의 켤레복소수)

> 보기
> ㄱ. $\omega\overline{\omega}=1$
> ㄴ. $\omega^2=\overline{\omega}$
> ㄷ. $\dfrac{1}{\omega+1}+\dfrac{1}{\omega^2+1}+\dfrac{1}{\omega^3+1}=3$

① ㄱ　　　　② ㄴ　　　　③ ㄱ, ㄴ

④ ㄱ, ㄷ　　　　⑤ ㄴ, ㄷ

0665 (상)

방정식 $x^3-1=0$의 한 허근을 ω라 할 때, 자연수 n에 대하여 $f(n)=\omega^{2n}+\omega^n+1$이라 하자. 이때 $f(1)+f(2)+f(3)+\cdots+f(15)$의 값은?

① 3　　　　② 6　　　　③ 9

④ 12　　　　⑤ 15

◆◆ 개념루트 공통수학1 216쪽

유형 12 일차방정식과 이차방정식으로 이루어진 연립이차방정식의 풀이

일차방정식과 이차방정식으로 이루어진 연립이차방정식은 다음과 같은 순서로 푼다.
(1) 일차방정식을 한 미지수에 대하여 정리한다.
(2) (1)의 식을 이차방정식에 대입하여 푼다.

0666 대표 문제

연립방정식 $\begin{cases} x-y=2 \\ x^2+4xy+y^2=10 \end{cases}$을 만족시키는 x, y에 대하여 $|x+y|$의 값을 구하시오.

0667 (하) | 학평 기출 |

연립방정식 $\begin{cases} 4x^2-y^2=27 \\ 2x+y=3 \end{cases}$의 해를 $x=\alpha$, $y=\beta$라 할 때, $\alpha-\beta$의 값은?

① 2　　　　② 4　　　　③ 6

④ 8　　　　⑤ 10

0668 (중)

연립방정식 $\begin{cases} x+2y=5 \\ 2x^2+xy=21 \end{cases}$의 정수인 해를 $x=\alpha$, $y=\beta$라 할 때, $\alpha+\beta$의 값을 구하시오.

0669 ③

두 연립방정식 $\begin{cases} 3x+y=4 \\ ax^2-y^2=-1 \end{cases}$, $\begin{cases} x+y=b \\ x^2-y^2=-48 \end{cases}$ 의 공통인

해가 있을 때, 정수 a, b에 대하여 $a+b$의 값을 구하시오.

◆◆ 개념루트 공통수학1 218쪽

유형 13 두 이차방정식으로 이루어진
연립이차방정식의 풀이

두 이차방정식으로 이루어진 연립이차방정식은 다음과 같은 순
서로 푼다.
(1) 인수분해되는 이차방정식을 인수분해하여 두 일차방정식을
얻는다.
(2) 두 일차방정식을 나머지 이차방정식에 각각 대입하여 푼다.

0670 대표 문제

연립방정식 $\begin{cases} x^2+xy-2y^2=0 \\ x^2+y^2=20 \end{cases}$ 을 만족시키는 정수 x, y에

대하여 xy의 값은?

① -8 ② -6 ③ -4

④ -2 ⑤ 0

0671 ③

연립방정식 $\begin{cases} x^2-y^2=0 \\ x^2-xy+y^2=12 \end{cases}$ 를 푸시오.

0672 ③

연립방정식 $\begin{cases} x^2+3xy-10y^2=0 \\ x^2+2xy-y^2=28 \end{cases}$ 을 만족시키는 양수 x, y

에 대하여 $x+y$의 값을 구하시오.

0673 ③

연립방정식 $\begin{cases} x^2-2xy-3y^2=0 \\ x^2-3xy+y^2=16 \end{cases}$ 의 해를 $x=\alpha$, $y=\beta$라 하

자. $\alpha\beta$의 최댓값을 M, 최솟값을 m이라 할 때, $\dfrac{M}{m}$의 값

은?

① -15 ② -10 ③ -5

④ 5 ⑤ 10

◆◆ 개념루트 공통수학1 220쪽

유형 14 대칭식으로 이루어진 연립이차방정식의 풀이

x, y를 바꾸어도 식이 변하지 않는 연립방정식은 다음과 같은
순서로 푼다.
(1) $x+y=u$, $xy=v$로 놓고 u, v에 대한 연립방정식을 푼다.
(2) x, y가 t에 대한 이차방정식 $t^2-ut+v=0$의 두 근임을 이용
하여 x, y의 값을 구한다.

0674 대표 문제

연립방정식 $\begin{cases} x^2+y^2=8 \\ xy=-4 \end{cases}$ 를 만족시키는 x, y의 순서쌍

(x, y)를 모두 구하시오.

0675 ③

연립방정식 $\begin{cases} x+y-xy=7 \\ x^2+y^2=13 \end{cases}$ 을 만족시키는 x, y에 대하여

$y-x$의 값을 구하시오. (단, $x<y$)

0676 ④

연립방정식 $\begin{cases} xy+x+y=11 \\ x^2y+xy^2=30 \end{cases}$ 을 만족시키는 x, y에 대하여

$x+2y$의 최댓값은?

① 8   ② 9   ③ 10

④ 11   ⑤ 12

◇◆ 개념루트 공통수학1 222쪽

유형 15   연립이차방정식의 근의 판별

일차방정식을 한 미지수에 대하여 정리하고, 이를 이차방정식에 대입한 후 해의 조건을 만족시키도록 이차방정식의 판별식을 이용한다.

0677 [대표 문제]

연립방정식 $\begin{cases} x+y=a \\ x^2-2xy=-3 \end{cases}$ 이 오직 한 쌍의 해를 갖도록

하는 양수 a의 값을 구하시오.

0678 ③

연립방정식 $\begin{cases} x-y=2a \\ 2x^2-xy=-a^2-a+1 \end{cases}$ 을 만족시키는 실수

x, y가 존재하지 않을 때, 정수 a의 최솟값은?

① -1 ② 0 ③ 1

④ 2 ⑤ 3

0679 ③

연립방정식 $\begin{cases} x+y=3 \\ xy+x+y=a \end{cases}$ 가 실근을 갖도록 하는 실수 a

의 최댓값은?

① $\dfrac{9}{2}$ ② 5 ③ $\dfrac{21}{4}$

④ $\dfrac{11}{2}$ ⑤ 6

◇◆ 개념루트 공통수학1 222쪽

유형 16   공통근을 갖는 방정식의 풀이

주어진 두 이차방정식의 공통근을 α라 하고 두 이차방정식에 각각 $x=\alpha$를 대입한 후 두 식을 연립하여 푼다.

0680 [대표 문제]

서로 다른 두 이차방정식

$$x^2+(2k+1)x+6=0,\ x^2-(k+1)x-3k+4=0$$

이 공통근 α를 가질 때, 실수 k에 대하여 $\alpha+k$의 값은?

① -4 ② -2 ③ 2

④ 3 ⑤ 4

0681 ③

두 이차방정식 $x^2-k-3=0$, $x^2-(k+1)x+2k=0$이 오직 하나의 공통근을 가질 때, 실수 k의 값은?

① -3 ② -1 ③ 2

④ 4 ⑤ 6

◈◆ 개념루트 공통수학1 224쪽

유형 17 연립이차방정식의 활용

연립이차방정식의 활용 문제는 다음과 같은 순서로 푼다.
(1) 미지수 x, y를 정하고 연립이차방정식을 세운다.
(2) (1)에서 세운 연립이차방정식을 푼다.
(3) 구한 해가 문제의 조건에 맞는지 확인한다.

0682 대표 문제

대각선의 길이가 $3\sqrt{5}$인 직사각형 모양의 땅이 있다. 이 땅의 가로의 길이를 1만큼 줄이고, 세로의 길이를 1만큼 늘였더니 넓이가 2만큼 넓어졌다고 한다. 처음 땅의 넓이를 구하시오.

0683 종 서술형

어떤 두 원의 둘레의 길이의 합은 12π이고 넓이의 합은 26π일 때, 두 원 중 큰 원의 반지름의 길이를 구하시오.

0684 종

빗변의 길이가 10 cm인 직각삼각형이 있다. 이 직각삼각형의 넓이가 24 cm²일 때, 빗변이 아닌 두 변의 길이의 합은?

① 12 cm   ② 13 cm   ③ 14 cm
④ 15 cm   ⑤ 16 cm

0685 종

각 자리의 숫자의 제곱의 합은 65이고, 각 자리의 숫자의 차의 제곱은 9인 두 자리의 자연수 중에서 가장 큰 수와 가장 작은 수의 차를 구하시오.

◈◆ 개념루트 공통수학1 228쪽

유형 18 정수 조건의 부정방정식의 풀이

주어진 방정식을 (일차식)×(일차식)=(정수) 꼴로 변형한 후 두 일차식의 값이 모두 정수임을 이용한다.

0686 대표 문제

방정식 $xy-x-y-1=0$을 만족시키는 정수 x, y에 대하여 xy의 최댓값은?

① 3   ② 4   ③ 5
④ 6   ⑤ 7

0687 종

방정식 $x^2-xy+y+3=0$을 만족시키는 자연수 x, y의 순서쌍 (x, y)의 개수를 구하시오.

◈◆ 개념루트 공통수학1 228쪽

유형 19 실수 조건의 부정방정식의 풀이

[방법 1] $A^2+B^2=0$ 꼴로 변형한 후 $A=0$, $B=0$임을 이용한다.
[방법 2] 한 문자에 대하여 내림차순으로 정리한 후 이차방정식의 판별식 $D \geq 0$임을 이용한다.

0688 대표 문제

방정식 $x^2+y^2+2x+6y+10=0$을 만족시키는 실수 x, y에 대하여 $x+y$의 값을 구하시오.

0689 종

방정식 $5x^2-4xy+y^2-2x+1=0$을 만족시키는 실수 x, y에 대하여 x^2+y^2의 값을 구하시오.

AB 유형 점검

0690 유형 01

삼차방정식 $x^3-x^2-4x+4=0$의 모든 양의 근의 합은?

① 3   ② 4   ③ 5
④ 6   ⑤ 7

0691 유형 02

방정식 $(x^2-2x)^2=2x^2-4x+8$의 모든 실근의 곱을 구하시오.

0692 유형 03

다음 중 사차방정식 $x^4-14x^2+25=0$의 근인 것은?

① $-1-\sqrt{6}$ ② 4   ③ $-1+\sqrt{6}i$
④ $1-3i$ ⑤ $3+i$

0693 유형 04

사차방정식 $x^4+7x^3-6x^2+7x+1=0$의 모든 실근의 합을 구하시오.

0694 유형 06

x에 대한 삼차방정식
$x^3-(2a+1)x^2+(a+1)^2x-(a^2+1)=0$의 서로 다른 두 허근을 α, β라 하자. $\alpha+\beta=8$일 때, $\alpha\beta$의 값은?

(단, a는 실수이다.)

① 16   ② 17   ③ 18
④ 19   ⑤ 20

0695 유형 07

다음 그림과 같이 가로의 길이, 세로의 길이가 각각 20 cm, 10 cm인 직사각형 모양의 종이가 있다. 이 종이의 네 귀퉁이에서 한 변의 길이가 x cm인 정사각형을 잘라 내고 점선을 따라 접어서 만든 상자의 부피가 96 cm^{3}일 때, 자연수 x의 값을 구하시오.

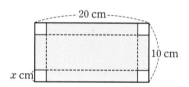

0696 유형 08

삼차방정식 $x^3+2x^2-3x+1=0$의 세 근을 α, β, γ라 할 때, $(\alpha+\beta)(\beta+\gamma)(\gamma+\alpha)$의 값은?

① 4   ② 5   ③ 6
④ 7   ⑤ 8

0697 유형 08

삼차방정식 $x^3-3x^2-10x+k=0$의 세 근은 모두 정수이고, 어떤 두 근의 비가 $1:2$일 때, 실수 k의 값을 구하시오.

0698 유형 09

삼차방정식 $x^3-2x^2+3x-1=0$의 세 근을 α, β, γ라 할 때, $\alpha+\beta$, $\beta+\gamma$, $\gamma+\alpha$를 세 근으로 하고 x^3의 계수가 1인 삼차방정식은?

① $x^3-4x^2+7x+5=0$ ② $x^3-4x^2+7x-5=0$
③ $x^3-4x^2-7x-5=0$ ④ $x^3-7x^2+4x+5=0$
⑤ $x^3-7x^2+4x-5=0$

0699 유형 10

삼차방정식 $x^3-3x^2+ax+b=0$의 두 근이 $-1+\sqrt{3}i$, c일 때, 실수 a, b, c에 대하여 $a+b+c$의 값은?

① -23 ② -21 ③ -19
④ -17 ⑤ -15

0700 유형 11

방정식 $x^3-1=0$의 한 허근을 ω라 할 때, $\dfrac{\overline{\omega}^2}{1+\omega}+\dfrac{\omega^2}{1+\overline{\omega}}$의 값은? (단, $\overline{\omega}$는 ω의 켤레복소수)

① -2 ② -1 ③ 0
④ 1 ⑤ 2

0701 유형 12

연립방정식 $\begin{cases} 3x-y=10 \\ x^2-2y=12 \end{cases}$의 자연수인 해를 $x=\alpha$, $y=\beta$라 할 때, $\alpha+\beta$의 값은?

① 2 ② 4 ③ 6
④ 8 ⑤ 10

0702 유형 13

연립방정식 $\begin{cases} 2x^2+xy-y^2=0 \\ x^2-2xy+2y^2=5 \end{cases}$를 만족시키는 음의 정수 x, y에 대하여 $x+y$의 값은?

① -6 ② -5 ③ -4
④ -3 ⑤ -2

0703 유형 15

연립방정식 $\begin{cases} 2x+y=a \\ x^2+y^2=4 \end{cases}$가 오직 한 쌍의 해를 갖도록 하는 양수 a의 값은?

① $2\sqrt{3}$ ② $\sqrt{14}$ ③ 4
④ $3\sqrt{2}$ ⑤ $2\sqrt{5}$

0704 유형 16

서로 다른 두 이차방정식 $x^2-(k+2)x+2k=0$, $x^2-(3k+2)x+4k=0$이 공통근을 가질 때, 공통근이 아닌 나머지 근의 합을 구하시오. (단, k는 실수)

0705 유형 17

오른쪽 그림과 같이 지름의 길이가 13 cm인 원에 둘레의 길이가 34 cm인 직사각형이 내접할 때, 이 직사각형의 가로의 길이는? (단, 가로의 길이가 세로의 길이보다 길다.)

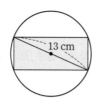

① 9 cm ② 10 cm ③ 11 cm
④ 12 cm ⑤ 13 cm

0706 유형 18

방정식 $x^2-xy-2x+2y-3=0$을 만족시키는 정수 x, y에 대하여 xy의 최댓값은?

① 12 ② 14 ③ 16
④ 18 ⑤ 20

0707 유형 19

방정식 $x^2-2xy+2y^2+2x+2=0$을 만족시키는 실수 x, y에 대하여 $x+y$의 값은?

① -3 ② -2 ③ -1
④ 0 ⑤ 1

서술형

0708 유형 05

사차방정식 $x^4+ax^3-7x^2+x+b=0$의 네 근이 -1, 1, α, β일 때, $\dfrac{\alpha\beta}{ab}$의 값을 구하시오. (단, a, b는 실수)

0709 유형 06

삼차방정식 $x^3-2kx^2+(k^2+2)x-2k=0$이 중근을 가질 때, 양수 k의 값을 구하시오.

0710 유형 14

연립방정식 $\begin{cases} x^2+y^2+x+y=2 \\ x^2+xy+y^2=1 \end{cases}$ 을 만족시키는 x, y에 대하여 $x+2y$의 최댓값을 구하시오.

C 실력 향상

0711

| 학평 기출 |

x에 대한 사차방정식 $x^4+(3-2a)x^2+a^2-3a-10=0$이 실근과 허근을 모두 가질 때, 이 사차방정식에 대하여 보기에서 옳은 것만을 있는 대로 고른 것은? (단, a는 실수이다.)

보기
- ㄱ. $a=1$이면 모든 실근의 곱은 -3이다.
- ㄴ. 모든 실근의 곱이 -4이면 모든 허근의 곱은 3이다.
- ㄷ. 정수인 근을 갖도록 하는 모든 실수 a의 값의 합은 -1이다.

① ㄱ   ② ㄱ, ㄴ   ③ ㄱ, ㄷ
④ ㄴ, ㄷ   ⑤ ㄱ, ㄴ, ㄷ

0712

삼차식 $f(x)=x^3+ax^2+bx+c$가 다음 조건을 만족시킬 때, 삼차방정식 $f(2x)=0$의 세 근의 곱을 구하시오.

(단, a, b, c는 실수)

(가) $f(x)$는 $x-2$로 나누어떨어진다.
(나) 삼차방정식 $f(x)=0$의 한 근이 $-4i$이다.

0713

x에 대한 삼차방정식
$$ax^3+(-a+b)x^2+(-5a-2b)x+6a=0$$
이 서로 다른 세 정수를 근으로 갖는다. 정수 a, b에 대하여 $|a|\leq10$, $|b|\leq10$일 때, 순서쌍 (a, b)의 개수를 구하시오.

0714

이차방정식 $x^2+x+1=0$의 한 근을 ω라 하자.
$(\omega^2+1)^{3n}\times(\overline{\omega}+1)^n$의 값이 양의 실수가 되도록 하는 두 자리의 자연수 n의 개수를 구하시오.

(단, $\overline{\omega}$는 ω의 켤레복소수)

🔁 기출 BOOK 32쪽

07-1 **연립일차부등식**　　　　　　　　　　　유형 01, 03~07　　개념➕

(1) 연립부등식의 뜻과 해

　① 연립부등식: 두 개 이상의 부등식을 한 쌍으로 묶어 나타낸 것

　② 연립부등식의 해: 연립부등식에서 각 부등식의 공통인 해

(2) 연립일차부등식: 미지수가 1개인 일차부등식 두 개를 한 쌍으로 묶어 나타낸 연립부등식

(3) 연립일차부등식의 풀이

　연립일차부등식은 다음과 같은 순서로 푼다.

　① 각 일차부등식을 푼다.

　② 각 부등식의 해를 하나의 수직선 위에 나타낸다.

　③ 공통부분을 찾아 연립부등식의 해를 구한다.

　참고 연립부등식에서 각 부등식의 해를 하나의 수직선 위에 나타내었을 때,

　　• 공통부분이 한 점뿐이면 ➡ 해가 한 개이다.

　　• 공통부분이 없으면 ➡ 해는 없다.

> 연립부등식의 해를 구하는 것을 연립부등식을 푼다고 한다.

07-2 $A<B<C$ **꼴의 부등식**　　　　　　　　　　유형 02~07

$A<B<C$ 꼴의 부등식은 연립부등식 $\begin{cases} A<B \\ B<C \end{cases}$ 꼴로 고쳐서 푼다.

주의 $\begin{cases} A<B \\ A<C \end{cases}$ 또는 $\begin{cases} A<C \\ B<C \end{cases}$ 꼴로 고쳐서 풀지 않도록 주의한다.

07-3 **절댓값 기호를 포함한 일차부등식의 풀이**　　　　유형 08~10

(1) 절댓값의 성질을 이용하여 풀기

　$a>0$, $b>0$일 때,

　① $|x|<a$이면 $-a<x<a$

　② $|x|>a$이면 $x<-a$ 또는 $x>a$

　③ $a<|x|<b$이면 $-b<x<-a$ 또는 $a<x<b$ (단, $a<b$)

(2) 구간을 나누어 풀기

　$|x|=\begin{cases} -x \ (x<0) \\ x \ \ (x\geq0) \end{cases}$, $|x-a|=\begin{cases} -(x-a) \ (x<a) \\ x-a \ \ \ (x\geq a) \end{cases}$ 임을 이용하여 다음과 같은 순서로 푼다.

　① 절댓값 기호 안의 식의 값이 0이 되는 x의 값을 기준으로 x의 값의 범위를 나눈다.

　② 각 범위에서 절댓값 기호를 없앤 후 일차부등식을 푼다. 이때 해당 범위를 만족시키는 것만 해이다.

　③ ②에서 구한 해를 합한 x의 값의 범위를 구한다.

> $|x-a|+|x-b|<c$
> $(a<b, c>0)$는
> (i) $x<a$
> (ii) $a\leq x<b$
> (iii) $x\geq b$
> 와 같이 범위를 나누어 푼다.

07-1 연립일차부등식

[0715~0718] 다음 연립부등식을 푸시오.

0715 $\begin{cases} x \leq 2 \\ x > -1 \end{cases}$

0716 $\begin{cases} x \geq -1 \\ x > 3 \end{cases}$

0717 $\begin{cases} 4x+5 \geq 3x+3 \\ 2x < 10 \end{cases}$

0718 $\begin{cases} -x > x+2 \\ 3x-5 < -2x \end{cases}$

[0719~0722] 다음 연립부등식을 푸시오.

0719 $\begin{cases} x \geq 2 \\ x \leq 2 \end{cases}$

0720 $\begin{cases} x > 1 \\ x \leq -2 \end{cases}$

0721 $\begin{cases} 2x-4 > x+6 \\ x \leq -x+20 \end{cases}$

0722 $\begin{cases} 6x+3 < 2x-9 \\ 5x > -15 \end{cases}$

07-2 $A < B < C$ 꼴의 부등식

[0723~0725] 부등식 $2x-9 < x-7 \leq 3x-1$에 대하여 다음 물음에 답하시오.

0723 부등식 $2x-9 < x-7$을 푸시오.

0724 부등식 $x-7 \leq 3x-1$을 푸시오.

0725 부등식 $2x-9 < x-7 \leq 3x-1$을 푸시오.

07-3 절댓값 기호를 포함한 일차부등식의 풀이

[0726~0729] 다음 부등식을 푸시오.

0726 $|x| \leq 2$

0727 $|x| > 3$

0728 $|x-2| < 3$

0729 $|x+3| \geq 5$

[0730~0731] 다음 부등식을 푸시오.

0730 $|x|+2x > 6$

0731 $|x-1| \leq 2x$

B 유형 완성

하 10% · 중 80% · 상 10%

◇◆ 개념루트 공통수학1 240쪽

유형 01 연립일차부등식의 풀이

연립일차부등식은 다음과 같은 순서로 푼다.
(1) 각 일차부등식을 푼다.
(2) 각 부등식의 해를 하나의 수직선 위에 나타낸다.
(3) 공통부분을 찾아 연립부등식의 해를 구한다.

0732 대표 문제

연립부등식 $\begin{cases} 3(x-1)<2x+3 \\ 2+2(x-2)\leq3x+11 \end{cases}$ 의 해가 $a\leq x<b$일 때, $b-a$의 값은?

① 11   ② 13   ③ 15
④ 17   ⑤ 19

0733 중

연립부등식 $\begin{cases} \dfrac{1}{5}x+1>\dfrac{3}{10}(x-2) \\ \dfrac{x-1}{4}<\dfrac{1}{2}x-1 \end{cases}$ 을 만족시키는 정수 x 의 개수는?

① 9   ② 10   ③ 11
④ 12   ⑤ 13

0734 중

연립부등식 $\begin{cases} 1.5x+1<0.6x-0.8 \\ \dfrac{x+3}{4}\geq x+\dfrac{1-2x}{3} \end{cases}$ 를 만족시키는 정수 x 의 최댓값을 구하시오.

유형 02 $A<B<C$ 꼴의 부등식

$A<B<C$ 꼴의 부등식은 연립부등식 $\begin{cases} A<B \\ B<C \end{cases}$ 꼴로 고쳐서 푼 다.

0735 대표 문제

부등식 $2(x+1)<4x-2\leq3(x+2)+2$를 풀면?

① $x<2$ ② $x>2$ ③ $2<x\leq10$
④ $x\leq10$ ⑤ $x\geq10$

0736 중

부등식 $0.4x-0.6<-\dfrac{1}{2}x+0.3\leq\dfrac{3}{10}x+1.9$의 해가 $a\leq x<b$일 때, ab의 값은?

① -3 ② -2 ③ -1
④ 2   ⑤ 3

0737 중   서술형

부등식 $\dfrac{1+2x}{3}<\dfrac{3x+5}{4}\leq\dfrac{x+1}{2}$ 을 만족시키는 x의 최댓값을 구하시오.

◇◆ 개념루트 공통수학1 244쪽

유형 03 **해가 특수한 연립일차부등식**

(1) 연립부등식의 해가 한 개인 경우
  ➡ 각 부등식의 해를 수직선 위에 나타내었을 때, 공통부분이 한 점뿐이다.
(2) 연립부등식의 해가 없는 경우
  ➡ 각 부등식의 해를 수직선 위에 나타내었을 때, 공통부분이 없다.

0738 대표 문제

다음 연립부등식 중 해가 없는 것은?

① $\begin{cases} x \geq -2 \\ 2x+1 \leq 3 \end{cases}$ ② $\begin{cases} 1 \leq x-1 \\ 3x < 5x-6 \end{cases}$

③ $\begin{cases} 3x-2 \geq 2x-3 \\ 2x+5 > 3(x-1) \end{cases}$ ④ $\begin{cases} \dfrac{x+1}{4}-1 \geq \dfrac{x-2}{3} \\ 10x-20 \geq x+10 \end{cases}$

⑤ $\begin{cases} 4x+10 \leq -2(x+1) \\ 0.5x-0.6 \geq 0.4x-0.8 \end{cases}$

0739 하

연립부등식 $\begin{cases} 0.2(x-1) \leq 1 \\ 2x-12 > x-4 \end{cases}$ 를 푸시오.

0740 중

부등식 $x-2 \leq \dfrac{3x-1}{2} \leq \dfrac{1}{3}x-4$를 풀면?

① $x \leq -3$ ② $x < -3$ ③ $x = -3$
④ $x \geq 3$ ⑤ 해는 없다.

0741 중

연립부등식 $\begin{cases} x > a \\ x < b \end{cases}$에 대하여 보기에서 옳은 것만을 있는 대로 고르시오. (단, a, b는 상수)

보기
ㄱ. $a<b$이면 해는 $a<x<b$이다.
ㄴ. $a>b$이면 해는 $x<b$이다.
ㄷ. $a<b$이면 해는 모든 실수이다.
ㄹ. $a>b$이면 해는 없다.

◇◆ 개념루트 공통수학1 246쪽

유형 04 **해가 주어진 연립일차부등식**

각 일차부등식의 해를 구한 후 주어진 연립부등식의 해와 비교하여 미지수의 값을 구한다.

0742 대표 문제

연립부등식 $\begin{cases} 5x-a \leq 4x \\ x+1 < 2x+2 \end{cases}$ 의 해가 $b<x \leq 2$일 때, 상수 a, b에 대하여 ab의 값은?

① -2 ② -1 ③ 0
④ 1 ⑤ 2

0743 중

연립부등식 $\begin{cases} 2x-1 \leq 5 \\ 3x+2a+2 > 5 \end{cases}$ 의 해를 수직선 위에 나타내면 오른쪽 그림과 같을 때, 상수 a의 값은?

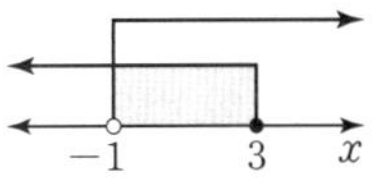

① 1 ② 2 ③ 3
④ 4 ⑤ 5

0744 중

서술형 ♀

연립부등식 $\begin{cases} 2x+b \geq x-1+a \\ 3x-a \leq 5+b \end{cases}$ 의 해가 $x=-4$일 때, 상수 a, b에 대하여 $a-2b$의 값을 구하시오.

0745 상

부등식 $3x-a < 2x < bx+2$의 해가 $-1 < x < 3$일 때, 상수 a, b에 대하여 $a+b$의 값은?

① -7 ② -4 ③ 1

④ 4 ⑤ 7

◆◆ 개념루트 공통수학1 248쪽

유형 05 **해를 갖거나 갖지 않을 조건이 주어진**
연립일차부등식

각 일차부등식의 해를 구한 후 주어진 연립부등식의 해의 조건에 맞도록 수직선 위에 나타낸다.
(1) 해를 갖는 경우 ➡ 공통부분이 있다.
(2) 해를 갖지 않는 경우 ➡ 공통부분이 없다.

0746 대표 문제

연립부등식 $\begin{cases} 3x-7 \leq 5 \\ x-3 \geq a \end{cases}$ 가 해를 갖지 않도록 하는 상수 a의 값의 범위는?

① $a < 1$ ② $a \leq 1$ ③ $a > 1$

④ $a \geq 1$ ⑤ $a > 2$

0747 중

연립부등식 $\begin{cases} \dfrac{3-2x}{2}-a \leq 0 \\ 3x-4 > 5x-10 \end{cases}$ 이 해를 갖도록 하는 정수 a의 최솟값은?

① -5 ② -4 ③ -3

④ -2 ⑤ -1

0748 중

부등식 $2x+a-6 \leq 3x-4 \leq 12-x$가 해를 갖도록 하는 상수 a의 값의 범위를 구하시오.

◆◆ 개념루트 공통수학1 248쪽

유형 06 **정수인 해의 조건이 주어진 연립일차부등식**

각 일차부등식의 해를 구한 후 주어진 정수인 해의 조건을 만족시키도록 수직선 위에 나타낸다.
(1) 연립부등식을 만족시키는 정수인 해가 n개이면
   ➡ 공통부분이 n개의 정수만 포함해야 한다.
(2) 연립부등식을 만족시키는 정수인 해의 합이 주어지면
   ➡ 공통부분에 포함되는 정수의 합이 조건을 만족시켜야 한다.

0749 대표 문제

연립부등식 $\begin{cases} 1-x \geq -3 \\ 5x+a > 2(x-2) \end{cases}$ 를 만족시키는 정수 x가 5개일 때, 상수 a의 값의 범위를 구하시오.

0750 종

연립부등식 $\begin{cases} 3x+1<2(3-x) \\ x-a\le 2x-3 \end{cases}$ 을 만족시키는 정수 x가 -1과 0뿐일 때, 상수 a의 값의 범위는?

① $a\le 4$
② $-5<a\le 4$
③ $4\le a<5$
④ $a\le 4$ 또는 $a>5$
⑤ $a<-5$ 또는 $a\ge 4$

0751 하

부등식 $3(x-a)-2<x+4\le 4(x-2)$를 만족시키는 모든 정수 x의 값의 합이 9일 때, 상수 a의 최댓값은?

① -3
② -1
③ 1
④ 2
⑤ 3

빈출

◆ 개념루트 공통수학1 250쪽

유형 07 연립일차부등식의 활용

연립일차부등식의 활용 문제는 다음과 같은 순서로 푼다.
⑴ 문제의 상황에 맞게 미지수 x를 정한 후 연립일차부등식을 세운다.
⑵ 연립일차부등식을 푼다.
⑶ 구한 해가 문제의 조건에 맞는지 확인한다.

0752 대표 문제

한 개에 700원인 과자와 한 개에 500원인 사탕을 합하여 20개를 사려고 한다. 과자를 사탕보다 많이 사고 총금액이 13000원 이하가 되도록 할 때, 과자를 최대 몇 개까지 살 수 있는지 구하시오.

0753 종

서술형

길이가 36 cm인 끈의 양 끝을 각각 x cm만큼 자른 후 세 조각의 끈을 세 변으로 하는 삼각형을 만들려고 한다. 이때 삼각형을 만들 수 있는 x의 값의 범위를 구하시오.

0754 종

오른쪽 표는 두 식품 A, B를 각각 100 g씩 섭취했을 때 얻을 수 있는 열량과 단백질의 양을 조사하여 나타낸 것이다. 두 식품 A, B를 합하여 300 g을 섭취하여 열량을 500 kcal 이상, 단백질을 50 g 이상 얻으려고 할 때, 식품 A의 최소 섭취량을 구하시오.

식품	열량 (kcal)	단백질 (g)
A	150	23
B	200	13

0755 종

$5\,\%$의 소금물 200 g에 소금을 더 넣어 $20\,\%$ 이상 $24\,\%$ 이하의 소금물을 만들려고 한다. 더 넣어야 하는 소금의 양이 a g 이상 b g 이하일 때, $2a+b$의 값을 구하시오.

0756 상

어느 반 학생들이 긴 의자에 나누어 앉으려고 한다. 한 의자에 3명씩 앉으면 학생이 15명 남고, 5명씩 앉으면 의자가 1개 남는다고 할 때, 의자의 최대 개수는?

① 10
② 11
③ 12
④ 13
⑤ 14

◈ 개념루트 공통수학1 254쪽

유형 08 부등식 $|ax+b|<c$의 풀이

$|ax+b|<c\,(c>0)$ 꼴의 부등식은 다음을 이용하여 절댓값 기호를 없앤 후 해를 구한다.
(1) $|ax+b|<c \Rightarrow -c<ax+b<c$
(2) $|ax+b|>c \Rightarrow ax+b<-c$ 또는 $ax+b>c$

0757 대표 문제

부등식 $|2x-3|<7$을 만족시키는 정수 x의 개수는?

① 3   ② 4   ③ 5
④ 6   ⑤ 7

0758 종

연립부등식 $\begin{cases} 3x-6\leq0 \\ |x+1|<5 \end{cases}$ 를 만족시키는 정수 x의 최솟값을 구하시오.

0759 종 | 학평 기출 |

두 상수 a, b에 대하여 부등식 $|x+a|\leq8$의 해가 $b\leq x\leq2$일 때, $a-b$의 값은?

① 17   ② 18   ③ 19
④ 20   ⑤ 21

0760 종

부등식 $1<|x-2|\leq3$을 만족시키는 모든 정수 x의 값의 합은?

① 4   ② 5   ③ 6
④ 7   ⑤ 8

0761 상

부등식 $|ax-1|<b$의 해가 $-5<x<3$일 때, 상수 a, b에 대하여 $a+b$의 값을 구하시오. (단, $ab<0$)

◈ 개념루트 공통수학1 254쪽

유형 09 부등식 $|ax+b|<cx+d$의 풀이

$|ax+b|<cx+d$ 꼴의 부등식은 절댓값 기호 안의 식의 값이 0이 되는 $x=-\dfrac{b}{a}$를 기준으로 하여
(ⅰ) $x<-\dfrac{b}{a}$ (ⅱ) $x\geq-\dfrac{b}{a}$
일 때로 나누어 푼다.

0762 대표 문제

부등식 $|2x-1|<x+4$를 만족시키는 정수 x의 최솟값은?

① -1 ② 0   ③ 1
④ 2   ⑤ 3

0763 ⑧

|학평 기출|

부등식 $x > |3x+1| - 7$을 만족시키는 모든 정수 x의 값의 합은?

① -2 ② -1 ③ 0

④ 1 ⑤ 2

0764 ⑧

x에 대한 부등식 $|2x-4| \leq x+a$의 해가 $\dfrac{2}{3} \leq x \leq 6$일 때, 양수 a의 값을 구하시오.

빈출

◆◆ 개념루트 공통수학1 254쪽

유형 10 절댓값 기호가 두 개인 부등식의 풀이

$|x-a| + |x-b| < c \,(a < b, \, c > 0)$ 꼴의 부등식은 절댓값 기호 안의 식의 값이 0이 되는 $x=a$, $x=b$를 기준으로 하여

(i) $x < a$ (ii) $a \leq x < b$ (iii) $x \geq b$

일 때로 나누어 푼다.

0765 [대표 문제]

부등식 $|x-2| + |x+2| < 6$의 해가 $a < x < b$일 때, ab의 값은?

① -9 ② -4 ③ 2

④ 4 ⑤ 9

0766 ⑧

서술형 ♀

부등식 $|x-3| + 2|x+1| \geq 5$를 푸시오.

0767 ⑧

부등식 $|x-2| + \sqrt{x^2-2x+1} < 4$를 만족시키는 정수 x의 개수는?

① 1 ② 2 ③ 3

④ 4 ⑤ 5

0768 ⑧

부등식 $||x+2| + \sqrt{x^2-4x+4}| \leq 4$를 풀면?

① $x < -2$ ② $-2 \leq x < 1$ ③ $-2 \leq x < 2$

④ $-2 \leq x \leq 2$ ⑤ $x \geq 2$

AB 유형 점검

0769 유형 01

| 학평 기출 |

연립부등식 $\begin{cases} x+3<3x \\ 3x+4<2x+8 \end{cases}$ 의 해가 $a<x<b$일 때, ab의 값은?

① 6   ② 7   ③ 8

④ 9   ⑤ 10

0770 유형 01

연립부등식 $\begin{cases} 3(2x-1)\leq 4x+1 \\ 1-0.2x\leq x+2.2 \end{cases}$ 를 만족시키는 모든 정수 x의 값의 합은?

① -2 ② -1 ③ 1

④ 2   ⑤ 3

0771 유형 02

부등식 $0.2x-1<0.4x+\dfrac{3}{5}<2+0.2x$를 만족시키는 정수 x의 개수는?

① 11   ② 12   ③ 13

④ 14   ⑤ 15

0772 유형 03

부등식 $x+3<5x-1<4x-3$을 푸시오.

0773 유형 03

연립부등식 $\begin{cases} 5x-2\geq 4x-8 \\ \dfrac{x-2}{3}\leq \dfrac{x}{4}-\dfrac{7}{6} \end{cases}$ 을 풀면?

① $x\leq -6$ ② $x=-6$ ③ $x\geq -6$

④ $x>-6$ ⑤ 해는 없다.

0774 유형 04

| 학평 기출 |

x에 대한 연립부등식 $\begin{cases} x-1>8 \\ 2x-16\leq x+a \end{cases}$ 의 해가 $b<x\leq 28$일 때, 두 상수 a, b에 대하여 $a+b$의 값을 구하시오.

0775 유형 04

연립부등식 $\begin{cases} 3-5x \leq x+a \\ 3x+1 \geq 4x+3 \end{cases}$ 의 해가 $x=b$일 때, 상수 a, b에 대하여 $a+b$의 값은?

① 10　　　　② 11　　　　③ 12
④ 13　　　　⑤ 14

0776 유형 05

연립부등식 $\begin{cases} x+2 \leq 2x-a \\ 3x-2 \leq 5-4x \end{cases}$ 가 해를 갖도록 하는 상수 a의 최댓값을 구하시오.

0777 유형 05

연립부등식 $\begin{cases} 0.5x-2 < 0.1x-\dfrac{2}{5} \\ 3x+4 \geq 2x+2a \end{cases}$ 가 해를 갖지 않도록 하는 상수 a의 값의 범위는?

① $a > 2$　　　　② $a \geq 2$　　　　③ $a > 3$
④ $a > 4$　　　　⑤ $a \geq 4$

0778 유형 06

부등식 $2x-10 \leq 3(x-2) < x+a$를 만족시키는 정수 x가 3개일 때, 모든 정수 a의 값의 합을 구하시오.

0779 유형 07

여러 개의 상자에 사과를 나누어 담으려고 한다. 한 상자에 12개씩 담으면 사과가 5개 남고, 15개씩 담으면 상자가 2개 남는다고 할 때, 다음 중 상자의 개수가 될 수 없는 것은?

① 11　　　　② 12　　　　③ 13
④ 14　　　　⑤ 15

0780 유형 08

부등식 $|x-a| \geq 2$의 해가 $x \leq b$ 또는 $x \geq 3$일 때, 상수 a, b에 대하여 ab의 값은?

① -3　　　　② -1　　　　③ 1
④ 3　　　　⑤ 5

0781 유형 08 | 학평 기출 |

x에 대한 부등식 $|x-7| \leq a+1$을 만족시키는 모든 정수 x의 개수가 9가 되도록 하는 자연수 a의 값은?

① 1   ② 2   ③ 3
④ 4   ⑤ 5

0782 유형 09

부등식 $|x-1| < 2x-7$의 해가 $x > a$에 포함되도록 하는 상수 a의 값의 범위를 구하시오.

0783 유형 10

부등식 $|x| + |x+4| < 5$의 해가 $a < x < b$일 때, $a+b$의 값은?

① -9 ② -5 ③ -4
④ 0   ⑤ 1

서술형

0784 유형 04

연립부등식 $\begin{cases} 2x+5 \leq 3x+a \\ 3x+1 \geq -x+2a+2 \end{cases}$ 의 해가 $x \geq 4$일 때, 모든 상수 a의 값의 곱을 구하시오.

0785 유형 06

연립부등식 $\begin{cases} 2x+8 > 5x+2 \\ 7x-2 > 3x+a \end{cases}$ 를 만족시키는 모든 정수 x의 값의 합이 -5일 때, 정수 a의 최솟값을 구하시오.

0786 유형 07

연속하는 세 홀수의 합이 93보다 크고 102보다 작다고 할 때, 세 홀수 중에서 가장 큰 수를 구하시오.

C 실력 향상

하 ···· 중 ···· 상100%

0787

연립부등식 $\begin{cases} ax-b \leq 0 \\ cx+d > 0 \end{cases}$ 의 해를 수직선 위에 나타내면 다

음 그림과 같을 때, 연립부등식 $\begin{cases} bx-a \geq 0 \\ -cx+d < 2c \end{cases}$ 의 해는?

(단, a, b, c, d는 0이 아닌 상수)

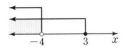

① $x < \dfrac{1}{3}$　　　② $\dfrac{1}{3} \leq x < 2$　　　③ $\dfrac{1}{3} < x \leq 2$

④ $x > 2$　　　⑤ $2 \leq x < 3$

0788

연립부등식 $\begin{cases} 2(x-3) < 5(x-4)+2 \\ ax-2 \geq x-4 \end{cases}$ 가 해를 갖지 않도

록 하는 상수 a의 값의 범위를 구하시오.

0789

영민이는 이번 달까지 매달 저축을 6만 원씩 하고 소비는 34만 원씩 하였다. 다음 달부터는 저축은 늘리고 소비는 줄이려고 한다. 이번 달까지 매달 저축한 금액의 $x\,\%$만큼 저축을 늘리고, 매달 소비한 금액의 $7\,\%$만큼 소비를 줄이면 저축 금액과 소비 금액의 합이 이번 달보다 $5\,\%$ 이상 줄게 된다. 또 저축한 금액의 $5\,\%$만큼 저축을 늘리고, 소비한 금액의 $x\,\%$만큼 소비를 줄이면 저축 금액과 소비 금액의 합이 이번 달보다 $4\,\%$ 이상 줄게 된다고 할 때, 정수 x의 값을 구하시오.

0790

자연수 a, b에 대하여 부등식 $|x-a|+|x| \leq b$를 만족시키는 정수 x의 개수를 $f(a, b)$라 하자. 이때 $f(n, n+5)=6$을 만족시키는 자연수 n의 값은?

① 1　　　② 2　　　③ 3

④ 4　　　⑤ 5

↻ 기출 BOOK 38쪽

A 개념 확인

 개념 ⊕

08-1 이차부등식과 이차함수의 관계   유형 01

(1) 이차부등식의 뜻

부등식의 모든 항을 좌변으로 이항하여 정리하였을 때, 좌변이 x에 대한 이차식으로 나타내어
지는 부등식을 x에 대한 이차부등식이라 한다.

(2) 이차부등식과 이차함수의 관계

  ① 이차부등식 $ax^2+bx+c>0$의 해

    ➡ 이차함수 $y=ax^2+bx+c$에서 $y>0$인 x의 값의 범위

    ➡ 이차함수 $y=ax^2+bx+c$의 그래프가 x축보다 위쪽에 있는 부분의 x의 값의 범위

  ② 이차부등식 $ax^2+bx+c<0$의 해

    ➡ 이차함수 $y=ax^2+bx+c$에서 $y<0$인 x의 값의 범위

    ➡ 이차함수 $y=ax^2+bx+c$의 그래프가 x축보다 아래쪽에 있는 부분의 x의 값의 범위

  [참고] 이차부등식 $ax^2+bx+c\geq0$, $ax^2+bx+c\leq0$의 해는 이차함수 $y=ax^2+bx+c$의 그래프와 x축
    의 교점의 x좌표를 포함하여 생각한다.

> 두 함수 $f(x)$, $g(x)$에 대하여
> (1) 부등식 $f(x)>g(x)$의 해
>   ➡ 함수 $y=f(x)$의 그래프가
>   함수 $y=g(x)$의 그래프보다
>   위쪽에 있는 부분의 x의 값
>   의 범위
> (2) 부등식 $f(x)<g(x)$의 해
>   ➡ 함수 $y=f(x)$의 그래프가
>   함수 $y=g(x)$의 그래프보다
>   아래쪽에 있는 부분의 x의
>   값의 범위

08-2 이차부등식의 해   유형 02~03

이차방정식 $ax^2+bx+c=0\,(a>0)$의 판별식을 D라 할 때, 이차함수 $y=ax^2+bx+c$의 그래프
를 이용하여 이차부등식의 해를 구하면 다음과 같다.

	$D>0$	$D=0$	$D<0$
$ax^2+bx+c=0$의 해	서로 다른 두 실근 α, β	중근 α	서로 다른 두 허근
$y=ax^2+bx+c$의 그래프			
$ax^2+bx+c>0$의 해	$x<\alpha$ 또는 $x>\beta$	$x\neq\alpha$인 모든 실수	모든 실수
$ax^2+bx+c\geq0$의 해	$x\leq\alpha$ 또는 $x\geq\beta$	모든 실수	모든 실수
$ax^2+bx+c<0$의 해	$\alpha<x<\beta$	없다.	없다.
$ax^2+bx+c\leq0$의 해	$\alpha\leq x\leq\beta$	$x=\alpha$	없다.

[참고] $a<0$인 경우에는 주어진 부등식의 양변에 -1을 곱하여 x^2의 계수를 양수로 바꾸어 푼다. 이때 부등호
의 방향이 바뀌는 것에 주의한다.

08-3 이차부등식의 작성   유형 04~05

(1) 해가 $\alpha<x<\beta$이고 x^2의 계수가 1인 이차부등식은

    $(x-\alpha)(x-\beta)<0 ➡ x^2-(\alpha+\beta)x+\alpha\beta<0$

(2) 해가 $x<\alpha$ 또는 $x>\beta\,(\alpha<\beta)$이고 x^2의 계수가 1인 이차부등식은

    $(x-\alpha)(x-\beta)>0 ➡ x^2-(\alpha+\beta)x+\alpha\beta>0$

[참고] x^2의 계수가 1이 아닌 상수 a로 주어지는 경우 (1), (2)에서 구한 이차부등식의 양변에 a를 곱한다. 이때
  $a<0$인 경우 부등호의 방향이 바뀌는 것에 주의한다.

08-1 이차부등식과 이차함수의 관계

[0791~0794] 이차함수 $y=f(x)$의 그래프가 오른쪽 그림과 같을 때, 다음 이차부등식의 해를 구하시오.

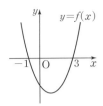

0791 $f(x)>0$

0792 $f(x)\geq0$

0793 $f(x)<0$

0794 $f(x)\leq0$

[0795~0796] 이차함수 $y=ax^2+bx+c$의 그래프와 직선 $y=mx+n$이 오른쪽 그림과 같을 때, 다음 이차부등식의 해를 구하시오.

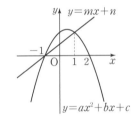

0795 $ax^2+bx+c>0$

0796 $ax^2+bx+c<mx+n$

08-2 이차부등식의 해

[0797~0800] 다음 이차부등식을 푸시오.

0797 $(x+1)(x-5)<0$

0798 $(x-3)(x-4)\leq0$

0799 $(x+5)(x+2)>0$

0800 $(x+3)(x-1)\geq0$

[0801~806] 다음 이차부등식을 푸시오.

0801 $(x-3)^2>0$

0802 $(3x-2)^2\geq0$

0803 $(2x+1)^2\leq0$

0804 $(2x-3)^2<0$

0805 $(x+1)^2+2\geq0$

0806 $(2x-1)^2+4<0$

08-3 이차부등식의 작성

[0807~0809] 해가 다음과 같고 x^2의 계수가 1인 이차부등식을 구하시오.

0807 $-1<x<2$

0808 $x\leq-2$ 또는 $x\geq6$

0809 $x\neq4$인 모든 실수

08-4 이차부등식이 항상 성립할 조건   유형 07~10

이차방정식 $ax^2+bx+c=0$의 판별식을 D라 할 때, 모든 실수 x에 대하여 주어진 이차부등식이 성립할 조건은 다음과 같다.

(1) $ax^2+bx+c>0 \Rightarrow a>0$, $D<0$

(2) $ax^2+bx+c\geq0 \Rightarrow a>0$, $D\leq0$

(3) $ax^2+bx+c<0 \Rightarrow a<0$, $D<0$

(4) $ax^2+bx+c\leq0 \Rightarrow a<0$, $D\leq0$

참고 이차부등식이 해를 갖지 않을 조건은 다음과 같이 바꾸어 생각한다.
- $ax^2+bx+c>0$의 해가 없다. ➡ $ax^2+bx+c\leq0$이 항상 성립한다.
- $ax^2+bx+c\geq0$의 해가 없다. ➡ $ax^2+bx+c<0$이 항상 성립한다.

> 모든 실수 x에 대하여
> (1) $ax^2+bx+c>0$이면
> ➡ 함수 $y=ax^2+bx+c$의 그래프는 x축보다 위쪽에 있다.
> (2) $ax^2+bx+c<0$이면
> ➡ 함수 $y=ax^2+bx+c$의 그래프는 x축보다 아래쪽에 있다.

08-5 연립이차부등식   유형 14~18

(1) 연립이차부등식: 연립부등식을 이루는 부등식 중 차수가 가장 높은 부등식이 이차부등식인 연립부등식

(2) 연립이차부등식의 풀이

연립이차부등식은 다음과 같은 순서로 푼다.

① 각 부등식을 푼다.

② 각 부등식의 해를 하나의 수직선 위에 나타낸다.

③ 공통부분을 찾아 연립부등식의 해를 구한다.

> **참고** $A<B<C$ 꼴의 부등식은 연립부등식 $\begin{cases}A<B\\B<C\end{cases}$ 꼴로 고쳐서 푼다.

08-6 이차방정식의 실근의 조건   유형 20~22

(1) 이차방정식의 실근의 부호

계수가 실수인 이차방정식 $ax^2+bx+c=0$의 두 실근을 α, β, 판별식을 D라 하면

① 두 근이 모두 양수 ➡ $D\geq0$, $\alpha+\beta>0$, $\alpha\beta>0$

② 두 근이 모두 음수 ➡ $D\geq0$, $\alpha+\beta<0$, $\alpha\beta>0$

③ 두 근이 서로 다른 부호 ➡ $\alpha\beta<0$

> **참고** 부호가 서로 다른 두 실근의 절댓값에 대한 조건이 주어진 경우
> - 두 근의 절댓값이 같을 때 ➡ $\alpha+\beta=0$, $\alpha\beta<0$
> - 양수인 근의 절댓값이 더 클 때 ➡ $\alpha+\beta>0$, $\alpha\beta<0$
> - 음수인 근의 절댓값이 더 클 때 ➡ $\alpha+\beta<0$, $\alpha\beta<0$

> 이차방정식의 두 실근에 대하여 '서로 다른'이라는 조건이 없으면 $D\geq0$이다.

(2) 이차방정식의 실근의 위치

계수가 실수인 이차방정식 $ax^2+bx+c=0\,(a>0)$의 판별식을 D, $f(x)=ax^2+bx+c$라 할 때, 상수 p, $q\,(p<q)$에 대하여

① 두 근이 모두 p보다 크다. ➡ $D\geq0$, $f(p)>0$, $-\dfrac{b}{2a}>p$

② 두 근이 모두 p보다 작다. ➡ $D\geq0$, $f(p)>0$, $-\dfrac{b}{2a}<p$

③ 두 근 사이에 p가 있다. ➡ $f(p)<0$

④ 두 근이 모두 p, q 사이에 있다. ➡ $D\geq0$, $f(p)>0$, $f(q)>0$, $p<-\dfrac{b}{2a}<q$

> $f(p)<0$이면 $y=f(x)$의 그래프가 x축과 반드시 서로 다른 두 점에서 만나므로 항상 $D>0$이다.

08-4 이차부등식이 항상 성립할 조건

[0810~0813] 모든 실수 x에 대하여 다음 이차부등식이 성립하도록 하는 상수 a의 값의 범위를 구하시오.

0810 $x^2+2x+a-1>0$

0811 $x^2-ax+5a>0$

0812 $-x^2+x-a+1<0$

0813 $-2x^2-4ax-a<0$

08-5 연립이차부등식

[0814~0817] 연립부등식 $\begin{cases} (x+5)(x-4)<0 \\ x(x+2)>0 \end{cases}$에 대하여 다음 물음에 답하시오.

0814 이차부등식 $(x+5)(x-4)<0$을 푸시오.

0815 이차부등식 $x(x+2)>0$을 푸시오.

0816 0814, 0815에서 구한 해를 각각 아래 수직선 위에 나타내시오.

$\longleftrightarrow \quad x$

0817 연립부등식 $\begin{cases} (x+5)(x-4)<0 \\ x(x+2)>0 \end{cases}$을 푸시오.

[0818~0819] 다음 연립부등식을 푸시오.

0818 $\begin{cases} x+2<0 \\ x^2+2x-8\leq0 \end{cases}$

0819 $\begin{cases} 2x-3\geq1 \\ 2x^2-5x-3\geq0 \end{cases}$

08-6 이차방정식의 실근의 조건

[0820~0822] 다음 조건을 만족시키는 실수 k의 값의 범위를 구하시오.

0820 이차방정식 $x^2-4x+k+2=0$의 두 근이 모두 양수이다.

0821 이차방정식 $x^2+(k+1)x+4=0$의 두 근이 모두 음수이다.

0822 이차방정식 $x^2-5x+k+3=0$의 두 근의 부호가 서로 다르다.

[0823~0824] x^2의 계수가 양수인 이차방정식 $f(x)=0$의 판별식을 D, 이차함수 $y=f(x)$의 그래프의 축의 방정식을 $x=k$라 할 때, 다음 □ 안에 $>$, $\geq$, $\leq$, $<$ 중 알맞은 것을 써넣으시오.

0823 두 근이 모두 1보다 크다.

➡ $D\,\square\,0$, $f(1)\,\square\,0$, $k\,\square\,1$

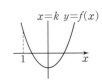

0824 두 근 사이에 1이 있다.

➡ $f(1)\,\square\,0$

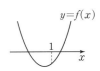

하 10% ···· 중 80% ···· 상 10%

유형 완성

◆◇ 개념루트 공통수학1 264쪽

유형 01 그래프를 이용한 부등식의 풀이

(1) 부등식 $f(x)>0$의 해
 ➡ 함수 $y=f(x)$의 그래프가 x축보다 위쪽에 있는 부분의 x의 값의 범위
(2) 부등식 $f(x)>g(x)$의 해
 ➡ 함수 $y=f(x)$의 그래프가 $y=g(x)$의 그래프보다 위쪽에 있는 부분의 x의 값의 범위

0825 대표 문제

두 이차함수 $y=f(x)$, $y=g(x)$의 그래프가 오른쪽 그림과 같을 때, 부등식 $f(x)\geq g(x)$의 해를 구하시오.

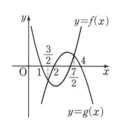

0826 중

이차함수 $y=ax^2+bx+c$의 그래프와 직선 $y=mx+n$이 오른쪽 그림과 같을 때, x에 대한 이차부등식

$ax^2+(b-m)x+c-n<0$의
해는? (단, a, b, c, m, n은 상수)

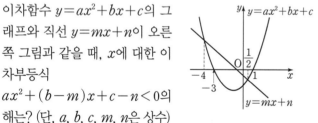

① $-4\leq x\leq\dfrac{1}{2}$ ② $-4<x<\dfrac{1}{2}$

③ $-3\leq x\leq 1$ ④ $x<-3$ 또는 $x>1$

⑤ $x<-4$ 또는 $x>\dfrac{1}{2}$

0827 중

두 이차함수 $y=f(x)$, $y=g(x)$의 그래프가 오른쪽 그림과 같을 때, 부등식 $f(x)g(x)>0$의 해를 구하시오.

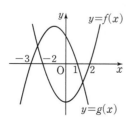

유형 02 이차부등식의 풀이

이차방정식 $f(x)=0$의 판별식을 D라 할 때, 이차부등식의 해는 다음과 같이 구한다.
(1) $D>0$이면 인수분해 또는 근의 공식을 이용한다.
(2) $D\leq 0$이면 $f(x)=a(x-p)^2+q$ 꼴로 변형한다.

0828 대표 문제

이차부등식 $x^2+3x-13>x+2$의 해가 $x<\alpha$ 또는 $x>\beta$일 때, $\alpha-\beta$의 값은?

① -8 ② -5 ③ -2

④ 1 ⑤ 2

0829 중

다음 이차부등식 중 해가 없는 것은?

① $-x^2+10x-25\geq 0$ ② $-x^2+x+12<0$

③ $x^2-4x+2\leq 0$ ④ $x^2-2x+3<0$

⑤ $2x^2-3x+2\geq 0$

0830 중

부등식 $x^2-2|x|-8<0$을 만족시키는 정수 x의 최댓값과 최솟값의 합은?

① -6 ② -3 ③ 0

④ 3 ⑤ 6

0831 ⑧

부등식 $x^2-3x-4 \le |x+1|$을 만족시키는 정수 x의 개수를 구하시오.

◆ 개념루트 공통수학1 268쪽

유형 03 이차부등식의 활용

문제의 상황에 맞게 미지수 x를 정하여 이차부등식을 세운 후 해를 구한다. 이때 미지수의 값의 범위에 주의한다.

0832 대표 문제

둘레의 길이가 20인 직사각형의 넓이가 24 이상일 때, 이 직사각형의 가로의 길이의 최솟값은?

① 3 ② 4 ③ 5
④ 6 ⑤ 7

0833 ⑨

지면으로부터 $1\,m$의 높이에서 똑바로 위로 던져 올린 공의 t초 후의 지면으로부터의 높이를 $h\,m$라 할 때,
$h=-5t^2+7t+1$의 관계가 성립한다고 한다. 이 공의 높이가 지면으로부터 $3\,m$ 이상이 되는 시각 t의 값의 범위를 구하시오.

0834 ⑧

서술형 ○

어느 음원 판매 업체에서 음원의 한 달 사용료를 $x\,\%$만큼 올리면 회원 수는 $0.5x\,\%$만큼 줄어든다고 한다. 이 음원 판매 업체의 한 달 수입이 $8\,\%$ 이상 늘어나도록 할 때, x의 최댓값을 구하시오.

빈출

◆ 개념루트 공통수학1 270쪽

유형 04 해가 주어진 이차부등식

(1) 해가 $\alpha<x<\beta$이고 x^2의 계수가 1인 이차부등식
　➡ $(x-\alpha)(x-\beta)<0$
(2) 해가 $x<\alpha$ 또는 $x>\beta\,(\alpha<\beta)$이고 x^2의 계수가 1인 이차부등식
　➡ $(x-\alpha)(x-\beta)>0$

0835 대표 문제

이차부등식 $ax^2-2x+b>0$의 해가 $x<-2$ 또는 $x>4$일 때, 상수 a, b에 대하여 ab의 값은?

① -8 ② -6 ③ 2
④ 4 ⑤ 8

0836 ⑧

이차부등식 $x^2+6x+a<0$의 해가 $-8<x<b$일 때, 상수 a, b에 대하여 $a+b$의 값은?

① -14 ② -12 ③ -10
④ -8 ⑤ -6

08

이차부등식

0837 (중)

이차부등식 $x^2+ax+b\le 0$의 해가 $x=1$일 때, 이차부등식 $ax^2+bx+1\ge 0$을 만족시키는 정수 x의 개수는?

(단, a, b는 상수)

① 2 ② 3 ③ 4 ④ 5 ⑤ 6

0838 (중)

서술형

이차부등식 $ax^2+bx+c<0$의 해가 $x<-3$ 또는 $x>4$일 때, 이차부등식 $cx^2+ax-b<0$의 해를 구하시오.

(단, a, b, c는 상수)

유형 05 부등식 $f(x)<0$과 부등식 $f(ax+b)<0$ 사이의 관계

이차부등식 $f(x)<0$의 해가 $\alpha<x<\beta$이면
$f(x)=p(x-\alpha)(x-\beta)\ (p>0)$에 대하여
$f(ax+b)=p(ax+b-\alpha)(ax+b-\beta)$
임을 이용하여 부등식 $f(ax+b)<0$의 해를 구할 수 있다.

0839 대표 문제

이차부등식 $f(x)<0$의 해가 $1<x<3$일 때, 부등식 $f(2x+3)<0$의 해를 구하시오.

0840 (중)

이차부등식 $f(x)\le 0$의 해가 $-5\le x\le -3$일 때, 다음 중 부등식 $f(10-2x)>0$의 해가 아닌 것은?

① 5 ② 6 ③ 7 ④ 8 ⑤ 9

0841 (상)

이차함수 $y=f(x)$의 그래프가 오른쪽 그림과 같고 부등식 $f\left(\frac{x+k}{2}\right)\ge 0$의 해가 $-3\le x\le 3$일 때, 실수 k의 값은?

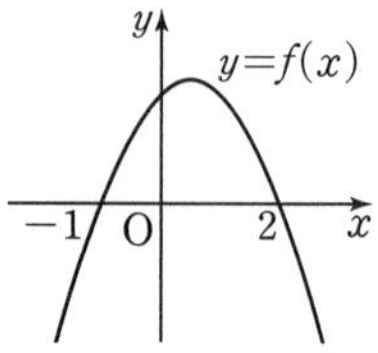

① -2 ② -1 ③ 1 ④ 2 ⑤ 3

유형 06 정수인 해의 조건이 주어진 이차부등식

이차부등식을 만족시키는 정수 x가 n개일 때
➡ 주어진 이차부등식의 해를 구한 후 이 해가 n개의 정수를 포함하도록 수직선 위에 나타낸다.

0842 대표 문제

이차부등식 $x^2-k^2\le 0$을 만족시키는 정수 x가 7개일 때, 자연수 k의 값을 구하시오.

0843 ㉡

이차부등식 $x^2-(k+1)x+k\leq0$을 만족시키는 정수 x가 6개일 때, 모든 정수 k의 값의 합은?

① 2　　　　② 3　　　　③ 4

④ 5　　　　⑤ 6

◆◈ 개념루트 공통수학1 272쪽

유형 07　**모든 실수에 대하여 성립하는 이차부등식**

이차방정식 $ax^2+bx+c=0$의 판별식을 D라 할 때, 모든 실수 x에 대하여 부등식이 성립하는 조건은 다음과 같다.
(1) $ax^2+bx+c>0$ ➡ $a>0$, $D<0$
(2) $ax^2+bx+c\geq0$ ➡ $a>0$, $D\leq0$
(3) $ax^2+bx+c<0$ ➡ $a<0$, $D<0$
(4) $ax^2+bx+c\leq0$ ➡ $a<0$, $D\leq0$

0844　대표 문제

모든 실수 x에 대하여 이차부등식 $ax^2+6x+a-8\leq0$이 성립할 때, 상수 a의 최댓값은?

① -2　　　② -1　　　③ 8

④ 9　　　　⑤ 10

0845 ㉡　　　| 학평 기출 |

모든 실수 x에 대하여 이차부등식
$$x^2+(m+2)x+2m+1>0$$
이 성립하도록 하는 모든 정수 m의 값의 합은?

① 3　　　　② 4　　　　③ 5

④ 6　　　　⑤ 7

0846 ㉡　　　서술형 ㅇ

x의 값에 관계없이 부등식
$$(a-1)x^2+2(a-1)x+4a+2>0$$
이 항상 성립할 때, 상수 a의 최솟값을 구하시오.

◆◈ 개념루트 공통수학1 274쪽

유형 08　**해를 가질 조건이 주어진 이차부등식**

이차방정식 $ax^2+bx+c=0$의 판별식을 D라 할 때, 이차부등식 $ax^2+bx+c>0$이 해를 가지려면
(1) $a>0$일 때 ➡ 이차부등식은 항상 해를 갖는다.
(2) $a<0$일 때 ➡ $D>0$이어야 한다.

[참고] 이차부등식 $ax^2+bx+c<0$이 해를 가지려면 $a<0$이거나 $a>0$, $D>0$이어야 한다.

0847　대표 문제

이차부등식 $ax^2-2ax-6>0$이 해를 갖도록 하는 상수 a의 값의 범위는?

① $-6<a<0$　　　　② $-6<a<6$

③ $a<-6$ 또는 $a>0$　　④ $-6<a<0$ 또는 $a>0$

⑤ $a<0$ 또는 $0<a<6$

0848 ㉡

이차부등식 $3x^2-3x-a<0$이 해를 갖도록 하는 정수 a의 최솟값은?

① -4　　　② -2　　　③ 0

④ 2　　　　⑤ 4

0849 🔞

이차부등식 $ax^2+2(a-1)x+6(a-1) \le 0$이 해를 갖도록 하는 상수 a의 값의 범위는?

① $-1 < a < 1$ ② $a < 1$

③ $a < 0$ 또는 $a \ge 1$ ④ $a < 0$ 또는 $0 < a \le 1$

⑤ $-1 < a \le 0$ 또는 $a > 0$

◆◆ 개념루트 공통수학1 274쪽

유형 09   해가 한 개일 조건이 주어진 이차부등식

이차방정식 $ax^2+bx+c=0$의 판별식을 D라 할 때
(1) $ax^2+bx+c \le 0$의 해가 한 개이다. ➡ $a > 0$, $D=0$
(2) $ax^2+bx+c \ge 0$의 해가 한 개이다. ➡ $a < 0$, $D=0$

0850 대표 문제

이차부등식 $2x^2+4x+a \le 0$의 해가 오직 한 개일 때, 실수 a의 값을 구하시오.

0851 🔞

이차부등식 $(k+1)x^2+2(k+1)x-2 \ge 0$의 해가 오직 한 개일 때, 실수 k의 값은?

① -3 ② $-\dfrac{7}{3}$ ③ -2

④ $-\dfrac{3}{2}$ ⑤ $-\dfrac{4}{3}$

◆◆ 개념루트 공통수학1 274쪽

유형 10   해를 갖지 않을 조건이 주어진 이차부등식

이차방정식 $ax^2+bx+c=0$의 판별식을 D라 할 때, 이차부등식 $ax^2+bx+c>0$이 해를 갖지 않으려면
➡ 이차부등식 $ax^2+bx+c \le 0$의 해는 모든 실수이다.
➡ $a < 0$, $D \le 0$

0852 대표 문제

이차부등식 $x^2-2(k+2)x-4(k+2) < 0$이 해를 갖지 않도록 하는 상수 k의 값의 범위를 구하시오.

0853 🔞

이차부등식 $ax^2-2x > -ax+2$가 해를 갖지 않도록 하는 상수 a의 값은?

① -5 ② -4 ③ -3

④ -2 ⑤ -1

0854 🔞

이차부등식 $ax^2+2(a+2)x+2a+1 < 0$이 해를 갖지 않도록 하는 상수 a의 값의 범위는?

① $-4 \le a < 1$ ② $a \le -1$

③ $a \le 4$ ④ $a \ge 4$

⑤ $a \le -4$ 또는 $a \ge 1$

◇◆ 개념루트 공통수학1 276쪽

유형 11 제한된 범위에서 항상 성립하는 이차부등식

(1) $\alpha \leq x \leq \beta$에서 이차부등식 $f(x) > 0$이 항상 성립한다.
  ➡ $\alpha \leq x \leq \beta$에서 ($f(x)$의 최솟값) > 0이다.
(2) $\alpha \leq x \leq \beta$에서 이차부등식 $f(x) < 0$이 항상 성립한다.
  ➡ $\alpha \leq x \leq \beta$에서 ($f(x)$의 최댓값) < 0이다.

0855 대표 문제

$0 \leq x \leq 4$에서 이차부등식 $x^2 - 4x + a^2 + a + 2 > 0$이 항상 성립하도록 하는 상수 a의 값의 범위를 구하시오.

0856 중

$-2 \leq x \leq 2$에서 이차부등식 $2x^2 + 4x + a^2 + 3a - 20 < 0$이 항상 성립하도록 하는 정수 a의 최댓값은?

① -3　　　② -2　　　③ -1
④ 0　　　⑤ 1

유형 12 만나는 두 그래프의 위치 관계와 이차부등식

이차함수 $y = f(x)$의 그래프가 직선 $y = g(x)$보다 위쪽에 있는 부분의 x의 값의 범위
➡ 이차부등식 $f(x) > g(x)$의 해

0857 대표 문제

이차함수 $y = x^2 - ax + 7$의 그래프가 직선 $y = 2x - 5$보다 위쪽에 있는 부분의 x의 값의 범위가 $x < 3$ 또는 $x > b$일 때, 상수 a, b에 대하여 $a + b$의 값은?

① 1　　　② 3　　　③ 5
④ 7　　　⑤ 9

0858 하

이차함수 $y = x^2 - 2x + 4$의 그래프가 직선 $y = x + 14$보다 아래쪽에 있는 부분에 포함되는 정수 x의 개수는?

① 5　　　② 6　　　③ 7
④ 8　　　⑤ 9

0859 중

이차함수 $y = x^2 - ax - 2$의 그래프가 직선 $y = b$보다 아래쪽에 있는 부분의 x의 값의 범위가 $1 < x < 4$일 때, 상수 a, b에 대하여 $a - b$의 값을 구하시오.

유형 13 만나지 않는 두 그래프의 위치 관계와
　　　　　이차부등식

이차함수 $y = f(x)$의 그래프가 직선 $y = g(x)$보다 항상 위쪽에 있다.
➡ 모든 실수 x에 대하여 이차부등식 $f(x) > g(x)$가 성립한다.
➡ 이차방정식 $f(x) = g(x)$의 판별식을 D라 할 때, $D < 0$

0860 대표 문제

이차함수 $y = 2x^2 + 4x - 1$의 그래프가 직선 $y = ax - 3$보다 항상 위쪽에 있도록 하는 상수 a의 값의 범위를 구하시오.

08

이차부등식

0861 ㉦

이차함수 $y=-x^2+(k+1)x-5$의 그래프가 직선 $y=x-1$보다 항상 아래쪽에 있도록 하는 정수 k의 개수를 구하시오.

0862 ㉤

함수 $y=ax^2-6x+6$의 그래프가 이차함수 $y=-3x^2+2ax-2$의 그래프보다 항상 위쪽에 있을 때, 상수 a의 최솟값은?

① -5 ② -3 ③ -2
④ 1 ⑤ 4

◆ 개념루트 공통수학 1 282쪽

유형 14 연립이차부등식의 풀이

연립이차부등식은 다음과 같은 순서로 푼다.
(1) 연립이차부등식을 이루는 각 부등식의 해를 구한다.
(2) (1)에서 구한 해의 공통부분을 구한다.

0863 대표 문제

연립부등식 $\begin{cases} x^2+8x+7 \leq 0 \\ x^2+3x-10 > 0 \end{cases}$ 의 해가 $\alpha \leq x < \beta$일 때, $\alpha - \beta$의 값은?

① -2 ② -1 ③ 0
④ 1 ⑤ 2

0864 ㉮

연립부등식 $\begin{cases} 3(x-2) \leq 5x-2 \\ 4x^2-7x-15 < 0 \end{cases}$ 을 만족시키는 정수 x의 개수는?

① 2 ② 3 ③ 4
④ 5 ⑤ 6

0865 ㉦

부등식 $5x \leq 2x^2+2 < 2x+6$의 해는?

① $x \leq \dfrac{1}{2}$ ② $x > -1$

③ $-1 < x \leq \dfrac{1}{2}$ ④ $-1 < x < 2$

⑤ $x \leq \dfrac{1}{2}$ 또는 $x \geq 2$

0866 ㉦ 서술형

연립부등식 $\begin{cases} 2x^2+3x-14 < 0 \\ x^2-2x < 3 \end{cases}$ 의 해가 이차부등식 $x^2+ax+b < 0$의 해와 같을 때, 상수 a, b에 대하여 $a+b$의 값을 구하시오.

0867 ⑧

부등식 $|x^2+x-1|<5$의 해가 $\alpha<x<\beta$일 때, $\alpha\beta$의 값은?

① -6 ② -3 ③ -2

④ 6 ⑤ 12

0868 ⑧

연립부등식 $\begin{cases} x^2-2x-15<0 \\ x^2-3|x|-4<0 \end{cases}$ 을 만족시키는 모든 정수 x 의 값의 합은?

① 3 ② 5 ③ 7

④ 9 ⑤ 11

빈출

유형 15 **해가 주어진 연립이차부등식**

◆◆ 개념루트 공통수학1 284쪽

각 부등식의 해를 구한 후 해의 공통부분과 주어진 해가 일치하도록 수직선 위에 나타내어 미지수의 값의 범위를 구한다.

0869 대표 문제

연립부등식 $\begin{cases} x^2-4x>0 \\ x^2+(1-a)x-a<0 \end{cases}$ 의 해가 $-1<x<0$일 때, 정수 a의 개수를 구하시오.

0870 ⑧

연립부등식 $\begin{cases} x^2-x-a<0 \\ x^2-2x+b\geq0 \end{cases}$ 의 해가 $-2<x\leq0$ 또는 $2\leq x<3$이 되도록 하는 상수 a, b에 대하여 $a-b$의 값은?

① 4 ② 5 ③ 6

④ 7 ⑤ 8

0871 ⑧

연립부등식 $\begin{cases} x^2-4x+3\geq0 \\ (x-4)(x-a)\leq0 \end{cases}$ 의 해가 $3\leq x\leq4$일 때, 상수 a의 최댓값은?

① 0 ② 1 ③ 2

④ 3 ⑤ 4

0872 ⑮

$a<b<c$인 실수 a, b, c에 대하여 연립부등식 $\begin{cases} (x-a)(x-b)>0 \\ (x-b)(x-c)>0 \end{cases}$ 의 해가 $x<-3$ 또는 $x>4$일 때, 이차부등식 $x^2+ax-c<0$을 만족시키는 정수 x의 개수를 구하시오.

유형 16 해를 갖거나 갖지 않을 조건이 주어진 연립이차부등식

(1) 연립이차부등식이 해를 가질 때
  ➡ 각 부등식의 해를 구한 후 해의 공통부분이 있도록 수직선 위에 나타낸다.
(2) 연립이차부등식이 해를 갖지 않을 때
  ➡ 각 부등식의 해를 구한 후 해의 공통부분이 없도록 수직선 위에 나타낸다.

0873 대표 문제

연립부등식 $\begin{cases} x^2-6x+8\leq0 \\ x^2-7ax+10a^2>0 \end{cases}$ 이 해를 갖지 않도록 하는 자연수 a의 값은?

① 1 ② 2 ③ 3
④ 4 ⑤ 5

0874 ⓒ

연립부등식 $\begin{cases} x^2-3x-18\geq0 \\ (x-3a)(x-3a-4)<0 \end{cases}$ 이 해를 갖도록 하는 상수 a의 값의 범위를 구하시오.

0875 ⓒ

연립부등식 $\begin{cases} x^2-x-20\geq0 \\ x^2-2(a+1)x+a^2+2a<0 \end{cases}$ 이 해를 갖지 않도록 하는 상수 a의 값의 범위를 구하시오.

유형 17 정수인 해의 조건이 주어진 연립이차부등식

연립이차부등식을 만족시키는 정수 x가 n개일 때
➡ 각 부등식의 해를 구한 후 해의 공통부분이 n개의 정수를 포함하도록 수직선 위에 나타낸다.

0876 대표 문제

연립부등식 $\begin{cases} x^2-4x-5\leq0 \\ x^2+(3-a)x-3a<0 \end{cases}$ 을 만족시키는 정수 x가 4개일 때, 상수 a의 값의 범위를 구하시오.

0877 ⓒ

연립부등식 $\begin{cases} x^2-3x+2>0 \\ x^2-(a+2)x+2a<0 \end{cases}$ 을 만족시키는 정수 x의 값이 -1과 0뿐일 때, 상수 a의 값의 범위는?

① $-2\leq a<-1$ ② $-2\leq a\leq-1$
③ $-2\leq a\leq1$ ④ $a\leq-2$ 또는 $a\geq1$
⑤ $a\leq-1$ 또는 $a\geq2$

0878 ⓒ

연립부등식 $\begin{cases} x^2-5x+6>0 \\ x^2-(a+4)x+4a<0 \end{cases}$ 을 만족시키는 정수 x가 오직 한 개뿐일 때, 상수 a의 최댓값은?

① 1 ② 2 ③ 3
④ 5 ⑤ 6

0879 (상) | 학평 기출 |

자연수 n에 대하여 x에 대한 연립부등식
$$\begin{cases} |x-n|>2 \\ x^2-14x+40\le 0 \end{cases}$$
을 만족시키는 자연수 x의 개수가 2가 되도록 하는 모든 n의 값의 합을 구하시오.

◆◆ 개념루트 공통수학1 286쪽

유형 18   **연립이차부등식의 활용**

문제의 상황에 맞게 미지수 x를 정하여 연립이차부등식을 세운 후 해를 구한다. 이때 미지수의 값의 범위에 주의한다.

참고 삼각형의 세 변의 길이가 a, b, c $(a\le b\le c)$일 때
(1) $c^2 < a^2+b^2$ ➡ 예각삼각형
(2) $c^2 = a^2+b^2$ ➡ 빗변의 길이가 c인 직각삼각형
(3) $c^2 > a^2+b^2$ ➡ 둔각삼각형

0880   대표 문제

세 변의 길이가 $x-2$, x, $x+2$인 삼각형이 둔각삼각형이 되도록 하는 자연수 x의 개수는?

① 2   ② 3   ③ 4
④ 5   ⑤ 6

0881 (중)   서술형

오른쪽 그림과 같이 가로, 세로의 길이가 각각 30 m, 20 m인 직사각형 모양의 운동장의 둘레에 폭이 x m인 보행자 통로를 만들려고 한다. 보행자 통로의 넓이가 104 m² 이상 216 m² 이하가 되도록 하는 x의 값의 범위를 구하시오.

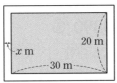

0882 (중)

둘레의 길이가 20이고, 넓이가 21 이상 24 이하인 직사각형의 가로의 길이를 x라 할 때, x의 값의 범위를 구하시오.

빈출

유형 19   **이차방정식의 근의 판별**

이차방정식 $ax^2+bx+c=0$의 판별식을 D라 할 때
(1) 서로 다른 두 실근을 갖는다. ➡ $D>0$
(2) 중근을 갖는다. ➡ $D=0$
(3) 서로 다른 두 허근을 갖는다. ➡ $D<0$

0883   대표 문제

x에 대한 이차방정식 $x^2+4ax+3a^2+25=0$이 실근을 갖도록 하는 실수 a의 값의 범위는?

① $a\ge -5$ ② $a\le 5$
③ $0\le a\le 5$ ④ $a\le -5$ 또는 $a\ge 5$
⑤ $a\le 0$ 또는 $a\ge 5$

0884 (중)

이차방정식 $x^2+ax-a+3=0$은 서로 다른 두 실근을 갖고, 이차방정식 $x^2+(a+2)x+2a+1=0$은 허근을 갖도록 하는 정수 a의 값은?

① -3 ② -1 ③ 1
④ 3   ⑤ 5

0885 (상)

다음 중 x에 대한 두 이차방정식 $x^2-ax+a=0$,
$x^2-2x-a^2+5=0$ 중 적어도 하나는 실근을 갖도록 하는
정수 a의 값이 <u>아닌</u> 것은?

① -1 ② 0 ③ 1

④ 2 ⑤ 3

◈ 개념루트 공통수학1 290쪽

유형 20   **이차방정식의 실근의 부호**

이차방정식 $ax^2+bx+c=0$의 판별식을 D라 하고, 두 실근을
각각 α, β라 할 때
(1) 두 근이 모두 양수이다.
  ➡ $D\geq0$, $\alpha+\beta>0$, $\alpha\beta>0$
(2) 두 근이 모두 음수이다.
  ➡ $D\geq0$, $\alpha+\beta<0$, $\alpha\beta>0$
(3) 두 근의 부호가 서로 다르다.
  ➡ $\alpha\beta<0$

0886 대표문제

이차방정식 $x^2-2kx+2k+3=0$의 두 근이 모두 양수일
때, 실수 k의 값의 범위는?

① $k\leq-1$ ② $k>-\dfrac{3}{2}$

③ $k\geq3$ ④ $-\dfrac{3}{2}<k\leq3$

⑤ $k\leq-1$ 또는 $k\geq\dfrac{3}{2}$

0887 (중)

이차방정식 $x^2+2(k+1)x-k+5=0$의 두 근이 모두 음
수일 때, 모든 자연수 k의 값의 합을 구하시오.

0888 (중)

x에 대한 이차방정식 $x^2-k(k+1)x+k-1=0$의 두 근
의 부호가 서로 다르고 음수인 근의 절댓값이 양수인 근보
다 작을 때, 실수 k의 값의 범위를 구하시오.

◈ 개념루트 공통수학1 292쪽

빈출

유형 21   **이차방정식의 실근의 위치**

이차방정식 $ax^2+bx+c=0$ $(a>0)$의 판별식을 D,
$f(x)=ax^2+bx+c$라 하면 상수 p에 대하여
(1) 두 근이 모두 p보다 크다.
  ➡ $D\geq0$, $f(p)>0$, $-\dfrac{b}{2a}>p$

(2) 두 근이 모두 p보다 작다.
  ➡ $D\geq0$, $f(p)>0$, $-\dfrac{b}{2a}<p$

(3) 두 근 사이에 p가 있다.
  ➡ $f(p)<0$

0889 대표문제

이차방정식 $x^2-2kx+25=0$의 두 근이 모두 1보다 클 때,
실수 k의 최솟값은?

① $\dfrac{5}{2}$ ② 5 ③ $\dfrac{15}{2}$

④ 10 ⑤ $\dfrac{25}{2}$

0890 (중)

x에 대한 이차방정식 $x^2-5x+2k^2=0$의 두 근 사이에 1
이 있도록 하는 실수 k의 값의 범위가 $\alpha<k<\beta$일 때, $\alpha\beta$
의 값은?

① -2 ② -1 ③ 0

④ 1 ⑤ 2

0891 ⓒ

이차방정식 $x^2+ax-6=0$의 두 근을 α, β라 할 때, $\alpha<-2$, $1<\beta<3$이 되도록 하는 정수 a의 최댓값을 구하시오.

0892 ⓒ

이차방정식 $ax^2+ax+2a-18=0$의 두 근 중에서 한 근만이 이차방정식 $x^2-3x+2=0$의 두 근 사이에 있도록 하는 모든 자연수 a의 값의 합은?

① 5   ② 6   ③ 7
④ 8   ⑤ 9

0893 ⓒ

이차방정식 $x^2-2kx+k+2=0$의 서로 다른 두 근이 모두 3보다 작은 양수일 때, 실수 k의 값의 범위는?

① $k<\dfrac{11}{5}$ ② $k>-2$

③ $-2<k<\dfrac{11}{5}$ ④ $2<k<\dfrac{11}{5}$

⑤ $k<-1$ 또는 $k>2$

(1) 삼차방정식 $f(x)=0$의 근의 조건이 주어진 경우
　➡ $f(x)$를 인수분해하여 $(x-\alpha)(ax^2+bx+c)=0$ 꼴로 나타낸 후 주어진 조건을 만족시키도록 이차방정식 $ax^2+bx+c=0$의 근을 조사한다.
(2) 사차방정식 $ax^4+bx^2+c=0$의 근의 조건이 주어진 경우
　➡ $x^2=X$로 놓고 X에 대한 이차방정식 $aX^2+bX+c=0$ 꼴로 나타낸 후 주어진 조건을 만족시키도록 이차방정식 $aX^2+bX+c=0$의 근을 조사한다.

0894 [대표 문제]

사차방정식 $x^4+mx^2-2m+5=0$이 서로 다른 네 실근을 가질 때, 실수 m의 값의 범위를 구하시오.

0895 ⓒ

사차방정식 $x^4-mx^2+m^2-2m-8=0$이 서로 다른 두 실근과 서로 다른 두 허근을 가질 때, 모든 정수 m의 값의 합은?

① 2   ② 3   ③ 4
④ 5   ⑤ 6

0896 ⓢ | 학평 기출 |

x에 대한 방정식 $x^3+(8-a)x^2+(a^2-8a)x-a^3=0$이 서로 다른 세 실근을 갖기 위한 정수 a의 개수는?

① 6   ② 8   ③ 10
④ 12   ⑤ 14

A B 유형 점검

0897 유형 01

두 이차함수 $y=f(x)$, $y=g(x)$의 그래프가 오른쪽 그림과 같을 때, 부등식 $f(x)<0<g(x)$의 해는?

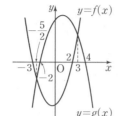

① $-3<x<4$

② $-\dfrac{5}{2}<x<3$

③ $-2<x<2$

④ $x<-\dfrac{5}{2}$ 또는 $x>3$

⑤ $x<-2$ 또는 $x>2$

0898 유형 02

이차부등식 $x^2-4x-32\leq0$과 부등식 $|x-a|\leq b$의 해가 같을 때, 상수 a, b에 대하여 ab의 값을 구하시오.

0899 유형 02

부등식 $x^2-2x-3>3|x-1|$을 푸시오.

0900 유형 04

| 학평 기출 |

이차다항식 $P(x)$가 다음 조건을 만족시킬 때, $P(-1)$의 값은?

> ㈎ 부등식 $P(x)\geq-2x-3$의 해는 $0\leq x\leq1$이다.
> ㈏ 방정식 $P(x)=-3x-2$는 중근을 가진다.

① -3 ② -4 ③ -5

④ -6 ⑤ -7

0901 유형 05

이차부등식 $f(x)<0$의 해가 $x<-3$ 또는 $x>1$일 때, 부등식 $f(2x+1)<f(1)$을 만족시키는 x의 값의 범위를 구하시오.

0902 유형 06

이차부등식 $4x^2+ax\leq0$을 만족시키는 정수 x가 4개일 때, 정수 a의 최댓값을 M, 최솟값을 m이라 하자. 이때 $M-m$의 값을 구하시오.

0903 유형 07

모든 실수 x에 대하여 부등식 $mx^2+2mx+6-m>0$이 성립하도록 하는 상수 m의 값의 범위를 구하시오.

0904 유형 08

이차부등식 $kx^2-6x+k-8>0$이 해를 갖도록 하는 상수 k의 값의 범위는?

① $-1\leq k<0$

② $k\leq -1$ 또는 $k>0$

③ $k\leq -1$ 또는 $k\geq 1$

④ $-1\leq k<0$ 또는 $0<k<1$

⑤ $-1<k<0$ 또는 $k>0$

0905 유형 09

이차부등식 $(k-1)x^2+2(k-1)x+1\leq 0$의 해가 오직 한 개일 때, 실수 k의 값을 구하시오.

0906 유형 10

이차부등식 $x^2-2ax+9a<0$이 해를 갖지 않도록 하는 정수 a의 개수는?

① 2   ② 4   ③ 6

④ 8   ⑤ 10

0907 유형 11

$-4\leq x\leq 1$에서 이차부등식 $x^2-4x<2x^2+a^2-3a$가 항상 성립할 때, 자연수 a의 최솟값은?

① 1   ② 2   ③ 3

④ 4   ⑤ 5

0908 유형 12

이차함수 $y=x^2-4x-5$의 그래프가 직선 $y=a$보다 아래쪽에 있는 부분의 x의 값의 범위가 $b<x<4$일 때, 상수 a, b에 대하여 $a+b$의 값을 구하시오.

0909 유형 13

두 이차함수 $y=x^2-6x+4$, $y=-x^2+2kx+2$의 그래프가 서로 만나지 않도록 하는 정수 k의 최댓값을 구하시오.

0910 유형 14

부등식 $x^2+3x+1\leq 2x^2-2x-5\leq 3x-2$를 풀면?

① 해는 없다.   ② $-\dfrac{1}{2}\leq x\leq 3$

③ $x\leq -1$ 또는 $x\geq 6$ ④ $x\leq -\dfrac{1}{2}$ 또는 $x\geq 3$

⑤ 해는 모든 실수이다.

0911 유형 17

연립부등식 $\begin{cases} (x-2)(x-3)\geq 0 \\ (2x-3)(x-a)\leq 0 \end{cases}$ 을 만족시키는 정수 x가 6개일 때, 상수 a의 값의 범위는? $\left(\text{단, } a>\dfrac{3}{2}\right)$

① $3\leq a<4$ ② $4\leq a<5$ ③ $5\leq a<6$

④ $6\leq a<7$ ⑤ $7\leq a<8$

0912 유형 18

한 모서리의 길이가 a인 정육면체를 밑면의 가로의 길이는 3만큼 줄이고, 높이는 4만큼 늘여서 새로운 직육면체를 만들려고 한다. 이 직육면체의 부피가 처음 정육면체의 부피보다 작도록 하는 자연수 a의 최솟값을 구하시오.

0913 유형 19

이차방정식 $x^2+2ax+a+6=0$은 허근을 갖고, 이차방정식 $x^2-2ax+4=0$은 실근을 갖도록 하는 정수 a의 값은?

① -1 ② 0 ③ 1
④ 2 ⑤ 3

0914 유형 20

이차방정식 $x^2-2kx-2k+24=0$의 두 근의 부호가 서로 같을 때, 자연수 k의 개수를 구하시오.

0915 유형 22 | 학평 기출 |

x에 대한 삼차방정식 $x^3+(a-1)x^2+ax-2a=0$이 한 실근과 서로 다른 두 허근을 갖도록 하는 정수 a의 개수는?

① 5 ② 6 ③ 7
④ 8 ⑤ 9

서술형

0916 유형 03

어느 가게에서 양말 한 켤레를 3천 원에 판매하면 하루에 50켤레가 판매되고, 가격을 x천 원씩 올릴 때마다 하루 판매량은 $5x$켤레씩 줄어든다고 한다. 가격을 올려 하루 판매액이 21만 원 이상이 되도록 할 때, x의 최댓값을 구하시오.

0917 유형 15 + 16

연립부등식 $\begin{cases} x^2-6x+5\geq 0 \\ x^2+ax+b<0 \end{cases}$ 의 해가 $5\leq x<8$이고, 연립부등식 $\begin{cases} x^2-11x+24<0 \\ x^2+ax+b\geq 0 \end{cases}$ 이 해를 갖지 않을 때, 상수 a, b에 대하여 $a+b$의 최댓값을 구하시오.

0918 유형 21

이차방정식 $x^2-2kx+9=0$의 두 근이 모두 2보다 작을 때, 실수 k의 최댓값을 구하시오.

C 실력 향상

0919 | 학평 기출 |

최고차항의 계수가 각각 $\frac{1}{2}$, 2인 두 이차함수 $y=f(x)$, $y=g(x)$가 다음 조건을 만족시킨다.

㈎ 두 함수 $y=f(x)$와 $y=g(x)$의 그래프는 직선 $x=p$를 축으로 한다.
㈏ 부등식 $f(x)\geq g(x)$의 해는 $-1\leq x\leq 5$이다.

$p\times\{f(2)-g(2)\}$의 값을 구하시오. (단, p는 상수)

0920

두 실수 a, b에 대하여 $|a|+|b|=15$일 때, 연립부등식

$\begin{cases} x^2-8x+12\geq 0 \\ x^2+ax+b<0 \end{cases}$ 의 해가 $-4<x\leq 2$이다. 이때 $a-b$의

값은?

① -17 ② -15 ③ 11
④ 15 ⑤ 17

0921 | 학평 기출 |

x에 대한 연립부등식

$\begin{cases} x^2-(a^2-3)x-3a^2<0 \\ x^2+(a-9)x-9a>0 \end{cases}$

을 만족시키는 정수 x가 존재하지 않도록 하는 실수 a의 최댓값을 M이라 하자. M^2의 값을 구하시오. (단, $a>2$)

0922

이차방정식 $x^2-2(m+2)x-m=0$이 $-2\leq x\leq 3$에서 실근을 갖도록 하는 모든 정수 m의 값의 합을 구하시오.

(단, $-6\leq m\leq 6$)

🔵 기출 BOOK 44쪽

III

경우의 수

09 / 경우의 수와 순열

유형 **01** 합의 법칙

유형 **02** 방정식, 부등식을 만족시키는 순서쌍의 개수

유형 **03** 곱의 법칙

유형 **04** 약수의 개수

유형 **05** 도로망에서의 경우의 수

유형 **06** 색칠하는 경우의 수

유형 **07** 지불 방법의 수와 지불 금액의 수

유형 **08** 수형도를 이용하는 경우의 수

유형 **09** $_nP_r$의 계산

유형 **10** 순열의 수

유형 **11** 이웃할 때의 순열의 수

유형 **12** 이웃하지 않을 때의 순열의 수

유형 **13** 자리에 대한 조건이 있을 때의 순열의 수

유형 **14** '적어도'의 조건이 있을 때의 순열의 수

유형 **15** 순열을 이용한 자연수의 개수

유형 **16** 사전식 배열에서 특정한 위치 찾기

10 / 조합

유형 **01** $_nC_r$의 계산

유형 **02** 조합의 수

유형 **03** 특정한 것을 포함하거나 포함하지 않을 때의 조합의 수

유형 **04** '적어도'의 조건이 있을 때의 조합의 수

유형 **05** 뽑아서 배열하는 경우의 수

유형 **06** 직선의 개수

유형 **07** 대각선의 개수

유형 **08** 다각형의 개수

유형 **09** 평행사변형의 개수

유형 **10** 나누는 경우의 수(분할과 분배)

유형 **11** 대진표 작성하기

09-1 합의 법칙과 곱의 법칙

유형 01~08

(1) 합의 법칙

두 사건 A, B가 동시에 일어나지 않을 때, 사건 A와 사건 B가 일어나는 경우의 수가 각각 m, n이면 사건 A 또는 사건 B가 일어나는 경우의 수는

$m+n$

예 서울에서 제주도로 가는 항공편은 4가지, 배편은 3가지가 있을 때, 항공편 또는 배편을 이용하여 서울에서 제주도로 가는 경우의 수는

$4+3=7$

참고 사건 A와 사건 B가 일어나는 경우의 수가 각각 m, n, 두 사건 A, B가 동시에 일어나는 경우의 수가 l일 때, 사건 A 또는 사건 B가 일어나는 경우의 수는

$m+n-l$

(2) 곱의 법칙

두 사건 A, B에 대하여 사건 A가 일어나는 경우의 수가 m, 그 각각에 대하여 사건 B가 일어나는 경우의 수가 n이면 두 사건 A, B가 동시에 일어나는 경우의 수는

$m \times n$

예 4종류의 바지와 3종류의 셔츠 중에서 바지와 셔츠를 각각 하나씩 골라 입는 경우의 수는

$4 \times 3=12$

참고 곱의 법칙은 두 사건이 잇달아 일어나는 경우에도 성립한다.

> '또는', '이거나' 등의 표현이 있으면 합의 법칙을 이용한다.

> '그리고', '동시에' 등의 표현이 있으면 곱의 법칙을 이용한다.

09-2 순열

유형 09~16

(1) 순열

서로 다른 n개에서 $r\,(0<r\leq n)$개를 택하여 일렬로 배열하는 것을 n개에서 r개를 택하는 **순열**이라 한다. 이때 순열의 가짓수를 순열의 수라 한다. **1호** $_n\mathrm{P}_r$

➡ $_n\mathrm{P}_r=n(n-1)(n-2)\times\cdots\times(n-r+1)$ (단, $0<r\leq n$)

예 서로 다른 5개에서 3개를 택하는 순열의 수는

$_5\mathrm{P}_3=5\times4\times3=60$

(2) 계승

1부터 n까지의 자연수를 차례대로 곱한 것을 n의 **계승**이라 한다. **1호** $n!$

➡ $n!=n(n-1)(n-2)\times\cdots\times3\times2\times1$

예 $4!=4\times3\times2\times1=24$

(3) $n!$을 이용한 순열의 수

① $_n\mathrm{P}_n=n!$, $_n\mathrm{P}_0=1$

② $_n\mathrm{P}_r=\dfrac{n!}{(n-r)!}$ (단, $0\leq r\leq n$)

> $0!=1$로 정한다.

09-1 합의 법칙과 곱의 법칙

[0923~0924] 서로 다른 두 개의 주사위를 동시에 던질 때, 다음을 구하시오.

0923 나오는 두 눈의 수의 합이 3 또는 9인 경우의 수

0924 나오는 두 눈의 수의 곱이 4 또는 6인 경우의 수

[0925~0926] 1부터 30까지의 자연수가 각각 하나씩 적힌 30개의 공이 들어 있는 주머니에서 1개의 공을 꺼낼 때, 다음을 구하시오.

0925 꺼낸 공에 적힌 수가 5의 배수 또는 8의 배수인 경우의 수

0926 꺼낸 공에 적힌 수가 4의 배수 또는 9의 배수인 경우의 수

[0927~0928] 한 개의 주사위를 두 번 던질 때, 다음을 구하시오.

0927 첫 번째는 홀수의 눈이, 두 번째는 소수의 눈이 나오는 경우의 수

0928 첫 번째는 3의 배수의 눈이, 두 번째는 6의 약수의 눈이 나오는 경우의 수

0929 오른쪽 그림과 같이 세 지점 A, B, C를 연결하는 도로가 있다.
A 지점에서 B 지점을 거쳐 C 지점까지 가는 경우의 수를 구하시오.

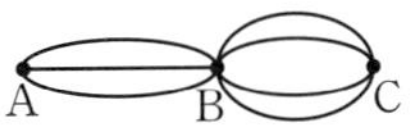

09-2 순열

[0930~0932] 다음 값을 구하시오.

0930 $_6P_2$

0931 $_5P_0$

0932 $_3P_3$

[0933~0935] 다음 값을 구하시오.

0933 $2!$

0934 $5!$

0935 $0!$

[0936~0939] 다음 등식을 만족시키는 자연수 n 또는 r의 값을 구하시오.

0936 $_nP_2=42$

0937 $_5P_r=60$

0938 $_8P_r=\dfrac{8!}{5!}$

0939 $_nP_n=720$

[0940~0941] 다음을 구하시오.

0940 서로 다른 4개에서 2개를 택하는 순열의 수

0941 서로 다른 7개에서 3개를 택하는 순열의 수

B 유형 완성

◇◆ 개념루트 공통수학1 300쪽

유형 01 합의 법칙

두 사건 A, B가 동시에 일어나지 않을 때, 사건 A와 사건 B가 일어나는 경우의 수가 각각 m, n이면

(사건 A 또는 사건 B가 일어나는 경우의 수)
$=m+n$

참고 (a의 배수 또는 b의 배수의 개수)
$=$(a의 배수의 개수)$+$(b의 배수의 개수)
$-$(a와 b의 최소공배수의 배수의 개수)

0942 대표 문제

서로 다른 두 개의 주사위를 동시에 던질 때, 나오는 눈의 수의 합이 4의 배수인 경우의 수는?

① 6   ② 7   ③ 8
④ 9   ⑤ 10

0943 ⑨

1부터 50까지의 자연수가 각각 하나씩 적힌 50장의 카드에서 한 장의 카드를 뽑을 때, 뽑힌 카드에 적힌 수가 6의 배수 또는 7의 배수인 경우의 수를 구하시오.

0944 ⑧

숫자 1, 2, 3, 4, 5가 각각 하나씩 적힌 5개의 공이 들어 있는 주머니에서 한 개씩 세 번 공을 꺼낼 때, 꺼낸 공에 적힌 세 수의 곱이 4 또는 5가 되는 경우의 수를 구하시오.
(단, 꺼낸 공은 다시 넣는다.)

0945 ⑧

1부터 100까지의 자연수 중에서 5와 7로 모두 나누어떨어지지 않는 자연수의 개수는?

① 62   ② 64   ③ 66
④ 68   ⑤ 70

빈출   ◇◆ 개념루트 공통수학1 302쪽

유형 02 방정식, 부등식을 만족시키는 순서쌍의 개수

(1) 방정식 $ax+by+cz=d$ (a, b, c, d는 상수)를 만족시키는 순서쌍 (x, y, z)의 개수
  ➡ x, y, z 중 계수의 절댓값이 큰 것부터 수를 대입하여 구한다.
(2) 부등식 $ax+by\leq c$ (a, b, c는 상수)를 만족시키는 순서쌍 (x, y)의 개수
  ➡ x, y 중 계수의 절댓값이 큰 것부터 수를 대입하여 구하거나 주어진 x, y의 조건을 이용하여 부등식이 성립하는 $ax+by=d$ 꼴의 방정식을 만든 후 이 방정식의 해의 개수를 구한다.

0946 대표 문제

방정식 $x+2y+z=10$을 만족시키는 자연수 x, y, z의 순서쌍 (x, y, z)의 개수를 구하시오.

0947 ⑧

부등식 $x+3y\leq7$을 만족시키는 자연수 x, y의 순서쌍 (x, y)의 개수는?

① 4   ② 5   ③ 6
④ 7   ⑤ 8

0948 종 서술형

한 자루의 가격이 각각 200원, 500원, 1000원인 3종류의 볼펜을 3000원어치 사는 방법의 수를 구하시오.

0949 상

한 개의 주사위를 두 번 던져서 나오는 눈의 수를 차례대로 a, b라 할 때, 좌표평면에서 함수 $y=x^2$의 그래프와 직선 $y=ax-b$가 서로 다른 두 점에서 만나도록 하는 순서쌍 (a, b)의 개수를 구하시오.

◆◆ 개념루트 공통수학1 304쪽

유형 03 곱의 법칙

두 사건 A, B에 대하여 사건 A가 일어나는 경우의 수가 m이고, 그 각각에 대하여 사건 B가 일어나는 경우의 수가 n이면
(두 사건 A, B가 동시에 일어나는 경우의 수)
$=m \times n$ 잇달아

참고 곱의 법칙은 동시에 일어나는 셋 이상의 사건에 대해서도 성립한다.

0950 대표 문제

백의 자리의 숫자는 짝수, 십의 자리의 숫자는 홀수, 일의 자리의 숫자는 소수인 세 자리의 자연수의 개수는?

① 36 ② 48 ③ 60
④ 64 ⑤ 80

0951 하

4종류의 피자, 3종류의 샐러드, 5종류의 음료수 중에서 피자, 샐러드, 음료수를 각각 1종류씩 고르는 경우의 수를 구하시오.

0952 종

$(a+b)(p+q+r)(x+y+z)$를 전개하였을 때 생기는 항의 개수는?

① 10 ② 12 ③ 14
④ 16 ⑤ 18

0953 종

한 개의 주사위를 잇달아 세 번 던질 때, 나오는 눈의 수의 곱이 짝수가 되는 경우의 수는?

① 183 ② 186 ③ 189
④ 192 ⑤ 195

0954 종

지현이와 혜린이가 식당에서 식사와 후식을 주문하려고 한다. 식사 메뉴는 볶음밥, 돈가스, 스파게티의 3가지이고, 후식인 아이스크림의 종류는 4가지이다. 지현이와 혜린이가 식사와 후식 종류를 서로 다르게 주문하는 경우의 수를 구하시오.

유형 04 약수의 개수

> 자연수 N이
> $N=x^p y^q z^r$ (x, y, z는 서로 다른 소수, p, q, r는 자연수)
> 꼴로 소인수분해될 때, N의 양의 약수의 개수는
> $(p+1)(q+1)(r+1)$

0955 대표 문제

63의 양의 약수의 개수를 a, 135의 양의 약수의 개수를 b라 할 때, $a+b$의 값은?

① 6   ② 8   ③ 10
④ 12   ⑤ 14

0956 하

$2^3 \times a$의 양의 약수의 개수가 8일 때, 다음 중 a의 값이 될 수 없는 것은?

① 3   ② 5   ③ 6
④ 7   ⑤ 16

0957 중

300과 360의 양의 공약수의 개수를 구하시오.

0958 중

72^n의 양의 약수의 개수가 35일 때, 자연수 n의 값을 구하시오.

0959 상

700의 양의 약수 중 짝수의 개수를 a, 5의 배수의 개수를 b라 할 때, $a+b$의 값은?

① 18   ② 20   ③ 22
④ 24   ⑤ 26

유형 05 도로망에서의 경우의 수

> (1) 동시에 갈 수 없는 길이면 합의 법칙을 이용한다.
> (2) 동시에 갈 수 있거나 이어지는 길이면 곱의 법칙을 이용한다.

0960 대표 문제

오른쪽 그림과 같이 네 지점 A, B, C, D를 연결하는 도로가 있다. A 지점에서 출발하여 C 지점으로 가는 경우의 수를 구하시오. (단, 같은 지점은 두 번 이상 지나지 않는다.)

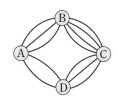

0961 중

오른쪽 그림과 같이 서연이네 집, 문구점, 편의점을 연결하는 도로가 있다. 서연이가 집에서 출발하여 문구점과 편의점을 한 번씩 거쳐 다시 집으로 돌아오는 경우의 수는?

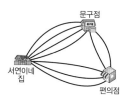

① 36   ② 42   ③ 48
④ 54   ⑤ 60

0962 ⑧

오른쪽 그림과 같이 네 지점 A, B, C, D를 연결하는 도로가 있다. A 지점에서 출발하여 C 지점으로 가는 경우의 수를 구하시오. (단, 같은 지점은 두 번 이상 지나지 않는다.)

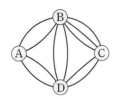

0963 ⑧

서술형 ♀

오른쪽 그림과 같은 도로망에서 B 지점과 D 지점을 연결하는 도로를 추가하여 A 지점에서 출발하여 C 지점으로 가는 경우의 수가 36이 되도록 하려고 한다. 추가해야 하는 도로의 개수를 구하시오. (단, 같은 지점은 두 번 이상 지나지 않고, 도로끼리는 서로 만나지 않는다.)

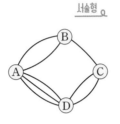

◇◆ 개념루트 공통수학1 308쪽

유형 06 색칠하는 경우의 수

각 영역을 칠하는 경우의 수를 구한 후 곱의 법칙을 이용하여 칠하는 모든 경우의 수를 구한다.
(1) 인접한 영역이 가장 많은 영역에 칠하는 경우의 수를 먼저 구한다.
(2) 서로 같은 색을 칠할 수 있는 영역은 같은 색을 칠하는 경우와 다른 색을 칠하는 경우로 나누어 생각한다.

0964 대표 문제

오른쪽 그림의 A, B, C, D 4개의 영역을 서로 다른 4가지 색으로 칠하려고 한다. 같은 색을 중복하여 사용해도 좋으나 인접한 영역은 서로 다른 색으로 칠할 때, 칠하는 경우의 수를 구하시오.
(단, 각 영역에는 한 가지 색만 칠한다.)

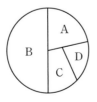

0965 ⑨

오른쪽 그림의 A, B, C 3개의 영역을 서로 다른 4가지 색으로 칠하려고 한다. 같은 색을 중복하여 사용해도 좋으나 인접한 영역은 서로 다른 색으로 칠할 때, 칠하는 경우의 수는?
(단, 각 영역에는 한 가지 색만 칠한다.)

① 20   ② 24   ③ 28
④ 32   ⑤ 36

0966 ⑧

오른쪽 그림의 A, B, C, D 4개의 영역을 서로 다른 4가지 색으로 칠하려고 한다. 같은 색을 중복하여 사용해도 좋으나 인접한 영역은 서로 다른 색으로 칠할 때, 칠하는 경우의 수를 구하시오.
(단, 각 영역에는 한 가지 색만 칠한다.)

0967 ⑧

오른쪽 그림의 A, B, C, D, E 5개의 영역을 서로 다른 5가지 색으로 칠하려고 한다. 같은 색을 중복하여 사용해도 좋으나 인접한 영역은 서로 다른 색으로 칠할 때, 칠하는 경우의 수는?
(단, 각 영역에는 한 가지 색만 칠한다.)

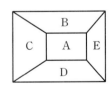

① 60   ② 180   ③ 240
④ 360   ⑤ 420

유형 07 지불 방법의 수와 지불 금액의 수

(1) 지불 방법의 수

100원짜리 동전 p개, 50원짜리 동전 q개, 10원짜리 동전 r개가 있을 때, 0원을 지불하는 경우를 제외하고 지불할 수 있는 방법의 수는

$$(p+1)(q+1)(r+1)-1$$

_{┗ 0원을 지불하는 경우 제외}

(2) 지불 금액의 수

금액이 중복되는 경우 m원짜리 동전 1개로 지불할 수 있는 금액과 n원짜리 동전 p개로 지불할 수 있는 금액이 같으면 m원짜리 동전 1개를 n원짜리 동전 p개로 바꾸어 생각한다.

0968 [대표 문제]

100원짜리 동전 1개, 50원짜리 동전 4개, 10원짜리 동전 2개의 일부 또는 전부를 사용하여 지불할 수 있는 방법의 수를 a, 지불할 수 있는 금액의 수를 b라 할 때, $a+b$의 값을 구하시오. (단, 0원을 지불하는 경우는 제외한다.)

0969 ⓗ

500원짜리 동전 3개, 100원짜리 동전 2개, 50원짜리 동전 3개, 10원짜리 동전 1개의 일부 또는 전부를 사용하여 지불할 수 있는 방법의 수는?

(단, 0원을 지불하는 경우는 제외한다.)

① 75 ② 80 ③ 85
④ 90 ⑤ 95

0970 ⓒ

1000원짜리 지폐 1장, 500원짜리 동전 3개, 100원짜리 동전 3개의 일부 또는 전부를 사용하여 지불할 수 있는 금액의 수는? (단, 0원을 지불하는 경우는 제외한다.)

① 22 ② 23 ③ 24
④ 25 ⑤ 26

유형 08 수형도를 이용하는 경우의 수

규칙을 찾기 어려운 경우의 수를 구할 때 수형도를 이용하면 중복되지 않고 빠짐없이 모든 경우를 배열하여 구할 수 있다.

0971 [대표 문제]

1, 2, 3, 4를 일렬로 배열하여 네 자리의 자연수 $a_1a_2a_3a_4$를 만들 때, $a_k \neq k$를 만족시키는 자연수의 개수는?

(단, $k=1, 2, 3, 4$)

① 7 ② 9 ③ 11
④ 13 ⑤ 15

0972 ⓗ

4명의 학생이 선물 교환을 위하여 준비한 선물을 상자에 넣은 후 임의로 1개씩 택하려고 한다. 이때 자신이 준비한 선물을 택한 학생이 1명뿐인 경우의 수는?

① 5 ② 6 ③ 7
④ 8 ⑤ 9

0973 ⓒ

오른쪽 그림과 같은 육면체의 꼭짓점 A에서 출발하여 모서리를 따라 움직여 꼭짓점 E에 도착하는 경우의 수를 구하시오. (단, 한 번 지나간 꼭짓점은 다시 지나지 않는다.)

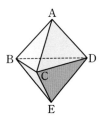

◈◆ 개념루트 공통수학1 318쪽

유형 09 $_nP_r$의 계산

(1) $_nP_r=n(n-1)(n-2)\times\cdots\times(n-r+1)$ (단, $0<r\leq n$)

(2) $_nP_r=\dfrac{n!}{(n-r)!}$ (단, $0\leq r\leq n$)

참고 $_nP_0=1$, $0!=1$

0974 대표 문제

등식 $_nP_2+4\times{}_nP_1=70$을 만족시키는 자연수 n의 값을 구하시오.

0975 중

$_nP_3:{}_nP_2=9:1$을 만족시키는 자연수 n의 값을 구하시오.

0976 중

등식 $_{2n}P_3=60\times{}_nP_2$를 만족시키는 자연수 n의 값은?

① 6   ② 7   ③ 8

④ 9   ⑤ 10

0977 중

다음은 $1\leq r<n$일 때, $_{n-1}P_r+r\times{}_{n-1}P_{r-1}={}_nP_r$임을 보이는 과정이다. ㈎, ㈏, ㈐에 알맞은 것을 구하시오.

$$_{n-1}P_r+r\times{}_{n-1}P_{r-1}=\frac{(n-1)!}{(n-1-r)!}+r\times\frac{(n-1)!}{\boxed{㈎}}$$

$$=\frac{(n-1)!}{(n-r)!}\times\boxed{㈏}$$

$$=\frac{\boxed{㈐}}{(n-r)!}={}_nP_r$$

$$\therefore {}_{n-1}P_r+r\times{}_{n-1}P_{r-1}={}_nP_r$$

◈◆ 개념루트 공통수학1 320쪽

유형 10 순열의 수

(1) 서로 다른 n개에서 r개를 택하는 순열의 수
➡ $_nP_r$

(2) 서로 다른 n개를 모두 택하는 순열의 수
➡ $_nP_n=n!$

0978 대표 문제

어느 동아리 회원 10명 중에서 회장 1명, 부회장 1명, 총무 1명을 뽑는 경우의 수는?

① 120   ② 240   ③ 360

④ 540   ⑤ 720

0979 하

5명의 학생이 이어달리기를 할 때, 달리는 순서를 정하는 경우의 수는?

① 80   ② 120   ③ 160

④ 230   ⑤ 240

0980 하

오른쪽 그림과 같은 7개의 좌석이 있다. 남학생 4명과 여학생 3명이 앉는다고 할 때, 앞줄에 여학생이, 뒷줄에 남학생이 앉을 경우의 수를 구하시오.

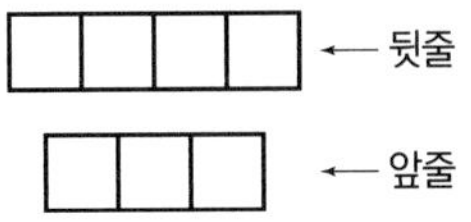

← 뒷줄

← 앞줄

0981 중

n명의 학생으로 구성된 모둠에서 발표 수업을 위해 자료 제작자 1명, 발표자 1명을 뽑는 경우의 수는 56이다. 이때 n의 값을 구하시오.

유형 11 이웃할 때의 순열의 수

이웃하는 것이 있는 순열의 수는 다음과 같은 순서로 구한다.
(1) 이웃하는 것을 한 묶음으로 생각하여 일렬로 배열하는 경우의 수를 구한다.
(2) 묶음 안에서 이웃하는 것끼리 자리를 바꾸는 경우의 수를 구한다.
(3) (1), (2)에서 구한 경우의 수를 곱한다.

0982 대표 문제

FAMILY에 있는 6개의 문자를 일렬로 배열할 때, F와 A를 이웃하게 배열하는 경우의 수는?

① 48   ② 120   ③ 240
④ 720   ⑤ 1440

0983 종 | 학평 기출 |

7개의 문자 c, h, e, e, r, u, p를 모두 일렬로 배열할 때, 2개의 문자 e가 서로 이웃하게 되는 경우의 수를 구하시오.

0984 종   서술형

중학생 n명과 고등학생 3명을 일렬로 세울 때, 고등학생끼리 서로 이웃하게 세우는 경우의 수는 144이다. 이때 n의 값을 구하시오.

유형 12 이웃하지 않을 때의 순열의 수

(1) 이웃하지 않는 것이 있는 순열의 수는 다음과 같은 순서로 구한다.
① 이웃해도 되는 것을 일렬로 배열하는 경우의 수를 구한다.
② 이웃해도 되는 것의 사이사이와 양 끝에 이웃하지 않는 것을 배열하는 경우의 수를 구한다.
③ ①, ②에서 구한 경우의 수를 곱한다.
(2) 두 집단의 구성원이 교대로 서는 경우의 수
① 두 집단의 구성원의 수가 각각 n이면 ➡ $2 \times n! \times n!$
② 두 집단의 구성원의 수가 각각 n, $n-1$이면
➡ $n! \times (n-1)!$

0985 대표 문제

basket에 있는 6개의 문자를 일렬로 배열할 때, 모음끼리 서로 이웃하지 않게 배열하는 경우의 수를 구하시오.

0986 종 | 학평 기출 |

숫자 1, 2, 3, 4, 5가 하나씩 적혀 있는 5장의 카드가 있다. 이 5장의 카드를 모두 일렬로 나열할 때, 짝수가 적혀 있는 카드끼리 서로 이웃하지 않도록 나열하는 경우의 수는?

① 24   ② 36   ③ 48
④ 60   ⑤ 72

0987 종

housing에 있는 7개의 문자를 일렬로 배열할 때, 자음과 모음이 교대로 오도록 배열하는 경우의 수를 구하시오.

0988 ⑧

7개의 숫자 1, 2, 3, 4, 5, 6, 7을 일렬로 배열할 때, 1, 2는 이웃하고 5, 6, 7은 모두 서로 이웃하지 않게 배열하는 경우의 수를 구하시오.

0989 ⑧

어느 학교의 교내 체육 대회에서 선생님 2명과 학생 2명을 한 팀으로 구성하여 4인 5각 경기를 하려고 한다. 한 팀에서 선생님과 학생이 교대로 서는 경우의 수는?

① 4   ② 5   ③ 6
④ 7   ⑤ 8

0990 ⑧

3명의 학생이 일렬로 놓인 6개의 똑같은 의자에 앉을 때, 어느 두 명도 이웃하지 않게 앉는 경우의 수는?

① 6   ② 12   ③ 18
④ 24   ⑤ 48

◇◆ 개념루트 공통수학1 324쪽

유형 13   자리에 대한 조건이 있을 때의 순열의 수

특정한 자리에 대한 조건을 만족시키도록 일렬로 배열하는 경우에는 특정한 자리에 오는 것을 고정시키고 나머지를 배열한다.

0991 대표 문제

남학생 4명과 여학생 3명을 일렬로 세울 때, 여학생이 양 끝에 오도록 세우는 경우의 수를 구하시오.

0992 ⑨

준형, 도윤, 찬호, 정우가 이어달리기 반 대표 선수로 뽑혔다. 4명의 학생이 이어달리기를 하는 순서를 정할 때, 준형이가 마지막에 달리도록 정하는 경우의 수는?

① 6   ② 9   ③ 12
④ 15   ⑤ 18

0993 ⑧

승하, 은재, 은서, 고은이가 선생님과 함께 한 줄로 서서 기념사진을 찍으려고 할 때, 승하와 은서가 선생님의 양옆에 서는 경우의 수는?

① 10   ② 12   ③ 14
④ 16   ⑤ 18

0994 ⑧

abcdef에 있는 6개의 문자를 일렬로 배열할 때, 모음이 짝수 번째 오도록 배열하는 경우의 수는?

① 128   ② 132   ③ 136
④ 140   ⑤ 144

0995 ⑧

7개의 문자 A, B, C, D, E, F, G를 일렬로 배열할 때, C와 G 사이에 2개의 문자가 들어가도록 배열하는 경우의 수를 구하시오.

◈ 개념루트 공통수학1 324쪽

유형 14 '적어도'의 조건이 있을 때의 순열의 수

(사건 A가 적어도 한 번 일어나는 경우의 수)
=(모든 경우의 수)−(사건 A가 일어나지 않는 경우의 수)

0996 대표 문제

earth에 있는 5개의 문자를 일렬로 배열할 때, 적어도 한 쪽 끝에 모음이 오도록 배열하는 경우의 수를 구하시오.

0997 하

남학생 3명과 여학생 5명 중에서 대표 1명, 부대표 1명을 뽑을 때, 대표, 부대표 중에서 적어도 한 명은 여학생을 뽑는 경우의 수는?

① 50 ② 52 ③ 54
④ 56 ⑤ 58

0998 중

5개의 문자 A, B, C, D, E를 일렬로 배열할 때, A, C, E 중에서 적어도 2개가 이웃하도록 배열하는 경우의 수는?

① 96 ② 108 ③ 132
④ 216 ⑤ 256

0999 중

서로 다른 7개의 알파벳을 일렬로 배열할 때, 적어도 한쪽 끝에 자음이 오도록 배열하는 경우의 수는 3600이다. 이때 자음의 개수를 구하시오.

◈ 개념루트 공통수학1 326쪽

빈출

유형 15 순열을 이용한 자연수의 개수

주어진 조건에 따라 기준이 되는 자리를 먼저 배열하고 나머지 자리에 남은 숫자를 배열한다.
이때 맨 앞자리에는 0이 올 수 없음에 주의한다.
➡ 서로 다른 n개의 한 자리의 숫자를 한 번씩 사용하여 만들 수 있는 r자리의 자연수의 개수
   (1) n개의 숫자에 0이 없는 경우: $_n\mathrm{P}_r$
   (2) n개의 숫자에 0이 있는 경우: $(n-1)\times _{n-1}\mathrm{P}_{r-1}$

1000 대표 문제

7개의 숫자 0, 1, 2, 3, 4, 5, 6에서 서로 다른 4개를 사용하여 만들 수 있는 네 자리의 자연수 중 5의 배수의 개수는?

① 140 ② 180 ③ 220
④ 260 ⑤ 300

1001 하

6개의 숫자 0, 1, 2, 3, 4, 5에서 서로 다른 3개를 사용하여 만들 수 있는 세 자리의 자연수의 개수를 구하시오.

1002 ⑧

5개의 숫자 1, 2, 3, 4, 5에서 서로 다른 3개를 사용하여 만들 수 있는 세 자리의 자연수 중 홀수의 개수는?

① 18   ② 27   ③ 36
④ 45   ⑤ 54

1003 ⑧

숫자 1, 2, 3, 4가 각각 하나씩 적힌 4장의 카드에서 서로 다른 3장을 뽑아 만들 수 있는 세 자리의 자연수 중 3의 배수의 개수는?

① 6   ② 12   ③ 18
④ 24   ⑤ 30

1004 ⑭

0에서 9까지의 숫자가 각각 하나씩 적힌 10장의 카드에서 서로 다른 3장을 뽑아 만들 수 있는 세 자리의 자연수 중 각 자리의 숫자들의 합이 짝수인 자연수의 개수는?

① 280   ② 304   ③ 328
④ 352   ⑤ 376

유형 16 사전식 배열에서 특정한 위치 찾기

문자를 사전식으로 배열하거나 숫자를 크기순으로 배열하는 경우에는 기준이 되어 자리를 정할 수 있는 문자 또는 숫자를 먼저 배열한 후 순열을 이용하여 나머지 자리에 남은 문자 또는 숫자를 배열하는 경우의 수를 구한다.

1005 대표 문제

5개의 문자 a, m, r, s, t를 모두 한 번씩 사용하여 사전식으로 amrst부터 tsrma까지 배열할 때, smart는 몇 번째에 나타나는지 구하시오.

1006 ⑧

5개의 숫자 0, 1, 2, 3, 4에서 서로 다른 3개를 사용하여 만든 세 자리의 자연수 중 240보다 작은 수의 개수는?

① 20   ② 21   ③ 22
④ 23   ⑤ 24

1007 ⑧

visang에 있는 6개의 문자를 모두 한 번씩만 사용하여 만든 문자열을 사전식으로 배열할 때, 295번째에 나타나는 문자열은?

① inagsv   ② inagvs   ③ ingasv
④ ingavs   ⑤ insagv

1008 ⑭

6개의 숫자 1, 2, 3, 4, 5, 6에서 서로 다른 4개를 사용하여 만든 네 자리의 자연수 중 140번째로 큰 수를 구하시오.

AB 유형 점검

1009 유형 01

1부터 30까지의 자연수가 각각 하나씩 적힌 30장의 카드에서 한 장의 카드를 뽑을 때, 뽑힌 카드에 적힌 수가 2의 배수 또는 3의 배수인 경우의 수는?

① 16   ② 17   ③ 18
④ 19   ⑤ 20

1010 유형 03

숫자 2, 3, 6, 7이 각각 하나씩 적힌 4장의 카드에서 서로 다른 2장을 뽑아 만들 수 있는 두 자리의 자연수 중 홀수의 개수를 구하시오.

1011 유형 03

$(a+b+c)(x+y)^2$을 전개하였을 때 생기는 항의 개수는?

① 5   ② 6   ③ 8
④ 9   ⑤ 12

1012 유형 04

1350의 양의 약수 중 홀수의 개수는?

① 8   ② 10   ③ 12
④ 14   ⑤ 16

1013 유형 05

다음 그림과 같이 세 지점 A, B, C를 연결하는 도로가 있다. A 지점에서 출발하여 C 지점을 거쳐 다시 A 지점으로 돌아올 때, B 지점을 한 번만 지나는 경우의 수는?

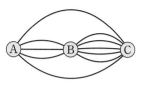

① 30   ② 45   ③ 60
④ 75   ⑤ 90

1014 유형 02 + 07

1000원짜리 지폐 1장, 500원짜리 동전 5개, 100원짜리 동전 10개의 일부 또는 전부를 사용하여 지불할 때, 보기에서 옳은 것만을 있는 대로 고른 것은?

(단, 0원을 지불하는 경우는 제외한다.)

보기
ㄱ. 지불할 수 있는 방법의 수는 131이다.
ㄴ. 지불할 수 있는 금액의 수는 46이다.
ㄷ. 2000원을 지불하는 방법의 수는 4이다.

① ㄱ   ② ㄷ   ③ ㄱ, ㄴ
④ ㄱ, ㄷ   ⑤ ㄴ, ㄷ

1015 유형 08

1, 2, 3, 4, 5를 일렬로 배열하여 다섯 자리의 자연수 $a_1a_2a_3a_4a_5$를 만들 때,
$$a_3=3,\ a_k\neq k\,(k=1,\ 2,\ 4,\ 5)$$
를 만족시키는 자연수의 개수를 구하시오.

1016 유형 09

등식 $_{n+1}P_3 - 6 \times _nP_2 = 14 \times _{n-1}P_1$을 만족시키는 자연수 n의 값을 구하시오.

1017 유형 10

어느 동아리 학생 8명 중에서 회장, 부회장, 서기를 각각 1명씩 뽑는 경우의 수를 구하시오.

1018 유형 11

studio에 있는 6개의 문자를 일렬로 배열할 때, 모음끼리 모두 이웃하게 배열하는 경우의 수는?

① 12   ② 24   ③ 48
④ 72   ⑤ 144

1019 유형 12

어느 팬클럽 행사에 참가한 팬 5명과 가수 2명이 일렬로 서서 기념사진을 찍으려고 할 때, 가수끼리 이웃하지 않게 서는 경우의 수는?

① 600   ② 1200   ③ 2400
④ 3600   ⑤ 4800

1020 유형 13

6곡의 음악 A, B, C, D, E, F 중에서 4곡을 택하여 한 번씩만 들으려고 할 때, F를 마지막에 듣도록 순서를 정하는 경우의 수는?

① 60   ② 62   ③ 64
④ 66   ⑤ 68

1021 유형 13

현서와 현아를 포함한 5명의 가족이 한 줄로 서서 가족사진을 찍으려고 할 때, 현서와 현아가 양 끝에 서는 경우의 수는?

① 10   ② 12   ③ 14
④ 16   ⑤ 18

1022 유형 13

7개의 문자 I, M, P, R, O, V, E를 일렬로 배열할 때, M과 P 사이에 2개의 모음만 들어가도록 배열하는 경우의 수를 구하시오.

1023 유형 14

A 회사의 서로 다른 캐릭터 인형 2개와 B 회사의 서로 다른 캐릭터 인형 3개를 일렬로 진열할 때, 적어도 한쪽 끝에 A 회사의 캐릭터 인형이 오도록 진열하는 경우의 수를 구하시오.

1024 유형 15

숫자 0, 1, 2, 3, 4가 각각 하나씩 적힌 5장의 카드에서 서로 다른 3장을 뽑아 만들 수 있는 세 자리의 자연수 중 짝수의 개수는?

① 21   ② 24   ③ 26

④ 28   ⑤ 30

1025 유형 16

5개의 숫자 1, 2, 3, 4, 5에서 서로 다른 4개를 사용하여 만든 네 자리의 자연수 중 3200보다 큰 수의 개수를 구하시오.

1026 유형 16

7개의 숫자 1, 2, 3, 4, 5, 6, 7에서 서로 다른 4개를 사용하여 만든 네 자리의 자연수 중 384번째로 큰 수는?

① 4673   ② 4672   ③ 4671

④ 4657   ⑤ 4653

서술형

1027 유형 02

부등식 $10 \leq x + 2y + 3z \leq 12$를 만족시키는 자연수 x, y, z의 순서쌍 (x, y, z)의 개수를 구하시오.

1028 유형 06

오른쪽 그림의 A, B, C, D, E 5개의 영역을 서로 다른 5가지 색으로 칠하려고 한다. 같은 색을 중복하여 사용해도 좋으나 인접한 영역은 서로 다른 색으로 칠할 때, 칠하는 경우의 수를 구하시오. (단, 각 영역에는 한 가지 색만 칠한다.)

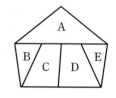

1029 유형 12

남학생 4명과 여학생 3명이 일렬로 놓인 7개의 똑같은 의자에 앉으려고 한다. 특정한 남학생 3명 중 어느 두 명도 이웃하지 않게 앉는 경우의 수를 a, 여학생과 남학생이 교대로 앉는 경우의 수를 b라 할 때, $a + b$의 값을 구하시오.

C 실력 향상

1030

서로 다른 두 개의 주사위를 동시에 던져서 나오는 눈의 수를 각각 a, b라 할 때, 이차함수 $y=x^2-(a+b)x+ab$의 그래프가 직선 $y=-4$와 만나지 않도록 하는 순서쌍 $(a,\ b)$의 개수를 구하시오.

1031

오른쪽 그림과 같이 6개의 영역으로 나누어진 퍼즐판에 각 영역을 구분하여 색을 칠할 때, 같은 색을 중복하여 사용해도 좋으나 인접한 영역은 서로 다른 색으로 칠하려고 한다. 서로 다른 n가지 색 중 전부 또는 일부를 사용하여 칠하는 경우의 수를 $f(n)$이라 할 때, $f(4)+f(6)$의 값은?

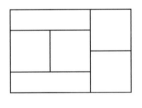

① 5760   ② 5784   ③ 5808

④ 5832   ⑤ 5856

1032

| 학평 기출 |

어느 관광지에서 7명의 관광객 A, B, C, D, E, F, G가 마차를 타려고 한다. 그림과 같이 이 마차에는 4개의 2인용 의자가 있고, 마부는 가장 앞에 있는 2인용 의자의 오른쪽 좌석에 앉는다. 7명의 관광객이 다음 조건을 만족시키도록 비어 있는 7개의 좌석에 앉는 경우의 수를 구하시오.

> ㈎ A와 B는 같은 2인용 의자에 이웃하여 앉는다.
> ㈏ C와 D는 같은 2인용 의자에 이웃하여 앉지 않는다.

1033

6개의 문자 A, B, C, D, E, F를 일렬로 배열하여 만든 여섯 자리의 문자열 중에서 다음 조건을 만족시키는 문자열의 개수는?

> ㈎ A의 바로 다음 자리에 B가 올 수 없다.
> ㈏ B의 바로 다음 자리에 C가 올 수 없다.
> ㈐ C의 바로 다음 자리에 A가 올 수 없다.

① 360   ② 432   ③ 552

④ 672   ⑤ 720

• 정답과 해설 107쪽

↪ 기출 BOOK 50쪽

10-1 조합   유형 01~02, 04~09

(1) 조합

서로 다른 n개에서 순서를 생각하지 않고 $r(0<r\leq n)$개를 택하는 것을 n개에서 r개를 택하는 **조합**이라 한다. 이때 조합의 가짓수를 조합의 수라 한다.   〔기호〕 $_n\mathrm{C}_r$

➡ $_n\mathrm{C}_r=\dfrac{_n\mathrm{P}_r}{r!}=\dfrac{n!}{r!(n-r)!}$ (단, $0\leq r\leq n$)

〔예〕 서로 다른 6개에서 3개를 택하는 조합의 수는

$$_6\mathrm{C}_3=\dfrac{_6\mathrm{P}_3}{3!}=\dfrac{6\times5\times4}{3\times2\times1}=20$$

(2) 조합의 수의 성질

① $_n\mathrm{C}_n=1$, $_n\mathrm{C}_0=1$

② $_n\mathrm{C}_r=_n\mathrm{C}_{n-r}$ (단, $0\leq r\leq n$)

③ $_n\mathrm{C}_r=_{n-1}\mathrm{C}_r+_{n-1}\mathrm{C}_{r-1}$ (단, $1\leq r<n$)

〔참고〕 $r>n-r$이면 $_n\mathrm{C}_r=_n\mathrm{C}_{n-r}$를 이용한다.

〔예〕 ① $_5\mathrm{C}_3=_5\mathrm{C}_2=\dfrac{5\times4}{2\times1}=10$

② $_6\mathrm{C}_3+_6\mathrm{C}_2=_7\mathrm{C}_3=\dfrac{7\times6\times5}{3\times2\times1}=35$

> 서로 다른 n개에서 r개를 택할 때, 순서를 생각하면 순열을 이용하고 순서를 생각하지 않으면 조합을 이용한다.

10-2 특정한 것을 포함하거나 포함하지 않을 때의 조합의 수   유형 03

(1) 특정한 것을 포함할 때의 조합의 수

서로 다른 n개에서 특정한 k개를 포함하여 r개를 뽑는 경우의 수는

➡ $_{n-k}\mathrm{C}_{r-k}$

(2) 특정한 것을 포함하지 않을 때의 조합의 수

서로 다른 n개에서 특정한 k개를 제외하고 r개를 뽑는 경우의 수는

➡ $_{n-k}\mathrm{C}_r$

〔예〕 6명의 학생 중에서 3명을 뽑을 때

① 특정한 1명을 포함하여 뽑는 경우의 수는 $_5\mathrm{C}_2=\dfrac{5\times4}{2\times1}=10$

② 특정한 1명을 제외하고 뽑는 경우의 수는 $_5\mathrm{C}_3=_5\mathrm{C}_2=10$

> 특정한 k개를 이미 뽑았다고 생각하고, 나머지 $(n-k)$개 중에서 $(r-k)$개를 뽑는 경우의 수와 같다.

10-3 나누는 경우의 수 (분할과 분배)   유형 10~11

(1) 서로 다른 n개를 p개, q개, r개$(p+q+r=n)$의 3묶음으로 나누는 경우의 수는 → 분할의 수

① p, q, r가 모두 다른 수이면 ➡ $_n\mathrm{C}_p\times_{n-p}\mathrm{C}_q\times_r\mathrm{C}_r$

② p, q, r 중에서 어느 두 수가 같으면 ➡ $_n\mathrm{C}_p\times_{n-p}\mathrm{C}_q\times_r\mathrm{C}_r\times\dfrac{1}{2!}$

③ p, q, r가 모두 같은 수이면 ➡ $_n\mathrm{C}_p\times_{n-p}\mathrm{C}_q\times_r\mathrm{C}_r\times\dfrac{1}{3!}$

(2) n묶음으로 나누어 n명에게 나누어 주는 경우의 수는 → 분배의 수

(n묶음으로 나누는 경우의 수)$\times n!$

> a, b, c, d를 2개, 2개의 2묶음으로 나눌 때, $\{(a, b), (c, d)\}$, $\{(a, c), (b, d)\}$, $\{(a, d), (b, c)\}$는 각각 $\{(c, d), (a, b)\}$, $\{(b, d), (a, c)\}$, $\{(b, c), (a, d)\}$와 같으므로 같은 경우가 2!가지씩 존재한다.

10-1 조합

[1034~1037] 다음 값을 구하시오.

1034 $_6C_2$

1035 $_9C_7$

1036 $_5C_5$

1037 $_8C_0$

[1038~1041] 다음 등식을 만족시키는 자연수 n 또는 r의 값을 구하시오.

1038 $_nC_3 = {_nC_4}$

1039 $_nC_7 = {_nC_1}$

1040 $_8C_r = {_8C_2}$ (단, $r \neq 2$)

1041 $_{10}C_r = {_{10}C_{r-4}}$

[1042~1045] 다음 등식을 만족시키는 자연수 n 또는 r의 값을 구하시오.

1042 $_nC_2 = 6$

1043 $_nC_3 = 35$

1044 $_{n+1}C_2 = 15$

1045 $_{12}C_r = 12$

[1046~1047] 다음을 구하시오.

1046 서로 다른 12개에서 2개를 택하는 조합의 수

1047 서로 다른 15개에서 3개를 택하는 조합의 수

[1048~1049] 남학생 6명과 여학생 4명이 있을 때, 다음을 구하시오.

1048 4명의 학생을 뽑는 경우의 수

1049 여학생 3명을 뽑는 경우의 수

10-2 특정한 것을 포함하거나 포함하지 않을 때의 조합의 수

[1050~1051] 지민이를 포함한 7명의 학생 중에서 3명을 뽑을 때, 다음을 구하시오.

1050 지민이를 포함하여 뽑는 경우의 수

1051 지민이를 제외하고 뽑는 경우의 수

10-3 나누는 경우의 수(분할과 분배)

1052 6명의 학생을 3명, 2명, 1명의 3개의 조로 나누는 경우의 수를 구하시오.

B 유형 완성

◆◆ 개념루트 공통수학1 338쪽

유형 01 $_nC_r$의 계산

(1) $_nC_r=\dfrac{_nP_r}{r!}=\dfrac{n!}{r!(n-r)!}$ (단, $0\le r\le n$)

(2) $_nC_r={}_nC_{n-r}$ (단, $0\le r\le n$)

(3) $_nC_r={}_{n-1}C_r+{}_{n-1}C_{r-1}$ (단, $1\le r<n$)

참고 $_nC_n=1$, $_nC_0=1$

1053 대표 문제

등식 $_nC_2+{}_{n+1}C_2={}_{n+3}C_2$를 만족시키는 자연수 n의 값은?

① 5 ② 6 ③ 7
④ 8 ⑤ 9

1054 (하)

등식 $_{44}C_{n^2}={}_{44}C_{5n-6}$을 만족시키는 모든 자연수 n의 값의 합은?

① 6 ② 7 ③ 8
④ 9 ⑤ 10

1055 (중)

등식 $_{n+1}P_2+{}_{n+1}C_{n-1}=63$을 만족시키는 자연수 n의 값은?

① 4 ② 5 ③ 6
④ 7 ⑤ 8

1056 (중)

서술형

x에 대한 이차방정식 $_nC_2x^2-2\times{}_nC_3x-2\times{}_nC_4=0$의 두 근을 α, β라 할 때, $\alpha+\beta=4$이다. 이때 $\alpha\beta$의 값을 구하시오.

빈출

◆◆ 개념루트 공통수학1 340쪽

유형 02 조합의 수

서로 다른 n개에서 r개를 택하는 조합의 수
➡ $_nC_r$

참고 서로 다른 n개의 자연수 중에서 $a<b<c$를 만족시키는 자연수 a, b, c를 정하는 경우의 수

➡ n개 중에서 3개를 뽑아 크기가 작은 순서대로 a, b, c로 정하면 되므로 $_nC_3$

1057 대표 문제

장래 희망이 프로그래머인 학생 4명, 디자이너인 학생 3명이 있다. 이 중에서 장래 희망이 프로그래머인 학생 2명, 디자이너인 학생 1명을 뽑는 경우의 수를 구하시오.

1058 (하)

연극반 학생 8명 중에서 축제 공연 무대에 오를 주인공 1명, 주인공 외 출연자 2명을 뽑는 경우의 수는?

① 162 ② 164 ③ 166
④ 168 ⑤ 170

1059 종

어느 고등학교 축구 대회에 참가한 n개의 팀이 다른 팀과 모두 한 번씩 경기를 하였더니 전체 경기 수가 66이었다. 이때 n의 값을 구하시오.

1060 종 | 학평 기출 |

1부터 8까지의 자연수가 각각 하나씩 적혀 있는 8장의 카드 중에서 동시에 5장의 카드를 선택하려고 한다. 선택한 카드에 적혀 있는 수의 합이 짝수인 경우의 수는?

① 24   ② 28   ③ 32
④ 36   ⑤ 40

1061 종

자연수 a, b에 대하여 부등식 $2 < a < b \leq 9$를 만족시키는 순서쌍 (a, b)의 개수를 구하시오.

1062 상 | 학평 기출 |

다음 조건을 만족시키도록 서로 다른 5개의 바구니에 빨간색 공 3개와 파란색 공 6개를 모두 넣는 경우의 수를 구하시오. (단, 같은 색의 공은 서로 구별하지 않는다.)

㈎ 각 바구니에 공은 1개 이상, 3개 이하로 넣는다.
㈏ 빨간색 공은 한 바구니에 2개 이상 넣을 수 없다.

유형 03 특정한 것을 포함하거나 포함하지 않을 때의 조합의 수

(1) 서로 다른 n개에서 특정한 k개를 포함하여 r개를 택하는 조합의 수는 $(n-k)$개에서 $(r-k)$개를 택하는 조합의 수와 같다. ➡ $_{n-k}C_{r-k}$
(2) 서로 다른 n개에서 특정한 k개를 포함하지 않고 r개를 택하는 조합의 수는 $(n-k)$개에서 r개를 택하는 조합의 수와 같다. ➡ $_{n-k}C_r$

1063 대표 문제

현수와 정민이를 포함한 8명의 배드민턴 동호회 회원 중에서 시 대회에 참가할 회원 4명을 뽑을 때, 현수와 정민이를 모두 뽑는 경우의 수를 구하시오.

1064 하

7가지 무지개색 중에서 4가지 색을 택할 때, 빨간색은 포함하지 않고 주황색과 노란색은 포함하여 택하는 경우의 수는?

① 5   ② 6   ③ 7
④ 8   ⑤ 9

1065 종

1학년 학생 6명, 2학년 학생 7명으로 구성된 토론 동아리에서 1학년 학생 4명, 2학년 학생 4명을 뽑을 때, 특정한 1학년 학생 1명과 특정한 2학년 학생 2명을 모두 뽑는 경우의 수를 구하시오.

1066 종

5가지 종류의 체험 프로그램이 있는 체험 활동에 참가한 연희와 민아가 체험 프로그램 중에서 각각 2가지를 택할 때, 연희와 민아가 택한 체험 프로그램 중에서 한 종류만 같은 경우의 수를 구하시오.

유형 04 '적어도'의 조건이 있을 때의 조합의 수

(사건 A가 적어도 한 번 일어나는 경우의 수)
=(모든 경우의 수)−(사건 A가 일어나지 않는 경우의 수)

1067 대표 문제

서로 다른 소설책 7권과 수필집 4권 중에서 4권을 택하여 읽으려고 할 때, 소설책과 수필집이 적어도 1권씩 포함되도록 택하는 경우의 수를 구하시오.

1068 하

남자 5명과 여자 5명으로 구성된 모임에서 대표 4명을 뽑을 때, 여자가 적어도 1명 포함되도록 뽑는 경우의 수를 구하시오.

1069 중

서로 다른 운동화 4켤레, 구두 5켤레, 슬리퍼 2켤레 중에서 4켤레를 택할 때, 구두가 적어도 2켤레 포함되도록 택하는 경우의 수는? (단, 짝이 맞는 신발만 택한다.)

① 115   ② 200   ③ 215
④ 230   ⑤ 315

1070 중   서술형

1학년 학생과 2학년 학생으로 구성된 어느 수학 동아리 학생 12명 중에서 운영진 3명을 뽑을 때, 1학년 학생이 적어도 1명 포함되도록 뽑는 경우의 수가 210이다. 이때 1학년 학생은 몇 명인지 구하시오.

유형 05 뽑아서 배열하는 경우의 수

서로 다른 n개에서 r개를 뽑아 일렬로 배열하는 경우의 수는 다음과 같은 순서로 구한다.
(1) n개에서 r개를 뽑는 경우의 수를 구한다.
(2) 뽑은 r개를 일렬로 배열하는 경우의 수를 구한다.
(3) (1), (2)에서 구한 경우의 수를 곱한다.
➡ $_nC_r \times r!$

1071 대표 문제

1부터 9까지의 자연수 중에서 서로 다른 홀수 2개와 서로 다른 짝수 2개로 네 자리 비밀번호를 만들려고 할 때, 만들 수 있는 비밀번호의 개수를 구하시오.

1072 중

연우와 찬호를 포함한 7명의 학생 중에서 4명을 뽑아 일렬로 세울 때, 연우와 찬호가 모두 포함되고 서로 이웃하도록 세우는 경우의 수는?

① 10   ② 60   ③ 120
④ 720   ⑤ 1440

1073 상

9칸으로 이루어진 보관함에 서로 다른 물건 6개를 넣을 때, 각 가로줄에는 오른쪽 그림과 같이 가로줄 순서와 상관없이 각각 1개, 2개, 3개로 넣으려고 한다. 이 보관함에 물건을 넣는 경우의 수가 $2^a \times 3^b \times 5^c$일 때, 자연수 a, b, c에 대하여 $a+b+c$의 값을 구하시오. (단, 물건은 한 칸에 한 개씩만 넣는다.).

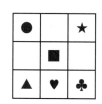

◇◆ 개념루트 공통수학1 346쪽

유형 06 직선의 개수

어느 세 점도 한 직선 위에 있지 않은 서로 다른 n개의 점으로 만들 수 있는 서로 다른 직선의 개수

➡ $_nC_2$

참고 한 직선 위에 있는 서로 다른 n개의 점으로 만들 수 있는 직선은 1개이다.

1074 대표 문제

한 평면 위에 있는 서로 다른 6개의 점 중에서 어느 세 점도 한 직선 위에 있지 않을 때, 주어진 점을 이어서 만들 수 있는 서로 다른 직선의 개수는?

① 11   ② 13   ③ 15
④ 17   ⑤ 19

1075 중

오른쪽 그림과 같이 평행한 두 직선 위에 7개의 점이 있을 때, 주어진 점을 이어서 만들 수 있는 서로 다른 직선의 개수를 구하시오.

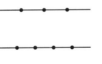

1076 중

오른쪽 그림과 같이 반원 위에 11개의 점이 있을 때, 주어진 점을 이어서 만들 수 있는 서로 다른 직선의 개수를 구하시오.

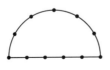

◇◆ 개념루트 공통수학1 346쪽

유형 07 대각선의 개수

n각형의 대각선의 개수는 n개의 꼭짓점 중에서 2개를 택하여 만드는 선분의 개수에서 n각형의 변의 개수를 뺀 것과 같다.

➡ $_nC_2-n$

1077 대표 문제

오른쪽 그림과 같은 십각형에서 대각선의 개수는?

① 35   ② 37
③ 39   ④ 41
⑤ 45

1078 중

대각선의 개수가 65인 다각형의 꼭짓점의 개수는?

① 12   ② 13   ③ 14
④ 15   ⑤ 16

1079 상

구각형의 서로 다른 대각선의 교점의 최대 개수는?

(단, 꼭짓점은 교점에서 제외한다.)

① 120   ② 122   ③ 124
④ 126   ⑤ 128

유형 08 다각형의 개수

어느 세 점도 한 직선 위에 있지 않은 서로 다른 n개의 점에 대하여

(1) 3개의 점을 꼭짓점으로 하는 삼각형의 개수 ➡ $_nC_3$

(2) 4개의 점을 꼭짓점으로 하는 사각형의 개수 ➡ $_nC_4$

참고 한 직선 위에 있는 서로 다른 3개의 점으로는 삼각형을 만들 수 없다.

1080 대표 문제

오른쪽 그림과 같이 반원 위에 있는 10개의 점 중에서 3개의 점을 꼭짓점으로 하는 삼각형의 개수를 구하시오.

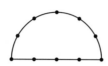

1081 하

오른쪽 그림과 같이 원 위에 있는 7개의 점 중에서 4개의 점을 꼭짓점으로 하는 사각형의 개수는?

① 30   ② 35

③ 40   ④ 45

⑤ 50

1082 중

오른쪽 그림과 같이 정삼각형 위에 같은 간격으로 놓인 9개의 점 중에서 3개의 점을 꼭짓점으로 하는 삼각형의 개수를 구하시오.

유형 09 평행사변형의 개수

m개의 평행한 직선과 n개의 평행한 직선이 만날 때, 이 직선으로 만들어지는 평행사변형의 개수는 m개의 직선 중에서 2개를 택하고 n개의 직선 중에서 2개를 택하는 경우의 수와 같다.

➡ $_mC_2 \times _nC_2$

1083 대표 문제

오른쪽 그림과 같이 4개의 평행한 직선과 3개의 평행한 직선이 서로 만날 때, 이 직선으로 만들어지는 평행사변형의 개수를 구하시오.

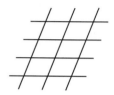

1084 중

오른쪽 그림과 같이 각각 3개, 2개, 3개의 평행한 직선이 서로 만날 때, 이 직선으로 만들어지는 평행사변형의 개수는?

① 6   ② 9

③ 12   ④ 15

⑤ 18

1085 중   서술형

오른쪽 그림과 같이 6개의 정사각형을 이어 붙인 도형에서 정사각형이 아닌 직사각형의 개수를 구하시오.

◇◆ 개념루트 공통수학1 348쪽

유형 10 나누는 경우의 수(분할과 분배)

(1) 서로 다른 n개를 p개, q개, r개 $(p+q+r=n)$의 3묶음으로 나누는 경우의 수는

① p, q, r가 모두 다른 수이면 ➡ $_nC_p \times _{n-p}C_q \times _rC_r$

② p, q, r 중에서 어느 두 수가 같으면

➡ $_nC_p \times _{n-p}C_q \times _rC_r \times \dfrac{1}{2!}$

③ p, q, r가 모두 같은 수이면

➡ $_nC_p \times _{n-p}C_q \times _rC_r \times \dfrac{1}{3!}$

(2) n묶음으로 나누어 n명에게 나누어 주는 경우의 수는

(n묶음으로 나누는 경우의 수)$\times n!$

1086 대표 문제

서로 다른 6개의 사탕을 똑같은 상자 3개에 빈 상자가 없도록 나누어 담는 경우의 수는?

① 30   ② 45   ③ 60

④ 75   ⑤ 90

1087 중

남학생 7명, 여학생 3명을 5명씩 두 개의 조로 나눌 때, 각 조에 적어도 한 명의 여학생이 포함되도록 나누는 경우의 수를 구하시오.

1088 상

7명의 학생을 2명, 2명, 2명, 1명의 4개 조로 나누어 서로 다른 4곳에서 봉사 활동을 하는 경우의 수는?

① 105   ② 210   ③ 315

④ 1260   ⑤ 2520

◇◆ 개념루트 공통수학1 348쪽

유형 11 대진표 작성하기

오른쪽 그림과 같은 대진표를 작성하는 경우의 수는 다음과 같은 순서로 구한다.

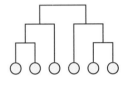

(1) 5개를 2개, 3개의 두 조로 나누는 경우의 수를 구한다.

(2) 3개의 조에서 부전승으로 올라갈 1개를 택하는 경우의 수를 구한다.

(3) (1), (2)에서 구한 경우의 수를 곱한다.

1089 대표 문제

교내 배구 대회에 참가한 6개의 학급이 오른쪽 그림과 같은 토너먼트 방식으로 시합을 할 때, 대진표를 작성하는 경우의 수를 구하시오.

1090 중

발야구 대회에 참가한 5개의 학급이 오른쪽 그림과 같은 토너먼트 방식으로 시합을 할 때, 대진표를 작성하는 경우의 수는?

① 25   ② 27   ③ 30

④ 32   ⑤ 35

1091 상

야구 대회에 참가한 7개의 팀이 다음 그림과 같은 토너먼트 방식으로 시합을 할 때, 대진표를 작성하는 경우의 수는?

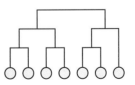

① 225   ② 255   ③ 285

④ 315   ⑤ 345

AB 유형 점검

1092 유형 01

다음 중 $_7C_3 + _7C_4$의 값과 같은 것은?

① $_7C_2$ ② $_7C_6$ ③ $_8C_3$

④ $_8C_4$ ⑤ $_8C_6$

1093 유형 01

등식 $_nP_3 - _{2n}C_2 = 15$를 만족시키는 자연수 n의 값은?

① 3 ② 4 ③ 5

④ 6 ⑤ 7

1094 유형 02

A 모둠 학생 6명과 B 모둠 학생 5명 중에서 3명을 뽑을 때, 3명의 학생이 모두 같은 모둠인 경우의 수를 구하시오.

1095 유형 02

2부터 40까지의 짝수 중에서 서로 다른 두 수를 택할 때, 택한 두 수의 합이 3의 배수가 되는 경우의 수는?

① 55 ② 58 ③ 61

④ 64 ⑤ 67

1096 유형 03

7개의 문자 a, b, c, d, e, f, g 중에서 4개를 택할 때, a, b를 포함하여 택하는 경우의 수와 a, b를 포함하지 않고 택하는 경우의 수의 합은?

① 15 ② 20 ③ 25

④ 30 ⑤ 35

1097 유형 03

A, B를 포함한 9편의 영화 중에서 5편을 택할 때, A, B 중에서 한 편만 택하는 경우의 수는?

① 50 ② 55 ③ 60

④ 65 ⑤ 70

1098 유형 04

서로 다른 종류의 연필과 볼펜이 합하여 9자루가 있다. 이 중에서 3자루를 택할 때, 볼펜이 적어도 1자루 포함되도록 택하는 경우의 수가 74이다. 이때 연필은 모두 몇 자루인지 구하시오.

1099 유형 05

어느 수학·과학 융합 체험전에 수학 부스가 4개, 과학 부스가 3개 있다. 희수가 이 체험전에서 수학 부스 2개, 과학 부스 1개를 골라 순서를 정해 체험하려고 할 때, 체험하는 경우의 수는?

① 18 　　　　② 36 　　　　③ 72
④ 108 　　　　⑤ 144

1100 유형 05

민수, 현재, 동현이를 포함한 9명의 학생 중에서 5명을 뽑아 일렬로 세울 때, 민수와 현재는 모두 포함되고 동현이는 포함되지 않으며 민수와 현재가 서로 이웃하지 않게 세우는 경우의 수는?

① 480 　　　　② 720 　　　　③ 960
④ 1200 　　　　⑤ 1440

1101 유형 06

오른쪽 그림과 같이 원 위에 7개의 점이 있을 때, 주어진 점을 이어서 만들 수 있는 서로 다른 직선의 개수는?

① 21 　　　　② 23
③ 25 　　　　④ 27
⑤ 29

1102 유형 07

오른쪽 그림과 같은 정십이각형에서 대각선의 개수를 구하시오.

1103 유형 08

오른쪽 그림과 같이 가로, 세로에 같은 간격으로 놓인 15개의 점 중에서 3개의 점을 꼭짓점으로 하는 삼각형의 개수를 구하시오.

1104 유형 08

다음 그림과 같이 평행한 두 직선 위에 있는 10개의 점 중에서 4개의 점을 꼭짓점으로 하는 사각형의 개수는?

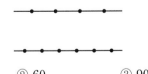

① 15 　　　　② 60 　　　　③ 90
④ 150 　　　　⑤ 205

1105 유형 09

다음 그림과 같이 6개의 평행한 직선과 7개의 평행한 직선이 서로 만날 때, 이 직선으로 만들어지는 평행사변형의 개수를 구하시오.

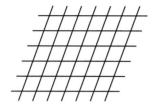

1106 유형 10 | 학평 기출 |

남학생 4명과 여학생 3명을 세 개의 모둠으로 나누려 할 때, 모든 모둠에 남학생과 여학생이 각각 1명 이상 포함되도록 하는 경우의 수는?

① 30   ② 32   ③ 34
④ 36   ⑤ 38

1107 유형 11

축구 대회에 참가한 8개의 팀이 다음 그림과 같은 토너먼트 방식으로 시합을 할 때, 대진표를 작성하는 경우의 수를 구하시오.

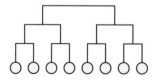

서술형

1108 유형 04

1부터 9까지의 자연수 중에서 서로 다른 5개의 수를 택할 때, 9의 약수가 적어도 2개 포함되도록 택하는 경우의 수를 구하시오.

1109 유형 06

다음 그림과 같이 한 변의 길이가 1인 정사각형 10개를 붙여서 만든 도형이 있다. 18개의 점 중에서 서로 다른 두 점을 이어서 만든 선분 중에서 길이가 무리수인 것의 개수를 구하시오.

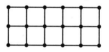

1110 유형 10

서로 다른 6개의 구슬을 3개, 3개의 두 묶음으로 나누는 경우의 수를 a, 2개, 4개의 두 묶음으로 나누는 경우의 수를 b라 할 때, $b-a$의 값을 구하시오.

C 실력 향상

하 …… 중 …… 상 100%

1111

각 자리의 숫자가 모두 다른 다섯 자리의 자연수

$$a \times 10^4 + b \times 10^3 + c \times 10^2 + d \times 10 + e$$

에 대하여 $a < b < c$, $c > d > e$를 만족시키고 58000 이상 80000 이하인 자연수의 개수를 구하시오.

(단, a, b, c, d, e는 0 이상 9 이하의 정수이고, $a \neq 0$)

1112

다음 그림과 같은 8개의 빈칸에 8개의 숫자 2^1, 2^2, 2^3, 2^4, 2^5, 2^6, 2^7, 2^8을 각각 하나씩 써넣으려고 한다. 1열, 2열, 3열, 4열의 수들의 합을 각각 a, b, c, d라 할 때, $a < b < c < d$가 되도록 빈칸을 채우는 경우의 수는?

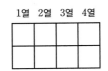

1열 2열 3열 4열

① 1000 ② 1440 ③ 1680
④ 1800 ⑤ 1960

1113

그림과 같이 한 개의 정삼각형과 세 개의 정사각형으로 이루어진 도형이 있다.

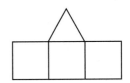

숫자 1, 2, 3, 4, 5, 6 중에서 중복을 허락하여 네 개를 택해 네 개의 정다각형 내부에 하나씩 적을 때, 다음 조건을 만족시키는 경우의 수를 구하시오.

⑺ 세 개의 정사각형에 적혀 있는 수는 모두 정삼각형에 적혀 있는 수보다 작다.
⑻ 변을 공유하는 두 정사각형에 적혀 있는 수는 서로 다르다.

1114

서로 다른 상자 6개에 서로 다른 공 5개를 나누어 넣을 때, 빈 상자가 3개가 되도록 공을 넣는 경우의 수는?

① 1350 ② 1500 ③ 2250
④ 3000 ⑤ 3750

◑ 기출 BOOK 56쪽

IV

/

행렬

11 / 행렬의 연산

유형 **01** 행렬의 (i, j) 성분

유형 **02** 두 행렬이 서로 같을 조건

유형 **03** 행렬의 덧셈, 뺄셈과 실수배

유형 **04** 행렬에 대한 두 등식이 주어진 경우

유형 **05** 행렬의 덧셈과 뺄셈의 변형

유형 **06** 행렬의 곱셈

유형 **07** 행렬의 거듭제곱 $-$ A^n 구하기

유형 **08** 행렬의 거듭제곱 $-$ 규칙 찾기

유형 **09** 행렬의 곱셈의 실생활에의 활용

유형 **10** 행렬의 곱셈에 대한 성질(1)

유형 **11** 행렬의 곱셈에 대한 성질(2)

유형 **12** 행렬의 곱셈의 변형

유형 **13** 단위행렬

유형 **14** 단위행렬을 이용한 거듭제곱

유형 **15** 단위행렬 E를 포함한 식

유형 **16** 행렬의 곱셈의 여러 가지 성질

유형 **17** 케일리–해밀턴 정리

개념⊕

11-1 행렬의 뜻

유형 01

(1) **행렬**: 여러 개의 수나 문자를 직사각형 모양으로 배열하여 괄호로 묶어 나타낸 것

(2) **성분**: 행렬을 구성하고 있는 각각의 수나 문자

(3) **행**: 행렬의 성분을 가로로 배열한 줄

(4) **열**: 행렬의 성분을 세로로 배열한 줄

(5) **$m \times n$ 행렬**: m개의 행과 n개의 열로 이루어진 행렬

제1열 제2열 제3열

제1행 → $\begin{pmatrix} -1 & 7 & 0 \\ 4 & 3 & 5 \end{pmatrix}$
제2행 →

(6) **정사각행렬**: 행의 개수와 열의 개수가 서로 같은 행렬

(7) **(i, j) 성분**: 행렬에서 제i행과 제j열이 만나는 위치에 있는 성분

> ● $n \times n$ 행렬을 n차 정사각행렬이라 한다.

예 행렬 $A = \begin{pmatrix} 3 & -1 & 2 \\ 0 & 2 & -4 \end{pmatrix}$에서 $(1, 2)$ 성분은 -1이고, $(2, 3)$ 성분은 -4이다.

> ● 2×3 행렬 A의 성분과 꼴을 $A = (a_{ij})$ $(i=1, 2, j=1, 2, 3)$ 와 같이 나타낼 수도 있다.

11-2 서로 같은 행렬

유형 02

두 행렬 A, B가 서로 같은 꼴이고 대응하는 성분이 각각 같을 때, 두 행렬 A, B는 서로 같다고 한다. **[기호]** $A = B$

➡ $A = \begin{pmatrix} a_{11} & a_{12} \\ a_{21} & a_{22} \end{pmatrix}$, $B = \begin{pmatrix} b_{11} & b_{12} \\ b_{21} & b_{22} \end{pmatrix}$에 대하여 $A = B$이면

$a_{11} = b_{11}$, $a_{12} = b_{12}$, $a_{21} = b_{21}$, $a_{22} = b_{22}$

> ● 두 행렬 A, B의 행의 개수와 열의 개수가 각각 같을 때, 두 행렬 A와 B는 같은 꼴이라 한다.

[참고] 두 행렬 A, B가 서로 같지 않을 때, 기호로 $A \neq B$와 같이 나타낸다.

[TIP] 세 행렬 A, B, C에 대하여 $A = B$, $B = C$이면 $A = C$이다.

11-3 행렬의 덧셈과 뺄셈

유형 03~05

(1) **행렬의 덧셈과 뺄셈**

① 같은 꼴인 두 행렬 A, B에 대하여 행렬 A와 행렬 B의 대응하는 각 성분을 더한 것을 성분으로 하는 행렬을 행렬 A와 행렬 B의 합이라 한다. **[기호]** $A + B$

② 행렬 A의 각 성분에서 그에 대응하는 행렬 B의 성분을 뺀 것을 성분으로 하는 행렬을 행렬 A와 행렬 B의 차라 한다. **[기호]** $A - B$

> ● 행렬의 덧셈과 뺄셈은 두 행렬이 같은 꼴일 때만 할 수 있다.

➡ $A = \begin{pmatrix} a_{11} & a_{12} \\ a_{21} & a_{22} \end{pmatrix}$, $B = \begin{pmatrix} b_{11} & b_{12} \\ b_{21} & b_{22} \end{pmatrix}$일 때,

$$A + B = \begin{pmatrix} a_{11}+b_{11} & a_{12}+b_{12} \\ a_{21}+b_{21} & a_{22}+b_{22} \end{pmatrix}, \quad A - B = \begin{pmatrix} a_{11}-b_{11} & a_{12}-b_{12} \\ a_{21}-b_{21} & a_{22}-b_{22} \end{pmatrix}$$

(2) **행렬의 덧셈에 대한 성질**: 같은 꼴인 세 행렬 A, B, C에 대하여

① $A + B = B + A$ → 교환법칙

② $(A + B) + C = A + (B + C)$ → 결합법칙

> ● $(A+B)+C$, $A+(B+C)$를 간단히 $A+B+C$로 나타낼 수 있다.

(3) **영행렬**: 모든 성분이 0인 행렬을 영행렬이라 한다. **[기호]** O

예 $(0, 0)$, $\begin{pmatrix} 0 \\ 0 \end{pmatrix}$, $\begin{pmatrix} 0 & 0 \\ 0 & 0 \end{pmatrix}$, $\begin{pmatrix} 0 & 0 & 0 \\ 0 & 0 & 0 \end{pmatrix}$은 모두 영행렬이다.

> ● 행렬 A와 영행렬 O가 같은 꼴일 때, 다음이 성립한다. $A+O=A$, $A-O=A$, $A-A=O$

11-1 행렬의 뜻

[1115~1118] 다음 행렬은 몇 행 몇 열의 행렬인지 말하시오.

1115 $\begin{pmatrix} 0 \\ 2 \end{pmatrix}$

1116 $(3 \quad -1 \quad 4)$

1117 $\begin{pmatrix} 2 & 0 & -1 \\ 5 & -3 & 1 \end{pmatrix}$

1118 $\begin{pmatrix} -2 \\ 1 \\ -3 \\ 6 \end{pmatrix}$

1119 행렬 $A = \begin{pmatrix} 4 & -2 \\ 0 & 3 \\ -1 & 5 \end{pmatrix}$에 대하여 다음을 구하시오.

(1) $(3, 2)$ 성분

(2) 제2행의 모든 성분의 합

(3) 제1열의 모든 성분의 합

(4) 행렬 A의 (i, j) 성분을 a_{ij}라 할 때, $a_{21} - a_{12} + a_{31}$의 값

1120 행렬 A의 (i, j) 성분 a_{ij}가

$a_{ij} = i + 3j \,(i=1, 2, \; j=1, 2, 3)$

일 때, 행렬 A를 구하시오.

11-2 서로 같은 행렬

[1121~1123] 다음 등식을 만족시키는 실수 x, y의 값을 구하시오.

1121 $\begin{pmatrix} x-1 \\ y+2 \end{pmatrix} = \begin{pmatrix} 3 \\ -1 \end{pmatrix}$

1122 $(x-y \quad x+2y) = (3 \quad 0)$

1123 $\begin{pmatrix} x+y & 5 \\ -2 & -5 \end{pmatrix} = \begin{pmatrix} 2 & 5 \\ -2 & -x+2y \end{pmatrix}$

11-3 행렬의 덧셈과 뺄셈

[1124~1128] 다음을 계산하시오.

1124 $(-2 \quad 4) + (0 \quad 3)$

1125 $\begin{pmatrix} -1 & 2 \\ 3 & 5 \end{pmatrix} + \begin{pmatrix} 2 & -1 \\ 1 & 3 \end{pmatrix}$

1126 $\begin{pmatrix} 3 & -5 \\ 4 & -2 \end{pmatrix} - \begin{pmatrix} 0 & -1 \\ 2 & 6 \end{pmatrix}$

1127 $\begin{pmatrix} 0 & 2 & 2 \\ -1 & 1 & 0 \end{pmatrix} - \begin{pmatrix} -1 & 3 & -3 \\ 2 & 5 & 4 \end{pmatrix}$

1128 $\begin{pmatrix} -2 & 1 \\ -1 & -1 \\ 0 & 5 \end{pmatrix} - \begin{pmatrix} 0 & 3 \\ -2 & 7 \\ 4 & 1 \end{pmatrix}$

1129 두 행렬 $A = \begin{pmatrix} 0 & 3 \\ 1 & -1 \end{pmatrix}$, $B = \begin{pmatrix} -3 & 4 \\ 0 & 2 \end{pmatrix}$에 대하여 다음을 만족시키는 행렬 X를 구하시오.

(1) $A + X = B$

(2) $X - B = A$

1130 세 행렬 $A = \begin{pmatrix} 1 & 3 \\ 0 & -5 \end{pmatrix}$, $B = \begin{pmatrix} 2 & -4 \\ 4 & 0 \end{pmatrix}$,

$C = \begin{pmatrix} -3 & 0 \\ 2 & -2 \end{pmatrix}$에 대하여 다음이 성립함을 보이시오.

(1) $A + B = B + A$

(2) $(A + B) + C = A + (B + C)$

1131 행렬 $A = \begin{pmatrix} 3 & 0 \\ 2 & -4 \end{pmatrix}$와 영행렬 O에 대하여 $A + X = O$를 만족시키는 행렬 X를 구하시오.

11-4 행렬의 실수배
유형 03~05
개념+

(1) **행렬의 실수배**: 임의의 실수 k에 대하여 행렬 A의 각 성분을 k배 한 것을 성분으로 하는 행렬을 행렬 A의 k배라 한다. 기호 kA

→ $A=\begin{pmatrix} a_{11} & a_{12} \\ a_{21} & a_{22} \end{pmatrix}$와 실수 k에 대하여 $kA=\begin{pmatrix} ka_{11} & ka_{12} \\ ka_{21} & ka_{22} \end{pmatrix}$

● $1A=A$, $0A=O$가 성립한다.

(2) **행렬의 실수배에 대한 성질**: 같은 꼴인 두 행렬 A, B와 실수 k, l에 대하여

① $(kl)A=k(lA)$

② $(k+l)A=kA+lA$, $k(A+B)=kA+kB$

11-5 행렬의 곱셈
유형 06~12

(1) **행렬의 곱셈**: 두 행렬 A, B에 대하여 행렬 A의 열의 개수와 행렬 B의 행의 개수가 같을 때, 행렬 A의 제i행의 성분과 행렬 B의 제j열의 성분을 각각 차례대로 곱하여 더한 값을 (i, j) 성분으로 하는 행렬을 두 행렬 A, B의 곱이라 한다. 기호 AB

● $(m\times k$ 행렬$)\times(k\times n$ 행렬$)$ $=(m\times n$ 행렬$)$

→ $A=\begin{pmatrix} a_{11} & a_{12} \\ a_{21} & a_{22} \end{pmatrix}$, $B=\begin{pmatrix} b_{11} & b_{12} \\ b_{21} & b_{22} \end{pmatrix}$일 때, $AB=\begin{pmatrix} a_{11}b_{11}+a_{12}b_{21} & a_{11}b_{12}+a_{12}b_{22} \\ a_{21}b_{11}+a_{22}b_{21} & a_{21}b_{12}+a_{22}b_{22} \end{pmatrix}$

(2) **행렬의 거듭제곱**: 정사각행렬 A와 자연수 m, n에 대하여

① $AA=A^2$, $A^2A=A^3$, $A^3A=A^4$, ..., $A^nA=A^{n+1}$

② $A^mA^n=A^{m+n}$, $(A^m)^n=A^{mn}$

● 행렬의 거듭제곱은 정사각행렬에 대해서만 성립한다.

TIP 자연수 n에 대하여

① $A=\begin{pmatrix} 1 & a \\ 0 & 1 \end{pmatrix}$일 때, $A^n=\begin{pmatrix} 1 & na \\ 0 & 1 \end{pmatrix}$

② $A=\begin{pmatrix} a & 0 \\ 0 & b \end{pmatrix}$일 때, $A^n=\begin{pmatrix} a^n & 0 \\ 0 & b^n \end{pmatrix}$

(3) **행렬의 곱셈에 대한 성질**: 합과 곱이 정의되는 세 행렬 A, B, C에 대하여

① 일반적으로 교환법칙이 성립하지 않는다. → $AB\neq BA$

② $(AB)C=A(BC)$ →결합법칙

③ $A(B+C)=AB+AC$, $(A+B)C=AC+BC$ →분배법칙

④ $k(AB)=(kA)B=A(kB)$ (단, k는 실수)

● $(AB)C$, $A(BC)$를 간단히 ABC로 나타낼 수 있다.

11-6 단위행렬
유형 13~17

(1) **단위행렬**: 왼쪽 위에서 오른쪽 아래로 내려가는 대각선 위의 성분이 모두 1이고, 그 외의 성분은 모두 0인 n차 정사각행렬을 n차 단위행렬이라 한다. 기호 E

● 행렬 A와 단위행렬 E의 연산에서 단위행렬 E는 행렬 A와 같은 꼴로 생각한다.

(2) **단위행렬의 성질**: n차 정사각행렬 A와 n차 단위행렬 E에 대하여

① $AE=EA=A$

② $E^2=E$, $E^3=E$, ..., $E^n=E$ (단, n은 자연수)

TIP 케일리-해밀턴 정리

세 행렬 $A=\begin{pmatrix} a & b \\ c & d \end{pmatrix}$, $E=\begin{pmatrix} 1 & 0 \\ 0 & 1 \end{pmatrix}$, $O=\begin{pmatrix} 0 & 0 \\ 0 & 0 \end{pmatrix}$에 대하여 $A^2-(a+d)A+(ad-bc)E=O$가 성립한다.

● 케일리-해밀턴 정리의 반대는 성립하지 않는다. 즉, $A^2-pA+qE=O$(p, q는 실수)를 만족시키는 행렬 $A=\begin{pmatrix} a & b \\ c & d \end{pmatrix}$에 대하여 $a+d=p$, $ad-bc=q$가 항상 성립하는 것은 아니다.

11-4 행렬의 실수배

1132 행렬 $A=\begin{pmatrix} 2 & 0 \\ -3 & 1 \end{pmatrix}$에 대하여 다음을 구하시오.

(1) $2A$

(2) $-4A$

1133 두 행렬 $A=\begin{pmatrix} 1 & 4 \\ -2 & 5 \end{pmatrix}$, $B=\begin{pmatrix} 2 & 1 \\ 0 & 3 \end{pmatrix}$에 대하여 다음을 구하시오.

(1) $2A-B$

(2) $A+3B$

1134 두 행렬 $A=\begin{pmatrix} 0 & -2 \\ 3 & -1 \end{pmatrix}$, $B=\begin{pmatrix} 4 & 6 \\ -3 & 1 \end{pmatrix}$에 대하여 $2X-A=B$를 만족시키는 행렬 X를 구하시오.

11-5 행렬의 곱셈

[1135~1138] 다음을 계산하시오.

1135 $(0 \quad 3)\begin{pmatrix} 2 & -3 \\ 5 & -4 \end{pmatrix}$

1136 $\begin{pmatrix} 3 & -5 \\ -2 & 4 \end{pmatrix}\begin{pmatrix} -1 \\ 1 \end{pmatrix}$

1137 $\begin{pmatrix} 5 & -2 \\ 3 & -4 \end{pmatrix}\begin{pmatrix} 1 & -2 \\ 0 & 6 \end{pmatrix}$

1138 $\begin{pmatrix} 1 & 2 \\ -1 & 0 \end{pmatrix}\begin{pmatrix} -3 & 3 \\ 2 & 1 \end{pmatrix}$

1139 두 행렬 $A=\begin{pmatrix} 1 & 1 \\ -2 & 1 \end{pmatrix}$, $B=\begin{pmatrix} 0 & 1 \\ -1 & 2 \end{pmatrix}$에 대하여 다음을 구하시오.

(1) A^2-B^2

(2) $(A+B)(A-B)$

1140 행렬 $A=\begin{pmatrix} 1 & 0 \\ 1 & 1 \end{pmatrix}$에 대하여 다음을 구하시오.

(1) A^2

(2) A^3

(3) A^{10}

1141 두 행렬 $A=\begin{pmatrix} 0 & 1 \\ -2 & -3 \end{pmatrix}$, $B=\begin{pmatrix} -1 & 2 \\ 1 & 4 \end{pmatrix}$에 대하여 $AB \neq BA$임을 보이시오.

11-6 단위행렬

1142 단위행렬 $E=\begin{pmatrix} 1 & 0 \\ 0 & 1 \end{pmatrix}$에 대하여 다음을 구하시오.

(1) $-E$

(2) E^8

(3) $(-E)^{99}$

1143 두 행렬 A, E에 대하여 다음 등식이 성립함을 보이시오. (단, E는 단위행렬)

(1) $(A+E)(A-E)=A^2-E$

(2) $(A-E)^2=A^2-2A+E$

유형 완성

◆ 개념루트 공통수학 1 354쪽

빈출

유형 01 행렬의 (i, j) 성분

행렬 $A=(a_{ij})$의 (i, j) 성분
➡ 행렬 A의 제i행과 제j열이 만나는 위치에 있는 성분
➡ a_{ij}를 나타내는 식에 $i=1, 2, …, j=1, 2, …$를 대입한 값

1144 대표 문제

이차정사각행렬 A의 (i, j) 성분 a_{ij}가 $a_{ij}=\dfrac{i^2-2j}{ij}$일 때, 행렬 A의 모든 성분의 합은?

① -2 　　② $-\dfrac{3}{2}$ 　　③ -1

④ 1 　　⑤ $\dfrac{3}{2}$

1145 ⑨

삼차정사각행렬 A의 (i, j) 성분 a_{ij}가
$$a_{ij}=\begin{cases} 2i-j & (i \geq j) \\ 1 & (i < j) \end{cases}$$
일 때, 행렬 A를 구하시오.

1146 ⑧

2×3 행렬 A의 (i, j) 성분 a_{ij}가 $a_{ij}=2i(j-i)$일 때, 3×2 행렬 B의 (i, j) 성분 b_{ij}는 $b_{ij}=a_{ji}$를 만족시킨다. 이때 행렬 B는?

① $\begin{pmatrix} 0 & -4 \\ -4 & 4 \\ 0 & 4 \end{pmatrix}$ 　② $\begin{pmatrix} 0 & 2 \\ -4 & -4 \\ 0 & 4 \end{pmatrix}$ 　③ $\begin{pmatrix} 0 & -4 \\ 2 & 0 \\ 4 & 4 \end{pmatrix}$

④ $\begin{pmatrix} 0 & 2 \\ 4 & -4 \\ 0 & 4 \end{pmatrix}$ 　⑤ $\begin{pmatrix} 0 & 2 \\ 4 & 4 \\ 0 & -4 \end{pmatrix}$

1147 ⑧

어느 물류 센터에는 오른쪽 그림과 같이 3개의 택배 저장소 E_1, E_2, E_3 사이를 연결하는 컨베이어 벨트가 있다. 삼차정사각행렬 A의 (i, j) 성분 a_{ij}가 다음 조건을 만족시킬 때, 행렬 A를 구하시오.

(개) $i=j$일 때, $a_{ij}=0$이다.
(내) $i \neq j$일 때, a_{ij}는 저장소 E_i와 저장소 E_j를 연결하는 컨베이어 벨트의 수이다.

◆ 개념루트 공통수학 1 356쪽

유형 02 두 행렬이 서로 같을 조건

두 행렬 $A=\begin{pmatrix} a_{11} & a_{12} \\ a_{21} & a_{22} \end{pmatrix}$, $B=\begin{pmatrix} b_{11} & b_{12} \\ b_{21} & b_{22} \end{pmatrix}$에 대하여 $A=B$이면
➡ $a_{11}=b_{11}$, $a_{12}=b_{12}$, $a_{21}=b_{21}$, $a_{22}=b_{22}$

1148 대표 문제

두 행렬 $A=\begin{pmatrix} a & 3x-3y \\ -2xy & b \end{pmatrix}$, $B=\begin{pmatrix} x^2 & 9 \\ -2 & y^2 \end{pmatrix}$에 대하여 $A=B$일 때, $a+b$의 값은? (단, a, b, x, y는 실수)

① -11 　　② -9 　　③ 1
④ 9 　　⑤ 11

1149 ⑨

등식 $\begin{pmatrix} 1 & 3x-5 \\ -3 & 6 \end{pmatrix}=\begin{pmatrix} 1 & -2 \\ y-2 & 6 \end{pmatrix}$을 만족시키는 실수 x, y에 대하여 x^2+y^2의 값을 구하시오.

1150 ⑧

서술형

두 행렬 $A=\begin{pmatrix} x^2-xz & 2z \\ 4z & 5 \end{pmatrix}$, $B=\begin{pmatrix} -4 & 8 \\ 2y-x & z+1 \end{pmatrix}$에 대하여 $A=B$일 때, 실수 x, y, z에 대하여 xyz의 값을 구하시오.

1151 ⑧

두 행렬 $A=\begin{pmatrix} x+y & 2 \\ 5 & y+z \end{pmatrix}$, $B=\begin{pmatrix} -1 & 2 \\ x+z & -2 \end{pmatrix}$에 대하여 $A=B$일 때, 실수 x, y, z에 대하여 $x^2+y^2+z^2$의 값은?

① 27 ② 28 ③ 29
④ 30 ⑤ 31

◆◆ 개념루트 공통수학1 360쪽

유형 03 행렬의 덧셈, 뺄셈과 실수배

두 행렬 $A=\begin{pmatrix} a_{11} & a_{12} \\ a_{21} & a_{22} \end{pmatrix}$, $B=\begin{pmatrix} b_{11} & b_{12} \\ b_{21} & b_{22} \end{pmatrix}$와 실수 k에 대하여

(1) $A+B=\begin{pmatrix} a_{11}+b_{11} & a_{12}+b_{12} \\ a_{21}+b_{21} & a_{22}+b_{22} \end{pmatrix}$

(2) $A-B=\begin{pmatrix} a_{11}-b_{11} & a_{12}-b_{12} \\ a_{21}-b_{21} & a_{22}-b_{22} \end{pmatrix}$

(3) $kA=\begin{pmatrix} ka_{11} & ka_{12} \\ ka_{21} & ka_{22} \end{pmatrix}$

1152 대표 문제

두 행렬 $P=\begin{pmatrix} -3 & 0 \\ 2 & 1 \end{pmatrix}$, $Q=\begin{pmatrix} 4 & -1 \\ 0 & 2 \end{pmatrix}$에 대하여 행렬 $2\left(P-\dfrac{1}{2}Q\right)-(P-3Q)$는?

① $\begin{pmatrix} -2 & 0 \\ 0 & 2 \end{pmatrix}$ ② $\begin{pmatrix} 5 & -2 \\ -2 & 5 \end{pmatrix}$ ③ $\begin{pmatrix} 5 & 1 \\ -1 & 5 \end{pmatrix}$
④ $\begin{pmatrix} 5 & 2 \\ -2 & 5 \end{pmatrix}$ ⑤ $\begin{pmatrix} 5 & -2 \\ 2 & 5 \end{pmatrix}$

1153 ⑨

등식 $\begin{pmatrix} 6 & 3 \\ 4 & 2 \end{pmatrix}-2\begin{pmatrix} x & 1 \\ -4 & 2 \end{pmatrix}=\begin{pmatrix} 2 & 1 \\ 12 & y \end{pmatrix}$를 만족시키는 실수 x, y에 대하여 x^2+y^2의 값을 구하시오.

1154 ⑧

두 행렬 $A=\begin{pmatrix} 2 & 4 \\ -3 & 0 \end{pmatrix}$, $B=\begin{pmatrix} 0 & 1 \\ 2 & -5 \end{pmatrix}$에 대하여 행렬 $3(A+B)-(A-2B)$의 모든 성분의 합을 구하시오.

1155 ⑧

| 학평 기출 |

두 행렬 $A=\begin{pmatrix} 1 & -2 \\ -5 & 3 \end{pmatrix}$, $B=\begin{pmatrix} 1 & -2 \\ 3 & 1 \end{pmatrix}$에 대하여 $2A+3X=A+3B+X$를 만족시키는 행렬 X는?

① $\begin{pmatrix} 1 & -2 \\ 7 & 0 \end{pmatrix}$ ② $\begin{pmatrix} 2 & -2 \\ 9 & -7 \end{pmatrix}$ ③ $\begin{pmatrix} 1 & -2 \\ 0 & -6 \end{pmatrix}$
④ $\begin{pmatrix} 1 & -2 \\ 1 & -1 \end{pmatrix}$ ⑤ $\begin{pmatrix} 1 & -1 \\ 5 & -3 \end{pmatrix}$

◆◆ 개념루트 공통수학1 362쪽

유형 04 행렬에 대한 두 등식이 주어진 경우

행렬 A, B에 대한 두 등식이 주어진 경우
➡ A, B에 대한 연립방정식으로 생각하여 A 또는 B를 소거한다.

1156 대표 문제

두 이차정사각행렬 A, B에 대하여
$$2A-B=\begin{pmatrix} 8 & -7 \\ 12 & 9 \end{pmatrix}, \quad A-2B=\begin{pmatrix} 10 & -5 \\ 6 & -3 \end{pmatrix}$$
이 성립할 때, 두 행렬 A, B의 모든 성분 중 가장 큰 수와 가장 작은 수의 차를 구하시오.

1157 🔴

서술형 🔎

두 행렬 $A = \begin{pmatrix} 1 & 0 \\ -1 & 2 \end{pmatrix}$, $B = \begin{pmatrix} 3 & 0 \\ -1 & 2 \end{pmatrix}$와 두 행렬 X, Y가

$$X + Y = A - 2B, \quad X - Y = 2A + B$$

를 만족시킬 때, 행렬 X, Y를 구하시오.

1158 🔴

두 행렬 X, Y의 (i, j) 성분을 각각 x_{ij}, y_{ij}라 하면

$$x_{ij} = i^2 - j^2, \quad y_{ij} = 2i - j \quad (i = 1, 2, \ j = 1, 2)$$

이다. $X = A + B$, $Y = 2A - B$를 만족시키는 두 이차정사각행렬 A, B에 대하여 행렬 $4A + B$의 모든 성분의 합을 구하시오.

◆◇ 개념루트 공통수학 1 362쪽

유형 05   행렬의 덧셈과 뺄셈의 변형

세 행렬 $A = \begin{pmatrix} a_{11} \\ a_{21} \end{pmatrix}$, $B = \begin{pmatrix} b_{11} \\ b_{21} \end{pmatrix}$, $C = \begin{pmatrix} c_{11} \\ c_{21} \end{pmatrix}$과 실수 x, y에 대하여

$xA + yB = C$이면

$\Rightarrow xa_{11} + yb_{11} = c_{11}, \ xa_{21} + yb_{21} = c_{21}$

1159   대표 문제

세 행렬 $A = \begin{pmatrix} 5 & -1 \\ 1 & 2 \end{pmatrix}$, $B = \begin{pmatrix} 4 & 5 \\ 1 & 3 \end{pmatrix}$, $C = \begin{pmatrix} -1 & 6 \\ 0 & 1 \end{pmatrix}$

에 대하여 $xA + yB = C$일 때, 실수 x, y에 대하여 $x^2 + y^2$의 값은?

① 2 　　　　② 4 　　　　③ 6

④ 8 　　　　⑤ 10

1160 🔴

세 행렬

$$A = \begin{pmatrix} 2 & 1 \\ 0 & 1 \end{pmatrix}, \quad B = \begin{pmatrix} 3 & a \\ 2 & -4 \end{pmatrix}, \quad C = \begin{pmatrix} -1 & 2 \\ 2 & -6 \end{pmatrix}$$

이 실수 x, y에 대하여 $xA + yB = C$를 만족시킬 때, 실수 a의 값을 구하시오.

◆◇ 개념루트 공통수학 1 368쪽

빈출   유형 06   행렬의 곱셈

(1) 행렬 A의 열의 개수와 행렬 B의 행의 개수가 서로 같을 때에만 행렬의 곱 AB가 정의된다.

(2) 두 행렬 $A = \begin{pmatrix} a & b \\ c & d \end{pmatrix}$, $B = \begin{pmatrix} x & u \\ y & v \end{pmatrix}$에 대하여

$$AB = \begin{pmatrix} ax + by & au + bv \\ cx + dy & cu + dv \end{pmatrix}$$

1161   대표 문제

등식 $\begin{pmatrix} 2 & 5 \\ x & 1 \end{pmatrix}\begin{pmatrix} -2 & y \\ 1 & -3 \end{pmatrix} = \begin{pmatrix} 1 & -13 \\ -7 & a \end{pmatrix}$를 만족시키는 실수 a의 값을 구하시오. (단, x, y는 실수)

1162 🔵

세 행렬 $A = \begin{pmatrix} 2 \\ 1 \end{pmatrix}$, $B = \begin{pmatrix} 2 & 0 \\ 1 & -1 \end{pmatrix}$, $C = (3 \ \ 0)$에 대하여

보기에서 그 곱이 정의되는 것만을 있는 대로 고른 것은?

보기
- ㄱ. AB 　　　ㄴ. BA 　　　ㄷ. BC
- ㄹ. CA 　　　ㅁ. CB

① ㄱ, ㄷ 　　　② ㄴ, ㄹ 　　　③ ㄹ, ㅁ
④ ㄱ, ㄷ, ㄹ 　　　⑤ ㄴ, ㄹ, ㅁ

1163 🔵

| 학평 기출 |

두 행렬 $A = \begin{pmatrix} 3 & 0 \\ -1 & 2 \end{pmatrix}$, $B = \begin{pmatrix} 0 & 2 \\ 1 & 0 \end{pmatrix}$에 대하여 행렬

$2A - AB$는?

① $\begin{pmatrix} 6 & 6 \\ 4 & 6 \end{pmatrix}$ 　　② $\begin{pmatrix} 6 & -6 \\ -4 & 6 \end{pmatrix}$ 　　③ $\begin{pmatrix} 6 & 6 \\ -4 & 6 \end{pmatrix}$

④ $\begin{pmatrix} 6 & -4 \\ 4 & 6 \end{pmatrix}$ 　　⑤ $\begin{pmatrix} 6 & -6 \\ -4 & -6 \end{pmatrix}$

1164 ⑧

네 행렬 $A=\begin{pmatrix} 2 \\ 4 \end{pmatrix}$, $B=(1 \quad -3)$, $C=\begin{pmatrix} -1 & 5 \\ 2 & 2 \end{pmatrix}$,

$D=\begin{pmatrix} 3 & 1 \\ 0 & 1 \end{pmatrix}$에 대하여 행렬 $AB+CD$의 $(1, 2)$ 성분과

$(2, 1)$ 성분의 합을 구하시오.

1165 ⑧

두 행렬 $X=\begin{pmatrix} 2 & 0 \\ 1 & 1 \end{pmatrix}$, $Y=\begin{pmatrix} 1 & 0 \\ a & -1 \end{pmatrix}$에 대하여

$XY=YX$가 성립하도록 하는 실수 a의 값을 구하시오.

1166 ⑧

이차방정식 $x^2-2x-5=0$의 두 근을 α, β라 할 때, 행렬

$\begin{pmatrix} \alpha & 0 \\ \beta & \alpha \end{pmatrix}\begin{pmatrix} \beta & 0 \\ \alpha & -\beta \end{pmatrix}$의 모든 성분의 합을 구하시오.

◆ 개념루트 공통수학1 370쪽

유형 07 **행렬의 거듭제곱 − A^n 구하기**

정사각행렬 A와 자연수 m, n에 대하여
(1) $A^2=AA$
(2) $A^{n+1}=A^n A$
(3) $A^m A^n=A^{m+n}$, $(A^m)^n=A^{mn}$

1167 대표 문제

이차방정식 $x^2+4x+1=0$의 두 근을 α, β라 할 때, 행렬

$A=\begin{pmatrix} \alpha & 2 \\ 2 & \beta \end{pmatrix}$에 대하여 행렬 A^2의 모든 성분의 합은?

① 2 　　　　② 4 　　　　③ 6
④ 8 　　　　⑤ 10

1168 ⑧

서술형

두 이차정사각행렬 A, B에 대하여

$$A+B=\begin{pmatrix} 1 & 3 \\ 2 & 3 \end{pmatrix}, \quad A-B=\begin{pmatrix} 1 & -1 \\ 2 & -1 \end{pmatrix}$$

이 성립할 때, 행렬 A^2-B^2을 구하시오.

1169 ⑧

행렬 $A=\begin{pmatrix} a & 3 \\ -2 & b \end{pmatrix}$가 $A^2=\begin{pmatrix} 1 & 0 \\ 0 & 1 \end{pmatrix}$을 만족시킬 때, 실수

a, b에 대하여 ab의 값은?

① -49 　　　　② -7 　　　　③ 7
④ 14 　　　　⑤ 49

1170 ⑧

| 학평 기출 |

행렬 $A=\begin{pmatrix} -1 & a \\ 0 & -1 \end{pmatrix}$에 대하여 행렬 A^3의 모든 성분의

합이 91일 때, 실수 a의 값을 구하시오.

1171 ⑧

행렬 $A=\begin{pmatrix} -1 & 2 \\ -3 & 2 \end{pmatrix}$에 대하여 $A^2=pA+q\begin{pmatrix} 1 & 0 \\ 0 & 1 \end{pmatrix}$을 만

족시키는 실수 p, q의 값을 구하시오.

유형 08 행렬의 거듭제곱 – 규칙 찾기

정사각행렬 A에 대하여 A^2, A^3, A^4, …을 차례대로 구하여 규칙성을 찾는다.

1172 대표 문제

행렬 $A=\begin{pmatrix} -4 & 8 \\ -3 & 6 \end{pmatrix}$에 대하여 행렬

$A+A^2+A^3+\cdots+A^7$의 $(1, 2)$ 성분을 구하시오.

1173 (중)

행렬 $A=\begin{pmatrix} 1 & 2 \\ 0 & 1 \end{pmatrix}$에 대하여 행렬 A^{30}의 모든 성분의 합은?

① 22   ② 30   ③ 60

④ 62   ⑤ 82

1174 (중)

행렬 $A=\begin{pmatrix} 1 & 0 \\ -1 & 1 \end{pmatrix}$에 대하여 행렬 A^{1000}을 구하시오.

1175 (중)

행렬 $A=\begin{pmatrix} 1 & 0 \\ 0 & -2 \end{pmatrix}$에 대하여 행렬 A^8+A^9의 모든 성분의 합을 구하시오.

유형 09 행렬의 곱셈의 실생활에의 활용

주어진 조건을 행렬로 나타내고, 행렬의 곱을 구하여 각 성분이 의미하는 것을 파악한다.

1176 대표 문제

[표 1]은 편의점과 대형 마트의 빵과 우유 1개의 가격을 나타낸 것이고, [표 2]는 주형이와 영지가 구입한 빵과 우유의 개수를 나타낸 것이다.

(단위: 원)

	빵	우유
편의점	1000	600
대형 마트	800	450

[표 1]

(단위: 개)

	주형	영지
빵	3	5
우유	4	2

[표 2]

$A=\begin{pmatrix} 1000 & 600 \\ 800 & 450 \end{pmatrix}$, $B=\begin{pmatrix} 3 & 5 \\ 4 & 2 \end{pmatrix}$라 할 때, 행렬 AB의 $(1, 2)$ 성분이 나타내는 것은?

① 편의점에서의 주형이의 지불 금액
② 편의점에서의 영지의 지불 금액
③ 대형 마트에서의 주형이의 지불 금액
④ 대형 마트에서의 영지의 지불 금액
⑤ 편의점과 대형 마트에서의 주형이의 지불 금액의 총합

1177 (중)

어느 전자 제품 전문점에서 3월과 4월에 판매한 노트북의 대수는 오른쪽 표와 같다. S사 노트북과 L사 노트

(단위: 대)

	S사 노트북	L사 노트북
3월	a	b
4월	c	d

북 한 대당 판매 가격이 각각 p만 원, q만 원일 때, 세 행렬 A, B, C를

$$A=\begin{pmatrix} a & b \\ c & d \end{pmatrix}, B=\begin{pmatrix} p \\ q \end{pmatrix}, C=(p \quad q)$$

라 하면 S사 노트북과 L사 노트북의 4월 판매 금액의 총합은 x만 원이라 한다. 다음 중 x의 값을 나타내는 것은?

① AB의 $(1, 1)$ 성분   ② AB의 $(2, 1)$ 성분
③ BC의 $(1, 1)$ 성분   ④ CA의 $(1, 1)$ 성분
⑤ CA의 $(2, 1)$ 성분

1178 (상)

참기름과 김으로 이루어진 두 선물 세트 A, B가 있다. [표 1]은 한 세트에 포함되어 있는 참기름과 김의 개수를 나타낸 것이고, [표 2]는 참기름과 김의 개당 제조 단가를 나타낸 것이다. 다음 중 A 선물 세트 200개와 B 선물 세트 300개를 만드는 데 필요한 총금액을 나타내는 행렬은?

(단위: 개)

	참기름	김
A	2	6
B	3	4

[표 1]

(단위: 원)

	제조 단가
참기름	4500
김	1000

[표 2]

① $(200 \quad 300)\begin{pmatrix} 2 & 6 \\ 3 & 4 \end{pmatrix}\begin{pmatrix} 1000 \\ 4500 \end{pmatrix}$

② $(200 \quad 300)\begin{pmatrix} 2 & 6 \\ 3 & 4 \end{pmatrix}\begin{pmatrix} 4500 \\ 1000 \end{pmatrix}$

③ $(300 \quad 200)\begin{pmatrix} 2 & 6 \\ 3 & 4 \end{pmatrix}\begin{pmatrix} 4500 \\ 1000 \end{pmatrix}$

④ $(4500 \quad 1000)\begin{pmatrix} 2 & 6 \\ 3 & 4 \end{pmatrix}\begin{pmatrix} 200 \\ 300 \end{pmatrix}$

⑤ $(4500 \quad 1000)\begin{pmatrix} 2 & 6 \\ 3 & 4 \end{pmatrix}\begin{pmatrix} 300 \\ 200 \end{pmatrix}$

◈ 개념루트 공통수학1 376쪽

유형 10 행렬의 곱셈에 대한 성질 (1)

합과 곱이 정의되는 세 행렬 A, B, C에 대하여
(1) $AB \neq BA$ → 교환법칙이 성립하지 않는다.
(2) $(AB)C = A(BC) = ABC$ → 결합법칙
(3) $A(B+C) = AB+AC$, $(A+B)C = AC+BC$ → 분배법칙

1179 대표 문제

두 행렬 $A = \begin{pmatrix} 0 & 0 \\ 4 & -1 \end{pmatrix}$, $B = \begin{pmatrix} 1 & -3 \\ -2 & 0 \end{pmatrix}$에 대하여 행렬 $A^2 - 3AB + 2BA - 6B^2$을 구하시오.

1180 (중)

세 행렬 $A = \begin{pmatrix} 0 & 1 \\ 2 & -4 \end{pmatrix}$, $B = \begin{pmatrix} 1 & 1 \\ -2 & 0 \end{pmatrix}$, $C = \begin{pmatrix} -3 & 3 \\ -2 & 4 \end{pmatrix}$에 대하여 행렬 $ABA - CBA$를 구하시오.

1181 (중)

세 행렬 $A = \begin{pmatrix} 1 & 0 \\ -2 & 3 \end{pmatrix}$, $B = \begin{pmatrix} 0 & 6 \\ 9 & -3 \end{pmatrix}$, $C = \begin{pmatrix} 1 & 0 \\ 1 & 1 \end{pmatrix}$에 대하여 행렬 $A(B+C) - (C+A)B + C(A+B)$의 모든 성분의 합을 구하시오.

1182 (중)

두 이차정사각행렬 A, B에 대하여
$$A - B = \begin{pmatrix} 0 & 3 \\ -1 & 1 \end{pmatrix}, \quad A^2 + B^2 = \begin{pmatrix} 2 & -1 \\ 1 & 0 \end{pmatrix}$$
일 때, 행렬 $AB + BA$의 모든 성분의 합을 구하시오.

빈출

◈ 개념루트 공통수학1 378쪽

유형 11 행렬의 곱셈에 대한 성질 (2)

주어진 조건을 정리한 후 행렬이 서로 같을 조건을 이용한다. 이 때 두 행렬 A, B에 대하여 일반적으로 $AB \neq BA$임에 유의한다.

참고 $(AB)^2 = A^2B^2$, $(A+B)^2 = A^2 + 2AB + B^2$, $(A-B)^2 = A^2 - 2AB + B^2$, $(A+B)(A-B) = A^2 - B^2$ 을 각각 만족시키는 조건은 모두 $AB = BA$이다.

1183 대표 문제

두 행렬 $A = \begin{pmatrix} 1 & 1 \\ x & y \end{pmatrix}$, $B = \begin{pmatrix} 1 & 2 \\ 2 & 3 \end{pmatrix}$에 대하여 $(2A - 3B)^2 = 4A^2 - 12AB + 9B^2$이 성립할 때, 실수 x, y에 대하여 xy의 값은?

① -2 ② -1 ③ 1
④ 2 ⑤ 3

1184 (중)

두 행렬 $A=\begin{pmatrix} 1 & 2 \\ a & 4 \end{pmatrix}$, $B=\begin{pmatrix} 2 & -2 \\ 3 & -1 \end{pmatrix}$이

$(A+B)(A-B)=A^2-B^2$을 만족시킬 때, 실수 a의 값을 구하시오.

1185 (중)

두 행렬 $A=\begin{pmatrix} 2 & 4 \\ 4 & 2 \end{pmatrix}$, $B=\begin{pmatrix} -2 & 3 \\ x & y \end{pmatrix}$가

$(A-B)^2=A^2-2AB+B^2$을 만족시킬 때, 실수 x, y에 대하여 $x-y$의 값은?

① -5 ② -3 ③ -2
④ 3 ⑤ 5

◇◆ 개념루트 공통수학1 378쪽

유형 12 행렬의 곱셈의 변형

$A\begin{pmatrix} a \\ b \end{pmatrix}$ 꼴의 행렬을 포함한 식을 이용하여 행렬을 구할 때에는 다음과 같이 행렬의 곱셈에 대한 성질을 이용하여 주어진 식을 변형한다.

$$mA\begin{pmatrix} a \\ b \end{pmatrix}+nA\begin{pmatrix} c \\ d \end{pmatrix}=A\left\{m\begin{pmatrix} a \\ b \end{pmatrix}+n\begin{pmatrix} c \\ d \end{pmatrix}\right\}$$
$$=A\begin{pmatrix} ma+nc \\ mb+nd \end{pmatrix}$$

1186 대표 문제

이차정사각행렬 A에 대하여 $A\begin{pmatrix} a \\ b \end{pmatrix}=\begin{pmatrix} 2 \\ -3 \end{pmatrix}$,

$A\begin{pmatrix} c \\ d \end{pmatrix}=\begin{pmatrix} -1 \\ 4 \end{pmatrix}$일 때, 행렬 $A\begin{pmatrix} 2a-3c \\ 2b-3d \end{pmatrix}$의 모든 성분의 합을 구하시오.

1187 (중)

이차정사각행렬 A에 대하여 $A\begin{pmatrix} 5a \\ -2b \end{pmatrix}=\begin{pmatrix} 1 \\ -4 \end{pmatrix}$,

$A\begin{pmatrix} -3a \\ 4b \end{pmatrix}=\begin{pmatrix} -7 \\ 10 \end{pmatrix}$일 때, 행렬 $A\begin{pmatrix} a \\ b \end{pmatrix}$는?

① $\begin{pmatrix} -3 \\ 3 \end{pmatrix}$ ② $\begin{pmatrix} -3 \\ 4 \end{pmatrix}$ ③ $\begin{pmatrix} 3 \\ -3 \end{pmatrix}$

④ $\begin{pmatrix} 3 \\ 3 \end{pmatrix}$ ⑤ $\begin{pmatrix} 4 \\ -3 \end{pmatrix}$

1188 (중)

이차정사각행렬 A에 대하여 $A\begin{pmatrix} 1 \\ -2 \end{pmatrix}=\begin{pmatrix} 1 \\ 3 \end{pmatrix}$,

$A\begin{pmatrix} 3 \\ 1 \end{pmatrix}=\begin{pmatrix} -1 \\ 3 \end{pmatrix}$일 때, $A\begin{pmatrix} 15 \\ -2 \end{pmatrix}=\begin{pmatrix} p \\ q \end{pmatrix}$를 만족시키는 실수 p, q에 대하여 pq의 값은?

① -21 ② -14 ③ -7
④ 14 ⑤ 21

1189 (중)   서술형

이차정사각행렬 A에 대하여 $A\begin{pmatrix} 1 \\ -1 \end{pmatrix}=\begin{pmatrix} 2 \\ 1 \end{pmatrix}$,

$A\begin{pmatrix} 2 \\ 1 \end{pmatrix}=\begin{pmatrix} 1 \\ -1 \end{pmatrix}$일 때, 행렬 $A^{100}\begin{pmatrix} 3 \\ 0 \end{pmatrix}$의 모든 성분의 합을 구하시오.

◆◆ 개념루트 공통수학1 380쪽

유형 13 단위행렬

같은 꼴의 정사각행렬 A와 단위행렬 E에 대하여 $AE=EA=A$가 성립하고, 자연수 n에 대하여 $E^n=E$임을 이용하여 주어진 식을 간단히 한 후 계산한다.

1190 대표 문제

행렬 $A=\begin{pmatrix} 1 & -3 \\ 0 & 2 \end{pmatrix}$에 대하여 행렬 $(A-E)(A^2+A+E)$는? (단, E는 단위행렬)

① $\begin{pmatrix} 0 & -21 \\ 0 & 7 \end{pmatrix}$ ② $\begin{pmatrix} 0 & -21 \\ 0 & 8 \end{pmatrix}$ ③ $\begin{pmatrix} 0 & -21 \\ 0 & 9 \end{pmatrix}$

④ $\begin{pmatrix} 0 & -18 \\ 0 & 8 \end{pmatrix}$ ⑤ $\begin{pmatrix} 0 & -18 \\ 0 & 9 \end{pmatrix}$

1191 하

행렬 $A=\begin{pmatrix} 0 & 1 \\ 1 & 0 \end{pmatrix}$에 대하여 $(2A+3E)^2=xA+yE$가 성립할 때, 실수 x, y에 대하여 $x-y$의 값을 구하시오.

(단, E는 단위행렬)

1192 중

행렬 $A=\begin{pmatrix} -1 & 1 \\ a & b \end{pmatrix}$에 대하여

$$(A+2E)(A-2E)=-3E$$

가 성립할 때, 실수 a, b에 대하여 $a+b$의 값은?

(단, E는 단위행렬)

① -2 ② -1 ③ 0

④ 1 ⑤ 2

1193 중

이차정사각행렬 A에 대하여 $A^2=2A-E$, $A\begin{pmatrix} 2 \\ 1 \end{pmatrix}=\begin{pmatrix} 1 \\ 2 \end{pmatrix}$가 성립할 때, 행렬 $A^2\begin{pmatrix} 2 \\ 1 \end{pmatrix}$은?

① $\begin{pmatrix} 1 \\ 2 \end{pmatrix}$ ② $\begin{pmatrix} 2 \\ 1 \end{pmatrix}$ ③ $\begin{pmatrix} 0 \\ 3 \end{pmatrix}$

④ $\begin{pmatrix} 3 \\ 3 \end{pmatrix}$ ⑤ $\begin{pmatrix} 4 \\ 1 \end{pmatrix}$

1194 상

이차정사각행렬 A가 $A^2+2A+4E=O$를 만족시킬 때, $A^{24}=kE$에서 실수 k의 값은?

(단, E는 단위행렬, O는 영행렬)

① -2^{24} ② -2^{12} ③ 2^{12}

④ 2^{16} ⑤ 2^{24}

◆◆ 개념루트 공통수학1 380쪽

유형 14 단위행렬을 이용한 거듭제곱

정사각행렬 A에 대하여 $A^2=AA$, $A^3=A^2A$, $\dots$를 차례대로 구하여 단위행렬 E 꼴이 나오는 경우를 찾아 주어진 식을 간단히 한다.

참고 정사각행렬 A와 단위행렬 E에 대하여 $A^n=kE$이면 $(A^n)^m=k^mE$이다. (단, m, n은 자연수, k는 실수)

1195 대표 문제

행렬 $A=\begin{pmatrix} 1 & 1 \\ -3 & -2 \end{pmatrix}$에 대하여 행렬 A^{101}의 모든 성분의 곱은?

① -6 ② -3 ③ 3

④ 6 ⑤ 9

1196 (중)

행렬 $A = \begin{pmatrix} 0 & -1 \\ 1 & 0 \end{pmatrix}$ 에 대하여 다음 중 행렬 A^n이 될 수 없는 것은? (단, n은 자연수)

① $\begin{pmatrix} 0 & 1 \\ -1 & 0 \end{pmatrix}$ ② $\begin{pmatrix} 0 & -1 \\ 1 & 0 \end{pmatrix}$ ③ $\begin{pmatrix} -1 & 0 \\ 0 & 1 \end{pmatrix}$

④ $\begin{pmatrix} -1 & 0 \\ 0 & -1 \end{pmatrix}$ ⑤ $\begin{pmatrix} 1 & 0 \\ 0 & 1 \end{pmatrix}$

1197 (중)

행렬 $A = \begin{pmatrix} -4 & -3 \\ 7 & 5 \end{pmatrix}$ 에 대하여 $A^n = E$를 만족시키는 자연수 n의 최솟값을 구하시오. (단, E는 단위행렬)

1198 (상) | 학평 기출 |

행렬 $A = \begin{pmatrix} 3 & 7 \\ -1 & -2 \end{pmatrix}$ 에 대하여 행렬

$A + A^2 + A^3 + \cdots + A^{2011}$의 모든 성분의 합은?

① 2   ② 7   ③ 12

④ 17   ⑤ 22

유형 15 단위행렬 E를 포함한 식

같은 꼴인 두 정사각행렬 A, B, 단위행렬 E와 실수 k에 대하여 A와 B의 합과 곱에 대한 조건이 주어진 경우에는 다음과 같이 주어진 식을 변형한다.
(1) $A + B = kE$의 양변의 왼쪽에 A를 곱하면 $A^2 + AB = kA$
(2) $A + B = kE$의 양변의 오른쪽에 B를 곱하면 $AB + B^2 = kB$

1199 대표 문제

두 이차정사각행렬 A, B가 $A + B = E$, $AB = E$를 만족시킬 때, $A^{30} - B^{30} + E$를 간단히 하면? (단, E는 단위행렬)

① $-E$ ② E ③ $2E$

④ $E + A$ ⑤ $A - B$

1200 (중)

두 이차정사각행렬 A, B에 대하여 $AB = 2E$이고, $A^2 - A = E$가 성립할 때, 다음 중 행렬 B^2과 같은 것은?
(단, E는 단위행렬)

① $-4A - 6E$ ② $-4A + 8E$ ③ $2A - 8E$

④ $4A - 8E$ ⑤ $4A + 8E$

1201 (중)

두 이차정사각행렬 A, B에 대하여 $A + B = O$, $AB = E$일 때, 다음 중 행렬 $A^{1000} + B^{1002}$과 같은 것은?
(단, E는 단위행렬, O는 영행렬)

① $-E$ ② E ③ O

④ $A - E$ ⑤ $A + E$

1202 (상) | 학평 기출 |

이차정사각행렬 A, B와 실수 k에 대하여

$$A + kB = \begin{pmatrix} 2 & 2 \\ 1 & 3 \end{pmatrix}, A + B = E, B^2 = B$$

가 성립할 때, $10k$의 값을 구하시오.

(단, E는 단위행렬이다.)

유형 16 행렬의 곱셈의 여러 가지 성질

세 행렬 A, B, C와 영행렬 O에 대하여
(1) $A \neq O$, $B \neq O$이지만 $AB=O$인 경우가 있다.
(2) $AB=AC$, $A \neq O$이지만 $B \neq C$인 경우가 있다.

1203 대표 문제

두 이차정사각행렬 A, B에 대하여 $AB=BA$일 때, 보기에서 옳은 것만을 있는 대로 고른 것은?
(단, E는 단위행렬, O는 영행렬)

보기
ㄱ. $(A+B)(A-B)=A^2-B^2$
ㄴ. $AB+BA=O$이면 $A=O$이고 $B=O$이다.
ㄷ. $A+3BA=2AB+E$이면 $A(B+E)=E$이다.

① ㄱ   ② ㄴ   ③ ㄱ, ㄴ
④ ㄱ, ㄷ   ⑤ ㄴ, ㄷ

1204 하

두 이차정사각행렬 A, B에 대하여 보기에서 옳은 것만을 있는 대로 고른 것은? (단, E는 단위행렬, O는 영행렬)

보기
ㄱ. $(A+E)(A-E)=A^2-E$
ㄴ. $A^3=-E$이면 $A^{100}=-A$
ㄷ. $(A-E)^2=O$이면 $A=E$

① ㄱ   ② ㄱ, ㄴ   ③ ㄱ, ㄷ
④ ㄴ, ㄷ   ⑤ ㄱ, ㄴ, ㄷ

1205 중

두 이차정사각행렬 A, B에 대하여 보기에서 옳지 <u>않은</u> 것만을 있는 대로 고른 것은? (단, O는 영행렬)

보기
ㄱ. $A+B=O$이면 $AB=BA$
ㄴ. $AB=O$이면 $A=O$ 또는 $B=O$
ㄷ. $(A+B)^2=A^2+2AB+B^2$

① ㄱ   ② ㄴ   ③ ㄱ, ㄷ
④ ㄴ, ㄷ   ⑤ ㄱ, ㄴ, ㄷ

1206 상 | 학평 기출 |

두 실수 a, b에 대하여 행렬 A를 $A=\begin{pmatrix} a & -b \\ b & a \end{pmatrix}$라 할 때, 옳은 것만을 보기에서 있는 대로 고른 것은?
(단, E는 단위행렬이고, O는 영행렬이다.)

보기
ㄱ. $A^2=O$이면 $A=O$이다.
ㄴ. $A^2+E=O$를 만족시키는 행렬 A의 개수는 2이다.
ㄷ. $A^2-A=O$를 만족시키는 행렬 A의 개수는 2이다.

① ㄱ   ② ㄷ   ③ ㄱ, ㄴ
④ ㄴ, ㄷ   ⑤ ㄱ, ㄴ, ㄷ

◆◆ 개념루트 공통수학 1 382쪽

유형 17 케일리─해밀턴 정리

단위행렬 E와 영행렬 O가 모두 이차정사각행렬일 때
$A=\begin{pmatrix} a & b \\ c & d \end{pmatrix}$이면 ➡ $A^2-(a+d)A+(ad-bc)E=O$

1207 대표 문제

행렬 $A=\begin{pmatrix} 3 & 2 \\ -1 & 1 \end{pmatrix}$에 대하여 다음 중 행렬 $A^3-4A^2+6A-2E$와 같은 것은? (단, E는 단위행렬)

① $A-4E$ ② $A-3E$ ③ $A-2E$
④ $2A-3E$ ⑤ $2A-2E$

1208 중

행렬 $A=\begin{pmatrix} 1 & 3 \\ 2 & 4 \end{pmatrix}$에 대하여 $A^3-4A^2-5A=pA+qE$가 성립한다. 이때 실수 p, q에 대하여 $p+q$의 값을 구하시오.
(단, E는 단위행렬)

AB 유형 점검

1209 유형 01

이차정사각행렬 A의 (i, j) 성분 a_{ij}가
$a_{ij}=(-1)^i+3j+5$일 때, 이차정사각행렬 B의 (i, j) 성분 b_{ij}는 $b_{ij}=a_{ji}$를 만족시킨다. 이때 행렬 B는?

① $\begin{pmatrix} 12 & 9 \\ 10 & 7 \end{pmatrix}$　　② $\begin{pmatrix} 12 & 9 \\ 9 & 7 \end{pmatrix}$　　③ $\begin{pmatrix} 7 & 9 \\ 10 & 12 \end{pmatrix}$

④ $\begin{pmatrix} 7 & 10 \\ 9 & 12 \end{pmatrix}$　　⑤ $\begin{pmatrix} 7 & 12 \\ 9 & 10 \end{pmatrix}$

1210 유형 01

세 도시 H_1, H_2, H_3 사이를 화살표 방향으로 지나는 도로망이 다음 그림과 같다. 도시 H_i에서 도시 H_j로 바로 가는 도로의 수를 a_{ij}라 할 때, a_{ij}를 (i, j) 성분으로 하는 행렬을 구하시오. (단, $i=1, 2, 3$, $j=1, 2, 3$)

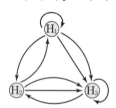

1211 유형 02

두 행렬 $A=\begin{pmatrix} a^2+a & c+4 \\ b & a^2-a \end{pmatrix}$, $B=\begin{pmatrix} 2 & 6 \\ 2c+2 & b \end{pmatrix}$에 대하여 $A=B$일 때, 실수 a, b, c에 대하여 $a+b+c$의 값은?

① -2　　② 2　　③ 4
④ 6　　⑤ 8

1212 유형 03

두 행렬 $A=\begin{pmatrix} 1 & 0 \\ -2 & 1 \end{pmatrix}$, $B=\begin{pmatrix} 0 & 2 \\ -3 & 1 \end{pmatrix}$에 대하여 $4(A-X)=3(B-X)$를 만족시키는 행렬 X의 모든 성분의 합은?

① -4　　② 0　　③ 2
④ 4　　⑤ 6

1213 유형 04

두 행렬 $A=\begin{pmatrix} 3 & -1 \\ -2 & 3 \end{pmatrix}$, $B=\begin{pmatrix} 1 & 3 \\ -4 & 1 \end{pmatrix}$과 두 행렬 X, Y에 대하여 $X+2Y=A$, $2X-Y=B$가 성립할 때, 행렬 $X+Y$를 구하시오.

1214 유형 05

세 행렬 $A=\begin{pmatrix} 1 & 2 \\ 0 & -3 \end{pmatrix}$, $B=\begin{pmatrix} -1 & 3 \\ -2 & k \end{pmatrix}$, $C=\begin{pmatrix} -5 & 0 \\ -4 & 11 \end{pmatrix}$에 대하여 $xA+yB=C$일 때, 실수 k, x, y에 대하여 $k+x+y$의 값은?

① -3　　② -1　　③ 0
④ 2　　⑤ 4

1215 유형 06

등식 $\begin{pmatrix} 2 & a \\ 6 & -1 \end{pmatrix}\begin{pmatrix} a \\ b \end{pmatrix}=\begin{pmatrix} -1 & 2 \\ 3 & 5 \end{pmatrix}\begin{pmatrix} -1 \\ a \end{pmatrix}$가 성립할 때, 실수 a, b에 대하여 a^3-b^3의 값을 구하시오.

1216 유형 06

두 행렬 $A=\begin{pmatrix} 1 & x \\ 3 & 6 \end{pmatrix}$, $B=\begin{pmatrix} 6 & -2 \\ y & 1 \end{pmatrix}$에 대하여 $AB=O$

이다. 이때 실수 x, y에 대하여 $x-y$의 값은?

(단, O는 영행렬)

① -5 ② -3 ③ 2

④ 3 ⑤ 5

1217 유형 07

이차방정식 $x^2+2x-1=0$의 두 근을 α, β라 할 때, 행렬

$A=\begin{pmatrix} \alpha & 1 \\ 1 & \beta \end{pmatrix}$에 대하여 행렬 A^2의 모든 성분의 합은?

① 4 ② 8 ③ 9

④ 12 ⑤ 16

1218 유형 07

행렬 $A=\begin{pmatrix} a & b \\ b & a \end{pmatrix}$가 $A^2-4A+3E=O$를 만족시킬 때, 실

수 a, b의 순서쌍 (a, b)의 개수를 구하시오.

(단, E는 단위행렬, O는 영행렬)

1219 유형 08

행렬 $A=\begin{pmatrix} 1 & -4 \\ 0 & 1 \end{pmatrix}$에 대하여 $A^n=\begin{pmatrix} 1 & -100 \\ 0 & 1 \end{pmatrix}$을 만족

시키는 자연수 n의 값을 구하시오.

1220 유형 10

두 이차정사각행렬 A, B에 대하여

$(A+2B)(A-B)=\begin{pmatrix} 1 & -2 \\ -1 & 3 \end{pmatrix}$, $A^2-2B^2=\begin{pmatrix} 6 & 6 \\ 5 & -2 \end{pmatrix}$

일 때, 행렬 $(A-2B)(A+B)$를 구하시오.

1221 유형 11 | 학평 기출 |

두 이차정사각행렬 $A=\begin{pmatrix} 1 & 0 \\ 2 & 0 \end{pmatrix}$, $B=\begin{pmatrix} 0 & x \\ 2y & -3 \end{pmatrix}$이

$(A+B)^2=A^2+2AB+B^2$을 만족시킬 때, $x+y$의 값은?

① 1 ② 2 ③ 3

④ 4 ⑤ 5

1222 유형 12

이차정사각행렬 A에 대하여

$$A\begin{pmatrix} 2a \\ 3b \end{pmatrix}=\begin{pmatrix} 2 \\ 13 \end{pmatrix},\ A\begin{pmatrix} 2a \\ b \end{pmatrix}=\begin{pmatrix} -6 \\ 3 \end{pmatrix}$$

이 성립할 때, 행렬 $A\begin{pmatrix} a \\ b \end{pmatrix}$는?

① $\begin{pmatrix} -2 \\ 0 \end{pmatrix}$ ② $\begin{pmatrix} -1 \\ 4 \end{pmatrix}$ ③ $\begin{pmatrix} 0 \\ 2 \end{pmatrix}$

④ $\begin{pmatrix} 1 \\ 4 \end{pmatrix}$ ⑤ $\begin{pmatrix} 4 \\ 2 \end{pmatrix}$

1223 유형 14

행렬 $A=\begin{pmatrix} \sqrt{3} & -1 \\ 4 & -\sqrt{3} \end{pmatrix}$에 대하여 $A^n=E$를 만족시키는 자

연수 n의 최솟값을 구하시오. (단, E는 단위행렬)

1224 유형 14

행렬 $A = \begin{pmatrix} -2 & 1 \\ -3 & 1 \end{pmatrix}$에 대하여 $A^{100}\begin{pmatrix} 20 \\ 10 \end{pmatrix} = \begin{pmatrix} x \\ y \end{pmatrix}$일 때, 실수 x, y에 대하여 $x-y$의 값은?

① -30 ② -10 ③ 10
④ 20 ⑤ 30

1225 유형 15 | 학평 기출 |

이차정사각행렬 A, B가 $A+B = -E$, $AB = E$를 만족시킬 때, $(A+B) + (A^2+B^2) + \cdots + (A^{2011}+B^{2011})$을 간단히 한 것은? (단, E는 단위행렬이다.)

① $-2E$ ② $-E$ ③ E
④ $2E$ ⑤ $3E$

1226 유형 16 | 학평 기출 |

두 이차정사각행렬 A, B에 대하여 옳은 것만을 보기에서 있는 대로 고른 것은?

(단, E는 단위행렬이고, O는 영행렬이다.)

보기
ㄱ. $A^2 = E$이면 $A = E$이다.
ㄴ. $(A+2B)^2 = (A-2B)^2$이면 $AB+BA = O$이다.
ㄷ. $AB = A$, $BA = B$이면 $A^2+B^2 = A+B$이다.

① ㄱ   ② ㄴ   ③ ㄷ
④ ㄴ, ㄷ   ⑤ ㄱ, ㄴ, ㄷ

서술형

1227 유형 02

등식 $\begin{pmatrix} \alpha & 6 \\ \alpha\beta & \beta \end{pmatrix} = \begin{pmatrix} 5-\beta & 6 \\ \alpha\beta & \dfrac{3}{\alpha} \end{pmatrix}$이 성립하도록 하는 실수 α, β에 대하여 $\dfrac{\beta}{\alpha} + \dfrac{\alpha}{\beta}$의 값을 구하시오.

1228 유형 06

세 행렬
$$A = (x \quad -1), \quad B = \begin{pmatrix} 1 & 0 \\ -6 & 8 \end{pmatrix}, \quad C = \begin{pmatrix} x \\ -1 \end{pmatrix}$$
에 대하여 행렬 ABC의 성분은 $x=a$일 때 최솟값 b를 갖는다. 이때 ab의 값을 구하시오. (단, x는 실수)

1229 유형 08

두 행렬 $A = \begin{pmatrix} 1 & 0 \\ 0 & 2 \end{pmatrix}$, $B = \begin{pmatrix} 1 & 0 \\ 0 & 3 \end{pmatrix}$에 대하여 행렬 $A^n + B^n$의 모든 성분의 합이 100 이하가 되도록 하는 자연수 n의 최댓값을 구하시오.

실력 향상

1230

이차정사각행렬 A의 (i, j) 성분 a_{ij}를

$$a_{ij}=\left[\frac{3i-j}{2}\right] \ (i=1, 2, 3, j=1, 2)$$

로 정의할 때, 행렬 A의 모든 성분의 합을 구하시오.

(단, $[x]$는 x보다 크지 않은 최대의 정수)

1231

직선 $y=-5x+6$과 이차함수 $y=x^2-3x-9$의 그래프의 두 교점의 좌표를 (a, b), (c, d)라 하고, 직선 $y=-5x+6$과 이차함수 $y=2x^2-13x+6$의 그래프의 두 교점의 좌표를 (e, f), (g, h)라 하자. 두 행렬

$A=\begin{pmatrix} a & b \\ c & d \end{pmatrix}$, $B=\begin{pmatrix} e & f \\ g & h \end{pmatrix}$에 대하여 행렬 $5A-3(A+B)$

의 모든 성분의 합을 구하시오. (단, $a>0$, $e>0$)

1232

행렬 $A=\begin{pmatrix} 1 & 1 \\ a & a \end{pmatrix}$와 이차정사각행렬 B가 다음 조건을 만족시킬 때, 행렬 $A+B$의 $(1, 2)$ 성분과 $(2, 1)$ 성분의 합은?

> (가) $B\begin{pmatrix} 1 \\ -1 \end{pmatrix}=\begin{pmatrix} 0 \\ 0 \end{pmatrix}$이다.
>
> (나) $AB=2A$이고, $BA=4B$이다.

① 2 　　　　② 4 　　　　③ 6

④ 8 　　　　⑤ 10

1233

두 이차정사각행렬 A, B가 $A^2+A+E=O$, $B=A-E$를 만족시킬 때, 옳은 것만을 보기에서 있는 대로 고른 것은? (단, O는 영행렬이고, E는 단위행렬이다.)

> **보기**
> ㄱ. $A^3=E$
> ㄴ. $AB=BA$
> ㄷ. $(A+B)(A^2+B^2)(A^4+B^4)=-82A-E$

① ㄱ 　　　　② ㄷ 　　　　③ ㄱ, ㄴ

④ ㄴ, ㄷ 　　　　⑤ ㄱ, ㄴ, ㄷ

❃ 기출 BOOK 62쪽

memo

memo ✦

memo✦

유형만렙 기출 BOOK

440문항 수록

공통수학 1

visang

ABOVE IMAGINATION

우리는 남다른 상상과 혁신으로
교육 문화의 새로운 전형을 만들어
모든 이의 행복한 경험과 성장에 기여한다

유형 만렙 기출 BOOK

공통수학 1

01 / 다항식의 연산

1 두 다항식 $A=x^2+2xy+3y^2$, $B=2x^2-4xy-y^2$에 대하여 $A-2B$를 계산하시오.

2 두 다항식 A, B에 대하여 $3A-B=x^2-9xy+9y^2$, $A-B=-x^2+5xy-y^2$일 때, $X-A=B$를 만족시키는 다항식 X는?

① $-3x^2+xy-11y^2$ ② $-2x^2+10xy-2y^2$
③ $2x^2+10xy+2y^2$ ④ $3x^2-19xy+11y^2$
⑤ $5x^2-8xy+11y^2$

3 다항식 $(2x^2+3ax-4)(x^2+x+1)$의 전개식에서 x의 계수가 -7일 때, x^2의 계수를 구하시오.

(단, a는 상수)

4 다항식 $(x+1)(x+2)(x+3)(x+4)(x+5)$의 전개식에서 x^4의 계수는?

① 9   ② 11   ③ 13
④ 15   ⑤ 17

5 다음 중 옳지 <u>않은</u> 것은?

① $(2x-y-z)^2=4x^2+y^2+z^2-4xy+2yz-4zx$
② $(2x-3y)(4x^2+6xy+9y^2)=8x^3-27y^3$
③ $(x+1)(x-2)(x-3)=x^3-4x^2-x+6$
④ $(x-y-z)(x^2+y^2+z^2+xy-yz+zx)$
  $=x^3-y^3-z^3-3xyz$
⑤ $(x^2+2xy+4y^2)(x^2-2xy+4y^2)$
  $=x^4+4x^2y^2+16y^4$

6 다항식 $(2x+ay)^3-(2x-y)(4x^2+2xy+y^2)$의 전개식에서 y^3의 계수가 2일 때, 실수 a의 값은?

① -3 ② -1 ③ 1
④ 2   ⑤ 4

7 다항식 $(x^3-2x^2-x+1)(x^3-2x^2+x+1)$을 전개
하면?

① $x^6+4x^5+4x^4+2x^3+3x^2+1$
② $x^6+4x^5+4x^4+2x^3-3x^2+1$
③ $x^6-4x^5+4x^4+2x^3-5x^2+1$
④ $x^6-4x^5+4x^4+2x^3-5x^2-1$
⑤ $x^6-4x^5-4x^4-2x^3+5x^2-1$

8 $xy=-10$, $x^2+y^2=25$일 때, x^3-y^3의 값은?
(단, $x>y$)

① $\sqrt{5}$ ② $3\sqrt{5}$ ③ $10\sqrt{5}$
④ $25\sqrt{5}$ ⑤ $45\sqrt{5}$

9 $x=\sqrt{3}+\sqrt{2}$, $y=\sqrt{3}-\sqrt{2}$일 때, $x^2+x^3+y^2+y^3$의 값
은?

① $10-18\sqrt{3}$ ② $18-10\sqrt{3}$
③ $18+10\sqrt{3}$ ④ $10+18\sqrt{3}$
⑤ 40

10 $x^2-4x+1=0$일 때, $12x+\dfrac{3}{x^2}$의 값을 구하시오.

11 $x+y+z=-1$, $xy+yz+zx=-14$, $xyz=24$일 때,
$(x+y)(y+z)(z+x)$의 값을 구하시오.

12 $a+b+c=1$, $ab+bc+ca=-4$, $abc=-4$일 때,
$a^3+b^3+c^3$의 값은?

① 1   ② 2   ③ 3
④ 4   ⑤ 5

13 등식 $2\left(1+\dfrac{1}{3}\right)\left(1+\dfrac{1}{3^2}\right)\left(1+\dfrac{1}{3^4}\right)\left(1+\dfrac{1}{3^8}\right)=a-\dfrac{1}{3^b}$을
만족시키는 자연수 a, b에 대하여 $\dfrac{b}{a}$의 값은?

① 1   ② 2   ③ 3
④ 4   ⑤ 5

14 오른쪽 그림과 같은 직육면체의
모든 모서리의 길이의 합이 48이
고 삼각형 BGD의 세 변의 길이
의 제곱의 합이 100일 때, 이 직육
면체의 겉넓이를 구하시오.

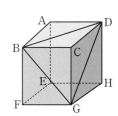

15 다항식 $3x^3-4x^2-x+5$를 $3x+2$로 나누었을 때의 몫과 나머지를 차례대로 나열한 것은?

① $3x-6$, 3
② x^2-2x+1, 1
③ x^2-2x+1, 3
④ $3x^2-6x+3$, 1
⑤ $3x^2-6x+3$, 3

16 다항식 $x^4-8x^2+18x-6$을 x^2+x+3으로 나누었을 때의 몫을 $Q(x)$, 나머지를 $R(x)$라 할 때, $Q(1)-R(-1)$의 값은?

① -17
② -3
③ 0
④ 3
⑤ 17

17 다항식 $6x^3-x^2+3x+2$를 다항식 $P(x)$로 나누었을 때의 몫은 $6x+5$, 나머지는 $14x+7$일 때, 다항식 $P(x)$는?

① x^2+2x
② x^2-x-1
③ x^2+x+1
④ x^2-2x-1
⑤ $2x^2+2x$

18 윗변의 길이가 $2x^2-4x$, 아랫변의 길이가 $2x+6$인 사다리꼴의 넓이가 $3x^4-2x^3+8x^2+3x$일 때, 이 사다리꼴의 높이는?

① $3x^2-x+2$
② $3x^2-x$
③ $3x^2+x$
④ $3x^2+x+2$
⑤ $3x^2+2x+1$

19 다항식 $f(x)$를 $5x+3$으로 나누었을 때의 몫을 $Q(x)$, 나머지를 R라 할 때, $xf(x)$를 $x+\dfrac{3}{5}$으로 나누었을 때의 몫과 나머지를 차례대로 나열한 것은?

① $5Q(x)$, R
② $5Q(x)+R$, R
③ $5Q(x)+R$, $-\dfrac{3}{5}R$
④ $5xQ(x)+R$, $\dfrac{3}{5}R$
⑤ $5xQ(x)+R$, $-\dfrac{3}{5}R$

20 다음은 조립제법을 이용하여 다항식 $f(x)=3x^3+8x^2+6$을 $x-\dfrac{1}{3}$로 나누었을 때의 몫과 나머지를 구하는 과정이다. 다항식 $f(x)$를 $3x-1$로 나누었을 때의 몫을 $Q(x)$, 나머지를 R라 할 때, $Q(a)-f(b)+R$의 값을 구하시오. (단, a, b는 상수)

$$
\begin{array}{c|cccc}
\frac{1}{3} & 3 & 8 & 0 & 6 \\
 &   & b & 3 & 1 \\
\hline
 & a & 9 & 3 & 7 \\
\end{array}
$$

맞힌 개수

/ 20

1 두 다항식 $A=4x^2+4xy+y^2$, $B=x^2-xy-5y^2$에 대하여 $5(A-B)-3(2A-B)$를 계산하면?

① $-6x^2-2xy-9y^2$ ② $-6x^2-2xy+9y^2$

③ $-6x^2+2xy+9y^2$ ④ $6x^2-2xy+9y^2$

⑤ $6x^2+2xy+9y^2$

2 두 다항식 $A=4x^2-3xy+y^2$, $B=-x^2+xy-2y^2$에 대하여 $2X-A=3(X-2B)$를 만족시키는 다항식 X를 구하시오.

3 두 다항식
$$A=(x-1)(x^3-3x^2+1),$$
$$B=(2x^2-x+1)(x^3-x-2)$$
에 대하여 다항식 $A-2B$의 x^3의 계수는?

① -4 ② -2 ③ -1

④ 2 ⑤ 4

4 다항식 $(2x-3)^3$을 전개한 식이 $8x^3+ax^2+bx+c$일 때, 상수 a, b, c에 대하여 $a+b-c$의 값은?

① 18 ② 27 ③ 36

④ 45 ⑤ 54

5 $x^6=66$일 때, $(x-2)(x^2+2x+4)(x^3+8)$의 값은?

① 1 ② 2 ③ 3

④ 4 ⑤ 5

6 다항식 $(x-1)(x-3)(x-5)(x-7)$을 전개하면 $x^4+ax^3+bx^2+cx+d$일 때, 상수 a, b, c, d에 대하여 $a+b-c-d$의 값을 구하시오.

7 $x-y=2$, $\dfrac{1}{x}-\dfrac{1}{y}=-2$일 때, x^4+y^4의 값은?

① 28   ② 30   ③ 32

④ 34   ⑤ 36

8 $x+y=1$, $x^3+y^3=7$일 때, x^5+y^5의 값을 구하시오.

9 $x=2-\sqrt{3}$일 때, $x^2+x^3+\dfrac{1}{x^2}+\dfrac{1}{x^3}$의 값은?

① 4   ② 14   ③ 52

④ 66   ⑤ 109

10 $x^2-\dfrac{1}{x^2}=-2\sqrt{3}$일 때, $\dfrac{x^6+x^4+x^2+1}{x^3}$의 값은?

(단, $x>0$)

① $\sqrt{6}$ ② $2\sqrt{6}$ ③ $3\sqrt{6}$

④ $4\sqrt{6}$ ⑤ $5\sqrt{6}$

11 $a+b+c=2$, $a^2+b^2+c^2=14$, $abc=-6$일 때, $\dfrac{1}{a}+\dfrac{1}{b}+\dfrac{1}{c}$의 값을 구하시오.

12 $a+b+c=2$, $ab+bc+ca=-1$, $abc=-2$일 때, 다음 식의 값을 구하시오.

(1) $a^2+b^2+c^2$

(2) $a^2b^2+b^2c^2+c^2a^2$

(3) $a^4+b^4+c^4$

13 $P=2^4(5^2+3^2)(5^4+3^4)(5^8+3^8)$일 때, $\dfrac{P+3^{16}}{5^{16}}$의 값은?

① 1   ② 2   ③ 3

④ 4   ⑤ 5

14 두 정육면체의 모든 모서리의 길이의 합은 72이고, 겉넓이의 합은 168일 때, 이 두 정육면체의 부피의 합은?

① 81   ② 100   ③ 121

④ 144   ⑤ 196

15 오른쪽 그림과 같이 직육면체 모양의 나무토막의 한 모퉁이에서 한 모서리의 길이가 1인 정육면체 모양을 잘라 내었더니 그 겉넓이는 94, 모든 모서리의 길이의 합은 54가 되었다. 이때 처음 직육면체 모양의 나무토막의 대각선의 길이를 구하시오.

16 다항식 x^4+4x^2+2를 $x+2$로 나누었을 때의 몫과 나머지의 합은?

① $x^3-2x^2+8x-46$ ② $x^3-2x^2+8x+18$
③ $x^3-2x^2+8x+30$ ④ $-x^3+2x^2-8x+30$
⑤ $-x^3+2x^2-8x+36$

17 다항식 $x^4-x^3+6x^2+2x+11$을 x^2+1로 나누었을 때의 몫을 $Q(x)$, 나머지를 $R(x)$라 할 때, $Q(1)-R(-1)$의 값을 구하시오.

18 다항식 $P(x)=x^3+x^2+ax+b$가 x^2+2x+3으로 나누어떨어질 때, $P(x)$를 x^2-3으로 나누었을 때의 몫을 $Q(x)$, 나머지를 $R(x)$라 하자. $Q(3)-R(-1)$의 값을 구하시오. (단, a, b는 실수)

19 다항식 $f(x)$를 $2x+4$로 나누었을 때의 몫을 $Q(x)$, 나머지를 R라 할 때, $(x+4)f(x)$를 $x+2$로 나누었을 때의 몫과 나머지를 차례대로 나열한 것은?

① $(x+4)Q(x)$, $2R$
② $(x+4)Q(x)$, R
③ $(2x+8)Q(x)$, $2R$
④ $(2x+8)Q(x)+R$, R
⑤ $(2x+8)Q(x)+R$, $2R$

20 다음은 다항식 $3x^3+bx^2-7x+c$를 $3x-2$로 나누었을 때의 몫을 구하기 위하여 조립제법을 이용한 것이다. abc의 값과 몫을 차례대로 나열한 것은?
(단, a, b, c는 상수)

a	3	b	-7	c
		2	4	□
	3	6	□	1

① -8, x^2+2x-1 ② -8, x^2+2x+1
③ -8, $3x^2+6x-3$ ④ 8, x^2+2x-1
⑤ 8, $3x^2+6x-3$

1 등식 $(x^2-3x+a)(x+3)=x^3+bx-18$이 x에 대한 항등식일 때, 상수 a, b에 대하여 $a+b$의 값은?

① -21 ② -14 ③ 7

④ 14 ⑤ 21

2 다항식 $f(x)$에 대하여 등식

$$x^{11}+ax^{10}+bx=(x^2-1)f(x)+2x+1$$

이 x에 대한 항등식일 때, 상수 a, b에 대하여 $2ab$의 값은?

① -4 ② -2 ③ -1

④ 2 ⑤ 4

3 x에 대한 이차방정식

$$x^2-(k+1)x+(k-3)a-b+1=0$$

이 k의 값에 관계없이 항상 1을 근으로 가질 때, 상수 a, b에 대하여 a^2+b^2의 값은?

① 5 ② 10 ③ 13

④ 17 ⑤ 20

4 등식 $(x+1)^{10}=a_0+a_1x+a_2x^2+\cdots+a_{10}x^{10}$이 x에 대한 항등식일 때, $a_0+a_2+a_4+\cdots+a_{10}$의 값은?

(단, a_0, a_1, ..., a_{10}은 상수)

① -1024 ② -512 ③ 512

④ 1024 ⑤ 2048

5 다항식 x^3+ax^2+b를 x^2-x+2로 나누었을 때의 나머지가 $-6x+4$일 때, 상수 a, b에 대하여 ab의 값을 구하시오.

6 다항식 $f(x)=x^3+8x^2+21x+21$에 대하여

$$f(x)=(x+2)^3+a(x+2)^2+b(x+2)+c$$

로 나타낼 때, $f(98)$의 각 자리의 숫자의 합은?

(단, a, b, c는 상수)

① 3 ② 5 ③ 7

④ 9 ⑤ 11

7 다항식 $f(x)$를 $x+3$으로 나누었을 때의 나머지와 $x-1$로 나누었을 때의 나머지가 모두 -1일 때, 다항식 $(x^2-4)f(x)$를 x^2+2x-3으로 나누었을 때의 나머지를 구하시오.

8 다항식 $x^{15}+x^{10}+x^5-1$을 x^3-x로 나누었을 때의 나머지를 $R(x)$라 할 때, $R(5)$의 값을 구하시오.

9 다항식 $x^{21}-3x^{16}+6$을 $x-1$로 나누었을 때의 몫을 $Q(x)$라 할 때, $Q(x)$를 $x+1$로 나누었을 때의 나머지를 구하시오.

10 다항식 $f(x)$를 $(x+2)(x-1)$로 나누었을 때의 나머지가 $x+3$일 때, $f(3x-5)$를 $x-2$로 나누었을 때의 나머지를 구하시오.

11 19^{100}을 20으로 나누었을 때의 나머지는?

① 1　　　　　② 3　　　　　③ 5
④ 7　　　　　⑤ 9

12 다항식 $f(x)=2x^3+ax^2-3x+1$에 대하여 $f(x+1)$이 $x+2$로 나누어떨어질 때, 상수 a의 값을 구하시오.

13 보기에서 옳은 것만을 있는 대로 고른 것은?

┌ 보기 ┐
ㄱ. $x^2-(y-z)^2=(x+y-z)(x-y-z)$
ㄴ. $a^2+b^2+c^2-2ab+2bc-2ca=(a-b-c)^2$
ㄷ. $x^3+8=(x+2)(x^2-2x+4)$
ㄹ. $16x^4+4x^2y^2+y^4$
　$=(4x^2+2xy+y^2)(4x^2-2xy+y^2)$

① ㄱ, ㄴ　　　② ㄱ, ㄷ　　　③ ㄴ, ㄷ
④ ㄱ, ㄴ, ㄹ　　⑤ ㄴ, ㄷ, ㄹ

14 다항식 $(x^2-2x)^2-2x^2+4x-3$을 인수분해하면 $(x+a)^2(x+b)(x+c)$일 때, 상수 a, b, c에 대하여 $a+bc$의 값은?

① -4 ② -2 ③ 0

④ 2 ⑤ 4

15 다항식 x^4-10x^2+9를 인수분해하면 $(x+a)(x+b)(x+c)(x+d)$일 때, 상수 a, b, c, d에 대하여 $a^2+b^2+c^2+d^2$의 값은?

① 12 ② 14 ③ 16

④ 18 ⑤ 20

16 다항식 $ab(a-b)-bc(b+c)+ca(a+c)$를 인수분해하면?

① $(a-b)(b-c)(c-a)$

② $(a-b)(b-c)(c+a)$

③ $(a-b)(b+c)(c-a)$

④ $(a-b)(b+c)(c+a)$

⑤ $(a+b)(b+c)(c-a)$

17 다항식 x^3+2x^2-x-2를 인수분해하면 $(x+a)(x+b)(x+c)$일 때, 상수 a, b, c에 대하여 $a+b-c$의 값은? (단, $a<b<c$)

① -8 ② -6 ③ -4

④ -2 ⑤ -1

18 다항식 $x^4+2x^3-x^2+2x+1$을 인수분해하면?

① $(x^2+3x-1)(x^2-x-1)$

② $(x^2+3x-1)(x^2-x+1)$

③ $(x^2+3x+1)(x^2-x-1)$

④ $(x^2+3x+1)(x^2-x+1)$

⑤ $(x^2+3x+1)(x^2+x+1)$

19 $\dfrac{2030^3-1}{2030\times2031+1}$의 값은?

① 2029 ② 2030 ③ 2031

④ 2032 ⑤ 2033

20 $a=1+\sqrt{5}$, $b=1-\sqrt{5}$일 때, $a^3-a^2b-ab^2+b^3$의 값은?

① 35 ② $35+2\sqrt{5}$ ③ 40

④ $40+\sqrt{5}$ ⑤ $40\sqrt{5}$

02 / 나머지 정리와 인수분해

1 x의 값에 관계없이 $\dfrac{6x+3a}{x+2}$의 값이 항상 일정할 때, 상수 a의 값은? (단, $x \neq -2$)

① 3 ② 4 ③ 5
④ 6 ⑤ 7

2 모든 실수 x에 대하여 등식
$$x^2+ax+2=bx(x-1)+c(x-1)(x+2)$$
가 성립할 때, 상수 a, b, c에 대하여 $a+b+c$의 값을 구하시오.

3 $x-y=-1$을 만족시키는 모든 실수 x, y에 대하여 등식
$$x^2-2x=ay^2+by+c$$
가 성립할 때, 상수 a, b, c에 대하여 abc의 값을 구하시오.

4 $(3x-5)^5(x^3-4x^2+3x-1)^6$을 전개하였을 때, 상수항을 포함한 모든 계수의 합은?

① -64 ② -32 ③ -16
④ 32 ⑤ 64

5 다항식 $x^4+ax^3-bx^2$을 x^2+x-3으로 나누었을 때의 나머지가 $2x+3$일 때, 상수 a, b에 대하여 ab의 값은?

① -2 ② -1 ③ 1
④ 2 ⑤ 3

6 등식
$$x^3+x^2-x+4$$
$$=a(x-2)^3+b(x-2)^2+c(x-2)+d$$
가 x에 대한 항등식일 때, 상수 a, b, c, d에 대하여 $a+b-c+d$의 값은?

① 3 ② 4 ③ 5
④ 6 ⑤ 7

7 다항식 x^3+ax^2+bx-5를 $x-1$로 나누었을 때의 나머지가 2이고, $x+2$로 나누었을 때의 나머지가 -1일 때, 상수 a, b에 대하여 ab의 값은?

① 2   ② 4   ③ 6
④ 8   ⑤ 10

8 삼차식 $f(x)$가 다음 조건을 만족시킬 때, $f(x)$를 x^2-3x+2로 나누었을 때의 나머지를 구하시오.

> (가) $f(0)=4$
> (나) $f(x+1)=f(x)-2x$

9 다항식 $f(x)$를 $x-1$로 나누었을 때의 나머지가 2이고, $(x-2)^2$으로 나누었을 때의 나머지가 $3x-3$이다. $f(x)$를 x^3-5x^2+8x-4로 나누었을 때의 나머지를 $R(x)$라 할 때, $R(-1)$의 값은?

① -12 ② -6 ③ 6
④ 12   ⑤ 18

10 다항식 $f(x)+3g(x)$를 $2x-1$로 나누었을 때의 나머지가 7이고, 다항식 $2f(x)+g(x)$를 $2x-1$로 나누었을 때의 나머지가 4이다. 이때 다항식 $f\left(x-\dfrac{3}{2}\right)$을 $x-2$로 나누었을 때의 나머지는?

① 1   ② 3   ③ 5
④ 7   ⑤ 9

11 다항식 $f(x)$를 x^2+x-1로 나누었을 때의 몫이 $Q(x)$, 나머지가 $6x+1$이고, $Q(x)$를 $x+1$로 나누었을 때의 나머지가 11일 때, $xf(x-2)$를 $x-1$로 나누었을 때의 나머지는?

① -16 ② -11 ③ -5
④ 6   ⑤ 12

12 2×3^{50}을 4로 나누었을 때의 나머지를 구하시오.

13 다항식 ax^3-5x^2+bx+2가 $x-1$, $x-2$로 각각 나누어떨어질 때, 상수 a, b에 대하여 ab의 값을 구하시오.

14 다항식 $P(x)=x^3+ax^2+bx+c$가 $(x+2)^2$을 인수로 갖고 $P(-1)=-4$일 때, 상수 a, b, c에 대하여 $ab-c$의 값은?

① 0   ② 1   ③ 2

④ 3   ⑤ 4

15 다음 중 옳지 <u>않은</u> 것은?

① $a^3-3a^2+3a-1=(a-1)^3$
② $x^3+6x^2y+12xy^2+8y^3=(x+2y)^3$
③ $a^2+b^2+c^2+2ab-2bc-2ca=(a-b-c)^2$
④ $a^3-8=(a-2)(a^2+2a+4)$
⑤ $x^4+x^2+1=(x^2+x+1)(x^2-x+1)$

16 다음 중 다항식 $(x-1)(x-2)(x+3)(x+4)+6$의 인수인 것은?

① $x-5$ ② $x-2$ ③ $x+3$

④ x^2+2x-5 ⑤ x^2+2x+6

17 다항식 x^4+x^2+25를 인수분해하면 $(x^2+ax+b)(x^2-3x+c)$일 때, 상수 a, b, c에 대하여 $a+b-c$의 값은?

① -5 ② -3 ③ -1

④ 1   ⑤ 3

18 $\sqrt{11\times13\times17\times19+36}$의 값을 구하시오.

19 $x-y=2$, $xy=1$일 때, $x^4+x^2y^2+y^4$의 값은?

① 31   ② 32   ③ 33

④ 34   ⑤ 35

20 삼각형의 세 변의 길이 a, b, c에 대하여
$$a^2b+ab^2+b^2c-bc^2-c^2a-ca^2=0$$
이 성립할 때, 이 삼각형은 어떤 삼각형인가?

① 정삼각형
② $a=b$인 이등변삼각형
③ $b=c$인 이등변삼각형
④ 빗변의 길이가 a인 직각삼각형
⑤ 빗변의 길이가 b인 직각삼각형

1 다음 중 옳지 <u>않은</u> 것은?

① $i^2=-1$이다.

② $-5i$는 허수이다.

③ 실수는 복소수이다.

④ $\sqrt{3}$의 허수부분은 0이다.

⑤ $\sqrt{2}-i$의 실수부분은 $\sqrt{2}$, 허수부분은 1이다.

2 $\alpha=1+2i$, $\beta=3-i$에 대하여 다음을 계산하여 $a+bi$ 꼴로 나타낼 때, a의 값이 가장 작은 것은?

(단, a, b는 실수)

① $\alpha+\beta$ ② $\beta-\alpha$

③ $\dfrac{\beta}{\alpha}$ ④ $(\alpha-1)(\beta-1)$

⑤ β^2

3 복소수 $z=i(a-4i)^2+a(6i-1)$이 실수가 되도록 하는 모든 실수 a의 값의 곱을 구하시오.

4 복소수 $z=x(1-2i)+3(i-4)$에 대하여 z^2이 음의 실수가 되도록 하는 실수 x의 값은?

① 4 ② 6 ③ 8

④ 10 ⑤ 12

5 주사위를 두 번 던져서 나오는 눈의 수를 차례로 a, b 라 할 때, $z=a(2+i)^2+b(3+i)-(9+10i)$라 하자. z^2이 실수가 되도록 하는 순서쌍 (a, b)의 개수를 구하시오.

6 등식 $(3+i)(5+ai)=b-i$를 만족시키는 실수 a, b 에 대하여 $b-a$의 값은?

① -19 ② -15 ③ 8

④ 15 ⑤ 19

7 등식 $(1+i)+(1+i)^2-xi=xy+yi$를 만족시키는 실수 x, y에 대하여 x^3+y^3의 값은?

① -9 ② -6 ③ 6

④ 9 ⑤ 18

8 등식 $\dfrac{5(a+i)}{1+3i}+\dfrac{bi}{1+i}=1-2i$를 만족시키는 실수 a, b에 대하여 $a-b$의 값은?

① 1 ② 2 ③ 3

④ 4 ⑤ 5

9 $z=\dfrac{2+\sqrt{5}i}{2-\sqrt{5}i}$일 때, $81z^2+18z-9$의 값을 구하시오.

10 $z=1+i$일 때, $\dfrac{z+1}{z}+\dfrac{\overline{z}+1}{\overline{z}}$의 값을 구하시오.

(단, $\overline{z}$는 z의 켤레복소수)

11 $x=\dfrac{7}{2-\sqrt{3}i}$, $y=\dfrac{7}{2+\sqrt{3}i}$일 때, $\dfrac{x}{y^2}-\dfrac{y}{x^2}$의 값은?

① $-\dfrac{21\sqrt{3}i}{49}$ ② $-\dfrac{18\sqrt{3}i}{49}$ ③ $\dfrac{18}{49}$

④ $\dfrac{18\sqrt{3}i}{49}$ ⑤ $\dfrac{21\sqrt{3}i}{49}$

12 다음 중 $z=-\overline{z}$를 만족시키는 복소수 z가 될 수 있는 것의 개수를 구하시오. (단, $\overline{z}$는 z의 켤레복소수)

$\sqrt{2}+1$	$2i$	$3+\sqrt{3}i$
$3-4i$	0	$-8i$

13 복소수 z에 대하여 보기에서 옳은 것만을 있는 대로 고른 것은? (단, $\overline{z}$는 z의 켤레복소수)

보기
ㄱ. $z-\overline{z}$는 실수이다.
ㄴ. $z+\overline{z}=0$이면 $z^2\le 0$이다.
ㄷ. $\dfrac{1}{z}+\dfrac{1}{\overline{z}}$은 실수이다. (단, $z\ne 0$)

① ㄱ   ② ㄴ   ③ ㄱ, ㄴ

④ ㄱ, ㄷ   ⑤ ㄴ, ㄷ

14 복소수 z와 그 켤레복소수 $\overline{z}$에 대하여
$(2i-3)z+5i\overline{z}=6+18i$가 성립할 때, 복소수 z를 구하시오.

15 실수 a, b에 대하여 $\dfrac{1}{i}+\dfrac{3}{i^2}+\dfrac{5}{i^3}+\cdots+\dfrac{15}{i^8}=a+bi$일 때, $\dfrac{ab}{4}$의 값을 구하시오.

16 $z=i^3+i^6+i^9+\cdots+i^{30}$일 때, $z^4+2z^3-z^2-6z$의 값을 구하시오.

17 $(1+i)^{120}-(1-i)^{120}$을 간단히 하면?

① -2 ② 0 ③ 2
④ $-2i$ ⑤ $2i$

18 복소수 $z=\dfrac{2}{1+\sqrt{3}i}$에 대하여 $z^n=-1$을 만족시키는 100 이하의 자연수 n의 개수는?

① 9 ② 11 ③ 13
④ 15 ⑤ 17

19 실수 x, y에 대하여 $0<x<y$일 때, 보기에서 옳은 것만을 있는 대로 고른 것은?

> **보기**
> ㄱ. $\sqrt{x^2}+\sqrt{-x}\sqrt{-x}=0$
> ㄴ. $\sqrt{(y-x)^2}=x-y$
> ㄷ. $\sqrt{x}\sqrt{-y}=-\sqrt{xy}$
> ㄹ. $\dfrac{\sqrt{y-x}}{\sqrt{x-y}}=1$

① ㄱ ② ㄱ, ㄴ ③ ㄴ, ㄹ
④ ㄷ, ㄹ ⑤ ㄴ, ㄷ, ㄹ

20 0이 아닌 두 실수 x, y에 대하여 $\dfrac{\sqrt{y}}{\sqrt{x}}=-\sqrt{\dfrac{y}{x}}$일 때, $\sqrt{(x-y)^2}+\sqrt{x}\sqrt{x}-|y|$를 간단히 하면?

① $-2x$ ② $-2y$ ③ 0
④ x ⑤ y

중단원 기출 문제 2회 | 03 / 복소수

1 복소수 $3+2i$의 켤레복소수를 a, 복소수 $3i-3$의 허수부분을 b라 할 때, $a(b+3i)$의 값은?

① $2-3i$ ② $2+3i$ ③ $15-i$

④ $15+i$ ⑤ $15+3i$

2 실수 x, y에 대하여 $x+y=1$, $xy=-2$일 때, 복소수 $\dfrac{x-yi}{x+yi}$의 실수부분을 a, 허수부분을 b라 하자. $a+b$의 값을 구하시오. (단, $x>y$)

3 다음 중 옳지 않은 것은?

① $(9+6i)+(5-3i)=14+3i$

② $(2-4i)-(1+i)=1-5i$

③ $(4+i)(4-i)=17$

④ $\dfrac{2+3i}{2-i}=\dfrac{1}{5}+\dfrac{8}{5}i$

⑤ $\dfrac{1}{1+i}-\dfrac{1}{1-i}=i$

4 복소수 $z=1-ai$에 대하여 $(z+2)(z-2i)$가 순허수가 되도록 하는 모든 실수 a의 값의 곱은?

① -3 ② -2 ③ -1

④ 1 ⑤ 2

5 복소수 $z=i(x+i)^2-(6+8i)$에 대하여 z^2이 양의 실수가 되도록 하는 실수 x의 값은?

① -3 ② -1 ③ 0

④ 1 ⑤ 3

6 복소수 $(1-ai)^4$이 실수가 되도록 하는 양수 a의 값을 구하시오.

7 등식 $x(5+i)-y(4+3i)=3+5i$를 만족시키는 실수 x, y에 대하여 $x+y$의 값을 구하시오.

8 실수 x, y에 대하여 등식 $2x-y+4i=(2+y)i-5$가 성립할 때, $\dfrac{13}{2x-yi}+\dfrac{13}{2x+yi}$의 값을 구하시오.

9 $x=2+\sqrt{6}i$일 때, x^2-4x+5의 값은?

① -5 ② -3 ③ -1
④ 1 ⑤ 3

10 $z=\dfrac{5i}{2+i}$일 때, $z\bar{z}+z-\bar{z}$의 값은?

(단, $\bar{z}$는 z의 켤레복소수)

① -3 ② $3-5i$ ③ $4-i$
④ $5+4i$ ⑤ $6+3i$

11 $x=\dfrac{10}{3+i}$, $y=\dfrac{10}{3-i}$에 대하여 $x^2+x^3+y^2-y^3$의 값은?

① $16-52i$ ② $8-2i$ ③ 52
④ $8+2i$ ⑤ $16+52i$

12 실수가 아닌 두 복소수 z_1, z_2에 대하여 $\overline{z_1}=-z_2$가 성립할 때, 보기에서 항상 실수인 것만을 있는 대로 고른 것은? (단, $\bar{z}$는 z의 켤레복소수)

┌─ 보기 ┐
ㄱ. $z_1+\overline{z_2}$ ㄴ. z_1-z_2
ㄷ. $\overline{z_1 z_2}$ ㄹ. $\dfrac{z_1}{z_2}$
└─────────┘

① ㄱ, ㄴ   ② ㄱ, ㄹ   ③ ㄴ, ㄹ
④ ㄱ, ㄴ, ㄷ   ⑤ ㄴ, ㄷ, ㄹ

13 실수가 아닌 복소수 z에 대하여 $\dfrac{z}{2}+\dfrac{2}{z}$가 실수일 때, $z\bar{z}$의 값은? (단, $\bar{z}$는 z의 켤레복소수)

① 1 ② 2 ③ 3
④ 4 ⑤ 5

14 등식 $2(z-1)-(2+i)\bar{z}+2=-1+i$를 만족시키는 복소수 z에 대하여 $z+\bar{z}-z\bar{z}$의 값은?

(단, $\bar{z}$는 z의 켤레복소수)

① -5 ② -4 ③ -3
④ -2 ⑤ -1

15 다음 조건을 만족시키는 복소수 z를 구하시오.

(단, $\bar{z}$는 z의 켤레복소수)

> (가) $z+\bar{z}$는 -6보다 작은 실수이다.
>
> (나) $\dfrac{z-\bar{z}}{4i}=1$
>
> (다) $\dfrac{1}{z}+\dfrac{1}{\bar{z}}=-\dfrac{2}{5}$

16 실수 a, b에 대하여
$$i+i^2+i^3+i^4+\cdots+i^{102}=a+bi$$
일 때, $a+b$의 값은?

① -2 ② -1 ③ 0

④ 1 ⑤ 2

17 $f(n)=i^n+(-i)^n$이라 할 때, $f(n)=2$를 만족시키는 50 이하의 자연수 n의 개수를 구하시오.

18 자연수 n에 대하여 $z_n=\left(\dfrac{1+i}{1-i}\right)^n$일 때, 다음 중 옳지 <u>않은</u> 것은?

① $z_1=i$ ② $z_2+z_4=0$

③ $z_{10}+z_{11}+z_{12}+z_{13}=0$ ④ $z_{40}\times z_{50}=-1$

⑤ $\dfrac{z_{18}}{z_{36}}=-i$

19 실수 a, b에 대하여
$$\sqrt{-6}\sqrt{-6}\sqrt{8}\sqrt{-8}+\frac{\sqrt{18}}{\sqrt{-2}}+\frac{\sqrt{-4}}{\sqrt{-16}}=a+bi$$
일 때, ab의 값을 구하시오.

20 0이 아닌 두 실수 a, b에 대하여 $\sqrt{a}\sqrt{b}=-\sqrt{ab}$일 때, 보기에서 옳은 것만을 있는 대로 고른 것은?

> ┌ 보기 ┐
> ㄱ. $\sqrt{(a+b)^2}=a+b$
> ㄴ. $|a|-|b|=-a+b$
> ㄷ. $\dfrac{\sqrt{b}}{\sqrt{a}}=-\sqrt{\dfrac{b}{a}}$
> ㄹ. $\sqrt{-a}\sqrt{-b}=\sqrt{ab}$

① ㄱ, ㄴ   ② ㄱ, ㄷ   ③ ㄴ, ㄷ

④ ㄴ, ㄹ   ⑤ ㄷ, ㄹ

04 / 이차방정식

1 이차방정식 $x^2+3x+5=0$의 해가 $x=\dfrac{a\pm\sqrt{b}i}{2}$일 때, 유리수 a, b에 대하여 $a+b$의 값은? (단, $i=\sqrt{-1}$)

① 6   ② 8   ③ 10

④ 12   ⑤ 14

2 x에 대한 이차방정식
$$(a+1)x^2+(3a^2+a)x-2(a-1)=0$$
의 한 근이 -2일 때, 다른 한 근은?

① -1 ② 0   ③ $\dfrac{1}{3}$

④ 1   ⑤ $\dfrac{5}{3}$

3 방정식 $x^2-2x-3=3|x-1|$의 모든 근의 합은?

① -4 ② -2 ③ 0

④ 2   ⑤ 4

4 오른쪽 그림과 같이 한 변의 길이가 x cm인 정사각형 모양의 종이의 네 모퉁이에서 한 변의 길이가 3 cm인 정사각형을 잘라 내고 점선을 따라 접어서 뚜껑이 없는 상자를 만들었더니 부피가 147 cm³가 되었다. x의 값을 구하시오. (단, 종이의 두께는 생각하지 않는다.)

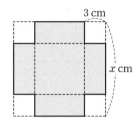

5 보기에서 실근을 갖는 이차방정식만을 있는 대로 고른 것은?

> **보기**
> ㄱ. $x^2-2x-3=0$ ㄴ. $4x^2-4x+1=0$
> ㄷ. $2x^2+3x+5=0$ ㄹ. $-x^2-x-9=0$

① ㄱ, ㄴ   ② ㄱ, ㄷ   ③ ㄱ, ㄹ

④ ㄴ, ㄷ   ⑤ ㄷ, ㄹ

6 x에 대한 이차방정식 $x^2-2kx+k^2=-4x+5$가 서로 다른 두 허근을 가질 때, 실수 k의 값의 범위는?

① $k\leq-4$ ② $k<-\dfrac{3}{2}$ ③ $k>-\dfrac{9}{4}$

④ $k>\dfrac{3}{2}$ ⑤ $k>\dfrac{9}{4}$

7 0이 아닌 두 실수 a, b에 대하여 $\sqrt{a}\sqrt{b}=-\sqrt{ab}$일 때, 다음 중 항상 서로 다른 두 실근을 갖는 이차방정식이 <u>아닌</u> 것은?

① $x^2+ax+b=0$ ② $x^2-ax-b=0$
③ $ax^2+bx+1=0$ ④ $ax^2-x-b=0$
⑤ $ax^2-bx-a=0$

8 x에 대한 이차방정식 $x^2-2ax+b^2+c^2=0$이 중근을 가질 때, 실수 a, b, c를 세 변의 길이로 하는 삼각형은 어떤 삼각형인가?

① 정삼각형
② 예각삼각형
③ 둔각삼각형
④ $a=b$인 이등변삼각형
⑤ 빗변의 길이가 a인 직각삼각형

9 x에 대한 이차식 $x^2+(2k+1)x+k^2+2k-1$이 완전제곱식일 때, 실수 k의 값을 구하시오.

10 이차방정식 $x^2-4x+2=0$의 두 근을 α, β라 할 때, $\dfrac{\alpha^2}{\beta}+\dfrac{\beta^2}{\alpha}$의 값을 구하시오.

11 이차방정식 $x^2+6x+2=0$의 두 근을 α, β라 할 때, $\alpha^3+6\alpha^2+\beta^2+4\beta+2$의 값은?

① 8   ② 10   ③ 12
④ 14   ⑤ 16

12 이차방정식 $x^2-5x+a=0$의 두 근이 α, β이고, 이차방정식 $x^2+bx+30=0$의 두 근이 $\alpha+\beta$, $\alpha\beta$일 때, 상수 a, b에 대하여 $a-b$의 값을 구하시오.

13 이차방정식 $x^2+(k+2)x+6=0$의 두 근을 α, β라 하자. $\alpha^2\beta+\alpha+\beta+\alpha\beta^2=14$일 때, 상수 k의 값을 구하시오.

14 x에 대한 이차방정식
$x^2+4(k-2)x+k^2-16k+42=0$의 두 근이 연속인
양의 홀수일 때, 두 근의 합은?

① 14　　　　② 16　　　　③ 18

④ 20　　　　⑤ 22

15 이차방정식 $x^2+4kx-2k+1=0$의 두 근의 비가
$1:3$일 때, 정수 k의 값은?

① -2　　　② -1　　　③ 0

④ 1　　　　⑤ 2

16 이차방정식 $x^2-8x+1=0$의 두 근을 α, β라 할 때,
$\dfrac{\alpha+1}{\beta}$, $\dfrac{\beta+1}{\alpha}$을 두 근으로 하는 이차방정식이

$x^2+ax+b=0$이다. 상수 a, b에 대하여 $\dfrac{a}{b}$의 값은?

① -7　　　② -1　　　③ 1

④ 7　　　　⑤ 13

17 이차방정식 $f(x)=0$의 두 근의 합이 4일 때, 이차방정
식 $f(2x-3)=0$의 두 근의 합을 구하시오.

18 이차식 $4x^2-4x+7$을 복소수의 범위에서 인수분해하
면 $(ax+b)(ax+c)$이다. 복소수 a, b, c에 대하여
$a-b-c$의 값을 구하시오. (단, $a>0$)

19 이차방정식 $7x^2+ax+b=0$의 한 근이 $\dfrac{2-\sqrt{3}i}{2+\sqrt{3}i}$일 때,
실수 a, b에 대하여 $a+b$의 값은? (단, $i=\sqrt{-1}$)

① -1　　　② 1　　　③ 3

④ 5　　　　⑤ 7

20 이차방정식 $2x^2+ax+b=0$을 푼 후 두 친구가 나눈
대화이다.

> 신유: 나는 a를 잘못 보고 풀어서 두 근 중 한 근
> $\dfrac{-3+\sqrt{15}i}{4}$를 얻었어.
>
> 유정: 나는 b를 잘못 보고 풀어서 두 근 중 한 근 $\dfrac{1-i}{2}$
> 를 얻었어.

실수 a, b에 대하여 ab의 값을 구하시오. (단, $i=\sqrt{-1}$)

맞힌 개수

/ 20

1 이차방정식 $x^2+8=5x$를 풀면?

① $x=\dfrac{-5\pm2\sqrt{2}i}{2}$ ② $x=\dfrac{-5\pm\sqrt{7}i}{2}$

③ $x=\dfrac{5\pm\sqrt{6}i}{2}$ ④ $x=\dfrac{5\pm\sqrt{7}i}{2}$

⑤ $x=\dfrac{5\pm2\sqrt{2}i}{2}$

2 이차방정식 $x^2+kx+6=0$의 한 근이 -2일 때, 다른 한 근을 구하시오. (단, k는 상수)

3 방정식 $x^2+\sqrt{(x+1)^2}=|3-x|$의 모든 실근의 합은?

① $-3-\sqrt{3}$ ② $-1-\sqrt{3}$ ③ $-3+\sqrt{3}$

④ 1 ⑤ $3+\sqrt{3}$

4 이차방정식 $3x^2+5x+a-7=0$이 서로 다른 두 실근을 갖도록 하는 정수 a의 최댓값을 M, 이차방정식 $x^2-x+b=0$이 서로 다른 두 허근을 갖도록 하는 정수 b의 최솟값을 m이라 할 때, $M+m$의 값을 구하시오.

5 x에 대한 이차방정식
$$x^2+2(k-a)x+(k+b)^2-2b^2+5=0$$
이 실수 k의 값에 관계없이 중근을 가질 때, 실수 a, b에 대하여 ab의 값은?

① $-\dfrac{5}{2}$ ② -1 ③ 1

④ $\dfrac{3}{2}$ ⑤ $\dfrac{5}{2}$

6 이차방정식 $ax^2+2bx+c=0$에 대하여 보기에서 옳은 것만을 있는 대로 고른 것은? (단, a, b, c는 실수)

> **보기**
> ㄱ. $ac>0$이면 서로 다른 두 실근을 갖는다.
> ㄴ. $ac=b^2$이면 중근을 갖는다.
> ㄷ. $a=3$, $b=4$일 때, 서로 다른 두 허근을 갖기 위한 정수 c의 최솟값은 6이다.

① ㄴ ② ㄷ ③ ㄱ, ㄴ

④ ㄱ, ㄷ ⑤ ㄴ, ㄷ

7 이차식 $3x^2-2(a+b+c)x+(ab+bc+ca)$가 완전제곱식일 때, 실수 a, b, c를 세 변의 길이로 하는 삼각형은 어떤 삼각형인가?

① 빗변의 길이가 a인 직각삼각형
② 빗변의 길이가 c인 직각삼각형
③ $a=b\ne c$인 이등변삼각형
④ $a=c\ne b$인 이등변삼각형
⑤ 정삼각형

8 이차방정식 $x^2-4x-3=0$의 두 근을 α, β라 할 때, $\alpha^3-\beta^3$의 값을 구하시오. (단, $\alpha<\beta$)

9 이차방정식 $x^2-2x+4=0$의 두 근을 α, β라 할 때, $\alpha^2+2\beta^2-2\beta$의 값은?

① -10 ② -8 ③ -5
④ -3 ⑤ -1

10 이차방정식 $x^2+ax+3=0$의 두 근을 α, β라 할 때, $\dfrac{\alpha}{\beta}$, $\dfrac{\beta}{\alpha}$를 두 근으로 하는 이차방정식은 $x^2-10x+b=0$이다. 양수 a, b에 대하여 $a+b$의 값을 구하시오.

11 건우와 지연이가 x^2의 계수가 1인 이차방정식을 푸는데 건우는 x의 계수를 잘못 보고 풀어서 두 근 -4, 3을 얻었고, 지연이는 상수항을 잘못 보고 풀어서 두 근 $2\pm\sqrt{5}$를 얻었다. 이 이차방정식을 바르게 풀면?

① $x=-3$ 또는 $x=4$
② $x=-2$ 또는 $x=6$
③ $x=-1$ 또는 $x=12$
④ $x=2$ 또는 $x=6$
⑤ $x=3$ 또는 $x=4$

12 이차방정식 $4x^2-4(m-1)x+4m-11=0$의 두 근을 α, β라 하자. $\alpha+\beta<2$, $|\alpha-\beta|=2$일 때, $4\alpha\beta$의 값은?

① -5 ② -3 ③ 1
④ 3 ⑤ 5

13 이차방정식 $x^2-px+q=0$의 두 근이 α, β일 때, 네 실수 α, β, p, q는 서로 다른 30의 약수이고, α, β는 각각 2개의 약수를 갖는다. 이때 $p+q$의 값을 구하시오.

14 이차방정식 $2x^2-(2a-3)x+a-5=0$의 두 실근의 부호가 서로 다르고 양수인 근이 음수인 근의 절댓값의 4배일 때, 실수 a의 값은?

① 1   ② 2   ③ 3

④ 4   ⑤ 5

15 두 수 $2-i$, $2+i$를 근으로 하는 이차방정식이 $x^2+ax+b=0$일 때, 상수 a, b에 대하여 $a+b$의 값을 구하시오.

16 오른쪽 그림과 같이 선분 AB를 지름으로 하는 반원의 호 위의 점 C에서 선분 AB에 내린 수선의 발을 D라 하자. $\overline{AB}=8$, $\overline{CD}=3$일 때, 두 선분 AD, BD의 길이를 두 근으로 하고 x^2의 계수가 1인 이차방정식을 구하시오.

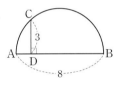

17 이차방정식 $f(x)=0$의 두 근의 합이 -3, 곱이 3일 때, 이차방정식 $f(2x-1)=0$의 두 근의 곱은?

① $-\dfrac{1}{2}$ ② $-\dfrac{1}{4}$ ③ 0

④ $\dfrac{1}{4}$ ⑤ $\dfrac{1}{2}$

18 이차식 x^2-4x+5를 복소수의 범위에서 인수분해하면? (단, $i=\sqrt{-1}$)

① $(x+1)(x-5)$ ② $(x+i)(x-5i)$

③ $(x+2-i)(x+2+i)$ ④ $(x+1-i)(x+5-i)$

⑤ $(x-2-i)(x-2+i)$

19 이차방정식 $x^2-ax-b=0$의 한 근이 $5-\sqrt{2}i$일 때, 실수 a, b에 대하여 $a+b$의 값은?

① -17 ② -15 ③ -13

④ -11 ⑤ -9

20 이차방정식 $x^2-6x+11=0$의 서로 다른 두 허근을 α, β라 할 때, $11\left(\dfrac{\overline{\alpha}}{\alpha}+\dfrac{\overline{\beta}}{\beta}\right)$의 값을 구하시오.

(단, $\overline{\alpha}$, $\overline{\beta}$는 각각 α, β의 켤레복소수)

05 / 이차방정식과 이차함수

1 이차함수 $y=x^2+ax+b$의 그래프가 오른쪽 그림과 같을 때, 상수 a, b에 대하여 $a-b$의 값은?

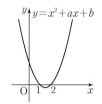

① -5　　② -3

③ -1　　④ 2

⑤ 4

4 이차함수 $y=x^2+(a+1)(x-3)$의 그래프가 x축과 한 점에서 만나도록 하는 모든 상수 a의 값의 곱은?

① -14　　② -13　　③ -7

④ 7　　⑤ 13

2 이차함수 $y=ax^2+bx+c$의 그래프는 꼭짓점의 좌표가 $(2, -9)$이고, x축과 두 점 P, Q에서 만난다. $\overline{PQ}=6$일 때, 상수 a, b, c에 대하여 $a+b+c$의 값은?

① -9　　② -8　　③ -7

④ -6　　⑤ -5

5 이차함수 $y=ax^2+bx+c$의 그래프가 x축과 만나지 않을 때, 이차함수 $y=bx^2+2(a+c)x+b$의 그래프와 x축의 교점의 개수를 구하시오. (단, a, b, c는 상수)

3 다음 중 이차함수의 그래프와 x축의 교점의 개수가 나머지 넷과 <u>다른</u> 하나는?

① $y=-x^2+x+5$　　② $y=-\dfrac{1}{2}x^2-4x+6$

③ $y=x^2+x+2$　　④ $y=x^2+2x-3$

⑤ $y=2x^2-6x-4$

6 이차함수 $y=x^2+ax-1$의 그래프와 직선 $y=2x+b$가 만나는 두 점의 x좌표가 -2, 4일 때, 상수 a, b에 대하여 $a+b$의 값은?

① 5　　② 6　　③ 7

④ 8　　⑤ 9

7 이차항의 계수가 각각 -2, 1인 두 이차함수 $y=f(x)$, $y=g(x)$의 그래프가 오른쪽 그림과 같다. 방정식 $f(x)=g(x)$의 서로 다른 두 실근을 각각 α, β라 할 때, $\alpha^2+\beta^2$의 값은?

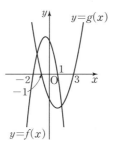

① $\dfrac{4}{3}$　　　② $\dfrac{7}{3}$

③ $\dfrac{10}{3}$　　　④ $\dfrac{14}{3}$

⑤ $\dfrac{17}{3}$

8 오른쪽 그림과 같이 이차함수 $y=x^2$의 그래프와 직선 $y=x+3k$가 만나는 두 점을 각각 A, B라 하고, 두 점 A, B에서 x축에 내린 수선의 발을 각각 C, D라 하자. 삼각형 AOC의 넓이를 S_1, 삼각형 BOD의 넓이를 S_2라 할 때, $S_1-S_2=50$을 만족시키는 양수 k의 값을 구하시오. (단, O는 원점이고, 두 점 A, B는 각각 제1사분면과 제2사분면 위에 있다.)

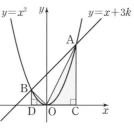

9 이차함수 $y=(k-2)x^2-4x+k$의 그래프와 직선 $y=-2kx+1$이 만나지 않도록 하는 정수 k의 최솟값을 구하시오.

10 이차함수 $y=x^2+ax+b$의 그래프와 직선 $y=x-12$가 점 $(-3, -15)$에서 접할 때, 상수 a, b에 대하여 $a+b$의 값을 구하시오.

11 기울기가 2이고 이차함수 $y=x^2+3x-1$의 그래프에 접하는 직선의 y절편은?

① $-\dfrac{5}{4}$　　　② -1　　　③ $-\dfrac{1}{4}$

④ $\dfrac{1}{4}$　　　⑤ 1

12 $0\le x\le3$에서 이차함수 $y=ax^2+2ax+3a$의 최솟값이 1일 때, 양수 a의 값은?

① $\dfrac{1}{3}$　　　② $\dfrac{2}{3}$　　　③ 1

④ $\dfrac{4}{3}$　　　⑤ $\dfrac{5}{3}$

13 이차함수 $f(x)$가 다음 조건을 만족시킬 때, $0\le x\le5$에서 함수 $f(x)$의 최솟값은?

> ㈎ 이차항의 계수는 -1이다.
> ㈏ 함수 $f(x)$의 최댓값은 6이다.
> ㈐ $f(-6)=f(10)$

① -5　　　② -3　　　③ -1

④ 1　　　⑤ 3

• 정답과 해설 148쪽

14 함수

$y=-(x^2-4x+2)(x^2-4x+6)+2x^2-8x+10$의 최댓값을 구하시오.

15 $0 \le x \le 3$에서 함수

$$y=\left(-\frac{1}{2}x^2+2x-3\right)^2+2\left(-\frac{1}{2}x^2+2x-3\right)-1$$

은 $x=a$에서 최솟값, $x=b$에서 최댓값을 갖는다. 상수 a, b에 대하여 $b-a$의 값은?

① -2 ② -1 ③ 0

④ 1 ⑤ 2

16 x, y가 실수일 때, $2x+4y-x^2-2y^2+k$의 최댓값이 8이다. 상수 k의 값을 구하시오.

17 $3x+y=3$을 만족시키는 두 실수 x, y에 대하여 $0 \le x \le 1$일 때, x^2+y^2+8x의 최댓값과 최솟값의 차는?

① $\dfrac{3}{2}$ ② 2 ③ $\dfrac{5}{2}$

④ 3 ⑤ $\dfrac{7}{2}$

18 오른쪽 그림과 같이 이차함수 $y=x^2-4x+3$의 그래프와 y축의 교점을 A, x축의 교점을 B, C라 하자. 점 $P(a, b)$가 이 곡선을 따라 점 A에서 점 C까지 움직일 때, $2a-b$의 최댓값과 최솟값의 합은?

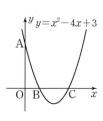

① 3 ② 4 ③ 5

④ 6 ⑤ 7

19 어떤 상품의 가격을 작년보다 $x \%$ 인하하면 이 상품의 판매량은 작년보다 $2x \%$ 증가한다고 한다. 이 상품의 판매 가격을 10% 이상 30% 이하의 범위에서 인하할 때, 올해 이 상품의 총판매 금액이 최대가 되기 위한 x의 값은?

① 16 ② 19 ③ 22

④ 25 ⑤ 28

20 오른쪽 그림과 같은 직각삼각형 ABC의 빗변 AC 위의 한 점 D에서 $\overline{AB}$, $\overline{BC}$에 내린 수선의 발을 각각 E, F라 할 때, 직사각형 EBFD의 넓이의 최댓값을 구하시오.

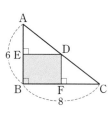

05 / 이차방정식과 이차함수

1 이차함수 $y=x^2-ax+b$의 그래프가 x축과 두 점 $(-3, 0)$, $(1, 0)$에서 만날 때, 상수 a, b에 대하여 $a+b$의 값은?

① -5 ② -3 ③ 1

④ 3 ⑤ 5

2 이차함수 $y=3x^2+2ax+12a$의 그래프가 오른쪽 그림과 같을 때, 상수 a, b에 대하여 ab의 값은? (단, $a<0<b$)

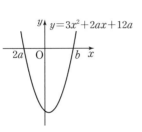

① -2 ② $-\dfrac{7}{4}$

③ $-\dfrac{3}{2}$ ④ $-\dfrac{5}{4}$

⑤ -1

3 이차함수 $y=4x^2-4(a-1)x+2a-7$의 그래프와 x축의 두 교점을 각각 A, B라 할 때, $\overline{AB}=2$이다. 이 때 상수 a의 값은?

① -1 ② 2 ③ 3

④ 5 ⑤ 7

4 이차함수 $y=x^2-2kx+k^2+3k-1$의 그래프가 x축과 만나지 않도록 하는 정수 k의 최솟값은?

① -2 ② -1 ③ 0

④ 1 ⑤ 2

5 이차함수 $y=x^2-8x+a+15$의 그래프는 x축과 만나고, 이차함수 $y=x^2-2(a-2)x+9$의 그래프는 x축과 한 점에서 만나도록 하는 상수 a의 값은?

① -1 ② 2 ③ 3

④ 5 ⑤ 7

6 오른쪽 그림과 같이 이차함수 $y=x^2+mx$의 그래프와 직선 $y=n(x-2)$가 두 점 A, B에서 만난다. 두 점 A, B의 x좌표가 각각 -4, 1일 때, 상수 m, n에 대하여 $m+n$의 값은?

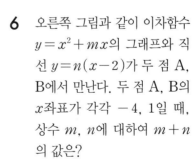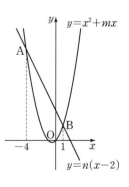

① -4 ② -3

③ -2 ④ -1

⑤ 0

7 오른쪽 그림과 같이 이차함수 $y=-x^2+4$의 그래프가 직선 $y=kx$와 서로 다른 두 점 A, B에서 만날 때, $\overline{OA}:\overline{OB}=2:1$이 되도록 하는 양수 k의 값을 구하시오. (단, O는 원점)

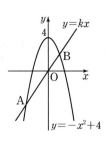

8 다음 중 이차함수 $y=3x^2+x-2$의 그래프와 만나지 않는 직선의 방정식은?

① $y=5x$ ② $y=5x-1$
③ $y=-5x$ ④ $y=-5x+3$
⑤ $y=-5x-11$

9 x에 대한 이차함수 $y=x^2-4ax+4a^2+2a$의 그래프와 직선 $y=2x-n$이 서로 다른 두 점에서 만나도록 하는 모든 자연수 n의 개수를 $f(a)$라 할 때, $f\left(\dfrac{1}{2}\right)+f\left(\dfrac{3}{2}\right)+f\left(\dfrac{5}{2}\right)$의 값은? (단, a는 실수)

① 3 ② 5 ③ 7
④ 9 ⑤ 11

10 함수 $f(x)=\begin{cases} x^2+x-12 & (x<-4 \text{ 또는 } x>3) \\ -x^2-x+12 & (-4\le x\le 3) \end{cases}$의 그래프와 직선 $y=x+k$가 서로 다른 네 점에서 만나도록 하는 정수 k의 개수는?

① 6 ② 7 ③ 8
④ 9 ⑤ 10

11 점 $(2, -2)$를 지나고 이차함수 $y=-\dfrac{1}{2}x^2-2x-3$의 그래프에 접하는 두 직선의 기울기의 곱은?

① 1 ② 2 ③ 3
④ 4 ⑤ 5

12 $-1\le x\le 2$에서 이차함수 $y=-2x^2+8x-4$의 최댓값을 M, 최솟값을 m이라 할 때, $M-m$의 값을 구하시오.

13 $0\le x\le 3$에서 이차함수 $f(x)=x^2-4x+k$의 최솟값이 -5일 때, $f(x)$의 최댓값은? (단, k는 상수)

① -2 ② -1 ③ 0
④ 1 ⑤ 2

14 이차함수 $y=x^2+2mx-m^2+4m-1$의 최솟값을 $g(m)$이라 하자. $-1\le m\le 2$에서 $g(m)$의 최댓값과 최솟값의 합은?

① -6 ② -2 ③ 2

④ 6 ⑤ 10

15 $0\le x\le 3$에서 함수 $y=-2(x^2-2x)^2+4(x^2-2x)-5$의 최댓값과 최솟값의 합은?

① -14 ② -12 ③ -10

④ -8 ⑤ -6

16 함수 $y=(x^2+4x+1)^2+4(x^2+4x)+k$의 최솟값이 -3일 때, 상수 k의 값을 구하시오.

17 x, y가 실수일 때, $x^2+y^2-4x+6y+1$의 최솟값을 구하시오.

18 직선 $y=x-3$ 위를 움직이는 제1사분면 위의 점 (a, b)에 대하여 a^2+b^2-8a의 최솟값은?

① $-\dfrac{33}{2}$ ② $-\dfrac{31}{2}$ ③ $-\dfrac{29}{2}$

④ $-\dfrac{27}{2}$ ⑤ $-\dfrac{25}{2}$

19 양의 실수 x, y가 $5x+4y=20$을 만족시킬 때, $(\sqrt{1+5x}+\sqrt{1+4y})^2$의 최댓값을 구하시오.

20 오른쪽 그림과 같이 이차함수 $y=-x^2+7$의 그래프 위의 두 점 A, B와 이차함수 $y=2x^2-2$의 그래프 위의 두 점 C, D에 대하여 직사각형 ACDB는 두 그래프 사이에 위치한다. 이때 직사각형 ACDB의 둘레의 길이의 최댓값은? (단, $\overline{AB}$, $\overline{CD}$는 x축에 평행하고, $\overline{AC}$, $\overline{BD}$는 y축에 평행하다.)

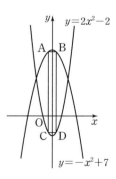

① $\dfrac{52}{3}$ ② $\dfrac{56}{3}$ ③ 20

④ $\dfrac{64}{3}$ ⑤ $\dfrac{68}{3}$

1 다음 중 사차방정식 $x^4-x^3-4x^2-5x-3=0$의 해가 아닌 것은?

① $\dfrac{-1-\sqrt{3}i}{2}$ ② $\dfrac{-1+\sqrt{3}i}{2}$ ③ $\dfrac{1+\sqrt{3}i}{2}$

④ -1 ⑤ 3

2 삼차방정식 $x^3-3x^2+2x+6=0$의 두 허근을 α, β라 할 때, $\alpha^2+\beta^2$의 값은?

① 2 ② 4 ③ 6

④ 8 ⑤ 10

3 방정식 $(x^2+x-1)(x^2+x-7)+5=0$의 가장 큰 근을 α, 가장 작은 근을 β라 할 때, $\alpha-\beta$의 값을 구하시오.

4 사차방정식 $x^4+5x^2-36=0$의 해가 $x=\pm a$, $x=\pm bi$일 때, 실수 a, b에 대하여 $a+b$의 값은? (단, $a>0$, $b>0$)

① 1 ② 2 ③ 3

④ 4 ⑤ 5

5 사차방정식 $x^4+4x^3-3x^2+4x+1=0$의 모든 실근의 합을 구하시오.

6 사차방정식 $x^4+ax^3+2x^2+18x+b=0$의 두 실근이 -3, -2이고, 두 허근을 α, β라 할 때, $\dfrac{1}{\alpha}+\dfrac{1}{\beta}$의 값을 구하시오. (단, a, b는 실수)

7 사차방정식 $x^4+ax^3+bx^2+3x+6=0$의 한 근이 $\sqrt{3}$일 때, 나머지 세 근 중 유리수인 두 근의 곱은? (단, a, b는 유리수)

① -4 ② -2 ③ 1

④ 2 ⑤ 4

8 삼차방정식 $x^3+3x^2+(k+2)x+k=0$이 한 개의 실근과 두 개의 허근을 가질 때, 실수 k의 값의 범위는?

① $k<1$ ② $k\le1$ ③ $k>1$

④ $k\ge1$ ⑤ $0<k<1$

• 정답과 해설 152쪽

9 오른쪽 그림과 같이 가로, 세로의 길이가 각각 $(x+2)$ cm, $(x+1)$ cm 이고 높이가 x cm인 직육 면체에서 가로, 세로의 길이가 모두 x cm이고 높이가 $\dfrac{x}{2}$ cm인 직육면체 모양의 구멍을 팠더니 남은 부분의 부피가 228 cm³가 되었다. x의 값을 구하시오.

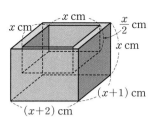

10 삼차방정식 $x^3-6x^2+ax+b=0$의 세 근이 연속인 세 정수일 때, 실수 a, b에 대하여 $a-b$의 값은?

① 15 　　　② 16 　　　③ 17
④ 18 　　　⑤ 19

11 삼차방정식 $x^3-4x^2-3x+2=0$의 세 근을 α, β, γ라 할 때, 2α, 2β, 2γ를 세 근으로 하고 x^3의 계수가 1인 삼차방정식을 구하시오.

12 이차방정식 $x^2+x+1=0$의 한 허근을 ω라 할 때, 자연수 n에 대하여 $f(n)=\dfrac{1+\omega+\omega^2+\cdots+\omega^n}{1+\omega^n}$이라 하자. 이때 $f(1)+f(2)+f(3)+\cdots+f(25)$의 값을 구하시오.

13 실수 x, y에 대하여 $x \bigstar y = \begin{cases} x & (x \geq y) \\ y & (x < y) \end{cases}$ 라 정의하자.

연립방정식 $\begin{cases} 2x+3y-1=x \bigstar 2y \\ x^2-y=x \bigstar 2y \end{cases}$ 의 유리수인 해를 $x=\alpha$, $y=\beta$라 할 때, $\alpha+\beta$의 값은?

① -2 　　　② -1 　　　③ 0
④ 1 　　　⑤ 2

14 연립방정식 $\begin{cases} 2x^2-3xy+y^2=0 \\ 5x^2-y^2=9 \end{cases}$ 를 만족시키는 자연수 x, y에 대하여 $x+y$의 값은?

① 3 　　　② 5 　　　③ 7
④ 9 　　　⑤ 11

15 연립방정식 $\begin{cases} x^2+y^2=10 \\ x+y-xy=1 \end{cases}$ 을 만족시키는 x, y에 대하여 $2x+y$의 최댓값은?

① 1   ② 3   ③ 5

④ 7   ⑤ 9

16 연립방정식 $\begin{cases} x+y=-2(a+3) \\ xy=a^2-14 \end{cases}$ 가 실근을 갖도록 하는 정수 a의 최솟값은?

① -7 ② -3 ③ 1

④ 5   ⑤ 9

17 두 이차방정식 $x^2+(6-k)x+k+1=0$, $x^2-2kx-5=0$이 오직 하나의 공통근을 갖도록 하는 실수 k의 값과 그때의 공통근의 합은?

① $-\dfrac{1}{3}$ ② 0   ③ $\dfrac{1}{3}$

④ $\dfrac{2}{3}$ ⑤ 1

18 오른쪽 그림과 같이 한 변의 길이가 $10+5\sqrt{2}$인 정사각형 ABCD의 내부에 두 원 C_1, C_2가 서로 외접하고 있다. 두 원 C_1, C_2의 넓이의 차가 20π일 때, 두 원의 반지름의 길이의 곱은? (단, 두 원 C_1, C_2는 정사각형 ABCD에 각각 접하며, 반지름의 길이는 모두 유리수)

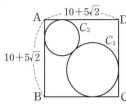

① 12   ② 18   ③ 20

④ 24   ⑤ 30

19 이차방정식 $x^2+(1-m)x+2m+3=0$의 두 근이 모두 정수일 때, 실수 m의 최댓값과 최솟값의 합을 구하시오.

20 방정식 $x^2+2xy+2y^2+2x-4y+10=0$을 만족시키는 실수 x, y에 대하여 $x+2y$의 값은?

① -4 ② -2 ③ 0

④ 2   ⑤ 4

06 / 여러 가지 방정식

1 삼차방정식 $x^3-4x^2+8=0$의 가장 큰 근을 α, 가장 작은 근을 β라 할 때, $\alpha+\beta$의 값은?

① 1 　　　 ② 2 　　　 ③ 3
④ 4 　　　 ⑤ 5

2 사차방정식 $(x^2+x+1)(x^2+x+3)=15$의 서로 다른 두 허근을 α, β라 할 때, $\alpha^3+\beta^3$의 값을 구하시오.

3 사차방정식 $x^4-13x^2+4=0$의 모든 양의 근의 곱은?

① 1 　　　 ② 2 　　　 ③ 3
④ $\sqrt{17}$ 　　　 ⑤ $2\sqrt{17}$

4 사차방정식 $x^4+4x^3+5x^2+4x+1=0$의 한 허근이 $\dfrac{a+\sqrt{b}i}{2}$일 때, 정수 a, b에 대하여 ab의 값은?

(단, $b>0$)

① -5 　　　 ② -4 　　　 ③ -3
④ -2 　　　 ⑤ 2

5 삼차방정식 $x^3+kx^2+(k-2)x+2=0$의 한 근이 2일 때, 나머지 두 근의 합을 구하시오. (단, k는 실수)

6 삼차방정식 $x^3-6x^2+(k+5)x-k=0$의 세 실근이 이등변삼각형의 세 변의 길이일 때, 실수 k의 값은?

① 4 　　　 ② $\dfrac{19}{4}$ 　　　 ③ 5
④ $\dfrac{23}{4}$ 　　　 ⑤ $\dfrac{25}{4}$

7 삼차방정식 $x^3-3x^2+2x-1=0$의 세 근을 α, β, γ라 할 때, $(1+\alpha)(1+\beta)(1+\gamma)$의 값은?

① 6 　　　 ② 7 　　　 ③ 8
④ 9 　　　 ⑤ 10

8 삼차방정식 $x^3-x^2+2x-1=0$의 세 근을 α, β, γ라 할 때, $\alpha\beta$, $\beta\gamma$, $\gamma\alpha$를 세 근으로 하고 x^3의 계수가 1인 삼차방정식을 구하시오.

9 모든 모서리의 길이의 합이 32 cm, 겉넓이가 34 cm², 부피가 10 cm³인 직육면체의 가장 긴 모서리의 길이와 가장 짧은 모서리의 길이의 차는?

① 2 cm   ② 3 cm   ③ 4 cm

④ 5 cm   ⑤ 6 cm

10 삼차방정식 $x^3+2x^2+ax+b=0$의 한 근이 $\sqrt{2}$일 때, 유리수 a, b에 대하여 ab의 값은?

① 2   ② 4   ③ 6

④ 8   ⑤ 10

11 실수 a, b, c에 대하여 다항식
$$P(x)=3x^3+ax^2+bx+c$$
가 다음 조건을 만족시킬 때, $\dfrac{a}{b}+c$의 값은?

> (가) 1은 삼차방정식 $P(3x-1)=0$의 근이다.
> (나) $\dfrac{2-\sqrt{2}i}{3}$는 삼차방정식 $P(x)=0$의 근이다.

① -5 ② -3 ③ -1

④ 1   ⑤ 3

12 방정식 $x^3-1=0$의 서로 다른 두 허근을 ω_1, ω_2라 할 때, 보기에서 옳은 것만을 있는 대로 고른 것은?

> **보기**
> ㄱ. $\omega_1{}^3+\omega_2{}^3=-2$
> ㄴ. $\omega_1{}^2=\omega_2$
> ㄷ. 모든 자연수 n에 대하여 $(1+\omega_2)^{3n}=(-1)^n$

① ㄱ   ② ㄷ   ③ ㄱ, ㄴ

④ ㄱ, ㄷ   ⑤ ㄴ, ㄷ

13 연립방정식 $\begin{cases} 2x+y=1 \\ x^2+y^2=13 \end{cases}$의 정수인 해를 $x=\alpha$, $y=\beta$라 할 때, $\alpha-\beta$의 값을 구하시오.

14 다음 중 연립방정식 $\begin{cases} x^2+5xy+6y^2=0 \\ x^2-xy+y^2=7 \end{cases}$의 해가 <u>아닌</u> 것은?

① $\begin{cases} x=-2 \\ y=1 \end{cases}$ ② $\begin{cases} x=2 \\ y=-1 \end{cases}$

③ $\begin{cases} x=-\dfrac{3\sqrt{91}}{13} \\ y=-\dfrac{\sqrt{91}}{13} \end{cases}$ ④ $\begin{cases} x=-\dfrac{3\sqrt{91}}{13} \\ y=\dfrac{\sqrt{91}}{13} \end{cases}$

⑤ $\begin{cases} x=\dfrac{3\sqrt{91}}{13} \\ y=-\dfrac{\sqrt{91}}{13} \end{cases}$

• 정답과 해설 156쪽

15 두 연립방정식 $\begin{cases} x+y=\dfrac{5}{2} \\ x^2+(ay)^2=10 \end{cases}$, $\begin{cases} x^2+2y=b \\ xy=\dfrac{3}{2} \end{cases}$ 이 공통

인 해를 가질 때, 자연수 a, b에 대하여 $a+b$의 값은?

① 2   ② 4   ③ 6

④ 8   ⑤ 10

16 연립방정식 $\begin{cases} 2x-y=a \\ x^2+y^2=5 \end{cases}$가 오직 한 쌍의 해를 갖도록

하는 양수 a의 값은?

① 3   ② 4   ③ 5

④ 6   ⑤ 7

17 x에 대한 두 이차방정식

$$x^2+(a^2+1)x+b^2+4a+2b-3=0,$$
$$x^2-2ax-2a^2+b^2+2b-5=0$$

이 오직 하나의 공통근을 가질 때, 실수 a, b에 대하여

$a-b$의 값은?

① -2 ② -1 ③ 0

④ 1   ⑤ 2

18 한 변의 길이가 10인 마름모의 두 대각선의 길이의 차가 4일 때, 이 마름모의 넓이는?

① 88   ② 92   ③ 96

④ 100   ⑤ 104

19 방정식 $\dfrac{1}{x}+\dfrac{1}{y}=-\dfrac{1}{2}$을 만족시키는 정수 x, y의 순서

쌍 (x, y)의 개수를 구하시오.

20 방정식 $x^2+y^2-4x-2y+5=0$을 만족시키는 실수

x, y에 대하여 xy의 값은?

① -2 ② 2   ③ 4

④ 6   ⑤ 8

07 / 연립일차부등식

1 연립부등식 $\begin{cases} 4x+2<6x \\ x-12>-3x \end{cases}$ 를 만족시키는 정수 x의 최솟값은?

① 1 ② 2 ③ 3
④ 4 ⑤ 5

2 연립부등식 $\begin{cases} 3x+2\le x-1 \\ x+1>2(2x-1)+1 \end{cases}$ 을 풀면?

① $x\le-\frac{3}{2}$ ② $x\ge-\frac{3}{2}$ ③ $x\ge-\frac{2}{3}$
④ $x<\frac{2}{3}$ ⑤ $x>\frac{3}{2}$

3 부등식 $2x-30<5x-3\le6(5-x)$를 만족시키는 정수 x의 개수를 구하시오.

4 부등식 $\frac{2x-3}{5}<x+3\le0.5x+2$를 만족시키는 x에 대하여 $A=-x+4$일 때, A의 최솟값을 구하시오.

5 연립부등식 $\begin{cases} \frac{x+1}{4}-\frac{x+2}{5}\ge0 \\ \frac{5-3x}{2}+x\ge1 \end{cases}$ 을 푸시오.

6 부등식 $\frac{x-1}{2}\le\frac{2x-1}{3}\le\frac{3}{5}x-2$를 풀면?

① $x\le-25$ ② $-25\le x\le-1$
③ $x\ge-1$ ④ $x=-1$
⑤ 해는 없다.

7 연립부등식 $\begin{cases} -3x-7<2 \\ 4x+2(x-3)<a \end{cases}$ 의 해를 수직선 위에 나타내면 오른쪽 그림과 같을 때, 상수 a, b에 대하여 ab의 값은?

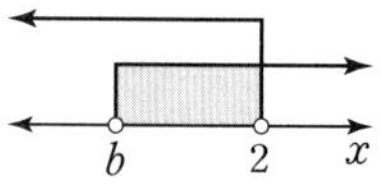

① -18 ② -3 ③ 3
④ 6 ⑤ 18

8 부등식 $2x-a<x+a\leq3x-b$를 연립부등식 $\begin{cases}2x-a<x+a\\2x-a\leq3x-b\end{cases}$ 로 잘못 고쳐서 풀었더니 해가 $-10\leq x<2$이었다. 이때 원래의 부등식을 푸시오.

(단, a, b는 상수)

9 연립부등식 $\begin{cases}6x-2>3x+10\\(a-1)x-5<x-2\end{cases}$ 가 해를 갖지 않도록 하는 정수 a의 최솟값을 m, 해를 갖도록 하는 정수 a의 최댓값을 n이라 할 때, $m+n$의 값은?

① -5 ② 0 ③ 1
④ 3 ⑤ 5

10 연립부등식 $\begin{cases}3(2x+5)\geq14(x+1)\\2x-5>a-2\end{cases}$ 를 만족시키는 정수 x가 1개뿐일 때, 상수 a의 값의 범위를 구하시오.

11 다음 조건을 만족시키는 자연수의 개수를 구하시오.

⑦ 어떤 자연수의 7배에서 220을 빼면 60보다 크다.
④ 어떤 자연수의 3배에서 150을 빼면 3보다 크지 않다.

12 어떤 자전거 동호회의 작년 전체 회원 수는 300명 미만이었고, 남자 회원 수와 여자 회원 수의 비가 5 : 4이었다. 올해에는 같은 수의 남자, 여자 회원이 새로 가입하여 남자 회원 수와 여자 회원 수의 비가 11 : 9가 되었고, 전체 회원 수는 300명을 넘었다. 올해 새로 가입한 여자 회원 수는? (단, 탈퇴한 회원은 없다.)

① 14 ② 15 ③ 16
④ 17 ⑤ 18

13 부등식 $|3x+1|<8$을 만족시키는 정수 x의 개수는?

① 2 ② 3 ③ 4
④ 5 ⑤ 6

14 부등식 $2 \leq |x+4| \leq a$를 만족시키는 정수 x가 8개일 때, 자연수 a의 값을 구하시오.

15 부등식 $|2x+a| \geq 7$의 해가 $x \leq -5$ 또는 $x \geq b$일 때, 상수 a, b에 대하여 $a+b$의 값을 구하시오.

16 부등식 $|2x-4| \leq k$를 만족시키는 정수 x가 5개일 때, 양수 k의 값의 범위는 $a \leq k < b$이다. 상수 a, b에 대하여 $a+b$의 값은?

① 2   ② 4   ③ 6
④ 8   ⑤ 10

17 부등식 $|4-x| \leq 6-x$를 만족시키는 자연수 x의 개수는?

① 4   ② 5   ③ 6
④ 7   ⑤ 8

18 부등식 $|3x-6| \leq x+a$가 해를 갖도록 하는 상수 a의 값의 범위는?

① $a \geq -3$ ② $a \geq -2$ ③ $a \geq -1$
④ $a \geq 1$ ⑤ $a \geq 2$

19 부등식 $|x+2| > 4 - |x-1|$을 만족시키는 자연수 x의 최솟값은?

① 1   ② 2   ③ 3
④ 4   ⑤ 5

20 부등식 $\sqrt{x^2-6x+9} + |x+1| < k$가 해를 갖도록 하는 상수 k의 값의 범위를 구하시오.

중단원 기출 문제 2회 | **07 / 연립일차부등식**

1 다음 중 연립부등식 $\begin{cases} 7x+5>2x \\ 2-x\geq 3x-6 \end{cases}$ 의 해에 속하지 <u>않는</u> 것은?

① -1　　　　② 0　　　　③ 1

④ $\dfrac{3}{2}$　　　　⑤ 2

2 다음 중 연립부등식 $\begin{cases} 4x-(3x-5)<2x \\ 5x+6\geq 7(x-2) \end{cases}$ 의 해를 수직선 위에 바르게 나타낸 것은?

①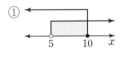

②

③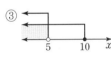

④

⑤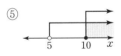

3 부등식 $3-2(x-1)\leq -x+4<-4x+21$을 만족시키는 자연수 x의 최댓값과 최솟값의 합을 구하시오.

4 다음 연립부등식 중 해가 없는 것은?

① $\begin{cases} x\leq 3 \\ x\geq 3 \end{cases}$　　　② $\begin{cases} 15x\leq 5x+30 \\ x>0 \end{cases}$

③ $\begin{cases} 2(x-1)\leq 4 \\ x+1>4 \end{cases}$　　　④ $\begin{cases} 2x+5>5x-7 \\ 6-2(x+2)\geq 3x \end{cases}$

⑤ $\begin{cases} \dfrac{2x+5}{4}+\dfrac{x-3}{2}>-1 \\ 2x-2\leq 10-x \end{cases}$

5 연립부등식 $\begin{cases} \dfrac{4x+a}{3}<\dfrac{5}{6}x-\dfrac{2}{3} \\ 0.2x+1<0.1x+2 \end{cases}$ 의 해가 $x<4$일 때, 상수 a의 값은?

① -10　　　② -9　　　③ -8

④ -7　　　⑤ -6

6 연립부등식 $\begin{cases} 2x+5\leq 3(x+1) \\ 4x\leq 2x+a+1 \end{cases}$ 의 해가 $b\leq x\leq 4$일 때, 상수 a, b에 대하여 $a-b$의 값을 구하시오.

7 부등식 $ax-3 \le -2x+2 < bx+3$의 해가 $-\dfrac{1}{4} \le x < 2$일 때, 보기에서 옳은 것만을 있는 대로 고른 것은? (단, a, b는 상수)

> 보기
> ㄱ. $a < -2$
> ㄴ. $b < -2$
> ㄷ. $ab = 55$

① ㄱ   ② ㄷ   ③ ㄱ, ㄷ
④ ㄴ, ㄷ   ⑤ ㄱ, ㄴ, ㄷ

8 연립부등식 $\begin{cases} 3x-2a < -a \\ -2x+5 < 0 \end{cases}$ 이 해를 갖도록 하는 상수 a의 값의 범위를 구하시오.

9 연립부등식 $\begin{cases} \dfrac{2}{3}x+1 < 2x-a \\ 0.3(4-x) \ge 0.1x-1.6 \end{cases}$ 이 해를 갖지 않도록 하는 정수 a의 최솟값을 구하시오.

10 연립부등식 $\begin{cases} x-3 < a \\ 3x+6 \ge 0 \end{cases}$ 을 만족시키는 모든 정수 x의 값의 합이 7일 때, 상수 a의 최댓값은?

① 2   ② 3   ③ 4
④ 5   ⑤ 6

11 부등식 $2(x-2)-1 < 4x+1 \le 3x+2a$를 만족시키는 정수 x가 12개 이상일 때, 상수 a의 값의 범위는?

① $-1 \le a < 2$ ② $a < 4$ ③ $a \ge 4$
④ $a \ge 5$ ⑤ $a > 6$

12 1자루에 300원인 연필과 1자루에 500원인 색연필을 합하여 13자루를 사고, 총금액이 4100원 이상 5300원 이하가 되게 하려고 한다. 색연필을 x자루 살 수 있다고 할 때, x의 값의 범위를 구하시오.

13 12 %의 소금물 300 g과 18 %의 소금물 x g을 섞어서 14 % 이상 16 % 이하의 소금물을 만들려고 한다. x의 최댓값과 최솟값의 합을 구하시오.

14 연립부등식 $\begin{cases} |x-2a|<5 \\ 3-2x\le7 \end{cases}$ 의 해가 $b\le x<7$일 때, 상수 a, b에 대하여 $a-b$의 값을 구하시오.

15 부등식 $|6x-3|+a-1<0$이 해를 갖지 않도록 하는 상수 a의 최솟값을 구하시오.

16 자연수 n에 대하여 부등식 $|x-7|<3n$을 만족시키는 자연수 x의 개수를 $f(n)$이라 할 때, $f(1)+f(2)+f(3)+f(4)+f(5)$의 값은?

① 70　　　　② 75　　　　③ 80
④ 85　　　　⑤ 90

17 부등식 $|x-1|<4x-1$을 만족시키는 정수 x의 최솟값을 구하시오.

18 부등식 $|4x+6|\le-3x+8$의 해가 부등식 $|x-a|\le b$의 해와 같을 때, 상수 a, b에 대하여 a^2-b^2의 값은? (단, $b>0$)

① -4　　　　② -2　　　　③ 2
④ 4　　　　⑤ 6

19 부등식 $|x+1|\ge2|x-1|$의 해가 $a\le x\le3$일 때, a의 값은?

① $\dfrac{1}{2}$　　　　② $\dfrac{1}{3}$　　　　③ $\dfrac{1}{4}$
④ $\dfrac{1}{5}$　　　　⑤ $\dfrac{1}{6}$

20 양수 a에 대하여 부등식 $|x|+|x-a|<a+6$을 만족시키는 정수 x의 개수를 $N(a)$라 할 때, $N(5)-N(6)+N(7)-N(8)+N(9)$의 값을 구하시오.

1 이차함수 $y=f(x)$의 그래프와 직선 $y=g(x)$가 오른쪽 그림과 같을 때, 부등식 $f(x)>g(x)$의 해를 구하시오.

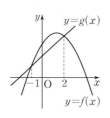

2 이차함수 $y=f(x)$의 그래프가 오른쪽 그림과 같을 때, 부등식 $f(x)>-8$을 만족시키는 정수 x의 개수는?

① 6   ② 7
③ 8   ④ 9
⑤ 10

3 어느 마트에서 쿠키 한 개를 3000원에 판매하면 하루에 400개가 판매되고, 가격을 $100x$원씩 내릴 때마다 하루 판매량은 $40x$개씩 늘어난다고 한다. 가격을 내려 하루 판매액이 1500000원 이상이 되도록 할 때, 쿠키 한 개의 최소 가격을 구하시오.

4 $\alpha+\beta=-15$, $\alpha\beta=12$를 만족시키는 두 실수 α, β에 대하여 이차부등식 $ax^2+bx+c<0$의 해가 $x<\alpha$ 또는 $x>\beta$일 때, 부등식 $cx^2-bx-18a>0$의 해는?
(단, $\alpha<\beta$이고, a, b, c는 상수)

① $x<-1$ 또는 $x>\dfrac{3}{4}$ ② $-1<x<\dfrac{3}{4}$

③ $x<-\dfrac{3}{4}$ 또는 $x>2$ ④ $-\dfrac{3}{4}<x<2$

⑤ $x>2$

5 이차부등식 $f(x)>0$의 해가 $-1<x<2$일 때, 부등식 $f(2x-1)\leq0$의 해를 구하시오.

6 이차부등식 $x^2-k<0$을 만족시키는 정수 x가 5개일 때, 자연수 k의 최댓값을 M, 최솟값을 m이라 하자. 이때 $M+m$의 값은?

① 8   ② 10   ③ 12
④ 14   ⑤ 16

7 모든 실수 x에 대하여 $\sqrt{2x^2+2(a-3)x+a+1}$이 실수가 되도록 하는 실수 a의 최댓값은?

① -3 ② 1 ③ 3
④ 5 ⑤ 7

8 이차방정식 $x^2-2(a+k)x-4a+6=0$이 실수 k의 값에 관계없이 실근을 갖도록 하는 실수 a의 값의 범위는?

① $a \geq \dfrac{1}{2}$ ② $a \leq \dfrac{1}{2}$ ③ $a \geq \dfrac{3}{2}$

④ $a \leq \dfrac{3}{2}$ ⑤ $a \leq 2$

9 이차부등식 $2x^2-(k+3)x+2k \leq 0$의 해가 오직 한 개일 때, 모든 실수 k의 값의 합을 구하시오.

10 이차부등식 $-x^2+2(a-4)x-25 \geq 0$이 해를 갖지 않도록 하는 정수 a의 개수를 구하시오.

11 $1 \leq x \leq 3$에서 이차부등식 $x^2-6x+5-2k \geq 0$이 항상 성립하도록 하는 상수 k의 값의 범위를 구하시오.

12 이차함수 $y=2x^2-3x-3$의 그래프가 이차함수 $y=x^2+ax+b$의 그래프보다 위쪽에 있는 부분의 x의 값의 범위가 $x<-1$ 또는 $x>2$일 때, 상수 a, b에 대하여 a^2+b^2의 값은?

① 4 ② 5 ③ 6
④ 7 ⑤ 8

13 이차함수 $y=x^2+(k+2)x+2$의 그래프가 직선 $y=x+1$보다 항상 위쪽에 있도록 하는 실수 k의 값의 범위가 $a<k<b$일 때, $a+b$의 값은?

① -2 ② -1 ③ 1
④ 2 ⑤ 3

• 정답과 해설 165쪽

14 연립부등식 $\begin{cases} 3x^2-8x-16<0 \\ x^2+x-6\le 0 \end{cases}$ 을 풀면?

① $-\dfrac{4}{3}\le x<2$　　　　② $-\dfrac{4}{3}<x\le 2$

③ $-3\le x<-\dfrac{4}{3}$　　　④ $-3\le x\le 2$

⑤ $-3\le x<-\dfrac{4}{3}$ 또는 $-\dfrac{4}{3}<x<2$

15 $a<b<c$인 실수 a, b, c에 대하여 연립부등식

$$\begin{cases} x^2-(a+c)x+ac<0 \\ x^2+(a+b)x+ab\ge 0 \end{cases}$$

의 해가 $-5<x\le 2$ 또는 $5\le x<6$이다. 이차부등식 $x^2-(c-b)x-bc<0$의 해가 $p<x<q$일 때, $p+q$의 값을 구하시오.

16 연립부등식 $\begin{cases} |x-3|>k \\ x^2-x-12\le 0 \end{cases}$ 이 해를 갖지 않도록 하는 자연수 k의 최솟값은?

① 3　　　　② 4　　　　③ 5
④ 6　　　　⑤ 7

17 연립부등식 $\begin{cases} x^2-(a+1)x+a<0 \\ x^2+(a-4)x-4a>0 \end{cases}$ 을 만족시키는 정수 x가 3개일 때, 양수 a의 값의 범위를 구하시오.

18 세 변의 길이가 $x-3$, x, $x+3$인 삼각형이 예각삼각형이 되도록 하는 자연수 x의 최솟값은?

① 9　　　　② 10　　　　③ 11
④ 12　　　　⑤ 13

19 이차방정식 $x^2+2kx-k+2=0$의 두 근이 모두 양수일 때, 실수 k의 최댓값을 구하시오.

20 이차방정식 $x^2-6ax+9=0$의 두 근이 모두 -2보다 크도록 하는 실수 a의 최솟값은?

① 1　　　　② 3　　　　③ 5
④ 6　　　　⑤ 8

맞힌 개수

/ 20

1 이차함수 $y=ax^2+bx+c$의 그래프와 직선 $y=mx+n$이 오른쪽 그림과 같을 때, 이차부등식
$ax^2+(b-m)x+c-n\geq0$의 해는? (단, a, b, c, m, n은 상수)

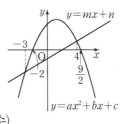

① $-3\leq x\leq-2$

② $-3\leq x\leq4$

③ $-2\leq x\leq\dfrac{9}{2}$

④ $x\leq-3$ 또는 $x\geq4$

⑤ $x\leq-2$ 또는 $x\geq\dfrac{9}{2}$

2 다음 이차부등식 중 해가 모든 실수인 것은?

① $x^2-4x+3>0$

② $x^2-2x+4<0$

③ $-9x^2+12x-4<0$

④ $-2x^2+5x-2\geq0$

⑤ $x^2-6x+9\geq0$

3 오른쪽 그림과 같이 한 변의 길이가 12 m인 정사각형 모양의 땅에 일정한 폭의 길을 만들었다. 길을 제외한 땅의 넓이가 64 m² 이상이 되도록 할 때, 길의 폭의 범위를 구하시오.

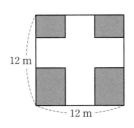

4 이차부등식 $ax^2+bx+c\leq0$의 해가 $x=-2$뿐일 때, 보기에서 옳은 것만을 있는 대로 고른 것은?
(단, a, b, c는 상수)

보기

ㄱ. $a>0$

ㄴ. $b^2-4ac>0$

ㄷ. $a+b+c>0$

ㄹ. $cx^2+2bx-12a\geq0$의 해는 $-3\leq x\leq1$이다.

① ㄱ, ㄴ   ② ㄱ, ㄷ   ③ ㄴ, ㄷ

④ ㄴ, ㄹ   ⑤ ㄷ, ㄹ

5 이차부등식 $x^2+2(a-3)x+a^2-6a<0$을 만족시키는 모든 정수 x의 값의 합이 10일 때, 정수 a의 값은?

① 1   ② 2   ③ 3

④ 4   ⑤ 5

6 이차부등식 $x^2-2(k+1)x-2k-2>0$의 해가 모든 실수가 되도록 하는 상수 k의 값의 범위를 구하시오.

7 이차부등식 $ax^2+2ax-4>0$이 해를 갖도록 하는 상수 a의 값의 범위는?

① $-4<a<0$ ② $a<4$

③ $a<-4$ 또는 $a>0$ ④ $-4<a<0$ 또는 $a>0$

⑤ $a<0$ 또는 $0<a<4$

8 이차부등식 $(2-a)x^2+2(a-2)x+3>0$을 만족시키지 않는 x의 값이 오직 한 개일 때, 상수 a의 값을 구하시오.

9 이차부등식 $x^2-4(a+2)x-a-2<0$이 해를 갖지 않도록 하는 정수 a의 값은?

① -2 ② -1 ③ 0

④ 1 ⑤ 2

10 두 이차함수 $f(x)=x^2-2x+a$,
$g(x)=-x^2-3x+2a$가 있다. $-1\leq x\leq 1$에서 부등식 $f(x)<g(x)$가 항상 성립하도록 하는 정수 a의 최솟값을 구하시오.

11 이차함수 $y=x^2+ax-3$의 그래프가 직선 $y=x-11$보다 위쪽에 있는 부분의 x의 값의 범위가 $x<2$ 또는 $x>b$일 때, 상수 a, b에 대하여 $b-a$의 값은?

① 8 ② 9 ③ 10

④ 11 ⑤ 12

12 이차함수 $y=x^2+kx-k$의 그래프가 x축과 만나지 않도록 하는 실수 k의 값의 범위를 구하시오.

13 연립부등식 $\begin{cases} |x-2|>1 \\ x^2-4x-12\leq 0 \end{cases}$ 을 만족시키는 정수 x의 개수는?

① 4 ② 5 ③ 6

④ 7 ⑤ 8

14 연립부등식 $\begin{cases} x^2-4x+3\geq0 \\ (x-4)(x-a)\leq0 \end{cases}$ 의 해가 $3\leq x\leq4$일 때, 상수 a의 최댓값을 구하시오.

15 연립부등식 $\begin{cases} x^2-8x+12\leq0 \\ 2x^2+(a-8)x-4a\leq0 \end{cases}$ 의 해와 부등식 $x^2-6x+8\leq0$의 해가 같을 때, 상수 a의 값의 범위를 구하시오.

16 연립부등식 $\begin{cases} x^2+6x-16\leq0 \\ x^2-3kx-4k^2>0 \end{cases}$ 이 해를 갖도록 하는 정수 k의 개수는?

① 6   ② 7   ③ 8
④ 9   ⑤ 10

17 연립부등식 $\begin{cases} x-a\leq1 \\ x^2-2x\leq3 \end{cases}$ 을 만족시키는 모든 정수 x의 값의 합이 2일 때, 정수 a의 값을 구하시오.

18 이차방정식 $x^2+2mx+4m+5=0$이 실근을 갖고, 모든 실수 x에 대하여 부등식 $(m+3)x^2-2(m+3)x+6>0$이 성립하도록 하는 모든 정수 m의 값의 합을 구하시오.

19 이차방정식 $x^2-3(k-1)x-k-5=0$의 두 근의 부호가 서로 다르고 음수인 근의 절댓값이 양수인 근보다 클 때, 실수 k의 값의 범위를 $a<k<b$라 하자. 이때 $b-a$의 값은?

① 5   ② 6   ③ 7
④ 8   ⑤ 9

20 이차방정식 $x^2+mx+m+3=0$의 서로 다른 두 근이 모두 -2와 3 사이에 있을 때, 실수 m의 값의 범위를 구하시오.

09 / 경우의 수와 순열

1 서로 다른 두 개의 주사위를 동시에 던질 때, 나오는 눈의 수의 차가 3 또는 4가 되는 경우의 수는?

① 6　　　　② 7　　　　③ 8
④ 9　　　　⑤ 10

2 서로 다른 두 주사위를 던져서 나오는 눈의 수를 각각 a, b라 할 때, 이차방정식 $3ax^2+12x+b=0$이 서로 다른 두 허근을 갖도록 하는 순서쌍 (a, b)의 개수를 구하시오.

3 한 개의 가격이 각각 100원, 300원, 600원인 3종류의 사탕을 1500원어치 사는 방법의 수를 구하시오.

4 십의 자리의 숫자는 짝수이고 일의 자리의 숫자는 홀수인 두 자리의 자연수의 개수는?

① 18　　　　② 20　　　　③ 22
④ 24　　　　⑤ 25

5 $(p+q)(x-y+z)-(x+y)^2(a+b+c)$를 전개하였을 때 생기는 항의 개수는?

① 9　　　　② 11　　　　③ 13
④ 15　　　　⑤ 17

6 60의 양의 약수의 개수를 a, 168의 양의 약수의 개수를 b라 할 때, $b-a$의 값을 구하시오.

7 오른쪽 그림과 같이 네 지점 A, B, C, D를 연결하는 도로가 있다. A 지점에서 출발하여 B 지점을 거쳐 다시 A 지점으로 돌아오는 경우의 수를 구하시오.

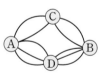

(단, 같은 지점은 두 번 이상 지나지 않는다.)

8 오른쪽 그림의 A, B, C, D, E 5개의 영역을 서로 다른 5가지 색으로 칠하려고 한다. 같은 색을 중복하여 사용해도 좋으나 인접한 영역은 서로 다른 색으로 칠할 때, 칠하는 경우의 수를 구하시오. (단, 각 영역에는 한 가지 색만 칠한다.)

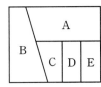

9 500원짜리 동전 4개, 100원짜리 동전 2개, 50원짜리 동전 3개, 10원짜리 동전 2개의 일부 또는 전부를 사용하여 지불할 수 있는 방법의 수는?
                    (단, 0원을 지불하는 경우는 제외한다.)

① 170　　　　② 173　　　　③ 176
④ 179　　　　⑤ 182

10 5개의 숫자 1, 2, 3, 4, 5를 일렬로 배열하여 다섯 자리의 자연수 $a_1 a_2 a_3 a_4 a_5$를 만들 때,
　　　$a_1=2$, $a_k \neq k\,(k=2, 3, 4, 5)$
를 만족시키는 자연수의 개수는?

① 8　　　　② 9　　　　③ 10
④ 11　　　　⑤ 12

11 등식 $2 \times {}_n\text{P}_2 + {}_{n+1}\text{P}_1 = 67$을 만족시키는 자연수 n의 값을 구하시오.

12 6명의 선수가 승부차기를 할 때, 공을 차는 순서를 정하는 경우의 수는?

① 2　　　　② 6　　　　③ 24
④ 120　　　　⑤ 720

13 찬호와 준형이를 포함한 4명의 학생을 일렬로 세울 때, 찬호와 준형이를 서로 이웃하게 세우는 경우의 수는?

① 6　　　　② 12　　　　③ 18
④ 24　　　　⑤ 48

14 1학년 학생 12명과 2학년 학생 2명을 일렬로 세울 때, 1학년 학생끼리 서로 이웃한 학생 수가 항상 짝수가 되고, 2학년 학생끼리는 서로 이웃하지 않는 경우의 수가 $n \times 12!$이다. 이때 자연수 n의 값을 구하시오.

15 어느 자전거 동호회에서 남자 3명, 여자 2명이 자전거 여행을 하고 일렬로 서서 기념사진을 찍으려고 할 때, 여자끼리 서로 이웃하지 않게 세우는 경우의 수는?

① 36 　② 48 　③ 60
④ 72 　⑤ 84

16 어느 유치원에서 '선생님과 함께 부르는 동요' 공연을 하려고 한다. 선생님 4명과 유치원생 4명이 무대 위에 한 줄로 서서 동요를 부를 때, 선생님과 유치원생이 교대로 서는 경우의 수는?

① 1056 　② 1080 　③ 1104
④ 1128 　⑤ 1152

17 다음 그림과 같이 8개의 칸이 있는 책꽂이가 있다. 한 칸에 한 권씩 서로 다른 4권의 책을 꽂을 때, 어느 두 책도 서로 이웃하지 않게 꽂는 경우의 수를 구하시오.

18 어떤 모임에서 여자 회원 n명과 남자 회원 4명 중 회장 1명, 부회장 1명을 뽑을 때, 적어도 한 명은 남자 회원을 뽑는 경우의 수가 92이다. 이때 n의 값은?

① 6 　② 7 　③ 8
④ 9 　⑤ 10

19 7개의 숫자 0, 1, 2, 3, 4, 5, 6에서 서로 다른 4개를 사용하여 만들 수 있는 네 자리의 자연수 중 홀수의 개수를 구하시오.

20 10개의 숫자 0, 1, 2, …, 9에서 서로 다른 3개를 사용하여 만들 수 있는 세 자리의 자연수 중 500보다 작은 홀수의 개수는?

① 32 　② 72 　③ 104
④ 144 　⑤ 176

중단원 기출 문제 **2회** | **09** / 경우의 수와 순열

1 각 면에 1, 2, 3, 4의 숫자가 적힌 정사면체 모양의 주사위를 두 번 던져서 밑면에 놓인 수를 차례대로 a, b라 할 때, $|a-b|<2$를 만족시키는 순서쌍 (a, b)의 개수는?

① 9   ② 10   ③ 11
④ 12   ⑤ 13

2 방정식 $3x+2y+z=15$를 만족시키는 자연수 x, y, z의 순서쌍 (x, y, z)의 개수를 구하시오.

3 10부터 89까지의 자연수 중 십의 자리의 숫자와 일의 자리의 숫자의 합이 짝수인 것의 개수를 구하시오.

4 어느 학원에서 수학, 국어, 영어 과목의 강의가 각각 5개, 3개, 4개 개설되었다. 이 학원에서 서로 다른 과목의 2개의 강의를 수강하는 경우의 수는?

① 41   ② 43   ③ 45
④ 47   ⑤ 49

5 $9^k \times 17^3$의 양의 약수의 개수가 44일 때, 자연수 k의 값은?

① 3   ② 4   ③ 5
④ 7   ⑤ 8

6 오른쪽 그림과 같이 네 지점 A, B, C, D를 연결하는 도로가 있다. A 지점에서 출발하여 C 지점으로 가는 경우의 수를 구하시오. (단, 같은 지점은 두 번 이상 지나지 않는다.)

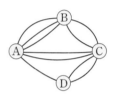

7 다음 그림과 같이 크기가 같은 정사각형 A, B, C, D, E를 붙여서 만든 도형이 있다. 서로 다른 4가지 색 중 전부 또는 일부를 사용하여 5개의 정사각형에 색을 칠하려고 할 때, 정사각형 A와 E는 서로 같은 색을 칠하고 한 변을 공유하는 정사각형에는 서로 다른 색을 칠하는 경우의 수는?

(단, 각 정사각형에는 한 가지 색만 칠한다.)

A	B	C	D	E

① 60   ② 72   ③ 84
④ 92   ⑤ 96

8 100원짜리 동전 4개, 50원짜리 동전 2개, 10원짜리 동전 3개의 일부 또는 전부를 사용하여 지불할 수 있는 방법의 수를 a, 지불할 수 있는 금액의 수를 b라 할 때, $a+b$의 값을 구하시오.

(단, 0원을 지불하는 경우는 제외한다.)

9 A를 포함한 학생 6명의 좌석 번호표를 상자 속에 1개씩 넣은 후 임의로 1개씩 고를 때, 6명 중 A를 포함하여 2명만 자신의 좌석 번호표를 고르는 경우의 수는?

① 45 ② 46 ③ 47
④ 48 ⑤ 49

10 등식 $_6\mathrm{P}_r \times 3! = 720$을 만족시키는 자연수 r의 값은?

① 2 ② 3 ③ 4
④ 5 ⑤ 6

11 9명의 학생 중에서 대표 1명, 부대표 1명을 뽑는 경우의 수는?

① 72 ② 81 ③ 90
④ 99 ⑤ 108

12 1반 학생 4명, 2반 학생 2명, 3반 학생 3명을 일렬로 세울 때, 각 반 학생들끼리 서로 이웃하게 세우는 경우의 수는?

① 1720 ② 1724 ③ 1728
④ 1732 ⑤ 1736

13 어떤 대회에 참가한 선수들이 일렬로 배열된 동일한 14개의 의자에 앉으려고 한다. 같은 팀은 이웃하여 앉고, 다른 팀은 모두 한 자리 이상 떨어져서 앉는다고 하자. 2인 한 팀, 3인 한 팀, 1인 4팀일 때, 앉을 수 있는 경우의 수를 구하시오.

14 축구 선수 5명과 야구 선수 4명을 교대로 세우는 경우의 수는?

① 360 ② 720 ③ 1440
④ 2880 ⑤ 5760

15 7명의 학생 A, B, C, D, E, F, G를 일렬로 세울 때, 다음 조건을 만족시키는 경우의 수는?

> ㈎ A와 B는 서로 이웃한다.
> ㈏ C와 D는 서로 이웃한다.
> ㈐ C와 B는 서로 이웃하지 않는다.

① 384   ② 392   ③ 402
④ 432   ⑤ 464

16 부모님과 딸 2명, 아들 2명으로 이루어진 가족이 있다. 6명의 가족이 일렬로 줄을 설 때, 부모님 사이에 한 명의 딸만 있도록 줄을 서는 경우의 수는?

① 24   ② 48   ③ 96
④ 120   ⑤ 144

17 friend에 있는 6개의 문자를 일렬로 배열할 때, 적어도 한쪽 끝에 모음이 오도록 배열하는 경우의 수를 구하시오.

18 6개의 숫자 2, 3, 4, 5, 6, 7에서 서로 다른 4개를 사용하여 네 자리의 자연수를 만들 때, 4로 나누어떨어지는 자연수의 개수는?

① 96   ② 100   ③ 104
④ 108   ⑤ 112

19 5개의 문자 e, h, n, o, p를 모두 한 번씩 사용하여 만든 문자열을 사전식으로 배열할 때, phone는 몇 번째에 나타나는지 구하시오.

20 7개의 숫자 0, 1, 2, 3, 4, 5, 6에서 서로 다른 4개를 사용하여 만든 네 자리의 자연수 중 535번째로 작은 수는?

① 5214   ② 5231   ③ 5234
④ 5240   ⑤ 5243

1 등식 $_{10}C_r = {}_{10}C_{r-2}$를 만족시키는 자연수 r의 값을 구하시오.

2 등식 $_nP_2 + {}_nC_{n-2} = 63$을 만족시키는 자연수 n의 값은?

① 3 　　　　② 4 　　　　③ 5
④ 6 　　　　⑤ 7

3 어느 학교의 대학 학과 체험 활동에서 수학교육과 체험 희망자가 5명, 통계학과 체험 희망자가 4명이 있다. 이 중에서 3명을 뽑을 때, 3명의 체험 희망 학과가 모두 같은 경우의 수는?

① 10 　　　　② 12 　　　　③ 14
④ 16 　　　　⑤ 40

4 서로 다른 6가지 토핑 중에서 원하는 토핑을 2개 이상 선택할 수 있는 피자를 주문한다고 할 때, 토핑을 선택하는 모든 경우의 수는?

(단, 하나의 토핑은 한 번만 선택할 수 있다.)

① 45 　　　　② 48 　　　　③ 54
④ 57 　　　　⑤ 64

5 세 자리의 자연수
$$a \times 10^2 + b \times 10 + c$$
에 대하여 $a > b > c$를 만족시키고 400보다 크고 700보다 작은 자연수의 개수는?

(단, a, b, c는 9 이하의 자연수)

① 12 　　　　② 19 　　　　③ 24
④ 36 　　　　⑤ 45

6 도균이네 반 학생 중에서 교내 축구 대회에 출전하고 싶어 하는 학생은 축구 특기자 2명을 포함한 15명이다. 교내 축구 대회 규정상 축구 특기자는 출전할 수 없다고 할 때, 출전 희망자 중에서 교내 축구 대회에 출전할 학생 11명을 뽑는 경우의 수를 구하시오.

7 민지와 하준이가 서로 다른 7개의 동아리 중에서 각각 2개를 택하여 가입할 때, 민지와 하준이가 공통으로 가입하는 동아리가 1개 이하가 되도록 하는 경우의 수를 구하시오. (단, 가입 순서는 고려하지 않는다.)

8 남자 7명과 여자 5명으로 구성된 탁구팀에서 이번 대회에 출전할 대표 선수 4명을 뽑을 때, 여자가 적어도 1명 포함되도록 뽑는 경우의 수를 구하시오.

9 남학생 5명과 여학생 8명으로 구성된 어느 위원회가 있다. 이 위원회에서 4명을 뽑아 소위원회를 만들 때, 남학생을 2명 이상 뽑는 경우의 수는?

① 360   ② 365   ③ 370
④ 375   ⑤ 380

10 서로 다른 소설책 6권과 만화책 5권 중에서 소설책 2권과 만화책 2권을 택하여 책꽂이에 일렬로 꽂는 경우의 수는?

① 150   ② 360   ③ 600
④ 3600   ⑤ 4200

11 어느 학교 육상부 선수 중에서 특정한 2명을 포함하여 4명을 뽑아 일렬로 세우는 경우의 수가 672일 때, 육상부 선수의 수를 구하시오.

12 한 평면 위에 있는 서로 다른 8개의 점 중에서 어느 세 점도 한 직선 위에 있지 않을 때, 주어진 점을 이어서 만들 수 있는 서로 다른 직선의 개수는?

① 24   ② 26   ③ 28
④ 30   ⑤ 32

13 한 평면 위에 있는 서로 다른 12개의 점 중에서 한 직선 위에 n개의 점이 있고, 나머지 점은 어느 세 점도 한 직선 위에 있지 않다. 이 12개의 점으로 만들 수 있는 서로 다른 직선의 개수가 57일 때, 자연수 n의 값은?

① 4   ② 5   ③ 6
④ 7   ⑤ 8

14 구각형과 십일각형의 대각선의 개수의 합은?

① 67   ② 69   ③ 71
④ 73   ⑤ 75

15 오른쪽 그림과 같이 삼각형 위에
있는 9개의 점 중에서 3개의 점을
꼭짓점으로 하는 삼각형의 개수
를 구하시오.

16 오른쪽 그림과 같이 원 위에 같은
간격으로 놓인 8개의 점이 있다. 이
점들을 이어서 만들 수 있는 모든
다각형의 개수는?

① 217   ② 218

③ 219   ④ 220

⑤ 221

17 오른쪽 그림과 같이 6개의 평행
한 직선과 4개의 평행한 직선이
서로 만날 때, 이 직선으로 만
들어지는 평행사변형의 개수를
구하시오.

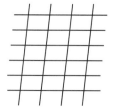

18 무료 급식 봉사 활동을 하기 위하여 9명의 학생들을 3
개의 조로 나누려고 한다. 5명, 2명, 2명으로 나누는
경우의 수는?

① 126   ② 180   ③ 358

④ 378   ⑤ 420

19 윤우와 선호를 포함한 7명이 3명, 2명, 2명의 3개 조
로 나누어 지하철, 버스, 택시를 이용하여 이동할 때,
윤우와 선호가 같은 교통수단을 이용하는 경우의 수를
구하시오.
(단, 각 조는 서로 다른 교통수단을 한 가지씩 이용한다.)

20 피구 대회에 참가한
10개의 학급이 오른쪽
그림과 같은 토너먼
트 방식으로 시합을
할 때, 대진표를 작성
하는 경우의 수는?

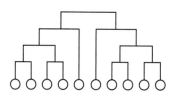

① 126   ② 945   ③ 1890

④ 14175   ⑤ 28350

맞힌 개수

/ 20

1 등식 $3 \times {}_{n+1}C_3 - 4 \times {}_nC_2 = 0$을 만족시키는 자연수 n 의 값을 구하시오.

2 ${}_nC_{r+1} : {}_nC_r : {}_nC_{r-1} = 5 : 4 : 3$일 때, 자연수 n, r에 대하여 $n-r$의 값은?

① 29   ② 31   ③ 33
④ 35   ⑤ 37

3 1학년 학생 7명, 2학년 학생 5명으로 구성된 수학 동 아리 회원 중에서 교내 수학 체험 부스를 운영할 1학 년 학생 3명, 2학년 학생 2명을 뽑는 경우의 수는?

① 230   ② 270   ③ 310
④ 350   ⑤ 390

4 A 학교의 연극부의 인원수는 밴드부의 인원수보다 2 배 많다. 연극부에서 주인공 3명을 뽑는 경우의 수와 밴드부에서 보컬 1명, 드럼 1명, 키보드 1명, 베이스 1명을 뽑는 경우의 수가 같을 때, 연극부의 인원수를 구하시오.

5 민서를 포함한 학생 8명 중에서 4명을 뽑을 때, 민서 가 포함되도록 뽑는 경우의 수는?

① 31   ② 33   ③ 35
④ 37   ⑤ 39

6 상훈이가 쌍둥이 2명을 포함한 13명의 친구 중에서 9 명을 집으로 초대할 때, 쌍둥이를 모두 초대하거나 모 두 초대하지 않는 경우의 수를 구하시오.

7 서로 다른 6켤레의 양말 12짝 중에서 6짝을 택할 때, 두 켤레만 짝이 맞도록 택하는 경우의 수는?
(단, 양말의 오른쪽과 왼쪽은 서로 구분하지 않는다.)

① 120   ② 240   ③ 280
④ 360   ⑤ 420

8 서로 다른 과자 5개와 서로 다른 아이스크림 4개 중에서 3개를 택할 때, 과자와 아이스크림이 적어도 1개씩 포함되도록 택하는 경우의 수를 구하시오.

9 서로 다른 빨간색 꽃 n송이, 초록색 꽃 2송이, 보라색 꽃 4송이 중에서 4송이를 택할 때, 빨간색 꽃이 적어도 1송이 포함되도록 택하는 경우의 수가 315이다. 이때 n의 값을 구하시오.

10 5개의 문자 a, b, c, d, e 중에서 a를 포함한 3개의 문자를 택하여 일렬로 배열하는 경우의 수는?

① 30   ② 36   ③ 60
④ 80   ⑤ 144

11 1학년 학생 2명, 2학년 학생 3명, 3학년 학생 5명으로 이루어진 방송부가 있다. 3학년 학생 중에서 2명을 선택하여 1, 2학년 학생 5명과 함께 개인 방송 순서를 정하고자 한다. 2학년 학생 중에서 어떤 2명도 방송 순서가 이웃하지 않는 경우의 수는?

① 9200   ② 9600   ③ 11000
④ 12100   ⑤ 14400

12 오른쪽 그림과 같이 5개의 정사각형을 이어 붙인 도형 위에 서로 다른 점 12개가 있을 때, 주어진 점을 이어서 만들 수 있는 서로 다른 직선의 개수는?

① 25   ② 29   ③ 35
④ 38   ⑤ 41

13 대각선의 개수가 90인 다각형의 꼭짓점의 개수는?

① 12   ② 13   ③ 14
④ 15   ⑤ 16

14 오른쪽 그림과 같이 부채꼴 위에 있는 12개의 점 중에서 3개의 점을 꼭짓점으로 하는 삼각형의 개수를 구하시오.

15 오른쪽 그림과 같이 사다리꼴 위에 있는 10개의 점 중에서 4개의 점을 꼭짓점으로 하는 사각형의 개수는?

① 140　　② 150
③ 160　　④ 170
⑤ 180

16 오른쪽 그림과 같이 25개의 정사 각형을 이어 붙인 도형에서 정사 각형이 아닌 직사각형의 개수는?

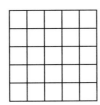

① 170　　② 180
③ 195　　④ 210
⑤ 225

17 서로 평행한 n개의 직선과 만나는 서로 평행한 $(n+2)$개의 직선이 있다. 이 직선으로 만들 수 있는 평행사변형의 개수가 210일 때, n의 값을 구하시오.

18 서로 다른 7개의 공을 똑같은 상자 3개에 빈 상자가 없도록 나누어 담는 경우의 수를 구하시오.

19 A, B를 포함한 10명의 학생을 3개의 방 301호, 302호, 303호에 모두 배정하려고 할 때, 다음 조건을 만족시키도록 방을 배정하는 경우의 수는?

> (가) 301호는 6인실, 302호는 2인실, 303호는 2인실이다.
> (나) A와 B는 서로 다른 방에 배정한다.

① 700　　② 724　　③ 760
④ 784　　⑤ 790

20 검도 대회에 참가한 6명의 검도 선수 A, B, C, D, E, F가 오른쪽 그림과 같은 토너먼트 방식으로 시합을 할 때, B 선수가 한 번만 이기면 결승에 진출하도록 대진표를 작성하는 경우의 수는?

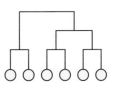

① 10　　② 12　　③ 15
④ 20　　⑤ 30

1 오른쪽 그림과 같이 한 변의 길이가 1인 정사각형 4개의 꼭짓점 위에 세 점 P_1, P_2, P_3이 있다. 행렬 A의 (i, j) 성분 a_{ij}가 다음과 같을 때, 행렬 A는? (단, $i=1, 2, 3$, $j=1, 2, 3$)

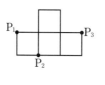

$$a_{ij}=\begin{cases} \text{선분 } P_iP_j\text{의 길이} & (i\neq j) \\ 0 & (i=j) \end{cases}$$

① $\begin{pmatrix} 0 & 2 & 1 \\ 2 & 3 & 3 \\ 1 & 3 & 0 \end{pmatrix}$　② $\begin{pmatrix} 0 & \sqrt{2} & 3 \\ \sqrt{5} & 0 & \sqrt{2} \\ 3 & \sqrt{5} & 0 \end{pmatrix}$

③ $\begin{pmatrix} 0 & \sqrt{2} & \sqrt{5} \\ \sqrt{2} & 0 & 3 \\ \sqrt{5} & 3 & 0 \end{pmatrix}$　④ $\begin{pmatrix} 0 & \sqrt{2} & 3 \\ \sqrt{2} & 0 & \sqrt{5} \\ 3 & \sqrt{5} & 0 \end{pmatrix}$

⑤ $\begin{pmatrix} 0 & 2 & 3 \\ 2 & 0 & 3 \\ 3 & 3 & 0 \end{pmatrix}$

2 삼차정사각행렬 A의 (i, j) 성분 a_{ij}가 $a_{ij}=xi-yj$이다. 행렬 A의 제2행의 모든 성분의 합이 6이고, 제3열의 모든 성분의 합이 12일 때, 실수 x, y에 대하여 $x+y$의 값을 구하시오.

3 두 행렬 $A=\begin{pmatrix} 4+a\sqrt{3} & -2 \\ 4 & b\sqrt{3} \end{pmatrix}$, $B=\begin{pmatrix} c-\sqrt{3} & -2 \\ b^2 & d+2\sqrt{3} \end{pmatrix}$에 대하여 $A=B$일 때, 유리수 a, b, c, d에 대하여 $a+b+c+d$의 값을 구하시오.

4 등식 $\begin{pmatrix} a-b & 4 \\ 5 & b \end{pmatrix}=\begin{pmatrix} 1 & 2+ab \\ 3+ab & a-1 \end{pmatrix}$을 만족시키는 실수 a, b에 대하여 a^2+b^2의 값은?

① 1　　② 2　　③ 3
④ 4　　⑤ 5

5 두 행렬 $A=\begin{pmatrix} 1 & 3 \\ -5 & 7 \end{pmatrix}$, $B=\begin{pmatrix} 3 & 1 \\ 0 & -1 \end{pmatrix}$에 대하여 $A-3B+2X=X-B$를 만족시키는 행렬 X의 $(1, 2)$ 성분은?

① -9　　② -1　　③ 1
④ 5　　⑤ 9

6 세 행렬 $A=\begin{pmatrix} 3 & 0 \\ 1 & 2 \end{pmatrix}$, $B=\begin{pmatrix} 1 & 1 \\ 2 & 0 \end{pmatrix}$, $C=\begin{pmatrix} 2 & -1 \\ 0 & 1 \end{pmatrix}$에 대하여 $2A-2B+4X=3(A+X)-2C$를 만족시키는 행렬 X의 모든 성분의 합을 구하시오.

7 두 행렬 $A=\begin{pmatrix} -1 & 2 \\ 4 & 10 \end{pmatrix}$, $B=\begin{pmatrix} -3 & 2 \\ 4 & 5 \end{pmatrix}$와 두 행렬 X, Y가 $X+Y=A$, $X-2Y=B$를 만족시킬 때, 행렬 $X-Y$의 $(2, 1)$ 성분을 구하시오.

8 두 이차정사각행렬 A, B가 $A+B=\begin{pmatrix} 4 & 3 \\ 5 & 6 \end{pmatrix}$,

$A-B=\begin{pmatrix} 0 & 1 \\ 3 & 2 \end{pmatrix}$를 만족시킬 때, 행렬 AB의 모든 성분의 합은?

① 24   ② 28   ③ 32

④ 36   ⑤ 40

9 세 행렬 $A=\begin{pmatrix} 3 & -1 \\ 0 & 4 \end{pmatrix}$, $B=(-1 \quad 0)$, $C=\begin{pmatrix} -2 \\ 1 \end{pmatrix}$

에 대하여 보기에서 그 곱이 정의되는 것만을 있는 대로 고른 것은?

> 보기
> ㄱ. AC ㄴ. BC
> ㄷ. CA ㄹ. ABC

① ㄱ   ② ㄷ   ③ ㄱ, ㄴ

④ ㄷ, ㄹ   ⑤ ㄱ, ㄴ, ㄹ

10 두 행렬 $A=\begin{pmatrix} 1 & 0 \\ 3 & -4 \end{pmatrix}$, $B=\begin{pmatrix} 1 & -1 \\ 0 & 1 \end{pmatrix}$에 대하여 행렬 $(2A+B)^2$의 가장 큰 성분과 가장 작은 성분의 차를 구하시오.

11 행렬 $A=\begin{pmatrix} -1 & a \\ -3 & b \end{pmatrix}$가 $A^2-A+E=O$를 만족시킬 때, 실수 a, b에 대하여 $a+b$의 값은?

(단, E는 단위행렬, O는 영행렬)

① -3 ② -2 ③ 1

④ 2   ⑤ 3

12 행렬 $A=\begin{pmatrix} 1 & 0 \\ 3 & 1 \end{pmatrix}$에 대하여 행렬 $A^{10}+A^{12}$을 구하시오.

13 화학 비료 A, B를 생산하는 어느 공장에서 A는 40포대, B는 30포대의 주문을 받았다. 화학 비료 한 포대를 만드는 데 드는 원료 X와 원료 Y의 양은 [표 1]과 같고, 원료 X와 원료 Y의 1 kg당 가격은 [표 2]와 같다고 할 때, 다음 중 주문 받은 화학 비료를 만들기 위해 필요한 원료를 구입하는 데 드는 총비용을 나타내는 행렬은?

(단위: kg)

비료 \ 원료	X	Y
A	80	20
B	60	40

[표 1]

(단위: 원)

원료	가격
X	20000
Y	15000

[표 2]

① $(40 \quad 30)\begin{pmatrix} 80 & 20 \\ 60 & 40 \end{pmatrix}$

② $\begin{pmatrix} 80 & 20 \\ 60 & 40 \end{pmatrix}\begin{pmatrix} 20000 \\ 15000 \end{pmatrix}$

③ $(40 \quad 30)\begin{pmatrix} 80 & 20 \\ 60 & 40 \end{pmatrix}\begin{pmatrix} 20000 \\ 15000 \end{pmatrix}$

④ $(40 \quad 30)\begin{pmatrix} 80 & 20 \\ 60 & 40 \end{pmatrix}\begin{pmatrix} 15000 \\ 20000 \end{pmatrix}$

⑤ $(30 \quad 40)\begin{pmatrix} 80 & 20 \\ 60 & 40 \end{pmatrix}\begin{pmatrix} 20000 \\ 15000 \end{pmatrix}$

14 세 행렬 $A=\begin{pmatrix}4 & 1 \\ 0 & -1\end{pmatrix}$, $B=\begin{pmatrix}0 & 1 \\ 1 & 0\end{pmatrix}$, $C=\begin{pmatrix}2 & 1 \\ 3 & 0\end{pmatrix}$ 에 대하여 행렬 $ABC-CBA$의 모든 성분의 합은?

① 8   ② 10   ③ 12

④ 14   ⑤ 16

15 세 행렬 A, B, C가 모두 이차정사각행렬일 때, 보기에서 항상 성립하는 것만을 있는 대로 고르시오.

┌ 보기 ┐
ㄱ. $AB=BA$
ㄴ. $(AB)C=A(BC)$
ㄷ. $A(B+C)=AB+AC$
ㄹ. $(A+B)C=AC+BC$
ㅁ. $k(AB)=(kA)B=A(kB)$ (단, k는 실수)

16 두 행렬 $A=\begin{pmatrix}4 & a \\ -1 & 3\end{pmatrix}$, $B=\begin{pmatrix}2 & 3 \\ b & -1\end{pmatrix}$에 대하여 $(A+B)(A-B)=A^2-B^2$이 성립할 때, 실수 a, b에 대하여 a^2-b^2의 값은?

① -10 ② -8 ③ -6

④ 6   ⑤ 8

17 행렬 $A=\begin{pmatrix}1 & -2 \\ 0 & 2\end{pmatrix}$에 대하여 행렬 $(A+E)(A^2-A+E)$를 구하시오. (단, E는 단위행렬)

18 $A-E=\begin{pmatrix}-4 & 7 \\ -1 & 1\end{pmatrix}$을 만족시키는 행렬 A에 대하여 행렬 $A+A^2+A^3+\cdots+A^{100}$의 모든 성분의 합을 구하시오. (단, E는 단위행렬)

19 영행렬이 아닌 두 이차정사각행렬 A, B에 대하여 $AB=A$, $BA=B$일 때, $A^{100}+B^{100}+E^{100}$을 간단히 하면? (단, E는 단위행렬)

① $200E$ ② $A-3E$ ③ $B-2E$

④ $A-B-E$ ⑤ $A+B+E$

20 두 행렬 $A=\begin{pmatrix}2 & -1 \\ 2 & -1\end{pmatrix}$, $B=\begin{pmatrix}1 & -1 \\ 2 & -2\end{pmatrix}$에 대하여 보기에서 옳은 것만을 있는 대로 고른 것은?

┌ 보기 ┐
ㄱ. $AB=BA$
ㄴ. $A^4+B^4=A-B$
ㄷ. $A^3+B^3=(A+B)^3$

① ㄱ   ② ㄷ   ③ ㄱ, ㄴ

④ ㄴ, ㄷ   ⑤ ㄱ, ㄴ, ㄷ

중단원 기출 문제 ❷회 | **11 / 행렬의 연산**

1 행렬 $\begin{pmatrix} a & 3e & -d \\ 9 & b & d \\ f & -e & c \end{pmatrix}$ 의 (i, j) 성분을 a_{ij}라 하자.

$a_{ij} = -a_{ji}$를 만족시킬 때, $a+b+c+d+e+f$의 값은? (단, a, b, c, d, e, f는 실수)

① -10　　② -9　　③ -8

④ -7　　⑤ -6

2 등식 $\begin{pmatrix} a+b & 3 \\ -2 & c+a \end{pmatrix} = \begin{pmatrix} 4 & b+c \\ -2 & 9 \end{pmatrix}$ 를 만족시키는 실수 a, b, c에 대하여 abc의 값은?

① -20　　② -18　　③ 9

④ 18　　⑤ 20

3 등식 $2\begin{pmatrix} a & 1 \\ 5 & b \end{pmatrix} - 3\begin{pmatrix} -2 & a \\ b & 5 \end{pmatrix} = \begin{pmatrix} 4 & 5 \\ -2 & -7 \end{pmatrix}$ 을 만족시키는 실수 a, b에 대하여 $b-a$의 값을 구하시오.

4 두 행렬 $A = \begin{pmatrix} 1 & 2 \\ -1 & 4 \end{pmatrix}$, $B = \begin{pmatrix} 3 & 0 \\ -2 & 1 \end{pmatrix}$에 대하여 $3(X-B) = A - 2X$를 만족시키는 이차정사각행렬 X의 모든 성분의 합은?

① 2　　② 3　　③ 5

④ 8　　⑤ 10

5 세 행렬 $X = \begin{pmatrix} -2 \\ 4 \end{pmatrix}$, $Y = (1 \quad a)$, $Z = \begin{pmatrix} 1 \\ 2 \end{pmatrix}$에 대하여 행렬 XY의 모든 성분의 합이 10일 때, 행렬 YZ를 구하시오. (단, a는 실수)

6 행렬 $(x \quad 2)\begin{pmatrix} 2 & 1 \\ 3 & 1 \end{pmatrix}\begin{pmatrix} x \\ 2 \end{pmatrix}$의 성분이 $x=a$일 때 최솟값 k를 갖는다. 이때 $a+k$의 값을 구하시오. (단, x는 실수)

7 두 이차정사각행렬 X, Y에 대하여 $X+Y = \begin{pmatrix} 1 & 0 \\ -1 & -1 \end{pmatrix}$, $X-Y = \begin{pmatrix} -1 & -2 \\ -1 & 1 \end{pmatrix}$일 때, 행렬 $X^2 - Y^2$의 모든 성분의 합을 구하시오.

8 두 행렬 $A=\begin{pmatrix} 1 & 2 \\ 3 & 4 \end{pmatrix}$, $B=\begin{pmatrix} 1 & -3 \\ -2 & -2 \end{pmatrix}$에 대하여 행렬 A^2+AB는?

① $\begin{pmatrix} 4 & 2 \\ 6 & 8 \end{pmatrix}$　② $\begin{pmatrix} 4 & 3 \\ 10 & 5 \end{pmatrix}$　③ $\begin{pmatrix} 4 & -3 \\ 9 & 5 \end{pmatrix}$

④ $\begin{pmatrix} 1 & 3 \\ -10 & 8 \end{pmatrix}$　⑤ $\begin{pmatrix} 2 & 5 \\ -6 & 8 \end{pmatrix}$

9 행렬 $A=\begin{pmatrix} 1 & a \\ 0 & 1 \end{pmatrix}$에 대하여 행렬 A^{10}의 모든 성분의 합이 72일 때, 실수 a의 값을 구하시오.

10 아래 [표 1]과 [표 2]는 각각 연극 관람료와 연극을 관람한 X, Y 동호회의 회원 수를 나타낸 것이다. 표를 각각 행렬 $A=\begin{pmatrix} 10000 & 6000 \\ 12000 & 8000 \end{pmatrix}$, $B=\begin{pmatrix} 30 & 15 \\ 12 & 6 \end{pmatrix}$으로 나타내고 두 행렬의 곱을 $AB=\begin{pmatrix} a & b \\ c & d \end{pmatrix}$라 하자. 다음 중 두 동호회의 회원 모두가 평일에 연극을 관람할 때와 주말에 연극을 관람할 때의 관람 금액의 차를 나타낸 것은?

(단위: 원)

구분	어른	청소년
평일	10000	6000
주말	12000	8000

[표 1]

(단위: 명)

대상	X	Y
어른	30	15
청소년	12	6

[표 2]

① $ad-bc$　　② $ab+cd$
③ $a-b+c-d$　④ $c+d-a-b$
⑤ $a+b+c+d$

11 두 행렬 $A=\begin{pmatrix} 2 & -4 \\ -1 & 2 \end{pmatrix}$, $B=\begin{pmatrix} 1 & 2 \\ 3 & 3 \end{pmatrix}$에 대하여 행렬 $(A+B)^2-(A-B)^2$을 구하시오.

12 두 행렬 $A=\begin{pmatrix} 2 & 1 \\ 0 & 1 \end{pmatrix}$, $B=\begin{pmatrix} 1 & 2 \\ x & y \end{pmatrix}$가 $(A-B)^2=A^2-2AB+B^2$을 만족시킬 때, 실수 x, y에 대하여 $x-y$의 값을 구하시오.

13 두 이차정사각행렬 A, B에 대하여
$$A-B=\begin{pmatrix} 3 & 0 \\ 0 & 3 \end{pmatrix},\ AB=\begin{pmatrix} 1 & -3 \\ -2 & 5 \end{pmatrix}$$
가 성립할 때, 행렬 A^2+B^2의 모든 성분의 합을 구하시오.

14 이차정사각행렬 A에 대하여 $A^2=\begin{pmatrix} 1 & -2 \\ 0 & 1 \end{pmatrix}$일 때, 행렬 $(A^2+A+E)(A^2-A+E)$는?

(단, E는 단위행렬)

① $\begin{pmatrix} 2 & -6 \\ 0 & 2 \end{pmatrix}$　② $\begin{pmatrix} 2 & -4 \\ 0 & 2 \end{pmatrix}$　③ $\begin{pmatrix} 3 & -5 \\ 0 & 3 \end{pmatrix}$

④ $\begin{pmatrix} 3 & -6 \\ 2 & 3 \end{pmatrix}$　⑤ $\begin{pmatrix} 3 & -6 \\ 0 & 3 \end{pmatrix}$

15 이차정사각행렬 A의 (i, j) 성분 a_{ij}가
$a_{ij}=\dfrac{1}{3}(i-j)(i+j)$일 때, 행렬
$A^5+A^6+A^7+\cdots+A^{98}$은?

① $\begin{pmatrix} -1 & -1 \\ 0 & -1 \end{pmatrix}$ ② $\begin{pmatrix} -1 & 0 \\ 1 & -1 \end{pmatrix}$ ③ $\begin{pmatrix} 1 & 1 \\ -1 & 1 \end{pmatrix}$

④ $\begin{pmatrix} -1 & 1 \\ -1 & -1 \end{pmatrix}$ ⑤ $\begin{pmatrix} -1 & -1 \\ 1 & -1 \end{pmatrix}$

16 행렬 $A=\begin{pmatrix} 1 & -2 \\ 1 & -1 \end{pmatrix}$에 대하여 행렬 $A^{55}+E$는?

(단, E는 단위행렬)

① $\begin{pmatrix} 0 & 0 \\ 0 & 0 \end{pmatrix}$ ② $\begin{pmatrix} -1 & 0 \\ 0 & -1 \end{pmatrix}$ ③ $\begin{pmatrix} 1 & 0 \\ 0 & 1 \end{pmatrix}$

④ $\begin{pmatrix} 0 & 2 \\ -1 & 2 \end{pmatrix}$ ⑤ $\begin{pmatrix} 1 & -2 \\ 1 & -1 \end{pmatrix}$

17 이차정사각행렬 A는 모든 성분의 합이 0이고
$A^2+A^3=-2A-2E$를 만족시킨다. 행렬 A^6+A^7
의 모든 성분의 합은? (단, E는 단위행렬)

① -16 ② -8 ③ -4
④ 8 ⑤ 16

18 두 이차정사각행렬 A, B가
$A(E-A)=E$, $(E-B)B=E$를 만족시킬 때,
$A^{100}+B^{100}$을 간단히 하면? (단, E는 단위행렬)

① $2E$ ② $-3E$ ③ $-A-B$
④ $A-B$ ⑤ $A+B$

19 두 이차정사각행렬 A, B에 대하여 $AB+BA=O$일
때, 보기에서 옳은 것만을 있는 대로 고른 것은?

(단, O는 영행렬, C는 이차정사각행렬)

> **보기**
> ㄱ. $(A-B)^2=A^2+B^2$
> ㄴ. $(AB)^2=-A^2B^2$
> ㄷ. $(A+B)(A-B)=A^2-B^2$
> ㄹ. $A\neq O$이고 $BA=CA$이면 $B=C$

① ㄱ, ㄴ ② ㄱ, ㄷ ③ ㄴ, ㄷ
④ ㄱ, ㄴ, ㄹ ⑤ ㄴ, ㄷ, ㄹ

20 행렬 $A=\begin{pmatrix} 1 & 2 \\ 4 & 8 \end{pmatrix}$에 대하여 행렬 A^{10}의 모든 성분의
합은 $k\times 3^a$이다. 이때 $k+a$의 값을 구하시오.

(단, k는 한 자리의 자연수, a는 자연수)

memo ✦

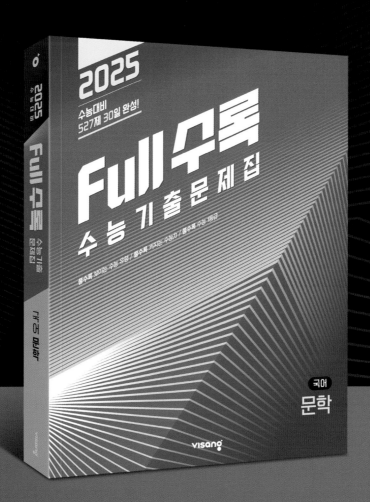

유형 **만렙** 다양한 유형 문제가 가득 찬(滿) 만렙으로 수학 실력 Level up

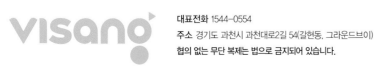

대표전화 1544-0554
주소 경기도 과천시 과천대로2길 54(갈현동, 그라운드브이)
협의 없는 무단 복제는 법으로 금지되어 있습니다.

정답과 해설

공통수학 1

visang

ABOVE IMAGINATION

우리는 남다른 상상과 혁신으로
교육 문화의 새로운 전형을 만들어
모든 이의 행복한 경험과 성장에 기여한다

유형만렙

정답과 해설

공통수학 1

0001 답 (1) $(3y+5y^2)x^2+4xy^2+y-6$
(2) $-6+(3x^2+1)y+(4x+5x^2)y^2$

0002 답 $3x^2+5xy+2y^2$
$(4x^2+3y^2)-(x^2-2xy)+(3xy-y^2)$
$=4x^2+3y^2-x^2+2xy+3xy-y^2$
$=3x^2+5xy+2y^2$

0003 답 $3x^3+7x^2-2x+9$
$(4x^3-x)-(-5x^2+x-3)+(2x^2-x^3+6)$
$=4x^3-x+5x^2-x+3+2x^2-x^3+6$
$=3x^3+7x^2-2x+9$

0004 답 $4a^2+4ab-6b^2$
$2(a^2-b^2)-(a^2-ab+b^2)+3(a^2+ab-b^2)$
$=2a^2-2b^2-a^2+ab-b^2+3a^2+3ab-3b^2$
$=4a^2+4ab-6b^2$

0005 답 $5x^2-9xy-2y^2$
$A+3B=(2x^2+3xy+y^2)+3(x^2-4xy-y^2)$
$\qquad=2x^2+3xy+y^2+3x^2-12xy-3y^2$
$\qquad=5x^2-9xy-2y^2$

0006 답 $x^2+40xy+11y^2$
$4A-7B=4(2x^2+3xy+y^2)-7(x^2-4xy-y^2)$
$\qquad=8x^2+12xy+4y^2-7x^2+28xy+7y^2$
$\qquad=x^2+40xy+11y^2$

0007 답 $-5x^2-13xy-4y^2$
$2B-(3A+B)=2B-3A-B$
$\qquad=B-3A$
$\qquad=(x^2-4xy-y^2)-3(2x^2+3xy+y^2)$
$\qquad=x^2-4xy-y^2-6x^2-9xy-3y^2$
$\qquad=-5x^2-13xy-4y^2$

0008 답 $-x^3-2x^2-7x+5$
$A-B+C=(-3x^3-x^2+5)-(x^2+4x)+(2x^3-3x)$
$\qquad=-3x^3-x^2+5-x^2-4x+2x^3-3x$
$\qquad=-x^3-2x^2-7x+5$

0009 답 $-7x^3-4x^2-7x+15$
$3A-(B-C)=3A-B+C$
$\qquad=3(-3x^3-x^2+5)-(x^2+4x)+(2x^3-3x)$
$\qquad=-9x^3-3x^2+15-x^2-4x+2x^3-3x$
$\qquad=-7x^3-4x^2-7x+15$

0010 답 $2x^3+2x^2+5x$
$(A+2B)-(A-C)=A+2B-A+C$
$\qquad=2B+C$
$\qquad=2(x^2+4x)+(2x^3-3x)$
$\qquad=2x^2+8x+2x^3-3x$
$\qquad=2x^3+2x^2+5x$

0011 답 $\dfrac{18x^2}{y^5}$
$(3x^2y)^2\div(-xy^2)^4\times2x^2y=9x^4y^2\times\dfrac{1}{x^4y^8}\times2x^2y=\dfrac{18x^2}{y^5}$

0012 답 $-2a^4b^4$
$(-2a^2b)^2\div\left(-\dfrac{1}{4}a^3b^4\right)\times\left(\dfrac{1}{2}ab^2\right)^3=4a^4b^2\times\left(-\dfrac{4}{a^3b^4}\right)\times\dfrac{a^3b^6}{8}$
$\qquad\qquad\qquad=-2a^4b^4$

0013 답 $4x^3-4x^2+12x$

0014 답 x^3-4x^2+4x-1

0015 답 $2x^3-11x^2y+13xy^2-4y^3$

0016 답 $6x^2-7xy+17x+2y^2-10y+12$

0017 답 $4x^2-12xy+9y^2$

0018 답 $9a^2-b^2$

0019 답 $x^2+4x-21$

0020 답 $6x^2-11xy-10y^2$

0021 답 $a^2+4b^2+c^2-4ab-4bc+2ca$

0022 답 $x^3+6x^2+12x+8$

0023 답 $27a^3-27a^2b+9ab^2-b^3$

0024 답 $27x^3+1$

0025 답 a^3-1

0026 답 $x^3+9x^2+26x+24$

0027 답 $x^3+y^3-3xy+1$

0028 답 x^4+9x^2+81

0029 답 (1) 11 (2) 36
(1) $a^2+b^2=(a+b)^2-2ab=3^2-2\times(-1)=11$
(2) $a^3+b^3=(a+b)^3-3ab(a+b)=3^3-3\times(-1)\times3=36$

0030 답 (1) 14 (2) 22
(1) $x^2+y^2=(x-y)^2+2xy=(-2)^2+2\times5=14$
(2) $x^3-y^3=(x-y)^3+3xy(x-y)$
$\qquad=(-2)^3-3\times5\times(-2)=22$

0031 답 (1) 8 (2) 20

$a+b=(\sqrt{3}+1)+(\sqrt{3}-1)=2\sqrt{3}$
$a-b=(\sqrt{3}+1)-(\sqrt{3}-1)=2$
$ab=(\sqrt{3}+1)(\sqrt{3}-1)=2$
(1) $a^2+b^2=(a+b)^2-2ab=(2\sqrt{3})^2-2\times2=8$
(2) $a^3-b^3=(a-b)^3+3ab(a-b)=2^3+3\times2\times2=20$

0032 답 (1) 7 (2) 18

(1) $x^2+\dfrac{1}{x^2}=\left(x+\dfrac{1}{x}\right)^2-2=3^2-2=7$
(2) $x^3+\dfrac{1}{x^3}=\left(x+\dfrac{1}{x}\right)^3-3\left(x+\dfrac{1}{x}\right)=3^3-3\times3=18$

0033 답 몫: x^2+4x+7, 나머지: 17

$$
\begin{array}{r}
x^2+4x+7 \\
x-2\,\overline{)\,x^3+2x^2-\ x+3} \\
\underline{x^3-2x^2} \\
4x^2-\ x \\
\underline{4x^2-8x} \\
7x+\ 3 \\
\underline{7x-14} \\
17
\end{array}
$$

따라서 몫은 x^2+4x+7, 나머지는 17이다.

0034 답 몫: x^2-2x+3, 나머지: -2

$$
\begin{array}{r}
x^2-2x+3 \\
2x+1\,\overline{)\,2x^3-3x^2+4x+1} \\
\underline{2x^3+\ x^2} \\
-4x^2+4x \\
\underline{-4x^2-2x} \\
6x+1 \\
\underline{6x+3} \\
-2
\end{array}
$$

따라서 몫은 x^2-2x+3, 나머지는 -2이다.

0035 답 몫: $3x-9$, 나머지: $6x+8$

$$
\begin{array}{r}
3x-9 \\
x^2+x+1\,\overline{)\,3x^3-6x^2-1} \\
\underline{3x^3+3x^2+3x} \\
-9x^2-3x-1 \\
\underline{-9x^2-9x-9} \\
6x+8
\end{array}
$$

따라서 몫은 $3x-9$, 나머지는 $6x+8$이다.

0036 답 몫: x^2+3x+5, 나머지: 3

$$
\begin{array}{r|rrrr}
3 & 1 & 0 & -4 & -12 \\
& & 3 & 9 & 15 \\
\hline
& 1 & 3 & 5 & \,3
\end{array}
$$

따라서 몫은 x^2+3x+5, 나머지는 3이다.

0037 답 몫: $2x^2+x-3$, 나머지: 2

$$
\begin{array}{r|rrrr}
-2 & 2 & 5 & -1 & -4 \\
& & -4 & -2 & 6 \\
\hline
& 2 & 1 & -3 & \,2
\end{array}
$$

따라서 몫은 $2x^2+x-3$, 나머지는 2이다.

0038 답 몫: $4x^2+10x$, 나머지: 3

$$
\begin{array}{r|rrrr}
\frac{1}{2} & 4 & 8 & -5 & 3 \\
& & 2 & 5 & 0 \\
\hline
& 4 & 10 & 0 & \,3
\end{array}
$$

따라서 몫은 $4x^2+10x$, 나머지는 3이다.

B 유형 완성

0039 답 ④

$3(A-B)+2(B+C)$
$=3A-3B+2B+2C=3A-B+2C$
$=3(2x^3-x^2-x+6)-(x^3-2x)+2(3x^3-x^2)$
$=6x^3-3x^2-3x+18-x^3+2x+6x^3-2x^2$
$=11x^3-5x^2-x+18$

0040 답 ③

$A-2X=B$에서 $2X=A-B$이므로
$2X=(2x^3+x^2-4x+1)-(x^2-4x+3)$
$=2x^3-2$
$\therefore X=x^3-1$

0041 답 ②

$\langle x+2y-1,\ 3x-4y+1\rangle=2(x+2y-1)-(3x-4y+1)+3$
$=2x+4y-2-3x+4y-1+3$
$=-x+8y$

0042 답 $2x^3+x^2-2x+1$

$A+2B=x^3+6x^2-5x+3$ ······ ㉠
$A-B=4x^3-9x^2+4x-3$ ······ ㉡
㉠$-$㉡을 하면
$3B=-3x^3+15x^2-9x+6$
$\therefore B=-x^3+5x^2-3x+2$ ······ ❶
따라서 ㉡에서
$A=4x^3-9x^2+4x-3+B$
$=4x^3-9x^2+4x-3+(-x^3+5x^2-3x+2)$
$=3x^3-4x^2+x-1$ ······ ❷
$\therefore A+B=(3x^3-4x^2+x-1)+(-x^3+5x^2-3x+2)$
$=2x^3+x^2-2x+1$ ······ ❸

채점 기준

❶ 다항식 B 구하기	40 %
❷ 다항식 A 구하기	40 %
❸ $A+B$ 계산하기	20 %

0043 답 $8x^2+3x-1$

$2x^2-3x+5$	㉠	$6x^2-x+3$
	㉡	
	$3x^2-4x+6$	A

위의 표에서 가로에 놓인 세 다항식의 합이 $15x^2+6$이므로
$(2x^2-3x+5)+㉠+(6x^2-x+3)=15x^2+6$
$\therefore ㉠=15x^2+6-(2x^2-3x+5)-(6x^2-x+3)$
$\qquad =7x^2+4x-2$
또 세로에 놓인 세 다항식의 합이 $15x^2+6$이므로
$(7x^2+4x-2)+㉡+(3x^2-4x+6)=15x^2+6$
$\therefore ㉡=15x^2+6-(7x^2+4x-2)-(3x^2-4x+6)$
$\qquad =5x^2+2$
따라서 대각선에 놓인 세 다항식의 합이 $15x^2+6$이므로
$(2x^2-3x+5)+(5x^2+2)+A=15x^2+6$
$\therefore A=15x^2+6-(2x^2-3x+5)-(5x^2+2)$
$\qquad =8x^2+3x-1$

0044 답 11

$(x^3+4x-1)(2x^2-x+3)$의 전개식에서 x^3항은
$x^3\times3+4x\times2x^2=3x^3+8x^3=11x^3$
따라서 x^3의 계수는 11이다.

0045 답 ①

$(x-2y-3)(4x+5y-6)$의 전개식에서 xy항은
$x\times5y+(-2y)\times4x=5xy-8xy=-3xy$
따라서 xy의 계수는 -3이다.

0046 답 ③

$(2x^2+x-3)(x^2-5x+k)$의 전개식에서 x^2항은
$2x^2\times k+x\times(-5x)+(-3)\times x^2$
$=2kx^2-5x^2-3x^2=(2k-8)x^2$
따라서 x^2의 계수는 $2k-8$이므로 $2k-8=-6$ $\therefore k=1$

0047 답 -1

$(1-x+x^2-x^3+x^4-\cdots+x^{50})^2$
$=(1-x+x^2-x^3+x^4-\cdots+x^{50})(1-x+x^2-x^3+x^4-\cdots+x^{50})$
이므로 주어진 다항식의 전개식에서 x^4항은
$1\times x^4+(-x)\times(-x^3)+x^2\times x^2+(-x^3)\times(-x)+x^4\times1$
$=x^4+x^4+x^4+x^4+x^4=5x^4$
$\therefore a=5$ $\qquad\qquad\cdots\cdots$ ❶
또 주어진 다항식의 전개식에서 x^5항은
$1\times(-x^5)+(-x)\times x^4+x^2\times(-x^3)+(-x^3)\times x^2$
$\qquad\qquad\qquad +x^4\times(-x)+(-x^5)\times1$
$=-x^5-x^5-x^5-x^5-x^5-x^5=-6x^5$
$\therefore b=-6$ $\qquad\qquad\cdots\cdots$ ❷
$\therefore a+b=5+(-6)=-1$ $\qquad\cdots\cdots$ ❸

채점 기준

❶ a의 값 구하기	40%
❷ b의 값 구하기	40%
❸ $a+b$의 값 구하기	20%

0048 답 ⑤

① $(a-b-1)^2$
$=a^2+(-b)^2+(-1)^2+2\times a\times(-b)+2\times(-b)\times(-1)$
$\qquad\qquad\qquad\qquad\qquad +2\times(-1)\times a$
$=a^2+b^2-2ab-2a+2b+1$
② $(a+2b)^3=a^3+3\times a^2\times2b+3\times a\times(2b)^2+(2b)^3$
$\qquad\qquad =a^3+6a^2b+12ab^2+8b^3$
③ $(x+1)(x^2-x+1)=(x+1)(x^2-x\times1+1^2)=x^3+1$
④ $(x-y)(x+y)(x^2+y^2)(x^4+y^4)$
$=(x^2-y^2)(x^2+y^2)(x^4+y^4)$
$=(x^4-y^4)(x^4+y^4)=x^8-y^8$

0049 답 $x^3-y^3+z^3+3xyz$

$(x-y+z)(x^2+y^2+z^2+xy+yz-zx)$
$=\{x+(-y)+z\}$
$\qquad\times\{x^2+(-y)^2+z^2-x\times(-y)-(-y)\times z-z\times x\}$
$=x^3+(-y)^3+z^3-3\times x\times(-y)\times z$
$=x^3-y^3+z^3+3xyz$

0050 답 36

$(x-y-2z)^2=x^2+(-y)^2+(-2z)^2+2\times x\times(-y)$
$\qquad\qquad\qquad +2\times(-y)\times(-2z)+2\times(-2z)\times x$
$\qquad\qquad =x^2+y^2+4z^2-2xy+4yz-4zx$
$\qquad\qquad =(x^2+y^2+4z^2)-2(xy-2yz+2zx)$
$\qquad\qquad =62-2\times13=36$

0051 답 ②

$(x+3)(x-3)(x^2+3x+9)(x^2-3x+9)$
$=\{(x+3)(x^2-3x+9)\}\{(x-3)(x^2+3x+9)\}$
$=(x^3+27)(x^3-27)$
$=x^6-729$

0052 답 ②

$x+y+z=2$에서
$x+y=2-z,\ y+z=2-x,\ z+x=2-y$
$\therefore (x+y)(y+z)(z+x)$
$\qquad =(2-z)(2-x)(2-y)$
$\qquad =2^3-(x+y+z)\times2^2+(xy+yz+zx)\times2-xyz$
$\qquad =8-2\times4+(-1)\times2-(-2)=0$

0053 답 -2

$(x^2+x-3)(x^2-4x-3)=(x^2-3+x)(x^2-3-4x)$에서
$x^2-3=X$로 놓으면
$(x^2-3+x)(x^2-3-4x)=(X+x)(X-4x)$
$\qquad\qquad =X^2-3xX-4x^2$
$\qquad\qquad =(x^2-3)^2-3x(x^2-3)-4x^2$
$\qquad\qquad =x^4-6x^2+9-3x^3+9x-4x^2$
$\qquad\qquad =x^4-3x^3-10x^2+9x+9$
따라서 $a=-3,\ b=-10,\ c=9$이므로
$a-b-c=-2$

0054 답 ④

$x+y=X$로 놓으면

$(x+y+z)(x+y-z)=(X+z)(X-z)=X^2-z^2$
$\qquad\qquad\qquad\qquad\qquad\qquad =(x+y)^2-z^2$
$\qquad\qquad\qquad\qquad\qquad\qquad =x^2+2xy+y^2-z^2$

0055 답 $x^4+2x^3-25x^2-26x+120$

$(x-2)(x-4)(x+3)(x+5)$
$=\{(x-2)(x+3)\}\{(x-4)(x+5)\}$
$=(x^2+x-6)(x^2+x-20)$

$x^2+x=X$로 놓으면

$(x^2+x-6)(x^2+x-20)=(X-6)(X-20)=X^2-26X+120$
$\qquad\qquad\qquad\qquad\qquad =(x^2+x)^2-26(x^2+x)+120$
$\qquad\qquad\qquad\qquad\qquad =x^4+2x^3+x^2-26x^2-26x+120$
$\qquad\qquad\qquad\qquad\qquad =x^4+2x^3-25x^2-26x+120$

0056 답 ①

$(x^2+x+1)(x^2-x+1)(x^4-3x^2+1)$
$=(x^4+x^2+1)(x^4-3x^2+1)$

$x^4+1=X$로 놓으면

$(x^4+x^2+1)(x^4-3x^2+1)=(X+x^2)(X-3x^2)$
$\qquad\qquad\qquad\qquad\qquad =X^2-2x^2X-3x^4$
$\qquad\qquad\qquad\qquad\qquad =(x^4+1)^2-2x^2(x^4+1)-3x^4$
$\qquad\qquad\qquad\qquad\qquad =x^8+2x^4+1-2x^6-2x^2-3x^4$
$\qquad\qquad\qquad\qquad\qquad =x^8-2x^6-x^4-2x^2+1$

따라서 $a=1$, $b=-2$, $c=-1$, $d=-2$이므로

$abcd=-4$

0057 답 -108

$(3+2a)^3=A$, $(3-2a)^3=B$로 놓으면

$\{(3+2a)^3+(3-2a)^3\}^2-\{(3+2a)^3-(3-2a)^3\}^2$
$=(A+B)^2-(A-B)^2$
$=(A^2+2AB+B^2)-(A^2-2AB+B^2)=4AB$
$=4(3+2a)^3(3-2a)^3=4(9-4a^2)^3$
$=4(9-4\times3)^3=4\times(-3)^3$
$=-108$

0058 답 7

$x^2+y^2=(x+y)^2-2xy$에서

$5=1^2-2xy$ $\therefore xy=-2$

$\therefore x^3+y^3=(x+y)^3-3xy(x+y)$
$\qquad\qquad =1^3-3\times(-2)\times1=7$

0059 답 $10\sqrt{13}$

$a^2+b^2=(a+b)^2-2ab$에서

$11=3^2-2ab$ $\therefore ab=-1$

$\therefore (a-b)^2=(a+b)^2-4ab=3^2-4\times(-1)=13$

그런데 $a>b$이므로 $a-b=\sqrt{13}$

$\therefore a^3-b^3=(a-b)^3+3ab(a-b)$
$\qquad\qquad =(\sqrt{13})^3+3\times(-1)\times\sqrt{13}$
$\qquad\qquad =13\sqrt{13}-3\sqrt{13}=10\sqrt{13}$

0060 답 2

$x^3-y^3=(x-y)^3+3xy(x-y)$에서

$28=4^3+3xy\times4$, $-36=12xy$

$\therefore xy=-3$ ⋯⋯ ❶

$(x+y)^2=(x-y)^2+4xy=4^2+4\times(-3)=4$이므로

$|x+y|=2$ ⋯⋯ ❷

채점 기준

❶	xy의 값 구하기	40 %
❷	$|x+y|$의 값 구하기	60 %

0061 답 -14

$x+y=(1+\sqrt{2})+(1-\sqrt{2})=2$
$xy=(1+\sqrt{2})(1-\sqrt{2})=-1$

$\therefore \dfrac{x^2}{y}+\dfrac{y^2}{x}=\dfrac{x^3+y^3}{xy}$
$\qquad\qquad\quad =\dfrac{(x+y)^3-3xy(x+y)}{xy}$
$\qquad\qquad\quad =\dfrac{2^3-3\times(-1)\times2}{-1}=-14$

0062 답 ⑤

$a^2+ab+b^2=14$ ⋯⋯ ㉠
$a^2-ab+b^2=10$ ⋯⋯ ㉡

㉠$-$㉡을 하면

$2ab=4$ $\therefore ab=2$

㉠에서 $a^2+2+b^2=14$이므로

$a^2+b^2=12$

$\therefore (a+b)^2=a^2+b^2+2ab$
$\qquad\qquad =12+2\times2=16$

그런데 $a>0$, $b>0$이므로 $a+b=4$

$\therefore a^3+b^3=(a+b)^3-3ab(a+b)$
$\qquad\qquad =4^3-3\times2\times4=40$

0063 답 (1) 7 (2) 11

(1) $x^3+y^3=(x+y)^3-3xy(x+y)$에서

$\quad 4=1^3-3xy\times1$ $\therefore xy=-1$

$\quad x^2+y^2=(x+y)^2-2xy=1^2-2\times(-1)=3$이므로

$\quad x^4+y^4=(x^2+y^2)^2-2x^2y^2$
$\qquad\qquad =3^2-2\times(-1)^2=7$

(2) $(x^2+y^2)(x^3+y^3)=x^5+y^5+x^2y^3+x^3y^2$
$\qquad\qquad\qquad\qquad\quad =x^5+y^5+x^2y^2(x+y)$

이므로

$\quad x^5+y^5=(x^2+y^2)(x^3+y^3)-x^2y^2(x+y)$
$\qquad\qquad =3\times4-(-1)^2\times1=11$

0064 답 ④

$x^2-x-1=0$에서 $x\neq0$이므로 양변을 x로 나누면

$x-1-\dfrac{1}{x}=0$ $\therefore x-\dfrac{1}{x}=1$

$\therefore x^3-\dfrac{1}{x^3}=\left(x-\dfrac{1}{x}\right)^3+3\left(x-\dfrac{1}{x}\right)$
$\qquad\qquad =1^3+3\times1=4$

0065 답 36

$$\left(x-\frac{1}{x}\right)^2=\left(x+\frac{1}{x}\right)^2-4=(\sqrt{13})^2-4=9\text{이고}$$

$x>1$이면 $x-\frac{1}{x}>0$이므로 $x-\frac{1}{x}=3$

$$\therefore x^3-\frac{1}{x^3}=\left(x-\frac{1}{x}\right)^3+3\left(x-\frac{1}{x}\right)$$
$$=3^3+3\times3=36$$

0066 답 ②

$$x^2+\frac{1}{x^2}=\left(x+\frac{1}{x}\right)^2-2\text{에서}$$

$$5=\left(x+\frac{1}{x}\right)^2-2 \qquad \therefore \left(x+\frac{1}{x}\right)^2=7$$

그런데 $x>0$이므로 $x+\frac{1}{x}=\sqrt{7}$

$$\therefore x^3+\frac{1}{x^3}=\left(x+\frac{1}{x}\right)^3-3\left(x+\frac{1}{x}\right)$$
$$=(\sqrt{7})^3-3\times\sqrt{7}=4\sqrt{7}$$

0067 답 120

$x^2-6x+1=0$에서 $x\neq0$이므로 양변을 x로 나누면

$$x-6+\frac{1}{x}=0 \qquad \therefore x+\frac{1}{x}=6 \qquad\cdots\cdots\text{❶}$$

$$x^2+\frac{1}{x^2}=\left(x+\frac{1}{x}\right)^2-2=6^2-2=34$$

$$x^3+\frac{1}{x^3}=\left(x+\frac{1}{x}\right)^3-3\left(x+\frac{1}{x}\right)$$
$$=6^3-3\times6=198 \qquad\cdots\cdots\text{❷}$$

$$\therefore x^3-2x^2-10-\frac{2}{x^2}+\frac{1}{x^3}=x^3+\frac{1}{x^3}-2\left(x^2+\frac{1}{x^2}\right)-10$$
$$=198-2\times34-10=120 \qquad\cdots\cdots\text{❸}$$

채점 기준

❶ $x+\frac{1}{x}$의 값 구하기	30%
❷ $x^2+\frac{1}{x^2}$, $x^3+\frac{1}{x^3}$의 값 구하기	50%
❸ 주어진 식의 값 구하기	20%

0068 답 14

$$a^2+b^2+c^2=(a+b+c)^2-2(ab+bc+ca)$$
$$=(-6)^2-2\times4=28$$

$$\therefore \frac{a}{bc}+\frac{b}{ca}+\frac{c}{ab}=\frac{a^2+b^2+c^2}{abc}=\frac{28}{2}=14$$

0069 답 ①

$$a^2+b^2+c^2=(a+b+c)^2-2(ab+bc+ca)\text{에서}$$

$$21=(-1)^2-2(ab+bc+ca) \qquad \therefore ab+bc+ca=-10$$

$$\therefore a^3+b^3+c^3=(a+b+c)(a^2+b^2+c^2-ab-bc-ca)+3abc$$
$$=(-1)\times\{21-(-10)\}+3\times(-8)=-55$$

0070 답 9

$$x^2+y^2+z^2=(x+y+z)^2-2(xy+yz+zx)\text{에서}$$

$$6=2^2-2(xy+yz+zx) \qquad \therefore xy+yz+zx=-1$$

$$x^3+y^3+z^3=(x+y+z)(x^2+y^2+z^2-xy-yz-zx)+3xyz\text{에서}$$

$$8=2\times\{6-(-1)\}+3xyz \qquad \therefore xyz=-2$$

$$\therefore x^2y^2+y^2z^2+z^2x^2=(xy)^2+(yz)^2+(zx)^2$$
$$=(xy+yz+zx)^2-2(xy^2z+yz^2x+zx^2y)$$
$$=(xy+yz+zx)^2-2xyz(x+y+z)$$
$$=(-1)^2-2\times(-2)\times2=9$$

0071 답 ②

$$x^2+y^2+z^2=(x+y+z)^2-2(xy+yz+zx)\text{에서}$$

$$19=3^2-2(xy+yz+zx) \qquad \therefore xy+yz+zx=-5$$

$x+y+z=3$에서 $x+y=3-z$, $y+z=3-x$, $z+x=3-y$이므로

$$(x+y)(y+z)(z+x)$$
$$=(3-z)(3-x)(3-y)$$
$$=3^3-(x+y+z)\times3^2+(xy+yz+zx)\times3-xyz$$
$$=27-3\times9+(-5)\times3-(-4)=-11$$

0072 답 ②

$a-b=5$, $b-c=-2$를 변끼리 더하면 $a-c=3$

$$\therefore a^2+b^2+c^2-ab-bc-ca$$
$$=\frac{1}{2}(2a^2+2b^2+2c^2-2ab-2bc-2ca)$$
$$=\frac{1}{2}\{(a-b)^2+(b-c)^2+(a-c)^2\}$$
$$=\frac{1}{2}\times\{5^2+(-2)^2+3^2\}=19$$

0073 답 ④

$$(3+2)(3^2+2^2)(3^4+2^4)=(3-2)(3+2)(3^2+2^2)(3^4+2^4)$$
$$=(3^2-2^2)(3^2+2^2)(3^4+2^4)$$
$$=(3^4-2^4)(3^4+2^4)$$
$$=3^8-2^8$$

0074 답 ②

$1024=a$로 놓으면

$$\frac{1024^2}{1023(1024^2+1025)+1}=\frac{a^2}{(a-1)(a^2+a+1)+1}$$
$$=\frac{a^2}{(a^3-1)+1}=\frac{a^2}{a^3}$$
$$=\frac{1}{a}=\frac{1}{1024}$$

0075 답 8

$100=a$로 놓으면

$$99^3+101^3=(a-1)^3+(a+1)^3$$
$$=(a^3-3a^2+3a-1)+(a^3+3a^2+3a+1)$$
$$=2a^3+6a=2\times100^3+6\times100=2000600$$

따라서 구하는 각 자리의 숫자의 합은 $2+6=8$

0076 답 $5\sqrt{2}$

직육면체의 가로의 길이를 a, 세로의 길이를 b, 높이를 c라 하면 직육면체의 모든 모서리의 길이의 합이 48이므로

$$4(a+b+c)=48 \qquad \therefore a+b+c=12$$

또 겉넓이가 94이므로

$$2(ab+bc+ca)=94 \qquad \therefore ab+bc+ca=47$$

$$\therefore a^2+b^2+c^2=(a+b+c)^2-2(ab+bc+ca)$$
$$=12^2-2\times47=50$$

따라서 직육면체의 대각선의 길이는
$\sqrt{a^2+b^2+c^2}=\sqrt{50}=5\sqrt{2}$

0077 답 ②

직사각형의 가로의 길이를 a, 세로의 길이를 b라 하면 직사각형의 둘레의 길이가 16이므로
$2(a+b)=16$ $\therefore a+b=8$
또 직사각형이 반지름의 길이가 3인 원에 내접하므로 대각선의 길이는 원의 지름의 길이인 6이다.
$a^2+b^2=6^2=36$
$a^2+b^2=(a+b)^2-2ab$에서
$36=8^2-2ab$ $\therefore ab=14$
따라서 직사각형의 넓이는 14이다.

0078 답 270

두 정육면체의 한 모서리의 길이를 각각 a, b라 하면 두 정육면체의 한 모서리의 길이의 합이 9이므로
$a+b=9$
또 두 정육면체의 부피의 합이 243이므로
$a^3+b^3=243$ ...... ❶
$a^3+b^3=(a+b)^3-3ab(a+b)$에서
$243=9^3-3ab\times9$ $\therefore ab=18$
따라서 두 정육면체의 겉넓이의 합은
$6(a^2+b^2)=6\{(a+b)^2-2ab\}$
$\qquad\qquad =6\times(9^2-2\times18)=270$ ...... ❷

채점 기준

❶ 주어진 조건을 두 정육면체의 모서리의 길이에 대한 식으로 나타내기	30%
❷ 두 정육면체의 겉넓이의 합 구하기	70%

0079 답 108

$\overline{AC}=a$, $\overline{BC}=b$라 하면 직각삼각형 ABC에서
$a^2+b^2=(2\sqrt{6})^2=24$
삼각형 ABC의 넓이가 3이므로
$\frac{1}{2}ab=3$ $\therefore ab=6$
$\therefore (a+b)^2=a^2+b^2+2ab$
$\qquad\qquad =24+2\times6=36$
그런데 $a>0$, $b>0$이므로 $a+b=6$
$\therefore \overline{AC}^3+\overline{BC}^3=a^3+b^3$
$\qquad\qquad\quad =(a+b)^3-3ab(a+b)$
$\qquad\qquad\quad =6^3-3\times6\times6=108$

0080 답 ④

다항식 $3x^3-2x^2+10$을 x^2-x+5로 나누면

$$
\begin{array}{r}
3x+1 \\
x^2-x+5\overline{)3x^3-2x^2+10} \\
\underline{3x^3-3x^2+15x} \\
x^2-15x+10 \\
\underline{x^2-x+5} \\
-14x+5
\end{array}
$$

따라서 몫은 $3x+1$, 나머지는 $-14x+5$이므로
$a=3$, $b=1$, $c=-14$, $d=5$
$\therefore ad+bc=15+(-14)=1$

0081 답 7

$$
\begin{array}{r}
2x^2+x-1 \\
2x-1\overline{)4x^3-3x+2} \\
\underline{4x^3-2x^2} \\
2x^2-3x \\
\underline{2x^2-x} \\
-2x+2 \\
\underline{-2x+1} \\
1
\end{array}
$$

따라서 $a=2$, $b=2$, $c=2$, $d=1$이므로
$a+b+c+d=7$

0082 답 9

다항식 $2x^3-x^2+x+3$을 $x+1$로 나누면

$$
\begin{array}{r}
2x^2-3x+4 \\
x+1\overline{)2x^3-x^2+x+3} \\
\underline{2x^3+2x^2} \\
-3x^2+x \\
\underline{-3x^2-3x} \\
4x+3 \\
\underline{4x+4} \\
-1
\end{array}
$$

따라서 $Q(x)=2x^2-3x+4$이므로
$Q(-1)=2+3+4=9$

0083 답 -3

다항식 x^3-4x^2+ax-5를 x^2+x+b로 나누면

$$
\begin{array}{r}
x-5 \\
x^2+x+b\overline{)x^3-4x^2+ax-5} \\
\underline{x^3+x^2+bx} \\
-5x^2+(a-b)x-5 \\
\underline{-5x^2-5x-5b} \\
(a-b+5)x-5+5b
\end{array}
$$
...... ❶

이때 나머지가 0이어야 하므로
$a-b+5=0$, $-5+5b=0$ $\therefore a=-4$, $b=1$
$\therefore a+b=-3$ ...... ❷

채점 기준

❶ 미지수를 포함하여 나눗셈 계산하기	50%
❷ $a+b$의 값 구하기	50%

0084 답 ④

다항식 $2x^3+3x^2-x+2$를 다항식 A로 나누었을 때의 몫이 $2x+1$이고 나머지가 3이므로
$2x^3+3x^2-x+2=A(2x+1)+3$
$A(2x+1)=2x^3+3x^2-x-1$
$\therefore A=(2x^3+3x^2-x-1)\div(2x+1)$

다항식 $2x^3+3x^2-x-1$을 $2x+1$로 나누면

$$
\begin{array}{r}
x^2+\ x-1 \\
2x+1\ \overline{)\ 2x^3+3x^2-\ \ x-1} \\
\underline{2x^3+\ \ x^2} \\
2x^2-\ x \\
\underline{2x^2+\ x} \\
-2x-1 \\
\underline{-2x-1} \\
0
\end{array}
$$

$\therefore A=x^2+x-1$

0085 답 몫: $3x+7$, 나머지: 7

다항식 $f(x)$를 $x+2$로 나누었을 때의 몫이 $3x-5$이고 나머지가 3
이므로
$f(x)=(x+2)(3x-5)+3=3x^2+x-7$
$f(x)$를 $x-2$로 나누면

$$
\begin{array}{r}
3x+7 \\
x-2\ \overline{)\ 3x^2+\ x-\ 7} \\
\underline{3x^2-6x} \\
7x-\ 7 \\
\underline{7x-14} \\
7
\end{array}
$$

따라서 구하는 몫은 $3x+7$, 나머지는 7이다.

0086 답 40

다항식 $x^4+5x^3-3x^2-40x+14$를 x^2-2x-2로 나누면

$$
\begin{array}{r}
x^2+7x\ +13 \\
x^2-2x-2\ \overline{)\ x^4+5x^3-\ \ 3x^2-40x+14} \\
\underline{x^4-2x^3-\ \ 2x^2} \\
7x^3-\ \ x^2-40x \\
\underline{7x^3-14x^2-14x} \\
13x^2-26x+14 \\
\underline{13x^2-26x-26} \\
40
\end{array}
$$

$\therefore x^4+5x^3-3x^2-40x+14=(x^2-2x-2)(x^2+7x+13)+40$
$=40\ (\because x^2-2x-2=0)$

0087 답 ①

다항식 $f(x)$를 $x+\dfrac{1}{2}$로 나누었을 때의 몫이 $Q(x)$, 나머지가 R이
므로
$f(x)=\left(x+\dfrac{1}{2}\right)Q(x)+R=(2x+1)\times\dfrac{1}{2}Q(x)+R$

따라서 다항식 $f(x)$를 $2x+1$로 나누었을 때의 몫은 $\dfrac{1}{2}Q(x)$, 나머
지는 R이다.

0088 답 ⑤

다항식 $f(x)$를 $3x-2$로 나누었을 때의 몫이 $Q(x)$, 나머지가 R이
므로
$f(x)=(3x-2)Q(x)+R$
이 식의 양변에 x를 곱하면

$xf(x)=x(3x-2)Q(x)+Rx$
$=3x\left(x-\dfrac{2}{3}\right)Q(x)+R\left(x-\dfrac{2}{3}\right)+\dfrac{2}{3}R$
$=\left(x-\dfrac{2}{3}\right)\{3xQ(x)+R\}+\dfrac{2}{3}R$

따라서 다항식 $xf(x)$를 $x-\dfrac{2}{3}$로 나누었을 때의 몫은
$3xQ(x)+R$, 나머지는 $\dfrac{2}{3}R$이다.

0089 답 -3

조립제법을 이용하여 다항식 x^3+2x-3을 $x+1$로 나누었을 때의
몫과 나머지를 구하면

$$
\begin{array}{r|rrrr}
-1 & 1 & 0 & 2 & -3 \\
& & -1 & 1 & -3 \\
\hline
& 1 & -1 & 3 & \boxed{-6}
\end{array}
$$

따라서 $a=-1$, $b=0$, $c=1$, $d=3$, $e=-6$이므로
$a+b+c+d+e=-3$

0090 답 $x-4$

오른쪽과 같이 조립제법을 이용하면
다항식 x^3-3x^2-6x+9를 $x+2$로 나
누었을 때의 몫은 x^2-5x+4이므로
$Q(x)=x^2-5x+4$ ...... ❶
따라서 $Q(x)$를 $x-1$로 나누었을 때
의 몫은 $x-4$이다. ...... ❷

$$
\begin{array}{r|rrrr}
-2 & 1 & -3 & -6 & 9 \\
& & -2 & 10 & -8 \\
\hline
1 & 1 & -5 & 4 & \boxed{1} \\
& & 1 & -4 & \\
\hline
& 1 & -4 & \boxed{0}
\end{array}
$$

채점 기준

❶ $Q(x)$ 구하기	50 %
❷ $Q(x)$를 $x-1$로 나누었을 때의 몫 구하기	50 %

0091 답 ④

조립제법을 이용하면

$$
\begin{array}{r|rrrr}
\frac{1}{3} & 3 & -7 & 5 & 1 \\
& & \boxed{1} & \boxed{-2} & 1 \\
\hline
& 3 & \boxed{-6} & \boxed{3} & 2
\end{array}
$$

이므로
$3x^3-7x^2+5x+1=\left(x-\dfrac{1}{3}\right)\left(\boxed{^{(7)}3x^2-6x+3}\right)+2$
$=(3x-1)\left(\boxed{^{(4)}x^2-2x+1}\right)+2$
이다. 따라서 몫은 $\boxed{^{(4)}x^2-2x+1}$, 나머지는 2이다.
즉, $f(x)=3x^2-6x+3$, $g(x)=x^2-2x+1$이므로
$f(2)+g(2)=3+1=4$

AB 유형 점검
20~22쪽

0092 답 ③

$A+B=2x^3-x^2+4x+6$ ...... ㉠
$B+C=x^3-2x$ ...... ㉡
$C+A=3x^3-x^2$ ...... ㉢

$\bigcirc+\bigcirc+\bigcirc$을 하면 $2(A+B+C)=6x^3-2x^2+2x+6$

$\therefore A+B+C=3x^3-x^2+x+3$

0093 답 6

$(x^2-2x+1)(2x^3-x+3)$의 전개식에서

x^2항은 $x^2\times3+(-2x)\times(-x)=3x^2+2x^2=5x^2$

$\therefore a=5$

x^3항은 $x^2\times(-x)+1\times2x^3=-x^3+2x^3=x^3$

$\therefore b=1$

$\therefore a+b=5+1=6$

0094 답 ③

$(x+y)(x^2-xy+y^2)+(x-2y)(x^2+2xy+4y^2)$

$=x^3+y^3+x^3-8y^3$

$=2x^3-7y^3$

0095 답 ④

$\dfrac{1}{a}+\dfrac{1}{b}-\dfrac{1}{c}=0$에서 $\dfrac{bc+ca-ab}{abc}=0$ $\therefore ab-bc-ca=0$

$\therefore (a+b-c)^2=a^2+b^2+c^2+2(ab-bc-ca)$

$\qquad\qquad\qquad =9+2\times0=9$

0096 답 ④

$x^2+2x=X$로 놓으면

$(x^2+2x+1)(x^2+2x-2)=(X+1)(X-2)=X^2-X-2$

$\qquad\qquad\qquad\qquad\qquad =(x^2+2x)^2-(x^2+2x)-2$

$\qquad\qquad\qquad\qquad\qquad =x^4+4x^3+4x^2-x^2-2x-2$

$\qquad\qquad\qquad\qquad\qquad =x^4+4x^3+3x^2-2x-2$

따라서 $a=4$, $b=3$, $c=-2$이므로 $a-b-c=3$

0097 답 ①

$x^2+y^2=(x+y)^2-2xy$에서

$6=(-2)^2-2xy$ $\therefore xy=-1$

$\therefore x^3+y^3-2xy=(x+y)^3-3xy(x+y)-2xy$

$\qquad\qquad\qquad =(-2)^3-3\times(-1)\times(-2)-2\times(-1)=-12$

0098 답 38

$(x-1)^3+(y-1)^3$

$=x^3-3x^2+3x-1+y^3-3y^2+3y-1$

$=x^3+y^3-3(x^2+y^2)+3(x+y)-2$

$=(x+y)^3-3xy(x+y)-3\{(x+y)^2-2xy\}+3(x+y)-2$

$=4^3-3\times(-2)\times4-3\times\{4^2-2\times(-2)\}+3\times4-2=38$

0099 답 ⑤

$\left(3x+\dfrac{1}{x}\right)^2+\left(x-\dfrac{3}{x}\right)^2=70$에서

$9x^2+6+\dfrac{1}{x^2}+x^2-6+\dfrac{9}{x^2}=70$

$10x^2+\dfrac{10}{x^2}=70$ $\therefore x^2+\dfrac{1}{x^2}=7$

$\therefore \left(x+\dfrac{1}{x}\right)^2=x^2+\dfrac{1}{x^2}+2=7+2=9$

그런데 $x>0$이므로 $x+\dfrac{1}{x}=3$

$\therefore x+x^3+\dfrac{1}{x}+\dfrac{1}{x^3}=\left(x+\dfrac{1}{x}\right)+\left(x^3+\dfrac{1}{x^3}\right)$

$\qquad\qquad\qquad\quad =\left(x+\dfrac{1}{x}\right)+\left\{\left(x+\dfrac{1}{x}\right)^3-3\left(x+\dfrac{1}{x}\right)\right\}$

$\qquad\qquad\qquad\quad =3+(3^3-3\times3)=21$

0100 답 ②

$a^2+b^2+c^2=(a+b+c)^2-2(ab+bc+ca)$에서

$12=2^2-2(ab+bc+ca)$

$\therefore ab+bc+ca=-4$

$a^3+b^3+c^3=(a+b+c)(a^2+b^2+c^2-ab-bc-ca)+3abc$에서

$23=2\times\{12-(-4)\}+3abc$

$\therefore abc=-3$

0101 답 ③

$100=a$로 놓으면

$99\times(100^2+101)=(a-1)(a^2+a+1)=a^3-1$

$\qquad\qquad\qquad\qquad\qquad =100^3-1=10^6-1$

$\therefore n=6$

0102 답 56

$\overline{BC}=a$, $\overline{CD}=b$, $\overline{CG}=c$라 하면 직육면체의 겉넓이가 136이므로

$2(ab+bc+ca)=136$

$\therefore ab+bc+ca=68$ ...... $\bigcirc$

삼각형 BGD의 세 변의 길이의 제곱의 합이 120이므로

$\overline{BD}^2+\overline{DG}^2+\overline{BG}^2=120$

$(a^2+b^2)+(b^2+c^2)+(c^2+a^2)=120$

$2(a^2+b^2+c^2)=120$

$\therefore a^2+b^2+c^2=60$ ...... $\bigcirc$

$\bigcirc$, $\bigcirc$에서

$(a+b+c)^2=a^2+b^2+c^2+2(ab+bc+ca)$

$\qquad\qquad\quad =60+2\times68=196$

그런데 $a+b+c>0$이므로

$a+b+c=14$

따라서 직육면체의 모든 모서리의 길이의 합은

$4(a+b+c)=4\times14=56$

0103 답 ④

다항식 $2x^3-x^2-4x+5$를 x^2+x-1로 나누면

$$
\begin{array}{r}
2x-3 \\
x^2+x-1{\overline{\smash{\big)}\,2x^3-x^2-4x+5}} \\
\underline{2x^3+2x^2-2x} \\
-3x^2-2x+5 \\
\underline{-3x^2-3x+3} \\
x+2
\end{array}
$$

따라서 $Q(x)=2x-3$, $R(x)=x+2$이므로

$Q(3)+R(2)=3+4=7$

0104 답 ①

다항식 $f(x)$를 $x-2$로 나누었을 때의 몫이 x^2-3이고 나머지가 -1이므로

$f(x)=(x-2)(x^2-3)-1=x^3-2x^2-3x+5$

다항식 $f(x)$를 x^2+1로 나누면

$$
\begin{array}{r}
x-2 \\
x^2+1\,\overline{)\,x^3-2x^2-3x+5} \\
\underline{x^3+x} \\
-2x^2-4x+5 \\
\underline{-2x^2-2} \\
-4x+7
\end{array}
$$

따라서 나머지가 $-4x+7$이므로 $a=-4$

0105 답 ①

다항식 $f(x)$를 x^2+1로 나누었을 때의 몫을 $Q(x)$라 하면
$f(x)=(x^2+1)Q(x)+x+1$이므로
$\{f(x)\}^2$
$=(x^2+1)^2\{Q(x)\}^2+2(x^2+1)(x+1)Q(x)+(x+1)^2$
$=(x^2+1)[(x^2+1)\{Q(x)\}^2+2(x+1)Q(x)]+x^2+2x+1$
$=(x^2+1)[(x^2+1)\{Q(x)\}^2+2(x+1)Q(x)]+(x^2+1)+2x$
$=(x^2+1)[(x^2+1)\{Q(x)\}^2+2(x+1)Q(x)+1]+2x$
따라서 $R(x)=2x$이므로 $R(3)=6$

0106 답 몫: $3Q(x)$, 나머지: R

다항식 $f(x)$를 $3x+9$로 나누었을 때의 몫이 $Q(x)$, 나머지가 R이
므로
$f(x)=(3x+9)Q(x)+R=(x+3)\times 3Q(x)+R$
따라서 다항식 $f(x)$를 $x+3$으로 나누었을 때의 몫은 $3Q(x)$, 나머
지는 R이다.

0107 답 ①

조립제법을 이용하여 다항식 x^3-3x+a를 $x-1$로 나누었을 때의
몫과 나머지를 구하면

$$
\begin{array}{r|rrrr}
1 & 1 & 0 & -3 & a \\
& & 1 & 1 & -2 \\
\hline
& 1 & 1 & -2 & \boxed{-1}
\end{array}
$$

$\therefore b=1,\ c=0,\ d=1,\ e=-2$
이때 $a-2=-1$이므로 $a=1$

0108 답 $2x^3+8x-4$

밑면의 모양이 사다리꼴이므로 사각기둥의 밑넓이는
$\dfrac{1}{2}\times\{(x-1)+(x-4)\}\times 4=4x-10$ ...... ❶
사각기둥의 옆넓이는
$\{(x-1)+4+(x-4)+5\}\times(x^2-2x+4)$
$=2(x+2)(x^2-2x+4)$
$=2(x^3+8)$
$=2x^3+16$ ...... ❷
따라서 사각기둥의 겉넓이는
$(4x-10)\times 2+(2x^3+16)=2x^3+8x-4$ ...... ❸

채점 기준

❶ 사각기둥의 밑넓이 구하기	30 %
❷ 사각기둥의 옆넓이 구하기	50 %
❸ 사각기둥의 겉넓이 구하기	20 %

0109 답 -25

$x^2-3x-1=0$에서 $x\neq 0$이므로 양변을 x로 나누면
$x-3-\dfrac{1}{x}=0$
$\therefore\ x-\dfrac{1}{x}=3$ ...... ❶
$\therefore\ \dfrac{x^4+1}{x^2}-\dfrac{x^6-1}{x^3}=x^2+\dfrac{1}{x^2}-\left(x^3-\dfrac{1}{x^3}\right)$
$=\left(x-\dfrac{1}{x}\right)^2+2-\left\{\left(x-\dfrac{1}{x}\right)^3+3\left(x-\dfrac{1}{x}\right)\right\}$
$=3^2+2-(3^3+3\times 3)$
$=-25$ ...... ❷

채점 기준

❶ $x-\dfrac{1}{x}$의 값 구하기	30 %
❷ 주어진 식의 값 구하기	70 %

0110 답 48

직사각형 OCDE의 가로의 길이를 a, 세로의 길이를 b라 하면 직사
각형 OCDE의 둘레의 길이가 28이므로
$2(a+b)=28$ $\therefore a+b=14$
직사각형 OCDE의 대각선의 길이가 사분원 OAB의 반지름의 길이
와 같으므로
$a^2+b^2=10^2=100$ ...... ❶
$a^2+b^2=(a+b)^2-2ab$에서
$100=14^2-2ab$ $\therefore ab=48$
따라서 직사각형 OCDE의 넓이는 48이다. ...... ❷

채점 기준

❶ 주어진 조건을 직사각형 OCDE의 가로, 세로의 길이에 대한 식으로 나타내기	50 %
❷ 직사각형 OCDE의 넓이 구하기	50 %

C 실력 향상

23쪽

0111 답 -232

$(xz+yw)+(xw+yz)=x(z+w)+y(w+z)$
$=(x+y)(z+w)$
$=(-1)\times 4=-4$
$(xz+yw)(xw+yz)=x^2zw+xyz^2+xyw^2+y^2zw$
$=(x^2+y^2)zw+xy(z^2+w^2)$ ...... ㉠
$x^2+y^2=(x+y)^2-2xy=(-1)^2-2\times(-2)=5,$
$z^2+w^2=(z+w)^2-2zw=4^2-2\times 2=12$이므로 ㉠에서
$(xz+yw)(xw+yz)=5\times 2+(-2)\times 12$
$=-14$
$\therefore\ (xz+yw)^3+(xw+yz)^3$
$=\{(xz+yw)+(xw+yz)\}^3$
$\qquad -3(xz+yw)(xw+yz)\{(xz+yw)+(xw+yz)\}$
$=(-4)^3-3\times(-14)\times(-4)$
$=-232$

0112 답 8

$$7 \times 13 \times 109 \times 10081 = (10-3)(10+3)(10^2+3^2)(10^4+3^4)$$
$$= (10^2-3^2)(10^2+3^2)(10^4+3^4)$$
$$= (10^4-3^4)(10^4+3^4) = 10^8-3^8$$

$$2 \times 4 \times 10 \times 82 = (3-1)(3+1)(3^2+1)(3^4+1)$$
$$= (3^2-1)(3^2+1)(3^4+1)$$
$$= (3^4-1)(3^4+1) = 3^8-1$$

$$\therefore 7 \times 13 \times 109 \times 10081 + 2 \times 4 \times 10 \times 82$$
$$= (10^8-3^8) + (3^8-1) = 10^8-1$$

$$\therefore a=8$$

0113 답 ③

삼각형 ABC가 $\angle A = 90°$인 직각삼각형이므로
$\overline{AB}^2 + \overline{AC}^2 = \overline{BC}^2$에서
$$x^2 + y^2 = 10 \quad \cdots\cdots \ \text{㉠}$$
삼각형 ABC와 삼각형 APS는 서로 닮음이고, 닮음비는
$$\overline{BC} : \overline{PS} = \sqrt{10} : \frac{2\sqrt{10}}{7} = 7 : 2 \text{이므로}$$
$$\overline{AP} = \frac{2}{7}x, \ \overline{AS} = \frac{2}{7}y$$
또 삼각형 APS와 삼각형 RSC가 서로 닮음이므로
$$\overline{AP} : \overline{PS} = \overline{RS} : \overline{SC} \text{에서}$$
$$\frac{2}{7}x : \frac{2\sqrt{10}}{7} = \frac{2\sqrt{10}}{7} : \left(y - \frac{2}{7}y\right)$$
$$x : \sqrt{10} = \frac{2\sqrt{10}}{7} : \frac{5}{7}y, \ \frac{5}{7}xy = \frac{20}{7}$$
$$\therefore xy = 4 \quad \cdots\cdots \ \text{㉡}$$
㉠, ㉡에서 $(x-y)^2 = x^2+y^2-2xy = 10 - 2 \times 4 = 2$
이때 $x > y$이므로 $x-y = \sqrt{2}$
$$\therefore x^3 - y^3 = (x-y)^3 + 3xy(x-y)$$
$$= (\sqrt{2})^3 + 3 \times 4 \times \sqrt{2} = 14\sqrt{2}$$

0114 답 ①

$x = \dfrac{1+\sqrt{3}}{2}$에서 $2x-1 = \sqrt{3}$
양변을 제곱하면
$$4x^2 - 4x + 1 = 3 \quad \therefore 2x^2 - 2x - 1 = 0$$
이때 다항식 $2x^4 - 8x^3 + 11x^2 - 5x + 3$을 $2x^2-2x-1$로 나누면

$$
\begin{array}{r}
x^2 - 3x + 3 \\
2x^2-2x-1 \overline{)\, 2x^4 - 8x^3 + 11x^2 - 5x + 3} \\
\underline{2x^4 - 2x^3 - \ x^2 \quad\quad\quad} \\
-6x^3 + 12x^2 - 5x \\
\underline{-6x^3 + \ 6x^2 + 3x} \\
6x^2 - 8x + 3 \\
\underline{6x^2 - 6x - 3} \\
-2x + 6
\end{array}
$$

$$\therefore 2x^4 - 8x^3 + 11x^2 - 5x + 3$$
$$= (2x^2-2x-1)(x^2-3x+3) - 2x + 6$$
이때 $2x^2-2x-1 = 0$이므로
$$2x^4 - 8x^3 + 11x^2 - 5x + 3 = -2x + 6$$
$$= -2 \times \frac{1+\sqrt{3}}{2} + 6 = 5 - \sqrt{3}$$

A 개념 확인 24~27쪽

0115 답 ㄴ, ㄷ, ㅁ

0116 답 $a=-3, b=4, c=-2$

0117 답 $a=-2, b=-3, c=1$

0118 답 $a=-1, b=-1, c=-2$

$a-b=0, \ c+2=0, \ 2b-c=0$이므로
$c=-2, \ 2b=c, \ a=b$
$$\therefore a=-1, \ b=-1, \ c=-2$$

0119 답 $a=1, b=3, c=6$

주어진 등식의 양변에 $x=1$을 대입하면 $c=6$
주어진 등식의 양변에 $x=0$을 대입하면
$$-b+c=3 \quad \therefore b=3$$
우변의 최고차항인 x^2의 계수가 1이므로
$$a=1$$

다른 풀이

주어진 등식의 좌변을 x에 대하여 정리하면
$$ax^2 + (-a+b)x - b + c = x^2 + 2x + 3$$
$a=1, \ -a+b=2, \ -b+c=3$이므로
$$a=1, \ b=3, \ c=6$$

0120 답 $a=0, b=-1, c=-1$

주어진 등식의 양변에 $x=-1$을 대입하면
$$0 = -6c - 6 \quad \therefore c=-1$$
주어진 등식의 양변에 $x=2$를 대입하면
$$3a=0 \quad \therefore a=0$$
주어진 등식의 양변에 $x=-3$을 대입하면
$$-2a + 10b = -10 \quad \therefore b=-1$$

0121 답 $a=-3, b=2$

$a-b+5=0, \ 3a+2b+5=0$이므로 두 식을 연립하여 풀면
$$a=-3, \ b=2$$

0122 답 $a=-5, b=-3$

0123 답 $a=2, b=-2$

주어진 등식의 좌변을 x, y에 대하여 정리하면
$$(a-b)x + (a+2b)y - 3 = 4x - 2y - 3$$
$a-b=4, \ a+2b=-2$이므로 두 식을 연립하여 풀면
$$a=2, \ b=-2$$

0124 답 (1) -1 (2) 9

(1) $f(-3) = -27 + 18 + 9 - 1 = -1$
(2) $f(2) = 8 + 8 - 6 - 1 = 9$

0125 답 **2**

$f(-1)=3$이므로

$-4+a+2+3=3$ $\therefore a=2$

0126 답 ㄱ, ㄴ, ㄹ

ㄱ. $f(-2)=-8+4+8-4=0$이므로 $x+2$는 $f(x)$의 인수이다.

ㄴ. $f(-1)=-1+1+4-4=0$이므로 $x+1$은 $f(x)$의 인수이다.

ㄷ. $f(1)=1+1-4-4\neq0$이므로 $x-1$은 $f(x)$의 인수가 아니다.

ㄹ. $f(2)=8+4-8-4=0$이므로 $x-2$는 $f(x)$의 인수이다.

따라서 $f(x)$의 인수인 것은 ㄱ, ㄴ, ㄹ이다.

0127 답 (1) -8 (2) -5

(1) $f(-2)=0$이므로

$-16-4-2k+4=0$ $\therefore k=-8$

(2) $f(1)=0$이므로

$2-1+k+4=0$ $\therefore k=-5$

0128 답 $a=1$, $b=-4$

$f(x)$가 $(x+1)(x-2)$로 나누어떨어지면 $x+1$, $x-2$로도 나누어떨어지므로 $f(-1)=0$, $f(2)=0$이다.

$f(-1)=0$에서 $-1+a-b-4=0$

$a-b=5$ ······ ㉠

$f(2)=0$에서 $8+4a+2b-4=0$

$2a+b=-2$ ······ ㉡

㉠, ㉡을 연립하여 풀면 $a=1$, $b=-4$

0129 답 $3a(2a-3b^2)$

0130 답 $(x+2)(y-3)$

$xy-3x+2y-6=x(y-3)+2(y-3)=(x+2)(y-3)$

0131 답 $(3x+4y)^2$

0132 답 $(2a-3)^2$

0133 답 $8(2x+y)(2x-y)$

$32x^2-8y^2=8(4x^2-y^2)=8(2x+y)(2x-y)$

0134 답 $(a+6)(a-3)$

0135 답 $(3x+5)(2x-1)$

0136 답 $(x-y+2)^2$

$x^2+y^2-2xy+4x-4y+4$

$=x^2+(-y)^2+2^2+2\times x\times(-y)+2\times(-y)\times2+2\times x\times2$

$=(x-y+2)^2$

0137 답 $(2a+b-c)^2$

$4a^2+b^2+c^2+4ab-2bc-4ac$

$=(2a)^2+b^2+(-c)^2+2\times2a\times b+2\times b\times(-c)+2\times2a\times(-c)$

$=(2a+b-c)^2$

0138 답 $(x+3)^3$

$x^3+9x^2+27x+27=x^3+3\times x^2\times3+3\times x\times3^2+3^3$

$=(x+3)^3$

0139 답 $(a-4b)^3$

$a^3-12a^2b+48ab^2-64b^3$

$=a^3-3\times a^2\times4b+3\times a\times(4b)^2-(4b)^3$

$=(a-4b)^3$

0140 답 $(x+3)(x^2-3x+9)$

0141 답 $(3a-2b)(9a^2+6ab+4b^2)$

0142 답 $(x^2+2x+4)(x^2-2x+4)$

0143 답 $(9a^2+3ab+b^2)(9a^2-3ab+b^2)$

0144 답 $(a+b-c)(a^2+b^2+c^2-ab+bc+ca)$

0145 답 $(x+y+1)(x^2+y^2-xy-x-y+1)$

0146 답 $(x+1)(x-1)$

$x+2=X$로 놓으면

$(x+2)^2-4(x+2)+3=X^2-4X+3$

$=(X-1)(X-3)$

$=(x+2-1)(x+2-3)$

$=(x+1)(x-1)$

0147 답 $(x-1)(x-2)(x+2)(x-5)$

$x^2-3x=X$로 놓으면

$(x^2-3x-3)(x^2-3x-5)-35=(X-3)(X-5)-35$

$=X^2-8X-20$

$=(X+2)(X-10)$

$=(x^2-3x+2)(x^2-3x-10)$

$=(x-1)(x-2)(x+2)(x-5)$

0148 답 $(x+1)(x-1)(x+2)(x-2)$

$x^2=X$로 놓으면

$x^4-5x^2+4=X^2-5X+4$

$=(X-1)(X-4)$

$=(x^2-1)(x^2-4)$

$=(x+1)(x-1)(x+2)(x-2)$

0149 답 $(x^2+2x+5)(x^2-2x+5)$

$x^4+6x^2+25=(x^4+10x^2+25)-4x^2$

$=(x^2+5)^2-(2x)^2$

$=(x^2+5+2x)(x^2+5-2x)$

$=(x^2+2x+5)(x^2-2x+5)$

0150 답 $(x+a)(x-y-a)$

y에 대하여 내림차순으로 정리한 후 인수분해하면

$x^2-xy-ay-a^2=-(x+a)y+x^2-a^2$

$=-(x+a)y+(x+a)(x-a)$

$=(x+a)(x-y-a)$

0151 답 $(x+y+2)(x+y-3)$

x에 대하여 내림차순으로 정리한 후 인수분해하면
$$x^2+y^2+2xy-x-y-6=x^2+(2y-1)x+y^2-y-6$$
$$=x^2+(2y-1)x+(y+2)(y-3)$$
$$=(x+y+2)(x+y-3)$$

0152 답 $(x-1)(x+2)(x+3)$

$f(x)=x^3+4x^2+x-6$이라 하면
$f(1)=1+4+1-6=0$이므로 $x-1$은
$f(x)$의 인수이다.

$$\begin{array}{r|rrrr} 1 & 1 & 4 & 1 & -6 \\ & & 1 & 5 & 6 \\ \hline & 1 & 5 & 6 & 0 \end{array}$$

조립제법을 이용하여 $f(x)$를 인수분해하면
$$x^3+4x^2+x-6=(x-1)(x^2+5x+6)$$
$$=(x-1)(x+2)(x+3)$$

0153 답 $(x+1)(x-2)(x^2-4x+2)$

$f(x)=x^4-5x^3+4x^2+6x-4$라 하면
$$f(-1)=1+5+4-6-4=0,$$
$$f(2)=16-40+16+12-4=0$$
이므로 $x+1$, $x-2$는 $f(x)$의 인수이다. 조립제법을 이용하여 $f(x)$를 인수분해하면

$$\begin{array}{r|rrrrr} -1 & 1 & -5 & 4 & 6 & -4 \\ & & -1 & 6 & -10 & 4 \\ \hline 2 & 1 & -6 & 10 & -4 & 0 \\ & & 2 & -8 & 4 & \\ \hline & 1 & -4 & 2 & 0 & \end{array}$$

$$x^4-5x^3+4x^2+6x-4=(x+1)(x-2)(x^2-4x+2)$$

B 유형완성

28~39쪽

0154 답 3

주어진 등식의 우변을 전개하면
$$x^3-2x^2+ax-32=x^3+(b+c)x^2+(bc-16)x-16b$$
이 등식이 x에 대한 항등식이므로
$$-2=b+c, \quad a=bc-16, \quad -32=-16b$$
$-32=-16b$에서 $b=2$
$-2=b+c$에서 $-2=2+c$ ∴ $c=-4$
$a=bc-16$에서 $a=-8-16=-24$
∴ $\dfrac{a}{bc}=\dfrac{-24}{2\times(-4)}=3$

0155 답 ①

주어진 등식을 k에 대하여 정리하면
$$(x+y-3)k+2x-3y+4=0$$
이 등식이 k에 대한 항등식이므로
$$x+y-3=0, \quad 2x-3y+4=0$$
∴ $x+y=3$, $2x-3y=-4$
두 식을 연립하여 풀면 $x=1$, $y=2$
∴ $xy=2$

0156 답 6

주어진 등식의 좌변을 x, y에 대하여 정리하면
$$(a+b)x+(a-2b)y+c=4x+y+2$$
이 등식이 x, y에 대한 항등식이므로
$$a+b=4, \quad a-2b=1, \quad c=2$$
$a+b=4$, $a-2b=1$을 연립하여 풀면
$a=3$, $b=1$
∴ $abc=3\times1\times2=6$

0157 답 ⑤

주어진 등식의 양변에 $x=0$을 대입하면
$$-2b=-4 \quad ∴ b=2$$
주어진 등식의 양변에 $x=-1$을 대입하면
$$3c=-3 \quad ∴ c=-1$$
주어진 등식의 양변에 $x=2$를 대입하면
$$6a=6 \quad ∴ a=1$$
∴ $a+b+c=1+2+(-1)=2$

0158 답 -4

주어진 등식의 양변에 $x=-1$을 대입하면
$$-28=-24+b \quad ∴ b=-4 \quad \cdots\cdots ❶$$
주어진 등식의 양변에 $x=1$을 대입하면
$$0=4a+b, \ 0=4a-4 \quad ∴ a=1 \quad \cdots\cdots ❷$$
∴ $ab=1\times(-4)=-4 \quad \cdots\cdots ❸$

채점 기준

❶ b의 값 구하기	40%
❷ a의 값 구하기	40%
❸ ab의 값 구하기	20%

0159 답 ①

주어진 등식의 양변에 $x=-1$을 대입하면
$$0=1+a+b \quad ∴ a+b=-1 \quad \cdots\cdots ㉠$$
주어진 등식의 양변에 $x^2=2$를 대입하면
$$0=4+2a+b \quad ∴ 2a+b=-4 \quad \cdots\cdots ㉡$$
㉠, ㉡을 연립하여 풀면 $a=-3$, $b=2$
∴ $ab=-6$

0160 답 2

$x+y=2$에서 $y=2-x$이므로 주어진 등식에 대입하면
$$ax^2+bx(2-x)+c(2-x)^2=4$$
$$(a-b+c)x^2+2(b-2c)x+4c-4=0$$
이 등식이 x에 대한 항등식이므로
$$a-b+c=0, \quad b-2c=0, \quad 4c-4=0$$
$4c-4=0$에서 $c=1$
$b-2c=0$에서 $b-2=0$ ∴ $b=2$
$a-b+c=0$에서 $a-2+1=0$ ∴ $a=1$
∴ $abc=1\times2\times1=2$

0161 답 ③

$ax+by=(3-b)x+2(a-1)y-9$에서

$(a+b-3)x+(-2a+b+2)y+9=0$

이때 $x-y=3$에서 $y=x-3$이므로 위의 등식에 대입하면

$(a+b-3)x+(-2a+b+2)(x-3)+9=0$

$(-a+2b-1)x+6a-3b+3=0$

이 등식이 x에 대한 항등식이므로

$-a+2b-1=0$, $6a-3b+3=0$

$\therefore a-2b=-1$, $2a-b=-1$

두 식을 연립하여 풀면 $a=-\dfrac{1}{3}$, $b=\dfrac{1}{3}$

$\therefore a+b=0$

0162 답 ②

주어진 방정식에 $x=1$을 대입하면

$1+k(2p-3)-(p^2-2)k+q+2=0$

$(-p^2+2p-1)k+q+3=0$

이 등식이 k에 대한 항등식이므로

$-p^2+2p-1=0$, $q+3=0$

$-p^2+2p-1=0$에서 $p^2-2p+1=0$

$(p-1)^2=0$

$\therefore p=1$

$q+3$에서 $q=-3$

$\therefore p+q=-2$

0163 답 -1

주어진 등식의 양변에 $x=1$을 대입하면

$-1=a_0+a_1+a_2+\cdots+a_{14}$ ...... ㉠

주어진 등식의 양변에 $x=-1$을 대입하면

$1=a_0-a_1+a_2-\cdots+a_{14}$ ...... ㉡

㉠$-$㉡을 하면 $-2=2(a_1+a_3+a_5+\cdots+a_{13})$

$\therefore a_1+a_3+a_5+\cdots+a_{13}=-1$

0164 답 ④

주어진 등식의 양변에 $x=0$을 대입하면

$-1=a_0$ ...... ㉠

주어진 등식의 양변에 $x=1$을 대입하면

$0=a_0+a_1+a_2+\cdots+a_9$

㉠을 대입하면 $0=-1+a_1+a_2+\cdots+a_9$

$\therefore a_1+a_2+a_3+\cdots+a_9=1$

0165 답 ①

주어진 등식의 양변에 $x=3$을 대입하면

$3^{20}+1=a_{20}+a_{19}+\cdots+a_1+a_0$ ...... ㉠

주어진 등식의 양변에 $x=1$을 대입하면

$2=a_{20}-a_{19}+\cdots-a_1+a_0$ ...... ㉡

㉠$+$㉡을 하면 $3^{20}+3=2(a_{20}+a_{18}+\cdots+a_2+a_0)$

$\therefore a_{20}+a_{18}+\cdots+a_2+a_0=\dfrac{3^{20}+3}{2}$

$\qquad\qquad\qquad\qquad\quad=\dfrac{3(3^{19}+1)}{2}$

0166 답 ⑤

x^3+ax^2+b를 x^2-x+3으로 나누었을 때의 몫을 $x+c$ (c는 상수)라 하면

$x^3+ax^2+b=(x^2-x+3)(x+c)+2$

$\qquad\qquad\quad=x^3+(c-1)x^2+(-c+3)x+3c+2$

이 등식이 x에 대한 항등식이므로

$a=c-1$, $0=-c+3$, $b=3c+2$

$0=-c+3$에서 $c=3$

$a=c-1$에서 $a=3-1=2$

$b=3c+2$에서 $b=9+2=11$

$\therefore a+b=13$

0167 답 -10

x^3-5x^2+ax+6을 x^2-4x+b로 나누었을 때의 몫을

$x+c$ (c는 상수)라 하면

$x^3-5x^2+ax+6=(x^2-4x+b)(x+c)+3x+4$

$\qquad\qquad\qquad=x^3+(c-4)x^2+(b-4c+3)x+bc+4$ ...... ❶

이 등식이 x에 대한 항등식이므로

$-5=c-4$, $a=b-4c+3$, $6=bc+4$

$-5=c-4$에서 $c=-1$

$6=bc+4$에서 $6=-b+4$ $\qquad\therefore b=-2$

$a=b-4c+3$에서 $a=-2+4+3=5$ ...... ❷

$\therefore ab=-10$ ...... ❸

채점 기준

❶ 몫을 이용하여 항등식 세우기	30 %
❷ a, b의 값 구하기	60 %
❸ ab의 값 구하기	10 %

0168 답 ②

$x^4+2x^3+4x^2+4$를 x^2+ax+b로 나누었을 때의 몫이 x^2+1이고

나머지가 $-2x+1$이므로

$x^4+2x^3+4x^2+4=(x^2+ax+b)(x^2+1)-2x+1$

$\qquad\qquad\qquad=x^4+ax^3+(b+1)x^2+(a-2)x+b+1$

이 등식이 x에 대한 항등식이므로

$2=a$, $4=b+1$, $0=a-2$, $4=b+1$

따라서 $a=2$, $b=3$이므로 $a-b=-1$

0169 답 3

$(x+2)(x-1)(x+a)+b(x-1)$을 x^2+4x+5로 나누었을 때의

몫을 $x+c$ (c는 상수)라 하면

$(x+2)(x-1)(x+a)+b(x-1)=(x^2+4x+5)(x+c)$

이 등식이 x에 대한 항등식이므로

양변에 $x=1$을 대입하면

$0=10(1+c)$ $\qquad\therefore c=-1$

양변에 $x=-2$를 대입하면

$-3b=-2+c=-3$ $\qquad\therefore b=1$

양변에 $x=0$을 대입하면

$-2a-b=5c$

$-2a-1=-5$ $\qquad\therefore a=2$

$\therefore a+b=2+1=3$

0170 답 ③

오른쪽 조립제법에서

x^3+3x^2-2x+1

$=(x-1)(x^2+4x+2)+3$

$=(x-1)\{(x-1)(x+5)+7\}+3$

$=(x-1)^2(x+5)+7(x-1)+3$

$=(x-1)^2\{(x-1)+6\}+7(x-1)+3$

$=(x-1)^3+6(x-1)^2+7(x-1)+3$

```
1 | 1   3  -2   1
  |     1   4   2
1 | 1   4   2 | 3
  |     1   5
1 | 1   5 | 7
  |     1
  | 1 | 6
```

따라서 $a=6$, $b=7$, $c=3$이므로

$a-b+c=2$

0171 답 ①

주어진 조립제법에서 $p+6=5$, $q-3=-2$이므로

$p=-1$, $q=1$

$\therefore 2x^3-x^2-16x+1$

$=(x-3)(2x^2+5x-1)-2$

$=(x-3)\{(x-3)(2x+11)+32\}-2$

$=(x-3)^2(2x+11)+32(x-3)-2$

$=(x-3)^2\{2(x-3)+17\}+32(x-3)-2$

$=2(x-3)^3+17(x-3)^2+32(x-3)-2$

따라서 $a=2$, $b=17$, $c=32$, $d=-2$이므로

$(p-q)(a-b+c+d)=(-2)\times 15=-30$

0172 답 37

```
1/2 | 64  -32   -4    7
    |      32    0   -2
1/2 | 64    0   -4  | 5
    |      32   16
1/2 | 64   32  | 12
    |      32
    | 64  | 64
```

위의 조립제법에서

$64x^3-32x^2-4x+7$

$=\left(x-\dfrac{1}{2}\right)(64x^2-4)+5$

$=\left(x-\dfrac{1}{2}\right)\left\{\left(x-\dfrac{1}{2}\right)(64x+32)+12\right\}+5$

$=\left(x-\dfrac{1}{2}\right)^2(64x+32)+12\left(x-\dfrac{1}{2}\right)+5$

$=\left(x-\dfrac{1}{2}\right)^2\left\{64\left(x-\dfrac{1}{2}\right)+64\right\}+12\left(x-\dfrac{1}{2}\right)+5$

$=64\left(x-\dfrac{1}{2}\right)^3+64\left(x-\dfrac{1}{2}\right)^2+12\left(x-\dfrac{1}{2}\right)+5$

$=8(2x-1)^3+16(2x-1)^2+6(2x-1)+5$

따라서 $a=8$, $b=16$, $c=6$, $d=5$이므로

$ac-b+d=37$

0173 답 -6

$f(x)=x^3+2x^2+ax+b$라 하면 나머지 정리에 의하여

$f(-1)=1$, $f(-3)=-3$

$f(-1)=1$에서 $-1+2-a+b=1$

$\therefore a-b=0$ ...... ㉠

$f(-3)=-3$에서 $-27+18-3a+b=-3$

$\therefore 3a-b=-6$ ...... ㉡

㉠, ㉡을 연립하여 풀면 $a=-3$, $b=-3$

$\therefore a+b=-6$

0174 답 12

나머지 정리에 의하여 $f(2)=4$

따라서 $(x+1)f(x)$를 $x-2$로 나누었을 때의 나머지는

$(2+1)f(2)=3\times 4=12$

0175 답 14

나머지 정리에 의하여 $f(-1)=2$이므로

$-1+a+5=2$ $\therefore a=-2$ ...... ❶

따라서 $f(x)=x^3-2x^2+5$이므로 $f(x)$를 $x-3$으로 나누었을 때의

나머지는

$f(3)=27-18+5=14$ ...... ❷

채점 기준	
❶ a의 값 구하기	30 %
❷ 나머지 구하기	70 %

0176 답 ③

$f(x)=x^3+2x^2-ax+1$이라 하면 나머지 정리에 의하여

$f(-2)=f(3)$이므로

$-8+8+2a+1=27+18-3a+1$

$2a+1=-3a+46$ $\therefore a=9$

0177 답 ⑤

나머지 정리에 의하여

$f(4)+g(4)=3$, $f(4)g(4)=2$

따라서 $\{f(x)\}^3+\{g(x)\}^3$을 $x-4$로 나누었을 때의 나머지는

$\{f(4)\}^3+\{g(4)\}^3=\{f(4)+g(4)\}^3-3f(4)g(4)\{f(4)+g(4)\}$

$=3^3-3\times 2\times 3=9$

0178 답 $2x-3$

나머지 정리에 의하여

$f(1)=-1$, $f(3)=3$

$f(x)$를 x^2-4x+3으로 나누었을 때의 몫을 $Q(x)$, 나머지를

$ax+b(a, b$는 상수)라 하면

$f(x)=(x^2-4x+3)Q(x)+ax+b$

$=(x-1)(x-3)Q(x)+ax+b$ ...... ㉠

㉠의 양변에 $x=1$을 대입하면 $f(1)=a+b$에서

$a+b=-1$ ...... ㉡

㉠의 양변에 $x=3$을 대입하면 $f(3)=3a+b$에서

$3a+b=3$ ...... ㉢

㉡, ㉢을 연립하여 풀면 $a=2$, $b=-3$

따라서 구하는 나머지는 $2x-3$이다.

0179 답 ④

나머지 정리에 의하여

$f(-2)=1$, $f(2)=5$

$x^2 f(x)$를 x^2-4로 나누었을 때의 몫을 $Q(x)$, 나머지를
$R(x)=ax+b$(a, b는 상수)라 하면
$$x^2 f(x)=(x^2-4)Q(x)+ax+b$$
$$=(x+2)(x-2)Q(x)+ax+b \qquad \cdots\cdots\ \bigcirc$$
$\bigcirc$의 양변에 $x=-2$를 대입하면
$$(-2)^2\times f(-2)=-2a+b \qquad \therefore\ -2a+b=4 \qquad \cdots\cdots\ \bigcirc\!\!\!\bigcirc$$
$\bigcirc$의 양변에 $x=2$를 대입하면
$$2^2\times f(2)=2a+b \qquad \therefore\ 2a+b=20 \qquad \cdots\cdots\ \bigcirc\!\!\!\bigcirc\!\!\!\bigcirc$$
$\bigcirc\!\!\!\bigcirc$, $\bigcirc\!\!\!\bigcirc\!\!\!\bigcirc$을 연립하여 풀면 $a=4$, $b=12$
따라서 $R(x)=4x+12$이므로 $R(1)=16$

0180 답 $2x$

$f(x)$를 x^2+x-6으로 나누었을 때의 몫을 $Q_1(x)$라 하면
$$f(x)=(x^2+x-6)Q_1(x)+4$$
$$=(x+3)(x-2)Q_1(x)+4$$
$$\therefore\ f(2)=4$$
$f(x)$를 x^2-2x-3으로 나누었을 때의 몫을 $Q_2(x)$라 하면
$$f(x)=(x^2-2x-3)Q_2(x)+x-1$$
$$=(x+1)(x-3)Q_2(x)+x-1$$
$$\therefore\ f(-1)=-2 \qquad \cdots\cdots\ ❶$$
$f(x)$를 x^2-x-2로 나누었을 때의 몫을 $Q(x)$, 나머지를
$ax+b$(a, b는 상수)라 하면
$$f(x)=(x^2-x-2)Q(x)+ax+b$$
$$=(x+1)(x-2)Q(x)+ax+b \qquad \cdots\cdots\ \bigcirc \qquad \cdots\cdots\ ❷$$
$\bigcirc$의 양변에 $x=-1$을 대입하면 $f(-1)=-a+b$에서
$$-a+b=-2 \qquad \cdots\cdots\ \bigcirc\!\!\!\bigcirc$$
$\bigcirc$의 양변에 $x=2$를 대입하면 $f(2)=2a+b$에서
$$2a+b=4 \qquad \cdots\cdots\ \bigcirc\!\!\!\bigcirc\!\!\!\bigcirc$$
$\bigcirc\!\!\!\bigcirc$, $\bigcirc\!\!\!\bigcirc\!\!\!\bigcirc$을 연립하여 풀면 $a=2$, $b=0$
따라서 구하는 나머지는 $2x$이다. $\qquad \cdots\cdots\ ❸$

채점 기준

❶ $f(-1)$, $f(2)$의 값 구하기	40 %
❷ $f(x)$에 대한 항등식으로 나타내기	20 %
❸ 나머지 구하기	40 %

0181 답 ④

$x^{10}+x^7+x^5+x^2$을 x^3-x로 나누었을 때의 몫을 $Q(x)$, 나머지를
ax^2+bx+c(a, b, c는 상수)라 하면
$$x^{10}+x^7+x^5+x^2=(x^3-x)Q(x)+ax^2+bx+c$$
$$=x(x+1)(x-1)Q(x)+ax^2+bx+c \quad \cdots\cdots\ \bigcirc$$
$\bigcirc$의 양변에 $x=0$을 대입하면 $c=0$
$\bigcirc$의 양변에 $x=-1$을 대입하면 $0=a-b+c$
$$\therefore\ a-b=0 \qquad \cdots\cdots\ \bigcirc\!\!\!\bigcirc$$
$\bigcirc$의 양변에 $x=1$을 대입하면 $4=a+b+c$
$$\therefore\ a+b=4 \qquad \cdots\cdots\ \bigcirc\!\!\!\bigcirc\!\!\!\bigcirc$$
$\bigcirc\!\!\!\bigcirc$, $\bigcirc\!\!\!\bigcirc\!\!\!\bigcirc$을 연립하여 풀면 $a=2$, $b=2$
따라서 구하는 나머지는 $2x^2+2x$이다.

0182 답 $-x^2+2x-1$

$f(x)$를 $x(x+1)$로 나누었을 때의 몫을 $Q_1(x)$라 하면
$$f(x)=x(x+1)Q_1(x)+3x-1$$
$$\therefore\ f(0)=-1,\ f(-1)=-4$$
$f(x)$를 $(x+1)(x-2)$로 나누었을 때의 몫을 $Q_2(x)$라 하면
$$f(x)=(x+1)(x-2)Q_2(x)+x-3 \qquad \therefore\ f(2)=-1$$
$f(x)$를 $x(x+1)(x-2)$로 나누었을 때의 몫을 $Q(x)$, 나머지를
ax^2+bx+c(a, b, c는 상수)라 하면
$$f(x)=x(x+1)(x-2)Q(x)+ax^2+bx+c \qquad \cdots\cdots\ \bigcirc$$
$\bigcirc$의 양변에 $x=0$을 대입하면 $f(0)=c$에서
$$c=-1$$
$\bigcirc$의 양변에 $x=-1$을 대입하면 $f(-1)=a-b+c$에서
$$a-b+c=-4,\ a-b-1=-4$$
$$\therefore\ a-b=-3 \qquad \cdots\cdots\ \bigcirc\!\!\!\bigcirc$$
$\bigcirc$의 양변에 $x=2$를 대입하면 $f(2)=4a+2b+c$에서
$$4a+2b+c=-1,\ 4a+2b-1=-1$$
$$\therefore\ 2a+b=0 \qquad \cdots\cdots\ \bigcirc\!\!\!\bigcirc\!\!\!\bigcirc$$
$\bigcirc\!\!\!\bigcirc$, $\bigcirc\!\!\!\bigcirc\!\!\!\bigcirc$을 연립하여 풀면 $a=-1$, $b=2$
따라서 구하는 나머지는 $-x^2+2x-1$이다.

0183 답 $2x^2+5x+1$

$f(x)$를 $(x+1)^2(x+2)$로 나누었을 때의 몫을 $Q(x)$, 나머지를
ax^2+bx+c(a, b, c는 상수)라 하면
$$f(x)=(x+1)^2(x+2)Q(x)+ax^2+bx+c \qquad \cdots\cdots\ \bigcirc$$
$f(x)$를 $(x+1)^2$으로 나누었을 때의 나머지가 $x-1$이므로 $\bigcirc$에서
ax^2+bx+c를 $(x+1)^2$으로 나누었을 때의 나머지가 $x-1$이다.
$$\therefore\ ax^2+bx+c=a(x+1)^2+x-1 \qquad \cdots\cdots\ \bigcirc\!\!\!\bigcirc$$
$\bigcirc\!\!\!\bigcirc$을 $\bigcirc$에 대입하면
$$f(x)=(x+1)^2(x+2)Q(x)+a(x+1)^2+x-1$$
한편 $f(x)$를 $x+2$로 나누었을 때의 나머지가 -1이므로
$f(-2)=-1$에서 $a-3=-1 \qquad \therefore\ a=2$
따라서 구하는 나머지는
$$2(x+1)^2+x-1=2x^2+5x+1$$

0184 답 1

$f(x)=x^{100}-x^{60}+x-5$라 하면 $f(-1)=-6$이므로
$$x^{100}-x^{60}+x-5=(x+1)Q(x)-6 \qquad \cdots\cdots\ \bigcirc$$
이때 $Q(x)$를 $x-1$로 나누었을 때의 나머지는 $Q(1)$이므로 $\bigcirc$의 양변에 $x=1$을 대입하면
$$-4=2Q(1)-6 \qquad \therefore\ Q(1)=1$$

0185 답 ②

$$f(x)=(x+3)Q(x)+2 \qquad \cdots\cdots\ \bigcirc$$
이때 $f(x)$를 $x-2$로 나누었을 때의 나머지가 -3이므로
$$f(2)=-3$$
$Q(x)$를 $x-2$로 나누었을 때의 나머지는 $Q(2)$이므로 $\bigcirc$의 양변에 $x=2$를 대입하면
$$f(2)=5Q(2)+2$$
$$-3=5Q(2)+2 \qquad \therefore\ Q(2)=-1$$

0186 답 -12

$f(x)=(x-1)Q(x)+3$ ...... ㉠

이때 $Q(x)$를 $x+2$로 나누었을 때의 나머지가 5이므로 $Q(-2)=5$

$f(x)$를 $x+2$로 나누었을 때의 나머지는 $f(-2)$이므로 ㉠의 양변에 $x=-2$를 대입하면

$f(-2)=-3Q(-2)+3$

$\qquad =-3\times 5+3=-12$

0187 답 6

$f(x)=(x^2-2x+4)Q(x)+3x+2$ ...... ㉠

$Q(x)$를 $x+2$로 나누었을 때의 몫을 $Q'(x)$라 하면

$Q(x)=(x+2)Q'(x)+1$ ...... ㉡

㉡을 ㉠에 대입하면

$f(x)=(x^2-2x+4)\{(x+2)Q'(x)+1\}+3x+2$

$\qquad =(x^3+8)Q'(x)+x^2+x+6$

따라서 $R(x)=x^2+x+6$이므로

$R(-1)=1-1+6=6$

0188 답 -5

$f(x)$를 $2x^2+x-1$로 나누었을 때의 몫을 $Q(x)$라 하면

$f(x)=(2x^2+x-1)Q(x)+3x-2$

$\qquad =(2x-1)(x+1)Q(x)+3x-2$

양변에 $x=-1$을 대입하면 $f(-1)=-5$

따라서 $f(2x+3)$을 $x+2$로 나누었을 때의 나머지는

$f(2\times(-2)+3)=f(-1)=-5$

0189 답 ①

$f(x)$를 $x+1$로 나누었을 때의 나머지가 -2이므로

$f(-1)=-2$

따라서 $f(x+6)$을 $x+7$로 나누었을 때의 나머지는

$f(-7+6)=f(-1)=-2$

0190 답 8

$f(x)$를 x^2+5x+6으로 나누었을 때의 몫을 $Q(x)$라 하면

$f(x)=(x^2+5x+6)Q(x)+3x+7$

$\qquad =(x+3)(x+2)Q(x)+3x+7$

양변에 $x=-2$를 대입하면 $f(-2)=1$

따라서 $(4x^2-1)f(2x-5)$를 <u>$2x-3$으로 나누었을 때의 나머지는</u>

$\qquad\qquad\qquad\qquad └\to x=\frac{3}{2}$을 대입

$\left(4\times\frac{9}{4}-1\right)f\left(2\times\frac{3}{2}-5\right)=8f(-2)$

$\qquad\qquad\qquad\qquad\qquad =8\times 1=8$

0191 답 ①

$9=x$로 놓고 x^{50}을 $x-1$로 나누었을 때의 몫을 $Q(x)$, 나머지를 R라 하면

$x^{50}=(x-1)Q(x)+R$

양변에 $x=1$을 대입하면 $R=1$

$\therefore x^{50}=(x-1)Q(x)+1$

$x=9$이므로

$9^{50}=8Q(9)+1$

따라서 구하는 나머지는 1이다.

0192 답 ③

$80=x$로 놓고 $(x+1)^{10}+x^{10}+(x-1)^{10}$을 x로 나누었을 때의 몫을 $Q(x)$, 나머지를 R라 하면

$(x+1)^{10}+x^{10}+(x-1)^{10}=xQ(x)+R$

양변에 $x=0$을 대입하면 $R=2$

$\therefore (x+1)^{10}+x^{10}+(x-1)^{10}=xQ(x)+2$

$x=80$이므로

$81^{10}+80^{10}+79^{10}=80Q(80)+2$

따라서 구하는 나머지는 2이다.

0193 답 ⑤

$2^{223}=(2^5)^{44}\times 2^3=32^{44}\times 8$

$32=x$로 놓고 $8x^{44}$을 $x-1$로 나누었을 때의 몫을 $Q(x)$, 나머지를 R라 하면

$8x^{44}=(x-1)Q(x)+R$

양변에 $x=1$을 대입하면 $R=8$

$\therefore 8x^{44}=(x-1)Q(x)+8$

$x=32$이므로

$8\times 32^{44}=31Q(32)+8$ $\qquad \therefore 2^{223}=31Q(32)+8$

따라서 구하는 나머지는 8이다.

0194 답 -10

$f(x)=x^3+ax^2+bx-15$라 하면 $f(x)$가 $x+1$, $x-3$으로 각각 나누어떨어지므로

$f(-1)=0$, $f(3)=0$

$f(-1)=0$에서 $-1+a-b-15=0$

$\therefore a-b=16$ ...... ㉠

$f(3)=0$에서 $27+9a+3b-15=0$

$\therefore 3a+b=-4$ ...... ㉡

㉠, ㉡을 연립하여 풀면 $a=3$, $b=-13$

$\therefore a+b=-10$

0195 답 -5

$f(x)=2x^4-3x^3+kx^2-x+7$이라 하면 $f(x)$가 $x-1$을 인수로 가지므로 $f(1)=0$에서

$2-3+k-1+7=0$ $\qquad \therefore k=-5$

0196 답 ②

$f(x)$를 $x-1$로 나누었을 때의 나머지가 4이므로

$f(1)=4$

즉, $1+a+b+6=4$이므로 $a+b=-3$ ...... ㉠

$f(x+2)$를 $x-1$로 나누었을 때의 몫을 $Q(x)$라 하면

$f(x+2)=(x-1)Q(x)$

양변에 $x=1$을 대입하면

$f(3)=0$

즉, $27+9a+3b+6=0$이므로 $3a+b=-11$ ...... ㉡

㉠, ㉡을 연립하여 풀면 $a=-4$, $b=1$

$\therefore b-a=5$

0197 답 ③

$f(-1)=-1$, $f(1)=1$, $f(2)=2$에서

$f(-1)+1=0$, $f(1)-1=0$, $f(2)-2=0$

즉, $f(x)-x$는 $x+1$, $x-1$, $x-2$로 나누어떨어진다.

이때 $f(x)$는 x^3의 계수가 1인 삼차식이므로

$f(x)-x=(x+1)(x-1)(x-2)$

$\therefore f(x)=(x+1)(x-1)(x-2)+x$

따라서 $f(x)$를 $x-3$으로 나누었을 때의 나머지는

$f(3)=(3+1)(3-1)(3-2)+3=11$

0198 답 ⑤

$f(x)=x^3+x^2+ax+b$라 하면 $f(x)$가 x^2-x-2, 즉

$(x+1)(x-2)$로 나누어떨어지므로

$f(-1)=0$, $f(2)=0$

$f(-1)=0$에서 $-1+1-a+b=0$

$\therefore a-b=0$ ...... ㉠

$f(2)=0$에서 $8+4+2a+b=0$

$\therefore 2a+b=-12$ ...... ㉡

㉠, ㉡을 연립하여 풀면 $a=-4$, $b=-4$

$\therefore ab=16$

다른 풀이

다항식 x^3+x^2+ax+b를 x^2-x-2로 나누면

$$
\begin{array}{r}
x+2 \\
x^2-x-2{\overline{\smash{\big)}\,x^3+x^2+ax+b}} \\
\underline{x^3-x^2-2x} \\
2x^2+(a+2)x+b \\
\underline{2x^2-2x-4} \\
(a+4)x+b+4
\end{array}
$$

이때 나머지가 0이어야 하므로

$(a+4)x+b+4=0$

이 등식은 x에 대한 항등식이므로

$a+4=0$, $b+4=0$

$\therefore a=-4$, $b=-4$ $\therefore ab=16$

0199 답 2

$f(x)=2x^3-11x^2+ax+b$가 x^2-5x+6, 즉 $(x-2)(x-3)$으로 나누어떨어지므로

$f(2)=0$, $f(3)=0$

$f(2)=0$에서 $16-44+2a+b=0$

$\therefore 2a+b=28$ ...... ㉠

$f(3)=0$에서 $54-99+3a+b=0$

$\therefore 3a+b=45$ ...... ㉡

㉠, ㉡을 연립하여 풀면 $a=17$, $b=-6$ ...... ❶

$\therefore f(x)=2x^3-11x^2+17x-6$

따라서 $f(x)$를 $x-1$로 나누었을 때의 나머지는

$f(1)=2-11+17-6=2$ ...... ❷

채점 기준

❶ a, b의 값 구하기	60 %
❷ 나머지 구하기	40 %

0200 답 24

㈎에서 $Q(x)=-2P(x)$

㈏에서 $P(x)Q(x)=P(x)\times\{-2P(x)\}=-2\{P(x)\}^2$

따라서 $-2\{P(x)\}^2$이 x^2-3x+2, 즉 $(x-1)(x-2)$로 나누어떨어지므로

$-2\{P(1)\}^2=0$, $-2\{P(2)\}^2=0$

$\therefore P(1)=0$, $P(2)=0$

$P(x)$는 이차다항식이므로 $P(x)=k(x-1)(x-2)$ (k는 상수)라 하면 $P(0)=-4$이므로

$2k=-4$ $\therefore k=-2$

따라서 $P(x)=-2(x-1)(x-2)$이므로

$Q(x)=-2P(x)=4(x-1)(x-2)$

$\therefore Q(4)=4\times3\times2=24$

0201 답 3

$f(x)-3$이 x^2-1, 즉 $(x+1)(x-1)$로 나누어떨어지므로

$f(-1)-3=0$, $f(1)-3=0$

$\therefore f(-1)=3$, $f(1)=3$

$f(x+2)$를 x^2+4x+3으로 나누었을 때의 몫을 $Q(x)$, 나머지를 $ax+b$ (a, b는 상수)라 하면

$f(x+2)=(x^2+4x+3)Q(x)+ax+b$

$=(x+3)(x+1)Q(x)+ax+b$

양변에 $x=-3$을 대입하면 $f(-1)=-3a+b$

$\therefore -3a+b=3$ ...... ㉠

양변에 $x=-1$을 대입하면 $f(1)=-a+b$

$\therefore -a+b=3$ ...... ㉡

㉠, ㉡을 연립하여 풀면 $a=0$, $b=3$

따라서 구하는 나머지는 3이다.

0202 답 ④

④ $a^2+b^2+4c^2-2ab-4bc+4ca$

$=a^2+(-b)^2+(2c)^2+2\times a\times(-b)+2\times(-b)\times 2c$
$+2\times 2c\times a$

$=(a-b+2c)^2$

0203 답 $x(x-3y)^3$

$x^4-9x^3y+27x^2y^2-27xy^3=x(x^3-9x^2y+27xy^2-27y^3)$
$=x(x-3y)^3$

0204 답 $(x-y)(x^2+xy+y^2)(x^2-xy+y^2)$

$(x-y)(x^4+y^4)+x^3y^2-x^2y^3$

$=(x-y)(x^4+y^4)+x^2y^2(x-y)$

$=(x-y)(x^4+y^4+x^2y^2)$

$=(x-y)(x^2+xy+y^2)(x^2-xy+y^2)$

0205 답 ②

$x^6-64=(x^3)^2-(2^3)^2=(x^3+2^3)(x^3-2^3)$

$=(x+2)(x^2-2x+4)(x-2)(x^2+2x+4)$

따라서 주어진 식의 인수인 것은 ②이다.

0206 답 ③

$x^3-8y^3-7xy(x-2y)$
$=(x-2y)(x^2+2xy+4y^2)-7xy(x-2y)$
$=(x-2y)(x^2-5xy+4y^2)$
$=(x-2y)(x-y)(x-4y)$

따라서 주어진 식의 인수가 아닌 것은 ③이다.

0207 답 -36

$x^3-27y^3+8z^3+18xyz$
$=x^3+(-3y)^3+(2z)^3-3\times x\times(-3y)\times 2z$
$=(x-3y+2z)(x^2+9y^2+4z^2+3xy+6yz-2zx)$

따라서 $a=3$, $b=6$, $c=-2$이므로
$abc=-36$

0208 답 ⑤

$(x+1)(x+2)^2(x+3)-6=\{(x+1)(x+3)\}(x+2)^2-6$
$\qquad\qquad\qquad\qquad\qquad =(x^2+4x+3)(x^2+4x+4)-6$

$x^2+4x=X$로 놓으면
$(x^2+4x+3)(x^2+4x+4)-6=(X+3)(X+4)-6$
$\qquad\qquad\qquad\qquad\qquad =X^2+7X+6$
$\qquad\qquad\qquad\qquad\qquad =(X+1)(X+6)$
$\qquad\qquad\qquad\qquad\qquad =(x^2+4x+1)(x^2+4x+6)$

따라서 주어진 식의 인수인 것은 ⑤이다.

0209 답 $(a+b-1)(a+b-2)$

$a+b=X$로 놓으면
$(a+b+1)(a+b-4)+6=(X+1)(X-4)+6$
$\qquad\qquad\qquad\qquad\qquad =X^2-3X+2$
$\qquad\qquad\qquad\qquad\qquad =(X-1)(X-2)$
$\qquad\qquad\qquad\qquad\qquad =(a+b-1)(a+b-2)$

0210 답 ④

$x^2-x=X$로 놓으면
$(x^2-x)^2+2x^2-2x-15=(x^2-x)^2+2(x^2-x)-15$
$\qquad\qquad\qquad\qquad\qquad =X^2+2X-15$
$\qquad\qquad\qquad\qquad\qquad =(X+5)(X-3)$
$\qquad\qquad\qquad\qquad\qquad =(x^2-x+5)(x^2-x-3)$

따라서 $a=-1$, $b=5$, $c=-3$ 또는 $a=-1$, $b=-3$, $c=5$이므로
$a+b+c=1$

0211 답 ②

$(x-3)(x-2)(x+1)(x+2)+k$
$=\{(x-3)(x+2)\}\{(x-2)(x+1)\}+k$
$=(x^2-x-6)(x^2-x-2)+k$

$x^2-x=X$로 놓으면
$(x^2-x-6)(x^2-x-2)+k=(X-6)(X-2)+k$
$\qquad\qquad\qquad\qquad\qquad =X^2-8X+12+k \quad\cdots\cdots\ \text{㉠}$

주어진 식이 x에 대한 이차식의 완전제곱식으로 인수분해되려면 ㉠
이 X에 대한 완전제곱식으로 인수분해되어야 하므로
$12+k=4^2 \quad\therefore k=4$

0212 답 45

$(x^2-4x+3)(x^2+6x+8)+21$
$=(x-1)(x-3)(x+4)(x+2)+21$
$=\{(x-1)(x+2)\}\{(x-3)(x+4)\}+21$
$=(x^2+x-2)(x^2+x-12)+21$

$x^2+x=X$로 놓으면
$(x^2+x-2)(x^2+x-12)+21=(X-2)(X-12)+21$
$\qquad\qquad\qquad\qquad\qquad =X^2-14X+45$
$\qquad\qquad\qquad\qquad\qquad =(X-5)(X-9)$
$\qquad\qquad\qquad\qquad\qquad =(x^2+x-5)(x^2+x-9)$

따라서 $a=1$, $b=-5$, $c=-9$ 또는 $a=1$, $b=-9$, $c=-5$이므로
$abc=45$

0213 답 12

$x^2=X$로 놓으면
$x^4-13x^2+36=X^2-13X+36$
$\qquad\qquad\qquad =(X-4)(X-9)$
$\qquad\qquad\qquad =(x^2-4)(x^2-9)$
$\qquad\qquad\qquad =(x+2)(x-2)(x+3)(x-3)$

이때 $a<b<c<d$이므로 $a=-3$, $b=-2$, $c=2$, $d=3$
$\therefore ab+cd=6+6=12$

0214 답 ①

$x^4+7x^2+16=(x^4+8x^2+16)-x^2$
$\qquad\qquad\qquad =(x^2+4)^2-x^2$
$\qquad\qquad\qquad =(x^2+x+4)(x^2-x+4)$

따라서 $a=1$, $b=4$이므로 $a+b=5$

0215 답 ③

$x^2=X$, $y^2=Y$로 놓으면
$x^4-2x^2y^2-8y^4=X^2-2XY-8Y^2$
$\qquad\qquad\qquad =(X-4Y)(X+2Y)$
$\qquad\qquad\qquad =(x^2-4y^2)(x^2+2y^2)$
$\qquad\qquad\qquad =(x+2y)(x-2y)(x^2+2y^2)$

따라서 주어진 식의 인수가 아닌 것은 ③이다.

0216 답 x^2-4x+8

$x^4+64=(x^4+16x^2+64)-16x^2$
$\qquad\quad =(x^2+8)^2-(4x)^2$
$\qquad\quad =(x^2+4x+8)(x^2-4x+8)$

$\therefore Q(x)=x^2-4x+8$

0217 답 ③

x에 대하여 내림차순으로 정리한 다음 인수분해하면
$x^2+3xy+2y^2-x-3y-2=x^2+(3y-1)x+2y^2-3y-2$
$\qquad\qquad\qquad\qquad\qquad =x^2+(3y-1)x+(y-2)(2y+1)$
$\qquad\qquad\qquad\qquad\qquad =\{x+(y-2)\}\{x+(2y+1)\}$
$\qquad\qquad\qquad\qquad\qquad =(x+y-2)(x+2y+1)$

따라서 $a=1$, $b=2$, $c=1$이므로
$a+b+c=4$

0218 답 ④

차수가 가장 낮은 c에 대하여 내림차순으로 정리한 다음 인수분해하면

$$a^2-abc+ab-b^2c=-(ab+b^2)c+a^2+ab$$
$$=-(a+b)bc+a(a+b)$$
$$=(a+b)(a-bc)$$

따라서 주어진 식의 인수인 것은 ④이다.

0219 답 ⑤

주어진 식을 x에 대하여 내림차순으로 정리하면

$$x^2+xy-2y^2+ax+7y-3=x^2+(y+a)x-(2y^2-7y+3)$$
$$=x^2+(y+a)x-(2y-1)(y-3)$$

이 식이 x, y에 대한 두 일차식의 곱으로 인수분해되므로

$$y+a=(2y-1)-(y-3) \qquad \longrightarrow \text{(주어진 식)}=\{x+(2y-1)\}\{x-(y-3)\}$$
$$y+a=y+2 \qquad \therefore a=2$$

0220 답 ㄴ, ㄷ

a에 대하여 내림차순으로 정리한 다음 인수분해하면

$$a^2(b-c)-b^2(c+a)-c^2(a-b)+2abc$$
$$=a^2(b-c)-b^2c-b^2a-c^2a+c^2b+2abc$$
$$=(b-c)a^2-(b^2-2bc+c^2)a-b^2c+bc^2$$
$$=(b-c)a^2-(b-c)^2a-bc(b-c)$$
$$=(b-c)\{a^2-(b-c)a-bc\}$$
$$=(b-c)(a-b)(a+c)$$

따라서 보기에서 주어진 식의 인수인 것은 ㄴ, ㄷ이다.

0221 답 14

$f(x)=x^3+2x^2-5x-6$이라 할 때, $f(-1)=0$이므로 조립제법을 이용하여 인수분해하면

$$\begin{array}{r|rrrr} -1 & 1 & 2 & -5 & -6 \\ & & -1 & -1 & 6 \\ \hline & 1 & 1 & -6 & 0 \end{array}$$

$$x^3+2x^2-5x-6=(x+1)(x^2+x-6)$$
$$=(x+1)(x+3)(x-2)$$

$$\therefore a^2+b^2+c^2=1^2+3^2+(-2)^2=14$$

0222 답 $(x+1)(x+2)(x-3)$

다항식 $f(x)=x^3+ax-6$이 $x+1$로 나누어떨어지므로

$f(-1)=0$에서

$$-1-a-6=0 \qquad \therefore a=-7 \qquad \cdots\cdots \text{❶}$$

따라서 $f(x)=x^3-7x-6$이므로 조립제법을 이용하여 인수분해하면

$$\begin{array}{r|rrrr} -1 & 1 & 0 & -7 & -6 \\ & & -1 & 1 & 6 \\ \hline & 1 & -1 & -6 & 0 \end{array}$$

$$x^3-7x-6=(x+1)(x^2-x-6)$$
$$=(x+1)(x+2)(x-3) \qquad \cdots\cdots \text{❷}$$

채점 기준

❶ a의 값 구하기	40 %
❷ $f(x)$를 인수분해하기	60 %

0223 답 ⑤

$f(x)=x^4-2x^3-2x^2+3x+2$라 할 때, $f(-1)=0$, $f(2)=0$이므로 조립제법을 이용하여 인수분해하면

$$\begin{array}{r|rrrrr} -1 & 1 & -2 & -2 & 3 & 2 \\ & & -1 & 3 & -1 & -2 \\ \cline{1-6} 2 & 1 & -3 & 1 & 2 & 0 \\ & & 2 & -2 & -2 & \\ \hline & 1 & -1 & -1 & 0 & \end{array}$$

$$x^4-2x^3-2x^2+3x+2=(x+1)(x-2)(x^2-x-1)$$

따라서 주어진 식의 인수가 아닌 것은 ⑤이다.

참고 $(x+1)(x-2)=x^2-x-2$이므로 x^2-x-2도 주어진 식의 인수이다.

0224 답 2

$f(x)=x^3-(a+1)x^2-a(2a-1)x+2a^2$이라 할 때, $f(1)=0$이므로 조립제법을 이용하여 인수분해하면

$$\begin{array}{r|rrrr} 1 & 1 & -a-1 & -2a^2+a & 2a^2 \\ & & 1 & -a & -2a^2 \\ \hline & 1 & -a & -2a^2 & 0 \end{array}$$

$$x^3-(a+1)x^2-a(2a-1)x+2a^2=(x-1)(x^2-ax-2a^2)$$
$$=(x-1)(x+a)(x-2a)$$
$$\qquad\qquad\qquad \underbrace{\qquad\qquad\quad}_{\text{상수항}}$$

이때 세 일차식의 상수항의 합이 -3이므로

$$-1+a-2a=-3 \qquad \therefore a=2$$

0225 답 ②

$f(x)=x^4+3x^3+ax^2+bx+2$라 할 때, $f(x)$가 $x-1$, $x+2$를 인수로 가지므로 $f(1)=0$, $f(-2)=0$

$f(1)=0$에서 $1+3+a+b+2=0$

$$\therefore a+b=-6 \qquad \cdots\cdots \text{㉠}$$

$f(-2)=0$에서 $16-24+4a-2b+2=0$

$$\therefore 2a-b=3 \qquad \cdots\cdots \text{㉡}$$

㉠, ㉡을 연립하여 풀면 $a=-1$, $b=-5$

$f(x)=x^4+3x^3-x^2-5x+2$이므로 조립제법을 이용하여 인수분해하면

$$\begin{array}{r|rrrrr} 1 & 1 & 3 & -1 & -5 & 2 \\ & & 1 & 4 & 3 & -2 \\ \cline{1-6} -2 & 1 & 4 & 3 & -2 & 0 \\ & & -2 & -4 & 2 & \\ \hline & 1 & 2 & -1 & 0 & \end{array}$$

$$x^4+3x^3-x^2-5x+2=(x-1)(x+2)(x^2+2x-1)$$

따라서 $Q(x)=x^2+2x-1$이므로 $Q(-2)=4-4-1=-1$

0226 답 -2

$$x^4-5x^3+6x^2-5x+1=x^2\left(x^2-5x+6-\frac{5}{x}+\frac{1}{x^2}\right)$$
$$=x^2\left\{x^2+\frac{1}{x^2}-5\left(x+\frac{1}{x}\right)+6\right\}$$
$$=x^2\left\{\left(x+\frac{1}{x}\right)^2-5\left(x+\frac{1}{x}\right)+4\right\}$$
$$=x^2\left\{\left(x+\frac{1}{x}\right)-1\right\}\left\{\left(x+\frac{1}{x}\right)-4\right\}$$
$$=(x^2-x+1)(x^2-4x+1)$$

따라서 $a=1$, $b=-4$, $c=1$이므로 $a+b+c=-2$

0227 답 ④

$$x^4-4x^3+5x^2-4x+1=x^2\left(x^2-4x+5-\frac{4}{x}+\frac{1}{x^2}\right)$$
$$=x^2\left\{x^2+\frac{1}{x^2}-4\left(x+\frac{1}{x}\right)+5\right\}$$
$$=x^2\left\{\left(x+\frac{1}{x}\right)^2-4\left(x+\frac{1}{x}\right)+3\right\}$$
$$=x^2\left\{\left(x+\frac{1}{x}\right)-1\right\}\left\{\left(x+\frac{1}{x}\right)-3\right\}$$
$$=(x^2-x+1)(x^2-3x+1)$$

따라서 주어진 식의 인수인 것은 ④이다.

0228 답 ④

$386=a$, $14=b$로 놓으면

$$\frac{386^3+14^3}{386\times372+14^2}=\frac{a^3+b^3}{a(a-b)+b^2}=\frac{(a+b)(a^2-ab+b^2)}{a^2-ab+b^2}$$
$$=a+b=400$$

0229 답 ①

$20=a$로 놓으면

$$18\times19\times20\times21+1=(a-2)(a-1)a(a+1)+1$$
$$=\{(a-2)(a+1)\}\{a(a-1)\}+1$$
$$=(a^2-a-2)(a^2-a)+1$$

$a^2-a=X$로 놓으면

$$(a^2-a-2)(a^2-a)+1=(X-2)X+1=X^2-2X+1$$
$$=(X-1)^2=(a^2-a-1)^2$$
$$=(400-20-1)^2=379^2$$

$$\therefore \sqrt{18\times19\times20\times21+1}=\sqrt{379^2}=379$$

참고 18, 19, 21 중 하나를 a로 놓고 풀어도 같은 결과가 나온다. $20=a$로 놓으면 a에 대한 식을 인수분해한 후 값을 구할 때 계산을 쉽게 할 수 있다.

0230 답 ③

$f(1)=0$이므로 조립제법을 이용하여 $f(x)$를 인수분해하면

```
1 | 1    5    3   -9
  |      1    6    9
  ---------------------
    1    6    9  |  0
```

$$f(x)=(x-1)(x^2+6x+9)=(x-1)(x+3)^2$$
$$\therefore f(97)=96\times100^2=960000$$

0231 답 ③

$14=t$로 놓으면

$$(14^2+2\times14)^2-18\times(14^2+2\times14)+45$$
$$=(t^2+2t)^2-18(t^2+2t)+45$$

$t^2+2t=X$로 놓으면

$$(t^2+2t)^2-18(t^2+2t)+45=X^2-18X+45$$
$$=(X-3)(X-15)$$
$$=(t^2+2t-3)(t^2+2t-15)$$
$$=(t+3)(t-1)(t+5)(t-3)$$
$$=(t-3)(t-1)(t+3)(t+5)$$
$$=11\times13\times17\times19$$

$$\therefore a+b+c+d=11+13+17+19=60$$

0232 답 ③

$$a^4+a^2b^2+b^4=(a^2+ab+b^2)(a^2-ab+b^2)$$
$$=\{(a+b)^2-ab\}\{(a+b)^2-3ab\}$$
$$=\{2^2-(-2)\}\{2^2-3\times(-2)\}=60$$

0233 답 ④

$$x^2y+xy^2+x+y=xy(x+y)+(x+y)=(xy+1)(x+y)$$
이때 $xy=(\sqrt{3}+\sqrt{2})(\sqrt{3}-\sqrt{2})=3-2=1$,
$x+y=(\sqrt{3}+\sqrt{2})+(\sqrt{3}-\sqrt{2})=2\sqrt{3}$이므로 구하는 식의 값은
$$(xy+1)(x+y)=(1+1)\times2\sqrt{3}=4\sqrt{3}$$

0234 답 ④

$$a^3+b^3+c^3-3abc=(a+b+c)(a^2+b^2+c^2-ab-bc-ca)$$에서
$a+b+c=0$이므로
$$a^3+b^3+c^3-3abc=0 \qquad \therefore a^3+b^3+c^3=3abc$$
$$\therefore \frac{a^3+b^3+c^3}{abc}=\frac{3abc}{abc}=3$$

0235 답 -4

$a-b=2-\sqrt{3}$, $c-a=2+\sqrt{3}$을 변끼리 더하면
$$c-b=4 \qquad \therefore b-c=-4$$
$$\therefore ab^2-a^2b+bc^2-b^2c-ac^2+a^2c$$
$$=-(b-c)a^2+(b^2-c^2)a+bc^2-b^2c$$
$$=-(b-c)a^2+(b+c)(b-c)a-bc(b-c)$$
$$=-(b-c)\{a^2-(b+c)a+bc\}$$
$$=-(b-c)(a-b)(a-c)$$
$$=(a-b)(b-c)(c-a)$$
$$=(2-\sqrt{3})\times(-4)\times(2+\sqrt{3})$$
$$=-4$$

0236 답 ③

주어진 등식의 좌변을 a에 대하여 내림차순으로 정리한 다음 인수분해하면

$$b^2+c^2+ab-2bc-ac=(b-c)a+b^2+c^2-2bc$$
$$=(b-c)a+(b-c)^2$$
$$=(b-c)(a+b-c)$$

$$\therefore (b-c)(a+b-c)=0$$

그런데 $a+b>c$에서 $a+b-c>0$이므로
$$b-c=0 \qquad \therefore b=c$$

따라서 주어진 조건을 만족시키는 삼각형은 $b=c$인 이등변삼각형이다.

0237 답 정삼각형

주어진 등식의 좌변을 인수분해하면

$$a^3+b^3+c^3-3abc=(a+b+c)(a^2+b^2+c^2-ab-bc-ca)$$
$$=\frac{1}{2}(a+b+c)\{(a-b)^2+(b-c)^2+(c-a)^2\}$$

...... ❶

$$\therefore (a+b+c)\{(a-b)^2+(b-c)^2+(c-a)^2\}=0$$

그런데 $a+b+c>0$이므로

⎿ a, b, c가 세 변의 길이이므로 모두 양수이다.

$(a-b)^2+(b-c)^2+(c-a)^2=0$ ...... ⓖ

즉, $a-b=0$, $b-c=0$, $c-a=0$이므로 $a=b=c$

따라서 주어진 조건을 만족시키는 삼각형은 정삼각형이다. ...... ⓗ

채점 기준

ⓖ 주어진 식을 인수분해하기	30%
ⓗ a, b, c에 대한 관계식 구하기	40%
ⓘ 어떤 삼각형인지 말하기	30%

0238 답 ⑤

주어진 등식의 좌변을 b에 대하여 내림차순으로 정리한 다음 인수분해하면

$a^3-ab^2+ac^2+a^2c-b^2c+c^3$

$=-(a+c)b^2+a^3+a^2c+ac^2+c^3$

$=-(a+c)b^2+a^2(a+c)+c^2(a+c)$

$=(a+c)(a^2-b^2+c^2)$

$\therefore (a+c)(a^2-b^2+c^2)=0$

그런데 $a+c>0$이므로

$a^2-b^2+c^2=0$ $\therefore a^2+c^2=b^2$

따라서 주어진 조건을 만족시키는 삼각형은 빗변의 길이가 b인 직각삼각형이다.

AB 유형 점검

40~42쪽

0239 답 ⑤

ㄴ. $x^2-2x-3=x^2-2x$에서 $-3=0$이므로 성립하지 않는 등식이다.

ㄷ. $x^2+5x-1=x^2+5x-1$ (항등식)

ㄹ. $4x^2-2x+1=4x^2-2x+1$ (항등식)

따라서 보기에서 항등식인 것은 ㄷ, ㄹ이다.

0240 답 4

주어진 등식의 양변에 $x=1$을 대입하면

$0=-6c$ $\therefore c=0$

주어진 등식의 양변에 $x=-2$를 대입하면

$15=15b$ $\therefore b=1$

주어진 등식의 양변에 $x=3$을 대입하면

$30=10a$ $\therefore a=3$

$\therefore a+b+c=3+1+0=4$

0241 답 64

주어진 등식의 양변에 $x=1$을 대입하면

$2^6=a_0+a_1+a_2+\cdots+a_{12}$ ...... ㉠

주어진 등식의 양변에 $x=-1$을 대입하면

$2^6=a_0-a_1+a_2-\cdots+a_{12}$ ...... ㉡

㉠+㉡을 하면 $2\times2^6=2(a_0+a_2+a_4+\cdots+a_{12})$

$\therefore a_0+a_2+a_4+\cdots+a_{12}=2^6=64$

0242 답 ③

다항식 x^3+ax^2+bx+1을 x^2+x-2로 나누었을 때의 몫을 $Q(x)$라 하면

$x^3+ax^2+bx+1=(x^2+x-2)Q(x)+2x+3$

$\qquad\qquad\qquad =(x+2)(x-1)Q(x)+2x+3$ ...... ㉠

㉠의 양변에 $x=1$을 대입하면

$a+b+2=5$ $\therefore a+b=3$ ...... ㉡

㉠의 양변에 $x=-2$를 대입하면

$4a-2b-7=-1$ $\therefore 2a-b=3$ ...... ㉢

㉡, ㉢을 연립하여 풀면 $a=2$, $b=1$

$\therefore a-b=1$

0243 답 -3

주어진 조립제법에서 $p-1=2$, $q-2=-1$이므로

$p=3$, $q=1$

주어진 조립제법에 의하여

$x^2+3x+1=(x+1)(x+2)-1$

$\qquad\qquad =(x+1)\{(x+1)+1\}-1$

$\qquad\qquad =(x+1)^2+(x+1)-1$

따라서 $a=1$, $b=1$, $c=-1$이므로

$abcpq=1\times1\times(-1)\times3\times1=-3$

0244 답 ②

(개)에서 나머지 정리에 의하여 $P(1)=1$

(내)에서 나머지 정리에 의하여

$2P(2)=2$ $\therefore P(2)=1$

$P(x)$는 최고차항의 계수가 1인 이차다항식이므로

$P(x)=x^2+ax+b$ (a, b는 상수)라 하면

$P(1)=1$에서 $1+a+b=1$

$\therefore a+b=0$ ...... ㉠

$P(2)=1$에서 $4+2a+b=1$

$\therefore 2a+b=-3$ ...... ㉡

㉠, ㉡을 연립하여 풀면 $a=-3$, $b=3$

따라서 $P(x)=x^2-3x+3$이므로

$P(4)=16-12+3=7$

0245 답 7

나머지 정리에 의하여 $f(0)=1$, $f(1)=3$, $f(-2)=3$

$f(x)$를 x^3+x^2-2x로 나누었을 때의 몫을 $Q(x)$, 나머지를 $R(x)=ax^2+bx+c$ (a, b, c는 상수)라 하면

$f(x)=(x^3+x^2-2x)Q(x)+ax^2+bx+c$

$\qquad =x(x-1)(x+2)Q(x)+ax^2+bx+c$ ...... ㉠

㉠의 양변에 $x=0$을 대입하면 $f(0)=c$에서 $c=1$

㉠의 양변에 $x=1$을 대입하면 $f(1)=a+b+c$에서

$a+b+c=3$, $a+b+1=3$

$\therefore a+b=2$ ...... ㉡

㉠의 양변에 $x=-2$를 대입하면 $f(-2)=4a-2b+c$에서

$4a-2b+c=3$, $4a-2b+1=3$

$\therefore 2a-b=1$ ...... ㉢

$\textcircled{L}$, $\textcircled{C}$을 연립하여 풀면 $a=1$, $b=1$

따라서 $R(x)=x^2+x+1$이므로

$R(2)=4+2+1=7$

0246 답 ⑤

$x^3+ax^2-11x+7=(x-1)Q(x)-1$

양변에 $x=1$을 대입하면

$1+a-11+7=-1$ $\therefore a=2$

$x^3+2x^2-11x+7=(x-1)Q(x)-1$의 양변에 $x=2$를 대입하면

$8+8-22+7=Q(2)-1$

$\therefore Q(2)=2$

따라서 $Q(x)$를 $x-2$로 나누었을 때의 나머지는 2이다.

0247 답 15

$f(x)-5x$를 x^2-2x-3으로 나누었을 때의 몫을 $Q(x)$라 하면

$f(x)-5x=(x^2-2x-3)Q(x)$

$f(x)=(x+1)(x-3)Q(x)+5x$

양변에 $x=3$을 대입하면

$f(3)=15$

따라서 $\underline{f(3x+2)$를 $3x-1$로 나누었을 때의 나머지는}

$\qquad\qquad\qquad\quad\llcorner\!\rightarrow x=\frac{1}{3}$을 대입

$f\left(3\times\frac{1}{3}+2\right)=f(3)=15$

0248 답 ⑤

$46=x$로 놓고 x^{15}을 $x+1$로 나누었을 때의 몫을 $Q(x)$, 나머지를 R라 하면

$x^{15}=(x+1)Q(x)+R$

양변에 $x=-1$을 대입하면 $R=-1$

$\therefore x^{15}=(x+1)Q(x)-1$

$x=46$이므로

$46^{15}=47Q(46)-1$

이때 46^{15}을 47로 나누었을 때의 나머지를 r라 하면 $0\le r<47$이므로

$46^{15}=47Q(46)-1$

$\quad=47\{Q(46)-1\}+47-1$

$\quad=47\{Q(46)-1\}+46$

따라서 구하는 나머지는 46이다.

0249 답 24

$f(x+2)$를 x^2+2x-3으로 나누었을 때의 몫을 $Q(x)$라 하면

$f(x+2)=(x^2+2x-3)Q(x)$

$\qquad\quad=(x+3)(x-1)Q(x)$

양변에 $x=-3$, $x=1$을 각각 대입하면

$f(-1)=0$, $f(3)=0$

$f(-1)=0$에서 $-2-3-a+b=0$

$\therefore a-b=-5$ ······ $\textcircled{つ}$

$f(3)=0$에서 $54-27+3a+b=0$

$\therefore 3a+b=-27$ ······ $\textcircled{L}$

$\textcircled{つ}$, $\textcircled{L}$을 연립하여 풀면 $a=-8$, $b=-3$

$\therefore ab=24$

0250 답 ④

④ $x^6-y^6=(x^3)^2-(y^3)^2$

$\qquad\quad=(x^3+y^3)(x^3-y^3)$

$\qquad\quad=(x+y)(x^2-xy+y^2)(x-y)(x^2+xy+y^2)$

$\qquad\quad=(x^2-y^2)(x^2-xy+y^2)(x^2+xy+y^2)$

0251 답 ④

$a^3+1-a(a+1)=(a+1)(a^2-a+1)-a(a+1)$

$\qquad\qquad\qquad=(a+1)(a^2-2a+1)$

$\qquad\qquad\qquad=(a+1)(a-1)^2$

따라서 주어진 식의 인수가 아닌 것은 ④이다.

0252 답 ⑤

$x^2+1=X$로 놓으면

$(x^2+1)^2+3(x^2+1)+2=X^2+3X+2$

$\qquad\qquad\qquad\qquad=(X+2)(X+1)$

$\qquad\qquad\qquad\qquad=(x^2+1+2)(x^2+1+1)$

$\qquad\qquad\qquad\qquad=(x^2+3)(x^2+2)$

따라서 $a=3$, $b=2$ 또는 $a=2$, $b=3$이므로

$a+b=5$

0253 답 ③

$x^2=X$로 놓으면

$x^4-8x^2+16=X^2-8X+16$

$\qquad\qquad\quad=(X-4)^2$

$\qquad\qquad\quad=(x^2-4)^2$

$\qquad\qquad\quad=(x+2)^2(x-2)^2$

이때 $a>b$이므로 $a=2$, $b=-2$

$\therefore a-b=4$

0254 답 $(x-y-z)(x+y-z-1)$

x에 대하여 내림차순으로 정리한 다음 인수분해하면

$x^2-y^2+z^2-2xz-x+y+z$

$=x^2-(2z+1)x-y^2+z^2+y+z$

$=x^2-(2z+1)x-(y+z)(y-z)+(y+z)$

$=x^2-(2z+1)x-(y+z)(y-z-1)$

$=\{x-(y+z)\}\{x+(y-z-1)\}$

$=(x-y-z)(x+y-z-1)$

0255 답 -5

$x^4-2x^3-5x^2+2x+1=x^2\left(x^2-2x-5+\dfrac{2}{x}+\dfrac{1}{x^2}\right)$

$\qquad\qquad\qquad\qquad=x^2\left\{x^2+\dfrac{1}{x^2}-2\left(x-\dfrac{1}{x}\right)-5\right\}$

$\qquad\qquad\qquad\qquad=x^2\left\{\left(x-\dfrac{1}{x}\right)^2-2\left(x-\dfrac{1}{x}\right)-3\right\}$

$\qquad\qquad\qquad\qquad=x^2\left\{\left(x-\dfrac{1}{x}\right)+1\right\}\left\{\left(x-\dfrac{1}{x}\right)-3\right\}$

$\qquad\qquad\qquad\qquad=(x^2+x-1)(x^2-3x-1)$

따라서 $a=-1$, $b=-3$, $c=-1$이므로

$a+b+c=-5$

0256 답 ②

$f(-1)=0$, $f(2)=0$이므로 조립제법을 이용하여 $f(x)$를 인수분해하면

$$
\begin{array}{r|rrrrr}
-1 & 1 & -5 & 6 & 4 & -8 \\
   &   & -1 & 6 & -12 & 8 \\
\hline
2 & 1 & -6 & 12 & -8 & \,0 \\
  &   & 2 & -8 & 8 & \\
\hline
  & 1 & -4 & 4 & \,0 &
\end{array}
$$

$f(x)=(x+1)(x-2)(x^2-4x+4)$
$\qquad =(x+1)(x-2)^3$
$\therefore f(2.1)=(2.1+1)(2.1-2)^3$
$\qquad\qquad =3.1\times0.1^3=0.0031$

0257 답 12

$x+y=(1+\sqrt2)+(1-\sqrt2)=2$
$xy=(1+\sqrt2)(1-\sqrt2)=-1$
$\therefore x^3+x^2y+xy^2+y^3=x^2(x+y)+y^2(x+y)$
$\qquad\qquad\qquad\qquad =(x+y)(x^2+y^2)$
$\qquad\qquad\qquad\qquad =(x+y)\{(x+y)^2-2xy\}$
$\qquad\qquad\qquad\qquad =2\times\{2^2-2\times(-1)\}=12$

0258 답 ⑤

주어진 등식의 좌변을 인수분해하면
$a^4+b^4-c^4+2a^2b^2=(a^2+b^2)^2-(c^2)^2$
$\qquad\qquad\qquad\qquad\quad =(a^2+b^2+c^2)(a^2+b^2-c^2)$
$\therefore (a^2+b^2+c^2)(a^2+b^2-c^2)=0$
그런데 $a^2+b^2+c^2>0$이므로
$a^2+b^2-c^2=0$ $\quad\therefore a^2+b^2=c^2$
따라서 주어진 조건을 만족시키는 삼각형은 빗변의 길이가 c인 직각삼각형이다.

0259 답 4

주어진 방정식에 $x=1$을 대입하면
$a-b(k+2)+a(k-1)=4$
$\therefore (a-b)k-2b-4=0$ $\qquad\qquad$ ……… ❶
이 등식이 k에 대한 항등식이므로
$a-b=0$, $-2b-4=0$
$-2b-4=0$에서 $b=-2$
$a-b=0$에서 $a=b=-2$
$\therefore ab=4$ $\qquad\qquad$ ……… ❷

채점 기준	
❶ $x=1$을 대입하여 k에 대한 등식으로 정리하기	50%
❷ ab의 값 구하기	50%

0260 답 $4x-5$

$f(x+2)-f(x)=2x^2+6x$ $\qquad$ ……… ㉠
㉠의 양변에 $x=-1$을 대입하면
$f(1)-f(-1)=-4$
$\therefore f(1)=f(-1)-4=3-4=-1$

㉠의 양변에 $x=1$을 대입하면
$f(3)-f(1)=8$
$\therefore f(3)=f(1)+8=-1+8=7$ $\qquad$ ……… ❶
$f(x)$를 x^2-4x+3으로 나누었을 때의 몫을 $Q(x)$, 나머지를 $ax+b\,(a,\ b$는 상수)라 하면
$f(x)=(x^2-4x+3)Q(x)+ax+b$
$\qquad =(x-1)(x-3)Q(x)+ax+b$ $\quad$ ……… ㉡ $\qquad$ ❷
㉡의 양변에 $x=1$을 대입하면 $f(1)=a+b$에서
$a+b=-1$ $\qquad\qquad$ ……… ㉢
㉡의 양변에 $x=3$을 대입하면 $f(3)=3a+b$에서
$3a+b=7$ $\qquad\qquad$ ……… ㉣
㉢, ㉣을 연립하여 풀면
$a=4$, $b=-5$
따라서 구하는 나머지는 $4x-5$이다. $\qquad$ ……… ❸

채점 기준	
❶ $f(1)$, $f(3)$의 값 구하기	40%
❷ $f(x)$에 대한 항등식으로 나타내기	20%
❸ 나머지 구하기	40%

0261 답 12

$f(x)=x^3-2x^2+ax+b$라 하면 $f(x)$가 $x-1$, $x+2$를 인수로 가지므로
$f(1)=0$, $f(-2)=0$
$f(1)=0$에서 $1-2+a+b=0$
$\therefore a+b=1$ $\qquad\qquad$ ……… ㉠
$f(-2)=0$에서 $-8-8-2a+b=0$
$\therefore 2a-b=-16$ $\qquad\qquad$ ……… ㉡
㉠, ㉡을 연립하여 풀면
$a=-5$, $b=6$ $\qquad\qquad$ ……… ❶
따라서 $g(x)=x^2-5x+6$이라 하면 $g(x)$를 $x+1$로 나누었을 때의 나머지는
$g(-1)=1+5+6=12$ $\qquad\qquad$ ……… ❷

채점 기준	
❶ a, b의 값 구하기	50%
❷ 나머지 구하기	50%

0262 답 x^2+3x+4

$f(x)=x^3+2x^2+ax-4$라 하면 $f(x)$가 $x-1$을 인수로 가지므로
$f(1)=0$에서
$1+2+a-4=0$
$\therefore a=1$ $\qquad\qquad$ ……… ❶
$f(x)=x^3+2x^2+x-4$이므로 조립제법을 이용하여 인수분해하면

$$
\begin{array}{r|rrrr}
1 & 1 & 2 & 1 & -4 \\
  &   & 1 & 3 & 4 \\
\hline
  & 1 & 3 & 4 & \,0
\end{array}
$$

$x^3+2x^2+x-4=(x-1)(x^2+3x+4)$
$\therefore Q(x)=x^2+3x+4$ $\qquad\qquad$ ……… ❷

채점 기준	
❶ a의 값 구하기	40%
❷ $Q(x)$ 구하기	60%

C 실력 향상

43쪽

0263 답 $42x-83$

$f(x)$의 최고차항의 차수를 n이라 하면 주어진 등식의 좌변의 최고차항의 차수는 $3n$, 우변의 최고차항의 차수는 $n+2$이므로
$3n=n+2$
$2n=2$ $\therefore n=1$
따라서 $f(x)$는 최고차항의 계수가 2인 일차식이므로
$f(x)=2x+a\,(a$는 상수$)$라 하자.
주어진 등식에서
$(2x+a)^3=(2x+a)(4x^2-12x)+18x-27$
$8x^3+12ax^2+6a^2x+a^3=8x^3+4(a-6)x^2-6(2a-3)x-27$
이 등식이 x에 대한 항등식이므로
$12a=4(a-6)$
$8a=-24$ $\therefore a=-3$
$\therefore f(x)=2x-3$
이때 $\{f(x)\}^3$을 x^2-x-2, 즉 $(x+1)(x-2)$로 나누었을 때의 몫을 $Q(x)$, 나머지를 $bx+c\,(b,\ c$는 상수$)$라 하면
$(2x-3)^3=(x+1)(x-2)Q(x)+bx+c$ $\cdots\cdots$ ㉠
㉠의 양변에 $x=-1$을 대입하면
$-b+c=-125$ $\cdots\cdots$ ㉡
㉠의 양변에 $x=2$를 대입하면
$2b+c=1$ $\cdots\cdots$ ㉢
㉡, ㉢을 연립하여 풀면
$b=42,\ c=-83$
따라서 $\{f(x)\}^3$을 x^2-x-2로 나누었을 때의 나머지는 $42x-83$이다.

0264 답 ④

$f(1)=3=\dfrac{3}{1}$, $f(2)=2=\dfrac{4}{2}$, $f(3)=\dfrac{5}{3}$, $f(4)=\dfrac{3}{2}=\dfrac{6}{4}$이므로
$f(1)=3,\ 2f(2)=4,\ 3f(3)=5,\ 4f(4)=6$
$f(1)-3=2f(2)-4=3f(3)-5=4f(4)-6=0$이므로 다항식 $xf(x)-(x+2)$는 $x-1,\ x-2,\ x-3,\ x-4$를 인수로 갖는다.
이때 $f(x)$가 삼차식이면 $xf(x)-(x+2)$는 사차식이므로
$xf(x)-(x+2)=a(x-1)(x-2)(x-3)(x-4)\,(a$는 상수$)$라 하자.
양변에 $x=0$을 대입하면
$-2=24a$ $\therefore a=-\dfrac{1}{12}$
$\therefore xf(x)-(x+2)=-\dfrac{1}{12}(x-1)(x-2)(x-3)(x-4)$
$f(x)$를 $x+2$로 나누었을 때의 나머지는 $f(-2)$이므로 위의 식의 양변에 $x=-2$를 대입하면
$-2f(-2)=-\dfrac{1}{12}\times(-3)\times(-4)\times(-5)\times(-6)$
$-2f(-2)=-30$
$\therefore f(-2)=15$
따라서 구하는 나머지는 15이다.

0265 답 ③

$x^{10}-x$를 $(x-1)^2$으로 나누었을 때의 몫을 $Q(x)$, 나머지를 $R(x)=ax+b\,(a,\ b$는 상수$)$라 하면
$x^{10}-x=(x-1)^2Q(x)+ax+b$
양변에 $x=1$을 대입하면
$0=a+b$
$\therefore b=-a$
$\therefore x^{10}-x=(x-1)^2Q(x)+ax-a$
$\qquad\qquad =(x-1)\{(x-1)Q(x)+a\}$
한편
$x^{10}-x=x(x^9-1)$
$\qquad\quad =x(x-1)(x^8+x^7+\cdots+x^2+x+1)$
이므로
$x(x-1)(x^8+x^7+\cdots+x^2+x+1)=(x-1)\{(x-1)Q(x)+a\}$
$\therefore x(x^8+x^7+\cdots+x^2+x+1)=(x-1)Q(x)+a$
양변에 $x=1$을 대입하면
$a=9$
따라서 $b=-9$이므로
$R(x)=9x-9$
$\therefore R(3)=27-9=18$

0266 답 40

주어진 등식의 좌변을 c에 대한 내림차순으로 정리하여 인수분해하면
$a^3+a^2b-ac^2+ab^2+b^3-bc^2$
$=-(a+b)c^2+a^3+b^3+a^2b+ab^2$
$=-(a+b)c^2+(a+b)(a^2-ab+b^2)+ab(a+b)$
$=(a+b)(-c^2+a^2-ab+b^2+ab)$
$=(a+b)(a^2+b^2-c^2)$
$\therefore (a+b)(a^2+b^2-c^2)=0$
그런데 $a+b>0$이므로
$a^2+b^2-c^2=0$
$\therefore a^2+b^2=c^2$
따라서 주어진 조건을 만족시키는 삼각형은 빗변의 길이가 c인 직각삼각형이고 이 삼각형의 넓이는 $\dfrac{1}{2}ab$이므로
$\dfrac{1}{2}ab=20$
$\therefore ab=40$

03 / 복소수

A 개념 확인

0267 답 실수부분: 1, 허수부분: -3

0268 답 실수부분: $\dfrac{5}{2}$, 허수부분: $-\dfrac{1}{2}$

0269 답 실수부분: $-\sqrt{2}$, 허수부분: 1

0270 답 실수부분: 0, 허수부분: 6

0271 답 실수부분: 5, 허수부분: 0

0272 답 ㄱ, ㄷ, ㄹ, ㅁ

복소수 $a+bi$에서 $b=0$이면 실수이다.

ㄹ. $-2i^2=2$

따라서 실수는 ㄱ, ㄷ, ㄹ, ㅁ이다.

0273 답 ㄴ, ㅂ

복소수 $a+bi$에서 $b\neq0$이면 허수이므로 허수는 ㄴ, ㅂ이다.

0274 답 ㄴ

복소수 $a+bi$에서 $a=0$, $b\neq0$이면 순허수이므로 순허수는 ㄴ이다.

0275 답 $x=5$, $y=-6$

0276 답 $x=2$, $y=4$

$2x+(y-1)i=4+3i$에서

$2x=4$, $y-1=3$

$\therefore x=2$, $y=4$

0277 답 $x=1$, $y=2$

$(2x-2)+(3y-6)i=0$에서

$2x-2=0$, $3y-6=0$

$\therefore x=1$, $y=2$

0278 답 $x=2$, $y=-1$

$(x+2y)+(4x-y)i=9i$에서

$x+2y=0$, $4x-y=9$

두 식을 연립하여 풀면

$x=2$, $y=-1$

0279 답 $-1+5i$

0280 답 $-7-\sqrt{2}i$

0281 답 $-8i$

0282 답 $4\sqrt{3}$

0283 답 $-2-2i$

$(2+3i)+(-4-5i)=(2-4)+(3-5)i=-2-2i$

0284 답 $-4+10i$

$(-1+4i)-(3-6i)=(-1-3)+(4+6)i$
$\qquad\qquad\qquad\quad =-4+10i$

0285 답 $11-2i$

$(1-2i)(3+4i)=3+4i-6i-8i^2$
$\qquad\qquad\qquad =3-2i+8$
$\qquad\qquad\qquad =11-2i$

0286 답 $-8+6i$

$(-1-3i)^2=1+6i+9i^2=1+6i-9$
$\qquad\qquad\quad =-8+6i$

0287 답 $5-i$

$\dfrac{4-6i}{1-i}=\dfrac{(4-6i)(1+i)}{(1-i)(1+i)}=\dfrac{4+4i-6i-6i^2}{1-i^2}$
$\qquad =\dfrac{4-2i+6}{1+1}=\dfrac{10-2i}{2}$
$\qquad =5-i$

0288 답 $2-5i$

$\overline{(\bar{z})}=z=2-5i$

0289 답 4

$z+\bar{z}=(2-5i)+(2+5i)=4$

0290 답 29

$z\bar{z}=(2-5i)(2+5i)=4-25i^2$
$\quad =4+25=29$

0291 답 $\dfrac{-21+20i}{29}$

$\dfrac{\bar{z}}{z}=\dfrac{2+5i}{2-5i}=\dfrac{(2+5i)^2}{(2-5i)(2+5i)}$
$\quad =\dfrac{4+20i+25i^2}{4-25i^2}=\dfrac{4+20i-25}{4+25}$
$\quad =\dfrac{-21+20i}{29}$

0292 답 -1

$i^{26}=i^{4\times6+2}=i^2=-1$

0293 답 $-i$

$(-i)^{17}=-i^{17}=-i^{4\times4+1}=-i$

0294 답 -1

$-i^{12}=-i^{4\times3}=-1$

0295 답 $1+i$

$i^{200}+i^{201}=i^{4\times50}+i^{4\times50+1}=1+i$

0296 답 $\sqrt{6}i$

0297 답 $-8i$

$-\sqrt{-64}=-\sqrt{64}i=-8i$

0298 답 $\pm2\sqrt{3}i$

$\pm\sqrt{-12}=\pm\sqrt{12}i=\pm2\sqrt{3}i$

만렙 Note

실수 a에 대하여 제곱하여 a가 되는 수를 a의 제곱근이라 한다. 즉, $x^2=a$일 때 x를 a의 제곱근이라 한다.

0299 답 $\pm\dfrac{1}{3}i$

$\pm\sqrt{-\dfrac{1}{9}}=\pm\sqrt{\dfrac{1}{9}}i=\pm\dfrac{1}{3}i$

0300 답 -9

$\sqrt{-3}\sqrt{-27}=\sqrt{3}i\times\sqrt{27}i=\sqrt{81}i^2=-9$

다른 풀이

$\sqrt{-3}\sqrt{-27}=-\sqrt{(-3)\times(-27)}=-\sqrt{81}=-9$

0301 답 $-3i$

$\dfrac{\sqrt{18}}{\sqrt{-2}}=\dfrac{\sqrt{18}}{\sqrt{2}i}=\dfrac{\sqrt{9}}{i}=\dfrac{3i}{i^2}=-3i$

다른 풀이

$\dfrac{\sqrt{18}}{\sqrt{-2}}=-\sqrt{\dfrac{18}{-2}}=-\sqrt{-9}=-3i$

B 유형 완성

50~57쪽

0302 답 ③

① 0은 실수인 복소수이다.
② $b=0$이어도 a가 허수이면 $a+bi$는 허수이다.
④ $\dfrac{2-5i}{3}$의 허수부분은 $-\dfrac{5}{3}$이다.
⑤ $\sqrt{3}i$의 실수부분은 0, 허수부분은 $\sqrt{3}$이다.
따라서 옳은 것은 ③이다.

0303 답 ②

$\dfrac{5i-1}{2}$의 실수부분은 $-\dfrac{1}{2}$, $2-i$의 허수부분은 -1이므로

$a=-\dfrac{1}{2}$, $b=-1$ $\quad\therefore a+b=-\dfrac{3}{2}$

0304 답 3

허수는 $8+\sqrt{-1}=8+i$, $-i$, $\sqrt{5}-9i$의 3개이다.

0305 답 $4+i$

$(\sqrt{3}+i)(\sqrt{3}-i)-\dfrac{1-2i}{2+i}=3+1-\dfrac{(1-2i)(2-i)}{(2+i)(2-i)}$

$\qquad\qquad =4-\dfrac{2-i-4i-2}{4+1}$

$\qquad\qquad =4-\dfrac{-5i}{5}$

$\qquad\qquad =4+i$

0306 답 ④

④ $(5-i)^2=25-10i-1=24-10i$
따라서 옳지 않은 것은 ④이다.

0307 답 ④

$z_1=(1+i)^2=1+2i-1=2i$

$z_2=\dfrac{\sqrt{2}+2i}{\sqrt{2}-2i}=\dfrac{(\sqrt{2}+2i)^2}{(\sqrt{2}-2i)(\sqrt{2}+2i)}$

$\qquad =\dfrac{2+4\sqrt{2}i-4}{2+4}=\dfrac{-1+2\sqrt{2}i}{3}$

$\therefore z_1z_2=2i\times\dfrac{-1+2\sqrt{2}i}{3}=-\dfrac{4\sqrt{2}+2i}{3}$

따라서 실수부분은 $-\dfrac{4\sqrt{2}}{3}$, 허수부분은 $-\dfrac{2}{3}$이므로

$a=-\dfrac{4\sqrt{2}}{3}$, $b=-\dfrac{2}{3}$ $\quad\therefore a^2+b^2=\dfrac{32}{9}+\dfrac{4}{9}=4$

0308 답 8

$(2+3i)\odot(3+2i)=(2+3i)(3+2i)-(2+3i)-(3+2i)$

$\qquad\qquad =6+4i+9i-6-2-3i-3-2i$

$\qquad\qquad =-5+8i$ ...... ❶

따라서 구하는 허수부분은 8이다. ...... ❷

채점 기준	
❶ $(2+3i)\odot(3+2i)$를 계산하기	80 %
❷ $(2+3i)\odot(3+2i)$의 허수부분 구하기	20 %

0309 답 ①

$z=6+10i-4xi+x=(x+6)+(-4x+10)i$

z^2이 음의 실수가 되려면 z의 실수부분은 0이고 허수부분은 0이 아니어야 하므로

$x+6=0$, $-4x+10\neq0$ $\quad\therefore x=-6$

0310 답 2

$x(i-x)+1-2i=(-x^2+1)+(x-2)i$

이 복소수가 실수가 되려면 허수부분이 0이어야 하므로

$x-2=0$ $\quad\therefore x=2$

0311 답 ③

$(1+i)(1-i)a^2+(2i-3)a+1-2i=2a^2+2ai-3a+1-2i$

$\qquad\qquad\qquad\qquad\qquad =(2a^2-3a+1)+(2a-2)i$

이 복소수가 순허수가 되려면 실수부분은 0이고 허수부분은 0이 아니어야 하므로

$2a^2-3a+1=0$, $2a-2\neq0$

$2a^2-3a+1=0$에서 $(2a-1)(a-1)=0$

$\therefore a=\dfrac{1}{2}$ 또는 $a=1$ ...... ㉠

$2a-2\neq0$에서 $a\neq1$ ...... ㉡

㉠, ㉡에서 $a=\dfrac{1}{2}$

0312 답 1

$z=x(x+4+i)-5(1+i)=(x^2+4x-5)+(x-5)i$ ...... ❶

z^2이 실수가 되려면 z의 실수부분이 0이거나 허수부분이 0이어야 하므로

$x^2+4x-5=0$ 또는 $x-5=0$

$x^2+4x-5=0$에서 $(x+5)(x-1)=0$

$\therefore x=-5$ 또는 $x=1$ ...... ㉠

$x-5=0$에서 $x=5$ ...... ㉡

$\bigcirc$, $\bigcirc$에서 $x=-5$ 또는 $x=1$ 또는 $x=5$ ...... $\mathbf{ii}$

따라서 구하는 x의 값의 합은 $-5+1+5=1$ ...... $\mathbf{iii}$

채점 기준

$\mathbf{i}$ z를 $a+bi$ 꼴로 정리하기	30%
$\mathbf{ii}$ z^2이 실수가 되도록 하는 x의 값 구하기	50%
$\mathbf{iii}$ 모든 실수 x의 값의 합 구하기	20%

0313 답 ③

$z=(a+4i)(a-3i)+a^2(i-2)-11$
$\quad=a^2-3ai+4ai+12+a^2i-2a^2-11$
$\quad=(-a^2+1)+(a^2+a)i$

z^2이 양의 실수가 되려면 z의 실수부분은 0이 아니고 허수부분은 0
이어야 하므로
$-a^2+1\neq0$, $a^2+a=0$
$-a^2+1\neq0$에서 $(1-a)(1+a)\neq0$
$\therefore a\neq-1$이고 $a\neq1$ ...... $\bigcirc$
$a^2+a=0$에서 $a(a+1)=0$
$\therefore a=-1$ 또는 $a=0$ ...... $\bigcirc$
$\bigcirc$, $\bigcirc$에서 $a=0$

0314 답 7

$x(1+i)-2y(3-i)=1+9i$에서
$(x-6y)+(x+2y)i=1+9i$
복소수가 서로 같을 조건에 의하여
$x-6y=1$, $x+2y=9$
두 식을 연립하여 풀면 $x=7$, $y=1$
$\therefore xy=7$

0315 답 ⑤

복소수가 서로 같을 조건에 의하여
$x-2=0$, $3x+y-5=0$
따라서 $x=2$, $y=-1$이므로 $x-y=3$

0316 답 -3

$x(2-i)^2-y(3+i)=\overline{3y-(5-2x)i}$에서
$3(x-y)-(4x+y)i=3y-(2x-5)i$
복소수가 서로 같을 조건에 의하여
$x-y=y$, $4x+y=2x-5$
$\therefore x-2y=0$, $2x+y=-5$
두 식을 연립하여 풀면 $x=-2$, $y=-1$
$\therefore x+y=-3$

0317 답 0

$\dfrac{x}{1+3i}+\dfrac{y}{1-3i}=\dfrac{6}{1-i}$에서

$\dfrac{x(1-3i)+y(1+3i)}{(1+3i)(1-3i)}=\dfrac{6(1+i)}{(1-i)(1+i)}$

$\dfrac{(x+y)-3(x-y)i}{10}=3+3i$

$(x+y)-3(x-y)i=30+30i$

복소수가 서로 같을 조건에 의하여
$x+y=30$, $x-y=-10$
두 식을 연립하여 풀면 $x=10$, $y=20$
$\therefore 2x-y=20-20=0$

0318 답 ②

$x=\dfrac{-1-\sqrt{3}i}{2}$에서 $2x+1=-\sqrt{3}i$

양변을 제곱하면
$4x^2+4x+1=-3$, $x^2+x=-1$
$\therefore 2x^2+2x+1=2(x^2+x)+1=-2+1=-1$

0319 답 ①

$x=\dfrac{25}{3+4i}=\dfrac{25(3-4i)}{(3+4i)(3-4i)}=3-4i$이므로 $x-3=-4i$

양변을 제곱하면
$x^2-6x+9=-16$, $x^2-6x=-25$
$\therefore x^2-6x+10=-25+10=-15$

0320 답 $-i$

$x=\dfrac{1}{2+i}=\dfrac{2-i}{(2+i)(2-i)}=\dfrac{2-i}{5}$ ...... $\mathbf{i}$

$x=\dfrac{2-i}{5}$에서 $5x-2=-i$

양변을 제곱하면
$25x^2-20x+4=-1$, $5x^2-4x+1=0$ ...... $\mathbf{ii}$
$\therefore 5x^3-4x^2+6x-2=x(5x^2-4x+1)+5x-2$
$\qquad\qquad\qquad\qquad\quad=5x-2=-i$ ...... $\mathbf{iii}$

채점 기준

$\mathbf{i}$ x를 $a+bi$ 꼴로 정리하기	30%
$\mathbf{ii}$ $5x^2-4x+1$의 값 구하기	30%
$\mathbf{iii}$ $5x^3-4x^2+6x-2$의 값 구하기	40%

0321 답 -25

$x^2=3+4i$에서 $x^2-3=4i$

양변을 제곱하면
$x^4-6x^2+9=-16$, $x^4-6x^2+25=0$ ⟶$x^4-6x^2=-25$
$x\neq0$이므로 양변을 x로 나누면

$x^3-6x+\dfrac{25}{x}=0$

$\therefore x^4+x^3-6x^2-6x+\dfrac{25}{x}=(x^4-6x^2)+\left(x^3-6x+\dfrac{25}{x}\right)$
$\qquad\qquad\qquad\qquad\qquad\qquad=-25+0=-25$

0322 답 16

$z=\dfrac{10}{3-i}=\dfrac{10(3+i)}{(3-i)(3+i)}=3+i$

따라서 $\bar{z}=3-i$이므로
$z+\bar{z}+z\bar{z}=(3+i)+(3-i)+(3+i)(3-i)=6+10=16$

0323 답 -1

$a+b=(2+2\sqrt{3}i)+(2-2\sqrt{3}i)=4$
$ab=(2+2\sqrt{3}i)(2-2\sqrt{3}i)=16$

$$\therefore \frac{b}{a}+\frac{a}{b}=\frac{a^2+b^2}{ab}=\frac{(a+b)^2-2ab}{ab}$$
$$=\frac{4^2-2\times16}{16}=\frac{-16}{16}=-1$$

0324 답 $-\dfrac{2}{5}$

$\bar{z}=4-2i$이므로

$$\frac{1-\bar{z}}{z}=\frac{1-(4-2i)}{4+2i}=\frac{-3+2i}{4+2i}$$
$$=\frac{(-3+2i)(4-2i)}{(4+2i)(4-2i)}$$
$$=\frac{-8+14i}{20}=-\frac{2}{5}+\frac{7}{10}i$$

따라서 구하는 실수부분은 $-\dfrac{2}{5}$이다.

0325 답 -6

$$a=\frac{2}{1+i}=\frac{2(1-i)}{(1+i)(1-i)}=1-i,$$
$$b=\frac{2}{1-i}=\frac{2(1+i)}{(1-i)(1+i)}=1+i$$이므로
$$a+b=(1-i)+(1+i)=2$$
$$ab=(1-i)(1+i)=2 \qquad\cdots\cdots \text{ⓘ}$$
$$\therefore a^3+b^3-ab=(a+b)^3-3ab(a+b)-ab$$
$$=2^3-3\times2\times2-2=-6 \qquad\cdots\cdots \text{ⓘⓘ}$$

채점 기준

ⓘ $a+b$, ab의 값 구하기	40 %
ⓘⓘ a^3+b^3-ab의 값 구하기	60 %

0326 답 ㄱ, ㄴ, ㄷ

$z=a+bi$(a, b는 실수)라 하면 $\bar{z}=a-bi$

ㄱ. $z+\bar{z}+z\bar{z}=(a+bi)+(a-bi)+(a+bi)(a-bi)$
$\qquad =2a+a^2+b^2$ (실수)

ㄴ. $z\bar{z}=0$이면 $(a+bi)(a-bi)=0$
$\quad a^2+b^2=0 \qquad \therefore a=0, b=0$
$\qquad \therefore z=0$

ㄷ. $\bar{z}=a-bi$가 순허수이면 $a=0$, $b\neq0$에서 $z=bi$이므로 z도 순허
$\quad$수이다.

ㄹ. $z^2+\bar{z}^2=0$이면 $(a+bi)^2+(a-bi)^2=0$
$\quad 2a^2-2b^2=0$, $a^2=b^2 \qquad \therefore b=\pm a$
$\qquad \therefore z=a\pm ai$

따라서 보기에서 옳은 것은 ㄱ, ㄴ, ㄷ이다.

0327 답 ⑤

$z=\bar{z}$이면 z는 실수이므로 ⑤이다.

0328 답 ②

$z=a+bi$(a, b는 실수)라 하면 $\bar{z}=a-bi$

ㄱ. $z+\bar{z}=(a+bi)+(a-bi)=2a$ (실수)

ㄴ. $z-\bar{z}=(a+bi)-(a-bi)=2bi$

ㄷ. $z\bar{z}=(a+bi)(a-bi)=a^2+b^2$ (실수)

ㄹ. $\dfrac{z}{\bar{z}}=\dfrac{a+bi}{a-bi}=\dfrac{(a+bi)^2}{(a-bi)(a+bi)}=\dfrac{a^2-b^2}{a^2+b^2}+\dfrac{2ab}{a^2+b^2}i$

ㅁ. $\dfrac{1}{z}+\dfrac{1}{\bar{z}}=\dfrac{1}{a+bi}+\dfrac{1}{a-bi}=\dfrac{2a}{a^2+b^2}$ (실수)

따라서 보기에서 실수인 것은 ㄱ, ㄷ, ㅁ이다.

0329 답 ⑤

$\bar{z}=-z$이면 z는 순허수 또는 0이다.

$z=x^2-(5-i)x+4-2i=(x^2-5x+4)+(x-2)i$

(i) z가 순허수일 때,
$\quad x^2-5x+4=0$, $x-2\neq0$이어야 한다.
$\quad x^2-5x+4=0$에서 $(x-1)(x-4)=0$
$\quad \therefore x=1$ 또는 $x=4 \qquad\cdots\cdots$ ㉠
$\quad x-2\neq0$에서 $x\neq2 \qquad\cdots\cdots$ ㉡
$\quad$㉠, ㉡에서 $x=1$ 또는 $x=4$

(ii) $z=0$일 때,
$\quad x^2-5x+4=0$, $x-2=0$이어야 한다.
$\quad$이때 $x^2-5x+4=0$에서 $x=1$ 또는 $x=4$이고, $x-2=0$에서
$\quad x=2$이므로 동시에 만족시키는 x의 값은 존재하지 않는다.

(i), (ii)에서 $x=1$ 또는 $x=4$이므로 그 합은 $1+4=5$

0330 답 25

$$\alpha\bar{\alpha}-\alpha\bar{\beta}-\bar{\alpha}\beta+\beta\bar{\beta}=\alpha(\bar{\alpha}-\bar{\beta})-\beta(\bar{\alpha}-\bar{\beta})$$
$$=(\alpha-\beta)(\bar{\alpha}-\bar{\beta})$$
$$=(\alpha-\beta)(\overline{\alpha-\beta})$$

이때 $\alpha-\beta=(4+i)-(7-3i)=-3+4i$이므로

$\overline{\alpha-\beta}=-3-4i$

$$\therefore \alpha\bar{\alpha}-\alpha\bar{\beta}-\bar{\alpha}\beta+\beta\bar{\beta}=(\alpha-\beta)(\overline{\alpha-\beta})$$
$$=(-3+4i)(-3-4i)=25$$

0331 답 ④

$\bar{\alpha}\beta=1$에서 $\dfrac{1}{\bar{\alpha}}=\beta$

또 $\bar{\alpha}\beta=1$에서 $\overline{(\bar{\alpha}\beta)}=\alpha\bar{\beta}=1$이므로 $\alpha=\dfrac{1}{\bar{\beta}}$

$$\therefore \alpha+\frac{1}{\bar{\alpha}}=\frac{1}{\bar{\beta}}+\beta=2i$$

0332 답 $3-9i$

$\overline{z_2-z_1}=\bar{z_2}-\bar{z_1}=-1-4i$이므로 $z_2-z_1=-1+4i$

$\overline{z_1\times z_2}=\bar{z_1}\bar{z_2}=5+i$이므로 $z_1z_2=5-i$

$$\therefore (z_1-2)(z_2+2)=z_1z_2-2(z_2-z_1)-4$$
$$=(5-i)-2(-1+4i)-4$$
$$=3-9i$$

0333 답 ④

$\bar{\alpha}=\dfrac{1-\sqrt{3}i}{2}$이므로

$$\alpha+\bar{\alpha}=\frac{1+\sqrt{3}i}{2}+\frac{1-\sqrt{3}i}{2}=1$$
$$\alpha\bar{\alpha}=\frac{1+\sqrt{3}i}{2}\times\frac{1-\sqrt{3}i}{2}=1$$
$$\therefore z\bar{z}=\frac{\alpha+2}{\alpha-1}\times\overline{\left(\frac{\alpha+2}{\alpha-1}\right)}=\frac{\alpha+2}{\alpha-1}\times\frac{\bar{\alpha}+2}{\bar{\alpha}-1}$$
$$=\frac{\alpha\bar{\alpha}+2(\alpha+\bar{\alpha})+4}{\alpha\bar{\alpha}-(\alpha+\bar{\alpha})+1}=\frac{1+2+4}{1-1+1}=7$$

다른 풀이

$a+2=\dfrac{5+\sqrt{3}i}{2}$, $a-1=\dfrac{-1+\sqrt{3}i}{2}$이므로

$z=\dfrac{a+2}{a-1}=\dfrac{5+\sqrt{3}i}{2}\times\dfrac{2}{-1+\sqrt{3}i}=\dfrac{5+\sqrt{3}i}{-1+\sqrt{3}i}$

$\quad=\dfrac{(5+\sqrt{3}i)(-1-\sqrt{3}i)}{(-1+\sqrt{3}i)(-1-\sqrt{3}i)}=\dfrac{-1-3\sqrt{3}i}{2}$

$\therefore z\bar{z}=\dfrac{-1-3\sqrt{3}i}{2}\times\dfrac{-1+3\sqrt{3}i}{2}$

$\qquad=\dfrac{1+27}{4}=7$

0334 답 ②

$z=a+bi$ (a, b는 실수)라 하면 $\bar{z}=a-bi$

$2z-(i+2)\bar{z}=9i-2$에서

$2(a+bi)-(i+2)(a-bi)=9i-2$

$(-a+4b)i-b=9i-2$

복소수가 서로 같을 조건에 의하여

$-a+4b=9$, $-b=-2$ $\quad\therefore a=-1$, $b=2$

$\therefore z=-1+2i$

0335 답 $1\pm\sqrt{2}i$

$z=a+bi$ (a, b는 실수)라 하면 $\bar{z}=a-bi$

$z+\bar{z}=2$에서 $(a+bi)+(a-bi)=2$

$2a=2$ $\quad\therefore a=1$

$z\bar{z}=3$에서 $(1+bi)(1-bi)=3$

$1+b^2=3$, $b^2=2$

$\therefore b=\pm\sqrt{2}$

$\therefore z=1\pm\sqrt{2}i$

0336 답 3

$z=a+bi$ (a, b는 실수)라 하면 $\bar{z}=a-bi$

이때 z는 실수가 아닌 복소수이므로 $b\neq0$

$z^2=\bar{z}$에서 $(a+bi)^2=a-bi$ ⋯⋯ ❶

$a^2+2abi-b^2=a-bi$, $(a^2-b^2)+2abi=a-bi$

복소수가 서로 같을 조건에 의하여

$a^2-b^2=a$, $2ab=-b$

$2ab=-b$에서 $b\neq0$이므로 $a=-\dfrac{1}{2}$

$a^2-b^2=a$에서 $a=-\dfrac{1}{2}$이므로 $\dfrac{1}{4}-b^2=-\dfrac{1}{2}$

$b^2=\dfrac{3}{4}$ $\quad\therefore b=\pm\dfrac{\sqrt{3}}{2}$ ⋯⋯ ❷

$\therefore (1-z)(1-\bar{z})=1-(z+\bar{z})+z\bar{z}$

$\qquad=1-(a+bi+a-bi)+(a+bi)(a-bi)$

$\qquad=1-2a+a^2+b^2$

$\qquad=1+1+\dfrac{1}{4}+\dfrac{3}{4}=3$ ⋯⋯ ❸

채점 기준

❶ $z=a+bi$로 놓고 $z^2=\bar{z}$를 a, b에 대하여 나타내기	30 %
❷ a, b의 값 구하기	40 %
❸ $(1-z)(1-\bar{z})$의 값 구하기	30 %

0337 답 ③

$z=a+bi$ (a, b는 실수)라 하면 $\bar{z}=a-bi$

이때 z는 실수가 아닌 복소수이므로 $b\neq0$

$\bar{z}-\dfrac{1}{z}=(a-bi)-\dfrac{1}{a+bi}$

$\qquad=(a-bi)-\dfrac{a-bi}{(a+bi)(a-bi)}$

$\qquad=a\Big(1-\dfrac{1}{a^2+b^2}\Big)-b\Big(1-\dfrac{1}{a^2+b^2}\Big)i$

$\bar{z}-\dfrac{1}{z}$이 실수이려면 허수부분이 0이어야 하므로

$b\Big(1-\dfrac{1}{a^2+b^2}\Big)=0$

그런데 $b\neq0$이므로 $\dfrac{1}{a^2+b^2}=1$ $\quad\therefore a^2+b^2=1$

$\therefore z\bar{z}=(a+bi)(a-bi)=a^2+b^2=1$

다른 풀이

$\bar{z}-\dfrac{1}{z}$이 실수이면 복소수와 켤레복소수가 같으므로

$\bar{z}-\dfrac{1}{z}=\overline{\Big(\bar{z}-\dfrac{1}{z}\Big)}$, $\bar{z}-\dfrac{1}{z}=z-\dfrac{1}{\bar{z}}$

$z-\bar{z}=-\dfrac{1}{\bar{z}}+\dfrac{1}{z}$, $z-\bar{z}=\dfrac{z-\bar{z}}{z\bar{z}}$

이때 z는 허수이므로 $z-\bar{z}\neq0$

$\therefore z\bar{z}=1$

0338 답 ③

$-i+i^2-i^3+i^4=-i-1+i+1=0$이므로

$1-i+i^2-i^3+i^4-\cdots+i^{120}$

$=1+(-i+i^2-i^3+i^4)+i^4(-i+i^2-i^3+i^4)$

$\qquad\qquad\qquad\qquad +\cdots+i^{116}(-i+i^2-i^3+i^4)$

$=1+0+0+\cdots+0=1$

0339 답 0

$\dfrac{1}{i}+\dfrac{1}{i^2}+\dfrac{1}{i^3}+\dfrac{1}{i^4}=\dfrac{1}{i}-1-\dfrac{1}{i}+1=0$이므로

$\dfrac{1}{i}+\dfrac{1}{i^2}+\dfrac{1}{i^3}+\dfrac{1}{i^4}+\cdots+\dfrac{1}{i^{100}}$

$=\Big(\dfrac{1}{i}+\dfrac{1}{i^2}+\dfrac{1}{i^3}+\dfrac{1}{i^4}\Big)+\dfrac{1}{i^4}\Big(\dfrac{1}{i}+\dfrac{1}{i^2}+\dfrac{1}{i^3}+\dfrac{1}{i^4}\Big)$

$\qquad\qquad +\cdots+\dfrac{1}{i^{96}}\Big(\dfrac{1}{i}+\dfrac{1}{i^2}+\dfrac{1}{i^3}+\dfrac{1}{i^4}\Big)$

$=0+0+\cdots+0=0$

0340 답 60

$i+2i^2+3i^3+4i^4+\cdots+59i^{59}+60i^{60}$

$=(i-2-3i+4)+(5i-6-7i+8)+\cdots+(57i-58-59i+60)$

$=\underbrace{(2-2i)+(2-2i)+\cdots+(2-2i)}_{15개}$

$=15\times(2-2i)=30-30i$ ⋯⋯ ❶

$30-30i=a+bi$이므로 복소수가 서로 같을 조건에 의하여

$a=30$, $b=-30$ ⋯⋯ ❷

$\therefore a-b=60$ ⋯⋯ ❸

채점 기준

❶ 주어진 등식의 좌변을 간단히 하기	60 %
❷ a, b의 값 구하기	30 %
❸ $a-b$의 값 구하기	10 %

0341 답 ④

$1+i+i^2+i^3=1+i-1-i=0$이므로

$(1+i^2)+(i^2+i^3)+(i^3+i^4)+\cdots+(i^{10}+i^{11})$

$=1+2(i^2+i^3+i^4+i^5)+2(i^6+i^7+i^8+i^9)+2i^{10}+i^{11}$

$=1+2i^2(\underbrace{1+i+i^2+i^3}_{0})+2i^6(\underbrace{1+i+i^2+i^3}_{0})+2i^{10}+i^{11}$

$=1+2i^{10}+i^{11}$

$=1+2\times i^{4\times2+2}+i^{4\times2+3}$

$=1+2i^2+i^3$

$=1-2-i=-1-i$

$-1-i=a+bi$이므로 복소수가 서로 같을 조건에 의하여

$a=-1,\ b=-1$

$\therefore 2ab=2$

0342 답 ①

$\dfrac{1-i}{1+i}=\dfrac{(1-i)^2}{(1+i)(1-i)}=-i,$

$\dfrac{1+i}{1-i}=\dfrac{(1+i)^2}{(1-i)(1+i)}=i$이므로

$\left(\dfrac{1-i}{1+i}\right)^{50}+\left(\dfrac{1+i}{1-i}\right)^{50}=(-i)^{50}+i^{50}=i^{50}+i^{50}$

$=2\times i^{4\times12+2}=2i^2$

$=2\times(-1)=-2$

0343 답 ①

$z^2=\left(\dfrac{1-i}{\sqrt2}\right)^2=\dfrac{-2i}{2}=-i$이므로

$z^2+z^4+z^6+\cdots+z^{100}$

$=-i+(-i)^2+(-i)^3+\cdots+(-i)^{50}$

$=-i+i^2-i^3+\cdots+i^{50}$

이때 $-i+i^2-i^3+i^4=-i-1+i+1=0$이므로

$z^2+z^4+z^6+\cdots+z^{100}$

$=-i+i^2-i^3+\cdots+i^{50}$

$=(\underbrace{-i+i^2-i^3+i^4}_{0})+i^4(\underbrace{-i+i^2-i^3+i^4}_{0})$

$\qquad\qquad +\cdots+i^{44}(\underbrace{-i+i^2-i^3+i^4}_{0})-i^{49}+i^{50}$

$=-i^{49}+i^{50}$

$=-i^{4\times12+1}+i^{4\times12+2}$

$=-i+i^2=-1-i$

0344 답 i

$\dfrac{1+i}{1-i}=\dfrac{(1+i)^2}{(1-i)(1+i)}=\dfrac{2i}{2}=i$이므로 $f(n)=i^n$ $\cdots\cdots$ ❶

$\therefore f(1)+f(2)+f(3)+\cdots+f(25)$

$\quad =i+i^2+i^3+\cdots+i^{25}$ $\cdots\cdots$ ❷

이때 $i+i^2+i^3+i^4=i-1-i+1=0$이므로

$f(1)+f(2)+f(3)+\cdots+f(25)$

$=i+i^2+i^3+\cdots+i^{25}$

$=(\underbrace{i+i^2+i^3+i^4}_{0})+i^4(\underbrace{i+i^2+i^3+i^4}_{0})$

$\qquad\qquad +\cdots+i^{20}(\underbrace{i+i^2+i^3+i^4}_{0})+i^{25}$

$=i^{25}=i^{4\times6+1}$

$=i$ $\cdots\cdots$ ❸

채점 기준

❶ $f(n)$을 간단히 하기	30 %
❷ $f(1)+f(2)+f(3)+\cdots+f(25)$를 i의 거듭제곱의 합으로 나타내기	20 %
❸ $f(1)+f(2)+f(3)+\cdots+f(25)$의 값 구하기	50 %

0345 답 ③

ㄱ. $z^2=\left(\dfrac{\sqrt2 i}{1-i}\right)^2=\dfrac{2i^2}{(1-i)^2}=\dfrac{-2}{-2i}=\dfrac{1}{i}=\dfrac{i}{i^2}=-i$

ㄴ. ㄱ에서 $z^2=-i$이므로

$z^6=(z^2)^3=(-i)^3=-i^3=i$

$\therefore z^6\neq z^2$

ㄷ. $z^8=z^6\times z^2=i\times(-i)=1$이므로

$z^{n+8}=z^n\times z^8=z^n$

따라서 보기에서 옳은 것은 ㄱ, ㄷ이다.

0346 답 $-\sqrt3+\sqrt5 i$

$\sqrt{-2}\sqrt{-6}-\dfrac{\sqrt{10}}{\sqrt{-2}}+\dfrac{\sqrt{-21}}{\sqrt{-7}}=\sqrt2 i\times\sqrt6 i-\dfrac{\sqrt{10}}{\sqrt2 i}+\dfrac{\sqrt{21}i}{\sqrt7 i}$

$\qquad\qquad =2\sqrt3 i^2-\dfrac{\sqrt5}{i}+\sqrt3$

$\qquad\qquad =-2\sqrt3-\dfrac{\sqrt5 i}{i^2}+\sqrt3$

$\qquad\qquad =-2\sqrt3+\sqrt5 i+\sqrt3$

$\qquad\qquad =-\sqrt3+\sqrt5 i$

0347 답 ⑤

① $\sqrt2\sqrt{-5}=\sqrt2\times\sqrt5 i=\sqrt{10}i=\sqrt{-10}$

② $\sqrt{-2}\sqrt{-5}=\sqrt2 i\times\sqrt5 i=-\sqrt{10}$

③ $\dfrac{\sqrt{-2}}{\sqrt5}=\dfrac{\sqrt2 i}{\sqrt5}=\sqrt{\dfrac25}i=\sqrt{-\dfrac25}$

④ $\dfrac{\sqrt{-2}}{\sqrt{-5}}=\dfrac{\sqrt2 i}{\sqrt5 i}=\sqrt{\dfrac25}$

⑤ $\dfrac{\sqrt2}{\sqrt{-5}}=\dfrac{\sqrt2}{\sqrt5 i}=\dfrac{\sqrt2 i}{\sqrt5 i^2}=-\sqrt{\dfrac25}i=-\sqrt{-\dfrac25}$

따라서 옳지 않은 것은 ⑤이다.

0348 답 ①

$\dfrac{a}{1+i}+\dfrac{bi}{1-i}=\dfrac{a(1-i)}{2}+\dfrac{bi(1+i)}{2}=\dfrac{a-b}{2}+\dfrac{-a+b}{2}i$

$\overline{1+i}=1-i$

$\dfrac{a-b}{2}+\dfrac{-a+b}{2}i=1-i$이므로 복소수가 서로 같을 조건에 의하여

$\dfrac{a-b}{2}=1$ $\qquad\therefore a-b=2$

$$\therefore \sqrt{b-a}\sqrt{b-a}+\frac{\sqrt{a-b}}{\sqrt{b-a}}=\sqrt{-2}\sqrt{-2}+\frac{\sqrt{2}}{\sqrt{-2}}$$
$$=\sqrt{2}i\times\sqrt{2}i+\frac{\sqrt{2}}{\sqrt{2}i}$$
$$=-2+\frac{1}{i}$$
$$=-2-i$$

0349 답 0

$-3<x<3$이므로 $x+3>0$, $x-3<0$

$$\therefore \frac{\sqrt{x+3}}{\sqrt{x-3}}\times\sqrt{\frac{x-3}{x+3}}-\frac{\sqrt{x+3}}{\sqrt{-x-3}}\times\sqrt{\frac{-x-3}{x+3}}$$
$$=\frac{\sqrt{x+3}}{\sqrt{3-x}i}\times\frac{\sqrt{3-x}i}{\sqrt{x+3}}-\frac{\sqrt{x+3}}{\sqrt{x+3}i}\times\frac{\sqrt{x+3}i}{\sqrt{x+3}}$$
$$=1-1=0$$

0350 답 $2a+2b$

$\frac{\sqrt{a}}{\sqrt{b}}=-\sqrt{\frac{a}{b}}$이므로 $a>0$, $b<0$

이때 $a>b$이므로 $a-b>0$

$$\therefore \sqrt{(a-b)^2}+|a|-3\sqrt{b^2}=(a-b)+a-3(-b)$$
$$=a-b+a+3b$$
$$=2a+2b$$

0351 답 ④

$\sqrt{a}\sqrt{b}=-\sqrt{ab}$이므로 $a<0$, $b<0$

① $\sqrt{-a}\sqrt{b}=\sqrt{-a}\times\sqrt{-b}i=\sqrt{ab}i=\sqrt{-ab}$

② $\sqrt{ab^2}=\sqrt{-ab^2}i=-b\sqrt{-a}i=-b\sqrt{a}$

③ $\frac{\sqrt{b}}{\sqrt{a}}=\frac{\sqrt{-b}i}{\sqrt{-a}i}=\sqrt{\frac{b}{a}}$

④ $\frac{\sqrt{-b}}{\sqrt{a}}=\frac{\sqrt{-b}}{\sqrt{-a}i}=-\frac{\sqrt{-b}}{\sqrt{-a}}i=-\sqrt{\frac{b}{a}}i=-\sqrt{-\frac{b}{a}}$

⑤ $a+b<0$이므로

$|a+b|=-(a+b)=-a-b=|a|+|b|$

따라서 옳지 않은 것은 ④이다.

0352 답 1

$\frac{\sqrt{a}}{\sqrt{b}}=-\sqrt{\frac{a}{b}}$에서 $a>0$, $b<0$

$\sqrt{a^2}=|a|=a$, $\sqrt{b^2}=|b|=-b$이므로

$\sqrt{a^2}+2\sqrt{b^2}+(3|a|+|b|)i=(a-2b)+(3a-b)i$

즉, $(a-2b)+(3a-b)i=4+7i$이므로 복소수가 서로 같을 조건에 의하여

$a-2b=4$, $3a-b=7$

두 식을 연립하여 풀면 $a=2$, $b=-1$

$\therefore a+b=1$

AB 유형 점검

58~60쪽

0353 답 ⑤

⑤ $1+\sqrt{3}$의 허수부분은 0이다.

0354 답 ⑤

① $(5+3i)+(2-11i)=7-8i$

② $(6-i)-(3-2i)=6-i-3+2i=3+i$

③ $(2-i)(3+2i)=6+4i-3i+2=8+i$

④ $(2-7i)+(2-3i)-(i-4)=2-7i+2-3i-i+4$
$$=8-11i$$

⑤ $\frac{1}{1+2i}-\frac{1}{1-2i}=\frac{1-2i-(1+2i)}{(1+2i)(1-2i)}=-\frac{4}{5}i$

따라서 옳은 것은 ⑤이다.

0355 답 ②

$z=(1-n+2i)^2=\{(1-n)+2i\}^2$
$$=(n^2-2n-3)+4(1-n)i$$

z^2이 실수가 되려면 z의 실수부분이 0이거나 허수부분이 0이어야 하므로

$n^2-2n-3=0$ 또는 $4(1-n)=0$

$n^2-2n-3=0$에서 $(n+1)(n-3)=0$

$\therefore n=3$ ($\because n>0$)

$4(1-n)=0$에서 $n=1$

따라서 모든 자연수 n의 값의 합은

$3+1=4$

0356 답 5

$(2+i)x-2(1-i)y=\overline{2-7i}$에서

$2(x-y)+(x+2y)i=2+7i$

복소수가 서로 같을 조건에 의하여

$x-y=1$, $x+2y=7$

두 식을 연립하여 풀면 $x=3$, $y=2$

$\therefore x+y=5$

0357 답 ④

$x=\frac{1-3i}{1+i}=\frac{(1-3i)(1-i)}{(1+i)(1-i)}$
$$=\frac{-2-4i}{2}=-1-2i$$

$x+1=-2i$의 양변을 제곱하면

$x^2+2x+1=-4$, $x^2+2x+5=0$

$\therefore x^3+2x^2+5x+2=x(x^2+2x+5)+2=2$

0358 답 ③

$x+y=(2+i)+(2-i)=4$,

$xy=(2+i)(2-i)=5$이므로

$x^2+y^2=(x+y)^2-2xy=4^2-2\times5=6$

$\therefore x^4+x^2y^2+y^4=(x^2+xy+y^2)(x^2-xy+y^2)$
$$=(6+5)\times(6-5)=11$$

0359 답 ①

$\overline{z}=1-\sqrt{3}i$이므로

$z+\overline{z}=(1+\sqrt{3}i)+(1-\sqrt{3}i)=2$

$z\overline{z}=(1+\sqrt{3}i)(1-\sqrt{3}i)=4$

$$\therefore z^3 + \bar{z}^3 = (z+\bar{z})^3 - 3z\bar{z}(z+\bar{z})$$
$$= 2^3 - 3 \times 4 \times 2 = -16$$

0360 답 ⑤

$z = a + bi$ (a, b는 실수)라 하면 $\bar{z} = a - bi$

ㄱ. $z\bar{z} = 0$이므로

$(a+bi)(a-bi) = 0$

$a^2 + b^2 = 0$ $\therefore a = 0$, $b = 0$

$\therefore z = \bar{z} = 0$

ㄴ. $\overline{z\bar{z}} = \overline{(a+bi)(a-bi)}$

$= \overline{a^2 + b^2} = a^2 + b^2$ (실수)

ㄷ. $z^2 = (a+bi)^2 = a^2 - b^2 + 2abi$

z^2이 허수이므로 $ab \neq 0$

즉, $a \neq 0$, $b \neq 0$이므로 z는 허수이다.

따라서 보기에서 옳은 것은 ㄱ, ㄴ, ㄷ이다.

0361 답 ②

$$\alpha\bar{\alpha} + 2\alpha\bar{\beta} + 2\bar{\alpha}\beta + 4\beta\bar{\beta} = \alpha(\bar{\alpha} + 2\bar{\beta}) + 2\beta(\bar{\alpha} + 2\bar{\beta})$$
$$= (\alpha + 2\beta)(\bar{\alpha} + 2\bar{\beta})$$
$$= (\alpha + 2\beta)\overline{(\alpha + 2\beta)}$$

이때 $\alpha + 2\beta = (1+3i) + 2(3-2i) = 7-i$이므로

$\overline{\alpha + 2\beta} = 7 + i$

$$\therefore \alpha\bar{\alpha} + 2\alpha\bar{\beta} + 2\bar{\alpha}\beta + 4\beta\bar{\beta} = (\alpha + 2\beta)\overline{(\alpha + 2\beta)}$$
$$= (7-i)(7+i) = 50$$

0362 답 ①

㈎에서 $\bar{z} = -z$이므로 z는 순허수 또는 0이다.

(i) z가 순허수일 때,

$z = ai$ (a는 0이 아닌 실수)라 하면 ㈏에서

$(ai)^2 + (k^2 - 3k - 4)ai + (k^2 + 2k - 8) = 0$

$(-a^2 + k^2 + 2k - 8) + a(k^2 - 3k - 4)i = 0$

복소수가 서로 같을 조건에 의하여

$-a^2 + k^2 + 2k - 8 = 0$, $a(k^2 - 3k - 4) = 0$

$a(k^2 - 3k - 4) = 0$에서 $a \neq 0$이므로

$k^2 - 3k - 4 = 0$, $(k+1)(k-4) = 0$

$\therefore k = -1$ 또는 $k = 4$

$k = -1$을 $-a^2 + k^2 + 2k - 8 = 0$에 대입하면

$-a^2 - 9 = 0$, $a^2 = -9$

즉, 조건을 만족시키는 실수 a는 존재하지 않는다.

$k = 4$를 $-a^2 + k^2 + 2k - 8 = 0$에 대입하면

$-a^2 + 16 = 0$, $a^2 = 16$

$\therefore a = -4$ 또는 $a = 4$

즉, 조건을 만족시키는 실수 a가 존재하므로 $k = 4$

(ii) $z = 0$일 때,

㈏에서 $k^2 + 2k - 8 = 0$

$(k+4)(k-2) = 0$

$\therefore k = -4$ 또는 $k = 2$

(i), (ii)에서 $k = 4$ 또는 $k = -4$ 또는 $k = 2$이므로 그 곱은

$4 \times (-4) \times 2 = -32$

0363 답 ③

$i + i^2 + i^3 + i^4 = i - 1 - i + 1 = 0$이므로

$1 + i + i^2 + i^3 + i^4 + \cdots + i^{200}$

$= 1 + \underbrace{(i + i^2 + i^3 + i^4)}_{0} + i^4 \underbrace{(i + i^2 + i^3 + i^4)}_{0} + \cdots + i^{196} \underbrace{(i + i^2 + i^3 + i^4)}_{0}$

$= 1 + 0 + 0 + \cdots + 0 = 1$

0364 답 ③

$$\frac{1}{i} - \frac{2}{i^2} + \frac{3}{i^3} - \frac{4}{i^4} + \cdots + \frac{21}{i^{21}} - \frac{22}{i^{22}}$$
$$= (-i + 2 + 3i - 4) + (-5i + 6 + 7i - 8)$$
$$+ \cdots + (-17i + 18 + 19i - 20) + (-21i + 22)$$
$$= \underbrace{(-2+2i) + (-2+2i) + \cdots + (-2+2i)}_{5개} + (-21i + 22)$$
$$= 5 \times (-2+2i) + (-21i + 22)$$
$$= 12 - 11i$$

$12 - 11i = a + bi$이므로 복소수가 서로 같을 조건에 의하여

$a = 12$, $b = -11$ $\therefore a + b = 1$

0365 답 ③

$z = \dfrac{1-i}{1+i} = \dfrac{(1-i)^2}{(1+i)(1-i)} = \dfrac{-2i}{2} = -i$

$z^2 = (-i)^2 = i^2 = -1$

$z^4 = (-1)^2 = 1$

$\vdots$

따라서 $z^n = 1$이 되도록 하는 자연수 n은 4의 배수이므로 50 이하의 자연수 n은 4, 8, 12, ..., 48의 12개이다.

0366 답 24

$$\sqrt{-27}\sqrt{-9} + \frac{\sqrt{-18}}{\sqrt{-6}} + \frac{\sqrt{9}}{\sqrt{-3}} = \sqrt{27}i \times \sqrt{9}i + \frac{\sqrt{18}i}{\sqrt{6}i} + \frac{\sqrt{9}}{\sqrt{3}i}$$
$$= -9\sqrt{3} + \sqrt{3} + \frac{\sqrt{3}}{i}$$
$$= -8\sqrt{3} - \sqrt{3}i$$

$-8\sqrt{3} - \sqrt{3}i = a + bi$이므로 복소수가 서로 같을 조건에 의하여

$a = -8\sqrt{3}$, $b = -\sqrt{3}$ $\therefore ab = 24$

0367 답 $b+c$

$\sqrt{a}\sqrt{b} = -\sqrt{ab}$에서 $a < 0$, $b < 0$

$\dfrac{\sqrt{c}}{\sqrt{b}} = -\sqrt{\dfrac{c}{b}}$에서 $b < 0$, $c > 0$

따라서 $a + b < 0$이므로

$\sqrt{a^2} - |a+b| + \sqrt{c^2} = -a + (a+b) + c = b + c$

0368 답 4

$z = x^2 + (i-4)x + i - 5 = (x^2 - 4x - 5) + (x+1)i$

z가 실수가 되려면 $x + 1 = 0$ $\therefore x = -1$

$\therefore a = -1$ $\cdots\cdots$ ⓘ

z^2이 음의 실수가 되려면 z가 순허수이어야 하므로

$x^2 - 4x - 5 = 0$, $x + 1 \neq 0$

$x^2 - 4x - 5 = 0$에서 $(x+1)(x-5) = 0$

$\therefore x = -1$ 또는 $x = 5$ $\cdots\cdots$ ㉠

$x + 1 \neq 0$에서 $x \neq -1$ $\cdots\cdots$ ㉡

⊙, ⓒ에서 $x=5$

$\therefore b=5$ ...... ⓑ

$\therefore a+b=-1+5=4$ ...... ⓒ

채점 기준	
ⓐ a의 값 구하기	40 %
ⓑ b의 값 구하기	50 %
ⓒ $a+b$의 값 구하기	10 %

0369 답 $4-2i$

$z=a+bi$ (a, b는 실수)라 하면 $\overline{z}=a-bi$

$\dfrac{z}{3+i}+\dfrac{\overline{z}}{2}=3$에서

$\dfrac{a+bi}{3+i}+\dfrac{a-bi}{2}=3$ ...... ⓐ

양변에 $2(3+i)$를 곱하면

$2(a+bi)+(a-bi)(3+i)=6(3+i)$

$(5a+b)+(a-b)i=18+6i$

복소수가 서로 같을 조건에 의하여

$5a+b=18$, $a-b=6$

두 식을 연립하여 풀면 $a=4$, $b=-2$ ...... ⓑ

$\therefore z=4-2i$ ...... ⓒ

채점 기준	
ⓐ $z=a+bi$로 놓고 주어진 식을 나타내기	30 %
ⓑ a, b의 값 구하기	60 %
ⓒ 복소수 z 구하기	10 %

0370 답 1

$z^2=\left(\dfrac{1+i}{\sqrt{2}}\right)^2=\dfrac{2i}{2}=i$이므로

$\dfrac{1}{z^2}-\dfrac{1}{z^4}+\dfrac{1}{z^6}-\dfrac{1}{z^8}+\cdots+\dfrac{1}{z^{30}}=\dfrac{1}{i}-\dfrac{1}{i^2}+\dfrac{1}{i^3}-\dfrac{1}{i^4}+\cdots+\dfrac{1}{i^{15}}$ ...... ⓐ

이때 $\dfrac{1}{i}-\dfrac{1}{i^2}+\dfrac{1}{i^3}-\dfrac{1}{i^4}=\dfrac{1}{i}+1-\dfrac{1}{i}-1=0$이므로

$\dfrac{1}{z^2}-\dfrac{1}{z^4}+\dfrac{1}{z^6}-\dfrac{1}{z^8}+\cdots+\dfrac{1}{z^{30}}$

$=\dfrac{1}{i}-\dfrac{1}{i^2}+\dfrac{1}{i^3}-\dfrac{1}{i^4}+\cdots+\dfrac{1}{i^{15}}$

$=\underbrace{\left(\dfrac{1}{i}-\dfrac{1}{i^2}+\dfrac{1}{i^3}-\dfrac{1}{i^4}\right)}_{0}+\dfrac{1}{i^4}\underbrace{\left(\dfrac{1}{i}-\dfrac{1}{i^2}+\dfrac{1}{i^3}-\dfrac{1}{i^4}\right)}_{0}$

$\qquad +\dfrac{1}{i^8}\underbrace{\left(\dfrac{1}{i}-\dfrac{1}{i^2}+\dfrac{1}{i^3}-\dfrac{1}{i^4}\right)}_{0}+\dfrac{1}{i^{13}}-\dfrac{1}{i^{14}}+\dfrac{1}{i^{15}}$

$=\dfrac{1}{i^{13}}-\dfrac{1}{i^{14}}+\dfrac{1}{i^{15}}$

$=\dfrac{1}{i^{4\times 3+1}}-\dfrac{1}{i^{4\times 3+2}}+\dfrac{1}{i^{4\times 3+3}}$

$=\dfrac{1}{i}-\dfrac{1}{i^2}+\dfrac{1}{i^3}$

$=\dfrac{1}{i}+1-\dfrac{1}{i}=1$ ...... ⓑ

채점 기준	
ⓐ 구하는 식을 i의 거듭제곱으로 나타내기	40 %
ⓑ 식의 값 구하기	60 %

0371 답 $-32-24i$

$f(1, 3)+f(2, 6)+f(3, 9)+\cdots+f(40, 120)$

$=\dfrac{1-3i}{1+3i}+\dfrac{2-6i}{2+6i}+\dfrac{3-9i}{3+9i}+\cdots+\dfrac{40-120i}{40+120i}$

$=\underbrace{\dfrac{1-3i}{1+3i}+\dfrac{1-3i}{1+3i}+\dfrac{1-3i}{1+3i}+\cdots+\dfrac{1-3i}{1+3i}}_{40개}$

$=40\times\dfrac{1-3i}{1+3i}=40\times\dfrac{(1-3i)^2}{(1+3i)(1-3i)}$

$=40\times\dfrac{-8-6i}{10}=-32-24i$

0372 답 $32i$

$\alpha\overline{\beta}=\overline{\alpha}\beta=1$에서 $\dfrac{1}{\alpha}=\overline{\beta}$, $\dfrac{1}{\beta}=\overline{\alpha}$

또 $\alpha+\beta=1-i$에서 $\overline{\alpha+\beta}=1+i$

$\therefore \left(\dfrac{1}{\alpha}+\dfrac{1}{\beta}\right)^{10}=(\overline{\beta}+\overline{\alpha})^{10}=(\overline{\alpha+\beta})^{10}$

$\qquad\qquad =(1+i)^{10}=\{(1+i)^2\}^5$

$\qquad\qquad =(2i)^5=32i^5=32i$

0373 답 24

$z=\dfrac{\sqrt{2}}{1+i}$라 하면

$z^2=\left(\dfrac{\sqrt{2}}{1+i}\right)^2=\dfrac{2}{(1+i)^2}=\dfrac{2}{2i}=-i$,

$z^4=(z^2)^2=(-i)^2=i^2=-1$,

$z^8=(z^4)^2=(-1)^2=1$, $\ldots$

$w=\dfrac{\sqrt{3}+i}{2}$라 하면

$w^2=\left(\dfrac{\sqrt{3}+i}{2}\right)^2=\dfrac{2+2\sqrt{3}i}{4}=\dfrac{1+\sqrt{3}i}{2}$,

$w^3=w^2\times w=\dfrac{1+\sqrt{3}i}{2}\times\dfrac{\sqrt{3}+i}{2}=i$,

$w^6=(w^3)^2=i^2=-1$, $w^{12}=(w^6)^2=(-1)^2=1$, $\ldots$

즉, $z^n+w^n=2$를 만족시키려면 $z^n=1$, $w^n=1$이어야 한다.

이때 $z^n=1$이려면 n은 8의 배수이어야 하고 $w^n=1$이려면 n은 12의 배수이어야 하므로 구하는 자연수 n의 최솟값은 8과 12의 최소공배수인 24이다.

0374 답 ①

㈎에서 $a<0$, $b>0$이므로 $a<b$

㈏에서 a, b, c가 모두 실수이므로

$a+c=0$, $2a+3b=0$

$a+c=0$에서 $c=-a>0$

$2a+3b=0$에서 $-a=\dfrac{3}{2}b$이므로 $c=-a=\dfrac{3}{2}b$

이때 $b>0$, $c>0$이고 $c=\dfrac{3}{2}b$이므로 $b<c$

$\therefore a<b<c$

04 / 이차방정식

A 개념 확인

0375 답 $x=-6$ 또는 $x=-1$

$x^2+7x+6=0$에서 $(x+6)(x+1)=0$

$\therefore x=-6$ 또는 $x=-1$

0376 답 $x=-4$ 또는 $x=4$

$x^2-16=0$에서 $(x+4)(x-4)=0$

$\therefore x=-4$ 또는 $x=4$

0377 답 $x=-\dfrac{3}{4}$ 또는 $x=\dfrac{3}{2}$

$8x^2-6x-9=0$에서 $(4x+3)(2x-3)=0$

$\therefore x=-\dfrac{3}{4}$ 또는 $x=\dfrac{3}{2}$

0378 답 $x=-1\pm2\sqrt{2}i$

$x^2+2x+9=0$에서

$x=-1\pm\sqrt{1^2-1\times9}$

$\quad=-1\pm\sqrt{-8}=-1\pm2\sqrt{2}i$

0379 답 $x=\dfrac{3\pm\sqrt{57}}{2}$

$x^2-3x-12=0$에서

$x=\dfrac{-(-3)\pm\sqrt{(-3)^2-4\times1\times(-12)}}{2\times1}$

$\quad=\dfrac{3\pm\sqrt{57}}{2}$

0380 답 $x=\dfrac{1\pm\sqrt{3}i}{4}$

$4x^2-2x+1=0$에서

$x=\dfrac{-(-1)\pm\sqrt{(-1)^2-4\times1}}{4}$

$\quad=\dfrac{1\pm\sqrt{-3}}{4}=\dfrac{1\pm\sqrt{3}i}{4}$

0381 답 $x=-\dfrac{7}{2}$ 또는 $x=1$, 실근

$2x^2+5x-7=0$에서 $(2x+7)(x-1)=0$

$\therefore x=-\dfrac{7}{2}$ 또는 $x=1$

따라서 주어진 이차방정식의 근은 실근이다.

0382 답 $x=\dfrac{-4\pm\sqrt{2}i}{3}$, 허근

$3x^2+8x+6=0$에서

$x=\dfrac{-4\pm\sqrt{4^2-3\times6}}{3}$

$\quad=\dfrac{-4\pm\sqrt{-2}}{3}=\dfrac{-4\pm\sqrt{2}i}{3}$

따라서 주어진 이차방정식의 근은 허근이다.

0383 답 $x=\pm3i$, 허근

$x^2+9=0$에서

$x=\pm\sqrt{-9}=\pm3i$

따라서 주어진 이차방정식의 근은 허근이다.

0384 답 서로 다른 두 허근

이차방정식 $x^2-2x+4=0$의 판별식을 D라 하면

$\dfrac{D}{4}=(-1)^2-1\times4=-3<0$

따라서 서로 다른 두 허근을 갖는다.

0385 답 서로 다른 두 실근

이차방정식 $x^2+5x-9=0$의 판별식을 D라 하면

$D=5^2-4\times1\times(-9)=61>0$

따라서 서로 다른 두 실근을 갖는다.

0386 답 중근

이차방정식 $2x^2+4x+2=0$의 판별식을 D라 하면

$\dfrac{D}{4}=2^2-2\times2=0$

따라서 중근을 갖는다.

0387 답 (1) ㄴ, ㄷ, ㅂ (2) ㅁ (3) ㄱ, ㄹ

각 이차방정식의 판별식을 D라 하면

ㄱ. $D=1^2-4\times1\times1=-3<0$

ㄴ. $D=(-3)^2-4\times1\times(-4)=25>0$

ㄷ. $\dfrac{D}{4}=3^2-3\times(-8)=33>0$

ㄹ. $\dfrac{D}{4}=(-2)^2-5\times3=-11<0$

ㅁ. $\dfrac{D}{4}=(-4)^2-16\times1=0$

ㅂ. $\dfrac{D}{4}=3^2-1\times2=7>0$

(1) $D>0$이어야 하므로 보기에서

　　ㄴ, ㄷ, ㅂ

(2) $D=0$이어야 하므로 보기에서

　　ㅁ

(3) $D<0$이어야 하므로 보기에서

　　ㄱ, ㄹ

0388 답 (1) $k>-\dfrac{1}{12}$ (2) $k=-\dfrac{1}{12}$ (3) $k<-\dfrac{1}{12}$

이차방정식 $3x^2+x-k=0$의 판별식을 D라 하면

$D=1^2-4\times3\times(-k)=12k+1$

(1) $D>0$이어야 하므로

　　$D=12k+1>0$　　$\therefore k>-\dfrac{1}{12}$

(2) $D=0$이어야 하므로

　　$D=12k+1=0$　　$\therefore k=-\dfrac{1}{12}$

(3) $D<0$이어야 하므로

　　$D=12k+1<0$　　$\therefore k<-\dfrac{1}{12}$

0389 답 두 근의 합: -4, 두 근의 곱: 5

이차방정식 $x^2+4x+5=0$에서 근과 계수의 관계에 의하여

(두 근의 합)$=-\dfrac{4}{1}=-4$, (두 근의 곱)$=\dfrac{5}{1}=5$

0390 답 두 근의 합: $-\dfrac{8}{3}$, 두 근의 곱: -3

이차방정식 $3x^2+8x-9=0$에서 근과 계수의 관계에 의하여

(두 근의 합)$=-\dfrac{8}{3}$, (두 근의 곱)$=\dfrac{-9}{3}=-3$

0391 답 두 근의 합: -1, 두 근의 곱: 7

이차방정식 $-x^2-x-7=0$에서 근과 계수의 관계에 의하여

(두 근의 합)$=-\dfrac{-1}{-1}=-1$, (두 근의 곱)$=\dfrac{-7}{-1}=7$

0392 답 (1) 2 (2) -6 (3) $-\dfrac{1}{3}$ (4) 16

이차방정식 $x^2-2x-6=0$의 두 근이 α, β이므로 근과 계수의 관계에 의하여

(1) $\alpha+\beta=-\dfrac{-2}{1}=2$

(2) $\alpha\beta=\dfrac{-6}{1}=-6$

(3) $\dfrac{1}{\alpha}+\dfrac{1}{\beta}=\dfrac{\alpha+\beta}{\alpha\beta}=\dfrac{2}{-6}=-\dfrac{1}{3}$

(4) $\alpha^2+\beta^2=(\alpha+\beta)^2-2\alpha\beta=2^2-2\times(-6)=16$

0393 답 $x^2+2x-3=0$

$x^2-(-3+1)x+(-3)\times1=0$

$\therefore x^2+2x-3=0$

0394 답 $x^2-4x+1=0$

$x^2-\{(2+\sqrt{3})+(2-\sqrt{3})\}x+(2+\sqrt{3})(2-\sqrt{3})=0$

$\therefore x^2-4x+1=0$

0395 답 $x^2-6x+13=0$

$x^2-\{(3-2i)+(3+2i)\}x+(3-2i)(3+2i)=0$

$\therefore x^2-6x+13=0$

0396 답 $2x^2+x-1=0$

$2\left\{x^2-\left(\dfrac{1}{2}-1\right)x+\dfrac{1}{2}\times(-1)\right\}=0$

$2\left(x^2+\dfrac{1}{2}x-\dfrac{1}{2}\right)=0$ $\therefore 2x^2+x-1=0$

0397 답 $\left(x+\dfrac{3-\sqrt{33}}{2}\right)\left(x+\dfrac{3+\sqrt{33}}{2}\right)$

$x^2+3x-6=0$에서

$x=\dfrac{-3\pm\sqrt{3^2-4\times1\times(-6)}}{2\times1}=\dfrac{-3\pm\sqrt{33}}{2}$

$\therefore x^2+3x-6=\left(x+\dfrac{3-\sqrt{33}}{2}\right)\left(x+\dfrac{3+\sqrt{33}}{2}\right)$

0398 답 $(x-9i)(x+9i)$

$x^2+81=0$에서 $x=\pm9i$

$\therefore x^2+81=(x-9i)(x+9i)$

0399 답 $2\left(x-1-\dfrac{\sqrt{6}}{2}i\right)\left(x-1+\dfrac{\sqrt{6}}{2}i\right)$

$2x^2-4x+5=0$에서

$x=\dfrac{-(-2)\pm\sqrt{(-2)^2-2\times5}}{2}=\dfrac{2\pm\sqrt{-6}}{2}$

$=\dfrac{2\pm\sqrt{6}i}{2}=1\pm\dfrac{\sqrt{6}}{2}i$

$\therefore 2x^2-4x+5=2\left(x-1-\dfrac{\sqrt{6}}{2}i\right)\left(x-1+\dfrac{\sqrt{6}}{2}i\right)$

0400 답 $a=-2$, $b=-1$

주어진 이차방정식의 계수가 유리수이므로 $1+\sqrt{2}$가 근이면 다른 한 근은 $1-\sqrt{2}$이다.

이차방정식의 근과 계수의 관계에 의하여

$(1+\sqrt{2})+(1-\sqrt{2})=-a$

$(1+\sqrt{2})(1-\sqrt{2})=b$

$\therefore a=-2$, $b=-1$

0401 답 $a=4$, $b=-44$

주어진 이차방정식의 계수가 유리수이므로 $-2-4\sqrt{3}$이 근이면 다른 한 근은 $-2+4\sqrt{3}$이다.

이차방정식의 근과 계수의 관계에 의하여

$(-2-4\sqrt{3})+(-2+4\sqrt{3})=-a$

$(-2-4\sqrt{3})(-2+4\sqrt{3})=b$

$\therefore a=4$, $b=-44$

0402 답 $a=-2$, $b=10$

주어진 이차방정식의 계수가 실수이므로 $1-3i$가 근이면 다른 한 근은 $1+3i$이다.

이차방정식의 근과 계수의 관계에 의하여

$(1-3i)+(1+3i)=-a$

$(1-3i)(1+3i)=b$

$\therefore a=-2$, $b=10$

0403 답 $a=6$, $b=11$

주어진 이차방정식의 계수가 실수이므로 $-3+\sqrt{2}i$가 근이면 $-3-\sqrt{2}i$도 근이다.

이차방정식의 근과 계수의 관계에 의하여

$(-3+\sqrt{2}i)+(-3-\sqrt{2}i)=-a$

$(-3+\sqrt{2}i)(-3-\sqrt{2}i)=b$

$\therefore a=6$, $b=11$

B 유형 완성 66~75쪽

0404 답 ④

$x^2+4x+7=0$에서

$x=-2\pm\sqrt{2^2-1\times7}=-2\pm\sqrt{3}i$

따라서 $a=-2$, $b=3$이므로

$a+b=1$

0405 답 ④

$x(x+3)=3(x^2-1)-2x$에서

$2x^2-5x-3=0$, $(2x+1)(x-3)=0$

$\therefore x=-\dfrac{1}{2}$ 또는 $x=3$

0406 답 5

$\{x \odot (x+2)\}+\{(x-1)\odot 2\}=7$에서

$\{x(x+2)-x+(x+2)\}+\{(x-1)\times 2-(x-1)+2\}-7=0$

$(x^2+2x+2)+(x+1)-7=0$

$x^2+3x-4=0$, $(x+4)(x-1)=0$

$\therefore x=-4$ 또는 $x=1$

따라서 $\alpha=-4$, $\beta=1$ 또는 $\alpha=1$, $\beta=-4$이므로

$|\alpha|+|\beta|=|-4|+|1|=5$

0407 답 1

주어진 방정식의 양변에 $\sqrt{2}+1$을 곱하면

$(\sqrt{2}+1)(\sqrt{2}-1)x^2-(\sqrt{2}+1)(2+\sqrt{2})x+(\sqrt{2}+1)\times 3=0$

$x^2-(4+3\sqrt{2})x+3+3\sqrt{2}=0$

$(x-1)(x-3-3\sqrt{2})=0$

$\therefore x=1$ 또는 $x=3+3\sqrt{2}$

따라서 유리수인 근은 1이다.

0408 답 ①

이차방정식 $4x^2+8x+k=0$의 한 근이 $-\dfrac{1}{2}$이므로 $x=-\dfrac{1}{2}$을 대입하면

$1-4+k=0$ $\therefore k=3$

이를 주어진 방정식에 대입하면

$4x^2+8x+3=0$, $(2x+3)(2x+1)=0$

$\therefore x=-\dfrac{3}{2}$ 또는 $x=-\dfrac{1}{2}$

따라서 다른 한 근은 $-\dfrac{3}{2}$이다.

0409 답 ②

이차방정식 $x^2-3x+a=0$의 한 근이 $3+\sqrt{2}$이므로 $x=3+\sqrt{2}$를 대입하면

$(3+\sqrt{2})^2-3(3+\sqrt{2})+a=0$

$(11+6\sqrt{2})-9-3\sqrt{2}+a=0$

$2+3\sqrt{2}+a=0$

$\therefore a=-2-3\sqrt{2}$

0410 답 -2

이차방정식 $x^2+(2k+1)x+k+3=0$의 한 근이 -1이므로

$x=-1$을 대입하면

$1-(2k+1)+k+3=0$

$-k+3=0$ $\therefore k=3$ ······ ❶

이를 주어진 방정식에 대입하면

$x^2+7x+6=0$, $(x+6)(x+1)=0$

$\therefore x=-6$ 또는 $x=-1$ ······ ❷

따라서 $\alpha=-6$이므로

$\dfrac{\alpha}{k}=\dfrac{-6}{3}=-2$ ······ ❸

채점 기준

❶ k의 값 구하기	40 %
❷ 주어진 이차방정식의 근 구하기	40 %
❸ $\dfrac{\alpha}{k}$의 값 구하기	20 %

0411 답 $x=1$ 또는 $x=4$

이차방정식 $kx^2+(m+1)x-n(k-2)=0$의 한 근이 2이므로

$x=2$를 대입하면

$4k+2(m+1)-n(k-2)=0$

$\therefore (4-n)k+2m+2n+2=0$

이 등식이 k에 대한 항등식이므로

$4-n=0$, $2m+2n+2=0$

$\therefore m=-5$, $n=4$

이를 방정식 $x^2+mx+n=0$에 대입하면

$x^2-5x+4=0$, $(x-1)(x-4)=0$

$\therefore x=1$ 또는 $x=4$

0412 답 -45

이차방정식 $x^2+3x-2=0$의 한 근이 α이므로

$\alpha^2+3\alpha-2=0$

$\alpha \neq 0$이므로 양변을 α로 나누면

$\alpha+3-\dfrac{2}{\alpha}=0$

$\therefore \alpha-\dfrac{2}{\alpha}=-3$

$\therefore \alpha^3-\dfrac{8}{\alpha^3}=\left(\alpha-\dfrac{2}{\alpha}\right)^3+3\alpha\times\dfrac{2}{\alpha}\left(\alpha-\dfrac{2}{\alpha}\right)$

$\qquad\qquad =(-3)^3+6\times(-3)=-45$

0413 답 ①

(i) $x<-1$일 때,

$|x+1|=-(x+1)$이므로

$x^2+(x+1)-1=0$

$x^2+x=0$, $x(x+1)=0$

$\therefore x=-1$ 또는 $x=0$

그런데 $x<-1$이므로 이를 만족시키는 해는 없다.

(ii) $x \geq -1$일 때,

$|x+1|=x+1$이므로

$x^2-(x+1)-1=0$

$x^2-x-2=0$, $(x+1)(x-2)=0$

$\therefore x=-1$ 또는 $x=2$

그런데 $x \geq -1$이므로 $x=-1$ 또는 $x=2$

(i), (ii)에서 주어진 방정식의 해는

$x=-1$ 또는 $x=2$

따라서 방정식의 모든 근의 합은

$-1+2=1$

0414 답 $x=-3$ 또는 $x=3$

(i) $x<0$일 때,
  $x^2+x-6=0$, $(x+3)(x-2)=0$
  $\therefore x=-3$ 또는 $x=2$
  그런데 $x<0$이므로 $x=-3$

(ii) $x\geq0$일 때,
  $x^2-x-6=0$, $(x+2)(x-3)=0$
  $\therefore x=-2$ 또는 $x=3$
  그런데 $x\geq0$이므로 $x=3$

(i), (ii)에서 주어진 방정식의 해는
$x=-3$ 또는 $x=3$

다른 풀이

$x^2=|x|^2$이므로 $|x|^2-|x|-6=0$
$(|x|+2)(|x|-3)=0$　$\therefore |x|=-2$ 또는 $|x|=3$
그런데 $|x|\geq0$이므로 $|x|=3$
$\therefore x=-3$ 또는 $x=3$

0415 답 ③

$\sqrt{x^2-2x+1}=\sqrt{(x-1)^2}=|x-1|$이므로
$x^2-8|x|+4\sqrt{x^2-2x+1}=0$에서
$x^2-8|x|+4|x-1|=0$

(i) $x<0$일 때,
  $|x|=-x$, $|x-1|=-(x-1)$이므로
  $x^2+8x-4(x-1)=0$, $x^2+4x+4=0$
  $(x+2)^2=0$　$\therefore x=-2$
  그런데 $x<0$이므로 $x=-2$

(ii) $0\leq x<1$일 때,
  $|x|=x$, $|x-1|=-(x-1)$이므로
  $x^2-8x-4(x-1)=0$, $x^2-12x+4=0$
  $\therefore x=6\pm4\sqrt{2}$
  그런데 $0\leq x<1$이므로 $x=6-4\sqrt{2}$

(iii) $x\geq1$일 때,
  $|x|=x$, $|x-1|=x-1$이므로
  $x^2-8x+4(x-1)=0$, $x^2-4x-4=0$
  $\therefore x=2\pm2\sqrt{2}$
  그런데 $x\geq1$이므로 $x=2+2\sqrt{2}$

(i), (ii), (iii)에서 주어진 방정식의 근은
$x=-2$ 또는 $x=6-4\sqrt{2}$ 또는 $x=2+2\sqrt{2}$
따라서 유리수가 아닌 모든 근의 합은
$(6-4\sqrt{2})+(2+2\sqrt{2})=8-2\sqrt{2}$
즉, $a=8$, $b=-2$이므로 $a+b=6$

0416 답 2 m

도로의 폭을 x m라 하면 도로를 제외한 부분의 넓이는
$(16-2x)(10-x)=96$
$2x^2-36x+160=96$, $x^2-18x+32=0$
$(x-2)(x-16)=0$　$\therefore x=2$ 또는 $x=16$
그런데 $0<x<8$이므로 $x=2$
따라서 도로의 폭은 2 m이다.

0417 답 ④

처음 직사각형의 가로의 길이를 x cm라 하면 세로의 길이는
$(14-x)$ cm이므로 새로 만들어진 직사각형의 가로, 세로의 길이는
각각 $(x-2)$ cm, $(17-x)$ cm이다.
즉, 새로 만들어진 직사각형의 넓이는
$(x-2)(17-x)=\dfrac{9}{8}x(14-x)$
$-x^2+19x-34=\dfrac{9}{8}(-x^2+14x)$, $x^2+26x-272=0$
$(x+34)(x-8)=0$　$\therefore x=-34$ 또는 $x=8$
그런데 $2<x<14$이므로 $x=8$
따라서 처음 직사각형의 가로의 길이는 8 cm이다.

0418 답 ④

미술관의 입장료가 a원일 때 관람객 수를 b라 하면
할인된 입장료는 $a\left(1-\dfrac{x}{100}\right)$원, 관람객 수는 $b\left(1+\dfrac{3x}{100}\right)$이므로
총수입은
$ab\left(1-\dfrac{x}{100}\right)\left(1+\dfrac{3x}{100}\right)=ab\left(1+\dfrac{28}{100}\right)$
$1+\dfrac{2x}{100}-\dfrac{3x^2}{10000}=1+\dfrac{28}{100}$, $3x^2-200x+2800=0$
$(x-20)(3x-140)=0$　$\therefore x=20$ 또는 $x=\dfrac{140}{3}$
그런데 x는 자연수이므로 $x=20$

0419 답 $k<-4$

$x^2+2kx+k^2=2x-9$에서
$x^2+2(k-1)x+k^2+9=0$
이 이차방정식의 판별식을 D라 하면 $D>0$이어야 하므로
$\dfrac{D}{4}=(k-1)^2-(k^2+9)>0$
$-2k-8>0$　$\therefore k<-4$

0420 답 ②

각 이차방정식의 판별식을 D라 하면
ㄱ. $D=1^2-4\times1\times4=-15<0$
  즉, 서로 다른 두 허근을 갖는다.
ㄴ. $D=3^2-4\times1\times(-2)=17>0$
  즉, 서로 다른 두 실근을 갖는다.
ㄷ. $\dfrac{D}{4}=(-2)^2-1\times5=-1<0$
  즉, 서로 다른 두 허근을 갖는다.
ㄹ. $\dfrac{D}{4}=3^2-1\times9=0$
  즉, 중근을 갖는다.
따라서 보기에서 허근을 갖는 이차방정식은 ㄱ, ㄷ이다.

0421 답 ②

$x^2+4kx+3k=2kx-4$에서
$x^2+2kx+3k+4=0$
이 이차방정식의 판별식을 D라 하면 $D=0$이어야 하므로
$\dfrac{D}{4}=k^2-(3k+4)=0$

$k^2-3k-4=0$, $(k+1)(k-4)=0$

$\therefore k=-1$ 또는 $k=4$

따라서 모든 실수 k의 값의 합은

$-1+4=3$

0422 답 ③

x에 대한 이차방정식 $x^2-2(k+1)x+k^2-1=0$의 판별식을 D라 하면 $D<0$이어야 하므로

$\dfrac{D}{4}=\{-(k+1)\}^2-(k^2-1)<0$

$2k+2<0$ $\therefore k<-1$

따라서 정수 k의 최댓값은 -2이다.

0423 답 ②

$x^2+4x+k^2=2kx+8$에서

$x^2-2(k-2)x+k^2-8=0$

이 이차방정식의 판별식을 D라 하면 $D\geq0$이어야 하므로

$\dfrac{D}{4}=\{-(k-2)\}^2-(k^2-8)\geq0$

$-4k+12\geq0$ $\therefore k\leq3$

따라서 자연수 k는 1, 2, 3의 3개이다.

0424 답 1

이차방정식 $x^2-x-2k=0$의 판별식을 D_1이라 하면 $D_1\geq0$이어야 하므로

$D_1=(-1)^2-4\times1\times(-2k)\geq0$

$1+8k\geq0$ $\therefore k\geq-\dfrac{1}{8}$ …… ㉠ …… ❶

이차방정식 $x^2+(k+1)x+1=0$의 판별식을 D_2라 하면 $D_2=0$이어야 하므로

$D_2=(k+1)^2-4\times1\times1=0$

$k^2+2k-3=0$, $(k+3)(k-1)=0$

$\therefore k=-3$ 또는 $k=1$ …… ㉡ …… ❷

㉠, ㉡에서 $k=1$ …… ❸

채점 기준

❶ 이차방정식 $x^2-x-2k=0$이 실근을 갖도록 하는 k의 값의 범위 구하기	40 %
❷ 이차방정식 $x^2+(k+1)x+1=0$이 중근을 갖도록 하는 k의 값 구하기	40 %
❸ 조건을 만족시키는 k의 값 구하기	20 %

0425 답 ④

x에 대한 이차방정식 $x^2+2(k-a)x+k^2-4k+b=0$의 판별식을 D라 하면 $D=0$이어야 하므로

$\dfrac{D}{4}=(k-a)^2-(k^2-4k+b)=0$

$\therefore 2(2-a)k+a^2-b=0$

이 등식이 k에 대한 항등식이므로

$2-a=0$, $a^2-b=0$ $\therefore a=2$, $b=4$

$\therefore ab=8$

0426 답 실근

$2a=bc+1$에서 $bc=2a-1$

이차방정식 $x^2+2ax+bc=0$, 즉 $x^2+2ax+2a-1=0$의 판별식을 D라 하면

$\dfrac{D}{4}=a^2-(2a-1)=a^2-2a+1$

$=(a-1)^2\geq0$

따라서 이차방정식 $x^2+2ax+bc=0$은 실근을 갖는다.

0427 답 서로 다른 두 허근

x에 대한 이차방정식 $x^2-2kx+k^2-k+3=0$의 판별식을 D라 하면

$\dfrac{D}{4}=(-k)^2-(k^2-k+3)=k-3$

이때 $k<3$이므로 $k-3<0$

따라서 이차방정식 $x^2-2kx+k^2-k+3=0$은 서로 다른 두 허근을 갖는다.

0428 답 서로 다른 두 실근

이차방정식 $x^2+ax+b=0$의 판별식을 D_1이라 하면 $D_1>0$이어야 하므로

$D_1=a^2-4b>0$

이차방정식 $x^2+2(a+1)x+2(a+2b)=0$의 판별식을 D_2라 하면

$\dfrac{D_2}{4}=(a+1)^2-2(a+2b)=a^2-4b+1$

이때 $a^2-4b>0$이므로 $a^2-4b+1>1$

따라서 이차방정식 $x^2+2(a+1)x+2(a+2b)=0$은 서로 다른 두 실근을 갖는다.

0429 답 ③

$\dfrac{\sqrt{b}}{\sqrt{a}}=-\sqrt{\dfrac{b}{a}}$에서 $a<0$, $b>0$

$\therefore ab<0$

각 이차방정식의 판별식을 D라 하면

① $D=a^2+4b>0$이므로 서로 다른 두 실근을 갖는다.

② $D=b^2-4a>0$이므로 서로 다른 두 실근을 갖는다.

③ $D=b^2+4a$의 부호를 정할 수 없으므로 근을 판별할 수 없다.

④ $\dfrac{D}{4}=4-ab>0$이므로 서로 다른 두 실근을 갖는다.

⑤ $D=1-4ab>0$이므로 서로 다른 두 실근을 갖는다.

따라서 항상 서로 다른 두 실근을 갖는 이차방정식이 아닌 것은 ③이다.

0430 답 빗변의 길이가 a인 직각삼각형

이차방정식 $x^2+2cx+a^2-b^2=0$의 판별식을 D라 하면 $D=0$이어야 하므로

$\dfrac{D}{4}=c^2-(a^2-b^2)=0$

$b^2+c^2-a^2=0$ $\therefore a^2=b^2+c^2$

따라서 a, b, c를 세 변의 길이로 하는 삼각형은 빗변의 길이가 a인 직각삼각형이다.

0431 답 ③

이차방정식 $x^2+2(a+b)x+2ab+c^2=0$의 판별식을 D라 하면
$D<0$이어야 하므로
$$\frac{D}{4}=(a+b)^2-(2ab+c^2)<0$$
$a^2+b^2-c^2<0$ $\therefore a^2+b^2<c^2$
따라서 a, b, c를 세 변의 길이로 하는 삼각형은 가장 긴 변의 길이
가 c인 둔각삼각형이다.

0432 답 ②

이차방정식 $(a+c)x^2+2bx+a-c=0$의 판별식을 D라 하면
$D>0$이어야 하므로
$$\frac{D}{4}=b^2-(a+c)(a-c)>0$$
$b^2-a^2+c^2>0$ $\therefore b^2+c^2>a^2$
따라서 a, b, c를 세 변의 길이로 하는 삼각형은 예각삼각형이다.

0433 답 ①

이차식 $x^2-2kx+k^2-3k+1$이 완전제곱식이면 x에 대한 이차방정
식 $x^2-2kx+k^2-3k+1=0$이 중근을 갖는다.
이 이차방정식의 판별식을 D라 하면 $D=0$이어야 하므로
$$\frac{D}{4}=(-k)^2-(k^2-3k+1)=0$$
$3k-1=0$ $\therefore k=\dfrac{1}{3}$

0434 답 ②

$(k-1)x^2+2(k-1)x-3$이 이차식이므로
$k-1\neq0$ $\therefore k\neq1$
이차식 $(k-1)x^2+2(k-1)x-3$이 완전제곱식이면 이차방정식
$(k-1)x^2+2(k-1)x-3=0$이 중근을 갖는다.
이 이차방정식의 판별식을 D라 하면 $D=0$이어야 하므로
$$\frac{D}{4}=(k-1)^2+3(k-1)=0$$
$k^2+k-2=0$, $(k+2)(k-1)=0$ $\therefore k=-2$ 또는 $k=1$
그런데 $k\neq1$이므로 $k=-2$

0435 답 ⑤

이차식 $x^2-(4k-a)x+4k^2+k+b$가 완전제곱식이 되려면 x에 대
한 이차방정식 $x^2-(4k-a)x+4k^2+k+b=0$이 중근을 가져야 한
다.
이 이차방정식의 판별식을 D라 하면 $D=0$이어야 하므로
$$D=\{-(4k-a)\}^2-4(4k^2+k+b)=0$$
$\therefore -4(2a+1)k+a^2-4b=0$
이 등식이 k에 대한 항등식이므로
$2a+1=0$, $a^2-4b=0$ $\therefore a=-\dfrac{1}{2}$, $b=\dfrac{1}{16}$
$$\therefore b-a=\frac{9}{16}$$

0436 답 −3

이차식 $2x^2+2kx+k^2+3k+4$가 $2(x+a)^2$으로 인수분해되려면 x에
대한 이차방정식 $2x^2+2kx+k^2+3k+4=0$이 중근을 가져야 한다.

이 이차방정식의 판별식을 D라 하면 $D=0$이어야 하므로
$$\frac{D}{4}=k^2-2(k^2+3k+4)=0$$
$k^2+6k+8=0$, $(k+4)(k+2)=0$
$\therefore k=-4$ 또는 $k=-2$
그런데 $k>-3$이므로 $k=-2$
이를 주어진 이차식에 대입하면
$2x^2-4x+2=2(x-1)^2$
따라서 $a=-1$이므로
$k+a=-2+(-1)=-3$

0437 답 22

이차방정식의 근과 계수의 관계에 의하여
$\alpha+\beta=-2$, $\alpha\beta=5$
$$\begin{aligned}\therefore \alpha^3+\beta^3&=(\alpha+\beta)^3-3\alpha\beta(\alpha+\beta)\\&=(-2)^3-3\times5\times(-2)=22\end{aligned}$$

0438 답 ④

이차방정식의 근과 계수의 관계에 의하여
$\alpha+\beta=3$, $\alpha\beta=\dfrac{3}{2}$
$$\begin{aligned}\therefore (\alpha-\beta)^2&=(\alpha+\beta)^2-4\alpha\beta\\&=3^2-4\times\frac{3}{2}=3\end{aligned}$$
그런데 $\alpha>\beta$이므로 $\alpha-\beta=\sqrt{3}$
$$\begin{aligned}\therefore \alpha^2-\beta^2&=(\alpha+\beta)(\alpha-\beta)\\&=3\times\sqrt{3}=3\sqrt{3}\end{aligned}$$

0439 답 $\sqrt{5}$

이차방정식의 근과 계수의 관계에 의하여
$\alpha+\beta=3$, $\alpha\beta=1$ ······ ❶
이때 $\alpha+\beta>0$, $\alpha\beta>0$에서 $\alpha>0$, $\beta>0$이므로
$$\begin{aligned}(\sqrt{\alpha}+\sqrt{\beta})^2&=\alpha+2\sqrt{\alpha}\sqrt{\beta}+\beta\\&=\alpha+\beta+2\sqrt{\alpha\beta}\\&=3+2\times1=5\end{aligned}$$ ······ ❷
$\therefore \sqrt{\alpha}+\sqrt{\beta}=\sqrt{5}$ ······ ❸

채점 기준

❶ $\alpha+\beta$, $\alpha\beta$의 값 구하기		30 %
❷ $(\sqrt{\alpha}+\sqrt{\beta})^2$의 값 구하기		50 %
❸ $\sqrt{\alpha}+\sqrt{\beta}$의 값 구하기		20 %

0440 답 ⑤

이차방정식의 근과 계수의 관계에 의하여
$\alpha+\beta=4$, $\alpha\beta=-1$
① $\dfrac{1}{\alpha}+\dfrac{1}{\beta}=\dfrac{\alpha+\beta}{\alpha\beta}=\dfrac{4}{-1}=-4$
② $\begin{aligned}(\alpha+2)(\beta+2)&=\alpha\beta+2(\alpha+\beta)+4\\&=-1+2\times4+4=11\end{aligned}$
③ $\begin{aligned}\alpha^2+\alpha\beta+\beta^2&=(\alpha+\beta)^2-\alpha\beta\\&=4^2-(-1)=17\end{aligned}$

④ $\dfrac{1+\alpha}{1-\alpha}+\dfrac{1+\beta}{1-\beta}=\dfrac{(1+\alpha)(1-\beta)+(1+\beta)(1-\alpha)}{(1-\alpha)(1-\beta)}$

$\qquad\qquad\qquad\quad=\dfrac{2(1-\alpha\beta)}{1-(\alpha+\beta)+\alpha\beta}$

$\qquad\qquad\qquad\quad=\dfrac{2\times(1+1)}{1-4-1}=-1$

⑤ $\dfrac{\beta}{\alpha-3}+\dfrac{\alpha}{\beta-3}=\dfrac{\beta(\beta-3)+\alpha(\alpha-3)}{(\alpha-3)(\beta-3)}$

$\qquad\qquad\qquad\quad=\dfrac{\alpha^2+\beta^2-3(\alpha+\beta)}{\alpha\beta-3(\alpha+\beta)+9}$

$\qquad\qquad\qquad\quad=\dfrac{(\alpha+\beta)^2-2\alpha\beta-3(\alpha+\beta)}{\alpha\beta-3(\alpha+\beta)+9}$

$\qquad\qquad\qquad\quad=\dfrac{4^2-2\times(-1)-3\times4}{-1-3\times4+9}=-\dfrac{3}{2}$

따라서 옳지 않은 것은 ⑤이다.

0441 답 ④

α, β가 주어진 방정식의 근이므로

$\alpha^2-3\alpha+4=0$, $\beta^2-3\beta+4=0$

$\therefore \alpha^2-\alpha+1=2\alpha-3$, $\beta^2-\beta+1=2\beta-3$

$x^2-3x+4=0$에서 이차방정식의 근과 계수의 관계에 의하여

$\alpha+\beta=3$, $\alpha\beta=4$

$\therefore (\alpha^2-\alpha+1)(\beta^2-\beta+1)=(2\alpha-3)(2\beta-3)$

$\qquad\qquad\qquad\qquad\qquad=4\alpha\beta-6(\alpha+\beta)+9$

$\qquad\qquad\qquad\qquad\qquad=4\times4-6\times3+9=7$

0442 답 9

β가 주어진 방정식의 근이므로

$\beta^2-2\beta-5=0$ $\qquad\therefore \beta^2=2\beta+5$

$x^2-2x-5=0$에서 이차방정식의 근과 계수의 관계에 의하여

$\alpha+\beta=2$

$\therefore 2\alpha+\beta^2=2\alpha+(2\beta+5)=2(\alpha+\beta)+5$

$\qquad\qquad\quad=2\times2+5=9$

0443 답 ②

α, β가 주어진 방정식의 근이므로

$\alpha^2+2\alpha+3=0$, $\beta^2+2\beta+3=0$

$\therefore \alpha^2+\alpha+3=-\alpha$, $\beta^2+\beta+3=-\beta$

$x^2+2x+3=0$에서 이차방정식의 근과 계수의 관계에 의하여

$\alpha+\beta=-2$, $\alpha\beta=3$

$\therefore \dfrac{\beta}{\alpha^2+\alpha+3}+\dfrac{\alpha}{\beta^2+\beta+3}=\dfrac{\beta}{-\alpha}+\dfrac{\alpha}{-\beta}=-\dfrac{\alpha^2+\beta^2}{\alpha\beta}$

$\qquad\qquad\qquad\qquad\qquad\quad=-\dfrac{(\alpha+\beta)^2-2\alpha\beta}{\alpha\beta}$

$\qquad\qquad\qquad\qquad\qquad\quad=-\dfrac{(-2)^2-2\times3}{3}=\dfrac{2}{3}$

0444 답 ④

α, β가 주어진 이차방정식의 근이므로

$3\alpha^2-\alpha-9=0$, $3\beta^2-\beta-9=0$

$\therefore 3\alpha^2=\alpha+9$, $3\beta^2=\beta+9$

$3x^2-x-9=0$에서 이차방정식의 근과 계수의 관계에 의하여

$\alpha+\beta=\dfrac{1}{3}$, $\alpha\beta=-3$

$\therefore (3\alpha^2+2\alpha)(6\beta^2+\beta-9)=\{(\alpha+9)+2\alpha\}\{2(\beta+9)+\beta-9\}$

$\qquad\qquad\qquad\qquad\qquad=(3\alpha+9)(3\beta+9)$

$\qquad\qquad\qquad\qquad\qquad=9\{\alpha\beta+3(\alpha+\beta)+9\}$

$\qquad\qquad\qquad\qquad\qquad=9\times\left(-3+3\times\dfrac{1}{3}+9\right)=63$

0445 답 10

$x^2+ax+b=0$에서 이차방정식의 근과 계수의 관계에 의하여

$\alpha+\beta=-a$, $\alpha\beta=b$ $\qquad\qquad\cdots\cdots$ ㉠

$x^2+bx+a=0$에서 이차방정식의 근과 계수의 관계에 의하여

$(\alpha-1)+(\beta-1)=-b$, $(\alpha-1)(\beta-1)=a$

$\therefore (\alpha+\beta)-2=-b$, $\alpha\beta-(\alpha+\beta)+1=a$ $\qquad\cdots\cdots$ ㉡

㉠을 ㉡에 대입하면

$-a-2=-b$, $b+a+1=a$

$\therefore a=-3$, $b=-1$

$\therefore a^2+b^2=(-3)^2+(-1)^2=10$

0446 답 ②

$x^2-ax+b=0$에서 이차방정식의 근과 계수의 관계에 의하여

$-1+2=a$, $-1\times2=b$ $\qquad\therefore a=1$, $b=-2$

따라서 이차방정식 $2ax^2+(a+b)x+b=0$, 즉 $2x^2-x-2=0$의 두 근의 곱은

$\dfrac{-2}{2}=-1$

0447 답 10

$x^2-x+a=0$에서 이차방정식의 근과 계수의 관계에 의하여

$\alpha+\beta=1$, $\alpha\beta=a$ $\qquad\qquad\cdots\cdots$ ㉠

$x^2+bx+4=0$에서 이차방정식의 근과 계수의 관계에 의하여

$\alpha^2+\beta^2=-b$, $\alpha^2\beta^2=4$

$\therefore (\alpha+\beta)^2-2\alpha\beta=-b$, $(\alpha\beta)^2=4$ $\qquad\cdots\cdots$ ㉡

㉠을 ㉡에 대입하면

$1-2a=-b$, $a^2=4$

이때 $a<0$이므로 $a=-2$, $b=-5$

$\therefore ab=10$

0448 답 ⑤

$x^2-ax+b=0$에서 이차방정식의 근과 계수의 관계에 의하여

$\alpha+\beta=a$, $\alpha\beta=b$ $\qquad\qquad\cdots\cdots$ ㉠

$2x^2+ax+a+b=0$에서 이차방정식의 근과 계수의 관계에 의하여

$\dfrac{1}{\alpha}+\dfrac{1}{\beta}=-\dfrac{a}{2}$, $\dfrac{1}{\alpha}\times\dfrac{1}{\beta}=\dfrac{a+b}{2}$

$\therefore \dfrac{\alpha+\beta}{\alpha\beta}=-\dfrac{a}{2}$, $\dfrac{1}{\alpha\beta}=\dfrac{a+b}{2}$ $\qquad\cdots\cdots$ ㉡

㉠을 ㉡에 대입하면

$\dfrac{a}{b}=-\dfrac{a}{2}$, $\dfrac{1}{b}=\dfrac{a+b}{2}$

이때 $a\neq0$이므로 $a=1$, $b=-2$

$\therefore a-b=3$

0449 답 ③

원래의 이차방정식을 $x^2+ax+b=0\,(a,\ b$는 상수$)$이라 하자.

가민이는 x^2의 계수와 b는 바르게 보고 풀었으므로 두 근의 곱은

$3\times4=b$ $\therefore b=12$

예지는 x^2의 계수와 a는 바르게 보고 풀었으므로 두 근의 합은

$(1-\sqrt5)+(1+\sqrt5)=-a$ $\therefore a=-2$

따라서 원래의 이차방정식은

$x^2-2x+12=0$

0450 답 1

준희는 a와 c는 바르게 보고 풀었으므로 두 근의 곱은

$\dfrac{c}{a}=-\dfrac{3}{2}$ $\therefore c=-\dfrac{3}{2}a$ $\cdots\cdots$ ㉠

서진이는 a와 b는 바르게 보고 풀었으므로 두 근의 합은

$-\dfrac{b}{a}=-\dfrac{1}{2}$ $\therefore b=\dfrac{1}{2}a$ $\cdots\cdots$ ㉡

㉠, ㉡을 $ax^2+bx+c=0$에 대입하면

$ax^2+\dfrac{1}{2}ax-\dfrac{3}{2}a=0$

$a\neq0$이므로 양변을 a로 나누면

$x^2+\dfrac{1}{2}x-\dfrac{3}{2}=0,\ 2x^2+x-3=0$

$(2x+3)(x-1)=0$ $\therefore x=-\dfrac{3}{2}$ 또는 $x=1$

따라서 이 이차방정식의 두 근 중 양수인 근은 1이다.

0451 답 17

이차방정식 $ax^2+bx+c=0$에서 근의 공식을 $x=\dfrac{b\pm\sqrt{b^2-ac}}{2a}$로

잘못 알고 풀어서 얻은 두 근이 -1, 2이므로

$\dfrac{b+\sqrt{b^2-ac}}{2a}+\dfrac{b-\sqrt{b^2-ac}}{2a}=-1+2$

$\dfrac{2b}{2a}=1$ $\therefore b=a$ $\cdots\cdots$ ㉠

$\dfrac{b+\sqrt{b^2-ac}}{2a}\times\dfrac{b-\sqrt{b^2-ac}}{2a}=-1\times2$

$\dfrac{b^2-(b^2-ac)}{4a^2}=-2,\ \dfrac{c}{4a}=-2$

$\therefore c=-8a$ $\cdots\cdots$ ㉡

㉠, ㉡을 $ax^2+bx+c=0$에 대입하면

$ax^2+ax-8a=0$

따라서 이차방정식의 근과 계수의 관계에 의하여

$\alpha+\beta=-\dfrac{a}{a}=-1,\ \alpha\beta=\dfrac{-8a}{a}=-8$

$\therefore \alpha^2+\beta^2=(\alpha+\beta)^2-2\alpha\beta$

$\qquad\qquad=(-1)^2-2\times(-8)=17$

0452 답 -3

이차방정식의 근과 계수의 관계에 의하여

$\alpha+\beta=3k,\ \alpha\beta=k^2-3k$

$\therefore (\alpha-\beta)^2=(\alpha+\beta)^2-4\alpha\beta$

$\qquad\qquad=(3k)^2-4(k^2-3k)=5k^2+12k$

이때 $(\alpha-\beta)^2=9$이므로

$5k^2+12k=9,\ 5k^2+12k-9=0$

$(k+3)(5k-3)=0$ $\therefore k=-3$ 또는 $k=\dfrac{3}{5}$

그런데 k는 정수이므로 $k=-3$

0453 답 ②

이차방정식의 근과 계수의 관계에 의하여

$\alpha+\beta=a,\ \alpha\beta=-4$

$\therefore \dfrac{\alpha}{\beta}+\dfrac{\beta}{\alpha}=\dfrac{\alpha^2+\beta^2}{\alpha\beta}=\dfrac{(\alpha+\beta)^2-2\alpha\beta}{\alpha\beta}$

$\qquad\qquad=\dfrac{a^2+8}{-4}$

이때 $\dfrac{\alpha}{\beta}+\dfrac{\beta}{\alpha}=-6$이므로

$\dfrac{a^2+8}{-4}=-6,\ a^2+8=24$

$a^2=16$ $\therefore a=4\,(\because a>0)$

0454 답 ④

이차방정식의 근과 계수의 관계에 의하여

$\alpha+\beta=a,\ \alpha\beta=b$

$\alpha+\beta-2\alpha\beta-7=0$에서

$a-2b-7=0$ $\therefore a-2b=7$ $\cdots\cdots$ ㉠

$(\alpha+2)(\beta+2)=8$에서

$\alpha\beta+2(\alpha+\beta)=4$ $\therefore 2a+b=4$ $\cdots\cdots$ ㉡

㉠, ㉡을 연립하여 풀면 $a=3,\ b=-2$

$\therefore a+b=1$

0455 답 $\dfrac{1}{3}$

주어진 이차방정식의 두 근을 $3\alpha,\ 5\alpha\,(\alpha\neq0)$라 하면 이차방정식의

근과 계수의 관계에 의하여

$3\alpha+5\alpha=8k$ $\therefore \alpha=k$ $\cdots\cdots$ ㉠

$3\alpha\times5\alpha=-k+2$ $\therefore 15\alpha^2+k-2=0$ $\cdots\cdots$ ㉡

㉠을 ㉡에 대입하면 $15k^2+k-2=0$

$(5k+2)(3k-1)=0$

$\therefore k=-\dfrac{2}{5}$ 또는 $k=\dfrac{1}{3}$

그런데 $k>0$이므로 $k=\dfrac{1}{3}$

0456 답 ②

주어진 이차방정식의 두 근을 $\alpha,\ 2\alpha\,(\alpha\neq0)$라 하면 이차방정식의 근

과 계수의 관계에 의하여

$\alpha+2\alpha=6k$ $\therefore \alpha=2k$ $\cdots\cdots$ ㉠

$\alpha\times2\alpha=7k+1$ $\therefore 2\alpha^2-7k-1=0$ $\cdots\cdots$ ㉡

㉠을 ㉡에 대입하면 $8k^2-7k-1=0$

$(8k+1)(k-1)=0$ $\therefore k=-\dfrac{1}{8}$ 또는 $k=1$

그런데 $k>0$이므로 $k=1$

0457 답 ①

주어진 이차방정식의 두 근을 $\alpha,\ \alpha+1$이라 하면 이차방정식의

근과 계수의 관계에 의하여

$\alpha+(\alpha+1)=2k+1$ $\therefore \alpha=k$ $\cdots\cdots$ ㉠

$\alpha(\alpha+1)=3k$ $\therefore \alpha^2+\alpha-3k=0$ $\cdots\cdots$ ㉡

㉠을 ㉡에 대입하면 $k^2+k-3k=0$

$k^2-2k=0$, $k(k-2)=0$

$\therefore k=0$ 또는 $k=2$

그런데 $k>0$이므로 $k=2$

0458 답 2

이차방정식 $x^2-(2k+5)x-k-5=0$의 두 근을 α, $\alpha+3$이라 하면

이차방정식의 근과 계수의 관계에 의하여

$\alpha+(\alpha+3)=2k+5$ $\therefore \alpha=k+1$ $\cdots\cdots$ ㉠

$\alpha(\alpha+3)=-k-5$ $\cdots\cdots$ ㉡

㉠을 ㉡에 대입하면 $(k+1)(k+4)=-k-5$

$k^2+6k+9=0$, $(k+3)^2=0$

$\therefore k=-3$

이를 $x^2+(k+1)x+2k=0$에 대입하면

$x^2-2x-6=0$

따라서 이차방정식의 근과 계수의 관계에 의하여 두 근의 합은 2이다.

0459 답 3

주어진 이차방정식의 두 근을 α, $-\alpha\,(\alpha\neq0)$라 하면 이차방정식의 근과 계수의 관계에 의하여

$\alpha+(-\alpha)=-(m^2-2m-3)$ $\cdots\cdots$ ㉠

$\alpha\times(-\alpha)=-4m+2$ $\cdots\cdots$ ㉡

㉠에서 $m^2-2m-3=0$, $(m+1)(m-3)=0$

$\therefore m=-1$ 또는 $m=3$

이때 두 근의 부호가 서로 다르면 ㉡에서 $-4m+2<0$이므로

$m>\dfrac{1}{2}$

$\therefore m=3$

0460 답 $x^2+x+4=0$

이차방정식의 근과 계수의 관계에 의하여

$\alpha+\beta=1$, $\alpha\beta=4$

구하는 이차방정식의 두 근이 $\alpha-1$, $\beta-1$이므로

$(\alpha-1)+(\beta-1)=(\alpha+\beta)-2$

$\qquad\qquad\qquad\quad =1-2=-1$

$(\alpha-1)(\beta-1)=\alpha\beta-(\alpha+\beta)+1$

$\qquad\qquad\qquad\quad =4-1+1=4$

따라서 구하는 이차방정식은 $x^2+x+4=0$

0461 답 ⑤

이차방정식의 근과 계수의 관계에 의하여

$\alpha+\beta=-5$, $\alpha\beta=2$

구하는 이차방정식의 두 근이 $\dfrac{1}{\alpha}$, $\dfrac{1}{\beta}$이므로

$\dfrac{1}{\alpha}+\dfrac{1}{\beta}=\dfrac{\alpha+\beta}{\alpha\beta}=-\dfrac{5}{2}$, $\dfrac{1}{\alpha}\times\dfrac{1}{\beta}=\dfrac{1}{\alpha\beta}=\dfrac{1}{2}$

따라서 $\dfrac{1}{\alpha}$, $\dfrac{1}{\beta}$을 두 근으로 하고 x^2의 계수가 1인 이차방정식은

$x^2+\dfrac{5}{2}x+\dfrac{1}{2}=0$ $\therefore 2x^2+5x+1=0$

0462 답 $5x^2-7x+1=0$

이차방정식의 근과 계수의 관계에 의하여

$\alpha+\beta=3$, $\alpha\beta=-5$ $\cdots\cdots$ ❶

구하는 이차방정식의 두 근이 $1+\dfrac{1}{\alpha}$, $1+\dfrac{1}{\beta}$이므로

$\left(1+\dfrac{1}{\alpha}\right)+\left(1+\dfrac{1}{\beta}\right)=2+\dfrac{1}{\alpha}+\dfrac{1}{\beta}=2+\dfrac{\alpha+\beta}{\alpha\beta}$

$\qquad\qquad\qquad\qquad\quad =2+\dfrac{3}{-5}=\dfrac{7}{5}$

$\left(1+\dfrac{1}{\alpha}\right)\left(1+\dfrac{1}{\beta}\right)=\dfrac{\alpha+1}{\alpha}\times\dfrac{\beta+1}{\beta}=\dfrac{\alpha\beta+(\alpha+\beta)+1}{\alpha\beta}$

$\qquad\qquad\qquad\qquad\quad =\dfrac{-5+3+1}{-5}=\dfrac{1}{5}$ $\cdots\cdots$ ❷

따라서 구하는 이차방정식은

$5\left(x^2-\dfrac{7}{5}x+\dfrac{1}{5}\right)=0$ $\therefore 5x^2-7x+1=0$ $\cdots\cdots$ ❸

채점 기준

❶ $\alpha+\beta$, $\alpha\beta$의 값 구하기		20%
❷ $\left(1+\dfrac{1}{\alpha}\right)+\left(1+\dfrac{1}{\beta}\right)$, $\left(1+\dfrac{1}{\alpha}\right)\left(1+\dfrac{1}{\beta}\right)$의 값 구하기		60%
❸ 이차방정식 구하기		20%

0463 답 ②

$f(x)=0$의 두 근이 α, β이므로 $f(\alpha)=0$, $f(\beta)=0$

$f(3x-5)=0$이려면 $3x-5=\alpha$ 또는 $3x-5=\beta$

$\therefore x=\dfrac{\alpha+5}{3}$ 또는 $x=\dfrac{\beta+5}{3}$

따라서 이차방정식 $f(3x-5)=0$의 두 근의 합은

$\dfrac{\alpha+5}{3}+\dfrac{\beta+5}{3}=\dfrac{(\alpha+\beta)+10}{3}$

$\qquad\qquad\qquad\quad =\dfrac{-1+10}{3}=3$

0464 답 ②

$f(x)=0$의 두 근을 α, β라 하면 $\alpha+\beta=-1$, $\alpha\beta=4$

$f(\alpha)=0$, $f(\beta)=0$이므로 $f(2x+1)=0$이려면

$2x+1=\alpha$ 또는 $2x+1=\beta$

$\therefore x=\dfrac{\alpha-1}{2}$ 또는 $x=\dfrac{\beta-1}{2}$

따라서 이차방정식 $f(2x+1)=0$의 두 근의 곱은

$\dfrac{\alpha-1}{2}\times\dfrac{\beta-1}{2}=\dfrac{(\alpha-1)(\beta-1)}{4}$

$\qquad\qquad\qquad\quad =\dfrac{\alpha\beta-(\alpha+\beta)+1}{4}$

$\qquad\qquad\qquad\quad =\dfrac{4+1+1}{4}=\dfrac{3}{2}$

0465 답 ①

$f(3-4x)=0$의 두 근이 α, β이므로

$f(3-4\alpha)=0$, $f(3-4\beta)=0$

$f(2x)=0$이려면 $2x=3-4\alpha$ 또는 $2x=3-4\beta$

$\therefore x=\dfrac{3-4\alpha}{2}$ 또는 $x=\dfrac{3-4\beta}{2}$

따라서 이차방정식 $f(2x)=0$의 두 근의 곱은

$$\frac{3-4\alpha}{2} \times \frac{3-4\beta}{2} = \frac{(3-4\alpha)(3-4\beta)}{4}$$
$$= \frac{9-12(\alpha+\beta)+16\alpha\beta}{4}$$
$$= \frac{9-12\times\left(-\frac{1}{4}\right)+16\times(-2)}{4}$$
$$= -5$$

0466 답 ④

이차방정식 $x^2+2x+5=0$의 근이 $x=-1\pm2i$이므로
$$x^2+2x+5=\{x-(-1+2i)\}\{x-(-1-2i)\}$$
$$=(x+1-2i)(x+1+2i)$$

0467 답 ②

이차방정식 $4x^2-4x+3=0$의 근이 $x=\dfrac{1\pm\sqrt{2}i}{2}$이므로
$$4x^2-4x+3=4\left(x-\frac{1+\sqrt{2}i}{2}\right)\left(x-\frac{1-\sqrt{2}i}{2}\right)$$
$$=(2x-1-\sqrt{2}i)(2x-1+\sqrt{2}i)$$
따라서 주어진 식의 인수인 것은 ②이다.

0468 답 $\dfrac{1}{2}$

$x^2+2xy+6x+ky^2+2y+1$에서
$$x^2+2(y+3)x+ky^2+2y+1 \quad\cdots\cdots\ \bigcirc$$
x에 대한 이차방정식 $x^2+2(y+3)x+ky^2+2y+1=0$의 근을 구하면
$$x=-(y+3)\pm\sqrt{(y+3)^2-(ky^2+2y+1)}$$
$$=-y-3\pm\sqrt{(1-k)y^2+4y+8}$$
이때 $D=(1-k)y^2+4y+8$이라 하면 $x=-y-3\pm\sqrt{D}$이므로 $\bigcirc$은
$(x+y+3-\sqrt{D})(x+y+3+\sqrt{D})$로 인수분해가 된다.
따라서 $\bigcirc$이 두 일차식의 곱으로 인수분해가 되기 위해서는 D가 완전제곱식이어야 한다.
y에 대한 이차방정식 $D=0$, 즉 $(1-k)y^2+4y+8=0$의 판별식을 D'이라 하면 $D'=0$이어야 하므로
$$\frac{D'}{4}=2^2-8(1-k)=0$$
$$8k-4=0 \quad \therefore k=\frac{1}{2}$$

0469 답 ⑤

주어진 이차방정식의 계수가 실수이므로 $-2+\sqrt{3}i$가 근이면 다른 한 근은 $-2-\sqrt{3}i$이다.
두 근의 합은
$$(-2+\sqrt{3}i)+(-2-\sqrt{3}i)=-a \quad \therefore a=4$$
두 근의 곱은
$$(-2+\sqrt{3}i)(-2-\sqrt{3}i)=b \quad \therefore b=7$$
$$\therefore a+b=11$$

0470 답 -5

주어진 이차방정식의 계수가 실수이므로 $a-2i$가 근이면 다른 한 근은 $a+2i$이다.
두 근의 합은 $(a-2i)+(a+2i)=-2$
$$2a=-2 \quad \therefore a=-1$$

두 근의 곱은 $(a-2i)(a+2i)=b$
$$a^2+4=b \quad \therefore b=5$$
$$\therefore ab=-5$$

0471 답 76

이차방정식 $x^2+ax+b=0$의 계수가 유리수이므로 $2-\sqrt{3}$이 근이면 다른 한 근은 $2+\sqrt{3}$이다.
두 근의 합은
$$(2-\sqrt{3})+(2+\sqrt{3})=-a \quad \therefore a=-4$$
두 근의 곱은
$$(2-\sqrt{3})(2+\sqrt{3})=b \quad \therefore b=1$$
따라서 이차방정식 $x^2+2abx+a+b=0$, 즉 $x^2-8x-3=0$에서 근과 계수의 관계에 의하여
$$\alpha+\beta=8,\ \alpha\beta=-3$$
$$\therefore (\alpha-\beta)^2=(\alpha+\beta)^2-4\alpha\beta=8^2-4\times(-3)=76$$

0472 답 ④

주어진 이차방정식의 계수가 실수이므로 $1+\sqrt{3}i$가 근이면 다른 한 근은 $1-\sqrt{3}i$이다.
$ax^2+6x+b=0$에서 두 근의 합과 곱은 $-\dfrac{6}{a}$, $\dfrac{b}{a}$이다.
두 근의 합은
$$(1+\sqrt{3}i)+(1-\sqrt{3}i)=-\frac{6}{a} \quad \therefore a=-3$$
두 근의 곱은
$$(1+\sqrt{3}i)(1-\sqrt{3}i)=\frac{b}{a} \quad \therefore b=-12$$
$$\therefore 2a-b=6,\ ab-40=-4$$
따라서 6, -4를 두 근으로 하고 x^2의 계수가 1인 이차방정식은
$$x^2-(6-4)x+6\times(-4)=0$$
$$\therefore x^2-2x-24=0$$

AB 유형 점검   76~78쪽

0473 답 ④

$x^2+5x+8=0$에서
$$x=\frac{-5\pm\sqrt{5^2-4\times1\times8}}{2\times1}=\frac{-5\pm\sqrt{7}i}{2}$$
따라서 $a=-5$, $b=7$이므로
$$a+b=2$$

0474 답 ①

이차방정식 $x^2+2x+a=0$의 한 근이 -3이므로 $x=-3$을 대입하면
$$9-6+a=0 \quad \therefore a=-3$$
이를 주어진 방정식에 대입하면
$$x^2+2x-3=0,\ (x+3)(x-1)=0$$
$$\therefore x=-3 \ \text{또는}\ x=1$$
따라서 $b=1$이므로
$$a+b=-3+1=-2$$

0475 답 ③

(i) $x<1$일 때,

$|x-1|=-(x-1)$이므로

$x^2+3(x-1)-1=0$, $x^2+3x-4=0$

$(x+4)(x-1)=0$ ∴ $x=-4$ 또는 $x=1$

그런데 $x<1$이므로 $x=-4$

(ii) $x\geq1$일 때,

$|x-1|=x-1$이므로

$x^2-3(x-1)-1=0$, $x^2-3x+2=0$

$(x-1)(x-2)=0$ ∴ $x=1$ 또는 $x=2$

그런데 $x\geq1$이므로 $x=1$ 또는 $x=2$

(i), (ii)에서 주어진 방정식의 해는

$x=-4$ 또는 $x=1$ 또는 $x=2$

따라서 방정식의 모든 근의 합은 $-4+1+2=-1$

0476 답 ②

x분 후의 직사각형의 가로의 길이는 $(19+5x)$ cm, 세로의 길이는

$(12-3x)$ cm이므로 넓이는

$(19+5x)(12-3x)=19\times12$, $228+3x-15x^2=228$

$5x^2-x=0$, $x(5x-1)=0$ ∴ $x=0$ 또는 $x=\dfrac{1}{5}$

그런데 $0<x<4$이므로 $x=\dfrac{1}{5}$

따라서 새로 만들어진 직사각형의 넓이가 처음 직사각형의 넓이와

같아지는 것은 $\dfrac{1}{5}$분 후, 즉 $60\times\dfrac{1}{5}=12$(초) 후이다.

0477 답 -5

이차방정식 $kx^2+2(k+2)x+k+3=0$의 판별식을 D라 하면

$\dfrac{D}{4}=(k+2)^2-k(k+3)<0$

$k+4<0$ ∴ $k<-4$

따라서 정수 k의 최댓값은 -5이다.

0478 답 ③

ㄱ. a와 c의 부호가 서로 다르면 $ac<0$

이차방정식 $ax^2-2bx+c=0$의 판별식을 D_1이라 하면

$\dfrac{D_1}{4}=b^2-ac>0$

즉, 이차방정식 $ax^2-2bx+c=0$은 서로 다른 두 실근을 갖는다.

ㄴ. $b=a+c$를 $ax^2+bx+c=0$에 대입하면

$ax^2+(a+c)x+c=0$

이 이차방정식의 판별식을 D_2라 하면

$D_2=(a+c)^2-4ac=(a-c)^2\geq0$

즉, 이차방정식 $ax^2+(a+c)x+c=0$은 실근을 갖는다.

ㄷ. 이차방정식 $ax^2-2bx+c=0$이 허근을 가지므로

$\dfrac{D_1}{4}=b^2-ac<0$

이때 $b^2>0$이므로 $0<b^2<ac$ ∴ $ac>0$

이차방정식 $ax^2+bx+c=0$의 판별식을 D_3이라 하면

$D_3=b^2-4ac<b^2-ac<0$

즉, 이차방정식 $ax^2+bx+c=0$도 허근을 갖는다.

따라서 보기에서 옳은 것은 ㄱ, ㄷ이다.

0479 답 ③

이차방정식 $x^2+2ax+b^2+c^2=0$의 판별식을 D라 하면

$\dfrac{D}{4}=a^2-(b^2+c^2)>0$

∴ $a^2>b^2+c^2$

따라서 a, b, c를 세 변의 길이로 하는 삼각형은 가장 긴 변의 길이가

a인 둔각삼각형이다.

0480 답 1

이차식 $x^2+2ax-b(a-2b)$가 완전제곱식이면 이차방정식

$x^2+2ax-b(a-2b)=0$이 중근을 갖는다.

이 이차방정식의 판별식을 D라 하면

$\dfrac{D}{4}=a^2-\{-b(a-2b)\}=0$

$a^2+ab-2b^2=0$, $(a+2b)(a-b)=0$

∴ $a=-2b$ 또는 $a=b$

그런데 $a>0$, $b>0$이므로 $a=b$

∴ $\dfrac{b}{a}=1$

0481 답 ④

이차방정식의 근과 계수의 관계에 의하여

$\alpha+\beta=2$, $\alpha\beta=\dfrac{2}{3}$

∴ $\alpha^3+\beta^3-3\alpha\beta=(\alpha+\beta)^3-3\alpha\beta(\alpha+\beta)-3\alpha\beta$

$=2^3-3\times\dfrac{2}{3}\times2-3\times\dfrac{2}{3}=2$

0482 답 ①

α, β가 주어진 방정식의 근이므로

$\alpha^2+\alpha+2=0$, $\beta^2+\beta+2=0$

∴ $\alpha^2+2\alpha+2=\alpha$, $\beta^2+2\beta+2=\beta$

$x^2+x+2=0$에서 이차방정식의 근과 계수의 관계에 의하여

$\alpha+\beta=-1$, $\alpha\beta=2$

∴ $\dfrac{1}{\alpha^2+2\alpha+2}+\dfrac{1}{\beta^2+2\beta+2}=\dfrac{1}{\alpha}+\dfrac{1}{\beta}=\dfrac{\alpha+\beta}{\alpha\beta}=-\dfrac{1}{2}$

0483 답 4

이차방정식 $x^2+ax+3=0$에서 근과 계수의 관계에 의하여

$\alpha+\beta=-a$, $\alpha\beta=3$ …… ㉠

이차방정식 $x^2+2x+b=0$에서 근과 계수의 관계에 의하여

$(\alpha+1)+(\beta+1)=-2$, $(\alpha+1)(\beta+1)=b$

∴ $\alpha+\beta=-4$, $\alpha\beta+(\alpha+\beta)+1=b$ …… ㉡

㉠을 ㉡에 대입하면

$-a=-4$, $3-a+1=b$

∴ $a=4$, $b=0$

∴ $a-b=4$

0484 답 ②

$(p+2qi)^2=-16i$에서 $p^2-4q^2+4pqi=-16i$

복소수가 서로 같을 조건에 의하여

$p^2-4q^2=0$, $4pq=-16$

$(p+2q)(p-2q)=0$, $pq=-4$

$\therefore p=-2q$ 또는 $p=2q$

이때 $pq<0$이고, $p>0$이므로 $p=-2q$

이를 $pq=-4$에 대입하면

$-2q^2=-4$, $q^2=2$ $\quad\therefore q=-\sqrt{2}$ $(\because q<0)$

$\therefore p=-2\times(-\sqrt{2})=2\sqrt{2}$

이차방정식 $x^2+ax+b=0$의 두 근이 $2\sqrt{2}$, $-\sqrt{2}$이므로 근과 계수의 관계에 의하여

$2\sqrt{2}+(-\sqrt{2})=-a$, $2\sqrt{2}\times(-\sqrt{2})=b$

$\therefore a=-\sqrt{2}$, $b=-4$

$\therefore a^2+b^2=(-\sqrt{2})^2+(-4)^2=18$

참고 $x^2-\sqrt{2}x-4=0$의 계수는 유리수가 아니므로 한 근이 $2\sqrt{2}$일 때, 다른 한 근이 반드시 $-2\sqrt{2}$인 것은 아니다.

0485 답 ③

이차방정식의 근과 계수의 관계에 의하여

$\alpha+\beta=2k+2$, $\alpha\beta=4k+3$

$\therefore \alpha^2+\alpha\beta+\beta^2=(\alpha+\beta)^2-\alpha\beta=(2k+2)^2-(4k+3)$

$\qquad\qquad\qquad\quad =4k^2+4k+1$

이때 $\alpha^2+\alpha\beta+\beta^2=9$이므로 $4k^2+4k+1=9$

$k^2+k-2=0$, $(k+2)(k-1)=0$

$\therefore k=-2$ 또는 $k=1$

따라서 모든 상수 k의 값의 합은 $-2+1=-1$

0486 답 3

주어진 방정식의 두 근을 α, $\alpha+2$라 하면 이차방정식의 근과 계수의 관계에 의하여

$\alpha+(\alpha+2)=-2(k-1)$ $\quad\therefore \alpha=-k$ $\quad\cdots\cdots$ ㉠

$\alpha(\alpha+2)=-k+6$ $\quad\therefore \alpha^2+2\alpha+k-6=0$ $\quad\cdots\cdots$ ㉡

㉠을 ㉡에 대입하면 $k^2-k-6=0$

$(k+2)(k-3)=0$ $\quad\therefore k=-2$ 또는 $k=3$

그런데 $k>0$이므로 $k=3$

0487 답 ②

이차방정식의 근과 계수의 관계에 의하여

$\alpha+\beta=3$, $\alpha\beta=-1$

구하는 이차방정식의 두 근이 $\dfrac{1}{\alpha+1}$, $\dfrac{1}{\beta+1}$이므로

$\dfrac{1}{\alpha+1}+\dfrac{1}{\beta+1}=\dfrac{(\beta+1)+(\alpha+1)}{(\alpha+1)(\beta+1)}=\dfrac{(\alpha+\beta)+2}{\alpha\beta+(\alpha+\beta)+1}$

$\qquad\qquad\qquad =\dfrac{3+2}{-1+3+1}=\dfrac{5}{3}$

$\dfrac{1}{\alpha+1}\times\dfrac{1}{\beta+1}=\dfrac{1}{(\alpha+1)(\beta+1)}=\dfrac{1}{\alpha\beta+(\alpha+\beta)+1}$

$\qquad\qquad\qquad =\dfrac{1}{-1+3+1}=\dfrac{1}{3}$

따라서 $\dfrac{1}{\alpha+1}$, $\dfrac{1}{\beta+1}$을 두 근으로 하고 x^2의 계수가 3인 이차방정식은

$3\left(x^2-\dfrac{5}{3}x+\dfrac{1}{3}\right)=0$ $\quad\therefore 3x^2-5x+1=0$

0488 답 ③

$f(2x+1)=0$의 두 근이 α, β이므로

$f(2\alpha+1)=0$, $f(2\beta+1)=0$

$f(x-2)=0$이려면

$x-2=2\alpha+1$ 또는 $x-2=2\beta+1$

$\therefore x=2\alpha+3$ 또는 $x=2\beta+3$

따라서 이차방정식 $f(x-2)=0$의 두 근의 곱은

$(2\alpha+3)(2\beta+3)=4\alpha\beta+6(\alpha+\beta)+9$

$\qquad\qquad\qquad\quad =4\times(-5)+6\times4+9=13$

0489 답 ⑤

이차방정식 $5x^2-4x+4=0$의 근이 $x=\dfrac{2\pm4i}{5}$이므로

$5x^2-4x+4=5\left(x-\dfrac{2+4i}{5}\right)\left(x-\dfrac{2-4i}{5}\right)$

$\qquad\qquad\quad =\dfrac{1}{5}(5x-2-4i)(5x-2+4i)$

따라서 $a=-2$, $b=-4$, $c=-2$, $d=4$이므로

$ab-cd=8-(-8)=16$

0490 답 0

x에 대한 이차방정식 $x^2+2(k+a)x+k^2+6k-3b=0$의 판별식을 D라 하면 $D=0$이어야 하므로

$\dfrac{D}{4}=(k+a)^2-(k^2+6k-3b)=0$ $\qquad\cdots\cdots$ ❶

$\therefore 2(a-3)k+a^2+3b=0$

이 등식이 k에 대한 항등식이므로

$a-3=0$, $a^2+3b=0$ $\quad\therefore a=3$, $b=-3$ $\quad\cdots\cdots$ ❷

$\therefore a+b=0$ $\qquad\cdots\cdots$ ❸

채점 기준

❶ 판별식을 k에 대한 식으로 나타내기	40 %
❷ a, b의 값 구하기	50 %
❸ $a+b$의 값 구하기	10 %

0491 답 $x=2\pm\sqrt{2}i$

민지는 a와 b는 바르게 보고 풀었으므로 두 근의 합은

$-\dfrac{b}{a}=-1+5$

$\therefore b=-4a$ $\qquad\cdots\cdots$ ㉠

선영이는 a와 c는 바르게 보고 풀었으므로 두 근의 곱은

$\dfrac{c}{a}=(1+\sqrt{5}i)(1-\sqrt{5}i)$

$\therefore c=6a$ $\qquad\cdots\cdots$ ㉡ $\qquad\cdots\cdots$ ❶

㉠, ㉡을 $ax^2+bx+c=0$에 대입하면

$ax^2-4ax+6a=0$

$a\neq0$이므로 양변을 a로 나누면 원래의 이차방정식은

$x^2-4x+6=0$ $\qquad\cdots\cdots$ ❷

$\therefore x=-(-2)\pm\sqrt{(-2)^2-1\times6}=2\pm\sqrt{2}i$ $\qquad\cdots\cdots$ ❸

채점 기준

❶ b, c를 a에 대한 식으로 나타내기	40 %
❷ 원래의 이차방정식 구하기	30 %
❸ 원래의 이차방정식의 근 구하기	30 %

0492 답 $6x^2+x-1=0$

주어진 이차방정식의 계수가 실수이므로 $1+\sqrt{2}i$가 근이면 다른 한 근은 $1-\sqrt{2}i$이다. ...... ❶

두 근의 합은

$(1+\sqrt{2}i)+(1-\sqrt{2}i)=-a$ ∴ $a=-2$

두 근의 곱은

$(1+\sqrt{2}i)(1-\sqrt{2}i)=b$ ∴ $b=3$ ...... ❷

이때 구하는 이차방정식의 두 근이 $\dfrac{1}{a}$, $\dfrac{1}{b}$이므로

$\dfrac{1}{a}+\dfrac{1}{b}=-\dfrac{1}{2}+\dfrac{1}{3}=-\dfrac{1}{6}$

$\dfrac{1}{a}\times\dfrac{1}{b}=-\dfrac{1}{2}\times\dfrac{1}{3}=-\dfrac{1}{6}$

따라서 구하는 이차방정식은

$6\left(x^2+\dfrac{1}{6}x-\dfrac{1}{6}\right)=0$

∴ $6x^2+x-1=0$ ...... ❸

채점 기준

❶ 주어진 이차방정식의 다른 한 근 구하기	30 %
❷ a, b의 값 구하기	30 %
❸ 새롭게 정의된 이차방정식 구하기	40 %

C 실력 향상   79쪽

0493 답 2

이차식 $kx^2+(3k+1)x+a(k+1)$이 완전제곱식이 되려면 이차방정식 $kx^2+(3k+1)x+a(k+1)=0$이 중근을 가져야 한다.

이 이차방정식의 판별식을 D_1이라 하면 $D_1=0$이어야 하므로

$D_1=(3k+1)^2-4\times k\times a(k+1)=0$

∴ $(9-4a)k^2+2(3-2a)k+1=0$ ...... ㉠

(i) $9-4a\neq0$일 때,

k의 값이 오직 한 개뿐이려면 k에 대한 이차방정식 ㉠의 판별식을 D_2라 할 때, $D_2=0$이어야 하므로

$\dfrac{D_2}{4}=(3-2a)^2-(9-4a)=0$

$4a^2-8a=0$, $4a(a-2)=0$ ∴ $a=0$ 또는 $a=2$

그런데 a는 자연수이므로 $a=2$

(ii) $9-4a=0$일 때,

$a=\dfrac{9}{4}$

그런데 a는 자연수이므로 조건을 만족시키지 않는다.

(i), (ii)에서 자연수 a의 값은 2이다.

0494 답 4

이차방정식 $x^2-ax-3a=0$의 두 근이 α, β이므로 이차방정식의 근과 계수의 관계에 의하여

$\alpha+\beta=a$ ...... ㉠

$\alpha\beta=-3a$ ...... ㉡

이차방정식 $x^2-2ax+3a=0$의 두 근이 $|\alpha|$, $|\beta|$이므로 이차방정식의 근과 계수의 관계에 의하여

$|\alpha|+|\beta|=2a$, $|\alpha||\beta|=3a$

$\alpha>\beta$라 하면 $\alpha>0$, $\beta<0$이므로

$|\alpha|+|\beta|=\alpha-\beta=2a$ ...... ㉢

㉠, ㉢을 연립하여 풀면 $\alpha=\dfrac{3}{2}a$, $\beta=-\dfrac{1}{2}a$

이를 ㉡에 대입하면 $\dfrac{3}{2}a\times\left(-\dfrac{1}{2}a\right)=-3a$

$\dfrac{3}{4}a^2-3a=0$, $\dfrac{3}{4}a(a-4)=0$

∴ $a=0$ 또는 $a=4$

그런데 a는 양수이므로 $a=4$

0495 답 ①

이차방정식 $x^2-6x+6=0$의 두 근이 α, β이므로 이차방정식의 근과 계수의 관계에 의하여

$\alpha+\beta=6$, $\alpha\beta=6$

∴ $\overline{AC}=\sqrt{\alpha^2+\beta^2}=\sqrt{(\alpha+\beta)^2-2\alpha\beta}=\sqrt{6^2-2\times6}=2\sqrt{6}$

또 $\overline{AB}\times\overline{BC}=\overline{AC}\times\overline{BH}$에서

$6=2\sqrt{6}\times\overline{BH}$ ∴ $\overline{BH}=\dfrac{6}{2\sqrt{6}}=\dfrac{\sqrt{6}}{2}$

따라서 $\overline{AC}=2\sqrt{6}$, $\overline{BH}=\dfrac{\sqrt{6}}{2}$을 두 근으로 하고 x^2의 계수가 2인 이차방정식은

$2\left\{x^2-\left(2\sqrt{6}+\dfrac{\sqrt{6}}{2}\right)x+2\sqrt{6}\times\dfrac{\sqrt{6}}{2}\right\}=0$

∴ $2x^2-5\sqrt{6}x+12=0$

즉, $m=-5\sqrt{6}$, $n=12$이므로 $mn=-60\sqrt{6}$

0496 답 10

이차방정식 $x^2-x+1=0$의 두 근이 α, β이므로 이차방정식의 근과 계수의 관계에 의하여

$\alpha+\beta=1$, $\alpha\beta=1$ ...... ㉠

또 이차방정식 $x^2-x+1=0$의 두 근이 α, β이므로

$\alpha^2-\alpha+1=0$, $\beta^2-\beta+1=0$

∴ $\alpha=\alpha^2+1$, $\beta=\beta^2+1$

$f(\alpha^2)=-4\alpha+2$, $f(\beta^2)=-4\beta+2$에서

$f(\alpha^2)=-4(\alpha^2+1)+2$, $f(\beta^2)=-4(\beta^2+1)+2$

∴ $f(\alpha^2)=-4\alpha^2-2$, $f(\beta^2)=-4\beta^2-2$

따라서 이차방정식 $f(x)=-4x-2$, 즉 $x^2+px+q=-4x-2$의 두 근이 α^2, β^2이다.

㉠에 의하여

$\alpha^2+\beta^2=(\alpha+\beta)^2-2\alpha\beta=1^2-2\times1=-1$

$\alpha^2\beta^2=(\alpha\beta)^2=1^2=1$

따라서 α^2, β^2을 두 근으로 하고 x^2의 계수가 1인 이차방정식은

$x^2+x+1=0$

이때 $x^2+px+q=-4x-2$, 즉 $x^2+(p+4)x+q+2=0$이

$x^2+x+1=0$과 같으므로

$p+4=1$, $q+2=1$

∴ $p=-3$, $q=-1$

∴ $p^2+q^2=(-3)^2+(-1)^2=10$

05 / 이차방정식과 이차함수

A 개념 확인

80~83쪽

0497 답 -1, 4

이차방정식 $x^2-3x-4=0$에서

$(x+1)(x-4)=0$ $\therefore x=-1$ 또는 $x=4$

0498 답 $-\dfrac{7}{2}$, 1

이차방정식 $2x^2+5x-7=0$에서

$(2x+7)(x-1)=0$ $\therefore x=-\dfrac{7}{2}$ 또는 $x=1$

0499 답 4

이차방정식 $-x^2+8x-16=0$에서

$-(x-4)^2=0$ $\therefore x=4$

0500 답 2

이차방정식 $x^2+3x-7=0$의 판별식을 D라 하면

$D=9+28=37>0$

따라서 주어진 이차함수의 그래프와 x축의 교점의 개수는 2이다.

0501 답 1

이차방정식 $4x^2+8x+4=0$의 판별식을 D라 하면

$\dfrac{D}{4}=16-16=0$

따라서 주어진 이차함수의 그래프와 x축의 교점의 개수는 1이다.

0502 답 0

이차방정식 $-2x^2+x-1=0$의 판별식을 D라 하면

$D=1-8=-7<0$

따라서 주어진 이차함수의 그래프와 x축의 교점은 없다.

0503 답 (1) $k<1$ (2) $k=1$ (3) $k>1$

이차방정식 $x^2-2x+k=0$의 판별식을 D라 하면

$\dfrac{D}{4}=1-k$

(1) $D>0$이어야 하므로

$1-k>0$ $\therefore k<1$

(2) $D=0$이어야 하므로

$1-k=0$ $\therefore k=1$

(3) $D<0$이어야 하므로

$1-k<0$ $\therefore k>1$

0504 답 -3, -1

$x^2+x+3=-3x$에서 $x^2+4x+3=0$

$(x+3)(x+1)=0$ $\therefore x=-3$ 또는 $x=-1$

0505 답 2

$-x^2+3x+5=-x+9$에서 $x^2-4x+4=0$

$(x-2)^2=0$ $\therefore x=2$

0506 답 -3, 2

$-3x^2-2x+12=x-6$에서 $3x^2+3x-18=0$

$x^2+x-6=0$, $(x+3)(x-2)=0$

$\therefore x=-3$ 또는 $x=2$

0507 답 2

$x^2-2x-5=4x+7$, 즉 $x^2-6x-12=0$의 판별식을 D라 하면

$\dfrac{D}{4}=9+12=21>0$

따라서 주어진 이차함수의 그래프와 직선의 교점의 개수는 2이다.

0508 답 0

$-2x^2+3x+1=-2x+5$, 즉 $2x^2-5x+4=0$의 판별식을 D라 하면

$D=25-32=-7<0$

따라서 주어진 이차함수의 그래프와 직선의 교점은 없다.

0509 답 1

$-4x^2-x-2=-5x-1$, 즉 $4x^2-4x+1=0$의 판별식을 D라 하면

$\dfrac{D}{4}=4-4=0$

따라서 주어진 이차함수의 그래프와 직선의 교점의 개수는 1이다.

0510 답 (1) $k>-5$ (2) $k=-5$ (3) $k<-5$

$x^2-2x+4=4x+k$, 즉 $x^2-6x+4-k=0$의 판별식을 D라 하면

$\dfrac{D}{4}=9-(4-k)=5+k$

(1) $D>0$이어야 하므로

$5+k>0$ $\therefore k>-5$

(2) $D=0$이어야 하므로

$5+k=0$ $\therefore k=-5$

(3) $D<0$이어야 하므로

$5+k<0$ $\therefore k<-5$

0511 답 최댓값: 없다., 최솟값: 3

$y=x^2+2x+4=(x+1)^2+3$

따라서 $x=-1$일 때 최솟값은 3이고, 최댓값은 없다.

0512 답 최댓값: 없다., 최솟값: $\dfrac{11}{2}$

$y=\dfrac{1}{2}x^2-3x+10=\dfrac{1}{2}(x-3)^2+\dfrac{11}{2}$

따라서 $x=3$일 때 최솟값은 $\dfrac{11}{2}$이고, 최댓값은 없다.

0513 답 최댓값: 3, 최솟값: 없다.

$y=-x^2+4x-1=-(x-2)^2+3$

따라서 $x=2$일 때 최댓값은 3이고, 최솟값은 없다.

0514 답 최댓값: 11, 최솟값: 없다.

$y=-2x^2-8x+3=-2(x+2)^2+11$

따라서 $x=-2$일 때 최댓값은 11이고, 최솟값은 없다.

0515 답 $a=2$, $b=6$

x^2의 계수가 1이고 $x=-1$에서 최솟값 5를 갖는 이차함수는
$y=(x+1)^2+5=x^2+2x+6$
$\therefore a=2$, $b=6$

0516 답 $a=4$, $b=-6$

x^2의 계수가 -1이고 $x=2$에서 최댓값 -2를 갖는 이차함수는
$y=-(x-2)^2-2=-x^2+4x-6$
$\therefore a=4$, $b=-6$

0517 답 최댓값: 8, 최솟값: 4

$1\le x\le 4$에서 $y=f(x)$의 그래프는 오른쪽 그림과 같고
$f(1)=8$, $f(3)=4$, $f(4)=5$
따라서 $f(x)$의 최댓값은 8, 최솟값은 4이다.

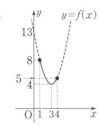

0518 답 최댓값: 20, 최솟값: 5

$-1\le x\le 2$에서 $y=f(x)$의 그래프는 오른쪽 그림과 같고
$f(-1)=20$, $f(2)=5$
따라서 $f(x)$의 최댓값은 20, 최솟값은 5이다.

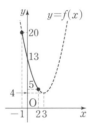

0519 답 최댓값: 2, 최솟값: -2

$f(x)=x^2+2x-1$
$\qquad =(x+1)^2-2$
$-3\le x\le 1$에서 $y=f(x)$의 그래프는 오른쪽 그림과 같고
$f(-3)=2$, $f(-1)=-2$, $f(1)=2$
따라서 $f(x)$의 최댓값은 2, 최솟값은 -2이다.

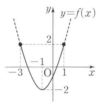

0520 답 최댓값: 8, 최솟값: 4

$f(x)=-x^2+4x+4$
$\qquad =-(x-2)^2+8$
$0\le x\le 3$에서 $y=f(x)$의 그래프는 오른쪽 그림과 같고
$f(0)=4$, $f(2)=8$, $f(3)=7$
따라서 $f(x)$의 최댓값은 8, 최솟값은 4이다.

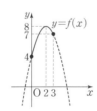

0521 답 최댓값: 16, 최솟값: 6

$f(x)=x^2-3x+6$
$\qquad =\left(x-\dfrac{3}{2}\right)^2+\dfrac{15}{4}$
$-2\le x\le 0$에서 $y=f(x)$의 그래프는 오른쪽 그림과 같고
$f(-2)=16$, $f(0)=6$
따라서 $f(x)$의 최댓값은 16, 최솟값은 6이다.

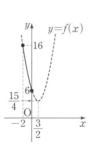

0522 답 최댓값: -2, 최솟값: -16

$f(x)=-x^2-x+4$
$\qquad =-\left(x+\dfrac{1}{2}\right)^2+\dfrac{17}{4}$
$2\le x\le 4$에서 $y=f(x)$의 그래프는 오른쪽 그림과 같고
$f(2)=-2$, $f(4)=-16$
따라서 $f(x)$의 최댓값은 -2, 최솟값은 -16이다.

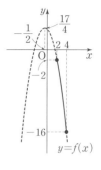

0523 답 3

$0\le x\le 3$에서 $y=f(x)$의 그래프는 오른쪽 그림과 같다.
$f(x)$는 $x=1$에서 최솟값 k를 가지므로
$k=3$

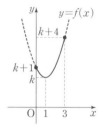

0524 답 -10

$f(x)=2x^2-2x+k$
$\qquad =2\left(x-\dfrac{1}{2}\right)^2+k-\dfrac{1}{2}$
$-3\le x\le -1$에서 $y=f(x)$의 그래프는 오른쪽 그림과 같다.
$f(x)$는 $x=-3$일 때 최댓값 $k+24$를 가지므로
$k+24=14$
$\therefore k=-10$

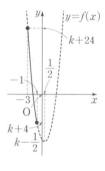

0525 답 9

$-1\le x\le 1$에서 $y=f(x)$의 그래프는 오른쪽 그림과 같다.
$f(x)$는 $x=1$일 때 최솟값 $k-16$을 가지므로
$k-16=-7$
$\therefore k=9$

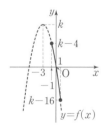

0526 답 7

$f(x)=-3x^2+6x+k$
$\qquad =-3(x-1)^2+k+3$
$-2\le x\le 1$에서 $y=f(x)$의 그래프는 오른쪽 그림과 같다.
$f(x)$는 $x=1$일 때 최댓값 $k+3$을 가지므로
$k+3=10$
$\therefore k=7$

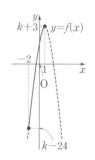

0527 답 ①

이차함수 $y=2x^2+ax+b$의 그래프와 x축의 교점의 x좌표가 -2, 3이므로 -2, 3은 이차방정식 $2x^2+ax+b=0$의 두 근이다.
따라서 이차방정식의 근과 계수의 관계에 의하여
$$-2+3=-\frac{a}{2}, \; -2\times3=\frac{b}{2} \quad \therefore a=-2, \; b=-12$$
$$\therefore ab=24$$

0528 답 ④

이차함수 $y=x^2-ax+a+5$의 그래프와 x축의 교점의 x좌표가 2, b이므로 2, b는 이차방정식 $x^2-ax+a+5=0$의 두 근이다.
따라서 이차방정식의 근과 계수의 관계에 의하여
$$2+b=a, \; 2\times b=a+5 \quad \therefore a-b=2, \; a-2b=-5$$
두 식을 연립하여 풀면 $a=9$, $b=7$
$$\therefore a+b=16$$

0529 답 2

이차방정식 $x^2-(k+1)x-2k=0$의 두 근을 α, β라 하면 근과 계수의 관계에 의하여
$$\alpha+\beta=k+1, \; \alpha\beta=-2k$$
이때 주어진 이차함수의 그래프와 x축이 만나는 두 점 사이의 거리가 5이므로 $|\alpha-\beta|=5$
양변을 제곱하면 $(\alpha-\beta)^2=25$
$$(\alpha+\beta)^2-4\alpha\beta=25, \; (k+1)^2+8k=25$$
$$k^2+10k-24=0, \; (k+12)(k-2)=0$$
$$\therefore k=-12 \text{ 또는 } k=2$$
그런데 $k>0$이므로 $k=2$

0530 답 ③

이차함수 $y=f(x)$의 그래프와 x축의 교점의 x좌표가 -1, 4이므로 -1, 4는 이차방정식 $f(x)=0$의 두 근이다.
즉, $f(-1)=0$, $f(4)=0$이므로 $f(2x+1)=0$이려면
$$2x+1=-1 \text{ 또는 } 2x+1=4 \quad \therefore x=-1 \text{ 또는 } x=\frac{3}{2}$$
따라서 이차방정식 $f(2x+1)=0$의 두 근의 합은
$$-1+\frac{3}{2}=\frac{1}{2}$$

0531 답 1

이차함수 $y=ax^2+bx+c$의 그래프가 점 $(0, -2)$를 지나므로
$$c=-2 \quad \therefore y=ax^2+bx-2$$
이차함수 $y=ax^2+bx-2$의 그래프와 x축의 교점의 x좌표가 $-1+\sqrt{3}$이므로 $-1+\sqrt{3}$은 이차방정식 $ax^2+bx-2=0$의 근이다.
이때 이차방정식 $ax^2+bx-2=0$의 계수가 유리수이므로 $-1+\sqrt{3}$이 근이면 $-1-\sqrt{3}$도 근이다.
따라서 이차방정식의 근과 계수의 관계에 의하여
$$(-1+\sqrt{3})+(-1-\sqrt{3})=-\frac{b}{a}, \; (-1+\sqrt{3})(-1-\sqrt{3})=-\frac{2}{a}$$
$$\therefore a=1, \; b=2$$
$$\therefore a+b+c=1+2+(-2)=1$$

0532 답 ⑤

이차방정식 $x^2+2(k+1)x+k^2+k+4=0$의 판별식을 D라 하면
$$\frac{D}{4}=(k+1)^2-(k^2+k+4)>0$$
$$k-3>0 \quad \therefore k>3$$
따라서 정수 k의 최솟값은 4이다.

0533 답 ④

이차방정식 $x^2+kx+k=0$의 판별식을 D라 하면
$$D=k^2-4k=0$$
$$k(k-4)=0 \quad \therefore k=0 \text{ 또는 } k=4$$
그런데 $k>0$이므로 $k=4$

0534 답 $k\leq\frac{5}{4}$

이차방정식 $x^2-(4k+1)x+4k^2+3k-1=0$의 판별식을 D라 하면
$$D=\{-(4k+1)\}^2-4(4k^2+3k-1)\geq0$$
$$-4k+5\geq0 \quad \therefore k\leq\frac{5}{4}$$

0535 답 -4

이차방정식 $x^2+4x-3k+5=0$의 판별식을 D_1이라 하면
$$\frac{D_1}{4}=4-(-3k+5)<0$$
$$3k-1<0 \quad \therefore k<\frac{1}{3} \quad \cdots\cdots \text{㉠} \qquad \cdots\cdots ❶$$
이차방정식 $2x^2+2kx-k+4=0$의 판별식을 D_2라 하면
$$\frac{D_2}{4}=k^2-2(-k+4)=0$$
$$k^2+2k-8=0, \; (k+4)(k-2)=0$$
$$\therefore k=-4 \text{ 또는 } k=2 \quad \cdots\cdots \text{㉡} \qquad \cdots\cdots ❷$$
㉠, ㉡에서 $k=-4$ $\qquad \cdots\cdots ❸$

채점 기준

❶ $y=x^2+4x-3k+5$의 그래프가 x축과 만나지 않도록 하는 k의 값의 범위 구하기	40 %
❷ $y=2x^2+2kx-k+4$의 그래프가 x축과 접하도록 하는 k의 값 구하기	40 %
❸ k의 값 구하기	20 %

0536 답 ②

이차방정식 $x^2+(3a+4k)x+2bk^2+2k+\frac{1}{4}=0$의 판별식을 D라 하면
$$D=(3a+4k)^2-4\left(2bk^2+2k+\frac{1}{4}\right)=0$$
$$\therefore 8(2-b)k^2+8(3a-1)k+9a^2-1=0$$
이 등식이 k에 대한 항등식이므로
$$2-b=0, \; 3a-1=0 \quad \therefore a=\frac{1}{3}, \; b=2$$
$$\therefore \frac{b}{a}=6$$

0537 답 ①

이차함수 $y=x^2+3x+a$의 그래프와 직선 $y=bx-1$의 교점의 x좌표가 -3, 1이므로 -3, 1은 이차방정식 $x^2+3x+a=bx-1$, 즉 $x^2-(b-3)x+a+1=0$의 두 근이다.

따라서 이차방정식의 근과 계수의 관계에 의하여
$-3+1=b-3$, $-3\times1=a+1$ $\therefore a=-4$, $b=1$
$\therefore a+b=-3$

0538 답 ②
$2+\sqrt{5}$가 이차방정식 $-x^2+ax+3=-2x+b$, 즉
$x^2-(a+2)x+b-3=0$의 근이다.
이때 이차방정식의 계수가 유리수이므로 $2+\sqrt{5}$가 근이면 $2-\sqrt{5}$도 근이다.
따라서 이차방정식의 근과 계수의 관계에 의하여
$(2+\sqrt{5})+(2-\sqrt{5})=a+2$, $(2+\sqrt{5})\times(2-\sqrt{5})=b-3$
$\therefore a=2$, $b=2$ $\therefore ab=4$

0539 답 4
이차함수 $y=x^2+ax-1$의 그래프와 직선 $y=2x-5$의 교점의 x좌표를 α, β라 하면 α, β는 이차방정식 $x^2+ax-1=2x-5$, 즉
$x^2+(a-2)x+4=0$의 두 근이다.
따라서 이차방정식의 근과 계수의 관계에 의하여
$\alpha+\beta=-(a-2)$, $\alpha\beta=4$ ······ ㉠
이때 이차함수의 그래프와 직선의 두 교점의 x좌표의 차가 3이므로
$|\alpha-\beta|=3$
양변을 제곱하면 $(\alpha-\beta)^2=9$이므로 $(\alpha+\beta)^2-4\alpha\beta=9$
㉠을 대입하면 $(a-2)^2-16=9$
$a^2-4a-21=0$, $(a+3)(a-7)=0$
$\therefore a=-3$ 또는 $a=7$
따라서 모든 상수 a의 값의 합은 $-3+7=4$

0540 답 ④
$-x^2+kx-k^2=-kx+k-3$에서
$x^2-2kx+k^2+k-3=0$
이 이차방정식의 판별식을 D라 하면
$\dfrac{D}{4}=(-k)^2-(k^2+k-3)>0$
$-k+3>0$ $\therefore k<3$
따라서 정수 k의 최댓값은 2이다.

0541 답 ②
$x^2+ax+a^2=-x$에서
$x^2+(a+1)x+a^2=0$
이 이차방정식의 판별식을 D라 하면
$D=(a+1)^2-4a^2=0$
$3a^2-2a-1=0$, $(3a+1)(a-1)=0$
$\therefore a=-\dfrac{1}{3}$ 또는 $a=1$
그런데 $a>0$이므로 $a=1$

0542 답 $k>5$
$x^2+2kx+k^2-1=4x+3k$에서
$x^2+2(k-2)x+k^2-3k-1=0$
이 이차방정식의 판별식을 D라 하면
$\dfrac{D}{4}=(k-2)^2-(k^2-3k-1)<0$
$-k+5<0$ $\therefore k>5$

0543 답 1
$-x^2-(k-3)x+k+1=k(x+k)$에서
$x^2+(2k-3)x+k^2-k-1=0$
이 이차방정식의 판별식을 D라 하면
$D=(2k-3)^2-4(k^2-k-1)\geq0$ ······ ❶
$-8k+13\geq0$ $\therefore k\leq\dfrac{13}{8}$ ······ ❷
따라서 정수 k의 최댓값은 1이다.   ······ ❸

채점 기준

❶ 이차함수의 그래프와 직선이 적어도 한 점에서 만날 조건 구하기	60 %
❷ k의 값의 범위 구하기	20 %
❸ 정수 k의 최댓값 구하기	20 %

0544 답 3
이차함수 $y=x^2-3x+4$의 그래프가 직선 $y=-x+b$에 접하므로
$x^2-3x+4=-x+b$에서 $x^2-2x+4-b=0$
이 이차방정식의 판별식을 D_1이라 하면
$\dfrac{D_1}{4}=1-(4-b)=0$, $b-3=0$ $\therefore b=3$
이차함수 $y=-2x^2+3x+a$의 그래프가 직선 $y=-x+3$에 접하므로 $-2x^2+3x+a=-x+3$에서 $2x^2-4x+3-a=0$
이 이차방정식의 판별식을 D_2라 하면
$\dfrac{D_2}{4}=4-2(3-a)=0$, $2a-2=0$ $\therefore a=1$
$\therefore ab=1\times3=3$

0545 답 ②
직선 $y=-x+7$에 평행한 직선의 기울기는 -1이다.
기울기가 -1인 직선의 방정식을 $y=-x+b$(b는 상수)라 하면
$x^2-5x-3=-x+b$에서 $x^2-4x-b-3=0$
이 이차방정식의 판별식을 D라 하면
$\dfrac{D}{4}=(-2)^2-(-b-3)=0$, $b+7=0$ $\therefore b=-7$
따라서 직선의 방정식은 $y=-x-7$이므로 y절편은 -7이다.

0546 답 16
점 $(-3, 1)$을 지나는 직선의 방정식을 $y=m(x+3)+1$(m은 상수)이라 하면
$-x^2+2x+3=m(x+3)+1$, $x^2+(m-2)x+3m-2=0$
이 이차방정식의 판별식을 D_1이라 하면
$D_1=(m-2)^2-4(3m-2)=0$ $\therefore m^2-16m+12=0$
이차방정식 $m^2-16m+12=0$의 판별식을 D_2라 하면
$\dfrac{D_2}{4}=64-12=52>0$
이므로 이 이차방정식의 서로 다른 두 실근이 직선의 기울기이다.
따라서 이차방정식의 근과 계수의 관계에 의하여 구하는 두 직선의 기울기의 합은 16이다.

0547 답 2
기울기가 2인 직선의 방정식을 $y=2x+b$(b는 상수)라 하면
$x^2=2x+b$에서 $x^2-2x-b=0$
이 이차방정식의 판별식을 D_1이라 하면

$\dfrac{D_1}{4}=1+b=0$ $\qquad \therefore b=-1$

$\therefore y=2x-1$

$-2x^2+kx+k-3=2x-1$에서

$2x^2-(k-2)x-k+2=0$

이 이차방정식의 판별식을 D_2라 하면

$D_2=(k-2)^2-8(-k+2)=0$

$k^2+4k-12=0,\ (k+6)(k-2)=0$

$\therefore k=-6$ 또는 $k=2$

그런데 $k>0$이므로 $k=2$

0548 답 $y=-2x$

구하는 직선의 방정식을 $y=mx+n\,(m,\ n$은 상수$)$이라 하면

$x^2+2ax+(a+1)^2=mx+n$에서

$x^2+(2a-m)x+a^2+2a+1-n=0$

이 이차방정식의 판별식을 D라 하면

$D=(2a-m)^2-4(a^2+2a+1-n)=0$

$(-4m-8)a+m^2+4n-4=0$

이 등식이 a에 대한 항등식이므로

$-4m-8=0,\ m^2+4n-4=0$

$\therefore m=-2,\ n=0$

따라서 구하는 직선의 방정식은

$y=-2x$

0549 답 ②

$f(x)=-3x^2+6x+k-1$
$\qquad =-3(x-1)^2+k+2$

이므로 $-1\le x\le 2$에서 $y=f(x)$의 그래프는 오른쪽 그림과 같다.

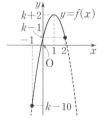

$x=1$에서 최댓값 $k+2$를 가지므로

$k+2=4$ $\qquad \therefore k=2$

따라서 $f(x)=-3(x-1)^2+4$의 최솟값은

$f(-1)=-12+4=-8$

0550 답 14

$f(x)=x^2+2x+3=(x+1)^2+2$라 하면

$0\le x\le 2$에서 $y=f(x)$의 그래프는 오른쪽 그림과 같다.

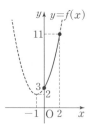

따라서 $x=2$에서 최댓값 11을 갖고, $x=0$에서 최솟값 3을 가지므로 최댓값과 최솟값의 합은

$11+3=14$

0551 답 27

$f(x)=2x^2-4x-a=2(x-1)^2-a-2$라 하면 $a>1$이므로 $-a\le x\le a$에서 $y=f(x)$의 그래프는 오른쪽 그림과 같다.

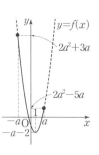

$x=1$에서 최솟값 $-a-2$를 가지므로

$-a-2=-5$ $\qquad \therefore a=3$

따라서 $-3\le x\le 3$에서 $f(x)=2(x-1)^2-5$

이므로 구하는 최댓값은

$f(-3)=32-5=27$

0552 답 7

$f(x)=-x^2+4x-1=-(x-2)^2+3$이라

하면 $f(2)=3$이므로 $a<2$

즉, $-1\le x\le a$에서 $y=f(x)$의 그래프는 오른쪽 그림과 같다.

$x=-1$에서 최솟값 b를 가지므로

$b=-9+3=-6$

또 $x=a$에서 최댓값 2를 가지므로

$2=-a^2+4a-1$

$a^2-4a+3=0,\ (a-1)(a-3)=0$ $\qquad \therefore a=1$ 또는 $a=3$

그런데 $a<2$이므로 $a=1$

$\therefore a-b=1-(-6)=7$

0553 답 ②

$y=x^2-2kx-4=(x-k)^2-k^2-4$

(ⅰ) $0<k<4$일 때,

$\quad x=k$에서 최솟값 $-k^2-4$를 가지므로

$\qquad -k^2-4=-8,\ k^2=4$

$\qquad \therefore k=-2$ 또는 $k=2$

$\quad$ 그런데 $0<k<4$이므로 $k=2$

(ⅱ) $k\ge 4$일 때,

$\quad x=4$에서 최솟값 $-8k+12$를 가지므로

$\qquad -8k+12=-8$ $\quad \therefore k=\dfrac{5}{2}$

$\quad$ 그런데 $k\ge 4$이므로 주어진 조건을 만족시키는 k의 값은 존재하지 않는다.

(ⅰ), (ⅱ)에서 $k=2$

0554 답 ②

$x^2+4x=t$로 놓으면 $t=(x+2)^2-4$

$-3\le x\le 0$에서 $x=0$일 때 최댓값은 0이고, $x=-2$일 때 최솟값은 -4이므로 $-4\le t\le 0$

이때 주어진 함수는

$y=t^2+2(t+2)-3=(t+1)^2$

따라서 $-4\le t\le 0$에서 $t=-4$일 때 최댓값은 9이고, $t=-1$일 때 최솟값은 0이므로 구하는 최댓값과 최솟값의 합은

$9+0=9$

0555 답 ④

$x^2+2x+3=t$로 놓으면

$t=(x+1)^2+2$ $\qquad \therefore t\ge 2$

이때 주어진 함수는

$y=t^2-2t+5=(t-1)^2+4$

따라서 $t\ge 2$에서 $t=2$일 때 최솟값은 5이다.

0556 답 3

$x^2-4x=t$로 놓으면 $t=(x-2)^2-4$

$-2\le x\le 1$에서 $x=-2$일 때 최댓값은 12이고, $x=1$일 때 최솟값은 -3이므로 $-3\le t\le 12$

이때 주어진 함수는
$$y=\frac{1}{2}t^2+t+k=\frac{1}{2}(t+1)^2+k-\frac{1}{2}$$
따라서 $-3\le t\le 12$에서 $t=-1$일 때 최솟값은 $k-\frac{1}{2}$이므로
$$k-\frac{1}{2}=\frac{5}{2}$$
$$\therefore k=3$$

0557 답 4

$x^2-6x=t$로 놓으면
$$t=(x-3)^2-9 \qquad \therefore t\ge -9$$
이때 주어진 함수는
$$y=(t+2)^2+4t+k=t^2+8t+4+k=(t+4)^2+k-12$$
따라서 $t\ge -9$에서 $t=-4$일 때 최솟값은 $k-12$이므로
$$k-12=-8$$
$$\therefore k=4$$

0558 답 ⑤

$$-x^2-y^2+2x-8y+3=-(x^2-2x+1)-(y^2+8y+16)+20$$
$$=-(x-1)^2-(y+4)^2+20$$
이때 x, y가 실수이므로
$$-(x-1)^2\le 0, \ -(y+4)^2\le 0$$
$$\therefore -x^2-y^2+2x-8y+3\le 20$$
따라서 구하는 최댓값은 20이다.

0559 답 20

$$2x^2+\frac{1}{3}y^2-4x+2y+k=2(x^2-2x+1)+\frac{1}{3}(y^2+6y+9)+k-5$$
$$=2(x-1)^2+\frac{1}{3}(y+3)^2+k-5$$
이때 x, y가 실수이므로
$$(x-1)^2\ge 0, \ (y+3)^2\ge 0$$
$$\therefore 2x^2+\frac{1}{3}y^2-4x+2y+k\ge k-5$$
따라서 $k-5=15$이므로
$$k=20$$

0560 답 4

$$x^2+5y^2+z^2+4xy-4y+2z+9$$
$$=(x^2+4xy+4y^2)+(y^2-4y+4)+(z^2+2z+1)+4$$
$$=(x+2y)^2+(y-2)^2+(z+1)^2+4$$
이때 x, y, z가 실수이므로
$$(x+2y)^2\ge 0, \ (y-2)^2\ge 0, \ (z+1)^2\ge 0$$
$$\therefore x^2+5y^2+z^2+4xy-4y+2z+9\ge 4$$
따라서 구하는 최솟값은 4이다.

0561 답 1

$x-y=3$에서 $x=y+3$이므로 이를 x^2+y^2+2y에 대입하면
$$x^2+y^2+2y=(y+3)^2+y^2+2y$$
$$=2y^2+8y+9$$
$$=2(y+2)^2+1$$
따라서 $-3\le y\le 0$에서 $y=-2$일 때 최솟값은 1이다.

0562 답 ②

$2x+y=8$에서 $y=-2x+8$이므로 이를 xy에 대입하면
$$xy=x(-2x+8)=-2x^2+8x$$
$$=-2(x-2)^2+8$$
따라서 $1\le x\le 4$에서 $x=2$일 때 최댓값은 8이고, $x=4$일 때 최솟값은 0이므로 구하는 최댓값과 최솟값의 합은 $8+0=8$

0563 답 1

$x+y^2=1$에서 $y^2=1-x$
이때 $y^2\ge 0$이므로 $1-x\ge 0$ $\quad\therefore x\le 1$
$y^2=1-x$를 x^2+4y^2에 대입하면
$$x^2+4y^2=x^2+4(1-x)=x^2-4x+4=(x-2)^2$$
따라서 $x\le 1$에서 $x=1$일 때 최솟값은 1이다.

0564 답 20

점 A의 좌표를 $(a, a^2-6a)\ (0<a<3)$라 하면
$$\overline{AD}=-a^2+6a, \ \overline{CD}=6-2a$$
직사각형 ABCD의 둘레의 길이를 l이라 하면
$$l=2\{(-a^2+6a)+(6-2a)\}=-2a^2+8a+12$$
$$=-2(a-2)^2+20$$
따라서 $0<a<3$에서 $a=2$일 때 최댓값이 20이므로 직사각형 ABCD의 둘레의 길이의 최댓값은 20이다.

참고 이차함수 $y=x^2-6x$의 그래프의 축의 방정식이 $x=3$이므로 $0<a<3$이어야 한다.

0565 답 ④

$$y=-5x^2+6x+5=-5\left(x-\frac{3}{5}\right)^2+\frac{34}{5}$$
따라서 $1\le x\le 2$에서 $x=1$일 때 최댓값이 6이므로 수면으로부터의 높이는 6 m이다.

0566 답 ③

핫도그 한 개의 가격을 $100x$원 올릴 때, 핫도그 한 개의 가격은 $(1000+100x)$원이고, 하루 판매량은 $(200-10x)\ (0<x<20)$개이므로 하루 판매액을 y원이라 하면
$$y=(1000+100x)(200-10x)=-1000(x-5)^2+225000$$
따라서 $0<x<20$에서 $x=5$일 때 하루 판매액이 최대이므로 이때의 핫도그 한 개의 가격은
$$1000+100\times 5=1500(원)$$

0567 답 32 m²

꽃밭의 가로, 세로의 길이를 각각 x m, y m라 하면
$$x+2y=16 \quad \therefore x=16-2y \ (단, \ 0<y<8)$$
꽃밭의 넓이를 S라 하면
$$S=xy=(16-2y)\times y=-2y^2+16y=-2(y-4)^2+32 \quad \cdots\cdots ❶$$
따라서 $0<y<8$에서 $y=4$일 때 최댓값이 32이므로 꽃밭의 넓이의 최댓값은 32 m²이다. $\quad\cdots\cdots ❷$

채점 기준

❶ 꽃밭의 넓이를 이차식으로 나타내기	70 %
❷ 꽃밭의 넓이의 최댓값 구하기	30 %

0568 답 225

t초 후 $\overline{AP}=\overline{CR}=t$, $\overline{AS}=\overline{CQ}=2t$
이므로
$\overline{BP}=\overline{DR}=20-t$
$\overline{BQ}=\overline{DS}=20-2t$ (단, $0<t\le10$)
두 직각삼각형 APS, CRQ의 넓이가
같으므로 각각의 넓이는

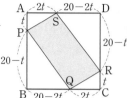

$\dfrac{1}{2}\times t\times 2t=t^2$

또 두 직각삼각형 BPQ, DRS의 넓이가 같으므로 각각의 넓이는

$\dfrac{1}{2}\times(20-t)\times(20-2t)=t^2-30t+200$

이때 사각형 PQRS의 넓이를 S라 하면

$S=20^2-2\{t^2+(t^2-30t+200)\}$

$\quad=-4t^2+60t=-4\left(t-\dfrac{15}{2}\right)^2+225$

따라서 $0<t\le10$에서 $t=\dfrac{15}{2}$일 때 최댓값이 225이므로 사각형
PQRS의 넓이의 최댓값은 225이다.

AB 유형 점검

90~92쪽

0569 답 ④

이차함수 $y=-2x^2+ax+3$의 그래프와 x축의 교점의 x좌표가 1,
b이므로 1, b는 이차방정식 $-2x^2+ax+3=0$의 두 근이다.
따라서 이차방정식의 근과 계수의 관계에 의하여

$1+b=\dfrac{a}{2}$, $1\times b=-\dfrac{3}{2}$ $\quad\therefore a=-1$, $b=-\dfrac{3}{2}$

$\therefore ab=\dfrac{3}{2}$

0570 답 −4

$y=x^2+ax+2a-5$가 a에 대한 항등식이면
$(x+2)a+x^2-y-5=0$에서 $x+2=0$, $x^2-y-5=0$
$x=-2$, $y=-1$이므로 이차함수 $y=x^2+ax+2a-5$의 그래프는
a의 값에 관계없이 항상 점 $P(-2, -1)$을 지난다.
점 P가 이 이차함수의 그래프의 꼭짓점이므로
이차함수 $y=(x+2)^2-1$, 즉 $y=x^2+4x+3$의 그래프와 x축이 만
나는 점의 x좌표는 이차방정식 $x^2+4x+3=0$의 두 근과 같다.
따라서 근과 계수의 관계에 의하여 구하는 x좌표의 합은 −4이다.

0571 답 ㄱ, ㄷ

ㄱ. 주어진 이차함수의 그래프는 x축과 서로 다른 두 점에서 만난다.
따라서 이차방정식 $ax^2+bx+c=0$의 판별식을 D_1이라 하면
$D_1=b^2-4ac>0$

ㄴ. −3, 1은 이차방정식 $ax^2+bx+c=0$의 두 근이므로 근과 계수
의 관계에 의하여

$-3+1=-\dfrac{b}{a}$, $-3\times1=\dfrac{c}{a}$

$\therefore b=2a$, $c=-3a$ $\quad\cdots\cdots$ ㉠

$\therefore \dfrac{bc}{a^2}=\dfrac{2a\times(-3a)}{a^2}=-6$

ㄷ. 이차방정식 $bx^2+cx+a=0$의 판별식을 D_2라 하면
$D_2=c^2-4ab=(-3a)^2-4a\times2a=a^2$ $(\because$ ㉠$)$
이때 $a>0$이므로 $a^2>0$ $\quad\therefore D_2>0$
따라서 이차함수 $y=bx^2+cx+a$의 그래프는 x축과 서로 다른
두 점에서 만난다.
따라서 보기에서 옳은 것은 ㄱ, ㄷ이다.

0572 답 ④

이차함수 $y=f(x)$의 그래프와 직선 $y=x-3$의 교점의 x좌표가 1,
5이므로 1, 5는 이차방정식 $f(x)-(x-3)=0$의 두 근이다.
이때 $f(x)$의 최고차항의 계수가 1이므로
$f(x)-(x-3)=(x-1)(x-5)$
$\therefore f(x)=(x-1)(x-5)+(x-3)=x^2-5x+2$
$\therefore f(2)=4-10+2=-4$

0573 답 −21

이차방정식 $2x^2+(2k+1)x+k=-x+k^2$에서
$2x^2+2(k+1)x-k^2+k=0$ $\quad\cdots\cdots$ ㉠
㉠의 두 근이 α, β이고, $\alpha+\beta=5$이므로 근과 계수의 관계에 의하여

$-\dfrac{2(k+1)}{2}=5$ $\quad\therefore k=-6$

이를 ㉠에 대입하여 정리하면 $x^2-5x-21=0$
따라서 이차방정식의 근과 계수의 관계에 의하여
$\alpha\beta=-21$

0574 답 ②

이차함수 $y=\dfrac{1}{2}(x-k)^2$의 그래프와 직선 $y=x$의 두 교점 A, B의

x좌표를 α, β라 하면 α, β는 이차방정식 $\dfrac{1}{2}(x-k)^2=x$, 즉

$x^2-2(k+1)x+k^2=0$의 두 근이므로 근과 계수의 관계에 의하여
$\alpha+\beta=2(k+1)$, $\alpha\beta=k^2$ $\quad\cdots\cdots$ ㉠
이때 두 점 A, B의 x좌표가 α, β이면 두 점 C, D의 x좌표도 α, β
이고, 선분 CD의 길이가 6이므로 $|\alpha-\beta|=6$
양변을 제곱하면 $(\alpha-\beta)^2=36$
$(\alpha+\beta)^2-4\alpha\beta=36$
㉠을 대입하면 $4(k+1)^2-4k^2=36$
$8k+4=36$ $\quad\therefore k=4$

0575 답 1

$x^2-2kx+k+3=2x-k^2$에서 $x^2-2(k+1)x+k^2+k+3=0$
이 이차방정식의 판별식을 D라 하면

$\dfrac{D}{4}=\{-(k+1)\}^2-(k^2+k+3)<0$

$k-2<0$ $\quad\therefore k<2$
따라서 자연수 k의 값은 1이다.

0576 답 ①

이차방정식 $x^2+2ax+b=0$의 판별식을 D_1이라 하면

$\dfrac{D_1}{4}=a^2-b=0$ $\quad\therefore b=a^2$ $\quad\cdots\cdots$ ㉠

$x^2+2ax+b=4x+2$에서 $x^2+2(a-2)x+b-2=0$

이 이차방정식의 판별식을 D_2라 하면

$\dfrac{D_2}{4}=(a-2)^2-(b-2)\geq0$

$a^2-4a-b+6\geq0$

㉠을 대입하면 $-4a+6\geq0$ $\therefore a\leq\dfrac{3}{2}$

따라서 정수 a의 최댓값은 1이다.

0577 답 1

점 $(1,0)$을 지나는 직선의 방정식을 $y=m(x-1)$ (m은 상수)이라

하면 $-x^2+4x-3=m(x-1)$에서 $x^2+(m-4)x-m+3=0$

이 이차방정식의 판별식을 D_1이라 하면

$D_1=(m-4)^2-4(-m+3)=0$

$(m-2)^2=0$ $\therefore m=2$

$\therefore y=2x-2$

$x^2+ax+b=2x-2$에서 $x^2+(a-2)x+b+2=0$

이 이차방정식의 판별식을 D_2라 하면

$D_2=(a-2)^2-4(b+2)=0$

$a^2-4a-4b-4=0$ ······ ㉠

한편 점 $(1,0)$은 이차함수 $y=x^2+ax+b$의 그래프 위에 있으므로

$0=1+a+b$ $\therefore b=-a-1$

이를 ㉠에 대입하여 정리하면 $a^2=0$

따라서 $a=0$, $b=-1$이므로 $a^2+b^2=1$

0578 답 ①

$f(x)=x^2-2x-1=(x-1)^2-2$라 하면

$0\leq x\leq4$에서 $y=f(x)$의 그래프는 오른쪽

그림과 같다.

따라서 $x=4$일 때 최댓값은 7이고, $x=1$일 때

최솟값은 -2이므로

$M=7$, $m=-2$

$\therefore Mm=-14$

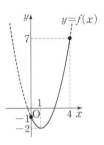

0579 답 3

$f(x)=ax^2+bx+5=a\left(x^2+\dfrac{b}{a}x+\dfrac{b^2}{4a^2}\right)-\dfrac{b^2}{4a}+5$

$=a\left(x+\dfrac{b}{2a}\right)^2-\dfrac{b^2}{4a}+5$

㈎에서 $a<0$, $b<0$이므로 이차함수 $y=f(x)$의 그래프는 위로 볼록

하고 꼭짓점의 좌표는 $\left(-\dfrac{b}{2a},\ -\dfrac{b^2}{4a}+5\right)$이다.

이때 $-\dfrac{b}{2a}<0$이므로 $1\leq x\leq2$에 꼭짓점의 x좌표가 포함되지 않는

다.

따라서 $f(x)$의 최댓값은 $f(1)$이고 ㈏에서 $f(1)=3$이므로

$a+b+5=3$ $\therefore a+b=-2$

이때 a, b는 음의 정수이므로 $a=-1$, $b=-1$

따라서 $f(x)=-x^2-x+5$이므로

$f(-2)=-4+2+5=3$

0580 답 ②

$x^2-2x=t$로 놓으면 $t=(x-1)^2-1$

$1\leq x\leq4$에서 $x=4$일 때 최댓값은 8이고, $x=1$일 때 최솟값은 -1

이므로 $-1\leq t\leq8$

이때 주어진 함수는

$y=t^2-6t+4=(t-3)^2-5$

따라서 $-1\leq t\leq8$에서 $t=8$일 때 최댓값은 20이므로

$a=4$, $b=20$

$\therefore a+b=24$

0581 답 ③

$x^2+6y^2-4xy-8y+10$

$=(x^2-4xy+4y^2)+2(y^2-4y+4)+2$

$=(x-2y)^2+2(y-2)^2+2$

이때 x, y가 실수이므로 $(x-2y)^2\geq0$, $(y-2)^2\geq0$

$\therefore x^2+6y^2-4xy-8y+10\geq2$

$x-2y=0$, $y-2=0$일 때, 즉 $x=4$, $y=2$일 때 최솟값은 2이므로

$p=4$, $q=2$, $m=2$ $\therefore p+q+m=8$

0582 답 16

$x+y=4$에서 $y=4-x$이고 $y\geq0$이므로 $4-x\geq0$ $\therefore x\leq4$

이때 $x\geq0$이므로 $0\leq x\leq4$

$y=4-x$를 $2x^2-y^2$에 대입하면

$2x^2-y^2=2x^2-(4-x)^2=x^2+8x-16$

$=(x+4)^2-32$

따라서 $0\leq x\leq4$에서 $x=4$일 때 최댓값은 32이고, $x=0$일 때 최솟

값은 -16이므로

$M=32$, $m=-16$ $\therefore M+m=16$

0583 답 ④

두 점 A, B의 좌표는 각각 A$(0,1)$, B$(4,0)$이고, 점 P(a,b)가

점 A에서 직선을 따라 점 B까지 움직이므로 $0\leq a\leq4$

점 P(a,b)가 직선 $y=-\dfrac{1}{4}x+1$ 위의 점이므로

$b=-\dfrac{1}{4}a+1$

$\therefore a^2+8b=a^2+8\left(-\dfrac{1}{4}a+1\right)$

$=a^2-2a+8=(a-1)^2+7$

따라서 $0\leq a\leq4$에서 $a=1$일 때 최솟값은 7이다.

0584 답 ③

t초 후 밑면의 넓이는 $(t+4)\pi$이고 높이는 $8-t$ $(0<t<8)$이므로

원뿔의 부피를 V라 하면

$V=\dfrac{1}{3}\times(t+4)\pi\times(8-t)=\dfrac{\pi}{3}(-t^2+4t+32)$

$=\dfrac{\pi}{3}\{-(t-2)^2+36\}=-\dfrac{\pi}{3}(t-2)^2+12\pi$

따라서 $0<t<8$에서 $t=2$일 때 최댓값이 12π이므로 원뿔의 부피의

최댓값은 12π이다.

0585 답 6

$x^2+2kx+a=2bx-k^2+4k$에서

$x^2+2(k-b)x+k^2-4k+a=0$

이 이차방정식의 판별식을 D라 하면

$\dfrac{D}{4}=(k-b)^2-(k^2-4k+a)=0$ ...... ❶

$-2(b-2)k+b^2-a=0$

이 등식이 k에 대한 항등식이므로

$b-2=0,\ b^2-a=0$ $\therefore a=4,\ b=2$ ...... ❷

$\therefore a+b=6$ ...... ❸

채점 기준	
❶ 이차함수의 그래프와 직선이 접할 조건 구하기	40%
❷ 항등식의 성질을 이용하여 a, b의 값 구하기	40%
❸ $a+b$의 값 구하기	20%

0586 답 2

$x^2-2x+2=t$로 놓으면 $t=(x-1)^2+1$

$1\leq x\leq3$에서 $x=1$일 때 최솟값은 1이고 $x=3$일 때 최댓값은 5이므로

$1\leq t\leq5$ ...... ❶

이때 주어진 함수는

$f(t)=-t^2+6t+k=-(t-3)^2+k+9$

$1\leq t\leq5$에서 $t=1$ 또는 $t=5$일 때 최솟값은 $k+5$이므로

$k+5=-2$ $\therefore k=-7$ ...... ❷

따라서 $t=3$일 때 $f(x)$의 최댓값은 $k+9=2$이다. ...... ❸

채점 기준	
❶ $x^2-2x+2=t$로 놓고 t의 값의 범위 구하기	40%
❷ k의 값 구하기	40%
❸ $f(x)$의 최댓값 구하기	20%

0587 답 4

점 P의 좌표를 $(a,\ -a+4)(0<a<4)$라 하면

$\overline{OQ}=a,\ \overline{PQ}=-a+4$

사각형 ROQP의 넓이를 S라 하면

$S=a(-a+4)=-a^2+4a=-(a-2)^2+4$ ...... ❶

따라서 $0<a<4$에서 $a=2$일 때 최댓값이 4이므로 사각형 ROQP의 넓이의 최댓값은 4이다. ...... ❷

채점 기준	
❶ 점 P의 x좌표를 a로 놓고 사각형 ROQP의 넓이를 a에 대한 식으로 나타내기	70%
❷ 사각형 ROQP의 넓이의 최댓값 구하기	30%

C 실력 향상

93쪽

0588 답 ⑤

$|2x^2-2|-x-k=0$에서 $|2x^2-2|=x+k$이므로 방정식의 실근의 개수는 함수 $y=|2x^2-2|$의 그래프와 직선 $y=x+k$의 교점의 개수와 같다.

$y=|2x^2-2|=\begin{cases} 2x^2-2 & (x<-1\ \text{또는}\ x>1) \\ -(2x^2-2) & (-1\leq x\leq1) \end{cases}$

이때 교점이 3개인 경우는 오른쪽 그림과 같이 $y=|2x^2-2|$의 그래프와 직선 $y=x+k$가 (i) 또는 (ii)와 같이 만나는 경우이다.

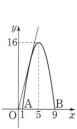

(i) 직선 $y=x+k$가 점 $(-1,\ 0)$을 지날 때,

$0=-1+k$ $\therefore k=1$

(ii) 직선 $y=x+k$가 이차함수 $y=-2x^2+2$의 그래프에 접할 때,

$x+k=-2x^2+2$에서 $2x^2+x+k-2=0$

이 이차방정식의 판별식을 D라 하면

$D=1-8(k-2)=0$

$8k=17$ $\therefore k=\dfrac{17}{8}$

(i), (ii)에서 모든 실수 k의 값의 합은

$1+\dfrac{17}{8}=\dfrac{25}{8}$

0589 답 12 m

레이저를 쏘아 올린 지점을 원점, A, B 지점이 있는 직선을 x축으로 하여 좌표평면에 나타내면 오른쪽 그림과 같다.

A$(1,\ 0)$, B$(9,\ 0)$이므로 이차함수의 그래프의 축의 방정식은 $x=5$이다.

따라서 포물선의 꼭짓점의 좌표가 $(5,\ 16)$이므로 포물선의 방정식을 $y=a(x-5)^2+16\,(a<0)$이라 하면 이 포물선이 점 A$(1,\ 0)$을 지나므로

$0=16a+16$ $\therefore a=-1$

즉, 포물선의 방정식은

$y=-(x-5)^2+16=-x^2+10x-9$

한편 레이저가 나타내는 직선의 방정식을 $y=mx\,(m>0)$라 하면

$-x^2+10x-9=mx$에서

$x^2+(m-10)x+9=0$ ...... ㉠

이차방정식 ㉠의 판별식을 D라 하면

$D=(m-10)^2-36=0$

$m^2-20m+64=0,\ (m-4)(m-16)=0$

$\therefore m=4$ 또는 $m=16$

(i) $m=4$일 때,

㉠에서 $x^2-6x+9=0$이므로 $(x-3)^2=0$

$\therefore x=3$

따라서 접점의 좌표는 $(3,\ 12)$이다.

(ii) $m=16$일 때,

㉠에서 $x^2+6x+9=0$이므로 $(x+3)^2=0$

$\therefore x=-3$

이때 접점의 x좌표가 음수이므로 $x>0$에서 이차함수의 그래프와 접할 수 없다.

(i), (ii)에서 접점의 좌표는 $(3,\ 12)$이고, 구하는 높이는 접점의 y좌표이므로 12 m이다.

0590 답 ③

두 점 A, B를 지나는 직선과 평행한 직선이 점 C에서 이차함수
$y=x^2-3x-10$의 그래프와 접할 때 삼각형 ABC의 넓이가 최대가
된다.

두 점 A$(-2, 0)$, B$(3, -10)$을 지나는 직선의 기울기는

$\dfrac{-10-0}{3-(-2)}=-2$이므로 이차함수 $y=x^2-3x-10$의 그래프와 접하

는 직선의 방정식을 $y=-2x+k$ (k는 상수)라 하자.

$x^2-3x-10=-2x+k$에서 $x^2-x-k-10=0$

이 이차방정식의 판별식을 D라 하면

$D=1-4(-k-10)=0$

$4k=-41$ $\quad\therefore k=-\dfrac{41}{4}$

따라서 $x^2-x+\dfrac{1}{4}=0$에서

$\left(x-\dfrac{1}{2}\right)^2=0$ $\quad\therefore x=\dfrac{1}{2}$ $\quad\therefore a=\dfrac{1}{2}$

점 C$\left(\dfrac{1}{2}, b\right)$는 직선 $y=-2x-\dfrac{41}{4}$ 위의 점이므로

$b=-2\times\dfrac{1}{2}-\dfrac{41}{4}=-\dfrac{45}{4}$

$\therefore 2a-4b=2\times\dfrac{1}{2}-4\times\left(-\dfrac{45}{4}\right)=46$

0591 답 -3

㈎에서 함수 $y=f(x)$의 그래프는 직선 $x=2$에 대하여 대칭이므로
$f(x)=a(x-2)^2+b$라 하자.

(i) $a>0$일 때,

㈏에서 $f(5)=21$, $f(2)=-6$

$9a+b=21$, $b=-6$ $\quad\therefore a=3$, $b=-6$

$\therefore f(x)=3(x-2)^2-6=3x^2-12x+6$

이때 ㈐에서 함수 $y=f(x)$의 그래프는 직선 $y=-6x+3$과 접
해야 한다.

$3x^2-12x+6=-6x+3$에서 $x^2-2x+1=0$

이 이차방정식의 판별식을 D_1이라 하면

$\dfrac{D_1}{4}=1-1=0$

즉, 함수 $y=f(x)$의 그래프와 직선 $y=-6x+3$은 접하므로 ㈐
를 만족시킨다.

(ii) $a<0$일 때,

㈏에서 $f(2)=21$, $f(5)=-6$

$b=21$, $9a+b=-6$ $\quad\therefore a=-3$, $b=21$

$\therefore f(x)=-3(x-2)^2+21=-3x^2+12x+9$

이때 ㈐에서 함수 $y=f(x)$의 그래프와 직선 $y=-6x+3$이 접
해야 한다.

$-3x^2+12x+9=-6x+3$에서 $x^2-6x-2=0$

이 이차방정식의 판별식을 D_2라 하면

$\dfrac{D_2}{4}=9+2=11>0$

즉, 함수 $y=f(x)$의 그래프와 직선 $y=-6x+3$은 서로 다른 두
점에서 만나므로 ㈐를 만족시키지 않는다.

(i), (ii)에서 $f(x)=3x^2-12x+6$이므로

$f(1)=3-12+6=-3$

---

06 / 여러 가지 방정식

A 개념 확인

94~97쪽

0592 답 $x=4$ 또는 $x=-2\pm2\sqrt{3}i$

$x^3-64=0$의 좌변을 인수분해하면

$(x-4)(x^2+4x+16)=0$

$\therefore x=4$ 또는 $x=-2\pm2\sqrt{3}i$

0593 답 $x=-2$ 또는 $x=0$ 또는 $x=3$

$x^3-x^2-6x=0$의 좌변을 인수분해하면

$x(x^2-x-6)=0$, $x(x+2)(x-3)=0$

$\therefore x=-2$ 또는 $x=0$ 또는 $x=3$

0594 답 $x=0$ 또는 $x=2$ 또는 $x=-1\pm\sqrt{3}i$

$x^4-8x=0$의 좌변을 인수분해하면

$x(x^3-8)=0$, $x(x-2)(x^2+2x+4)=0$

$\therefore x=0$ 또는 $x=2$ 또는 $x=-1\pm\sqrt{3}i$

0595 답 $x=-1$ 또는 $x=2$ 또는 $x=\dfrac{1\pm\sqrt{3}i}{2}$

$x^4-2x^3+x-2=0$의 좌변을 인수분해하면

$x^3(x-2)+(x-2)=0$

$(x-2)(x^3+1)=0$, $(x-2)(x+1)(x^2-x+1)=0$

$\therefore x=-1$ 또는 $x=2$ 또는 $x=\dfrac{1\pm\sqrt{3}i}{2}$

0596 답 $x=1$ 또는 $x=1\pm\sqrt{2}$

$f(x)=x^3-3x^2+x+1$이라 할 때,

$f(1)=1-3+1+1=0$이므로 조립제법
을 이용하여 $f(x)$를 인수분해하면

$f(x)=(x-1)(x^2-2x-1)$

즉, 주어진 방정식은

$(x-1)(x^2-2x-1)=0$

$\therefore x=1$ 또는 $x=1\pm\sqrt{2}$

$$
\begin{array}{r|rrrr}
1 & 1 & -3 & 1 & 1 \\
 & & 1 & -2 & -1 \\
\hline
 & 1 & -2 & -1 & 0
\end{array}
$$

0597 답 $x=-2$ 또는 $x=1\pm\sqrt{5}i$

$f(x)=x^3+2x+12$라 할 때,

$f(-2)=-8-4+12=0$이므로 조
립제법을 이용하여 $f(x)$를 인수분해
하면

$f(x)=(x+2)(x^2-2x+6)$

즉, 주어진 방정식은

$(x+2)(x^2-2x+6)=0$

$\therefore x=-2$ 또는 $x=1\pm\sqrt{5}i$

$$
\begin{array}{r|rrrr}
-2 & 1 & 0 & 2 & 12 \\
 & & -2 & 4 & -12 \\
\hline
 & 1 & -2 & 6 & 0
\end{array}
$$

0598 답 $x=-1$ 또는 $x=2$ 또는 $x=1\pm\sqrt{3}i$

$f(x)=x^4-3x^3+4x^2-8$이라 할 때,

$f(-1)=1+3+4-8=0$, $f(2)=16-24+16-8=0$

조립제법을 이용하여 $f(x)$를 인수분해하면

$$
\begin{array}{r|rrrrr}
-1 & 1 & -3 & 4 & 0 & -8 \\
   &   & -1 & 4 & -8 & 8 \\
\hline
2 & 1 & -4 & 8 & -8 & 0 \\
   &   & 2 & -4 & 8 & \\
\hline
   & 1 & -2 & 4 & 0 &
\end{array}
$$

$f(x)=(x+1)(x-2)(x^2-2x+4)$
즉, 주어진 방정식은
$(x+1)(x-2)(x^2-2x+4)=0$
$\therefore x=-1$ 또는 $x=2$ 또는 $x=1\pm\sqrt{3}i$

0599 답 $x=-1$ 또는 $x=1$ 또는 $x=2\pm\sqrt{7}$

$f(x)=x^4-4x^3-4x^2+4x+3$이라 할 때,
$f(1)=1-4-4+4+3=0$, $f(-1)=1+4-4-4+3=0$
이므로 조립제법을 이용하여 $f(x)$를 인수분해하면

$$
\begin{array}{r|rrrrr}
1 & 1 & -4 & -4 & 4 & 3 \\
   &   & 1 & -3 & -7 & -3 \\
\hline
-1 & 1 & -3 & -7 & -3 & 0 \\
   &   & -1 & 4 & 3 & \\
\hline
   & 1 & -4 & -3 & 0 &
\end{array}
$$

$f(x)=(x-1)(x+1)(x^2-4x-3)$
즉, 주어진 방정식은
$(x+1)(x-1)(x^2-4x-3)=0$
$\therefore x=-1$ 또는 $x=1$ 또는 $x=2\pm\sqrt{7}$

0600 답 $x=\pm2$ 또는 $x=\pm\sqrt{5}$

$x^2-1=t$로 놓으면 주어진 방정식은
$t^2-7t+12=0$
$(t-3)(t-4)=0$ $\therefore t=3$ 또는 $t=4$
(i) $t=3$일 때,
　$x^2-1=3$에서 $x^2=4$ $\therefore x=\pm2$
(ii) $t=4$일 때,
　$x^2-1=4$에서 $x^2=5$ $\therefore x=\pm\sqrt{5}$
(i), (ii)에서 주어진 방정식의 해는
$x=\pm2$ 또는 $x=\pm\sqrt{5}$

0601 답 $x=-4$ 또는 $x=-2$ 또는 $x=1$ 또는 $x=3$

$x^2+x=t$로 놓으면 주어진 방정식은
$t^2-14t+24=0$
$(t-2)(t-12)=0$ $\therefore t=2$ 또는 $t=12$
(i) $t=2$일 때,
　$x^2+x=2$에서 $x^2+x-2=0$
　$(x+2)(x-1)=0$
　$\therefore x=-2$ 또는 $x=1$
(ii) $t=12$일 때,
　$x^2+x=12$에서 $x^2+x-12=0$
　$(x+4)(x-3)=0$
　$\therefore x=-4$ 또는 $x=3$

(i), (ii)에서 주어진 방정식의 해는
$x=-4$ 또는 $x=-2$ 또는 $x=1$ 또는 $x=3$

0602 답 $x=\pm\sqrt{2}$ 또는 $x=\pm\sqrt{3}$

$x^2=t$로 놓으면 주어진 방정식은
$t^2-5t+6=0$
$(t-2)(t-3)=0$ $\therefore t=2$ 또는 $t=3$
즉, $x^2=2$ 또는 $x^2=3$이므로
$x=\pm\sqrt{2}$ 또는 $x=\pm\sqrt{3}$

0603 답 $x=\pm2$ 또는 $x=\pm\sqrt{7}$

$x^2=t$로 놓으면 주어진 방정식은
$t^2-11t+28=0$
$(t-4)(t-7)=0$ $\therefore t=4$ 또는 $t=7$
즉, $x^2=4$ 또는 $x^2=7$이므로
$x=\pm2$ 또는 $x=\pm\sqrt{7}$

0604 답 (1) -2 (2) -3 (3) 8

삼차방정식의 근과 계수의 관계에 의하여
(1) $\alpha+\beta+\gamma=-\dfrac{2}{1}=-2$

(2) $\alpha\beta+\beta\gamma+\gamma\alpha=\dfrac{-3}{1}=-3$

(3) $\alpha\beta\gamma=-\dfrac{-8}{1}=8$

0605 답 (1) $-\dfrac{1}{9}$ (2) $-\dfrac{4}{9}$ (3) $-\dfrac{1}{3}$

삼차방정식의 근과 계수의 관계에 의하여
$\alpha+\beta+\gamma=3$, $\alpha\beta+\beta\gamma+\gamma\alpha=4$, $\alpha\beta\gamma=-9$
(1) $\dfrac{1}{\alpha\beta\gamma}=\dfrac{1}{-9}=-\dfrac{1}{9}$

(2) $\dfrac{1}{\alpha}+\dfrac{1}{\beta}+\dfrac{1}{\gamma}=\dfrac{\alpha\beta+\beta\gamma+\gamma\alpha}{\alpha\beta\gamma}$
$\qquad\qquad\qquad=\dfrac{4}{-9}=-\dfrac{4}{9}$

(3) $\dfrac{1}{\alpha\beta}+\dfrac{1}{\beta\gamma}+\dfrac{1}{\gamma\alpha}=\dfrac{\alpha+\beta+\gamma}{\alpha\beta\gamma}$
$\qquad\qquad\qquad=\dfrac{3}{-9}=-\dfrac{1}{3}$

0606 답 $x^3+x^2-7x-3=0$

x^3의 계수가 1이고 세 근이 -3, $1+\sqrt{2}$, $1-\sqrt{2}$인 삼차방정식은
$x^3-\{-3+(1+\sqrt{2})+(1-\sqrt{2})\}x^2$
$\qquad+\{-3\times(1+\sqrt{2})+(1+\sqrt{2})\times(1-\sqrt{2})+(1-\sqrt{2})\times(-3)\}x$
$\qquad\qquad\qquad-(-3)\times(1+\sqrt{2})\times(1-\sqrt{2})=0$
$\therefore x^3+x^2-7x-3=0$

0607 답 $x^3-5x^2+17x-13=0$

x^3의 계수가 1이고 세 근이 1, $2+3i$, $2-3i$인 삼차방정식은
$x^3-\{1+(2+3i)+(2-3i)\}x^2$
$\qquad+\{1\times(2+3i)+(2+3i)\times(2-3i)+(2-3i)\times1\}x$
$\qquad\qquad\qquad-1\times(2+3i)\times(2-3i)=0$
$\therefore x^3-5x^2+17x-13=0$

0608 답 $8x^3-14x^2+x+5=0$

x^3의 계수가 8이고 세 근이 $-\dfrac{1}{2}$, 1, $\dfrac{5}{4}$인 삼차방정식은

$$8\left[x^3-\left(-\dfrac{1}{2}+1+\dfrac{5}{4}\right)x^2+\left\{-\dfrac{1}{2}\times1+1\times\dfrac{5}{4}+\dfrac{5}{4}\times\left(-\dfrac{1}{2}\right)\right\}x\right.$$
$$\left.-\left(-\dfrac{1}{2}\right)\times1\times\dfrac{5}{4}\right]=0$$

$$8\left(x^3-\dfrac{7}{4}x^2+\dfrac{1}{8}x+\dfrac{5}{8}\right)=0 \qquad \therefore 8x^3-14x^2+x+5=0$$

0609 답 $a=-15$, $b=-4$

주어진 삼차방정식의 계수가 유리수이므로 $-2+\sqrt{3}$이 근이면 $-2-\sqrt{3}$도 근이다.
따라서 주어진 방정식의 세 근이 4, $-2+\sqrt{3}$, $-2-\sqrt{3}$이므로 삼차방정식의 근과 계수의 관계에 의하여

$$4\times(-2+\sqrt{3})+(-2+\sqrt{3})(-2-\sqrt{3})+(-2-\sqrt{3})\times4=a$$
$$4\times(-2+\sqrt{3})(-2-\sqrt{3})=-b$$
$$\therefore a=-15,\ b=-4$$

0610 답 $a=1$, $b=-4$

주어진 삼차방정식의 계수가 실수이므로 $1-i$가 근이면 $1+i$도 근이다.
따라서 주어진 방정식의 세 근이 -3, $1-i$, $1+i$이므로 삼차방정식의 근과 계수의 관계에 의하여

$$-3+(1-i)+(1+i)=-a$$
$$-3\times(1-i)+(1-i)(1+i)+(1+i)\times(-3)=b$$
$$\therefore a=1,\ b=-4$$

0611 답 (1) 0 (2) -1 (3) 1 (4) 1 (5) -1 (6) 0

$x^3=1$에서 $x^3-1=0$
$\therefore (x-1)(x^2+x+1)=0$
ω는 $x^3=1$의 한 허근이므로 $\omega^3=1$
(1) ω는 $x^2+x+1=0$의 한 허근이므로 $\omega^2+\omega+1=0$
(2), (3) 이차방정식 $x^2+x+1=0$의 계수가 실수이므로 ω가 근이면 켤레복소수 $\overline{\omega}$도 근이다.
　　따라서 이차방정식의 근과 계수의 관계에 의하여
　　$\omega+\overline{\omega}=-1$, $\omega\overline{\omega}=1$
(4) $\omega^{24}=(\omega^3)^8=1^8=1$
(5) $\omega+\dfrac{1}{\omega}=\dfrac{\omega^2+1}{\omega}=\dfrac{-\omega}{\omega}=-1$
(6) $\omega^{10}+\omega^5+1=(\omega^3)^3\times\omega+\omega^3\times\omega^2+1$
　　　　　　　　　$=1^3\times\omega+1\times\omega^2+1$
　　　　　　　　　$=\omega^2+\omega+1=0$

0612 답 (1) 0 (2) 1 (3) 1 (4) -1 (5) 1 (6) 0

$x^3=-1$에서 $x^3+1=0$
$\therefore (x+1)(x^2-x+1)=0$
ω는 $x^3=-1$의 한 허근이므로 $\omega^3=-1$
(1) ω는 $x^2-x+1=0$의 한 허근이므로 $\omega^2-\omega+1=0$
(2), (3) 이차방정식 $x^2-x+1=0$의 계수가 실수이므로 ω가 근이면 켤레복소수 $\overline{\omega}$도 근이다.

따라서 이차방정식의 근과 계수의 관계에 의하여
　$\omega+\overline{\omega}=1$, $\omega\overline{\omega}=1$
(4) $\omega^{33}=(\omega^3)^{11}=(-1)^{11}=-1$
(5) $\omega+\dfrac{1}{\omega}=\dfrac{\omega^2+1}{\omega}=\dfrac{\omega}{\omega}=1$
(6) $\omega^{16}+\omega^8+1=(\omega^3)^5\times\omega+(\omega^3)^2\times\omega^2+1$
　　　　　　　　　$=(-1)^5\times\omega+(-1)^2\times\omega^2+1$
　　　　　　　　　$=\omega^2-\omega+1=0$

0613 답 $\begin{cases}x=-2\\y=-3\end{cases}$ 또는 $\begin{cases}x=3\\y=2\end{cases}$

$x-y=1$에서 $y=x-1$　　……　㉠
이를 $x^2+y^2=13$에 대입하면
$x^2+(x-1)^2=13$, $2x^2-2x-12=0$
$x^2-x-6=0$, $(x+2)(x-3)=0$
$\therefore x=-2$ 또는 $x=3$
이를 각각 ㉠에 대입하면 주어진 연립방정식의 해는
$\begin{cases}x=-2\\y=-3\end{cases}$ 또는 $\begin{cases}x=3\\y=2\end{cases}$

0614 답 $\begin{cases}x=1\\y=2\end{cases}$ 또는 $\begin{cases}x=2\\y=1\end{cases}$

$x+y=3$에서 $y=-x+3$　　……　㉠
이를 $x^2+xy+y^2=7$에 대입하면
$x^2+x(-x+3)+(-x+3)^2=7$
$x^2-3x+2=0$, $(x-1)(x-2)=0$
$\therefore x=1$ 또는 $x=2$
이를 각각 ㉠에 대입하면 주어진 연립방정식의 해는
$\begin{cases}x=1\\y=2\end{cases}$ 또는 $\begin{cases}x=2\\y=1\end{cases}$

0615 답 $\begin{cases}x=-3\sqrt{2}\\y=\sqrt{2}\end{cases}$ 또는 $\begin{cases}x=3\sqrt{2}\\y=-\sqrt{2}\end{cases}$
$\qquad$ 또는 $\begin{cases}x=-4\\y=-2\end{cases}$ 또는 $\begin{cases}x=4\\y=2\end{cases}$

$(x+3y)(x-2y)=0$에서 $x=-3y$ 또는 $x=2y$
(ⅰ) $x=-3y$를 $x^2+y^2=20$에 대입하면
　$9y^2+y^2=20$, $10y^2=20$
　$y^2=2$　　$\therefore y=\pm\sqrt{2}$
　$\therefore y=-\sqrt{2}$일 때 $x=3\sqrt{2}$, $y=\sqrt{2}$일 때 $x=-3\sqrt{2}$
(ⅱ) $x=2y$를 $x^2+y^2=20$에 대입하면
　$4y^2+y^2=20$, $5y^2=20$
　$y^2=4$　　$\therefore y=\pm2$
　$\therefore y=-2$일 때 $x=-4$, $y=2$일 때 $x=4$
(ⅰ), (ⅱ)에서 주어진 연립방정식의 해는
$\begin{cases}x=-3\sqrt{2}\\y=\sqrt{2}\end{cases}$ 또는 $\begin{cases}x=3\sqrt{2}\\y=-\sqrt{2}\end{cases}$ 또는 $\begin{cases}x=-4\\y=-2\end{cases}$ 또는 $\begin{cases}x=4\\y=2\end{cases}$

0616 답 $\begin{cases} x=-2\sqrt{5} \\ y=\sqrt{5} \end{cases}$ 또는 $\begin{cases} x=2\sqrt{5} \\ y=-\sqrt{5} \end{cases}$

또는 $\begin{cases} x=-6 \\ y=-3 \end{cases}$ 또는 $\begin{cases} x=6 \\ y=3 \end{cases}$

$(x+2y)(x-2y)=0$에서 $x=-2y$ 또는 $x=2y$

(i) $x=-2y$를 $x^2-xy+3y^2=45$에 대입하면

$\quad 4y^2+2y^2+3y^2=45$, $9y^2=45$

$\quad y^2=5$ $\quad \therefore y=\pm\sqrt{5}$

$\quad \therefore y=-\sqrt{5}$일 때 $x=2\sqrt{5}$, $y=\sqrt{5}$일 때 $x=-2\sqrt{5}$

(ii) $x=2y$를 $x^2-xy+3y^2=45$에 대입하면

$\quad 4y^2-2y^2+3y^2=45$, $5y^2=45$

$\quad y^2=9$ $\quad \therefore y=\pm 3$

$\quad \therefore y=-3$일 때 $x=-6$, $y=3$일 때 $x=6$

(i), (ii)에서 주어진 연립방정식의 해는

$\begin{cases} x=-2\sqrt{5} \\ y=\sqrt{5} \end{cases}$ 또는 $\begin{cases} x=2\sqrt{5} \\ y=-\sqrt{5} \end{cases}$ 또는 $\begin{cases} x=-6 \\ y=-3 \end{cases}$ 또는 $\begin{cases} x=6 \\ y=3 \end{cases}$

0617 답 $\begin{cases} x=-1 \\ y=5 \end{cases}$ 또는 $\begin{cases} x=5 \\ y=-1 \end{cases}$

$x+y=4$, $xy=-5$이므로 x, y를 두 근으로 하는 t에 대한 이차방정식은

$t^2-4t-5=0$

$(t+1)(t-5)=0$ $\quad \therefore t=-1$ 또는 $t=5$

따라서 주어진 연립방정식의 해는

$\begin{cases} x=-1 \\ y=5 \end{cases}$ 또는 $\begin{cases} x=5 \\ y=-1 \end{cases}$

0618 답 $\begin{cases} x=2 \\ y=3 \end{cases}$ 또는 $\begin{cases} x=3 \\ y=2 \end{cases}$

$x+y=5$이므로 $x+xy+y=11$에서

$5+xy=11$ $\quad \therefore xy=6$

$x+y=5$, $xy=6$이므로 x, y를 두 근으로 하는 t에 대한 이차방정식은

$t^2-5t+6=0$

$(t-2)(t-3)=0$ $\quad \therefore t=2$ 또는 $t=3$

따라서 주어진 연립방정식의 해는

$\begin{cases} x=2 \\ y=3 \end{cases}$ 또는 $\begin{cases} x=3 \\ y=2 \end{cases}$

0619 답 $(2, 4)$, $(4, 1)$

$3x+2y=14$에서 $3x<14$이므로 자연수 x의 값은 1, 2, 3, 4이다.

$x=1$일 때, $2y=11$ $\quad \therefore y=\dfrac{11}{2}$

$x=2$일 때, $2y=8$ $\quad \therefore y=4$

$x=3$일 때, $2y=5$ $\quad \therefore y=\dfrac{5}{2}$

$x=4$일 때, $2y=2$ $\quad \therefore y=1$

따라서 자연수 x, y의 순서쌍 (x, y)는 $(2, 4)$, $(4, 1)$이다.

0620 답 $x=4$, $y=-1$

x, y는 실수이므로 $x-4=0$, $y+1=0$ $\quad \therefore x=4$, $y=-1$

0621 답 2

$f(x)=x^4-7x^3+16x^2-14x+4$라 할 때, $f(1)=0$, $f(2)=0$이므로 조립제법을 이용하여 $f(x)$를 인수분해하면

```
1 | 1   -7    16   -14    4
  |      1    -6    10   -4
2 | 1   -6    10    -4 |  0
  |      2    -8     4
    1   -4     2 |   0
```

$f(x)=(x-1)(x-2)(x^2-4x+2)$

즉, 주어진 방정식은 $(x-1)(x-2)(x^2-4x+2)=0$

$\therefore x=1$ 또는 $x=2$ 또는 $x=2\pm\sqrt{2}$

따라서 $\alpha=2+\sqrt{2}$, $\beta=2-\sqrt{2}$이므로

$\alpha\beta=(2+\sqrt{2})(2-\sqrt{2})=2$

0622 답 -4

$f(x)=x^3-2x^2-2x+1$이라 할 때, $f(-1)=0$이므로 조립제법을 이용하여 $f(x)$를 인수분해하면

```
-1 | 1   -2   -2    1
   |      -1    3   -1
     1   -3    1 |  0
```

$f(x)=(x+1)(x^2-3x+1)$

즉, 주어진 방정식은 $(x+1)(x^2-3x+1)=0$

$\therefore x=-1$ 또는 $x=\dfrac{3\pm\sqrt{5}}{2}$

이때 $\alpha<\beta<\gamma$이므로 $\alpha=-1$, $\beta=\dfrac{3-\sqrt{5}}{2}$, $\gamma=\dfrac{3+\sqrt{5}}{2}$

$\therefore \alpha-\beta-\gamma=-4$

0623 답 1

$f(x)=x^4+x^3-x^2-7x-6$이라 할 때, $f(-1)=0$, $f(2)=0$이므로 조립제법을 이용하여 $f(x)$를 인수분해하면

```
-1 | 1    1   -1   -7   -6
   |      -1    0    1    6
 2 | 1    0   -1   -6 |  0
   |       2    4    6
     1    2    3 |   0
```

$f(x)=(x+1)(x-2)(x^2+2x+3)$

즉, 주어진 방정식은 $(x+1)(x-2)(x^2+2x+3)=0$

$\therefore x=-1$ 또는 $x=2$ 또는 $x=-1\pm\sqrt{2}i$

따라서 주어진 방정식의 모든 실근의 합은

$-1+2=1$

0624 답 ③

$f(x)=x^3+2x^2-3x-10$이라 할 때, $f(2)=0$이므로 조립제법을 이용하여 $f(x)$를 인수분해하면

```
2 | 1    2   -3   -10
  |      2    8    10
    1    4    5 |   0
```

$f(x)=(x-2)(x^2+4x+5)$

즉, 주어진 방정식은 $(x-2)(x^2+4x+5)=0$

$\therefore x=2$ 또는 $x^2+4x+5=0$

따라서 두 허근 α, β는 이차방정식 $x^2+4x+5=0$의 두 근이므로
근과 계수의 관계에 의하여
$\alpha+\beta=-4$, $\alpha\beta=5$
$\therefore \alpha^3+\beta^3=(\alpha+\beta)^3-3\alpha\beta(\alpha+\beta)$
$\qquad\qquad =(-4)^3-3\times5\times(-4)=-4$

0625 답 ③

$x^2+2x=t$로 놓으면 주어진 방정식은
$t^2-3t=0$
$t(t-3)=0$ $\quad \therefore t=0$ 또는 $t=3$
(i) $t=0$일 때,
$\quad x^2+2x=0$에서 $x(x+2)=0$
$\quad \therefore x=-2$ 또는 $x=0$
(ii) $t=3$일 때,
$\quad x^2+2x=3$에서 $x^2+2x-3=0$
$\quad (x+3)(x-1)=0$
$\quad \therefore x=-3$ 또는 $x=1$
(i), (ii)에서 주어진 방정식의 모든 음의 근의 합은
$-2+(-3)=-5$

0626 답 $-2+3\sqrt{2}$

$x^2+4x=t$로 놓으면 주어진 방정식은
$(t-21)(t-5)+63=0$
$t^2-26t+168=0$, $(t-12)(t-14)=0$
$\therefore t=12$ 또는 $t=14$
(i) $t=12$일 때,
$\quad x^2+4x=12$에서 $x^2+4x-12=0$
$\quad (x+6)(x-2)=0$
$\quad \therefore x=-6$ 또는 $x=2$
(ii) $t=14$일 때,
$\quad x^2+4x=14$에서 $x^2+4x-14=0$
$\quad \therefore x=-2\pm3\sqrt{2}$
(i), (ii)에서 주어진 방정식의 가장 큰 근은 $-2+3\sqrt{2}$이다.

0627 답 10

$(x-1)(x-2)(x+3)(x+4)-14=0$에서
$\{(x-1)(x+3)\}\{(x-2)(x+4)\}-14=0$
$(x^2+2x-3)(x^2+2x-8)-14=0$
$x^2+2x=t$로 놓으면
$(t-3)(t-8)-14=0$
$t^2-11t+10=0$, $(t-1)(t-10)=0$
$\therefore t=1$ 또는 $t=10$
(i) $t=1$일 때,
$\quad x^2+2x=1$에서 $x^2+2x-1=0$
$\quad$ 이차방정식의 근과 계수의 관계에 의하여 두 근의 곱은 -1이다.
(ii) $t=10$일 때,
$\quad x^2+2x=10$에서 $x^2+2x-10=0$
$\quad$ 이차방정식의 근과 계수의 관계에 의하여 두 근의 곱은 -10이다.
(i), (ii)에서 주어진 방정식의 모든 근의 곱은 $-1\times(-10)=10$

0628 답 -5

$(x^2-2x)(x^2-4x+3)=24$에서
$x(x-2)(x-1)(x-3)=24$
$\{x(x-3)\}\{(x-2)(x-1)\}-24=0$
$(x^2-3x)(x^2-3x+2)-24=0$
$x^2-3x=t$로 놓으면
$t(t+2)-24=0$
$t^2+2t-24=0$, $(t+6)(t-4)=0$
$\therefore t=-6$ 또는 $t=4$
(i) $t=-6$일 때,
$\quad x^2-3x=-6$에서 $x^2-3x+6=0$
$\quad$ 이 이차방정식의 판별식을 D_1이라 하면
$\quad D_1=9-24=-15<0$
$\quad$ 즉, 이차방정식 $x^2-3x+6=0$은 서로 다른 두 허근을 갖는다.
(ii) $t=4$일 때,
$\quad x^2-3x=4$에서 $x^2-3x-4=0$
$\quad$ 이 이차방정식의 판별식을 D_2라 하면
$\quad D_2=9+16=25>0$
$\quad$ 즉, 이차방정식 $x^2-3x-4=0$은 서로 다른 두 실근을 갖는다.
(i), (ii)에서 α는 이차방정식 $x^2-3x+6=0$의 근이므로
$\alpha^2-3\alpha+6=0$
$\therefore \alpha^2-3\alpha+1=-5$

0629 답 ①

$x^2=t$로 놓으면 주어진 방정식은
$t^2+3t-18=0$
$(t+6)(t-3)=0$ $\quad \therefore t=-6$ 또는 $t=3$
즉, $x^2=-6$ 또는 $x^2=3$이므로
$x=\pm\sqrt{6}i$ 또는 $x=\pm\sqrt{3}$
따라서 주어진 방정식의 모든 실근의 곱은
$-\sqrt{3}\times\sqrt{3}=-3$

0630 답 12

$x^2=t$로 놓으면 주어진 방정식은
$t^2-13t+36=0$
$(t-4)(t-9)=0$ $\quad \therefore t=4$ 또는 $t=9$
즉, $x^2=4$ 또는 $x^2=9$이므로
$x=\pm2$ 또는 $x=\pm3$
이때 $\alpha<\beta<\gamma<\delta$이므로 $\alpha=-3$, $\beta=-2$, $\gamma=2$, $\delta=3$
$\therefore \alpha\beta+\gamma\delta=12$

0631 답 ③

$x^4-3x^2+1=0$에서 $(x^4-2x^2+1)-x^2=0$
$(x^2-1)^2-x^2=0$, $(x^2+x-1)(x^2-x-1)=0$
$\therefore x=\dfrac{-1\pm\sqrt{5}}{2}$ 또는 $x=\dfrac{1\pm\sqrt{5}}{2}$
따라서 주어진 방정식의 모든 양의 근의 합은
$\dfrac{-1+\sqrt{5}}{2}+\dfrac{1+\sqrt{5}}{2}=\sqrt{5}$

0632 답 ①

$x^4+2x^2+9=0$에서 $(x^4+6x^2+9)-4x^2=0$

$(x^2+3)^2-(2x)^2=0$, $(x^2+2x+3)(x^2-2x+3)=0$

이때 이차방정식 $x^2+2x+3=0$의 두 근을 α, β라 하고 이차방정식

$x^2-2x+3=0$의 두 근을 γ, δ라 하면 근과 계수의 관계에 의하여

$\alpha+\beta=-2$, $\alpha\beta=3$, $\gamma+\delta=2$, $\gamma\delta=3$

$\therefore \dfrac{1}{\alpha}+\dfrac{1}{\beta}+\dfrac{1}{\gamma}+\dfrac{1}{\delta}=\dfrac{\alpha+\beta}{\alpha\beta}+\dfrac{\gamma+\delta}{\gamma\delta}=\dfrac{-2}{3}+\dfrac{2}{3}=0$

0633 답 ②

$x\neq0$이므로 양변을 x^2으로 나누면

$x^2+5x+6+\dfrac{5}{x}+\dfrac{1}{x^2}=0$

$\left(x^2+\dfrac{1}{x^2}\right)+5\left(x+\dfrac{1}{x}\right)+6=0$

$\left(x+\dfrac{1}{x}\right)^2+5\left(x+\dfrac{1}{x}\right)+4=0$

$x+\dfrac{1}{x}=t$로 놓으면

$t^2+5t+4=0$

$(t+4)(t+1)=0$ $\qquad \therefore t=-4$ 또는 $t=-1$

(i) $t=-4$일 때,

$\quad x+\dfrac{1}{x}=-4$에서 $x^2+4x+1=0$ $\qquad \therefore x=-2\pm\sqrt{3}$

(ii) $t=-1$일 때,

$\quad x+\dfrac{1}{x}=-1$에서 $x^2+x+1=0$ $\qquad \therefore x=\dfrac{-1\pm\sqrt{3}i}{2}$

(i), (ii)에서 주어진 방정식의 실근은 $-2\pm\sqrt{3}$이다.

0634 답 ①

$x\neq0$이므로 양변을 x^2으로 나누면

$2x^2-9x-1-\dfrac{9}{x}+\dfrac{2}{x^2}=0$

$2\left(x^2+\dfrac{1}{x^2}\right)-9\left(x+\dfrac{1}{x}\right)-1=0$

$2\left(x+\dfrac{1}{x}\right)^2-9\left(x+\dfrac{1}{x}\right)-5=0$

$x+\dfrac{1}{x}=t$로 놓으면

$2t^2-9t-5=0$

$(2t+1)(t-5)=0$ $\qquad \therefore t=-\dfrac{1}{2}$ 또는 $t=5$

(i) $t=-\dfrac{1}{2}$일 때,

$\quad x+\dfrac{1}{x}=-\dfrac{1}{2}$에서 $2x^2+x+2=0$

$\quad$ 이 이차방정식의 판별식을 D_1이라 하면

$\quad D_1=1-16=-15<0$

$\quad$ 즉, 이차방정식 $2x^2+x+2=0$은 서로 다른 두 허근을 갖는다.

(ii) $t=5$일 때,

$\quad x+\dfrac{1}{x}=5$에서 $x^2-5x+1=0$

$\quad$ 이 이차방정식의 판별식을 D_2라 하면

$\quad D_2=25-4=21>0$

$\quad$ 즉, 이차방정식 $x^2-5x+1=0$은 서로 다른 두 실근을 갖는다.

(i), (ii)에서 α, β는 이차방정식 $2x^2+x+2=0$의 두 근이므로 이차

방정식의 근과 계수의 관계에 의하여 $\alpha+\beta=-\dfrac{1}{2}$, $\alpha\beta=\dfrac{2}{2}=1$

$\therefore \alpha^2+\alpha\beta+\beta^2=(\alpha+\beta)^2-\alpha\beta=\left(-\dfrac{1}{2}\right)^2-1=-\dfrac{3}{4}$

0635 답 4

$x\neq0$이므로 양변을 x^2으로 나누면

$x^2-3x-2-\dfrac{3}{x}+\dfrac{1}{x^2}=0$

$\left(x^2+\dfrac{1}{x^2}\right)-3\left(x+\dfrac{1}{x}\right)-2=0$

$\left(x+\dfrac{1}{x}\right)^2-3\left(x+\dfrac{1}{x}\right)-4=0$

$x+\dfrac{1}{x}=t$로 놓으면 $t^2-3t-4=0$

$(t+1)(t-4)=0$ $\qquad \therefore t=-1$ 또는 $t=4$ $\qquad$ ┄┄┄ **➊**

(i) $t=-1$일 때,

$\quad x+\dfrac{1}{x}=-1$에서 $x^2+x+1=0$

$\quad$ 이 이차방정식의 판별식을 D_1이라 하면

$\quad D_1=1-4=-3<0$

$\quad$ 즉, 이차방정식 $x^2+x+1=0$은 서로 다른 두 허근을 갖는다.

$\qquad$ ┄┄┄ **➋**

(ii) $t=4$일 때,

$\quad x+\dfrac{1}{x}=4$에서 $x^2-4x+1=0$

$\quad$ 이 이차방정식의 판별식을 D_2라 하면

$\quad \dfrac{D_2}{4}=4-1=3>0$

$\quad$ 즉, 이차방정식 $x^2-4x+1=0$은 서로 다른 두 실근을 갖는다.

$\qquad$ ┄┄┄ **➌**

(i), (ii)에서 α는 이차방정식 $x^2-4x+1=0$, 즉 방정식 $x+\dfrac{1}{x}=4$의

근이므로 $\alpha+\dfrac{1}{\alpha}=4$ $\qquad$ ┄┄┄ **➍**

채점 기준

➊ $x+\dfrac{1}{x}=t$로 놓고 t에 대한 이차방정식 풀기		40 %
➋ $t=-1$일 때 근 판별하기		20 %
➌ $t=4$일 때 근 판별하기		20 %
➍ $\alpha+\dfrac{1}{\alpha}$의 값 구하기		20 %

0636 답 ④

주어진 방정식의 한 근이 1이므로 $x=1$을 대입하면

$1+k+3+1=0$ $\qquad \therefore k=-5$

이를 주어진 방정식에 대입하면 $x^3-5x^2+3x+1=0$

$f(x)=x^3-5x^2+3x+1$이라 할 때,

$f(1)=0$이므로 조립제법을 이용하여

$f(x)$를 인수분해하면

```
1 | 1   -5    3    1
  |      1   -4   -1
  ─────────────────────
    1   -4   -1  | 0
```

$f(x)=(x-1)(x^2-4x-1)$

즉, 주어진 방정식은 $(x-1)(x^2-4x-1)=0$

이때 1이 아닌 나머지 두 근은 이차방정식 $x^2-4x-1=0$의 근이므

로 근과 계수의 관계에 의하여 두 근의 합은 4이다.

0637 답 1

주어진 방정식의 두 근이 -2, 3이므로 $x=-2$, $x=3$을 각각 대입하면

$-8+4a-2(2a-b)+6b=0$, $27+9a+3(2a-b)+6b=0$

$8b=8$, $5a+b=-9$ $\therefore a=-2$, $b=1$

이를 주어진 방정식에 대입하면 $x^3-2x^2-5x+6=0$

$f(x)=x^3-2x^2-5x+6$이라 할 때,

$f(-2)=0$, $f(3)=0$이므로 조립제법을 이용하여 $f(x)$를 인수분해하면

$$\begin{array}{r|rrrr} -2 & 1 & -2 & -5 & 6 \\ & & -2 & 8 & -6 \\ \hline 3 & 1 & -4 & 3 & 0 \\ & & 3 & -3 & \\ \hline & 1 & -1 & 0 & \end{array}$$

$f(x)=(x+2)(x-3)(x-1)$

즉, 주어진 방정식은

$(x+2)(x-1)(x-3)=0$

$\therefore x=-2$ 또는 $x=1$ 또는 $x=3$

따라서 방정식의 나머지 한 근은 1이다.

0638 답 $-\dfrac{3}{2}$

주어진 방정식의 두 근이 -1, 2이므로 $x=-1$, $x=2$를 각각 대입하면

$2+a+b-3+a+4=0$, $32-8a+4b+6+a+4=0$

$\therefore 2a+b=-3$, $7a-4b=42$

두 식을 연립하여 풀면 $a=2$, $b=-7$

이를 주어진 방정식에 대입하면 $2x^4-2x^3-7x^2+3x+6=0$

$f(x)=2x^4-2x^3-7x^2+3x+6$이라 할 때, $f(-1)=0$, $f(2)=0$

이므로 조립제법을 이용하여 $f(x)$를 인수분해하면

$$\begin{array}{r|rrrrr} -1 & 2 & -2 & -7 & 3 & 6 \\ & & -2 & 4 & 3 & -6 \\ \hline 2 & 2 & -4 & -3 & 6 & 0 \\ & & 4 & 0 & -6 & \\ \hline & 2 & 0 & -3 & 0 & \end{array}$$

$f(x)=(x+1)(x-2)(2x^2-3)$

즉, 주어진 방정식은 $(x+1)(x-2)(2x^2-3)=0$

따라서 주어진 방정식의 나머지 두 근은 이차방정식 $2x^2-3=0$의 근이므로 근과 계수의 관계에 의하여 두 근의 곱은 $-\dfrac{3}{2}$이다.

0639 답 7

주어진 방정식의 한 근이 1이므로 $x=1$을 대입하면

$1+k+2+k^2-4-5=0$

$k^2+k-6=0$, $(k+3)(k-2)=0$

$\therefore k=-3$ 또는 $k=2$

(i) $k=-3$일 때,

주어진 방정식에 대입하면 $x^3-x^2+5x-5=0$

$f(x)=x^3-x^2+5x-5$라 할 때,

$f(1)=0$이므로 조립제법을 이용하여 $f(x)$를 인수분해하면

$$\begin{array}{r|rrrr} 1 & 1 & -1 & 5 & -5 \\ & & 1 & 0 & 5 \\ \hline & 1 & 0 & 5 & 0 \end{array}$$

$f(x)=(x-1)(x^2+5)$

즉, 주어진 방정식은 $(x-1)(x^2+5)=0$

$\therefore x=1$ 또는 $x=\pm\sqrt{5}i$

따라서 허근을 가지므로 조건을 만족시키지 않는다.

(ii) $k=2$일 때,

주어진 방정식에 대입하면 $x^3+4x^2-5=0$

$g(x)=x^3+4x^2-5$라 할 때,

$g(1)=0$이므로 조립제법을 이용하여 $g(x)$를 인수분해하면

$$\begin{array}{r|rrrr} 1 & 1 & 4 & 0 & -5 \\ & & 1 & 5 & 5 \\ \hline & 1 & 5 & 5 & 0 \end{array}$$

$g(x)=(x-1)(x^2+5x+5)$

즉, 주어진 방정식은 $(x-1)(x^2+5x+5)=0$

$\therefore x=1$ 또는 $x=\dfrac{-5\pm\sqrt{5}}{2}$

따라서 세 실근을 갖는다.

(i), (ii)에서

$k=2$, $\alpha+\beta=\dfrac{-5-\sqrt{5}}{2}+\dfrac{-5+\sqrt{5}}{2}=-5$

$\therefore k-\alpha-\beta=k-(\alpha+\beta)=2-(-5)=7$

0640 답 ④

$f(x)=x^3+(k+1)x^2+2kx+k$라 할 때, $f(-1)=0$이므로 조립제법을 이용하여 $f(x)$를 인수분해하면

$$\begin{array}{r|rrrr} -1 & 1 & k+1 & 2k & k \\ & & -1 & -k & -k \\ \hline & 1 & k & k & 0 \end{array}$$

$f(x)=(x+1)(x^2+kx+k)$

즉, 주어진 방정식은 $(x+1)(x^2+kx+k)=0$

이 방정식이 중근을 가지려면 이차방정식 $x^2+kx+k=0$이 중근을 갖거나 $x=-1$을 근으로 가져야 한다.

(i) 이차방정식 $x^2+kx+k=0$이 중근을 가질 때,

이 이차방정식의 판별식을 D라 하면

$D=k^2-4k=0$, $k(k-4)=0$

$\therefore k=0$ 또는 $k=4$

(ii) 이차방정식 $x^2+kx+k=0$이 $x=-1$을 근으로 가질 때,

$1-k+k=0$에서 $1\neq0$이므로 조건을 만족시키지 않는다.

(i), (ii)에서 모든 k의 값의 합은

$0+4=4$

0641 답 -1

$f(x)=x^3-4x^2+(4-k)x+2k$라 할 때, $f(2)=0$이므로 조립제법을 이용하여 $f(x)$를 인수분해하면

$$\begin{array}{r|rrrr} 2 & 1 & -4 & 4-k & 2k \\ & & 2 & -4 & -2k \\ \hline & 1 & -2 & -k & 0 \end{array}$$

$f(x)=(x-2)(x^2-2x-k)$

즉, 주어진 방정식은 $(x-2)(x^2-2x-k)=0$ ······ ❶

이 방정식의 근이 모두 실수가 되려면 이차방정식 $x^2-2x-k=0$이 실근을 가져야 한다.

이 이차방정식의 판별식을 D라 하면

$\dfrac{D}{4}=1+k\geq0$

$\therefore k\geq-1$ ······ ❷

따라서 k의 최솟값은 -1이다. ······ ❸

채점 기준

❶ 주어진 방정식의 좌변을 인수분해하기		30%
❷ k의 값의 범위 구하기		50%
❸ k의 최솟값 구하기		20%

0642 답 ①

$f(x)=x^3-x^2-(k+2)x+2k$라

할 때, $f(2)=0$이므로 조립제법을

이용하여 $f(x)$를 인수분해하면

$$\begin{array}{r|rrrr} 2 & 1 & -1 & -k-2 & 2k \\ & & 2 & 2 & -2k \\ \hline & 1 & 1 & -k & 0 \end{array}$$

$f(x)=(x-2)(x^2+x-k)$

즉, 주어진 방정식은 $(x-2)(x^2+x-k)=0$

이 방정식이 한 개의 실근과 두 개의 허근을 가지려면 이차방정식

$x^2+x-k=0$이 허근을 가져야 한다.

이 이차방정식의 판별식을 D라 하면

$D=1+4k<0$

$\therefore k<-\dfrac{1}{4}$

0643 답 ②

$f(x)=x^3+4x^2-(k+5)x+k$라

할 때, $f(1)=0$이므로 조립제법을

이용하여 $f(x)$를 인수분해하면

$$\begin{array}{r|rrrr} 1 & 1 & 4 & -k-5 & k \\ & & 1 & 5 & -k \\ \hline & 1 & 5 & -k & 0 \end{array}$$

$f(x)=(x-1)(x^2+5x-k)$

즉, 주어진 방정식은 $(x-1)(x^2+5x-k)=0$

이 방정식의 서로 다른 실근이 한 개뿐이려면 이차방정식

$x^2+5x-k=0$이 허근을 갖거나 $x=1$을 중근으로 가져야 한다.

(i) 이차방정식 $x^2+5x-k=0$이 허근을 가질 때,

　이 이차방정식의 판별식을 D라 하면

　$D=25+4k<0$

　$\therefore k<-\dfrac{25}{4}$

(ii) 이차방정식 $x^2+5x-k=0$이 $x=1$을 중근으로 가질 때,

　$1+5-k=0$　$\therefore k=6$

　즉, $x^2+5x-6=0$이므로

　$(x+6)(x-1)=0$　$\therefore x=-6$ 또는 $x=1$

　따라서 이차방정식 $x^2+5x-k=0$은 $x=1$을 중근으로 갖지 않는다.

(i), (ii)에서 $k<-\dfrac{25}{4}$

따라서 정수 k의 최댓값은 -7이다.

0644 답 ③

처음 정육면체의 한 모서리의 길이를 x라 하면 직육면체의 부피는

$(x-1)(x+2)^2=108$

$x^3+3x^2-112=0$

$f(x)=x^3+3x^2-112$라 할 때,

$f(4)=0$이므로 조립제법을 이용하

여 $f(x)$를 인수분해하면

$$\begin{array}{r|rrrr} 4 & 1 & 3 & 0 & -112 \\ & & 4 & 28 & 112 \\ \hline & 1 & 7 & 28 & 0 \end{array}$$

$f(x)=(x-4)(x^2+7x+28)$

즉, 방정식은 $(x-4)(x^2+7x+28)=0$

$\therefore x=4$ 또는 $x=\dfrac{-7\pm3\sqrt{7}i}{2}$

그런데 $x>1$이므로 $x=4$

따라서 처음 정육면체의 부피는

$x^3=4^3=64$

0645 답 ④

처음 원기둥 모양의 물탱크의 밑면의 반지름의 길이를 x m라 하면 지름의 길이와 높이는 모두 $2x$ m이므로 처음 물탱크의 부피는

$\pi x^2\times2x=2\pi x^3(\text{m}^3)$

또 새로 만든 물탱크의 부피는

$\pi(x+1)^2\times(2x+4)=2\pi(x+2)(x+1)^2(\text{m}^3)$

새로 만든 물탱크의 부피가 처음 물탱크의 부피의 4.5배가 되려면

$2\pi(x+2)(x+1)^2=2\pi x^3\times\dfrac{9}{2}$

$7x^3-8x^2-10x-4=0$

$f(x)=7x^3-8x^2-10x-4$라 할 때,

$f(2)=0$이므로 조립제법을 이용하여

$f(x)$를 인수분해하면

$$\begin{array}{r|rrrr} 2 & 7 & -8 & -10 & -4 \\ & & 14 & 12 & 4 \\ \hline & 7 & 6 & 2 & 0 \end{array}$$

$f(x)=(x-2)(7x^2+6x+2)$

즉, 방정식은 $(x-2)(7x^2+6x+2)=0$

$\therefore x=2$ 또는 $x=\dfrac{-3\pm\sqrt{5}i}{7}$

그런데 $x>0$이므로 $x=2$

따라서 새로운 물탱크의 높이는

$2x+4=2\times2+4=8(\text{m})$

0646 답 3

원기둥의 밑면의 반지름의 길이를 x라 하면 원기둥의 높이는

$4-x$이므로 조각상의 부피는

$\dfrac{1}{2}\times\dfrac{4}{3}\pi x^3+\pi x^2(4-x)=27\pi$

$x^3-12x^2+81=0$

$f(x)=x^3-12x^2+81$이라 할 때,

$f(3)=0$이므로 조립제법을 이용하여

$f(x)$를 인수분해하면

$$\begin{array}{r|rrrr} 3 & 1 & -12 & 0 & 81 \\ & & 3 & -27 & -81 \\ \hline & 1 & -9 & -27 & 0 \end{array}$$

$f(x)=(x-3)(x^2-9x-27)$

즉, 방정식은 $(x-3)(x^2-9x-27)=0$

$\therefore x=3$ 또는 $x=\dfrac{9\pm3\sqrt{21}}{2}$

그런데 $0<x<4$이므로 $x=3$

따라서 구하는 반지름의 길이는 3이다.

0647 답 0

삼차방정식의 근과 계수의 관계에 의하여

$\alpha+\beta+\gamma=7$, $\alpha\beta+\beta\gamma+\gamma\alpha=10$, $\alpha\beta\gamma=-6$

$\therefore (3-\alpha)(3-\beta)(3-\gamma)$

$=3^3-(\alpha+\beta+\gamma)\times3^2+(\alpha\beta+\beta\gamma+\gamma\alpha)\times3-\alpha\beta\gamma$

$=27-7\times9+10\times3-(-6)=0$

0648 답 ②

삼차방정식의 근과 계수의 관계에 의하여

$\alpha+\beta+\gamma=-2$, $\alpha\beta+\beta\gamma+\gamma\alpha=3$

$\therefore \alpha^2+\beta^2+\gamma^2=(\alpha+\beta+\gamma)^2-2(\alpha\beta+\beta\gamma+\gamma\alpha)$

$=(-2)^2-2\times3=-2$

0649 답 −2

삼차방정식의 근과 계수의 관계에 의하여

$\alpha+\beta+\gamma=0$, $\alpha\beta+\beta\gamma+\gamma\alpha=-6$, $\alpha\beta\gamma=-3$ ······ ❶

이때 $\alpha+\beta+\gamma=0$에서

$\beta+\gamma=-\alpha$, $\gamma+\alpha=-\beta$, $\alpha+\beta=-\gamma$

$\therefore \dfrac{\beta+\gamma}{\alpha^2}+\dfrac{\gamma+\alpha}{\beta^2}+\dfrac{\alpha+\beta}{\gamma^2}=\dfrac{-\alpha}{\alpha^2}+\dfrac{-\beta}{\beta^2}+\dfrac{-\gamma}{\gamma^2}$

$\qquad\qquad\qquad\qquad\qquad = -\dfrac{1}{\alpha}-\dfrac{1}{\beta}-\dfrac{1}{\gamma}$

$\qquad\qquad\qquad\qquad\qquad = -\dfrac{\alpha\beta+\beta\gamma+\gamma\alpha}{\alpha\beta\gamma}$

$\qquad\qquad\qquad\qquad\qquad = -\dfrac{-6}{-3}=-2$ ······ ❷

채점 기준	
❶ $\alpha+\beta+\gamma$, $\alpha\beta+\beta\gamma+\gamma\alpha$, $\alpha\beta\gamma$의 값 구하기	40 %
❷ $\dfrac{\beta+\gamma}{\alpha^2}+\dfrac{\gamma+\alpha}{\beta^2}+\dfrac{\alpha+\beta}{\gamma^2}$의 값 구하기	60 %

0650 답 84

삼차방정식의 근과 계수의 관계에 의하여

$\alpha+\beta+\gamma=3$, $\alpha\beta+\beta\gamma+\gamma\alpha=a$, $\alpha\beta\gamma=-8$

$\dfrac{1}{\alpha}+\dfrac{1}{\beta}+\dfrac{1}{\gamma}=\dfrac{3}{4}$에서 $\dfrac{\alpha\beta+\beta\gamma+\gamma\alpha}{\alpha\beta\gamma}=\dfrac{3}{4}$

$\dfrac{a}{-8}=\dfrac{3}{4}$ $\quad \therefore a=-6$

$\therefore \alpha^2\beta^2+\beta^2\gamma^2+\gamma^2\alpha^2=(\alpha\beta+\beta\gamma+\gamma\alpha)^2-2\alpha\beta\gamma(\alpha+\beta+\gamma)$

$\qquad\qquad\qquad\qquad\qquad =(-6)^2-2\times(-8)\times3=84$

0651 답 ③

이차방정식 $x^2-2x+a=0$의 두 근을 α, β라 하면 이차방정식의 근과 계수의 관계에 의하여

$\alpha+\beta=2$, $\alpha\beta=a$ ······ ㉠

이때 α, β가 삼차방정식 $x^3-3x^2+bx+2=0$의 근이므로 나머지 한 근을 γ라 하면 삼차방정식의 근과 계수의 관계에 의하여

$\alpha+\beta+\gamma=3$, $\alpha\beta+\beta\gamma+\gamma\alpha=b$, $\alpha\beta\gamma=-2$ ······ ㉡

㉠, ㉡에서

$\alpha+\beta+\gamma=2+\gamma=3$ $\quad \therefore \gamma=1$

$\alpha\beta\gamma=a\gamma=-2$ $\quad \therefore a=-2$

$\alpha\beta+\beta\gamma+\gamma\alpha=\alpha\beta+\gamma(\alpha+\beta)=-2+1\times2=b$ $\quad \therefore b=0$

$\therefore a-b=-2$

0652 답 ①

주어진 삼차방정식의 세 근을 α, 3α, 5α $(\alpha\ne0)$라 하면 근과 계수의 관계에 의하여

$\alpha+3\alpha+5\alpha=3$ $\quad \therefore \alpha=\dfrac{1}{3}$

따라서 세 근이 $\dfrac{1}{3}$, 1, $\dfrac{5}{3}$이므로

$\dfrac{1}{3}\times1+1\times\dfrac{5}{3}+\dfrac{5}{3}\times\dfrac{1}{3}=a$, $\dfrac{1}{3}\times1\times\dfrac{5}{3}=-b$

$\therefore a=\dfrac{23}{9}$, $b=-\dfrac{5}{9}$

$\therefore a+b=2$

0653 답 ⑤

삼차방정식의 근과 계수의 관계에 의하여

$\alpha+\beta+\gamma=-2$, $\alpha\beta+\beta\gamma+\gamma\alpha=-3$, $\alpha\beta\gamma=-4$

구하는 삼차방정식의 세 근이 $\alpha-2$, $\beta-2$, $\gamma-2$이므로

$(\alpha-2)+(\beta-2)+(\gamma-2)=(\alpha+\beta+\gamma)-6=-2-6=-8$

$(\alpha-2)(\beta-2)+(\beta-2)(\gamma-2)+(\gamma-2)(\alpha-2)$

$=(\alpha\beta+\beta\gamma+\gamma\alpha)-4(\alpha+\beta+\gamma)+12$

$=-3-4\times(-2)+12=17$

$(\alpha-2)(\beta-2)(\gamma-2)$

$=\alpha\beta\gamma-2(\alpha\beta+\beta\gamma+\gamma\alpha)+4(\alpha+\beta+\gamma)-8$

$=-4-2\times(-3)+4\times(-2)-8=-14$

따라서 구하는 삼차방정식은

$x^3+8x^2+17x+14=0$

0654 답 ②

삼차방정식의 근과 계수의 관계에 의하여

$\alpha+\beta+\gamma=4$, $\alpha\beta+\beta\gamma+\gamma\alpha=-2$, $\alpha\beta\gamma=-5$

구하는 삼차방정식의 세 근이 $\dfrac{1}{\alpha}$, $\dfrac{1}{\beta}$, $\dfrac{1}{\gamma}$이므로

$\dfrac{1}{\alpha}+\dfrac{1}{\beta}+\dfrac{1}{\gamma}=\dfrac{\alpha\beta+\beta\gamma+\gamma\alpha}{\alpha\beta\gamma}=\dfrac{-2}{-5}=\dfrac{2}{5}$

$\dfrac{1}{\alpha}\times\dfrac{1}{\beta}+\dfrac{1}{\beta}\times\dfrac{1}{\gamma}+\dfrac{1}{\gamma}\times\dfrac{1}{\alpha}=\dfrac{\alpha+\beta+\gamma}{\alpha\beta\gamma}=\dfrac{4}{-5}=-\dfrac{4}{5}$

$\dfrac{1}{\alpha}\times\dfrac{1}{\beta}\times\dfrac{1}{\gamma}=\dfrac{1}{\alpha\beta\gamma}=\dfrac{1}{-5}=-\dfrac{1}{5}$

즉, $\dfrac{1}{\alpha}$, $\dfrac{1}{\beta}$, $\dfrac{1}{\gamma}$을 세 근으로 하고 x^3의 계수가 5인 삼차방정식은

$5\left(x^3-\dfrac{2}{5}x^2-\dfrac{4}{5}x+\dfrac{1}{5}\right)=0$

$\therefore 5x^3-2x^2-4x+1=0$

따라서 $a=-2$, $b=-4$, $c=1$이므로 $a+2b+3c=-7$

0655 답 ④

$f(1)=f(2)=f(3)=4$에서

$f(1)-4=0$, $f(2)-4=0$, $f(3)-4=0$

즉, 방정식 $f(x)-4=0$의 근은 1, 2, 3이다.

$f(x)-4=a(x-1)(x-2)(x-3)$ (a는 상수)이라 하면

$f(x)=a(x-1)(x-2)(x-3)+4$

이때 $f(4)=10$이므로

$a\times3\times2\times1+4=10$ $\quad \therefore a=1$

$\therefore f(x)=(x-1)(x-2)(x-3)+4$

$\qquad\quad =x^3-6x^2+11x-2$

따라서 방정식 $f(x)=0$, 즉 $x^3-6x^2+11x-2=0$의 모든 근의 합은 삼차방정식의 근과 계수의 관계에 의하여 6이다.

0656 답 −2

주어진 삼차방정식의 계수가 실수이므로 한 근이 $1+2i$이면 $1-2i$도 근이다.

나머지 한 근을 α라 하면 삼차방정식의 근과 계수의 관계에 의하여

$(1+2i)(1-2i)\alpha=-10$

$\therefore \alpha=-2$

따라서 구하는 실근은 -2이다.

0657 답 14

주어진 삼차방정식의 계수가 유리수이므로 한 근이 $3+\sqrt{3}$이면 $3-\sqrt{3}$도 근이다.

따라서 세 근이 $1,\ 3+\sqrt{3},\ 3-\sqrt{3}$이므로 삼차방정식의 근과 계수의 관계에 의하여

$1+(3+\sqrt{3})+(3-\sqrt{3})=-a$

$1\times(3+\sqrt{3})+(3+\sqrt{3})(3-\sqrt{3})+(3-\sqrt{3})\times1=b$

$1\times(3+\sqrt{3})(3-\sqrt{3})=-c$

$\therefore a=-7,\ b=12,\ c=-6$

$\therefore \dfrac{ab}{c}=\dfrac{-7\times12}{-6}=14$

0658 답 -6

주어진 삼차방정식의 계수가 유리수이므로 한 근이 $2-\sqrt{2}$이면 $2+\sqrt{2}$도 근이다.

나머지 한 근을 α라 하면 삼차방정식의 근과 계수의 관계에 의하여

$(2-\sqrt{2})+(2+\sqrt{2})+\alpha=a+2$

$(2-\sqrt{2})(2+\sqrt{2})+(2+\sqrt{2})\alpha+\alpha(2-\sqrt{2})=b$

$(2-\sqrt{2})(2+\sqrt{2})\alpha=-4$

$\therefore \alpha=-2,\ a=0,\ b=-6$

$\therefore a+b=-6$

0659 답 ①

주어진 삼차방정식의 계수가 실수이므로 한 근이 $a+bi$이면 $a-bi$도 근이다.

이때 $f(x)=x^3+2x-3$이라 하면 $f(1)=0$이므로 $x=1$은 나머지 한 근이다.

따라서 세 근이 $1,\ a+bi,\ a-bi$이므로 삼차방정식의 근과 계수의 관계에 의하여

$1+(a+bi)+(a-bi)=0$

$(a+bi)+(a+bi)(a-bi)+(a-bi)=2$

$(a+bi)(a-bi)=3$

$\therefore a=-\dfrac{1}{2},\ b=\pm\dfrac{\sqrt{11}}{2}$

$\therefore a^2b^2=\dfrac{1}{4}\times\dfrac{11}{4}=\dfrac{11}{16}$

0660 답 ②

$x^3+1=0$에서 $(x+1)(x^2-x+1)=0$

이때 ω는 이차방정식 $x^2-x+1=0$의 한 허근이므로 $\bar{\omega}$도 이 방정식의 근이다.

따라서 이차방정식의 근과 계수의 관계에 의하여

$\omega+\bar{\omega}=1,\ \omega\bar{\omega}=1$

$\therefore \dfrac{1}{\omega-1}+\dfrac{1}{\bar{\omega}-1}=\dfrac{\bar{\omega}-1+\omega-1}{(\omega-1)(\bar{\omega}-1)}$

$=\dfrac{(\omega+\bar{\omega})-2}{\omega\bar{\omega}-(\omega+\bar{\omega})+1}$

$=\dfrac{1-2}{1-1+1}=-1$

0661 답 ②

$x^3=-1$에서 $x^3+1=0,\ (x+1)(x^2-x+1)=0$

이때 ω는 이차방정식 $x^2-x+1=0$의 한 허근이므로

$\omega^3=-1,\ \omega^2-\omega+1=0$

$\therefore \omega^{1000}+\dfrac{1}{\omega^{1000}}=(\omega^3)^{333}\times\omega+\dfrac{1}{(\omega^3)^{333}\times\omega}$

$=-\omega-\dfrac{1}{\omega}=-\left(\omega+\dfrac{1}{\omega}\right)$

$=-\dfrac{\omega^2+1}{\omega}=-\dfrac{\omega}{\omega}=-1$

0662 답 0

$x^3-1=0$에서 $(x-1)(x^2+x+1)=0$

이때 ω는 이차방정식 $x^2+x+1=0$의 한 허근이므로

$\omega^2+\omega+1=0$ ...... ❶

$\omega\neq0$이므로 양변을 ω로 나누면

$\omega+1+\dfrac{1}{\omega}=0 \qquad \therefore \omega+\dfrac{1}{\omega}=-1$ ...... ❷

$\therefore \left(\omega+\dfrac{1}{\omega}\right)^4+\left(\omega+\dfrac{1}{\omega}\right)^3+\left(\omega+\dfrac{1}{\omega}\right)^2+\omega+\dfrac{1}{\omega}$

$=(-1)^4+(-1)^3+(-1)^2+(-1)=0$ ...... ❸

채점 기준

❶ $\omega^2+\omega+1=0$임을 확인하기	40 %
❷ $\omega+\dfrac{1}{\omega}$의 값 구하기	40 %
❸ 주어진 식의 값 구하기	20 %

0663 답 ④

이차방정식 $x^2+x+1=0$의 한 허근이 ω이므로

$\omega^2+\omega+1=0$

양변에 $\omega-1$을 곱하면

$(\omega-1)(\omega^2+\omega+1)=0,\ \omega^3-1=0 \qquad \therefore \omega^3=1$

$\therefore 1+\omega+\omega^2+\omega^3+\cdots+\omega^{120}$

$=(1+\omega+\omega^2)+\omega^3(1+\omega+\omega^2)+\cdots+\omega^{117}(1+\omega+\omega^2)+\omega^{120}$

$=(\omega^3)^{40}=1$

0664 답 ③

$x^3-1=0$에서 $(x-1)(x^2+x+1)=0$

이때 ω는 이차방정식 $x^2+x+1=0$의 한 허근이므로

$\omega^3=1,\ \omega^2+\omega+1=0$

또 ω는 이차방정식 $x^2+x+1=0$의 한 허근이므로 $\bar{\omega}$도 이 방정식의 근이다.

따라서 이차방정식의 근과 계수의 관계에 의하여

$\omega+\bar{\omega}=-1,\ \omega\bar{\omega}=1$

ㄱ. $\omega\bar{\omega}=1$

ㄴ. $\omega^2+\omega+1=0$에서 $\omega^2=-\omega-1$

$\omega+\bar{\omega}=-1$에서 $\bar{\omega}=-\omega-1$

$\therefore \omega^2=\bar{\omega}$

ㄷ. $\dfrac{1}{\omega+1}+\dfrac{1}{\omega^2+1}+\dfrac{1}{\omega^3+1}=\dfrac{1}{-\omega^2}+\dfrac{1}{-\omega}+\dfrac{1}{1+1}$

$=-\dfrac{1+\omega}{\omega^2}+\dfrac{1}{2}=-\dfrac{-\omega^2}{\omega^2}+\dfrac{1}{2}$

$=1+\dfrac{1}{2}=\dfrac{3}{2}$

따라서 보기에서 옳은 것은 ㄱ, ㄴ이다.

0665　답 ⑤

$x^3-1=0$에서 $(x-1)(x^2+x+1)=0$

이때 ω는 이차방정식 $x^2+x+1=0$의 한 허근이므로

$\omega^3=1,\ \omega^2+\omega+1=0$

따라서

$f(1)=\omega^2+\omega+1=0,$

$f(2)=\omega^4+\omega^2+1=\omega+\omega^2+1=0,$

$f(3)=\omega^6+\omega^3+1=1+1+1=3,$

$f(4)=\omega^8+\omega^4+1=\omega^2+\omega+1=0,$

$f(5)=\omega^{10}+\omega^5+1=\omega+\omega^2+1=0,$

$f(6)=\omega^{12}+\omega^6+1=1+1+1=3,$

$\vdots$

이므로

$f(1)=f(4)=f(7)=f(10)=f(13)=0,$

$f(2)=f(5)=f(8)=f(11)=f(14)=0,$

$f(3)=f(6)=f(9)=f(12)=f(15)=3$

$\therefore f(1)+f(2)+f(3)+\cdots+f(15)$

$\qquad=0+0+3+0+0+3+\cdots+0+0+3$

$\qquad=3\times5=15$

0666　답 $2\sqrt{2}$

$x-y=2$에서 $y=x-2$　　$\cdots\cdots$ ㉠

이를 $x^2+4xy+y^2=10$에 대입하면

$x^2+4x(x-2)+(x-2)^2=10$

$x^2-2x-1=0$　　$\therefore x=1\pm\sqrt{2}$

이를 각각 ㉠에 대입하면 주어진 연립방정식의 해는

$x=1-\sqrt{2},\ y=-1-\sqrt{2}$ 또는 $x=1+\sqrt{2},\ y=-1+\sqrt{2}$

$\therefore |x+y|=2\sqrt{2}$

0667　답 ③

$2x+y=3$에서 $y=-2x+3$　　$\cdots\cdots$ ㉠

이를 $4x^2-y^2=27$에 대입하면

$4x^2-(-2x+3)^2=27$

$12x-36=0$　　$\therefore x=3$

이를 ㉠에 대입하면 주어진 연립방정식의 해는

$x=3,\ y=-3$

따라서 $\alpha=3,\ \beta=-3$이므로 $\alpha-\beta=6$

0668　답 4

$x+2y=5$에서 $x=-2y+5$　　$\cdots\cdots$ ㉠

이를 $2x^2+xy=21$에 대입하면

$2(-2y+5)^2+(-2y+5)y=21,\ 6y^2-35y+29=0$

$(y-1)(6y-29)=0$　　$\therefore y=1$ 또는 $y=\dfrac{29}{6}$

이를 각각 ㉠에 대입하면 주어진 연립방정식의 해는

$x=3,\ y=1$ 또는 $x=-\dfrac{14}{3},\ y=\dfrac{29}{6}$

따라서 $\alpha=3,\ \beta=1$이므로 $\alpha+\beta=4$

0669　답 54

두 연립방정식의 공통인 해는 연립방정식 $\begin{cases}3x+y=4\\x^2-y^2=-48\end{cases}$의 해와 같다.

$3x+y=4$에서 $y=-3x+4$　　$\cdots\cdots$ ㉠

이를 $x^2-y^2=-48$에 대입하면

$x^2-(-3x+4)^2=-48,\ x^2-3x-4=0$

$(x+1)(x-4)=0$　　$\therefore x=-1$ 또는 $x=4$

이를 각각 ㉠에 대입하면 위의 연립방정식의 해는

$x=-1,\ y=7$ 또는 $x=4,\ y=-8$　　$\cdots\cdots$ ❶

(i) $x=-1,\ y=7$을 $ax^2-y^2=-1,\ x+y=b$에 각각 대입하면

$\quad a-49=-1,\ -1+7=b$　　$\therefore a=48,\ b=6$

(ii) $x=4,\ y=-8$을 $ax^2-y^2=-1,\ x+y=b$에 각각 대입하면

$\quad 16a-64=-1,\ 4-8=b$

$\quad\therefore a=\dfrac{63}{16},\ b=-4$　　$\cdots\cdots$ ❷

(i), (ii)에서 정수 $a,\ b$의 값은 $a=48,\ b=6$이므로

$a+b=54$　　$\cdots\cdots$ ❸

채점 기준

❶ 주어진 연립방정식의 공통인 해 구하기		40%
❷ $a,\ b$의 값 구하기		50%
❸ $a+b$의 값 구하기		10%

0670　답 ①

$x^2+xy-2y^2=0$에서 $(x+2y)(x-y)=0$

$\therefore x=-2y$ 또는 $x=y$

(i) $x=-2y$를 $x^2+y^2=20$에 대입하면

$\quad 4y^2+y^2=20,\ y^2=4$　　$\therefore y=\pm2$

$\quad\therefore y=-2$일 때 $x=4,\ y=2$일 때 $x=-4$

(ii) $x=y$를 $x^2+y^2=20$에 대입하면

$\quad y^2+y^2=20,\ y^2=10$　　$\therefore y=\pm\sqrt{10}$

$\quad\therefore y=-\sqrt{10}$일 때 $x=-\sqrt{10},\ y=\sqrt{10}$일 때 $x=\sqrt{10}$

(i), (ii)에서 정수 $x,\ y$는 $x=-4,\ y=2$ 또는 $x=4,\ y=-2$이므로

$xy=-8$

0671　답 $\begin{cases}x=-2\\y=2\end{cases}$ 또는 $\begin{cases}x=2\\y=-2\end{cases}$

$\qquad$ 또는 $\begin{cases}x=-2\sqrt{3}\\y=-2\sqrt{3}\end{cases}$ 또는 $\begin{cases}x=2\sqrt{3}\\y=2\sqrt{3}\end{cases}$

$x^2-y^2=0$에서 $(x+y)(x-y)=0$

$\therefore y=-x$ 또는 $y=x$

(i) $y=-x$를 $x^2-xy+y^2=12$에 대입하면

$\quad x^2+x^2+x^2=12,\ x^2=4$　　$\therefore x=\pm2$

$\quad\therefore x=-2$일 때 $y=2,\ x=2$일 때 $y=-2$

(ii) $y=x$를 $x^2-xy+y^2=12$에 대입하면

$\quad x^2-x^2+x^2=12,\ x^2=12$　　$\therefore x=\pm2\sqrt{3}$

$\quad\therefore x=-2\sqrt{3}$일 때 $y=-2\sqrt{3},\ x=2\sqrt{3}$일 때 $y=2\sqrt{3}$

(i), (ii)에서 구하는 해는

$\begin{cases}x=-2\\y=2\end{cases}$ 또는 $\begin{cases}x=2\\y=-2\end{cases}$ 또는 $\begin{cases}x=-2\sqrt{3}\\y=-2\sqrt{3}\end{cases}$ 또는 $\begin{cases}x=2\sqrt{3}\\y=2\sqrt{3}\end{cases}$

0672 답 6

$x^2+3xy-10y^2=0$에서 $(x+5y)(x-2y)=0$

$\therefore x=-5y$ 또는 $x=2y$

이때 x, y가 모두 양수이려면 $x=2y$

이를 $x^2+2xy-y^2=28$에 대입하면

$4y^2+4y^2-y^2=28$, $y^2=4$ $\quad\therefore y=\pm2$

그런데 x, y는 양수이므로 $x=4$, $y=2$

$\therefore x+y=6$

0673 답 ①

$x^2-2xy-3y^2=0$에서 $(x+y)(x-3y)=0$

$\therefore x=-y$ 또는 $x=3y$

(i) $x=-y$를 $x^2-3xy+y^2=16$에 대입하면

$\quad y^2+3y^2+y^2=16$, $y^2=\dfrac{16}{5}$ $\quad\therefore y=\pm\dfrac{4\sqrt5}{5}$

$\quad\therefore y=-\dfrac{4\sqrt5}{5}$일 때 $x=\dfrac{4\sqrt5}{5}$, $y=\dfrac{4\sqrt5}{5}$일 때 $x=-\dfrac{4\sqrt5}{5}$

(ii) $x=3y$를 $x^2-3xy+y^2=16$에 대입하면

$\quad 9y^2-9y^2+y^2=16$, $y^2=16$ $\quad\therefore y=\pm4$

$\quad\therefore y=-4$일 때 $x=-12$, $y=4$일 때 $x=12$

(i), (ii)에서 $\alpha\beta$의 최댓값은 $M=48$이고, 최솟값은 $m=-\dfrac{16}{5}$이므로

$\dfrac{M}{m}=48\times\left(-\dfrac{5}{16}\right)=-15$

0674 답 $(-2, 2)$, $(2, -2)$

주어진 연립방정식을 변형하면

$\begin{cases} (x+y)^2-2xy=8 \\ xy=-4 \end{cases}$

$x+y=u$, $xy=v$로 놓으면

$\begin{cases} u^2-2v=8 & \cdots\cdots \text{㉠} \\ v=-4 & \cdots\cdots \text{㉡} \end{cases}$

㉡을 ㉠에 대입하면

$u^2+8=8$, $u^2=0$ $\quad\therefore u=0$, $v=-4$

즉, $x+y=0$, $xy=-4$이므로 x, y를 두 근으로 하는 t에 대한 이차방정식은

$t^2-4=0$, $t^2=4$ $\quad\therefore t=\pm2$

$\therefore x=-2$, $y=2$ 또는 $x=2$, $y=-2$

따라서 x, y의 순서쌍 (x, y)는 $(-2, 2)$, $(2, -2)$이다.

0675 답 5

주어진 연립방정식을 변형하면

$\begin{cases} x+y-xy=7 \\ (x+y)^2-2xy=13 \end{cases}$

$x+y=u$, $xy=v$로 놓으면

$\begin{cases} u-v=7 & \cdots\cdots \text{㉠} \\ u^2-2v=13 & \cdots\cdots \text{㉡} \end{cases}$

㉠에서 $v=u-7$ $\quad\cdots\cdots \text{㉢}$

㉢을 ㉡에 대입하면

$u^2-2(u-7)=13$, $u^2-2u+1=0$

$(u-1)^2=0$ $\quad\therefore u=1$

이를 ㉢에 대입하면 $v=-6$

즉, $x+y=1$, $xy=-6$이므로

$(y-x)^2=(x+y)^2-4xy$

$\qquad\qquad =1^2-4\times(-6)=25$

이때 $x<y$이므로 $y-x=5$

0676 답 ④

주어진 연립방정식을 변형하면

$\begin{cases} xy+(x+y)=11 \\ xy(x+y)=30 \end{cases}$

$x+y=u$, $xy=v$로 놓으면

$\begin{cases} u+v=11 & \cdots\cdots \text{㉠} \\ uv=30 & \cdots\cdots \text{㉡} \end{cases}$

㉠에서 $v=-u+11$ $\quad\cdots\cdots \text{㉢}$

㉢을 ㉡에 대입하면

$u(-u+11)=30$, $u^2-11u+30=0$

$(u-5)(u-6)=0$ $\quad\therefore u=5$ 또는 $u=6$

이를 각각 ㉢에 대입하면

$u=5$, $v=6$ 또는 $u=6$, $v=5$

(i) $u=5$, $v=6$, 즉 $x+y=5$, $xy=6$일 때,

$\quad x$, y를 두 근으로 하는 t에 대한 이차방정식은

$\quad t^2-5t+6=0$, $(t-2)(t-3)=0$

$\quad\therefore t=2$ 또는 $t=3$

$\quad\therefore x=2$, $y=3$ 또는 $x=3$, $y=2$

(ii) $u=6$, $v=5$, 즉 $x+y=6$, $xy=5$일 때,

$\quad x$, y를 두 근으로 하는 t에 대한 이차방정식은

$\quad t^2-6t+5=0$, $(t-1)(t-5)=0$

$\quad\therefore t=1$ 또는 $t=5$

$\quad\therefore x=1$, $y=5$ 또는 $x=5$, $y=1$

(i), (ii)에서 $x+2y$의 최댓값은

$1+2\times5=11$

0677 답 3

$x+y=a$에서 $y=-x+a$이므로 이를 $x^2-2xy=-3$에 대입하면

$x^2-2x(-x+a)=-3$

$3x^2-2ax+3=0$

이 이차방정식이 중근을 가져야 하므로 판별식을 D라 하면

$\dfrac{D}{4}=a^2-9=0$

$a^2=9$ $\quad\therefore a=\pm3$

그런데 $a>0$이므로 $a=3$

0678 답 ④

$x-y=2a$에서 $y=x-2a$이므로 이를 $2x^2-xy=-a^2-a+1$에 대입하면

$2x^2-x(x-2a)=-a^2-a+1$

$x^2+2ax+a^2+a-1=0$

이 이차방정식이 허근을 가져야 하므로 판별식을 D라 하면

$\dfrac{D}{4}=a^2-(a^2+a-1)<0$

$-a+1<0$ $\therefore a>1$

따라서 정수 a의 최솟값은 2이다.

0679 답 ③

주어진 연립방정식에서 $x+y=3$, $xy=a-3$이므로 x, y를 두 근으로 하는 t에 대한 이차방정식은

$t^2-3t+a-3=0$

이 이차방정식이 실근을 가져야 하므로 판별식을 D라 하면

$D=9-4(a-3)\geq0$

$-4a+21\geq0$ $\therefore a\leq\dfrac{21}{4}$

따라서 상수 a의 최댓값은 $\dfrac{21}{4}$이다.

0680 답 ③

주어진 두 이차방정식의 공통근이 α이므로

$\alpha^2+(2k+1)\alpha+6=0$ ...... ㉠

$\alpha^2-(k+1)\alpha-3k+4=0$ ...... ㉡

㉠$-$㉡을 하면

$(3k+2)\alpha+(3k+2)=0$, $(3k+2)(\alpha+1)=0$

$\therefore k=-\dfrac{2}{3}$ 또는 $\alpha=-1$

(i) $k=-\dfrac{2}{3}$일 때,

두 이차방정식이 모두 $x^2-\dfrac{1}{3}x+6=0$이므로 서로 다른 두 이차방정식이라는 조건을 만족시키지 않는다.

(ii) $\alpha=-1$일 때,

$\alpha=-1$을 ㉠에 대입하면

$1-(2k+1)+6=0$, $2k=6$ $\therefore k=3$

(i), (ii)에서 $k=3$, $\alpha=-1$이므로

$\alpha+k=2$

0681 답 ⑤

주어진 두 이차방정식의 공통근을 α라 하면

$\alpha^2-k-3=0$ ...... ㉠

$\alpha^2-(k+1)\alpha+2k=0$ ...... ㉡

㉠$-$㉡을 하면

$(k+1)\alpha-3(k+1)=0$, $(k+1)(\alpha-3)=0$

$\therefore k=-1$ 또는 $\alpha=3$

(i) $k=-1$일 때,

두 이차방정식이 모두 $x^2-2=0$이므로 $x=\pm\sqrt{2}$

따라서 공통근을 2개 갖는다.

(ii) $\alpha=3$일 때,

$\alpha=3$을 ㉠에 대입하면

$9-k-3=0$ $\therefore k=6$

(i), (ii)에서 $k=6$

0682 답 18

처음 땅의 가로의 길이를 x, 세로의 길이를 y라 하면

$\begin{cases} x^2+y^2=(3\sqrt{5})^2 \\ (x-1)(y+1)=xy+2 \end{cases}$ $\therefore \begin{cases} x^2+y^2=45 & \cdots\cdots ㉠ \\ x-y=3 & \cdots\cdots ㉡ \end{cases}$

㉡에서 $y=x-3$

이를 ㉠에 대입하면

$x^2+(x-3)^2=45$, $x^2-3x-18=0$

$(x+3)(x-6)=0$

$\therefore x=-3$ 또는 $x=6$

그런데 $1<x<3\sqrt{5}$이므로 $x=6$, $y=3$

따라서 처음 땅의 넓이는

$6\times3=18$

0683 답 5

두 원의 반지름의 길이를 각각 r_1, r_2라 하면

$\begin{cases} 2\pi r_1+2\pi r_2=12\pi \\ \pi {r_1}^2+\pi {r_2}^2=26\pi \end{cases}$ $\therefore \begin{cases} r_1+r_2=6 & \cdots\cdots ㉠ \\ {r_1}^2+{r_2}^2=26 & \cdots\cdots ㉡ \end{cases}$ ...... ❶

㉠에서 $r_2=-r_1+6$ ...... ㉢

㉢을 ㉡에 대입하면

${r_1}^2+(-r_1+6)^2=26$, ${r_1}^2-6r_1+5=0$

$(r_1-1)(r_1-5)=0$ $\therefore r_1=1$ 또는 $r_1=5$

이를 각각 ㉢에 대입하면

$r_1=1$, $r_2=5$ 또는 $r_1=5$, $r_2=1$ ...... ❷

따라서 두 원 중 큰 원의 반지름의 길이는 5이다. ...... ❸

채점 기준	
❶ 연립이차방정식 세우기	40 %
❷ 두 원의 반지름의 길이 구하기	50 %
❸ 큰 원의 반지름의 길이 구하기	10 %

0684 답 ③

직각삼각형의 빗변이 아닌 두 변의 길이를 각각 x cm, y cm라 하면

$\begin{cases} x^2+y^2=10^2 \\ \dfrac{1}{2}xy=24 \end{cases}$ $\therefore \begin{cases} x^2+y^2=100 \\ xy=48 \end{cases}$

이 연립방정식을 변형하면

$\begin{cases} (x+y)^2-2xy=100 \\ xy=48 \end{cases}$

$x+y=u$, $xy=v$로 놓으면

$\begin{cases} u^2-2v=100 & \cdots\cdots ㉠ \\ v=48 & \cdots\cdots ㉡ \end{cases}$

㉡을 ㉠에 대입하면

$u^2-96=100$, $u^2=196$ $\therefore u=\pm14$

그런데 $x+y>10$, 즉 $u>10$이므로 $u=14$

따라서 빗변이 아닌 두 변의 길이의 합은 14 cm이다.

0685 답 27

십의 자리의 숫자를 x, 일의 자리의 숫자를 y라 하면

$\begin{cases} x^2+y^2=65 \\ (x-y)^2=9 \end{cases}$

이 연립방정식을 변형하면
$$\begin{cases} (x+y)^2-2xy=65 \\ (x+y)^2-4xy=9 \end{cases}$$
$x+y=u$, $xy=v$로 놓으면
$$\begin{cases} u^2-2v=65 & \cdots\cdots \text{㉠} \\ u^2-4v=9 & \cdots\cdots \text{㉡} \end{cases}$$
㉠$-$㉡을 하면 $2v=56$ $\quad \therefore v=28$
이를 ㉠에 대입하면
$u^2-56=65$, $u^2=121$ $\quad \therefore u=\pm11$
그런데 $x+y>0$, 즉 $u>0$이므로 $u=11$
즉, $x+y=11$, $xy=28$이므로 x, y를 두 근으로 하는 t에 대한 이차방정식은
$t^2-11t+28=0$, $(t-4)(t-7)=0$
$\therefore t=4$ 또는 $t=7$
$\therefore x=4$, $y=7$ 또는 $x=7$, $y=4$
따라서 두 자리의 자연수 중 가장 큰 수는 74, 가장 작은 수는 47이므로 그 차는
$74-47=27$

0686 답 ④

$xy-x-y-1=0$에서
$x(y-1)-(y-1)-2=0$
$\therefore (x-1)(y-1)=2$
(i) $x-1=-2$, $y-1=-1$일 때, $x=-1$, $y=0$
(ii) $x-1=-1$, $y-1=-2$일 때, $x=0$, $y=-1$
(iii) $x-1=1$, $y-1=2$일 때, $x=2$, $y=3$
(iv) $x-1=2$, $y-1=1$일 때, $x=3$, $y=2$
(i)~(iv)에서 xy의 최댓값은
$2\times3=6$

0687 답 3

$x^2-xy+y+3=0$에서
$xy-y-x^2-3=0$, $y(x-1)-(x-1)(x+1)=4$
$\therefore (x-1)(y-x-1)=4$
x, y가 자연수이므로 $x-1\geq0$
(i) $x-1=1$, $y-x-1=4$일 때, $x=2$, $y=7$
(ii) $x-1=2$, $y-x-1=2$일 때, $x=3$, $y=6$
(iii) $x-1=4$, $y-x-1=1$일 때, $x=5$, $y=7$
(i), (ii), (iii)에서 자연수 x, y의 순서쌍 (x, y)는 $(2, 7)$, $(3, 6)$, $(5, 7)$의 3개이다.

0688 답 -4

[방법 1] $x^2+y^2+2x+6y+10=0$에서
$(x^2+2x+1)+(y^2+6y+9)=0$
$\therefore (x+1)^2+(y+3)^2=0$
x, y가 실수이므로 $x+1=0$, $y+3=0$
$\therefore x=-1$, $y=-3$
$\therefore x+y=-4$

[방법 2] 방정식의 좌변을 x에 대하여 내림차순으로 정리하면
$x^2+2x+y^2+6y+10=0$ $\cdots\cdots \text{㉠}$
x가 실수이므로 이 이차방정식의 판별식을 D라 하면
$\dfrac{D}{4}=1-(y^2+6y+10)\geq0$
$-y^2-6y-9\geq0$ $\quad \therefore (y+3)^2\leq0$
이때 y는 실수이므로 $y+3=0$ $\quad \therefore y=-3$
이를 ㉠에 대입하면 $x^2+2x+1=0$
$(x+1)^2=0$ $\quad \therefore x=-1$
$\therefore x+y=-4$

0689 답 5

[방법 1] $5x^2-4xy+y^2-2x+1=0$에서
$(4x^2-4xy+y^2)+(x^2-2x+1)=0$
$\therefore (2x-y)^2+(x-1)^2=0$
x, y가 실수이므로 $2x-y=0$, $x-1=0$
$\therefore x=1$, $y=2$
$\therefore x^2+y^2=1+4=5$

[방법 2] 방정식의 좌변을 x에 대하여 내림차순으로 정리하면
$5x^2-2(2y+1)x+y^2+1=0$ $\cdots\cdots \text{㉠}$
x가 실수이므로 이 이차방정식의 판별식을 D라 하면
$\dfrac{D}{4}=(2y+1)^2-5(y^2+1)\geq0$
$-y^2+4y-4\geq0$ $\quad \therefore (y-2)^2\leq0$
이때 y는 실수이므로 $y-2=0$ $\quad \therefore y=2$
이를 ㉠에 대입하면 $5x^2-10x+5=0$
$x^2-2x+1=0$, $(x-1)^2=0$ $\quad \therefore x=1$
$\therefore x^2+y^2=1+4=5$

AB 유형 점검

108~110쪽

0690 답 ①

$f(x)=x^3-x^2-4x+4$라 할 때,
$f(1)=0$이므로 조립제법을 이용하여
$f(x)$를 인수분해하면

$$\begin{array}{r|rrrr} 1 & 1 & -1 & -4 & 4 \\ & & 1 & 0 & -4 \\ \hline & 1 & 0 & -4 & 0 \end{array}$$

$f(x)=(x-1)(x^2-4)$
$\qquad =(x-1)(x+2)(x-2)$
즉, 주어진 방정식은 $(x+2)(x-1)(x-2)=0$
$\therefore x=-2$ 또는 $x=1$ 또는 $x=2$
따라서 주어진 방정식의 모든 양의 근의 합은 $1+2=3$

0691 답 -4

$(x^2-2x)^2=2x^2-4x+8$에서
$(x^2-2x)^2-2(x^2-2x)-8=0$
$x^2-2x=t$로 놓으면
$t^2-2t-8=0$, $(t+2)(t-4)=0$ $\quad \therefore t=-2$ 또는 $t=4$
(i) $t=-2$일 때,
$\quad x^2-2x=-2$에서 $x^2-2x+2=0$
$\quad \therefore x=1\pm i$

70 정답과 해설

(ii) $t=4$일 때,

$x^2-2x=4$에서 $x^2-2x-4=0$

$\therefore x=1\pm\sqrt{5}$

(i), (ii)에서 주어진 방정식의 모든 실근의 곱은

$(1-\sqrt{5})\times(1+\sqrt{5})=-4$

0692 답 ①

$x^4-14x^2+25=0$에서 $(x^4-10x^2+25)-4x^2=0$

$(x^2-5)^2-(2x)^2=0,\ (x^2+2x-5)(x^2-2x-5)=0$

$\therefore x=-1\pm\sqrt{6}$ 또는 $x=1\pm\sqrt{6}$

따라서 주어진 방정식의 근인 것은 ①이다.

0693 답 -8

$x\neq0$이므로 양변을 x^2으로 나누면

$x^2+7x-6+\dfrac{7}{x}+\dfrac{1}{x^2}=0$

$\left(x^2+\dfrac{1}{x^2}\right)+7\left(x+\dfrac{1}{x}\right)-6=0$

$\left(x+\dfrac{1}{x}\right)^2+7\left(x+\dfrac{1}{x}\right)-8=0$

$x+\dfrac{1}{x}=t$로 놓으면 $t^2+7t-8=0$

$(t+8)(t-1)=0$ $\therefore t=-8$ 또는 $t=1$

(i) $t=-8$일 때,

$x+\dfrac{1}{x}=-8$에서 $x^2+8x+1=0$ $\therefore x=-4\pm\sqrt{15}$

(ii) $t=1$일 때,

$x+\dfrac{1}{x}=1$에서 $x^2-x+1=0$ $\therefore x=\dfrac{1\pm\sqrt{3}i}{2}$

(i), (ii)에서 주어진 방정식의 모든 실근의 합은

$(-4-\sqrt{15})+(-4+\sqrt{15})=-8$

0694 답 ②

$f(x)=x^3-(2a+1)x^2+(a+1)^2x-(a^2+1)$이라 할 때,

$f(1)=0$이므로 조립제법을 이용하여 $f(x)$를 인수분해하면

$$\begin{array}{r|rrrr} 1 & 1 & -2a-1 & a^2+2a+1 & -a^2-1 \\ & & 1 & -2a & a^2+1 \\ \hline & 1 & -2a & a^2+1 & 0 \end{array}$$

$f(x)=(x-1)(x^2-2ax+a^2+1)$

즉, 주어진 방정식은 $(x-1)(x^2-2ax+a^2+1)=0$

따라서 α, β는 이차방정식 $x^2-2ax+a^2+1=0$의 두 근이므로 근과 계수의 관계에 의하여

$\alpha+\beta=2a,\ \alpha\beta=a^2+1$

이때 $\alpha+\beta=8$이므로 $2a=8$ $\therefore a=4$

이를 $\alpha\beta=a^2+1$에 대입하면

$\alpha\beta=4^2+1=17$

0695 답 4

상자 밑면의 가로의 길이가 $(20-2x)$ cm, 세로의 길이가

$(10-2x)$ cm이므로

$(20-2x)\times(10-2x)\times x=96$

$x^3-15x^2+50x-24=0$

$f(x)=x^3-15x^2+50x-24$라 할 때, $f(4)=0$이므로 조립제법을 이용 하여 $f(x)$를 인수분해하면

$$\begin{array}{r|rrrr} 4 & 1 & -15 & 50 & -24 \\ & & 4 & -44 & 24 \\ \hline & 1 & -11 & 6 & 0 \end{array}$$

$f(x)=(x-4)(x^2-11x+6)$

즉, 방정식은 $(x-4)(x^2-11x+6)=0$

$\therefore x=4$ 또는 $x=\dfrac{11\pm\sqrt{97}}{2}$

그런데 x는 자연수이므로 $x=4$

0696 답 ④

삼차방정식의 근과 계수의 관계에 의하여

$\alpha+\beta+\gamma=-2,\ \alpha\beta+\beta\gamma+\gamma\alpha=-3,\ \alpha\beta\gamma=-1$

$\therefore (\alpha+\beta)(\beta+\gamma)(\gamma+\alpha)$

$=(-2-\gamma)(-2-\alpha)(-2-\beta)$

$=(-2)^3-(\alpha+\beta+\gamma)\times(-2)^2+(\alpha\beta+\beta\gamma+\gamma\alpha)\times(-2)$

$\qquad\qquad\qquad\qquad\qquad\qquad -\alpha\beta\gamma$

$=-8-(-2)\times4+(-3)\times(-2)-(-1)=7$

0697 답 24

주어진 삼차방정식의 세 근을 α, 2α, $\beta\ (\alpha\neq0)$라 하면 근과 계수의 관계에 의하여

$\alpha+2\alpha+\beta=3$ $\therefore \beta=3-3\alpha$

즉, 세 근이 α, 2α, $3-3\alpha$이므로

$\alpha\times2\alpha+2\alpha\times(3-3\alpha)+(3-3\alpha)\times\alpha=-10$

$7\alpha^2-9\alpha-10=0,\ (7\alpha+5)(\alpha-2)=0$

$\therefore \alpha=-\dfrac{5}{7}$ 또는 $\alpha=2$

그런데 α는 정수이므로 $\alpha=2$

따라서 주어진 삼차방정식의 세 근은 2, 4, -3이므로

$2\times4\times(-3)=-k$ $\therefore k=24$

0698 답 ②

삼차방정식의 근과 계수의 관계에 의하여

$\alpha+\beta+\gamma=2,\ \alpha\beta+\beta\gamma+\gamma\alpha=3,\ \alpha\beta\gamma=1$

구하는 삼차방정식의 세 근이 $\alpha+\beta$, $\beta+\gamma$, $\gamma+\alpha$이므로

$\alpha+\beta+\gamma=2$에서

$\alpha+\beta=2-\gamma,\ \beta+\gamma=2-\alpha,\ \gamma+\alpha=2-\beta$

세 근 $2-\gamma$, $2-\alpha$, $2-\beta$에 대하여

$(2-\gamma)+(2-\alpha)+(2-\beta)=6-(\alpha+\beta+\gamma)$

$\qquad\qquad\qquad\qquad\qquad =6-2=4$

$(2-\gamma)(2-\alpha)+(2-\alpha)(2-\beta)+(2-\beta)(2-\gamma)$

$=12-4(\alpha+\beta+\gamma)+(\alpha\beta+\beta\gamma+\gamma\alpha)$

$=12-4\times2+3=7$

$(2-\gamma)(2-\alpha)(2-\beta)$

$=8-4(\alpha+\beta+\gamma)+2(\alpha\beta+\beta\gamma+\gamma\alpha)-\alpha\beta\gamma$

$=8-4\times2+2\times3-1=5$

따라서 구하는 삼차방정식은 $x^3-4x^2+7x-5=0$

0699 답 ②

주어진 삼차방정식의 계수가 실수이므로 한 근이 $-1+\sqrt{3}i$이면

$-1-\sqrt{3}i$도 근이다.

나머지 한 근이 c이므로 삼차방정식의 근과 계수의 관계에 의하여
$(-1+\sqrt{3}i)+(-1-\sqrt{3}i)+c=3$
$(-1+\sqrt{3}i)(-1-\sqrt{3}i)+(-1-\sqrt{3}i)c+c(-1+\sqrt{3}i)=a$
$(-1+\sqrt{3}i)(-1-\sqrt{3}i)c=-b$
$\therefore a=-6, b=-20, c=5$
$\therefore a+b+c=-21$

0700 답 ④

$x^3-1=0$에서 $(x-1)(x^2+x+1)=0$
이때 ω는 이차방정식 $x^2+x+1=0$의 한 허근이고 $\overline{\omega}$도 이 방정식의 근이므로
$\omega^3=1, \omega^2+\omega+1=0, \overline{\omega}^3=1, \overline{\omega}^2+\overline{\omega}+1=0$
또 이차방정식의 근과 계수의 관계에 의하여 $\omega+\overline{\omega}=-1, \omega\overline{\omega}=1$
$\therefore \dfrac{\overline{\omega}^2}{1+\omega}+\dfrac{\omega^2}{1+\overline{\omega}}=\dfrac{\overline{\omega}^2}{-\omega^2}+\dfrac{\omega^2}{-\overline{\omega}^2}=-\dfrac{\overline{\omega}^4+\omega^4}{\omega^2\overline{\omega}^2}$
$\qquad\qquad\qquad\qquad\quad =-\dfrac{\overline{\omega}+\omega}{(\omega\overline{\omega})^2}=-\dfrac{-1}{1^2}=1$

0701 답 ③

$3x-y=10$에서 $y=3x-10$ …… ㉠
이를 $x^2-2y=12$에 대입하면
$x^2-2(3x-10)=12, x^2-6x+8=0$
$(x-2)(x-4)=0$ $\therefore x=2$ 또는 $x=4$
이를 각각 ㉠에 대입하면 주어진 연립방정식의 해는
$x=2, y=-4$ 또는 $x=4, y=2$
따라서 $\alpha=4, \beta=2$이므로 $\alpha+\beta=6$

0702 답 ④

$2x^2+xy-y^2=0$에서 $(x+y)(2x-y)=0$
$\therefore y=-x$ 또는 $y=2x$
이때 x, y가 모두 음의 정수이려면 $y=2x$
이를 $x^2-2xy+2y^2=5$에 대입하면
$x^2-4x^2+8x^2=5, x^2=1$ $\therefore x=\pm1$
이때 x, y는 음의 정수이므로 $x=-1, y=-2$
$\therefore x+y=-3$

0703 답 ⑤

$2x+y=a$에서 $y=-2x+a$이므로 이를 $x^2+y^2=4$에 대입하면
$x^2+(-2x+a)^2=4$
$5x^2-4ax+a^2-4=0$
이 이차방정식이 중근을 가져야 하므로 판별식을 D라 하면
$\dfrac{D}{4}=(-2a)^2-5(a^2-4)=0$
$-a^2+20=0, a^2=20$ $\therefore a=\pm2\sqrt{5}$
그런데 $a>0$이므로 $a=2\sqrt{5}$

0704 답 6

주어진 두 이차방정식의 공통근을 α라 하면
$\alpha^2-(k+2)\alpha+2k=0$ …… ㉠
$\alpha^2-(3k+2)\alpha+4k=0$ …… ㉡

㉠-㉡을 하면
$2k\alpha-2k=0, 2k(\alpha-1)=0$
$\therefore k=0$ 또는 $\alpha=1$
(i) $k=0$일 때,
　두 이차방정식이 모두 $x^2-2x=0$이므로 서로 다른 두 이차방정식이라는 조건을 만족시키지 않는다.
(ii) $\alpha=1$일 때,
　$\alpha=1$을 ㉠에 대입하면
　$1-k-2+2k=0$ $\therefore k=1$
　이를 주어진 이차방정식에 각각 대입하면
　$x^2-3x+2=0$에서 $(x-1)(x-2)=0$
　$\therefore x=1$ 또는 $x=2$
　$x^2-5x+4=0$에서 $(x-1)(x-4)=0$
　$\therefore x=1$ 또는 $x=4$
(i), (ii)에서 공통근이 아닌 나머지 근의 합은
$2+4=6$

0705 답 ④

직사각형의 가로의 길이를 x cm, 세로의 길이를 y cm라 하면
$\begin{cases} 2x+2y=34 \\ x^2+y^2=13^2 \end{cases}$ $\therefore$ $\begin{cases} x+y=17 & \text{…… ㉠} \\ x^2+y^2=169 & \text{…… ㉡} \end{cases}$
㉠에서 $y=-x+17$을 ㉡에 대입하면
$x^2+(-x+17)^2=169, x^2-17x+60=0$
$(x-5)(x-12)=0$ $\therefore x=5$ 또는 $x=12$
이를 각각 ㉠에 대입하면
$x=5, y=12$ 또는 $x=12, y=5$
그런데 $x>y$이므로 $x=12, y=5$
따라서 직사각형의 가로의 길이는 12 cm이다.

0706 답 ⑤

$x^2-xy-2x+2y-3=0$에서
$x(x-y)-2(x-y)-3=0$ $\therefore (x-2)(x-y)=3$
(i) $x-2=-3, x-y=-1$일 때, $x=-1, y=0$
(ii) $x-2=-1, x-y=-3$일 때, $x=1, y=4$
(iii) $x-2=1, x-y=3$일 때, $x=3, y=0$
(iv) $x-2=3, x-y=1$일 때, $x=5, y=4$
(i)~(iv)에서 xy의 최댓값은
$5\times4=20$

0707 답 ①

방정식의 좌변을 x에 대하여 내림차순으로 정리하면
$x^2-2(y-1)x+2y^2+2=0$ …… ㉠
x가 실수이므로 이 이차방정식의 판별식을 D라 하면
$\dfrac{D}{4}=(y-1)^2-(2y^2+2)\geq0$
$-y^2-2y-1\geq0$ $\therefore (y+1)^2\leq0$
이때 y는 실수이므로 $y+1=0$ $\therefore y=-1$
이를 ㉠에 대입하면
$x^2+4x+4=0, (x+2)^2=0$ $\therefore x=-2$
$\therefore x+y=-3$

0708 답 1

주어진 방정식의 두 근이 -1, 1이므로 $x=-1$, $x=1$을 각각 대입하면

$1-a-7-1+b=0$, $1+a-7+1+b=0$

$\therefore a-b=-7$, $a+b=5$

두 식을 연립하여 풀면 $a=-1$, $b=6$ ...... ❶

이를 주어진 방정식에 대입하면 $x^4-x^3-7x^2+x+6=0$

$f(x)=x^4-x^3-7x^2+x+6$이라 할 때, $f(-1)=0$, $f(1)=0$이므로 조립제법을 이용하여 $f(x)$를 인수분해하면

```
-1 | 1  -1  -7   1   6
   |    -1   2   5  -6
 1 | 1  -2  -5   6 | 0
   |     1  -1  -6
     1  -1  -6 | 0
```

$f(x)=(x+1)(x-1)(x^2-x-6)$
$\quad\;\;=(x+1)(x-1)(x+2)(x-3)$

즉, 주어진 방정식은 $(x+2)(x+1)(x-1)(x-3)=0$

$\therefore x=-2$ 또는 $x=-1$ 또는 $x=1$ 또는 $x=3$ ...... ❷

이때 -1, 1이 아닌 나머지 두 근은 -2, 3이므로 $\alpha\beta=-6$

$\therefore \dfrac{\alpha\beta}{ab}=\dfrac{-6}{-1\times 6}=1$ ...... ❸

채점 기준

❶ a, b의 값 구하기	30%
❷ 주어진 방정식의 근 구하기	50%
❸ $\dfrac{\alpha\beta}{ab}$의 값 구하기	20%

0709 답 $2\sqrt{2}$

$f(x)=x^3-2kx^2+(k^2+2)x-2k$ 라 할 때, $f(k)=0$이므로 조립제법을 이용하여 $f(x)$를 인수분해하면

```
k | 1  -2k   k²+2  -2k
  |       k   -k²    2k
    1   -k    2  |  0
```

$f(x)=(x-k)(x^2-kx+2)$

즉, 주어진 방정식은

$(x-k)(x^2-kx+2)=0$ ...... ❶

이 방정식이 중근을 가지려면 이차방정식 $x^2-kx+2=0$이 중근을 갖거나 $x=k$를 근으로 가져야 한다.

(i) 이차방정식 $x^2-kx+2=0$이 중근을 가질 때,

이 이차방정식의 판별식을 D라 하면

$D=(-k)^2-8=0$

$k^2=8$ $\quad \therefore k=\pm 2\sqrt{2}$

(ii) 이차방정식 $x^2-kx+2=0$이 $x=k$를 근으로 가질 때,

$k^2-k^2+2=0$에서 $2\neq 0$이므로 조건을 만족시키지 않는다. ...... ❷

(i), (ii)에서 양수 k의 값은 $2\sqrt{2}$이다. ...... ❸

채점 기준

❶ 주어진 방정식의 좌변을 인수분해하기	40%
❷ 중근을 갖도록 하는 k의 값 구하기	50%
❸ 양수 k의 값 구하기	10%

0710 답 2

주어진 연립방정식을 변형하면 $\begin{cases}(x+y)^2+(x+y)-2xy=2\\(x+y)^2-xy=1\end{cases}$

$x+y=u$, $xy=v$로 놓으면 $\begin{cases}u^2+u-2v=2 \quad\cdots\cdots \text{㉠}\\u^2-v=1 \quad\cdots\cdots \text{㉡}\end{cases}$

㉡에서 $v=u^2-1$을 ㉠에 대입하면

$u^2+u-2(u^2-1)=2$, $u^2-u=0$

$u(u-1)=0$ $\quad \therefore u=0$ 또는 $u=1$

이를 각각 ㉠에 대입하면 $u=0$, $v=-1$ 또는 $u=1$, $v=0$ ...... ❶

(i) $u=0$, $v=-1$, 즉 $x+y=0$, $xy=-1$일 때,

x, y를 두 근으로 하는 t에 대한 이차방정식은

$t^2-1=0$ $\quad \therefore t=\pm 1$

$\therefore x=-1$, $y=1$ 또는 $x=1$, $y=-1$

(ii) $u=1$, $v=0$, 즉 $x+y=1$, $xy=0$일 때,

x, y를 두 근으로 하는 t에 대한 이차방정식은

$t^2-t=0$, $t(t-1)=0$ $\quad \therefore t=0$ 또는 $t=1$

$\therefore x=0$, $y=1$ 또는 $x=1$, $y=0$ ...... ❷

(i), (ii)에서 $x+2y$의 최댓값은 $0+2\times 1=2$ ...... ❸

채점 기준

❶ $x+y=u$, $xy=v$로 놓고 u, v의 값 구하기	40%
❷ x, y의 값 구하기	40%
❸ $x+2y$의 최댓값 구하기	20%

C 실력 향상

111쪽

0711 답 ⑤

$x^2=t$로 놓으면 주어진 방정식은

$t^2+(3-2a)t+(a+2)(a-5)=0$

$\{t-(a+2)\}\{t-(a-5)\}=0$ $\quad \therefore t=a+2$ 또는 $t=a-5$

즉, $x^2=a+2$ 또는 $x^2=a-5$이므로

$x=\pm\sqrt{a+2}$ 또는 $x=\pm\sqrt{a-5}$

이때 주어진 사차방정식이 실근과 허근을 모두 가지므로 실근은 $x=\pm\sqrt{a+2}$, 허근은 $x=\pm\sqrt{a-5}$이다.

ㄱ. $a=1$이면 실근은 $x=\pm\sqrt{3}$이므로 모든 실근의 곱은

$-\sqrt{3}\times\sqrt{3}=-3$

ㄴ. 모든 실근의 곱이 -4이면 $-\sqrt{a+2}\times\sqrt{a+2}=-4$

$-a-2=-4$ $\quad \therefore a=2$

따라서 허근은 $x=\pm\sqrt{3}i$이므로 그 곱은 $-\sqrt{3}i\times\sqrt{3}i=3$

ㄷ. 주어진 방정식이 정수인 근을 가지려면 $\pm\sqrt{a+2}$가 정수이어야 하므로 $a+2$가 어떤 정수의 제곱 꼴이어야 한다.

한편 주어진 방정식이 실근과 허근을 모두 가지려면 $a+2\geq 0$, $a-5<0$이어야 하므로

$0\leq a+2<7$

따라서 $a+2$의 값이 될 수 있는 것은 0^2, 1^2, 2^2, 즉 0, 1, 4이므로

$a=-2$ 또는 $a=-1$ 또는 $a=2$이고 그 합은

$-2+(-1)+2=-1$

따라서 보기에서 옳은 것은 ㄱ, ㄴ, ㄷ이다.

0712 답 4

㉮에서 $f(2)=0$이므로 $x=2$는 삼차방정식 $f(x)=0$의 근이다.
삼차방정식 $f(x)=0$의 계수가 실수이고 ㉯에서 한 근이 $-4i$이므로
$4i$도 근이다.
삼차방정식 $f(2x)=0$에서 $2x=2$ 또는 $2x=-4i$ 또는 $2x=4i$
$\therefore x=1$ 또는 $x=-2i$ 또는 $x=2i$
따라서 구하는 세 근의 곱은 $1\times(-2i)\times 2i=4$

0713 답 26

$f(x)=ax^3+(-a+b)x^2+(-5a-2b)x+6a$라 할 때,
$f(2)=0$이므로 조립제법을 이용하여 $f(x)$를 인수분해하면

$$
\begin{array}{r|rrrr}
2 & a & -a+b & -5a-2b & 6a \\
  &   & 2a & 2a+2b & -6a \\
\hline
  & a & a+b & -3a & 0
\end{array}
$$

$f(x)=(x-2)\{ax^2+(a+b)x-3a\}$
즉, 주어진 방정식은 $(x-2)\{ax^2+(a+b)x-3a\}=0$
이때 주어진 삼차방정식이 서로 다른 세 정수를 근으로 가지므로 이
차방정식 $ax^2+(a+b)x-3a=0$은 $x\ne 2$인 서로 다른 두 정수를 근
으로 가져야 한다.
이차방정식의 근과 계수의 관계에 의하여 두 근의 곱이 $\dfrac{-3a}{a}=-3$
이므로 가능한 두 근은
$1,\ -3$ 또는 $-1,\ 3$
따라서 두 근의 합은 -2 또는 2이어야 하므로
$-\dfrac{a+b}{a}=-2$ 또는 $-\dfrac{a+b}{a}=2$
$\therefore b=a$ 또는 $b=-3a$
(i) $b=a$일 때,
　순서쌍 $(a,\ b)$는 $(-10,\ -10),\ (-9,\ -9),\ ...,\ (-1,\ -1),$
　$(1,\ 1),\ (2,\ 2),\ ...,\ (10,\ 10)$의 20개이다.
(ii) $b=-3a$일 때,
　순서쌍 $(a,\ b)$는 $(-3,\ 9),\ (-2,\ 6),\ (-1,\ 3),\ (1,\ -3),$
　$(2,\ -6),\ (3,\ -9)$의 6개이다.
(i), (ii)에서 순서쌍 $(a,\ b)$의 개수는 $20+6=26$

0714 답 30

이차방정식 $x^2+x+1=0$의 한 허근이 ω이므로 $\omega^2+\omega+1=0$
양변에 $\omega-1$을 곱하면
$(\omega-1)(\omega^2+\omega+1)=0,\ \omega^3-1=0$　　$\therefore \omega^3=1$
따라서 ω는 방정식 $x^3-1=0$의 한 허근이므로 $\overline{\omega}$도 근이다.
$\therefore \overline{\omega}^3=1,\ \overline{\omega}^2+\overline{\omega}+1=0$
이차방정식의 근과 계수의 관계에 의하여
$\omega+\overline{\omega}=-1,\ \omega\overline{\omega}=1$　　$\therefore \overline{\omega}=\dfrac{1}{\omega}=\omega^2$
$\therefore (\omega^2+1)^{3n}\times(\overline{\omega}+1)^n=\{(-\omega)^3\times(-\omega)\}^n$
　　　　　　　　　　　　$=\{-\omega^3\times(-\omega)\}^n=\omega^n$
따라서 ω^n의 값이 양의 실수가 되려면 n은 3의 배수이어야 하므로
두 자리의 자연수 n은 $12,\ 15,\ 18,\ ...,\ 99$의 30개이다.

---

07 / 연립일차부등식

A 개념 확인

112~113쪽

0715 답 $-1<x\le 2$

$\begin{cases} x\le 2 & \cdots\cdots\ ㉠ \\ x>-1 & \cdots\cdots\ ㉡ \end{cases}$
㉠, ㉡을 수직선 위에 나타내면 오른쪽 그림
과 같으므로 연립부등식의 해는
$-1<x\le 2$

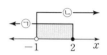

0716 답 $x>3$

$\begin{cases} x\ge -1 & \cdots\cdots\ ㉠ \\ x>3 & \cdots\cdots\ ㉡ \end{cases}$
㉠, ㉡을 수직선 위에 나타내면 오른쪽 그림
과 같으므로 연립부등식의 해는
$x>3$

0717 답 $-2\le x<5$

$4x+5\ge 3x+3$에서 $x\ge -2$　　$\cdots\cdots\ ㉠$
$2x<10$에서 $x<5$　　$\cdots\cdots\ ㉡$
㉠, ㉡을 수직선 위에 나타내면 오른쪽 그림
과 같으므로 연립부등식의 해는
$-2\le x<5$

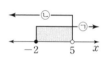

0718 답 $x<-1$

$-x>x+2$에서 $-2x>2$
$\therefore x<-1$　　$\cdots\cdots\ ㉠$
$3x-5<-2x$에서 $5x<5$
$\therefore x<1$　　$\cdots\cdots\ ㉡$
㉠, ㉡을 수직선 위에 나타내면 오른쪽 그림
과 같으므로 연립부등식의 해는
$x<-1$

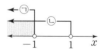

0719 답 $x=2$

$\begin{cases} x\ge 2 & \cdots\cdots\ ㉠ \\ x\le 2 & \cdots\cdots\ ㉡ \end{cases}$
㉠, ㉡을 수직선 위에 나타내면 오른쪽 그림
과 같으므로 연립부등식의 해는
$x=2$

0720 답 해는 없다.

$\begin{cases} x>1 & \cdots\cdots\ ㉠ \\ x\le -2 & \cdots\cdots\ ㉡ \end{cases}$
㉠, ㉡을 수직선 위에 나타내면 오른쪽 그림
과 같으므로 연립부등식의 해는 없다.

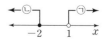

0721 답 해는 없다.

$2x-4>x+6$에서 $x>10$ ...... ㉠

$x\le -x+20$에서

$2x\le 20$ ∴ $x\le 10$ ...... ㉡

㉠, ㉡을 수직선 위에 나타내면 오른쪽 그림과 같으므로 연립부등식의 해는 없다.

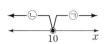

0722 답 해는 없다.

$6x+3<2x-9$에서

$4x<-12$ ∴ $x<-3$ ...... ㉠

$5x>-15$에서 $x>-3$ ...... ㉡

㉠, ㉡을 수직선 위에 나타내면 오른쪽 그림과 같으므로 연립부등식의 해는 없다.

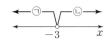

0723 답 $x<2$

$2x-9<x-7$에서 $x<2$

0724 답 $x\ge -3$

$x-7\le 3x-1$에서

$-2x\le 6$ ∴ $x\ge -3$

0725 답 $-3\le x<2$

$x<2$, $x\ge -3$을 수직선 위에 나타내면 오른쪽 그림과 같으므로 부등식의 해는

$-3\le x<2$

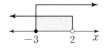

0726 답 $-2\le x\le 2$

0727 답 $x<-3$ 또는 $x>3$

0728 답 $-1<x<5$

$|x-2|<3$에서 $-3<x-2<3$

∴ $-1<x<5$

0729 답 $x\le -8$ 또는 $x\ge 2$

$|x+3|\ge 5$에서 $x+3\le -5$ 또는 $x+3\ge 5$

∴ $x\le -8$ 또는 $x\ge 2$

0730 답 $x>2$

$|x|+2x>6$에서 $x=0$을 기준으로 구간을 나누면

(ⅰ) $x<0$일 때,

$-x+2x>6$에서 $x>6$

그런데 $x<0$이므로 해는 없다.

(ⅱ) $x\ge 0$일 때,

$x+2x>6$, $3x>6$ ∴ $x>2$

그런데 $x\ge 0$이므로 $x>2$

(ⅰ), (ⅱ)에서 주어진 부등식의 해는 $x>2$

0731 답 $x\ge \dfrac{1}{3}$

$|x-1|\le 2x$에서 $x-1=0$, 즉 $x=1$을 기준으로 구간을 나누면

(ⅰ) $x<1$일 때,

$-(x-1)\le 2x$에서 $-3x\le -1$

∴ $x\ge \dfrac{1}{3}$

그런데 $x<1$이므로 $\dfrac{1}{3}\le x<1$

(ⅱ) $x\ge 1$일 때,

$x-1\le 2x$, $-x\le 1$

∴ $x\ge -1$

그런데 $x\ge 1$이므로 $x\ge 1$

(ⅰ), (ⅱ)에서 주어진 부등식의 해는 $x\ge \dfrac{1}{3}$

B 유형 완성
114~119쪽

0732 답 ⑤

$3(x-1)<2x+3$에서 $3x-3<2x+3$

∴ $x<6$ ...... ㉠

$2+2(x-2)\le 3x+11$에서 $2+2x-4\le 3x+11$

$-x\le 13$ ∴ $x\ge -13$ ...... ㉡

㉠, ㉡을 수직선 위에 나타내면 오른쪽 그림과 같으므로 연립부등식의 해는

$-13\le x<6$

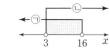

따라서 $a=-13$, $b=6$이므로 $b-a=19$

0733 답 ④

$\dfrac{1}{5}x+1>\dfrac{3}{10}(x-2)$에서 $10\left(\dfrac{1}{5}x+1\right)>3(x-2)$

$2x+10>3x-6$, $-x>-16$

∴ $x<16$ ...... ㉠

$\dfrac{x-1}{4}<\dfrac{1}{2}x-1$에서 $x-1<4\left(\dfrac{1}{2}x-1\right)$

$x-1<2x-4$, $-x<-3$

∴ $x>3$ ...... ㉡

㉠, ㉡을 수직선 위에 나타내면 오른쪽 그림과 같으므로 연립부등식의 해는

$3<x<16$

따라서 정수 x는 4, 5, 6, ..., 15의 12개이다.

0734 답 -3

$1.5x+1<0.6x-0.8$에서 $15x+10<6x-8$

$9x<-18$ ∴ $x<-2$ ...... ㉠

$\dfrac{x+3}{4}\ge x+\dfrac{1-2x}{3}$에서 $3(x+3)\ge 12x+4(1-2x)$

$3x+9\ge 12x+4-8x$, $-x\ge -5$

∴ $x\le 5$ ...... ㉡

㉠, ㉡을 수직선 위에 나타내면 오른쪽 그림 과 같으므로 연립부등식의 해는

$x < -2$

따라서 정수 x의 최댓값은 -3이다.

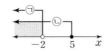

0735 답 ③

$2(x+1) < 4x-2$에서 $2x+2 < 4x-2$

$-2x < -4$ ∴ $x > 2$ ...... ㉠

$4x-2 \leq 3(x+2)+2$에서 $4x-2 \leq 3x+6+2$

∴ $x \leq 10$ ...... ㉡

㉠, ㉡을 수직선 위에 나타내면 오른쪽 그림 과 같으므로 부등식의 해는

$2 < x \leq 10$

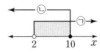

0736 답 ②

$0.4x-0.6 < -\dfrac{1}{2}x+0.3$에서 $4x-6 < -5x+3$

$9x < 9$ ∴ $x < 1$ ...... ㉠

$-\dfrac{1}{2}x+0.3 \leq \dfrac{3}{10}x+1.9$에서 $-5x+3 \leq 3x+19$

$-8x \leq 16$ ∴ $x \geq -2$ ...... ㉡

㉠, ㉡을 수직선 위에 나타내면 오른쪽 그림 과 같으므로 부등식의 해는

$-2 \leq x < 1$

따라서 $a=-2$, $b=1$이므로 $ab=-2$

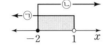

0737 답 -3

$\dfrac{1+2x}{3} < \dfrac{3x+5}{4}$에서 $4(1+2x) < 3(3x+5)$

$4+8x < 9x+15$, $-x < 11$ ∴ $x > -11$ ...... ㉠

$\dfrac{3x+5}{4} \leq \dfrac{x+1}{2}$에서 $3x+5 \leq 2(x+1)$

$3x+5 \leq 2x+2$ ∴ $x \leq -3$ ...... ㉡

㉠, ㉡을 수직선 위에 나타내면 오른쪽 그림 과 같으므로 부등식의 해는

$-11 < x \leq -3$ ...... ❶

따라서 x의 최댓값은 -3이다. ...... ❷

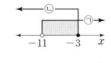

채점 기준	
❶ 부등식의 해 구하기	70 %
❷ x의 최댓값 구하기	30 %

0738 답 ④

① $x \geq -2$ ...... ㉠

$2x+1 \leq 3$에서 $2x \leq 2$

∴ $x \leq 1$ ...... ㉡

㉠, ㉡을 수직선 위에 나타내면 오른쪽 그 림과 같으므로 연립부등식의 해는

$-2 \leq x \leq 1$

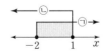

② $1 \leq x-1$에서 $-x \leq -2$

∴ $x \geq 2$ ...... ㉠

$3x < 5x-6$에서 $-2x < -6$

∴ $x > 3$ ...... ㉡

㉠, ㉡을 수직선 위에 나타내면 오른쪽 그 림과 같으므로 연립부등식의 해는

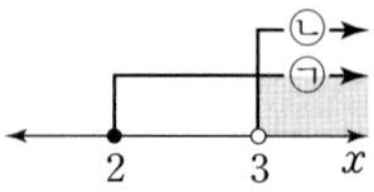

$x > 3$

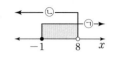

③ $3x-2 \geq 2x-3$에서 $x \geq -1$ ...... ㉠

$2x+5 > 3(x-1)$에서 $2x+5 > 3x-3$

$-x > -8$ ∴ $x < 8$ ...... ㉡

㉠, ㉡을 수직선 위에 나타내면 오른쪽 그 림과 같으므로 연립부등식의 해는

$-1 \leq x < 8$

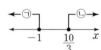

④ $\dfrac{x+1}{4}-1 \geq \dfrac{x-2}{3}$에서 $3(x+1)-12 \geq 4(x-2)$

$3x+3-12 \geq 4x-8$, $-x \geq 1$

∴ $x \leq -1$ ...... ㉠

$10x-20 \geq x+10$에서 $9x \geq 30$

∴ $x \geq \dfrac{10}{3}$ ...... ㉡

㉠, ㉡을 수직선 위에 나타내면 오른쪽 그 림과 같으므로 연립부등식의 해는 없다.

⑤ $4x+10 \leq -2(x+1)$에서 $4x+10 \leq -2x-2$

$6x \leq -12$ ∴ $x \leq -2$ ...... ㉠

$0.5x-0.6 \geq 0.4x-0.8$에서 $5x-6 \geq 4x-8$

∴ $x \geq -2$ ...... ㉡

㉠, ㉡을 수직선 위에 나타내면 오른쪽 그 림과 같으므로 연립부등식의 해는

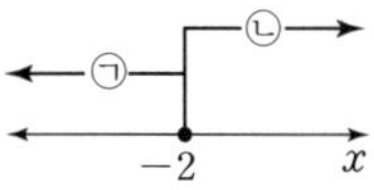

$x = -2$

따라서 해가 없는 것은 ④이다.

0739 답 해는 없다.

$0.2(x-1) \leq 1$에서 $2(x-1) \leq 10$

$2x-2 \leq 10$, $2x \leq 12$

∴ $x \leq 6$ ...... ㉠

$2x-12 > x-4$에서 $x > 8$ ...... ㉡

㉠, ㉡을 수직선 위에 나타내면 오른쪽 그림 과 같으므로 연립부등식의 해는 없다.

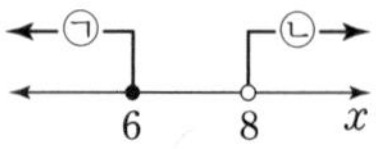

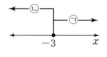

0740 답 ③

$x-2 \leq \dfrac{3x-1}{2}$에서 $2(x-2) \leq 3x-1$

$2x-4 \leq 3x-1$, $-x \leq 3$

∴ $x \geq -3$ ...... ㉠

$\dfrac{3x-1}{2} \leq \dfrac{1}{3}x-4$에서 $3(3x-1) \leq 6\left(\dfrac{1}{3}x-4\right)$

$9x-3 \leq 2x-24$, $7x \leq -21$

∴ $x \leq -3$ ...... ㉡

㉠, ㉡을 수직선 위에 나타내면 오른쪽 그림 과 같으므로 부등식의 해는

$x = -3$

0741 답 ㄱ, ㄹ

ㄱ, ㄷ. $a<b$이면 연립부등식의 해는
$a<x<b$

ㄴ, ㄹ. $a>b$이면 연립부등식의 해는 없다.

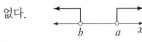

따라서 보기에서 옳은 것은 ㄱ, ㄹ이다.

0742 답 ①

$5x-a\leq4x$에서 $x\leq a$
$x+1<2x+2$에서 $-x<1$ ∴ $x>-1$
주어진 연립부등식의 해가 $b<x\leq2$이므로
$a=2$, $b=-1$ ∴ $ab=-2$

0743 답 ③

$2x-1\leq5$에서 $2x\leq6$ ∴ $x\leq3$
$3x+2a+2>5$에서 $3x>-2a+3$ ∴ $x>\dfrac{-2a+3}{3}$
주어진 그림에서 연립부등식의 해가 $-1<x\leq3$이므로
$\dfrac{-2a+3}{3}=-1$, $-2a=-6$ ∴ $a=3$

0744 답 4

$2x+b\geq x-1+a$에서 $x\geq a-b-1$
$3x-a\leq5+b$에서 $3x\leq a+b+5$ ∴ $x\leq\dfrac{a+b+5}{3}$ ······ ❶
주어진 연립부등식의 해가 $x=-4$이므로
$a-b-1=-4$, $\dfrac{a+b+5}{3}=-4$에서
$a-b=-3$, $a+b=-17$
두 식을 연립하여 풀면 $a=-10$, $b=-7$ ······ ❷
∴ $a-2b=4$ ······ ❸

채점 기준	
❶ 각 일차부등식의 해 구하기	30 %
❷ a, b의 값 구하기	50 %
❸ $a-2b$의 값 구하기	20 %

0745 답 ⑤

$3x-a<2x$에서 $x<a$
$2x<bx+2$에서 $(2-b)x<2$
이때 주어진 부등식의 해가 $-1<x<3$이므로
$a=3$이고, $2-b<0$이면서 $\dfrac{2}{2-b}=-1$이다.
따라서 $a=3$, $b=4$이므로 $a+b=7$

0746 답 ③

$3x-7\leq5$에서 $3x\leq12$ ∴ $x\leq4$ ······ ㉠
$x-3\geq a$에서 $x\geq a+3$ ······ ㉡
주어진 연립부등식이 해를 갖지 않으려면 오른쪽 그림에서
$4<a+3$ ∴ $a>1$

0747 답 ⑤

$\dfrac{3-2x}{2}-a\leq0$에서 $3-2x-2a\leq0$
$-2x\leq2a-3$ ∴ $x\geq\dfrac{3-2a}{2}$ ······ ㉠
$3x-4>5x-10$에서
$-2x>-6$ ∴ $x<3$ ······ ㉡
주어진 연립부등식이 해를 가지려면 오른쪽 그림에서

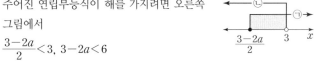

$\dfrac{3-2a}{2}<3$, $3-2a<6$
$-2a<3$ ∴ $a>-\dfrac{3}{2}$
따라서 정수 a의 최솟값은 -1이다.

0748 답 $a\leq6$

$2x+a-6\leq3x-4$에서
$-x\leq-a+2$ ∴ $x\geq a-2$ ······ ㉠
$3x-4\leq12-x$에서
$4x\leq16$ ∴ $x\leq4$ ······ ㉡
주어진 부등식이 해를 가지려면 오른쪽 그림에서
$a-2\leq4$ ∴ $a\leq6$

0749 답 $-4<a\leq-1$

$1-x\geq-3$에서 $-x\geq-4$ ∴ $x\leq4$ ······ ㉠
$5x+a>2(x-2)$에서 $5x+a>2x-4$
$3x>-a-4$ ∴ $x>-\dfrac{a+4}{3}$ ······ ㉡
주어진 연립부등식을 만족시키는 정수 x가 5개이려면 오른쪽 그림에서
$-1\leq-\dfrac{a+4}{3}<0$, $0<a+4\leq3$
∴ $-4<a\leq-1$

0750 답 ③

$3x+1<2(3-x)$에서 $3x+1<6-2x$
$5x<5$ ∴ $x<1$ ······ ㉠
$x-a\leq2x-3$에서 $-x\leq a-3$
∴ $x\geq-a+3$ ······ ㉡
주어진 연립부등식을 만족시키는 정수 x가 -1과 0뿐이려면 오른쪽 그림에서
$-2<-a+3\leq-1$, $-5<-a\leq-4$
∴ $4\leq a<5$

0751 답 ④

$3(x-a)-2<x+4$에서 $3x-3a-2<x+4$
$2x<3a+6$ ∴ $x<\dfrac{3a+6}{2}$ ······ ㉠
$x+4\leq4(x-2)$에서 $x+4\leq4x-8$
$-3x\leq-12$ ∴ $x\geq4$ ······ ㉡

주어진 부등식을 만족시키는 정수 x의 값의 합이 9이려면 오른쪽 그림에서

$5 < \dfrac{3a+6}{2} \leq 6$

$10 < 3a+6 \leq 12$, $4 < 3a \leq 6$

$\therefore \dfrac{4}{3} < a \leq 2$

따라서 a의 최댓값은 2이다.

0752 답 15개

과자를 x개 사면 사탕은 $(20-x)$개 살 수 있으므로

$\begin{cases} x > 20-x \\ 700x + 500(20-x) \leq 13000 \end{cases}$

$x > 20-x$에서 $2x > 20$

$\therefore x > 10$ ······ ㉠

$700x + 500(20-x) \leq 13000$에서

$700x + 10000 - 500x \leq 13000$, $200x \leq 3000$

$\therefore x \leq 15$ ······ ㉡

㉠, ㉡의 공통부분을 구하면 $10 < x \leq 15$

따라서 과자는 최대 15개까지 살 수 있다.

0753 답 $9 < x < 18$

세 변의 길이는 각각 x cm, x cm, $(36-2x)$ cm이다.

(ⅰ) 가장 긴 변의 길이가 x cm일 때,

$36-2x \leq x$에서 $-3x \leq -36$ $\therefore x \geq 12$ ······ ㉠

또 $x < x + (36-2x)$이어야 하므로

$2x < 36$ $\therefore x < 18$ ······ ㉡

㉠, ㉡의 공통부분을 구하면 $12 \leq x < 18$ ······ ❶

(ⅱ) 가장 긴 변의 길이가 $(36-2x)$ cm일 때,

$x \leq 36-2x$에서 $3x \leq 36$ $\therefore x \leq 12$ ······ ㉢

또 $36-2x < x+x$이어야 하므로

$-4x < -36$ $\therefore x > 9$ ······ ㉣

㉢, ㉣의 공통부분을 구하면 $9 < x \leq 12$ ······ ❷

(ⅰ), (ⅱ)에서 삼각형을 만들 수 있는 x의 값의 범위는

$9 < x < 18$ ······ ❸

채점 기준

❶ 가장 긴 변의 길이가 x cm일 때, x의 값의 범위 구하기		40 %
❷ 가장 긴 변의 길이가 $(36-2x)$ cm일 때, x의 값의 범위 구하기		40 %
❸ 삼각형을 만들 수 있는 x의 값의 범위 구하기		20 %

만렙 Note

삼각형의 가장 긴 변의 길이는 나머지 두 변의 길이의 합보다 짧아야 한다.

0754 답 110 g

식품 A의 섭취량을 x g이라 하면 식품 B의 섭취량은 $(300-x)$ g이므로

$\begin{cases} \dfrac{150}{100}x + \dfrac{200}{100}(300-x) \geq 500 & \cdots\cdots ㉠ \\ \dfrac{23}{100}x + \dfrac{13}{100}(300-x) \geq 50 & \cdots\cdots ㉡ \end{cases}$

㉠에서 $15x + 20(300-x) \geq 5000$

$15x + 6000 - 20x \geq 5000$, $-5x \geq -1000$

$\therefore x \leq 200$ ······ ㉢

㉡에서 $23x + 13(300-x) \geq 5000$

$23x + 3900 - 13x \geq 5000$, $10x \geq 1100$

$\therefore x \geq 110$ ······ ㉣

㉢, ㉣의 공통부분을 구하면 $110 \leq x \leq 200$

따라서 식품 A의 최소 섭취량은 110 g이다.

0755 답 125

5 %의 소금물 200 g에 들어 있는 소금의 양은

$200 \times \dfrac{5}{100} = 10$ (g)

더 넣어야 하는 소금의 양을 x g이라 하면

$\dfrac{20}{100} \times (200+x) \leq 10+x \leq \dfrac{24}{100} \times (200+x)$

$\dfrac{20}{100} \times (200+x) \leq 10+x$에서

$200+x \leq 50+5x$

$-4x \leq -150$ $\therefore x \geq \dfrac{75}{2}$ ······ ㉠

$10+x \leq \dfrac{24}{100} \times (200+x)$에서

$1000 + 100x \leq 4800 + 24x$

$76x \leq 3800$ $\therefore x \leq 50$ ······ ㉡

㉠, ㉡의 공통부분을 구하면 $\dfrac{75}{2} \leq x \leq 50$

따라서 $a = \dfrac{75}{2}$, $b = 50$이므로 $2a+b = 125$

만렙 Note

농도가 a %인 소금물 A g이 있을 때

➡ (소금의 양) $= \dfrac{a}{100}A$ (g)

0756 답 ③

의자의 개수를 x라 하면 학생은 $(3x+15)$명이므로

$5(x-2)+1 \leq 3x+15 \leq 5(x-2)+5$에서

$5x-9 \leq 3x+15 \leq 5x-5$

$5x-9 \leq 3x+15$에서

$2x \leq 24$ $\therefore x \leq 12$ ······ ㉠

$3x+15 \leq 5x-5$에서

$-2x \leq -20$ $\therefore x \geq 10$ ······ ㉡

㉠, ㉡의 공통부분을 구하면 $10 \leq x \leq 12$

따라서 의자의 최대 개수는 12이다.

0757 답 ④

$|2x-3| < 7$에서 $-7 < 2x-3 < 7$

$-4 < 2x < 10$ $\therefore -2 < x < 5$

따라서 정수 x는 $-1, 0, 1, 2, 3, 4$의 6개이다.

0758 답 -5

$3x-6 \leq 0$에서 $3x \leq 6$

$\therefore x \leq 2$ ······ ㉠

$|x+1|<5$에서 $-5<x+1<5$

$\therefore -6<x<4$ ...... ㉠

㉠, ㉡의 공통부분을 구하면 $-6<x\le 2$

따라서 정수 x의 최솟값은 -5이다.

0759 답 ④

$|x+a|\le 8$에서 $-8\le x+a\le 8$

$\therefore -a-8\le x\le -a+8$

주어진 부등식의 해가 $b\le x\le 2$이므로

$-a-8=b,\ -a+8=2$

따라서 $a=6,\ b=-14$이므로

$a-b=20$

0760 답 ⑤

$1<|x-2|$에서 $x-2<-1$ 또는 $x-2>1$

$\therefore x<1$ 또는 $x>3$ ...... ㉠

$|x-2|\le 3$에서 $-3\le x-2\le 3$

$\therefore -1\le x\le 5$ ...... ㉡

㉠, ㉡의 공통부분을 구하면

$-1\le x<1$ 또는 $3<x\le 5$

따라서 정수 x의 값은 $-1,\ 0,\ 4,\ 5$이므로 구하는 합은

$-1+0+4+5=8$

0761 답 3

$b<0$이면 $|ax-1|<b$의 해가 존재하지 않으므로 $b>0$

이때 $ab<0$이므로 $a<0$

$|ax-1|<b$에서 $-b<ax-1<b,\ -b+1<ax<b+1$

$\therefore \dfrac{b+1}{a}<x<\dfrac{-b+1}{a}\ (\because a<0)$

주어진 부등식의 해가 $-5<x<3$이므로

$\dfrac{b+1}{a}=-5,\ \dfrac{-b+1}{a}=3$

$\therefore 5a+b=-1,\ 3a+b=1$

두 식을 연립하여 풀면

$a=-1,\ b=4$ $\quad\therefore a+b=3$

0762 답 ②

$|2x-1|<x+4$에서 $2x-1=0$, 즉 $x=\dfrac{1}{2}$을 기준으로 구간을 나누면

(i) $x<\dfrac{1}{2}$일 때,

$-(2x-1)<x+4,\ -2x+1<x+4$

$-3x<3$ $\quad\therefore x>-1$

그런데 $x<\dfrac{1}{2}$이므로 $-1<x<\dfrac{1}{2}$

(ii) $x\ge \dfrac{1}{2}$일 때,

$2x-1<x+4$ $\quad\therefore x<5$

그런데 $x\ge \dfrac{1}{2}$이므로 $\dfrac{1}{2}\le x<5$

(i), (ii)에서 주어진 부등식의 해는 $-1<x<5$

따라서 정수 x의 최솟값은 0이다.

0763 답 ⑤

$x>|3x+1|-7$에서 $3x+1=0$, 즉 $x=-\dfrac{1}{3}$을 기준으로 구간을 나누면

(i) $x<-\dfrac{1}{3}$일 때,

$x>-(3x+1)-7,\ x>-3x-8$

$4x>-8$ $\quad\therefore x>-2$

그런데 $x<-\dfrac{1}{3}$이므로 $-2<x<-\dfrac{1}{3}$

(ii) $x\ge -\dfrac{1}{3}$일 때,

$x>(3x+1)-7,\ x>3x-6$

$-2x>-6$ $\quad\therefore x<3$

그런데 $x\ge -\dfrac{1}{3}$이므로 $-\dfrac{1}{3}\le x<3$

(i), (ii)에서 주어진 부등식의 해는 $-2<x<3$

따라서 정수 x의 값은 $-1,\ 0,\ 1,\ 2$이므로 구하는 합은

$-1+0+1+2=2$

0764 답 2

$|2x-4|\le x+a$에서 $2x-4=0$, 즉 $x=2$를 기준으로 구간을 나누면

(i) $x<2$일 때,

$-(2x-4)\le x+a,\ -2x+4\le x+a$

$-3x\le a-4$ $\quad\therefore x\ge \dfrac{4-a}{3}$

그런데 $x<2$이고 $a>0$에서 $\dfrac{4-a}{3}<\dfrac{4}{3}$이므로

$\dfrac{4-a}{3}\le x<2$

(ii) $x\ge 2$일 때,

$2x-4\le x+a$ $\quad\therefore x\le a+4$

그런데 $x\ge 2$이고 $a>0$에서 $a+4>4$이므로

$2\le x\le a+4$

(i), (ii)에서 주어진 부등식의 해는 $\dfrac{4-a}{3}\le x\le a+4$

이는 $\dfrac{2}{3}\le x\le 6$과 같으므로

$\dfrac{4-a}{3}=\dfrac{2}{3},\ a+4=6$

$\therefore a=2$

0765 답 ①

$|x-2|+|x+2|<6$에서 $x+2=0,\ x-2=0$, 즉 $x=-2,\ x=2$를 기준으로 구간을 나누면

(i) $x<-2$일 때,

$-(x-2)-(x+2)<6,\ -2x<6$ $\quad\therefore x>-3$

그런데 $x<-2$이므로 $-3<x<-2$

(ii) $-2\le x<2$일 때,

$-(x-2)+(x+2)<6$에서 $0\times x<6$이므로 해는 모든 실수이다.

그런데 $-2\le x<2$이므로 $-2\le x<2$

(iii) $x\ge 2$일 때,

$(x-2)+(x+2)<6,\ 2x<6$ $\quad\therefore x<3$

그런데 $x \geq 2$이므로 $2 \leq x < 3$

(i), (ii), (iii)에서 주어진 부등식의 해는 $-3 < x < 3$

따라서 $a = -3$, $b = 3$이므로 $ab = -9$

0766 답 $x \leq -\dfrac{4}{3}$ 또는 $x \geq 0$

$|x-3| + 2|x+1| \geq 5$에서 $x+1 = 0$, $x-3 = 0$, 즉 $x = -1$, $x = 3$

을 기준으로 구간을 나누면

(i) $x < -1$일 때,

$\quad -(x-3) - 2(x+1) \geq 5$, $-x+3-2x-2 \geq 5$

$\quad -3x \geq 4 \quad \therefore x \leq -\dfrac{4}{3}$

$\quad$ 그런데 $x < -1$이므로 $x \leq -\dfrac{4}{3}$ $\quad\quad$ ······ ❶

(ii) $-1 \leq x < 3$일 때,

$\quad -(x-3) + 2(x+1) \geq 5$, $-x+3+2x+2 \geq 5$

$\quad \therefore x \geq 0$

$\quad$ 그런데 $-1 \leq x < 3$이므로 $0 \leq x < 3$ $\quad$ ······ ❷

(iii) $x \geq 3$일 때,

$\quad (x-3) + 2(x+1) \geq 5$, $x-3+2x+2 \geq 5$

$\quad 3x \geq 6 \quad \therefore x \geq 2$

$\quad$ 그런데 $x \geq 3$이므로 $x \geq 3$ $\quad\quad\quad$ ······ ❸

(i), (ii), (iii)에서 주어진 부등식의 해는

$x \leq -\dfrac{4}{3}$ 또는 $x \geq 0$ $\quad\quad\quad\quad\quad$ ······ ❹

채점 기준

❶ $x < -1$일 때, x의 값의 범위 구하기		30 %
❷ $-1 \leq x < 3$일 때, x의 값의 범위 구하기		30 %
❸ $x \geq 3$일 때, x의 값의 범위 구하기		30 %
❹ 부등식의 해 구하기		10 %

0767 답 ④

$\sqrt{x^2 - 2x + 1} = \sqrt{(x-1)^2} = |x-1|$이므로 주어진 부등식은

$|x-2| + |x-1| < 4$

$x-1 = 0$, $x-2 = 0$, 즉 $x = 1$, $x = 2$를 기준으로 구간을 나누면

(i) $x < 1$일 때,

$\quad -(x-2) - (x-1) < 4$, $-x+2-x+1 < 4$

$\quad -2x < 1 \quad \therefore x > -\dfrac{1}{2}$

$\quad$ 그런데 $x < 1$이므로 $-\dfrac{1}{2} < x < 1$

(ii) $1 \leq x < 2$일 때,

$\quad -(x-2) + (x-1) < 4$에서 $0 \times x < 3$이므로 해는 모든 실수이다.

$\quad$ 그런데 $1 \leq x < 2$이므로 $1 \leq x < 2$

(iii) $x \geq 2$일 때,

$\quad (x-2) + (x-1) < 4$, $2x < 7 \quad \therefore x < \dfrac{7}{2}$

$\quad$ 그런데 $x \geq 2$이므로 $2 \leq x < \dfrac{7}{2}$

(i), (ii), (iii)에서 주어진 부등식의 해는 $-\dfrac{1}{2} < x < \dfrac{7}{2}$

따라서 정수 x는 0, 1, 2, 3의 4개이다.

0768 답 ④

$||x+2| + \sqrt{x^2 - 4x + 4}| \leq 4$에서

$||x+2| + \sqrt{(x-2)^2}| \leq 4$

$||x+2| + |x-2|| \leq 4$

$-4 \leq |x+2| + |x-2| \leq 4$

$|x+2| \geq 0$, $|x-2| \geq 0$이므로

$0 \leq |x+2| + |x-2| \leq 4$

$x+2 = 0$, $x-2 = 0$, 즉 $x = -2$, $x = 2$를 기준으로 구간을 나누면

(i) $x < -2$일 때,

$\quad 0 \leq -(x+2) - (x-2) \leq 4$, $0 \leq -x-2-x+2 \leq 4$

$\quad 0 \leq -2x \leq 4 \quad \therefore -2 \leq x \leq 0$

$\quad$ 그런데 $x < -2$이므로 해는 없다.

(ii) $-2 \leq x < 2$일 때,

$\quad 0 \leq (x+2) - (x-2) \leq 4$, $0 \leq 0 \times x + 4 \leq 4$

$\quad$ 따라서 해는 모든 실수이다.

$\quad$ 그런데 $-2 \leq x < 2$이므로 $-2 \leq x < 2$

(iii) $x \geq 2$일 때,

$\quad 0 \leq (x+2) + (x-2) \leq 4$, $0 \leq 2x \leq 4 \quad \therefore 0 \leq x \leq 2$

$\quad$ 그런데 $x \geq 2$이므로 $x = 2$

(i), (ii), (iii)에서 주어진 부등식의 해는 $-2 \leq x \leq 2$

AB 유형 점검 120~122쪽

0769 답 ①

$x+3 < 3x$에서 $-2x < -3 \quad \therefore x > \dfrac{3}{2}$ $\quad$ ······ ㉠

$3x+4 < 2x+8$에서 $x < 4$ $\quad\quad\quad\quad$ ······ ㉡

㉠, ㉡의 공통부분을 구하면 $\dfrac{3}{2} < x < 4$

따라서 $a = \dfrac{3}{2}$, $b = 4$이므로 $ab = 6$

0770 답 ④

$3(2x-1) \leq 4x+1$에서 $6x-3 \leq 4x+1$

$2x \leq 4 \quad \therefore x \leq 2$ $\quad\quad\quad\quad\quad$ ······ ㉠

$1 - 0.2x \leq x + 2.2$에서 $10 - 2x \leq 10x + 22$

$-12x \leq 12 \quad \therefore x \geq -1$ $\quad\quad$ ······ ㉡

㉠, ㉡의 공통부분을 구하면 $-1 \leq x \leq 2$

따라서 정수 x의 값은 -1, 0, 1, 2이므로 구하는 합은

$-1+0+1+2 = 2$

0771 답 ④

$0.2x - 1 < 0.4x + \dfrac{3}{5}$에서 $2x - 10 < 4x + 6$

$-2x < 16 \quad \therefore x > -8$ $\quad\quad\quad$ ······ ㉠

$0.4x + \dfrac{3}{5} < 2 + 0.2x$에서 $4x + 6 < 20 + 2x$

$2x < 14 \quad \therefore x < 7$ $\quad\quad\quad\quad\quad$ ······ ㉡

㉠, ㉡의 공통부분을 구하면 $-8<x<7$
따라서 정수 x는 -7, -6, -5, $...$, 6의 14개이다.

0772 답 해는 없다.
$x+3<5x-1$에서 $-4x<-4$ $\therefore x>1$ $\cdots\cdots$ ㉠
$5x-1<4x-3$에서 $x<-2$ $\cdots\cdots$ ㉡
㉠, ㉡의 공통부분은 없으므로 주어진 부등식의 해는 없다.

0773 답 ②
$5x-2\geq4x-8$에서 $x\geq-6$ $\cdots\cdots$ ㉠
$\dfrac{x-2}{3}\leq\dfrac{x}{4}-\dfrac{7}{6}$에서 $4(x-2)\leq3x-14$
$4x-8\leq3x-14$ $\therefore x\leq-6$ $\cdots\cdots$ ㉡
㉠, ㉡의 공통부분을 구하면 $x=-6$

0774 답 21
$x-1>8$에서 $x>9$
$2x-16\leq x+a$에서 $x\leq a+16$
주어진 연립부등식의 해가 $b<x\leq28$이므로
$b=9$, $a+16=28$
따라서 $a=12$, $b=9$이므로 $a+b=21$

0775 답 ④
$3-5x\leq x+a$에서 $-6x\leq a-3$ $\therefore x\geq\dfrac{3-a}{6}$
$3x+1\geq4x+3$에서 $-x\geq2$ $\therefore x\leq-2$
주어진 연립부등식의 해가 $x=b$이므로
$b=-2$, $\dfrac{3-a}{6}=-2$
따라서 $a=15$, $b=-2$이므로 $a+b=13$

0776 답 -1
$x+2\leq2x-a$에서 $-x\leq-a-2$
$\therefore x\geq a+2$ $\cdots\cdots$ ㉠
$3x-2\leq5-4x$에서 $7x\leq7$
$\therefore x\leq1$ $\cdots\cdots$ ㉡
주어진 연립부등식이 해를 가지려면 오른쪽
그림에서
$a+2\leq1$ $\therefore a\leq-1$
따라서 a의 최댓값은 -1이다.

0777 답 ⑤
$0.5x-2<0.1x-\dfrac{2}{5}$에서 $5x-20<x-4$
$4x<16$ $\therefore x<4$ $\cdots\cdots$ ㉠
$3x+4\geq2x+2a$에서 $x\geq2a-4$ $\cdots\cdots$ ㉡
주어진 연립부등식이 해를 갖지 않으려면 오
른쪽 그림에서
$2a-4\geq4$, $2a\geq8$ $\therefore a\geq4$

0778 답 -17
$2x-10\leq3(x-2)$에서 $2x-10\leq3x-6$
$-x\leq4$ $\therefore x\geq-4$ $\cdots\cdots$ ㉠
$3(x-2)<x+a$에서 $3x-6<x+a$
$2x<a+6$ $\therefore x<\dfrac{a+6}{2}$ $\cdots\cdots$ ㉡
주어진 부등식을 만족시키는 정수 x가 3
개이려면 오른쪽 그림에서
$-2<\dfrac{a+6}{2}\leq-1$
$-4<a+6\leq-2$ $\therefore -10<a\leq-8$
따라서 정수 a의 값은 -9, -8이므로 구하는 합은
$(-9)+(-8)=-17$

0779 답 ①
상자의 개수를 x라 하면 사과는 $(12x+5)$개이므로
$15(x-3)+1\leq12x+5\leq15(x-3)+15$
$15(x-3)+1\leq12x+5$에서 $15x-44\leq12x+5$
$3x\leq49$ $\therefore x\leq\dfrac{49}{3}$ $\cdots\cdots$ ㉠
$12x+5\leq15(x-3)+15$에서 $12x+5\leq15x-30$
$-3x\leq-35$ $\therefore x\geq\dfrac{35}{3}$ $\cdots\cdots$ ㉡
㉠, ㉡의 공통부분을 구하면 $\dfrac{35}{3}\leq x\leq\dfrac{49}{3}$
따라서 상자의 개수가 될 수 있는 것은 12, 13, 14, 15, 16이므로 상
자의 개수가 될 수 없는 것은 ①이다.

0780 답 ②
$|x-a|\geq2$에서 $x-a\leq-2$ 또는 $x-a\geq2$
$\therefore x\leq a-2$ 또는 $x\geq a+2$
주어진 부등식의 해가 $x\leq b$ 또는 $x\geq3$이므로
$a-2=b$, $a+2=3$
따라서 $a=1$, $b=-1$이므로 $ab=-1$

0781 답 ③
$|x-7|\leq a+1$에서 $-a-1\leq x-7\leq a+1$
$\therefore -a+6\leq x\leq a+8$
주어진 부등식을 만족시키는 정수 x가 9개가 되려면
$(a+8)-(-a+6)+1=9$
$2a=6$ $\therefore a=3$

0782 답 $a\leq6$
$|x-1|<2x-7$에서 $x-1=0$, 즉 $x=1$을 기준으로 구간을 나누면
(i) $x<1$일 때,
 $-(x-1)<2x-7$, $-x+1<2x-7$
 $-3x<-8$ $\therefore x>\dfrac{8}{3}$
 그런데 $x<1$이므로 해는 없다.
(ii) $x\geq1$일 때,
 $x-1<2x-7$, $-x<-6$ $\therefore x>6$
 그런데 $x\geq1$이므로 $x>6$

(i), (ii)에서 주어진 부등식의 해는 $x>6$
따라서 $x>a$에 $x>6$이 포함되어야 하므로 $a\leq 6$

0783 답 ③

$|x|+|x+4|<5$에서 $x+4=0$, $x=0$, 즉 $x=-4$, $x=0$을 기준으로 구간을 나누면

(i) $x<-4$일 때,

$\quad -x-(x+4)<5$, $-2x<9$ $\quad\therefore x>-\dfrac{9}{2}$

그런데 $x<-4$이므로 $-\dfrac{9}{2}<x<-4$

(ii) $-4\leq x<0$일 때,

$\quad -x+(x+4)<5$에서 $0\times x<1$이므로 해는 모든 실수이다.

그런데 $-4\leq x<0$이므로 $-4\leq x<0$

(iii) $x\geq 0$일 때,

$\quad x+(x+4)<5$, $2x<1$ $\quad\therefore x<\dfrac{1}{2}$

그런데 $x\geq 0$이므로 $0\leq x<\dfrac{1}{2}$

(i), (ii), (iii)에서 주어진 부등식의 해는 $-\dfrac{9}{2}<x<\dfrac{1}{2}$

따라서 $a=-\dfrac{9}{2}$, $b=\dfrac{1}{2}$이므로 $a+b=-4$

0784 답 $\dfrac{15}{2}$

$2x+5\leq 3x+a$에서 $-x\leq a-5$ $\quad\therefore x\geq 5-a$

$3x+1\geq -x+2a+2$에서 $4x\geq 2a+1$

$\therefore x\geq \dfrac{2a+1}{4}$ $\qquad\qquad$ ...... ❶

주어진 연립부등식의 해가 $x\geq 4$이므로

$5-a=4$ 또는 $\dfrac{2a+1}{4}=4$

$\therefore a=1$ 또는 $a=\dfrac{15}{2}$ $\qquad\qquad$ ...... ❷

따라서 모든 a의 값의 곱은 $1\times\dfrac{15}{2}=\dfrac{15}{2}$ $\quad$ ...... ❸

채점 기준

❶ 각 일차부등식의 해 구하기	40 %
❷ a의 값 구하기	40 %
❸ 모든 a의 값의 곱 구하기	20 %

0785 답 -18

$2x+8>5x+2$에서

$-3x>-6$ $\quad\therefore x<2$ $\qquad$ ...... ㉠

$7x-2>3x+a$에서

$4x>a+2$ $\quad\therefore x>\dfrac{a+2}{4}$ $\qquad$ ...... ㉡ $\qquad$ ...... ❶

주어진 연립부등식을 만족시키는 정수 x의 값의 합이 -5이려면 오른쪽 그림에서

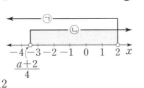

$-4\leq\dfrac{a+2}{4}<-3$, $-16\leq a+2<-12$

$\therefore -18\leq a<-14$ $\qquad\qquad$ ...... ❷

따라서 정수 a의 최솟값은 -18이다. $\qquad$ ...... ❸

채점 기준

❶ 각 일차부등식의 해 구하기	40 %
❷ a의 값의 범위 구하기	40 %
❸ 정수 a의 최솟값 구하기	20 %

0786 답 35

연속하는 세 홀수를 $x-2$, x, $x+2$라 하면

$93<(x-2)+x+(x+2)<102$ $\qquad$ ...... ❶

$93<3x<102$ $\quad\therefore 31<x<34$

이때 x는 홀수이므로 $x=33$ $\qquad\qquad$ ...... ❷

따라서 연속하는 세 홀수는 31, 33, 35이므로 가장 큰 수는 35이다.

$\qquad\qquad$ ...... ❸

채점 기준

❶ 부등식 세우기	40 %
❷ 부등식을 만족시키는 홀수 구하기	40 %
❸ 가장 큰 홀수 구하기	20 %

C 실력 향상 123쪽

0787 답 ②

$ax-b\leq 0$에서 $ax\leq b$

주어진 그림에서 이 부등식의 해가 $x\leq 3$이므로

$a>0$, $\dfrac{b}{a}=3$ $\quad\therefore b=3a$

$cx+d>0$에서 $cx>-d$

주어진 그림에서 이 부등식의 해가 $x<-4$이므로

$c<0$, $-\dfrac{d}{c}=-4$ $\quad\therefore d=4c$

$bx-a\geq 0$에 $b=3a$를 대입하면

$3ax-a\geq 0$, $3ax\geq a$ $\quad\therefore x\geq\dfrac{1}{3}\ (\because a>0)$ $\quad$ ...... ㉠

$-cx+d<2c$에 $d=4c$를 대입하면

$-cx+4c<2c$, $-cx<-2c$ $\quad\therefore x<2\ (\because c<0)$ $\quad$ ...... ㉡

㉠, ㉡의 공통부분을 구하면 $\dfrac{1}{3}\leq x<2$

0788 답 $a\leq\dfrac{1}{2}$

$2(x-3)<5(x-4)+2$에서 $2x-6<5x-20+2$

$-3x<-12$ $\quad\therefore x>4$

$ax-2\geq x-4$에서 $(a-1)x\geq -2$

(i) $a-1<0$, 즉 $a<1$일 때, $x\leq\dfrac{2}{1-a}$

(ii) $a-1=0$, 즉 $a=1$일 때,

$\quad 0\times x\geq -2$이므로 해는 모든 실수이다.

(iii) $a-1>0$, 즉 $a>1$일 때, $x\geq\dfrac{2}{1-a}$

주어진 연립부등식이 해를 갖지 않으려면 오른쪽 그림에서

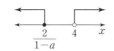

$a<1$이고 $x\leq\dfrac{2}{1-a}$이어야 하므로

$\dfrac{2}{1-a}\leq4$, $2\leq4(1-a)$, $2\leq4-4a$

$4a\leq2$ $\therefore a\leq\dfrac{1}{2}$

0789 답 6

이번 달까지 매달 저축한 금액과 소비한 금액의 합은 40만 원이다.

6만 원의 $x\%$를 늘리고 34만 원의 7 %를 줄이면 40만 원의 5 % 이상 줄게 되므로

$6(1+0.01x)+34\times0.93\leq40\times0.95$

$6(100+x)+34\times93\leq40\times95$, $600+6x+3162\leq3800$

$6x\leq38$ $\therefore x\leq\dfrac{19}{3}$ ...... ㉠

6만 원의 5 %를 늘리고 34만 원의 $x\%$를 줄이면 40만 원의 4 % 이상 줄게 되므로

$6\times1.05+34(1-0.01x)\leq40\times0.96$

$6\times105+34(100-x)\leq40\times96$, $630+3400-34x\leq3840$

$-34x\leq-190$ $\therefore x\geq\dfrac{95}{17}$ ...... ㉡

㉠, ㉡의 공통부분을 구하면 $\dfrac{95}{17}\leq x\leq\dfrac{19}{3}$

따라서 정수 x의 값은 6이다.

0790 답 ①

$|x-a|+|x|\leq b$에 $a=n$, $b=n+5$를 대입하면

$|x-n|+|x|\leq n+5$

$x=0$, $x-n=0$, 즉 $x=0$, $x=n$을 기준으로 구간을 나누면

(i) $x<0$일 때,

   $-(x-n)-x\leq n+5$, $-2x\leq5$ $\therefore x\geq-\dfrac{5}{2}$

   그런데 $x<0$이므로 $-\dfrac{5}{2}\leq x<0$

(ii) $0\leq x<n$일 때,

   $-(x-n)+x\leq n+5$

   $0\times x\leq5$이므로 해는 모든 실수이다.

   그런데 $0\leq x<n$이므로 $0\leq x<n$

(iii) $x\geq n$일 때,

   $(x-n)+x\leq n+5$

   $2x\leq2n+5$ $\therefore x\leq\dfrac{2n+5}{2}$

   그런데 $x\geq n$이므로 $n\leq x\leq\dfrac{2n+5}{2}$ $\left(\because n<\dfrac{2n+5}{2}\right)$

(i), (ii), (iii)에서 $-\dfrac{5}{2}\leq x\leq\dfrac{2n+5}{2}$ ...... ㉠

$f(n, n+5)=6$에서 ㉠을 만족시키는 정수 x가 6개이므로 오른쪽 그림에서

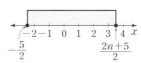

$3\leq\dfrac{2n+5}{2}<4$

$6\leq2n+5<8$, $1\leq2n<3$ $\therefore\dfrac{1}{2}\leq n<\dfrac{3}{2}$

따라서 자연수 n의 값은 1이다.

A 개념 확인
124~127쪽

0791 답 $x<-1$ 또는 $x>3$

0792 답 $x\leq-1$ 또는 $x\geq3$

0793 답 $-1<x<3$

0794 답 $-1\leq x\leq3$

0795 답 $-1\leq x\leq2$

0796 답 $x<-1$ 또는 $x>1$

0797 답 $-1<x<5$

0798 답 $3\leq x\leq4$

0799 답 $x<-5$ 또는 $x>-2$

0800 답 $x\leq-3$ 또는 $x\geq1$

0801 답 $x\neq3$인 모든 실수

0802 답 모든 실수

0803 답 $x=-\dfrac{1}{2}$

0804 답 해는 없다.

0805 답 모든 실수

0806 답 해는 없다.

0807 답 $x^2-x-2<0$

해가 $-1<x<2$이고 x^2의 계수가 1인 이차부등식은

$(x+1)(x-2)<0$ $\therefore x^2-x-2<0$

0808 답 $x^2-4x-12\geq0$

해가 $x\leq-2$ 또는 $x\geq6$이고 x^2의 계수가 1인 이차부등식은

$(x+2)(x-6)\geq0$ $\therefore x^2-4x-12\geq0$

0809 답 $x^2-8x+16>0$

해가 $x\neq4$인 모든 실수이고 x^2의 계수가 1인 이차부등식은

$(x-4)^2>0$ $\therefore x^2-8x+16>0$

0810 답 $a \geq 2$

모든 실수 x에 대하여 이차부등식 $x^2+2x+a-1 \geq 0$이 성립하려면 이차방정식 $x^2+2x+a-1=0$의 판별식을 D라 할 때

$\dfrac{D}{4}=1-(a-1) \leq 0$ $\therefore a \geq 2$

0811 답 $0 < a < 20$

모든 실수 x에 대하여 이차부등식 $x^2-ax+5a > 0$이 성립하려면 이차방정식 $x^2-ax+5a=0$의 판별식을 D라 할 때

$D=a^2-20a < 0$, $a(a-20) < 0$

$\therefore 0 < a < 20$

0812 답 $a \geq \dfrac{5}{4}$

모든 실수 x에 대하여 이차부등식 $-x^2+x-a+1 \leq 0$이 성립하려면 이차방정식 $-x^2+x-a+1=0$의 판별식을 D라 할 때

$D=1+4(-a+1) \leq 0$, $-4a+5 \leq 0$

$\therefore a \geq \dfrac{5}{4}$

0813 답 $0 < a < \dfrac{1}{2}$

모든 실수 x에 대하여 이차부등식 $-2x^2-4ax-a < 0$이 성립하려면 이차방정식 $-2x^2-4ax-a=0$의 판별식을 D라 할 때

$\dfrac{D}{4}=4a^2-2a < 0$, $2a(2a-1) < 0$

$\therefore 0 < a < \dfrac{1}{2}$

0814 답 $-5 < x < 4$

0815 답 $x < -2$ 또는 $x > 0$

0816 답 풀이 참고

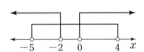

0817 답 $-5 < x < -2$ 또는 $0 < x < 4$

0818 답 $-4 \leq x < -2$

$x+2 < 0$에서 $x < -2$ $\cdots\cdots$ ㉠

$x^2+2x-8 \leq 0$에서 $(x+4)(x-2) \leq 0$

$\therefore -4 \leq x \leq 2$ $\cdots\cdots$ ㉡

㉠, ㉡의 공통부분을 구하면 $-4 \leq x < -2$

0819 답 $x \geq 3$

$2x-3 \geq 1$에서 $2x \geq 4$ $\therefore x \geq 2$ $\cdots\cdots$ ㉠

$2x^2-5x-3 \geq 0$에서 $(2x+1)(x-3) \geq 0$

$\therefore x \leq -\dfrac{1}{2}$ 또는 $x \geq 3$ $\cdots\cdots$ ㉡

㉠, ㉡의 공통부분을 구하면 $x \geq 3$

0820 답 $-2 < k \leq 2$

이차방정식 $x^2-4x+k+2=0$의 판별식을 D, 두 실근을 α, β라 하면 두 근이 모두 양수이므로

(i) $\dfrac{D}{4}=4-(k+2) \geq 0$, $2-k \geq 0$ $\therefore k \leq 2$

(ii) $\alpha+\beta=4 > 0$

(iii) $\alpha\beta=k+2 > 0$ $\therefore k > -2$

(i), (ii), (iii)에서 $-2 < k \leq 2$

0821 답 $k \geq 3$

이차방정식 $x^2+(k+1)x+4=0$의 판별식을 D, 두 실근을 α, β라 하면 두 근이 모두 음수이므로

(i) $D=(k+1)^2-16 \geq 0$, $k^2+2k-15 \geq 0$

$(k+5)(k-3) \geq 0$ $\therefore k \leq -5$ 또는 $k \geq 3$

(ii) $\alpha+\beta=-(k+1) < 0$ $\therefore k > -1$

(iii) $\alpha\beta=4 > 0$

(i), (ii), (iii)에서 $k \geq 3$

0822 답 $k < -3$

이차방정식 $x^2-5x+k+3=0$의 두 실근을 α, β라 하면 두 근의 부호가 서로 다르므로

$\alpha\beta=k+3 < 0$ $\therefore k < -3$

0823 답 $\geq$, $>$, $>$

0824 답 $<$

B 유형 완성

128~139쪽

0825 답 $x \leq \dfrac{3}{2}$ 또는 $x \geq \dfrac{7}{2}$

부등식 $f(x) \geq g(x)$의 해는 $y=f(x)$의 그래프가 $y=g(x)$의 그래프보다 위쪽에 있거나 만나는 부분의 x의 값의 범위이므로

$x \leq \dfrac{3}{2}$ 또는 $x \geq \dfrac{7}{2}$

0826 답 ②

$ax^2+(b-m)x+c-n < 0$에서 $ax^2+bx+c < mx+n$

부등식 $ax^2+bx+c < mx+n$의 해는 이차함수 $y=ax^2+bx+c$의 그래프가 직선 $y=mx+n$보다 아래쪽에 있는 부분의 x의 값의 범위이므로

$-4 < x < \dfrac{1}{2}$

0827 답 $-3 < x < -2$ 또는 $1 < x < 2$

$f(x)g(x) > 0$에서

$f(x) > 0$, $g(x) > 0$ 또는 $f(x) < 0$, $g(x) < 0$

(i) $f(x)>0$, $g(x)>0$을 만족시키는 x의 값의 범위는
$-3<x<-2$

(ii) $f(x)<0$, $g(x)<0$을 만족시키는 x의 값의 범위는
$1<x<2$

(i), (ii)에서 주어진 부등식의 해는
$-3<x<-2$ 또는 $1<x<2$

0828 답 ①

$x^2+3x-13>x+2$에서 $x^2+2x-15>0$
$(x+5)(x-3)>0$ $\quad\therefore x<-5$ 또는 $x>3$
따라서 $\alpha=-5$, $\beta=3$이므로
$\alpha-\beta=-8$

0829 답 ④

① $-x^2+10x-25\geq0$에서 $x^2-10x+25\leq0$
$(x-5)^2\leq0$
따라서 이차부등식 $-x^2+10x-25\geq0$의 해는
$x=5$

② $-x^2+x+12<0$에서 $x^2-x-12>0$
$(x+3)(x-4)>0$
$\therefore x<-3$ 또는 $x>4$

③ 이차방정식 $x^2-4x+2=0$의 해는 $x=2\pm\sqrt{2}$이므로 이차부등식
$x^2-4x+2\leq0$의 해는
$2-\sqrt{2}\leq x\leq2+\sqrt{2}$

④ $x^2-2x+3=(x-1)^2+2\geq2$이므로 이차부등식 $x^2-2x+3<0$
의 해는 없다.

⑤ $2x^2-3x+2=2\left(x-\dfrac{3}{4}\right)^2+\dfrac{7}{8}\geq\dfrac{7}{8}$이므로 이차부등식
$2x^2-3x+2\geq0$의 해는 모든 실수이다.

따라서 이차부등식 중 해가 없는 것은 ④이다.

0830 답 ③

$x^2-2|x|-8<0$에서 $x=0$을 기준으로 구간을 나누면
(i) $x<0$일 때,
$x^2+2x-8<0$, $(x+4)(x-2)<0$
$\therefore -4<x<2$
그런데 $x<0$이므로 $-4<x<0$

(ii) $x\geq0$일 때,
$x^2-2x-8<0$, $(x+2)(x-4)<0$
$\therefore -2<x<4$
그런데 $x\geq0$이므로 $0\leq x<4$

(i), (ii)에서 주어진 부등식의 해는 $-4<x<4$
따라서 정수 x의 최댓값은 3, 최솟값은 -3이므로 구하는 합은
$3+(-3)=0$

0831 답 7

$x^2-3x-4\leq|x+1|$에서 $x+1=0$, 즉 $x=-1$을 기준으로 구간을
나누면
(i) $x<-1$일 때,
$x^2-3x-4\leq-(x+1)$, $x^2-2x-3\leq0$

$(x+1)(x-3)\leq0$ $\quad\therefore -1\leq x\leq3$
그런데 $x<-1$이므로 해는 없다.

(ii) $x\geq-1$일 때,
$x^2-3x-4\leq x+1$, $x^2-4x-5\leq0$
$(x+1)(x-5)\leq0$ $\quad\therefore -1\leq x\leq5$
그런데 $x\geq-1$이므로 $-1\leq x\leq5$

(i), (ii)에서 주어진 부등식의 해는 $-1\leq x\leq5$
따라서 정수 x는 -1, 0, 1, ..., 5의 7개이다.

0832 답 ②

둘레의 길이가 20인 직사각형의 가로의 길이를 x라 하면 세로의 길
이는 $10-x$ $(0<x<10)$이므로 넓이가 24 이상이려면
$x(10-x)\geq24$, $x^2-10x+24\leq0$
$(x-4)(x-6)\leq0$ $\quad\therefore 4\leq x\leq6$
따라서 직사각형의 가로의 길이의 최솟값은 4이다.

0833 답 $\dfrac{2}{5}\leq t\leq1$

공의 높이가 지면으로부터 3 m 이상이려면
$-5t^2+7t+1\geq3$, $5t^2-7t+2\leq0$
$(5t-2)(t-1)\leq0$ $\quad\therefore \dfrac{2}{5}\leq t\leq1$

0834 답 80

사용료를 올리기 전의 한 달 사용료를 A원, 회원 수를 B라 하면
$x\%$만큼 올린 사용료는 $A\left(1+\dfrac{x}{100}\right)$원, $0.5x\%$만큼 줄어든 회원
수는 $B\left(1-\dfrac{x}{200}\right)$이므로
$A\left(1+\dfrac{x}{100}\right)\times B\left(1-\dfrac{x}{200}\right)\geq AB\left(1+\dfrac{8}{100}\right)$ ...... ❶
$\left(1+\dfrac{x}{100}\right)\left(1-\dfrac{x}{200}\right)\geq1+\dfrac{8}{100}$
$(100+x)(200-x)\geq21600$, $x^2-100x+1600\leq0$
$(x-20)(x-80)\leq0$ $\quad\therefore 20\leq x\leq80$ ...... ❷
따라서 x의 최댓값은 80이다. ...... ❸

채점 기준	
❶ 부등식 세우기	40 %
❷ x의 값의 범위 구하기	40 %
❸ x의 최댓값 구하기	20 %

0835 답 ①

이차부등식 $ax^2-2x+b>0$의 해가 $x<-2$ 또는 $x>4$이므로
$a>0$
해가 $x<-2$ 또는 $x>4$이고 x^2의 계수가 1인 이차부등식은
$(x+2)(x-4)>0$ $\quad\therefore x^2-2x-8>0$
양변에 a를 곱하면 $ax^2-2ax-8a>0$ $(\because a>0)$
이 부등식이 $ax^2-2x+b>0$과 같으므로
$-2a=-2$, $-8a=b$ $\quad\therefore a=1$, $b=-8$
$\therefore ab=-8$

0836 답 ①

해가 $-8 < x < b$이고 x^2의 계수가 1인 이차부등식은

$(x+8)(x-b) < 0$ $\therefore x^2 + (8-b)x - 8b < 0$

이 부등식이 $x^2 + 6x + a < 0$과 같으므로

$8 - b = 6$, $-8b = a$ $\therefore a = -16$, $b = 2$

$\therefore a + b = -14$

0837 답 ①

해가 $x = 1$이고 x^2의 계수가 1인 이차부등식은

$(x-1)^2 \leq 0$ $\therefore x^2 - 2x + 1 \leq 0$

이 부등식이 $x^2 + ax + b \leq 0$과 같으므로

$a = -2$, $b = 1$

이를 $ax^2 + bx + 1 \geq 0$에 대입하면 $-2x^2 + x + 1 \geq 0$

$2x^2 - x - 1 \leq 0$, $(2x+1)(x-1) \leq 0$ $\therefore -\dfrac{1}{2} \leq x \leq 1$

따라서 정수 x는 0, 1의 2개이다.

0838 답 $-\dfrac{1}{4} < x < \dfrac{1}{3}$

이차부등식 $ax^2 + bx + c < 0$의 해가 $x < -3$ 또는 $x > 4$이므로

$a < 0$

해가 $x < -3$ 또는 $x > 4$이고 x^2의 계수가 1인 이차부등식은

$(x+3)(x-4) > 0$ $\therefore x^2 - x - 12 > 0$ ...... ❶

양변에 a를 곱하면 $ax^2 - ax - 12a < 0$ ($\because a < 0$)

이 부등식이 $ax^2 + bx + c < 0$과 같으므로

$b = -a$, $c = -12a$ ...... ❷

이를 $cx^2 + ax - b < 0$에 대입하면 $-12ax^2 + ax + a < 0$

양변을 $-a$로 나누면 $12x^2 - x - 1 < 0$ ($\because a < 0$)

$(4x+1)(3x-1) < 0$ $\therefore -\dfrac{1}{4} < x < \dfrac{1}{3}$ ...... ❸

채점 기준	
❶ $x < -3$ 또는 $x > 4$를 해로 갖는 이차부등식 구하기	30 %
❷ b, c를 a에 대하여 나타내기	30 %
❸ 이차부등식 $cx^2 + ax - b < 0$의 해 구하기	40 %

0839 답 $-1 < x < 0$

이차부등식 $f(x) < 0$의 해가 $1 < x < 3$이므로

$f(x) = a(x-1)(x-3)$ $(a > 0)$이라 하면

$f(2x+3) = a(2x+3-1)(2x+3-3) = 4ax(x+1)$

따라서 부등식 $f(2x+3) < 0$, 즉 $4ax(x+1) < 0$에서

$x(x+1) < 0$ ($\because a > 0$) $\therefore -1 < x < 0$

다른 풀이 $f(x) < 0$의 해가 $1 < x < 3$이므로 $f(2x+3) < 0$의 해는

$1 < 2x + 3 < 3$, $-2 < 2x < 0$ $\therefore -1 < x < 0$

0840 답 ③

이차부등식 $f(x) \leq 0$의 해가 $-5 \leq x \leq -3$이므로

$f(x) = a(x+3)(x+5)$ $(a > 0)$라 하면

$f(10-2x) = a(10-2x+3)(10-2x+5)$

$= a(2x-13)(2x-15)$

부등식 $f(10-2x) > 0$, 즉 $a(2x-13)(2x-15) > 0$에서

$(2x-13)(2x-15) > 0$ ($\because a > 0$)

$\therefore x < \dfrac{13}{2}$ 또는 $x > \dfrac{15}{2}$

따라서 부등식 $f(10-2x) > 0$의 해가 아닌 것은 ③이다.

0841 답 ③

주어진 이차함수 $y = f(x)$의 그래프가 x축과 두 점 $(-1, 0)$,

$(2, 0)$에서 만나고 위로 볼록하므로

$f(x) = a(x+1)(x-2)$ $(a < 0)$라 하면

$f\left(\dfrac{x+k}{2}\right) = a\left(\dfrac{x+k}{2}+1\right)\left(\dfrac{x+k}{2}-2\right)$

$= \dfrac{a}{4}(x+k+2)(x+k-4)$

따라서 부등식 $f\left(\dfrac{x+k}{2}\right) \geq 0$, 즉 $\dfrac{a}{4}(x+k+2)(x+k-4) \geq 0$에서

$(x+k+2)(x+k-4) \leq 0$ ($\because a < 0$)

$\therefore -k-2 \leq x \leq -k+4$

이때 부등식 $f\left(\dfrac{x+k}{2}\right) \geq 0$의 해가 $-3 \leq x \leq 3$이므로

$-k-2 = -3$, $-k+4 = 3$

$\therefore k = 1$

0842 답 3

$x^2 - k^2 \leq 0$에서 $(x+k)(x-k) \leq 0$

$\therefore -k \leq x \leq k$ ($\because k > 0$)

주어진 이차부등식을 만족시키는
정수 x가 7개이려면 오른쪽 그
림에서 $3 \leq k < 4$

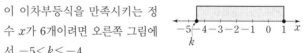

따라서 자연수 k의 값은 3이다.

0843 답 ①

$x^2 - (k+1)x + k \leq 0$에서 $(x-1)(x-k) \leq 0$

(i) $k < 1$일 때,

$(x-1)(x-k) \leq 0$에서 $k \leq x \leq 1$

이 이차부등식을 만족시키는 정
수 x가 6개이려면 오른쪽 그림에
서 $-5 < k \leq -4$

즉, 정수 k의 값은 -4이다.

(ii) $k = 1$일 때,

$(x-1)(x-k) \leq 0$에서 $(x-1)^2 \leq 0$

이 이차부등식을 만족시키는 정수 x의 값은 1뿐이므로 주어진
조건을 만족시키지 않는다.

(iii) $k > 1$일 때,

$(x-1)(x-k) \leq 0$에서 $1 \leq x \leq k$

이 이차부등식을 만족시키는 정
수 x가 6개이려면 오른쪽 그림에
서 $6 \leq k < 7$

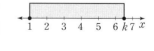

즉, 정수 k의 값은 6이다.

(i), (ii), (iii)에서 정수 k의 값은 -4, 6이므로 구하는 합은

$-4 + 6 = 2$

0844 답 ②

모든 실수 x에 대하여 이차부등식 $ax^2+6x+a-8\le0$이 성립하려면

$a<0$

또 이차방정식 $ax^2+6x+a-8=0$의 판별식을 D라 하면

$\dfrac{D}{4}=9-a(a-8)\le0$

$a^2-8a-9\ge0$, $(a+1)(a-9)\ge0$

$\therefore a\le-1$ 또는 $a\ge9$

그런데 $a<0$이므로 $a\le-1$

따라서 상수 a의 최댓값은 -1이다.

0845 답 ④

모든 실수 x에 대하여 이차부등식 $x^2+(m+2)x+2m+1>0$이 성립하려면 이차방정식 $x^2+(m+2)x+2m+1=0$의 판별식을 D라 할 때

$D=(m+2)^2-4(2m+1)<0$

$m^2-4m<0$, $m(m-4)<0$

$\therefore 0<m<4$

따라서 정수 m의 값은 1, 2, 3이므로 구하는 합은

$1+2+3=6$

0846 답 1

부등식 $(a-1)x^2+2(a-1)x+4a+2>0$에서

(i) $a=1$일 때,

$0\times x^2+0\times x+6>0$이므로 x의 값에 관계없이 주어진 부등식이 항상 성립한다. ...... ❶

(ii) $a\ne1$일 때,

x의 값에 관계없이 주어진 부등식이 항상 성립하려면 이차함수 $y=(a-1)x^2+2(a-1)x+4a+2$의 그래프가 아래로 볼록해야 하므로

$a-1>0$ ∴ $a>1$ ...... ㉠

또 이차방정식 $(a-1)x^2+2(a-1)x+4a+2=0$의 판별식을 D라 하면

$\dfrac{D}{4}=(a-1)^2-(a-1)(4a+2)<0$

$3a^2-3>0$, $(a+1)(a-1)>0$

$\therefore a<-1$ 또는 $a>1$ ...... ㉡

㉠, ㉡에서 $a>1$ ...... ❷

(i), (ii)에서 a의 값의 범위는 $a\ge1$

따라서 a의 최솟값은 1이다. ...... ❸

채점 기준

❶ $a=1$일 때, 부등식이 항상 성립하는 조건 구하기	30 %
❷ $a\ne1$일 때, 부등식이 항상 성립하는 조건 구하기	50 %
❸ a의 최솟값 구하기	20 %

0847 답 ③

(i) $a>0$일 때,

이차함수 $y=ax^2-2ax-6$의 그래프는 아래로 볼록하므로 주어진 이차부등식은 항상 해를 갖는다.

(ii) $a<0$일 때,

주어진 이차부등식이 해를 가지려면 이차방정식 $ax^2-2ax-6=0$이 서로 다른 두 실근을 가져야 하므로 이 이차방정식의 판별식을 D라 하면

$\dfrac{D}{4}=a^2+6a>0$

$a(a+6)>0$ ∴ $a<-6$ 또는 $a>0$

그런데 $a<0$이므로 $a<-6$

(i), (ii)에서 a의 값의 범위는

$a<-6$ 또는 $a>0$

0848 답 ③

이차부등식 $3x^2-3x-a<0$이 해를 가지려면 이차방정식 $3x^2-3x-a=0$이 서로 다른 두 실근을 가져야 하므로 이 이차방정식의 판별식을 D라 하면

$D=9+12a>0$ ∴ $a>-\dfrac{3}{4}$

따라서 정수 a의 최솟값은 0이다.

0849 답 ④

(i) $a>0$일 때,

주어진 이차부등식이 해를 가지려면 이차방정식 $ax^2+2(a-1)x+6(a-1)=0$이 실근을 가져야 하므로 이 이차방정식의 판별식을 D라 하면

$\dfrac{D}{4}=(a-1)^2-6a(a-1)\ge0$

$5a^2-4a-1\le0$, $(5a+1)(a-1)\le0$

$\therefore -\dfrac{1}{5}\le a\le1$

그런데 $a>0$이므로 $0<a\le1$

(ii) $a<0$일 때,

이차함수 $y=ax^2+2(a-1)x+6(a-1)$의 그래프는 위로 볼록하므로 주어진 이차부등식은 항상 해를 갖는다.

(i), (ii)에서 a의 값의 범위는

$a<0$ 또는 $0<a\le1$

0850 답 2

이차부등식 $2x^2+4x+a\le0$의 해가 오직 한 개이므로 이차방정식 $2x^2+4x+a=0$의 판별식을 D라 하면

$\dfrac{D}{4}=4-2a=0$ ∴ $a=2$

0851 답 ①

이차부등식 $(k+1)x^2+2(k+1)x-2\ge0$의 해가 오직 한 개이므로

$k+1<0$ ∴ $k<-1$

또 이차방정식 $(k+1)x^2+2(k+1)x-2=0$의 판별식을 D라 하면

$\dfrac{D}{4}=(k+1)^2+2(k+1)=0$

$k^2+4k+3=0$, $(k+3)(k+1)=0$

$\therefore k=-3$ 또는 $k=-1$

그런데 $k<-1$이므로 $k=-3$

0852 답 $-6 \le k \le -2$

이차부등식 $x^2-2(k+2)x-4(k+2)<0$이 해를 갖지 않으려면 모든 실수 x에 대하여 $x^2-2(k+2)x-4(k+2) \ge 0$이 성립해야 한다.
즉, 이차방정식 $x^2-2(k+2)x-4(k+2)=0$의 판별식을 D라 하면
$$\frac{D}{4}=(k+2)^2+4(k+2) \le 0$$
$k^2+8k+12 \le 0$, $(k+6)(k+2) \le 0$
$\therefore -6 \le k \le -2$

0853 답 ④

$ax^2-2x>-ax+2$에서 $ax^2+(a-2)x-2>0$
이 이차부등식이 해를 갖지 않으려면 모든 실수 x에 대하여
$ax^2+(a-2)x-2 \le 0$이 성립해야 하므로 $a<0$이어야 한다.
또 이차방정식 $ax^2+(a-2)x-2=0$의 판별식을 D라 하면
$D=(a-2)^2+8a \le 0$
$a^2+4a+4 \le 0$, $(a+2)^2 \le 0$
$\therefore a=-2$

0854 답 ④

이차부등식 $ax^2+2(a+2)x+2a+1<0$이 해를 갖지 않으려면 모든 실수 x에 대하여 $ax^2+2(a+2)x+2a+1 \ge 0$이 성립해야 하므로 $a>0$이어야 한다.
또 이차방정식 $ax^2+2(a+2)x+2a+1=0$의 판별식을 D라 하면
$$\frac{D}{4}=(a+2)^2-a(2a+1) \le 0$$
$a^2-3a-4 \ge 0$, $(a+1)(a-4) \ge 0$
$\therefore a \le -1$ 또는 $a \ge 4$
그런데 $a>0$이므로 $a \ge 4$

0855 답 $a<-2$ 또는 $a>1$

$f(x)=x^2-4x+a^2+a+2$라 하면
$f(x)=(x-2)^2+a^2+a-2$
$0 \le x \le 4$에서 $f(x)>0$이어야 하므로
$y=f(x)$의 그래프가 오른쪽 그림과 같아야 한다.
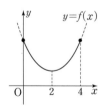
$0 \le x \le 4$에서 $f(x)$는 $x=2$일 때 최소이므로
$f(2)>0$에서
$a^2+a-2>0$, $(a+2)(a-1)>0$
$\therefore a<-2$ 또는 $a>1$

0856 답 ④

$f(x)=2x^2+4x+a^2+3a-20$이라 하면
$f(x)=2(x+1)^2+a^2+3a-22$
$-2 \le x \le 2$에서 $f(x)<0$이어야 하므로
$y=f(x)$의 그래프가 오른쪽 그림과 같아야 한다.
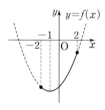
$-2 \le x \le 2$에서 $f(x)$는 $x=2$일 때 최대이므로 $f(2)<0$에서
$18+a^2+3a-22<0$

$a^2+3a-4<0$, $(a+4)(a-1)<0$
$\therefore -4<a<1$
따라서 정수 a의 최댓값은 0이다.

0857 답 ⑤

이차함수 $y=x^2-ax+7$의 그래프가 직선 $y=2x-5$보다 위쪽에 있는 부분의 x의 값의 범위는
$x^2-ax+7>2x-5$, 즉 $x^2-(a+2)x+12>0$ ······ ㉠
의 해와 같다.
해가 $x<3$ 또는 $x>b$이고 x^2의 계수가 1인 이차부등식은
$(x-3)(x-b)>0$ $\therefore x^2-(3+b)x+3b>0$
이 부등식이 ㉠과 같으므로
$a+2=3+b$, $12=3b$ $\therefore a=5$, $b=4$
$\therefore a+b=9$

0858 답 ②

이차함수 $y=x^2-2x+4$의 그래프가 직선 $y=x+14$보다 아래쪽에 있는 부분의 x의 값의 범위는 $x^2-2x+4<x+14$의 해와 같으므로
$x^2-3x-10<0$, $(x+2)(x-5)<0$
$\therefore -2<x<5$
따라서 정수 x는 -1, 0, 1, 2, 3, 4의 6개이다.

0859 답 11

이차함수 $y=x^2-ax-2$의 그래프가 직선 $y=b$보다 아래쪽에 있는 부분의 x의 값의 범위는
$x^2-ax-2<b$, 즉 $x^2-ax-b-2<0$ ······ ㉠
의 해와 같다.
해가 $1<x<4$이고 x^2의 계수가 1인 이차부등식은
$(x-1)(x-4)<0$ $\therefore x^2-5x+4<0$
이 부등식이 ㉠과 같으므로
$-a=-5$, $-b-2=4$ $\therefore a=5$, $b=-6$
$\therefore a-b=11$

0860 답 $0<a<8$

이차함수 $y=2x^2+4x-1$의 그래프가 직선 $y=ax-3$보다 항상 위쪽에 있으려면 모든 실수 x에 대하여 $2x^2+4x-1>ax-3$, 즉 $2x^2+(4-a)x+2>0$이 성립해야 한다.
이차방정식 $2x^2+(4-a)x+2=0$의 판별식을 D라 하면
$D=(4-a)^2-16<0$
$a^2-8a<0$, $a(a-8)<0$ $\therefore 0<a<8$

0861 답 7

이차함수 $y=-x^2+(k+1)x-5$의 그래프가 직선 $y=x-1$보다 항상 아래쪽에 있으려면 모든 실수 x에 대하여
$-x^2+(k+1)x-5<x-1$, 즉 $x^2-kx+4>0$이 성립해야 한다.
이차방정식 $x^2-kx+4=0$의 판별식을 D라 하면
$D=k^2-16<0$
$(k+4)(k-4)<0$ $\therefore -4<k<4$
따라서 정수 k는 -3, -2, -1, $\cdots$, 3의 7개이다.

0862 답 ②

함수 $y=ax^2-6x+6$의 그래프가 이차함수 $y=-3x^2+2ax-2$의 그래프보다 항상 위쪽에 있으려면 모든 실수 x에 대하여

$ax^2-6x+6>-3x^2+2ax-2$, 즉 $(a+3)x^2-2(a+3)x+8>0$

이 성립해야 한다.

(i) $a=-3$일 때,

$0\times x^2-0\times x+8>0$이므로 모든 실수 x에 대하여 부등식이 성립한다.

(ii) $a>-3$일 때,

이차방정식 $(a+3)x^2-2(a+3)x+8=0$의 판별식을 D라 하면

$\dfrac{D}{4}=(a+3)^2-8(a+3)<0$

$a^2-2a-15<0$

$(a+3)(a-5)<0$

$\therefore -3<a<5$

(i), (ii)에서 a의 값의 범위는 $-3\le a<5$

따라서 a의 최솟값은 -3이다.

0863 답 ①

$x^2+8x+7\le 0$에서 $(x+7)(x+1)\le 0$

$\therefore -7\le x\le -1$ ...... ㉠

$x^2+3x-10>0$에서 $(x+5)(x-2)>0$

$\therefore x<-5$ 또는 $x>2$ ...... ㉡

㉠, ㉡의 공통부분을 구하면 $-7\le x<-5$

따라서 $\alpha=-7$, $\beta=-5$이므로

$\alpha-\beta=-2$

0864 답 ③

$3(x-2)\le 5x-2$에서 $3x-6\le 5x-2$, $-2x\le 4$

$\therefore x\ge -2$ ...... ㉠

$4x^2-7x-15<0$에서 $(4x+5)(x-3)<0$

$\therefore -\dfrac{5}{4}<x<3$ ...... ㉡

㉠, ㉡의 공통부분을 구하면 $-\dfrac{5}{4}<x<3$

따라서 정수 x는 -1, 0, 1, 2의 4개이다.

0865 답 ③

$5x\le 2x^2+2$에서 $2x^2-5x+2\ge 0$

$(2x-1)(x-2)\ge 0$ $\therefore x\le \dfrac{1}{2}$ 또는 $x\ge 2$ ...... ㉠

$2x^2+2<2x+6$에서 $2x^2-2x-4<0$

$x^2-x-2<0$

$(x+1)(x-2)<0$ $\therefore -1<x<2$ ...... ㉡

㉠, ㉡의 공통부분을 구하면 $-1<x\le \dfrac{1}{2}$

0866 답 -3

$2x^2+3x-14<0$에서 $(2x+7)(x-2)<0$

$\therefore -\dfrac{7}{2}<x<2$ ...... ㉠

$x^2-2x<3$에서 $x^2-2x-3<0$

$(x+1)(x-3)<0$

$\therefore -1<x<3$ ...... ㉡

㉠, ㉡의 공통부분을 구하면 $-1<x<2$ ...... ❶

해가 $-1<x<2$이고 x^2의 계수가 1인 이차부등식은

$(x+1)(x-2)<0$ $\therefore x^2-x-2<0$

이 부등식이 $x^2+ax+b<0$과 같으므로

$a=-1$, $b=-2$ ...... ❷

$\therefore a+b=-3$ ...... ❸

채점 기준

❶ 연립부등식의 해 구하기	40 %
❷ a, b의 값 구하기	40 %
❸ $a+b$의 값 구하기	20 %

0867 답 ①

$|x^2+x-1|<5$에서 $-5<x^2+x-1<5$

$-5<x^2+x-1$에서 $x^2+x+4>0$

그런데 $x^2+x+4=\left(x+\dfrac{1}{2}\right)^2+\dfrac{15}{4}\ge \dfrac{15}{4}$이므로 부등식의 해는 모든 실수이다. ...... ㉠

$x^2+x-1<5$에서 $x^2+x-6<0$

$(x+3)(x-2)<0$

$\therefore -3<x<2$ ...... ㉡

㉠, ㉡의 공통부분을 구하면 $-3<x<2$

따라서 $\alpha=-3$, $\beta=2$이므로

$\alpha\beta=-6$

0868 답 ①

$x^2-2x-15<0$에서 $(x+3)(x-5)<0$

$\therefore -3<x<5$ ...... ㉠

$x^2-3|x|-4<0$에서 $x=0$을 기준으로 구간을 나누면

(i) $x<0$일 때,

$x^2+3x-4<0$

$(x+4)(x-1)<0$ $\therefore -4<x<1$

그런데 $x<0$이므로 $-4<x<0$

(ii) $x\ge 0$일 때,

$x^2-3x-4<0$

$(x+1)(x-4)<0$ $\therefore -1<x<4$

그런데 $x\ge 0$이므로 $0\le x<4$

(i), (ii)에서 $x^2-3|x|-4<0$의 해는

$-4<x<4$ ...... ㉡

㉠, ㉡의 공통부분을 구하면 $-3<x<4$

따라서 정수 x의 값은 -2, -1, 0, 1, 2, 3이므로 구하는 합은

$-2+(-1)+0+1+2+3=3$

다른 풀이

$x^2-3|x|-4<0$에서 $|x|^2-3|x|-4<0$

$(|x|+1)(|x|-4)<0$ $\therefore -1<|x|<4$

그런데 $|x|\ge 0$이므로 $0\le |x|<4$

즉, $|x|<4$에서 $-4<x<4$

0869 답 5

$x^2-4x>0$에서 $x(x-4)>0$

$\therefore x<0$ 또는 $x>4$ ······ ㉠

$x^2+(1-a)x-a<0$에서

$(x-a)(x+1)<0$ ······ ㉡

㉠과 ㉡의 해의 공통부분이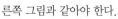

$-1<x<0$이려면 오른쪽 그림에서

$0\leq a\leq 4$

따라서 정수 a는 0, 1, 2, 3, 4의 5개이다.

0870 답 ③

주어진 연립부등식의 해가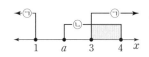

$-2<x\leq 0$ 또는 $2\leq x<3$이려면 오른쪽 그림과 같아야 한다.

$x^2-x-a<0$은 해가 $-2<x<3$이고 x^2의 계수가 1인 이차부등식이므로

$(x+2)(x-3)<0$, $x^2-x-6<0$ $\therefore a=6$

$x^2-2x+b\geq 0$은 해가 $x\leq 0$ 또는 $x\geq 2$이고 x^2의 계수가 1인 이차부등식이므로

$x(x-2)\geq 0$, $x^2-2x\geq 0$ $\therefore b=0$

$\therefore a-b=6$

0871 답 ④

$x^2-4x+3\geq 0$에서 $(x-1)(x-3)\geq 0$

$\therefore x\leq 1$ 또는 $x\geq 3$ ······ ㉠

$(x-4)(x-a)\leq 0$ ······ ㉡

㉠과 ㉡의 해의 공통부분이 $3\leq x\leq 4$

이려면 오른쪽 그림에서

$1<a\leq 3$

따라서 a의 최댓값은 3이다.

0872 답 4

$a<b<c$이므로

$(x-a)(x-b)>0$에서 $x<a$ 또는 $x>b$ ······ ㉠

$(x-b)(x-c)>0$에서 $x<b$ 또는 $x>c$ ······ ㉡

㉠, ㉡의 공통부분을 구하면 $x<a$ 또는 $x>c$이므로

$a=-3$, $c=4$

즉, 이차부등식 $x^2+ax-c<0$은 $x^2-3x-4<0$이므로

$(x+1)(x-4)<0$ $\therefore -1<x<4$

따라서 정수 x는 0, 1, 2, 3의 4개이다.

0873 답 ①

$x^2-6x+8\leq 0$에서 $(x-2)(x-4)\leq 0$

$\therefore 2\leq x\leq 4$ ······ ㉠

$x^2-7ax+10a^2>0$에서 $(x-2a)(x-5a)>0$

$\therefore x<2a$ 또는 $x>5a$ ($\because a>0$) ······ ㉡

㉠, ㉡의 공통부분이 없으려면 오른쪽 그림에서

$2a\leq 2$, $5a\geq 4$

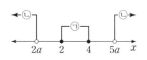

$\therefore \dfrac{4}{5}\leq a\leq 1$

따라서 자연수 a의 값은 1이다.

0874 답 $a<-1$ 또는 $a>\dfrac{2}{3}$

$x^2-3x-18\geq 0$에서 $(x+3)(x-6)\geq 0$

$\therefore x\leq -3$ 또는 $x\geq 6$ ······ ㉠

$(x-3a)(x-3a-4)<0$에서

$3a<x<3a+4$ ······ ㉡

㉠, ㉡의 공통부분이 있으려면 오른쪽 그림에서

$3a<-3$ 또는 $3a+4>6$

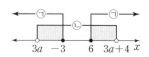

$\therefore a<-1$ 또는 $a>\dfrac{2}{3}$

0875 답 $-4\leq a\leq 3$

$x^2-x-20\geq 0$에서 $(x+4)(x-5)\geq 0$

$\therefore x\leq -4$ 또는 $x\geq 5$ ······ ㉠

$x^2-2(a+1)x+a^2+2a<0$에서 $(x-a)(x-a-2)<0$

$\therefore a<x<a+2$ ······ ㉡

㉠, ㉡의 공통부분이 없으려면 오른쪽 그림에서

$a\geq -4$, $a+2\leq 5$

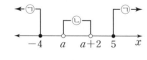

$\therefore -4\leq a\leq 3$

0876 답 $2<a\leq 3$

$x^2-4x-5\leq 0$에서 $(x+1)(x-5)\leq 0$

$\therefore -1\leq x\leq 5$ ······ ㉠

$x^2+(3-a)x-3a<0$에서

$(x-a)(x+3)<0$ ······ ㉡

㉠, ㉡을 동시에 만족시키는 정수 x

가 4개이려면 오른쪽 그림에서

$2<a\leq 3$

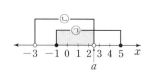

0877 답 ①

$x^2-3x+2>0$에서 $(x-1)(x-2)>0$

$\therefore x<1$ 또는 $x>2$ ······ ㉠

$x^2-(a+2)x+2a<0$에서

$(x-a)(x-2)<0$ ······ ㉡

㉠, ㉡을 동시에 만족시키는 정수 x

의 값이 -1과 0뿐이려면 오른쪽 그림에서

$-2\leq a<-1$

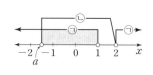

0878 답 ⑤

$x^2-5x+6>0$에서 $(x-2)(x-3)>0$

$\therefore x<2$ 또는 $x>3$ ······ ㉠

$x^2-(a+4)x+4a<0$에서 $(x-a)(x-4)<0$

(i) $a<4$일 때,

$(x-a)(x-4)<0$에서 $a<x<4$ ······ ㉡

ㄱ, ㄴ을 동시에 만족시키는 정수 x가 오직 한 개뿐이려면 오른쪽 그림에서

$0 \leq a < 1$

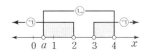

(ii) $a=4$일 때,

$(x-a)(x-4)<0$에서 $(x-4)^2<0$

이 이차부등식을 만족시키는 해는 없다.

(iii) $a>4$일 때,

$(x-a)(x-4)<0$에서 $4<x<a$ $\cdots\cdots$ ㄷ

ㄱ, ㄷ을 동시에 만족시키는 정수 x가 오직 한 개뿐이려면 오른쪽 그림에서

$5<a \leq 6$

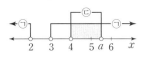

(i), (ii), (iii)에서 $0 \leq a < 1$ 또는 $5<a \leq 6$

따라서 a의 최댓값은 6이다.

0879 답 21

$|x-n|>2$에서 $x-n<-2$ 또는 $x-n>2$

$\therefore x<n-2$ 또는 $x>n+2$ $\cdots\cdots$ ㄱ

$x^2-14x+40 \leq 0$에서 $(x-4)(x-10) \leq 0$

$\therefore 4 \leq x \leq 10$ $\cdots\cdots$ ㄴ

(i) $n-2<4$, 즉 $n<6$일 때,

$n+2<8$이므로 오른쪽 그림에서 ㄱ, ㄴ을 동시에 만족시키는 자연수 x는 3개 이상이다.

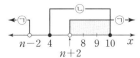

(ii) $n-2 \geq 4$, $n+2 \leq 10$, 즉 $6 \leq n \leq 8$일 때,

$n=6$이면 오른쪽 그림에서 ㄱ, ㄴ을 동시에 만족시키는 자연수 x는 9, 10의 2개이다.

$n=7$이면 오른쪽 그림에서 ㄱ, ㄴ을 동시에 만족시키는 자연수 x는 4, 10의 2개이다.

$n=8$이면 오른쪽 그림에서 ㄱ, ㄴ을 동시에 만족시키는 자연수 x는 4, 5의 2개이다.

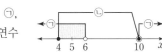

(iii) $n+2>10$, 즉 $n>8$일 때,

$n-2>6$이므로 오른쪽 그림에서 ㄱ, ㄴ을 동시에 만족시키는 자연수 x는 3개 이상이다.

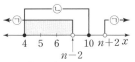

(i), (ii), (iii)에서 n의 값은 6, 7, 8이므로 구하는 합은

$6+7+8=21$

0880 답 ②

변의 길이는 양수이므로

$x-2>0$ $\therefore x>2$ $\cdots\cdots$ ㄱ

세 변 중 가장 긴 변의 길이는 $x+2$이므로

$x+2<x+(x-2)$ $\therefore x>4$ $\cdots\cdots$ ㄴ

이 삼각형이 둔각삼각형이 되려면

$(x+2)^2>x^2+(x-2)^2$

$x^2+4x+4>x^2+x^2-4x+4$

$x^2-8x<0$, $x(x-8)<0$ $\therefore 0<x<8$ $\cdots\cdots$ ㄷ

ㄱ, ㄴ, ㄷ의 공통부분을 구하면 $4<x<8$

따라서 자연수 x는 5, 6, 7의 3개이다.

0881 답 $1 \leq x \leq 2$

보행자 통로의 넓이는

$(2x+30)(2x+20)-30 \times 20=4x^2+100x \ (\text{m}^2)$ $\cdots\cdots$ ❶

이 통로의 넓이가 104 m² 이상 216 m² 이하이므로

$104 \leq 4x^2+100x \leq 216$ $\therefore 26 \leq x^2+25x \leq 54$ $\cdots\cdots$ ❷

$26 \leq x^2+25x$에서 $x^2+25x-26 \geq 0$

$(x+26)(x-1) \geq 0$ $\therefore x \leq -26$ 또는 $x \geq 1$

그런데 $x>0$이므로 $x \geq 1$ $\cdots\cdots$ ㄱ

$x^2+25x \leq 54$에서 $x^2+25x-54 \leq 0$

$(x+27)(x-2) \leq 0$ $\therefore -27 \leq x \leq 2$

그런데 $x>0$이므로 $0<x \leq 2$ $\cdots\cdots$ ㄴ

ㄱ, ㄴ의 공통부분을 구하면 $1 \leq x \leq 2$ $\cdots\cdots$ ❸

채점 기준

❶ 보행자 통로의 넓이 구하기		20 %
❷ 부등식 세우기		20 %
❸ x의 값의 범위 구하기		60 %

0882 답 $3 \leq x \leq 4$ 또는 $6 \leq x \leq 7$

직사각형의 가로의 길이가 x이므로 세로의 길이는 $10-x$이다.

이때 이 직사각형의 넓이가 21 이상 24 이하이므로

$21 \leq x(10-x) \leq 24$ $\therefore 21 \leq -x^2+10x \leq 24$

$21 \leq -x^2+10x$에서 $x^2-10x+21 \leq 0$

$(x-3)(x-7) \leq 0$ $\therefore 3 \leq x \leq 7$ $\cdots\cdots$ ㄱ

$-x^2+10x \leq 24$에서 $x^2-10x+24 \geq 0$

$(x-4)(x-6) \geq 0$ $\therefore x \leq 4$ 또는 $x \geq 6$ $\cdots\cdots$ ㄴ

ㄱ, ㄴ의 공통부분을 구하면

$3 \leq x \leq 4$ 또는 $6 \leq x \leq 7$

0883 답 ④

이차방정식 $x^2+4ax+3a^2+25=0$의 판별식을 D라 하면

$\dfrac{D}{4}=4a^2-(3a^2+25) \geq 0$, $a^2-25 \geq 0$

$(a+5)(a-5) \geq 0$ $\therefore a \leq -5$ 또는 $a \geq 5$

0884 답 ④

이차방정식 $x^2+ax-a+3=0$의 판별식을 D_1이라 하면

$D_1=a^2-4(-a+3)>0$, $a^2+4a-12>0$

$(a+6)(a-2)>0$ $\therefore a<-6$ 또는 $a>2$ $\cdots\cdots$ ㄱ

이차방정식 $x^2+(a+2)x+2a+1=0$의 판별식을 D_2라 하면

$D_2=(a+2)^2-4(2a+1)<0$, $a^2-4a<0$

$a(a-4)<0$ $\therefore 0<a<4$ $\cdots\cdots$ ㄴ

ㄱ, ㄴ의 공통부분을 구하면 $2<a<4$

따라서 정수 a의 값은 3이다.

0885 답 ③

이차방정식 $x^2-ax+a=0$의 판별식을 D_1이라 하면

$D_1=a^2-4a\geq0$

$a(a-4)\geq0$ $\therefore a\leq0$ 또는 $a\geq4$ ...... ㉠

이차방정식 $x^2-2x-a^2+5=0$의 판별식을 D_2라 하면

$\dfrac{D_2}{4}=1-(-a^2+5)\geq0$, $a^2-4\geq0$

$(a+2)(a-2)\geq0$ $\therefore a\leq-2$ 또는 $a\geq2$ ...... ㉡

㉠, ㉡에서 두 이차방정식 중 적어도 하나가 실근을 가지려면

$a\leq0$ 또는 $a\geq2$

따라서 정수 a의 값이 아닌 것은 ③이다.

0886 답 ③

이차방정식 $x^2-2kx+2k+3=0$의 판별식을 D, 두 실근을 α, β라 하면 두 근이 모두 양수이므로

(i) $\dfrac{D}{4}=k^2-(2k+3)\geq0$, $k^2-2k-3\geq0$

$(k+1)(k-3)\geq0$ $\therefore k\leq-1$ 또는 $k\geq3$

(ii) $\alpha+\beta=2k>0$에서 $k>0$

(iii) $\alpha\beta=2k+3>0$에서 $k>-\dfrac{3}{2}$

(i), (ii), (iii)에서 k의 값의 범위는 $k\geq3$

0887 답 10

이차방정식 $x^2+2(k+1)x-k+5=0$의 판별식을 D, 두 실근을 α, β라 하면 두 근이 모두 음수이므로

(i) $\dfrac{D}{4}=(k+1)^2-(-k+5)\geq0$, $k^2+3k-4\geq0$

$(k+4)(k-1)\geq0$ $\therefore k\leq-4$ 또는 $k\geq1$

(ii) $\alpha+\beta=-2(k+1)<0$ $\therefore k>-1$

(iii) $\alpha\beta=-k+5>0$ $\therefore k<5$

(i), (ii), (iii)에서 k의 값의 범위는 $1\leq k<5$

따라서 자연수 k의 값은 1, 2, 3, 4이므로 구하는 합은

$1+2+3+4=10$

0888 답 $k<-1$ 또는 $0<k<1$

이차방정식 $x^2-k(k+1)x+k-1=0$의 두 실근을 α, β라 하면 두 근의 부호가 서로 다르므로

$\alpha\beta=k-1<0$

$\therefore k<1$ ...... ㉠

또 음수인 근의 절댓값이 양수인 근보다 작으므로

$\alpha+\beta=k(k+1)>0$

$\therefore k<-1$ 또는 $k>0$ ...... ㉡

㉠, ㉡에서 k의 값의 범위는 $k<-1$ 또는 $0<k<1$

0889 답 ②

$f(x)=x^2-2kx+25$라 할 때

(i) 이차방정식 $f(x)=0$의 판별식을 D라 하면

$\dfrac{D}{4}=k^2-25\geq0$

$(k+5)(k-5)\geq0$ $\therefore k\leq-5$ 또는 $k\geq5$

(ii) $f(1)>0$이어야 하므로

$1-2k+25>0$, $-2k>-26$ $\therefore k<13$

(iii) 이차함수 $y=f(x)$의 그래프의 축의 방정식이 $x=k$이므로

$k>1$

(i), (ii), (iii)에서 k의 값의 범위는 $5\leq k<13$

따라서 k의 최솟값은 5이다.

0890 답 ①

$f(x)=x^2-5x+2k^2$이라 하면 $f(1)<0$이어야 하므로

$1-5+2k^2<0$, $k^2-2<0$

$(k+\sqrt{2})(k-\sqrt{2})<0$ $\therefore -\sqrt{2}<k<\sqrt{2}$

따라서 $\alpha=-\sqrt{2}$, $\beta=\sqrt{2}$이므로 $\alpha\beta=-2$

0891 답 4

$f(x)=x^2+ax-6$이라 하면 이차함수 $y=f(x)$의 그래프는 오른쪽 그림과 같아야 하므로

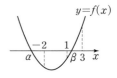

$f(-2)<0$, $f(1)f(3)<0$

$f(-2)<0$에서

$4-2a-6<0$, $-2a<2$ $\therefore a>-1$ ...... ㉠

$f(1)f(3)<0$에서 $(1+a-6)(9+3a-6)<0$

$(a-5)(a+1)<0$ $\therefore -1<a<5$ ...... ㉡

㉠, ㉡에서 a의 값의 범위는 $-1<a<5$

따라서 정수 a의 최댓값은 4이다.

0892 답 ③

$x^2-3x+2=0$에서 $(x-1)(x-2)=0$

$\therefore x=1$ 또는 $x=2$

이차방정식 $ax^2+ax+2a-18=0$의 한 근만이 1과 2 사이에 있어야 하므로 $f(x)=ax^2+ax+2a-18$이라 하면 이차함수 $y=f(x)$의 그래프는 다음 그림과 같아야 한다.

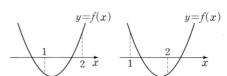

즉, $f(1)f(2)<0$이어야 하므로

$(a+a+2a-18)(4a+2a+2a-18)<0$

$(2a-9)(4a-9)<0$ $\therefore \dfrac{9}{4}<a<\dfrac{9}{2}$

따라서 자연수 a의 값은 3, 4이므로 구하는 합은

$3+4=7$

0893 답 ④

$f(x)=x^2-2kx+k+2$라 하면 이차방정식 $f(x)=0$의 서로 다른 두 근이 모두 0과 3 사이에 있으므로

(i) 이차방정식 $f(x)=0$의 판별식을 D라 하면

$\dfrac{D}{4}=k^2-(k+2)>0$, $k^2-k-2>0$

$(k+1)(k-2)>0$ $\therefore k<-1$ 또는 $k>2$

(ii) $f(0)>0$이어야 하므로 $k+2>0$ $\therefore k>-2$

(iii) $f(3)>0$이어야 하므로 $9-6k+k+2>0$

$\quad -5k>-11 \qquad \therefore k<\dfrac{11}{5}$

(iv) 이차함수 $y=f(x)$의 그래프의 축의 방정식이 $x=k$이므로

$\quad 0<k<3$

(i)~(iv)에서 k의 값의 범위는 $2<k<\dfrac{11}{5}$

0894 답 $m<-10$

$x^4+mx^2-2m+5=0$에서 $x^2=X$로 놓으면

$X^2+mX-2m+5=0 \qquad \cdots\cdots \,\text{㉠}$

이때 주어진 사차방정식이 서로 다른 네 실근을 가지려면 이차방정식 ㉠이 서로 다른 두 양의 실근을 가져야 한다.

이차방정식 ㉠의 판별식을 D, 두 실근을 α, β라 하면

(i) $D=m^2-4(-2m+5)>0$, $m^2+8m-20>0$

$\quad (m+10)(m-2)>0 \qquad \therefore m<-10$ 또는 $m>2$

(ii) $\alpha+\beta=-m>0 \qquad \therefore m<0$

(iii) $\alpha\beta=-2m+5>0 \qquad \therefore m<\dfrac{5}{2}$

(i), (ii), (iii)에서 m의 값의 범위는 $m<-10$

0895 답 ④

$x^4-mx^2+m^2-2m-8=0$에서 $x^2=X$로 놓으면

$X^2-mX+m^2-2m-8=0 \qquad \cdots\cdots \,\text{㉠}$

이때 주어진 사차방정식이 서로 다른 두 실근과 서로 다른 두 허근을 가지려면 이차방정식 ㉠이 양의 실근과 음의 실근을 각각 한 개씩 가져야 한다.

즉, 이차방정식의 ㉠의 두 근의 부호가 서로 달라야 하므로 두 근을 α, β라 하면

$\alpha\beta=m^2-2m-8<0$

$(m+2)(m-4)<0 \qquad \therefore -2<m<4$

따라서 정수 m의 값은 -1, 0, 1, 2, 3이므로 구하는 합은

$-1+0+1+2+3=5$

0896 답 ①

$f(x)=x^3+(8-a)x^2+(a^2-8a)x-a^3$이라 하면

$f(a)=0$이므로 조립제법을 이용하여 주어진 방정식의 좌변을 인수분해하면

$$
\begin{array}{r|rrrr}
a & 1 & 8-a & a^2-8a & -a^3 \\
 & & a & 8a & a^3 \\
\hline
 & 1 & 8 & a^2 & 0
\end{array}
$$

$(x-a)(x^2+8x+a^2)=0$

이 방정식이 서로 다른 세 실근을 가지려면 이차방정식 $x^2+8x+a^2=0$이 $x\neq a$인 서로 다른 두 실근을 가져야 한다.

이차방정식 $x^2+8x+a^2=0$의 판별식을 D라 하면

$\dfrac{D}{4}=16-a^2>0$, $a^2-16<0$

$(a+4)(a-4)<0 \qquad \therefore -4<a<4 \qquad \cdots\cdots \,\text{㉠}$

이때 $x\neq a$이어야 하므로

$2a^2+8a\neq0$, $2a(a+4)\neq0$

$\therefore a\neq-4$, $a\neq0 \qquad\qquad\qquad \cdots\cdots \,\text{㉡}$

㉠, ㉡에서 $-4<a<0$ 또는 $0<a<4$

따라서 정수 a는 -3, -2, -1, 1, 2, 3의 6개이다.

0897 답 ③

부등식 $f(x)<0<g(x)$의 해는 $y=f(x)$의 그래프가 x축보다 아래쪽에 있고, $y=g(x)$의 그래프가 x축보다 위쪽에 있는 부분의 x의 값의 범위이므로

$-2<x<2$

0898 답 12

$x^2-4x-32\leq0$에서 $(x+4)(x-8)\leq0$

$\therefore -4\leq x\leq8 \qquad\qquad\qquad \cdots\cdots \,\text{㉠}$

$|x-a|\leq b$에서 $-b\leq x-a\leq b$

$\therefore a-b\leq x\leq a+b \qquad\qquad \cdots\cdots \,\text{㉡}$

㉠, ㉡이 서로 같으므로

$a-b=-4$, $a+b=8$

두 식을 연립하여 풀면

$a=2$, $b=6 \qquad \therefore ab=12$

0899 답 $x<-3$ 또는 $x>5$

$x^2-2x-3>3|x-1|$에서 $x-1=0$, 즉 $x=1$을 기준으로 구간을 나누면

(i) $x<1$일 때,

$\quad x^2-2x-3>-3(x-1)$, $x^2+x-6>0$

$\quad (x+3)(x-2)>0 \qquad \therefore x<-3$ 또는 $x>2$

$\quad$ 그런데 $x<1$이므로 $x<-3$

(ii) $x\geq1$일 때,

$\quad x^2-2x-3>3(x-1)$, $x^2-5x>0$

$\quad x(x-5)>0 \qquad \therefore x<0$ 또는 $x>5$

$\quad$ 그런데 $x\geq1$이므로 $x>5$

(i), (ii)에서 주어진 부등식의 해는

$x<-3$ 또는 $x>5$

0900 답 ①

$P(x)=ax^2+bx+c$ (a, b, c는 상수, $a\neq0$)라 하면

㈎의 $P(x)\geq-2x-3$에서 $ax^2+bx+c\geq-2x-3$

$\therefore ax^2+(b+2)x+c+3\geq0 \qquad \cdots\cdots \,\text{㉠}$

이차부등식 ㉠의 해가 $0\leq x\leq1$이므로 $a<0$

해가 $0\leq x\leq1$이고 x^2의 계수가 1인 이차부등식은

$x(x-1)\leq0 \qquad \therefore x^2-x\leq0$

양변에 a를 곱하면 $ax^2-ax\geq0$ ($\because a<0$)

이 부등식이 ㉠과 같으므로

$b+2=-a$, $c+3=0 \qquad \therefore b=-a-2$, $c=-3$

$\therefore P(x)=ax^2-(a+2)x-3 \qquad \cdots\cdots \,\text{㉡}$

㈏의 $P(x)=-3x-2$에서

$ax^2-(a+2)x-3=-3x-2$

$\therefore ax^2-(a-1)x-1=0$

이 이차방정식이 중근을 가지므로 판별식을 D라 하면

$D=(a-1)^2+4a=0$, $a^2+2a+1=0$

$(a+1)^2=0$ $\therefore a=-1$

이를 ⓒ에 대입하면 $P(x)=-x^2-x-3$

$\therefore P(-1)=-1+1-3=-3$

다른 풀이

㈎에서 $P(x)\geq-2x-3$, 즉 $P(x)+2x+3\geq0$의 해가 $0\leq x\leq1$

이므로 $P(x)+2x+3=ax(x-1)\,(a<0)$이라 하면

$P(x)=ax^2-(a+2)x-3$

㈏에서 $P(x)=-3x-2$, 즉 $ax^2-(a-1)x-1=0$이 중근을 가지

므로 이 이차방정식의 판별식을 D라 하면

$D=(a-1)^2+4a=0,\ a^2+2a+1=0$

$(a+1)^2=0$ $\therefore a=-1$

따라서 $P(x)=-x^2-x-3$이므로

$P(-1)=-1+1-3=-3$

0901 답 $x<-2$ 또는 $x>0$

이차부등식 $f(x)<0$의 해가 $x<-3$ 또는 $x>1$이므로

$f(x)=a(x+3)(x-1)\,(a<0)$이라 하면

$f(2x+1)=a(2x+1+3)(2x+1-1)$

$\qquad\qquad =4ax(x+2)$

$f(1)=0$이므로 $f(2x+1)<f(1)$에서

$4ax(x+2)<0,\ x(x+2)>0\ (\because a<0)$

$\therefore x<-2$ 또는 $x>0$

0902 답 30

$4x^2+ax\leq0$에서 $x(4x+a)\leq0$ $\cdots\cdots$ ㉠

(i) $-\dfrac{a}{4}<0$, 즉 $a>0$일 때,

㉠에서 $-\dfrac{a}{4}\leq x\leq0$

주어진 이차부등식을 만족시키
는 정수 x가 4개이려면 오른쪽
그림에서

$-4<-\dfrac{a}{4}\leq-3$ $\therefore 12\leq a<16$

(ii) $-\dfrac{a}{4}>0$, 즉 $a<0$일 때,

㉠에서 $0\leq x\leq-\dfrac{a}{4}$

주어진 이차부등식을 만족시키
는 정수 x가 4개이려면 오른쪽
그림에서

$3\leq-\dfrac{a}{4}<4$ $\therefore -16<a\leq-12$

(i), (ii)에서 $-16<a\leq-12$ 또는 $12\leq a<16$

따라서 $M=15$, $m=-15$이므로 $M-m=30$

0903 답 $0\leq m<3$

부등식 $mx^2+2mx+6-m>0$에서

(i) $m=0$일 때,

$0\times x^2+0\times x+6>0$이므로 모든 실수 x에 대하여 주어진 부등
식이 성립한다.

(ii) $m\neq0$일 때,

모든 실수 x에 대하여 주어진 부등식이 성립하려면 이차함수
$y=mx^2+2mx+6-m$의 그래프가 아래로 볼록해야 하므로

$m>0$ $\cdots\cdots$ ㉠

또 이차방정식 $mx^2+2mx+6-m=0$의 판별식을 D라 하면

$\dfrac{D}{4}=m^2-m(6-m)<0$

$2m^2-6m<0,\ 2m(m-3)<0$

$\therefore 0<m<3$ $\cdots\cdots$ ㉡

㉠, ㉡에서 $0<m<3$

(i), (ii)에서 m의 값의 범위는 $0\leq m<3$

0904 답 ⑤

(i) $k>0$일 때,

이차함수 $y=kx^2-6x+k-8$의 그래프는 아래로 볼록하므로 주
어진 이차부등식은 항상 해를 갖는다.

(ii) $k<0$일 때,

주어진 이차부등식이 해를 가지려면 이차방정식
$kx^2-6x+k-8=0$이 서로 다른 두 실근을 가져야 하므로 이 이
차방정식의 판별식을 D라 하면

$\dfrac{D}{4}=9-k(k-8)>0$

$k^2-8k-9<0,\ (k+1)(k-9)<0$

$\therefore -1<k<9$

그런데 $k<0$이므로 $-1<k<0$

(i), (ii)에서 k의 값의 범위는 $-1<k<0$ 또는 $k>0$

0905 답 2

이차부등식 $(k-1)x^2+2(k-1)x+1\leq0$의 해가 오직 한 개이므로

$k-1>0$ $\therefore k>1$

또 이차방정식 $(k-1)x^2+2(k-1)x+1=0$의 판별식을 D라 하면

$\dfrac{D}{4}=(k-1)^2-(k-1)=0$

$k^2-3k+2=0,\ (k-1)(k-2)=0$

$\therefore k=1$ 또는 $k=2$

그런데 $k>1$이므로 $k=2$

0906 답 ⑤

이차부등식 $x^2-2ax+9a<0$이 해를 갖지 않으려면 모든 실수 x에
대하여 $x^2-2ax+9a\geq0$이 성립해야 한다.

즉, 이차방정식 $x^2-2ax+9a=0$의 판별식을 D라 하면

$\dfrac{D}{4}=a^2-9a\leq0,\ a(a-9)\leq0$

$\therefore 0\leq a\leq9$

따라서 정수 a는 0, 1, 2, ..., 9의 10개이다.

0907 답 ⑤

$x^2-4x<2x^2+a^2-3a$에서 $x^2+4x+a^2-3a>0$

$f(x)=x^2+4x+a^2-3a$라 하면

$f(x)=(x+2)^2+a^2-3a-4$

$-4 \leq x \leq 1$에서 $f(x) > 0$이어야 하므로 이 차함수 $y = f(x)$의 그래프가 오른쪽 그림과 같아야 한다.

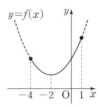

$-4 \leq x \leq 1$에서 $f(x)$는 $x = -2$일 때 최소이므로 $f(-2) > 0$에서
$a^2 - 3a - 4 > 0$, $(a+1)(a-4) > 0$
$\therefore a < -1$ 또는 $a > 4$
따라서 자연수 a의 최솟값은 5이다.

0908 답 -5

이차함수 $y = x^2 - 4x - 5$의 그래프가 직선 $y = a$보다 아래쪽에 있는 부분의 x의 값의 범위는
$x^2 - 4x - 5 < a$, 즉 $x^2 - 4x - a - 5 < 0$ ...... ㉠
의 해와 같다.
해가 $b < x < 4$이고 x^2의 계수가 1인 이차부등식은
$(x-b)(x-4) < 0$ $\therefore x^2 - (b+4)x + 4b < 0$
이 부등식이 ㉠과 같으므로
$-4 = -(b+4)$, $-a-5 = 4b$ $\therefore a = -5$, $b = 0$
$\therefore a+b = -5$

0909 답 -2

두 이차함수의 그래프가 서로 만나지 않으려면 이차함수 $y = x^2 - 6x + 4$의 그래프가 이차함수 $y = -x^2 + 2kx + 2$의 그래프보다 항상 위쪽에 있어야 하므로 모든 실수 x에 대하여
$x^2 - 6x + 4 > -x^2 + 2kx + 2$, 즉 $x^2 - (k+3)x + 1 > 0$이 성립해야 한다.
이차방정식 $x^2 - (k+3)x + 1 = 0$의 판별식을 D라 하면
$D = (k+3)^2 - 4 < 0$, $k^2 + 6k + 5 < 0$
$(k+5)(k+1) < 0$ $\therefore -5 < k < -1$
따라서 정수 k의 최댓값은 -2이다.

0910 답 ①

$x^2 + 3x + 1 \leq 2x^2 - 2x - 5$에서
$x^2 - 5x - 6 \geq 0$, $(x+1)(x-6) \geq 0$
$\therefore x \leq -1$ 또는 $x \geq 6$ ...... ㉠
$2x^2 - 2x - 5 \leq 3x - 2$에서
$2x^2 - 5x - 3 \leq 0$, $(2x+1)(x-3) \leq 0$
$\therefore -\dfrac{1}{2} \leq x \leq 3$ ...... ㉡
따라서 ㉠, ㉡의 공통부분이 없으므로 주어진 부등식의 해는 없다.

0911 답 ⑤

$(x-2)(x-3) \geq 0$에서 $x \leq 2$ 또는 $x \geq 3$ ...... ㉠
$(2x-3)(x-a) \leq 0$에서 $\dfrac{3}{2} \leq x \leq a$ ...... ㉡
㉠, ㉡을 동시에 만족시키는 정수 x가 6개이려면 오른쪽 그림에서
$7 \leq a < 8$

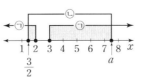

0912 답 4

새로 만든 직육면체의 밑면의 가로, 세로의 길이와 높이는 각각 $a-3$, a, $a+4$이므로
$a - 3 > 0$ $\therefore a > 3$ ...... ㉠
이 직육면체의 부피는 $a(a-3)(a+4) = a^3 + a^2 - 12a$이고 처음 정육면체의 부피는 a^3이므로
$a^3 + a^2 - 12a < a^3$, $a^2 - 12a < 0$
$a(a-12) < 0$ $\therefore 0 < a < 12$ ...... ㉡
㉠, ㉡의 공통부분을 구하면 $3 < a < 12$
따라서 자연수 a의 최솟값은 4이다.

0913 답 ④

이차방정식 $x^2 + 2ax + a + 6 = 0$의 판별식을 D_1이라 하면
$\dfrac{D_1}{4} = a^2 - (a+6) < 0$, $a^2 - a - 6 < 0$
$(a+2)(a-3) < 0$ $\therefore -2 < a < 3$ ...... ㉠
이차방정식 $x^2 - 2ax + 4 = 0$의 판별식을 D_2라 하면
$\dfrac{D_2}{4} = a^2 - 4 \geq 0$
$(a+2)(a-2) \geq 0$ $\therefore a \leq -2$ 또는 $a \geq 2$ ...... ㉡
㉠, ㉡의 공통부분을 구하면 $2 \leq a < 3$
따라서 정수 a의 값은 2이다.

0914 답 8

이차방정식 $x^2 - 2kx - 2k + 24 = 0$의 판별식을 D, 두 실근을 α, β라 하면 두 근의 부호가 서로 같으므로
(i) $\dfrac{D}{4} = k^2 - (-2k+24) \geq 0$, $k^2 + 2k - 24 \geq 0$
$\quad (k+6)(k-4) \geq 0$ $\therefore k \leq -6$ 또는 $k \geq 4$
(ii) $\alpha\beta = -2k + 24 > 0$에서 $k < 12$
(i), (ii)에서 k의 값의 범위는 $4 \leq k < 12$
따라서 자연수 k는 4, 5, 6, ..., 11의 8개이다.

0915 답 ③

$f(x) = x^3 + (a-1)x^2 + ax - 2a$라 하면
$f(1) = 0$이므로 조립제법을 이용하여 주어진 방정식의 좌변을 인수분해하면

	1	$a-1$	a	$-2a$
1		1	a	$2a$
	1	a	$2a$	0

$(x-1)(x^2 + ax + 2a) = 0$
이 방정식이 한 실근과 서로 다른 두 허근을 가지려면 이차방정식 $x^2 + ax + 2a = 0$이 서로 다른 두 허근을 가져야 한다.
이차방정식 $x^2 + ax + 2a = 0$의 판별식을 D라 하면
$D = a^2 - 8a < 0$, $a(a-8) < 0$
$\therefore 0 < a < 8$
따라서 정수 a는 1, 2, 3, ..., 7의 7개이다.

0916 답 4

가격을 x천 원 올리면 양말 한 켤레의 가격은 $(3+x)$천 원, 하루 판매량은 $(50-5x)$켤레가 된다.

이때 하루 판매액이 21만 원 이상이려면

$(3+x)(50-5x)\geq210$ ...... ❶

$-5x^2+35x-60\geq0$, $x^2-7x+12\leq0$

$(x-3)(x-4)\leq0$ ∴ $3\leq x\leq4$ ...... ❷

따라서 x의 최댓값은 4이다. ...... ❸

채점 기준

❶ 부등식 세우기	40%
❷ x의 값의 범위 구하기	40%
❸ x의 최댓값 구하기	20%

0917 답 13

$x^2-6x+5\geq0$에서 $(x-1)(x-5)\geq0$

∴ $x\leq1$ 또는 $x\geq5$

연립부등식 $\begin{cases} x^2-6x+5\geq0 \\ x^2+ax+b<0 \end{cases}$의 해가 $5\leq x<8$이므로 이차방정식

$x^2+ax+b=0$의 두 근을 α, $\beta(\alpha<\beta)$라 하면

$1\leq\alpha<5$, $\beta=8$ ...... ㉠ ...... ❶

또 $x^2-11x+24<0$에서 $(x-3)(x-8)<0$

∴ $3<x<8$

연립부등식 $\begin{cases} x^2-11x+24<0 \\ x^2+ax+b\geq0 \end{cases}$ 이 해를 갖지 않으므로

$\alpha\leq3$ (∵ $\beta=8$) ...... ㉡

㉠, ㉡에서 $1\leq\alpha\leq3$ ...... ❷

이차방정식 $x^2+ax+b=0$에서 근과 계수의 관계에 의하여

$\alpha+8=-a$, $8\alpha=b$이므로

$a+b=-(\alpha+8)+8\alpha=7\alpha-8$

그런데 $1\leq\alpha\leq3$이므로

$7\leq7\alpha<21$ ∴ $-1\leq7\alpha-8\leq13$

따라서 $a+b$의 최댓값은 13이다. ...... ❸

채점 기준

❶ β의 값 구하기	30%
❷ α의 값의 범위 구하기	30%
❸ $a+b$의 최댓값 구하기	40%

0918 답 −3

$f(x)=x^2-2kx+9$라 할 때

(ⅰ) 이차방정식 $f(x)=0$의 판별식을 D라 하면

$\dfrac{D}{4}=k^2-9\geq0$

$(k+3)(k-3)\geq0$ ∴ $k\leq-3$ 또는 $k\geq3$

(ⅱ) $f(2)>0$이어야 하므로 $4-4k+9>0$

$-4k>-13$ ∴ $k<\dfrac{13}{4}$

(ⅲ) 이차함수 $y=f(x)$의 그래프의 축의 방정식이 $x=k$이므로

$k<2$

(ⅰ), (ⅱ), (ⅲ)에서 k의 값의 범위는 $k\leq-3$ ...... ❶

따라서 k의 최댓값은 −3이다. ...... ❷

채점 기준

❶ k의 값의 범위 구하기	80%
❷ k의 최댓값 구하기	20%

0919 답 27

㈎에서 두 이차함수 $y=f(x)$, $y=g(x)$의 그래프의 축의 방정식이 $x=p$이므로

$f(x)=\dfrac{1}{2}(x-p)^2+m$, $g(x)=2(x-p)^2+n$ (m, n은 상수)

이라 하자.

㈏에서 $\dfrac{1}{2}(x-p)^2+m\geq2(x-p)^2+n$, 즉 $\dfrac{3}{2}(x-p)^2+n-m\leq0$

의 해가 $-1\leq x\leq5$이므로 해가 $-1\leq x\leq5$이고 x^2의 계수가 $\dfrac{3}{2}$인

이차부등식은

$\dfrac{3}{2}(x+1)(x-5)\leq0$

$\dfrac{3}{2}(x^2-4x-5)\leq0$ ∴ $\dfrac{3}{2}(x-2)^2-\dfrac{27}{2}\leq0$

∴ $p=2$, $n-m=-\dfrac{27}{2}$ ...... ㉠

$f(x)=\dfrac{1}{2}(x-2)^2+m$, $g(x)=2(x-2)^2+n$이므로

$f(2)=m$, $g(2)=n$

따라서 ㉠에서

$p\times\{f(2)-g(2)\}=2(m-n)$

$\qquad\qquad\qquad =2\times\dfrac{27}{2}=27$

0920 답 ④

$x^2-8x+12\geq0$에서 $(x-2)(x-6)\geq0$

∴ $x\leq2$ 또는 $x\geq6$

연립부등식 $\begin{cases} x^2-8x+12\geq0 \\ x^2+ax+b<0 \end{cases}$ 의 해가 $-4<x\leq2$이므로 이차방정

식 $x^2+ax+b=0$의 두 근을 α, $\beta(\alpha<\beta)$라 하면

$\alpha=-4$, $2<\beta\leq6$ ...... ㉠

이차방정식 $x^2+ax+b=0$에서 근과 계수의 관계에 의하여

$-4+\beta=-a$, $-4\beta=b$

∴ $a=4-\beta$, $b=-4\beta$

이를 $|a|+|b|=15$에 대입하면

$|4-\beta|+|-4\beta|=15$

㉠에서 $2<\beta\leq6$이므로

(ⅰ) $2<\beta\leq4$일 때,

$4-\beta-(-4\beta)=15$

$3\beta=11$ ∴ $\beta=\dfrac{11}{3}$

(ⅱ) $4<\beta\leq6$일 때,

$-(4-\beta)-(-4\beta)=15$

$5\beta=19$ ∴ $\beta=\dfrac{19}{5}$

그런데 $4<\beta\leq6$이므로 조건을 만족시키지 않는다.

(ⅰ), (ⅱ)에서 $\beta=\dfrac{11}{3}$

따라서 $a=\dfrac{1}{3}$, $b=-\dfrac{44}{3}$이므로 $a-b=15$

0921 답 10

$x^2-(a^2-3)x-3a^2<0$에서

$(x+3)(x-a^2)<0$

$\therefore -3<x<a^2$ $(\because a^2>4)$ ...... ㉠

$x^2+(a-9)x-9a>0$에서

$(x+a)(x-9)>0$

$\therefore x<-a$ 또는 $x>9$ $(\because a>2)$ ...... ㉡

㉠, ㉡을 동시에 만족시키는 정수 x가 존재하지 않으려면 오른쪽 그림에서

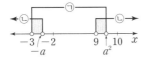

$a^2\leq 10$, $-a\leq -2$

$\therefore 2<a\leq\sqrt{10}$ $(\because a>2)$

따라서 $M=\sqrt{10}$이므로 $M^2=10$

0922 답 5

$f(x)=x^2-2(m+2)x-m$이라 하자.

(i) 이차방정식 $f(x)=0$의 두 근 중 한 근만 $-2\leq x\leq 3$에 속하는 경우

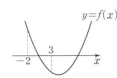 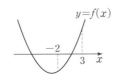

$f(-2)f(3)\leq 0$이어야 하므로

$\{4+4(m+2)-m\}\{9-6(m+2)-m\}\leq 0$

$(m+4)(7m+3)\geq 0$

$\therefore m\leq -4$ 또는 $m\geq -\dfrac{3}{7}$

(ii) 이차방정식 $f(x)=0$의 두 근이 모두 $-2\leq x\leq 3$에 속하는 경우

① 이차방정식 $f(x)=0$의 판별식을 D라 하면

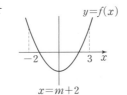

$\dfrac{D}{4}=(m+2)^2+m\geq 0$

$m^2+5m+4\geq 0$

$(m+4)(m+1)\geq 0$

$\therefore m\leq -4$ 또는 $m\geq -1$

② $f(-2)\geq 0$이어야 하므로

$3m+12\geq 0$ $\therefore m\geq -4$ ...... ㉠

$f(3)\geq 0$이어야 하므로

$-7m-3\geq 0$ $\therefore m\leq -\dfrac{3}{7}$ ...... ㉡

㉠, ㉡에서 $-4\leq m\leq -\dfrac{3}{7}$

③ $-2\leq m+2\leq 3$에서 $-4\leq m\leq 1$

①, ②, ③에서 $m=-4$ 또는 $-1\leq m\leq -\dfrac{3}{7}$

(i), (ii)에서 $m\leq -4$ 또는 $m\geq -1$

그런데 $-6\leq m\leq 6$이므로

$-6\leq m\leq -4$ 또는 $-1\leq m\leq 6$

따라서 정수 m의 값은 -6, -5, -4, -1, 0, 1, ..., 6이므로 구하는 합은

$-6+(-5)+(-4)+(-1)+0+1+2+3+4+5+6=5$

A 개념 확인

0923 답 6

두 주사위에서 나오는 눈의 수를 순서쌍으로 나타내면

(i) 눈의 수의 합이 3인 경우는

(1, 2), (2, 1)의 2가지

(ii) 눈의 수의 합이 9인 경우는

(3, 6), (4, 5), (5, 4), (6, 3)의 4가지

(i), (ii)에서 구하는 경우의 수는

$2+4=6$

0924 답 7

두 주사위에서 나오는 눈의 수를 순서쌍으로 나타내면

(i) 눈의 수의 곱이 4인 경우는

(1, 4), (2, 2), (4, 1)의 3가지

(ii) 눈의 수의 곱이 6인 경우는

(1, 6), (2, 3), (3, 2), (6, 1)의 4가지

(i), (ii)에서 구하는 경우의 수는

$3+4=7$

0925 답 9

(i) 꺼낸 공에 적힌 수가 5의 배수인 경우는

5, 10, 15, 20, 25, 30의 6가지

(ii) 꺼낸 공에 적힌 수가 8의 배수인 경우는

8, 16, 24의 3가지

(i), (ii)에서 구하는 경우의 수는

$6+3=9$

0926 답 10

(i) 꺼낸 공에 적힌 수가 4의 배수인 경우는

4, 8, 12, 16, 20, 24, 28의 7가지

(ii) 꺼낸 공에 적힌 수가 9의 배수인 경우는

9, 18, 27의 3가지

(i), (ii)에서 구하는 경우의 수는

$7+3=10$

0927 답 9

홀수의 눈이 나오는 경우는 1, 3, 5의 3가지

소수의 눈이 나오는 경우는 2, 3, 5의 3가지

따라서 구하는 경우의 수는

$3\times 3=9$

0928 답 8

3의 배수의 눈이 나오는 경우는 3, 6의 2가지

6의 약수의 눈이 나오는 경우는 1, 2, 3, 6의 4가지

따라서 구하는 경우의 수는

$2 \times 4 = 8$

0929 답 **12**

A 지점에서 B 지점으로 가는 경우는 3가지

B 지점에서 C 지점으로 가는 경우는 4가지

따라서 구하는 경우의 수는

$3 \times 4 = 12$

0930 답 **30**

$_6P_2 = 6 \times 5 = 30$

0931 답 **1**

$_5P_0 = 1$

0932 답 **6**

$_3P_3 = 3 \times 2 \times 1 = 6$

0933 답 **2**

$2! = 2 \times 1 = 2$

0934 답 **120**

$5! = 5 \times 4 \times 3 \times 2 \times 1 = 120$

0935 답 **1**

$0! = 1$

0936 답 **7**

$_nP_2 = n(n-1)$

$42 = 7 \times 6$이므로

$n(n-1) = 7 \times 6$

$\therefore n = 7$ ($\because n$은 자연수)

0937 답 **3**

$60 = 5 \times 4 \times 3$이므로

$_5P_r = 5 \times 4 \times 3$

$\therefore r = 3$

0938 답 **3**

$\dfrac{8!}{5!} = \dfrac{8 \times 7 \times 6 \times 5 \times 4 \times 3 \times 2 \times 1}{5 \times 4 \times 3 \times 2 \times 1} = 8 \times 7 \times 6$이므로

$_8P_r = 8 \times 7 \times 6$

$\therefore r = 3$

0939 답 **6**

$720 = 6 \times 5 \times 4 \times 3 \times 2 \times 1$이므로

$_nP_n = 6 \times 5 \times 4 \times 3 \times 2 \times 1$

$\therefore n = 6$

0940 답 **12**

$_4P_2 = 4 \times 3 = 12$

0941 답 **210**

$_7P_3 = 7 \times 6 \times 5 = 210$

B 유형완성 148~157쪽

0942 답 ④

두 주사위에서 나오는 눈의 수를 순서쌍으로 나타내면

(ⅰ) 눈의 수의 합이 4인 경우는

  (1, 3), (2, 2), (3, 1)의 3가지

(ⅱ) 눈의 수의 합이 8인 경우는

  (2, 6), (3, 5), (4, 4), (5, 3), (6, 2)의 5가지

(ⅲ) 눈의 수의 합이 12인 경우는

  (6, 6)의 1가지

(ⅰ), (ⅱ), (ⅲ)에서 구하는 경우의 수는 $3+5+1=9$

0943 답 **14**

(ⅰ) 뽑힌 카드에 적힌 수가 6의 배수인 경우는

  6, 12, 18, 24, 30, 36, 42, 48의 8가지

(ⅱ) 뽑힌 카드에 적힌 수가 7의 배수인 경우는

  7, 14, 21, 28, 35, 42, 49의 7가지

(ⅲ) 뽑힌 카드에 적힌 수가 6과 7의 최소공배수인 42의 배수인 경우는

  42의 1가지

(ⅰ), (ⅱ), (ⅲ)에서 구하는 경우의 수는 $8+7-1=14$

0944 답 **9**

꺼낸 공에 적힌 세 수를 순서쌍으로 나타내면

(ⅰ) 세 수의 곱이 4가 되는 경우는

  (1, 1, 4), (1, 4, 1), (4, 1, 1), (1, 2, 2), (2, 1, 2), (2, 2, 1)

  의 6가지

(ⅱ) 세 수의 곱이 5가 되는 경우는

  (1, 1, 5), (1, 5, 1), (5, 1, 1)의 3가지

(ⅰ), (ⅱ)에서 구하는 경우의 수는 $6+3=9$

0945 답 ④

1부터 100까지의 자연수 중에서

(ⅰ) 5로 나누어떨어지는 수, 즉 5의 배수는

  5, 10, 15, …, 100의 20개

(ⅱ) 7로 나누어떨어지는 수, 즉 7의 배수는

  7, 14, 21, …, 98의 14개

(ⅲ) 5와 7로 나누어떨어지는 수, 즉 5와 7의 최소공배수인 35의 배수는

  35, 70의 2개

(ⅰ), (ⅱ), (ⅲ)에서 5 또는 7로 나누어떨어지는 자연수의 개수는

$20+14-2=32$

따라서 5와 7로 모두 나누어떨어지지 않는 자연수의 개수는

$100-32=68$

0946 답 16

(i) $y=1$일 때, $x+z=8$이므로 순서쌍 (x, z)는
  $(1, 7), (2, 6), (3, 5), (4, 4), (5, 3), (6, 2), (7, 1)$의 7개
(ii) $y=2$일 때, $x+z=6$이므로 순서쌍 (x, z)는
  $(1, 5), (2, 4), (3, 3), (4, 2), (5, 1)$의 5개
(iii) $y=3$일 때, $x+z=4$이므로 순서쌍 (x, z)는
  $(1, 3), (2, 2), (3, 1)$의 3개
(iv) $y=4$일 때, $x+z=2$이므로 순서쌍 (x, z)는
  $(1, 1)$의 1개
(i)~(iv)에서 구하는 순서쌍 (x, y, z)의 개수는
$7+5+3+1=16$

0947 답 ②

x, y가 자연수이므로 $x+3y$가 될 수 있는 값은 4, 5, 6, 7이다.
(i) $x+3y=4$일 때, 순서쌍 (x, y)는 $(1, 1)$의 1개
(ii) $x+3y=5$일 때, 순서쌍 (x, y)는 $(2, 1)$의 1개
(iii) $x+3y=6$일 때, 순서쌍 (x, y)는 $(3, 1)$의 1개
(iv) $x+3y=7$일 때, 순서쌍 (x, y)는 $(4, 1), (1, 2)$의 2개
(i)~(iv)에서 구하는 순서쌍 (x, y)의 개수는
$1+1+1+2=5$

0948 답 10

200원, 500원, 1000원짜리 볼펜을 각각 x자루, y자루, z자루 산다
고 하면 그 금액의 합이 3000원이므로
$200x+500y+1000z=3000$
$\therefore 2x+5y+10z=30$ ······ ㉠ ······ ❶
따라서 구하는 경우의 수는 방정식 ㉠을 만족시키는 음이 아닌 정수
x, y, z의 순서쌍 (x, y, z)의 개수와 같다.
(i) $z=0$일 때, $2x+5y=30$이므로 순서쌍 (x, y)는
  $(0, 6), (5, 4), (10, 2), (15, 0)$의 4개
(ii) $z=1$일 때, $2x+5y=20$이므로 순서쌍 (x, y)는
  $(0, 4), (5, 2), (10, 0)$의 3개
(iii) $z=2$일 때, $2x+5y=10$이므로 순서쌍 (x, y)는
  $(0, 2), (5, 0)$의 2개
(iv) $z=3$일 때, $2x+5y=0$이므로 순서쌍 (x, y)는
  $(0, 0)$의 1개 ······ ❷
(i)~(iv)에서 구하는 방법의 수는
$4+3+2+1=10$ ······ ❸

채점 기준

❶ 방정식 세우기		30 %
❷ z의 값에 따라 순서쌍 (x, y)의 개수 구하기		50 %
❸ 볼펜을 사는 방법의 수 구하기		20 %

0949 답 17

함수 $y=x^2$의 그래프와 직선 $y=ax-b$가 서로 다른 두 점에서 만
나려면 이차방정식 $x^2=ax-b$, 즉 $x^2-ax+b=0$의 판별식을 D라
할 때
$D=a^2-4b>0$ $\therefore a^2>4b$

(i) $b=1$일 때
  $a^2>4$이므로 순서쌍 (a, b)는 $(3, 1), (4, 1), (5, 1), (6, 1)$
  의 4개
(ii) $b=2$일 때
  $a^2>8$이므로 순서쌍 (a, b)는 $(3, 2), (4, 2), (5, 2), (6, 2)$
  의 4개
(iii) $b=3$일 때
  $a^2>12$이므로 순서쌍 (a, b)는 $(4, 3), (5, 3), (6, 3)$의 3개
(iv) $b=4$일 때
  $a^2>16$이므로 순서쌍 (a, b)는 $(5, 4), (6, 4)$의 2개
(v) $b=5$일 때
  $a^2>20$이므로 순서쌍 (a, b)는 $(5, 5), (6, 5)$의 2개
(vi) $b=6$일 때
  $a^2>24$이므로 순서쌍 (a, b)는 $(5, 6), (6, 6)$의 2개
(i)~(vi)에서 구하는 순서쌍 (a, b)의 개수는
$4+4+3+2+2+2=17$

0950 답 ⑤

백의 자리에 올 수 있는 숫자는 2, 4, 6, 8의 4개
십의 자리에 올 수 있는 숫자는 1, 3, 5, 7, 9의 5개
일의 자리에 올 수 있는 숫자는 2, 3, 5, 7의 4개
따라서 구하는 자연수의 개수는 $4 \times 5 \times 4=80$

0951 답 60

피자를 고를 수 있는 경우는 4가지, 샐러드를 고를 수 있는 경우는
3가지, 음료수를 고를 수 있는 경우는 5가지이므로 구하는 경우의
수는 $4 \times 3 \times 5=60$

0952 답 ⑤

$(a+b)(p+q+r)(x+y+z)$에서 a, b에 곱해지는 항이 각각 p, q,
r의 3개이고, 그 각각에 대하여 곱해지는 항이 각각 x, y, z의 3개이
므로 구하는 항의 개수는 $2 \times 3 \times 3=18$

0953 답 ③

눈의 수의 곱이 짝수인 경우의 수는 전체 경우의 수에서 눈의 수의
곱이 홀수인 경우의 수를 뺀 것과 같다.
한 개의 주사위를 잇달아 세 번 던질 때 일어나는 경우의 수는
$6 \times 6 \times 6=216$
눈의 수의 곱이 홀수가 되는 경우의 수는 세 눈의 수가 모두 홀수인
경우의 수와 같으므로 $3 \times 3 \times 3=27$
따라서 구하는 경우의 수는 $216-27=189$

0954 답 72

지현이와 혜린이가 3가지 식사 메뉴 중 서로 다르게 한 가지씩 주문
하는 경우의 수는 $3 \times 2=6$
지현이와 혜린이가 4가지 아이스크림 종류 중 서로 다르게 한 가지
씩 주문하는 경우의 수는 $4 \times 3=12$
따라서 지현이와 혜린이가 식사와 후식 종류를 서로 다르게 주문하
는 경우의 수는 $6 \times 12=72$

0955 답 ⑤

$63=3^2 \times 7$이므로 63의 양의 약수의 개수는

$(2+1)(1+1)=6$ $\therefore a=6$

$135=3^3 \times 5$이므로 135의 양의 약수의 개수는

$(3+1)(1+1)=8$ $\therefore b=8$

$\therefore a+b=6+8=14$

0956 답 ③

① $2^3 \times 3$의 양의 약수의 개수는 $(3+1)(1+1)=8$

② $2^3 \times 5$의 양의 약수의 개수는 $(3+1)(1+1)=8$

③ $2^3 \times 6=2^4 \times 3$의 양의 약수의 개수는 $(4+1)(1+1)=10$

④ $2^3 \times 7$의 양의 약수의 개수는 $(3+1)(1+1)=8$

⑤ $2^3 \times 16=2^7$의 양의 약수의 개수는 $7+1=8$

0957 답 12

$300=2^2 \times 3 \times 5^2$과 $360=2^3 \times 3^2 \times 5$의 최대공약수는 $2^2 \times 3 \times 5$

따라서 300과 360의 양의 공약수의 개수는 $2^2 \times 3 \times 5$의 양의 약수의 개수와 같으므로

$(2+1)(1+1)(1+1)=12$

0958 답 2

$72=2^3 \times 3^2$이므로 $72^n=(2^3 \times 3^2)^n=2^{3n} \times 3^{2n}$

$2^{3n} \times 3^{2n}$의 양의 약수의 개수는 $(3n+1)(2n+1)$

이때 72^n의 양의 약수의 개수가 35이므로 $(3n+1)(2n+1)=35$

$6n^2+5n+1=35$, $6n^2+5n-34=0$

$(6n+17)(n-2)=0$ $\therefore n=2$ ($\because n$은 자연수)

0959 답 ④

$700=2^2 \times 5^2 \times 7$

짝수는 2를 소인수로 가지므로 700의 양의 약수 중 짝수의 개수는 $2 \times 5^2 \times 7$의 양의 약수의 개수와 같다.

$\therefore a=(1+1)(2+1)(1+1)=12$

5의 배수는 5를 소인수로 가지므로 700의 양의 약수 중 5의 배수의 개수는 $2^2 \times 5 \times 7$의 양의 약수의 개수와 같다.

$\therefore b=(2+1)(1+1)(1+1)=12$

$\therefore a+b=12+12=24$

0960 답 18

(i) A → B → C로 가는 경우의 수는 $3 \times 4=12$

(ii) A → D → C로 가는 경우의 수는 $2 \times 3=6$

(i), (ii)에서 구하는 경우의 수는 $12+6=18$

0961 답 ③

(i) 집 → 문구점 → 편의점 → 집으로 가는 경우의 수는

   $4 \times 2 \times 3=24$

(ii) 집 → 편의점 → 문구점 → 집으로 가는 경우의 수는

   $3 \times 2 \times 4=24$

(i), (ii)에서 구하는 경우의 수는

$24+24=48$

0962 답 30

(i) A → B → C로 가는 경우의 수는 $2 \times 3=6$

(ii) A → D → C로 가는 경우의 수는 $2 \times 2=4$

(iii) A → B → D → C로 가는 경우의 수는 $2 \times 2 \times 2=8$

(iv) A → D → B → C로 가는 경우의 수는 $2 \times 2 \times 3=12$

(i)~(iv)에서 구하는 경우의 수는 $6+4+8+12=30$

0963 답 4

B 지점과 D 지점을 연결하는 x개의 도로를 추가한다고 하면

            …… ❶

(i) A → B → C로 가는 경우의 수는 $2 \times 1=2$

(ii) A → D → C로 가는 경우의 수는 $3 \times 2=6$

(iii) A → B → D → C로 가는 경우의 수는 $2 \times x \times 2=4x$

(iv) A → D → B → C로 가는 경우의 수는 $3 \times x \times 1=3x$

(i)~(iv)에서 A 지점에서 출발하여 C 지점으로 가는 경우의 수는

$2+6+4x+3x=7x+8$ …… ❷

$7x+8=36$에서 $7x=28$

$\therefore x=4$

따라서 추가해야 하는 도로의 개수는 4이다.   …… ❸

채점 기준

❶ 추가해야 하는 도로의 개수를 미지수로 두기	10 %
❷ A 지점에서 C 지점으로 가는 경우의 수 구하기	60 %
❸ 추가해야 하는 도로의 개수 구하기	30 %

0964 답 48

A에 칠할 수 있는 색은 4가지, B에 칠할 수 있는 색은 A에 칠한 색을 제외한 3가지, C에 칠할 수 있는 색은 A와 B에 칠한 색을 제외한 2가지, D에 칠할 수 있는 색은 A와 C에 칠한 색을 제외한 2가지이므로 구하는 경우의 수는 $4 \times 3 \times 2 \times 2=48$

0965 답 ②

A에 칠할 수 있는 색은 4가지, B에 칠할 수 있는 색은 A에 칠한 색을 제외한 3가지, C에 칠할 수 있는 색은 A와 B에 칠한 색을 제외한 2가지이므로 구하는 경우의 수는 $4 \times 3 \times 2=24$

0966 답 84

(i) A와 C에 같은 색을 칠하는 경우

   A에 칠할 수 있는 색은 4가지, B에 칠할 수 있는 색은 A에 칠한 색을 제외한 3가지, C에 칠할 수 있는 색은 A에 칠한 색과 같은 색이므로 1가지, D에 칠할 수 있는 색은 A(C)에 칠한 색을 제외한 3가지이므로 칠하는 경우의 수는

     $4 \times 3 \times 1 \times 3=36$

(ii) A와 C에 다른 색을 칠하는 경우

   A에 칠할 수 있는 색은 4가지, B에 칠할 수 있는 색은 A에 칠한 색을 제외한 3가지, C에 칠할 수 있는 색은 A와 B에 칠한 색을 제외한 2가지, D에 칠할 수 있는 색은 A와 C에 칠한 색을 제외한 2가지이므로 칠하는 경우의 수는

     $4 \times 3 \times 2 \times 2=48$

(i), (ii)에서 구하는 경우의 수는 $36+48=84$

0967 답 ⑤

A, B, C, D, E의 순서로 칠할 때, A에 칠할 수 있는 색은 5가지,
B에 칠할 수 있는 색은 A에 칠한 색을 제외한 4가지, C에 칠할 수
있는 색은 A와 B에 칠한 색을 제외한 3가지이다.

(i) B와 D에 같은 색을 칠하는 경우

　　D에 칠할 수 있는 색은 B에 칠한 색과 같은 색이므로 1가지, E
　　에 칠할 수 있는 색은 A와 B(D)에 칠한 색을 제외한 3가지이
　　므로 칠하는 경우의 수는 $5 \times 4 \times 3 \times 1 \times 3 = 180$

(ii) B와 D에 다른 색을 칠하는 경우

　　D에 칠할 수 있는 색은 A, B, C에 칠한 색을 제외한 2가지, E
　　에 칠할 수 있는 색은 A, B, D에 칠한 색을 제외한 2가지이므
　　로 칠하는 경우의 수는 $5 \times 4 \times 3 \times 2 \times 2 = 240$

(i), (ii)에서 구하는 경우의 수는 $180 + 240 = 420$

0968 답 49

(i) 지불할 수 있는 방법의 수

　　100원짜리 동전으로 지불할 수 있는 방법은

　　0개, 1개의 2가지

　　50원짜리 동전으로 지불할 수 있는 방법은

　　0개, 1개, 2개, 3개, 4개의 5가지

　　10원짜리 동전으로 지불할 수 있는 방법은

　　0개, 1개, 2개의 3가지

　　이때 0원을 지불하는 경우를 제외해야 하므로 지불할 수 있는 방
　　법의 수는 $2 \times 5 \times 3 - 1 = 29$　　∴ $a = 29$

(ii) 지불할 수 있는 금액의 수

　　50원짜리 동전 2개로 지불할 수 있는 금액과 100원짜리 동전 1
　　개로 지불할 수 있는 금액이 같으므로 100원짜리 동전 1개를 50
　　원짜리 동전 2개로 바꾸면 지불할 수 있는 금액의 수는 50원짜
　　리 동전 6개, 10원짜리 동전 2개로 지불할 수 있는 금액의 수와
　　같다.

　　50원짜리 동전으로 지불할 수 있는 금액은

　　0원, 50원, 100원, ..., 300원의 7가지

　　10원짜리 동전으로 지불할 수 있는 금액은

　　0원, 10원, 20원의 3가지

　　이때 0원을 지불하는 경우를 제외해야 하므로 지불할 수 있는 금
　　액의 수는 $7 \times 3 - 1 = 20$　　∴ $b = 20$

(i), (ii)에서 $a + b = 29 + 20 = 49$

0969 답 ⑤

500원짜리 동전으로 지불할 수 있는 방법은

0개, 1개, 2개, 3개의 4가지

100원짜리 동전으로 지불할 수 있는 방법은

0개, 1개, 2개의 3가지

50원짜리 동전으로 지불할 수 있는 방법은

0개, 1개, 2개, 3개의 4가지

10원짜리 동전으로 지불할 수 있는 방법은

0개, 1개의 2가지

이때 0원을 지불하는 경우를 제외해야 하므로 구하는 방법의 수는

$4 \times 3 \times 4 \times 2 - 1 = 95$

0970 답 ②

500원짜리 동전 2개로 지불할 수 있는 금액과 1000원짜리 지폐 1장
으로 지불할 수 있는 금액이 같으므로 1000원짜리 지폐 1장을 500
원짜리 동전 2개로 바꾸면 지불할 수 있는 금액의 수는 500원짜리
동전 5개, 100원짜리 동전 3개로 지불할 수 있는 금액의 수와 같다.

500원짜리 동전으로 지불할 수 있는 금액은

0원, 500원, 1000원, ..., 2500원의 6가지

100원짜리 동전으로 지불할 수 있는 금액은

0원, 100원, 200원, 300원의 4가지

이때 0원을 지불하는 경우를 제외해야 하므로 구하는 금액의 수는

$6 \times 4 - 1 = 23$

0971 답 ②

$a_k \neq k(k=1, 2, 3, 4)$를 만족시키는 경우를
수형도로 나타내면 오른쪽과 같다.

따라서 구하는 자연수는 9개이다.

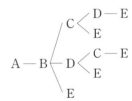

0972 답 ④

4명의 학생을 A, B, C, D라 하고, 각각의 학생이 준비한 선물을 a,
b, c, d라 하자.

자신이 준비한 선물을 택한 학생을 A라 할
때, B, C, D가 다른 학생이 준비한 선물을 받
는 경우를 수형도로 나타내면 오른쪽과 같다.

　　A　　B　　C　　D

　　　a ⟨ c — d — b
　　　　　d — b — c

같은 방법으로 자신이 준비한 선물을 택한 학생이 B 또는 C 또는 D
인 경우도 각각 2가지이므로 구하는 경우의 수는 $2 \times 4 = 8$

0973 답 15

꼭짓점 A에서 출발하여 가장 먼저 꼭
짓점 B를 거쳐 꼭짓점 E에 도착하는
경우를 수형도로 나타내면 오른쪽과
같다.

같은 방법으로 꼭짓점 A에서 출발하여
가장 먼저 꼭짓점 C 또는 D를 거쳐 꼭
짓점 E에 도착하는 경우도 각각 5가지이므로 구하는 경우의 수는

$5 \times 3 = 15$

0974 답 7

$_n\mathrm{P}_2 + 4 \times {}_n\mathrm{P}_1 = 70$에서 $n(n-1) + 4n = 70$

$n^2 + 3n - 70 = 0$, $(n+10)(n-7) = 0$

∴ $n = -10$ 또는 $n = 7$

이때 $_n\mathrm{P}_2$에서 $n \geq 2$이므로 $n = 7$

0975 답 11

$_nP_3 : {}_nP_2 = 9 : 1$에서 $9 \times {}_nP_2 = {}_nP_3$

$9n(n-1) = n(n-1)(n-2)$

이때 $_nP_3$에서 $n \geq 3$이므로 양변을 $n(n-1)$로 나누면

$9 = n-2$ $\quad \therefore n = 11$

0976 답 ③

$_{2n}P_3 = 60 \times {}_nP_2$에서

$2n(2n-1)(2n-2) = 60n(n-1)$

$4n(n-1)(2n-1) = 60n(n-1)$

이때 $_nP_2$에서 $n \geq 2$이므로 양변을 $4n(n-1)$로 나누면

$2n-1 = 15$ $\quad \therefore n = 8$

0977 답 ㈎ $(n-r)!$ ㈏ n ㈐ $n!$

$_{n-1}P_r + r \times {}_{n-1}P_{r-1} = \dfrac{(n-1)!}{(n-1-r)!} + r \times \dfrac{(n-1)!}{\boxed{㈎ (n-r)!}}$

$\qquad\qquad\qquad\qquad\quad {}_{\llcorner (n-1)-(r-1)=n-r}$

$\qquad = \dfrac{(n-1)!(n-r)}{(n-r)!} + r \times \dfrac{(n-1)!}{(n-r)!}$

$\qquad = \dfrac{(n-1)!}{(n-r)!} \times \{(n-r)+r\}$

$\qquad = \dfrac{(n-1)!}{(n-r)!} \times \boxed{㈏ n}$

$\qquad = \dfrac{\boxed{㈐ n!}}{(n-r)!} = {}_nP_r$

0978 답 ⑤

구하는 경우의 수는 10명의 회원 중에서 3명을 택하여 일렬로 세우는 경우의 수와 같으므로 $_{10}P_3 = 720$

0979 답 ②

구하는 경우의 수는 5명의 학생을 일렬로 세우는 경우의 수와 같으므로

$5! = 120$

0980 답 144

앞줄에 여학생이 앉을 경우의 수는 $3! = 6$

뒷줄에 남학생이 앉을 경우의 수는 $4! = 24$

따라서 구하는 경우의 수는 $6 \times 24 = 144$

0981 답 8

$_nP_2 = 56$이므로

$n(n-1) = 56 = 8 \times 7$ $\quad \therefore n = 8$

0982 답 ③

F와 A를 한 문자로 생각하여 5개의 문자를 일렬로 배열하는 경우의 수는 $5! = 120$

F와 A의 자리를 바꾸는 경우의 수는 $2! = 2$

따라서 구하는 경우의 수는 $120 \times 2 = 240$

0983 답 720

2개의 문자 e를 한 문자로 생각하여 6개의 문자를 일렬로 배열하는 경우의 수는 $6! = 720$

2개의 문자 e는 같은 문자이므로 자리를 바꾸는 경우의 수는 1

따라서 구하는 경우의 수는 $720 \times 1 = 720$

0984 답 3

고등학생 3명을 한 명으로 생각하여 $(n+1)$명을 일렬로 세우는 경우의 수는 $(n+1)!$

고등학생 3명의 자리를 바꾸는 경우의 수는 $3! = 6$

이때 고등학생끼리 이웃하게 세우는 경우의 수가 144이므로

$(n+1)! \times 6 = 144$ $\qquad\qquad \cdots\cdots$ ❶

$(n+1)! = 24 = 4!$

따라서 $n+1 = 4$이므로 $n = 3$ $\qquad\qquad \cdots\cdots$ ❷

채점 기준	
❶ 고등학생끼리 이웃하게 세우는 경우의 수를 이용하여 식 세우기	50 %
❷ n의 값 구하기	50 %

0985 답 480

자음인 b, s, k, t 4개를 일렬로 배열하는 경우의 수는 $4! = 24$

자음 사이사이와 양 끝의 5개의 자리에 모음인 a, e 2개를 배열하는 경우의 수는 $_5P_2 = 20$

$\lor$⑭$\lor$⑭$\lor$⑭$\lor$⑭$\lor$

따라서 구하는 경우의 수는

$24 \times 20 = 480$

0986 답 ⑤

홀수인 1, 3, 5가 적힌 3장의 카드를 일렬로 배열하는 경우의 수는 $3! = 6$

홀수가 적힌 카드 사이사이와 양 끝의 4개의 자리에 짝수인 2, 4가 적힌 2장의 카드를 배열하는 경우의 수는 $_4P_2 = 12$

$\lor$홀$\lor$홀$\lor$홀$\lor$

따라서 구하는 경우의 수는 $6 \times 12 = 72$

0987 답 144

자음은 h, s, n, g의 4개이고 모음은 o, u, i의 3개이므로 자음 4개를 일렬로 배열하고 그 사이사이에 모음 3개를 배열하면 된다.

따라서 구하는 경우의 수는

$4! \times 3! = 24 \times 6 = 144$

0988 답 288

1과 2를 한 숫자로 생각하여 5, 6, 7을 제외한 3개의 숫자를 일렬로 배열하는 경우의 수는 $3! = 6$

1과 2의 자리를 바꾸는 경우의 수는 $2! = 2$

3개의 숫자 사이사이와 양 끝의 4개의 자리에 5, 6, 7을 배열하는 경우의 수는

$\lor$①②$\lor$③$\lor$④$\lor$

$_4P_3 = 24$

따라서 구하는 경우의 수는

$6 \times 2 \times 24 = 288$

0989 답 ⑤

선생님, 학생의 순서로 교대로 서는 경우의 수는
$2! \times 2! = 2 \times 2 = 4$
학생, 선생님의 순서로 교대로 서는 경우의 수는
$2! \times 2! = 2 \times 2 = 4$
따라서 구하는 경우의 수는 $4 + 4 = 8$

0990 답 ④

6개의 의자 중에서 의자 3개에만 학생이 앉으므로 빈 의자는 3개이다.
빈 의자 사이사이와 양 끝의 4개의 자리에 $\lor$ 빈 $\lor$ 빈 $\lor$ 빈 $\lor$
학생이 앉은 의자 3개를 놓으면 되므로 구하
는 경우의 수는 $_4\mathrm{P}_3 = 24$

0991 답 720

여학생 3명 중 2명을 양 끝에 세우는 경우의 수는 $_3\mathrm{P}_2 = 6$
양 끝의 여학생 2명을 제외한 5명을 일렬로 세우는 경우의 수는
$5! = 120$
따라서 구하는 경우의 수는 $6 \times 120 = 720$

0992 답 ①

구하는 경우의 수는 준형이를 제외한 3명의 학생을 일렬로 세우는
경우의 수와 같으므로 $3! = 6$

0993 답 ②

승하, 선생님, 은서를 한 사람으로 생각하여 3명을 일렬로 세우는 경
우의 수는 $3! = 6$
승하와 은서가 자리를 바꾸는 경우의 수는 $2! = 2$
따라서 구하는 경우의 수는 $6 \times 2 = 12$

0994 답 ⑤

모음은 a, e의 2개이므로 2, 4, 6번째 자리 중 두 자리에 모음을 배
열하는 경우의 수는 $_3\mathrm{P}_2 = 6$
나머지 네 자리에 자음 4개를 배열하는 경우의 수는 $4! = 24$
따라서 구하는 경우의 수는 $6 \times 24 = 144$

0995 답 960

C와 G 사이에 C와 G를 제외한 5개의 문자 중 2개의 문자를 택하여
일렬로 배열하는 경우의 수는 $_5\mathrm{P}_2 = 20$
C와 G의 자리를 바꾸는 경우의 수는 $2! = 2$
C□□G를 한 문자로 생각하여 문자 4개를 일렬로 배열하는 경우의
수는 $4! = 24$
따라서 구하는 경우의 수는 $20 \times 2 \times 24 = 960$

0996 답 84

5개의 문자를 일렬로 배열하는 경우의 수는
$5! = 120$
자음은 r, t, h의 3개이므로 양 끝에 모두 자음이 오도록 배열하는
경우의 수는 $_3\mathrm{P}_2 \times 3! = 6 \times 6 = 36$
따라서 구하는 경우의 수는 $120 - 36 = 84$

0997 답 ①

8명의 학생 중에서 대표 1명, 부대표 1명을 뽑는 경우의 수는
$_8\mathrm{P}_2 = 56$
대표, 부대표 모두 남학생을 뽑는 경우의 수는
$_3\mathrm{P}_2 = 6$
따라서 구하는 경우의 수는
$56 - 6 = 50$

0998 답 ②

5개의 문자를 일렬로 배열하는 경우의 수는 $5! = 120$
A, C, E 중에서 어느 2개도 이웃하지 않도록 배열하는 경우의 수는
A, C, E를 일렬로 배열하고 그 사이사이에 B, D가 오도록 배열하
는 경우의 수와 같으므로 $3! \times 2! = 6 \times 2 = 12$
따라서 구하는 경우의 수는
$120 - 12 = 108$

0999 답 3

7개의 알파벳을 일렬로 배열하는 경우의 수는 $7! = 5040$
모음의 개수를 n이라 하면 양 끝에 모두 모음이 오도록 배열하는 경
우의 수는
$_n\mathrm{P}_2 \times 5! = 120 \times {}_n\mathrm{P}_2$
이때 적어도 한쪽 끝에 자음이 오도록 배열하는 경우의 수가 3600이
므로
$5040 - 120 \times {}_n\mathrm{P}_2 = 3600$, $120 \times {}_n\mathrm{P}_2 = 1440$ $\therefore {}_n\mathrm{P}_2 = 12$
즉, $n(n-1) = 12 = 4 \times 3$이므로 $n = 4$ $(\because n \geq 2)$
따라서 모음의 개수가 4이므로 자음의 개수는 $7 - 4 = 3$

1000 답 ③

5의 배수이려면 일의 자리의 숫자가 0 또는 5이어야 한다.
(i) 일의 자리의 숫자가 0인 5의 배수의 개수
  0을 제외한 6개의 숫자 중에서 3개를 택하여 일렬로 배열하는
  경우의 수와 같으므로 $_6\mathrm{P}_3 = 120$
(ii) 일의 자리의 숫자가 5인 5의 배수의 개수
  천의 자리에 올 수 있는 숫자는 0과 5를 제외한 5개
  백의 자리와 십의 자리의 숫자를 택하는 경우의 수는 천의 자리
  와 일의 자리에 오는 숫자를 제외한 5개의 숫자 중에서 2개를 택
  하여 일렬로 배열하는 경우의 수와 같으므로 $_5\mathrm{P}_2 = 20$
  따라서 일의 자리의 숫자가 5인 5의 배수의 개수는
  $5 \times 20 = 100$
(i), (ii)에서 구하는 5의 배수의 개수는
$120 + 100 = 220$

1001 답 100

백의 자리에 올 수 있는 숫자는 0을 제외한 5개
십의 자리와 일의 자리의 숫자를 택하는 경우의 수는 백의 자리에
오는 숫자를 제외한 5개의 숫자 중에서 2개를 택하여 일렬로 배열하
는 경우의 수와 같으므로 $_5\mathrm{P}_2 = 20$
따라서 구하는 자연수의 개수는 $5 \times 20 = 100$

1002 답 ③

홀수이려면 일의 자리의 숫자가 1 또는 3 또는 5이어야 한다.
(i) 일의 자리의 숫자가 1인 홀수의 개수
  1을 제외한 4개의 숫자 중에서 2개를 택하여 일렬로 배열하는
  경우의 수와 같으므로 $_4P_2=12$
(ii) 일의 자리의 숫자가 3인 홀수의 개수
  3을 제외한 4개의 숫자 중에서 2개를 택하여 일렬로 배열하는
  경우의 수와 같으므로 $_4P_2=12$
(iii) 일의 자리의 숫자가 5인 홀수의 개수
  5를 제외한 4개의 숫자 중에서도 2개를 택하여 일렬로 배열하는
  경우의 수와 같으므로 $_4P_2=12$
(i), (ii), (iii)에서 구하는 홀수의 개수는
$12+12+12=36$

1003 답 ②

3의 배수이려면 각 자리의 숫자의 합이 3의 배수이어야 하므로 4개의
숫자 1, 2, 3, 4에서 서로 다른 3개를 사용하여 3의 배수를 만드는 경
우는 (1, 2, 3) 또는 (2, 3, 4)의 두 가지이다.
이때 각 경우마다 만들 수 있는 세 자리의 자연수의 개수는
$3!=6$
따라서 구하는 3의 배수의 개수는
$2\times6=12$

1004 답 ③

각 자리의 숫자들의 합이 짝수이려면 세 자리의 숫자가 모두 짝수
또는 0이거나 두 자리의 숫자는 홀수, 한 자리의 숫자는 짝수 또는 0
이어야 한다.
(i) 세 자리의 숫자가 모두 짝수 또는 0인 경우
  백의 자리에 올 수 있는 숫자는 0을 제외한 짝수 4개
  십의 자리와 일의 자리의 숫자를 택하는 경우의 수는 백의 자리
  에 오는 짝수를 제외한 3개의 짝수와 0 중에서 2개를 택하여 일
  렬로 배열하는 경우의 수와 같으므로
  $_4P_2=12$
  따라서 자연수의 개수는 $4\times12=48$
(ii) 두 자리의 숫자는 홀수, 한 자리의 숫자는 짝수 또는 0인 경우
  ① (짝수, 홀수, 홀수)인 경우
    백의 자리에 올 수 있는 숫자는 0을 제외한 짝수 4개
    십의 자리와 일의 자리의 숫자를 택하는 경우의 수는 5개의
    홀수 중에서 2개를 택하여 일렬로 배열하는 경우의 수와 같
    으므로
    $_5P_2=20$
    따라서 자연수의 개수는 $4\times20=80$
  ② (홀수, 0 또는 짝수, 홀수)인 경우
    백의 자리에 올 수 있는 숫자는 홀수 5개
    십의 자리에 올 수 있는 숫자는 0 또는 짝수 5개
    일의 자리에 올 수 있는 숫자는 백의 자리에 오는 홀수를 제
    외한 홀수 4개
    따라서 자연수의 개수는 $5\times5\times4=100$

  ③ (홀수, 홀수, 0 또는 짝수)인 경우
    백의 자리와 십의 자리의 숫자를 택하는 경우의 수는 5개의
    홀수 중에서 2개를 택하여 일렬로 배열하는 경우의 수와 같
    으므로 $_5P_2=20$
    일의 자리에 올 수 있는 숫자는 0 또는 짝수 5개
    따라서 자연수의 개수는 $20\times5=100$
  ①, ②, ③에서 자연수의 개수는 $80+100+100=280$
(i), (ii)에서 구하는 자연수의 개수는
$48+280=328$

1005 답 79번째

a□□□□ 꼴인 문자열의 개수는 $4!=24$
m□□□□ 꼴인 문자열의 개수는 $4!=24$
r□□□□ 꼴인 문자열의 개수는 $4!=24$
sa□□□ 꼴인 문자열의 개수는 $3!=6$
sm□□□ 꼴인 문자열에서 smart는 첫 번째이므로 smart가 나
타내는 순서는
$24+24+24+6+1=79$(번째)

1006 답 ②

240보다 작은 세 자리의 자연수는 1□□, 20□, 21□, 23□ 꼴이
다.
1□□ 꼴인 자연수의 개수는 $_4P_2=12$
20□ 꼴인 자연수의 개수는 3
21□ 꼴인 자연수의 개수는 3
23□ 꼴인 자연수의 개수는 3
따라서 구하는 자연수의 개수는
$12+3+3+3=21$

1007 답 ③

a□□□□□ 꼴인 문자열의 개수는 $5!=120$
g□□□□□ 꼴인 문자열의 개수는 $5!=120$
ia□□□□ 꼴인 문자열의 개수는 $4!=24$
ig□□□□ 꼴인 문자열의 개수는 $4!=24$
ina□□□ 꼴인 문자열의 $3!=6$
이때 $120+120+24+24+6=294$이므로 295번째에 나타나는 문
자열은 ingasv이다.

1008 답 4523

6□□□ 꼴인 자연수의 개수는 $_5P_3=60$
5□□□ 꼴인 자연수의 개수는 $_5P_3=60$
46□□ 꼴인 자연수의 개수는 $_4P_2=12$
456□ 꼴인 자연수의 개수는 3
453□ 꼴인 자연수의 개수는 3
즉, 6543부터 4531까지의 자연수의 개수는
$60+60+12+3+3=138$
이때 4531보다 작은 수는 차례대로 4526, 4523, ...이므로 구하는
수는 4523이다.

1009 답 ⑤

(i) 뽑힌 카드에 적힌 수가 2의 배수인 경우는 15가지
(ii) 뽑힌 카드에 적힌 수가 3의 배수인 경우는 10가지
(iii) 뽑힌 카드에 적힌 수가 2와 3의 최소공배수인 6의 배수인 경우는 5가지
(i), (ii), (iii)에서 구하는 경우의 수는 $15+10-5=20$

1010 답 6

일의 자리에 올 수 있는 숫자는 3, 7의 2개
십의 자리에 올 수 있는 숫자는 일의 자리에 오는 숫자를 제외한 3개
따라서 구하는 홀수의 개수는 $2\times 3=6$

1011 답 ④

$(a+b+c)(x+y)^2=(a+b+c)(x^2+2xy+y^2)$에서 a, b, c에 곱해지는 항이 각각 x^2, $2xy$, y^2의 3개이므로 구하는 항의 개수는
$3\times 3=9$

1012 답 ③

$1350=2\times 3^3\times 5^2$이고 홀수는 2를 소인수로 갖지 않으므로 1350의 양의 약수 중 홀수의 개수는 $3^3\times 5^2$의 양의 약수의 개수와 같다.
따라서 구하는 홀수인 양의 약수의 개수는
$(3+1)(2+1)=12$

1013 답 ③

(i) A → B → C → A로 가는 경우의 수는 $3\times 5\times 2=30$
(ii) A → C → B → A로 가는 경우의 수는 $2\times 5\times 3=30$
(i), (ii)에서 구하는 경우의 수는 $30+30=60$

1014 답 ①

ㄱ. 1000원짜리 지폐로 지불할 수 있는 방법은
　0장, 1장의 2가지
　500원짜리 동전으로 지불할 수 있는 방법은
　0개, 1개, 2개, 3개, 4개, 5개의 6가지
　100원짜리 동전으로 지불할 수 있는 방법은
　0개, 1개, 2개, ..., 10개의 11가지
　이때 0원을 지불하는 경우를 제외해야 하므로 지불할 수 있는 방법의 수는 $2\times 6\times 11-1=131$
ㄴ. 500원짜리 동전 2개로 지불할 수 있는 금액과 1000원짜리 지폐 1장으로 지불할 수 있는 금액이 같고, 100원짜리 동전 5개로 지불할 수 있는 금액과 500원짜리 동전 1개로 지불할 수 있는 금액이 같으므로 1000원짜리 지폐 1장과 500원짜리 동전 5개를 모두 100원짜리 동전 35개로 바꾸면 지불할 수 있는 금액의 수는 100원짜리 동전 45개로 지불할 수 있는 금액의 수와 같다.
　100원짜리 동전으로 지불할 수 있는 금액은
　0원, 100원, 200원, ..., 4500원의 46가지
　이때 0원을 지불하는 경우를 제외해야 하므로 지불할 수 있는 금액의 수는 $46-1=45$

ㄷ. 1000원짜리 지폐 x장, 500원짜리 동전 y개, 100원짜리 동전 z개로 지불한다고 하면 그 금액의 합이 2000원이므로
　$1000x+500y+100z=2000$
　$\therefore 10x+5y+z=20$　……　㉠
　따라서 구하는 방법의 수는 방정식 ㉠을 만족시키는 음이 아닌 정수 x, y, z의 순서쌍 (x, y, z)의 개수와 같다.
　(i) $x=0$일 때, $5y+z=20$이므로 순서쌍 (y, z)는
　　$(4, 0)$, $(3, 5)$, $(2, 10)$의 3개
　(ii) $x=1$일 때, $5y+z=10$이므로 순서쌍 (y, z)는
　　$(2, 0)$, $(1, 5)$, $(0, 10)$의 3개
　(i), (ii)에서 지불하는 방법의 수는
　　$3+3=6$
따라서 보기에서 옳은 것은 ㄱ이다.

1015 답 9

$a_3=3$, $a_k\neq k(k=1, 2, 4, 5)$를 만족시키는 경우를 수형도로 나타내면 오른쪽과 같다.
따라서 구하는 자연수의 개수는 9이다.

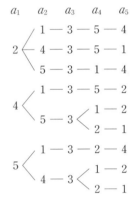

1016 답 7

$_{n+1}\mathrm{P}_3-6\times{}_n\mathrm{P}_2=14\times{}_{n-1}\mathrm{P}_1$에서
$(n+1)n(n-1)-6n(n-1)=14(n-1)$
이때 $_n\mathrm{P}_2$에서 $n\geq 2$이므로 양변을 $n-1$로 나누면
$n(n+1)-6n=14$
$n^2-5n-14=0$
$(n+2)(n-7)=0$
$\therefore n=-2$ 또는 $n=7$
그런데 $n\geq 2$이므로 $n=7$

1017 답 336

구하는 경우의 수는 8명의 학생 중에서 3명을 택하여 일렬로 세우는 경우의 수와 같으므로
$_8\mathrm{P}_3=336$

1018 답 ⑤

모음인 u, i, o를 한 문자로 생각하여 4개의 문자를 일렬로 배열하는 경우의 수는 $4!=24$
모음 u, i, o끼리 자리를 바꾸는 경우의 수는 $3!=6$
따라서 구하는 경우의 수는
$24\times 6=144$

1019 답 ④

팬 5명을 일렬로 세우는 경우의 수는 $5!=120$
팬들 사이사이와 양 끝의 6개의 자리에 가수 2명을 세우는 경우의
수는 $_6P_2=30$
따라서 구하는 경우의 수는
$120\times30=3600$

1020 답 ①

구하는 경우의 수는 F를 제외한 나머지 5곡 중에서 3곡을 택하여 일
렬로 배열하는 경우의 수와 같으므로
$_5P_3=60$

1021 답 ②

현서와 현아를 제외한 나머지 가족 3명을 일렬로 세우는 경우의 수
는 $3!=6$
현서와 현아가 양 끝에 서는 경우의 수는 $2!=2$
따라서 구하는 경우의 수는
$6\times2=12$

1022 답 288

M과 P 사이에 모음 I, O, E 중 2개를 택하여 일렬로 배열하는 경
우의 수는 $_3P_2=6$
M과 P의 자리를 바꾸는 경우의 수는 $2!=2$
M□□P를 한 문자로 생각하여 문자 4개를 일렬로 배열하는 경우
의 수는 $4!=24$
따라서 구하는 경우의 수는
$6\times2\times24=288$

1023 답 84

5개의 인형을 일렬로 진열하는 경우의 수는 $5!=120$
양 끝에 B 회사의 인형이 오도록 진열하는 경우의 수는
$_3P_2\times3!=6\times6=36$
따라서 구하는 경우의 수는
$120-36=84$

1024 답 ⑤

짝수이려면 일의 자리의 숫자가 0 또는 2 또는 4이어야 한다.
(i) 일의 자리의 숫자가 0인 짝수의 개수
   0을 제외한 4개의 숫자 중에서 2개를 택하여 일렬로 배열하는
   경우의 수와 같으므로
   $_4P_2=12$
(ii) 일의 자리의 숫자가 2인 짝수의 개수
   백의 자리에 올 수 있는 숫자는 0과 2를 제외한 3개, 십의 자리
   에 올 수 있는 숫자는 백의 자리에 오는 숫자와 2를 제외한 3개
   이므로 일의 자리의 숫자가 2인 짝수의 개수는
   $3\times3=9$
(iii) 일의 자리의 숫자가 4인 짝수의 개수
   (ii)와 같은 방법으로 $3\times3=9$
(i), (ii), (iii)에서 구하는 짝수의 개수는
$12+9+9=30$

1025 답 66

3200보다 큰 네 자리의 자연수는 32□□, 34□□, 35□□,
4□□□, 5□□□ 꼴이다.
32□□ 꼴인 자연수의 개수는 $_3P_2=6$
34□□ 꼴인 자연수의 개수는 $_3P_2=6$
35□□ 꼴인 자연수의 개수는 $_3P_2=6$
4□□□ 꼴인 자연수의 개수는 $_4P_3=24$
5□□□ 꼴인 자연수의 개수는 $_4P_3=24$
따라서 구하는 자연수의 개수는 $6+6+6+24+24=66$

1026 답 ③

7□□□ 꼴인 자연수의 개수는 $_6P_3=120$
6□□□ 꼴인 자연수의 개수는 $_6P_3=120$
5□□□ 꼴인 자연수의 개수는 $_6P_3=120$
47□□ 꼴인 자연수의 개수는 $_5P_2=20$
즉, 7654부터 4712까지의 자연수의 개수는
$120+120+120+20=380$
이때 4712보다 작은 수는 차례로 4675, 4673, 4672, 4671, …이
므로 구하는 수는 4671이다.

1027 답 16

x, y, z가 자연수이므로 $x+2y+3z$가 될 수 있는 값은 10, 11, 12
이다. ...... ❶
(i) $x+2y+3z=10$일 때, 순서쌍 (x, y, z)는
   $(5, 1, 1), (3, 2, 1), (1, 3, 1), (2, 1, 2)$의 4개
(ii) $x+2y+3z=11$일 때, 순서쌍 (x, y, z)는
   $(6, 1, 1), (4, 2, 1), (2, 3, 1), (3, 1, 2), (1, 2, 2)$의 5개
(iii) $x+2y+3z=12$일 때, 순서쌍 (x, y, z)는
   $(7, 1, 1), (5, 2, 1), (3, 3, 1), (1, 4, 1), (4, 1, 2), (2, 2, 2),$
   $(1, 1, 3)$의 7개 ...... ❷
(i), (ii), (iii)에서 구하는 순서쌍 (x, y, z)의 개수는
$4+5+7=16$ ...... ❸

채점 기준

❶ $x+2y+3z$가 될 수 있는 값 구하기	20%
❷ $x+2y+3z$의 값이 10, 11, 12일 때, 순서쌍 (x, y, z)의 개수 구하기	60%
❸ 순서쌍 (x, y, z)의 개수 구하기	20%

1028 답 540

A에 칠할 수 있는 색은 5가지
B에 칠할 수 있는 색은 A에 칠한 색을 제외한 4가지
C에 칠할 수 있는 색은 A와 B에 칠한 색을 제외한 3가지
D에 칠할 수 있는 색은 A와 C에 칠한 색을 제외한 3가지
E에 칠할 수 있는 색은 A와 D에 칠한 색을 제외한 3가지 ...... ❶
따라서 구하는 경우의 수는 $5\times4\times3\times3\times3=540$ ...... ❷

채점 기준

❶ A, B, C, D, E에 각각 칠할 수 있는 경우의 수 구하기	70%
❷ 칠하는 경우의 수 구하기	30%

1029 답 1584

이웃하지 않는 특정한 남학생 3명을 제외한 남학생 1명과 여학생 3명이 일렬로 앉는 경우의 수는 $4!=24$

남학생 1명과 여학생 3명의 사이사이와 양 끝의 5개의 자리에 특정한 남학생 3명이 앉는 경우의 수는 ${}_5P_3=60$

$\therefore a=24\times 60=1440$ …… ⅰ

남학생은 4명이고 여학생은 3명이므로 여학생과 남학생이 교대로 앉으려면 남학생 4명이 일렬로 앉고 그 사이사이에 여학생 3명이 앉으면 된다.

$\therefore b=4!\times 3!=24\times 6=144$ …… ⅱ

$\therefore a+b=1440+144=1584$ …… ⅲ

채점 기준

ⅰ a의 값 구하기	40 %
ⅱ b의 값 구하기	40 %
ⅲ $a+b$의 값 구하기	20 %

C 실력 향상 161쪽

1030 답 30

이차함수 $y=x^2-(a+b)x+ab$의 그래프가 직선 $y=-4$와 만나지 않으려면 이차방정식 $x^2-(a+b)x+ab=-4$, 즉 $x^2-(a+b)x+ab+4=0$의 판별식을 D라 할 때

$D=(a+b)^2-4(ab+4)<0$

$(a-b)^2-16<0$, $(a-b)^2<16$

$\therefore -4<a-b<4$

(i) $a-b=-3$일 때

순서쌍 (a, b)는 $(1, 4)$, $(2, 5)$, $(3, 6)$의 3개

(ii) $a-b=-2$일 때

순서쌍 (a, b)는 $(1, 3)$, $(2, 4)$, $(3, 5)$, $(4, 6)$의 4개

(iii) $a-b=-1$일 때

순서쌍 (a, b)는 $(1, 2)$, $(2, 3)$, $(3, 4)$, $(4, 5)$, $(5, 6)$의 5개

(iv) $a-b=0$일 때

순서쌍 (a, b)는 $(1, 1)$, $(2, 2)$, $(3, 3)$, $(4, 4)$, $(5, 5)$, $(6, 6)$의 6개

(v) $a-b=1$일 때

순서쌍 (a, b)는 $(2, 1)$, $(3, 2)$, $(4, 3)$, $(5, 4)$, $(6, 5)$의 5개

(vi) $a-b=2$일 때

순서쌍 (a, b)는 $(3, 1)$, $(4, 2)$, $(5, 3)$, $(6, 4)$의 4개

(vii) $a-b=3$일 때

순서쌍 (a, b)는 $(4, 1)$, $(5, 2)$, $(6, 3)$의 3개

(i)~(vii)에서 구하는 순서쌍 (a, b)의 개수는

$3+4+5+6+5+4+3=30$

1031 답 ⑤

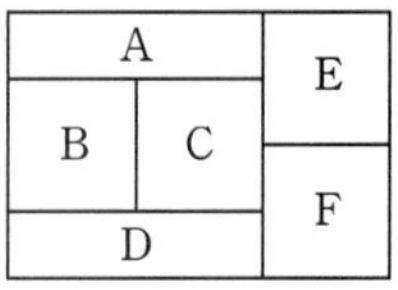

오른쪽 그림과 같이 각 영역을 A, B, C, D, E, F라 하자.

C에 칠할 수 있는 색은 n가지

B에 칠할 수 있는 색은 C에 칠한 색을 제외한 $(n-1)$가지

A에 칠할 수 있는 색은 B와 C에 칠한 색을 제외한 $(n-2)$가지

D에 칠할 수 있는 색은 B와 C에 칠한 색을 제외한 $(n-2)$가지

F에 칠할 수 있는 색은 C와 D에 칠한 색을 제외한 $(n-2)$가지

E에 칠할 수 있는 색은 A, C, F에 칠한 색을 제외한 $(n-3)$가지

$\therefore f(n)=n(n-1)(n-2)^3(n-3)$

따라서 $f(4)=4\times 3\times 2^3\times 1=96$,

$f(6)=6\times 5\times 4^3\times 3=5760$이므로

$f(4)+f(6)=5856$

1032 답 576

(가)에서 A와 B가 앉는 줄을 고르는 경우의 수는 ${}_3P_1=3$

A와 B가 자리를 바꾸는 경우의 수는 $2!=2$

따라서 A와 B가 이웃하여 앉는 경우의 수는

$3\times 2=6$

A와 B가 앉은 좌석을 제외한 5개의 좌석에 C와 D가 앉는 경우의 수는 ${}_5P_2=20$

C와 D가 이웃하여 앉는 경우의 수는

${}_2P_1\times 2!=2\times 2=4$

따라서 C와 D가 이웃하여 앉지 않는 경우의 수는

$20-4=16$

A, B, C, D가 앉은 좌석을 제외한 나머지 3개의 좌석에 E, F, G가 앉는 경우의 수는 $3!=6$

따라서 구하는 경우의 수는

$6\times 16\times 6=576$

1033 답 ②

6개의 문자를 일렬로 배열하는 경우의 수는 $6!=720$

AB를 한 문자로 생각하여 5개의 문자를 일렬로 배열하는 경우의 수는 $5!=120$

BC를 한 문자로 생각하여 5개의 문자를 일렬로 배열하는 경우의 수는 $5!=120$

CA를 한 문자로 생각하여 5개의 문자를 일렬로 배열하는 경우의 수는 $5!=120$

ABC를 한 문자로 생각하여 4개의 문자를 일렬로 배열하는 경우의 수는 $4!=24$

BCA를 한 문자로 생각하여 4개의 문자를 일렬로 배열하는 경우의 수는 $4!=24$

CAB를 한 문자로 생각하여 4개의 문자를 일렬로 배열하는 경우의 수는 $4!=24$

따라서 구하는 문자열의 개수는

$720-\{(120+120+120)-(24+24+24)\}=432$

10 / 조합

162~163쪽

A 개념 확인

1034 답 15

$_6C_2=\dfrac{6\times5}{2\times1}=15$

1035 답 36

$_9C_7=_9C_2=\dfrac{9\times8}{2\times1}=36$

1036 답 1

1037 답 1

1038 답 7

$_nC_3=_nC_{n-3}$이므로

$n-3=4$ ∴ $n=7$

1039 답 8

$_nC_7=_nC_{n-7}$이므로

$n-7=1$ ∴ $n=8$

1040 답 6

$_8C_r=_8C_{8-r}$이므로

$8-r=2$ ∴ $r=6$

1041 답 7

$_{10}C_r=_{10}C_{10-r}$이므로

$10-r=r-4$

$-2r=-14$ ∴ $r=7$

1042 답 4

$_nC_2=\dfrac{n(n-1)}{2\times1}=6$

즉, $n(n-1)=12=4\times3$이므로

$n=4$ (∵ n은 자연수)

1043 답 7

$_nC_3=\dfrac{n(n-1)(n-2)}{3\times2\times1}=35$

즉, $n(n-1)(n-2)=210=7\times6\times5$이므로

$n=7$ (∵ n은 자연수)

1044 답 5

$_{n+1}C_2=\dfrac{(n+1)n}{2\times1}=15$

즉, $(n+1)n=30=6\times5$이므로

$n=5$ (∵ n은 자연수)

1045 답 1 또는 11

$_{12}C_1=_{12}C_{11}=12$이므로

$r=1$ 또는 $r=11$

1046 답 66

$_{12}C_2=\dfrac{12\times11}{2\times1}=66$

1047 답 455

$_{15}C_3=\dfrac{15\times14\times13}{3\times2\times1}=455$

1048 답 210

학생 10명 중에서 4명을 뽑는 경우의 수는

$_{10}C_4=\dfrac{10\times9\times8\times7}{4\times3\times2\times1}=210$

1049 답 4

여학생 4명 중에서 3명을 뽑는 경우의 수는 $_4C_3=_4C_1=4$

1050 답 15

$_6C_2=\dfrac{6\times5}{2\times1}=15$

1051 답 20

$_6C_3=\dfrac{6\times5\times4}{3\times2\times1}=20$

1052 답 60

$_6C_3\times_3C_2\times_1C_1=_6C_3\times_3C_1\times_1C_1=\dfrac{6\times5\times4}{3\times2\times1}\times3\times1=60$

B 유형 완성

164~169쪽

1053 답 ②

$_nC_2+_{n+1}C_2=_{n+3}C_2$에서

$\dfrac{n(n-1)}{2\times1}+\dfrac{(n+1)n}{2\times1}=\dfrac{(n+3)(n+2)}{2\times1}$

$n(n-1)+n(n+1)=(n+3)(n+2)$

$n^2-5n-6=0$, $(n+1)(n-6)=0$

∴ $n=-1$ 또는 $n=6$

이때 $_nC_2$에서 $n\geq2$이므로 $n=6$

1054 답 ⑤

$_{44}C_{n^2}=_{44}C_{5n-6}$에서

$n^2=5n-6$ 또는 $44-n^2=5n-6$

(i) $n^2=5n-6$에서 $n^2-5n+6=0$

　　$(n-2)(n-3)=0$

　　∴ $n=2$ 또는 $n=3$

(ii) $44-n^2=5n-6$에서 $n^2+5n-50=0$

$(n+10)(n-5)=0$ ∴ $n=5$ ($\because n$은 자연수)

(i), (ii)에서 자연수 n의 값은 2, 3, 5이므로 구하는 n의 값의 합은

$2+3+5=10$

1055 답 ③

$_{n+1}\mathrm{P}_2+_{n+1}\mathrm{C}_{n-1}=63$에서

$(n+1)n+\dfrac{(n+1)!}{(n-1)!2!}=63$

$(n+1)n+\dfrac{(n+1)n}{2\times1}=63$, $\dfrac{3n(n+1)}{2}=63$

$n(n+1)=42=6\times7$

∴ $n=6$ ($\because n$은 자연수)

1056 답 −5

주어진 이차방정식에서 근과 계수의 관계에 의하여

$\alpha+\beta=\dfrac{2\times{_n}\mathrm{C}_3}{{_n}\mathrm{C}_2}$, $\alpha\beta=\dfrac{-2\times{_n}\mathrm{C}_4}{{_n}\mathrm{C}_2}$ ...... ❶

이때 $\alpha+\beta=4$이므로

$\dfrac{2\times{_n}\mathrm{C}_3}{{_n}\mathrm{C}_2}=4$, $_n\mathrm{C}_3=2\times{_n}\mathrm{C}_2$

$\dfrac{n(n-1)(n-2)}{3\times2\times1}=2\times\dfrac{n(n-1)}{2\times1}$

$_n\mathrm{C}_4$에서 $n\geq4$이므로

$n-2=6$ ∴ $n=8$ ...... ❷

∴ $\alpha\beta=\dfrac{-2\times{_8}\mathrm{C}_4}{{_8}\mathrm{C}_2}=\dfrac{-2\times70}{28}=-5$ ...... ❸

채점 기준

❶ α, β에 대한 관계식 세우기	20 %
❷ n의 값 구하기	50 %
❸ $\alpha\beta$의 값 구하기	30 %

1057 답 18

장래 희망이 프로그래머인 학생 4명 중에서 2명을 뽑는 경우의 수는

$_4\mathrm{C}_2=6$

장래 희망이 디자이너인 학생 3명 중에서 1명을 뽑는 경우의 수는

$_3\mathrm{C}_1=3$

따라서 구하는 경우의 수는

$6\times3=18$

1058 답 ④

연극반 학생 8명 중에서 주인공 1명을 뽑는 경우의 수는

$_8\mathrm{C}_1=8$

나머지 학생 7명 중에서 주인공 외 출연자 2명을 뽑는 경우의 수는

$_7\mathrm{C}_2=21$

따라서 구하는 경우의 수는

$8\times21=168$

1059 답 12

$_n\mathrm{C}_2=66$이므로 $\dfrac{n(n-1)}{2\times1}=66$

$n(n-1)=132=12\times11$ ∴ $n=12$ ($\because n\geq2$)

1060 답 ②

선택한 카드에 적혀 있는 수의 합이 짝수이려면 홀수가 적혀 있는 카드 2장, 짝수가 적혀 있는 카드 3장 또는 홀수가 적혀 있는 카드 4장, 짝수가 적혀 있는 카드 1장을 택해야 한다.

(i) 홀수가 적혀 있는 카드 2장, 짝수가 적혀 있는 카드 3장을 택할 경우의 수는 $_4\mathrm{C}_2\times{_4}\mathrm{C}_3={_4}\mathrm{C}_2\times{_4}\mathrm{C}_1=6\times4=24$

(ii) 홀수가 적혀 있는 카드 4장, 짝수가 적혀 있는 카드 1장을 택할 경우의 수는 $_4\mathrm{C}_4\times{_4}\mathrm{C}_1=1\times4=4$

(i), (ii)에서 구하는 경우의 수는

$24+4=28$

1061 답 21

$2<a<b\leq9$를 만족시키는 자연수 a, b는 7개의 자연수 3, 4, 5, 6, 7, 8, 9 중에서 서로 다른 2개를 뽑아 크기가 작은 순서대로 a, b로 정하면 되므로 순서쌍 (a, b)의 개수는

$_7\mathrm{C}_2=21$

1062 답 450

(나)에서 각 바구니에 빨간색 공은 0개 또는 1개 넣을 수 있으므로 빨간색 공을 바구니에 넣는 경우의 수는

$_5\mathrm{C}_3={_5}\mathrm{C}_2=10$

(가)에서 각 바구니에 공을 1개씩은 넣어야 하므로 빨간색 공을 넣지 않은 2개의 빈 바구니에 파란색 공을 1개씩 넣으면 남은 4개의 파란색 공을 넣는 경우는 다음과 같다.

(i) 2개의 바구니에 각각 2개씩 넣는 경우의 수는 $_5\mathrm{C}_2=10$

(ii) 3개의 바구니에 각각 2개, 1개, 1개씩 넣는 경우의 수는

$_5\mathrm{C}_3\times{_3}\mathrm{C}_1={_5}\mathrm{C}_2\times{_3}\mathrm{C}_1=10\times3=30$

(iii) 4개의 바구니에 각각 1개씩 넣는 경우의 수는 $_5\mathrm{C}_4={_5}\mathrm{C}_1=5$

(i), (ii), (iii)에서 파란색 공을 바구니에 넣는 경우의 수는

$10+30+5=45$

따라서 구하는 경우의 수는

$10\times45=450$

1063 답 15

구하는 경우의 수는 현수와 정민이를 제외한 6명의 회원 중에서 2명을 뽑는 경우의 수와 같으므로

$_6\mathrm{C}_2=15$

1064 답 ②

구하는 경우의 수는 빨간색, 주황색, 노란색을 제외한 4가지 색 중에서 2가지 색을 택하는 경우의 수와 같으므로

$_4\mathrm{C}_2=6$

1065 답 100

특정한 1학년 학생 1명을 제외한 1학년 학생 5명 중에서 3명을 뽑는 경우의 수는 $_5\mathrm{C}_3={_5}\mathrm{C}_2=10$

특정한 2학년 학생 2명을 제외한 2학년 학생 5명 중에서 2명을 뽑는 경우의 수는 $_5\mathrm{C}_2=10$

따라서 구하는 경우의 수는 $10\times10=100$

1066 답 60

연희가 5가지 체험 프로그램 중에서 2가지를 택하는 경우의 수는

$_5C_2=10$

민아가 연희가 택한 2가지 체험 프로그램 중에서 하나를 택하고, 연희가 택하지 않은 3가지 체험 프로그램 중에서 하나를 택하는 경우의 수는

$_2C_1 \times _3C_1 = 2 \times 3 = 6$

따라서 구하는 경우의 수는

$10 \times 6 = 60$

다른 풀이

5가지 체험 프로그램 중에서 연희와 민아가 공통으로 체험하는 프로그램을 택하는 경우의 수는

$_5C_1=5$

남은 4가지 체험 프로그램 중에서 연희와 민아가 각각 체험할 프로그램을 하나씩 택하는 경우의 수는

$_4P_2=12$

따라서 구하는 경우의 수는

$5 \times 12 = 60$

1067 답 294

11권의 책 중에서 4권을 택하는 경우의 수는

$_{11}C_4=330$

소설책만 4권을 택하는 경우의 수는

$_7C_4 = _7C_3 = 35$

수필집만 4권을 택하는 경우의 수는

$_4C_4=1$

따라서 구하는 경우의 수는

$330-(35+1)=294$

1068 답 205

10명 중에서 4명을 뽑는 경우의 수는

$_{10}C_4=210$

남자 5명 중에서 4명을 뽑는 경우의 수는

$_5C_4 = _5C_1 = 5$

따라서 구하는 경우의 수는

$210-5=205$

1069 답 ③

11켤레의 신발 중에서 4켤레를 택하는 경우의 수는

$_{11}C_4=330$

(i) 구두를 1켤레도 포함하지 않고 택하는 경우의 수

운동화와 슬리퍼 중에서 4켤레를 택하는 경우의 수와 같으므로

$_6C_4 = _6C_2 = 15$

(ii) 구두가 1켤레 포함되도록 택하는 경우의 수

구두 중에서 1켤레를 택하고 운동화와 슬리퍼 중에서 3켤레를 택하는 경우의 수와 같으므로

$_5C_1 \times _6C_3 = 5 \times 20 = 100$

(i), (ii)에서 구하는 경우의 수는 $330-(15+100)=215$

1070 답 7명

12명의 학생 중에서 3명을 뽑는 경우의 수는 $_{12}C_3=220$ ····· **❶**

2학년 학생을 n명이라 하면 2학년 학생 중에서 3명을 뽑는 경우의 수는 $_nC_3$

이때 1학년 학생이 적어도 1명 포함되도록 뽑는 경우의 수가 210이므로

$220 - _nC_3 = 210$

$_nC_3 = 10$, $\dfrac{n(n-1)(n-2)}{3 \times 2 \times 1} = 10$

$n(n-1)(n-2) = 60 = 5 \times 4 \times 3$

$\therefore n=5$ ($\because n$은 자연수) ····· **❷**

따라서 2학년 학생이 5명이므로 1학년 학생은

$12-5=7$(명) ····· **❸**

채점 기준

❶ 모든 경우의 수 구하기		30 %
❷ 2학년 학생 수 구하기		50 %
❸ 1학년 학생 수 구하기		20 %

1071 답 1440

홀수 1, 3, 5, 7, 9의 5개 중에서 2개를 택하는 경우의 수는

$_5C_2=10$

짝수 2, 4, 6, 8의 4개 중에서 2개를 택하는 경우의 수는

$_4C_2=6$

4개의 수를 일렬로 배열하는 경우의 수는 $4!=24$

따라서 구하는 비밀번호의 개수는

$10 \times 6 \times 24 = 1440$

1072 답 ③

연우와 찬호를 제외한 학생 5명 중에서 2명을 뽑는 경우의 수는

$_5C_2=10$

연우와 찬호를 한 사람으로 생각하여 3명을 일렬로 세우는 경우의 수는 $3!=6$

연우와 찬호가 자리를 바꾸는 경우의 수는 $2!=2$

따라서 구하는 경우의 수는 $10 \times 6 \times 2 = 120$

1073 답 11

세 가로줄에 물건을 1개, 2개, 3개의 순서로 넣는 경우의 수를 구해 보자.

6개의 물건 중에서 1개를 뽑고, 한 가로줄에서 물건을 넣을 보관함 1칸을 택하여 배정하는 경우의 수는 $_6C_1 \times _3P_1 = 2 \times 3^2$

남은 5개의 물건 중에서 2개를 뽑고, 한 가로줄에서 물건을 넣을 보관함 2칸을 택하여 배정하는 경우의 수는 $_5C_2 \times _3P_2 = 2^2 \times 3 \times 5$

남은 3개의 물건 중에서 3개를 뽑고, 한 가로줄에서 물건을 넣을 보관함 3칸을 택하여 배정하는 경우의 수는 $_3C_3 \times 3! = 2 \times 3$

따라서 세 가로줄에 물건을 1개, 2개, 3개의 순서로 넣는 경우의 수는

$(2 \times 3^2) \times (2^2 \times 3 \times 5) \times (2 \times 3) = 2^4 \times 3^4 \times 5$

이때 세 가로줄 중에서 물건을 각각 1개, 2개, 3개 넣는 가로줄을 정하는 경우의 수는 $3! = 2 \times 3$

따라서 구하는 경우의 수는 $(2^4 \times 3^4 \times 5) \times (2 \times 3) = 2^5 \times 3^5 \times 5$

$\therefore a+b+c = 5+5+1 = 11$

1074 답 ③

구하는 직선의 개수는 6개의 점 중에서 2개를 택하는 경우의 수와 같으므로

$_6C_2 = 15$

1075 답 14

평행한 두 직선 위의 점을 하나씩 택하여 만들 수 있는 직선의 개수는

$_3C_1 \times _4C_1 = 3 \times 4 = 12$

이때 주어진 직선 2개를 포함하면 구하는 직선의 개수는

$12 + 2 = 14$

1076 답 41

11개의 점 중에서 2개를 택하는 경우의 수는

$_{11}C_2 = 55$

한 직선 위에 있는 6개의 점 중에서 2개를 택하는 경우의 수는

$_6C_2 = 15$

이때 한 직선 위에 있는 점으로 만들 수 있는 직선은 1개뿐이므로 구하는 직선의 개수는

$55 - 15 + 1 = 41$

1077 답 ①

구하는 대각선의 개수는 10개의 꼭짓점 중에서 2개를 택하여 만들 수 있는 선분의 개수에서 십각형의 변의 개수를 뺀 것과 같으므로

$_{10}C_2 - 10 = 45 - 10 = 35$

1078 답 ②

n각형의 대각선의 개수가 65라 하면

$_nC_2 - n = 65$

$\dfrac{n(n-1)}{2 \times 1} - n = 65$

$n^2 - 3n - 130 = 0$

$(n+10)(n-13) = 0$

$\therefore n = -10$ 또는 $n = 13$

이때 $n > 3$이므로 $n = 13$

따라서 구하는 다각형의 꼭짓점의 개수는 13이다.

1079 답 ④

서로 다른 대각선의 교점은 꼭짓점을 공유하지 않는 두 대각선으로 결정되고, 이 두 대각선은 4개의 꼭짓점으로 결정된다.

따라서 구하는 대각선의 교점의 최대 개수는 9개의 꼭짓점 중에서 4개를 택하는 경우의 수와 같으므로

$_9C_4 = 126$

1080 답 110

10개의 점 중에서 3개를 택하는 경우의 수는

$_{10}C_3 = 120$

한 직선 위에 있는 5개의 점 중에서 3개를 택하는 경우의 수는

$_5C_3 = _5C_2 = 10$

이때 한 직선 위에 있는 3개의 점으로는 삼각형을 만들 수 없으므로 구하는 삼각형의 개수는

$120 - 10 = 110$

1081 답 ②

구하는 사각형의 개수는 7개의 점 중에서 4개를 택하는 경우의 수와 같으므로

$_7C_4 = _7C_3 = 35$

1082 답 72

9개의 점 중에서 3개를 택하는 경우의 수는

$_9C_3 = 84$

한 직선 위에 있는 4개의 점 중에서 3개를 택하는 경우의 수는

$_4C_3 = _4C_1 = 4$

이때 한 직선 위에 4개의 점이 있는 직선은 3개이고, 한 직선 위에 있는 3개의 점으로는 삼각형을 만들 수 없으므로 구하는 삼각형의 개수는

$84 - 3 \times 4 = 72$

1083 답 18

가로 방향의 평행한 직선 4개 중에서 2개, 세로 방향의 평행한 직선 3개 중에서 2개를 택하면 한 개의 평행사변형이 결정되므로 구하는 평행사변형의 개수는

$_4C_2 \times _3C_2 = _4C_2 \times _3C_1 = 6 \times 3 = 18$

1084 답 ④

(i) l_1, l_2, l_3 중에서 2개를 택하고, m_1, m_2 를 택하는 경우의 수는

$_3C_2 \times _2C_2 = _3C_1 \times _2C_2 = 3 \times 1 = 3$

(ii) m_1, m_2를 택하고, n_1, n_2, n_3 중에서 2 개를 택하는 경우의 수는

$_2C_2 \times _3C_2 = _2C_2 \times _3C_1 = 1 \times 3 = 3$

(iii) l_1, l_2, l_3 중에서 2개, n_1, n_2, n_3 중에서 2개를 택하는 경우의 수는

$_3C_2 \times _3C_2 = _3C_1 \times _3C_1 = 3 \times 3 = 9$

(i), (ii), (iii)에서 구하는 평행사변형의 개수는

$3 + 3 + 9 = 15$

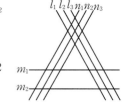

1085 답 10

가로 방향으로 놓인 3개의 선 중에서 2개, 세로 방향으로 놓인 4개의 선 중에서 2개를 택하면 한 개의 직사각형이 결정되므로 직사각형의 개수는

$_3C_2 \times _4C_2 = _3C_1 \times _4C_2$

$= 3 \times 6 = 18$ ⋯⋯ ❶

작은 정사각형의 한 변의 길이를 1이라 하면 정사각형의 개수는 한 변의 길이가 1인 것이 6개, 2인 것이 2개이므로

$6 + 2 = 8$ ⋯⋯ ❷

따라서 구하는 정사각형이 아닌 직사각형의 개수는

$18 - 8 = 10$ ⋯⋯ ❸

채점 기준

ⓘ 직사각형의 개수 구하기	40 %
ⓘⓘ 정사각형의 개수 구하기	40 %
ⓘⓘⓘ 정사각형이 아닌 직사각형의 개수 구하기	20 %

1086 답 ⑤

사탕 6개를 똑같은 상자 3개에 빈 상자가 없도록 나누어 담을 때, 각 상자에 담을 수 있는 사탕의 개수는

1, 1, 4 또는 1, 2, 3 또는 2, 2, 2

(ⅰ) 1개, 1개, 4개로 나누어 담는 경우의 수는

$$_6C_1 \times _5C_1 \times _4C_4 \times \frac{1}{2!} = 6 \times 5 \times 1 \times \frac{1}{2} = 15$$

(ⅱ) 1개, 2개, 3개로 나누어 담는 경우의 수는

$$_6C_1 \times _5C_2 \times _3C_3 = 6 \times 10 \times 1 = 60$$

(ⅲ) 2개, 2개, 2개로 나누어 담는 경우의 수는

$$_6C_2 \times _4C_2 \times _2C_2 \times \frac{1}{3!} = 15 \times 6 \times 1 \times \frac{1}{6} = 15$$

(ⅰ), (ⅱ), (ⅲ)에서 구하는 경우의 수는

$$15 + 60 + 15 = 90$$

1087 답 105

10명을 5명, 5명의 두 조로 나누는 경우의 수는

$$_{10}C_5 \times _5C_5 \times \frac{1}{2!} = 252 \times 1 \times \frac{1}{2} = 126$$

여학생 3명이 같은 조에 포함되도록 나누는 경우의 수는 남학생 7명을 2명, 5명으로 나누는 경우의 수와 같으므로

$$_7C_2 \times _5C_5 = 21 \times 1 = 21$$

따라서 구하는 경우의 수는

$$126 - 21 = 105$$

다른 풀이

각 조에 적어도 한 명의 여학생이 포함되려면 남학생 4명과 여학생 1명, 남학생 3명과 여학생 2명의 두 개의 조로 나누어야 한다.

남학생 7명 중에서 4명과 여학생 3명 중에서 1명을 뽑아 한 조가 되는 경우의 수는

$$_7C_4 \times _3C_1 = _7C_3 \times _3C_1 = 35 \times 3 = 105$$

1088 답 ⑤

7명의 학생을 2명, 2명, 2명, 1명의 4개 조로 나누는 경우의 수는

$$_7C_2 \times _5C_2 \times _3C_2 \times _1C_1 \times \frac{1}{3!} = 21 \times 10 \times 3 \times 1 \times \frac{1}{6} = 105$$

4개 조를 4곳의 봉사 활동 장소에 배정하는 경우의 수는

$$4! = 24$$

따라서 구하는 경우의 수는

$$105 \times 24 = 2520$$

1089 답 90

6개의 학급을 3개, 3개의 두 조로 나누는 경우의 수는

$$_6C_3 \times _3C_3 \times \frac{1}{2!} = 20 \times 1 \times \frac{1}{2} = 10$$

각 조에서 부전승으로 올라갈 학급을 택하는 경우의 수는

$$_3C_1 \times _3C_1 = 3 \times 3 = 9$$

따라서 구하는 경우의 수는

$$10 \times 9 = 90$$

1090 답 ③

구하는 경우의 수는 5개의 학급을 3개, 2개의 두 조로 나눈 후 3개의 학급인 조에서 부전승으로 올라갈 한 학급을 택하는 경우의 수와 같으므로

$$(_5C_3 \times _2C_2) \times _3C_1 = (_5C_2 \times _2C_2) \times _3C_1 = 10 \times 1 \times 3 = 30$$

1091 답 ④

구하는 경우의 수는 7개의 팀을 4개, 3개의 두 조로 나눈 후 4개인 조를 다시 2개, 2개의 두 조로, 3개인 조를 2개, 1개의 두 조로 나누는 경우의 수와 같다.

(ⅰ) 7개의 팀을 4개, 3개로 나누는 경우의 수는

$$_7C_4 \times _3C_3 = _7C_3 \times _3C_3 = 35 \times 1 = 35$$

(ⅱ) 4개의 팀을 2개, 2개로 나누는 경우의 수는

$$_4C_2 \times _2C_2 \times \frac{1}{2!} = 6 \times 1 \times \frac{1}{2} = 3$$

(ⅲ) 3개의 팀을 2개, 1개로 나누는 경우의 수는

$$_3C_2 \times _1C_1 = _3C_1 \times _1C_1 = 3 \times 1 = 3$$

(ⅰ), (ⅱ), (ⅲ)에서 구하는 경우의 수는

$$35 \times 3 \times 3 = 315$$

AB 유형 점검

170~172쪽

1092 답 ④

$$_7C_3 + _7C_4 = _8C_4$$

1093 답 ③

$_nP_3 - _{2n}C_2 = 15$에서

$$n(n-1)(n-2) - \frac{2n(2n-1)}{2 \times 1} = 15$$

$$n^3 - 5n^2 + 3n - 15 = 0$$

$$(n-5)(n^2+3) = 0$$

$$\therefore n = 5 \; (\because n은 자연수)$$

1094 답 30

(ⅰ) A 모둠 학생 6명 중에서 3명을 뽑는 경우의 수는

$$_6C_3 = 20$$

(ⅱ) B 모둠 학생 5명 중에서 3명을 뽑는 경우의 수는

$$_5C_3 = _5C_2 = 10$$

(ⅰ), (ⅱ)에서 구하는 경우의 수는

$$20 + 10 = 30$$

1095 답 ④

2부터 40까지의 짝수 중에서 서로 다른 두 수를 택할 때, 택한 두 수의 합이 3의 배수가 되는 경우는 두 수가 모두 3의 배수인 경우와 두 수를 3으로 나누었을 때 나머지가 각각 1, 2인 경우이다.

(ⅰ) 두 수가 모두 3의 배수인 경우

2부터 40까지의 짝수 중에서 3의 배수는 6, 12, 18, 24, 30, 36

이므로 6개 중에서 2개를 택하는 경우의 수는 $_6C_2=15$

(ⅱ) 두 수를 3으로 나누었을 때 나머지가 각각 1, 2인 경우

2부터 40까지의 짝수 중에서 3으로 나누었을 때 나머지가 1인 수

는 4, 10, 16, 22, 28, 34, 40

3으로 나누었을 때 나머지가 2인 수는 2, 8, 14, 20, 26, 32, 38

따라서 두 수를 택하는 경우의 수는

$_7C_1 \times _7C_1 = 7 \times 7 = 49$

(ⅰ), (ⅱ)에서 구하는 경우의 수는

$15+49=64$

1096 답 ①

a, b를 포함하여 택하는 경우의 수는 a, b를 제외한 5개의 문자 중

에서 2개를 택하는 경우의 수와 같으므로

$_5C_2=10$

a, b를 포함하지 않고 택하는 경우의 수는 a, b를 제외한 5개의 문

자 중에서 4개를 택하는 경우의 수와 같으므로

$_5C_4=_5C_1=5$

따라서 구하는 합은 $10+5=15$

1097 답 ⑤

A, B 중에서 한 편을 택하는 경우의 수는 $_2C_1=2$

A, B를 제외한 7편의 영화 중에서 4편을 택하는 경우의 수

$_7C_4=_7C_3=35$

따라서 구하는 경우의 수는 $2 \times 35=70$

1098 답 5자루

9자루 중에서 3자루를 택하는 경우의 수는 $_9C_3=84$

연필을 n자루라 하면 연필만 3자루 택하는 경우의 수는 $_nC_3$

이때 볼펜이 적어도 1자루 포함되도록 택하는 경우의 수가 74이므

로

$84-_nC_3=74$

$_nC_3=10$

$\dfrac{n(n-1)(n-2)}{3 \times 2 \times 1}=10$

$n(n-1)(n-2)=60=5 \times 4 \times 3$

$\therefore n=5$ ($\because$ n은 자연수)

따라서 연필은 5자루이다.

1099 답 ④

수학 부스 4개 중에서 2개를 고르는 경우의 수는

$_4C_2=6$

과학 부스 3개 중에서 1개를 고르는 경우의 수는

$_3C_1=3$

3개의 순서를 정하는 경우의 수는

$3!=6$

따라서 구하는 경우의 수는

$6 \times 3 \times 6=108$

1100 답 ⑤

민수, 현재, 동현이를 제외한 학생 6명 중에서 3명을 뽑는 경우의 수

는 $_6C_3=20$

민수와 현재를 제외한 학생 3명을 일렬로 세우는 경우의 수는

$3!=6$

3명의 사이사이와 양 끝의 4개의 자리에 민수와 현재를 세우는 경우

의 수는 $_4P_2=12$

따라서 구하는 경우의 수는

$20 \times 6 \times 12=1440$

1101 답 ①

구하는 직선의 개수는 7개의 점 중에서 2개를 택하는 경우의 수와

같으므로

$_7C_2=21$

1102 답 54

구하는 대각선의 개수는 12개의 꼭짓점 중에서 2개를 택하여 만들 수

있는 선분의 개수에서 정십이각형의 변의 개수를 뺀 것과 같으므로

$_{12}C_2-12=66-12=54$

1103 답 412

(ⅰ) 15개의 점 중에서 3개를 택하는 경우의 수는

$_{15}C_3=455$

(ⅱ) 가로 방향의 직선은 3개이고 각각에 대하여 한 직선 위에 있는 5

개의 점 중 3개를 택하는 경우의 수는

$3 \times _5C_3=3 \times _5C_2=3 \times 10=30$

(ⅲ) 세로 방향의 직선은 5개이고 각각에 대하여 한 직선 위에 있는 3

개의 점 중 3개를 택하는 경우의 수는

$5 \times _3C_3=5 \times 1=5$

(ⅳ) 3개의 점을 지나는 대각선 방향의 직선은 8개이고 각각에 대하

여 한 직선 위에 있는 3개의 점 중 3개를 택하는 경우의 수는

$8 \times _3C_3=8 \times 1=8$

(ⅰ)~(ⅳ)에서 구하는 삼각형의 개수는

$455-30-5-8=412$

1104 답 ③

한 직선 위에 있는 4개의 점 중에서 2개를 택하는 경우의 수는

$_4C_2=6$

한 직선 위에 있는 6개의 점 중에서 2개를 택하는 경우의 수는

$_6C_2=15$

따라서 구하는 사각형의 개수는

$6 \times 15=90$

1105 답 315

가로 방향의 평행한 직선 6개 중에서 2개, 세로 방향의 평행한 직선

7개 중에서 2개를 택하면 한 개의 평행사변형이 결정되므로 구하는

평행사변형의 개수는

$_6C_2 \times _7C_2=15 \times 21=315$

1106 답 ④

남학생 4명을 세 개의 모둠으로 나누는 경우의 수는

$$_4C_2 \times _2C_1 \times _1C_1 \times \frac{1}{2!} = 6 \times 2 \times 1 \times \frac{1}{2} = 6$$

세 개의 모둠에 여학생 3명을 한 명씩 배치하는 경우의 수는

$$3! = 6$$

따라서 구하는 경우의 수는

$$6 \times 6 = 36$$

1107 답 315

구하는 경우의 수는 8개의 팀을 4개, 4개의 두 조로 나눈 후 4개의 팀으로 이루어진 각 조를 다시 2개, 2개의 두 조로 나누는 경우의 수와 같다.

(i) 8개의 팀을 4개, 4개의 두 조로 나누는 경우의 수는

$$_8C_4 \times _4C_4 \times \frac{1}{2!} = 70 \times 1 \times \frac{1}{2} = 35$$

(ii) 4개의 팀을 2개, 2개의 두 조로 나누는 경우의 수는

$$_4C_2 \times _2C_2 \times \frac{1}{2!} = 6 \times 1 \times \frac{1}{2} = 3$$

(i), (ii)에서 구하는 경우의 수는

$$35 \times 3 \times 3 = 315$$

1108 답 75

9개의 자연수 중에서 5개를 택하는 경우의 수는

$$_9C_5 = _9C_4 = 126 \qquad \cdots\cdots \text{❶}$$

(i) 9의 약수 1, 3, 9를 1개도 포함하지 않고 택하는 경우의 수는

$$_6C_5 = _6C_1 = 6$$

(ii) 9의 약수 1, 3, 9 중에서 1개가 포함되도록 택하는 경우의 수는

$$_6C_4 \times _3C_1 = _6C_2 \times _3C_1 = 15 \times 3 = 45 \qquad \cdots\cdots \text{❷}$$

(i), (ii)에서 구하는 경우의 수는

$$126 - (6 + 45) = 75 \qquad \cdots\cdots \text{❸}$$

채점 기준	
❶ 모든 경우의 수 구하기	30 %
❷ 9의 약수가 0개 또는 1개 포함되도록 택하는 경우의 수 구하기	50 %
❸ 9의 약수가 적어도 2개 포함되도록 택하는 경우의 수 구하기	20 %

1109 답 90

18개의 점 중에서 서로 다른 두 점을 택하는 경우의 수는

$$_{18}C_2 = 153 \qquad \cdots\cdots \text{❶}$$

서로 다른 두 점을 이어서 만든 선분 중에서 길이가 유리수인 경우는 가로 방향의 직선 위의 점 중에서 2개, 세로 방향의 직선 위의 점 중에서 2개를 택할 때이다.

가로 방향의 직선은 3개이고 각각에 대하여 한 직선 위에 있는 6개의 점 중에서 2개를 택하는 경우의 수는 $3 \times _6C_2 = 3 \times 15 = 45$

세로 방향의 직선은 6개이고 각각에 대하여 한 직선 위에 있는 3개의 점 중에서 2개를 택하는 경우의 수는 $6 \times _3C_2 = 6 \times 3 = 18$

이때 선분 중에서 길이가 유리수인 것의 개수는

$$45 + 18 = 63 \qquad \cdots\cdots \text{❷}$$

따라서 선분 중에서 길이가 무리수인 것의 개수는

$$153 - 63 = 90 \qquad \cdots\cdots \text{❸}$$

채점 기준	
❶ 두 점을 택하는 경우의 수 구하기	30 %
❷ 선분의 길이가 유리수인 것의 개수 구하기	40 %
❸ 선분의 길이가 무리수인 것의 개수 구하기	30 %

1110 답 5

$$a = _6C_3 \times _3C_3 \times \frac{1}{2!} = 20 \times 1 \times \frac{1}{2} = 10 \qquad \cdots\cdots \text{❶}$$

$$b = _6C_2 \times _4C_4 = 15 \times 1 = 15 \qquad \cdots\cdots \text{❷}$$

$$\therefore b - a = 5 \qquad \cdots\cdots \text{❸}$$

채점 기준	
❶ a의 값 구하기	40 %
❷ b의 값 구하기	40 %
❸ $b - a$의 값 구하기	20 %

C 실력 향상

173쪽

1111 답 99

$5 \leq a \leq 7$이고 $a < b < c$이므로 순서쌍 (a, b, c)는 $(5, 8, 9)$, $(6, 7, 8)$, $(6, 7, 9)$, $(6, 8, 9)$, $(7, 8, 9)$이다.

(i) 순서쌍 (a, b, c)가 $(5, 8, 9)$일 때,
7개의 숫자 0, 1, 2, 3, 4, 6, 7 중에서 2개를 택하여 크기가 큰 순서대로 d, e로 정하면 되므로 순서쌍 (d, e)의 개수는

$$_7C_2 = 21$$

(ii) 순서쌍 (a, b, c)가 $(6, 7, 8)$일 때,
6개의 숫자 0, 1, 2, 3, 4, 5 중에서 2개를 택하여 크기가 큰 순서대로 d, e로 정하면 되므로 순서쌍 (d, e)의 개수는

$$_6C_2 = 15$$

(iii) 순서쌍 (a, b, c)가 $(6, 7, 9)$일 때,
7개의 숫자 0, 1, 2, 3, 4, 5, 8 중에서 2개를 택하여 크기가 큰 순서대로 d, e로 정하면 되므로 순서쌍 (d, e)의 개수는

$$_7C_2 = 21$$

(iv) 순서쌍 (a, b, c)가 $(6, 8, 9)$일 때,
7개의 숫자 0, 1, 2, 3, 4, 5, 7 중에서 2개를 택하여 크기가 큰 순서대로 d, e로 정하면 되므로 순서쌍 (d, e)의 개수는

$$_7C_2 = 21$$

(v) 순서쌍 (a, b, c)가 $(7, 8, 9)$일 때,
7개의 숫자 0, 1, 2, 3, 4, 5, 6 중에서 2개를 택하여 크기가 큰 순서대로 d, e로 정하면 되므로 순서쌍 (d, e)의 개수는

$$_7C_2 = 21$$

(i)~(v)에서 구하는 자연수의 개수는

$$21 + 15 + 21 + 21 + 21 = 99$$

1112 답 ③

어떤 2개의 숫자를 선택하더라도 합이 같은 경우는 없으므로 8개의 숫자를 2개, 2개, 2개, 2개의 네 묶음으로 나눈 후 합이 작은 것부터 순서대로 배열하면 된다.

8개의 숫자를 2개, 2개, 2개, 2개의 네 묶음으로 나누는 경우의 수는

$$_8C_2 \times _6C_2 \times _4C_2 \times _2C_2 \times \frac{1}{4!} = 28 \times 15 \times 6 \times 1 \times \frac{1}{24} = 105$$

각 묶음의 2개의 숫자가 서로 자리를 바꾸는 경우의 수는

$$2! = 2$$

따라서 구하는 경우의 수는

$$105 \times 2 \times 2 \times 2 \times 2 = 1680$$

1113 답 130

정삼각형에 적힌 수를 a, 정사각형에 적힌 수를 각각 b, c, d라 하면

㉮에서 $a > b$, $a > c$, $a > d$이고,

㉯에서 $b \neq c$, $c \neq d$

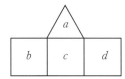

(i) $b = d$일 때,

6개의 숫자 중에서 서로 다른 3개를 택하여 가장 큰 수를 a로 정하고, 나머지 두 수를 $b(d)$와 c에 배열하면 되므로

$$_6C_3 \times 2! = 20 \times 2 = 40$$

(ii) $b \neq d$일 때,

6개의 숫자 중에서 서로 다른 4개를 택하여 가장 큰 수를 a로 정하고, 나머지 세 수를 b, c, d에 배열하면 되므로

$$_6C_4 \times 3! = _6C_2 \times 3! = 15 \times 6 = 90$$

(i), (ii)에서 구하는 경우의 수는

$$40 + 90 = 130$$

1114 답 ④

빈 상자가 3개가 되어야 하므로 상자 3개에 공 5개를 나누어 넣으면 된다.

서로 다른 상자 6개 중에서 공이 들어 가는 상자 3개를 택하는 경우의 수는 $_6C_3 = 20$

상자 3개에 공 5개를 나누어 넣을 때, 각 상자에 담을 수 있는 공의 개수는 1, 1, 3 또는 1, 2, 2이다.

(i) 공을 1개, 1개, 3개의 세 묶음으로 나누는 경우의 수는

$$_5C_1 \times _4C_1 \times _3C_3 \times \frac{1}{2!} = 5 \times 4 \times 1 \times \frac{1}{2} = 10$$

세 묶음을 서로 다른 상자 3개에 넣는 경우의 수는

$$3! = 6$$

즉, 공 5개를 1개, 1개, 3개로 나누어 상자 3개에 넣는 경우의 수는

$$10 \times 6 = 60$$

(ii) 공을 1개, 2개, 2개의 세 묶음으로 나누는 경우의 수는

$$_5C_1 \times _4C_2 \times _2C_2 \times \frac{1}{2!} = 5 \times 6 \times 1 \times \frac{1}{2} = 15$$

세 묶음을 서로 다른 상자 3개에 넣는 경우의 수는

$$3! = 6$$

즉, 공 5개를 1개, 2개, 2개로 나누어 상자 3개에 넣는 경우의 수는

$$15 \times 6 = 90$$

(i), (ii)에서 상자 3개에 공 5개를 넣는 경우의 수는

$$60 + 90 = 150$$

따라서 구하는 경우의 수는

$$20 \times 150 = 3000$$

11 / 행렬의 연산

A 개념 확인

176~179쪽

1115 답 2×1 행렬

1116 답 1×3 행렬

1117 답 2×3 행렬

1118 답 4×1 행렬

1119 답 (1) 5 (2) 3 (3) 3 (4) 1

(4) $a_{21} = 0$, $a_{12} = -2$, $a_{31} = -1$이므로

$$a_{21} - a_{12} + a_{31} = 0 - (-2) + (-1) = 1$$

1120 답 $\begin{pmatrix} 4 & 7 & 10 \\ 5 & 8 & 11 \end{pmatrix}$

1121 답 $x = 4$, $y = -3$

1122 답 $x = 2$, $y = -1$

$x - y = 3$, $x + 2y = 0$을 연립하여 풀면

$x = 2$, $y = -1$

1123 답 $x = 3$, $y = -1$

$x + y = 2$, $-x + 2y = -5$를 연립하여 풀면

$x = 3$, $y = -1$

1124 답 $(-2 \quad 7)$

1125 답 $\begin{pmatrix} 1 & 1 \\ 4 & 8 \end{pmatrix}$

1126 답 $\begin{pmatrix} 3 & -4 \\ 2 & -8 \end{pmatrix}$

1127 답 $\begin{pmatrix} 1 & -1 & 5 \\ -3 & -4 & -4 \end{pmatrix}$

1128 답 $\begin{pmatrix} -2 & -2 \\ 1 & -8 \\ -4 & 4 \end{pmatrix}$

1129 답 (1) $\begin{pmatrix} -3 & 1 \\ -1 & 3 \end{pmatrix}$ (2) $\begin{pmatrix} -3 & 7 \\ 1 & 1 \end{pmatrix}$

(1) $X = B - A = \begin{pmatrix} -3 & 4 \\ 0 & 2 \end{pmatrix} - \begin{pmatrix} 0 & 3 \\ 1 & -1 \end{pmatrix} = \begin{pmatrix} -3 & 1 \\ -1 & 3 \end{pmatrix}$

(2) $X = A + B = \begin{pmatrix} 0 & 3 \\ 1 & -1 \end{pmatrix} + \begin{pmatrix} -3 & 4 \\ 0 & 2 \end{pmatrix} = \begin{pmatrix} -3 & 7 \\ 1 & 1 \end{pmatrix}$

1130 답 풀이 참조

(1) $A + B = \begin{pmatrix} 1 & 3 \\ 0 & -5 \end{pmatrix} + \begin{pmatrix} 2 & -4 \\ 4 & 0 \end{pmatrix} = \begin{pmatrix} 3 & -1 \\ 4 & -5 \end{pmatrix}$

$$B+A=\begin{pmatrix} 2 & -4 \\ 4 & 0 \end{pmatrix}+\begin{pmatrix} 1 & 3 \\ 0 & -5 \end{pmatrix}=\begin{pmatrix} 3 & -1 \\ 4 & -5 \end{pmatrix}$$

$$\therefore A+B=B+A$$

(2) $(A+B)+C=\begin{pmatrix} 3 & -1 \\ 4 & -5 \end{pmatrix}+\begin{pmatrix} -3 & 0 \\ 2 & -2 \end{pmatrix}=\begin{pmatrix} 0 & -1 \\ 6 & -7 \end{pmatrix}$

$$B+C=\begin{pmatrix} 2 & -4 \\ 4 & 0 \end{pmatrix}+\begin{pmatrix} -3 & 0 \\ 2 & -2 \end{pmatrix}=\begin{pmatrix} -1 & -4 \\ 6 & -2 \end{pmatrix}$$ 이므로

$$A+(B+C)=\begin{pmatrix} 1 & 3 \\ 0 & -5 \end{pmatrix}+\begin{pmatrix} -1 & -4 \\ 6 & -2 \end{pmatrix}=\begin{pmatrix} 0 & -1 \\ 6 & -7 \end{pmatrix}$$

$$\therefore (A+B)+C=A+(B+C)$$

1131 답 $\begin{pmatrix} -3 & 0 \\ -2 & 4 \end{pmatrix}$

$$X=O-A=\begin{pmatrix} 0 & 0 \\ 0 & 0 \end{pmatrix}-\begin{pmatrix} 3 & 0 \\ 2 & -4 \end{pmatrix}=\begin{pmatrix} -3 & 0 \\ -2 & 4 \end{pmatrix}$$

1132 답 (1) $\begin{pmatrix} 4 & 0 \\ -6 & 2 \end{pmatrix}$ (2) $\begin{pmatrix} -8 & 0 \\ 12 & -4 \end{pmatrix}$

1133 답 (1) $\begin{pmatrix} 0 & 7 \\ -4 & 7 \end{pmatrix}$ (2) $\begin{pmatrix} 7 & 7 \\ -2 & 14 \end{pmatrix}$

(1) $2A-B=\begin{pmatrix} 2 & 8 \\ -4 & 10 \end{pmatrix}-\begin{pmatrix} 2 & 1 \\ 0 & 3 \end{pmatrix}=\begin{pmatrix} 0 & 7 \\ -4 & 7 \end{pmatrix}$

(2) $A+3B=\begin{pmatrix} 1 & 4 \\ -2 & 5 \end{pmatrix}+\begin{pmatrix} 6 & 3 \\ 0 & 9 \end{pmatrix}=\begin{pmatrix} 7 & 7 \\ -2 & 14 \end{pmatrix}$

1134 답 $\begin{pmatrix} 2 & 2 \\ 0 & 0 \end{pmatrix}$

$$X=\frac{1}{2}(A+B)=\frac{1}{2}\left\{\begin{pmatrix} 0 & -2 \\ 3 & -1 \end{pmatrix}+\begin{pmatrix} 4 & 6 \\ -3 & 1 \end{pmatrix}\right\}$$

$$=\frac{1}{2}\begin{pmatrix} 4 & 4 \\ 0 & 0 \end{pmatrix}=\begin{pmatrix} 2 & 2 \\ 0 & 0 \end{pmatrix}$$

1135 답 $(15 \quad -12)$

1136 답 $\begin{pmatrix} -8 \\ 6 \end{pmatrix}$

1137 답 $\begin{pmatrix} 5 & -22 \\ 3 & -30 \end{pmatrix}$

1138 답 $\begin{pmatrix} 1 & 5 \\ 3 & -3 \end{pmatrix}$

1139 답 (1) $\begin{pmatrix} 0 & 0 \\ -2 & -4 \end{pmatrix}$ (2) $\begin{pmatrix} -1 & -2 \\ -6 & -3 \end{pmatrix}$

(1) $A^2=\begin{pmatrix} 1 & 1 \\ -2 & 1 \end{pmatrix}\begin{pmatrix} 1 & 1 \\ -2 & 1 \end{pmatrix}=\begin{pmatrix} -1 & 2 \\ -4 & -1 \end{pmatrix}$,

$$B^2=\begin{pmatrix} 0 & 1 \\ -1 & 2 \end{pmatrix}\begin{pmatrix} 0 & 1 \\ -1 & 2 \end{pmatrix}=\begin{pmatrix} -1 & 2 \\ -2 & 3 \end{pmatrix}$$ 이므로

$$A^2-B^2=\begin{pmatrix} -1 & 2 \\ -4 & -1 \end{pmatrix}-\begin{pmatrix} -1 & 2 \\ -2 & 3 \end{pmatrix}=\begin{pmatrix} 0 & 0 \\ -2 & -4 \end{pmatrix}$$

(2) $A+B=\begin{pmatrix} 1 & 1 \\ -2 & 1 \end{pmatrix}+\begin{pmatrix} 0 & 1 \\ -1 & 2 \end{pmatrix}=\begin{pmatrix} 1 & 2 \\ -3 & 3 \end{pmatrix}$,

---

$$A-B=\begin{pmatrix} 1 & 1 \\ -2 & 1 \end{pmatrix}-\begin{pmatrix} 0 & 1 \\ -1 & 2 \end{pmatrix}=\begin{pmatrix} 1 & 0 \\ -1 & -1 \end{pmatrix}$$ 이므로

$$(A+B)(A-B)=\begin{pmatrix} 1 & 2 \\ -3 & 3 \end{pmatrix}\begin{pmatrix} 1 & 0 \\ -1 & -1 \end{pmatrix}=\begin{pmatrix} -1 & -2 \\ -6 & -3 \end{pmatrix}$$

1140 답 (1) $\begin{pmatrix} 1 & 0 \\ 2 & 1 \end{pmatrix}$ (2) $\begin{pmatrix} 1 & 0 \\ 3 & 1 \end{pmatrix}$ (3) $\begin{pmatrix} 1 & 0 \\ 10 & 1 \end{pmatrix}$

(1) $A^2=\begin{pmatrix} 1 & 0 \\ 1 & 1 \end{pmatrix}\begin{pmatrix} 1 & 0 \\ 1 & 1 \end{pmatrix}=\begin{pmatrix} 1 & 0 \\ 2 & 1 \end{pmatrix}$

(2) $A^3=A^2A=\begin{pmatrix} 1 & 0 \\ 2 & 1 \end{pmatrix}\begin{pmatrix} 1 & 0 \\ 1 & 1 \end{pmatrix}=\begin{pmatrix} 1 & 0 \\ 3 & 1 \end{pmatrix}$

(3) $A^4=A^3A=\begin{pmatrix} 1 & 0 \\ 3 & 1 \end{pmatrix}\begin{pmatrix} 1 & 0 \\ 1 & 1 \end{pmatrix}=\begin{pmatrix} 1 & 0 \\ 4 & 1 \end{pmatrix}$

$$\vdots$$

$$A^n=\begin{pmatrix} 1 & 0 \\ n & 1 \end{pmatrix}$$ 이므로 $A^{10}=\begin{pmatrix} 1 & 0 \\ 10 & 1 \end{pmatrix}$

1141 답 풀이 참조

$$AB=\begin{pmatrix} 0 & 1 \\ -2 & -3 \end{pmatrix}\begin{pmatrix} -1 & 2 \\ 1 & 4 \end{pmatrix}=\begin{pmatrix} 1 & 4 \\ -1 & -16 \end{pmatrix}$$

$$BA=\begin{pmatrix} -1 & 2 \\ 1 & 4 \end{pmatrix}\begin{pmatrix} 0 & 1 \\ -2 & -3 \end{pmatrix}=\begin{pmatrix} -4 & -7 \\ -8 & -11 \end{pmatrix}$$

$$\therefore AB\neq BA$$

1142 답 (1) $\begin{pmatrix} -1 & 0 \\ 0 & -1 \end{pmatrix}$ (2) $\begin{pmatrix} 1 & 0 \\ 0 & 1 \end{pmatrix}$ (3) $\begin{pmatrix} -1 & 0 \\ 0 & -1 \end{pmatrix}$

(2) $E^8=E$

(3) $(-E)^{99}=-E$

1143 답 풀이 참조

(1) $(A+E)(A-E)=A^2-AE+EA-E^2$
$$=A^2-A+A-E$$
$$=A^2-E$$

(2) $(A-E)^2=(A-E)(A-E)$
$$=A^2-AE-EA+E^2$$
$$=A^2-2A+E$$

B 유형 완성 180~189쪽

1144 답 ②

$$a_{11}=\frac{1^2-2\times 1}{1\times 1}=-1,\ a_{12}=\frac{1^2-2\times 2}{1\times 2}=-\frac{3}{2},$$

$$a_{21}=\frac{2^2-2\times 1}{2\times 1}=1,\ a_{22}=\frac{2^2-2\times 2}{2\times 2}=0$$

$$\therefore A=\begin{pmatrix} -1 & -\frac{3}{2} \\ 1 & 0 \end{pmatrix}$$

따라서 행렬 A의 모든 성분의 합은

$$-1+\left(-\frac{3}{2}\right)+1+0=-\frac{3}{2}$$

1145 답 $\begin{pmatrix} 1 & 1 & 1 \\ 3 & 2 & 1 \\ 5 & 4 & 3 \end{pmatrix}$

$a_{11}=2\times1-1=1,\ a_{12}=1,\ a_{13}=1,$
$a_{21}=2\times2-1=3,\ a_{22}=2\times2-2=2,\ a_{23}=1,$
$a_{31}=2\times3-1=5,\ a_{32}=2\times3-2=4,\ a_{33}=2\times3-3=3$

$\therefore A=\begin{pmatrix} 1 & 1 & 1 \\ 3 & 2 & 1 \\ 5 & 4 & 3 \end{pmatrix}$

1146 답 ③

$a_{11}=2\times1\times(1-1)=0,\ a_{12}=2\times1\times(2-1)=2,$
$a_{13}=2\times1\times(3-1)=4,\ a_{21}=2\times2\times(1-2)=-4,$
$a_{22}=2\times2\times(2-2)=0,\ a_{23}=2\times2\times(3-2)=4$
$b_{ij}=a_{ji}$이므로
$b_{11}=a_{11}=0,\ b_{12}=a_{21}=-4,\ b_{21}=a_{12}=2,\ b_{22}=a_{22}=0,$
$b_{31}=a_{13}=4,\ b_{32}=a_{23}=4$

$\therefore B=\begin{pmatrix} 0 & -4 \\ 2 & 0 \\ 4 & 4 \end{pmatrix}$

1147 답 $\begin{pmatrix} 0 & 1 & 3 \\ 1 & 0 & 2 \\ 3 & 2 & 0 \end{pmatrix}$

㈎에서 $a_{11}=0,\ a_{22}=0,\ a_{33}=0$
㈏에서
$a_{12}=a_{21}=1,\ a_{13}=a_{31}=3,\ a_{23}=a_{32}=2$

$\therefore A=\begin{pmatrix} 0 & 1 & 3 \\ 1 & 0 & 2 \\ 3 & 2 & 0 \end{pmatrix}$

1148 답 ⑤

행렬이 서로 같을 조건에 의하여
$a=x^2,\ 3x-3y=9,\ -2xy=-2,\ b=y^2$
따라서 $x-y=3,\ xy=1$이므로
$a+b=x^2+y^2=(x-y)^2+2xy$
$\qquad=3^2+2\times1=11$

1149 답 2

행렬이 서로 같을 조건에 의하여
$3x-5=-2,\ -3=y-2$
따라서 $x=1,\ y=-1$이므로
$x^2+y^2=1^2+(-1)^2=2$

1150 답 72

행렬이 서로 같을 조건에 의하여
$x^2-xz=-4,\ 2z=8,\ 4z=2y-x,\ 5=z+1$
$5=z+1$에서 $z=4$ ⋯⋯ ⓘ
$x^2-xz=-4$에 $z=4$를 대입하면
$x^2-4x=-4,\ x^2-4x+4=0,\ (x-2)^2=0$
$\therefore x=2$ ⋯⋯ ⓘⓘ

$4z=2y-x$에 $x=2,\ z=4$를 대입하면
$16=2y-2,\ 2y=18$ $\therefore y=9$ ⋯⋯ ⓘⓘⓘ
$\therefore xyz=2\times9\times4=72$ ⋯⋯ ⓘⓥ

채점 기준

ⓘ z의 값 구하기		30%
ⓘⓘ x의 값 구하기		30%
ⓘⓘⓘ y의 값 구하기		30%
ⓘⓥ xyz의 값 구하기		10%

1151 답 ③

행렬이 서로 같을 조건에 의하여
$x+y=-1$ ⋯⋯ ㉠
$x+z=5$ ⋯⋯ ㉡
$y+z=-2$ ⋯⋯ ㉢
㉠, ㉡, ㉢을 변끼리 더하면
$2(x+y+z)=2$ $\therefore x+y+z=1$
㉠에서 $z=1-(x+y)=2$
㉡에서 $y=1-(x+z)=-4$
㉢에서 $x=1-(y+z)=3$
$\therefore x^2+y^2+z^2=3^2+(-4)^2+2^2=29$

1152 답 ⑤

$2\left(P-\dfrac{1}{2}Q\right)-(P-3Q)=2P-Q-P+3Q=P+2Q$

$\qquad=\begin{pmatrix} -3 & 0 \\ 2 & 1 \end{pmatrix}+2\begin{pmatrix} 4 & -1 \\ 0 & 2 \end{pmatrix}$

$\qquad=\begin{pmatrix} -3 & 0 \\ 2 & 1 \end{pmatrix}+\begin{pmatrix} 8 & -2 \\ 0 & 4 \end{pmatrix}$

$\qquad=\begin{pmatrix} 5 & -2 \\ 2 & 5 \end{pmatrix}$

1153 답 8

주어진 등식의 좌변을 간단히 하면
$\begin{pmatrix} 6 & 3 \\ 4 & 2 \end{pmatrix}-2\begin{pmatrix} x & 1 \\ -4 & 2 \end{pmatrix}=\begin{pmatrix} 6 & 3 \\ 4 & 2 \end{pmatrix}-\begin{pmatrix} 2x & 2 \\ -8 & 4 \end{pmatrix}=\begin{pmatrix} 6-2x & 1 \\ 12 & -2 \end{pmatrix}$

즉, $\begin{pmatrix} 6-2x & 1 \\ 12 & -2 \end{pmatrix}=\begin{pmatrix} 2 & 1 \\ 12 & y \end{pmatrix}$이므로 행렬이 서로 같을 조건에 의하여
$6-2x=2,\ -2=y$
따라서 $x=2,\ y=-2$이므로 $x^2+y^2=8$

1154 답 -4

$3(A+B)-(A-2B)=3A+3B-A+2B$
$\qquad\qquad=2A+5B$
$\qquad\qquad=2\begin{pmatrix} 2 & 4 \\ -3 & 0 \end{pmatrix}+5\begin{pmatrix} 0 & 1 \\ 2 & -5 \end{pmatrix}$
$\qquad\qquad=\begin{pmatrix} 4 & 8 \\ -6 & 0 \end{pmatrix}+\begin{pmatrix} 0 & 5 \\ 10 & -25 \end{pmatrix}$
$\qquad\qquad=\begin{pmatrix} 4 & 13 \\ 4 & -25 \end{pmatrix}$

따라서 구하는 모든 성분의 합은
$4+13+4+(-25)=-4$

1155 답 ①

$2A+3X=A+3B+X$에서

$2X=-A+3B$

$=-\begin{pmatrix}1&-2\\-5&3\end{pmatrix}+3\begin{pmatrix}1&-2\\3&1\end{pmatrix}$

$=\begin{pmatrix}-1&2\\5&-3\end{pmatrix}+\begin{pmatrix}3&-6\\9&3\end{pmatrix}$

$=\begin{pmatrix}2&-4\\14&0\end{pmatrix}$

$\therefore X=\dfrac{1}{2}\begin{pmatrix}2&-4\\14&0\end{pmatrix}=\begin{pmatrix}1&-2\\7&0\end{pmatrix}$

1156 답 11

$2A-B=\begin{pmatrix}8&-7\\12&9\end{pmatrix}$ ······ ㉠

$A-2B=\begin{pmatrix}10&-5\\6&-3\end{pmatrix}$ ······ ㉡

㉠$\times2-$㉡을 하면

$3A=2\begin{pmatrix}8&-7\\12&9\end{pmatrix}-\begin{pmatrix}10&-5\\6&-3\end{pmatrix}$

$=\begin{pmatrix}16&-14\\24&18\end{pmatrix}-\begin{pmatrix}10&-5\\6&-3\end{pmatrix}$

$=\begin{pmatrix}6&-9\\18&21\end{pmatrix}$

$\therefore A=\dfrac{1}{3}\begin{pmatrix}6&-9\\18&21\end{pmatrix}=\begin{pmatrix}2&-3\\6&7\end{pmatrix}$

이를 ㉠에 대입하면

$2\begin{pmatrix}2&-3\\6&7\end{pmatrix}-B=\begin{pmatrix}8&-7\\12&9\end{pmatrix}$

$\therefore B=\begin{pmatrix}4&-6\\12&14\end{pmatrix}-\begin{pmatrix}8&-7\\12&9\end{pmatrix}=\begin{pmatrix}-4&1\\0&5\end{pmatrix}$

따라서 두 행렬 A, B의 모든 성분 중 가장 큰 수와 가장 작은 수의 차는
$7-(-4)=11$

1157 답 $X=\begin{pmatrix}0&0\\-1&2\end{pmatrix}$, $Y=\begin{pmatrix}-5&0\\2&-4\end{pmatrix}$

$X+Y=A-2B$ ······ ㉠

$X-Y=2A+B$ ······ ㉡

㉠$+$㉡을 하면

$2X=3A-B$

$=3\begin{pmatrix}1&0\\-1&2\end{pmatrix}-\begin{pmatrix}3&0\\-1&2\end{pmatrix}$

$=\begin{pmatrix}3&0\\-3&6\end{pmatrix}-\begin{pmatrix}3&0\\-1&2\end{pmatrix}$

$=\begin{pmatrix}0&0\\-2&4\end{pmatrix}$

$\therefore X=\dfrac{1}{2}\begin{pmatrix}0&0\\-2&4\end{pmatrix}=\begin{pmatrix}0&0\\-1&2\end{pmatrix}$ ······ ⓘ

㉠$-$㉡을 하면

$2Y=-A-3B$

$=-\begin{pmatrix}1&0\\-1&2\end{pmatrix}-3\begin{pmatrix}3&0\\-1&2\end{pmatrix}$

$=\begin{pmatrix}-1&0\\1&-2\end{pmatrix}-\begin{pmatrix}9&0\\-3&6\end{pmatrix}$

$=\begin{pmatrix}-10&0\\4&-8\end{pmatrix}$

$\therefore Y=\dfrac{1}{2}\begin{pmatrix}-10&0\\4&-8\end{pmatrix}=\begin{pmatrix}-5&0\\2&-4\end{pmatrix}$ ······ ⓘⓘ

채점 기준

ⓘ 행렬 X 구하기	50%
ⓘⓘ 행렬 Y 구하기	50%

1158 답 6

$x_{ij}=i^2-j^2$, $y_{ij}=2i-j$이므로

$x_{11}=1^2-1^2=0$, $x_{12}=1^2-2^2=-3$

$x_{21}=2^2-1^2=3$, $x_{22}=2^2-2^2=0$

$\therefore X=\begin{pmatrix}0&-3\\3&0\end{pmatrix}$

$y_{11}=2\times1-1=1$, $y_{12}=2\times1-2=0$

$y_{21}=2\times2-1=3$, $y_{22}=2\times2-2=2$

$\therefore Y=\begin{pmatrix}1&0\\3&2\end{pmatrix}$

$\therefore 4A+B=2(A+B)+2A-B$

$=2X+Y$

$=2\begin{pmatrix}0&-3\\3&0\end{pmatrix}+\begin{pmatrix}1&0\\3&2\end{pmatrix}$

$=\begin{pmatrix}1&-6\\9&2\end{pmatrix}$

따라서 구하는 모든 성분의 합은
$1+(-6)+9+2=6$

1159 답 ①

$xA+yB=C$에서

$x\begin{pmatrix}5&-1\\1&2\end{pmatrix}+y\begin{pmatrix}4&5\\1&3\end{pmatrix}=\begin{pmatrix}-1&6\\0&1\end{pmatrix}$

$\begin{pmatrix}5x+4y&-x+5y\\x+y&2x+3y\end{pmatrix}=\begin{pmatrix}-1&6\\0&1\end{pmatrix}$

행렬이 서로 같을 조건에 의하여

$5x+4y=-1$, $-x+5y=6$

두 식을 연립하여 풀면 $x=-1$, $y=1$

$\therefore x^2+y^2=(-1)^2+1^2=2$

1160 답 4

$xA+yB=C$에서

$x\begin{pmatrix}2&1\\0&1\end{pmatrix}+y\begin{pmatrix}3&a\\2&-4\end{pmatrix}=\begin{pmatrix}-1&2\\2&-6\end{pmatrix}$

$\begin{pmatrix}2x+3y&x+ay\\2y&x-4y\end{pmatrix}=\begin{pmatrix}-1&2\\2&-6\end{pmatrix}$

행렬이 서로 같을 조건에 의하여
$2x+3y=-1$, $x+ay=2$, $2y=2$, $x-4y=-6$
$2y=2$에서 $y=1$
$x-4y=-6$에 $y=1$을 대입하면
$x-4=-6$ $\therefore x=-2$
$x+ay=2$에 $x=-2$, $y=1$을 대입하면
$-2+a=2$ $\therefore a=4$

1161 답 1

$\begin{pmatrix} 2 & 5 \\ x & 1 \end{pmatrix}\begin{pmatrix} -2 & y \\ 1 & -3 \end{pmatrix}=\begin{pmatrix} 1 & -13 \\ -7 & a \end{pmatrix}$에서

$\begin{pmatrix} 1 & 2y-15 \\ -2x+1 & xy-3 \end{pmatrix}=\begin{pmatrix} 1 & -13 \\ -7 & a \end{pmatrix}$

행렬이 서로 같을 조건에 의하여
$2y-15=-13$, $-2x+1=-7$, $xy-3=a$
$-2x+1=-7$에서 $x=4$, $2y-15=-13$에서 $y=1$
$\therefore a=xy-3=4\times1-3=1$

1162 답 ⑤

A는 2×1 행렬, B는 2×2 행렬, C는 1×2 행렬이다.
ㄱ. (2×1 행렬)$\times$(2×2 행렬)은 정의되지 않는다.
ㄴ. (2×2 행렬)$\times$(2×1 행렬)은 2×1 행렬이 된다.
ㄷ. (2×2 행렬)$\times$(1×2 행렬)은 정의되지 않는다.
ㄹ. (1×2 행렬)$\times$(2×1 행렬)은 1×1 행렬이 된다.
ㅁ. (1×2 행렬)$\times$(2×2 행렬)은 1×2 행렬이 된다.
따라서 보기에서 그 곱이 정의되는 행렬은 ㄴ, ㄹ, ㅁ이다.

1163 답 ②

$2A-AB=2\begin{pmatrix} 3 & 0 \\ -1 & 2 \end{pmatrix}-\begin{pmatrix} 3 & 0 \\ -1 & 2 \end{pmatrix}\begin{pmatrix} 0 & 2 \\ 1 & 0 \end{pmatrix}$

$=\begin{pmatrix} 6 & 0 \\ -2 & 4 \end{pmatrix}-\begin{pmatrix} 0 & 6 \\ 2 & -2 \end{pmatrix}=\begin{pmatrix} 6 & -6 \\ -4 & 6 \end{pmatrix}$

1164 답 8

$AB=\begin{pmatrix} 2 \\ 4 \end{pmatrix}(1 \quad -3)=\begin{pmatrix} 2 & -6 \\ 4 & -12 \end{pmatrix}$,

$CD=\begin{pmatrix} -1 & 5 \\ 2 & 2 \end{pmatrix}\begin{pmatrix} 3 & 1 \\ 0 & 1 \end{pmatrix}=\begin{pmatrix} -3 & 4 \\ 6 & 4 \end{pmatrix}$이므로

$AB+CD=\begin{pmatrix} 2 & -6 \\ 4 & -12 \end{pmatrix}+\begin{pmatrix} -3 & 4 \\ 6 & 4 \end{pmatrix}=\begin{pmatrix} -1 & -2 \\ 10 & -8 \end{pmatrix}$

따라서 이 행렬의 $(1, 2)$ 성분과 $(2, 1)$ 성분의 합은
$-2+10=8$

1165 답 2

$XY=\begin{pmatrix} 2 & 0 \\ 1 & 1 \end{pmatrix}\begin{pmatrix} 1 & 0 \\ a & -1 \end{pmatrix}=\begin{pmatrix} 2 & 0 \\ a+1 & -1 \end{pmatrix}$

$YX=\begin{pmatrix} 1 & 0 \\ a & -1 \end{pmatrix}\begin{pmatrix} 2 & 0 \\ 1 & 1 \end{pmatrix}=\begin{pmatrix} 2 & 0 \\ 2a-1 & -1 \end{pmatrix}$

$XY=YX$가 성립하려면
$a+1=2a-1$ $\therefore a=2$

1166 답 14

$\begin{pmatrix} \alpha & 0 \\ \beta & \alpha \end{pmatrix}\begin{pmatrix} \beta & 0 \\ \alpha & -\beta \end{pmatrix}=\begin{pmatrix} \alpha\beta & 0 \\ \alpha^2+\beta^2 & -\alpha\beta \end{pmatrix}$이므로 주어진 행렬의 모든
성분의 합은 $\alpha^2+\beta^2$이다.
이차방정식 $x^2-2x-5=0$에서 근과 계수의 관계에 의하여
$\alpha+\beta=2$, $\alpha\beta=-5$
따라서 구하는 모든 성분의 합은
$\alpha^2+\beta^2=(\alpha+\beta)^2-2\alpha\beta$
$=2^2-2\times(-5)=14$

1167 답 ③

$A^2=AA=\begin{pmatrix} \alpha & 2 \\ 2 & \beta \end{pmatrix}\begin{pmatrix} \alpha & 2 \\ 2 & \beta \end{pmatrix}=\begin{pmatrix} \alpha^2+4 & 2\alpha+2\beta \\ 2\alpha+2\beta & \beta^2+4 \end{pmatrix}$이므로 행렬
A^2의 모든 성분의 합은
$\alpha^2+\beta^2+4(\alpha+\beta)+8$
이차방정식 $x^2+4x+1=0$에서 근과 계수의 관계에 의하여
$\alpha+\beta=-4$, $\alpha\beta=1$
따라서 구하는 모든 성분의 합은
$\alpha^2+\beta^2+4(\alpha+\beta)+8=(\alpha+\beta)^2-2\alpha\beta+4(\alpha+\beta)+8$
$=(-4)^2-2\times1+4\times(-4)+8$
$=6$

1168 답 $\begin{pmatrix} 3 & -2 \\ 4 & -1 \end{pmatrix}$

$A+B=\begin{pmatrix} 1 & 3 \\ 2 & 3 \end{pmatrix}$ ······ ㉠

$A-B=\begin{pmatrix} 1 & -1 \\ 2 & -1 \end{pmatrix}$ ······ ㉡

㉠+㉡을 하면
$2A=\begin{pmatrix} 1 & 3 \\ 2 & 3 \end{pmatrix}+\begin{pmatrix} 1 & -1 \\ 2 & -1 \end{pmatrix}=\begin{pmatrix} 2 & 2 \\ 4 & 2 \end{pmatrix}$

$\therefore A=\frac{1}{2}\begin{pmatrix} 2 & 2 \\ 4 & 2 \end{pmatrix}=\begin{pmatrix} 1 & 1 \\ 2 & 1 \end{pmatrix}$ ······ ❶

㉠-㉡을 하면
$2B=\begin{pmatrix} 1 & 3 \\ 2 & 3 \end{pmatrix}-\begin{pmatrix} 1 & -1 \\ 2 & -1 \end{pmatrix}=\begin{pmatrix} 0 & 4 \\ 0 & 4 \end{pmatrix}$

$\therefore B=\frac{1}{2}\begin{pmatrix} 0 & 4 \\ 0 & 4 \end{pmatrix}=\begin{pmatrix} 0 & 2 \\ 0 & 2 \end{pmatrix}$ ······ ❷

$\therefore A^2-B^2=\begin{pmatrix} 1 & 1 \\ 2 & 1 \end{pmatrix}\begin{pmatrix} 1 & 1 \\ 2 & 1 \end{pmatrix}-\begin{pmatrix} 0 & 2 \\ 0 & 2 \end{pmatrix}\begin{pmatrix} 0 & 2 \\ 0 & 2 \end{pmatrix}$

$=\begin{pmatrix} 3 & 2 \\ 4 & 3 \end{pmatrix}-\begin{pmatrix} 0 & 4 \\ 0 & 4 \end{pmatrix}=\begin{pmatrix} 3 & -2 \\ 4 & -1 \end{pmatrix}$ ······ ❸

채점 기준

❶ 행렬 A 구하기	40%
❷ 행렬 B 구하기	40%
❸ 행렬 A^2-B^2 구하기	20%

참고 $(A+B)(A-B)=\begin{pmatrix} 1 & 3 \\ 2 & 3 \end{pmatrix}\begin{pmatrix} 1 & -1 \\ 2 & -1 \end{pmatrix}=\begin{pmatrix} 7 & -4 \\ 8 & -5 \end{pmatrix}$이므로
$A^2-B^2\neq(A+B)(A-B)$임을 알 수 있다.

1169 답 ②

$A^2 = AA = \begin{pmatrix} a & 3 \\ -2 & b \end{pmatrix}\begin{pmatrix} a & 3 \\ -2 & b \end{pmatrix} = \begin{pmatrix} a^2-6 & 3a+3b \\ -2a-2b & b^2-6 \end{pmatrix}$

즉, $\begin{pmatrix} a^2-6 & 3a+3b \\ -2a-2b & b^2-6 \end{pmatrix} = \begin{pmatrix} 1 & 0 \\ 0 & 1 \end{pmatrix}$ 이므로 행렬이 서로 같을 조건

에 의하여

$a^2-6=1,\ 3a+3b=0,\ -2a-2b=0,\ b^2-6=1$

$a^2=7,\ b^2=7$ 이므로

$a^2b^2=49$

$3a+3b=0$ 에서 $a=-b$ 이므로

$ab<0$

$\therefore ab=-7$

1170 답 31

$A^2 = AA = \begin{pmatrix} -1 & a \\ 0 & -1 \end{pmatrix}\begin{pmatrix} -1 & a \\ 0 & -1 \end{pmatrix} = \begin{pmatrix} 1 & -2a \\ 0 & 1 \end{pmatrix}$

$A^3 = A^2A = \begin{pmatrix} 1 & -2a \\ 0 & 1 \end{pmatrix}\begin{pmatrix} -1 & a \\ 0 & -1 \end{pmatrix} = \begin{pmatrix} -1 & 3a \\ 0 & -1 \end{pmatrix}$

행렬 A^3의 모든 성분의 합이 91이므로

$3a-2=91$

$\therefore a=31$

1171 답 $p=1,\ q=-4$

$A^2 = pA + q\begin{pmatrix} 1 & 0 \\ 0 & 1 \end{pmatrix}$ 에서

$\begin{pmatrix} -1 & 2 \\ -3 & 2 \end{pmatrix}\begin{pmatrix} -1 & 2 \\ -3 & 2 \end{pmatrix} = p\begin{pmatrix} -1 & 2 \\ -3 & 2 \end{pmatrix} + q\begin{pmatrix} 1 & 0 \\ 0 & 1 \end{pmatrix}$

$\begin{pmatrix} -5 & 2 \\ -3 & -2 \end{pmatrix} = \begin{pmatrix} -p+q & 2p \\ -3p & 2p+q \end{pmatrix}$

행렬이 서로 같을 조건에 의하여

$-p+q=-5,\ 2p=2,\ -3p=-3,\ 2p+q=-2$

$\therefore p=1,\ q=-4$

1172 답 1016

$A^2 = AA = \begin{pmatrix} -4 & 8 \\ -3 & 6 \end{pmatrix}\begin{pmatrix} -4 & 8 \\ -3 & 6 \end{pmatrix} = \begin{pmatrix} -8 & 16 \\ -6 & 12 \end{pmatrix} = 2A$

$A^3 = A^2A = 2AA = 2(2A) = 4A$

$A^4 = A^3A = 4AA = 4(2A) = 8A$

$\qquad \vdots$

따라서 $A^n = 2^{n-1}A$ (n은 자연수)이므로

$A+A^2+A^3+\cdots+A^7$

$= A+2A+4A+8A+16A+32A+64A$

$= 127A$

따라서 행렬 $127A$의 $(1, 2)$ 성분은

$127 \times 8 = 1016$

1173 답 ④

$A^2 = AA = \begin{pmatrix} 1 & 2 \\ 0 & 1 \end{pmatrix}\begin{pmatrix} 1 & 2 \\ 0 & 1 \end{pmatrix} = \begin{pmatrix} 1 & 4 \\ 0 & 1 \end{pmatrix}$

$A^3 = A^2A = \begin{pmatrix} 1 & 4 \\ 0 & 1 \end{pmatrix}\begin{pmatrix} 1 & 2 \\ 0 & 1 \end{pmatrix} = \begin{pmatrix} 1 & 6 \\ 0 & 1 \end{pmatrix}$

$A^4 = A^3A = \begin{pmatrix} 1 & 6 \\ 0 & 1 \end{pmatrix}\begin{pmatrix} 1 & 2 \\ 0 & 1 \end{pmatrix} = \begin{pmatrix} 1 & 8 \\ 0 & 1 \end{pmatrix}$

$\qquad \vdots$

$\therefore A^n = \begin{pmatrix} 1 & 2n \\ 0 & 1 \end{pmatrix}$ (단, n은 자연수)

따라서 $A^{30} = \begin{pmatrix} 1 & 2\times30 \\ 0 & 1 \end{pmatrix} = \begin{pmatrix} 1 & 60 \\ 0 & 1 \end{pmatrix}$ 이므로 구하는 모든 성분의

합은 $1+60+0+1=62$

1174 답 $\begin{pmatrix} 1 & 0 \\ -1000 & 1 \end{pmatrix}$

$A^2 = AA = \begin{pmatrix} 1 & 0 \\ -1 & 1 \end{pmatrix}\begin{pmatrix} 1 & 0 \\ -1 & 1 \end{pmatrix} = \begin{pmatrix} 1 & 0 \\ -2 & 1 \end{pmatrix}$

$A^3 = A^2A = \begin{pmatrix} 1 & 0 \\ -2 & 1 \end{pmatrix}\begin{pmatrix} 1 & 0 \\ -1 & 1 \end{pmatrix} = \begin{pmatrix} 1 & 0 \\ -3 & 1 \end{pmatrix}$

$A^4 = A^3A = \begin{pmatrix} 1 & 0 \\ -3 & 1 \end{pmatrix}\begin{pmatrix} 1 & 0 \\ -1 & 1 \end{pmatrix} = \begin{pmatrix} 1 & 0 \\ -4 & 1 \end{pmatrix}$

$\qquad \vdots$

따라서 $A^n = \begin{pmatrix} 1 & 0 \\ -n & 1 \end{pmatrix}$ (n은 자연수)이므로

$A^{1000} = \begin{pmatrix} 1 & 0 \\ -1000 & 1 \end{pmatrix}$

1175 답 -254

$A^2 = AA = \begin{pmatrix} 1 & 0 \\ 0 & -2 \end{pmatrix}\begin{pmatrix} 1 & 0 \\ 0 & -2 \end{pmatrix} = \begin{pmatrix} 1 & 0 \\ 0 & 4 \end{pmatrix}$

$A^3 = A^2A = \begin{pmatrix} 1 & 0 \\ 0 & 4 \end{pmatrix}\begin{pmatrix} 1 & 0 \\ 0 & -2 \end{pmatrix} = \begin{pmatrix} 1 & 0 \\ 0 & -8 \end{pmatrix}$

$A^4 = A^3A = \begin{pmatrix} 1 & 0 \\ 0 & -8 \end{pmatrix}\begin{pmatrix} 1 & 0 \\ 0 & -2 \end{pmatrix} = \begin{pmatrix} 1 & 0 \\ 0 & 16 \end{pmatrix}$

$\qquad \vdots$

$\therefore A^n = \begin{pmatrix} 1 & 0 \\ 0 & (-2)^n \end{pmatrix}$ (단, n은 자연수)

따라서 $A^8 + A^9 = \begin{pmatrix} 1 & 0 \\ 0 & (-2)^8 \end{pmatrix} + \begin{pmatrix} 1 & 0 \\ 0 & (-2)^9 \end{pmatrix} = \begin{pmatrix} 2 & 0 \\ 0 & 2^8-2^9 \end{pmatrix}$ 이

므로 구하는 모든 성분의 합은

$2+0+0+2^8-2^9 = 2-2^8 = -254$

1176 답 ②

$AB = \begin{pmatrix} 1000 & 600 \\ 800 & 450 \end{pmatrix}\begin{pmatrix} 3 & 5 \\ 4 & 2 \end{pmatrix}$

$= \begin{pmatrix} 1000\times3+600\times4 & 1000\times5+600\times2 \\ 800\times3+450\times4 & 800\times5+450\times2 \end{pmatrix}$

에서 $(1, 2)$ 성분은 $1000\times5+600\times2$ 이므로 편의점에서 빵 5개와

우유 2개를 산 영지의 지불 금액과 같다.

1177 답 ②

$x=cp+dq$이고 $AB=\begin{pmatrix} a & b \\ c & d \end{pmatrix}\begin{pmatrix} p \\ q \end{pmatrix}=\begin{pmatrix} ap+bq \\ cp+dq \end{pmatrix}$

이므로 x의 값은 행렬 AB의 $(2,\ 1)$ 성분과 같다.

1178 답 ②

A 선물 세트 200개를 만드는 데 필요한 금액은

$200 \times (2 \times 4500 + 6 \times 1000)$(원)이므로

$200 \times (2 \quad 6)\begin{pmatrix} 4500 \\ 1000 \end{pmatrix}$ ······ ㉠

B 선물 세트 300개를 만드는 데 필요한 금액은

$300 \times (3 \times 4500 + 4 \times 1000)$(원)이므로

$300 \times (3 \quad 4)\begin{pmatrix} 4500 \\ 1000 \end{pmatrix}$ ······ ㉡

㉠, ㉡에서 총금액을 행렬로 나타내면

$(200 \quad 300)\begin{pmatrix} 2 & 6 \\ 3 & 4 \end{pmatrix}\begin{pmatrix} 4500 \\ 1000 \end{pmatrix}$

1179 답 $\begin{pmatrix} -66 & 24 \\ -10 & 1 \end{pmatrix}$

$A^2-3AB+2BA-6B^2=A(A-3B)+2B(A-3B)$
$\qquad\qquad\qquad\qquad\quad =(A+2B)(A-3B)$

$A+2B=\begin{pmatrix} 0 & 0 \\ 4 & -1 \end{pmatrix}+2\begin{pmatrix} 1 & -3 \\ -2 & 0 \end{pmatrix}$

$\qquad\ =\begin{pmatrix} 0 & 0 \\ 4 & -1 \end{pmatrix}+\begin{pmatrix} 2 & -6 \\ -4 & 0 \end{pmatrix}=\begin{pmatrix} 2 & -6 \\ 0 & -1 \end{pmatrix}$

$A-3B=\begin{pmatrix} 0 & 0 \\ 4 & -1 \end{pmatrix}-3\begin{pmatrix} 1 & -3 \\ -2 & 0 \end{pmatrix}$

$\qquad\ =\begin{pmatrix} 0 & 0 \\ 4 & -1 \end{pmatrix}-\begin{pmatrix} 3 & -9 \\ -6 & 0 \end{pmatrix}=\begin{pmatrix} -3 & 9 \\ 10 & -1 \end{pmatrix}$

$\therefore A^2-3AB+2BA-6B^2=(A+2B)(A-3B)$

$\qquad\qquad\qquad\qquad\qquad =\begin{pmatrix} 2 & -6 \\ 0 & -1 \end{pmatrix}\begin{pmatrix} -3 & 9 \\ 10 & -1 \end{pmatrix}$

$\qquad\qquad\qquad\qquad\qquad =\begin{pmatrix} -66 & 24 \\ -10 & 1 \end{pmatrix}$

1180 답 $\begin{pmatrix} 6 & -5 \\ 8 & 4 \end{pmatrix}$

$ABA-CBA=(A-C)BA$

$A-C=\begin{pmatrix} 0 & 1 \\ 2 & -4 \end{pmatrix}-\begin{pmatrix} -3 & 3 \\ -2 & 4 \end{pmatrix}=\begin{pmatrix} 3 & -2 \\ 4 & -8 \end{pmatrix}$

$BA=\begin{pmatrix} 1 & 1 \\ -2 & 0 \end{pmatrix}\begin{pmatrix} 0 & 1 \\ 2 & -4 \end{pmatrix}=\begin{pmatrix} 2 & -3 \\ 0 & -2 \end{pmatrix}$

$\therefore ABA-CBA=(A-C)BA$

$\qquad\qquad\qquad =\begin{pmatrix} 3 & -2 \\ 4 & -8 \end{pmatrix}\begin{pmatrix} 2 & -3 \\ 0 & -2 \end{pmatrix}$

$\qquad\qquad\qquad =\begin{pmatrix} 6 & -5 \\ 8 & 4 \end{pmatrix}$

1181 답 8

$A(B+C)-(C+A)B+C(A+B)$
$=AB+AC-CB-AB+CA+CB$
$=AC+CA$
$=\begin{pmatrix} 1 & 0 \\ -2 & 3 \end{pmatrix}\begin{pmatrix} 1 & 0 \\ 1 & 1 \end{pmatrix}+\begin{pmatrix} 1 & 0 \\ 1 & 1 \end{pmatrix}\begin{pmatrix} 1 & 0 \\ -2 & 3 \end{pmatrix}$
$=\begin{pmatrix} 1 & 0 \\ 1 & 3 \end{pmatrix}+\begin{pmatrix} 1 & 0 \\ -1 & 3 \end{pmatrix}=\begin{pmatrix} 2 & 0 \\ 0 & 6 \end{pmatrix}$

따라서 구하는 모든 성분의 합은

$2+0+0+6=8$

1182 답 5

$(A-B)^2=A^2-AB-BA+B^2$이므로

$AB+BA=A^2+B^2-(A-B)^2$

$\qquad\qquad =\begin{pmatrix} 2 & -1 \\ 1 & 0 \end{pmatrix}-\begin{pmatrix} 0 & 3 \\ -1 & 1 \end{pmatrix}\begin{pmatrix} 0 & 3 \\ -1 & 1 \end{pmatrix}$

$\qquad\qquad =\begin{pmatrix} 2 & -1 \\ 1 & 0 \end{pmatrix}-\begin{pmatrix} -3 & 3 \\ -1 & -2 \end{pmatrix}=\begin{pmatrix} 5 & -4 \\ 2 & 2 \end{pmatrix}$

따라서 구하는 모든 성분의 합은

$5+(-4)+2+2=5$

1183 답 ④

주어진 식의 좌변을 전개하면

$(2A-3B)^2=(2A-3B)(2A-3B)$
$\qquad\qquad\quad =4A^2-6AB-6BA+9B^2$

$4A^2-6AB-6BA+9B^2=4A^2-12AB+9B^2$이려면

$AB+BA=2AB$ $\therefore AB=BA$

즉, $\begin{pmatrix} 1 & 1 \\ x & y \end{pmatrix}\begin{pmatrix} 1 & 2 \\ 2 & 3 \end{pmatrix}=\begin{pmatrix} 1 & 2 \\ 2 & 3 \end{pmatrix}\begin{pmatrix} 1 & 1 \\ x & y \end{pmatrix}$이므로

$\begin{pmatrix} 3 & 5 \\ x+2y & 2x+3y \end{pmatrix}=\begin{pmatrix} 1+2x & 1+2y \\ 2+3x & 2+3y \end{pmatrix}$

행렬이 서로 같을 조건에 의하여

$3=1+2x,\ 5=1+2y$

따라서 $x=1,\ y=2$이므로

$xy=2$

1184 답 -3

주어진 식의 좌변을 전개하면

$(A+B)(A-B)=A^2-AB+BA-B^2$

$A^2-AB+BA-B^2=A^2-B^2$이려면

$-AB+BA=O$ $\therefore AB=BA$

즉, $\begin{pmatrix} 1 & 2 \\ a & 4 \end{pmatrix}\begin{pmatrix} 2 & -2 \\ 3 & -1 \end{pmatrix}=\begin{pmatrix} 2 & -2 \\ 3 & -1 \end{pmatrix}\begin{pmatrix} 1 & 2 \\ a & 4 \end{pmatrix}$이므로

$\begin{pmatrix} 8 & -4 \\ 2a+12 & -2a-4 \end{pmatrix}=\begin{pmatrix} 2-2a & -4 \\ 3-a & 2 \end{pmatrix}$

행렬이 서로 같을 조건에 의하여

$8=2-2a$

$\therefore a=-3$

1185 답 ⑤

주어진 식의 좌변을 전개하면

$(A-B)^2=(A-B)(A-B)=A^2-AB-BA+B^2$

$A^2-AB-BA+B^2=A^2-2AB+B^2$이려면

$AB+BA=2AB$ $\therefore AB=BA$

즉, $\begin{pmatrix} 2 & 4 \\ 4 & 2 \end{pmatrix}\begin{pmatrix} -2 & 3 \\ x & y \end{pmatrix}=\begin{pmatrix} -2 & 3 \\ x & y \end{pmatrix}\begin{pmatrix} 2 & 4 \\ 4 & 2 \end{pmatrix}$이므로

$\begin{pmatrix} -4+4x & 6+4y \\ -8+2x & 12+2y \end{pmatrix}=\begin{pmatrix} 8 & -2 \\ 2x+4y & 4x+2y \end{pmatrix}$

행렬이 서로 같을 조건에 의하여

$-4+4x=8, 6+4y=-2$

따라서 $x=3, y=-2$이므로

$x-y=5$

1186 답 -11

$\begin{pmatrix} 2a-3c \\ 2b-3d \end{pmatrix}=\begin{pmatrix} 2a \\ 2b \end{pmatrix}+\begin{pmatrix} -3c \\ -3d \end{pmatrix}=2\begin{pmatrix} a \\ b \end{pmatrix}-3\begin{pmatrix} c \\ d \end{pmatrix}$이므로

$A\begin{pmatrix} 2a-3c \\ 2b-3d \end{pmatrix}=2A\begin{pmatrix} a \\ b \end{pmatrix}-3A\begin{pmatrix} c \\ d \end{pmatrix}$

$=2\begin{pmatrix} 2 \\ -3 \end{pmatrix}-3\begin{pmatrix} -1 \\ 4 \end{pmatrix}$

$=\begin{pmatrix} 4 \\ -6 \end{pmatrix}-\begin{pmatrix} -3 \\ 12 \end{pmatrix}=\begin{pmatrix} 7 \\ -18 \end{pmatrix}$

따라서 구하는 모든 성분의 합은

$7+(-18)=-11$

1187 답 ①

$A\begin{pmatrix} 5a \\ -2b \end{pmatrix}=\begin{pmatrix} 1 \\ -4 \end{pmatrix}, A\begin{pmatrix} -3a \\ 4b \end{pmatrix}=\begin{pmatrix} -7 \\ 10 \end{pmatrix}$을 변끼리 더하면

$A\begin{pmatrix} 5a \\ -2b \end{pmatrix}+A\begin{pmatrix} -3a \\ 4b \end{pmatrix}=\begin{pmatrix} 1 \\ -4 \end{pmatrix}+\begin{pmatrix} -7 \\ 10 \end{pmatrix}$

$A\begin{pmatrix} 2a \\ 2b \end{pmatrix}=\begin{pmatrix} -6 \\ 6 \end{pmatrix}, 2A\begin{pmatrix} a \\ b \end{pmatrix}=\begin{pmatrix} -6 \\ 6 \end{pmatrix}$

$\therefore A\begin{pmatrix} a \\ b \end{pmatrix}=\begin{pmatrix} -3 \\ 3 \end{pmatrix}$

1188 답 ①

실수 a, b에 대하여 $a\begin{pmatrix} 1 \\ -2 \end{pmatrix}+b\begin{pmatrix} 3 \\ 1 \end{pmatrix}=\begin{pmatrix} 15 \\ -2 \end{pmatrix}$가 성립한다고 하면

$\begin{pmatrix} a+3b \\ -2a+b \end{pmatrix}=\begin{pmatrix} 15 \\ -2 \end{pmatrix}$

행렬이 서로 같을 조건에 의하여

$a+3b=15, -2a+b=-2$

두 식을 연립하여 풀면 $a=3, b=4$

$\therefore A\begin{pmatrix} 15 \\ -2 \end{pmatrix}=A\left\{3\begin{pmatrix} 1 \\ -2 \end{pmatrix}+4\begin{pmatrix} 3 \\ 1 \end{pmatrix}\right\}$

$=3A\begin{pmatrix} 1 \\ -2 \end{pmatrix}+4A\begin{pmatrix} 3 \\ 1 \end{pmatrix}=3\begin{pmatrix} 1 \\ 3 \end{pmatrix}+4\begin{pmatrix} -1 \\ 3 \end{pmatrix}$

$=\begin{pmatrix} 3 \\ 9 \end{pmatrix}+\begin{pmatrix} -4 \\ 12 \end{pmatrix}=\begin{pmatrix} -1 \\ 21 \end{pmatrix}$

따라서 $p=-1, q=21$이므로

$pq=-21$

1189 답 3

$A\begin{pmatrix} 3 \\ 0 \end{pmatrix}=A\begin{pmatrix} 1 \\ -1 \end{pmatrix}+A\begin{pmatrix} 2 \\ 1 \end{pmatrix}=\begin{pmatrix} 2 \\ 1 \end{pmatrix}+\begin{pmatrix} 1 \\ -1 \end{pmatrix}=\begin{pmatrix} 3 \\ 0 \end{pmatrix}$

$A^2\begin{pmatrix} 3 \\ 0 \end{pmatrix}=AA\begin{pmatrix} 3 \\ 0 \end{pmatrix}=A\begin{pmatrix} 3 \\ 0 \end{pmatrix}=\begin{pmatrix} 3 \\ 0 \end{pmatrix}$

$A^3\begin{pmatrix} 3 \\ 0 \end{pmatrix}=AA^2\begin{pmatrix} 3 \\ 0 \end{pmatrix}=A\begin{pmatrix} 3 \\ 0 \end{pmatrix}=\begin{pmatrix} 3 \\ 0 \end{pmatrix}$

$\vdots$

$\therefore A^n\begin{pmatrix} 3 \\ 0 \end{pmatrix}=\begin{pmatrix} 3 \\ 0 \end{pmatrix}$ (단, n은 자연수)   ⋯⋯ ❶

따라서 $A^{100}\begin{pmatrix} 3 \\ 0 \end{pmatrix}=\begin{pmatrix} 3 \\ 0 \end{pmatrix}$이므로 구하는 모든 성분의 합은

$3+0=3$ ⋯⋯ ❷

채점 기준

❶ 행렬 $A^n\begin{pmatrix} 3 \\ 0 \end{pmatrix}$의 규칙 찾기	60%
❷ 행렬 $A^{100}\begin{pmatrix} 3 \\ 0 \end{pmatrix}$의 모든 성분의 합 구하기	40%

1190 답 ①

$(A-E)(A^2+A+E)=A^3-E^2=A^3-E$

$A^2=AA=\begin{pmatrix} 1 & -3 \\ 0 & 2 \end{pmatrix}\begin{pmatrix} 1 & -3 \\ 0 & 2 \end{pmatrix}=\begin{pmatrix} 1 & -9 \\ 0 & 4 \end{pmatrix}$

$A^3=A^2A=\begin{pmatrix} 1 & -9 \\ 0 & 4 \end{pmatrix}\begin{pmatrix} 1 & -3 \\ 0 & 2 \end{pmatrix}=\begin{pmatrix} 1 & -21 \\ 0 & 8 \end{pmatrix}$

$\therefore (A-E)(A^2+A+E)=A^3-E$

$=\begin{pmatrix} 1 & -21 \\ 0 & 8 \end{pmatrix}-\begin{pmatrix} 1 & 0 \\ 0 & 1 \end{pmatrix}$

$=\begin{pmatrix} 0 & -21 \\ 0 & 7 \end{pmatrix}$

1191 답 -1

$A^2=AA=\begin{pmatrix} 0 & 1 \\ 1 & 0 \end{pmatrix}\begin{pmatrix} 0 & 1 \\ 1 & 0 \end{pmatrix}=\begin{pmatrix} 1 & 0 \\ 0 & 1 \end{pmatrix}=E$이므로

$(2A+3E)^2=4A^2+12A+9E^2$

$=4E+12A+9E$

$=12A+13E$

따라서 $x=12, y=13$이므로

$x-y=-1$

1192 답 ④

$(A+2E)(A-2E)=-3E$에서

$A^2-4E=-3E$ $\therefore A^2=E$

$A^2=\begin{pmatrix} -1 & 1 \\ a & b \end{pmatrix}\begin{pmatrix} -1 & 1 \\ a & b \end{pmatrix}=\begin{pmatrix} 1+a & -1+b \\ -a+ab & a+b^2 \end{pmatrix}$

즉, $\begin{pmatrix} 1+a & -1+b \\ -a+ab & a+b^2 \end{pmatrix}=\begin{pmatrix} 1 & 0 \\ 0 & 1 \end{pmatrix}$이므로 행렬이 서로 같을 조건에 의하여

$1+a=1, -1+b=0$

따라서 $a=0$, $b=1$이므로
$a+b=1$

1193 답 ③

$$A^2\binom{2}{1}=(2A-E)\binom{2}{1}=2A\binom{2}{1}-E\binom{2}{1}$$
$$=2\binom{1}{2}-\binom{2}{1}=\binom{2}{4}-\binom{2}{1}=\binom{0}{3}$$

1194 답 ⑤

$A^2+2A+4E=O$의 양변에 $A-2E$를 곱하면
$(A-2E)(A^2+2A+4E)=O$
$A^3-8E=O$ $\therefore A^3=8E$
따라서 $A^{24}=(A^3)^8=(8E)^8=8^8E=2^{24}E$이므로
$k=2^{24}$

1195 답 ④

$$A^2=AA=\begin{pmatrix}1&1\\-3&-2\end{pmatrix}\begin{pmatrix}1&1\\-3&-2\end{pmatrix}=\begin{pmatrix}-2&-1\\3&1\end{pmatrix}$$
$$A^3=A^2A=\begin{pmatrix}-2&-1\\3&1\end{pmatrix}\begin{pmatrix}1&1\\-3&-2\end{pmatrix}=\begin{pmatrix}1&0\\0&1\end{pmatrix}=E$$
$\therefore A^{101}=(A^3)^{33}A^2=E^{33}A^2=A^2$
$A^2=\begin{pmatrix}-2&-1\\3&1\end{pmatrix}$이므로 구하는 모든 성분의 곱은
$-2\times(-1)\times3\times1=6$

1196 답 ③

$$A^2=AA=\begin{pmatrix}0&-1\\1&0\end{pmatrix}\begin{pmatrix}0&-1\\1&0\end{pmatrix}=\begin{pmatrix}-1&0\\0&-1\end{pmatrix}=-E$$
$$A^3=A^2A=(-E)A=-A=\begin{pmatrix}0&1\\-1&0\end{pmatrix}$$
$$A^4=(A^2)^2=(-E)^2=E^2=E=\begin{pmatrix}1&0\\0&1\end{pmatrix}$$
따라서 A^n은 A, $-E$, $-A$, E가 반복되므로
행렬 A^n이 될 수 없는 것은 ③ $\begin{pmatrix}-1&0\\0&1\end{pmatrix}$이다.

1197 답 6

$$A^2=AA=\begin{pmatrix}-4&-3\\7&5\end{pmatrix}\begin{pmatrix}-4&-3\\7&5\end{pmatrix}=\begin{pmatrix}-5&-3\\7&4\end{pmatrix}$$
$$A^3=A^2A=\begin{pmatrix}-5&-3\\7&4\end{pmatrix}\begin{pmatrix}-4&-3\\7&5\end{pmatrix}=\begin{pmatrix}-1&0\\0&-1\end{pmatrix}=-E$$
$A^4=A^3A=(-E)A=-A$
$A^5=A^4A=(-A)A=-A^2$
$A^6=(A^3)^2=(-E)^2=E$
따라서 $A^n=E$를 만족시키는 자연수 n의 최솟값은 6이다.

1198 답 ②

$$A^2=AA=\begin{pmatrix}3&7\\-1&-2\end{pmatrix}\begin{pmatrix}3&7\\-1&-2\end{pmatrix}=\begin{pmatrix}2&7\\-1&-3\end{pmatrix}$$
$$A^3=A^2A=\begin{pmatrix}2&7\\-1&-3\end{pmatrix}\begin{pmatrix}3&7\\-1&-2\end{pmatrix}=\begin{pmatrix}-1&0\\0&-1\end{pmatrix}=-E$$

$A^4=A^3A=(-E)A=-A$
$A^5=A^4A=(-A)A=-A^2$
$A^6=(A^3)^2=(-E)^2=E$
따라서 $A+A^2+A^3+A^4+A^5+A^6=O$이므로
$A+A^2+A^3+\cdots+A^{2011}$
$=A+A(\underbrace{A+A^2+A^3+A^4+A^5+A^6}_{O})$
$\qquad+\cdots+A^{2005}(\underbrace{A+A^2+A^3+A^4+A^5+A^6}_{O})$
$=A=\begin{pmatrix}3&7\\-1&-2\end{pmatrix}$
따라서 구하는 모든 성분의 합은
$3+7+(-1)+(-2)=7$

1199 답 ②

$A+B=E$에서 $A=E-B$
$AB=E$에 $A=E-B$를 대입하면
$(E-B)B=E$, $B-B^2=E$
즉, $B^2=B-E$이므로 양변에 B를 곱하면
$B^3=B^2-B=(B-E)-B=-E$
같은 방법으로 하면 $A^3=-E$
$\therefore A^{30}-B^{30}+E=(A^3)^{10}-(B^3)^{10}+E$
$\qquad\qquad=(-E)^{10}-(-E)^{10}+E$
$\qquad\qquad=E^{10}-E^{10}+E=E$

1200 답 ②

$A^2-A=E$의 양변의 오른쪽에 B를 곱하면
$(A^2-A)B=EB$ $\therefore A^2B-AB=B$
이 식에 $AB=2E$를 대입하면 $2A-2E=B$
$\therefore B^2=(2A-2E)^2=4(A-E)^2$
$\qquad=4(A^2-2A+E)$
$\qquad=4(A+E-2A+E)$ ($\because A^2=A+E$)
$\qquad=-4A+8E$

1201 답 ③

$A+B=O$에서 $B=-A$
$AB=E$에 $B=-A$를 대입하면 $A(-A)=E$
$\therefore A^2=-E$, $A^4=E$
같은 방법으로 하면 $B^2=-E$, $B^4=E$
$\therefore A^{1000}+B^{1002}=(A^4)^{250}+(B^4)^{250}B^2$
$\qquad\qquad=E+B^2=E+(-E)=O$

1202 답 40

$A+B=E$에서 $A=E-B$
$A+kB=\begin{pmatrix}2&2\\1&3\end{pmatrix}$에 $A=E-B$를 대입하면
$(E-B)+kB=\begin{pmatrix}2&2\\1&3\end{pmatrix}$, $E+(k-1)B=\begin{pmatrix}2&2\\1&3\end{pmatrix}$
$(k-1)B=\begin{pmatrix}2&2\\1&3\end{pmatrix}-\begin{pmatrix}1&0\\0&1\end{pmatrix}=\begin{pmatrix}1&2\\1&2\end{pmatrix}$
$\therefore B=\dfrac{1}{k-1}\begin{pmatrix}1&2\\1&2\end{pmatrix}$ (단, $k\neq1$)

$B^2 = \dfrac{1}{(k-1)^2} \begin{pmatrix} 1 & 2 \\ 1 & 2 \end{pmatrix} \begin{pmatrix} 1 & 2 \\ 1 & 2 \end{pmatrix} = \dfrac{1}{(k-1)^2} \begin{pmatrix} 3 & 6 \\ 3 & 6 \end{pmatrix}$ 이고,

$B^2 = B$ 이므로

$\dfrac{1}{(k-1)^2} \begin{pmatrix} 3 & 6 \\ 3 & 6 \end{pmatrix} = \dfrac{1}{k-1} \begin{pmatrix} 1 & 2 \\ 1 & 2 \end{pmatrix}$

$\dfrac{3}{(k-1)^2} \begin{pmatrix} 1 & 2 \\ 1 & 2 \end{pmatrix} = \dfrac{1}{k-1} \begin{pmatrix} 1 & 2 \\ 1 & 2 \end{pmatrix}$

행렬이 서로 같을 조건에 의하여

$\dfrac{3}{(k-1)^2} = \dfrac{1}{k-1}$

$3 = k-1$ $\therefore k = 4$

$\therefore 10k = 40$

1203 답 ④

ㄱ. $(A+B)(A-B) = A^2 \underline{-AB+BA} - B^2 = A^2 - B^2$
   $\quad\quad\quad\quad\quad\quad\; _{AB=BA\text{이면 }BA-AB=O}$

ㄴ. $A = \begin{pmatrix} 1 & 0 \\ 0 & 0 \end{pmatrix}$, $B = \begin{pmatrix} 0 & 0 \\ 0 & 1 \end{pmatrix}$ 이면

$AB + BA = \begin{pmatrix} 1 & 0 \\ 0 & 0 \end{pmatrix}\begin{pmatrix} 0 & 0 \\ 0 & 1 \end{pmatrix} + \begin{pmatrix} 0 & 0 \\ 0 & 1 \end{pmatrix}\begin{pmatrix} 1 & 0 \\ 0 & 0 \end{pmatrix}$

$\quad\quad\quad\;\; = \begin{pmatrix} 0 & 0 \\ 0 & 0 \end{pmatrix} + \begin{pmatrix} 0 & 0 \\ 0 & 0 \end{pmatrix} = O$

즉, $AB + BA = O$ 이지만 $A \neq O$, $B \neq O$ 이다.

ㄷ. $AB = BA$ 이므로 $A + 3BA = 2AB + E$ 에서

$A + 3AB = 2AB + E$, $A + AB = E$

$\therefore A(B+E) = E$

따라서 보기에서 옳은 것은 ㄱ, ㄷ이다.

1204 답 ②

ㄱ. $(A+E)(A-E) = A^2 - AE + EA - E^2 = A^2 - E$

ㄴ. $A^3 = -E$ 이면

$A^{100} = (A^3)^{33}A = (-E)^{33}A = -EA = -A$

ㄷ. $A = \begin{pmatrix} 1 & 1 \\ 0 & 1 \end{pmatrix}$ 이면

$A - E = \begin{pmatrix} 1 & 1 \\ 0 & 1 \end{pmatrix} - \begin{pmatrix} 1 & 0 \\ 0 & 1 \end{pmatrix} = \begin{pmatrix} 0 & 1 \\ 0 & 0 \end{pmatrix}$

$(A-E)^2 = \begin{pmatrix} 0 & 1 \\ 0 & 0 \end{pmatrix}\begin{pmatrix} 0 & 1 \\ 0 & 0 \end{pmatrix} = \begin{pmatrix} 0 & 0 \\ 0 & 0 \end{pmatrix}$

즉, $(A-E)^2 = O$ 이지만 $A \neq E$ 이다.

따라서 보기에서 옳은 것은 ㄱ, ㄴ이다.

1205 답 ④

ㄱ. $A + B = O$ 이면 $B = -A$ 이므로

$AB = A(-A) = -A^2$, $BA = (-A)A = -A^2$

$\therefore AB = BA$

ㄴ. $A = \begin{pmatrix} 0 & 1 \\ 0 & 0 \end{pmatrix}$, $B = \begin{pmatrix} 1 & 0 \\ 0 & 0 \end{pmatrix}$ 이면

$AB = \begin{pmatrix} 0 & 1 \\ 0 & 0 \end{pmatrix}\begin{pmatrix} 1 & 0 \\ 0 & 0 \end{pmatrix} = \begin{pmatrix} 0 & 0 \\ 0 & 0 \end{pmatrix}$

즉, $AB = O$ 이지만 $A \neq O$, $B \neq O$ 이다.

ㄷ. $AB \neq BA$ 이면 $(A+B)^2 = A^2 + 2AB + B^2$ 이 성립하지 않는다.

따라서 보기에서 옳지 않은 것은 ㄴ, ㄷ이다.

1206 답 ⑤

ㄱ. $A^2 = \begin{pmatrix} a & -b \\ b & a \end{pmatrix}\begin{pmatrix} a & -b \\ b & a \end{pmatrix} = \begin{pmatrix} a^2-b^2 & -2ab \\ 2ab & a^2-b^2 \end{pmatrix} = \begin{pmatrix} 0 & 0 \\ 0 & 0 \end{pmatrix}$ 이면

$a^2 - b^2 = 0$, $2ab = 0$

$2ab = 0$ 에서 $a = 0$ 또는 $b = 0$

$a = 0$ 이면 $a^2 - b^2 = 0$ 에서 $b = 0$

$b = 0$ 이면 $a^2 - b^2 = 0$ 에서 $a = 0$

따라서 $a = b = 0$ 이므로 $A = O$ 이다.

ㄴ. $A^2 + E = \begin{pmatrix} a^2-b^2+1 & -2ab \\ 2ab & a^2-b^2+1 \end{pmatrix} = \begin{pmatrix} 0 & 0 \\ 0 & 0 \end{pmatrix}$ 이면

$a^2 - b^2 + 1 = 0$, $2ab = 0$

$2ab = 0$ 에서 $a = 0$ 또는 $b = 0$

$a = 0$ 이면 $a^2 - b^2 + 1 = 0$ 에서 $b^2 = 1$ $\therefore b = \pm 1$

$b = 0$ 이면 $a^2 - b^2 + 1 = 0$ 에서 $a^2 = -1$ 을 만족시키는 실수 a의 값이 존재하지 않는다.

따라서 $A^2 + E = O$ 를 만족시키는 행렬 A는 $\begin{pmatrix} 0 & -1 \\ 1 & 0 \end{pmatrix}$,

$\begin{pmatrix} 0 & 1 \\ -1 & 0 \end{pmatrix}$ 의 2개이다.

ㄷ. $A^2 - A = \begin{pmatrix} a^2-b^2-a & -2ab+b \\ 2ab-b & a^2-b^2-a \end{pmatrix} = \begin{pmatrix} 0 & 0 \\ 0 & 0 \end{pmatrix}$ 이면

$a^2 - b^2 - a = 0$, $2ab - b = 0$

$2ab - b = 0$ 에서 $(2a-1)b = 0$

$\therefore a = \dfrac{1}{2}$ 또는 $b = 0$

$a = \dfrac{1}{2}$ 이면 $a^2 - b^2 - a = 0$ 에서 $b^2 = -\dfrac{1}{4}$ 을 만족시키는 실수 b의 값이 존재하지 않는다.

$b = 0$ 이면 $a^2 - b^2 - a = 0$ 에서

$a^2 - a = 0$, $a(a-1) = 0$ $\therefore a = 0$ 또는 $a = 1$

따라서 $A^2 - A = O$ 를 만족시키는 행렬 A는 $\begin{pmatrix} 0 & 0 \\ 0 & 0 \end{pmatrix}$, $\begin{pmatrix} 1 & 0 \\ 0 & 1 \end{pmatrix}$ 의 2개이다.

따라서 보기에서 옳은 것은 ㄱ, ㄴ, ㄷ이다.

1207 답 ③

케일리-해밀턴 정리에 의하여

$A^2 - (3+1)A + \{3 \times 1 - 2 \times (-1)\}E = O$

즉, $A^2 - 4A + 5E = O$ 가 성립하므로

$A^3 - 4A^2 + 6A - 2E = A(A^2 - 4A + 5E) + A - 2E$

$\quad\quad\quad\quad\quad\quad\quad\quad\quad = A - 2E$

1208 답 4

케일리-해밀턴 정리에 의하여

$A^2 - (1+4)A + (1 \times 4 - 3 \times 2)E = O$

즉, $A^2 - 5A - 2E = O$ 가 성립하므로

$A^2 - 5A = 2E$

$\therefore A^3 - 4A^2 - 5A = A(A^2 - 5A) + A^2 - 5A$

$\quad\quad\quad\quad\quad\quad\quad = A(2E) + 2E = 2A + 2E$

따라서 $p = 2$, $q = 2$ 이므로

$p + q = 4$

1209 답 ③

$a_{11}=-1+3\times1+5=7$, $a_{12}=-1+3\times2+5=10$

$a_{21}=(-1)^2+3\times1+5=9$, $a_{22}=(-1)^2+3\times2+5=12$

$b_{ij}=a_{ji}$이므로

$b_{11}=a_{11}=7$, $b_{12}=a_{21}=9$, $b_{21}=a_{12}=10$, $b_{22}=a_{22}=12$

$\therefore B=\begin{pmatrix} 7 & 9 \\ 10 & 12 \end{pmatrix}$

1210 답 $\begin{pmatrix} 1 & 1 & 2 \\ 1 & 0 & 2 \\ 0 & 1 & 1 \end{pmatrix}$

화살표 방향을 고려하여 도로의 수를 세어 보면

$a_{11}=1$, $a_{12}=1$, $a_{13}=2$

$a_{21}=1$, $a_{22}=0$, $a_{23}=2$

$a_{31}=0$, $a_{32}=1$, $a_{33}=1$

따라서 구하는 행렬은 $\begin{pmatrix} 1 & 1 & 2 \\ 1 & 0 & 2 \\ 0 & 1 & 1 \end{pmatrix}$이다.

1211 답 ④

행렬이 서로 같을 조건에 의하여

$a^2+a=2$, $c+4=6$, $b=2c+2$, $a^2-a=b$

$a^2+a=2$에서 $a^2+a-2=0$, $(a+2)(a-1)=0$

$\therefore a=-2$ 또는 $a=1$　……　㉠

$c+4=6$에서 $c=2$

$b=2c+2$에서 $b=6$

$a^2-a=b$에서 $a^2-a-6=0$, $(a+2)(a-3)=0$

$\therefore a=-2$ 또는 $a=3$　……　㉡

㉠, ㉡에서 $a=-2$

$\therefore a+b+c=-2+6+2=6$

1212 답 ②

$4(A-X)=3(B-X)$에서 $4A-4X=3B-3X$이므로

$X=4A-3B$

$=4\begin{pmatrix} 1 & 0 \\ -2 & 1 \end{pmatrix}-3\begin{pmatrix} 0 & 2 \\ -3 & 1 \end{pmatrix}$

$=\begin{pmatrix} 4 & 0 \\ -8 & 4 \end{pmatrix}-\begin{pmatrix} 0 & 6 \\ -9 & 3 \end{pmatrix}$

$=\begin{pmatrix} 4 & -6 \\ 1 & 1 \end{pmatrix}$

따라서 구하는 모든 성분의 합은

$4+(-6)+1+1=0$

1213 답 $\begin{pmatrix} 2 & 0 \\ -2 & 2 \end{pmatrix}$

$X+2Y=A$　……　㉠

$2X-Y=B$　……　㉡

㉠+㉡×2를 하면

$5X=A+2B$

$=\begin{pmatrix} 3 & -1 \\ -2 & 3 \end{pmatrix}+2\begin{pmatrix} 1 & 3 \\ -4 & 1 \end{pmatrix}$

$=\begin{pmatrix} 3 & -1 \\ -2 & 3 \end{pmatrix}+\begin{pmatrix} 2 & 6 \\ -8 & 2 \end{pmatrix}$

$=\begin{pmatrix} 5 & 5 \\ -10 & 5 \end{pmatrix}$

$\therefore X=\begin{pmatrix} 1 & 1 \\ -2 & 1 \end{pmatrix}$

이를 ㉡에 대입하면

$2\begin{pmatrix} 1 & 1 \\ -2 & 1 \end{pmatrix}-Y=\begin{pmatrix} 1 & 3 \\ -4 & 1 \end{pmatrix}$

$\therefore Y=\begin{pmatrix} 2 & 2 \\ -4 & 2 \end{pmatrix}-\begin{pmatrix} 1 & 3 \\ -4 & 1 \end{pmatrix}=\begin{pmatrix} 1 & -1 \\ 0 & 1 \end{pmatrix}$

$\therefore X+Y=\begin{pmatrix} 1 & 1 \\ -2 & 1 \end{pmatrix}+\begin{pmatrix} 1 & -1 \\ 0 & 1 \end{pmatrix}=\begin{pmatrix} 2 & 0 \\ -2 & 2 \end{pmatrix}$

1214 답 ③

$xA+yB=C$에서

$x\begin{pmatrix} 1 & 2 \\ 0 & -3 \end{pmatrix}+y\begin{pmatrix} -1 & 3 \\ -2 & k \end{pmatrix}=\begin{pmatrix} -5 & 0 \\ -4 & 11 \end{pmatrix}$

$\begin{pmatrix} x-y & 2x+3y \\ -2y & -3x+ky \end{pmatrix}=\begin{pmatrix} -5 & 0 \\ -4 & 11 \end{pmatrix}$

행렬이 서로 같을 조건에 의하여

$x-y=-5$, $2x+3y=0$, $-2y=-4$, $-3x+ky=11$

$-2y=-4$에서 $y=2$

$x-y=-5$에 $y=2$를 대입하면 $x=-3$

$-3x+ky=11$에 $x=-3$, $y=2$를 대입하면

$9+2k=11$　$\therefore k=1$

$\therefore k+x+y=1+(-3)+2=0$

1215 답 -36

$\begin{pmatrix} 2 & a \\ 6 & -1 \end{pmatrix}\begin{pmatrix} a \\ b \end{pmatrix}=\begin{pmatrix} -1 & 2 \\ 3 & 5 \end{pmatrix}\begin{pmatrix} -1 \\ a \end{pmatrix}$에서

$\begin{pmatrix} 2a+ab \\ 6a-b \end{pmatrix}=\begin{pmatrix} 1+2a \\ -3+5a \end{pmatrix}$

행렬이 서로 같을 조건에 의하여

$2a+ab=1+2a$, $6a-b=-3+5a$

따라서 $ab=1$, $a-b=-3$이므로

$a^3-b^3=(a-b)^3+3ab(a-b)$

$\quad\quad=(-3)^3+3\times1\times(-3)$

$\quad\quad=-27-9=-36$

1216 답 ⑤

$AB=O$에서 $\begin{pmatrix} 1 & x \\ 3 & 6 \end{pmatrix}\begin{pmatrix} 6 & -2 \\ y & 1 \end{pmatrix}=\begin{pmatrix} 0 & 0 \\ 0 & 0 \end{pmatrix}$

$\begin{pmatrix} 6+xy & -2+x \\ 18+6y & 0 \end{pmatrix}=\begin{pmatrix} 0 & 0 \\ 0 & 0 \end{pmatrix}$

행렬이 서로 같을 조건에 의하여

$6+xy=0$, $-2+x=0$, $18+6y=0$

따라서 $x=2$, $y=-3$이므로
$x-y=5$

1217 답 ①

$A^2=AA=\begin{pmatrix} \alpha & 1 \\ 1 & \beta \end{pmatrix}\begin{pmatrix} \alpha & 1 \\ 1 & \beta \end{pmatrix}=\begin{pmatrix} \alpha^2+1 & \alpha+\beta \\ \alpha+\beta & 1+\beta^2 \end{pmatrix}$이므로 행렬 A^2의
모든 성분의 합은
$\alpha^2+\beta^2+2(\alpha+\beta)+2$
이차방정식 $x^2+2x-1=0$에서 근과 계수의 관계에 의하여
$\alpha+\beta=-2$, $\alpha\beta=-1$
따라서 구하는 모든 성분의 합은
$\alpha^2+\beta^2+2(\alpha+\beta)+2=(\alpha+\beta)^2-2\alpha\beta+2(\alpha+\beta)+2$
$\qquad\qquad\qquad\qquad\quad =(-2)^2-2\times(-1)+2\times(-2)+2=4$

1218 답 4

$A^2=\begin{pmatrix} a & b \\ b & a \end{pmatrix}\begin{pmatrix} a & b \\ b & a \end{pmatrix}=\begin{pmatrix} a^2+b^2 & 2ab \\ 2ab & a^2+b^2 \end{pmatrix}$이므로
$A^2-4A+3E=\begin{pmatrix} a^2+b^2 & 2ab \\ 2ab & a^2+b^2 \end{pmatrix}-4\begin{pmatrix} a & b \\ b & a \end{pmatrix}+3\begin{pmatrix} 1 & 0 \\ 0 & 1 \end{pmatrix}$
$\qquad\qquad\qquad =\begin{pmatrix} a^2+b^2-4a+3 & 2ab-4b \\ 2ab-4b & a^2+b^2-4a+3 \end{pmatrix}$
$A^2-4A+3E=O$가 성립하므로
$\begin{pmatrix} a^2+b^2-4a+3 & 2ab-4b \\ 2ab-4b & a^2+b^2-4a+3 \end{pmatrix}=\begin{pmatrix} 0 & 0 \\ 0 & 0 \end{pmatrix}$
행렬이 서로 같을 조건에 의하여
$a^2+b^2-4a+3=0$, $2ab-4b=0$
$2ab-4b=0$에서 $2b(a-2)=0$
$\therefore a=2$ 또는 $b=0$
(ⅰ) $a=2$일 때,
　$a^2+b^2-4a+3=0$에서
　$4+b^2-8+3=0$, $b^2=1$
　$\therefore b=\pm1$
(ⅱ) $b=0$일 때,
　$a^2+b^2-4a+3=0$에서
　$a^2-4a+3=0$, $(a-1)(a-3)=0$
　$\therefore a=1$ 또는 $a=3$
(ⅰ), (ⅱ)에서 순서쌍 (a, b)는 $(2, 1)$, $(2, -1)$, $(1, 0)$, $(3, 0)$의
4개이다.

1219 답 25

$A^2=AA=\begin{pmatrix} 1 & -4 \\ 0 & 1 \end{pmatrix}\begin{pmatrix} 1 & -4 \\ 0 & 1 \end{pmatrix}=\begin{pmatrix} 1 & -8 \\ 0 & 1 \end{pmatrix}$

$A^3=A^2A=\begin{pmatrix} 1 & -8 \\ 0 & 1 \end{pmatrix}\begin{pmatrix} 1 & -4 \\ 0 & 1 \end{pmatrix}=\begin{pmatrix} 1 & -12 \\ 0 & 1 \end{pmatrix}$

　　⋮

$\therefore A^n=\begin{pmatrix} 1 & -4n \\ 0 & 1 \end{pmatrix}$

따라서 $-4n=-100$이므로
$n=25$

1220 답 $\begin{pmatrix} 11 & 14 \\ 11 & -7 \end{pmatrix}$

$(A+2B)(A-B)=\begin{pmatrix} 1 & -2 \\ -1 & 3 \end{pmatrix}$에서

$A^2-AB+2BA-2B^2=\begin{pmatrix} 1 & -2 \\ -1 & 3 \end{pmatrix}$이고

$A^2-2B^2=\begin{pmatrix} 6 & 6 \\ 5 & -2 \end{pmatrix}$이므로

$AB-2BA=\begin{pmatrix} 6 & 6 \\ 5 & -2 \end{pmatrix}-\begin{pmatrix} 1 & -2 \\ -1 & 3 \end{pmatrix}$

$\qquad\qquad =\begin{pmatrix} 5 & 8 \\ 6 & -5 \end{pmatrix}$

$\therefore (A-2B)(A+B)=A^2+AB-2BA-2B^2$
$\qquad\qquad\qquad =(A^2-2B^2)+(AB-2BA)$
$\qquad\qquad\qquad =\begin{pmatrix} 6 & 6 \\ 5 & -2 \end{pmatrix}+\begin{pmatrix} 5 & 8 \\ 6 & -5 \end{pmatrix}$
$\qquad\qquad\qquad =\begin{pmatrix} 11 & 14 \\ 11 & -7 \end{pmatrix}$

1221 답 ③

주어진 식의 좌변을 전개하면
$(A+B)^2=(A+B)(A+B)=A^2+AB+BA+B^2$
$A^2+AB+BA+B^2=A^2+2AB+B^2$이려면
$AB+BA=2AB$ $\quad\therefore AB=BA$
즉, $\begin{pmatrix} 1 & 0 \\ 2 & 0 \end{pmatrix}\begin{pmatrix} 0 & x \\ 2y & -3 \end{pmatrix}=\begin{pmatrix} 0 & x \\ 2y & -3 \end{pmatrix}\begin{pmatrix} 1 & 0 \\ 2 & 0 \end{pmatrix}$이므로
$\begin{pmatrix} 0 & x \\ 0 & 2x \end{pmatrix}=\begin{pmatrix} 2x & 0 \\ 2y-6 & 0 \end{pmatrix}$
행렬이 서로 같을 조건에 의하여
$2x=0$, $2y-6=0$
따라서 $x=0$, $y=3$이므로
$x+y=3$

1222 답 ②

$A\begin{pmatrix} 2a \\ 3b \end{pmatrix}=\begin{pmatrix} 2 \\ 13 \end{pmatrix}$, $A\begin{pmatrix} 2a \\ b \end{pmatrix}=\begin{pmatrix} -6 \\ 3 \end{pmatrix}$을 변끼리 더하면

$A\begin{pmatrix} 2a \\ 3b \end{pmatrix}+A\begin{pmatrix} 2a \\ b \end{pmatrix}=\begin{pmatrix} 2 \\ 13 \end{pmatrix}+\begin{pmatrix} -6 \\ 3 \end{pmatrix}$

$A\begin{pmatrix} 4a \\ 4b \end{pmatrix}=\begin{pmatrix} -4 \\ 16 \end{pmatrix}$, $4A\begin{pmatrix} a \\ b \end{pmatrix}=\begin{pmatrix} -4 \\ 16 \end{pmatrix}$

$\therefore A\begin{pmatrix} a \\ b \end{pmatrix}=\begin{pmatrix} -1 \\ 4 \end{pmatrix}$

1223 답 4

$A^2=AA=\begin{pmatrix} \sqrt{3} & -1 \\ 4 & -\sqrt{3} \end{pmatrix}\begin{pmatrix} \sqrt{3} & -1 \\ 4 & -\sqrt{3} \end{pmatrix}$

$\qquad =\begin{pmatrix} -1 & 0 \\ 0 & -1 \end{pmatrix}=-E$

$A^3=A^2A=(-E)A=-A$
$A^4=(A^2)^2=(-E)^2=E$
따라서 $A^n=E$를 만족시키는 자연수 n의 최솟값은 4이다.

1224 답 ④

$$A^2=AA=\begin{pmatrix} -2 & 1 \\ -3 & 1 \end{pmatrix}\begin{pmatrix} -2 & 1 \\ -3 & 1 \end{pmatrix}=\begin{pmatrix} 1 & -1 \\ 3 & -2 \end{pmatrix}$$

$$A^3=A^2A=\begin{pmatrix} 1 & -1 \\ 3 & -2 \end{pmatrix}\begin{pmatrix} -2 & 1 \\ -3 & 1 \end{pmatrix}=\begin{pmatrix} 1 & 0 \\ 0 & 1 \end{pmatrix}=E$$

$A^{100}=(A^3)^{33}A=E^{33}A=A$이므로

$$A^{100}\begin{pmatrix} 20 \\ 10 \end{pmatrix}=A\begin{pmatrix} 20 \\ 10 \end{pmatrix}$$
$$=\begin{pmatrix} -2 & 1 \\ -3 & 1 \end{pmatrix}\begin{pmatrix} 20 \\ 10 \end{pmatrix}=\begin{pmatrix} -30 \\ -50 \end{pmatrix}$$

따라서 $x=-30$, $y=-50$이므로

$x-y=20$

1225 답 ②

$A+B=-E$에서 $B=-A-E$

$AB=E$에 $B=-A-E$를 대입하면

$A(-A-E)=E$, $-A^2-A=E$

$\therefore A^2+A+E=O$

같은 방법으로 하면 $B^2+B+E=O$

$\therefore (A+B)+(A^2+B^2)+\cdots+(A^{2011}+B^{2011})$

$=(A+A^2+A^3+\cdots+A^{2011})+(B+B^2+B^3+\cdots+B^{2011})$

$=A+A^2(\underset{O}{\underline{A^2+A+E}})+\cdots+A^{2009}(\underset{O}{\underline{A^2+A+E}})$
$\quad+B+B^2(\underset{O}{\underline{B^2+B+E}})+\cdots+B^{2009}(\underset{O}{\underline{B^2+B+E}})$

$=A+B=-E$

1226 답 ④

ㄱ. $A=\begin{pmatrix} 0 & 1 \\ 1 & 0 \end{pmatrix}$이면

$A^2=\begin{pmatrix} 0 & 1 \\ 1 & 0 \end{pmatrix}\begin{pmatrix} 0 & 1 \\ 1 & 0 \end{pmatrix}=\begin{pmatrix} 1 & 0 \\ 0 & 1 \end{pmatrix}=E$

즉, $A^2=E$이지만 $A\neq E$이다.

ㄴ. $(A+2B)^2=A^2+2AB+2BA+4B^2$,

$(A-2B)^2=A^2-2AB-2BA+4B^2$이므로

$(A+2B)^2=(A-2B)^2$이면

$2AB+2BA=-2AB-2BA$

$4AB+4BA=O$

$\therefore AB+BA=O$

ㄷ. $AB=A$에서 $ABAB=A^2$

이때 $BA=B$이므로 $ABB=A^2$

또 $AB=A$이므로 $AB=A^2$

$\therefore A^2=A$

같은 방법으로 하면 $B^2=B$이므로

$A^2+B^2=A+B$

따라서 보기에서 옳은 것은 ㄴ, ㄷ이다.

1227 답 $\dfrac{19}{3}$

행렬이 서로 같을 조건에 의하여

$\alpha=5-\beta$, $\beta=\dfrac{3}{\alpha}$

즉, $\alpha+\beta=5$, $\alpha\beta=3$이므로 ······ ❶

$\dfrac{\beta}{\alpha}+\dfrac{\alpha}{\beta}=\dfrac{\alpha^2+\beta^2}{\alpha\beta}$

$=\dfrac{(\alpha+\beta)^2-2\alpha\beta}{\alpha\beta}$

$=\dfrac{5^2-2\times3}{3}=\dfrac{19}{3}$ ······ ❷

채점 기준

❶ $\alpha+\beta$, $\alpha\beta$의 값 구하기	50%
❷ $\dfrac{\beta}{\alpha}+\dfrac{\alpha}{\beta}$의 값 구하기	50%

1228 답 3

$ABC=(x \quad -1)\begin{pmatrix} 1 & 0 \\ -6 & 8 \end{pmatrix}\begin{pmatrix} x \\ -1 \end{pmatrix}$

$=(x+6 \quad -8)\begin{pmatrix} x \\ -1 \end{pmatrix}$

$=(x^2+6x+8)$ ······ ❶

$x^2+6x+8=(x+3)^2-1$이므로 행렬 ABC의 성분은 $x=-3$일 때 최솟값 -1을 갖는다.

따라서 $a=-3$, $b=-1$이므로

$ab=3$ ······ ❷

채점 기준

❶ 행렬 ABC 구하기	50%
❷ ab의 값 구하기	50%

1229 답 4

$A^2=AA=\begin{pmatrix} 1 & 0 \\ 0 & 2 \end{pmatrix}\begin{pmatrix} 1 & 0 \\ 0 & 2 \end{pmatrix}=\begin{pmatrix} 1 & 0 \\ 0 & 2^2 \end{pmatrix}$

$A^3=A^2A=\begin{pmatrix} 1 & 0 \\ 0 & 2^2 \end{pmatrix}\begin{pmatrix} 1 & 0 \\ 0 & 2 \end{pmatrix}=\begin{pmatrix} 1 & 0 \\ 0 & 2^3 \end{pmatrix}$

$\vdots$

$\therefore A^n=\begin{pmatrix} 1 & 0 \\ 0 & 2^n \end{pmatrix}$ ······ ❶

$B^2=BB=\begin{pmatrix} 1 & 0 \\ 0 & 3 \end{pmatrix}\begin{pmatrix} 1 & 0 \\ 0 & 3 \end{pmatrix}=\begin{pmatrix} 1 & 0 \\ 0 & 3^2 \end{pmatrix}$

$B^3=B^2B=\begin{pmatrix} 1 & 0 \\ 0 & 3^2 \end{pmatrix}\begin{pmatrix} 1 & 0 \\ 0 & 3 \end{pmatrix}=\begin{pmatrix} 1 & 0 \\ 0 & 3^3 \end{pmatrix}$

$\vdots$

$\therefore B^n=\begin{pmatrix} 1 & 0 \\ 0 & 3^n \end{pmatrix}$ ······ ❷

따라서 $A^n+B^n=\begin{pmatrix} 1 & 0 \\ 0 & 2^n \end{pmatrix}+\begin{pmatrix} 1 & 0 \\ 0 & 3^n \end{pmatrix}=\begin{pmatrix} 2 & 0 \\ 0 & 2^n+3^n \end{pmatrix}$이므로 모든

성분의 합은

$2+2^n+3^n$

이때 $2+2^4+3^4=99$, $2+2^5+3^5=277$이므로 $2+2^n+3^n$의 값이 100 이하가 되도록 하는 자연수 n의 최댓값은 4이다. ······ ❸

채점 기준

❶ 행렬 A^n의 규칙 찾기	40%
❷ 행렬 B^n의 규칙 찾기	40%
❸ 자연수 n의 최댓값 구하기	20%

1230 답 **12**

$a_{11}=\left[\dfrac{3-1}{2}\right]=[1]=1$

$a_{12}=\left[\dfrac{3-2}{2}\right]=\left[\dfrac{1}{2}\right]=0$

$a_{21}=\left[\dfrac{6-1}{2}\right]=\left[\dfrac{5}{2}\right]=2$

$a_{22}=\left[\dfrac{6-2}{2}\right]=[2]=2$

$a_{31}=\left[\dfrac{9-1}{2}\right]=[4]=4$

$a_{32}=\left[\dfrac{9-2}{2}\right]=\left[\dfrac{7}{2}\right]=3$

따라서 $A=\begin{pmatrix}1&0\\2&2\\4&3\end{pmatrix}$이므로 구하는 모든 성분의 합은

$1+0+2+2+4+3=12$

1231 답 **52**

직선 $y=-5x+6$과 이차함수 $y=x^2-3x-9$의 그래프의 교점의 x좌표는 $-5x+6=x^2-3x-9$에서

$x^2+2x-15=0,\ (x+5)(x-3)=0$

$\therefore x=-5$ 또는 $x=3$

두 교점의 좌표가 $(-5,31),\ (3,-9)$이므로

$A=\begin{pmatrix}3&-9\\-5&31\end{pmatrix}\ (\because a>0)$

직선 $y=-5x+6$과 이차함수 $y=2x^2-13x+6$의 그래프의 교점의 x좌표는 $-5x+6=2x^2-13x+6$에서

$2x^2-8x=0,\ 2x(x-4)=0$

$\therefore x=0$ 또는 $x=4$

두 교점의 좌표가 $(0,6),\ (4,-14)$이므로

$B=\begin{pmatrix}4&-14\\0&6\end{pmatrix}\ (\because e>0)$

$\therefore 5A-3(A+B)=2A-3B$

$\qquad=2\begin{pmatrix}3&-9\\-5&31\end{pmatrix}-3\begin{pmatrix}4&-14\\0&6\end{pmatrix}$

$\qquad=\begin{pmatrix}6&-18\\-10&62\end{pmatrix}-\begin{pmatrix}12&-42\\0&18\end{pmatrix}$

$\qquad=\begin{pmatrix}-6&24\\-10&44\end{pmatrix}$

따라서 구하는 모든 성분의 합은

$-6+24+(-10)+44=52$

1232 답 ③

$B=\begin{pmatrix}p&q\\r&s\end{pmatrix}$라 하면 ㈎에서

$\begin{pmatrix}p&q\\r&s\end{pmatrix}\begin{pmatrix}1\\-1\end{pmatrix}=\begin{pmatrix}0\\0\end{pmatrix},\ \begin{pmatrix}p-q\\r-s\end{pmatrix}=\begin{pmatrix}0\\0\end{pmatrix}$

행렬이 서로 같을 조건에 의하여

$p-q=0,\ r-s=0$

즉, $p=q,\ r=s$이므로 $B=\begin{pmatrix}p&p\\r&r\end{pmatrix}$로 나타낼 수 있다.

㈏의 $AB=2A$에서

$\begin{pmatrix}1&1\\a&a\end{pmatrix}\begin{pmatrix}p&p\\r&r\end{pmatrix}=\begin{pmatrix}2&2\\2a&2a\end{pmatrix}$

$\begin{pmatrix}p+r&p+r\\a(p+r)&a(p+r)\end{pmatrix}=\begin{pmatrix}2&2\\2a&2a\end{pmatrix}$

행렬이 서로 같을 조건에 의하여

$p+r=2\qquad\cdots\cdots\ ㉠$

또 $BA=4B$에서

$\begin{pmatrix}p&p\\r&r\end{pmatrix}\begin{pmatrix}1&1\\a&a\end{pmatrix}=\begin{pmatrix}4p&4p\\4r&4r\end{pmatrix}$

$\begin{pmatrix}p(1+a)&p(1+a)\\r(1+a)&r(1+a)\end{pmatrix}=\begin{pmatrix}4p&4p\\4r&4r\end{pmatrix}$

행렬이 서로 같을 조건에 의하여

$p(1+a)=4p,\ r(1+a)=4r$

$pa-3p=0,\ ra-3r=0$

$p(a-3)=0,\ r(a-3)=0$

$\therefore a=3$ 또는 $p=0,\ r=0$

이때 ㉠에서 $a=3$

따라서 $A+B=\begin{pmatrix}1&1\\3&3\end{pmatrix}+\begin{pmatrix}p&p\\r&r\end{pmatrix}=\begin{pmatrix}1+p&1+p\\3+r&3+r\end{pmatrix}$이므로 행렬 $A+B$의 $(1,2)$ 성분과 $(2,1)$ 성분의 합은

$(1+p)+(3+r)=4+p+r=6\ (\because ㉠)$

1233 답 ⑤

ㄱ. $A^2+A+E=O$에서 양변에 $A-E$를 곱하면

$(A-E)(A^2+A+E)=O,\ A^3-E^2=O$

$\therefore A^3=E$

ㄴ. $B=A-E$이므로

$AB=A(A-E)=A^2-A$

$BA=(A-E)A=A^2-A$

$\therefore AB=BA$

ㄷ. $B=A-E$에서 $A-B=E$이고 ㄴ에서 $AB=BA$가 성립하므로

$(A+B)(A^2+B^2)(A^4+B^4)$

$=(A-B)(A+B)(A^2+B^2)(A^4+B^4)$

$=(A^2-B^2)(A^2+B^2)(A^4+B^4)$

$=(A^4-B^4)(A^4+B^4)$

$=A^8-B^8\qquad\cdots\cdots\ ㉠$

ㄱ에서 $A^3=E$이므로

$A^8=(A^3)^2A^2=A^2=-A-E$

$B^2=(A-E)^2=A^2-2A+E^2$

$\quad=(-A-E)-2A+E=-3A$

$B^4=(B^2)^2=(-3A)^2=9A^2$

$B^8=(B^4)^2=(9A^2)^2=81A^4=81A^3A=81A$

따라서 ㉠에서

$(A+B)(A^2+B^2)(A^4+B^4)=A^8-B^8$

$\qquad\qquad\qquad\qquad\quad=-A-E-81A$

$\qquad\qquad\qquad\qquad\quad=-82A-E$

따라서 보기에서 옳은 것은 ㄱ, ㄴ, ㄷ이다.

01 / 다항식의 연산

2~7쪽

중단원 기출 문제 1회

1 답 $-3x^2+10xy+5y^2$

$A-2B=(x^2+2xy+3y^2)-2(2x^2-4xy-y^2)$
$\quad\quad\quad =x^2+2xy+3y^2-4x^2+8xy+2y^2$
$\quad\quad\quad =-3x^2+10xy+5y^2$

2 답 ④

$3A-B=x^2-9xy+9y^2$ ····· ㉠
$A-B=-x^2+5xy-y^2$ ····· ㉡

㉠-㉡을 하면 $2A=2x^2-14xy+10y^2$
$\therefore A=x^2-7xy+5y^2$

㉡에서
$B=A-(-x^2+5xy-y^2)$
$\quad =(x^2-7xy+5y^2)-(-x^2+5xy-y^2)$
$\quad =2x^2-12xy+6y^2$

이때 $X-A=B$에서 $X=A+B$이므로
$X=(x^2-7xy+5y^2)+(2x^2-12xy+6y^2)$
$\quad =3x^2-19xy+11y^2$

3 답 -5

$(2x^2+3ax-4)(x^2+x+1)$의 전개식에서 x항은
$3ax\times 1+(-4)\times x=3ax-4x=(3a-4)x$
이때 x의 계수가 -7이므로
$3a-4=-7$ $\quad \therefore a=-1$
또 주어진 다항식의 전개식에서 x^2항은
$2x^2\times 1+(-3x)\times x+(-4)\times x^2=2x^2-3x^2-4x^2=-5x^2$
따라서 x^2의 계수는 -5이다.

4 답 ④

$(x+1)(x+2)(x+3)(x+4)(x+5)$의 전개식에서 x^4항은 $x+1$, $x+2$, $x+3$, $x+4$, $x+5$ 중 4개의 일차식에서 x, 1개의 일차식에서 상수항을 뽑아 곱하면 되므로
$x^4+2x^4+3x^4+4x^4+5x^4=15x^4$
따라서 x^4의 계수는 15이다.

5 답 ③

③ $(x+1)(x-2)(x-3)$
$=x^3+\{1+(-2)+(-3)\}x^2$
$\quad\quad +\{1\times(-2)+(-2)\times(-3)+(-3)\times 1\}x$
$\quad\quad\quad +1\times(-2)\times(-3)$
$=x^3-4x^2+x+6$

6 답 ③

$(2x+ay)^3-(2x-y)(4x^2+2xy+y^2)$
$=\{(2x)^3+3\times(2x)^2\times ay+3\times 2x\times(ay)^2+(ay)^3\}$
$\quad\quad\quad -(2x-y)\{(2x)^2+2x\times y+y^2\}$
$=(8x^3+12ax^2y+6a^2xy^2+a^3y^3)-(8x^3-y^3)$
$=12ax^2y+6a^2xy^2+(a^3+1)y^3$
이때 y^3의 계수가 2이므로
$a^3+1=2$, $a^3=1$
$\therefore a=1$

7 답 ③

$(x^3-2x^2-x+1)(x^3-2x^2+x+1)$
$=(x^3-2x^2+1)^2-x^2$
$=\{(x^3)^2+(-2x^2)^2+1^2+2\times x^3\times(-2x^2)$
$\quad\quad\quad +2\times(-2x^2)\times 1+2\times 1\times x^3\}-x^2$
$=(x^6+4x^4+1-4x^5-4x^2+2x^3)-x^2$
$=x^6-4x^5+4x^4+2x^3-5x^2+1$

8 답 ⑤

$(x-y)^2=x^2+y^2-2xy=25-2\times(-10)=45$
그런데 $x>y$이므로 $x-y=3\sqrt5$
$\therefore x^3-y^3=(x-y)(x^2+y^2+xy)$
$\quad\quad\quad\quad =3\sqrt5\times(25-10)=45\sqrt5$

9 답 ④

$x+y=(\sqrt3+\sqrt2)+(\sqrt3-\sqrt2)=2\sqrt3$, $xy=(\sqrt3+\sqrt2)(\sqrt3-\sqrt2)=1$
이므로
$x^2+y^2=(x+y)^2-2xy$
$\quad\quad\quad =(2\sqrt3)^2-2\times 1=10$
$x^3+y^3=(x+y)^3-3xy(x+y)$
$\quad\quad\quad =(2\sqrt3)^3-3\times 1\times 2\sqrt3=18\sqrt3$
$\therefore x^2+x^3+y^2+y^3=(x^2+y^2)+(x^3+y^3)$
$\quad\quad\quad\quad\quad\quad =10+18\sqrt3$

10 답 45

$x^2-4x+1=0$에서 $x\neq 0$이므로 양변을 x로 나누면
$x-4+\dfrac{1}{x}=0$ $\quad \therefore x+\dfrac{1}{x}=4$
$\therefore x^2+\dfrac{1}{x^2}=\left(x+\dfrac{1}{x}\right)^2-2$
$\quad\quad\quad\quad =4^2-2=14$
$x^2-4x+1=0$에서 $4x=x^2+1$이므로
$12x=3x^2+3$
$\therefore 12x+\dfrac{3}{x^2}=(3x^2+3)+\dfrac{3}{x^2}$
$\quad\quad\quad\quad =3\left(x^2+\dfrac{1}{x^2}+1\right)$
$\quad\quad\quad\quad =3\times(14+1)=45$

11 답 -10

$x+y+z=-1$이므로
$(x+y)(y+z)(z+x)$
$=(-1-z)(-1-x)(-1-y)$
$=-(1+x)(1+y)(1+z)$
$=-\{1+(x+y+z)+(xy+yz+zx)+xyz\}$
$=-(1-1-14+24)=-10$

12 답 ①

$a^2+b^2+c^2=(a+b+c)^2-2(ab+bc+ca)$
$\qquad\qquad\quad=1^2-2\times(-4)=9$
$\therefore\ a^3+b^3+c^3$
$\quad=(a+b+c)(a^2+b^2+c^2-ab-bc-ca)+3abc$
$\quad=1\times\{9-(-4)\}+3\times(-4)=1$

13 답 ⑤

$2\left(1+\dfrac{1}{3}\right)\left(1+\dfrac{1}{3^2}\right)\left(1+\dfrac{1}{3^4}\right)\left(1+\dfrac{1}{3^8}\right)$

$=3\times\dfrac{2}{3}\times\left(1+\dfrac{1}{3}\right)\left(1+\dfrac{1}{3^2}\right)\left(1+\dfrac{1}{3^4}\right)\left(1+\dfrac{1}{3^8}\right)$

$=3\times\left(1-\dfrac{1}{3}\right)\left(1+\dfrac{1}{3}\right)\left(1+\dfrac{1}{3^2}\right)\left(1+\dfrac{1}{3^4}\right)\left(1+\dfrac{1}{3^8}\right)$

$=3\times\left(1-\dfrac{1}{3^2}\right)\left(1+\dfrac{1}{3^2}\right)\left(1+\dfrac{1}{3^4}\right)\left(1+\dfrac{1}{3^8}\right)$

$=3\times\left(1-\dfrac{1}{3^4}\right)\left(1+\dfrac{1}{3^4}\right)\left(1+\dfrac{1}{3^8}\right)$

$=3\times\left(1-\dfrac{1}{3^8}\right)\left(1+\dfrac{1}{3^8}\right)=3\times\left(1-\dfrac{1}{3^{16}}\right)=3-\dfrac{1}{3^{15}}$

따라서 $a=3$, $b=15$이므로 $\dfrac{b}{a}=\dfrac{15}{3}=5$

14 답 94

$\overline{BC}=a$, $\overline{CD}=b$, $\overline{CG}=c$라 하면
모든 모서리의 길이의 합이 48이므로
$4(a+b+c)=48$ $\qquad\therefore\ a+b+c=12$
삼각형 BGD의 세 변의 길이의 제곱의 합이 100이므로
$(a^2+b^2)+(b^2+c^2)+(c^2+a^2)=100$
$2(a^2+b^2+c^2)=100$ $\qquad\therefore\ a^2+b^2+c^2=50$
따라서 직육면체의 겉넓이는
$2(ab+bc+ca)=(a+b+c)^2-(a^2+b^2+c^2)$
$\qquad\qquad\qquad\quad=12^2-50=94$

15 답 ③

다항식 $3x^3-4x^2-x+5$를 $3x+2$로 나누면

$$
\begin{array}{r}
x^2-2x+1 \\
3x+2\overline{)\,3x^3-4x^2-\ x+5} \\
\underline{3x^3+2x^2\qquad\quad} \\
-6x^2-\ x\quad \\
\underline{-6x^2-4x\quad} \\
3x+5 \\
\underline{3x+2} \\
3
\end{array}
$$

따라서 몫은 x^2-2x+1이고, 나머지는 3이다.

다른 풀이
조립제법에 의하여
$3x^3-4x^2-x+5$
$=\left(x+\dfrac{2}{3}\right)(3x^2-6x+3)+3$
$=(3x+2)(x^2-2x+1)+3$

$$
\begin{array}{r|rrrr}
-\dfrac{2}{3} & 3 & -4 & -1 & 5 \\
& & -2 & 4 & -2 \\
\hline
& 3 & -6 & 3 & \,\big|\ 3
\end{array}
$$

따라서 다항식 $3x^3-4x^2-x+5$를 $3x+2$로 나누었을 때의 몫은
x^2-2x+1이고, 나머지는 3이다.

16 답 ②

다항식 $x^4-8x^2+18x-6$을 x^2+x+3으로 나누면

$$
\begin{array}{r}
x^2-x-10 \\
x^2+x+3\overline{)\,x^4\qquad\ -8x^2+18x-\ 6} \\
\underline{x^4+x^3+\ 3x^2\qquad\qquad} \\
-x^3-11x^2+18x\quad \\
\underline{-x^3-\ x^2-\ 3x\quad} \\
-10x^2+21x-\ 6 \\
\underline{-10x^2-10x-30} \\
31x+24
\end{array}
$$

따라서 $Q(x)=x^2-x-10$, $R(x)=31x+24$이므로
$Q(1)-R(-1)=-10-(-7)=-3$

17 답 ②

$6x^3-x^2+3x+2=P(x)(6x+5)+14x+7$이므로
$6x^3-x^2-11x-5=P(x)(6x+5)$
$\therefore\ P(x)=(6x^3-x^2-11x-5)\div(6x+5)$

$$
\begin{array}{r}
x^2-\ x-1 \\
6x+5\overline{)\,6x^3-\ x^2-11x-5} \\
\underline{6x^3+5x^2\qquad\qquad} \\
-6x^2-11x\quad \\
\underline{-6x^2-\ 5x\quad} \\
-\ 6x-5 \\
\underline{-\ 6x-5} \\
0
\end{array}
$$

$\therefore\ P(x)=x^2-x-1$

18 답 ③

사다리꼴의 높이를 $P(x)$라 하면
$\dfrac{1}{2}\{(2x^2-4x)+(2x+6)\}P(x)=3x^4-2x^3+8x^2+3x$
$(x^2-x+3)P(x)=3x^4-2x^3+8x^2+3x$
$\therefore\ P(x)=(3x^4-2x^3+8x^2+3x)\div(x^2-x+3)$

$$
\begin{array}{r}
3x^2+\ x \\
x^2-x+3\overline{)\,3x^4-2x^3+8x^2+3x} \\
\underline{3x^4-3x^3+9x^2\qquad\ } \\
x^3-\ x^2+3x \\
\underline{x^3-\ x^2+3x} \\
0
\end{array}
$$

$\therefore\ P(x)=3x^2+x$
따라서 사다리꼴의 높이는 $3x^2+x$이다.

19 답 ⑤

$f(x)=(5x+3)Q(x)+R$이므로

$xf(x)=x(5x+3)Q(x)+xR$

$\quad=5x\left(x+\dfrac{3}{5}\right)Q(x)+\left(x+\dfrac{3}{5}\right)R-\dfrac{3}{5}R$

$\quad=\left(x+\dfrac{3}{5}\right)\{5xQ(x)+R\}-\dfrac{3}{5}R$

따라서 $xf(x)$를 $x+\dfrac{3}{5}$으로 나누었을 때의 몫은 $5xQ(x)+R$, 나머지는 $-\dfrac{3}{5}R$이다.

20 답 9

$$\begin{array}{r|rrrr}\dfrac{1}{3} & 3 & 8 & 0 & 6 \\ & & 1 & 3 & 1 \\ \hline & 3 & 9 & 3 & 7 \end{array}$$

조립제법에 의하여 $a=3$, $b=1$이고

$f(x)=\left(x-\dfrac{1}{3}\right)(3x^2+9x+3)+7$

$\qquad=(3x-1)(x^2+3x+1)+7$

$\therefore Q(x)=x^2+3x+1$, $R=7$

$\therefore Q(a)-f(b)+R=Q(3)-f(1)+R$

$\qquad\qquad\qquad\quad=19-17+7=9$

중단원 기출 문제 2회

1 답 ②

$5(A-B)-3(2A-B)$

$=5A-5B-6A+3B=-A-2B$

$=-(4x^2+4xy+y^2)-2(x^2-xy-5y^2)$

$=-4x^2-4xy-y^2-2x^2+2xy+10y^2$

$=-6x^2-2xy+9y^2$

2 답 $-10x^2+9xy-13y^2$

$2X-A=3(X-2B)$에서 $2X-A=3X-6B$

$\therefore X=-A+6B$

$\quad=-(4x^2-3xy+y^2)+6(-x^2+xy-2y^2)$

$\quad=-4x^2+3xy-y^2-6x^2+6xy-12y^2$

$\quad=-10x^2+9xy-13y^2$

3 답 ②

두 다항식 A, B에서 x^3의 계수를 각각 a, b라 하면 다항식 $A-2B$에서 x^3의 계수는 $a-2b$이다.

$(x-1)(x^3-3x^2+1)$의 전개식에서 x^3항은

$x\times(-3x^2)+(-1)\times x^3=-3x^3-x^3=-4x^3$

$\therefore a=-4$

$(2x^2-x+1)(x^3-x-2)$의 전개식에서 x^3항은

$2x^2\times(-x)+1\times x^3=-2x^3+x^3=-x^3$

$\therefore b=-1$

따라서 다항식 $A-2B$의 x^3의 계수는

$a-2b=-4-2\times(-1)=-2$

4 답 ④

$(2x-3)^3=(2x)^3-3\times(2x)^2\times3+3\times2x\times3^2-3^3$

$\qquad\qquad=8x^3-36x^2+54x-27$

따라서 $a=-36$, $b=54$, $c=-27$이므로

$a+b-c=45$

5 답 ②

$(x-2)(x^2+2x+4)(x^3+8)=(x^3-2^3)(x^3+2^3)$

$\qquad\qquad\qquad\qquad\qquad\quad=x^6-2^6$

$\qquad\qquad\qquad\qquad\qquad\quad=66-64=2$

6 답 141

$(x-1)(x-3)(x-5)(x-7)$

$=\{(x-1)(x-7)\}\{(x-3)(x-5)\}$

$=(x^2-8x+7)(x^2-8x+15)$

$=(A+7)(A+15)\quad\to x^2-8x=A$

$=A^2+22A+105$

$=(x^2-8x)^2+22(x^2-8x)+105$

$=(x^4-16x^3+64x^2)+(22x^2-176x)+105$

$=x^4-16x^3+86x^2-176x+105$

따라서 $a=-16$, $b=86$, $c=-176$, $d=105$이므로

$a+b-c-d=141$

7 답 ④

$\dfrac{1}{x}-\dfrac{1}{y}=-2$에서 $\dfrac{y-x}{xy}=-2$

$\dfrac{-2}{xy}=-2\qquad\therefore xy=1$

$x^2+y^2=(x-y)^2+2xy=2^2+2\times1=6$이므로

$x^4+y^4=(x^2+y^2)^2-2x^2y^2$

$\qquad\quad=6^2-2\times1^2=34$

8 답 31

$x^3+y^3=(x+y)^3-3xy(x+y)$에서

$7=1^3-3xy\times1\qquad\therefore xy=-2$

$\therefore x^2+y^2=(x+y)^2-2xy=1^2-2\times(-2)=5$

$(x^2+y^2)(x^3+y^3)=x^5+y^5+x^3y^2+x^2y^3$이므로

$x^5+y^5=(x^2+y^2)(x^3+y^3)-x^2y^2(x+y)$

$\qquad\quad=7\times5-(-2)^2\times1=31$

9 답 ④

$x=2-\sqrt{3}$에서 $x-2=-\sqrt{3}$

양변을 제곱하면 $x^2-4x+4=3\qquad\therefore x^2-4x+1=0$

$x\neq0$이므로 양변을 x로 나누면

$x-4+\dfrac{1}{x}=0\qquad\therefore x+\dfrac{1}{x}=4$

$\therefore x^2+x^3+\dfrac{1}{x^2}+\dfrac{1}{x^3}$

$=\left(x^2+\dfrac{1}{x^2}\right)+\left(x^3+\dfrac{1}{x^3}\right)$

$=\left\{\left(x+\dfrac{1}{x}\right)^2-2\right\}+\left\{\left(x+\dfrac{1}{x}\right)^3-3\left(x+\dfrac{1}{x}\right)\right\}$

$=(4^2-2)+(4^3-3\times4)=66$

10 답 ④

$$\left(x^2+\frac{1}{x^2}\right)^2=\left(x^2-\frac{1}{x^2}\right)^2+4=(-2\sqrt{3})^2+4=16$$

그런데 $x^2>0$이므로

$$x^2+\frac{1}{x^2}=4$$

$x^2+\frac{1}{x^2}=\left(x+\frac{1}{x}\right)^2-2$에서

$$4=\left(x+\frac{1}{x}\right)^2-2$$

$$\therefore \left(x+\frac{1}{x}\right)^2=6$$

그런데 $x>0$이므로

$$x+\frac{1}{x}=\sqrt{6}$$

$$\therefore \frac{x^6+x^4+x^2+1}{x^3}=x^3+x+\frac{1}{x}+\frac{1}{x^3}$$

$$=\left(x^3+\frac{1}{x^3}\right)+\left(x+\frac{1}{x}\right)$$

$$=\left\{\left(x+\frac{1}{x}\right)^3-3\left(x+\frac{1}{x}\right)\right\}+\left(x+\frac{1}{x}\right)$$

$$=\left(x+\frac{1}{x}\right)^3-2\left(x+\frac{1}{x}\right)$$

$$=(\sqrt{6})^3-2\times\sqrt{6}=4\sqrt{6}$$

11 답 $\frac{5}{6}$

$a^2+b^2+c^2=(a+b+c)^2-2(ab+bc+ca)$에서

$$14=2^2-2(ab+bc+ca)$$

$$\therefore ab+bc+ca=-5$$

$$\therefore \frac{1}{a}+\frac{1}{b}+\frac{1}{c}=\frac{ab+bc+ca}{abc}$$

$$=\frac{-5}{-6}=\frac{5}{6}$$

12 답 (1) 6 (2) 9 (3) 18

(1) $a^2+b^2+c^2=(a+b+c)^2-2(ab+bc+ca)$

$$=2^2-2\times(-1)=6$$

(2) $(ab+bc+ca)^2=a^2b^2+b^2c^2+c^2a^2+2abc(a+b+c)$에서

$$a^2b^2+b^2c^2+c^2a^2=(ab+bc+ca)^2-2abc(a+b+c)$$

$$=(-1)^2-2\times(-2)\times2=9$$

(3) $a^4+b^4+c^4=(a^2+b^2+c^2)^2-2(a^2b^2+b^2c^2+c^2a^2)$

$$=6^2-2\times9=18$$

13 답 ①

$$P=2^4(5^2+3^2)(5^4+3^4)(5^8+3^8)$$

$$=16(5^2+3^2)(5^4+3^4)(5^8+3^8)$$

$$=(5^2-3^2)(5^2+3^2)(5^4+3^4)(5^8+3^8)$$

$$=(5^4-3^4)(5^4+3^4)(5^8+3^8)$$

$$=(5^8-3^8)(5^8+3^8)$$

$$=5^{16}-3^{16}$$

$$\therefore \frac{P+3^{16}}{5^{16}}=\frac{5^{16}}{5^{16}}=1$$

14 답 ④

두 정육면체의 한 모서리의 길이를 각각 a, b라 하면
두 정육면체의 모든 모서리의 길이의 합이 72이므로

$$12(a+b)=72 \qquad \therefore a+b=6$$

두 정육면체의 겉넓이의 합이 168이므로

$$6(a^2+b^2)=168 \qquad \therefore a^2+b^2=28$$

$a^2+b^2=(a+b)^2-2ab$에서

$$28=6^2-2ab \qquad \therefore ab=4$$

따라서 두 정육면체의 부피의 합은

$$a^3+b^3=(a+b)^3-3ab(a+b)$$

$$=6^3-3\times4\times6=144$$

15 답 $5\sqrt{2}$

처음 직육면체의 세 모서리의 길이를 각각 a, b, c라 하면 한 모퉁이에서 한 모서리의 길이가 1인 정육면체 모양을 잘라 낸 입체도형에 대하여 겉넓이가 94이므로

$$2(ab+bc+ca)=94$$

$$\therefore ab+bc+ca=47$$

모든 모서리의 길이의 합이 54이므로

$$4(a+b+c)+6=54, \ 4(a+b+c)=48$$

$$\therefore a+b+c=12$$

$$\therefore a^2+b^2+c^2=(a+b+c)^2-2(ab+bc+ca)$$

$$=12^2-2\times47=50$$

따라서 처음 직육면체 모양의 나무토막의 대각선의 길이는

$$\sqrt{a^2+b^2+c^2}=\sqrt{50}=5\sqrt{2}$$

16 답 ②

다항식 x^4+4x^2+2를 $x+2$로 나누면

$$\begin{array}{r}
x^3-2x^2+8x-16 \\
x+2\overline{)x^4+4x^2+2} \\
\underline{x^4+2x^3} \\
-2x^3+4x^2 \\
\underline{-2x^3-4x^2} \\
8x^2 \\
\underline{8x^2+16x} \\
-16x+2 \\
\underline{-16x-32} \\
34
\end{array}$$

따라서 몫은 $x^3-2x^2+8x-16$, 나머지는 34이므로 몫과 나머지의 합은

$$(x^3-2x^2+8x-16)+34=x^3-2x^2+8x+18$$

다른 풀이

$$\begin{array}{r|rrrrr}
-2 & 1 & 0 & 4 & 0 & 2 \\
& & -2 & 4 & -16 & 32 \\
\hline
& 1 & -2 & 8 & -16 & \boxed{34}
\end{array}$$

조립제법에 의하여 몫은 $x^3-2x^2+8x-16$, 나머지는 34이다.

따라서 몫과 나머지의 합은

$$(x^3-2x^2+8x-16)+34=x^3-2x^2+8x+18$$

17 답 2

다항식 $x^4-x^3+6x^2+2x+11$을 x^2+1로 나누면

$$
\begin{array}{r}
x^2-x+5 \\
x^2+1\overline{)x^4-x^3+6x^2+2x+11} \\
\underline{x^4+x^2} \\
-x^3+5x^2+2x \\
\underline{-x^3-x} \\
5x^2+3x+11 \\
\underline{5x^2+5} \\
3x+6
\end{array}
$$

따라서 $Q(x)=x^2-x+5$, $R(x)=3x+6$이므로
$Q(1)-R(-1)=5-3=2$

18 답 8

다항식 $P(x)=x^3+x^2+ax+b$가 x^2+2x+3으로 나누어떨어지므로 나머지가 0이어야 한다.

$$
\begin{array}{r}
x-1 \\
x^2+2x+3\overline{)x^3+x^2+ax+b} \\
\underline{x^3+2x^2+3x} \\
-x^2+(a-3)x+b \\
\underline{-x^2-2x-3} \\
(a-1)x+b+3
\end{array}
$$

즉, 위의 나눗셈에서
$a-1=0$, $b+3=0$ ∴ $a=1$, $b=-3$
따라서 $P(x)=x^3+x^2+x-3$을 x^2-3
으로 나누면
$Q(x)=x+1$, $R(x)=4x$
∴ $Q(3)-R(-1)=4-(-4)=8$

$$
\begin{array}{r}
x+1 \\
x^2-3\overline{)x^3+x^2+x-3} \\
\underline{x^3-3x} \\
x^2+4x-3 \\
\underline{x^2-3} \\
4x
\end{array}
$$

19 답 ⑤

$f(x)=(2x+4)Q(x)+R$이므로
$$
\begin{aligned}
(x+4)f(x)&=(x+4)(2x+4)Q(x)+(x+4)R \\
&=2(x+4)(x+2)Q(x)+(x+2)R+2R \\
&=(x+2)\{2(x+4)Q(x)+R\}+2R
\end{aligned}
$$
따라서 $(x+4)f(x)$를 $x+2$로 나누었을 때의 몫은
$(2x+8)Q(x)+R$, 나머지는 $2R$이다.

20 답 ④

$3a=2$, $b+2=6$이므로 $a=\dfrac{2}{3}$, $b=4$
오른쪽 조립제법에서 $c-2=1$
∴ $c=3$
∴ $abc=\dfrac{2}{3}\times4\times3=8$

$$
\begin{array}{c|rrrr}
\dfrac{2}{3} & 3 & 4 & -7 & c \\
& & 2 & 4 & \boxed{-2} \\
\hline
& 3 & 6 & \boxed{-3} & 1
\end{array}
$$

$3x^3+4x^2-7x+3=\left(x-\dfrac{2}{3}\right)(3x^2+6x-3)+1$
$=(3x-2)(x^2+2x-1)+1$
따라서 구하는 몫은 x^2+2x-1이다.

중단원 기출 문제 1회

1 답 ①

주어진 등식의 좌변을 정리하면
$x^3+(a-9)x+3a=x^3+bx-18$
이 등식이 x에 대한 항등식이므로
$a-9=b$, $3a=-18$
$3a=-18$에서 $a=-6$
$a-9=b$에서 $b=-6-9=-15$
∴ $a+b=-21$

2 답 ④

$x^{11}+ax^{10}+bx=(x^2-1)f(x)+2x+1$
$\phantom{x^{11}+ax^{10}+bx}=(x+1)(x-1)f(x)+2x+1$ ······ ㉠
㉠의 양변에 $x=1$을 대입하면 $1+a+b=3$
∴ $a+b=2$ ······ ㉡
㉠의 양변에 $x=-1$을 대입하면 $-1+a-b=-1$
∴ $a-b=0$ ······ ㉢
㉡, ㉢을 연립하여 풀면 $a=1$, $b=1$
∴ $2ab=2$

3 답 ①

주어진 방정식에 $x=1$을 대입하면
$1-(k+1)+(k-3)a-b+1=0$
∴ $(a-1)k-3a-b+1=0$
이 등식이 k에 대한 항등식이므로
$a-1=0$, $-3a-b+1=0$
$a-1=0$에서 $a=1$
$-3a-b+1=0$에서 $-3-b+1=0$ ∴ $b=-2$
∴ $a^2+b^2=1+4=5$

4 답 ③

주어진 등식의 양변에 $x=1$을 대입하면
$2^{10}=a_0+a_1+a_2+\cdots+a_{10}$ ······ ㉠
주어진 등식의 양변에 $x=-1$을 대입하면
$0=a_0-a_1+a_2-\cdots+a_{10}$ ······ ㉡
㉠+㉡을 하면
$2^{10}=2(a_0+a_2+a_4+\cdots+a_{10})$
∴ $a_0+a_2+a_4+\cdots+a_{10}=2^9=512$

5 답 20

다항식 x^3+ax^2+b를 x^2-x+2로 나누었을 때의 몫을
$x+c$(c는 상수)라 하면
$x^3+ax^2+b=(x^2-x+2)(x+c)-6x+4$
$=x^3+(c-1)x^2-(c+4)x+2c+4$
이 등식이 x에 대한 항등식이므로
$a=c-1$, $0=c+4$, $b=2c+4$

$0=c+4$에서 $c=-4$
$a=c-1$에서 $a=-4-1=-5$
$b=2c+4$에서 $b=-8+4=-4$
$\therefore ab=20$

6 답 ③

$$\begin{array}{r|rrrr}
-2 & 1 & 8 & 21 & 21 \\
& & -2 & -12 & -18 \\
\hline
-2 & 1 & 6 & 9 & \boxed{3} \\
& & -2 & -8 & \\
\hline
-2 & 1 & 4 & \boxed{1} & \\
& & -2 & & \\
\hline
& 1 & \boxed{2} & & \\
\end{array}$$

위의 조립제법에서
$f(x)=x^3+8x^2+21x+21$
$\qquad =(x+2)(x^2+6x+9)+3$
$\qquad =(x+2)\{(x+2)(x+4)+1\}+3$
$\qquad =(x+2)^2(x+4)+(x+2)+3$
$\qquad =(x+2)^2\{(x+2)+2\}+(x+2)+3$
$\qquad =(x+2)^3+2(x+2)^2+(x+2)+3$
$\therefore f(98)=100^3+2\times100^2+100+3$
$\qquad\qquad =1000000+20000+100+3$
$\qquad\qquad =1020103$
따라서 각 자리의 숫자의 합은
$1+0+2+0+1+0+3=7$

7 답 $2x+1$

나머지 정리에 의하여
$f(-3)=f(1)=-1$
$(x^2-4)f(x)$를 x^2+2x-3으로 나누었을 때의 몫을 $Q(x)$,
나머지를 $ax+b$ (a, b는 상수)라 하면
$(x^2-4)f(x)=(x^2+2x-3)Q(x)+ax+b$
$\qquad\qquad\qquad =(x+3)(x-1)Q(x)+ax+b$ ······ ㉠
㉠의 양변에 $x=-3$을 대입하면
$5f(-3)=-3a+b$ $\quad\therefore -3a+b=-5$ ······ ㉡
㉠의 양변에 $x=1$을 대입하면
$-3f(1)=a+b$ $\quad\therefore a+b=3$ ······ ㉢
㉡, ㉢을 연립하여 풀면 $a=2$, $b=1$
따라서 구하는 나머지는 $2x+1$이다.

8 답 34

$x^{15}+x^{10}+x^5-1$을 x^3-x로 나누었을 때의 몫을 $Q(x)$, 나머지를
$R(x)=ax^2+bx+c$ (a, b, c는 상수)라 하면
$x^{15}+x^{10}+x^5-1=(x^3-x)Q(x)+ax^2+bx+c$
$\qquad\qquad\qquad =x(x+1)(x-1)Q(x)+ax^2+bx+c$ ······ ㉠
㉠의 양변에 $x=0$을 대입하면 $c=-1$
㉠의 양변에 $x=-1$을 대입하면
$-2=a-b+c$
$-2=a-b-1$ $\quad\therefore a-b=-1$ ······ ㉡

㉠의 양변에 $x=1$을 대입하면
$2=a+b+c$
$2=a+b-1$ $\quad\therefore a+b=3$ ······ ㉢
㉡, ㉢을 연립하여 풀면 $a=1$, $b=2$
따라서 $R(x)=x^2+2x-1$이므로
$R(5)=25+10-1=34$

9 답 1

$f(x)=x^{21}-3x^{16}+6$이라 하면 $f(1)=4$이므로
$f(x)=(x-1)Q(x)+4$ ······ ㉠
이때 $f(-1)=2$이고 $Q(x)$를 $x+1$로 나누었을 때의 나머지는
$Q(-1)$이므로 ㉠의 양변에 $x=-1$을 대입하면
$2=-2Q(-1)+4$ $\quad\therefore Q(-1)=1$

10 답 4

$f(x)$를 $(x+2)(x-1)$로 나누었을 때의 몫을 $Q(x)$라 하면
$f(x)=(x+2)(x-1)Q(x)+x+3$
양변에 $x=1$을 대입하면 $f(1)=4$
따라서 $f(3x-5)$를 $x-2$로 나누었을 때의 나머지는
$f(3\times2-5)=f(1)=4$ $\quad\underset{\longrightarrow\,x=2\text{를 대입}}{}$

11 답 ①

$19=x$로 놓고 x^{100}을 $x+1$로 나누었을 때의 몫을 $Q(x)$, 나머지를
R라 하면
$x^{100}=(x+1)Q(x)+R$
양변에 $x=-1$을 대입하면 $R=1$
$\therefore x^{100}=(x+1)Q(x)+1$
$x=19$이므로
$19^{100}=20Q(19)+1$
따라서 구하는 나머지는 1이다.

12 답 -2

$f(x+1)$이 $x+2$로 나누어떨어지므로
$f(-2+1)=f(-1)=0$
$-2+a+3+1=0$
$\therefore a=-2$

13 답 ⑤

ㄱ. $x^2-(y-z)^2=\{x+(y-z)\}\{x-(y-z)\}$
$\qquad\qquad\qquad =(x+y-z)(x-y+z)$
따라서 보기에서 옳은 것은 ㄴ, ㄷ, ㄹ이다.

14 답 ①

$x^2-2x=X$로 놓으면
$(x^2-2x)^2-2x^2+4x-3=(x^2-2x)^2-2(x^2-2x)-3$
$\qquad\qquad\qquad\qquad =X^2-2X-3$
$\qquad\qquad\qquad\qquad =(X+1)(X-3)$
$\qquad\qquad\qquad\qquad =(x^2-2x+1)(x^2-2x-3)$
$\qquad\qquad\qquad\qquad =(x-1)^2(x+1)(x-3)$
따라서 $a=-1$, $b=1$, $c=-3$ 또는 $a=-1$, $b=-3$, $c=1$이므로
$a+bc=-1+1\times(-3)=-4$

15 답 ⑤

$x^2=X$로 놓으면

$$x^4-10x^2+9=X^2-10X+9$$
$$=(X-1)(X-9)$$
$$=(x^2-1)(x^2-9)$$
$$=(x+1)(x-1)(x+3)(x-3)$$

$$\therefore a^2+b^2+c^2+d^2=1^2+(-1)^2+3^2+(-3)^2=20$$

16 답 ④

a에 대하여 내림차순으로 정리한 다음 인수분해하면

$$ab(a-b)-bc(b+c)+ca(a+c)$$
$$=a^2b-ab^2-b^2c-bc^2+ca^2+c^2a$$
$$=(b+c)a^2-(b^2-c^2)a-b^2c-bc^2$$
$$=(b+c)a^2-(b+c)(b-c)a-bc(b+c)$$
$$=(b+c)\{a^2-(b-c)a-bc\}$$
$$=(b+c)(a-b)(a+c)$$
$$=(a-b)(b+c)(c+a)$$

17 답 ④

$f(x)=x^3+2x^2-x-2$라 할 때,
$f(1)=0$이므로 조립제법을 이용하여 인
수분해하면

$$\begin{array}{r|rrrr} 1 & 1 & 2 & -1 & -2 \\ & & 1 & 3 & 2 \\ \hline & 1 & 3 & 2 & 0 \end{array}$$

$$x^3+2x^2-x-2=(x-1)(x^2+3x+2)$$
$$=(x-1)(x+1)(x+2)$$

이때 $a<b<c$이므로 $a=-1$, $b=1$, $c=2$

$$\therefore a+b-c=-2$$

18 답 ④

$$x^4+2x^3-x^2+2x+1=x^2\left(x^2+2x-1+\frac{2}{x}+\frac{1}{x^2}\right)$$
$$=x^2\left\{x^2+\frac{1}{x^2}+2\left(x+\frac{1}{x}\right)-1\right\}$$
$$=x^2\left\{\left(x+\frac{1}{x}\right)^2+2\left(x+\frac{1}{x}\right)-3\right\}$$
$$=x^2\left\{\left(x+\frac{1}{x}\right)+3\right\}\left\{\left(x+\frac{1}{x}\right)-1\right\}$$
$$=(x^2+3x+1)(x^2-x+1)$$

19 답 ①

$2030=a$로 놓으면

$$\frac{2030^3-1}{2030\times2031+1}=\frac{a^3-1}{a(a+1)+1}=\frac{(a-1)(a^2+a+1)}{a^2+a+1}$$
$$=a-1=2029$$

20 답 ③

$$a^3-a^2b-ab^2+b^3=(a^3+b^3)-(a^2b+ab^2)$$
$$=(a+b)(a^2-ab+b^2)-ab(a+b)$$
$$=(a+b)(a^2-2ab+b^2)$$
$$=(a+b)(a-b)^2$$

이때 $a+b=(1+\sqrt5)+(1-\sqrt5)=2$,
$a-b=(1+\sqrt5)-(1-\sqrt5)=2\sqrt5$이므로 구하는 식의 값은

$$(a+b)(a-b)^2=2\times(2\sqrt5)^2=40$$

중단원 기출 문제 2회

1 답 ②

$\dfrac{6x+3a}{x+2}=k$ (k는 상수)라 하면

$$6x+3a=kx+2k$$

이 등식이 x에 대한 항등식이므로

$$k=6,\ 3a=2k$$

$$\therefore a=4$$

2 답 -2

주어진 등식의 양변에 $x=0$을 대입하면

$$2=-2c \qquad \therefore c=-1$$

주어진 등식의 양변에 $x=1$을 대입하면

$$a+3=0 \qquad \therefore a=-3$$

주어진 등식의 양변에 $x=-2$를 대입하면

$$6-2a=6b$$
$$12=6b \qquad \therefore b=2$$

$$\therefore a+b+c=-3+2+(-1)=-2$$

3 답 -12

$x-y=-1$에서 $x=y-1$을 주어진 등식에 대입하면

$$(y-1)^2-2(y-1)=ay^2+by+c$$
$$y^2-4y+3=ay^2+by+c$$

이 등식이 y에 대한 항등식이므로

$$a=1,\ b=-4,\ c=3$$

$$\therefore abc=-12$$

4 답 ②

$$(3x-5)^5(x^3-4x^2+3x-1)^6=a_0+a_1x+a_2x^2+\cdots+a_{23}x^{23}$$
$$(a_0,\ a_1,\ ...,\ a_{23}은\ 상수)$$

이라 하고 양변에 $x=1$을 대입하면

$$-32=a_0+a_1+a_2+\cdots+a_{23}$$

따라서 상수항을 포함한 모든 계수의 합은 -32이다.

5 답 ④

$x^4+ax^3-bx^2$을 x^2+x-3으로 나누었을 때의 몫을 x^2+cx+d (c, d는 상수)라 하면

$$x^4+ax^3-bx^2=(x^2+x-3)(x^2+cx+d)+2x+3$$
$$\therefore x^4+ax^3-bx^2$$
$$=x^4+(c+1)x^3+(c+d-3)x^2+(-3c+d+2)x+3-3d$$

이 등식이 x에 대한 항등식이므로

$$a=c+1,\ -b=c+d-3,\ -3c+d+2=0,\ 3-3d=0$$

$3-3d=0$에서 $d=1$

$-3c+d+2=0$에서 $-3c+1+2=0$

$$\therefore c=1$$

$-b=c+d-3$에서 $-b=1+1-3$

$$\therefore b=1$$

$a=c+1$에서 $a=1+1=2$

$$\therefore ab=2$$

6 답 ⑤

오른쪽 조립제법에서

x^3+x^2-x+4

$=(x-2)(x^2+3x+5)+14$

$=(x-2)\{(x-2)(x+5)+15\}+14$

$=(x-2)^2(x+5)+15(x-2)+14$

$=(x-2)^2\{(x-2)+7\}$
$\qquad +15(x-2)+14$

$=(x-2)^3+7(x-2)^2+15(x-2)+14$

따라서 $a=1$, $b=7$, $c=15$, $d=14$이므로 $a+b-c+d=7$

```
2 | 1   1   -1    4
  |     2    6   10
2 | 1   3    5  | 14
  |     2   10
2 | 1   5  | 15
  |     2
  | 1 | 7
```

7 답 ④

$f(x)=x^3+ax^2+bx-5$라 하면 나머지 정리에 의하여

$f(1)=2$, $f(-2)=-1$

$f(1)=2$에서 $1+a+b-5=2$

$\therefore a+b=6$ ...... ㉠

$f(-2)=-1$에서 $-8+4a-2b-5=-1$

$\therefore 2a-b=6$ ...... ㉡

㉠, ㉡을 연립하여 풀면 $a=4$, $b=2$

$\therefore ab=8$

8 답 $-2x+6$

㈏의 식의 양변에 $x=0$을 대입하면

$f(1)=f(0)$

㈎에서 $f(0)=4$이므로 $f(1)=4$

㈏의 식의 양변에 $x=1$을 대입하면

$f(2)=f(1)-2=4-2=2$

$f(x)$를 x^2-3x+2로 나누었을 때의 몫을 $Q(x)$, 나머지를 $ax+b$ (a, b는 상수)라 하면

$f(x)=(x^2-3x+2)Q(x)+ax+b$

$\qquad =(x-1)(x-2)Q(x)+ax+b$ ...... ㉠

㉠의 양변에 $x=1$을 대입하면

$f(1)=a+b$ $\therefore a+b=4$ ...... ㉡

㉠의 양변에 $x=2$를 대입하면

$f(2)=2a+b$ $\therefore 2a+b=2$ ...... ㉢

㉡, ㉢을 연립하여 풀면 $a=-2$, $b=6$

따라서 구하는 나머지는 $-2x+6$이다.

9 답 ④

$f(x)$를 $x^3-5x^2+8x-4=(x-2)^2(x-1)$로 나누었을 때의 몫을 $Q(x)$, 나머지를 $R(x)=ax^2+bx+c$ (a, b, c는 상수)라 하면

$f(x)=(x-2)^2(x-1)Q(x)+ax^2+bx+c$ ...... ㉠

$f(x)$를 $(x-2)^2$으로 나누었을 때의 나머지가 $3x-3$이므로 ㉠에서

ax^2+bx+c를 $(x-2)^2$으로 나누었을 때의 나머지가 $3x-3$이다.

$\therefore ax^2+bx+c=a(x-2)^2+3x-3$

이를 ㉠에 대입하면

$f(x)=(x-2)^2(x-1)Q(x)+a(x-2)^2+3x-3$

이때 나머지 정리에 의하여 $f(1)=2$이므로 위의 등식의 양변에 $x=1$을 대입하면

$f(1)=a$ $\therefore a=2$

따라서 $R(x)=2(x-2)^2+3x-3=2x^2-5x+5$이므로

$R(-1)=2+5+5=12$

10 답 ①

나머지 정리에 의하여

$f\left(\dfrac{1}{2}\right)+3g\left(\dfrac{1}{2}\right)=7$, $2f\left(\dfrac{1}{2}\right)+g\left(\dfrac{1}{2}\right)=4$

두 식을 연립하여 풀면 $f\left(\dfrac{1}{2}\right)=1$, $g\left(\dfrac{1}{2}\right)=2$

따라서 $f\left(x-\dfrac{3}{2}\right)$을 $x-2$로 나누었을 때의 나머지는

$f\left(2-\dfrac{3}{2}\right)=f\left(\dfrac{1}{2}\right)=1$

11 답 ①

$f(x)$를 x^2+x-1로 나누었을 때의 몫이 $Q(x)$, 나머지가 $6x+1$이므로

$f(x)=(x^2+x-1)Q(x)+6x+1$ ...... ㉠

$Q(x)$를 $x+1$로 나누었을 때의 나머지가 11이므로 $Q(-1)=11$

$xf(x-2)$를 $x-1$로 나누었을 때의 나머지는 $f(-1)$이므로 ㉠의 양변에 $x=-1$을 대입하면

$f(-1)=-Q(-1)-5=-11-5=-16$

12 답 2

$3=x$로 놓고 $2x^{50}$을 $x+1$로 나누었을 때의 몫을 $Q(x)$, 나머지를 R라 하면

$2x^{50}=(x+1)Q(x)+R$

양변에 $x=-1$을 대입하면 $R=2$

$\therefore 2x^{50}=(x+1)Q(x)+2$

$x=3$이므로 $2\times3^{50}=4Q(3)+2$

따라서 구하는 나머지는 2이다.

13 답 2

$f(x)=ax^3-5x^2+bx+2$라 하면 $f(x)$가 $x-1$, $x-2$로 각각 나누어떨어지므로

$f(1)=0$, $f(2)=0$

$f(1)=0$에서 $a-5+b+2=0$ $\therefore a+b=3$ ...... ㉠

$f(2)=0$에서 $8a-20+2b+2=0$ $\therefore 4a+b=9$ ...... ㉡

㉠, ㉡을 연립하여 풀면 $a=2$, $b=1$

$\therefore ab=2$

14 답 ⑤

x^3의 계수가 1인 삼차식 $P(x)$가 $(x+2)^2$을 인수로 가지므로

$P(x)=(x+2)^2(x+k)$ (k는 상수)라 하자.

$P(-1)=-4$이므로 $-1+k=-4$ $\therefore k=-3$

따라서 $P(x)=(x+2)^2(x-3)=x^3+x^2-8x-12$이므로

$a=1$, $b=-8$, $c=-12$ $\therefore ab-c=4$

15 답 ③

③ $a^2+b^2+c^2+2ab-2bc-2ca$

$\qquad =a^2+b^2+(-c)^2+2\times a\times b+2\times b\times(-c)+2\times(-c)\times a$

$\qquad =(a+b-c)^2$

16 답 ④

$(x-1)(x-2)(x+3)(x+4)+6$
$=\{(x-1)(x+3)\}\{(x-2)(x+4)\}+6$
$=(x^2+2x-3)(x^2+2x-8)+6$
$x^2+2x=X$로 놓으면
$(x^2+2x-3)(x^2+2x-8)+6$
$=(X-3)(X-8)+6$
$=X^2-11X+30$
$=(X-5)(X-6)$
$=(x^2+2x-5)(x^2+2x-6)$
따라서 주어진 식의 인수인 것은 ④이다.

17 답 ⑤

$x^4+x^2+25=(x^4+10x^2+25)-9x^2$
$\qquad\qquad=(x^2+5)^2-(3x)^2$
$\qquad\qquad=(x^2+3x+5)(x^2-3x+5)$
따라서 $a=3$, $b=5$, $c=5$이므로 $a+b-c=3$

18 답 215

$10=a$로 놓으면
$11\times13\times17\times19+36$
$=(a+1)(a+3)(a+7)(a+9)+36$
$=\{(a+1)(a+9)\}\{(a+3)(a+7)\}+36$
$=(a^2+10a+9)(a^2+10a+21)+36$
$a^2+10a=X$로 놓으면
$(a^2+10a+9)(a^2+10a+21)+36$
$=(X+9)(X+21)+36$
$=X^2+30X+225=(X+15)^2$
$=(a^2+10a+15)^2$
$=(10^2+10\times10+15)^2=215^2$
$\therefore \sqrt{11\times13\times17\times19+36}=\sqrt{215^2}=215$

19 답 ⑤

$x^4+x^2y^2+y^4=(x^2+xy+y^2)(x^2-xy+y^2)$
$\qquad\qquad\quad=\{(x-y)^2+3xy\}\{(x-y)^2+xy\}$
$\qquad\qquad\quad=(2^2+3\times1)(2^2+1)=35$

20 답 ③

주어진 등식의 좌변을 a에 대하여 내림차순으로 정리한 다음 인수분해하면
$a^2b+ab^2+b^2c-bc^2-c^2a-ca^2$
$=(b-c)a^2+(b^2-c^2)a+b^2c-bc^2$
$=(b-c)a^2+(b+c)(b-c)a+bc(b-c)$
$=(b-c)\{a^2+(b+c)a+bc\}$
$=(b-c)(a+b)(a+c)$
$\therefore (b-c)(a+b)(a+c)=0$
그런데 $a+b>0$, $a+c>0$이므로
$b-c=0$ $\qquad \therefore b=c$
따라서 주어진 조건을 만족시키는 삼각형은 $b=c$인 이등변삼각형이다.

03 / 복소수

중단원 기출 문제 1회

1 답 ⑤

⑤ $\sqrt{2}-i$의 실수부분은 $\sqrt{2}$, 허수부분은 -1이다.
따라서 옳지 않은 것은 ⑤이다.

2 답 ③

① $\alpha+\beta=(1+2i)+(3-i)=4+i$ $\qquad \therefore a=4$
② $\beta-\alpha=(3-i)-(1+2i)=2-3i$ $\qquad \therefore a=2$
③ $\dfrac{\beta}{\alpha}=\dfrac{3-i}{1+2i}=\dfrac{(3-i)(1-2i)}{(1+2i)(1-2i)}=\dfrac{1-7i}{5}=\dfrac{1}{5}-\dfrac{7}{5}i$
$\qquad \therefore a=\dfrac{1}{5}$
④ $(\alpha-1)(\beta-1)=2i(2-i)=2+4i$ $\qquad \therefore a=2$
⑤ $\beta^2=(3-i)^2=8-6i$ $\qquad \therefore a=8$
따라서 a의 값이 가장 작은 것은 ③이다.

3 답 -16

$z=i(a-4i)^2+a(6i-1)$
$\quad=i(a^2-8ai-16)+(6ai-a)$
$\quad=7a+(a^2+6a-16)i$
이때 z가 실수가 되려면 z의 허수부분은 0이어야 하므로
$a^2+6a-16=0$, $(a+8)(a-2)=0$
$\therefore a=-8$ 또는 $a=2$
따라서 모든 실수 a의 값의 곱은 $-8\times2=-16$

4 답 ⑤

$z=x(1-2i)+3(i-4)=(x-12)+(-2x+3)i$
z^2이 음의 실수가 되려면 z의 실수부분은 0이고 허수부분은 0이 아니어야 하므로
$x-12=0$, $-2x+3\neq0$ $\qquad \therefore x=12$

5 답 4

$z=a(2+i)^2+b(3+i)-(9+10i)$
$\quad=a(3+4i)+b(3+i)-(9+10i)$
$\quad=(3a+3b-9)+(4a+b-10)i$
z^2이 실수가 되려면 z의 실수부분이 0이거나 허수부분이 0이어야 하므로
$3a+3b-9=0$ 또는 $4a+b-10=0$
$3a+3b-9=0$에서 $a+b=3$
이를 만족시키는 순서쌍 (a, b)는 $(1, 2)$, $(2, 1)$의 2가지
$4a+b-10=0$에서 $4a+b=10$
이를 만족시키는 순서쌍 (a, b)는 $(1, 6)$, $(2, 2)$의 2가지
따라서 순서쌍 (a, b)의 개수는 $2+2=4$

6 답 ⑤

$(3+i)(5+ai)=b-i$에서
$(15-a)+(3a+5)i=b-i$

복소수가 서로 같을 조건에 의하여

$15-a=b$, $3a+5=-1$

$\therefore a=-2$, $b=17$

$\therefore b-a=19$

7 답 ⑤

$(1+i)+(1+i)^2-xi=xy+yi$에서

$1+i+2i-xi=xy+yi$

$1+(3-x)i=xy+yi$

복소수가 서로 같을 조건에 의하여

$1=xy$, $3-x=y$

따라서 $x+y=3$, $xy=1$이므로

$x^3+y^3=(x+y)^3-3xy(x+y)$

$\qquad\quad =3^3-3\times1\times3=18$

8 답 ③

$\dfrac{5(a+i)}{1+3i}=\dfrac{5(a+i)(1-3i)}{(1+3i)(1-3i)}=\dfrac{(a+3)+(1-3a)i}{2}$,

$\dfrac{bi}{1+i}=\dfrac{bi(1-i)}{(1+i)(1-i)}=\dfrac{b+bi}{2}$이므로

$\dfrac{a+b+3}{2}+\dfrac{1-3a+b}{2}i=1-2i$

복소수가 서로 같을 조건에 의하여

$\dfrac{a+b+3}{2}=1$, $\dfrac{1-3a+b}{2}=-2$

$\therefore a+b=-1$, $3a-b=5$

두 식을 연립하여 풀면 $a=1$, $b=-2$

$\therefore a-b=3$

9 답 -90

$z=\dfrac{2+\sqrt{5}i}{2-\sqrt{5}i}=\dfrac{(2+\sqrt{5}i)^2}{(2-\sqrt{5}i)(2+\sqrt{5}i)}=\dfrac{-1+4\sqrt{5}i}{9}$

$z=\dfrac{-1+4\sqrt{5}i}{9}$에서 $9z+1=4\sqrt{5}i$

양변을 제곱하면

$81z^2+18z+1=-80$, $81z^2+18z=-81$

$\therefore 81z^2+18z-9=-81-9=-90$

10 답 3

$\bar{z}=1-i$이므로

$\dfrac{z+1}{z}+\dfrac{\bar{z}+1}{\bar{z}}=\dfrac{2+i}{1+i}+\dfrac{2-i}{1-i}$

$\qquad\qquad\quad =\dfrac{(2+i)(1-i)+(2-i)(1+i)}{(1+i)(1-i)}$

$\qquad\qquad\quad =\dfrac{(3-i)+(3+i)}{2}=3$

[다른 풀이]

$z+\bar{z}=(1+i)+(1-i)=2$

$z\bar{z}=(1+i)(1-i)=2$

$\therefore \dfrac{z+1}{z}+\dfrac{\bar{z}+1}{\bar{z}}=\dfrac{z\bar{z}+\bar{z}+z\bar{z}+z}{z\bar{z}}=\dfrac{(z+\bar{z})+2z\bar{z}}{z\bar{z}}$

$\qquad\qquad\qquad\qquad =\dfrac{2+2\times2}{2}=3$

11 답 ④

$x=\dfrac{7}{2-\sqrt{3}i}=\dfrac{7(2+\sqrt{3}i)}{(2-\sqrt{3}i)(2+\sqrt{3}i)}=2+\sqrt{3}i$,

$y=\dfrac{7}{2+\sqrt{3}i}=\dfrac{7(2-\sqrt{3}i)}{(2+\sqrt{3}i)(2-\sqrt{3}i)}=2-\sqrt{3}i$이므로

$x-y=2\sqrt{3}i$, $xy=7$

$\therefore \dfrac{x}{y^2}-\dfrac{y}{x^2}=\dfrac{x^3-y^3}{x^2y^2}$

$\qquad\qquad\quad =\dfrac{(x-y)^3+3xy(x-y)}{(xy)^2}$

$\qquad\qquad\quad =\dfrac{(2\sqrt{3}i)^3+3\times7\times2\sqrt{3}i}{7^2}=\dfrac{18\sqrt{3}i}{49}$

12 답 3

$z=-\bar{z}$를 만족시키는 복소수 z는 순허수 또는 0이다.

따라서 $z=-\bar{z}$를 만족시키는 복소수 z가 될 수 있는 것은 $2i$, 0, $-8i$의 3개이다.

13 답 ⑤

$z=a+bi$ (a, b는 실수)라 하면 $\bar{z}=a-bi$

ㄱ. $z-\bar{z}=(a+bi)-(a-bi)=2bi$이므로

　　$z-\bar{z}$는 순허수 또는 0이다.

ㄴ. $z+\bar{z}=(a+bi)+(a-bi)=2a=0$에서 $a=0$

　　따라서 $z=bi$이므로 $z^2=-b^2\le0$

ㄷ. $\dfrac{1}{z}+\dfrac{1}{\bar{z}}=\dfrac{1}{a+bi}+\dfrac{1}{a-bi}$

$\qquad\qquad =\dfrac{a-bi+a+bi}{(a+bi)(a-bi)}$

$\qquad\qquad =\dfrac{2a}{a^2+b^2}$ (실수)

따라서 보기에서 옳은 것은 ㄴ, ㄷ이다.

14 답 $6+8i$

$z=a+bi$ (a, b는 실수)라 하면 $\bar{z}=a-bi$

$(2i-3)z+5i\bar{z}=6+18i$에서

$(2i-3)(a+bi)+5i(a-bi)=6+18i$

$(-3a+3b)+(7a-3b)i=6+18i$

복소수가 서로 같을 조건에 의하여

$-3a+3b=6$, $7a-3b=18$

두 식을 연립하여 풀면 $a=6$, $b=8$

$\therefore z=6+8i$

15 답 16

$\dfrac{1}{i}+\dfrac{3}{i^2}+\dfrac{5}{i^3}+\cdots+\dfrac{15}{i^8}$

$=\left(\dfrac{1}{i}+\dfrac{3}{i^2}+\dfrac{5}{i^3}+\dfrac{7}{i^4}\right)+\left(\dfrac{9}{i^5}+\dfrac{11}{i^6}+\dfrac{13}{i^7}+\dfrac{15}{i^8}\right)$

$=(-i-3+5i+7)+(-9i-11+13i+15)$

$=(4+4i)+(4+4i)$

$=8+8i$

따라서 $a=8$, $b=8$이므로

$\dfrac{ab}{4}=\dfrac{8\times8}{4}=16$

16 답 6

$i^3 + i^6 + i^9 + i^{12} = i^3 + i^{4\times1+2} + i^{4\times2+1} + i^{4\times3} = -i + i^2 + i + 1$
$$= -i - 1 + i + 1 = 0$$

이므로

$z = i^3 + i^6 + i^9 + \cdots + i^{30}$

$= \underbrace{(i^3 + i^6 + i^9 + i^{12})}_{0} + i^{12}\underbrace{(i^3 + i^6 + i^9 + i^{12})}_{0} + i^{27} + i^{30}$

$= i^{27} + i^{30} = i^{4\times6+3} + i^{4\times7+2}$

$= i^3 + i^2 = -1 - i$

$z = -1 - i$에서 $z + 1 = -i$

양변을 제곱하면 $z^2 + 2z + 1 = -1$, $z^2 + 2z + 2 = 0$

$\therefore z^4 + 2z^3 - z^2 - 6z = z^2(z^2 + 2z + 2) - 3(z^2 + 2z + 2) + 6$
$$= 6$$

17 답 ②

$(1+i)^2 = 2i$, $(1-i)^2 = -2i$이므로

$(1+i)^{120} - (1-i)^{120} = \{(1+i)^2\}^{60} - \{(1-i)^2\}^{60}$

$= (2i)^{60} - (-2i)^{60}$

$= 2^{60}i^{60} - 2^{60}i^{60} = 0$

18 답 ⑤

$z = \dfrac{2}{1+\sqrt{3}i} = \dfrac{2(1-\sqrt{3}i)}{(1+\sqrt{3}i)(1-\sqrt{3}i)} = \dfrac{1-\sqrt{3}i}{2}$이므로

$z^2 = \left(\dfrac{1-\sqrt{3}i}{2}\right)^2 = \dfrac{(1-\sqrt{3}i)^2}{4} = \dfrac{-2-2\sqrt{3}i}{4} = \dfrac{-1-\sqrt{3}i}{2}$

$z^3 = z^2 z = \dfrac{-1-\sqrt{3}i}{2} \times \dfrac{1-\sqrt{3}i}{2} = \dfrac{-4}{4} = -1$

$z^6 = (z^3)^2 = (-1)^2 = 1$

따라서 $z^n = -1$을 만족시키려면 음이 아닌 정수 k에 대하여

$n = 6k + 3$이어야 하므로 100 이하의 자연수 n은 3, 9, 15, …, 99의

17개이다.

19 답 ①

ㄱ. $x > 0$이므로

$\sqrt{x^2} + \sqrt{-x}\sqrt{-x} = \sqrt{x^2} - \sqrt{x^2} = 0$

ㄴ. $y - x > 0$이므로

$\sqrt{(y-x)^2} = |y-x| = y-x$

ㄷ. $x > 0$, $-y < 0$이므로

$\sqrt{x}\sqrt{-y} = \sqrt{-xy} = \sqrt{xy}i$

ㄹ. $x - y < 0$, $y - x > 0$이므로

$\dfrac{\sqrt{y-x}}{\sqrt{x-y}} = -\sqrt{\dfrac{y-x}{x-y}} = -\sqrt{-1} = -i$

따라서 보기에서 옳은 것은 ㄱ이다.

20 답 ③

$\dfrac{\sqrt{y}}{\sqrt{x}} = -\sqrt{\dfrac{y}{x}}$이므로 $x < 0$, $y > 0$

즉, $x - y < 0$이므로

$\sqrt{(x-y)^2} = |x-y| = -x+y$

또 $\sqrt{x}\sqrt{x} = -\sqrt{x^2} = -|x| = x$이므로

$\sqrt{(x-y)^2} + \sqrt{x}\sqrt{x} - |y| = -x+y+x-y = 0$

중단원 기출 문제 2회

1 답 ⑤

$a = \overline{3+2i} = 3-2i$, $b = 3$이므로

$a(b+3i) = (3-2i)(3+3i) = 15+3i$

2 답 $\dfrac{7}{5}$

$\dfrac{x-yi}{x+yi} = \dfrac{(x-yi)^2}{(x+yi)(x-yi)} = \dfrac{x^2-y^2-2xyi}{x^2+y^2}$

이때 $x+y = 1$, $xy = -2$이므로

$x^2 + y^2 = (x+y)^2 - 2xy = 1^2 - 2\times(-2) = 5$

$(x-y)^2 = (x+y)^2 - 4xy = 1^2 - 4\times(-2) = 9$이므로

$x - y = 3$ $(\because x > y)$

$\therefore a = \dfrac{x^2-y^2}{x^2+y^2} = \dfrac{(x+y)(x-y)}{x^2+y^2} = \dfrac{3}{5}$, $b = -\dfrac{2xy}{x^2+y^2} = \dfrac{4}{5}$

$\therefore a+b = \dfrac{7}{5}$

3 답 ⑤

⑤ $\dfrac{1}{1+i} - \dfrac{1}{1-i} = \dfrac{1-i-(1+i)}{(1+i)(1-i)}$

$= \dfrac{-2i}{2} = -i$

따라서 옳지 않은 것은 ⑤이다.

4 답 ①

$(z+2)(z-2i) = (3-ai)\{1-(a+2)i\}$

$= (-a^2-2a+3) + (-4a-6)i$

이 복소수가 순허수가 되려면 실수부분이 0이고 허수부분이 0이 아니어야 하므로

$-a^2-2a+3 = 0$, $-4a-6 \neq 0$

$a^2 + 2a - 3 = 0$에서 $(a+3)(a-1) = 0$

$\therefore a = -3$ 또는 $a = 1$ ······ ㉠

$-4a - 6 \neq 0$에서 $a \neq -\dfrac{3}{2}$ ······ ㉡

㉠, ㉡에서 $a = -3$ 또는 $a = 1$

따라서 모든 실수 a의 값의 곱은 $-3 \times 1 = -3$

5 답 ⑤

$z = i(x+i)^2 - (6+8i)$

$= i(x^2+2xi-1) - (6+8i)$

$= (-2x-6) + (x^2-9)i$

z^2이 양의 실수가 되려면 z의 실수부분이 0이 아니고 허수부분은 0이어야 하므로

$-2x-6 \neq 0$, $x^2-9 = 0$

$-2x-6 \neq 0$에서 $x \neq -3$ ······ ㉠

$x^2-9 = 0$에서 $x = -3$ 또는 $x = 3$ ······ ㉡

㉠, ㉡에서 $x = 3$

6 답 1

$(1-ai)^4$이 실수가 되려면 $(1-ai)^2=(1-a^2)-2ai$가 실수 또는 순허수이어야 한다.

(i) $(1-a^2)-2ai$가 실수일 때,
$-2a=0$ ∴ $a=0$

(ii) $(1-a^2)-2ai$가 순허수일 때,
$1-a^2=0$, $-2a\neq0$
$1-a^2=0$에서 $a=-1$ 또는 $a=1$ …… ㉠
$-2a\neq0$에서 $a\neq0$ …… ㉡
㉠, ㉡에서 $a=-1$ 또는 $a=1$

(i), (ii)에서 조건을 만족시키는 양수 a의 값은 1이다.

7 답 -3

$x(5+i)-y(4+3i)=3+5i$에서
$(5x-4y)+(x-3y)i=3+5i$
복소수가 서로 같을 조건에 의하여
$5x-4y=3$, $x-3y=5$
두 식을 연립하여 풀면 $x=-1$, $y=-2$
∴ $x+y=-3$

8 답 -6

$2x-y+4i=(2+y)i-5$에서 복소수가 서로 같을 조건에 의하여
$2x-y=-5$, $4=2+y$
∴ $x=-\dfrac{3}{2}$, $y=2$
∴ $\dfrac{13}{2x-yi}+\dfrac{13}{2x+yi}=\dfrac{13}{-3-2i}+\dfrac{13}{-3+2i}$
$=\dfrac{13(-3+2i)+13(-3-2i)}{(-3-2i)(-3+2i)}$
$=-3+2i-3-2i=-6$

9 답 ①

$x=2+\sqrt{6}i$에서 $x-2=\sqrt{6}i$
양변을 제곱하면
$x^2-4x+4=-6$, $x^2-4x=-10$
∴ $x^2-4x+5=-10+5=-5$

10 답 ④

$z=\dfrac{5i}{2+i}=\dfrac{5i(2-i)}{(2+i)(2-i)}=1+2i$이므로
$\overline{z}=1-2i$
∴ $z\overline{z}+z-\overline{z}=(1+2i)(1-2i)+(1+2i)-(1-2i)$
$=5+4i$

11 답 ①

$x=\dfrac{10}{3+i}=\dfrac{10(3-i)}{(3+i)(3-i)}=3-i$,
$y=\dfrac{10}{3-i}=\dfrac{10(3+i)}{(3-i)(3+i)}=3+i$이므로
$x-y=-2i$, $xy=10$

∴ $x^2+x^3+y^2-y^3=(x^2+y^2)+(x^3-y^3)$
$=(x-y)^2+2xy+(x-y)^3+3xy(x-y)$
$=(-2i)^2+2\times10+(-2i)^3+3\times10\times(-2i)$
$=-4+20+8i-60i$
$=16-52i$

12 답 ④

$z_1=a+bi$ (a, b는 실수)라 하면
$z_2=-\overline{z_1}=-(a-bi)=-a+bi$

ㄱ. $z_1+\overline{z_2}=a+bi+(-a-bi)=0$ (실수)

ㄴ. $z_1-z_2=a+bi-(-a+bi)=2a$ (실수)

ㄷ. $\overline{z_1z_2}=\overline{z_1}\times\overline{z_2}=(a-bi)(-a-bi)$
$=-a^2-b^2$ (실수)

ㄹ. $\dfrac{z_1}{z_2}=\dfrac{a+bi}{-a+bi}=\dfrac{(a+bi)(-a-bi)}{(-a+bi)(-a-bi)}$
$=\dfrac{-a^2+b^2-2abi}{a^2+b^2}$

따라서 보기에서 항상 실수인 것은 ㄱ, ㄴ, ㄷ이다.

다른 풀이

$\overline{z_1}=-z_2$이므로 $z_1=-\overline{z_2}$

이때 $z_2=a+bi$ (a, b는 실수)라 하면 z_2는 실수가 아닌 복소수이므로
$b\neq0$
$z_2+\overline{z_2}=(a+bi)+(a-bi)=2a$
$z_2\overline{z_2}=(a+bi)(a-bi)=a^2+b^2$
즉, $z_2+\overline{z_2}$, $z_2\overline{z_2}$는 실수이다.

ㄱ. $z_1+\overline{z_2}=-\overline{z_2}+\overline{z_2}=0$이므로 실수이다.

ㄴ. $z_1-z_2=(-\overline{z_2})-z_2=-(z_2+\overline{z_2})$이고, $z_2+\overline{z_2}$가 실수이므로
z_1-z_2는 실수이다.

ㄷ. $\overline{z_1z_2}=\overline{z_1}\times\overline{z_2}=-z_2\overline{z_2}$이고, $z_2\overline{z_2}$가 실수이므로 $\overline{z_1z_2}$는 실수이다.

ㄹ. $\dfrac{z_1}{z_2}=\dfrac{z_1\overline{z_2}}{z_2\overline{z_2}}=\dfrac{-(\overline{z_2})^2}{z_2\overline{z_2}}=-\dfrac{a^2-2abi-b^2}{a^2+b^2}$

이므로 항상 실수인 것은 아니다.

따라서 보기에서 항상 실수인 것은 ㄱ, ㄴ, ㄷ이다.

13 답 ④

$z=a+bi$ (a, b는 실수)라 하면 z는 실수가 아닌 복소수이므로
$b\neq0$
$\dfrac{z}{2}+\dfrac{2}{z}=\dfrac{z^2+4}{2z}=\dfrac{(a+bi)^2+4}{2(a+bi)}$
$=\dfrac{(a^2-b^2+4)+2abi}{2(a+bi)}$
$=\dfrac{\{(a^2-b^2+4)+2abi\}(a-bi)}{2(a^2+b^2)}$
$=\dfrac{a(a^2+b^2+4)}{2(a^2+b^2)}+\dfrac{b(a^2+b^2-4)}{2(a^2+b^2)}i$ …… ㉠

㉠이 실수이려면 허수부분이 0이어야 하므로
$\dfrac{b(a^2+b^2-4)}{2(a^2+b^2)}=0$

$b(a^2+b^2-4)=0$ $\therefore a^2+b^2=4\ (\because b\neq0)$

$\therefore z\bar{z}=(a+bi)(a-bi)$

$\qquad =a^2+b^2=4$

다른 풀이

$\dfrac{z}{2}+\dfrac{2}{z}$가 실수이면 복소수와 켤레복소수가 같으므로

$\dfrac{z}{2}+\dfrac{2}{z}=\overline{\dfrac{z}{2}+\dfrac{2}{z}},\ \dfrac{z}{2}+\dfrac{2}{z}=\dfrac{\bar{z}}{2}+\dfrac{2}{\bar{z}}$

$\dfrac{z}{2}-\dfrac{\bar{z}}{2}=\dfrac{2}{\bar{z}}-\dfrac{2}{z},\ \dfrac{z-\bar{z}}{2}=\dfrac{2(z-\bar{z})}{z\bar{z}}$

이때 z는 허수이므로 $z-\bar{z}\neq0$

$\therefore z\bar{z}=4$

14 답 ②

$z=a+bi\,(a,\,b$는 실수$)$라 하면 $\bar{z}=a-bi$

$2(z-1)-(2+i)\bar{z}+2=-1+i$에서

$2(a+bi-1)-(2+i)(a-bi)+2=-1+i$

$-b+(-a+4b)i=-1+i$

복소수가 서로 같을 조건에 의하여

$-b=-1,\ -a+4b=1$

$\therefore a=3,\ b=1$

따라서 $z=3+i$이므로

$z+\bar{z}-z\bar{z}=(3+i)+(3-i)-(3+i)(3-i)$

$\qquad\qquad\quad =6-10=-4$

15 답 $-4+2i$

$z=a+bi\,(a,\,b$는 실수$)$라 하면 $\bar{z}=a-bi$

㈎에서 $z+\bar{z}=(a+bi)+(a-bi)=2a$이고 $z+\bar{z}<-6$이므로

$2a<-6$ $\therefore a<-3$ $\cdots\cdots$ ㉠

㈏에서 $z-\bar{z}=(a+bi)-(a-bi)=2bi$이므로 $\dfrac{2bi}{4i}=1$

$2bi=4i$ $\therefore b=2$ $\cdots\cdots$ ㉡

㈐에서 $\dfrac{1}{z}+\dfrac{1}{\bar{z}}=\dfrac{z+\bar{z}}{z\bar{z}}=\dfrac{2a}{a^2+b^2}$이고 $\dfrac{1}{z}+\dfrac{1}{\bar{z}}=-\dfrac{2}{5}$이므로

$\dfrac{2a}{a^2+b^2}=-\dfrac{2}{5},\ a^2+4=-5a\ (\because$ ㉡$)$

$a^2+5a+4=0,\ (a+4)(a+1)=0$

$\therefore a=-4\ (\because$ ㉠$)$

$\therefore z=-4+2i$

16 답 ③

$i+i^2+i^3+i^4=i-1-i+1=0$이므로

$i+i^2+i^3+i^4+\cdots+i^{102}$

$=\underset{0}{\underline{(i+i^2+i^3+i^4)}}+i^4\underset{0}{\underline{(i+i^2+i^3+i^4)}}$

$\qquad\qquad +\cdots+i^{96}\underset{0}{\underline{(i+i^2+i^3+i^4)}}+i^{101}+i^{102}$

$=i^{101}+i^{102}$

$=i^{4\times25+1}+i^{4\times25+2}$

$=i+i^2=-1+i$

따라서 $a=-1,\ b=1$이므로

$a+b=0$

17 답 12

$f(1)=i+(-i)=0$

$f(2)=i^2+(-i)^2=-1-1=-2$

$f(3)=i^3+(-i)^3=-i+i=0$

$f(4)=i^4+(-i)^4=1+1=2$

$f(5)=i^5+(-i)^5=i-i=0$

$f(6)=i^6+(-i)^6=-1-1=-2$

$\qquad\vdots$

따라서 $f(n)=2$를 만족시키려면 자연수 k에 대하여 $n=4k$이어야 하므로 50 이하의 자연수 n은 4, 8, 12, 16, …, 48의 12개이다.

18 답 ⑤

$\dfrac{1+i}{1-i}=\dfrac{(1+i)^2}{(1-i)(1+i)}=\dfrac{2i}{2}=i$이므로 $z_n=i^n$

① $z_1=i$

② $z_2+z_4=i^2+i^4=-1+1=0$

③ $z_{10}+z_{11}+z_{12}+z_{13}=i^{10}+i^{11}+i^{12}+i^{13}$

$\qquad\qquad\qquad\qquad\quad =i^{4\times2+2}+i^{4\times2+3}+i^{4\times3}+i^{4\times3+1}$

$\qquad\qquad\qquad\qquad\quad =i^2+i^3+1+i$

$\qquad\qquad\qquad\qquad\quad =(-1)+(-i)+1+i$

$\qquad\qquad\qquad\qquad\quad =0$

④ $z_{40}\times z_{50}=i^{40}\times i^{50}=i^{4\times10}\times i^{4\times12+2}=1\times i^2=-1$

⑤ $\dfrac{z_{18}}{z_{36}}=\dfrac{i^{18}}{i^{36}}=\dfrac{1}{i^{18}}=\dfrac{1}{i^{4\times4+2}}=\dfrac{1}{i^2}=\dfrac{1}{-1}=-1$

따라서 옳지 않은 것은 ⑤이다.

19 답 $-\dfrac{51}{2}$

$\sqrt{-6}\sqrt{-6}\sqrt{8}\sqrt{-8}+\dfrac{\sqrt{18}}{\sqrt{-2}}+\dfrac{\sqrt{-4}}{\sqrt{-16}}$

$=\sqrt{6}i\times\sqrt{6}i\times\sqrt{8}\times\sqrt{8}i+\dfrac{\sqrt{18}}{\sqrt{2}i}+\dfrac{\sqrt{4}i}{\sqrt{16}i}$

$=-48i+(-3i)+\dfrac{1}{2}$

$=\dfrac{1}{2}-51i$

따라서 $a=\dfrac{1}{2},\ b=-51$이므로 $ab=-\dfrac{51}{2}$

20 답 ④

$\sqrt{a}\sqrt{b}=-\sqrt{ab}$이므로 $a<0,\ b<0$

ㄱ. $a+b<0$이므로

$\quad \sqrt{(a+b)^2}=|a+b|=-(a+b)$

ㄴ. $a<0,\ b<0$이므로

$\quad |a|=-a,\ |b|=-b$

$\quad \therefore |a|-|b|=-a-(-b)=-a+b$

ㄷ. $a<0,\ b<0$이므로 $\dfrac{\sqrt{b}}{\sqrt{a}}=\sqrt{\dfrac{b}{a}}$

ㄹ. $-a>0,\ -b>0$이므로

$\quad \sqrt{-a}\sqrt{-b}=\sqrt{(-a)\times(-b)}=\sqrt{ab}$

따라서 보기에서 옳은 것은 ㄴ, ㄹ이다.

04 / 이차방정식

중단원 기출 문제 1회

1 답 ②

$x^2+3x+5=0$에서

$x=\dfrac{-3\pm\sqrt{3^2-4\times1\times5}}{2\times1}=\dfrac{-3\pm\sqrt{11}i}{2}$

따라서 $a=-3$, $b=11$이므로

$a+b=8$

2 답 ②

$(a+1)x^2+(3a^2+a)x-2(a-1)=0$이 x에 대한 이차방정식이므로

$a+1\neq0$ $\therefore a\neq-1$

이차방정식 $(a+1)x^2+(3a^2+a)x-2(a-1)=0$의 한 근이 -2이

므로 $x=-2$를 대입하면

$4(a+1)-2(3a^2+a)-2(a-1)=0$

$-6a^2+6=0$, $a^2-1=0$

$(a+1)(a-1)=0$ $\therefore a=1(\because a\neq-1)$

이를 주어진 이차방정식에 대입하면

$2x^2+4x=0$, $2x(x+2)=0$

$\therefore x=0$ 또는 $x=-2$

따라서 다른 한 근은 0이다.

3 답 ④

(i) $x<1$일 때,

$|x-1|=-(x-1)$이므로

$x^2-2x-3=-3(x-1)$, $x^2+x-6=0$

$(x+3)(x-2)=0$

$\therefore x=-3$ 또는 $x=2$

그런데 $x<1$이므로 $x=-3$

(ii) $x\geq1$일 때,

$|x-1|=x-1$이므로

$x^2-2x-3=3(x-1)$, $x^2-5x=0$

$x(x-5)=0$

$\therefore x=0$ 또는 $x=5$

그런데 $x\geq1$이므로 $x=5$

(i), (ii)에서 주어진 방정식의 해는

$x=-3$ 또는 $x=5$

따라서 방정식의 모든 근의 합은

$-3+5=2$

4 답 **13**

상자의 밑면은 한 변의 길이가 $(x-6)$ cm인 정사각형 모양이므로

상자의 부피는

$3(x-6)^2=147$, $(x-6)^2=49$

$x^2-12x-13=0$, $(x+1)(x-13)=0$

$\therefore x=-1$ 또는 $x=13$

그런데 $x>6$이므로 $x=13$

5 답 ①

ㄱ. 이차방정식 $x^2-2x-3=0$의 판별식을 D라 하면

$\dfrac{D}{4}=(-1)^2-1\times(-3)=4>0$

즉, 서로 다른 두 실근을 갖는다.

ㄴ. 이차방정식 $4x^2-4x+1=0$의 판별식을 D라 하면

$\dfrac{D}{4}=(-2)^2-4\times1=0$

즉, 중근을 갖는다.

ㄷ. 이차방정식 $2x^2+3x+5=0$의 판별식을 D라 하면

$D=3^2-4\times2\times5=-31<0$

즉, 서로 다른 두 허근을 갖는다.

ㄹ. 이차방정식 $-x^2-x-9=0$의 판별식을 D라 하면

$D=(-1)^2-4\times(-1)\times(-9)=-35<0$

즉, 서로 다른 두 허근을 갖는다.

따라서 보기에서 실근을 갖는 이차방정식은 ㄱ, ㄴ이다.

6 답 ⑤

$x^2-2kx+k^2=-4x+5$에서

$x^2-2(k-2)x+k^2-5=0$

이 이차방정식의 판별식을 D라 하면 $D<0$이어야 하므로

$\dfrac{D}{4}=\{-(k-2)\}^2-(k^2-5)<0$

$-4k+9<0$ $\therefore k>\dfrac{9}{4}$

7 답 ②

$\sqrt{a}\sqrt{b}=-\sqrt{ab}$이므로 $a<0$, $b<0$

각 이차방정식의 판별식을 D라 하면

① $D=a^2-4b>0$이므로 서로 다른 두 실근을 갖는다.

② $D=a^2+4b$에서 D의 부호를 정할 수 없으므로 근을 판별할 수

없다.

③ $D=b^2-4a>0$이므로 서로 다른 두 실근을 갖는다.

④ $ab>0$이므로 $D=1+4ab>0$

즉, 서로 다른 두 실근을 갖는다.

⑤ $D=b^2+4a^2>0$이므로 서로 다른 두 실근을 갖는다.

따라서 항상 서로 다른 두 실근을 갖는 이차방정식이 아닌 것은 ②

이다.

8 답 ⑤

이차방정식 $x^2-2ax+b^2+c^2=0$의 판별식을 D라 하면 $D=0$이어

야 하므로

$\dfrac{D}{4}=(-a)^2-(b^2+c^2)=0$

$\therefore a^2=b^2+c^2$

따라서 a, b, c를 세 변의 길이로 하는 삼각형은 빗변의 길이가 a인

직각삼각형이다.

9 답 $\dfrac{5}{4}$

$x^2+(2k+1)x+k^2+2k-1$이 완전제곱식이면 x에 대한 이차방정식

$x^2+(2k+1)x+k^2+2k-1=0$이 중근을 갖는다.

이 이차방정식의 판별식을 D라 하면 $D=0$이어야 하므로
$D=(2k+1)^2-4(k^2+2k-1)=0$
$-4k+5=0$ $\quad\therefore k=\dfrac{5}{4}$

10 답 20
이차방정식의 근과 계수의 관계에 의하여
$\alpha+\beta=4$, $\alpha\beta=2$
$$\therefore \frac{\alpha^2}{\beta}+\frac{\beta^2}{\alpha}=\frac{\alpha^3+\beta^3}{\alpha\beta}$$
$$=\frac{(\alpha+\beta)^3-3\alpha\beta(\alpha+\beta)}{\alpha\beta}$$
$$=\frac{4^3-3\times2\times4}{2}=20$$

11 답 ③
이차방정식 $x^2+6x+2=0$의 두 근이 α, β이므로
$\alpha^2+6\alpha+2=0$, $\beta^2+6\beta+2=0$
$\therefore \alpha^2+6\alpha=-2$, $\beta^2+4\beta+2=-2\beta$
이차방정식의 근과 계수의 관계에 의하여
$\alpha+\beta=-6$
$\therefore \alpha^3+6\alpha^2+\beta^2+4\beta+2=\alpha(\alpha^2+6\alpha)+\beta^2+4\beta+2$
$$=-2\alpha-2\beta=-2(\alpha+\beta)$$
$$=-2\times(-6)=12$$

12 답 17
$x^2-5x+a=0$에서 이차방정식의 근과 계수의 관계에 의하여
$\alpha+\beta=5$, $\alpha\beta=a$ $\quad\quad\cdots\cdots$ ㉠
$x^2+bx+30=0$에서 이차방정식의 근과 계수의 관계에 의하여
$(\alpha+\beta)+\alpha\beta=-b$, $(\alpha+\beta)\times\alpha\beta=30$ $\quad\cdots\cdots$ ㉡
㉠을 ㉡에 대입하면 $5+a=-b$
$5a=30$ $\quad\therefore a=6$, $b=-11$
$\therefore a-b=17$

13 답 -4
이차방정식의 근과 계수의 관계에 의하여
$\alpha+\beta=-(k+2)$, $\alpha\beta=6$
$\therefore \alpha^2\beta+\alpha+\beta+\alpha\beta^2=\alpha\beta(\alpha+\beta)+(\alpha+\beta)$
$$=(\alpha+\beta)(\alpha\beta+1)$$
$$=-(k+2)\times(6+1)$$
$$=-7(k+2)$$
이때 $\alpha^2\beta+\alpha+\beta+\alpha\beta^2=14$이므로
$-7(k+2)=14$, $k+2=-2$
$\therefore k=-4$

14 답 ④
주어진 이차방정식의 두 근을 α, $\alpha+2$ (α는 양의 홀수)라 하면 이차방정식의 근과 계수의 관계에 의하여
$\alpha+(\alpha+2)=-4(k-2)$

$\therefore \alpha=3-2k$ $\quad\quad\cdots\cdots$ ㉠
$\alpha(\alpha+2)=k^2-16k+42$ $\quad\cdots\cdots$ ㉡
㉠을 ㉡에 대입하면
$(3-2k)(5-2k)=k^2-16k+42$
$3k^2-27=0$
$k^2-9=0$, $(k+3)(k-3)=0$
$\therefore k=-3$ 또는 $k=3$
이때 $\alpha>0$이어야 하므로 ㉠에서 $k=-3$, $\alpha=9$
따라서 두 근의 합은
$\alpha+(\alpha+2)=2\alpha+2=20$

15 답 ②
주어진 이차방정식의 두 근을 α, 3α ($\alpha\neq0$)라 하면 이차방정식의 근과 계수의 관계에 의하여
$\alpha+3\alpha=-4k$ $\quad\therefore \alpha=-k$ $\quad\quad\cdots\cdots$ ㉠
$\alpha\times3\alpha=-2k+1$ $\quad\therefore 3\alpha^2+2k-1=0$ $\quad\cdots\cdots$ ㉡
㉠을 ㉡에 대입하면
$3k^2+2k-1=0$, $(k+1)(3k-1)=0$
$\therefore k=-1$ 또는 $k=\dfrac{1}{3}$
그런데 k는 정수이므로 $k=-1$

16 답 ①
$x^2-8x+1=0$에서 이차방정식의 근과 계수의 관계에 의하여
$\alpha+\beta=8$, $\alpha\beta=1$
구하는 이차방정식의 두 근이 $\dfrac{\alpha+1}{\beta}$, $\dfrac{\beta+1}{\alpha}$이므로
$$\frac{\alpha+1}{\beta}+\frac{\beta+1}{\alpha}=\frac{\alpha^2+\alpha+\beta^2+\beta}{\alpha\beta}$$
$$=\frac{(\alpha+\beta)^2-2\alpha\beta+(\alpha+\beta)}{\alpha\beta}$$
$$=\frac{8^2-2\times1+8}{1}=70$$
$$\frac{\alpha+1}{\beta}\times\frac{\beta+1}{\alpha}=\frac{\alpha\beta+(\alpha+\beta)+1}{\alpha\beta}$$
$$=\frac{1+8+1}{1}=10$$
따라서 $\dfrac{\alpha+1}{\beta}$, $\dfrac{\beta+1}{\alpha}$을 두 근으로 하고 x^2의 계수가 1인 이차방정식은 $x^2-70x+10=0$이므로
$a=-70$, $b=10$
$\therefore \dfrac{a}{b}=-7$

17 답 5
$f(x)=0$의 두 근을 α, β라 하면 $\alpha+\beta=4$
$f(\alpha)=0$, $f(\beta)=0$이므로 $f(2x-3)=0$이려면
$2x-3=\alpha$ 또는 $2x-3=\beta$
$\therefore x=\dfrac{\alpha+3}{2}$ 또는 $x=\dfrac{\beta+3}{2}$
따라서 이차방정식 $f(2x-3)=0$의 두 근의 합은
$$\frac{\alpha+3}{2}+\frac{\beta+3}{2}=\frac{(\alpha+\beta)+6}{2}=\frac{4+6}{2}=5$$

18 답 4

이차방정식 $4x^2-4x+7=0$의 근이

$$x=\frac{-(-2)\pm\sqrt{(-2)^2-4\times7}}{4}=\frac{1\pm\sqrt{6}i}{2}$$이므로

$$4x^2-4x+7=4\left(x-\frac{1+\sqrt{6}i}{2}\right)\left(x-\frac{1-\sqrt{6}i}{2}\right)$$
$$=(2x-1-\sqrt{6}i)(2x-1+\sqrt{6}i)$$

따라서 $a=2$, $b=-1-\sqrt{6}i$, $c=-1+\sqrt{6}i$ 또는 $a=2$,
$b=-1+\sqrt{6}i$, $c=-1-\sqrt{6}i$이므로
$a-b-c=4$

다른 풀이

$4x^2-4x+7=(ax+b)(ax+c)$이므로
$4x^2-4x+7=a^2x^2+a(b+c)x+bc$
이 등식이 x에 대한 항등식이므로
$a^2=4$, $a(b+c)=-4$, $bc=7$
$a^2=4$에서 $a=2$ ($\because a>0$)
이를 $a(b+c)=-4$에 대입하여 정리하면
$b+c=-2$
$\therefore a-b-c=2-(-2)=4$

19 답 ④

$$\frac{2-\sqrt{3}i}{2+\sqrt{3}i}=\frac{(2-\sqrt{3}i)^2}{(2+\sqrt{3}i)(2-\sqrt{3}i)}=\frac{1-4\sqrt{3}i}{7}$$

주어진 이차방정식의 계수가 실수이므로 $\dfrac{1-4\sqrt{3}i}{7}$가 근이면 다른 한

근은 $\dfrac{1+4\sqrt{3}i}{7}$이다.

두 근의 합은 $\dfrac{1-4\sqrt{3}i}{7}+\dfrac{1+4\sqrt{3}i}{7}=\dfrac{2}{7}$

두 근의 곱은 $\dfrac{1-4\sqrt{3}i}{7}\times\dfrac{1+4\sqrt{3}i}{7}=1$

$7x^2+ax+b=0$에서 근과 계수의 관계에 의하여 두 근의 합은 $-\dfrac{a}{7}$

이고 두 근의 곱은 $\dfrac{b}{7}$이다.

따라서 $\dfrac{2}{7}=-\dfrac{a}{7}$, $1=\dfrac{b}{7}$이므로

$a=-2$, $b=7$ $\therefore a+b=5$

20 답 −6

신유는 b를 바르게 보고 풀었고 계수가 실수이므로 $\dfrac{-3+\sqrt{15}i}{4}$가 근

이면 다른 한 근은 $\dfrac{-3-\sqrt{15}i}{4}$이다.

두 근의 곱은

$\dfrac{-3+\sqrt{15}i}{4}\times\dfrac{-3-\sqrt{15}i}{4}=\dfrac{b}{2}$ $\therefore b=3$

유정이는 a를 바르게 보고 풀었고 계수가 실수이므로 $\dfrac{1-i}{2}$가 근이면

다른 한 근은 $\dfrac{1+i}{2}$이다.

두 근의 합은

$\dfrac{1-i}{2}+\dfrac{1+i}{2}=-\dfrac{a}{2}$ $\therefore a=-2$

$\therefore ab=(-2)\times3=-6$

중단원 기출 문제 2회

1 답 ④

$x^2+8=5x$에서 $x^2-5x+8=0$

$\therefore x=\dfrac{-(-5)\pm\sqrt{(-5)^2-4\times8}}{2\times1}$

$=\dfrac{5\pm\sqrt{7}i}{2}$

2 답 −3

이차방정식 $x^2+kx+6=0$의 한 근이 -2이므로 $x=-2$를 대입하면
$4-2k+6=0$ $\therefore k=5$
이를 주어진 방정식에 대입하면
$x^2+5x+6=0$, $(x+3)(x+2)=0$
$\therefore x=-3$ 또는 $x=-2$
따라서 다른 한 근은 -3이다.

3 답 ③

$x^2+\sqrt{(x+1)^2}=|3-x|$에서 $x^2+|x+1|=|3-x|$

(i) $x<-1$일 때,
$|x+1|=-(x+1)$, $|3-x|=3-x$이므로
$x^2-(x+1)=3-x$, $x^2-4=0$
$(x+2)(x-2)=0$
$\therefore x=-2$ 또는 $x=2$
그런데 $x<-1$이므로 $x=-2$

(ii) $-1\leq x\leq3$일 때,
$|x+1|=x+1$, $|3-x|=3-x$이므로
$x^2+x+1=3-x$, $x^2+2x-2=0$
$\therefore x=-1\pm\sqrt{3}$
그런데 $-1\leq x\leq3$이므로 $x=-1+\sqrt{3}$

(iii) $x>3$일 때,
$|x+1|=x+1$, $|3-x|=-(3-x)$이므로
$x^2+x+1=-(3-x)$, $x^2+4=0$
그런데 $x=\pm2i$이므로 실근을 갖지 않는다.

(i), (ii), (iii)에서 주어진 방정식의 실근은
$x=-2$ 또는 $x=-1+\sqrt{3}$
따라서 방정식의 모든 실근의 합은
$-2+(-1+\sqrt{3})=-3+\sqrt{3}$

4 답 10

이차방정식 $3x^2+5x+a-7=0$의 판별식을 D_1이라 하면 $D_1>0$이
어야 하므로
$D_1=5^2-4\times3\times(a-7)>0$
$-12a+109>0$ $\therefore a<\dfrac{109}{12}=9+\dfrac{1}{12}$
따라서 정수 a의 최댓값은 9이므로 $M=9$
또 이차방정식 $x^2-x+b=0$의 판별식을 D_2라 하면 $D_2<0$이어야
하므로
$D_2=(-1)^2-4\times1\times b<0$

$-4b+1<0$ $\therefore b>\dfrac{1}{4}$

따라서 정수 b의 최솟값은 1이므로 $m=1$

$\therefore M+m=9+1=10$

5 답 ①

x에 대한 이차방정식 $x^2+2(k-a)x+(k+b)^2-2b^2+5=0$의 판별식을 D라 하면 $D=0$이어야 하므로

$\dfrac{D}{4}=(k-a)^2-\{(k+b)^2-2b^2+5\}=0$

$\therefore (-2a-2b)k+a^2+b^2-5=0$

이 등식이 k에 대한 항등식이므로

$-2a-2b=0,\ a^2+b^2-5=0$

$\therefore a+b=0,\ a^2+b^2=5$

$\therefore ab=\dfrac{1}{2}\{(a+b)^2-(a^2+b^2)\}$

$\qquad =\dfrac{1}{2}\times(0^2-5)=-\dfrac{5}{2}$

6 답 ⑤

이차방정식 $ax^2+2bx+c=0$의 판별식을 D라 하면

$\dfrac{D}{4}=b^2-ac$

ㄱ. $ac>0$이면 $\dfrac{D}{4}=b^2-ac$의 부호를 정할 수 없으므로 이차방정식의 근을 판정할 수 없다.

ㄴ. $ac=b^2$에서 $\dfrac{D}{4}=b^2-ac=0$이므로 중근을 갖는다.

ㄷ. $a=3,\ b=4$일 때, 서로 다른 두 허근을 가지려면

$\dfrac{D}{4}=4^2-3c<0$

$16-3c<0$ $\therefore c>\dfrac{16}{3}=5+\dfrac{1}{3}$

즉, 정수 c의 최솟값은 6이다.

따라서 보기에서 옳은 것은 ㄴ, ㄷ이다.

7 답 ⑤

이차식 $3x^2-2(a+b+c)x+(ab+bc+ca)$가 완전제곱식이면 이차방정식 $3x^2-2(a+b+c)x+(ab+bc+ca)=0$이 중근을 갖는다.

이 이차방정식의 판별식을 D라 하면

$\dfrac{D}{4}=\{-(a+b+c)\}^2-3(ab+bc+ca)=0$

$a^2+b^2+c^2-ab-bc-ca=0$

$\dfrac{1}{2}\{(a-b)^2+(b-c)^2+(c-a)^2\}=0$

$\therefore a=b=c$

따라서 $a,\ b,\ c$를 세 변의 길이로 하는 삼각형은 정삼각형이다.

8 답 $-38\sqrt{7}$

이차방정식의 근과 계수의 관계에 의하여

$\alpha+\beta=4,\ \alpha\beta=-3$

$(\alpha-\beta)^2=(\alpha+\beta)^2-4\alpha\beta=4^2-4\times(-3)=28$이므로

$\alpha-\beta=-2\sqrt{7}\ (\because \alpha<\beta)$

$\therefore \alpha^3-\beta^3=(\alpha-\beta)^3+3\alpha\beta(\alpha-\beta)$

$\qquad =(-2\sqrt{7})^3+3\times(-3)\times(-2\sqrt{7})=-38\sqrt{7}$

9 답 ②

이차방정식의 근과 계수의 관계에 의하여

$\alpha+\beta=2$

이차방정식 $x^2-2x+4=0$의 두 근이 $\alpha,\ \beta$이므로

$\alpha^2-2\alpha+4=0,\ \beta^2-2\beta+4=0$

$\therefore \alpha^2=2\alpha-4,\ \beta^2=2\beta-4$

$\therefore \alpha^2+2\beta^2-2\beta=(2\alpha-4)+2(2\beta-4)-2\beta$

$\qquad =2(\alpha+\beta)-12$

$\qquad =2\times2-12=-8$

10 답 7

$x^2+ax+3=0$에서 이차방정식의 근과 계수의 관계에 의하여

$\alpha+\beta=-a,\ \alpha\beta=3$

$x^2-10x+b=0$에서 이차방정식의 근과 계수의 관계에 의하여

$\dfrac{\alpha}{\beta}+\dfrac{\beta}{\alpha}=10,\ \dfrac{\alpha}{\beta}\times\dfrac{\beta}{\alpha}=b$

$\dfrac{\alpha}{\beta}+\dfrac{\beta}{\alpha}=10$에서 $\dfrac{\alpha^2+\beta^2}{\alpha\beta}=10$

$\dfrac{(\alpha+\beta)^2-2\alpha\beta}{\alpha\beta}=10$

$\dfrac{(-a)^2-2\times3}{3}=10,\ a^2=36$

$\therefore a=6\ (\because a>0)$

$\dfrac{\alpha}{\beta}\times\dfrac{\beta}{\alpha}=b$에서 $b=1$이므로

$a+b=7$

11 답 ②

원래의 이차방정식을 $x^2+ax+b=0\,(a,\ b$는 상수$)$이라 하자.

건우는 x^2의 계수와 b를 바르게 보고 풀었으므로 두 근의 곱은

$-4\times3=b$ $\therefore b=-12$

지연이는 x^2의 계수와 a는 바르게 보고 풀었으므로 두 근의 합은

$(2-\sqrt{5})+(2+\sqrt{5})=-a$ $\therefore a=-4$

따라서 원래의 이차방정식은 $x^2-4x-12=0$이므로

$(x+2)(x-6)=0$

$\therefore x=-2$ 또는 $x=6$

12 답 ②

이차방정식의 근과 계수의 관계에 의하여

$\alpha+\beta=m-1,\ \alpha\beta=\dfrac{4m-11}{4}$ $\cdots\cdots$ ㉠

$\alpha+\beta<2$에서

$m-1<2$ $\therefore m<3$ $\cdots\cdots$ ㉡

$|\alpha-\beta|=2$의 양변을 제곱하면

$(\alpha-\beta)^2=4$

$(\alpha+\beta)^2-4\alpha\beta=4$

㉠을 대입하면
$(m-1)^2-(4m-11)=4$
$m^2-6m+8=0$, $(m-2)(m-4)=0$
$\therefore m=2$ 또는 $m=4$
그런데 ㉡에서 $m=2$
$\therefore 4\alpha\beta=4\times\dfrac{4m-11}{4}=4m-11$
$\qquad\qquad =4\times2-11=-3$

13 답 **11**
이차방정식의 근과 계수의 관계에 의하여
$\alpha+\beta=p$, $\alpha\beta=q$
이때 네 실수 α, β, p, q가 서로 다른 30의 약수이고 α, β는 각각 2개의 약수를 가지므로 α, β는 소수이다.
30의 약수 중 소수는 2, 3, 5이므로 α, β가 될 수 있는 것은 2, 3, 5이다.
(i) α, β가 2, 3일 때,
  $p=\alpha+\beta=5$, $q=\alpha\beta=6$에서 p, q 모두 30의 약수이므로 조건을 만족시킨다.
(ii) α, β가 2, 5일 때,
  $p=\alpha+\beta=7$, $q=\alpha\beta=10$에서 p는 30의 약수가 아니므로 조건을 만족시키지 않는다.
(iii) α, β가 3, 5일 때,
  $p=\alpha+\beta=8$, $q=\alpha\beta=15$에서 p는 30의 약수가 아니므로 조건을 만족시키지 않는다.
(i), (ii), (iii)에서 $p=5$, $q=6$
$\therefore p+q=11$

14 답 ③
주어진 이차방정식의 두 근을 4α, $-\alpha\,(\alpha>0)$라 하면
이차방정식의 근과 계수의 관계에 의하여
$4\alpha-\alpha=\dfrac{2a-3}{2}$ $\quad\therefore a=\dfrac{6\alpha+3}{2}$ $\quad\cdots\cdots$ ㉠
$4\alpha\times(-\alpha)=\dfrac{a-5}{2}$ $\quad\therefore -8\alpha^2=a-5$ $\quad\cdots\cdots$ ㉡
㉠을 ㉡에 대입하면
$-8\alpha^2=\dfrac{6\alpha+3}{2}-5$
$16\alpha^2+6\alpha-7=0$, $(8\alpha+7)(2\alpha-1)=0$
$\therefore \alpha=-\dfrac{7}{8}$ 또는 $\alpha=\dfrac{1}{2}$
그런데 $\alpha>0$이므로 $\alpha=\dfrac{1}{2}$
이를 ㉠에 대입하면 $a=3$

15 답 **1**
이차방정식의 근과 계수의 관계에 의하여
$(2-i)+(2+i)=-a$, $(2-i)(2+i)=b$
$\therefore a=-4$, $b=5$
$\therefore a+b=1$

16 답 $x^2-8x+9=0$
오른쪽 그림과 같이 $\overline{AC}$, $\overline{BC}$를 그으면 $\angle ACB$는 지름에 대한 원주각이므로 삼각형 ABC는 $\angle ACB=90°$인 직각삼각형이다.

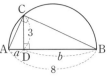

$\overline{AD}=a$, $\overline{BD}=b$라 하면 $\triangle ADC\backsim\triangle CDB$ (AA 닮음)이므로
$\overline{AD}:\overline{CD}=\overline{CD}:\overline{BD}$
즉, $a:3=3:b$이므로 $ab=9$
따라서 $a+b=8$, $ab=9$이므로 구하는 이차방정식은
$x^2-8x+9=0$
참고 $\triangle ADC$와 $\triangle CDB$에서
$\angle ADC=\angle CDB=90°$, $\angle ACD=\angle CBD=90°-\angle BCD$이므로
$\triangle ADC\backsim\triangle CDB$ (AA 닮음)이다.

17 답 ④
$f(x)=0$의 두 근을 α, β라 하면 $\alpha+\beta=-3$, $\alpha\beta=3$
$f(\alpha)=0$, $f(\beta)=0$이므로 $f(2x-1)=0$이려면
$2x-1=\alpha$ 또는 $2x-1=\beta$
$\therefore x=\dfrac{\alpha+1}{2}$ 또는 $x=\dfrac{\beta+1}{2}$
따라서 이차방정식 $f(2x-1)=0$의 두 근의 곱은
$\dfrac{\alpha+1}{2}\times\dfrac{\beta+1}{2}=\dfrac{\alpha\beta+(\alpha+\beta)+1}{4}$
$\qquad\qquad\qquad\quad =\dfrac{3-3+1}{4}=\dfrac{1}{4}$

18 답 ⑤
이차방정식 $x^2-4x+5=0$의 근이 $x=2\pm i$이므로
$x^2-4x+5=\{x-(2+i)\}\{x-(2-i)\}$
$\qquad\qquad\quad =(x-2-i)(x-2+i)$

19 답 ①
주어진 이차방정식의 계수가 실수이므로 $5-\sqrt{2}i$가 근이면 다른 한 근은 $5+\sqrt{2}i$이다.
두 근의 합은 $(5-\sqrt{2}i)+(5+\sqrt{2}i)=a$ $\quad\therefore a=10$
두 근의 곱은 $(5-\sqrt{2}i)(5+\sqrt{2}i)=-b$ $\quad\therefore b=-27$
$\therefore a+b=-17$

20 답 **14**
이차방정식 $x^2-6x+11=0$에서 근과 계수의 관계에 의하여
$\alpha+\beta=6$, $\alpha\beta=11$
주어진 이차방정식의 계수가 실수이므로 서로 다른 두 허근 α, β는 서로 켤레복소수이다.
즉, $\overline{\alpha}=\beta$, $\overline{\beta}=\alpha$이므로
$11\left(\dfrac{\overline{\alpha}}{\alpha}+\dfrac{\overline{\beta}}{\beta}\right)=11\left(\dfrac{\beta}{\alpha}+\dfrac{\alpha}{\beta}\right)=11\times\dfrac{\alpha^2+\beta^2}{\alpha\beta}$
$\qquad\qquad\qquad =11\times\dfrac{(\alpha+\beta)^2-2\alpha\beta}{\alpha\beta}$
$\qquad\qquad\qquad =11\times\dfrac{6^2-2\times11}{11}=14$

중단원 기출 문제 1회

1 답 ①

이차함수 $y=x^2+ax+b$의 그래프와 x축의 교점의 x좌표가 1, 2이므로 1, 2는 이차방정식 $x^2+ax+b=0$의 두 근이다.

따라서 이차방정식의 근과 계수의 관계에 의하여

$1+2=-a$, $1\times2=b$

$\therefore a=-3$, $b=2$

$\therefore a-b=-5$

2 답 ②

꼭짓점의 좌표가 $(2, -9)$이므로 주어진 이차함수는

$y=a(x-2)^2-9$

$\quad =ax^2-4ax+4a-9$ ...... ㉠

이때 주어진 이차함수의 그래프의 축의 방정식이 $x=2$이고 $\overline{PQ}=6$이므로 두 점 P, Q의 x좌표는 -1, 5이다.

즉, -1, 5는 이차방정식 $ax^2-4ax+4a-9=0$의 두 근이므로 근과 계수의 관계에 의하여 두 근의 곱은

$-1\times5=\dfrac{4a-9}{a}$, $4a-9=-5a$

$\therefore a=1$

이를 ㉠에 대입하면

$y=x^2-4x-5$

따라서 $b=-4$, $c=-5$이므로

$a+b+c=1+(-4)+(-5)=-8$

3 답 ③

① 이차방정식 $-x^2+x+5=0$의 판별식을 D라 하면

$D=1+20=21>0$

이므로 이차함수의 그래프와 x축의 교점은 2개이다.

② 이차방정식 $-\dfrac{1}{2}x^2-4x+6=0$의 판별식을 D라 하면

$\dfrac{D}{4}=4+3=7>0$

이므로 이차함수의 그래프와 x축의 교점은 2개이다.

③ 이차방정식 $x^2+x+2=0$의 판별식을 D라 하면

$D=1-8=-7<0$

이므로 이차함수의 그래프와 x축의 교점은 없다.

④ 이차방정식 $x^2+2x-3=0$의 판별식을 D라 하면

$\dfrac{D}{4}=1+3=4>0$

이므로 이차함수의 그래프와 x축의 교점은 2개이다.

⑤ 이차방정식 $2x^2-6x-4=0$의 판별식을 D라 하면

$\dfrac{D}{4}=9+8=17>0$

이므로 이차함수의 그래프와 x축의 교점은 2개이다.

따라서 교점의 개수가 나머지 넷과 다른 하나는 ③이다.

4 답 ⑤

이차방정식 $x^2+(a+1)(x-3)=0$, 즉

$x^2+(a+1)x-3(a+1)=0$의 판별식을 D라 하면

$D=(a+1)^2-4\{-3(a+1)\}=0$

$a^2+14a+13=0$, $(a+13)(a+1)=0$

$\therefore a=-13$ 또는 $a=-1$

따라서 모든 실수 a의 값의 곱은

$-13\times(-1)=13$

5 답 2

이차방정식 $ax^2+bx+c=0$의 판별식을 D_1이라 하면

$D_1=b^2-4ac<0$ ...... ㉠

이차방정식 $bx^2+2(a+c)x+b=0$의 판별식을 D_2라 하면

$\dfrac{D_2}{4}=(a+c)^2-b^2=a^2+c^2+2ac-b^2$

㉠에서 $-b^2>-4ac$이므로

$\dfrac{D_2}{4}=a^2+c^2+2ac-b^2$

$\quad\quad >a^2+c^2+2ac-4ac$

$\quad\quad =(a-c)^2$

이때 $(a-c)^2\geq0$이므로 $\dfrac{D_2}{4}>0$

따라서 구하는 교점의 개수는 2이다.

6 답 ③

이차함수 $y=x^2+ax-1$의 그래프와 직선 $y=2x+b$의 교점의 x좌표가 -2, 4이므로 -2, 4는 이차방정식 $x^2+ax-1=2x+b$, 즉 $x^2+(a-2)x-b-1=0$의 두 근이다.

따라서 이차방정식의 근과 계수의 관계에 의하여

$-2+4=-(a-2)$, $-2\times4=-b-1$

$\therefore a=0$, $b=7$

$\therefore a+b=7$

7 답 ④

이차함수 $f(x)$의 이차항의 계수가 -2이고, $y=f(x)$의 그래프와 x축의 교점의 x좌표가 -2, 1이므로

$f(x)=-2(x+2)(x-1)=-2x^2-2x+4$

이차함수 $g(x)$의 이차항의 계수가 1이고, $y=g(x)$의 그래프와 x축의 교점의 x좌표가 -1, 3이므로

$g(x)=(x+1)(x-3)=x^2-2x-3$

따라서 방정식 $f(x)=g(x)$에서

$-2x^2-2x+4=x^2-2x-3$

$\therefore 3x^2-7=0$

이 이차방정식의 두 실근이 α, β이므로 근과 계수의 관계에 의하여

$\alpha+\beta=0$, $\alpha\beta=-\dfrac{7}{3}$

$\therefore \alpha^2+\beta^2=(\alpha+\beta)^2-2\alpha\beta=\dfrac{14}{3}$

8 답 11

두 점 A, B의 x좌표를 각각 α, β $(\beta < 0 < \alpha)$라 하면
$A(\alpha, \alpha^2)$, $B(\beta, \beta^2)$
α, β는 이차방정식 $x^2 = x + 3k$, 즉 $x^2 - x - 3k = 0$의 두 근이므로
근과 계수의 관계에 의하여
$\alpha + \beta = 1$, $\alpha\beta = -3k$ …… ㉠
$\overline{OC} = \alpha$, $\overline{AC} = \alpha^2$이므로 삼각형 AOC의 넓이는
$S_1 = \dfrac{1}{2} \times \overline{OC} \times \overline{AC} = \dfrac{1}{2} \times \alpha \times \alpha^2 = \dfrac{1}{2}\alpha^3$
$\overline{OD} = |\beta| = -\beta$, $\overline{BD} = \beta^2$이므로 삼각형 BOD의 넓이는
$S_2 = \dfrac{1}{2} \times \overline{OD} \times \overline{BD} = \dfrac{1}{2} \times (-\beta) \times \beta^2 = -\dfrac{1}{2}\beta^3$
$S_1 - S_2 = 50$에서
$\dfrac{1}{2}\alpha^3 + \dfrac{1}{2}\beta^3 = 50$, $\alpha^3 + \beta^3 = 100$
$(\alpha+\beta)^3 - 3\alpha\beta(\alpha+\beta) = 100$
㉠을 대입하면
$1^3 - 3 \times (-3k) \times 1 = 100$
$\therefore k = 11$

9 답 3

$(k-2)x^2 - 4x + k = -2kx + 1$에서
$(k-2)x^2 + 2(k-2)x + k - 1 = 0$
이 이차방정식의 판별식을 D라 하면
$\dfrac{D}{4} = (k-2)^2 - (k-2)(k-1) < 0$
$-k + 2 < 0$ $\therefore k > 2$
따라서 정수 k의 최솟값은 3이다.

10 답 4

점 $(-3, -15)$가 이차함수 $y = x^2 + ax + b$의 그래프 위의 점이므로
$-15 = 9 - 3a + b$
$\therefore b = 3a - 24$ …… ㉠
$x^2 + ax + b = x - 12$에서 $x^2 + (a-1)x + b + 12 = 0$
이 이차방정식의 판별식을 D라 하면
$D = (a-1)^2 - 4(b+12) = 0$
㉠을 대입하면
$(a-1)^2 - 4(3a-12) = 0$, $a^2 - 14a + 49 = 0$
$(a-7)^2 = 0$ $\therefore a = 7$
이를 ㉠에 대입하면 $b = -3$
$\therefore a + b = 4$

11 답 ①

기울기가 2인 직선의 방정식을 $y = 2x + b$ (b는 상수)라 하면
$x^2 + 3x - 1 = 2x + b$에서 $x^2 + x - b - 1 = 0$
이 이차방정식의 판별식을 D라 하면
$D = 1 - 4(-b-1) = 0$
$4b + 5 = 0$ $\therefore b = -\dfrac{5}{4}$
따라서 직선의 방정식은 $y = 2x - \dfrac{5}{4}$이므로 y절편은 $-\dfrac{5}{4}$이다.

12 답 ①

$y = ax^2 + 2ax + 3a = a(x+1)^2 + 2a$
이때 $a > 0$이므로 $0 \le x \le 3$에서 주어진 이차함수의 그래프는 오른쪽 그림과 같다.

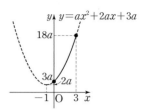

$x = 0$에서 최솟값 $3a$를 가지므로
$3a = 1$ $\therefore a = \dfrac{1}{3}$

13 답 ②

㈐에서 이차함수 $y = f(x)$의 그래프의 축의 방정식은
$x = \dfrac{-6+10}{2} = 2$이다.
㈎, ㈏에서 이차함수 $f(x)$는 이차항의 계수가 -1이므로 $x = 2$일 때 최댓값 6을 갖는다.
$\therefore f(x) = -(x-2)^2 + 6$
따라서 $0 \le x \le 5$에서 $x = 5$일 때 최솟값 -3을 갖는다.

14 답 7

$x^2 - 4x = t$로 놓으면 $t = (x-2)^2 - 4$
$x = 2$일 때 최솟값이 -4이므로 $t \ge -4$
이때 주어진 함수는
$y = -(t+2)(t+6) + 2t + 10$
$\quad = -t^2 - 6t - 2$
$\quad = -(t+3)^2 + 7$
따라서 $t \ge -4$에서 $t = -3$일 때 최댓값은 7이다.

15 답 ①

$-\dfrac{1}{2}x^2 + 2x - 3 = t$로 놓으면
$t = -\dfrac{1}{2}(x-2)^2 - 1$
$0 \le x \le 3$에서 $x = 0$일 때 최솟값은 -3이고, $x = 2$일 때 최댓값은 -1이므로
$-3 \le t \le -1$
이때 주어진 함수는
$y = t^2 + 2t - 1 = (t+1)^2 - 2$
$-3 \le t \le -1$에서 $t = -1$일 때 최솟값은 -2이고, $t = -3$일 때 최댓값은 2이다.
$t = -1$일 때, $x = 2$이므로 $a = 2$
$t = -3$일 때, $x = 0$이므로 $b = 0$
$\therefore b - a = -2$

16 답 5

$2x + 4y - x^2 - 2y^2 + k = -(x-1)^2 - 2(y-1)^2 + k + 3$
이때 x, y가 실수이므로
$-(x-1)^2 \le 0$, $-2(y-1)^2 \le 0$
$\therefore 2x + 4y - x^2 - 2y^2 + k \le k + 3$
따라서 $k + 3 = 8$이므로 $k = 5$

17 답 ③

$3x+y=3$에서 $y=3-3x$이므로 이를 x^2+y^2+8x에 대입하면
$$x^2+y^2+8x=x^2+(3-3x)^2+8x$$
$$=10x^2-10x+9$$
$$=10\left(x-\frac{1}{2}\right)^2+\frac{13}{2}$$

따라서 $0\le x\le1$에서 $x=\frac{1}{2}$일 때 최솟값은 $\frac{13}{2}$이고, $x=0$ 또는 $x=1$일 때 최댓값은 9이므로 구하는 최댓값과 최솟값의 차는

$$9-\frac{13}{2}=\frac{5}{2}$$

18 답 ①

A(0, 3)이고 이차방정식 $x^2-4x+3=0$에서
$(x-1)(x-3)=0$ ∴ $x=1$ 또는 $x=3$
∴ B(1, 0), C(3, 0)
점 P가 점 A에서 점 C까지 움직이므로 $0\le a\le3$
이때 점 $P(a, b)$가 이차함수 $y=x^2-4x+3$ 위의 점이므로
$b=a^2-4a+3$
$$\therefore 2a-b=2a-(a^2-4a+3)$$
$$=-a^2+6a-3$$
$$=-(a-3)^2+6$$

따라서 $0\le a\le3$에서 $a=0$일 때 최솟값은 -3이고, $a=3$일 때 최댓값은 6이므로 구하는 최댓값과 최솟값의 합은
$6+(-3)=3$

19 답 ④

작년 이 상품의 판매 가격을 a원, 판매량을 b개라 하면 올해 이 상품의 판매 가격은 $a\left(1-\dfrac{x}{100}\right)$원, 판매량은 $b\left(1+\dfrac{x}{50}\right)$개이다.

이때 올해 이 상품의 총판매 금액을 y원이라 하면

$$y=ab\left(1-\frac{x}{100}\right)\left(1+\frac{x}{50}\right)$$
$$=-\frac{ab}{5000}(x^2-50x-5000)$$
$$=-\frac{ab}{5000}\{(x-25)^2-5625\}\ (단,\ 10\le x\le30)$$

따라서 $10\le x\le30$에서 $x=25$일 때 총판매 금액이 최대가 된다.

20 답 12

△ABC∽△DFC이므로 $\overline{DF}=6x$, $\overline{FC}=8x$라 하면
$\overline{BF}=8-8x$ (단, $0<x<1$)
이때 직사각형 EBFD의 넓이를 S라 하면
$$S=\overline{DF}\times\overline{BF}=6x(8-8x)$$
$$=-48(x^2-x)$$
$$=-48\left(x-\frac{1}{2}\right)^2+12$$

따라서 $0<x<1$에서 $x=\frac{1}{2}$일 때 직사각형 EBFD의 넓이의 최댓값은 12이다.

중단원 기출 문제 2회

1 답 ①

이차함수 $y=x^2-ax+b$의 그래프와 x축의 교점의 x좌표가 -3, 1이므로 -3, 1은 이차방정식 $x^2-ax+b=0$의 두 근이다.
따라서 이차방정식의 근과 계수의 관계에 의하여
$-3+1=a$, $-3\times1=b$
$\therefore a=-2$, $b=-3$
$\therefore a+b=-5$

2 답 ③

이차함수 $y=3x^2+2ax+12a$의 그래프와 x축의 교점의 x좌표가 $2a$, b이므로 $2a$, b는 이차방정식 $3x^2+2ax+12a=0$의 두 근이다.
따라서 이차방정식의 근과 계수의 관계에 의하여
$$2a+b=-\frac{2}{3}a,\ 2ab=4a$$
$2ab=4a$에서 $a\ne0$이므로 $b=2$
이를 $2a+b=-\dfrac{2}{3}a$에 대입하면
$$2a+2=-\frac{2}{3}a\qquad\therefore a=-\frac{3}{4}$$
$$\therefore ab=-\frac{3}{4}\times2=-\frac{3}{2}$$

3 답 ②

A(α, 0), B(β, 0)이라 하면 이차방정식
$4x^2-4(a-1)x+2a-7=0$의 두 근이 α, β이므로 근과 계수의 관계에 의하여
$$\alpha+\beta=a-1,\ \alpha\beta=\frac{2a-7}{4}$$
이때 $\overline{AB}=2$이므로 $|\alpha-\beta|=2$
양변을 제곱하면
$$(\alpha-\beta)^2=4$$
$$(\alpha+\beta)^2-4\alpha\beta=4$$
$$(a-1)^2-(2a-7)=4$$
$$a^2-4a+4=0,\ (a-2)^2=0$$
$$\therefore a=2$$

4 답 ④

이차방정식 $x^2-2kx+k^2+3k-1=0$의 판별식을 D라 하면
$$\frac{D}{4}=(-k)^2-(k^2+3k-1)<0$$
$$-3k+1<0\qquad\therefore k>\frac{1}{3}$$
따라서 정수 k의 최솟값은 1이다.

5 답 ①

이차방정식 $x^2-8x+a+15=0$의 판별식을 D_1이라 하면
$$\frac{D_1}{4}=16-(a+15)\ge0$$
$$-a+1\ge0$$
$$\therefore a\le1$$

이차방정식 $x^2-2(a-2)x+9=0$의 판별식을 D_2라 하면

$$\frac{D_2}{4}=\{-(a-2)\}^2-9=0$$

$$a^2-4a-5=0$$

$$(a+1)(a-5)=0$$

$$\therefore a=-1 \text{ 또는 } a=5$$

그런데 $a \leq 1$이므로

$$a=-1$$

6 답 ④

이차함수 $y=x^2+mx$의 그래프와 직선 $y=n(x-2)$의 교점의 x좌표가 각각 -4, 1이므로 -4, 1은 이차방정식 $x^2+mx=n(x-2)$, 즉 $x^2+(m-n)x+2n=0$의 두 근이다.

따라서 이차방정식의 근과 계수의 관계에 의하여

$$-4+1=-(m-n), \quad -4 \times 1=2n$$

$$\therefore m=1, \ n=-2$$

$$\therefore m+n=-1$$

7 답 $\sqrt{2}$

두 점 A, B에서 x축에 내린 수선의 발을 각각 A′, B′이라 하면 $\overline{OA}:\overline{OB}=2:1$이므로 $\overline{OA'}:\overline{OB'}=2:1$

즉, 두 점 A′, B′의 x좌표를 각각 $-2a$, $a\,(a>0)$라 하면 $-2a$, a는 이차방정식 $-x^2+4=kx$, 즉 $x^2+kx-4=0$의 두 근이다.

따라서 이차방정식의 근과 계수의 관계에 의하여

$$-2a+a=-k, \quad -2a \times a=-4$$

$$k=a, \quad a^2=2$$

그런데 $a>0$이므로 $a=\sqrt{2}$

$$\therefore k=\sqrt{2}$$

8 답 ⑤

① $3x^2+x-2=5x$에서 $3x^2-4x-2=0$

이 이차방정식의 판별식을 D라 하면

$$\frac{D}{4}=4+6=10>0$$

따라서 이차함수의 그래프와 직선은 서로 다른 두 점에서 만난다.

② $3x^2+x-2=5x-1$에서 $3x^2-4x-1=0$

이 이차방정식의 판별식을 D라 하면

$$\frac{D}{4}=4+3=7>0$$

따라서 이차함수의 그래프와 직선은 서로 다른 두 점에서 만난다.

③ $3x^2+x-2=-5x$에서 $3x^2+6x-2=0$

이 이차방정식의 판별식을 D라 하면

$$\frac{D}{4}=9+6=15>0$$

따라서 이차함수의 그래프와 직선은 서로 다른 두 점에서 만난다.

④ $3x^2+x-2=-5x+3$에서 $3x^2+6x-5=0$

이 이차방정식의 판별식을 D라 하면

$$\frac{D}{4}=9+15=24>0$$

따라서 이차함수의 그래프와 직선은 서로 다른 두 점에서 만난다.

⑤ $3x^2+x-2=-5x-11$에서 $3x^2+6x+9=0$

이 이차방정식의 판별식을 D라 하면

$$\frac{D}{4}=9-27=-18<0$$

따라서 이차함수의 그래프와 직선은 만나지 않는다.

따라서 이차함수 $y=3x^2+x-2$의 그래프와 만나지 않는 직선은 ⑤이다.

9 답 ④

이차방정식 $x^2-4ax+4a^2+2a=2x-n$, 즉 $x^2-2(2a+1)x+4a^2+2a+n=0$의 판별식을 D라 하면

$$\frac{D}{4}=\{-(2a+1)\}^2-(4a^2+2a+n)>0$$

$$2a+1-n>0 \quad \therefore n<2a+1$$

$a=\dfrac{1}{2}$일 때, $n<2$이므로 $f\left(\dfrac{1}{2}\right)=1$

$a=\dfrac{3}{2}$일 때, $n<4$이므로 $f\left(\dfrac{3}{2}\right)=3$

$a=\dfrac{5}{2}$일 때, $n<6$이므로 $f\left(\dfrac{5}{2}\right)=5$

$$\therefore f\left(\dfrac{1}{2}\right)+f\left(\dfrac{3}{2}\right)+f\left(\dfrac{5}{2}\right)=1+3+5=9$$

10 답 ③

함수 $y=f(x)$의 그래프는 오른쪽 그림과 같고, 이 그래프가 직선 $y=x+k$와 서로 다른 네 점에서 만나려면 직선 $y=x+k$는 (i)과 (ii) 사이에 있어야 한다.

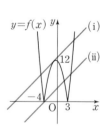

(i) 직선 $y=x+k$가 이차함수 $y=-x^2-x+12$의 그래프에 접할 때,

$-x^2-x+12=x+k$에서

$$x^2+2x+k-12=0$$

이 이차방정식의 판별식을 D라 하면

$$\frac{D}{4}=1-(k-12)=0$$

$$13-k=0 \quad \therefore k=13$$

(ii) 직선 $y=x+k$가 점 $(-4,\ 0)$을 지날 때,

$$0=-4+k \quad \therefore k=4$$

(i), (ii)에서 k의 값의 범위는 $4<k<13$

따라서 정수 k는 $5,\ 6,\ 7,\ \cdots,\ 12$의 8개이다.

11 답 ②

점 $(2,\ -2)$를 지나는 직선의 기울기를 m이라 하면 직선의 방정식은

$$y=m(x-2)-2 \quad \therefore y=mx-2m-2$$

$-\dfrac{1}{2}x^2-2x-3=mx-2m-2$에서

$$x^2+2(m+2)x-4m+2=0$$

이 이차방정식의 판별식을 D_1이라 하면

$$\frac{D_1}{4}=(m+2)^2-(-4m+2)=0$$

$$\therefore m^2+8m+2=0$$

이 이차방정식의 판별식을 D_2라 하면 $\dfrac{D_2}{4}=16-2=14>0$

따라서 이차방정식 $m^2+8m+2=0$의 두 실근이 이차함수의 그래프에 접하는 두 직선의 기울기이므로 근과 계수의 관계에 의하여 구하는 두 직선의 기울기의 곱은 2이다.

12 답 18

$y=-2x^2+8x-4=-2(x-2)^2+4$

$-1 \le x \le 2$에서 $x=-1$일 때 최솟값은 -14이고, $x=2$일 때 최댓값은 4이다.

$\therefore M-m=4-(-14)=18$

13 답 ②

$f(x)=x^2-4x+k=(x-2)^2+k-4$이므로 $0 \le x \le 3$에서 $y=f(x)$의 그래프는 오른쪽 그림과 같다.

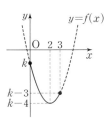

$x=2$에서 최솟값 $k-4$를 가지므로

$k-4=-5 \qquad \therefore k=-1$

따라서 $f(x)=(x-2)^2-5$의 최댓값은

$f(0)=4-5=-1$

14 답 ①

$y=x^2+2mx-m^2+4m-1=(x+m)^2-2m^2+4m-1$이므로

$x=-m$일 때 최솟값 $-2m^2+4m-1$을 갖는다.

$\therefore g(m)=-2m^2+4m-1$
$\qquad\quad =-2(m-1)^2+1$

따라서 $g(m)$은 $-1 \le m \le 2$에서 $m=1$일 때 최댓값 1을 갖고, $m=-1$일 때 최솟값 -7을 가지므로 최댓값과 최솟값의 합은

$1+(-7)=-6$

15 답 ①

$x^2-2x=t$로 놓으면 $t=(x-1)^2-1$

$0 \le x \le 3$에서 $x=3$일 때 최댓값 3이고, $x=1$일 때 최솟값 -1이므로 $-1 \le t \le 3$

이때 주어진 함수는

$y=-2t^2+4t-5$
$\quad =-2(t-1)^2-3$

따라서 $-1 \le t \le 3$에서 $t=1$일 때 최댓값은 -3이고, $t=-1$ 또는 $t=3$일 때 최솟값은 -11이므로 구하는 최댓값과 최솟값의 합은

$-3+(-11)=-14$

16 답 5

$x^2+4x+1=t$로 놓으면

$t=(x+2)^2-3 \qquad \therefore t \ge -3$

이때 주어진 함수는

$y=t^2+4(t-1)+k$
$\quad =(t+2)^2+k-8$

따라서 $t \ge -3$에서 $t=-2$일 때 최솟값은 $k-8$이므로

$k-8=-3 \qquad \therefore k=5$

17 답 -12

$x^2+y^2-4x+6y+1=(x^2-4x+4)+(y^2+6y+9)-12$
$\qquad\qquad\qquad\qquad\qquad =(x-2)^2+(y+3)^2-12$

이때 $x,\ y$가 실수이므로

$(x-2)^2 \ge 0,\ (y+3)^2 \ge 0$

$\therefore x^2+y^2-4x+6y+1 \ge -12$

따라서 구하는 최솟값은 -12이다.

18 답 ②

점 $(a,\ b)$가 직선 $y=x-3$ 위에 있으므로

$b=a-3 \qquad \cdots\cdots \ \bigcirc$

이때 점 $(a,\ b)$가 제1사분면 위에 있으므로

$a>0,\ b>0 \qquad \therefore a>3$

$\bigcirc$을 a^2+b^2-8a에 대입하면

$a^2+b^2-8a=a^2+(a-3)^2-8a$
$\qquad\qquad\quad =2a^2-14a+9$
$\qquad\qquad\quad =2\left(a-\dfrac{7}{2}\right)^2-\dfrac{31}{2}$

따라서 $a>3$에서 $a=\dfrac{7}{2}$일 때 최솟값은 $-\dfrac{31}{2}$이다.

19 답 44

$(\sqrt{1+5x}+\sqrt{1+4y})^2=2+5x+4y+2\sqrt{(1+5x)(1+4y)}$

이때 $5x+4y=20$에서 $4y=20-5x$이므로

$2+5x+4y+2\sqrt{(1+5x)(1+4y)}$
$=2+20+2\sqrt{(1+5x)(21-5x)}$
$=22+2\sqrt{-25x^2+100x+21}$
$=22+2\sqrt{-25(x-2)^2+121}$

따라서 $x>0$에서 $x=2$일 때 최댓값은

$22+2\sqrt{121}=22+22=44$

20 답 ②

$-x^2+7=2x^2-2$에서 $3x^2=9$

$x^2=3 \qquad \therefore x=\pm\sqrt{3}$

따라서 두 이차함수의 그래프의 교점의 x좌표는 $-\sqrt{3},\ \sqrt{3}$이다.

이때 점 B의 x좌표를 $a\,(0<a<\sqrt{3})$라 하면

A$(-a,\ -a^2+7)$, B$(a,\ -a^2+7)$, C$(-a,\ 2a^2-2)$,

D$(a,\ 2a^2-2)$

$\therefore \overline{\text{AB}}=a-(-a)=2a$

$\quad \overline{\text{BD}}=-a^2+7-(2a^2-2)=-3a^2+9$

직사각형 ACDB의 둘레의 길이를 l이라 하면

$l=2(2a-3a^2+9)=-6a^2+4a+18$
$\quad =-6\left(a-\dfrac{1}{3}\right)^2+\dfrac{56}{3}$

따라서 $0<a<\sqrt{3}$에서 $a=\dfrac{1}{3}$일 때 직사각형 ACDB의 둘레의 길이의 최댓값은 $\dfrac{56}{3}$이다.

06 / 여러 가지 방정식

중단원 기출 문제 1회

1 답 ③

$f(x)=x^4-x^3-4x^2-5x-3$이라 할 때, $f(-1)=0$, $f(3)=0$이므로 조립제법을 이용하여 $f(x)$를 인수분해하면

```
-1 | 1   -1   -4   -5   -3
   |     -1    2    2    3
 3 | 1   -2   -2   -3 |  0
   |      3    3    3
     1    1    1 |  0
```

$f(x)=(x+1)(x-3)(x^2+x+1)$
즉, 주어진 방정식은
$(x+1)(x-3)(x^2+x+1)=0$
$\therefore x=-1$ 또는 $x=3$ 또는 $x=\dfrac{-1\pm\sqrt{3}i}{2}$
따라서 주어진 방정식의 해가 아닌 것은 ③이다.

2 답 ②

$f(x)=x^3-3x^2+2x+6$이라 할 때, $f(-1)=0$이므로 조립제법을 이용하여 $f(x)$를 인수분해하면

```
-1 | 1   -3    2    6
   |     -1    4   -6
     1   -4    6 |  0
```

$f(x)=(x+1)(x^2-4x+6)$
즉, 주어진 방정식은
$(x+1)(x^2-4x+6)=0$
따라서 두 허근 α, β는 이차방정식 $x^2-4x+6=0$의 두 근이므로 근과 계수의 관계에 의하여
$\alpha+\beta=4$, $\alpha\beta=6$
$\therefore \alpha^2+\beta^2=(\alpha+\beta)^2-2\alpha\beta$
$\qquad\qquad =4^2-2\times6=4$

3 답 5

$x^2+x=t$로 놓으면 주어진 방정식은
$(t-1)(t-7)+5=0$
$t^2-8t+12=0$, $(t-2)(t-6)=0$
$\therefore t=2$ 또는 $t=6$
(i) $t=2$일 때,
$\quad x^2+x=2$에서 $x^2+x-2=0$
$\quad (x+2)(x-1)=0$
$\quad \therefore x=-2$ 또는 $x=1$
(ii) $t=6$일 때,
$\quad x^2+x=6$에서 $x^2+x-6=0$
$\quad (x+3)(x-2)=0$
$\quad \therefore x=-3$ 또는 $x=2$
(i), (ii)에서 주어진 방정식의 해는
$x=-3$ 또는 $x=-2$ 또는 $x=1$ 또는 $x=2$
따라서 $\alpha=2$, $\beta=-3$이므로
$\alpha-\beta=5$

4 답 ⑤

$x^2=t$로 놓으면 주어진 방정식은
$t^2+5t-36=0$
$(t+9)(t-4)=0$ $\qquad \therefore t=-9$ 또는 $t=4$
즉, $x^2=-9$ 또는 $x^2=4$이므로
$x=\pm3i$ 또는 $x=\pm2$
따라서 $a=2$, $b=3$이므로
$a+b=5$

5 답 -5

$x\neq0$이므로 양변을 x^2으로 나누면
$x^2+4x-3+\dfrac{4}{x}+\dfrac{1}{x^2}=0$
$\left(x^2+\dfrac{1}{x^2}\right)+4\left(x+\dfrac{1}{x}\right)-3=0$
$\left(x+\dfrac{1}{x}\right)^2+4\left(x+\dfrac{1}{x}\right)-5=0$
$x+\dfrac{1}{x}=t$로 놓으면
$t^2+4t-5=0$
$(t+5)(t-1)=0$ $\qquad \therefore t=-5$ 또는 $t=1$
(i) $t=-5$일 때,
$\quad x+\dfrac{1}{x}=-5$에서 $x^2+5x+1=0$ $\quad \therefore x=\dfrac{-5\pm\sqrt{21}}{2}$
(ii) $t=1$일 때,
$\quad x+\dfrac{1}{x}=1$에서 $x^2-x+1=0$ $\quad \therefore x=\dfrac{1\pm\sqrt{3}i}{2}$
(i), (ii)에서 주어진 방정식의 모든 실근의 합은
$\dfrac{-5-\sqrt{21}}{2}+\dfrac{-5+\sqrt{21}}{2}=-5$

6 답 $\dfrac{1}{3}$

주어진 방정식의 두 근이 -3, -2이므로 $x=-3$, $x=-2$를 각각 대입하면
$81-27a+18-54+b=0$, $16-8a+8-36+b=0$
$\therefore 27a-b=45$, $8a-b=-12$
두 식을 연립하여 풀면 $a=3$, $b=36$
이를 주어진 방정식에 대입하면 $x^4+3x^3+2x^2+18x+36=0$
$f(x)=x^4+3x^3+2x^2+18x+36$이라 할 때, $f(-3)=0$, $f(-2)=0$이므로 조립제법을 이용하여 $f(x)$를 인수분해하면

```
-3 | 1    3    2   18   36
   |     -3    0   -6  -36
-2 | 1    0    2   12 |  0
   |     -2    4  -12
     1   -2    6 |  0
```

$f(x)=(x+3)(x+2)(x^2-2x+6)$
즉, 주어진 방정식은 $(x+3)(x+2)(x^2-2x+6)=0$
따라서 두 허근 α, β는 이차방정식 $x^2-2x+6=0$의 두 근이므로 근과 계수의 관계에 의하여
$\alpha+\beta=2$, $\alpha\beta=6$
$\therefore \dfrac{1}{\alpha}+\dfrac{1}{\beta}=\dfrac{\alpha+\beta}{\alpha\beta}=\dfrac{2}{6}=\dfrac{1}{3}$

7 답 ②

주어진 방정식의 한 근이 $\sqrt{3}$이므로 $x=\sqrt{3}$을 대입하면

$9+3\sqrt{3}a+3b+3\sqrt{3}+6=0$, $3(b+5)+3\sqrt{3}(a+1)=0$

이때 a, b가 유리수이므로

$b+5=0$, $a+1=0$ $\quad\therefore a=-1$, $b=-5$

이를 주어진 방정식에 대입하면 $x^4-x^3-5x^2+3x+6=0$

$f(x)=x^4-x^3-5x^2+3x+6$이라 할 때, $f(-1)=0$, $f(2)=0$이므로 조립제법을 이용하여 $f(x)$를 인수분해하면

$$
\begin{array}{r|rrrrr}
-1 & 1 & -1 & -5 & 3 & 6 \\
   &   & -1 & 2 & 3 & -6 \\
\hline
 2 & 1 & -2 & -3 & 6 & \,\vline\ 0 \\
   &   & 2 & 0 & -6 & \\
\hline
   & 1 & 0 & -3 & \,\vline\ 0 \\
\end{array}
$$

$f(x)=(x+1)(x-2)(x^2-3)$
$\quad\quad=(x+1)(x-2)(x+\sqrt{3})(x-\sqrt{3})$

즉, 주어진 방정식은 $(x+\sqrt{3})(x+1)(x-\sqrt{3})(x-2)=0$

$\therefore x=-\sqrt{3}$ 또는 $x=-1$ 또는 $x=\sqrt{3}$ 또는 $x=2$

따라서 유리수인 두 근은 -1, 2이므로 두 근의 곱은 $-1\times2=-2$

8 답 ③

$f(x)=x^3+3x^2+(k+2)x+k$라 할 때, $f(-1)=0$이므로 조립제법을 이용하여 $f(x)$를 인수분해하면

$$
\begin{array}{r|rrrr}
-1 & 1 & 3 & k+2 & k \\
   &   & -1 & -2 & -k \\
\hline
   & 1 & 2 & k & \,\vline\ 0 \\
\end{array}
$$

$f(x)=(x+1)(x^2+2x+k)$

즉, 주어진 방정식은 $(x+1)(x^2+2x+k)=0$

이 방정식이 한 개의 실근과 두 개의 허근을 가지려면 이차방정식 $x^2+2x+k=0$이 허근을 가져야 한다.

이 이차방정식의 판별식을 D라 하면

$\dfrac{D}{4}=1-k<0$ $\quad\therefore k>1$

9 답 6

처음 직육면체에서 직육면체 모양의 구멍을 파낸 후의 도형의 부피는

$x(x+1)(x+2)-\dfrac{1}{2}x^3=228$, $x^3+6x^2+4x-456=0$

$f(x)=x^3+6x^2+4x-456$이라 할 때, $f(6)=0$이므로 조립제법을 이용하여 $f(x)$를 인수분해하면

$$
\begin{array}{r|rrrr}
6 & 1 & 6 & 4 & -456 \\
  &   & 6 & 72 & 456 \\
\hline
  & 1 & 12 & 76 & \,\vline\ 0 \\
\end{array}
$$

$f(x)=(x-6)(x^2+12x+76)$

즉, 방정식은 $(x-6)(x^2+12x+76)=0$

$\therefore x=6$ 또는 $x=-6\pm2\sqrt{10}i$

그런데 $x>0$이므로 $x=6$

10 답 ③

주어진 삼차방정식의 세 근을 $\alpha-1$, α, $\alpha+1$이라 하면 근과 계수의 관계에 의하여

$(\alpha-1)+\alpha+(\alpha+1)=6$ $\quad\therefore \alpha=2$

따라서 세 근이 1, 2, 3이므로

$1\times2+2\times3+3\times1=a$, $1\times2\times3=-b$

$\therefore a=11$, $b=-6$ $\quad\therefore a-b=17$

11 답 $x^3-8x^2-12x+16=0$

삼차방정식의 근과 계수의 관계에 의하여

$\alpha+\beta+\gamma=4$, $\alpha\beta+\beta\gamma+\gamma\alpha=-3$, $\alpha\beta\gamma=-2$

구하는 삼차방정식의 세 근이 2α, 2β, 2γ이므로

$2\alpha+2\beta+2\gamma=2(\alpha+\beta+\gamma)=2\times4=8$

$2\alpha\times2\beta+2\beta\times2\gamma+2\gamma\times2\alpha=4(\alpha\beta+\beta\gamma+\gamma\alpha)$
$\quad\quad\quad\quad\quad\quad\quad\quad\quad\quad\quad\quad=4\times(-3)=-12$

$2\alpha\times2\beta\times2\gamma=8\alpha\beta\gamma=8\times(-2)=-16$

따라서 구하는 삼차방정식은

$x^3-8x^2-12x+16=0$

12 답 13

이차방정식 $x^2+x+1=0$의 한 허근이 ω이므로

$\omega^2+\omega+1=0$

양변에 $\omega-1$을 곱하면

$(\omega-1)(\omega^2+\omega+1)=0$

$\omega^3-1=0$ $\quad\therefore \omega^3=1$

$f(1)=\dfrac{1+\omega}{1+\omega}=1$

$f(2)=\dfrac{1+\omega+\omega^2}{1+\omega^2}=0$

$f(3)=\dfrac{1+\omega+\omega^2+\omega^3}{1+\omega^3}=\dfrac{0+1}{1+1}=\dfrac{1}{2}$

$f(4)=\dfrac{1+\omega+\omega^2+\omega^3+\omega^4}{1+\omega^4}=\dfrac{0+1+\omega}{1+\omega}=f(1)$

$f(5)=\dfrac{1+\omega+\omega^2+\omega^3+\omega^4+\omega^5}{1+\omega^5}=\dfrac{0+1+\omega+\omega^2}{1+\omega^2}=f(2)$

$f(6)=\dfrac{1+\omega+\omega^2+\omega^3+\omega^4+\omega^5+\omega^6}{1+\omega^6}$

$\quad\quad=\dfrac{0+1+\omega+\omega^2+\omega^3}{1+\omega^3}=f(3)$

$\quad\quad\vdots$

이므로

$f(1)=f(4)=f(7)=\cdots=f(22)=f(25)=1$,

$f(2)=f(5)=f(8)=\cdots=f(23)=0$,

$f(3)=f(6)=f(9)=\cdots=f(24)=\dfrac{1}{2}$

$\therefore f(1)+f(2)+f(3)+\cdots+f(25)$

$\quad=8\times\left(1+0+\dfrac{1}{2}\right)+1=13$

13 답 ④

(i) $x\geq2y$일 때, $\begin{cases} 2x+3y-1=x \\ x^2-y=x \end{cases}$

$2x+3y-1=x$에서 $y=-\dfrac{1}{3}x+\dfrac{1}{3}$ $\quad\cdots\cdots$ ㉠

이를 $x^2-y=x$에 대입하면

$x^2-\left(-\dfrac{1}{3}x+\dfrac{1}{3}\right)=x$, $3x^2-2x-1=0$

$(3x+1)(x-1)=0$ $\quad\therefore x=-\dfrac{1}{3}$ 또는 $x=1$

이를 각각 ㉠에 대입하면 연립방정식의 해는

$x=-\dfrac{1}{3}$, $y=\dfrac{4}{9}$ 또는 $x=1$, $y=0$

그런데 $x\geq2y$이므로 $\alpha=1$, $\beta=0$

(ii) $x<2y$일 때, $\begin{cases} 2x+3y-1=2y \\ x^2-y=2y \end{cases}$

$2x+3y-1=2y$에서 $y=-2x+1$ ...... ㉡

이를 $x^2-y=2y$에 대입하면

$x^2-(-2x+1)=2(-2x+1)$

$x^2+6x-3=0$ $\therefore x=-3\pm2\sqrt{3}$

이를 각각 ㉡에 대입하면 연립방정식의 해는

$x=-3-2\sqrt{3}$, $y=7+4\sqrt{3}$ 또는 $x=-3+2\sqrt{3}$, $y=7-4\sqrt{3}$

그런데 x, y는 유리수이므로 조건을 만족시키는 해가 존재하지 않는다.

(i), (ii)에서 $\alpha=1$, $\beta=0$이므로 $\alpha+\beta=1$

14 답 ④

$2x^2-3xy+y^2=0$에서 $(x-y)(2x-y)=0$

$\therefore y=x$ 또는 $y=2x$

(i) $y=x$를 $5x^2-y^2=9$에 대입하면

$5x^2-x^2=9$, $4x^2=9$ $\therefore x=\pm\dfrac{3}{2}$

$\therefore x=-\dfrac{3}{2}$일 때 $y=-\dfrac{3}{2}$, $x=\dfrac{3}{2}$일 때 $y=\dfrac{3}{2}$

(ii) $y=2x$를 $5x^2-y^2=9$에 대입하면

$5x^2-4x^2=9$, $x^2=9$ $\therefore x=\pm3$

$\therefore x=-3$일 때 $y=-6$, $x=3$일 때 $y=6$

(i), (ii)에서 자연수 x, y는 $x=3$, $y=6$이므로 $x+y=9$

15 답 ④

주어진 연립방정식을 변형하면

$\begin{cases} (x+y)^2-2xy=10 \\ x+y-xy=1 \end{cases}$

$x+y=u$, $xy=v$로 놓으면

$\begin{cases} u^2-2v=10 & \cdots\cdots ㉠ \\ u-v=1 & \cdots\cdots ㉡ \end{cases}$

㉡에서 $v=u-1$ ...... ㉢

㉢을 ㉠에 대입하면

$u^2-2(u-1)=10$, $u^2-2u-8=0$

$(u+2)(u-4)=0$ $\therefore u=-2$ 또는 $u=4$

이를 각각 ㉢에 대입하면

$u=-2$, $v=-3$ 또는 $u=4$, $v=3$

(i) $u=-2$, $v=-3$, 즉 $x+y=-2$, $xy=-3$일 때,

x, y를 두 근으로 하는 t에 대한 이차방정식은

$t^2+2t-3=0$, $(t+3)(t-1)=0$

$\therefore t=-3$ 또는 $t=1$

$\therefore x=-3$, $y=1$ 또는 $x=1$, $y=-3$

(ii) $u=4$, $v=3$, 즉 $x+y=4$, $xy=3$일 때,

x, y를 두 근으로 하는 t에 대한 이차방정식은

$t^2-4t+3=0$, $(t-1)(t-3)=0$

$\therefore t=1$ 또는 $t=3$

$\therefore x=1$, $y=3$ 또는 $x=3$, $y=1$

(i), (ii)에서 $2x+y$의 최댓값은

$2\times3+1=7$

16 답 ②

x, y를 두 근으로 하는 t에 대한 이차방정식은

$t^2+2(a+3)t+a^2-14=0$

이 이차방정식이 실근을 가져야 하므로 판별식을 D라 하면

$\dfrac{D}{4}=(a+3)^2-(a^2-14)\geq0$

$6a+23\geq0$ $\therefore a\geq-\dfrac{23}{6}$

따라서 정수 a의 최솟값은 -3이다.

17 답 ⑤

주어진 두 이차방정식의 공통근을 α라 하면

$\alpha^2+(6-k)\alpha+k+1=0$ ...... ㉠

$\alpha^2-2k\alpha-5=0$ ...... ㉡

㉠$-$㉡을 하면

$(k+6)\alpha+k+6=0$

$(k+6)(\alpha+1)=0$

$\therefore k=-6$ 또는 $\alpha=-1$

(i) $k=-6$일 때,

두 이차방정식이 모두 $x^2+12x-5=0$이므로

$x=-6\pm\sqrt{41}$

따라서 공통근을 2개 갖는다.

(ii) $\alpha=-1$일 때,

$\alpha=-1$을 ㉡에 대입하면

$1+2k-5=0$ $\therefore k=2$

(i), (ii)에서 $k=2$일 때 공통근은 $x=-1$이므로 구하는 합은

$2+(-1)=1$

18 답 ④

두 원 C_1, C_2의 반지름의 길이를 각각 x, $y(x>y)$라 하면 정사각형의 대각선의 길이가 $\sqrt{2}(10+5\sqrt{2})=10(1+\sqrt{2})$ 이므로

$\sqrt{2}x+x+y+\sqrt{2}y=10(1+\sqrt{2})$

$x(1+\sqrt{2})+y(1+\sqrt{2})=10(1+\sqrt{2})$

$(x+y)(1+\sqrt{2})=10(1+\sqrt{2})$

$\therefore x+y=10$ ...... ㉠

또 두 원 C_1, C_2의 넓이의 차가 20π이므로

$\pi x^2-\pi y^2=20\pi$

$\therefore x^2-y^2=20$ ...... ㉡

㉠에서 $y=10-x$를 ㉡에 대입하면

$x^2-(10-x)^2=20$

$20x-120=0$ $\therefore x=6$

이를 ㉠에 대입하면 $y=4$

$\therefore xy=24$

다른 풀이

두 원 C_1, C_2의 반지름의 길이를 각각 x, $y(x>y)$라 하면

$\sqrt{2}x+x+y+\sqrt{2}y=\sqrt{2}(10+5\sqrt{2})$

$(x+y)(1+\sqrt{2})=10(1+\sqrt{2})$ $\therefore x+y=10$ ...... ㉠

또 두 원 C_1, C_2의 넓이의 차가 20π이므로

$\pi x^2 - \pi y^2 = 20\pi$ $\therefore (x+y)(x-y) = 20$ ...... ㉡

㉠을 ㉡에 대입하면 $10(x-y) = 20$

$\therefore x-y = 2$ ...... ㉢

㉠, ㉢을 연립하여 풀면 $x=6$, $y=4$ $\therefore xy = 24$

19 답 10

이차방정식 $x^2 + (1-m)x + 2m + 3 = 0$의 두 근을 α, β라 하면 근과 계수의 관계에 의하여

$\begin{cases} \alpha + \beta = m-1 & \cdots\cdots ㉠ \\ \alpha\beta = 2m+3 & \cdots\cdots ㉡ \end{cases}$

㉠에서 $m = \alpha + \beta + 1$ ...... ㉢

㉢을 ㉡에 대입하면

$\alpha\beta = 2(\alpha+\beta+1) + 3$, $\alpha\beta - 2\alpha - 2\beta - 5 = 0$

$\alpha(\beta-2) - 2(\beta-2) = 9$ $\therefore (\alpha-2)(\beta-2) = 9$

(i) $\alpha-2 = -9$, $\beta-2 = -1$일 때,

$\quad$ $\alpha = -7$, $\beta = 1$이므로 ㉢에서 $m = -5$

(ii) $\alpha-2 = -3$, $\beta-2 = -3$일 때,

$\quad$ $\alpha = -1$, $\beta = -1$이므로 ㉢에서 $m = -1$

(iii) $\alpha-2 = -1$, $\beta-2 = -9$일 때,

$\quad$ $\alpha = 1$, $\beta = -7$이므로 ㉢에서 $m = -5$

(iv) $\alpha-2 = 1$, $\beta-2 = 9$일 때,

$\quad$ $\alpha = 3$, $\beta = 11$이므로 ㉢에서 $m = 15$

(v) $\alpha-2 = 3$, $\beta-2 = 3$일 때,

$\quad$ $\alpha = 5$, $\beta = 5$이므로 ㉢에서 $m = 11$

(vi) $\alpha-2 = 9$, $\beta-2 = 1$일 때,

$\quad$ $\alpha = 11$, $\beta = 3$이므로 ㉢에서 $m = 15$

(i)~(vi)에서 m의 최댓값은 15, 최솟값은 -5이므로 구하는 합은

$15 + (-5) = 10$

20 답 ④

[방법 1] $x^2 + 2xy + 2y^2 + 2x - 4y + 10 = 0$에서

$x^2 + 2(y+1)x + 2y^2 - 4y + 10 = 0$

$x^2 + 2(y+1)x + (y^2 + 2y + 1) + (y^2 - 6y + 9) = 0$

$x^2 + 2(y+1)x + (y+1)^2 + (y-3)^2 = 0$

$(x+y+1)^2 + (y-3)^2 = 0$

x, y가 실수이므로 $x+y+1 = 0$, $y-3 = 0$

$\therefore x = -4$, $y = 3$

$\therefore x + 2y = -4 + 2 \times 3 = 2$

[방법 2] 방정식의 좌변을 x에 대하여 내림차순으로 정리하면

$x^2 + 2(y+1)x + 2y^2 - 4y + 10 = 0$ ...... ㉠

x가 실수이므로 이 이차방정식의 판별식을 D라 하면

$\dfrac{D}{4} = (y+1)^2 - (2y^2 - 4y + 10) \geq 0$

$-y^2 + 6y - 9 \geq 0$ $\therefore (y-3)^2 \leq 0$

이때 y는 실수이므로 $y - 3 = 0$ $\therefore y = 3$

이를 ㉠에 대입하면

$x^2 + 8x + 16 = 0$, $(x+4)^2 = 0$ $\therefore x = -4$

$\therefore x + 2y = -4 + 2 \times 3 = 2$

중단원 기출 문제 2회

1 답 ②

$f(x) = x^3 - 4x^2 + 8$이라 할 때,

$f(2) = 0$이므로 조립제법을 이용하여

$f(x)$를 인수분해하면

$$\begin{array}{r|rrrr} 2 & 1 & -4 & 0 & 8 \\ & & 2 & -4 & -8 \\ \hline & 1 & -2 & -4 & 0 \end{array}$$

$f(x) = (x-2)(x^2 - 2x - 4)$

즉, 주어진 방정식은

$(x-2)(x^2 - 2x - 4) = 0$

$\therefore x = 2$ 또는 $x = 1 \pm \sqrt{5}$

따라서 $\alpha = 1 + \sqrt{5}$, $\beta = 1 - \sqrt{5}$이므로

$\alpha + \beta = 2$

2 답 17

$x^2 + x = t$로 놓으면 주어진 방정식은

$(t+1)(t+3) = 15$

$t^2 + 4t - 12 = 0$, $(t+6)(t-2) = 0$

$\therefore t = -6$ 또는 $t = 2$

(i) $t = -6$일 때,

$\quad$ $x^2 + x = -6$에서 $x^2 + x + 6 = 0$

$\quad$ 이 이차방정식의 판별식을 D_1이라 하면

$\quad$ $D_1 = 1 - 24 = -23 < 0$

$\quad$ 즉, 이차방정식 $x^2 + x + 6 = 0$은 서로 다른 두 허근을 갖는다.

(ii) $t = 2$일 때,

$\quad$ $x^2 + x = 2$에서 $x^2 + x - 2 = 0$

$\quad$ 이 이차방정식의 판별식을 D_2라 하면

$\quad$ $D_2 = 1 + 8 = 9 > 0$

$\quad$ 즉, 이차방정식 $x^2 + x - 2 = 0$은 서로 다른 두 실근을 갖는다.

(i), (ii)에서 α, β는 이차방정식 $x^2 + x + 6 = 0$의 두 근이므로 근과 계수의 관계에 의하여

$\alpha + \beta = -1$, $\alpha\beta = 6$

$\therefore \alpha^3 + \beta^3 = (\alpha+\beta)^3 - 3\alpha\beta(\alpha+\beta)$

$\qquad\qquad\quad = (-1)^3 - 3 \times 6 \times (-1) = 17$

3 답 ②

$x^4 - 13x^2 + 4 = 0$에서 $(x^4 - 4x^2 + 4) - 9x^2 = 0$

$(x^2-2)^2 - (3x)^2 = 0$, $(x^2 - 3x - 2)(x^2 + 3x - 2) = 0$

$\therefore x = \dfrac{3 \pm \sqrt{17}}{2}$ 또는 $x = \dfrac{-3 \pm \sqrt{17}}{2}$

따라서 모든 양의 근의 곱은

$\dfrac{3 + \sqrt{17}}{2} \times \dfrac{-3 + \sqrt{17}}{2} = 2$

4 답 ③

$x \neq 0$이므로 양변을 x^2으로 나누면

$x^2 + 4x + 5 + \dfrac{4}{x} + \dfrac{1}{x^2} = 0$

$\left(x^2 + \dfrac{1}{x^2}\right) + 4\left(x + \dfrac{1}{x}\right) + 5 = 0$

$\left(x + \dfrac{1}{x}\right)^2 + 4\left(x + \dfrac{1}{x}\right) + 3 = 0$

$x+\dfrac{1}{x}=t$로 놓으면 $t^2+4t+3=0$

$(t+3)(t+1)=0$ $\therefore t=-3$ 또는 $t=-1$

(i) $t=-3$일 때,

$\quad x+\dfrac{1}{x}=-3$에서 $x^2+3x+1=0$ $\therefore x=\dfrac{-3\pm\sqrt{5}}{2}$

(ii) $t=-1$일 때,

$\quad x+\dfrac{1}{x}=-1$에서 $x^2+x+1=0$ $\therefore x=\dfrac{-1\pm\sqrt{3}i}{2}$

(i), (ii)에서 $\dfrac{a+\sqrt{b}i}{2}=\dfrac{-1+\sqrt{3}i}{2}$이므로

$a=-1$, $b=3$

$\therefore ab=-3$

5 답 -1

주어진 방정식의 한 근이 2이므로 $x=2$를 대입하면

$8+4k+2(k-2)+2=0$ $\therefore k=-1$

이를 주어진 방정식에 대입하면 $x^3-x^2-3x+2=0$

$f(x)=x^3-x^2-3x+2$라 할 때,

$f(2)=0$이므로 조립제법을 이용하여

$f(x)$를 인수분해하면

$$\begin{array}{r|rrrr} 2 & 1 & -1 & -3 & 2 \\ & & 2 & 2 & -2 \\ \hline & 1 & 1 & -1 & 0 \end{array}$$

$f(x)=(x-2)(x^2+x-1)$

즉, 주어진 방정식은 $(x-2)(x^2+x-1)=0$

이때 2가 아닌 나머지 두 근은 이차방정식 $x^2+x-1=0$의 근이므로 근과 계수의 관계에 의하여 두 근의 합은 -1이다.

6 답 ⑤

$f(x)=x^3-6x^2+(k+5)x-k$라 할 때, $f(1)=0$이므로 조립제법을 이용하여 $f(x)$를 인수분해하면

$$\begin{array}{r|rrrr} 1 & 1 & -6 & k+5 & -k \\ & & 1 & -5 & k \\ \hline & 1 & -5 & k & 0 \end{array}$$

$f(x)=(x-1)(x^2-5x+k)$

즉, 주어진 방정식은 $(x-1)(x^2-5x+k)=0$

(i) 이차방정식 $x^2-5x+k=0$이 $x=1$을 근으로 가질 때,

$\quad x=1$을 $x^2-5x+k=0$에 대입하면 $k=4$

$\quad$즉, $x^2-5x+4=0$에서 $(x-1)(x-4)=0$

$\quad$따라서 주어진 삼차방정식 $(x-1)^2(x-4)=0$의 세 실근은 1, 1, 4이다.

$\quad$이는 삼각형의 세 변의 길이가 될 수 없으므로 조건을 만족시키지 않는다.

(ii) 이차방정식 $x^2-5x+k=0$이 중근을 가질 때,

$\quad$이 이차방정식의 판별식을 D라 하면

$\quad D=25-4k=0$

$\quad\therefore k=\dfrac{25}{4}$

$\quad$즉, $x^2-5x+\dfrac{25}{4}$에서 $\left(x-\dfrac{5}{2}\right)^2=0$

$\quad$따라서 주어진 삼차방정식 $(x-1)\left(x-\dfrac{5}{2}\right)^2=0$의 세 실근은 1, $\dfrac{5}{2}$, $\dfrac{5}{2}$이다.

(i), (ii)에서 $k=\dfrac{25}{4}$

중1 다시보기

삼각형의 세 변의 길이 사이의 관계는 다음과 같다.

(1) 삼각형의 한 변의 길이는 나머지 두 변의 길이의 합보다 작다.

(2) 세 변의 길이가 주어졌을 때 삼각형이 될 수 있는 조건은 (가장 긴 변의 길이)<(나머지 두 변의 길이의 합)이다.

7 답 ②

삼차방정식의 근과 계수의 관계에 의하여

$\alpha+\beta+\gamma=3$, $\alpha\beta+\beta\gamma+\gamma\alpha=2$, $\alpha\beta\gamma=1$

$\therefore (1+\alpha)(1+\beta)(1+\gamma)$

$\quad =1+(\alpha+\beta+\gamma)+(\alpha\beta+\beta\gamma+\gamma\alpha)+\alpha\beta\gamma$

$\quad =1+3+2+1=7$

8 답 $x^3-2x^2+x-1=0$

삼차방정식의 근과 계수의 관계에 의하여

$\alpha+\beta+\gamma=1$, $\alpha\beta+\beta\gamma+\gamma\alpha=2$, $\alpha\beta\gamma=1$

구하는 삼차방정식의 세 근이 $\alpha\beta$, $\beta\gamma$, $\gamma\alpha$이므로

$\alpha\beta\times\beta\gamma+\beta\gamma\times\gamma\alpha+\gamma\alpha\times\alpha\beta=\alpha\beta\gamma(\alpha+\beta+\gamma)=1\times1=1$

$\alpha\beta\times\beta\gamma\times\gamma\alpha=(\alpha\beta\gamma)^2=1^2=1$

따라서 구하는 삼차방정식은

$x^3-2x^2+x-1=0$

9 답 ③

직육면체의 세 모서리의 길이를 각각 a cm, b cm, c cm라 하면

$4(a+b+c)=32$ $\therefore a+b+c=8$

$2(ab+bc+ca)=34$ $\therefore ab+bc+ca=17$

$abc=10$

이때 a, b, c를 세 근으로 하고 x^3의 계수가 1인 삼차방정식은

$x^3-8x^2+17x-10=0$

$f(x)=x^3-8x^2+17x-10$이라 할 때, $f(1)=0$이므로 조립제법을 이용하여 $f(x)$를 인수분해하면

$$\begin{array}{r|rrrr} 1 & 1 & -8 & 17 & -10 \\ & & 1 & -7 & 10 \\ \hline & 1 & -7 & 10 & 0 \end{array}$$

$f(x)=(x-1)(x^2-7x+10)$

$\quad =(x-1)(x-2)(x-5)$

즉, 방정식은 $(x-1)(x-2)(x-5)=0$

$\therefore x=1$ 또는 $x=2$ 또는 $x=5$

따라서 세 모서리의 길이는 1 cm, 2 cm, 5 cm이므로 가장 긴 모서리의 길이와 가장 짧은 모서리의 길이의 차는

$5-1=4$(cm)

10 답 ④

주어진 삼차방정식의 계수가 유리수이므로 한 근이 $\sqrt{2}$이면 $-\sqrt{2}$도 근이다.

나머지 한 근을 α라 하면 삼차방정식의 근과 계수의 관계에 의하여

$\sqrt{2}+(-\sqrt{2})+\alpha=-2$

$\sqrt{2}\times(-\sqrt{2})+(-\sqrt{2})\times\alpha+\alpha\times\sqrt{2}=a$

$\sqrt{2}\times(-\sqrt{2})\times\alpha=-b$

$\therefore \alpha=-2$, $a=-2$, $b=-4$

$\therefore ab=8$

11 답 ①

삼차방정식 $P(x)=0$의 계수가 실수이므로 ㈏에서 한 근이 $\dfrac{2-\sqrt{2}i}{3}$이면 $\dfrac{2+\sqrt{2}i}{3}$도 근이다.

㈎에서 $P(2)=0$이므로 나머지 한 근은 2이다.

삼차방정식의 근과 계수의 관계에 의하여

$2+\dfrac{2+\sqrt{2}i}{3}+\dfrac{2-\sqrt{2}i}{3}=-\dfrac{a}{3}$

$2\times\dfrac{2+\sqrt{2}i}{3}+\dfrac{2+\sqrt{2}i}{3}\times\dfrac{2-\sqrt{2}i}{3}+\dfrac{2-\sqrt{2}i}{3}\times2=\dfrac{b}{3}$

$2\times\dfrac{2+\sqrt{2}i}{3}\times\dfrac{2-\sqrt{2}i}{3}=-\dfrac{c}{3}$

$\therefore a=-10,\ b=10,\ c=-4$

$\therefore \dfrac{a}{b}+c=\dfrac{-10}{10}+(-4)=-5$

12 답 ⑤

$x^3-1=0$에서 $(x-1)(x^2+x+1)=0$

$\therefore x=1$ 또는 $x^2+x+1=0$

즉, 이차방정식 $x^2+x+1=0$의 두 허근은 ω_1, ω_2이다.

ㄱ. 이차방정식의 근과 계수의 관계에 의하여

$\omega_1+\omega_2=-1,\ \omega_1\omega_2=1$

$\therefore {\omega_1}^3+{\omega_2}^3=(\omega_1+\omega_2)^3-3\omega_1\omega_2(\omega_1+\omega_2)$
$=(-1)^3-3\times1\times(-1)=2$

ㄴ. ${\omega_1}^2+\omega_1+1=0$이므로 ${\omega_1}^2=-\omega_1-1$

이때 $\omega_1+\omega_2=-1$에서 $-\omega_1-1=\omega_2$

$\therefore {\omega_1}^2=-\omega_1-1=\omega_2$

ㄷ. $\omega_1+\omega_2=-1$에서 $1+\omega_2=-\omega_1$

이때 ${\omega_1}^3-1=0$에서 ${\omega_1}^3=1$

즉, $(1+\omega_2)^3=(-\omega_1)^3=-1$이므로

$(1+\omega_2)^{3n}=(-1)^n$

따라서 보기에서 옳은 것은 ㄴ, ㄷ이다.

13 답 5

$2x+y=1$에서 $y=-2x+1$ ⋯⋯ ㉠

이를 $x^2+y^2=13$에 대입하면

$x^2+(-2x+1)^2=13,\ 5x^2-4x-12=0$

$(5x+6)(x-2)=0$ $\therefore x=-\dfrac{6}{5}$ 또는 $x=2$

이를 각각 ㉠에 대입하면 주어진 연립방정식의 해는

$x=-\dfrac{6}{5},\ y=\dfrac{17}{5}$ 또는 $x=2,\ y=-3$

따라서 $\alpha=2,\ \beta=-3$이므로

$\alpha-\beta=5$

14 답 ③

$x^2+5xy+6y^2=0$에서 $(x+3y)(x+2y)=0$

$\therefore x=-3y$ 또는 $x=-2y$

(i) $x=-3y$를 $x^2-xy+y^2=7$에 대입하면

$9y^2+3y^2+y^2=7,\ y^2=\dfrac{7}{13}$ $\therefore y=\pm\dfrac{\sqrt{91}}{13}$

$\therefore y=-\dfrac{\sqrt{91}}{13}$일 때 $x=\dfrac{3\sqrt{91}}{13}$, $y=\dfrac{\sqrt{91}}{13}$일 때 $x=-\dfrac{3\sqrt{91}}{13}$

(ii) $x=-2y$를 $x^2-xy+y^2=7$에 대입하면

$4y^2+2y^2+y^2=7,\ y^2=1$ $\therefore y=\pm1$

$\therefore y=-1$일 때 $x=2$, $y=1$일 때 $x=-2$

(i), (ii)에서 주어진 방정식의 해는

$\begin{cases}x=-\dfrac{3\sqrt{91}}{13}\\y=\dfrac{\sqrt{91}}{13}\end{cases}$ 또는 $\begin{cases}x=\dfrac{3\sqrt{91}}{13}\\y=-\dfrac{\sqrt{91}}{13}\end{cases}$ 또는 $\begin{cases}x=-2\\y=1\end{cases}$ 또는 $\begin{cases}x=2\\y=-1\end{cases}$

따라서 주어진 연립방정식의 해가 아닌 것은 ③이다.

15 답 ③

두 연립방정식의 공통인 해는 연립방정식 $\begin{cases}x+y=\dfrac{5}{2}\\xy=\dfrac{3}{2}\end{cases}$ 의 해와 같다.

$x,\ y$는 t에 대한 이차방정식 $t^2-\dfrac{5}{2}t+\dfrac{3}{2}=0$, 즉 $2t^2-5t+3=0$의 두 근이므로

$(t-1)(2t-3)=0$ $\therefore t=1$ 또는 $t=\dfrac{3}{2}$

$\therefore x=1,\ y=\dfrac{3}{2}$ 또는 $x=\dfrac{3}{2},\ y=1$

(i) $x=1,\ y=\dfrac{3}{2}$을 $x^2+(ay)^2=10$, $x^2+2y=b$에 각각 대입하면

$1+\dfrac{9}{4}a^2=10,\ 1+3=b$ $\therefore a=\pm2,\ b=4$

(ii) $x=\dfrac{3}{2},\ y=1$을 $x^2+(ay)^2=10$, $x^2+2y=b$에 각각 대입하면

$\dfrac{9}{4}+a^2=10,\ \dfrac{9}{4}+2=b$ $\therefore a=\pm\dfrac{\sqrt{31}}{2},\ b=\dfrac{17}{4}$

(i), (ii)에서 자연수 $a,\ b$의 값은 $a=2,\ b=4$이므로

$a+b=6$

16 답 ③

$2x-y=a$에서 $y=2x-a$이므로 이를 $x^2+y^2=5$에 대입하면

$x^2+(2x-a)^2=5,\ 5x^2-4ax+a^2-5=0$

이 이차방정식이 중근을 가져야 하므로 판별식을 D라 하면

$\dfrac{D}{4}=(-2a)^2-5(a^2-5)=0$

$-a^2+25=0,\ a^2=25$ $\therefore a=-5$ 또는 $a=5$

그런데 $a>0$이므로 $a=5$

17 답 ⑤

주어진 두 이차방정식의 공통근을 α라 하면

$\alpha^2+(a^2+1)\alpha+b^2+4a+2b-3=0$ ⋯⋯ ㉠

$\alpha^2-2a\alpha-2a^2+b^2+2b-5=0$ ⋯⋯ ㉡

㉠-㉡을 하면 $(a+1)^2\alpha+2(a+1)^2=0$

$(a+1)^2(\alpha+2)=0$ $\therefore a=-1$ 또는 $\alpha=-2$

(i) $a=-1$일 때,

두 이차방정식이 모두 $x^2+2x+b^2+2b-7=0$이므로 공통근을 2개 갖는다.

(ii) $\alpha=-2$일 때,

$\alpha=-2$를 ㉡에 대입하면

$4+4a-2a^2+b^2+2b-5=0$

$$(-2a^2+4a-2)+(b^2+2b+1)=0$$
$$-2(a-1)^2+(b+1)^2=0$$

이때 a, b는 실수이므로

$$a-1=0, \ b+1=0 \qquad \therefore \ a=1, \ b=-1$$

(i), (ii)에서 $a=1$, $b=-1$이므로 $a-b=2$

18 답 ③

마름모의 두 대각선은 서로 수직이등분하므로

마름모의 두 대각선의 길이를 각각

$2x$, $2y$ $(x>y>0)$라 하면

$$\begin{cases} x^2+y^2=10^2 & \cdots\cdots \ \bigcirc \\ 2x-2y=4 & \cdots\cdots \ \bigcirc \end{cases}$$

$\bigcirc$에서 $y=x-2$를 $\bigcirc$에 대입하면

$$x^2+(x-2)^2=100, \ x^2-2x-48=0$$
$$(x+6)(x-8)=0 \qquad \therefore \ x=-6 \ 또는 \ x=8$$

그런데 $x>0$이므로 $x=8$, $y=6$

따라서 구하는 마름모의 넓이는

$$\frac{1}{2}\times 2x\times 2y=2xy=2\times 8\times 6=96$$

19 답 5

$\dfrac{1}{x}+\dfrac{1}{y}=-\dfrac{1}{2}$에서 $2y+2x=-xy$

$$xy+2x+2y+4=4, \ x(y+2)+2(y+2)=4$$
$$\therefore \ (x+2)(y+2)=4$$

이때 $\dfrac{1}{x}+\dfrac{1}{y}=-\dfrac{1}{2}$에서 $x\neq 0$, $y\neq 0$

(i) $x+2=-4$, $y+2=-1$일 때, $x=-6$, $y=-3$

(ii) $x+2=-2$, $y+2=-2$일 때, $x=-4$, $y=-4$

(iii) $x+2=-1$, $y+2=-4$일 때, $x=-3$, $y=-6$

(iv) $x+2=1$, $y+2=4$일 때, $x=-1$, $y=2$

(v) $x+2=2$, $y+2=2$일 때, $x=0$, $y=0$

(vi) $x+2=4$, $y+2=1$일 때, $x=2$, $y=-1$

(i)~(vi)에서 순서쌍 (x, y)는 $(-6, -3)$, $(-4, -4)$, $(-3, -6)$, $(-1, 2)$, $(2, -1)$의 5개이다.

20 답 ②

[방법 1] $x^2+y^2-4x-2y+5=0$에서

$$(x^2-4x+4)+(y^2-2y+1)=0$$
$$\therefore \ (x-2)^2+(y-1)^2=0$$

x, y가 실수이므로 $x-2=0$, $y-1=0$

$$\therefore \ x=2, \ y=1 \qquad \therefore \ xy=2$$

[방법 2] 방정식의 좌변을 x에 대하여 내림차순으로 정리하면

$$x^2-4x+y^2-2y+5=0 \qquad \cdots\cdots \ \bigcirc$$

x가 실수이므로 이 이차방정식의 판별식을 D라 하면

$$\frac{D}{4}=4-(y^2-2y+5)\geq 0$$
$$-y^2+2y-1\geq 0 \qquad \therefore \ (y-1)^2\leq 0$$

이때 y는 실수이므로 $y-1=0$ $\qquad \therefore \ y=1$

이를 $\bigcirc$에 대입하면 $x^2-4x+4=0$

$$(x-2)^2=0 \qquad \therefore \ x=2$$
$$\therefore \ xy=2$$

07 / 연립일차부등식

중단원 기출 문제 1회

1 답 ④

$4x+2<6x$에서 $-2x<-2$ $\qquad \therefore \ x>1$

$x-12>-3x$에서 $4x>12$ $\qquad \therefore \ x>3$

따라서 주어진 연립부등식의 해는 $x>3$이므로 정수 x의 최솟값은 4이다.

2 답 ①

$3x+2\leq x-1$에서 $2x\leq -3$ $\qquad \therefore \ x\leq -\dfrac{3}{2}$

$x+1>2(2x-1)+1$에서 $x+1>4x-1$

$-3x>-2$ $\qquad \therefore \ x<\dfrac{2}{3}$

따라서 주어진 연립부등식의 해는 $x\leq -\dfrac{3}{2}$

3 답 12

$2x-30<5x-3$에서 $-3x<27$ $\qquad \therefore \ x>-9$

$5x-3\leq 6(5-x)$에서 $5x-3\leq 30-6x$

$11x\leq 33$ $\qquad \therefore \ x\leq 3$

따라서 주어진 부등식의 해는 $-9<x\leq 3$이므로 정수 x는 -8, -7, -6, $\ldots$, 3의 12개이다.

4 답 6

$\dfrac{2x-3}{5}<x+3$에서 $2x-3<5(x+3)$

$2x-3<5x+15$, $-3x<18$ $\qquad \therefore \ x>-6$

$x+3\leq 0.5x+2$에서 $10x+30\leq 5x+20$

$5x\leq -10$ $\qquad \therefore \ x\leq -2$

따라서 주어진 부등식의 해는 $-6<x\leq -2$이므로

$2\leq -x<6$ $\qquad \therefore \ 6\leq -x+4<10$

따라서 $6\leq A<10$이므로 A의 최솟값은 6이다.

5 답 $x=3$

$\dfrac{x+1}{4}-\dfrac{x+2}{5}\geq 0$에서 $5(x+1)-4(x+2)\geq 0$

$5x+5-4x-8\geq 0$ $\qquad \therefore \ x\geq 3$

$\dfrac{5-3x}{2}+x\geq 1$에서 $5-3x+2x\geq 2$

$-x\geq -3$ $\qquad \therefore \ x\leq 3$

따라서 주어진 연립부등식의 해는 $x=3$

6 답 ⑤

$\dfrac{x-1}{2}\leq \dfrac{2x-1}{3}$에서 $3(x-1)\leq 2(2x-1)$

$3x-3\leq 4x-2$, $-x\leq 1$ $\qquad \therefore \ x\geq -1$

$\dfrac{2x-1}{3}\leq \dfrac{3}{5}x-2$에서 $5(2x-1)\leq 9x-30$

$10x-5\leq 9x-30$ $\qquad \therefore \ x\leq -25$

따라서 주어진 부등식의 해는 없다.

7 답 ①

$-3x-7<2$에서 $-3x<9$ $\therefore x>-3$
$4x+2(x-3)<a$에서 $4x+2x-6<a$
$6x<a+6$ $\therefore x<\dfrac{a+6}{6}$
주어진 그림에서 연립부등식의 해가 $b<x<2$이므로
$b=-3$, $\dfrac{a+6}{6}=2$
따라서 $a=6$, $b=-3$이므로
$ab=-18$

8 답 $-4\leq x<2$

$2x-a<x+a$에서 $x<2a$
$2x-a\leq 3x-b$에서 $-x\leq a-b$ $\therefore x\geq b-a$
주어진 연립부등식의 해가 $-10\leq x<2$이므로
$b-a=-10$, $2a=2$ $\therefore a=1$, $b=-9$
즉, 원래의 부등식은 $2x-1<x+1\leq 3x+9$이므로
$2x-1<x+1$에서 $x<2$
$x+1\leq 3x+9$에서 $-2x\leq 8$ $\therefore x\geq -4$
따라서 원래의 부등식의 해는
$-4\leq x<2$

9 답 ⑤

$6x-2>3x+10$에서 $3x>12$ $\therefore x>4$
$(a-1)x-5<x-2$에서 $(a-2)x<3$
(ⅰ) $a-2<0$, 즉 $a<2$일 때,
  $x>\dfrac{3}{a-2}$
(ⅱ) $a-2=0$, 즉 $a=2$일 때,
  $0\times x<3$이므로 해는 모든 실수이다.
(ⅲ) $a-2>0$, 즉 $a>2$일 때,
  $x<\dfrac{3}{a-2}$
주어진 연립부등식이 해를 갖지 않으려면 $a>2$이고 $x<\dfrac{3}{a-2}$이어야 하므로
$\dfrac{3}{a-2}\leq 4$
$3\leq 4(a-2)$, $3\leq 4a-8$
$-4a\leq -11$ $\therefore a\geq \dfrac{11}{4}$
따라서 정수 a의 최솟값은 3이므로
$m=3$
주어진 연립부등식이 해를 가지려면 $a\leq 2$이어야 하므로 정수 a의 최댓값은 2이다.
$\therefore n=2$
$\therefore m+n=5$

10 답 $-5\leq a<-3$

$3(2x+5)\geq 14(x+1)$에서
$6x+15\geq 14x+14$
$-8x\geq -1$ $\therefore x\leq \dfrac{1}{8}$ ······ ㉠

$2x-5>a-2$에서 $2x>a+3$ $\therefore x>\dfrac{a+3}{2}$ ······ ㉡
주어진 연립부등식을 만족시키는 정수 x
가 1개뿐이려면 오른쪽 그림에서
$-1\leq \dfrac{a+3}{2}<0$, $-2\leq a+3<0$
$\therefore -5\leq a<-3$

11 답 11

어떤 자연수를 x라 하면 ㈎, ㈏에서
$\begin{cases} 7x-220>60 \\ 3x-150\leq 3 \end{cases}$
$7x-220>60$에서 $7x>280$ $\therefore x>40$
$3x-150\leq 3$에서 $3x\leq 153$ $\therefore x\leq 51$
따라서 연립부등식의 해는 $40<x\leq 51$이므로 조건을 만족시키는 자연수는 41, 42, 43, ..., 51의 11개이다.

12 답 ③

작년 남자 회원 수와 여자 회원 수의 비가 $5:4$이므로 남자 회원 수와 여자 회원 수를 각각 $5k$, $4k$(k는 자연수)라 하자.
올해 새로 가입한 남자 회원 수와 여자 회원 수를 각각 a(a는 자연수)라 하면 올해 남자 회원 수와 여자 회원 수는 각각 $5k+a$, $4k+a$이다.
올해 남자 회원 수와 여자 회원 수의 비가 $11:9$이므로
$(5k+a):(4k+a)=11:9$
$11(4k+a)=9(5k+a)$, $44k+11a=45k+9a$
$\therefore k=2a$
따라서 작년 전체 회원 수는
$5k+4k=9k=18a$
또 올해 전체 회원 수는
$(5k+a)+(4k+a)=9k+2a=20a$
작년 전체 회원 수는 300명 미만이고, 올해 전체 회원 수는 300명 초과이므로
$\begin{cases} 18a<300 \\ 20a>300 \end{cases}$
$18a<300$에서 $a<\dfrac{50}{3}$
$20a>300$에서 $a>15$
따라서 연립부등식의 해는 $15<a<\dfrac{50}{3}$
이때 a는 자연수이므로 $a=16$
따라서 올해 새로 가입한 여자 회원 수는 16이다.

13 답 ④

$|3x+1|<8$에서 $-8<3x+1<8$
$-9<3x<7$ $\therefore -3<x<\dfrac{7}{3}$
따라서 정수 x는 -2, -1, 0, 1, 2의 5개이다.

14 답 5

$2\leq |x+4|\leq a$에서 $-a\leq x+4\leq -2$ 또는 $2\leq x+4\leq a$
$\therefore -a-4\leq x\leq -6$ 또는 $-2\leq x\leq a-4$

이를 만족시키는 정수 x가 8개이므로
$$\{-6-(-a-4)+1\}+\{a-4-(-2)+1\}=8$$
$$2a=10 \qquad \therefore a=5$$

15 답 5

$|2x+a| \geq 7$에서 $2x+a \leq -7$ 또는 $2x+a \geq 7$
$$\therefore x \leq \frac{-7-a}{2} \text{ 또는 } x \geq \frac{7-a}{2}$$
주어진 부등식의 해가 $x \leq -5$ 또는 $x \geq b$이므로
$$\frac{-7-a}{2}=-5, \frac{7-a}{2}=b$$
따라서 $a=3$, $b=2$이므로 $a+b=5$

16 답 ⑤

$|2x-4| \leq k$에서 $-k \leq 2x-4 \leq k$
$$4-k \leq 2x \leq 4+k$$
$$\therefore \frac{4-k}{2} \leq x \leq \frac{4+k}{2}$$
이때 $k>0$이므로 $\frac{4-k}{2}<2$, $\frac{4+k}{2}>2$
즉, 주어진 부등식을 만족시키는 정수 x
가 5개이려면 오른쪽 그림에서
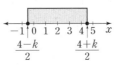
$$-1<\frac{4-k}{2} \leq 0, 4 \leq \frac{4+k}{2}<5$$
$-1<\frac{4-k}{2} \leq 0$에서 $-2<4-k \leq 0$, $-6<-k \leq -4$
$$\therefore 4 \leq k<6 \quad \cdots\cdots \text{㉠}$$
$4 \leq \frac{4+k}{2}<5$에서 $8 \leq 4+k<10$
$$\therefore 4 \leq k<6 \quad \cdots\cdots \text{㉡}$$
㉠, ㉡의 공통부분을 구하면 $4 \leq k<6$
따라서 $a=4$, $b=6$이므로 $a+b=10$

17 답 ②

$|4-x| \leq 6-x$에서 $4-x=0$, 즉 $x=4$를 기준으로 구간을 나누면
(ⅰ) $x<4$일 때,
$4-x \leq 6-x$에서 $0 \times x \leq 2$이므로 해는 모든 실수이다.
그런데 $x<4$이므로 $x<4$
(ⅱ) $x \geq 4$일 때,
$-(4-x) \leq 6-x$, $-4+x \leq 6-x$
$2x \leq 10 \qquad \therefore x \leq 5$
그런데 $x \geq 4$이므로 $4 \leq x \leq 5$
(ⅰ), (ⅱ)에서 주어진 부등식의 해는 $x \leq 5$
따라서 자연수 x는 1, 2, 3, 4, 5의 5개이다.

18 답 ②

$|3x-6| \leq x+a$에서 $3x-6=0$, 즉 $x=2$를 기준으로 구간을 나누면
(ⅰ) $x<2$일 때,
$-(3x-6) \leq x+a$
$-3x+6 \leq x+a$, $-4x \leq a-6$
$\therefore x \geq \frac{6-a}{4}$

그런데 $x<2$이므로 해를 가지려면
$$\frac{6-a}{4}<2, 6-a<8 \qquad \therefore a>-2$$
(ⅱ) $x \geq 2$일 때,
$3x-6 \leq x+a$
$2x \leq a+6 \qquad \therefore x \leq \frac{a+6}{2}$
그런데 $x \geq 2$이므로 해를 가지려면
$$\frac{a+6}{2} \geq 2, a+6 \geq 4 \qquad \therefore a \geq -2$$
(ⅰ), (ⅱ)에서 $a \geq -2$

19 답 ②

$|x+2|>4-|x-1|$에서 $x+2=0$, $x-1=0$, 즉 $x=-2$, $x=1$
을 기준으로 구간을 나누면
(ⅰ) $x<-2$일 때,
$-(x+2)>4+(x-1)$
$-x-2>x+3$, $-2x>5$
$\therefore x<-\frac{5}{2}$
그런데 $x<-2$이므로 $x<-\frac{5}{2}$
(ⅱ) $-2 \leq x<1$일 때,
$x+2>4+(x-1)$에서 $0 \times x>1$이므로 해는 없다.
(ⅲ) $x \geq 1$일 때,
$x+2>4-(x-1)$
$x+2>-x+5$, $2x>3$
$\therefore x>\frac{3}{2}$
그런데 $x \geq 1$이므로 $x>\frac{3}{2}$
(ⅰ), (ⅱ), (ⅲ)에서 주어진 부등식의 해는
$x<-\frac{5}{2}$ 또는 $x>\frac{3}{2}$
따라서 자연수 x의 최솟값은 2이다.

20 답 $k>4$

$\sqrt{x^2-6x+9}+|x+1|<k$에서 $\sqrt{(x-3)^2}+|x+1|<k$
$|x-3|+|x+1|<k$
$x+1=0$, $x-3=0$, 즉 $x=-1$, $x=3$을 기준으로 구간을 나누면
(ⅰ) $x<-1$일 때,
$-(x-3)-(x+1)<k$
$-2x+2<k$, $-2x<k-2 \qquad \therefore x>\frac{2-k}{2}$
그런데 $x<-1$이므로 해를 가지려면
$$\frac{2-k}{2}<-1, 2-k<-2$$
$-k<-4 \qquad \therefore k>4$
(ⅱ) $-1 \leq x<3$일 때,
$-(x-3)+(x+1)<k$
$0 \times x+4<k$
그런데 $-1 \leq x<3$이므로 해를 가지려면
$k>4$

(iii) $x \geq 3$일 때,

$(x-3)+(x+1)<k$

$2x-2<k$, $2x<k+2$ $\qquad \therefore x<\dfrac{k+2}{2}$

그런데 $x \geq 3$이므로 해를 가지려면

$\dfrac{k+2}{2}>3$, $k+2>6$

$\qquad \therefore k>4$

(i), (ii), (iii)에서 $k>4$

중단원 기출 문제 2회

1 답 ①

$7x+5>2x$에서 $5x>-5$

$\therefore x>-1$

$2-x \geq 3x-6$에서 $-4x \geq -8$

$\therefore x \leq 2$

따라서 주어진 연립부등식의 해는 $-1<x \leq 2$이므로 해에 속하지 않는 것은 ①이다.

2 답 ①

$4x-(3x-5)<2x$에서 $4x-3x+5<2x$

$-x<-5$ $\qquad \therefore x>5$

$5x+6 \geq 7(x-2)$에서 $5x+6 \geq 7x-14$

$-2x \geq -20$ $\qquad \therefore x \leq 10$

따라서 주어진 연립부등식의 해는 $5<x \leq 10$이므로 수직선 위에 나타내면 ①과 같다.

3 답 6

$3-2(x-1) \leq -x+4$에서

$3-2x+2 \leq -x+4$

$-x \leq -1$ $\qquad \therefore x \geq 1$

$-x+4<-4x+21$에서

$3x<17$ $\qquad \therefore x<\dfrac{17}{3}$

따라서 주어진 부등식의 해는 $1 \leq x<\dfrac{17}{3}$이므로 자연수 x의 최댓값은 5, 최솟값은 1이고 구하는 합은

$5+1=6$

4 답 ③

① 주어진 연립부등식의 해는

$x=3$

② $15x \leq 5x+30$에서 $10x \leq 30$ $\qquad \therefore x \leq 3$

따라서 주어진 연립부등식의 해는

$0<x \leq 3$

③ $2(x-1) \leq 4$에서 $2x-2 \leq 4$

$2x \leq 6$ $\qquad \therefore x \leq 3$

$x+1>4$에서 $x>3$

따라서 주어진 연립부등식의 해는 없다.

④ $2x+5>5x-7$에서 $-3x>-12$ $\qquad \therefore x<4$

$6-2(x+2) \geq 3x$에서 $6-2x-4 \geq 3x$

$-5x \geq -2$ $\qquad \therefore x \leq \dfrac{2}{5}$

따라서 주어진 연립부등식의 해는

$x \leq \dfrac{2}{5}$

⑤ $\dfrac{2x+5}{4}+\dfrac{x-3}{2}>-1$에서 $2x+5+2(x-3)>-4$

$2x+5+2x-6>-4$, $4x>-3$ $\qquad \therefore x>-\dfrac{3}{4}$

$2x-2 \leq 10-x$에서 $3x \leq 12$ $\qquad \therefore x \leq 4$

따라서 주어진 연립부등식의 해는

$-\dfrac{3}{4}<x \leq 4$

따라서 해가 없는 것은 ③이다.

5 답 ③

$\dfrac{4x+a}{3}<\dfrac{5}{6}x-\dfrac{2}{3}$에서 $2(4x+a)<5x-4$

$8x+2a<5x-4$, $3x<-2a-4$

$\therefore x<-\dfrac{2a+4}{3}$

$0.2x+1<0.1x+2$에서

$2x+10<x+20$ $\qquad \therefore x<10$

주어진 연립부등식의 해가 $x<4$이므로

$-\dfrac{2a+4}{3}=4$

$2a+4=-12$, $2a=-16$ $\qquad \therefore a=-8$

6 답 5

$2x+5 \leq 3(x+1)$에서 $2x+5 \leq 3x+3$

$-x \leq -2$ $\qquad \therefore x \geq 2$

$4x \leq 2x+a+1$에서 $2x \leq a+1$ $\qquad \therefore x \leq \dfrac{a+1}{2}$

주어진 연립부등식의 해가 $b \leq x \leq 4$이므로

$b=2$, $\dfrac{a+1}{2}=4$

따라서 $a=7$, $b=2$이므로 $a-b=5$

7 답 ⑤

$ax-3 \leq -2x+2$에서 $(a+2)x \leq 5$ $\qquad \cdots\cdots$ ㉠

$-2x+2<bx+3$에서

$-(b+2)x<1$ $\qquad \therefore (b+2)x>-1$ $\qquad \cdots\cdots$ ㉡

ㄱ. 주어진 부등식의 해가 $-\dfrac{1}{4} \leq x<2$이므로

㉠에서 $a+2<0$ $\qquad \therefore a<-2$

ㄴ. 주어진 부등식의 해가 $-\dfrac{1}{4} \leq x<2$이므로

㉡에서 $b+2<0$ $\qquad \therefore b<-2$

ㄷ. $a<-2$, $b<-2$이므로 ㉠, ㉡에서

$x \geq \dfrac{5}{a+2}$, $x<-\dfrac{1}{b+2}$

주어진 부등식의 해가 $-\dfrac{1}{4}\leq x<2$이므로

$\dfrac{5}{a+2}=-\dfrac{1}{4}$, $-\dfrac{1}{b+2}=2$

$\dfrac{5}{a+2}=-\dfrac{1}{4}$에서 $a+2=-20$ $\qquad \therefore a=-22$

$-\dfrac{1}{b+2}=2$에서 $2b+4=-1$, $2b=-5$ $\qquad \therefore b=-\dfrac{5}{2}$

$\qquad \therefore ab=55$

따라서 보기에서 옳은 것은 ㄱ, ㄴ, ㄷ이다.

8 답 $a>\dfrac{15}{2}$

$3x-2a<-a$에서 $3x<a$ $\qquad \therefore x<\dfrac{a}{3}$

$-2x+5<0$에서 $-2x<-5$ $\qquad \therefore x>\dfrac{5}{2}$

주어진 연립부등식이 해를 가지려면

$\dfrac{a}{3}>\dfrac{5}{2}$ $\qquad \therefore a>\dfrac{15}{2}$

9 답 9

$\dfrac{2}{3}x+1<2x-a$에서 $2x+3<6x-3a$

$-4x<-3a-3$ $\qquad \therefore x>\dfrac{3a+3}{4}$

$0.3(4-x)\geq 0.1x-1.6$에서 $3(4-x)\geq x-16$

$12-3x\geq x-16$, $-4x\geq -28$ $\qquad \therefore x\leq 7$

주어진 연립부등식이 해를 갖지 않으려면 $\dfrac{3a+3}{4}\geq 7$

$3a+3\geq 28$, $3a\geq 25$ $\qquad \therefore a\geq \dfrac{25}{3}$

따라서 정수 a의 최솟값은 9이다.

10 답 ①

$x-3<a$에서 $x<a+3$ $\qquad \cdots\cdots$ ㉠

$3x+6\geq 0$에서 $3x\geq -6$ $\qquad \therefore x\geq -2$ $\qquad \cdots\cdots$ ㉡

주어진 연립부등식을 만족시키는 정수 x의 값의 합이 7이려면 오른쪽 그림에서

$4<a+3\leq 5$ $\qquad \therefore 1<a\leq 2$

따라서 a의 최댓값은 2이다.

11 답 ④

$2(x-2)-1<4x+1$에서 $2x-5<4x+1$

$-2x<6$ $\qquad \therefore x>-3$ $\qquad \cdots\cdots$ ㉠

$4x+1\leq 3x+2a$에서 $x\leq 2a-1$ $\qquad \cdots\cdots$ ㉡

주어진 부등식을 만족시키는 정수 x가 12개 이상이려면 다음 그림과 같아야 한다.

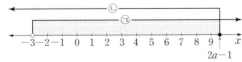

따라서 $2a-1\geq 9$이므로

$2a\geq 10$ $\qquad \therefore a\geq 5$

12 답 $1\leq x\leq 7$

색연필을 x자루 사면 연필은 $(13-x)$자루 살 수 있으므로

$4100\leq 500x+300(13-x)\leq 5300$

$4100\leq 500x+3900-300x\leq 5300$

$4100\leq 200x+3900\leq 5300$, $200\leq 200x\leq 1400$

$\therefore 1\leq x\leq 7$

13 답 750

섞은 두 소금물의 양은 $(300+x)$ g이므로

$\dfrac{14}{100}\times (300+x)\leq \dfrac{12}{100}\times 300+\dfrac{18}{100}\times x\leq \dfrac{16}{100}\times (300+x)$

$\dfrac{14}{100}\times (300+x)\leq \dfrac{12}{100}\times 300+\dfrac{18}{100}\times x$에서

$14\times (300+x)\leq 12\times 300+18\times x$

$4200+14x\leq 3600+18x$

$-4x\leq -600$ $\qquad \therefore x\geq 150$

$\dfrac{12}{100}\times 300+\dfrac{18}{100}\times x\leq \dfrac{16}{100}\times (300+x)$에서

$12\times 300+18\times x\leq 16\times (300+x)$

$3600+18x\leq 4800+16x$

$2x\leq 1200$ $\qquad \therefore x\leq 600$

$\therefore 150\leq x\leq 600$

따라서 x의 최댓값과 최솟값의 합은

$600+150=750$

14 답 3

$|x\ 2a|<5$에서 $-5<x-2a<5$

$\therefore 2a-5<x<2a+5$

$3-2x\leq 7$에서 $-2x\leq 4$

$\therefore x\geq -2$

주어진 연립부등식의 해가 $b\leq x<7$이므로

$b=-2$, $2a+5=7$

따라서 $a=1$, $b=-2$이므로

$a-b=3$

15 답 1

$|6x-3|+a-1<0$에서

$|6x-3|<1-a$

주어진 부등식이 해를 갖지 않으려면

$1-a\leq 0$ $\qquad \therefore a\geq 1$

따라서 a의 최솟값은 1이다.

16 답 ①

$|x-7|<3n$에서 $-3n<x-7<3n$

$\therefore 7-3n<x<7+3n$

자연수 n에 대하여

(i) $7-3n>0$, 즉 $n<\dfrac{7}{3}$일 때,

$\quad f(n)=7+3n-(7-3n)-1=6n-1$이므로

$\quad f(1)=6-1=5$, $f(2)=12-1=11$

(ii) $7-3n<0$, 즉 $n>\dfrac{7}{3}$일 때,

　$f(n)=7+3n-1=3n+6$이므로

　$f(3)=9+6=15$, $f(4)=12+6=18$, $f(5)=15+6=21$

(i), (ii)에서

$f(1)+f(2)+f(3)+f(4)+f(5)=5+11+15+18+21=70$

17 답 1

$|x-1|<4x-1$에서 $x-1=0$, 즉 $x=1$을 기준으로 구간을 나누면

(i) $x<1$일 때,

　$-(x-1)<4x-1$

　$-x+1<4x-1$, $-5x<-2$

　$\therefore x>\dfrac{2}{5}$

　그런데 $x<1$이므로 $\dfrac{2}{5}<x<1$

(ii) $x\geq1$일 때,

　$x-1<4x-1$

　$-3x<0$　$\therefore x>0$

　그런데 $x\geq1$이므로 $x\geq1$

(i), (ii)에서 주어진 부등식의 해는

$x>\dfrac{2}{5}$

따라서 정수 x의 최솟값은 1이다.

18 답 ①

$|4x+6|\leq-3x+8$에서 $4x+6=0$, 즉 $x=-\dfrac{3}{2}$을 기준으로 구간을 나누면

(i) $x<-\dfrac{3}{2}$일 때,

　$-(4x+6)\leq-3x+8$

　$-4x-6\leq-3x+8$, $-x\leq14$

　$\therefore x\geq-14$

　그런데 $x<-\dfrac{3}{2}$이므로 $-14\leq x<-\dfrac{3}{2}$

(ii) $x\geq-\dfrac{3}{2}$일 때,

　$4x+6\leq-3x+8$

　$7x\leq2$　$\therefore x\leq\dfrac{2}{7}$

　그런데 $x\geq-\dfrac{3}{2}$이므로 $-\dfrac{3}{2}\leq x\leq\dfrac{2}{7}$

(i), (ii)에서 주어진 부등식의 해는

$-14\leq x\leq\dfrac{2}{7}$　……㉠

$|x-a|\leq b$에서 $-b\leq x-a\leq b$

$\therefore a-b\leq x\leq a+b$　……㉡

㉠, ㉡이 서로 같으므로

$a-b=-14$, $a+b=\dfrac{2}{7}$

$\therefore a^2-b^2=(a-b)(a+b)$

　　　　　　$=-14\times\dfrac{2}{7}=-4$

19 답 ②

$|x+1|\geq2|x-1|$에서 $x+1=0$, $x-1=0$, 즉 $x=-1$, $x=1$을 기준으로 구간을 나누면

(i) $x<-1$일 때,

　$-(x+1)\geq-2(x-1)$

　$-x-1\geq-2x+2$　$\therefore x\geq3$

　그런데 $x<-1$이므로 해는 없다.

(ii) $-1\leq x<1$일 때,

　$x+1\geq-2(x-1)$

　$x+1\geq-2x+2$

　$3x\geq1$　$\therefore x\geq\dfrac{1}{3}$

　그런데 $-1\leq x<1$이므로

　$\dfrac{1}{3}\leq x<1$

(iii) $x\geq1$일 때,

　$x+1\geq2(x-1)$

　$x+1\geq2x-2$

　$-x\geq-3$　$\therefore x\leq3$

　그런데 $x\geq1$이므로

　$1\leq x\leq3$

(i), (ii), (iii)에서 주어진 부등식의 해는

$\dfrac{1}{3}\leq x\leq3$

$\therefore a=\dfrac{1}{3}$

20 답 12

$|x|+|x-a|<a+6$에서 $x=0$, $x-a=0$, 즉 $x=0$, $x=a$를 기준으로 구간을 나누면

(i) $x<0$일 때,

　$-x-(x-a)<a+6$

　$-2x<6$　$\therefore x>-3$

　그런데 $x<0$이므로

　$-3<x<0$

(ii) $0\leq x<a$일 때,

　$x-(x-a)<a+6$에서 $0\times x<6$이므로 해는 모든 실수이다.

　그런데 $0\leq x<a$이므로

　$0\leq x<a$

(iii) $x\geq a$일 때,

　$x+(x-a)<a+6$

　$2x<2a+6$　$\therefore x<a+3$

　그런데 $x\geq a$이므로

　$a\leq x<a+3$

(i), (ii), (iii)에서 주어진 부등식의 해는

$-3<x<a+3$

따라서 정수 x의 개수는

$N(a)=a+3-(-3)-1=a+5$

$\therefore N(5)-N(6)+N(7)-N(8)+N(9)$

　　$=10-11+12-13+14=12$

중단원 기출 문제 ①회

1 답 $-1<x<2$

부등식 $f(x)>g(x)$의 해는 $y=f(x)$의 그래프가 직선 $y=g(x)$보다 위쪽에 있는 부분의 x의 값의 범위이므로
$-1<x<2$

2 답 ④

$f(x)=a(x+4)(x-2)(a<0)$라 하면 $y=f(x)$의 그래프가 점 $(0, 4)$를 지나므로 $f(0)=4$에서
$-8a=4$ $\therefore a=-\dfrac{1}{2}$
$\therefore f(x)=-\dfrac{1}{2}(x+4)(x-2)$
$f(x)>-8$에서 $-\dfrac{1}{2}(x+4)(x-2)>-8$
$x^2+2x-8<16,\ x^2+2x-24<0$
$(x+6)(x-4)<0$ $\therefore -6<x<4$
따라서 정수 x는 $-5, -4, -3, \cdots, 3$의 9개이다.

3 답 1500원

가격을 $100x$원 내리면 쿠키 한 개의 가격은 $(3000-100x)$원, 하루 판매량은 $(400+40x)$개가 된다.
이때 하루 판매액이 1500000원 이상이려면
$(3000-100x)(400+40x)\geq 1500000$
$(30-x)(x+10)\geq 375,\ x^2-20x+75\leq 0$
$(x-5)(x-15)\leq 0$ $\therefore 5\leq x\leq 15$
따라서 쿠키 한 개의 최소 가격은 $x=15$일 때이므로
$3000-100\times 15=1500$(원)

4 답 ④

이차부등식 $ax^2+bx+c<0$의 해가 $x<\alpha$ 또는 $x>\beta$이므로
$a<0$
또 $\alpha,\ \beta$는 이차방정식 $ax^2+bx+c=0$의 해이므로 근과 계수의 관계에 의하여
$-\dfrac{b}{a}=-15,\ \dfrac{c}{a}=12$
$\therefore b=15a,\ c=12a$
이를 $cx^2-bx-18a>0$에 대입하면
$12ax^2-15ax-18a>0$
$4x^2-5x-6<0\ (\because a<0)$
$(4x+3)(x-2)<0$ $\therefore -\dfrac{3}{4}<x<2$

5 답 $x\leq 0$ 또는 $x\geq\dfrac{3}{2}$

이차부등식 $f(x)>0$의 해가 $-1<x<2$이므로
$f(x)=a(x+1)(x-2)(a<0)$라 하면
$f(2x-1)=a(2x-1+1)(2x-1-2)$
$\qquad\qquad =2ax(2x-3)$

따라서 부등식 $f(2x-1)\leq 0$, 즉 $2ax(2x-3)\leq 0$에서
$x(2x-3)\geq 0\ (\because a<0)$
$\therefore x\leq 0$ 또는 $x\geq\dfrac{3}{2}$

6 답 ④

$x^2-k<0$에서 $(x+\sqrt{k})(x-\sqrt{k})<0$
$\therefore -\sqrt{k}<x<\sqrt{k}$
주어진 이차부등식을 만족시키는 정수 x가 5개이려면 오른쪽 그림에서
$2<\sqrt{k}\leq 3$ $\therefore 4<k\leq 9$
따라서 자연수 k의 최댓값은 9, 최솟값은 5이므로
$M=9,\ m=5$
$\therefore M+m=14$

7 답 ⑤

모든 실수 x에 대하여 $\sqrt{2x^2+2(a-3)x+a+1}$이 실수가 되려면 모든 실수 x에 대하여 이차부등식 $2x^2+2(a-3)x+a+1\geq 0$이 성립해야 한다.
이차방정식 $2x^2+2(a-3)x+a+1=0$의 판별식을 D라 하면
$\dfrac{D}{4}=(a-3)^2-2(a+1)\leq 0$
$a^2-8a+7\leq 0,\ (a-1)(a-7)\leq 0$ $\therefore 1\leq a\leq 7$
따라서 a의 최댓값은 7이다.

8 답 ③

이차방정식 $x^2-2(a+k)x-4a+6=0$이 실근을 가지므로 판별식을 D_1이라 하면
$\dfrac{D_1}{4}=(a+k)^2-(-4a+6)\geq 0$
$k^2+2ak+a^2+4a-6\geq 0$
이 부등식이 실수 k의 값에 관계없이 성립하므로 k에 대한 이차방정식 $k^2+2ak+a^2+4a-6=0$의 판별식을 D_2라 하면
$\dfrac{D_2}{4}=a^2-(a^2+4a-6)\leq 0$
$-4a+6\leq 0$ $\therefore a\geq\dfrac{3}{2}$

9 답 10

이차부등식 $2x^2-(k+3)x+2k\leq 0$의 해가 오직 한 개이므로 이차방정식 $2x^2-(k+3)x+2k=0$의 판별식을 D라 하면
$D=(k+3)^2-16k=0$
$k^2-10k+9=0,\ (k-1)(k-9)=0$
$\therefore k=1$ 또는 $k=9$
따라서 모든 k의 값의 합은
$1+9=10$

10 답 9

이차부등식 $-x^2+2(a-4)x-25\geq 0$, 즉 $x^2-2(a-4)x+25\leq 0$
이 해를 갖지 않으려면 모든 실수 x에 대하여
$x^2-2(a-4)x+25>0$이 성립해야 한다.
즉, 이차방정식 $x^2-2(a-4)x+25=0$의 판별식을 D라 하면

$\dfrac{D}{4}=(a-4)^2-25<0$

$a^2-8a-9<0$, $(a+1)(a-9)<0$

$\therefore -1<a<9$

따라서 정수 a는 0, 1, 2, …, 8의 9개이다.

11 답 $k\leq-2$

$f(x)=x^2-6x+5-2k$라 하면

$f(x)=(x-3)^2-2k-4$

$1\leq x\leq3$에서 $f(x)\geq0$이어야 하므로
$y=f(x)$의 그래프가 오른쪽 그림과 같아야
한다.

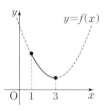

$1\leq x\leq3$에서 $f(x)$는 $x=3$일 때 최소이므
로 $f(3)\geq0$에서

$-2k-4\geq0$, $-2k\geq4$

$\therefore k\leq-2$

12 답 ②

이차함수 $y=2x^2-3x-3$의 그래프가 이차함수 $y=x^2+ax+b$의
그래프보다 위쪽에 있는 부분의 x의 값의 범위는

$2x^2-3x-3>x^2+ax+b$, 즉 $x^2-(3+a)x-3-b>0$ ······ ㉠

의 해와 같다.

해가 $x<-1$ 또는 $x>2$이고 x^2의 계수가 1인 이차부등식은

$(x+1)(x-2)>0$

$\therefore x^2-x-2>0$

이 부등식이 ㉠과 같으므로

$-(3+a)=-1$, $-3-b=-2$

$\therefore a=-2$, $b=-1$

$\therefore a^2+b^2=4+1=5$

13 답 ①

이차함수 $y=x^2+(k+2)x+2$의 그래프가 직선 $y=x+1$보다 항상
위쪽에 있으려면 모든 실수 x에 대하여

$x^2+(k+2)x+2>x+1$, 즉 $x^2+(k+1)x+1>0$이 성립해야 한다.

이차방정식 $x^2+(k+1)x+1=0$의 판별식을 D라 하면

$D=(k+1)^2-4<0$

$k^2+2k-3<0$, $(k+3)(k-1)<0$

$\therefore -3<k<1$

따라서 $a=-3$, $b=1$이므로

$a+b=-2$

14 답 ②

$3x^2-8x-16<0$에서 $(3x+4)(x-4)<0$

$\therefore -\dfrac{4}{3}<x<4$ ······ ㉠

$x^2+x-6\leq0$에서 $(x+3)(x-2)\leq0$

$\therefore -3\leq x\leq2$ ······ ㉡

㉠, ㉡의 공통부분을 구하면

$-\dfrac{4}{3}<x\leq2$

15 답 8

$x^2-(a+c)x+ac<0$에서 $(x-a)(x-c)<0$

$\therefore a<x<c$ ($\because a<c$) ······ ㉠

$x^2+(a+b)x+ab\geq0$에서 $(x+a)(x+b)\geq0$

$\therefore x\leq-b$ 또는 $x\geq-a$ ($\because -b<-a$) ······ ㉡

㉠, ㉡의 공통부분이 $-5<x\leq2$ 또는 $5\leq x<6$이므로

$a=-5$, $b=-2$, $c=6$

이를 $x^2-(c-b)x-bc<0$에 대입하면

$x^2-8x+12<0$, $(x-2)(x-6)<0$

$\therefore 2<x<6$

따라서 $p=2$, $q=6$이므로

$p+q=8$

16 답 ④

$|x-3|>k$에서 $x-3<-k$ 또는 $x-3>k$

$\therefore x<3-k$ 또는 $x>3+k$ ······ ㉠

$x^2-x-12\leq0$에서 $(x+3)(x-4)\leq0$

$\therefore -3\leq x\leq4$ ······ ㉡

㉠, ㉡의 공통부분이 없으려면 오른
쪽 그림에서

$3-k\leq-3$, $3+k\geq4$

$k\geq6$, $k\geq1$

$\therefore k\geq6$

따라서 자연수 k의 최솟값은 6이다.

17 답 $7<a\leq8$

$x^2-(a+1)x+a<0$에서

$(x-a)(x-1)<0$ ······ ㉠

$x^2+(a-4)x-4a>0$에서

$(x+a)(x-4)>0$

$\therefore x<-a$ 또는 $x>4$ ······ ㉡

주어진 연립부등식을 만족시키는 정수 x가 3개이려면 ㉠에서
$1<x<a$이고 다음 그림과 같아야 한다.

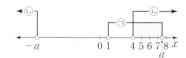

$\therefore 7<a\leq8$

18 답 ⑤

변의 길이는 양수이므로

$x-3>0$ $\quad\therefore x>3$ ······ ㉠

세 변 중 가장 긴 변의 길이는 $x+3$이므로

$x+3<x+(x-3)$ $\quad\therefore x>6$ ······ ㉡

이 삼각형이 예각삼각형이 되려면

$(x+3)^2<x^2+(x-3)^2$

$x^2+6x+9<x^2+x^2-6x+9$

$x^2-12x>0$, $x(x-12)>0$ $\quad\therefore x<0$ 또는 $x>12$ ······ ㉢

㉠, ㉡, ㉢의 공통부분을 구하면 $x>12$

따라서 자연수 x의 최솟값은 13이다.

19 답 -2

이차방정식 $x^2+2kx-k+2=0$의 판별식을 D, 두 실근을 α, β라 하면 두 근이 모두 양수이므로

(i) $\dfrac{D}{4}=k^2-(-k+2)\geq0$, $k^2+k-2\geq0$

   $(k+2)(k-1)\geq0$ $\therefore k\leq-2$ 또는 $k\geq1$

(ii) $\alpha+\beta=-2k>0$에서 $k<0$

(iii) $\alpha\beta=-k+2>0$에서 $k<2$

(i), (ii), (iii)에서 k의 값의 범위는 $k\leq-2$

따라서 k의 최댓값은 -2이다.

20 답 ①

$f(x)=x^2-6ax+9$라 할 때

(i) 이차방정식 $f(x)=0$의 판별식을 D라 하면

   $\dfrac{D}{4}=9a^2-9\geq0$, $(a+1)(a-1)\geq0$

   $\therefore a\leq-1$ 또는 $a\geq1$

(ii) $f(-2)>0$이어야 하므로 $4+12a+9>0$

   $12a>-13$ $\therefore a>-\dfrac{13}{12}$

(iii) 이차함수 $y=f(x)$의 그래프의 축의 방정식이 $x=3a$이므로

   $3a>-2$ $\therefore a>-\dfrac{2}{3}$

(i), (ii), (iii)에서 a의 값의 범위는 $a\geq1$

따라서 a의 최솟값은 1이다.

중단원 기출 문제 2회

1 답 ②

$ax^2+(b-m)x+c-n\geq0$에서

$ax^2+bx+c\geq mx+n$

이 부등식의 해는 이차함수 $y=ax^2+bx+c$의 그래프가 직선 $y=mx+n$보다 위쪽에 있거나 만나는 부분의 x의 값의 범위이므로

$-3\leq x\leq4$

2 답 ⑤

① $x^2-4x+3>0$에서 $(x-1)(x-3)>0$

   $\therefore x<1$ 또는 $x>3$

② $x^2-2x+4=(x-1)^2+3\geq3$이므로 이차부등식 $x^2-2x+4<0$의 해는 없다.

③ $-9x^2+12x-4<0$에서 $9x^2-12x+4>0$

   $(3x-2)^2>0$

   따라서 해는 $x\neq\dfrac{2}{3}$인 모든 실수이다.

④ $-2x^2+5x-2\geq0$에서 $2x^2-5x+2\leq0$

   $(2x-1)(x-2)\leq0$ $\therefore \dfrac{1}{2}\leq x\leq2$

⑤ $x^2-6x+9=(x-3)^2\geq0$이므로 이차부등식 $x^2-6x+9\geq0$의 해는 모든 실수이다.

3 답 0 m 초과 4 m 이하

길의 폭을 x m라 하면 길을 제외한 땅의 넓이는 한 변의 길이가 $(12-x)$ m인 정사각형의 넓이와 같다.

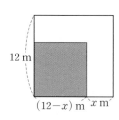

이 넓이가 64 m² 이상이 되어야 하므로

$(12-x)^2\geq64$

$x^2-24x+80\geq0$

$(x-4)(x-20)\geq0$

$\therefore x\leq4$ 또는 $x\geq20$

그런데 $0<x<12$이므로 $0<x\leq4$

따라서 길의 폭의 범위는 0 m 초과 4 m 이하이다.

4 답 ②

$f(x)=ax^2+bx+c$라 할 때, $f(x)\leq0$의 해가 $x=-2$뿐이려면 $y=f(x)$의 그래프가 오른쪽 그림과 같아야 한다.

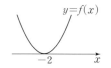

즉, $a>0$이고 이차방정식 $ax^2+bx+c=0$의 판별식을 D라 할 때, $D=0$이어야 한다.

ㄴ. $D=0$이어야 하므로 $b^2-4ac=0$

ㄷ. $f(1)>0$이므로

   $a+b+c>0$

ㄹ. 해가 $x=-2$뿐이므로 $a(x+2)^2\leq0$

   $\therefore ax^2+4ax+4a\leq0$

   이 부등식이 $ax^2+bx+c\leq0$과 같으므로

   $b=4a$, $c=4a$

   이를 $cx^2+2bx-12a\geq0$에 대입하면

   $4ax^2+8ax-12a\geq0$

   $x^2+2x-3\geq0$ $(\because a>0)$

   $(x+3)(x-1)\geq0$ $\therefore x\leq-3$ 또는 $x\geq1$

따라서 보기에서 옳은 것은 ㄱ, ㄷ이다.

5 답 ①

$x^2+2(a-3)x+a^2-6a<0$에서

$(x+a)\{x+(a-6)\}<0$

$\therefore -a<x<-a+6$

따라서 정수 x는 $-a+1$, $-a+2$, $-a+3$, $-a+4$, $-a+5$이고 그 합은 10이므로

$-a+1+(-a+2)+(-a+3)+(-a+4)+(-a+5)=10$

$-5a+15=10$, $-5a=-5$

$\therefore a=1$

6 답 $-3<k<-1$

이차부등식 $x^2-2(k+1)x-2k-2>0$의 해가 모든 실수이려면 이차방정식 $x^2-2(k+1)x-2k-2=0$의 판별식을 D라 할 때

$\dfrac{D}{4}=(k+1)^2-(-2k-2)<0$

$k^2+4k+3<0$, $(k+3)(k+1)<0$

$\therefore -3<k<-1$

7 답 ③

(i) $a>0$일 때,

이차함수 $y=ax^2+2ax-4$의 그래프는 아래로 볼록하므로 주어진 이차부등식은 항상 해를 갖는다.

(ii) $a<0$일 때,

주어진 이차부등식이 해를 가지려면 이차방정식

$ax^2+2ax-4=0$이 서로 다른 두 실근을 가져야 하므로 이 이차방정식의 판별식을 D라 하면

$\dfrac{D}{4}=a^2+4a>0$

$a(a+4)>0$ ∴ $a<-4$ 또는 $a>0$

그런데 $a<0$이므로 $a<-4$

(i), (ii)에서 a의 값의 범위는

$a<-4$ 또는 $a>0$

8 답 -1

이차부등식 $(2-a)x^2+2(a-2)x+3>0$을 만족시키지 않는 x의 값이 오직 한 개이면 이차부등식 $(2-a)x^2+2(a-2)x+3\leq0$의 해가 오직 한 개이어야 하므로

$2-a>0$ ∴ $a<2$

또 이차방정식 $(2-a)x^2+2(a-2)x+3=0$의 판별식을 D라 하면

$\dfrac{D}{4}=(a-2)^2-3(2-a)=0$

$a^2-a-2=0$, $(a+1)(a-2)=0$

∴ $a=-1$ 또는 $a=2$

그런데 $a<2$이므로 $a=-1$

9 답 ①

이차부등식 $x^2-4(a+2)x-a-2<0$이 해를 갖지 않으려면 모든 실수 x에 대하여 $x^2-4(a+2)x-a-2\geq0$이 성립해야 한다.

이차방정식 $x^2-4(a+2)x-a-2=0$의 판별식을 D라 하면

$\dfrac{D}{4}=4(a+2)^2-(-a-2)\leq0$

$4a^2+17a+18\leq0$, $(4a+9)(a+2)\leq0$

∴ $-\dfrac{9}{4}\leq a\leq-2$

따라서 정수 a의 값은 -2이다.

10 답 4

$-1\leq x\leq1$에서 부등식 $f(x)<g(x)$가 항상 성립하려면

$-1\leq x\leq1$에서 이차부등식 $x^2-2x+a<-x^2-3x+2a$, 즉

$2x^2+x-a<0$이 항상 성립해야 한다.

$h(x)=2x^2+x-a$라 하면

$h(x)=2\left(x+\dfrac{1}{4}\right)^2-a-\dfrac{1}{8}$

$-1\leq x\leq1$에서 $h(x)<0$이어야 하므로

$y=h(x)$의 그래프가 오른쪽 그림과 같아야 한다.

$-1\leq x\leq1$에서 $h(x)$는 $x=1$일 때 최대이므로 $h(1)<0$에서

$3-a<0$ ∴ $a>3$

따라서 정수 a의 최솟값은 4이다.

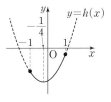

11 답 ②

이차함수 $y=x^2+ax-3$의 그래프가 직선 $y=x-11$보다 위쪽에 있는 부분의 x의 값의 범위는

$x^2+ax-3>x-11$, 즉 $x^2+(a-1)x+8>0$ ⋯⋯ ㉠

의 해와 같다.

해가 $x<2$ 또는 $x>b$이고 x^2의 계수가 1인 이차부등식은

$(x-2)(x-b)>0$

∴ $x^2-(b+2)x+2b>0$

이 부등식이 ㉠과 같으므로

$a-1=-b-2$, $8=2b$

∴ $a=-5$, $b=4$

∴ $b-a=9$

12 답 $-4<k<0$

이차함수 $y=x^2+kx-k$의 그래프가 x축과 만나지 않으려면 이차함수의 그래프가 항상 x축보다 위쪽에 있어야 하므로 모든 실수 x에 대하여 $x^2+kx-k>0$이 성립해야 한다.

이차방정식 $x^2+kx-k=0$의 판별식을 D라 하면

$D=k^2+4k<0$, $k(k+4)<0$

∴ $-4<k<0$

13 답 ③

$|x-2|>1$에서 $x-2<-1$ 또는 $x-2>1$

∴ $x<1$ 또는 $x>3$ ⋯⋯ ㉠

$x^2-4x-12\leq0$에서 $(x+2)(x-6)\leq0$

∴ $-2\leq x\leq6$ ⋯⋯ ㉡

㉠, ㉡의 공통부분을 구하면

$-2\leq x<1$ 또는 $3<x\leq6$

따라서 정수 x는 -2, -1, 0, 4, 5, 6의 6개이다.

14 답 3

$x^2-4x+3\geq0$에서 $(x-1)(x-3)\geq0$

∴ $x\leq1$ 또는 $x\geq3$ ⋯⋯ ㉠

$(x-4)(x-a)\leq0$ ⋯⋯ ㉡

㉠과 ㉡의 해의 공통부분이 $3\leq x\leq4$

이려면 오른쪽 그림에서

$1<a\leq3$

따라서 a의 최댓값은 3이다.

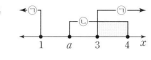

15 답 $a\geq-4$

$x^2-8x+12\leq0$에서 $(x-2)(x-6)\leq0$

∴ $2\leq x\leq6$ ⋯⋯ ㉠

$2x^2+(a-8)x-4a\leq0$에서

$(x-4)(2x+a)\leq0$

$\begin{cases}-\dfrac{a}{2}<4$일 때, $-\dfrac{a}{2}\leq x\leq4 \\ -\dfrac{a}{2}=4$일 때, $x=4   \qquad ⋯⋯ ㉡ \\ -\dfrac{a}{2}>4$일 때, $4\leq x\leq-\dfrac{a}{2}\end{cases}$

이때 $x^2-6x+8\leq0$에서 $(x-2)(x-4)\leq0$

$\therefore 2 \leq x \leq 4$,

이 부등식이 ㉠, ㉡의 공통부분과 같으려면

$-\dfrac{a}{2} \leq 2$ $\therefore a \geq -4$

16 답 ④

$x^2 + 6x - 16 \leq 0$에서 $(x+8)(x-2) \leq 0$

$\therefore -8 \leq x \leq 2$ $\cdots\cdots$ ㉠

$x^2 - 3kx - 4k^2 > 0$에서

$(x+k)(x-4k) > 0$ $\cdots\cdots$ ㉡

(i) $k > 0$일 때,

㉡에서 $x < -k$ 또는 $x > 4k$

㉠과 공통부분이 있으려면

$-k > -8$, $4k < 2$

$k < 8$, $k < \dfrac{1}{2}$ $\therefore k < 8$

그런데 $k > 0$이므로 $0 < k < 8$

(ii) $k = 0$일 때,

㉡에서 해는 $x \neq 0$인 모든 실수이므로 ㉠과 공통부분이 존재한다.

(iii) $k < 0$일 때,

㉡에서 $x < 4k$ 또는 $x > -k$

㉠과 공통부분이 있으려면

$4k > -8$, $-k < 2$

$\therefore k > -2$

그런데 $k < 0$이므로 $-2 < k < 0$

(i), (ii), (iii)에서 k의 값의 범위는 $-2 < k < 8$

따라서 정수 k는 $-1, 0, 1, \cdots, 7$의 9개이다.

17 답 1

$x - a \leq 1$에서 $x \leq a+1$ $\cdots\cdots$ ㉠

$x^2 - 2x \leq 3$에서 $x^2 - 2x - 3 \leq 0$

$(x+1)(x-3) \leq 0$ $\therefore -1 \leq x \leq 3$ $\cdots\cdots$ ㉡

㉠, ㉡을 동시에 만족시키는 모든 정수 x의 값의 합이 2가 되려면 오른쪽 그림에서

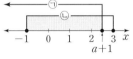

$2 \leq a+1 < 3$ $\therefore 1 \leq a < 2$

따라서 정수 a의 값은 1이다.

18 답 −6

이차방정식 $x^2 + 2mx + 4m + 5 = 0$의 판별식을 D_1이라 하면

$\dfrac{D_1}{4} = m^2 - (4m+5) \geq 0$

$m^2 - 4m - 5 \geq 0$

$(m+1)(m-5) \geq 0$

$\therefore m \leq -1$ 또는 $m \geq 5$ $\cdots\cdots$ ㉠

부등식 $(m+3)x^2 - 2(m+3)x + 6 > 0$에서

(i) $m = -3$일 때,

$0 \times x^2 - 0 \times x + 6 > 0$이므로 모든 실수 x에 대하여 주어진 부등식이 성립한다.

(ii) $m \neq -3$일 때,

$m + 3 > 0$에서 $m > -3$ $\cdots\cdots$ ㉡

또 이차방정식 $(m+3)x^2 - 2(m+3)x + 6 = 0$의 판별식을 D_2라 하면

$\dfrac{D_2}{4} = (m+3)^2 - 6(m+3) < 0$

$m^2 - 9 < 0$, $(m+3)(m-3) < 0$

$\therefore -3 < m < 3$ $\cdots\cdots$ ㉢

㉡, ㉢에서 $-3 < m < 3$

(i), (ii)에서 m의 값의 범위는

$-3 \leq m < 3$ $\cdots\cdots$ ㉣

㉠, ㉣의 공통부분은

$-3 \leq m \leq -1$

따라서 정수 m의 값은 $-3, -2, -1$이므로 구하는 합은

$-3 + (-2) + (-1) = -6$

19 답 ②

이차방정식 $x^2 - 3(k-1)x - k - 5 = 0$의 두 실근을 α, β라 하면 두 근의 부호가 서로 다르므로

$\alpha\beta = -k-5 < 0$

$\therefore k > -5$ $\cdots\cdots$ ㉠

또 음수인 근의 절댓값이 양수인 근보다 크므로

$\alpha + \beta = 3(k-1) < 0$

$\therefore k < 1$ $\cdots\cdots$ ㉡

㉠, ㉡에서 k의 값의 범위는

$-5 < k < 1$

따라서 $a = -5$, $b = 1$이므로

$b - a = 6$

20 답 $-3 < m < -2$

$f(x) = x^2 + mx + m + 3$이라 하면 이차방정식 $f(x) = 0$의 서로 다른 두 근이 모두 -2와 3 사이에 있으므로

(i) 이차방정식 $f(x) = 0$의 판별식을 D라 하면

$D = m^2 - 4(m+3) > 0$

$m^2 - 4m - 12 > 0$, $(m+2)(m-6) > 0$

$\therefore m < -2$ 또는 $m > 6$

(ii) $f(-2) > 0$이어야 하므로 $4 - 2m + m + 3 > 0$

$-m + 7 > 0$

$\therefore m < 7$

(iii) $f(3) > 0$이어야 하므로 $9 + 3m + m + 3 > 0$

$4m + 12 > 0$

$\therefore m > -3$

(iv) 이차함수 $y = f(x)$의 그래프의 축의 방정식이 $x = -\dfrac{m}{2}$이므로

$-2 < -\dfrac{m}{2} < 3$

$\therefore -6 < m < 4$

(i)~(iv)에서 m의 값의 범위는

$-3 < m < -2$

09 / 경우의 수와 순열

중단원 기출 문제 ①회

1 답 ⑤

두 주사위에서 나오는 눈의 수를 순서쌍으로 나타내면

(i) 눈의 수의 차가 3인 경우는

$(1, 4), (2, 5), (3, 6), (4, 1), (5, 2), (6, 3)$의 6가지

(ii) 눈의 수의 차가 4인 경우는

$(1, 5), (2, 6), (5, 1), (6, 2)$의 4가지

(i), (ii)에서 구하는 경우의 수는 $6+4=10$

2 답 13

이차방정식 $3ax^2+12x+b=0$의 판별식을 D라 하면

$$\frac{D}{4}=36-3ab<0$$

$$\therefore ab>12$$

따라서 순서쌍 (a, b)는 $(3, 5), (3, 6), (4, 4), (4, 5), (4, 6),$ $(5, 3), (5, 4), (5, 5), (5, 6), (6, 3), (6, 4), (6, 5), (6, 6)$의 13개이다.

3 답 12

100원, 300원, 600원짜리 사탕을 각각 x개, y개, z개 산다고 하면 그 금액의 합이 1500원이므로

$$100x+300y+600z=1500$$

$$\therefore x+3y+6z=15 \quad\cdots\cdots\ \bigcirc$$

따라서 구하는 방법의 수는 방정식 $\bigcirc$을 만족시키는 음이 아닌 정수 x, y, z의 순서쌍 (x, y, z)의 개수와 같다.

(i) $z=0$일 때, $x+3y=15$이므로 순서쌍 (x, y)는

$(15, 0), (12, 1), (9, 2), (6, 3), (3, 4), (0, 5)$의 6개

(ii) $z=1$일 때, $x+3y=9$이므로 순서쌍 (x, y)는

$(9, 0), (6, 1), (3, 2), (0, 3)$의 4개

(iii) $z=2$일 때, $x+3y=3$이므로 순서쌍 (x, y)는

$(3, 0), (0, 1)$의 2개

(i), (ii), (iii)에서 구하는 방법의 수는

$$6+4+2=12$$

4 답 ②

십의 자리에 올 수 있는 숫자는 2, 4, 6, 8의 4개

일의 자리에 올 수 있는 숫자는 1, 3, 5, 7, 9의 5개

따라서 구하는 자연수의 개수는 $4\times5=20$

5 답 ④

$(p+q)(x-y+z)$를 전개하였을 때 생기는 항의 개수는

$$2\times3=6$$

$(x+y)^2(a+b+c)$, 즉 $(x^2+2xy+y^2)(a+b+c)$를 전개하였을 때 생기는 항의 개수는

$$3\times3=9$$

따라서 구하는 항의 개수는

$$6+9=15$$

6 답 4

$60=2^2\times3\times5$이므로 60의 양의 약수의 개수는

$(2+1)(1+1)(1+1)=12 \qquad \therefore a=12$

$168=2^3\times3\times7$이므로 168의 양의 약수의 개수는

$(3+1)(1+1)(1+1)=16 \qquad \therefore b=16$

$$\therefore b-a=4$$

7 답 72

(i) $A \to C \to B \to D \to A$로 가는 경우의 수는

$$2\times2\times3\times3=36$$

(ii) $A \to D \to B \to C \to A$로 가는 경우의 수는

$$3\times3\times2\times2=36$$

(i), (ii)에서 구하는 경우의 수는

$$36+36=72$$

8 답 540

A에 칠할 수 있는 색은 5가지, B에 칠할 수 있는 색은 A에 칠한 색을 제외한 4가지, C에 칠할 수 있는 색은 A와 B에 칠한 색을 제외한 3가지, D에 칠할 수 있는 색은 A와 C에 칠한 색을 제외한 3가지, E에 칠할 수 있는 색은 A와 D에 칠한 색을 제외한 3가지이므로 구하는 경우의 수는

$$5\times4\times3\times3\times3=540$$

9 답 ④

500원짜리 동전으로 지불할 수 있는 방법은

0개, 1개, 2개, 3개, 4개의 5가지

100원짜리 동전으로 지불할 수 있는 방법은

0개, 1개, 2개의 3가지

50원짜리 동전으로 지불할 수 있는 방법은

0개, 1개, 2개, 3개의 4가지

10원짜리 동전으로 지불할 수 있는 방법은

0개, 1개, 2개의 3가지

이때 0원을 지불하는 경우는 제외해야 하므로 구하는 방법의 수는

$$5\times3\times4\times3-1=179$$

10 답 ④

$a_1=2$, $a_k\neq k\,(k=2, 3, 4, 5)$를 만족시키는 경우를 수형도로 나타내면 오른쪽과 같다.

따라서 구하는 자연수의 개수는 11이다.

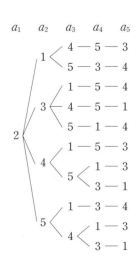

11 답 6

$2 \times {}_n P_2 + {}_{n+1} P_1 = 67$에서

$2n(n-1) + (n+1) = 67$

$2n^2 - n - 66 = 0$, $(2n+11)(n-6) = 0$

$\therefore n = -\dfrac{11}{2}$ 또는 $n = 6$

이때 ${}_n P_2$에서 $n \geq 2$이므로 $n = 6$

12 답 ⑤

6명의 선수의 승부차기 순서를 정하는 경우의 수는

$6! = 720$

13 답 ②

찬호와 준형이를 한 사람으로 생각하여 3명을 일렬로 세우는 경우의 수는

$3! = 6$

찬호와 준형이가 자리를 바꾸는 경우의 수는

$2! = 2$

따라서 구하는 경우의 수는 $6 \times 2 = 12$

14 답 42

1학년 학생 12명을 일렬로 세우는 경우의 수는 $12!$

$\lor \boxed{1, 1} \lor \boxed{1, 1} \lor \boxed{1, 1} \lor \boxed{1, 1} \lor \boxed{1, 1} \lor \boxed{1, 1} \lor$

이때 1학년 학생을 2명씩 묶어서 사이사이와 양 끝의 7개의 자리에 2명의 2학년 학생을 세우는 경우의 수는

${}_7 P_2 = 42$

따라서 경우의 수는 $42 \times 12!$이므로

$n = 42$

15 답 ④

남자 3명을 일렬로 세우는 경우의 수는

$3! = 6$

남자들 사이사이와 양 끝의 4개의 자리에 여자 2명을 세우는 경우의 수는

$\lor \text{남} \lor \text{남} \lor \text{남} \lor$

${}_4 P_2 = 12$

따라서 구하는 경우의 수는 $6 \times 12 = 72$

16 답 ⑤

선생님, 유치원생의 순서로 교대로 서는 경우의 수는

$4! \times 4! = 24 \times 24 = 576$

유치원생, 선생님의 순서로 교대로 서는 경우의 수는

$4! \times 4! = 24 \times 24 = 576$

따라서 구하는 경우의 수는

$576 + 576 = 1152$

17 답 120

8개의 칸 중에서 4개의 칸에만 책을 꽂으므로 빈칸은 4개이다.

빈칸 사이사이와 양 끝의 5개의 자리에 서로 다른 책 4권을 꽂으면 되므로

$\lor \text{빈} \lor \text{빈} \lor \text{빈} \lor \text{빈} \lor$

구하는 경우의 수는 ${}_5 P_4 = 120$

18 답 ⑤

$(n+4)$명 중 회장 1명, 부회장 1명을 뽑는 경우의 수는 ${}_{n+4} P_2$

여자 회원 n명 중 회장 1명, 부회장 1명을 뽑는 경우의 수는 ${}_n P_2$

이때 적어도 한 명은 남자 회원을 뽑는 경우의 수가 92이므로

${}_{n+4} P_2 - {}_n P_2 = 92$

$(n+4)(n+3) - n(n-1) = 92$

$8n + 12 = 92$

$8n = 80$ $\therefore n = 10$

19 답 300

홀수이려면 일의 자리의 숫자가 1 또는 3 또는 5이어야 한다.

(i) 일의 자리의 숫자가 1인 홀수의 개수

　천의 자리에 올 수 있는 숫자는 0과 1을 제외한 5개

　백의 자리와 십의 자리의 숫자를 택하는 경우의 수는 천의 자리와 일의 자리에 오는 숫자를 제외한 5개의 숫자 중에서 2개를 택하여 일렬로 배열하는 경우의 수와 같으므로

　${}_5 P_2 = 20$

　따라서 일의 자리의 숫자가 1인 홀수의 개수는 $5 \times 20 = 100$

(ii) 일의 자리의 숫자가 3인 홀수의 개수

　(i)과 같은 방법으로 하면 홀수의 개수는 100

(iii) 일의 자리의 숫자가 5인 홀수의 개수

　(i)과 같은 방법으로 하면 홀수의 개수는 100

(i), (ii), (iii)에서 구하는 홀수의 개수는

$100 + 100 + 100 = 300$

20 답 ④

(i) $1\square\square$ 꼴인 경우

　일의 자리에 올 수 있는 숫자는 1을 제외한 홀수 4개

　십의 자리에 올 수 있는 숫자는 1과 일의 자리에 오는 숫자를 제외한 8개

　따라서 홀수의 개수는 $4 \times 8 = 32$

(ii) $2\square\square$ 꼴인 경우

　일의 자리에 올 수 있는 숫자는 홀수 5개

　십의 자리에 올 수 있는 숫자는 2와 일의 자리에 오는 숫자를 제외한 8개

　따라서 홀수의 개수는 $5 \times 8 = 40$

(iii) $3\square\square$ 꼴인 경우

　일의 자리에 올 수 있는 숫자는 3을 제외한 홀수 4개

　십의 자리에 올 수 있는 숫자는 3과 일의 자리에 오는 숫자를 제외한 8개

　따라서 홀수의 개수는 $4 \times 8 = 32$

(iv) $4\square\square$ 꼴인 경우

　일의 자리에 올 수 있는 숫자는 홀수 5개

　십의 자리에 올 수 있는 숫자는 4와 일의 자리에 오는 숫자를 제외한 8개

　따라서 홀수의 개수는 $5 \times 8 = 40$

(i)~(iv)에서 구하는 홀수의 개수는

$32 + 40 + 32 + 40 = 144$

중단원 기출 문제 2회

1 답 ②

$|a-b|<2$에서 $-2<a-b<2$

(i) $a-b=-1$일 때

　순서쌍 (a, b)는 $(1, 2), (2, 3), (3, 4)$의 3개

(ii) $a-b=0$일 때

　순서쌍 (a, b)는 $(1, 1), (2, 2), (3, 3), (4, 4)$의 4개

(iii) $a-b=1$일 때

　순서쌍 (a, b)는 $(2, 1), (3, 2), (4, 3)$의 3개

(i), (ii), (iii)에서 구하는 순서쌍 (a, b)의 개수는

$3+4+3=10$

2 답 12

(i) $x=1$일 때, $2y+z=12$이므로 순서쌍 (y, z)는

　$(1, 10), (2, 8), (3, 6), (4, 4), (5, 2)$의 5개

(ii) $x=2$일 때, $2y+z=9$이므로 순서쌍 (y, z)는

　$(1, 7), (2, 5), (3, 3), (4, 1)$의 4개

(iii) $x=3$일 때, $2y+z=6$이므로 순서쌍 (y, z)는

　$(1, 4), (2, 2)$의 2개

(iv) $x=4$일 때, $2y+z=3$이므로 순서쌍 (y, z)는

　$(1, 1)$의 1개

(i)~(iv)에서 구하는 순서쌍 (x, y, z)의 개수는

$5+4+2+1=12$

3 답 40

십의 자리에 올 수 있는 숫자는 1, 2, 3, …, 8

일의 자리에 올 수 있는 숫자는 0, 1, 2, …, 9

십의 자리와 일의 자리의 숫자가 모두 짝수인 자연수의 개수는

$4×5=20$

십의 자리와 일의 자리의 숫자가 모두 홀수인 자연수의 개수는

$4×5=20$

따라서 구하는 자연수의 개수는

$20+20=40$

4 답 ④

수학, 국어 과목의 강의를 수강하는 경우의 수는

$5×3=15$

국어, 영어 과목의 강의를 수강하는 경우의 수는

$3×4=12$

수학, 영어 과목의 강의를 수강하는 경우의 수는

$5×4=20$

따라서 구하는 경우의 수는

$15+12+20=47$

5 답 ③

$9^k×17^3=3^{2k}×17^3$의 약수의 개수가 44이므로

$(2k+1)(3+1)=44$

$2k+1=11, 2k=10$

$\therefore k=5$

6 답 10

(i) A → B → C로 가는 경우의 수는

　$3×2=6$

(ii) A → C로 가는 경우의 수는 2

(iii) A → D → C로 가는 경우의 수는

　$1×2=2$

(i), (ii), (iii)에서 구하는 경우의 수는

$6+2+2=10$

7 답 ③

(i) B와 D에 같은 색을 칠하는 경우

　A에 칠할 수 있는 색은 4가지, E에 칠할 수 있는 색은 A에 칠

　한 색과 같은 색이므로 1가지, B에 칠할 수 있는 색은 A(E)에

　칠한 색을 제외한 3가지, D에 칠할 수 있는 색은 B에 칠한 색과

　같은 색이므로 1가지, C에 칠할 수 있는 색은 B(D)에 칠한 색

　을 제외한 3가지이므로 칠하는 경우의 수는

　$4×1×3×1×3=36$

(ii) B와 D에 다른 색을 칠하는 경우

　A에 칠할 수 있는 색은 4가지, E에 칠할 수 있는 색은 A에 칠

　한 색과 같은 색이므로 1가지, B에 칠할 수 있는 색은 A(E)에

　칠한 색을 제외한 3가지, D에 칠할 수 있는 색은 B와 A(E)에

　칠한 색을 제외한 2가지, C에 칠할 수 있는 색은 B와 D에 칠한

　색을 제외한 2가지이므로 칠하는 경우의 수는

　$4×1×3×2×2=48$

(i), (ii)에서 구하는 경우의 수는

$36+48=84$

8 답 102

(i) 지불할 수 있는 방법의 수

　100원짜리 동전으로 지불할 수 있는 방법은

　0개, 1개, 2개, 3개, 4개의 5가지

　50원짜리 동전으로 지불할 수 있는 방법은

　0개, 1개, 2개의 3가지

　10원짜리 동전으로 지불할 수 있는 방법은

　0개, 1개, 2개, 3개의 4가지

　이때 0원을 지불하는 경우를 제외해야 하므로 지불할 수 있는 방

　법의 수는

　$5×3×4-1=59$

　$\therefore a=59$

(ii) 지불할 수 있는 금액의 수

　50원짜리 동전 2개로 지불할 수 있는 금액과 100원짜리 동전 1개

　로 지불할 수 있는 금액이 같으므로 100원짜리 동전 4개를 50원

　짜리 동전 8개로 바꾸면 지불할 수 있는 금액의 수는 50원짜리

　동전 10개, 10원짜리 동전 3개로 지불할 수 있는 금액의 수와 같

　다.

　50원짜리 동전으로 지불할 수 있는 금액은

　0원, 50원, 100원, …, 500원의 11가지

　10원짜리 동전으로 지불할 수 있는 금액은

　0원, 10원, 20원, 30원의 4가지

이때 0원을 지불하는 경우를 제외해야 하므로 지불할 수 있는 금액의 수는

$11 \times 4 - 1 = 43$

$\therefore b = 43$

(i), (ii)에서 $a + b = 59 + 43 = 102$

9 답 ①

A를 제외한 5명의 학생을 B, C, D, E, F라 하고, 각 학생의 좌석 번호를 차례대로 1, 2, 3, 4, 5, 6이라 하자.

A는 자신의 좌석 번호인 1을 뽑았다고 생각할 때, B는 자신의 좌석 번호인 2를 뽑고 나머지 학생은 자신의 좌석 번호를 제외한 다른 좌석 번호를 뽑는 경우를 수형도로 나타내면 오른쪽과 같다.

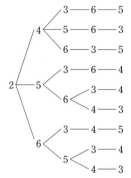

같은 방법으로 C, D, E, F가 자신의 좌석 번호를 뽑는 경우도 각각 9가지이므로 구하는 경우의 수는

$9 \times 5 = 45$

10 답 ②

$_6P_r \times 3! = 720$에서

$_6P_r \times 6 = 720$

$_6P_r = 120 = 6 \times 5 \times 4$

$\therefore r = 3$

11 답 ①

구하는 경우의 수는 9명의 학생 중에서 2명을 택하여 일렬로 세우는 경우의 수와 같으므로

$_9P_2 = 72$

12 답 ③

1반 학생 4명을 한 사람, 2반 학생 2명을 한 사람, 3반 학생 3명을 한 사람으로 생각하여 3명을 일렬로 세우는 경우의 수는 $3! = 6$

1반 학생들끼리 자리를 바꾸는 경우의 수는

$4! = 24$

2반 학생들끼리 자리를 바꾸는 경우의 수는

$2! = 2$

3반 학생들끼리 자리를 바꾸는 경우의 수는

$3! = 6$

따라서 구하는 경우의 수는

$6 \times 24 \times 2 \times 6 = 1728$

13 답 8640

14개의 의자 중에서 의자 9개에만 참가자가 앉으므로 빈 의자는 5개이다.

이때 2인 한 팀을 한 사람, 3인 한 팀을 한 사람으로 생각하여 6명을 빈 의자 사이사이와 양 끝의 6개의 자리에 배열하는 경우의 수는

$_6P_6 = 720$

2인 한 팀 안에서 자리를 바꾸는 경우의 수는

$2! = 2$

3인 한 팀 안에서 자리를 바꾸는 경우의 수는

$3! = 6$

따라서 구하는 경우의 수는

$720 \times 2 \times 6 = 8640$

14 답 ④

축구 선수는 5명이고 야구 선수는 4명이므로 축구 선수 5명을 일렬로 세우고 그 사이사이에 야구 선수 4명을 세우면 된다.

따라서 구하는 경우의 수는

$5! \times 4! = 120 \times 24 = 2880$

15 답 ④

A, B를 한 사람으로, C, D를 한 사람으로 생각하여 5명을 일렬로 세우는 경우의 수는

$5! = 120$

A, B가 서로 자리를 바꾸는 경우의 수는

$2! = 2$

C, D가 서로 자리를 바꾸는 경우의 수는

$2! = 2$

따라서 A, B가 서로 이웃하고, C, D가 서로 이웃하는 경우의 수는

$120 \times 2 \times 2 = 480$

㈎, ㈏를 만족시키고 C와 B가 서로 이웃하는 경우는 A, B, C, D 4명을 ABCD, DCBA와 같이 세우는 경우이다.

A, B, C, D를 한 사람으로 생각하여 4명을 일렬로 세우는 경우의 수는

$4! = 24$

즉, ㈎, ㈏를 만족시키고 C와 B가 서로 이웃하는 경우의 수는

$2 \times 24 = 48$

따라서 구하는 경우의 수는

$480 - 48 = 432$

16 답 ③

2명의 딸 중에서 1명을 택하여 부모님 사이에 세우는 경우의 수는

$_2P_1 = 2$

부모님과 딸 1명을 한 사람으로 생각하여 4명을 일렬로 세우는 경우의 수는 $4! = 24$

부모님이 서로 자리를 바꾸는 경우의 수는 $2! = 2$

따라서 구하는 경우의 수는

$2 \times 24 \times 2 = 96$

17 답 432

6개의 문자를 일렬로 배열하는 경우의 수는

$6! = 720$

자음은 f, r, n, d의 4개이므로 양 끝에 모두 자음이 오도록 배열하는 경우의 수는

$_4P_2 \times 4! = 12 \times 24 = 288$

따라서 구하는 경우의 수는

$720 - 288 = 432$

18 답 ①

4로 나누어떨어지는 자연수는 4의 배수이므로 끝의 두 자리의 수가 4의 배수이다.

즉, 끝의 두 자리의 수가 24, 32, 36, 52, 56, 64, 72, 76인 수이다.

이때 각 경우마다 만들 수 있는 네 자리의 자연수의 개수는

$_4P_2=12$

따라서 구하는 자연수의 개수는 $8 \times 12 = 96$

19 답 108번째

e□□□□ 꼴인 문자열의 개수는

$4!=24$

h□□□□ 꼴인 문자열의 개수는

$4!=24$

n□□□□ 꼴인 문자열의 개수는

$4!=24$

o□□□□ 꼴인 문자열의 개수는

$4!=24$

pe□□□ 꼴인 문자열의 개수는

$3!=6$

phe□□ 꼴인 문자열의 개수는

$2!=2$

phn□□ 꼴인 문자열의 개수는

$2!=2$

pho□□ 꼴인 문자열을 순서대로 나열하면 phoen, phone, …

즉, pho□□ 꼴인 문자열에서 phone은 두 번째이므로 phone가 나타나는 순서는

$24+24+24+24+6+2+2+2=108$(번째)

20 답 ⑤

1□□□ 꼴인 자연수의 개수는

$_6P_3=120$

2□□□ 꼴인 자연수의 개수는

$_6P_3=120$

3□□□ 꼴인 자연수의 개수는

$_6P_3=120$

4□□□ 꼴인 자연수의 개수는

$_6P_3=120$

50□□ 꼴인 자연수의 개수는

$_5P_2=20$

51□□ 꼴인 자연수의 개수는

$_5P_2=20$

520□ 꼴인 자연수의 개수는 4

521□ 꼴인 자연수의 개수는 4

523□ 꼴인 자연수의 개수는 4

즉, 1023부터 5236까지의 자연수의 개수는

$120+120+120+120+20+20+4+4+4=532$

이때 5236보다 큰 수는 차례대로 5240, 5241, 5243, …이므로 구하는 수는 5243이다.

10 / 조합

중단원 기출 문제 1회

1 답 6

$_{10}C_r=_{10}C_{r-2}$에서

$10-r=r-2$

$-2r=-12$ ∴ $r=6$

2 답 ⑤

$_nP_2+_nC_{n-2}=63$에서 $_nC_{n-2}=_nC_2$이므로

$_nP_2+_nC_2=63$

$n(n-1)+\dfrac{n(n-1)}{2 \times 1}=63$

$\dfrac{3}{2}n(n-1)=63$

$n(n-1)=42=7 \times 6$

∴ $n=7$ (∵ n은 자연수)

3 답 ③

수학교육과 체험 희망자 5명 중에서 3명을 뽑는 경우의 수는

$_5C_3=_5C_2=10$

통계학과 체험 희망자 4명 중에서 3명을 뽑는 경우의 수는

$_4C_3=_4C_1=4$

따라서 구하는 경우의 수는

$10+4=14$

4 답 ④

서로 다른 6가지 토핑 중에서 2개 이상 6개 이하 선택하는 경우의 수는

$_6C_2+_6C_3+_6C_4+_6C_5+_6C_6=_6C_2+_6C_3+_6C_2+_6C_1+_6C_6$
$=15+20+15+6+1$
$=57$

5 답 ②

(ⅰ) $a=4$일 때,

3개의 숫자 1, 2, 3 중에서 2개를 택하여 크기가 큰 순서대로 b, c로 정하면 되므로

$_3C_2=_3C_1=3$

(ⅱ) $a=5$일 때,

4개의 숫자 1, 2, 3, 4 중에서 2개를 택하여 크기가 큰 순서대로 b, c로 정하면 되므로

$_4C_2=6$

(ⅲ) $a=6$일 때,

5개의 숫자 1, 2, 3, 4, 5 중에서 2개를 택하여 크기가 큰 순서대로 b, c로 정하면 되므로

$_5C_2=10$

(ⅰ), (ⅱ), (ⅲ)에서 구하는 자연수의 개수는

$3+6+10=19$

6 답 78

구하는 경우의 수는 축구 특기자 2명을 제외한 13명의 학생 중에서 11명을 뽑는 경우의 수와 같으므로

$_{13}C_{11} = {_{13}C_2} = 78$

7 답 420

(i) 민지와 하준이가 공통으로 가입하는 동아리가 없을 때,
민지가 7개의 동아리 중에서 2개를 택하는 경우의 수는

$_7C_2 = 21$

하준이가 민지가 택한 2개의 동아리를 제외한 5개의 동아리 중에서 2개를 택하는 경우의 수는

$_5C_2 = 10$

따라서 공통으로 가입하는 동아리가 없는 경우의 수는

$21 \times 10 = 210$

(ii) 민지와 하준이가 공통으로 가입하는 동아리가 1개일 때,
민지가 7개의 동아리 중에서 2개를 택하는 경우의 수는

$_7C_2 = 21$

하준이가 민지가 택한 2개의 동아리 중에서 1개를 택하고, 민지가 택하지 않은 5개의 동아리 중에서 1개를 택하는 경우의 수는

$_2C_1 \times {_5C_1} = 2 \times 5 = 10$

따라서 공통으로 가입하는 동아리가 1개인 경우의 수는

$21 \times 10 = 210$

(i), (ii)에서 구하는 경우의 수는

$210 + 210 = 420$

8 답 460

12명 중에서 대표 선수 4명을 뽑는 경우의 수는

$_{12}C_4 = 495$

남자 7명 중에서 대표 선수 4명을 뽑는 경우의 수는

$_7C_4 = {_7C_3} = 35$

따라서 여자가 적어도 1명 포함되도록 뽑는 경우의 수는

$495 - 35 = 460$

9 답 ②

13명 중에서 4명을 뽑는 경우의 수는 $_{13}C_4 = 715$

여학생 8명 중에서 4명을 뽑는 경우의 수는 $_8C_4 = 70$

남학생 5명 중에서 1명, 여학생 8명 중에서 3명을 뽑는 경우의 수는

$_5C_1 \times {_8C_3} = 5 \times 56 = 280$

따라서 남학생을 2명 이상 뽑는 경우의 수는

$715 - (70 + 280) = 365$

10 답 ④

소설책 6권 중에서 2권을 택하는 경우의 수는 $_6C_2 = 15$

만화책 5권 중에서 2권을 택하는 경우의 수는 $_5C_2 = 10$

4권의 책을 일렬로 꽂는 경우의 수는 $4! = 24$

따라서 구하는 경우의 수는

$15 \times 10 \times 24 = 3600$

11 답 10

육상부 선수의 수를 n이라 하면 특정한 2명을 제외한 $(n-2)$명 중에서 2명을 뽑는 경우의 수는

$_{n-2}C_2$

뽑은 4명을 일렬로 세우는 경우의 수는

$4! = 24$

이때 주어진 경우의 수가 672이므로

$_{n-2}C_2 \times 24 = 672$

$_{n-2}C_2 = 28$

$\dfrac{(n-2)(n-3)}{2 \times 1} = 28$

$(n-2)(n-3) = 56 = 8 \times 7$

이때 n은 자연수이므로 $n-2 = 8$ ∴ $n = 10$

따라서 육상부 선수의 수는 10이다.

12 답 ③

구하는 직선의 개수는 8개의 점 중에서 2개를 택하는 경우의 수와 같으므로

$_8C_2 = 28$

13 답 ②

12개의 점 중에서 2개를 택하는 경우의 수는

$_{12}C_2 = 66$

이때 12개의 점으로 만들 수 있는 서로 다른 직선의 개수가 57이므로

$66 - {_nC_2} + 1 = 57$

$_nC_2 = 10$

$\dfrac{n(n-1)}{2 \times 1} = 10$

$n(n-1) = 20 = 5 \times 4$

∴ $n = 5$ (∵ n은 자연수)

14 답 ③

구각형의 대각선의 개수는

$_9C_2 - 9 = 36 - 9 = 27$

십일각형의 대각선의 개수는

$_{11}C_2 - 11 = 55 - 11 = 44$

따라서 구각형과 십일각형의 대각선의 개수의 합은

$27 + 44 = 71$

15 답 69

9개의 점 중에서 3개를 택하는 경우의 수는

$_9C_3 = 84$

각 변 위에 있는 3개, 4개, 5개의 점 중에서 3개를 택하는 경우의 수는

$_3C_3 + {_4C_3} + {_5C_3} = {_3C_3} + {_4C_1} + {_5C_2}$

$= 1 + 4 + 10 = 15$

이때 한 직선 위에 있는 3개의 점으로는 삼각형을 만들 수 없으므로 구하는 삼각형의 개수는

$84 - 15 = 69$

16 답 ③

8개의 점 중에서 3개 이상을 택하여 연결하면 모두 다각형이 만들어
지므로 구하는 다각형의 개수는

$_8C_3+_8C_4+_8C_5+_8C_6+_8C_7+_8C_8=_8C_3+_8C_4+_8C_3+_8C_2+_8C_1+_8C_8$
$\qquad\qquad\qquad\qquad\qquad\qquad\qquad =56+70+56+28+8+1=219$

17 답 90

가로 방향의 평행한 직선 6개 중에서 2개, 세로 방향의 평행한 직선
4개 중에서 2개를 택하면 한 개의 평행사변형이 결정되므로 구하는
평행사변형의 개수는

$_6C_2\times_4C_2=15\times6=90$

18 답 ④

구하는 경우의 수는

$_9C_5\times_4C_2\times_2C_2\times\dfrac{1}{2!}=_9C_4\times_4C_2\times_2C_2\times\dfrac{1}{2}$
$\qquad\qquad\qquad\qquad =126\times6\times1\times\dfrac{1}{2}=378$

19 답 150

7명을 3명, 2명, 2명으로 나누는 경우의 수는

(ⅰ) 윤우와 선호가 3명인 조에 포함되는 경우
  윤우와 선호를 제외한 5명을 1명, 2명, 2명의 3개 조로 나누는
  경우의 수와 같으므로

  $_5C_1\times_4C_2\times_2C_2\times\dfrac{1}{2!}=5\times6\times1\times\dfrac{1}{2}=15$

(ⅱ) 윤우와 선호가 2명인 조에 포함되는 경우
  윤우와 선호를 제외한 5명을 3명, 2명의 2개 조로 나누는 경우의
  수와 같으므로

  $_5C_3\times_2C_2=_5C_2\times_2C_2=10\times1=10$

(ⅰ), (ⅱ)에서 7명을 3명, 2명, 2명으로 나누는 경우의 수는
$15+10=25$

3개의 조를 지하철, 버스, 택시의 3개의 교통수단에 배정하는 경우
의 수는
$3!=6$

따라서 구하는 경우의 수는
$25\times6=150$

20 답 ⑤

구하는 경우의 수는 10개의 학급을 5개, 5개의 두 조로 나눈 후 각
조를 다시 2개, 2개, 1개의 세 조로 나누는 경우의 수와 같다.

(ⅰ) 10개의 학급을 5개, 5개로 나누는 경우의 수는

  $_{10}C_5\times_5C_5\times\dfrac{1}{2!}=252\times1\times\dfrac{1}{2}=126$

(ⅱ) 5개의 학급을 2개, 2개, 1개로 나누는 경우의 수는

  $_5C_2\times_3C_2\times_1C_1\times\dfrac{1}{2!}=10\times3\times1\times\dfrac{1}{2}=15$

(ⅰ), (ⅱ)에서 구하는 경우의 수는
$126\times15\times15=28350$

중단원 기출 문제 2회

1 답 3

$3\times_{n+1}C_3-4\times_nC_2=0$에서

$3\times\dfrac{(n+1)n(n-1)}{3\times2\times1}-4\times\dfrac{n(n-1)}{2\times1}=0$

$(n+1)n(n-1)-4n(n-1)=0$

$_nC_2$에서 $n\geq2$이므로 양변을 $n(n-1)$로 나누면

$n+1-4=0$ $\quad\therefore n=3$

2 답 ④

$_nC_{r+1}:_nC_r:_nC_{r-1}=5:4:3$이므로

$\dfrac{n!}{(r+1)!(n-r-1)!}:\dfrac{n!}{r!(n-r)!}:\dfrac{n!}{(r-1)!(n-r+1)!}$
$=5:4:3$

좌변의 각 항에 $\dfrac{r!(n-r)!}{n!}$을 곱하면

$\dfrac{n-r}{r+1}:1:\dfrac{r}{n-r+1}=5:4:3$

$\dfrac{4(n-r)}{r+1}:4:\dfrac{4r}{n-r+1}=5:4:3$이므로

$\dfrac{4(n-r)}{r+1}=5,\ \dfrac{4r}{n-r+1}=3$

$4n-4r=5r+5,\ 4r=3n-3r+3$

$4n-9r=5,\ 3n-7r=-3$

두 식을 연립하여 풀면 $n=62,\ r=27$

$\therefore n-r=35$

3 답 ④

1학년 학생 7명 중에서 3명을 뽑는 경우의 수는
$_7C_3=35$

2학년 학생 5명 중에서 2명을 뽑는 경우의 수는
$_5C_2=10$

따라서 구하는 경우의 수는
$35\times10=350$

4 답 10

밴드부의 인원수를 n이라 하면 연극부의 인원수는 $2n$이다.

연극부에서 주인공 3명을 뽑는 경우의 수는 $_{2n}C_3$

밴드부에서 보컬 1명, 드럼 1명, 키보드 1명, 베이스 1명을 뽑는 경
우의 수는 $_nP_4$

이때 두 경우의 수가 같으므로

$_{2n}C_3=_nP_4$

$\dfrac{2n(2n-1)(2n-2)}{3\times2\times1}=n(n-1)(n-2)(n-3)$

$_nP_4$에서 $n\geq4$이므로 양변을 $n(n-1)$로 나누면

$\dfrac{2(2n-1)}{3}=(n-2)(n-3)$

$4n-2=3n^2-15n+18$

$3n^2-19n+20=0,\ (3n-4)(n-5)=0$

$\therefore n=5\ (\because n\geq4)$

따라서 연극부의 인원수는 10이다.

5 답 ③

구하는 경우의 수는 민서를 제외한 7명의 학생 중에서 3명을 뽑는 경우의 수와 같으므로 $_7C_3=35$

6 답 385

쌍둥이를 모두 초대하는 경우의 수는 쌍둥이 2명을 제외한 11명의 친구 중에서 7명을 뽑는 경우의 수와 같으므로
$_{11}C_7=_{11}C_4=330$
쌍둥이를 모두 초대하지 않는 경우의 수는 쌍둥이 2명을 제외한 11명의 친구 중에서 9명을 뽑는 경우의 수와 같으므로
$_{11}C_9=_{11}C_2=55$
따라서 구하는 경우의 수는 $330+55=385$

7 답 ④

6켤레의 양말 중에서 짝이 맞는 두 켤레를 택하는 경우의 수는
$_6C_2=15$
나머지 4켤레의 양말 8짝 중에서 2짝을 택하는 경우의 수는
$_8C_2=28$
이때 양말 4켤레 중에서 짝이 맞는 한 켤레의 양말을 택하는 경우의 수는 $_4C_1=4$
즉, 양말 8짝 중에서 짝이 맞지 않는 2짝을 택하는 경우의 수는
$28-4=24$
따라서 구하는 경우의 수는
$15\times24=360$

8 답 70

과자 5개와 아이스크림 4개 중에서 3개를 택하는 경우의 수는
$_9C_3=84$
과자만 3개를 택하는 경우의 수는 $_5C_3=_5C_2=10$
아이스크림만 3개를 택하는 경우의 수는 $_4C_3=_4C_1=4$
따라서 구하는 경우의 수는 $84-(10+4)=70$

9 답 5

전체 $(n+6)$송이의 꽃 중에서 4송이를 택하는 경우의 수는 $_{n+6}C_4$
초록색 꽃과 보라색 꽃 6송이 중에서 4송이를 택하는 경우의 수는
$_6C_4=_6C_2=15$
이때 빨간색 꽃이 적어도 1송이 포함되도록 택하는 경우의 수가 315이므로
$_{n+6}C_4-15=315$
$_{n+6}C_4=330$
$\dfrac{(n+6)(n+5)(n+4)(n+3)}{4\times3\times2\times1}=330$
$(n+6)(n+5)(n+4)(n+3)=7920=11\times10\times9\times8$
이때 n은 자연수이므로 $n+6=11$ ∴ $n=5$

10 답 ②

a를 제외한 4개의 문자 중에서 2개를 택하는 경우의 수는 $_4C_2=6$
3개의 문자를 일렬로 배열하는 경우의 수는 $3!=6$
따라서 구하는 경우의 수는
$6\times6=36$

11 답 ⑤

3학년 학생 5명 중에서 2명을 택하는 경우의 수는 $_5C_2=10$
1학년 학생 2명과 3학년 학생 2명의 순서를 정하는 경우의 수는
$4!=24$
1학년 학생 2명과 3학년 학생 2명의 사이사이와 양 끝의 5개의 자리에 2학년 학생 3명을 배정하면 되므로 $_5P_3=60$
따라서 구하는 경우의 수는 $10\times24\times60=14400$

12 답 ④

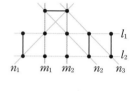

12개의 점 중에서 2개를 택하는 경우의 수는 $_{12}C_2=66$
가로 방향의 직선 l_1, l_2의 각각에 대하여 한 직선 위에 있는 5개의 점 중 2개를 택하는 경우의 수는
$2\times_5C_2=2\times10=20$
세로 방향의 직선 m_1, m_2의 각각에 대하여 한 직선 위에 있는 3개의 점 중 2개를 택하는 경우의 수는
$2\times_3C_2=2\times_3C_1=2\times3=6$
대각선 방향의 직선 n_1, n_2, n_3의 각각에 대하여 한 직선 위에 있는 3개의 점 중 2개를 택하는 경우의 수는
$3\times_3C_2=3\times_3C_1=3\times3=9$
따라서 서로 다른 직선의 개수는
$66-20-6-9+(2+2+3)=38$

13 답 ④

n각형의 대각선의 개수가 90이라 하면
$_nC_2-n=90$, $\dfrac{n(n-1)}{2\times1}-n=90$
$n^2-3n-180=0$, $(n+12)(n-15)=0$
∴ $n=-12$ 또는 $n=15$
이때 $n>3$이므로 $n=15$
따라서 구하는 다각형의 꼭짓점의 개수는 15이다.

14 답 206

12개의 점 중에서 3개를 택하는 경우의 수는 $_{12}C_3=220$
부채꼴의 한 변 위의 5개의 점 중에서 3개를 택하는 경우의 수는
$_5C_3=_5C_2=10$
부채꼴의 한 변 위의 4개의 점 중에서 3개를 택하는 경우의 수는
$_4C_3=_4C_1=4$
따라서 구하는 삼각형의 개수는 $220-10-4=206$

15 답 ③

10개의 점 중에서 4개를 택하는 경우의 수는 $_{10}C_4=210$
한 변 위의 4개의 점 중에서 4개를 택하는 경우의 수는 $_4C_4=1$
한 변 위의 4개의 점 중에서 3개를 택하고, 다른 변 위의 6개의 점 중에서 한 개를 택하는 경우의 수는
$_4C_3\times_6C_1=_4C_1\times_6C_1=4\times6=24$
따라서 구하는 사각형의 개수는 $210-2\times(1+24)=160$

16 답 ①

가로 방향으로 놓인 6개의 선 중에서 2개, 세로 방향으로 놓인 6개의 선 중에서 2개를 택하면 한 개의 직사각형이 결정되므로 직사각형의 개수는 $_6C_2 \times _6C_2 = 15 \times 15 = 225$

가장 작은 정사각형의 한 변의 길이를 1이라 하면 정사각형의 개수는 한 변의 길이가 1인 것이 25개, 한 변의 길이가 2인 것이 16개, 한 변의 길이가 3인 것이 9개, 한 변의 길이가 4인 것이 4개, 한 변의 길이가 5인 것이 1개이므로 $25+16+9+4+1=55$

따라서 구하는 정사각형이 아닌 직사각형의 개수는 $225-55=170$

17 답 5

$_nC_2 \times _{n+2}C_2 = 210$이므로 $\dfrac{n(n-1)}{2 \times 1} \times \dfrac{(n+2)(n+1)}{2 \times 1} = 210$

$n(n-1)(n+2)(n+1) = 840$

$(n+2)(n+1)n(n-1) = 7 \times 6 \times 5 \times 4$

$_nC_2$에서 $n \geq 2$이므로 $n+2=7$ $\therefore n=5$

18 답 301

공 7개를 똑같은 상자 3개에 빈 상자가 없도록 나누어 담을 때, 각 상자에 담을 수 있는 공의 개수는

1, 1, 5 또는 1, 2, 4 또는 1, 3, 3 또는 2, 2, 3

(ⅰ) 1개, 1개, 5개로 나누어 담는 경우의 수는

$\quad _7C_1 \times _6C_1 \times _5C_5 \times \dfrac{1}{2!} = 7 \times 6 \times 1 \times \dfrac{1}{2} = 21$

(ⅱ) 1개, 2개, 4개로 나누어 담는 경우의 수는

$\quad _7C_1 \times _6C_2 \times _4C_4 = 7 \times 15 \times 1 = 105$

(ⅲ) 1개, 3개, 3개로 나누어 담는 경우의 수는

$\quad _7C_1 \times _6C_3 \times _3C_3 \times \dfrac{1}{2!} = 7 \times 20 \times 1 \times \dfrac{1}{2} = 70$

(ⅳ) 2개, 2개, 3개로 나누어 담는 경우의 수는

$\quad _7C_2 \times _5C_2 \times _3C_3 \times \dfrac{1}{2!} = 21 \times 10 \times 1 \times \dfrac{1}{2} = 105$

(ⅰ)~(ⅳ)에서 구하는 경우의 수는 $21+105+70+105=301$

19 답 ④

10명의 학생을 6인실, 2인실, 2인실인 방에 배정하는 경우의 수는

$\left(_{10}C_6 \times _4C_2 \times _2C_2 \times \dfrac{1}{2!} \right) \times 2! = _{10}C_4 \times _4C_2 \times _2C_2 = 210 \times 6 \times 1 = 1260$

A, B가 6인실에 함께 배정되는 경우의 수는

$\left(_8C_4 \times _4C_2 \times _2C_2 \times \dfrac{1}{2!} \right) \times 2! = 70 \times 6 \times 1 = 420$

A, B가 2인실에 함께 배정되는 경우의 수는

$_8C_6 \times _2C_2 \times 2! = _8C_2 \times _2C_2 \times 2! = 28 \times 1 \times 2 = 56$

따라서 구하는 경우의 수는 $1260-(420+56)=784$

20 답 ③

B 선수가 한 번만 이기고 결승에 진출하려면 부전승 조에 배정받아야 하므로 구하는 경우의 수는 남은 5명의 선수를 1명, 2명, 2명으로 나누는 경우의 수와 같다.

따라서 구하는 경우의 수는

$_5C_1 \times _4C_2 \times _2C_2 \times \dfrac{1}{2!} = 5 \times 6 \times 1 \times \dfrac{1}{2} = 15$

중단원 기출 문제 1회

1 답 ④

$a_{12} = a_{21} = \overline{P_1P_2} = \sqrt{1^2+1^2} = \sqrt{2}$,

$a_{13} = a_{31} = \overline{P_1P_3} = 3$,

$a_{23} = a_{32} = \overline{P_2P_3} = \sqrt{2^2+1^2} = \sqrt{5}$

이고, $a_{11} = a_{22} = a_{33} = 0$이므로

$A = \begin{pmatrix} 0 & \sqrt{2} & 3 \\ \sqrt{2} & 0 & \sqrt{5} \\ 3 & \sqrt{5} & 0 \end{pmatrix}$

2 답 -3

제2행의 모든 성분의 합은

$a_{21} + a_{22} + a_{23} = (2x-y) + (2x-2y) + (2x-3y)$

$\qquad\qquad\qquad = 6x-6y$

$6x-6y=6$이므로

$x-y=1$ ...... ㉠

제3열의 모든 성분의 합은

$a_{13} + a_{23} + a_{33} = (x-3y) + (2x-3y) + (3x-3y)$

$\qquad\qquad\qquad = 6x-9y$

$6x-9y=12$이므로

$2x-3y=4$ ...... ㉡

㉠, ㉡을 연립하여 풀면

$x=-1,\ y=-2$

$\therefore x+y=-3$

3 답 5

$\begin{pmatrix} 4+a\sqrt{3} & -2 \\ 4 & b\sqrt{3} \end{pmatrix} = \begin{pmatrix} c-\sqrt{3} & -2 \\ b^2 & d+2\sqrt{3} \end{pmatrix}$이므로 행렬이 서로 같을 조건에 의하여

$4+a\sqrt{3} = c-\sqrt{3},\ 4=b^2,\ b\sqrt{3} = d+2\sqrt{3}$

$4+a\sqrt{3} = c-\sqrt{3}$에서 a, c가 유리수이므로

$a=-1,\ c=4$

$b\sqrt{3} = d+2\sqrt{3}$에서 b, d가 유리수이므로

$b=2,\ d=0$

$\therefore a+b+c+d = -1+2+4+0$

$\qquad\qquad\qquad = 5$

4 답 ⑤

행렬이 서로 같을 조건에 의하여

$a-b=1,\ 2+ab=4$

따라서 $a-b=1,\ ab=2$이므로

$a^2+b^2 = (a-b)^2 + 2ab$

$\qquad\quad = 1^2 + 2 \times 2 = 5$

5 답 ②

$A-3B+2X=X-B$에서
$X=-A+2B$

$$=-\begin{pmatrix} 1 & 3 \\ -5 & 7 \end{pmatrix}+2\begin{pmatrix} 3 & 1 \\ 0 & -1 \end{pmatrix}$$

$$=\begin{pmatrix} -1 & -3 \\ 5 & -7 \end{pmatrix}+\begin{pmatrix} 6 & 2 \\ 0 & -2 \end{pmatrix}$$

$$=\begin{pmatrix} 5 & -1 \\ 5 & -9 \end{pmatrix}$$

따라서 행렬 X의 $(1, 2)$ 성분은 -1이다.

6 답 10

$2A-2B+4X=3(A+X)-2C$에서
$X=A+2B-2C$

$$=\begin{pmatrix} 3 & 0 \\ 1 & 2 \end{pmatrix}+2\begin{pmatrix} 1 & 1 \\ 2 & 0 \end{pmatrix}-2\begin{pmatrix} 2 & -1 \\ 0 & 1 \end{pmatrix}$$

$$=\begin{pmatrix} 3 & 0 \\ 1 & 2 \end{pmatrix}+\begin{pmatrix} 2 & 2 \\ 4 & 0 \end{pmatrix}-\begin{pmatrix} 4 & -2 \\ 0 & 2 \end{pmatrix}$$

$$=\begin{pmatrix} 1 & 4 \\ 5 & 0 \end{pmatrix}$$

따라서 구하는 모든 성분의 합은
$1+4+5+0=10$

7 답 4

$X+Y=A$ ...... ㉠
$X-2Y=B$ ...... ㉡

㉠$\times2+$㉡을 하면
$3X=2A+B$

$$=2\begin{pmatrix} -1 & 2 \\ 4 & 10 \end{pmatrix}+\begin{pmatrix} -3 & 2 \\ 4 & 5 \end{pmatrix}$$

$$=\begin{pmatrix} -2 & 4 \\ 8 & 20 \end{pmatrix}+\begin{pmatrix} -3 & 2 \\ 4 & 5 \end{pmatrix}$$

$$=\begin{pmatrix} -5 & 6 \\ 12 & 25 \end{pmatrix}$$

$$\therefore X=\frac{1}{3}\begin{pmatrix} -5 & 6 \\ 12 & 25 \end{pmatrix}$$

㉠$-$㉡을 하면
$3Y=A-B$

$$=\begin{pmatrix} -1 & 2 \\ 4 & 10 \end{pmatrix}-\begin{pmatrix} -3 & 2 \\ 4 & 5 \end{pmatrix}$$

$$=\begin{pmatrix} 2 & 0 \\ 0 & 5 \end{pmatrix}$$

$$\therefore Y=\frac{1}{3}\begin{pmatrix} 2 & 0 \\ 0 & 5 \end{pmatrix}$$

$$\therefore X-Y=\frac{1}{3}\left\{\begin{pmatrix} -5 & 6 \\ 12 & 25 \end{pmatrix}-\begin{pmatrix} 2 & 0 \\ 0 & 5 \end{pmatrix}\right\}$$

$$=\frac{1}{3}\begin{pmatrix} -7 & 6 \\ 12 & 20 \end{pmatrix}$$

따라서 행렬 $X-Y$의 $(2, 1)$ 성분은
$\frac{1}{3}\times12=4$

8 답 ④

$A+B=\begin{pmatrix} 4 & 3 \\ 5 & 6 \end{pmatrix}$ ...... ㉠

$A-B=\begin{pmatrix} 0 & 1 \\ 3 & 2 \end{pmatrix}$ ...... ㉡

㉠$+$㉡을 하면

$$2A=\begin{pmatrix} 4 & 3 \\ 5 & 6 \end{pmatrix}+\begin{pmatrix} 0 & 1 \\ 3 & 2 \end{pmatrix}=\begin{pmatrix} 4 & 4 \\ 8 & 8 \end{pmatrix}$$

$$\therefore A=\begin{pmatrix} 2 & 2 \\ 4 & 4 \end{pmatrix}$$

㉠$-$㉡을 하면

$$2B=\begin{pmatrix} 4 & 3 \\ 5 & 6 \end{pmatrix}-\begin{pmatrix} 0 & 1 \\ 3 & 2 \end{pmatrix}=\begin{pmatrix} 4 & 2 \\ 2 & 4 \end{pmatrix}$$

$$\therefore B=\begin{pmatrix} 2 & 1 \\ 1 & 2 \end{pmatrix}$$

따라서 $AB=\begin{pmatrix} 2 & 2 \\ 4 & 4 \end{pmatrix}\begin{pmatrix} 2 & 1 \\ 1 & 2 \end{pmatrix}=\begin{pmatrix} 6 & 6 \\ 12 & 12 \end{pmatrix}$이므로 구하는 모든 성분의 합은
$6+6+12+12=36$

9 답 ③

A는 2×2 행렬, B는 1×2 행렬, C는 2×1 행렬이다.

ㄱ. $(2\times2$ 행렬$)\times(2\times1$ 행렬$)$은 2×1 행렬이 된다.

ㄴ. $(1\times2$ 행렬$)\times(2\times1$ 행렬$)$은 1×1 행렬이 된다.

ㄷ. $(2\times1$ 행렬$)\times(2\times2$ 행렬$)$은 정의되지 않는다.

ㄹ. A는 2×2 행렬, BC는 1×1 행렬이므로
   $(2\times2$ 행렬$)\times(1\times1$ 행렬$)$은 정의되지 않는다.

따라서 보기에서 그 곱이 정의되는 행렬은 ㄱ, ㄴ이다.

10 답 67

$2A+B=2\begin{pmatrix} 1 & 0 \\ 3 & -4 \end{pmatrix}+\begin{pmatrix} 1 & -1 \\ 0 & 1 \end{pmatrix}=\begin{pmatrix} 3 & -1 \\ 6 & -7 \end{pmatrix}$이므로

$(2A+B)^2=\begin{pmatrix} 3 & -1 \\ 6 & -7 \end{pmatrix}\begin{pmatrix} 3 & -1 \\ 6 & -7 \end{pmatrix}=\begin{pmatrix} 3 & 4 \\ -24 & 43 \end{pmatrix}$

따라서 가장 큰 성분과 가장 작은 성분의 차는
$43-(-24)=67$

11 답 ⑤

$A^2=\begin{pmatrix} -1 & a \\ -3 & b \end{pmatrix}\begin{pmatrix} -1 & a \\ -3 & b \end{pmatrix}=\begin{pmatrix} 1-3a & -a+ab \\ 3-3b & -3a+b^2 \end{pmatrix}$이므로

$A^2-A+E=\begin{pmatrix} 1-3a & -a+ab \\ 3-3b & -3a+b^2 \end{pmatrix}-\begin{pmatrix} -1 & a \\ -3 & b \end{pmatrix}+\begin{pmatrix} 1 & 0 \\ 0 & 1 \end{pmatrix}$

$$=\begin{pmatrix} 3-3a & -2a+ab \\ 6-3b & -3a+b^2-b+1 \end{pmatrix}$$

$A^2-A+E=O$가 성립하므로

$$\begin{pmatrix} 3-3a & -2a+ab \\ 6-3b & -3a+b^2-b+1 \end{pmatrix}=\begin{pmatrix} 0 & 0 \\ 0 & 0 \end{pmatrix}$$

행렬이 서로 같을 조건에 의하여
$3-3a=0$, $6-3b=0$

$3-3a=0$에서 $a=1$

$6-3b=0$에서 $b=2$

$\therefore a+b=1+2=3$

12 답 $\begin{pmatrix} 2 & 0 \\ 66 & 2 \end{pmatrix}$

$A^2=AA=\begin{pmatrix} 1 & 0 \\ 3 & 1 \end{pmatrix}\begin{pmatrix} 1 & 0 \\ 3 & 1 \end{pmatrix}=\begin{pmatrix} 1 & 0 \\ 6 & 1 \end{pmatrix}$

$A^3=A^2A=\begin{pmatrix} 1 & 0 \\ 6 & 1 \end{pmatrix}\begin{pmatrix} 1 & 0 \\ 3 & 1 \end{pmatrix}=\begin{pmatrix} 1 & 0 \\ 9 & 1 \end{pmatrix}$

$A^4=A^3A=\begin{pmatrix} 1 & 0 \\ 9 & 1 \end{pmatrix}\begin{pmatrix} 1 & 0 \\ 3 & 1 \end{pmatrix}=\begin{pmatrix} 1 & 0 \\ 12 & 1 \end{pmatrix}$

$\vdots$

따라서 $A^n=\begin{pmatrix} 1 & 0 \\ 3n & 1 \end{pmatrix}$($n$은 자연수)이므로

$A^{10}+A^{12}=\begin{pmatrix} 1 & 0 \\ 30 & 1 \end{pmatrix}+\begin{pmatrix} 1 & 0 \\ 36 & 1 \end{pmatrix}$

$=\begin{pmatrix} 2 & 0 \\ 66 & 2 \end{pmatrix}$

13 답 ③

A의 원료를 구입하는 데 드는 비용은

$40\times(80\times20000+20\times15000)$(원)이므로

$40\times(80 \quad 20)\begin{pmatrix} 20000 \\ 15000 \end{pmatrix}$ ...... ㉠

B의 원료를 구입하는 데 드는 비용은

$30\times(60\times20000+40\times15000)$(원)이므로

$30\times(60 \quad 40)\begin{pmatrix} 20000 \\ 15000 \end{pmatrix}$ ...... ㉡

㉠, ㉡에서 총비용을 행렬로 나타내면

$(40 \quad 30)\begin{pmatrix} 80 & 20 \\ 60 & 40 \end{pmatrix}\begin{pmatrix} 20000 \\ 15000 \end{pmatrix}$

14 답 ③

$ABC=\begin{pmatrix} 4 & 1 \\ 0 & -1 \end{pmatrix}\begin{pmatrix} 0 & 1 \\ 1 & 0 \end{pmatrix}\begin{pmatrix} 2 & 1 \\ 3 & 0 \end{pmatrix}$

$=\begin{pmatrix} 1 & 4 \\ -1 & 0 \end{pmatrix}\begin{pmatrix} 2 & 1 \\ 3 & 0 \end{pmatrix}=\begin{pmatrix} 14 & 1 \\ -2 & -1 \end{pmatrix}$

$CBA=\begin{pmatrix} 2 & 1 \\ 3 & 0 \end{pmatrix}\begin{pmatrix} 0 & 1 \\ 1 & 0 \end{pmatrix}\begin{pmatrix} 4 & 1 \\ 0 & -1 \end{pmatrix}$

$=\begin{pmatrix} 1 & 2 \\ 0 & 3 \end{pmatrix}\begin{pmatrix} 4 & 1 \\ 0 & -1 \end{pmatrix}=\begin{pmatrix} 4 & -1 \\ 0 & -3 \end{pmatrix}$

$\therefore ABC-CBA=\begin{pmatrix} 14 & 1 \\ -2 & -1 \end{pmatrix}-\begin{pmatrix} 4 & -1 \\ 0 & -3 \end{pmatrix}$

$=\begin{pmatrix} 10 & 2 \\ -2 & 2 \end{pmatrix}$

따라서 구하는 모든 성분의 합은

$10+2+(-2)+2=12$

15 답 ㄴ, ㄷ, ㄹ, ㅁ

ㄱ. 행렬은 곱셈에 대한 교환법칙이 성립하지 않는다.

따라서 보기에서 항상 성립하는 것은 ㄴ, ㄷ, ㄹ, ㅁ이다.

16 답 ②

주어진 식의 좌변을 전개하면

$(A+B)(A-B)=A^2-AB+BA-B^2$

$A^2-AB+BA-B^2=A^2-B^2$이려면

$-AB+BA=0$ $\therefore AB=BA$

즉, $\begin{pmatrix} 4 & a \\ -1 & 3 \end{pmatrix}\begin{pmatrix} 2 & 3 \\ b & -1 \end{pmatrix}=\begin{pmatrix} 2 & 3 \\ b & -1 \end{pmatrix}\begin{pmatrix} 4 & a \\ -1 & 3 \end{pmatrix}$이므로

$\begin{pmatrix} 8+ab & 12-a \\ -2+3b & -6 \end{pmatrix}=\begin{pmatrix} 5 & 2a+9 \\ 4b+1 & ab-3 \end{pmatrix}$

행렬이 서로 같을 조건에 의하여

$12-a=2a+9$, $-2+3b=4b+1$

$12-a=2a+9$에서 $3a=3$ $\therefore a=1$

$-2+3b=4b+1$에서 $b=-3$

$\therefore a^2-b^2=1^2-(-3)^2=-8$

17 답 $\begin{pmatrix} 2 & -14 \\ 0 & 9 \end{pmatrix}$

$(A+E)(A^2-A+E)=A^3+E^2=A^3+E$

$A^2=AA=\begin{pmatrix} 1 & -2 \\ 0 & 2 \end{pmatrix}\begin{pmatrix} 1 & -2 \\ 0 & 2 \end{pmatrix}=\begin{pmatrix} 1 & -6 \\ 0 & 4 \end{pmatrix}$

$A^3=A^2A=\begin{pmatrix} 1 & -6 \\ 0 & 4 \end{pmatrix}\begin{pmatrix} 1 & -2 \\ 0 & 2 \end{pmatrix}=\begin{pmatrix} 1 & -14 \\ 0 & 8 \end{pmatrix}$

$\therefore (A+E)(A^2-A+E)=A^3+E$

$=\begin{pmatrix} 1 & -14 \\ 0 & 8 \end{pmatrix}+\begin{pmatrix} 1 & 0 \\ 0 & 1 \end{pmatrix}=\begin{pmatrix} 2 & -14 \\ 0 & 9 \end{pmatrix}$

18 답 5

$A-E=\begin{pmatrix} -4 & 7 \\ -1 & 1 \end{pmatrix}$에서

$A=\begin{pmatrix} -4 & 7 \\ -1 & 1 \end{pmatrix}+\begin{pmatrix} 1 & 0 \\ 0 & 1 \end{pmatrix}=\begin{pmatrix} -3 & 7 \\ -1 & 2 \end{pmatrix}$이므로

$A^2=AA=\begin{pmatrix} -3 & 7 \\ -1 & 2 \end{pmatrix}\begin{pmatrix} -3 & 7 \\ -1 & 2 \end{pmatrix}=\begin{pmatrix} 2 & -7 \\ 1 & -3 \end{pmatrix}$

$A^3=A^2A=\begin{pmatrix} 2 & -7 \\ 1 & -3 \end{pmatrix}\begin{pmatrix} -3 & 7 \\ -1 & 2 \end{pmatrix}=\begin{pmatrix} 1 & 0 \\ 0 & 1 \end{pmatrix}=E$

이때 $A+A^2+A^3=\begin{pmatrix} -3 & 7 \\ -1 & 2 \end{pmatrix}+\begin{pmatrix} 2 & -7 \\ 1 & -3 \end{pmatrix}+\begin{pmatrix} 1 & 0 \\ 0 & 1 \end{pmatrix}=O$이므로

$A+A^2+A^3+\cdots+A^{100}$

$=A+A(A+A^2+A^3)+A^4(A+A^2+A^3)$

$+\cdots+A^{97}(A+A^2+A^3)$

$=A=\begin{pmatrix} -3 & 7 \\ -1 & 2 \end{pmatrix}$

따라서 구하는 모든 성분의 합은

$-3+7+(-1)+2=5$

19 답 ⑤

$AB=A$에서 $ABAB=A^2$

이때 $BA=B$이므로 $ABB=A^2$

또 $AB=A$이므로 $AB=A^2$ $\therefore A^2=A$

$\therefore A^2=A^3=A^4=\cdots=A^{100}=A$

같은 방법으로 하면 $B^2=B$

$\therefore B^2=B^3=B^4=\cdots=B^{100}=B$

$\therefore A^{100}+B^{100}+E^{100}=A+B+E$

20 답 ⑤

ㄱ. $AB=\begin{pmatrix} 2 & -1 \\ 2 & -1 \end{pmatrix}\begin{pmatrix} 1 & -1 \\ 2 & -2 \end{pmatrix}=\begin{pmatrix} 0 & 0 \\ 0 & 0 \end{pmatrix}$

$BA=\begin{pmatrix} 1 & -1 \\ 2 & -2 \end{pmatrix}\begin{pmatrix} 2 & -1 \\ 2 & -1 \end{pmatrix}=\begin{pmatrix} 0 & 0 \\ 0 & 0 \end{pmatrix}$

$\therefore AB=BA$

ㄴ. $A^2=\begin{pmatrix} 2 & -1 \\ 2 & -1 \end{pmatrix}\begin{pmatrix} 2 & -1 \\ 2 & -1 \end{pmatrix}=\begin{pmatrix} 2 & -1 \\ 2 & -1 \end{pmatrix}=A$이므로

$A^3=A^4=A$

$B^2=\begin{pmatrix} 1 & -1 \\ 2 & -2 \end{pmatrix}\begin{pmatrix} 1 & -1 \\ 2 & -2 \end{pmatrix}=\begin{pmatrix} -1 & 1 \\ -2 & 2 \end{pmatrix}=-B$이므로

$B^3=B^2B=-B^2=B$

$B^4=B^3B=B^2=-B$

$\therefore A^4+B^4=A-B$

ㄷ. ㄴ에서 $A^3+B^3=A+B$이고

$A+B=\begin{pmatrix} 2 & -1 \\ 2 & -1 \end{pmatrix}+\begin{pmatrix} 1 & -1 \\ 2 & -2 \end{pmatrix}=\begin{pmatrix} 3 & -2 \\ 4 & -3 \end{pmatrix}$이므로

$(A+B)^2=\begin{pmatrix} 3 & -2 \\ 4 & -3 \end{pmatrix}\begin{pmatrix} 3 & -2 \\ 4 & -3 \end{pmatrix}=\begin{pmatrix} 1 & 0 \\ 0 & 1 \end{pmatrix}=E$

$(A+B)^3=(A+B)^2(A+B)=E(A+B)=A+B$

$\therefore A^3+B^3=(A+B)^3$

따라서 보기에서 옳은 것은 ㄱ, ㄴ, ㄷ이다.

중단원 기출 문제 2회

1 답 ②

$a_{11}=-a_{11}$, $a_{22}=-a_{22}$, $a_{33}=-a_{33}$이므로

$a_{11}=a_{22}=a_{33}=0$

$\therefore a=b=c=0$

$a_{12}=-a_{21}$이므로 $3e=-9$ $\therefore e=-3$

$a_{13}=-a_{31}$이므로 $-d=-f$ $\therefore d=f$

$a_{23}=-a_{32}$이므로 $d=-(-e)$ $\therefore d=e$

$\therefore d=e=f=-3$

$\therefore a+b+c+d+e+f=0+0+0+(-3)+(-3)+(-3)$
$=-9$

2 답 ①

행렬이 서로 같을 조건에 의하여

$a+b=4$, $b+c=3$, $c+a=9$

세 식을 변끼리 더하면

$2(a+b+c)=16$

$\therefore a+b+c=8$

$a+b=4$이므로 $c=4$

$b+c=3$이므로 $a=5$

$c+a=9$이므로 $b=-1$

$\therefore abc=5\times(-1)\times4=-20$

3 답 5

$2\begin{pmatrix} a & 1 \\ 5 & b \end{pmatrix}-3\begin{pmatrix} -2 & a \\ b & 5 \end{pmatrix}=\begin{pmatrix} 4 & 5 \\ -2 & -7 \end{pmatrix}$에서

$\begin{pmatrix} 2a+6 & 2-3a \\ 10-3b & 2b-15 \end{pmatrix}=\begin{pmatrix} 4 & 5 \\ -2 & -7 \end{pmatrix}$

행렬이 서로 같을 조건에 의하여

$2a+6=4$, $10-3b=-2$

따라서 $a=-1$, $b=4$이므로

$b-a=5$

4 답 ②

$3(X-B)=A-X$에서

$4X=A+3B$

$=\begin{pmatrix} 1 & 2 \\ -1 & 4 \end{pmatrix}+3\begin{pmatrix} 3 & 0 \\ -2 & 1 \end{pmatrix}$

$=\begin{pmatrix} 1 & 2 \\ -1 & 4 \end{pmatrix}+\begin{pmatrix} 9 & 0 \\ -6 & 3 \end{pmatrix}$

$=\begin{pmatrix} 10 & 2 \\ -7 & 7 \end{pmatrix}$

$\therefore X=\dfrac{1}{4}\begin{pmatrix} 10 & 2 \\ -7 & 7 \end{pmatrix}$

따라서 구하는 모든 성분의 합은

$\dfrac{1}{4}\times\{10+2+(-7)+7\}=\dfrac{1}{4}\times12=3$

5 답 (9)

$XY=\begin{pmatrix} -2 \\ 4 \end{pmatrix}(1 \quad a)=\begin{pmatrix} -2 & -2a \\ 4 & 4a \end{pmatrix}$의 모든 성분의 합이 10이므로

$-2-2a+4+4a=10$

$2a=8$ $\therefore a=4$

따라서 $Y=(1 \quad 4)$이므로

$YZ=(1 \quad 4)\begin{pmatrix} 1 \\ 2 \end{pmatrix}=(1+8)=(9)$

6 답 -6

$(x \quad 2)\begin{pmatrix} 2 & 1 \\ 3 & 1 \end{pmatrix}=(2x+6 \quad x+2)$

$(2x+6 \quad x+2)\begin{pmatrix} x \\ 2 \end{pmatrix}=(2x^2+6x+2x+4)=(2x^2+8x+4)$

$2x^2+8x+4=2(x+2)^2-4$이므로 성분 $2x^2+8x+4$는 $x=-2$일 때 최솟값 -4를 갖는다.

따라서 $a=-2$, $k=-4$이므로

$a+k=-6$

7 답 **0**

$X+Y=\begin{pmatrix} 1 & 0 \\ -1 & -1 \end{pmatrix}$ …… ㉠

$X-Y=\begin{pmatrix} -1 & -2 \\ -1 & 1 \end{pmatrix}$ …… ㉡

㉠+㉡을 하면

$2X=\begin{pmatrix} 1 & 0 \\ -1 & -1 \end{pmatrix}+\begin{pmatrix} -1 & -2 \\ -1 & 1 \end{pmatrix}=\begin{pmatrix} 0 & -2 \\ -2 & 0 \end{pmatrix}$

$\therefore X=\dfrac{1}{2}\begin{pmatrix} 0 & -2 \\ -2 & 0 \end{pmatrix}=\begin{pmatrix} 0 & -1 \\ -1 & 0 \end{pmatrix}$

㉠-㉡을 하면

$2Y=\begin{pmatrix} 1 & 0 \\ -1 & -1 \end{pmatrix}-\begin{pmatrix} -1 & -2 \\ -1 & 1 \end{pmatrix}=\begin{pmatrix} 2 & 2 \\ 0 & -2 \end{pmatrix}$

$\therefore Y=\begin{pmatrix} 1 & 1 \\ 0 & -1 \end{pmatrix}$

$\therefore X^2-Y^2$

$=\begin{pmatrix} 0 & -1 \\ -1 & 0 \end{pmatrix}\begin{pmatrix} 0 & -1 \\ -1 & 0 \end{pmatrix}-\begin{pmatrix} 1 & 1 \\ 0 & -1 \end{pmatrix}\begin{pmatrix} 1 & 1 \\ 0 & -1 \end{pmatrix}$

$=\begin{pmatrix} 1 & 0 \\ 0 & 1 \end{pmatrix}-\begin{pmatrix} 1 & 0 \\ 0 & 1 \end{pmatrix}=\begin{pmatrix} 0 & 0 \\ 0 & 0 \end{pmatrix}$

따라서 구하는 모든 성분의 합은 0이다.

8 답 **②**

$A^2+AB=\begin{pmatrix} 1 & 2 \\ 3 & 4 \end{pmatrix}\begin{pmatrix} 1 & 2 \\ 3 & 4 \end{pmatrix}+\begin{pmatrix} 1 & 2 \\ 3 & 4 \end{pmatrix}\begin{pmatrix} 1 & -3 \\ -2 & -2 \end{pmatrix}$

$=\begin{pmatrix} 7 & 10 \\ 15 & 22 \end{pmatrix}+\begin{pmatrix} -3 & -7 \\ -5 & -17 \end{pmatrix}=\begin{pmatrix} 4 & 3 \\ 10 & 5 \end{pmatrix}$

9 답 **7**

$A^2=AA=\begin{pmatrix} 1 & a \\ 0 & 1 \end{pmatrix}\begin{pmatrix} 1 & a \\ 0 & 1 \end{pmatrix}=\begin{pmatrix} 1 & 2a \\ 0 & 1 \end{pmatrix}$

$A^3=A^2A=\begin{pmatrix} 1 & 2a \\ 0 & 1 \end{pmatrix}\begin{pmatrix} 1 & a \\ 0 & 1 \end{pmatrix}=\begin{pmatrix} 1 & 3a \\ 0 & 1 \end{pmatrix}$

$A^4=A^3A=\begin{pmatrix} 1 & 3a \\ 0 & 1 \end{pmatrix}\begin{pmatrix} 1 & a \\ 0 & 1 \end{pmatrix}=\begin{pmatrix} 1 & 4a \\ 0 & 1 \end{pmatrix}$

⋮

따라서 $A^n=\begin{pmatrix} 1 & na \\ 0 & 1 \end{pmatrix}$ (n은 자연수)이므로

$A^{10}=\begin{pmatrix} 1 & 10a \\ 0 & 1 \end{pmatrix}$

행렬 A^{10}의 모든 성분의 합이 72이므로

$1+10a+0+1=72$ $\therefore a=7$

10 답 **④**

$\begin{pmatrix} 10000 & 6000 \\ 12000 & 8000 \end{pmatrix}\begin{pmatrix} 30 & 15 \\ 12 & 6 \end{pmatrix}=\begin{pmatrix} a & b \\ c & d \end{pmatrix}$

X 동호회 회원들이 평일에 연극을 관람할 때의 금액은

$10000\times30+6000\times12=a$

Y 동호회 회원들이 평일에 연극을 관람할 때의 금액은

$10000\times15+6000\times6=b$

X 동호회 회원들이 주말에 연극을 관람할 때의 금액은

$12000\times30+8000\times12=c$

Y 동호회 회원들이 주말에 연극을 관람할 때의 금액은

$12000\times15+8000\times6=d$

두 동호회의 회원 모두가 평일에 연극을 관람할 때와 주말에 연극을 관람할 때의 관람 금액의 차는

$(c+d)-(a+b)=c+d-a-b$

참고 연극 관람료의 주말 가격이 평일 가격보다 비싸므로 관람 금액의 차는 주말 금액에서 평일 금액을 뺀다.

11 답 $\begin{pmatrix} -20 & -16 \\ 16 & -4 \end{pmatrix}$

$(A+B)^2=A^2+AB+BA+B^2$,

$(A-B)^2=A^2-AB-BA+B^2$이므로

$(A+B)^2-(A-B)^2=2AB+2BA=2(AB+BA)$

$AB=\begin{pmatrix} 2 & -4 \\ -1 & 2 \end{pmatrix}\begin{pmatrix} 1 & 2 \\ 3 & 3 \end{pmatrix}=\begin{pmatrix} -10 & -8 \\ 5 & 4 \end{pmatrix}$,

$BA=\begin{pmatrix} 1 & 2 \\ 3 & 3 \end{pmatrix}\begin{pmatrix} 2 & -4 \\ -1 & 2 \end{pmatrix}=\begin{pmatrix} 0 & 0 \\ 3 & -6 \end{pmatrix}$이므로

$AB+BA=\begin{pmatrix} -10 & -8 \\ 5 & 4 \end{pmatrix}+\begin{pmatrix} 0 & 0 \\ 3 & -6 \end{pmatrix}=\begin{pmatrix} -10 & -8 \\ 8 & -2 \end{pmatrix}$

$\therefore (A+B)^2-(A-B)^2=2(AB+BA)$

$=2\begin{pmatrix} -10 & -8 \\ 8 & -2 \end{pmatrix}=\begin{pmatrix} -20 & -16 \\ 16 & -4 \end{pmatrix}$

12 답 **1**

주어진 식의 좌변을 전개하면

$(A-B)^2=A^2-AB-BA+B^2$

$A^2-AB-BA+B^2=A^2-2AB+B^2$이려면

$-AB-BA=-2AB$ $\therefore AB=BA$

즉, $\begin{pmatrix} 2 & 1 \\ 0 & 1 \end{pmatrix}\begin{pmatrix} 1 & 2 \\ x & y \end{pmatrix}=\begin{pmatrix} 1 & 2 \\ x & y \end{pmatrix}\begin{pmatrix} 2 & 1 \\ 0 & 1 \end{pmatrix}$이므로

$\begin{pmatrix} 2+x & 4+y \\ x & y \end{pmatrix}=\begin{pmatrix} 2 & 3 \\ 2x & x+y \end{pmatrix}$

행렬이 서로 같을 조건에 의하여

$2+x=2$, $4+y=3$

따라서 $x=0$, $y=-1$이므로

$x-y=1$

13 답 **20**

$A-B=\begin{pmatrix} 3 & 0 \\ 0 & 3 \end{pmatrix}=3E$에서 $A=3E+B$이므로

$AB=(3E+B)B=3B+B^2=B(3E+B)=BA$

즉, $AB=BA$이므로

$A^2+B^2=(A-B)^2+2AB$

$=\begin{pmatrix} 3 & 0 \\ 0 & 3 \end{pmatrix}\begin{pmatrix} 3 & 0 \\ 0 & 3 \end{pmatrix}+2\begin{pmatrix} 1 & -3 \\ -2 & 5 \end{pmatrix}$

$=\begin{pmatrix} 9 & 0 \\ 0 & 9 \end{pmatrix}+\begin{pmatrix} 2 & -6 \\ -4 & 10 \end{pmatrix}=\begin{pmatrix} 11 & -6 \\ -4 & 19 \end{pmatrix}$

따라서 구하는 모든 성분의 합은

$11+(-6)+(-4)+19=20$

14 답 ⑤

$(A^2+A+E)(A^2-A+E)$
$=A^4-A^3+A^2+A^3-A^2+A+A^2-A+E$
$=A^4+A^2+E$

이때 $A^4=A^2A^2=\begin{pmatrix}1&-2\\0&1\end{pmatrix}\begin{pmatrix}1&-2\\0&1\end{pmatrix}=\begin{pmatrix}1&-4\\0&1\end{pmatrix}$이므로

$(A^2+A+E)(A^2-A+E)=A^4+A^2+E$

$=\begin{pmatrix}1&-4\\0&1\end{pmatrix}+\begin{pmatrix}1&-2\\0&1\end{pmatrix}+\begin{pmatrix}1&0\\0&1\end{pmatrix}$

$=\begin{pmatrix}3&-6\\0&3\end{pmatrix}$

15 답 ⑤

$a_{11}=a_{22}=0$, $a_{12}=\frac{1}{3}(1-2)(1+2)=-1$,

$a_{21}=\frac{1}{3}(2-1)(2+1)=1$이므로

$A=\begin{pmatrix}0&-1\\1&0\end{pmatrix}$

$A^2=AA=\begin{pmatrix}0&-1\\1&0\end{pmatrix}\begin{pmatrix}0&-1\\1&0\end{pmatrix}=\begin{pmatrix}-1&0\\0&-1\end{pmatrix}=-E$

$A^3=A^2A=(-E)A=-A$

$A^4=(A^2)^2=(-E)^2=E^2=E$

따라서 $A+A^2+A^3+A^4=O$이므로

$A^5+A^6+A^7+\cdots+A^{98}$

$=A^4(A+A^2+A^3+A^4)$

$\qquad\qquad +\cdots+A^{92}(A+A^2+A^3+A^4)+A^{97}+A^{98}$

$=O+\cdots+O+A+A^2$

$=A-E$

$=\begin{pmatrix}0&-1\\1&0\end{pmatrix}-\begin{pmatrix}1&0\\0&1\end{pmatrix}$

$=\begin{pmatrix}-1&-1\\1&-1\end{pmatrix}$

16 답 ④

$A^2=AA=\begin{pmatrix}1&-2\\1&-1\end{pmatrix}\begin{pmatrix}1&-2\\1&-1\end{pmatrix}=\begin{pmatrix}-1&0\\0&-1\end{pmatrix}=-E$이므로

$A^{55}=(A^2)^{27}A=(-E)^{27}A=-A$

$\therefore A^{55}+E=\begin{pmatrix}-1&2\\-1&1\end{pmatrix}+\begin{pmatrix}1&0\\0&1\end{pmatrix}$

$=\begin{pmatrix}0&2\\-1&2\end{pmatrix}$

17 답 ①

$A^2+A^3=-2A-2E$이므로

$A^6+A^7=A^4(A^2+A^3)=A^4(-2A-2E)$

$=-2A^5-2A^4=-2A^2(A^2+A^3)$

$=-2A^2(-2A-2E)=4A^3+4A^2$

$=4(A^2+A^3)=4(-2A-2E)$

$=-8A-8E$

행렬 A는 모든 성분의 합이 0이므로 $-8A-8E$의 모든 성분의 합은 $-8E$의 모든 성분의 합과 같다.

따라서 구하는 모든 성분의 합은

$-8+0+0+(-8)=-16$

18 답 ③

$A(E-A)=E$에서 $A-A^2=E$

즉, $A^2-A+E=O$이므로 양변에 $A+E$를 곱하면

$(A+E)(A^2-A+E)=O$

$A^3+E=O$　$\therefore A^3=-E$

$(E-B)B=E$에서 $B-B^2=E$

즉, $B^2-B+E=O$이므로 양변에 $B+E$를 곱하면

$(B+E)(B^2-B+E)=O$

$B^3+E=O$　　$\therefore B^3=-E$

$\therefore A^{100}+B^{100}=(A^3)^{33}A+(B^3)^{33}B$

$=(-E)A+(-E)B$

$=-A-B$

19 답 ①

ㄱ. $(A-B)^2=(A-B)(A-B)$

$=A^2-AB-BA+B^2$

$=A^2+B^2\ (\because AB+BA=O)$

ㄴ. $(AB)^2=(AB)(AB)=A(BA)B$

$=A(-AB)B=-A^2B^2$

ㄷ. $(A+B)(A-B)=A^2-AB+BA-B^2$

$=A^2-2AB-B^2$

ㄹ. $A=\begin{pmatrix}1&0\\0&0\end{pmatrix}$, $B=\begin{pmatrix}1&0\\1&0\end{pmatrix}$, $C=\begin{pmatrix}1&0\\1&1\end{pmatrix}$이면

$BA=\begin{pmatrix}1&0\\1&0\end{pmatrix}\begin{pmatrix}1&0\\0&0\end{pmatrix}=\begin{pmatrix}1&0\\1&0\end{pmatrix}$

$CA=\begin{pmatrix}1&0\\1&1\end{pmatrix}\begin{pmatrix}1&0\\0&0\end{pmatrix}=\begin{pmatrix}1&0\\1&0\end{pmatrix}$

즉, $A\neq O$이고 $BA=CA$이지만 $B\neq C$이다.

따라서 보기에서 옳은 것은 ㄱ, ㄴ이다.

20 답 24

케일리-해밀턴 정리에 의하여

$A^2-(1+8)A+(1\times8-2\times4)E=O$

$A^2-9A=O$, 즉 $A^2=9A$이므로

$A^3=A^2A=9AA=9(9A)=9^2A$

$A^4=A^3A=9^2AA=9^2(9A)=9^3A$

$\qquad\vdots$

$\therefore A^n=9^{n-1}A$ (단, n은 자연수)

$A^{10}=9^9A=3^{18}A$이고, 행렬 A의 모든 성분의 합이 15이므로

$A^{10}=3^{18}A$의 모든 성분의 합은

$3^{18}\times15=5\times3^{19}$

따라서 $k=5$, $a=19$이므로

$k+a=24$

memo✦

memo✦

최고가 만든 최상의 성적
과학은 역시!

★ 초중고 1등 과학 학습서 ★

대한민국 NO.1 대표 과학 학습서   2,600만 권 돌파

고등오투
통합과학
- **통합과학에 알맞은 구성** 교육 과정의 특성에 맞는 핵심 개념으로 구성
- **시험 대비를 위한 최선의 구성** 완벽하게 시험에 대비할 수 있게 출제율 높은 문제를 단계적으로 제시
- **풍부한 시각 자료와 예시** 개념과 관련된 시각 자료와 예시를 제시하여 이해도를 높임

수능오투
물리학 I
화학 I
생명과학 I
지구과학 I
- **수능의 핵심 요점만 쏙쏙!** 꼭 필요한 수능 핵심 개념만 도식화해 수록
- **한눈에 보고 한 번에 이해!** 풍부하게 제시된 예시와 탐구 자료로 쉽게 이해할 수 있도록 구성
- **수능 자료로 과탐 정복!** 수능 유형 파악을 위한 수능 자료 완벽 분석

유형 **만렙** 다양한 유형 문제가 가득 찬(滿) 만렙으로 수학 실력 Level up

대표전화 1544-0554
주소 경기도 과천시 과천대로2길 54(갈현동, 그라운드브이)
협의 없는 무단 복제는 법으로 금지되어 있습니다.